语言、脑进化与认知

Language, Brain Evolution and Cognition

江铭虎 主编

清華大學出版社
北 京

内容简介

本书讲解了语言与大脑的共同进化机制及语言的认知计算模型。书中的大多数内容已在清华大学本科生课程脑与语言认知中进行了讲解，读者从书中可以感受到国内外相关领域的科学家宽广的学术视野，本书内容丰富多彩，图文并茂，集真实性、趣味性、新颖性、知识性和综合性于一体。全书分为4篇13章。第1篇人类大脑与语言的共同进化（包括：第1章人脑的基础知识，第2章语言的起源，第3章人脑与语言的共同进化），第2篇动物大脑与交流（包括：第4章非灵长类动物的交流，第5章非人类灵长类动物的交流），第3篇人脑语言认知机制（包括：第6章听觉与视觉感知器官的语言认知，第7章语言回路的加工机制，第8章语言产生与理解机制，第9章二语习得的认知理论，第10章大脑的偏侧性和性别、文化的差异，第11章失语症研究），第4篇人工智能与大脑语言处理模型（包括：第12章神经元与神经网络模型，第13章深度神经网络语言处理模型）。本书既可供从事大脑认知、脑神经成像、语言学、神经语言学、认知语言学、计算语言学等领域的研究人员使用，也可供高等院校相关专业本科生、研究生参考。

图书在版编目（CIP）数据

语言、脑进化与认知 / 江铭虎主编．—北京：清华大学出版社，2022.11
ISBN 978-7-302-61726-6

Ⅰ.①语…　Ⅱ.①江…　Ⅲ.①自然语言处理－研究　Ⅳ.①TP391

中国版本图书馆CIP数据核字（2022）第155111号

责任编辑：罗　健
封面设计：常雪影
责任校对：李建庄
责任印制：朱雨萌

出版发行：清华大学出版社
网　　址：http://www.tup.com.cn, http://www.wqbook.com
地　　址：北京清华大学学研大厦A座　　邮　　编：100084
社 总 机：010-83470000　　邮　　购：010-62786544
投稿与读者服务：010-62776969, c-service@tup.tsinghua.edu.cn
质量反馈：010-62772015, zhiliang@tup.tsinghua.edu.cn
印 装 者：北京博海升彩色印刷有限公司
经　　销：全国新华书店
开　　本：185mm×260mm　　印　　张：45　　字　　数：1078千字
版　　次：2022年11月第1版　　印　　次：2022年11月第1次印刷
定　　价：398.00元

产品编号：086928-01

编　委　会

读《语言、脑进化与认知》有感

蔡曙山

铭虎教授的新作《语言、脑进化与认知》出版，邀我作序。

这部 13 章洋洋大观的书稿，让我想起哈佛大学的一段往事。

2005 年夏天，我在哈佛大学访学。一天，我从哈佛大学怀德纳图书馆（哈佛大学有 100 多个图书馆，每次借阅数量不限。怀德纳是其中最大的人文图书馆）借了一车书后，走出图书馆，一位大个子白人学生走过来看了我的图书问："您研究语言学？"我回答"是的，我做语言与认知研究。"当时我正在研究乔姆斯基的书。交谈中知道他是哈佛大学语言学系的博士生。他建议我看迪肯《符号物种：语言与脑的双重进化》（DEACON T W. The symbolic species: the co-evolution of language and the human brain [M]. New York: W.W. Norton, 1997）一书。特伦斯·威廉·迪肯（Terrence William Deacon, 1950 – ）是美国人类学家，1984 年在哈佛大学获得生物人类学哲学博士学位，在哈佛大学任教 8 年以后，1992 年转入波士顿大学，现任加州大学伯克利分校生物人类学和神经科学教授。迪肯对研究多层级的类似进化过程感兴趣，包括这些过程在胚胎发育、神经信号处理、语言变化、社会过程中的作用。他特别注重这些过程的相互影响，一直致力于发展科学符号学（scientific semiotics），特别是生物符号学（biosemiotics）。他对语言学理论和认知神经科学做出了重大贡献。

人类在漫长的进化过程中，经过直立行走、火的使用和语言的发明三件大事，最终完成了从猿到人的进化，语言的发明尤为重要。大约在 600 万年至 200 万年前，猿中的一支——南方古猿发明了能够表达抽象概念的符号语言。凭借这种语言，南方古猿战胜了其他身体更加强大的猿和食肉动物，走出了非洲，将自己的基因撒播到了全世界。

这件事有何重大意义呢？为什么说语言的发明标志着人类完成了从猿到人的进化？首先，人类用 400 万年时间发明的这种语言是能够表达抽象概念的符号语言，而在此之前，所有动物的语言都只是某种能够传达信息的信号语言，并不能表达概念。人类发明这种语言使其能够进行抽象思维。依靠语言和思维，人类能够使经验形成知识，将知识积淀为文化。人类的子孙后代不仅可以从经验中学习，更可以从前人的知识中学习，从自己的文化传承中学习和吸取精神营养。此后，人类的进化并不是缓慢的动辄数十万年的基因进化，而是日新月异的知识更新和文化进步。其次，语言产生以后，人类的大脑为了适应语言加工的需要也变得越来越复杂，越来越聪明，形成语言与脑的双重进化的强大能力，并由此更新了人类脑与神经、心理、语言、思维和文化五个层级的心智和认知能力，成为了“万物之灵”。再次，人类发明了语言，使自己额外获得了语言、思维和文化三个层级的心智和认知能力，即高阶认知能力。从人类认知五个层级看，语言认知能力构成全部人类认知能力（语言、思维和文化认知）的基础。因此，语言认知研究对人类认知研究具有最根本、最重要的意义。

铭虎教授既是清华大学认知科学团队的创始人之一，也是清华大学认知科学团队的主将，长期从事语言认知与计算语言学、脑认知加工与神经语言学等学科领域的研究，多年来辛勤耕耘，成果卓著。铭虎教授的这部大作，从语言与脑的双重进化的角度来谈认知，这项工作具有前沿性、学术创新性和学科开创性。从这部力作，我们可以看到语言认知与脑和神经认知、低阶认知和高阶认知、高阶认知各个层级（语言、思维和文化）之间非常复杂而又十分精细，甚至有几分神秘的关系。对语言、脑与认知感兴趣的读者，阅读这本书如入宝山，最终将满载而归。

谨向学界倾力推荐。

2022 年春

于北京顺义耕读斋中

《语言、脑进化与认知》
——不言脑，何以谈语言与认知

杨英锐

十几年前，我学术轮休，受清华大学蔡曙山教授邀请，校遴选委员会审定，在清华大学做了两期韦伦特聘教授。期间，我结识了江铭虎教授，并与他成为了同事。后来，每年参加国内认知科学年会，我也都认真聆听了江先生的学术报告。印象中，他为人厚道，学养很深，是一位执着的学者。这次江先生邀我为《语言、脑进化与认知》一书作序，我乐于从命，却也有难言之隐。难言者，即我自信对语言和认知领域很有学术积累，而对脑科学却缺乏了解。于此有些个人经历，使本应和脑与神经科学相亲的我与之擦肩而过。不过，我一直关注着脑与神经科学的进展。

1990 年暑假，我在美国田纳西大学由哲学系转到心理系。因为从没选过心理学的课，感觉需要恶补一下心理学基础知识，这样秋季开学后不至于显得太白丁。要读书就读经典的，于是我到图书馆借了威廉·詹姆斯的《心理学原理》原版，认真啃读起这本厚厚的书来。詹姆斯的功能主义心理学我读得很信服；可是，书中有相当篇幅是关于脑功能的叙述。对这部分内容，我当时不知为什么，就是提不起深入钻研的兴趣来。我是数学系和哲学系出身，当时感兴趣的是推理心理学，这脑科学好像离我远了点儿。我当时还知道詹姆斯和罗素的友谊与学术争论，心想我是罗素那边的。

1992 年至 1996 年，我在美国纽约大学心理系，上过一门必修课，叫“脑与感知”，还考试过。任课老师是纽约大学医学院来的兼职教授。这门课涉及大量关于医学的内容，哪种药物对什么脑神经功能起作用，等等。这些药物的拉丁文名字，就像我上古希腊哲学课中遇到的哲学家与希腊诸神的名字，很长也不好记，脑区与脑神经的各种命名我也不熟悉。那门课上得很辛苦，伤害了我对脑科学的感情。

1997 初至 2000 年暑期，我在普林斯顿大学心理系做博士后。对我来说，那本来是一段如鱼得水也很高产的学术美好时光。我经常和约翰逊·莱尔德教授与卡内曼教授悠然讨论推理与决策心理学的问题，这些都属于高阶认知领域的内容，与语言有密切联系，实验中用的也都是语言任务。可后来形势似乎变了，心理系聘了一位做脑科学的科恩教授，医学与心理学双博士，带来了核磁共振成像设备与基金，系里还为其专门修建了实验中心，据说工资比心理系其他教授高出许多。这使我心里有些不平衡，由羡慕生忌妒，与脑科学加深了隔阂感。

直到最近，尤其是了解了江铭虎教授主编的这本书，我有些想法，并意识到一个新的研究思路。这就需要我深入学习脑科学的内容和进展，恶补该领域的知识。讲以上这些故事，是希望有幸选课用到江先生这本书的年青学子，不要走我走过的弯路。对有心学习语言与认知的学生来说，早些打好脑科学基础，会受益无穷。因为，将语言与认知的研究与脑科学整合，是认知科学的重要发展方向。

按照本书宗旨，这是一本教科书。书中涵盖了丰富的基础知识和研究进展。尤其难能可贵的是，书中深入探讨了语言、脑与认知相互依存进化的课题，书中详述了大量的实验方法与结果。据我所知，在国际学术界，此书都可称得上是一本有份量的前沿之作。教科书的作用，不仅是提供成熟的和有结论的内容，还应该启迪学生或一般读者的思考。受到本书影响，我想到以下若干论题：

第一，考虑到语言的丰富性和认知通道的复杂性，就目前的脑科学实验手段与观测方法而言，尤其是在使用复合及多层复合实验任务的情况下，在多大程度上可以观测并辨别到丰富的语言现象与各种复杂的认知通道相互作用的脑神经反应？例如，在目前脑神经科学的实验水平上，我们可以观测到心智推理的脑区神经反应，但是否能辨别具体的设定推理任务呢？这不仅是经验问题，更是一种理论的问询，理论本身正是对学科边界的不断探寻。

第二，脑科学与心理学以及物理学类似，本质上同属于经验科学。经验科学有两个基本特征，其一是它受实验手段的限制，其二是它由假设性理论引导。经验科学的理论都是也只能是假设性的，因为我们永远不可能观测全体而只能观测样本。实验结果提供的是对科学假设的支撑而不是证明。科学假设的重要性之一是对实验设计的指导，不然怎么设想要观测什么现象，以及如何估计观测的意义呢？换句话说，对于像脑科学这样的年轻又迅速发展的学科而言，理论至关重要。比如，我们假设语言、脑与认知三者是相互全覆盖的，也就是说，所有的语言现象和心智认知活动都会产生相应的脑神经反应，并且不同的语言表达与不同的心智活动都会产生不同的脑神经变化。那么，再假设脑科学的实验手段可以不断提高，它在理想的情况下可以提高到全覆盖、全分辨的水平吗？这是一个关于学科边界的论题。有一种误解，说我们早晚会如何如何，这种“早晚主义”不是科学的态度。因为任何科学理论都是有其边界的，越接近边界的实验观测，越是前沿的研究，而前沿的研究需要理论的指引。

第三，现代科学理论的发展离不开模型化方法。实验结果是用统计学语言说话，但统计语言不等于模型化。物理学家很明白，物理学中观测物理世界的实验手段永远是有局限性的，不可能做到对物理世界的全覆盖与全分辨，这被物理学家称为观测中的干扰度。量子力学的创始人之一——狄拉克曾说，科学观测中的干扰度越高，我们所能观测的世界就越小。量子力学在本质上是关于微观观测的理论。观测手段的局限性，并不限制理论的发展，只是需要不同的模型化方法。我以为，对于语言与认知来说，量子力学所提示的模型方法，为脑科学指明了一个有前途的研究方向。

以上是我学习这本书的一些思考和收获。是为“叙”，叙明的“叙”。

2022 年 4 月 6 日
于美国伦斯勒理工学院

前言

著名语言学家王士元教授指出，没有人类发达的大脑，就不可能有我们变化无穷的语言；同时，没有语言来帮我们组织思想，累积几百年的科学成果，我们也不可能了解大脑这个极为繁复精密的器官。很明显，大脑和语言息息相关，相互演化。地球上有千千万万种不同的动物，可是只有人类这一物种能如此深刻地影响并改变整个地球的现状及未来。想要具体理解为什么人是如此特殊的动物，研究大脑和语言是必经之路。莱拉·波罗迪斯基（Lera Boroditsky）指出，人类大脑是一个“语言”大脑，当人脑处理来自感官的传入信息时，它也积极、动态地使用语言资源。当我们学习语言时，我们可以窥见人性的本质。语言是我们从前人那里继承而来的结构深刻的文化对象，它与我们的生物遗传共同作用，使人类的大脑成为现在的样子。如果不理解语言的贡献，就无法理解人类的大脑。生物人类学和语言学教授特伦斯·迪肯（Terrence Deacon）指出，向外，大脑正在创造一个它不断适应的环境；向内，语言则是大脑创造的主要领域。从某种意义上说，我们期望大脑反映语言所创造的特征。语言进化和人类大脑进化相互干扰、相互交叠、相互影响。语言是与人脑共同进化的，语言是一种形、音、义结合的词汇和语法体系，是人类沟通交流的一种方式。人类智慧的结晶可用语言描述和记载，语言使我们的知识、经验和财富得以积累，使我们可能用几年或十几年的时间掌握人类几千年文明智慧所积累的知识，使人类社会逐步走向繁荣、富强和发达。语言虽变化无穷，但语言的语法类型是有限的，是可以归类、分析、统计和学习的。正如著名学者蔡曙山教授所指出的那样，人类的心智与认知产生于脑的进化与分工，奠基于语言，发展于逻辑与思维，积淀为文化，构建为社会。

本书主要源于 2005 年以来我为清华大学本科生所上的脑与语言认知课程的课件，共 13 章，课程为 48 学时，平均每章 4 个学时。因本书最初的书名与清华大学出版社 2013 年我们编译出版的《脑与语言认知》一书重名，认知科学领域的著名学者清华大学心理学系的蔡曙山教授提议将本书更名为《语言、脑进化与认知》。本书的各章内容简述如下：

第 1 篇人类大脑与语言的共同进化

第 1 章人脑的基础知识。从大脑的结构、语言中枢、52 个布罗德曼区及功能等方面论述了人脑的构成与功能。对人类大脑的额叶、顶叶、颞叶、岛叶、枕叶、小脑、丘脑、基底神经节、扣带回、大脑海马和海马旁回的解剖位置及结构，以及相应脑区的语言功能进行了论述。对大脑的白质神经联络纤维束，包括上纵束、额 - 枕下束、下纵束、钩状束、弓形束、极囊、中纵束、垂直枕束、额斜束、胼胝体等白质束的位置及功能进行了论述。本章是后续各章的基础。

第 2 章语言的起源。从语言的出现时期、语言起源的相关理论及工具的创造与使用在语言演变中的作用、灵长类的手势理论、手势与语音依赖于类似的神经系统、语言进化论、创造语言的三个尺度等方面系统性地介绍了语言的起源以及语言产生的相关机制。从灵长类交流的多模态性、人类语言的模态独立性论述了人类语言的独特性。通过镜像神经元和语言的神经基础、语言的神经生物学起源、灵长类动物与人类基因表达水平和发音器官的差异、FOXP2 基因突变对语言变异的影响，论述了语言的神经生物学起源及相关机制。通过人类语言的理论范式、指称关系和意义关系论述人类语言的特征及规律。

第 3 章人脑与语言的共同进化，讲述了人类创造语言，从大脑的构建方式、语言符号系统、语音的涌现、语言的社会属性、知识的语言记载，人类的思维如何用语言实现以及语言是人类智慧的结晶等方面，论述了人脑与语言的共同进化机制。从南方古猿到智人的进化过程中，颅骨容量、身高与语言协同进化。本章还对不同物种的脑商进行了比较，对不同物种的大脑尺寸与智力水平的关系进行了论述，探讨了不同哺乳类动物的生长曲线、进化过程中大脑联合皮质和运动感觉皮质的变化规律，以及脑与身体的重量比与智力的关系。本章还论述了在语言出现前后的进化过程中，语言是如何促使人类交流形式的进化，进而驱动文化的进化，以及人类如何通过语言来指导思维的。

第 2 篇动物大脑与交流

第 4 章非灵长类动物的交流。动物在不同的环境下交流不能创造新的符号模式，而人类通常会创造出全新的单词组合。本章讲述了动物的交流，包括视觉交流、听觉交流、触摸交流、种间交流。探讨了蜜蜂找花蜜的交流方式，鸟类如何处理鸣禽叫声中的结构化序列，对幼鸟如何学习成年鸟歌唱并和人类口语演变进行对比，对鸟鸣的物种辨识及鸟类文化传播进行了论述，并对不同鸟类的大脑神经元数量及表达方式的种数进行了对比。介绍了陆地、水生哺乳动物的交流，并对其神经元数量与表达方式数量进行了对比，并与人类的大脑体积进行了对比。

第5章：非人类灵长类动物的交流。灵长类动物可以使用手势语进行交流。通过黑猩猩、倭黑猩猩的社会认知和合作能力，亲缘关系间的差异，资源竞争与分配机制，对新食物的社会学习以及工具的使用，探讨了灵长类动物的行为与交流方式，黑猩猩交流的特征及与人类的异同。探讨了猿类布洛卡区与人类语言区的关系，猴脑与人脑中的声音识别区及猿类与掌握语言能力前的儿童手势之间的异同，灵长类动物与人类的脑结构和脑功能的差异，人类与非人类灵长类动物交流体系的差异，系统发育和个体发育的语言网络的差异，论述了灵长类动物与人类的行为、语言与认知差异。

第 3 篇人脑语言认知机制

第 6 章听觉与视觉感知器官的语言认知。通过语音的发音器官、声道及语音产生模型等，阐明了语音产生的机制。通过听觉的腹侧通路和背侧通路的语言演化模型、听觉语言理解模型、语音处理的双通道听觉模型等，论述了听觉及感知机制，研究了语音在人类阅读高频率和低频率的双字复合中文单词中所起的作用。通过视觉皮层及视觉的背侧和腹侧通路，论述了视觉及感知机制，探讨了阅读过程中快速提取汉字的抽象拼写模式。

第 7 章语言回路的加工机制。通过大脑各语言区所具有的功能与语言相关的大脑回路，探讨大脑的语言形成机制。根据语言的产生和理解过程，构建大脑的语言加工模型。通过上纵束 / 弓形束的各向异性分数论述了它们与句法理解和句法生成的相关性，探讨了额斜束如何在言语启动和协调中发挥作用，将运动脑区和额叶的语言 / 语音处理联系起来，将大脑皮层的运动区整合到额叶语音产生的网络中。探讨以额 - 枕下束为主要连接纤维束的腹侧通路在语言理解过程中的重要作用及下纵束在视觉对象识别、语义处理和将对象表征与词汇相联系方面的重要作用。钩状束腹侧语言通路的功能是语义处理及相关工作记忆的检索。本章还探讨了发育过程中的大脑结构和相关语言区的功能连接，背侧 / 腹侧语言纤维束及其发育过程，成年人与儿童的背侧通路的差异，语言纤维束在发育中的变化，基于神经解剖学的句法和语义网络。

第 8 章语言产生与理解机制。语言是通过视觉、听觉、体感大脑皮质接受信息，并通过大脑网络中各脑区之间相互作用共同完成的。本章论述了语言获得装置理论，通过与语义处理相关的左脑网络系统，短语的神经加工机制，句法处理的 2 个语法中枢与 3 个神经回路，研究了大脑的语言网络；论述了颞叶皮质的自下而上过程，即从听觉感知到单词和短语，从颞叶皮质到额叶皮质走向高阶计算，同时还叙述了自上而下的过程，即从额下回皮质到颞叶皮质，研究了大脑的功能连接性；论述了陈述性记忆系统和程序性记忆系统，并对语言理解和产生的过程及语言公共知识库，汉语的处理，非字面语及隐喻、反讽处理进行了论述。

第 9 章二语习得的认知理论。从乔姆斯基的语言学层次结构和普遍文法理论解释二语习得。通过监测模型、交互假说、竞争模型、输入假设理论、注意假说、语义理论、社会文化理论等，介绍二语习得的相关模型。从与母语习得的比较、社会文化因素、个体差异、情感因素、损耗等角度论述二语习得的影响因素。论证了第二语言加工网络的激活强度取决于习得年龄、熟练程度和语言之间的相似性。通过二语习得的词汇处理、语言使用的社会多样性、二语习得熟练程度和习得年龄对灰质密度的影响，早期的语言习得对后期语言学习的影响，单语与双语者的脑区激活以及双语对大脑结构和功能连接的影响等方面，探讨了二语习得的关键时期假说。通过时间进程的 ERP 研究，脑区定位的 fMRI 研究，多语言者语法相关脑区的变化，探讨了二语习得的神经生理学认知机制。

第 10 章大脑的偏侧性和性别、文化的差异。通过灵长类脑回 / 沟的不对称性，左、右脑的偏侧性以及手的使用与语言能力的相互关系，论述了大脑的偏侧性与用手习惯的关系。通过儿童、成人的语言能力的性别差异，智力和性别的神经解剖学研究，性别与大脑结构、智力和功能的差异，性别与脑容量、灰质和皮层厚度，灵长类脑回 / 沟的不对称性，研究了大脑的性别差异，指出人脑容量与智力不直接相关。男性比女性的大脑大 15%，女性有较高的皮质厚度和较高的白质束复杂性，但男性与女性的智商没有明显差异。通过不同人受中西方文化影响而在大脑中形成不同的算术处理方式，探讨了大脑的文化差异。

第 11 章失语症研究。通过对失语症的研究，总结出大脑各语言区的定位及其功能，为语言认知机制模型的建立打下理论基础。根据患者说话的症状、病变部位、流利程度、理解力及命名能力，对失语症进行了分类。根据失语症的特点、病灶部位及病因，对布洛卡失语症、韦尼克失语症、传导性失语症、经皮质性失语症、命名性失语症、完全性失语症、原发性渐进式失语症、聋人失语症、丘脑性失语症、基底神经节失语症、交叉性失语症进行系统性论述，研究了失语症的认知与阅读障碍。

第 4 篇人工智能与大脑语言处理模型

第 12 章神经元与神经网络模型，介绍了神经元的种类及工作机制，论述了单个人工神经元模型、单隐藏层的 RBF 神经网络及其工作原理、反馈循环网络的信号去噪功能及分类识别能力，研究了基于概念抽取的自组织映射神经网络，以进行文本聚类分析，利用深度神经网络模拟人脑的认知结构，将堆叠自编码深度学习神经网络用于文本分类，并与其他深度学习神经网络进行了比较。

第 13 章深度神经网络语言处理，介绍了基于深度学习的自然语言处理理论：首先对自然语言处理进行了概述；随后讲述深度学习的相关知识、研究历程等；接着较为详细地介绍了自然语言处理的典型深度学习模型；最后对深度学习的神经认知科学基础进行介绍。期望读者能够通过上述内容对深度学习下的自然语言处理模型有一定的把握和认知，能够了解语言认知计算形式的应用与体现。

蔡曙山教授和杨英锐教授为本书作序，在此对蔡曙山教授和杨英锐教授深表谢意。《宇航学报》副主编兼《自动化学报》副主编倪茂林教授对全书进行了认真、仔细的审校，提出了很多宝贵的意见和建议，在此深表谢意。第 1 章（大部分内容）、第 7 章、第 8 章和第 11 章的部分内容由久保田千顺执笔；第 2 章、第 3 章、第 5 章和第 11 章中有关生物医学方面的内容由王琳执笔，栾亚萁参与了第 2 章和第 3 章的部分内容的编写工作；第 12 章由江振甫执笔；第 13 章由邹佳君执笔；其他内容均由江铭虎主笔，江铭虎对全书内容进行统稿。书中的少部分内容是由选修该课程的同学参与编写，这些同学是蔡烨怡、覃靖璇、林颖瑄、周维、冯佳诚、王朝凤、黄果仪、曹存莲、雍雅淇、崔万丽、周宇健、谭瑞、余萍萍、陈昕悦、翟紫含、才红、许可、吴悦菲、王奥、王欣雨、曲一鸣、李芩嶙、玉娟朱等，在此表示感谢。书中的图大多是在脑与语言认知课程 PPT 讲义的基础上重新绘制，有些是在维基百科英文版和日文版的基础上重新绘制，以满足教材出版的需求；有少部分的图改绘于参考文献，由于难以联系到原文的作者，我们将按照中国内地的稿费标准付给其相应的稿酬。由于时间紧、水平有限，编写教材的工作量大，书中难免有不准确之处，恳请读者朋友见谅、理解并批评指正。

《语言、脑进化与认知》是蔡曙山教授主编的脑科学与认知科学丛书中的一本。本书的出版得到了国家自然科学基金重点项目（62036001）、清华大学本科生教育教学改革项目以及贵阳孔学堂国学单列重大项目共同资助。本丛书的负责人蔡曙山教授给予了大力支持，多年来蔡曙山教授为清华大学认知科学的研究呕心沥血，在组织研究团队、申请研究经费、开展学术交流和学术研究等方面做出了重要贡献，每当我们遇到困难时，蔡教授总是尽可能地给予我们无私的帮助和支持，在此深表谢意！

江铭虎

2022 年 4 月于北京清华园

第1篇　人类大脑与语言的共同进化

1 第1章 人脑的基础知识

本章课程的学习目的和要求 3

1.1　人脑的结构与功能 3

1.1.1　大脑的结构 3
1.1.2　额叶的结构和语言功能 12
1.1.3　顶叶的结构和语言功能 17
1.1.4　颞叶的结构和语言功能 18
1.1.5　岛叶的结构和语言功能 23
1.1.6　枕叶的结构和语言功能 24
1.1.7　小脑的结构和语言功能 24
1.1.8　丘脑的结构和语言功能 26
1.1.9　基底神经节的结构和语言功能 30
1.1.10　扣带回、大脑海马和海马旁回的结构和语言功能 31

1.2　大脑白质 34

1.2.1　上纵束 34
1.2.2　额-枕下束 37
1.2.3　下纵束 37
1.2.4　钩状束 38
1.2.5　弓形束 38
1.2.6　最外囊/最外囊纤维系统 40
1.2.7　中纵束 40
1.2.8　垂直枕束 40
1.2.9　额斜束 41
1.2.10　胼胝体 41

1.2.11 其他白质 42
1.2.12 其他（运动/感觉/联合区） 43
1.3 布罗德曼各区及其功能 45
小结 57
思考题 57

2 第2章 语言的起源

本章课程的学习目的和要求 58
2.1 语言出现的时期及相关理论 58
2.1.1 语言出现的时期 59
2.1.2 语言起源的相关理论 61
2.1.3 创造语言的三个尺度 73
2.1.4 灵长类交流与人类语言的模态性差异 74
2.2 语言的神经生物学起源 80
2.2.1 镜像神经元和语言的神经基础 80
2.2.2 语言的神经生物学起源 82
2.2.3 FOXP2基因与语言的神经解剖学关系 87
2.3 人类语言与猿类交流的特征差异 92
2.3.1 人类语言的理论范式 92
2.3.2 人类语言的指称关系和意义关系 95
2.3.3 类人猿对位移指称的认知 98
2.3.4 类人猿记忆中存在错误信息的效应 100
小结 102
思考题 102

3 第3章 人脑与语言的共同进化

本章课程的学习目的和要求 103
3.1 人脑与语言的共同进化 103
3.1.1 语言是什么？ 103
3.1.2 语言是人类特有的特质 105

3.1.3 语言与大脑共同进化的理论 106
3.2 灵长类动物的进化 115
3.2.1 人猿的进化 116
3.2.2 从古人类学角度考察大脑的进化 124
3.3 脑与身体的重量比及其与智力的关系 127
3.3.1 脑体比 127
3.3.2 脑体比与脑商的关系 130
3.4 哺乳动物的大脑尺寸与智力的关系 134
3.4.1 哺乳动物的大脑尺寸与智力水平的差异 134
3.4.2 哺乳动物的生长曲线 137
3.4.3 人类进化的两个阶段 140
小结 141
思考题 142

第2篇 动物大脑与交流

4 第4章 非灵长类动物的交流

本章课程的学习目的和要求 145
4.1 动物交流的基本概念 145
4.1.1 动物交流的定义及目的 145
4.1.2 视觉交流 147
4.1.3 听觉交流 148
4.1.4 触摸交流 150
4.1.5 种间交流 150
4.2 蜜蜂和鸟类的交流 156
4.2.1 蜜蜂的交流 156
4.2.2 鸟类的交流 158
4.2.3 鸟鸣学习的关键期及声乐/听觉学习表型 162
4.2.4 镜像神经元和声音学习的运动理论起源 169
4.2.5 鸟鸣的物种辨识及鸟类文化传播 171
4.2.6 几种飞禽的大脑神经元数量和表达方式的种类数对比 175

4.3 陆地哺乳动物的交流 177

4.3.1 狼的交流 177
4.3.2 非洲象的交流 180
4.3.3 胡子蝙蝠的交流 180
4.3.4 草原土拨鼠的交流 180
4.3.5 豚鼠的求偶交流 180
4.3.6 陆地哺乳动物的神经元数量与表达方式数量的对比 181

4.4 水生哺乳动物的交流 184

4.4.1 几种海洋动物的大脑对比 184
4.4.2 宽吻海豚的交流 186
4.4.3 鲸鱼的交流 190
4.4.4 海狮的交流 192

小结 192

思考题 193

5 第5章 非人类灵长类动物的交流

本章课程的学习目的和要求 194

5.1 灵长类动物的交流 194

5.1.1 灵长类动物的行为与交流 194
5.1.2 黑猩猩/倭黑猩猩的社会认知和合作能力 198
5.1.3 资源的竞争与分配 203
5.1.4 工具的使用 208
5.1.5 灵长类交流的属性特征 212
5.1.6 圈养的非人类灵长类动物的认知能力与交流 216

5.2 非人类灵长类动物的交流与人类语言的差异 219

5.2.1 非人类灵长类动物呼叫的特征 219
5.2.2 猿类与掌握语言能力前的儿童的手势之间的异同 226
5.2.3 人类和黑猩猩对情绪表征的处理 228
5.2.4 类人猿对明示信号及指向的认知 230
5.2.5 猿类布洛卡区与人类语言区的关系 232

小结 247

思考题 247

第3篇　人脑语言认知机制

6 第6章 听觉与视觉感知器官的语言认知

本章课程的学习目的和要求 251

6.1 发音器官及语音产生模型 251

6.1.1 发音部位与声道及语言产生模型 252

6.1.2 语音生成模型 253

6.2 听觉及感知 256

6.2.1 外耳、中耳、内耳及听觉感知 256

6.2.2 听觉输入和语音信息流 259

6.2.3 听觉语言理解的认知模型 263

6.2.4 语言理解的功能神经解剖学 269

6.2.5 口语和环境声音的认知及句子理解因果关系推理 272

6.2.6 脑电图与事件相关电位 274

6.2.7 语音加工在阅读汉语双字复合高/低频词中的作用 279

6.3 视觉及感知 287

6.3.1 视觉皮层及视觉通路 287

6.3.2 视觉词形区 292

6.3.3 汉字的形和音处理 293

6.3.4 阅读过程中快速提取汉字的抽象拼写模式 294

小结 305

思考题 305

7 第7章 语言回路的加工机制

本章课程的学习目的和要求 306

7.1 语言处理模型 306

7.1.1 弓形束（长段、前段和后段）形成的回路 306

7.1.2 额斜束形成的回路 317

7.1.3 额-枕下束及下纵束形成的回路 319
7.1.4 最外囊与中纵束形成的回路 324
7.1.5 钩状束形成的回路 325

7.2 发育过程中的结构和功能连接 328

7.2.1 背侧语言纤维束及其发育过程 328
7.2.2 腹侧语言纤维束及其发育过程 338
7.2.3 背侧和腹侧纤维束通路的整合 340
7.2.4 基于神经解剖学的句法和语义网络 344

小结 346

思考题 346

8 第8章 语言产生与理解机制

本章课程的学习目的和要求 347

8.1 语言作为大脑系统 347

8.1.1 语言作为一种特殊的认知系统 347
8.1.2 大脑的语言能力：“语言获得装置”理论 349

8.2 大脑的语言网络 350

8.2.1 与原发性渐进式失语综合征相关的左脑语言网络 350
8.2.2 与语义处理相关的左脑网络系统 352
8.2.3 叙述性语言理解过程中左前外侧颞上皮层的功能连接 353
8.2.4 默认模式网络的关联脑区 354
8.2.5 神经语言网络发育模式 355
8.2.6 神经语言回路 357
8.2.7 句法处理的2个语法中枢与3个神经回路 362

8.3 功能连通性和词汇句法处理 364

8.3.1 语言相关的功能连通性 364
8.3.2 从词形到句法和词汇语义信息 370

8.4 语言产生和理解的机制 381

8.4.1 语言的产生和理解 381
8.4.2 反讽和隐喻话语的大脑理解处理 393

小结 397

思考题 397

第9章 二语习得的认知理论

本章课程的学习目的和要求 399

9.1 二语习得理论 399

9.1.1 二语习得的研究历史 400

9.1.2 二语习得的相关概念及模型 400

9.1.3 乔姆斯基的语言层次结构和普遍文法 406

9.2 二语习得的关键时期假说 408

9.2.1 语言学习的关键期假说 408

9.2.2 单语与双语者的脑区激活 413

9.2.3 二语习得的词汇处理 415

9.2.4 习得年龄与熟练程度、语言使用的社会多样性 426

9.2.5 早/晚期双语者的脑区及其他因素的影响 432

9.3 二语习得的神经生理学机制 435

9.3.1 时间进程的ERP研究 436

9.3.2 脑区定位的fMRI研究 439

9.3.3 二语习得对白质纤维束及皮层下基底神经节区和丘脑的影响 442

9.3.4 语言的大脑皮层控制 450

小结 451

思考题 451

第10章 大脑的偏侧性和性别、文化的差异

本章课程的学习目的和要求 452

10.1 大脑的偏侧性及用手习惯 452

10.1.1 灵长类脑回/沟的不对称性 452

10.1.2 左、右脑的偏侧性 453

10.1.3 手的使用与语言能力的相互关系 457

10.2 大脑的性别差异 462

10.2.1 语言与智力的性别差异 462

10.2.2 一般智力和性别的神经解剖学研究 473

10.2.3 人脑容量与智力不直接相关 488

10.3 大脑的文化差异 491
10.3.1 中西方文化的差异 491
10.3.2 文化对算数处理方式的影响 494
小结 496
思考题 496

11 第11章 失语症研究

本章课程的学习目的和要求 497
11.1 失语症研究的历史 498
11.2 失语症的分类 503
11.3 主要失语症的特点、病灶部位及病因 507
11.3.1 布洛卡失语症 507
11.3.2 韦尼克失语症 509
11.3.3 传导性失语症 512
11.3.4 经皮质性失语症 515
11.3.5 命名性失语症 516
11.3.6 完全性失语症 519
11.3.7 原发性渐进式失语症 519
11.3.8 聋人失语症 522
11.3.9 丘脑性失语症 523
11.3.10 基底神经节失语症 525
11.3.11 交叉性失语症 525
11.3.12 阅读障碍、认知障碍与失语症 528
11.4 失语症的检查方法 533
11.4.1 检测方法 533
11.4.2 皮质电刺激的功能定位 534
11.4.3 功能磁共振成像和正电子发射断层扫描的皮层定位 537
小结 540
思考题 540

第4篇　人工智能与大脑语言处理模型

12 第12章 神经元与神经网络模型

本章课程的学习目的和要求 543

12.1 神经元 544

12.1.1 神经元及其工作机制 544

12.1.2 神经元的种类及其工作机制 546

12.2 人工神经元模型 547

12.2.1 人工神经网络发展概况 547

12.2.2 单个人工神经元模型 549

12.2.3 具有隐藏层的神经网络 552

12.2.4 单隐藏层的RBF神经网络及其工作原理 555

12.2.5 反馈循环网络 557

12.2.6 基于概念抽取的SOM聚类 563

12.2.7 深度学习及堆叠自编码网络 568

小结 576

思考题 576

13 第13章 深度神经网络语言处理模型

本章课程的学习目的和要求 578

13.1 自然语言处理概述 578

13.1.1 自然语言处理的概念 578

13.1.2 自然语言处理研究方法的发展 581

13.2 神经网络与深度学习 584

13.2.1 定义 584

13.2.2 深度学习的发展历史 585

13.2.3 常见神经网络类型与工具 588

13.2.4 神经网络的基本原理 588

13.3 典型自然语言处理模型 594

13.3.1 输入层与输出层 594
13.3.2 卷积神经网络与自然语言处理 598
13.3.3 循环神经网络与自然语言处理 602
13.3.4 注意力机制与自然语言处理 609
13.3.5 图神经网络与自然语言处理 610
13.3.6 实例——基于图神经网络的细粒度情感分类 613

13.4 深度学习的神经科学基础——以视觉为例 623

13.4.1 视觉感知神经生理结构 624
13.4.2 视觉感知系统 626
13.4.3 视觉处理机制 627

小结 633

思考题 634

参考文献 635

附录 656

附录表1 额叶脑区语言功能 656
附录表2 顶叶脑区语言功能 657
附录表3 颞叶脑区语言功能 658
附录表4 岛叶、枕叶、小脑的脑区语言功能 659
附录表5 丘脑、基底神经节、扣带回、海马、海马旁回的脑区语言功能 659
附录表6 与语言相关的主要神经纤维束及功能 660
附录表7 主要脑区及神经纤维束 661
附录表8 其他白质部分的语言功能 661
附录表9 视觉的背侧/腹侧通路及功能 662
附录表10 运动/感觉/联合区的脑区语言功能 662

词汇表 664

插图清单及出处 685

插表清单 697

第 1 篇

人类大脑与语言的共同进化

第1章 人脑的基础知识

本章课程的学习目的和要求

1. 对大脑的结构、语言中枢、52 个布罗德曼区及其功能有基本的了解。
2. 基本掌握人脑的额叶、顶叶、颞叶、岛叶、枕叶、小脑、丘脑、基底神经节、扣带回、大脑海马和海马旁回的解剖位置及结构，以及相应脑区主管的功能。
3. 基本掌握大脑的上纵束、额 - 枕下束、下纵束、钩状束、弓形束、最外囊、中纵束、垂直枕束、额斜束、胼胝体等白质束的位置及功能。

1.1 人脑的结构与功能

1.1.1 大脑的结构

1. 概述

人类的神经系统分为中枢神经系统和周围神经系统，图 1.1 表明了大脑、脊髓和体内其他神经之间的关系。神经元细胞体微小，在神经系统中的分布密度不均，小脑中的神经元密度最大。小脑约有 700 亿个神经元，大脑皮层和联络脑区有 120 亿 ~150 亿个神经元，脊髓约有 10 亿个神经元。中枢神经系统包括大脑、小脑、脑干和脊髓。周围神经系统由大脑和脊髓外部的神经和神经节组成，是组成双边动物神经系统的两个组件之一。周围神经系统的主要功能是将中枢神经系统与四肢和器官相连，基本上充当大脑和脊髓以及身体其余部分之间的中继。与中枢神经系统不同，周围神经系统不受脊柱和头骨的保护。

在大多数情况下，神经元是在大脑发育和儿童时期由神经干细胞产生的。成年以后，大部分脑区的神经元再生基本停止。然而，强有力的证据表明新神经元可以在海马体和嗅球中大量产生。神经元是神经系统的主要成分，而神经胶质细胞则为它们提供结构和代谢支持。神经系统由包括大脑和脊髓在内的中枢神经系统和包括自主神经系统和躯体神经系统在内的周围神经系统组成。在脊椎动物中，大多数神经元位于中枢神经系统，但也有部分位于外周神经节，许多感觉神经元位于视网膜、耳蜗等感觉器官。轴突可能捆扎成束（就像成股的钢丝组成了钢索），构成周围神经系统的神经。中枢神经系统中的轴突束称为神经束。

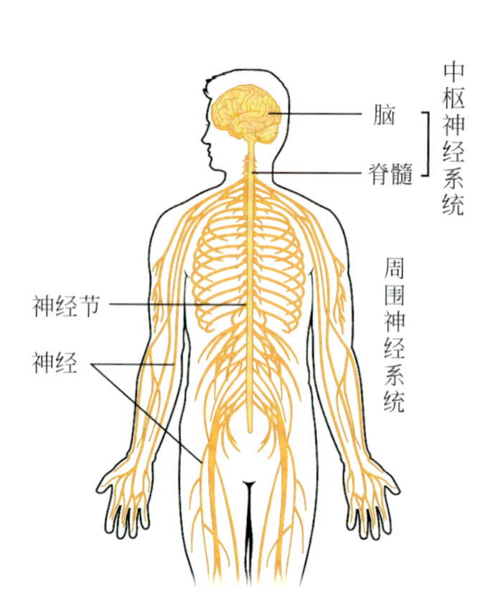

(a) 图显示人类的神经系统分为中枢神经系统（包括大脑、小脑、脑干和脊髓）和周围神经系统

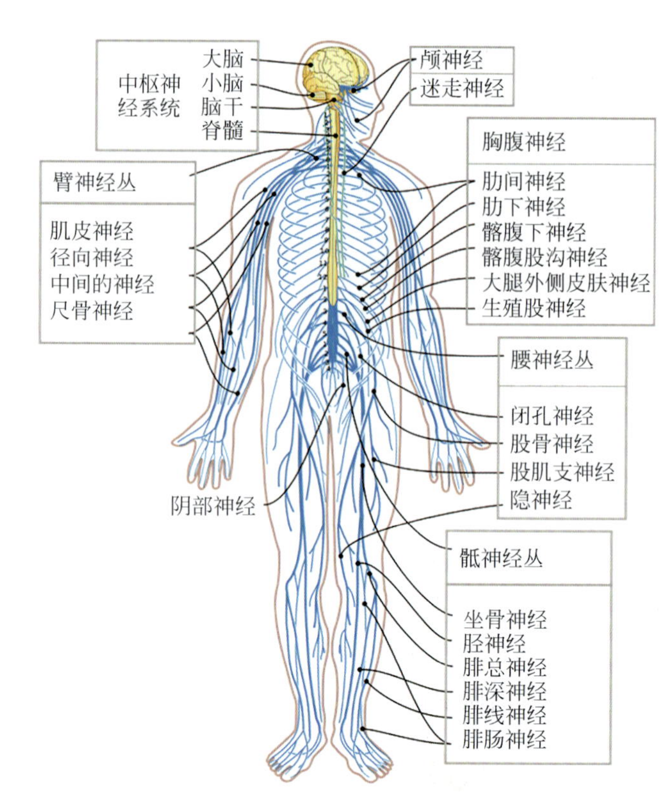

(b) 图显示周围神经系统（包括臂神经丛、胸腹神经、腰神经丛和骶神经丛）的分布

图 1.1　人类的神经系统分布

中枢神经系统与周围神经系统的信息功能传递如图 1.2 所示。

● 结构
■ 功能

中枢神经系统（CNS）：
● 大脑和脊髓
■ 综合控制中心

周围神经系统（PNS）：
● 颅神经和脊神经
■ 中枢神经系统与身体其余部分之间的通信线

感觉（传入）分支：
● 躯体和内脏的感觉神经纤维
■ 将脉冲从受体传导到中枢神经系统

运动（传出）分支：
● 运动神经纤维
■ 将中枢神经系统的脉冲传导至效应器（肌肉和腺体）

交感神经分支：
■ 在活动中调动身体系统（战斗或逃跑）

副交感神经分支：
■ 保存能量
■ 在休息时促进“管家”功能

自主神经系统：
● 内脏运动（非自主）
■ 将来自中枢神经系统的脉冲传导至心肌、平滑肌和腺体

躯体神经系统：
● 躯体运动（自主）
■ 将中枢神经系统的脉冲传导至骨骼肌

图 1.2　中枢神经系统与周围神经系统的信息传递功能

脑位于颅腔内，主要由大脑、小脑、间脑和脑干组成，其中脑干又由中脑、脑桥和延髓组成，如图 1.3 所示。

脑
- 大脑
- 间脑—背侧丘脑（丘脑）、上丘脑、下丘脑、后丘脑、底丘脑
- 中脑、脑桥、延髓 } 脑干
- 小脑

大脑是脑最发达的部分，主要包括左、右大脑半球。两半球之间由大脑纵裂分隔，如图 1.3（b）所示。大脑纵裂的底部有连接两半球的横行纤维构成的胼胝体，如图 1.3（a）所示。对人类来说，在脑皮层连接系统中被研究最多的是胼胝体。人类的胼胝体在母体怀孕期结束到出生后一两个月中经历了一个横断面减少的时期。胼胝体总体形态的变化并不直接与轴突的数量变化相关，因为成人胼胝体由轴突的数量及其大小（包括髓鞘的厚度）二者决定。然而，胼胝体大小及形状的变化很可能是大脑两半球间连接性变化的指标。大脑半球和小脑之间有大脑横裂。半球表层的灰质称为大脑皮质，皮质深处的白质称为髓质。大脑底部的白质中包藏着基底神经核。大脑半球内部的空腔为侧脑室。

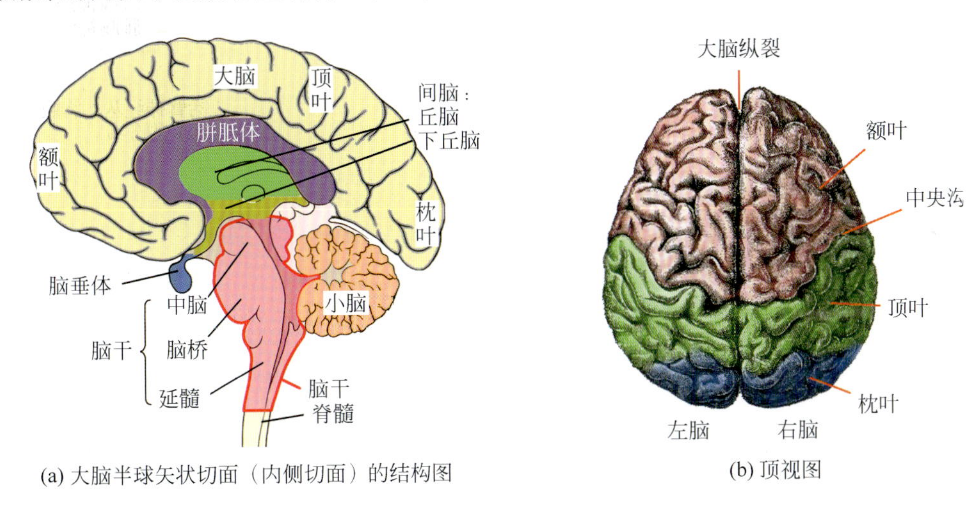

(a) 大脑半球矢状切面（内侧切面）的结构图

(b) 顶视图

图 1.3　人脑的解剖学构造

大脑半球表面凸凹不平，布满深浅不同的沟，沟与沟之间隆起的部分是脑回。大脑半球以三条大脑沟为标记，分为五个大脑叶，这三条沟分别是外侧沟（裂）、中央沟和顶枕沟，如图 1.4 所示。其中外侧沟起自半球下面，转向上外侧面，由前下方向后上方；中央沟起自脑半球上缘中点稍后方，向前下斜行于脑半球上外侧面；顶枕沟位于半球内侧面的后方，从前下方向后上方，并绕半球上缘转向上外侧面。中央沟前方、外侧沟上方的部分是额叶；中央沟后方和外侧沟上方的部分是顶叶；外侧沟下方的部分为颞叶；顶枕沟以后转小的部分为枕叶。枕叶、顶叶、颞叶在上外侧的部分是分界，通常是以自顶沟至枕前切迹的连线为枕叶的前界。自此线终点到外侧沟后端的连线是顶、颞两叶的分界。此外，在外侧沟的深部，被额、顶、颞叶所掩盖的还有一个岛叶，岛叶的周围有环状沟，表面有几个长短不一的脑回。

大脑的外形及分叶

人类左脑的外侧面和冠状面结构如图 1.4 所示。

三沟：外侧沟、中央沟及顶枕沟。

外侧沟：把额叶、顶叶、颞叶、岛叶分开。

中央沟：把额叶、顶叶分开；其中前部分为额叶，后部分为顶叶。

顶枕沟：把顶叶、枕叶分开。

五叶：额叶、顶叶、颞叶、枕叶及岛叶（脑岛）。

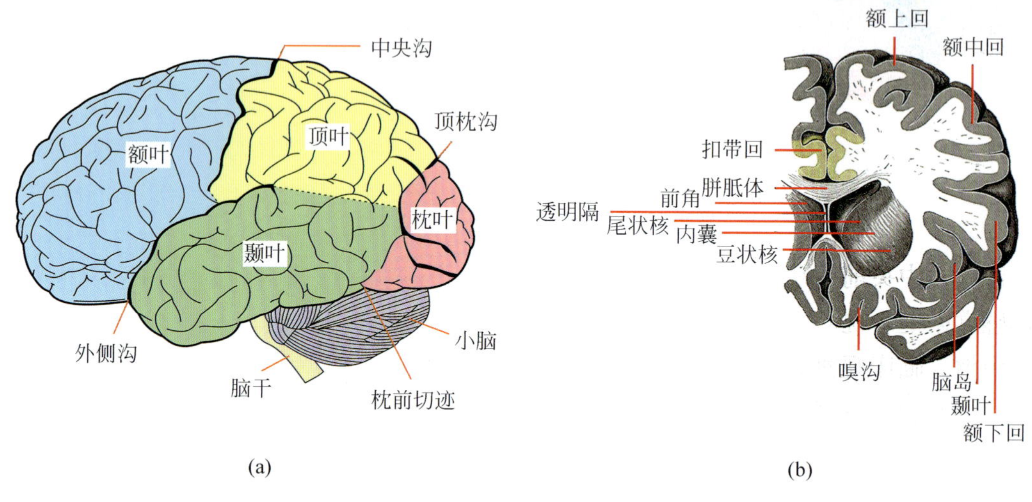

图 1.4 人类左脑的外侧面（a）和冠状面（b）结构

人脑结构非常复杂，由大脑、小脑和脑干等部分组成。在解剖学上，大脑皮层分为额叶、颞叶、顶叶和枕叶四个区，如图 1.4 所示。这些区域控制着思考、语言、行动、感觉、视觉等功能，这些不同功能区域的形成称为区域化，这些区域控制着人类复杂的认知行为。大脑外侧裂（sylvian fissure）将额叶与颞叶分开，中央沟将额叶和顶叶分开，顶枕沟将位于脑后部的枕叶与顶部的顶叶分开。额叶主要负责计划、动机和注意等功能，颞叶负责语音、记忆和情绪等功能，枕叶主要负责视觉功能，顶叶主要负责感觉与知识整合的功能。

如图 1.5 所示，布洛卡区（Broca area，额下回岛盖部和三角部）大致在腹侧前运动区和前额下区，而韦尼克区（Wernicke area）大致在颞上和颞中回区域。外侧裂区及辅助运动皮层涉及语音的启动，前扣带回皮层（图 1.4 右图和图 1.8）负责在语音理解和产生语言时唤起注意控制。顶下角回被认为对多模态语言处理很重要，比如在阅读和命名对象时。人脑的额叶分为中央前回、额上回、额中回和额下回：额下回由岛盖部、三角部和眼眶部组成；颞叶由颞上回、颞中回和颞下回组成；枕叶由枕叶脑回组成；顶叶由中央后回、顶上小叶、顶下缘上回和顶下角回组成。如图 1.5（a）所示，顶上小叶、顶下缘上回和顶下角回是感觉与知识整合的脑区。中央前回为初级运动皮层，中央后回为躯体感觉皮层。人类左脑是语言优势半球，其运动、感觉、语言及联合区的分布如图 1.5（b）所示。额极为高级心理功能区，额叶眼动区负责眼球的运动，运动中枢负责自主运动功能；颞极（颞叶前端）、颞中回和颞下回为联合皮质，为语音及含义的记忆区；视觉联合区及顶叶联合区为字形与含义的记忆区。

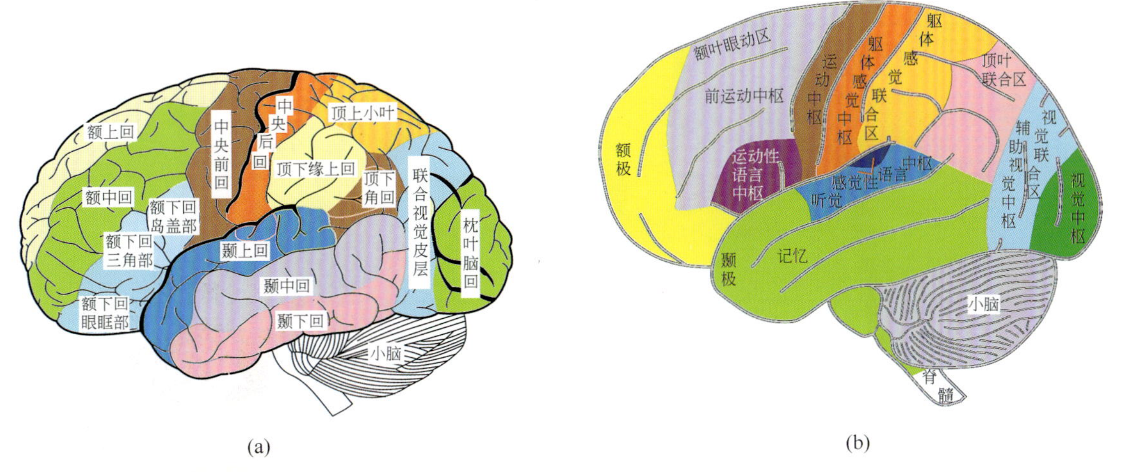

图 1.5　人脑的脑回结构（a）和优势脑半球皮层功能区的分布（b）

额叶的中央前回是运动中枢，额下回的岛盖部为运动性语言中枢。顶叶的中央后回为躯体感觉中枢。枕叶为视觉中枢。颞上回的中后部为听觉中枢、感觉性语言中枢和视觉性语言中枢。临床观察表明，人类的语言区通常位于优势脑半球的外侧裂周围皮层，包括负责产生语音的额下区与负责理解语言的顶 - 颞区，这些区域的损伤可造成失语症。

人类的初级运动皮层 [图 1.5（b）的运动中枢] 位于中央沟的前壁，从脑沟向前部分延伸至中央前回。初级运动皮层的前面与一系列位于中央前回的区域相接，这些区域通常被认为是外侧运动前皮层的组成部分。初级运动皮层的后面与初级躯体感觉皮层接壤，后者位于中央沟的后壁。在腹侧，初级运动皮层与外侧沟的岛叶皮层接壤。初级运动皮层延伸到脑半球的顶部，然后继续延伸至脑半球的内壁。

初级躯体感觉皮层（图 1.5 右图的躯体感觉中枢）位于中央后回，是躯体感觉系统的一部分。尽管最初定义的区域与布罗德曼区 3、1 和 2 大致相同（参见图 1.25），但最新研究表明，与其他感觉域同源的只有 BA 3 区，它被称为“初级躯体感觉皮层”，因为它接收来自感觉输入域的大部分皮层投射。在初级躯体感觉皮层，触觉呈现从脚趾（在大脑半球的顶部）到嘴巴（在底部）的有序排列（以倒置方式）。然而，一些身体部位可能是由部分重叠的皮层区域控制的。初级躯体感觉皮层的每个大脑半球只包含身体对侧的触觉表征。初级躯体感觉皮层的神经元数量与身体表面的绝对大小不成正比，而是与身体部位皮肤触觉感受器的相对密度成正比。身体部位皮肤触觉感受器的密度通常表示身体部位所经历的触觉刺激的敏感度。因此，人类的嘴唇和手比身体的其他部分有更大的代表性。图 1.6 新皮层的冠状面切片，展示了躯体感觉皮层和运动皮层的视图。阴影区域是由怀尔德 · 彭菲尔德（Wilder Penfield）设计的表示区，说明整个身体如何被映射成一个被称为“同体人”的扭曲的畸形人。运动皮层控制不同的肌肉群，躯体感觉皮层感知身体的不同部位。

关于初级运动皮层最常见的误解之一是身体的映射图是完全分离的。在实际中，运动皮层 / 躯体感知与身体部位的映射图有相当多的重叠部分，如图 1.7 所示。运动皮层的每个神经元都对肌肉中的力量有所贡献。当神经元变得活跃时，它向脊髓发送信号，信号被

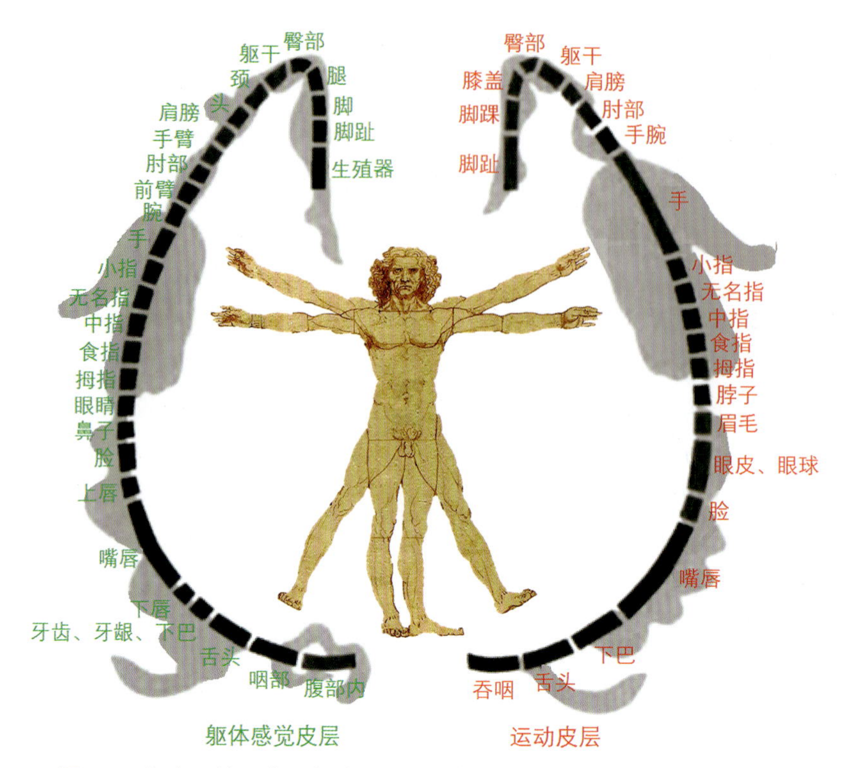

图 1.6　新皮层的冠状面切片，展示了躯体感觉皮层和运动皮层的视图

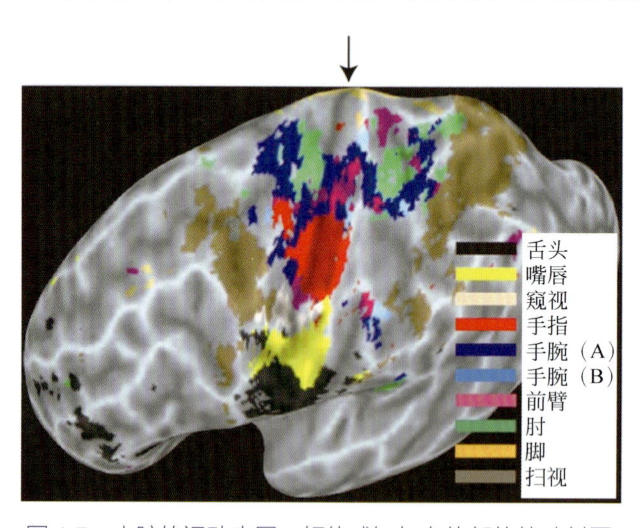

图 1.7　人脑的运动皮层、躯体感知与身体部位的映射图

传递到运动神经元，运动神经元向肌肉发送信号，然后肌肉收缩。运动皮层神经元越活跃，肌肉力量就越大。运动皮层中的某些神经元与肌肉力有关，而另外一些与运动的空间方向有关。这种重叠程度在初级运动皮层的前部区域增加。研究发现，手、手臂和肩膀的映射图包含大量的重叠部分，皮层神经元与肌肉之间有精确的功能连接，即使是初级运动皮层中的一个神经元，也能影响许多与关节相关的肌肉的活动。在对猫和猴子的实验中，当动物学习复杂的、协调的运动时，初级运动皮层中的映射图重叠程度增加，显然重叠的脑区整合在整合过程中对多部位肌肉进行了控制。在猴子体内，当电刺激在一个行为时间尺度

上作用于运动皮层时，它会唤起复杂的、高度整合的动作，比如伸出要抓的手，或者把手放到嘴里，然后张开嘴。有证据表明，初级运动皮层虽然只粗略地与身体对应，但可能以有意义的方式参与整合肌肉，而不是单独控制各个肌肉群。在某种程度上，动作指令被分解成不同身体部位的动作，该映射图包含一个粗糙且重叠的身体分布位置。

2. 大脑半球内侧面的一些沟回

人脑的正中矢状平面将大脑分为左、右两部分，胼胝体为连接左、右脑的白质纤维束。额叶、顶叶、枕叶均延伸至大脑内侧面。胼胝体沟环胼胝体的背面，绕过胼胝体后向前至海马沟。扣带沟平行于胼胝体沟的上方，两沟之间的部分称为扣带回。扣带沟上端沿线为界，前方属于额叶，后方属于顶叶。扣带沟在中央沟上端沿线的前后方分别向上和上后方分出中央旁沟和缘支。中央旁沟和缘支之间的部分称中央旁小叶。距状沟从胼胝体后下方开始，呈弓形向后至枕叶的后端。顶枕沟和距状沟之间的部分称楔叶，距状沟以下的部分称舌回，属于枕叶，如图 1.8 所示。

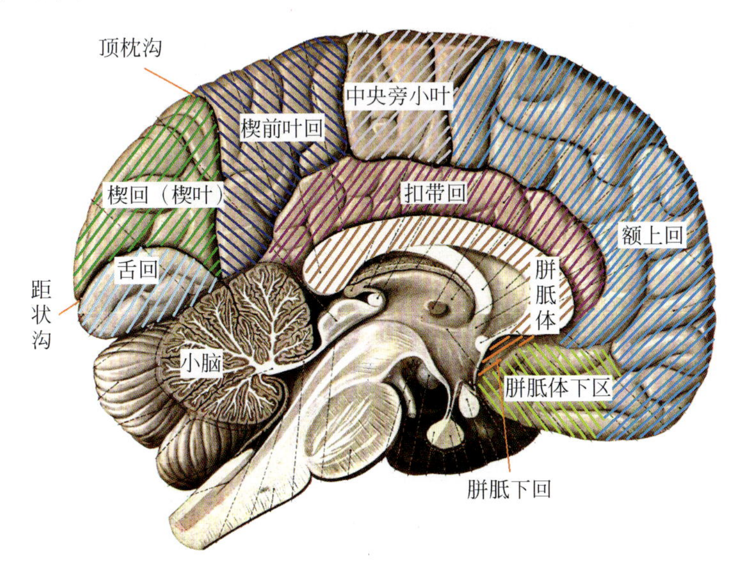

图 1.8　左脑中矢状面显示的额上回、胼胝体、扣带回、舌回、楔叶和中央旁小叶等

3. 大脑半球底面的一些沟回

自下向上的大脑底面结构如图 1.9 所示，右脑在左侧，左脑在右侧，左、右视神经分别连接两个眼球。大脑半球下面的前部为额叶，其下面有眶回。大脑额叶断面结构图如图 1.10 所示，pSTG（posterior superior temporal gyrus，PSTG）为颞上回后部，HF（hippocampal formation，HF）为海马结构：系大脑半球皮质内侧缘的部分，BA 22 为颞上回。大脑的主要成分分为灰质和白质。大脑灰质（深灰色）位于大脑半球表面，主要由神经元和神经胶质组成，是最重要的神经中枢，起调节身体机能和控制人类思维活动的作用。灰质是信息处理的中心，由神经元细胞核组成。大脑白质（浅灰色）为神经元之间相互连接的纤维束，大脑白质位于大脑内部神经纤维束聚集的地方，其神经纤维结构错综复杂，主要负责大脑

信号的传输。脑脊液是充斥各个脑室之间的无色透明液体，其主要作用是为脑细胞提供营养以及维持颅脑内部稳定。

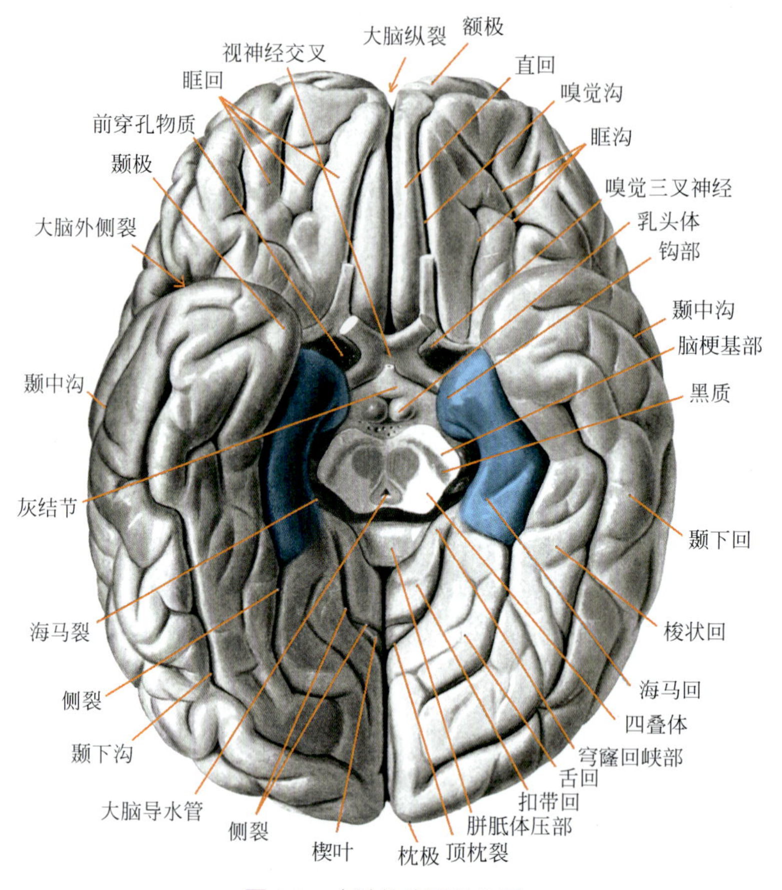

图 1.9 大脑的底面结构图

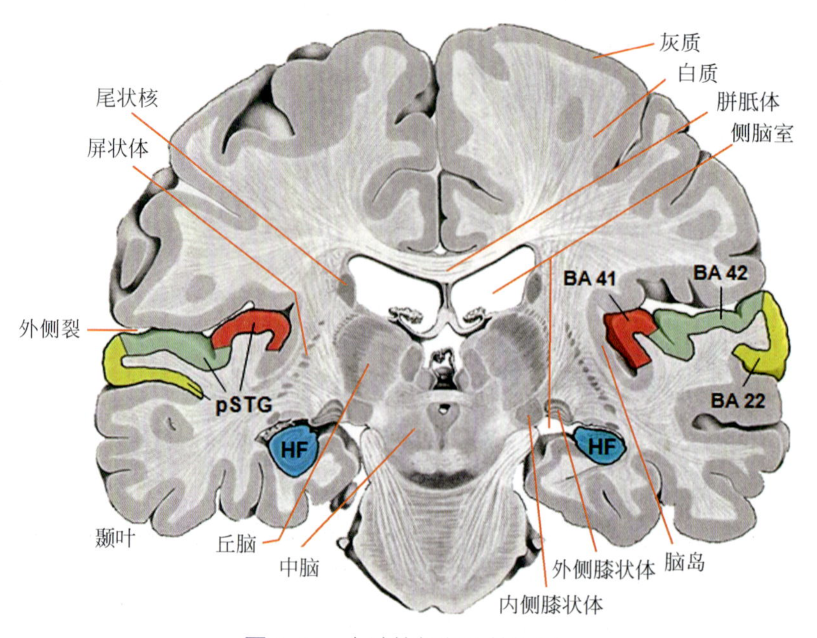

图 1.10 大脑的额断面结构图

4. 语言中枢

能否处理语言是人类大脑皮质与动物大脑皮质在功能上的根本区别。语言的发展和大脑皮质的发展密切相关，人类大脑皮质有相应的语言中枢，可分为说话、听讲、阅读和书写等中枢，如图 1.11 所示。

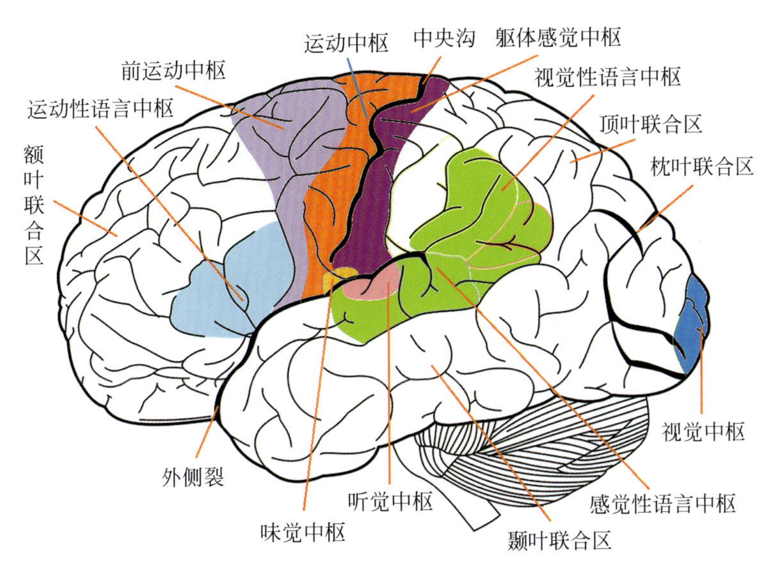

图 1.11 人脑皮层功能区的分布图

（1）运动性语言（说话）中枢：在额下回后 1/3 处（BA 44/45），又称布洛卡区。如果此中枢受损，会导致语言能力丧失，临床上称为运动性失语症（布洛卡失语症）。

（2）听（感）觉性语言（听讲）中枢：在颞上回后部（BA 22）。此处受损后，引起听觉性失语症，患者可以讲话和书写，能听到谈话人的声音，但不能理解谈话的意思，往往答非所问，临床上称为感觉性失语症（韦尼克失语症）。

（3）视觉性语言（阅读）中枢；在顶叶角回（BA 39）。若此区受损，患者的视觉虽无障碍，但不能理解过去已认知的文字含义，不能阅读，临床上称为失读症。

（4）书写中枢：在额中回的后部（BA 8）。若此区受损，失去书写能力，患者可听懂别人的谈话，看懂文字，也会讲话，但不会书写，而其手部的其他运动并不受影响，即手的运动能力仍然保存，临床上称为失写症。

临床实验表明，右利手的人，其语言中枢在左脑半球；左利手的人之中，少数人的语言中枢在右脑半球，多数人仍在左脑半球，只有损伤语言优势半球的中枢时才表现出各种症状的失语症。总之，左脑半球为语言优势半球，其额下回与运动性语言（说话）有关，又与额中回的书写中枢相邻；颞叶与听觉性语言（听讲）即感觉性语言有关；顶叶与视觉性语言（阅读）有关。通过功能磁共振成像和正电子发射断层扫描分别对人脑语言区定位的结果，均说明在语言优势半球的颞叶、顶叶、额叶是语言区主要的所在位置。

大脑执行语言任务时显示出一种层次结构，这种结构与句子的层次 - 分段结构相关。研究表明，经典的语言区不是单一的模块，而是复杂的区域集群，每个脑区都有不同的功能。这与大脑中拥有一个独立的“语言器官”的观点是不一致的，即使这个器官只负责语法这一功能。因为如果语言的进化是由于人脑中增加了一个语言模块，语言过程涉及的脑区就不会如此广泛地分布在不同的大脑皮层区。如果存在这样一个语法模块，那么它也并不局限于一个皮层区，因为与语法和句法过程相关的子功能被发现同时存在于大脑的前部和后部区域。

1.1.2 额叶的结构和语言功能

额叶是位于大脑中央沟前方、外侧沟上方的部分（图 1.4）。在额叶的背外侧面，有与中央沟平行的中央前沟，中央沟与中央前沟二者间的部分称为中央前回。自中央前沟水平向前走出两条沟，分别是自中央前沟上段走向额极的额上沟和自中央前沟下段走向额极的额下沟。额上沟以上的部分为额上回，额上沟和额下沟之间的部分为额中回，额下沟和外侧沟之间的部分为额下回。额下回构成大脑外侧裂的下壁，额下回的后部被外侧裂的前水平支和升支分为三部分，分别为眶部、三角部和岛盖部，如图 1.5 所示。

1. 左额叶

左额叶：主要负责命名、朗读、言语产生、语音产生、语义处理、语义知识的存储和检索、书写。

左脑半球病变位置的周围脑区激活导致了正确命名行为的增多，特别在左额叶最为明显，命名改善与左额叶的调制有关，而命名错误的减少通常被认为是与语言处理有关的左后脑区介导的。额叶皮层用于朗读，左额叶用于语音产生。语义处理、语义知识的存储和检索相关脑区的分布位置包括额上回（superior frontal gyrus，SFG）及邻近的额中回（middle frontal gyrus，MFG）、背内侧前额叶皮层（dorsomedial prefrontal cortex，DMPFC）、额下回（inferior frontal gyrus，IFG），尤其是眶部、腹内侧前额叶皮质；语义知识的存储和检索的神经系统分布广泛，包括前额叶背侧、腹内侧和前额下皮质的特定区域。额叶损害常会出现书写行为的持续异常。

左内侧额叶：主要负责激活语言反应、单词流畅性、句法处理。

左外侧额叶：主要负责控制语言反应。

在左额下回受损而必须完成交流任务时，表现出明显的语言非流利性，其特点是几乎完全没有自发语言。

左额叶内侧（left interior frontal）和颞上皮层（superior temporal cortex，STC）萎缩引起句法缺陷，削弱言语交流中的作用，使自发语言的单词流畅性受损。

左额叶腹侧：主要负责语法处理。

左额叶背侧：主要负责工作记忆。

在对照组中，与语法处理相关的左额叶腹侧部分和与工作记忆相关的左额叶背侧部分都被激活。

前额叶：主要负责言语输出、抽象语言任务、解释词序并将单词组合成语法句子、理解句子、语义知识的存储和检索、语义信息、中央执行系统的运作。

失语症的特征通常表现为不流利/类似布洛卡失语。非失语症患者的言语输出减少，抽象语言任务困难，也提示前额叶受损。侧前额叶脑区负责解释词序并将单词组合成语法句子。理解障碍与左前额叶脑区的损伤有关。语义知识的存储和检索的神经系统分布广泛，包括前额叶背侧、腹内侧和前额下皮质的特定脑区。中央执行系统的运作与前额叶关系密切。

前额区：主要负责对信息的注意、抑制和整合，以及语言思维和听力理解。

前额区（BA 9/10/11/46/47）：主要负责大脑高级心理功能整合，与语言思维有关。

前额区（BA 9）：语义处理、汉字拼写处理。

前额区（BA 10）：主要负责大脑高级心理功能整合，与语言思维和听力理解有关。

齐（Chee）等发现，汉字、英语单词和图片的语义处理用其各自的大小判断任务激活共同的大脑神经网络，包括左前额区的 BA 9；刘（Liu）等的研究显示左额中皮质（BA 9）也在汉字拼写处理中有激活现象。听力理解激活明显的脑区有左额前区（BA 10）。

左后额叶：主要负责复杂语法结构的理解、多音节单词的命名。

非流利性原发性渐进式失语症（non-fluent variant-primary progressive aphasia，nfv-PPA）患者的左后额叶和脑岛区有明显的脑病变，出现语言失用和复杂语法结构的理解、多音节单词的命名障碍的症状。

左后外侧前额叶皮层（BA 8/9）：主要负责对象命名。

左背外侧前额叶皮层（DLPFC）（BA 46/9）：主要负责动作词的检索、图像命名、认知及顺序处理、语言处理、工作记忆中保存信息的语言功能、语义信息、信息控制与协调。

左背外侧前额叶皮层（DLPFC）：参与动作词的检索，对图像命名起到促进作用，背外侧前额叶 BA 46 区和 BA 9 区位于 BA 44 区和 BA 45 区的前方和上方，在认知过程中具有协同作用，并参与需要在工作记忆中保存信息的语言功能，与认知及顺序处理相关。检索与输入相关联的语义信息系统包括外侧前额下脑区。左背外侧前额皮层与信息控制和协调有关。

额上回（SFG）：主要负责语义处理、语义知识的存储和检索、听力理解。

听力理解障碍的病变部位位于颞上回后部至外囊或额下回。

额中回（MFG）：主要负责词汇检索、语义处理、语义知识的存储和检索、书写中枢、语法、组词词汇记忆、语言组织、语义和同音字的判断。

BA 6：主要负责书写中枢。

BA 8：主要负责书写中枢、句法处理。

BA 9：主要负责语义和同音字的判断。

左侧额中回的激活与词汇检索有关。语义处理、语义知识的存储和检索包括额中回（MFG）。书写中枢位于额中回后部的 BA 6/8 区。额中回与语法、组词词汇记忆、语言组织有关，语义和同音字的判断激活区在左额中回（BA 9）最强。倪（Ni）等进行的句法异常检测显示：句法处理时额更上部（more superior frontal, BA 8）被激活。

左额下回（left IFG，LIFG）：主要负责语音流畅性、语音生成、语言输出、语法生成、语法理解、词汇语义选择、句子加工、句法处理、执行句法计算、语义编码、语义处理、语义知识的存储和检索、工作记忆、动词处理、听力理解。

额下回眶部（BA 47/11）：主要负责语义处理、语义知识的存储和检索、阅读理解中枢、句法处理。

左额下回（三角区）（BA 45）：主要负责音素流畅性、句法处理、语义编码。

左额下回（BA 46）：主要负责语义编码。

左额下回（BA 47）：主要负责句法处理、语音生成、词汇检索。

研究表明，音位和语义流畅性的缺损与严重的额叶损伤有关。对左脑卒中患者的损伤定位研究显示，音位流畅性缺损与额叶损伤相关，这个结果与支持额叶受语音约束的单词检索的观点一致。许多研究还表明，在额叶皮层内左额叶皮层比右额叶皮层受损严重时，对音素流利性的影响更大。右额叶皮层病变导致单词流利性降低，且所有四个流利任务（单词、设计、手势和构想）都对额叶损伤敏感。在对额叶皮层进行的流畅性测试中，测试内容包括单词（音位/语义）、设计、手势和概念流利性以及背景认知。将右/左侧病变的患者与内上侧病变的患者进行比较，结果表明额叶功能由一系列特殊的认知过程组成。在流利性任务中，音位和设计流利性任务与额叶相关。额叶外侧病变患者最显著的流利性缺陷特点是左侧额叶与音位流利性有关，右侧额叶与设计流利性有关，其中左额下回的三角区对音素流畅性起关键作用。语义处理、语义知识的存储和检索包括额下回，尤其是眶部，左侧额下回与语音、工作记忆和句法过程相关。听力理解障碍的病变部位位于颞上回后部至外囊或额下回，非流利性失语与额下回（岛盖部）有关。

左额下回除了在语音流畅性方面发挥着重要的作用之外，在语法处理等方面也发挥着重要作用。左额下回有助于语法生成和词汇语义选择等任务。左额下皮层有助于句子加工的大量证据表明，语法理解能力受损与左额下回萎缩有关。通过对左脑半球损伤患者和健康者参照群的功能活动、灰质完整性及表现的测量，研究人员发现了左额下回对句法处理的作用：左脑半球 BA 45（额下回三角部）/BA 47（额下回）和颞中回后部与句法处理有关，左侧 BA 45 和颞中回后部的组织完整性和神经活动对保留句法处理功能起决定性作用，如两者之间的直接连接功能关系受损时，会导致句法处理受损，研究结果也说明了左额下回在句法分析中起重要作用。另外，左额下回除对句法处理外，在执行句法计算的神经网络中也起着重要的作用。左额下回眶部是阅读理解中枢，参与句法处理和语义处理。

在支持语言的大规模神经网络中，解释单词是将听觉-感觉输入转换为语音后，语音被解释为与颞后-外侧和前-颞下回的概念相关联的单词形式。前额下回和侧前额叶脑区能解释词序并将单词组合成语法句子。语言的表达依赖于相似的语义和语法过程，选定的词形在额下回和岛叶脑区形成语音，在语音传入后经过顶叶、颞叶传入额叶，在额下回完成解释词序并将单词组合成语法句子，从而形成语音。语义编码与左额下回（BA 45/46）的选择性激活有关。语言输出受限与左后额下回的损伤有关。语音生成与前岛叶/BA 47 有关。左额下回（BA 45/47）被认为在个体词汇含义明确受约束的检索或受约束的选择中发挥作用，倪（Ni）等进行的句法异常检测显示：在进行句法处理时 BA 47 被激活。

左额下回发挥用于动词处理的特定作用的部分，正好位于布洛卡区的前方和上方。

左布洛卡区（BA 44/45）（布洛卡区的岛盖部/三角部）：主要负责命名、运动编程/

语音清晰度、语音生成、发音动作的执行、语音输出、音节辨别、复杂句法构成、句法处理（语法中枢）、语义处理、语法信息处理、理解和生成语义可逆句子、拼写、句子处理（排序）、口语产生的大规模皮质网络中信息的转换、运动性语言中枢、信息复述、语法、组词词汇记忆、语言组织、语音学的编码。

布洛卡区前部：主要负责参与语义加工；

布洛卡区后部：主要负责参与语音加工。

BA 44：主要负责句子处理（排序）、语音编码、口语表达、复杂句法构成、句法处理、语义处理。

BA 45：主要负责语言叙述、语言产生的形态学基础、复杂句法构成、词汇检索、句法处理、语义处理。

左脑 BA 44/45（附录表 1）有辅助命名改善的作用，左脑 BA 44/45（布洛卡区）血流再灌注有助于左脑 BA 37（梭状回）调整后命名的早期改善，对运动编程 / 语音清晰度计划起重要作用，这是口语命名的重要组成部分之一。布洛卡区负责语音生成任务，以布洛卡区损伤为特征的失语症也可能受到上纵束脑区病变的影响。虽然布洛卡区所起的作用可能不像以前认为得那么广泛，但它确实参与了发音动作的执行以及语音输出。在处理自然语言中的句法构成上，对复杂句子层次处理起到关键作用的是 BA 44/45。倪（Ni）等进行的句法异常检测显示：句法处理时 BA 44/45 被激活。齐（Chee）等发现，汉字、英语单词和图片的语义处理用其各自的大小判断任务，激活了共同的大脑神经网络，包括左额下区的 BA 44/45。左额下回的 BA 44/45 为句法处理中枢。

布洛卡区的激活与语法信息的处理有因果关系，这可以通过检测语法违规的能力来证明，布洛卡区在句法违规测试和基于规则的决策方面显示良好的表现，性能得到提高。布洛卡区在理解和生成语义可逆句子，拼写和运动规划 / 语音清晰度方面发挥了重要作用。包括布洛卡区在内的外侧裂周区（perisylvian）大脑皮层损伤可以导致音节辨别能力的轻微下降。布洛卡区以及周围皮质和皮质下脑区的任何脑部病变都表明布洛卡区可能参与了口语产生的大规模皮质网络中信息的转换。

布洛卡区（岛盖部）是一个明显的与句子处理（排序）相关的脑区。布洛卡区参与信息复述，布洛卡区前部参与语义加工，后部参与语音加工。布洛卡区（BA 44/45）为运动语言中枢，该区并非仅在言语产生时所激活，在语言理解中也伴随有布洛卡区的激活现象。运动性语言中枢位于 BA 44/45 区后部。额下回的 BA 44/45 与语法、组词词汇记忆、语言组织有关。BA 45 区在语言（英语和美式手语）叙述时被激活，BA 44 区在口、喉及手肌运动时被激活，提示 BA 45 是语言产生的形态学基础。布洛卡区与语音学的编码有关。左额下回（BA 45/47）被认为在个体词汇含义明确受约束的检索或选择中发挥作用。背侧通路是通过弓形纤维束或上纵束，连接前运动皮质（包括布洛卡区的岛盖部）、缘上回和颞上回脑区，该通路在语音编码到口语表达过程起重要作用。

额下皮质：主要负责语义处理、言语产生。

左前额下皮质（anterior left inferior prefrontal cortex, aLIPC）：主要负责语义促进；

左后额下皮质（posterior left inferior prefrontal cortex, pLIPC）：主要负责语义抑制。

功能磁共振成像表明左前额下皮质和后额下皮质与语义处理有关。在左前额下皮质观察到语义促进，而在后额下皮质观察到语义抑制和语义处理；额下叶与言语产生有关。

左额下区：主要负责说话处理过程的语言中枢。

左额下皮层（left inferior frontal cortex, LIFC）：语法处理，特别是复杂的句法、语音、单词的语义和声音处理。

前左额下皮层：单词的语义处理；后左额下皮层：声音处理。

左额下叶与语法处理有关，语法复杂的句子比简单的句子更容易激活左额下脑区；左额下叶萎缩与语音错误有关。左额下皮层在功能上的不同，可以通过可分离的皮质连接来理解，该皮质连接将前左额下皮层连接到与语义记忆相关的颞极区，将后左额下皮层连接涉及听觉语音处理的颞顶区。

额下沟和额中回后部布洛卡区边界背侧的脑区：主要负责流利性。

对于额叶的言语流畅性的研究，在原发性渐进性失语症语言障碍的剖析中指出，流利性低与额下沟和额中回后部布洛卡区边界背侧的脑区有关。

额叶运动区（BA 4）：主要负责语言运动器官组织、书写运动器官组织。

额叶运动区（BA 4）和运动前区（BA6）:涉及所有的语言运动器官组织，包括口、唇、舌及手等发音和书写运动器官组织。

附属运动区（位于内侧额叶皮质）：主要与失语症有关。

附属运动区的任何一侧受损均可引起一段时期的失语症。

前运动区（BA 6）：主要负责语言运动器官组织、书写运动器官组织、信息复述、听写。

左前运动区外侧皮质：句法处理的语法中枢。

前运动区（BA 6）负责所有参与发音和书写的、与语言相关的运动器官组织。前运动区参与信息复述。听写时激活左前运动区皮质。

前运动区 / 额下回后部：主要负责运动行为的规划和排序以及听觉 - 运动映射。

在健康的大脑中，左前额下回是参与语言理解和语言输出调解回路的主要脑区，涉及包括语义编码、语义引导、受约束的语义检索和语义选择在内的多方面语义处理。布洛卡区还涉及语音处理、句法处理和句法工作存储记忆，更广泛来说，其还涉及其他的非文字工作存储记忆功能和语音输出。

2. 右额叶

右额下回：主要负责基本语言功能、语音表达、句法处理、语言表现、单词阅读、词干完成、命名。

在通常情况下右利手者，左脑半球为语言优势半球，具有语言产生的功能。然而失语症恢复和治疗及经颅磁刺激（transcranial magnetic stimnlation，TMS）的研究结果都证明，左脑半球损伤后，左脑语言区同源的右脑区，可以进行代偿。左侧额叶皮层受损的治疗结果显示，右侧额叶皮层在治疗期间的语言生成中起到一定的作用，即右额下回也具有基本的语言功能。治疗研究表明，左、右两个脑半球是否在治疗期间中发挥作用，取决于个体情况及大脑病变程度。

关于右额叶的语言功能，万（Wan）等通过对左脑半球大面积病变和非流利性失语症的慢性脑卒中患者进行的弥散张量成像和语言测试的研究发现：右额下回（岛盖部和三角部）有明显的微结构重塑，说明了右脑半球布洛卡同源区在重新学习声音与发音动作的投射方面的潜在作用，强化康复治疗导致右脑半球的结构变化，与语音表达的改善相关。另外，除额下回外，颞上回后部观察到的各向异性分数（fractional anisotropy，FA）变化与弓形束的其他端点相对应，这在声音与发音动作的投射以及声音输出的感觉运动反馈和前馈控制中起着重要作用。研究结果还表明，语音产生的更大改善与右额下回岛盖部中各向异性分数的更大减少有关，左脑半球病变相对较大的患者其唯一的恢复途径可能是利用右脑半球的同源语言脑区。右额下回的岛盖部 / 三角部参与句法处理。右额下回可以被视为语言表现的必要因素，右额下回 / 岛叶皮质（IFG/insular cortex，IFG/IC）与单词阅读和词干完成有关。抑制性 TMS 对右额下回三角部的治疗可立即改善命名功能。

右脑前部前运动区：主要负责复述。

1.1.3 顶叶的结构和语言功能

顶叶位于大脑中央沟后方和外侧沟上方，如图 1.4 所示。在顶叶上有与中央沟平行的中央后沟，中央沟与中央后沟之间的部分称为中央后回。在中央后沟上段的后方有与脑半球上缘几乎平行的顶内沟。顶内沟将中央后回以后的顶叶分为上、下两部分，上部分称为顶上小叶，下部分称为顶下小叶。顶下小叶又分为两部分，围绕外侧沟末端的部分称为缘上回（supramarginal gyrus, SMG），围绕颞上沟末端的部分称为角回（angular gyrus, AG），如图 1.5 所示。

左侧顶叶：主要负责工作记忆、语义加工、命名、音位调节、言语产生、书写和视觉结构任务、语义信息、书写、文字流畅的成型输出。

左顶叶与工作记忆有关。奥加尔（Ogar）等对言语失语的研究表明，顶叶患者的多音节音序错误和单音节发音错误的百分比均高于额叶。对涉及与命名相关脑区的顶叶的调节也导致了音位性错语的变化。顶叶与言语产生有关。常见书写和视觉结构任务（如绘画和结构性失用症）的损伤，通常认为由反映了病理学和肢体失用的突出的顶叶负担。检索与输入相关联的语义信息系统包括内侧顶叶皮质。顶叶与书写的关系亦十分密切，顶叶在文字流畅的成型输出中发挥重要作用。

左顶叶后部：主要负责信息储存。

左顶叶区（BA 7）：语义处理。

齐（Chee）等发现，汉字、英语单词和图片的语义处理用其各自的大小判断任务，激活了共同的大脑神经网络包括左顶叶区（left parietal region, BA 7）。

左顶上叶：主要负责听写，听写时左顶上叶处明显激活。

左顶下叶的背面：主要负责听写，听写时左顶下叶的背面与左顶上叶相连处明显激活。

左下顶叶结构（缘上回和角回）：主要负责听觉、语言理解的词汇语义，是躯体、视觉和听觉的信号综合区，以及单词 / 词汇中枢。

角回（BA 39）（顶下回）：主要负责语义处理、语义知识的存储和检索、理解能力、句法处理、加工感觉输入、语义通达、复述、听力理解、命名、书写，是视觉性语言中枢、阅读中枢、概念的表征区。

缘上回（BA 40）（顶下回）：主要负责句法处理、语义处理、理解能力、复述、听词认知、语音编码、口语表达。

左顶下结构（缘上回和角回）和颞上回在听觉 - 语言理解的词汇 - 语义知识中起着关键作用。语义缺陷与左后颞叶和顶下区的损伤相关。顶叶联合区（BA 39/40）主要是汇集了顶叶、颞叶和枕叶的神经束，因此是躯体、视觉和听觉的信号综合区。左角回、缘上回为单词 / 词汇中枢。句法处理除左额下回外，还有缘上回；语义处理包括角回和邻近的缘上回；与语义知识的存储和检索相关的神经系统包括后脑皮层的角回；左角回、左舌回参与句法处理。倪（Ni）等进行的语义异常检测的结果表明，正常形式的句子，进行语义处理时激活了 BA 39 区。理解能力恢复不良与缘上回、角回的病变有关。缘上回参与复述、听词认知任务。视觉性语言中枢和阅读中枢位于顶下小叶的角回（BA 39）。角回是加工感觉输入的概念表征区，角回与韦尼克区的功能连接，与复述、听力理解、命名有关。角回损害引起的失写对格斯特曼（Gerstmann）综合征的诊断是必要的，角回及其深部损害影响了运用空间结构能力。背侧通路通过弓形纤维束或上纵束，连接前运动皮质（包括布洛卡区的岛盖部）、缘上回和颞上回脑区，该通路在语音编码到口语表达过程中起着重要作用。

顶下叶：主要负责语义加工、语义信息、语音信息、言语和图像语义任务、语音编码和语言材料的短期存储和检索。

左顶下小叶（inferior parietal lobule，IPL，BA 40）：主要负责语义信息的整合及其与语音信息的联合、单词特征和语义分类的集成。

当病变扩展到顶下叶的语义加工区时，大部分的患者出现语义障碍。言语和图像语义任务障碍与左后颞叶皮层和顶下皮层的相邻脑区的损伤有关。顶叶，特别是顶下叶，是脑区网络的一部分，该脑区介导语音编码语言材料的短期存储和检索。左顶下皮层对语义信息的整合及其与语音信息的联合起重要作用，同时该脑区与单词特征和语义分类的集成相关联。

左顶内沟（intraparietal sulcus, IPS）：主要负责句法处理。

右侧顶叶：主要负责语义记忆、数字表示的任务。

数字知识可以被视为语义记忆的一个独特领域，其特征与对象的属性完全不同。研究表明，与对象表征相比，皮质基底神经节病变综合征（cortical basal ganglia disease syndrome，CBDS）患者在执行需要数字表示的任务上更易出错，这与右侧顶叶皮层的萎缩有关。

1.1.4　颞叶的结构和语言功能

颞叶是位于大脑外侧沟下方的部分，如图 1.4 所示。颞上沟与外侧沟大致平行，颞上沟与外侧沟之间的部分称为颞上回。自颞上回转入外侧沟的下壁上，有两个短而横行的大脑回，称为颞横回。颞下沟与颞上沟大致平行，两沟之间的部分称颞中回。颞下沟以下的部分称为颞下回，如图 1.5 所示。像单词一样的元素，在整合特征时，以某种方式存储在颞叶皮质中作为“心理词典”。

颞叶：主要负责语义流畅性、语义知识、多音节音序和单音节发音、图片命名、语义和音位调节、言语产生、语义信息、书写。

研究表明，颞叶损伤患者的语义流利性比音位流利性差。对左脑卒中患者的损伤定位研究显示，语义流畅性缺陷与颞叶受损有关，这个结果与颞叶皮层支持受语义约束的单词检索观点一致。以往的研究显示，颞叶损伤患者的多音节音序错误和单音节发音错误的百分比均高于额叶损伤患者。左颞叶萎缩的患者存在语义知识的渐进性丧失。颞叶激活的改变预示着语义和音位性错语的数量减少，颞叶参与了图片命名，并与语义和语音上的出现的命名错误有关，左颞叶参与语义处理。颞叶也与言语产生有关，对象命名呈现双侧颞叶激活。检索与输入相关联的语义信息系统包括腹颞叶。颞叶病变可导致听觉语言受损及书写异常，言语错乱主要与颞叶有关。

颞前极：主要负责语义加工。

对原发性渐进性失语症语言障碍的剖析结果表明，语义加工障碍与颞前极有关。

前颞叶、颞中、颞下、内侧颞叶：主要负责词汇语义、语言产生过程中的单词查找。

词汇语义涉及前颞叶（anterior temporal lobe，ATL）、颞中、颞下、内侧颞叶（medial temporal lobe，MTL）。涉及左颞上 / 中 / 下叶的任何脑部病变均可能与接受性失语症以及语言产生过程中的单词查找困难有关。

前颞叶：主要负责听觉命名、对象命名、单词理解、语义处理与加工、多模态语义处理、特定语义信息的检索。

听觉命名依赖于前颞叶的脑区，前颞叶皮质与语义加工有关。研究结果表明，左前颞叶可能对单词与其对象连接起关键作用，即它们可能在选择对象的语言标签和介导单词理解的精确性方面发挥重要作用。左前颞叶，特别是沿着颞上回的脑区，对于从通用语言到特定级别的单词理解和对象命名非常重要，前颞叶皮层是语义处理的关键部位。语义性痴呆（semantic variant of primary progressive aphasia，sv-PPA，即原发性渐进式失语的语义变异型失语症）患者的前颞叶和颞下回显著萎缩，有严重的命名障碍和单词理解障碍，通常开始于左脑半球，然后发展为双侧。双侧颞叶的腹侧和前颞叶的激活是语义判断的基础，前颞叶对于多模态语义处理具有重要作用。

对原发性渐进性失语症语言障碍的剖析结果表明，单词理解能力与前颞叶具有很强的相关性，其原因可能是视觉模式识别在我们使用的单词 - 图片理解任务中的重要性有关；语义变异与双侧颞前叶腹外侧的萎缩有关。脑疾病引起的语义障碍的研究表明，前颞叶对语义能力起到重要作用。双外侧前颞叶皮质（antero-lateral temporal cortices bilaterally）萎缩导致的最明显的后果是对特定语义信息的检索能力的缺陷。

后颞叶：主要负责视觉命名、言语和图像语义任务、语义、音素。

视觉命名依赖于后颞叶。言语和图像语义任务障碍与左后颞叶皮层和顶下皮层的相邻脑区的损伤有关。语义缺陷与左后颞叶和顶下叶的损伤相关，音素错语与颞叶后部有关。

后颞上叶（posterior superior temporal lobe）：主要负责听力理解。

颞上区：主要负责说话处理过程的语言中枢。

左颞上回（BA 22，韦尼克区）：主要负责词汇理解、命名、句法处理、流畅性、词汇选择、语音处理、听觉短期记忆、听觉语言理解、听觉分析、语言理解、单词和句子理解、言语发音提供听觉目标、语义处理、听觉 - 语言理解的词汇 - 语义听力理解、语音编码、口语表达。

左颞上回的 BA 22（韦尼克区）的血流再灌注有助于左梭状回（BA 37）命名功能的早期改善，韦尼克区与词汇理解和命名相关。左颞上皮质与失语症患者的语言处理和理解能力的提高有关，韦尼克区功能障碍与理解障碍有关。

颞上回与言语流畅性有关，自发语言每分钟的单词流畅性受损与左内侧额叶和颞上回萎缩有关，这反映了句法缺陷在削弱言语交流中的作用。额 - 颞叶退化的非流利言语的研究表明，颞上回灰质在语音流畅性方面发挥重要的作用。左颞上皮质与失语症患者的语言处理和理解能力的提高有关，经颅直流电刺激（transcranial direct current stimulation，tDCS）左侧颞上回 CP5（电极位置，如图 1.12 所示）可以改善听觉语言理解能力。

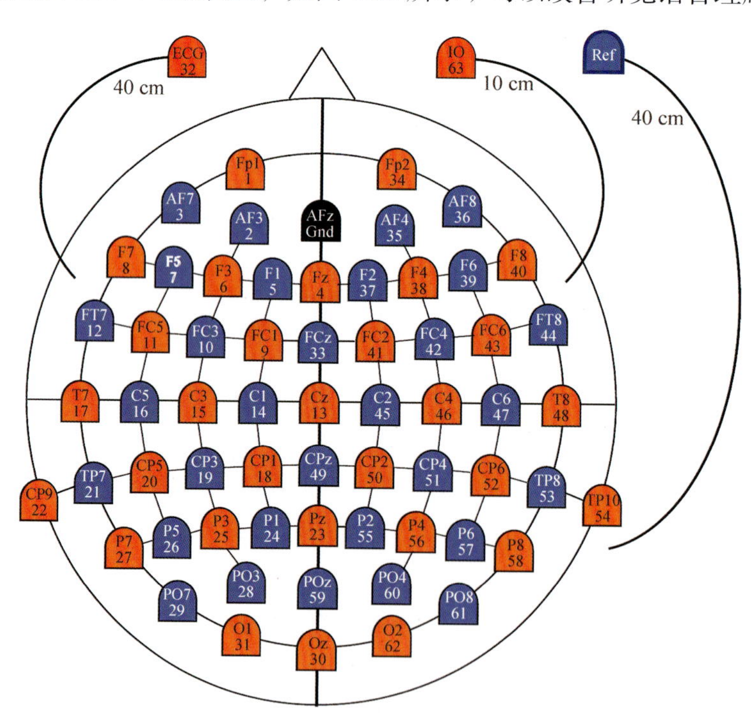

图 1.12　Brain Product 64 导电极帽的电极分布图

颞上回与词汇选择有关，左右颞上回皮质功能整合对失语症中单词和句子理解的行为起促进作用。虽然后颞上皮层的损伤与听觉语言理解障碍有关，但功能成像表明这些脑区可能不局限于语音处理而是用于一般听觉分析网络的一部分。韦尼克失语症最常见的诱因是左后颞 - 顶皮质的脑血管意外（cerebrovascular accident，CVA），影响了涉及语义、语音和听觉处理的脑区。其经典病变分布与左颞上回的语音处理区重叠。此外，听觉理解，特别是句子和语篇理解，可能会受到听觉短期记忆的影响，其神经基质已经定位在左颞上回。左颞上回是听觉短期记忆和言语理解的共同基质。颞上回和颞上沟为言语发音提供了听觉基础。左颞上回与听觉语音处理和语义处理相关，参与句法处理和语义处理。语言理解能力差，与左后颞上回损伤有关。

颞上回在将听觉转化为语言理解的词汇再转化为语义知识的过程中中起着关键作用。颞上回与听力理解有关。背侧通路是通过弓形纤维束或上纵束，连接前运动皮质（包括布洛卡区的岛盖部）、缘上回和颞上回脑区，该通路在语音编码到口语表达过程中起重要作用。

左前颞上回（anterior superior temporal gyri，aSTG）（BA 22）：主要负责词形识别、语法理解、语音产生（基本短语结构的构建）、语音理解、故事理解。

左后颞上回（posterior superior temporal gyri，pSTG）（BA 22）：主要负责自我产生的语言和运动控制、语音处理、语音感知、语音产生、语义处理、语义存取、单词的语音处理、复述、听觉理解，是听觉性语言中枢。

左前颞上回（aSTG）是听觉腹侧通路（auditory ventral stream）的一部分，在词形识别中发挥了作用。左后颞上回（pSTG）是听觉背侧通路（auditory dorsal stream）的一部分，与自我产生的语言和运动控制有关。左前颞上回在词级过程中的语法理解以及语音产生中的基本短语结构的构建起着重要作用。左前颞上回的激活和颞间功能连接对语音理解能力发挥起了重要作用。颞叶皮层用于故事理解，特别是左前颞上回。

语音处理涉及双侧后颞上回（pSTG）。齐（Chee）等发现，汉字、英语单词和图片的语义处理用其各自的大小判断任务，激活了共同的脑神经网络，包括左后颞区的BA 22。除了语义存取之外，左后颞上回的激活还和单词的语音处理相关联。左后颞上回在语音产生中起突出作用。后颞上回的皮质不仅参与了语音感知，而且还参与了语音产生的音位处理。听觉性语言中枢位于颞上回后部（韦尼克区），参与复述，听力理解明显激活的脑区有左颞上回（BA 22）。

左前外侧颞上皮层（STC）（BA 22）：主要负责处理与句子上下文相关的词汇信息，随着时间的推移将有意义的词汇信息结合成连贯的信息。

后外侧颞上回（superior temporal gyrus，STG）和后颞上沟（superior temporal sulci, STS）：主要负责语音处理，包括语音生成、语音感知以及听觉-语音的短期记忆。颞上回和颞上沟为言语发音提供听觉目标。

颞中回（BA 21）：主要负责句法处理、语义处理、词汇语义信息的存储和策略检索、词汇选择、语音产生、语义存取、单词的语音处理、听力理解、语法、组词词汇记忆、语言组织、命名。

左额下回三角部（BA 45）和颞中回后部的组织完整性和神经活动对保留句法处理功能起着决定性作用，当两者之间的直接连接功能关系受损时，会导致句法处理功能受损。左颞中回（middle temporal gyrus，MTG）观察到语义促进，可能与词汇语义信息的存储和策略检索有关；当病变扩展到颞中回和顶下叶的语义加工区时，大部分的患者存在语义障碍。左颞中回与词汇选择有关，它包含在与检索和输入相关联的语义信息系统中，同时它也在语音产生中发挥作用。齐（Chee）等发现，汉字、英语单词和图片的语义处理用其各自的大小判断任务激活了共同的大脑神经网络，包括左后颞区的BA 21，除了语义存取之外，左颞中回的激活还和单词的语音处理相关联。左颞中回与听觉语音处理和语义处理相关，参与句法处理和语义处理。颞中回与听力理解有关，即听力理解激活明显的脑区包括左颞中回（BA 21/22）。颞中回与语法、组词、词汇记忆、语言组织有关。命名的皮层功能区位于颞中回。默里·格罗斯曼（Murray Grossman）在支持语言的大规模神经网络中，描述传入的语音被解释为与颞后 - 外侧和前 - 颞下回的概念相关联的单词形式。

左中梭状回（mid-fusiform gyrus，mid-FFG）：主要负责语义处理。

梭状回（BA 37）：主要负责语义知识的存储和检索、词汇处理 / 识别、图像命名、听力理解、阅读、词形处理 / 判断、视觉处理、将触觉输入信息与语言知识相融合、语言 / 语义处理、语音匹配、汉字拼写处理。

负责语义知识的存储与检索功能的区域包括颞叶腹内侧脑区的梭状回（fusiform gyrus, FG，BA 37）。左 BA 37（后中部和颞下 / 梭状回）的血流再灌注在卒中后的图像命名中起着重要的作用。左 BA 37（梭状回）支持词汇提取 / 处理。布切尔（Buchel）等的研究显示 BA 37 区与视觉处理相关，也具有将触觉输入信息与语言知识相融合的多感觉通道的功能，并与语言处理有关。BA 37 区在阅读、图片命名时被激活，说明 BA 37 区可能在内部知识与任意符号之间建立了联系，BA 37 区还有可融合从不同渠道汇聚的输入信息的功能。齐（Chee）等发现，汉字、英语单词和图片的语义处理用其各自的大小判断任务，激活了共同的脑神经网络，包括左梭状回。左颞下皮质的后部（left posterior inferior temporal cortex，left PITC，BA 37）对字形判断、语音匹配和语义关联的 3 种任务都表现出明显的激活。刘（Liu）等的研究显示左梭状回中部（left middle fusiform gyrus, BA 37）在汉字拼写处理中有激活现象。听力理解、阅读激活的脑区有左梭状回，即梭状回与词形处理有关。腹侧通路的梭状回和舌回在字形加工中显示了重要的作用，对词汇阅读的研究均表明，腹侧通路的梭状回与词汇识别有关。

颞下回（BA 20）：主要负责命名、单词理解、文字和图片的语义判断、语义 / 语音 / 句法处理、复述、朗读、听力理解。

语义性痴呆（sv-PPA）患者的前颞叶和颞下回显著萎缩，有严重的命名障碍和单词理解障碍，通常开始于左脑半球，然后发展为双侧。双侧颞下回与文字和图片的语义判断有关。负责语义处理功能的区域包括颞下回（inferior temporal gyrus，ITG）的后部。颞下回在语音产生中起突出作用，左颞下回参与句法处理。左颞下回后部的皮质和皮质下与复述、命名及朗读有关，该区的损坏会导致纯词哑（单纯的发音障碍，话语慢、费力、声调低，语调和发音不正常，但话语的语法结构完整、用词准确，不能复述、命名及朗读）。听力理解激活明显的脑区有左颞下回。命名的皮层功能脑区位于颞下回。

颞横回（BA 41/42）后部：主要负责听词认知。

在完成听词认知任务时，左脑半球比右脑半球激活的比例要大，激活的脑区包括颞横回后部。

左 - 右前颞区：主要负责语音处理、语言理解。

左前外侧颞上回：主要负责单个语言信息的综合处理、语言理解。

右前外侧颞上回：主要负责处理非语言 / 语音相关信息。

功能成像数据研究表明，左右前颞脑区参与了语音处理的不同方面，左前外侧颞上回支持单个语言信息的综合处理，右前外侧颞上回处理语调和说话人身份等非语言 / 语音相关信息。左前外侧颞上回和右前外侧颞上回之间的功能连接是语言理解能力的一个标志，并且，功能连接的左前外侧颞上回脑区（LalSTC）在正常语言理解中起着关键作用。

右颞叶：主要负责对象命名、声音与发音动作的投射以及声音输出、听觉反馈控制、语义判断、面容辨认。

对象命名呈现双侧颞叶激活。对左脑半球大面积病变和非流利性失语症的慢性脑卒中患者进行的弥散张量成像和语言测试的研究显示，除右额下回外，右颞上回后部观察到的各向异性分数（FA）变化与弓形束的其他端点相对应，这在声音与发音动作的投射以及声音输出的感觉运动反馈和前馈控制中起重要作用。右颞上皮层对听觉反馈控制很重要。双侧颞叶的腹侧和前颞叶的激活是语义判断的基础。沃塞尔（Vossel）等在额颞叶退化的研究中指出，以右颞叶萎缩为主的患者可能出现面容失认。

右外侧前颞叶：主要负责特定语义信息的检索。

对脑疾病引起的语义障碍进行的研究表明，双外侧前颞叶皮质萎缩，最明显的缺陷是对特定语义信息的检索出现问题。

右侧颞上回：主要负责听觉语言理解能力、单词和句子理解。

经颅直流电刺激（tDCS）左颞上回 CP5 和右颞上回 CP6（如图 1.12 所示），可以改善听觉语言理解能力。左右颞上回皮质功能整合与失语症中单词和句子理解的行为之间存在正向促进关系。

右前颞上回：主要负责书面单词语义处理与听觉语言理解。

右前颞上回对书面单词语义处理与听觉语言理解障碍的恢复有关。语音处理涉及双侧后颞上回（pSTG）。双侧颞下回与文字和图片的语义判断有关。

1.1.5 岛叶的结构和语言功能

岛叶又称脑岛（BA 13/14），位于外侧沟的深部（图 1.4 右图），被额叶、顶叶和颞叶所覆盖。

岛叶：主要负责语音流利性、复杂语法结构的理解、多音节单词的命名、言语产生、单词阅读、词干完成、音调的处理、语音生成。

非流利性失语与岛叶皮质有关，岛叶在语音流畅性方面发挥着至关重要的作用。患者的左后额叶和岛叶区有明显的脑病变，出现语言失用和复杂语法结构的理解、多音节单词的命名障碍的症状。岛叶与言语产生有关。右额下回 / 岛叶皮质（IFG/IC）与单词阅读和词干完成有关。岛叶皮质前区在音调处理过程中起着重要作用。语音生成与前岛叶 /BA 47（额下皮层）有关。

左脑岛中央前上回：主要负责复杂发音运动的音节内和音节间协调。

左脑岛中央前上回（superior precentral gyrus of the insula，SPGI）是复杂发音运动的音节内和音节间协调的关键区域。巴尔多（Baldo）等研究了 33 名有不同程度语言障碍的左脑半球中风患者，被要求多次重复单词，这些单词在三个不同的维度上有所变化：音节数、发音移动的程度（即辅音发音位置之间的变化），以及是否存在初始辅音串。使用基于体素的病变症状映射（voxel-based lesion symptom mapping, VLSM）确定 SPGI 在三种情况下的性能作用，研究发现 SPGI 对所有三种情况下的发音任务的表现都至关重要，即当单词是多音节的、需要高度音素变化或涉及初始辅音串时。作为对照，巴尔多等还生成了一个 VLSM 图，用于发音复杂度最小的单词（即没有初始辅音串和发音位置变化最小的单音节单词）。在这种情况下，SPGI 没有受到牵连。结果表明，在语音命令的最终阶段执行之前，左侧 SPGI 是复杂发音运动的音节内和音节间协调的关键脑区。巴尔多等发现 SPGI 与表达具有高度音素变化和初始辅音串的多音节单词的能力密切相关。简单的单音节单词的发音极少依赖于这个脑区。

1.1.6　枕叶的结构和语言功能

顶 - 枕沟以下较小的部分为枕叶，如图 1.4 所示。顶枕沟和距状沟之间的部分称为楔叶，距状沟以下的部分称为舌回，如图 1.8 所示。

枕叶：主要负责语言文字的视觉信息的读取、加工、记忆、视觉反馈和书写。

枕叶在语言文字的视觉信息的读取、加工、记忆和视觉反馈中起着重要作用，其损害导致的失写除多见的失语性失写外，还可见惰性失写、镜像书写及视觉空间性失写。

左舌回：主要负责句法处理、听力理解、词形处理、字形加工。

左舌回参与句法处理。在听力理解中被明显激活的脑区有左舌回，舌回与词形处理有关。腹侧通路的梭状回和舌回在字形加工中显示了重要的作用。

枕叶中初级视觉区（BA 17）和视觉联合区（BA 18/19）：主要负责阅读。

BA 19：对视觉或触觉刺激（相对于静息状态或听觉基线）做出非特定的反应。

1.1.7　小脑的结构和语言功能

小脑（图 1.3~ 图 1.4）位于颅后窝内，在延髓和脑桥的后方，即小脑下脚、中脚和上脚与脊髓、延髓、脑桥、中脑和背侧丘脑相连。

小脑：主要负责视觉空间能力、言语工作记忆、执行功能、抽象推理、认知功能、句法处理、言语控制、言语运动程序、语音编码、清晰度。

小脑损伤的患者，主要病因是卒中，已被证明在视觉空间能力、言语工作记忆以及多个领域（包括执行功能和抽象推理）方面存在缺陷。虽然小脑是一个结构上不同的脑区，但它是由脑干内的神经回路连接起来的，并有许多关联脑区的投射。小脑在语言中也起重要的作用，功能成像研究表明，小脑外侧参与了包括工作记忆、执行功能和语言在内的高阶认知过程。小脑参与认知功能与句法处理。小脑对言语控制、言语运动程序有着重要作用。小脑与语音的编码和清晰度有关。

右小脑：主要负责语言流畅性、语义词检索、语言工作记忆、建立语音表征。

小脑的外侧半球：主要负责语言处理。

小脑蚓部和小脑旁区：主要负责参与言语运动的加工。

在对左脑半球语言优势的受试者进行的研究中，右小脑在语言任务中的参与得到了很好的体现。小脑的重要作用是通过很多神经纤维跟脑的其余部位产生联系，从而配合大脑皮质，坚持肌肉的缓和力，调节全身的随意活动，尤其是保持躯体平衡。小脑的损伤会引发构音、语速和韵律等方面的运动失调构语障碍。一些功能成像研究表明，在语言任务中，右小脑的激活，包括语言流畅性、语义词检索和语言工作记忆任务。个体遗传学证据表明，小脑可能有助于在发育过程中建立语音表征。对语言处理过程中小脑激活的研究和对患者的病变研究，都指出了小脑的外侧半球参与语言处理，而蚓部和小脑旁区（vermis and the paravermal regions）更可能参与言语运动方面的加工。

除了在运动控制方面的传统作用外，小脑还具有各种认知和语言功能。病变、解剖和功能成像研究表明，左额叶语言区和右小脑之间存在联系。詹森（Jansen）等研究了与语言相关的额叶皮层的侧向激活与小脑的侧向激活之间的关联。在 14 名健康受试者的字母提示词生成过程中进行了功能磁共振成像，7 名受试者显示出典型的左脑半球语言优势而另 7 名受试者显示出不典型的右脑半球语言优势，詹森等发现每个受试者的语言优势大脑半球对侧的小脑半球都被激活了，小脑激活局限于小脑后半球的外侧。这项研究表明，大脑和小脑交叉的语言优势是大脑组织的一个典型特征。

语言处理的小脑侧向激活：从病变和影像学研究中，确定了在大多数人中左脑占主导地位的语言侧脑优势。在具有左脑语言优势的受试者中，其右小脑也参与了语言处理过程。功能成像研究表明，在语言任务中，包括语言流畅性、语义词检索和语言工作记忆任务，右小脑外侧被激活。相比之下，音节的简单重复会激活双侧小脑。对小脑疾病患者的临床研究同样支持右外侧小脑对语言处理的作用。虽然两个小脑半球的病变都会影响语言能力，但右小脑病变更可能影响语言能力。这一假设从对阅读障碍者的观察中得到了进一步的支持。与对照人群相比，阅读障碍者的小脑右前叶明显更小。在影像学研究中，右小脑被认为是阅读障碍者和对照组参与者之间结构差异最小的部位之一。综合病变和功能成像研究发现，左脑半球和右小脑之间的交叉形成联络。研究表明，在非典型的右脑语言优势中，语言任务会导致非典型的左小脑激活。大脑的不对称功能组织是众所周知的，大多数右撇子都有左脑语言优势，而高达 27% 的强左撇子都有右脑语言优势。根据小脑和大脑 BA 6/44 和 45 之间交叉相互连接的解剖学数据，可假设在右脑语言优势的情况下也会出现对侧小脑的激活。詹森等的数据证实了这一假设，并表明大脑和小脑语言优势的交叉侧向性构成了大脑组织的典型特征。

小脑在言语和语言中的作用：个体发育证据表明小脑可能有助于在发育过程中建立语音表征，发音和音系可能保持紧密耦合。事实上，关于小脑病变患者的数据表明，有规律地说话需要对发音姿态进行排序，由前侧裂内皮层和小脑介导。心理语言学研究表明，音节可能构成发音动作和音韵学的基本要素。从这个角度来看，语音 / 语言过程中的小脑激活可能源于语言和运动系统的密切联系（语言感知的运动理论）。语音过程中的小脑参与将超越语音中纯粹的运动功能（例如，发音），因为根据该理论，发音姿态直接将语言含义从说话者传递给听者。

小脑偏侧化和惯用手：根据手动运动系统和语音之间存在紧密联系的假设，因为现代语言系统可能是从手势系统发展而来的，所以说话时的小脑激活可能代表了手动交流的早期阶段。大脑语言优势的一方（神经语言系统）可能与手部灵巧性的神经系统共同变化，因此，小脑的激活可能主要反映了在说话时用优势手做隐蔽的手动“手势”的传出拷贝的处理。然而，詹森等的研究结果表明，这种解释不太可能：小脑激活的一侧可以通过大脑半球偏侧化而不是惯用手来预测。例如，一名患有右小脑梗死和随后中度失语的左撇子，其单光子发射计算机断层扫描（single photon emission computed tomography，SPECT）显示左脑语言区的血流灌注相对低。表明与语言有关的小脑激活与处理语言的侧向大脑网络紧密相连，但与手的优势无关。

小脑语言激活的定位：对语言处理过程中小脑激活的研究以及对患者的病变研究表明，小脑外侧半球参与语言处理，而蚓部和皮层旁区更可能参与语言的运动方面。

1.1.8 丘脑的结构和语言功能

丘脑（如图 1.13 所示）是间脑组成的一部分，是位于中脑和大脑半球之间的间脑的一部分，被两侧大脑半球所掩盖。丘脑又称为背侧丘脑，是两个卵圆形的灰质团块，其外侧面连接内囊。

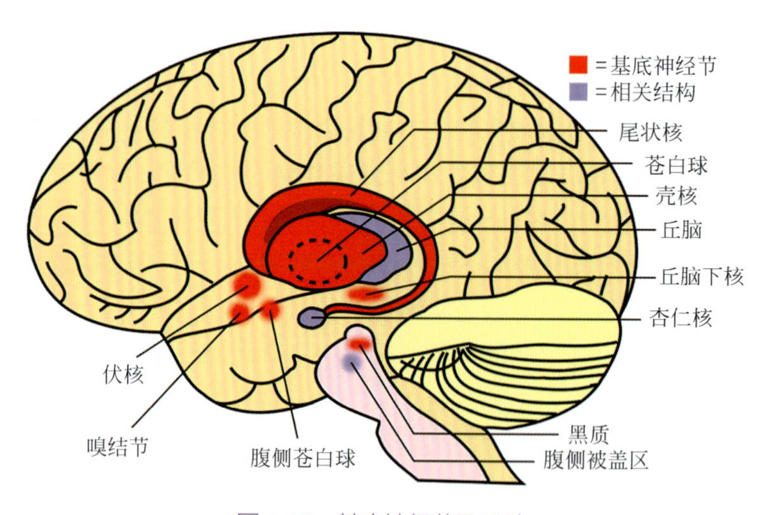

图 1.13 基底神经节及丘脑

白质板包裹在背侧丘脑的背面，并向背侧丘脑的内部延伸，形成“Y”形的内髓板，该板将背侧丘脑内部的灰质大致分隔成 3 个核群，即前核群、内侧核群和外侧核群。前核群位于内髓板分叉部的前上方，是边缘系统中的一个重要中继站，其功能与内脏功能有关。外侧核群的腹侧部分又称腹侧核群，是背侧丘脑的主要组成部分，由前向后，可分为腹前核、腹中核（又称腹外侧核）和腹后核。腹后核又分为腹中间核、腹后内侧核和腹后外侧核，如图 1.14 所示。

丘脑：主要负责长期记忆、执行功能、注意力，是形成唯一接收基底神经节和小脑输出的中枢，以及生成性任务（如单词或句子生成）和命名、词汇判定、阅读和工作记忆、运动语言和韵律、语义处理和言语记忆、参与了激活和选择先前存在的词汇表示、调节词义的正确性、音调、构音、找词、听力理解、阅读理解、书写、计算、语音、语量、词义、流畅性、文字的理解、言语控制、图片命名、找词。

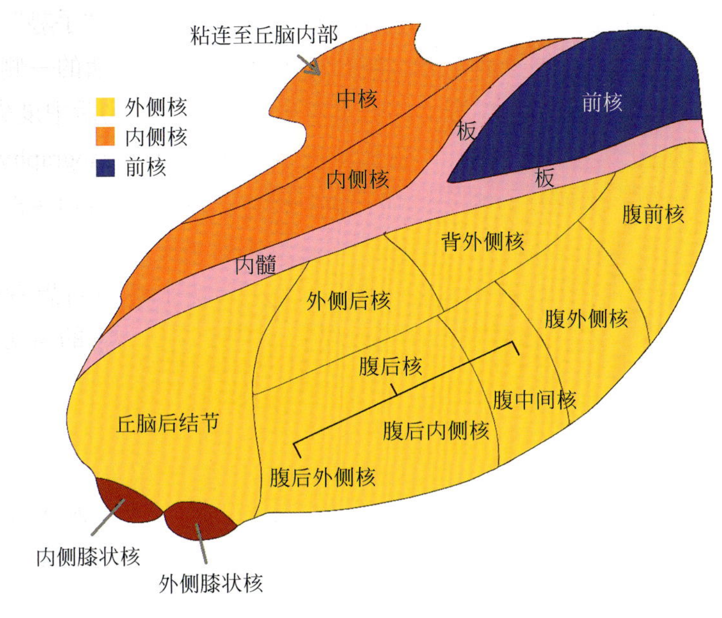

图 1.14　丘脑各分区

板内核：主要负责语言处理。

背内侧核（medial dorsal nucleus, MD）与中央中核-束旁核复合体（central midnucleus-parafascicular nucleus complex）：主要负责情景记忆、语义检索、语言处理。

腹外侧核（ventral lateral nucleus, VL）：主要负责命名对象和短期语言记忆、语言处理。

腹前核（ventral anterior nucleus, VA）：主要负责构成认知、注意力、情感和动作基础的结构的中心连接、语言处理。

以丘脑性失语为典型失语症的基本特征包括：

（1）口语流利；

（2）语言理解能力正常或轻度受损；

（3）语言正常或轻度重复；

（4）中度至重度失语，特征表现为语义错语、新词和持续性；

（5）声音低或轻度发音障碍（构音障碍症状）；

（6）自发性言语减少或言语上的缺乏。

长期记忆、执行功能和注意力缺陷与丘脑的特定脑区有关。与语言相关的丘脑核包括腹外侧核、腹前核、板内核（intralaminar nuclei）和背内侧丘脑（MD），它们形成唯一接收基底神经节和小脑输出的中枢，并通过两个平行回路与额叶（前运动和前额叶）皮质相连。腹外侧核与命名对象和短期语言记忆有关，腹前核可能是构成认知、注意力、情感和动作基础结构的中心连接。丘脑核的共同特征：接收基底神经节及小脑的输出，在语言处理过程中起着关键作用。

丘脑激活的两种最常见的任务范式是生成性任务（如单词或句子生成）和命名。丘脑也涉及词汇判定、阅读和工作记忆的任务。通常情况下，丘脑的激活是双侧的，左侧大于右侧。丘脑投射到包括与语言相关的额叶、颞叶和顶叶皮层的所有区域。根据对丘脑向大脑皮层的投射，丘脑核很可能与语言有关，但主要集中在腹外侧核、中核和枕核，它们最密集地投射到腹前运动皮层和颞上回。丘脑是大脑皮层中布洛卡区与韦尼克区之间进行言语处理（即言语表达和言语理解）的中转站。如前所述，丘脑虽然不是言语发生的部位，但它负责将来自身体各部分的感觉信息投射到大脑皮质的相应区域，从而影响语言功能。丘脑受损后，患者可表现为沉默，也可表现为言语混乱（语量增大、言语错乱）。下丘脑作为控制情感及多种行为念头的神经中枢，其损伤可导致患者言语行为动机缺失，患者不乐意谈话，言语缓慢，发音困难。

丘脑的语言功能包括词汇语义、找词、听觉 - 语言理解、阅读甚至重复。丘脑在调节词义的正确性方面起着重要作用。丘脑与音调、构音、找词、听力理解及阅读理解相关，主要表现在与介词、副词等语法结构词的理解、命名、书写、计算有关。丘脑性失语症患者具有共同的语言障碍特征，表现为语音低、语量少、词义性错语等典型特征，这三者被认为是丘脑性失语的三大核心症状。此外，还有流畅性减低、听力理解障碍、文字理解障碍的症状。丘脑对言语控制有着重要作用，部分丘脑病变和基底神经节外侧型病变患者有较重的听力理解障碍及错语出现。图片命名障碍、找词困难也与丘脑有关。

丘脑参与了语义记忆网络，丘脑在较高级的认知功能中的作用越来越受到关注，包括对记忆力的影响。尽管大部分证据都指向情景记忆，但有研究表明，丘脑背内侧核与中央中核 - 束旁核复合体（CM-Pf）可能支持处理记忆表现的一般操作，而不仅仅是情景记忆。这种观点与其他针对健康参与者的语义检索的功能磁共振成像研究结果相吻合。丘脑参与了运动语言和韵律、语义处理和言语记忆。在使左丘脑而非右丘脑激活的语言任务，包括无声和显性提示词生成、无声词阅读、语义和音位流利性任务，以及成功识别多个元音时的听力测试中，研究人员发现丘脑刺激有三种不同的语言效应：来自后腹外侧核和枕核区（pulvinar regions）的命名障碍；来自中央部 - 腹外侧核（mid-VL）的持续言语（重复）；来自前腹外侧核的记忆和加速效应，称为特异性警觉反应（specific alerting response, SAR）。优势脑区的前辅助运动区（pre–supplementary motor area，pre–SMA）- 背侧尾状核 - 腹前丘脑部回路（dorsal caudate–ventral anterior thalamic loop）与产生单词有关，但与产生无意义的音节无关；在单词生成过程中参与了激活和选择先前存在的词汇表示。

丘脑的语言机制及以丘脑核为中心的语言回路

丘脑的语言功能不仅取决于自身结构成分的各种核，而且与丘脑核相连接的额叶皮层、基底神经节等连接回路相关，这些解剖生理学功能连接使丘脑在语言处理过程中发挥着重要的作用。克罗森（Crosson）等将影响语言的丘脑机制归纳为以下四点：

（1）选择性参与：通过网状核（nucleus reticularis，NR）与丘脑核的连接，额叶皮层选择性地参与了执行任务所需的皮层区域。

（2）信息传递：通过皮质 - 丘脑 – 皮层回路将信息从一个皮层区传递到另一个皮层区。

（3）突出重点：丘脑可以微调局部回路，并在处理的刺激中提取最主要内容。

（4）词汇选择：腹前核作为 pre–SMA（前 – 辅助运动区）至基底神经节连接回路的一部分，参与词汇选择。

通过以上四种丘脑在语言处理过程中的作用可以看出，四种丘脑机制在语言处理任务中相互关联，丘脑不仅参与了对执行任务所需的皮层选择，还通过与基底神经节及其他皮层的连接，共同参与信息的传递及词汇选择等任务。另外，丘脑的三大核群中与语言相关的丘脑核有四个，分别为腹外侧核、腹前核、板内核（intralaminar nucleus）和背内侧丘脑。巴巴斯（Barbas）等指出这四个丘脑核共同构成唯一接收基底神经节和小脑输出的中枢。以丘脑核为中心与语言相关的结构除基底神经节和小脑外，还包括额叶皮质（运动皮质、前运动区和前额叶皮质），丘脑核通过两个平行回路与额叶皮质进行双向连接，共同参与复杂的认知操作。丘脑核与基底神经节、小脑以及额叶皮质之间复杂的信息交流表明，丘脑核在语言生成的认知过程中起到协同作用。前额叶区在工作记忆中有测序信息的功能，对语言的流利性非常重要。该回路是由丘脑网状核（thalamic reticular nucleus，TRN）介导并通过多巴胺调节，其精确调节对认知操作至关重要，如图 1.15 所示。

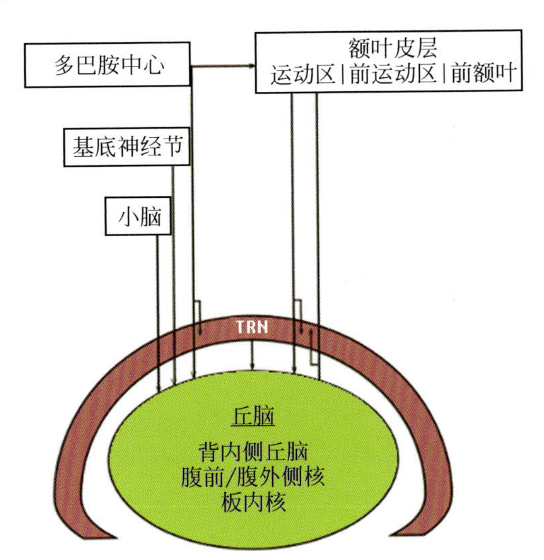

图 1.15　丘脑核作为与语言相关的分布式神经回路的中枢

关于丘脑刺激出现不同的语言效应及腹外侧核团与板内核团间刺激的相互作用，赫布（Hebb）等将后腹外侧核和丘脑枕核的命名性失语，中部腹外侧核的持续言语，前腹外侧核的记忆和加速效应，这三种不同的语言效果称为特异性警觉反应。特异性警觉效应的模型包括激活丘脑 – 纹状体投射，而命名障碍效应则意味着通过皮质 – 丘脑枕核 – 皮质投射系统破坏了丘脑枕核的皮质同步作用。纹状体（如图 1.13 中红色区域，即尾状核、壳核和苍白球）被视为丘脑刺激增强语言记忆的效应器，此关联中断将导致对象命名障碍。丘脑中间核功能受到直接从小脑传出的投射，调节语音韵律、口面部运动等，受损可导致单词的第一个音节的持续或口吃。在丘脑的语言功能上彼此相互关联，丘脑及其相关大脑皮层的完整性在语言选择和大脑皮层信息传递及语言生成中发挥着重要的作用。

1.1.9 基底神经节的结构和语言功能

基底神经节又称为基底核（如图 1.13 所示），是大脑白质中的灰质块，位置靠近脑底，包括尾状核、豆状核、屏状核、杏仁核。其中尾状核和豆状核称为纹状体，豆状核又分为壳核和苍白球两部分。

基底神经节：主要负责语音的产生、拼写、言语产生、行为切换、时间安排和顺序处理，对丘脑具有直接的抑制作用，可以防止不适当的运动，参与单词选择和语音启动来支持语言、言语控制、启动效应、逻辑推理、语义处理、言语记忆、语法记忆、口语流畅性、构音、音韵、书写、描写、阅读、听力理解。

在对皮质基底神经节变性（corticobasal degeneration，CBD）中的语言和语言功能的研究发现，语音和拼写障碍是最常见的症状。基底神经节向丘脑核的输出投射到额叶皮质，可能在运动功能中起关键作用，包括语音的产生，这取决于多个皮层脑区的协调，将声音转换成复杂的语音过程。基底神经节在行为切换、时间安排和顺序处理及学习和可塑性中起着不可或缺的作用，小脑输出对丘脑皮层系统有直接的兴奋性影响，而基底神经节的输出对丘脑有允许作用，即允许与额叶皮层的交流和运动的开始。此外，基底神经节对丘脑具有直接的抑制作用，可以防止不适当的运动。意图涉及内侧额叶皮层，包括辅助运动区（supplementary motor area, SMA）、前辅助运动区（pre-SMA）、前扣带回区（rostral cingulate zone），以及外侧额叶结构和基底神经节回路。意图系统通过促进单词选择和语音启动来支持语言。

基底神经节对言语控制有着重要作用，是言语产生的关键。基底神经节具有作为言语的皮层下整合中枢的作用，它不仅调节运动、协调身体功能，同时支持条件反射、空间知觉、注意转换等较简单的认知和记忆功能，而且有证据表明，基底神经节可能参与和语言有关的启动效应、逻辑推理、语义处理、言语记忆、语法记忆等复杂的认知和记忆功能，起到对语言过程进行加工、整理和协调的作用。左侧基底神经节与口语流畅性、构音、书写、描写、阅读有关。前部基底神经节病变波及尾状核患者构音障碍和音韵障碍明显，部分丘脑病变和基底神经节外侧型病变患者有较重的听力理解障碍及错语现象。

尾状核：主要负责单词生成、参与了激活和选择先前存在的词汇表示、构音、音韵、言语错乱、音素、语言持续。

优势脑区的前辅助运动区 - 背侧尾状核 - 腹前丘脑部回路（pre-SMA–dorsal caudate–ventral anterior thalamic loop）与产生单词有关，但与产生无意义的音节无关，该回路在单词生成过程中参与了激活和选择先前存在的词汇表示。优势脑区的前辅助运动区及背侧尾状核，参与单词生成，但不参与单词重复。言语错乱、音素错语与尾状核病变有关。语言持续现象与尾状核头部有关。

纹状体：主要负责表达性语言输出、调节词义的正确性。

表达性语言轮廓受损更严重的原因是边缘额叶投射和对表达性语言输出至关重要的扣带回 - 纹状体 - 额叶（cingulated–striatal–frontal）连接中断。纹状体在调节词义的正确性方面起着重要作用。

左壳核：主要负责发音。

脑卒中涉及左壳核（left putamen）和弓形束，导致布洛卡失语症，其特征是单字发音困难。

右基底神经节：主要负责介导左前辅助运动区对右额叶活动的抑制，以防止对左脑半球的干扰。

基底神经节是埋藏于髓质中靠近脑底的灰质团 / 核群，由尾状核、豆状核、屏状核和杏仁核等构成，有参与控制运动的机能。其损伤会引发言语反复、言语模仿和刻板的书面语。在单词生成过程中，右基底神经节介导左前辅助运动区对右额叶活动的抑制，以防止对左脑半球的干扰。基底神经节的拟议作用（即保持反应偏差和抑制右额叶活动）与基底神经节的概念一致，即促进期望的行为和抑制不期望的行为并完成左前辅助运动区向基底神经节的双侧投射。

一项语言动作的完成也绝不可能仅由一条通路就能够承担，往往是脑部的许多部位共同活跃，以完成人类复杂的活动。除了左侧大脑外，右侧大脑的不少区域，以及小脑、丘脑、基底神经节等皮层下脑组织也参与了语言加工，而且这些脑区中也不乏负责感知觉、运动等基本生理功能的脑区。脑的言语机能同样受到皮质下各神经中枢的调节和掌控。大脑皮层下的言语区主要可概括为丘脑、下丘脑、基底神经节和小脑。小脑和皮层下结构，如丘脑和基底神经节起着重要的作用，特别是在说话的时机和时序上的微调。

综上所述，大脑处理语言的工作机制远比人们所想象的要复杂得多，而且语言功能的发展也建立在感知觉、运动等基本生理功能的基础上。因此，发展好语言功能需要以丰富的感知觉、运动经验为基础。同时，参与语言处理的这些脑区并不是独立工作的，而是相互组织起来，形成了用于处理语言的神经网络。相关脑区组织成不同的信息处理网络，来处理不同方面的语言信息。神经信息在大脑中的传递也不是单向的，而是多向交互的。在语言处理的神经网络中，某一脑区既接受来自多个其他脑区的神经信号，也向多个脑区发送信号。信号的传递也不是一次性完成的，而是在不同脑区间多次往返。

1.1.10 扣带回、大脑海马和海马旁回的结构和语言功能

扣带回（如图 1.16 所示）是扣带沟与胼胝体沟之间的脑回。大脑海马位于大脑丘脑和内侧颞叶之间，属于边缘系统的一部分。海马旁回（如图 1.17 所示）位于枕 - 颞沟内侧的侧副沟的内侧。

胼胝体位于大脑纵裂的底部，连接两半球皮质的广大区域。在大脑正中矢状切面上，胼胝体呈弓状，前部尖细称胼胝体嘴，弯曲部称胼胝体膝，中间部称胼胝体干，后部钝圆称胼胝体压部，详见图 1.24。

穹隆起于海马，呈弓形向上贴附于胼胝体下面，其中一部分纤维越至对侧组成穹隆连

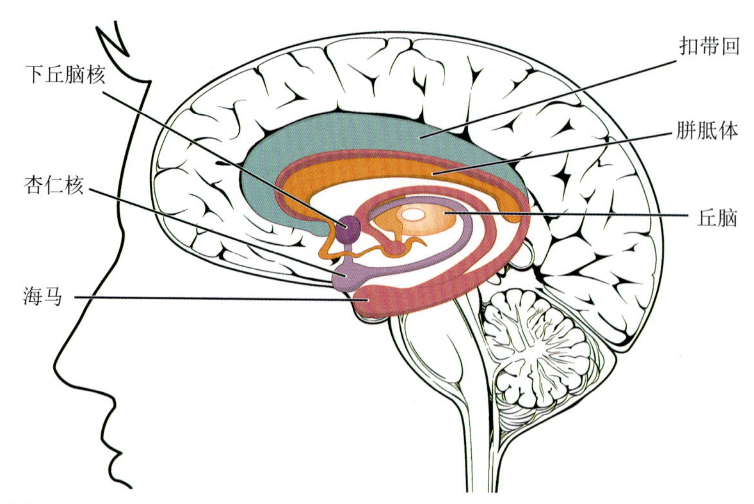

图 1.16　大脑半球矢状切面显示的扣带回、胼胝体、丘脑和海马等结构

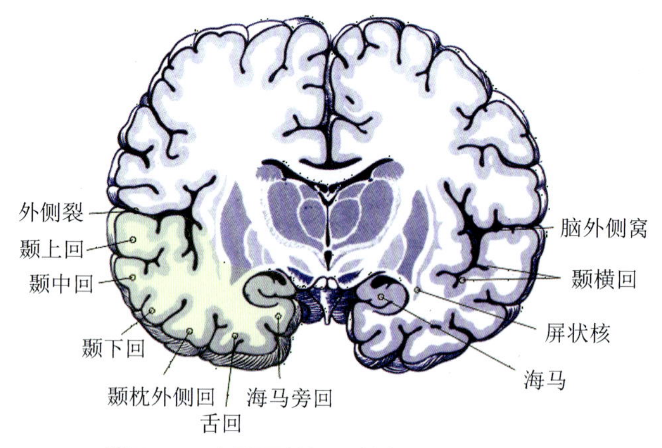

图 1.17　人脑冠状切面的海马和海马旁回

合，连接两侧海马。两侧穹隆纤维并行向前要绕过室间孔前方，深入下丘脑，终于乳头体。

尾状核、背侧丘脑与豆状核之间的白质投射纤维称为内囊，在屏状核和豆状壳核之间的髓质称为外囊。

人类大脑前扣带回皮层和中扣带回皮层内脑沟变异的个体差异，特别是副扣带沟（para-cingulate sulcus, PCGS）的存在或缺失，与各种运动和认知过程有关。此前 PCGS 被认为是人类大脑独有的特征。霍普金斯（Hopkins）等研究了 225 只黑猩猩的 MRI 扫描样本，检测了副扣带沟存在或不存在的个体差异以及内部边缘沟（intralimbic sulcus, ILS）的差异是否与口 - 面部运动控制、用手的习惯以及性别有关。霍普金斯等量化了扣带沟（cingulate sulcus, CGS）沿前后轴的深度，并测试了它与口 - 面运动控制、利手性和性别的关联。与那些控制能力较差的黑猩猩相比，口 - 面部运动控制能力较好的黑猩猩更有可能有副扣带沟，特别是在左脑半球。拥有较好的口 - 面部运动控制能力的雄性黑猩猩在前扣带沟深度的左侧不对称程度增加，而雌性黑猩猩则表现出相反的模式。与右脑相比，更多的黑猩猩在左侧有内部边缘沟，但这种褶皱的可变性与性别、惯用手或口 - 面部运动控制无关。在扣带沟前部发现显著的群体水平向左不对称，而在扣带沟后部发现显著的向右偏向。灵长类动物的前扣带回和中扣带回中副扣带沟的出现和脑回折叠的增强可能是对口-面部运动控制选择的直接或间接反应。研究结果进一步表明，副扣带沟的存在，特别是在左脑半球，与黑猩猩产生和使用吸引注意力的声音有关。副扣带沟功能的变异早于黑猩猩和人类的最后一个共同祖先的分裂，并且似乎与日益复杂的口-面部运动和非语言的社会交流过程有关。虽然猕猴缺乏副扣带沟，但刺激布洛卡区同源区会诱发口面部运动，而示踪研究表明，这些区域与扣带沟的皮层之间存在皮质-皮质连接。同样，在人类中，功能连通性研究表明，扣带皮层吻侧运动区与布洛卡区有关。包括左额下回的布洛卡区及其在左扣带回运动区的目标在内的回路的扩展反映了人脑的调整过程，与人脑的社会交流过程的扩展有关。这些能力在人脑中达到了最高水平，从而产生了语言。

双侧前扣带回：主要负责语义处理。

功能磁共振成像证据表明双侧前扣带回与语义处理有关，且观察到语义抑制现象。

前扣带皮层（anterior cingulate cortex，ACC）：主要负责发声、工作记忆、反映冲突、错误检测和执行控制、信息控制与协调。

前扣带皮层在情感背景下的发声中起着重要作用，并且在分配注意力资源方面发挥着关键作用，前扣带皮层损伤的患者表现出运动失调综合征，其特征是即使他们会说话也无法发出语音。在许多关于工作记忆、反映冲突、错误检测和执行控制功能的研究中均涉及前扣带皮层的背部脑区。该脑区可能在处理概念的情感意义方面起中心作用。左前扣带回参与信息控制与协调。

后扣带回：主要负责语义处理、语义知识的存储和检索、情景记忆、视觉空间记忆、情绪处理、视觉图像。

参与语义知识的存储和检索的神经系统分布广泛，包括与海马结构紧密连接的内侧缘上脑区（海马旁回和扣带后回），涉及语义处理功能的脑区包括后扣带回。后扣带回涉及情景记忆、视觉空间记忆、情绪处理、视觉图像等。该脑区的许多病变患者出现遗忘综合征。后扣带回由于与海马体的紧密联系，充当了语义检索和情景编码系统之间的接口。

背侧后扣带皮层（BA 31）：语义处理。

倪（Ni）等进行的语义异常检测显示：在对形式正常、语义异常的句子进行语义处理时 BA 31 区被激活。

扣带回-纹状体-额叶：主要负责表达性语言输出。

表达性语言轮廓受损更严重的原因是边缘额叶投射和对表达性语言输出至关重要的扣带回-纹状体-额叶（cingulated–striatal–frontal）连接中断。

海马：行使着巨大的“自联想器”的职责，它允许将记忆中的事件碎片重新拼凑成完整的情节，主要负责视觉命名。

命名能力下降与海马硬化之间存在更强的相关性。语言优势半球中的海马被认为在涉及视觉命名的神经网络中发挥重要作用。

海马旁回：主要负责语义知识的存储和检索。

参与语义知识的存储和检索的神经系统分布广泛，包括与海马结构紧密连接的内侧缘上脑区即海马旁回和扣带后回。

1.2 大脑白质

人类和非人类灵长类动物的区别在于其大脑结构，特别是相关的脑区通过白质纤维束连接的方式。研究结果表明，人脑中有两条独立的背侧通路和腹侧通路的神经传递回路，从而使人脑语言功能区能够有效地进行交流。背侧通路中，其一为连接前运动皮层和后颞叶皮层的背侧通路，涉及上纵束；其二为连接 BA 44 和颞上回的背侧通路，涉及弓形束。腹侧通路中，其一为连接额下皮层和颞叶皮层的腹侧通路，涉及额 - 枕下束；其二为连接额盖与前颞上回的腹侧通路，涉及钩状束。弓形纤维束是联络本侧大脑半球脑回与脑回之间的纤维束。联络叶间的长纤维束有位于边缘叶深方的扣带束，联络额、顶、枕、颞四个叶的上纵束，联络枕叶和颞叶的下纵束，联络额、枕、颞叶的额 - 枕下束，以及联络额、颞叶前部的钩状束等。

1.2.1 上纵束

上纵束：背侧通路，联络额、顶、枕、颞四个叶，主要负责言语产生、句法处理、语音功能、词汇检索、语音清晰度、重复。

上纵束（superior longitudinal fasciculus，SLF）的功能作用，是将颞叶的后部和顶叶下区与额叶下区连接起来，被认为是较大结构的一部分。左上纵束是连接语言网络内基本脑区的长背侧区域。已发现五个成分，这些成分可能具有不同的语言功能，例如语音功能、词汇检索功能和语音清晰度。由前 - 后纤维组成的三个上部成分将顶上部（SLF- Ⅰ）、角回部（SLF- Ⅱ）和缘上回部（SLF- Ⅲ）连接到同侧额叶和岛盖区；下部分由连接颞上 / 颞中回和同侧额叶的纤维组成，通常称为弓形束或 SLF- Ⅳ；最后，颞 - 顶部分（SLF-tp）连接顶下叶和后颞叶，左上纵束成分的 3D 重建如图 1.18 所示。上纵束的三个上部成分的

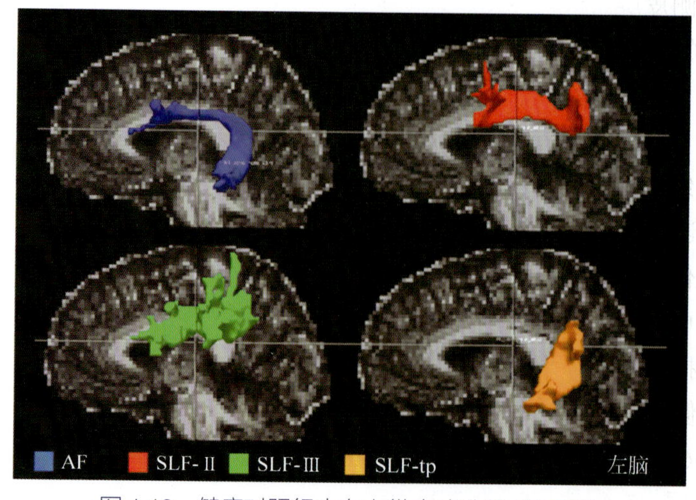

图 1.18　健康对照组中左上纵束成分的 3D 重建

分布，顶上部（SLF-Ⅰ）分布于楔前叶和顶上小叶（BA 5/7）以及额上回和前扣带回（BA 8/9/32）；角回部（SLF-Ⅱ）分布于前顶叶中间沟和角回（BA 39/40）以及额上/中回的后部（BA 8/9/46）；缘上回部（SLF-Ⅲ）分布于颞-顶叶结合部（BA 40）与额下回（BA 6/44/45/47）。

上纵束的组成：
- 上部成分
  - 顶上部（SLF-Ⅰ）（BA 5/7/8/9/32）
  - 角回部（SLF-Ⅱ）（BA 39/40/8/9/46）
  - 缘上回部（SLF-Ⅲ）（BA 40/6/44/45/47）
  - 弓形束（SLF-Ⅳ, AF）
- 下部成分
  - 颞顶部分（SLF-tp）

上纵束是大脑中的一个关联纤维束，由三个独立的成分组成，即上纵束Ⅰ、上纵束Ⅱ和上纵束Ⅲ，如图1.19所示。上纵束（SLF）连接额、顶、枕、颞四个脑叶，包括SLF-Ⅰ：顶上部的BA 5/7与额叶的BA 8/9/32相连；SLF-Ⅱ：角回和缘上部的BA 39/40与额叶的BA 8/9相连；SLF-Ⅲ：缘上部的BA 40与额下回的BA 44/45/47相连；弓形束（SLF-Ⅳ）是枕-额-颞相连的纤维束；SLF-tp是颞-顶部分相连的神经纤维束。上纵束存在于两个半球，连接额叶、枕叶、顶叶和颞叶，这些轴突束从额叶穿过额盖到达外侧沟的后端，在那里它们辐射到枕叶的神经元上，或者向下或向前旋转围绕壳核辐射到颞叶前部的神经元和神经元的突触上。

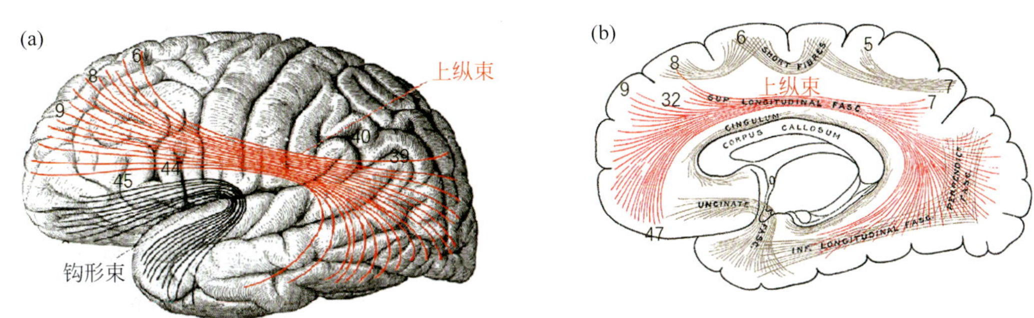

图1.19 大脑的外侧面（a）和内侧面（b），上纵束连接额、顶、枕、颞四个脑叶

SLF Ⅰ是背侧成分，起源于顶上和内侧皮层，围绕扣带沟以及顶上和额叶白质，并终止于额叶的背内侧皮层（BA 6/8/9）和辅助运动皮质。SLF Ⅰ与顶上皮层相连，顶上皮层在以身体为中心的坐标系统中编码身体部位的位置，与辅助运动皮层和背侧前运动皮层相连。表明SLF Ⅰ参与调节运动行为，特别是在条件联想任务中根据条件规则选择竞争的运动任务。

SLF Ⅱ是上纵束的主要成分，起源于顶下尾部皮层，终止于背外侧前额叶皮层（BA 8/9/46），SLF Ⅱ连接到顶下尾部皮层，控制空间注意力以及视觉和动眼功能，表明SLF Ⅱ为前额叶皮层提供了有关视觉空间感知的顶叶皮层信息。由于这些神经纤维束是双向的，因此前额叶皮层中的工作记忆（BA 46）可能会为顶叶皮层提供信息以集中空间注意力规范空间信息的选择和检索。

SLF Ⅲ是腹侧成分，起源于缘上回（顶下叶的吻部），终止于腹侧前运动皮层和前额叶皮层（BA 6/44/46），SLF Ⅲ连接了从中央前回腹侧接收信息的顶下吻部皮层，表明SLF Ⅲ在腹侧前运动皮层、BA 44（岛盖部）、缘上回（BA 40）和侧下前额叶皮层（BA 46）的工作记忆之间传递体感信息，如语言发音。

背侧通路的解剖学解释

1）弓形束分为三组：包括连接布洛卡和韦尼克区的长纤维，以及前后两组的短程纤维。弓形束前段纤维连接布洛卡区和顶下小叶，后段纤维连接顶下小叶和韦尼克区。此外，弓形束也可分为背侧束和腹侧束。腹侧束起自颞中回及颞下回后部，经角回深面，止于额下回岛盖部、前运动皮层腹外侧和额中回后部；而背侧束起自颞上回中后部和颞中回中部，经缘上回深面，止于额下回岛盖部/三角部和前运动皮层腹外侧。

2）上纵束有两种解释：第一种，把上纵束分为4个组分（SLF Ⅰ～Ⅳ）。SLF Ⅰ位于顶上小叶及额上回白质内并延伸至运动前区背侧及前额叶背外侧区；SLF Ⅱ位于岛叶上方的白质中心，从角回向前额叶尾侧延伸；SLF Ⅲ从缘上回延伸到运动前区和前额叶腹侧；SLF Ⅳ指的是弓状束。第二种，是三分法。把SLF分为背侧的SLF Ⅰ、中间的SLF Ⅱ以及位于腹侧的SLF Ⅲ。SLF Ⅰ从顶上小叶延伸到额上回和前扣带回皮层，SLF Ⅱ从枕叶前部和角回上部向前延伸到额中回和额极，SLF Ⅲ从缘上回到额下回岛盖部。SLF三个部分的额侧端分别连接额上/中/下回，利用其与额叶的连接差异性可进行SLF重建。

2008年格拉瑟（Glasser）等则在提出将上纵束/弓形束拆分成两个纤维束：一束处理词法和语法信息；另一束处理语音信息，即“两段”模型。施马曼（Schmahmann）等则考察了其他灵长类动物，认为布洛卡区与韦尼克区没有直接连接，并将上纵束/弓形束分为四个纤维束：上纵束SLF Ⅰ、SLF Ⅱ、SLF Ⅲ 和弓形束，其中上纵束SLF Ⅲ 连接顶下小叶和额下回（布洛卡区），弓形束连接颞上回（韦尼克区）和前运动皮层（BA 6），这二者被认为与语言理解相关。后来布劳尔（Brauer）等也提出了一个“两段模型”：一条连接后颞叶和前运动皮层，负责感觉运动（sensorimotor）功能；另一条是传统的后颞叶与后额下回的连接，负责处理语法。最初帮助人们认识到上纵束/弓形束重要性的损伤证据，比如复读困难、传导性失语症等，逐渐发现似乎并非由上纵束/弓形束本身的损伤导致。因为针对上纵束/弓形束的损伤常常波及周围脑岛、颞上回或额下小叶部位的灰质，对这些部位的刺激可能导致语言功能的失调。上纵束/弓形束在语音认知和生成过程中负责声音处理。关于上纵束的其他理论，弥散张量成像（diffusion tensor imaging，DTI）纤维束显示，上纵束（SLF）由两条平行的通路组成，连接颞叶、顶叶和额叶：一条是与经典弓形束相对应的直接通路；另一条是间接通路，与直接通路平行且横向延伸，包括连接外侧额叶和顶下叶的前部或水平部分，以及连接顶下叶和颞叶的后部或垂直部分。间接通路的水平段连接缘上回和颞上回后部与额叶岛盖。

背部白质束（包括上纵束）与言语产生有关。重复缺陷与背侧上纵束和弓形束通路损伤显著相关。左上纵束与句法处理有关。左脑联合束的DTI纤维束成像重建如图1.20所示。语言及其背后复杂的认知与计算过程，是人脑独有的能力。研究表明人脑对语言的认知和处理任务分布在多个脑区，通过白质纤维束连接在一起实现高效的信息传输，构成一个整体的语言处理系统。该系统涉及的纤维束包括额斜束、额纹束、弓形束、上纵束、钩状束、最外囊、中纵束、下纵束和额-枕下束，其中上纵束/弓形束是背侧通路，且二者常被合并看待。

图 1.20 左脑联合束的 DTI 纤维束成像重建

图注：1：额 - 枕下束（inferior fronto-occipital fasciculus，IFOF）；2：下纵束（inferior longitudinal fasciculus，ILF）；3：钩状束（uncinate fasciculus，UF）；4：弓形束（arcuate fasciculus，AF）；5：上纵束（SLF）水平段；6：上纵束（SLF）垂直段；Ant：前；Post：后。

1.2.2 额 - 枕下束

额 - 枕下束：腹侧通路，语言腹侧语义系统的"直接"途径，主要负责语义处理、视觉刺激下的语义加工、阅读、写作以及语言的理解和产生。

额 - 枕下束（IFOF）起源于枕下和内侧枕叶（可能还有内侧顶叶），向腹侧颞叶投射，通过颞干投射到额下回、内侧额叶和眶额皮质，以及额极。额 - 枕下束位于岛叶、颞叶干和矢状面层内，连接额叶岛盖与枕叶、顶叶和颞叶基底皮质，如图 1.20 中的纤维束 1 所示。额 - 枕下束是脑内最长的联络纤维之一，连接枕叶、颞叶基底部、顶上小叶及额叶。额 - 枕下束是连接灰质脑区的白质束，它所连接的脑区包括枕下叶和内侧表面（BA 19/18）到腹外侧额叶皮层（BA 11），额极（BA 10）和额上回（BA 9 的喙部）。该束的一部分也可能与在 BA 44 和 BA 45 上有喙侧投射的最外囊束（extreme capsule fasciculus，ECF）相关。额 - 枕下束走行涉及 BA 19/18/11/10/9/22/44/45/47 脑区。额 - 枕下束是锚定语言腹侧语义系统的"直接"途径，额 - 枕下束在视觉刺激下的语义加工、多模式感觉输入的整合、阅读、写作以及理解和产生有意义的言语上都扮演着重要的角色。

1.2.3 下纵束

下纵束（ILF）将枕叶与颞叶相连，它起源于第二视觉区，并连接到颞中回和颞下回、颞极、海马旁回、海马和杏仁核，主要负责语义处理。下纵束与颞叶外侧表面颞上 / 中 / 下回前部、梭形回、海马旁回、杏仁核和海马相连，下纵束的内侧部分与梭形回和枕叶的纤维连接，其外侧部分连接颞极和枕叶，如图 1.20 中的纤维束 2 所示。左侧下纵束通路始终将整个颞极（BA 20/21/38）与枕叶联合皮质下的区域（BA 18/19）联系在一起。由此可见，下纵束走行涉及的脑区包括 BA 20/21/22/38/37/18/19 区。一些研究认为，下纵束是支持语义过程的腹侧系统的主要组成部分。

1.2.4 钩状束

钩状束：腹侧通路，联络额、颞叶前部，主要负责语义处理。

钩状束（UF）将眶侧额叶外侧皮质与颞极、颞前皮质、海马旁回和杏仁核连接起来。钩状束穿过岛叶边缘，连接眶额回和前颞叶，将颞叶的颞上 / 中回的颞极和前部与额叶的内侧和外侧眶额皮质连接，如图 1.20 中的纤维束 3 所示。钩状束始终将前内侧颞叶（BA 20/38）连接到眶额皮质（BA 11/47）的周围。由此可见，钩状束走行包括 BA 11/47/22/20 和 BA 38 的脑区。一些研究认为，钩状束与语义处理有关。因为钩状束与前颞叶皮层和颞极有很强的连接，这是一个用于语义处理的“中心”。钩状束切除后语义功能丧失（如图片命名缺陷）的证据支持这一观点。

1.2.5 弓形束

弓形束：背侧通路，是上纵束的一部分，是促进语音产生及其前馈和反馈控制系统的关键结构，主要负责语言表达、重复、助于学习语言和监控语音、连接前后语言区、语音编程、句法处理、复述、在额叶与颞叶之间传递信息（语言产生、语言理解）。

弓形束（AF）是一个长的纤维束，深且平行于间接通路，解剖显示它连接颞中回和颞下回的后部与额叶岛盖。关于弓形束的分类及涉及脑区，卡塔尼（Catani）等将其分为三类：连接额叶联合区和颞叶联合区的长段（long segment），连接额叶联合区和顶叶联合区的前段（anterior segment）和连接顶叶联合区和颞叶联合区的后段（posterior segment）。

从布罗德曼分区考虑，弓形束模型显示颞叶和额叶语言区之间的连接由两个平行的网络介导：一个是直接通路（即弓形束长段），连接颞上回（BA 22）和颞中回后部（BA 37）（韦尼克区）与额下回（BA 44/45）（布洛卡区）、额中回（BA 46）和运动前皮质（BA 6）；另一个是间接通路，由一个将布洛卡区与顶下皮质（BA 39/40）（格施温德区）连接起来的前段，以及一个将格施温德区和韦尼克区连接起来的后段组成。经双张量无迹卡尔曼滤波（unscented Kalman filter，UKF）纤维束示踪技术重建左侧弓形束显示：（弓形束长段）75% 的深支喙部终端同时位于额下回和前运动皮层区，90% 的尾部终端同时位于颞上 / 中 / 下回；（弓形束前段，即图 1.20 中的纤维束 5）70% 的前支喙部终端同时位于额下回和前运动皮层区，80% 的尾部终端同时位于缘上回和角回；（弓形束后段，即图 1.20 上纵束中的纤维束 6）75% 的后支喙部终端同时位于颞上 / 中 / 下回，80% 的尾部终端同时位于缘上回和角回，其分布更广泛。总之，弓形束广泛的脑区分别为：

弓形束的长段（图 1.20 中的纤维束 4）：包括 BA 22/21/20/37/44/45/46/6。

弓形束的前段（图 1.20 中的纤维束 5）：包括 BA 44/45/6/39/40。

弓形束的后段（图 1.20 中的纤维束 6）：包括 BA 22/21/20/39/40。

弓形束是促进语音产生及其前馈和反馈控制系统的关键结构。在优势左脑半球，这种途径被认为将韦尼克区与布洛卡区连接起来，并且通常比非优势右脑半球的同源结构更发达。弓形束可以通过 BA 6 和 BA 44 之间的互连在语音编程和学习中发挥重要作用，有助于学习语言和监控语音。弓形束将前语言产生区与包含单词听觉记忆（语音词典）的后语区联系起来。弓形束在额叶与颞叶之间起着双向传递信息的作用，而这种信息的双向传递表明语言产生的信息，对语言的表达和理解很重要。弓形束与句法处理有关，弓形束和其他白质纤维束是语言重复的解剖学特征，参与复述，研究表明重复缺陷与弓形束通路损伤显著相关。

大脑语言工作是在与语言相关的各脑区之间相互作用下共同完成的，语音产生是经典模型的主要组成部分，特朗布莱（Tremblay）等将经典的弓形束到外侧裂相关纤维通路途径分为以下几类：额 - 颞连接、顶 - 颞连接、枕 - 颞连接和额 - 额连接，如图 1.21 所示。左图显示“经典”弓形束，右图的弓形束被分成几个部分。图中弓形束的长段、前段与后段与图 1.20 一致，另外还有最外囊 / 最外囊纤维系统、中纵束、垂直枕束、额斜束和胼胝体纤维束，下面分别介绍。

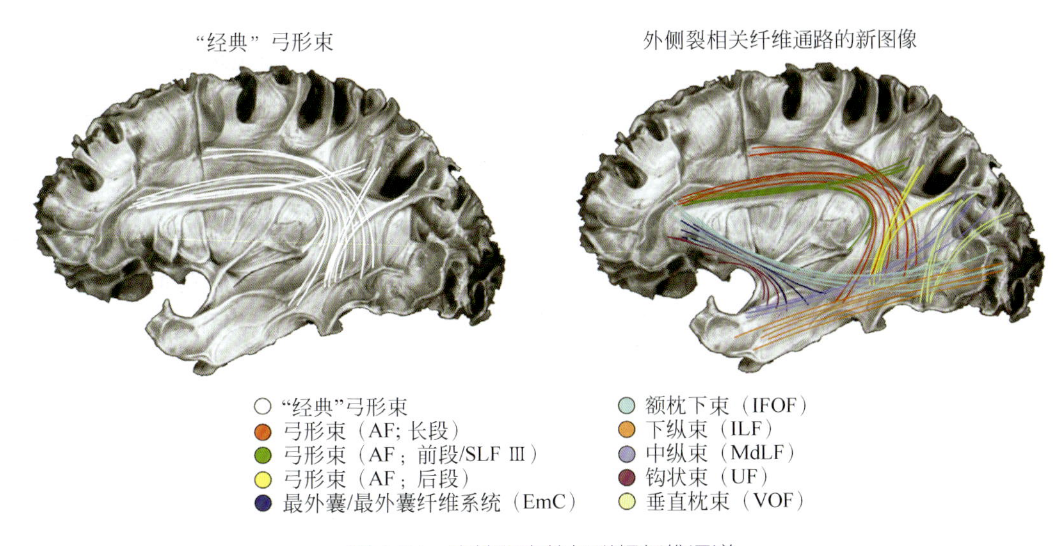

图 1.21 支持语言的长联想纤维通道

根据研究文献将与语言相关的主要纤维束的连接方式归纳如表 1.1 所示。

表 1.1 与语言相关的主要纤维束的连接方式

联接方式	主要纤维束
额、顶、枕、颞叶	上纵束（SLF）
额 - 颞连接	弓形束（AF）、钩状束（UF）、最外囊 / 最外囊纤维系统（EmC）、额 - 枕下束（IFOF）
顶 - 颞和枕 - 颞连接	中纵束（middle longitudinal fasciculus，MdLF）、下纵束（ILF）、垂直枕束（vertical occipital fasciculus，VOF）
额 - 额连接	额斜束（frontal aslant tract，FAT）

根据研究者的不同，对语言回路及纤维束的描述各有不同。除按上述脑叶连接分类外，还将其按腹侧、背侧通路分类。如加兰图奇（Galantucci）等将下纵束（前、中、后）、钩

状束和额 - 枕下束称为腹侧通路，负责语义处理、语言理解和句法理解；上纵束被分割成额前缘、额角、额 - 颞和颞 - 顶部分（包括弓形束和上纵束），它们被称为背侧通路，负责语言产生、语法处理。

人脑中以弓形束为中心的背侧通路比腹侧通路更发达，并且弓形束广泛地投射到额下回（BA 44/45/47 区）、颞中 / 下回。弓形束作为连接布洛卡区和韦尼克区的神经纤维束，它一直被认为在语言功能上发挥重要作用。卡塔尼（Catani）等将其分为长段、前段和后段三个部分。而弗里德里奇（Friederici）等将背侧通路分为两条途径：一条连接运动前区（BA 6）和颞上回，另一条连接额下回（BA 44）和颞上回。关于腹侧路径，一般认为是由额 - 枕下束、钩状束、外囊（external capsule）和最外囊（extreme capsule，EC）等神经纤维束组成。背侧通路通常被认为在以语法为中心的高级语言功能中起着重要的作用。山本香弥子等的研究表明，腹侧路径则与句子理解相关联的左额下回（BA 47）腹侧及左颞叶通过最外囊 / 中纵束 / 下纵束相连。

1.2.6　最外囊 / 最外囊纤维系统

最外囊 / 最外囊纤维系统：联络额、颞上 / 中皮质，主要负责句法和语义处理。

最外囊或“最外囊纤维系统（extreme capsule fiber system，EmC）”是位于屏状体（内侧）和岛叶（侧面）之间的轴突集合，如图 1.21 中的深蓝色纤维束所示。一些研究表明，EmC 将腹侧和外侧额叶与大部分颞上和颞中皮质相连，从前向后延伸。这种通路可以在前额下和颞叶皮层之间提供另一条通路，这可能支持句法和语义处理。根据以上描述，最外囊 / 最外囊纤维系统涉及的脑区包括 BA 44/45/47/22/21。

1.2.7　中纵束

中纵束：联络顶叶和颞叶、枕叶和颞叶，主要负责语言理解或语义处理。

中纵束（MdLF）起源于颞上后、顶下 / 上叶，可能还有枕叶，沿着颞叶皮质延伸至颞极，如图 1.21 所示。因此，它对于语言理解或语义处理很重要。总之，中纵束可能涉及的脑区为颞上后（BA 22）、顶下 / 上叶（BA 39/40/7），可能还有枕叶（BA 19）、颞极（BA 38）。

1.2.8　垂直枕束

垂直枕束：联络枕颞和顶叶，主要负责识字等副语言功能。

垂直枕束（VOF）是在大脑后部垂直延伸的白质束，如图 1.22 所示。至少在灵长类动物中能被发现，它是“唯一的连接背外侧和腹外侧视觉皮层的主要纤维束”。垂直枕束由长神经纤维组成，在大脑后部的视觉子区之间建立连接，研究表明，它与视觉和认知有关，因为它的损伤会导致阅读障碍。垂直枕束的途径似乎将枕 - 颞侧沟 / 回（与视觉词形的处理相关）与对识字和计算能力很重要的顶下 / 上区相连，是另一种潜在的重要通路，具有识字等副语言功能。

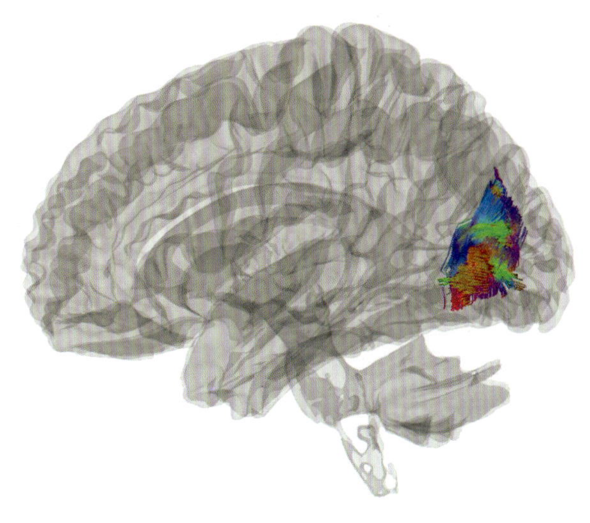

图 1.22 垂直枕束

1.2.9 额斜束

额斜束：联络额下回与前辅助运动区，主要负责口语产生。

额斜束（FAT）连接前额下脑区与前辅助运动脑区（联络额上回与额下回），起源于辅助运动区（SMA），前 - 辅助运动区（Pre-SMA）终止于额下回的岛盖部，如图 1.23 所示，额斜束可能在口语产生中发挥作用。额斜束分布的脑区包括：BA 44/8 和 BA 6。

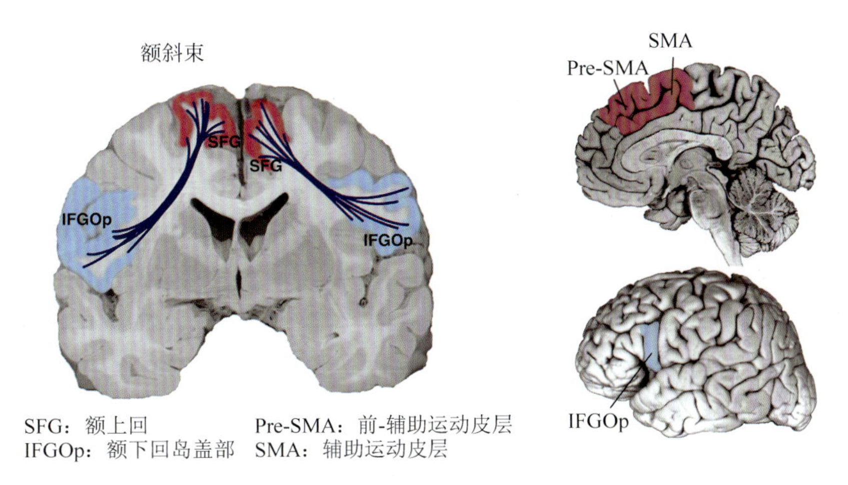

图 1.23 冠状面额斜束的连接，在内侧和外侧矢状面上有额下缘和额上缘的轮廓

1.2.10 胼胝体

胼胝体：贯通额 - 枕叶，左右两侧大脑之间的联络纤维，协调大脑活动。

胼胝体是大脑沿纵向裂隙形成的结构，主要功能是允许大脑左右半球之间的交流。这种结构由白质纤维束组成：它拥有数百万个轴突，其树突和终端钮在左右半球上突出。研究表明，胼胝体的功能是有组织的，右半球在识别人脸方面具有优势。这种组织导致胼胝体中不同形态结构的脑区负责不同类型信息的传递。胼胝体的前中体传递运动信息，后中体传递体感信息，峡部传递听觉信息，压部传递视觉信息。虽然大脑半球之间的大部分信息转移发生在胼胝体，但也有少量的信息转移通过皮层下的途径进行。图 1.24 表示胼胝体从一个半球到另一个半球的纤维的最大投射图。最大的纤维投射到眼眶部的彩色编码是紫色，额叶是天蓝色，顶叶是黄色，枕叶是橙色，颞叶是绿色，皮质下核是咖啡色。

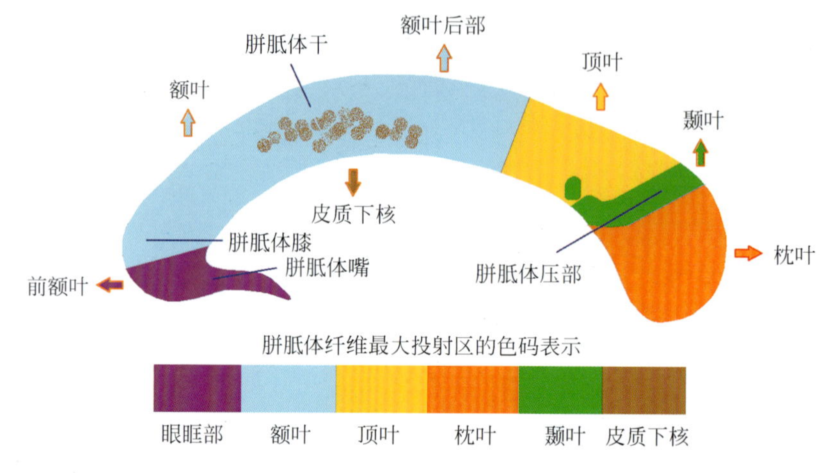

图 1.24　胼胝体从一个半脑到另一个半脑的纤维的最大投射图

额叶前部（其中包含来自运动性语言中枢的纤维）通过胼胝体前 1/3。在胼胝体前部，特别重要的结构是通过胼胝体喙部的神经纤维、前额叶皮质，运动前区的纤维集中在胼胝体喙部中腹部并连接左、右半脑。额叶后部和顶叶产生的神经纤维被认为通过胼胝体干部。胼胝体是连接左、右半脑的神经纤维通路，如从“左”布洛卡的运动性语言中枢发出的命令通过胼胝体介导分别传达到左、右脑的运动区，使它们各自发出命令。胼胝体中的纤维在大脑半球中辐射，形成胼胝体辐射线。胼胝体喙部的受损会导致，左脑半球的语言中枢和具有视觉中枢的右枕叶的联络中断，无法阅读进入没有受损的左视野的内容。由此可见，胼胝体是位于左、右两侧大脑之间的联络纤维，可将左、右两侧大脑对应部位连接起来，协调两侧大脑半球之间的活动，使左、右大脑成为一个整体，共同完成大脑协调活动。如胼胝体的功能受损，则会使身体活动出现不协调状态。

1.2.11　其他白质

穹隆：主要负责语义加工。

内囊、尾状核和丘脑：主要与额叶 - 纹状体 - 丘脑回路有关。

内囊后部：主要负责复述。

外囊：主要负责音素、复述、听力理解。

在白质束中，穹隆与语义加工有关。脑卒中患者的内囊、尾状核和丘脑的损伤破坏了额叶 - 纹状体 - 丘脑回路，从而影响到背外侧前额叶皮质和前扣带回，这些脑区被认为支持注意力和执行功能。复述障碍与外囊、内囊后部病变有关。音素错语、复述障碍与外囊病变有关，听力理解障碍的病变部位位于颞上回后部至外囊或额下回。

1.2.12 其他（运动 / 感觉 / 联合区）

初级运动皮质（primary motor cortex，BA 4）：主要负责执行发声运动。

附属运动区（位于内侧额叶皮质）：与失语症有关，附属运动区的任何一侧受损均可引起一段时期的失语症。

前运动区（BA 6）：主要负责语言运动器官组织，参与发音和书写的所有与语言相关的运动器官组织。前运动区参与信息复述。听写时左前运动区皮质被激活。

前运动区 / 额下回后部：主要负责运动行为的规划和排序，以及听觉 - 运动映射。

前辅助运动区（pre-SMA）：主要负责句法处理。

辅助运动区：主要负责信息复述、阅读，辅助运动区与语音编码和清晰度及听写有关。

运动皮质：主要负责复述、语音编码、清晰度。

左前运动区前部：主要负责复述。

左后运动区（left posterior motor area，LPMC）外侧部：主要负责句法处理。

初级视觉区（BA 17）和视觉联合区（BA 18/19）：主要负责阅读。

左侧初级听觉皮层：主要负责复述。

听觉联合区（BA 22）：主要负责接收听觉刺激并进行语言高级信息处理。

颞叶中的初级听觉区（BA 41）：主要负责接收听觉刺激并进行语言高级信息处理。

视听联合区（BA 37）：主要负责视觉语言处理和唇读活动。

感觉运动区皮质：主要负责听写。

左侧中央前回（precentral gyrus，PCG，BA 4/6）：主要负责命名，与语言清晰度有关。额叶运动区 / 运动前区（BA 4/6）：是参与发音和书写的所有与语言相关的运动器官组织。

左中央前回下部：主要负责复述、命名及朗读（纯词哑）。

左前额 - 顶联合区：主要负责词语信息储存。

顶叶联合区（BA 39/40）：主要汇集顶叶、颞叶和枕叶的神经束，是躯体、视觉、听觉的信号综合区。

韦尼克区：是语言理解中枢，主要负责语言理解、语言产生、复述、听力理解及命名。关于感觉语言的韦尼克区的定位有很多说法，相对准确的区域定义在颞 - 顶叶，包括 BA 22/39/40/41/42 区。传统的韦尼克区相当于 BA 22/21 区后部。

布洛卡区尾邻的左脑盖：主要负责句子、短语的句法编码。

前语言区、后语言区以及皮质下结构：主要负责图片命名、找词。

左颞 - 顶叶：主要负责语言处理、语义处理（文字和图片的语义判断）、语言理解、听觉语音处理、语音短期记忆和言语产生、句子处理、工作记忆、重复。

左颞 - 顶叶皮质参与语言处理、语义处理，理解障碍与左脑的颞 - 顶区损伤有关。左脑颞 -

顶皮层与文字和图片的语义判断有关。左后额下皮层连接到涉及听觉语音处理的颞 - 顶脑区。颞 - 顶区在语音短期记忆和言语产生的任务中占有重要地位。在句子处理中，动词及其自变量（主语和宾语）的存储和排序是句子处理的核心任务。研究表明，句子加工过程中的存储依赖于左脑颞 - 顶叶（TP）深部脑区，此脑区可能在句子处理和其他与工作记忆相关的任务之间共享，而布洛卡区则是一个明显的与神经排序相关的脑区。重复性损伤与颞 - 顶区损伤相关，重复缺陷与背侧上纵束和弓形束通路损伤显著相关。

颞 - 顶交界处：主要负责命名、听觉工作记忆、短语重复。少词变异渐进性非流利性失语症（lv-PPA）患者的颞 - 顶交界处有萎缩性病变，出现命名异常、说话缓慢、听觉工作记忆减退、短语重复障碍的症状。

左侧颞 - 枕交界下部：主要负责阅读。

颞下回（BA 20）/ 梭状回（BA 37）连接处（左颞 - 枕部）：形成视觉词汇，主要负责字形的排序、处理及词汇定位。

枕 - 颞侧脑沟 / 回：主要负责视觉词形的处理，与对识字和计算能力很重要的顶下 / 上区相连。

外侧裂周区（perisylvian area）：主要负责音节辨别能力、句法处理、听力理解和遣词造句。

包括布洛卡区在内的外侧裂周区皮层的损伤可以导致音节辨别能力的轻微下降。外侧裂周区后部在句法处理中起着重要作用。外侧裂缘上区（infrasylvian supramarginal regions）与听力理解有关。病灶位于基底神经节偏外侧裂周区受损，多表现有较明显的听力理解障碍及错语。遣词造句的脑加工部位主要位于外侧裂。

Spt 区（外侧裂 - 顶叶 - 颞叶，sylvian-parietal-temporal）：主要负责语音工作记忆、声带感觉运动整合、视觉输入。

功能磁共振成像研究确定了左颞平面（left planum temporale）的一个脑区，即 Spt 区，该区对语音工作记忆至关重要，Spt 是一个整合复杂声音序列（如语音和音乐）的感觉和声带相关运动表征的接口站。Spt 活动与额叶言语产生相关脑区的活动密切相关，如岛盖部（BA 44）。功能研究发现，Spt 也对与声带动作相关的视觉输入做出反应，例如视觉言语（唇读），这是 Spt 作为声带感觉运动整合区的有力证据。

优势半脑的前辅助运动区（pre-SMA）- 背侧尾状核 - 腹前丘脑部回路：主要负责单词生成，参与激活和选择先前存在的词汇表示。

优势半脑的前辅助运动区 - 背侧尾状核 - 腹前丘脑部回路（pre-SMA–dorsal caudate–ventral anterior thalamic loop）与产生单词有关，但与产生无意义的音节无关；在单词生成过程中参与了激活和选择先前存在的词汇表示。优势半脑的前辅助运动区（SMA）及背侧尾状核，参与单词生成，但不参与单词重复。

背侧通路：主要负责语音编码、口语表达、语法处理。

腹侧通路：主要负责语义处理。

背侧通路是通过弓形纤维束或上纵束，连接前运动皮质（包括布洛卡区的岛盖部）、缘上回和颞上回脑区，该通路在语音编码到口语表达过程中起着重要作用。背侧通路在以语法为中心的高级语言功能中起着重要作用。腹侧通路由额 - 枕下束、钩状束、外囊和最外囊等神经纤维束组成，和与句子理解相关联的左额下回（BA 47）腹侧及左颞叶通过最外囊、中纵束、下纵束相连。下纵束、钩状束等腹侧通路主要负责语义处理。

右脑后部顶 - 枕区：主要负责空间信息储存。

大脑各脑区负责不同的语言活动，各脑区间又通过联络纤维进行连接，构成大脑语言网络，共同完成听觉理解、选词语义处理、句子加工以及语言产生等一系列语言任务。各脑区功能归纳总结如附录表 2~ 表 10 所示。

1.3　布罗德曼各区及其功能

1909 年，德国神经科医生科比尼安·布罗德曼（Korbinian Brodmann）制作了细胞结构学图谱，根据细胞显微解剖结构的组织学分析对大脑皮质做出划分，每个半脑包含 52 个区。布罗德曼区是人类或其他灵长类动物大脑皮层的一个区域，由其细胞结构 / 组织或组织结构来定义，如图 1.25 所示。描述大脑中某一特定功能的神经解剖学位置的一种方法是给大脑皮层的不同脑回命名，如额叶的额下回、颞叶的颞上回等。这个布罗德曼脑回结构图代表了脑半球的解剖学细节。一个多世纪以来，人们一直认为左脑的布洛卡区和韦尼克区是语言处理的中心。脑区细分是对皮层结构的细胞结构描述，并由布罗德曼提出，他在显微镜下仔细地观察大脑皮层结构，根据神经元的类型及其密度，将大脑皮质分为六层。在细胞结构上确定了不同的区域，并对其进行了编号，称为布罗德曼区（Brodmann area, BA）。这种编号方式被用来指示大脑中功能性活动的位置。例如，根据布罗德曼（Brodmann）进行的细胞结构分析，将布洛卡区划分为更靠后的部分（BA 44）和更靠前的部分（BA 45）。后来，通过客观细胞结构分析证实了布洛卡区这种细胞结构细分为两个亚部分。BA 44 和 BA 45 的细分与神经解剖学分为岛盖部和三角部的方法是一致的。韦尼克区位于颞叶皮层，指的是 BA 42/22 的后部。在细胞结构上，BA 22 与初级和次级听觉皮层（BA 41/42）以及位于下方的颞中回有所区别。

在 21 世纪，已经出现了将不同的脑区分割的新方法：一种方法是受体结构分割，另一种方法是基于连接的分割。受体结构分析考虑了给定区域中神经递质的类型和密度。神经递质在神经元之间传递信号，是将信息从一个神经元传递到另一神经元的生化物质。受体结构分析还表明，BA 44 和 BA 45 之间存在全局差异，在这些脑区中的每个区域内甚至有更细微的差异。此外，外侧区域的 BA 45 和 BA 44 与更腹内侧区、额岛盖部之间也存在差异。

基于连接性的分割方法是指根据皮质区与大脑其他区的白质纤维的连接来区分皮质区的分析。借助基于连接性的分解方法，布洛卡区也被划分为 BA 44 和 BA 45，这两个区域均与位于腹侧的额岛盖部分开。使用基于连接的方法，颞上回的 BA 22 可以被分成三个亚区。在此基础上，可将颞上回 / 沟再分为后、中、前三部分。图 1.25 显示了构成左脑半球功能语言网络主要部分的脑区，并用颜色编码。

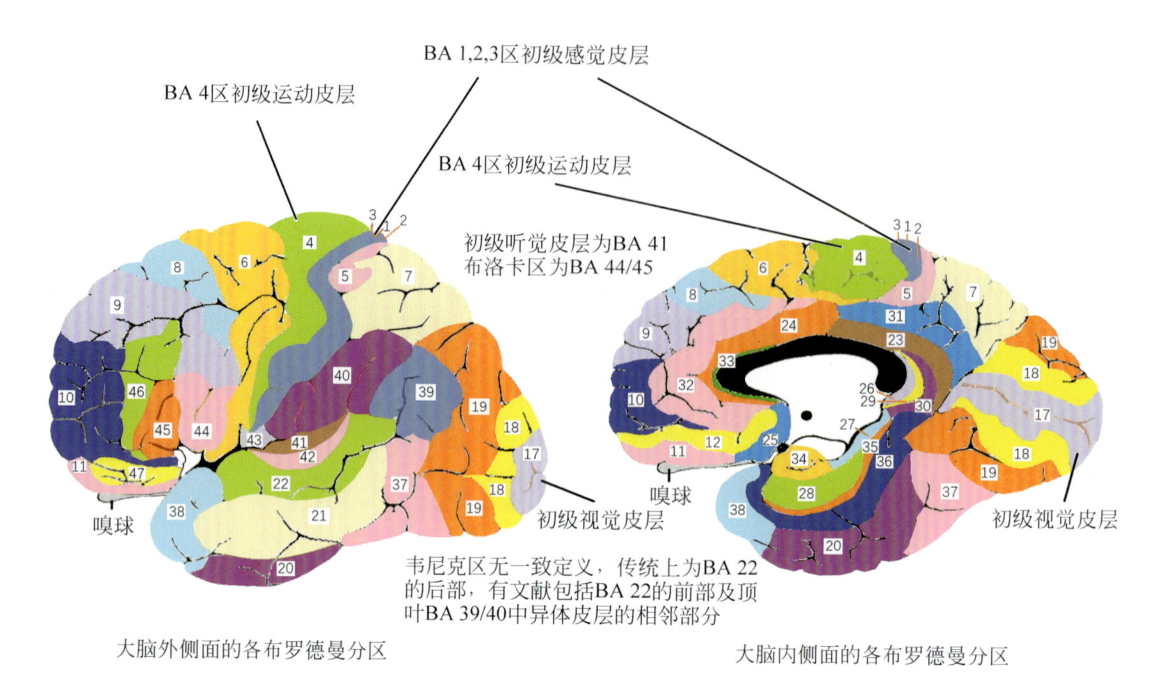

图 1.25　大脑的外侧面（a）和内侧面（b）的各布罗德曼分区

这些脑区可以处理世界上所有语言的单词和句子。右脑的同源区也是语言网络的一部分，并为诸如句子的韵律信息提供服务。网络中不同的脑区通过纤维束连接，纤维束提供了保证信息从一个脑区传输到另一脑区的路径。这些通路存在于每个大脑半球内，并连接额叶和颞叶语言区。此外，还有连接左、右脑半球的纤维束——胼胝体，允许在两个半球之间传递信息。可见语言和大脑之间的关系是一个复杂的关系，特别是当考虑到网络的不同部分必须实时工作才能使语言处理成为可能。布罗德曼各分区的功能如表 1.2 所示。

表 1.2　布罗德曼各分区的功能归纳总结

分　区	名　　称	功　　能	脑区外侧面、内侧面图的位置
1，2，3	中央后回的初级躯体感觉皮层，即体感皮层（通常称为 BA 3/1/2 区）	触觉区。接受身体对侧的痛、温、触和本体感觉冲动，并形成相应的感觉。此三区分别为体感皮层内侧、末尾和前端区，共同组成体感皮层。它们具备基本体感功能，并接受对侧肢体的感觉传入。BA 3 为主要的信息处理中心，BA 1 和 BA 2 则负责接收各自的信号	BA 3/1/2

续表

分　区	名　　称	功　　能	脑区图位置
4	初级运动皮层	负责自主运动。如计划、控制、运动执行等，尤其是任何与延迟反应有关的动作。口腔运动区是初级运动皮层的一部分，在中央沟的正前方，该区负责口腔各部位在发音过程中的物理运动，包括与口腔相关联的肌肉和骨骼的协调，但不负责语言生成时认知内容的处理（这种处理主要由布洛卡区完成）。负责执行发声运动、命名、语言的清晰度、语言运动器官组织、书写运动器官组织	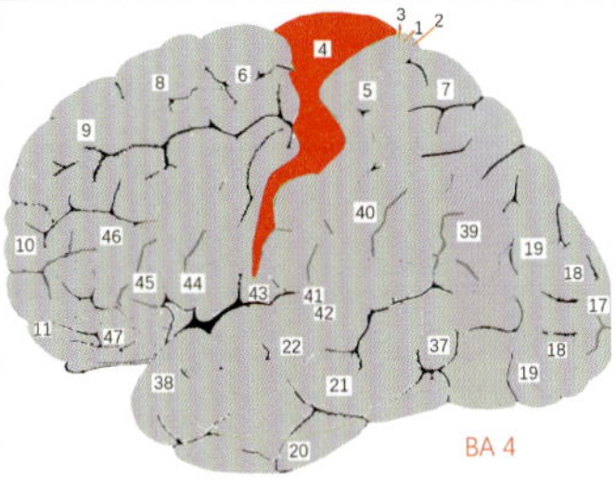 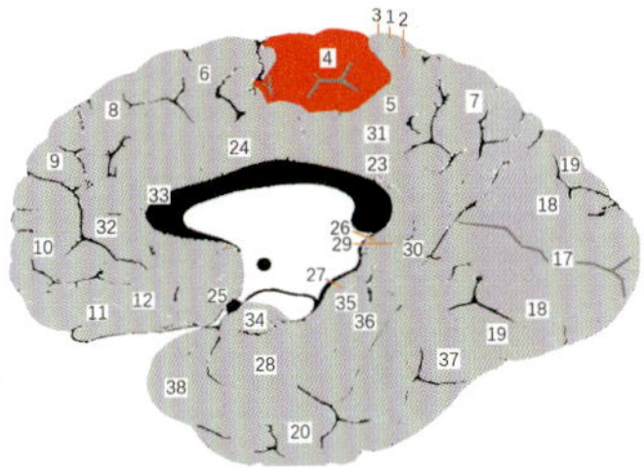 BA 4
5	顶上叶的体感联合皮层	负责触觉的处理。与 BA 7 组成体感联合皮层	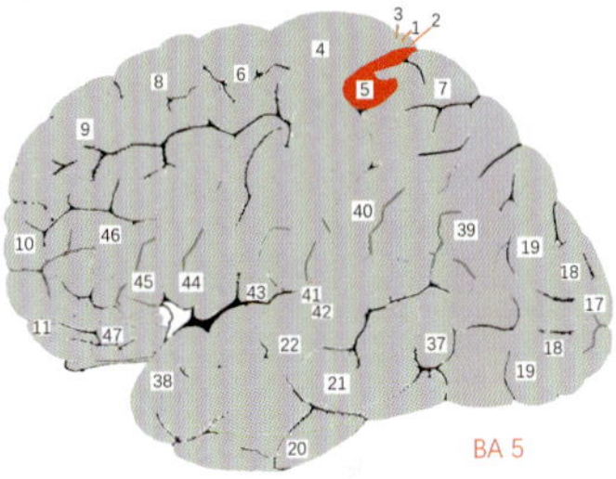 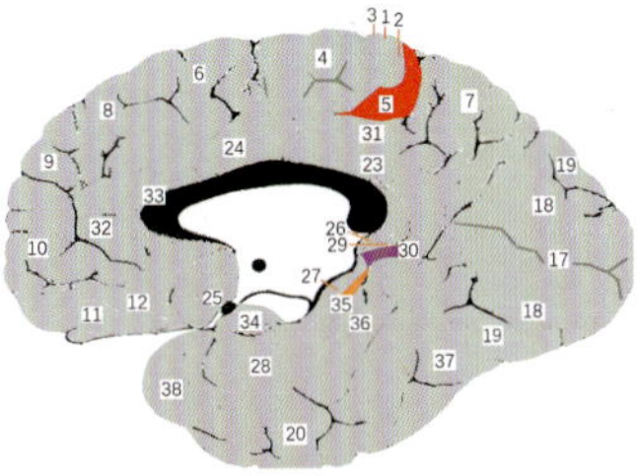 BA 5
6	前运动皮层位于初级运动皮层的前部，是辅助运动皮层（次级运动皮层）	负责运动计划、人体运动控制的某些方面，包括运动的准备、运动的感觉指导、到达的空间指导，或者直接控制某些人体运动，重点是控制身体的近端和躯干肌肉。负责书写、语言运动器官组织、运动行为的规划和排序以及听觉 - 运动映射、信息复述、听写，是书写中枢。外侧皮质为句法处理的语法中枢。与 BA 8 形成前运动皮层，控制身体的近端和躯干肌肉。指导感官运动，是辅助运动区 SMA	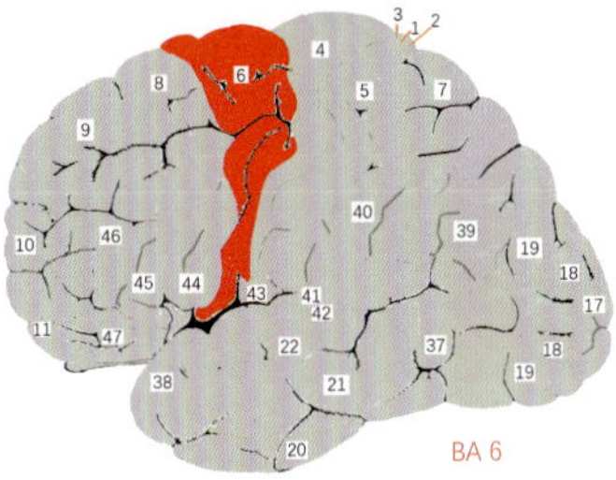 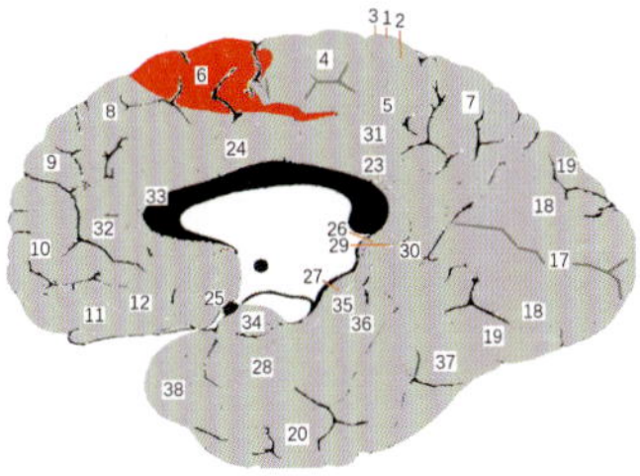 BA 6

续表

分　区	名　　称	功　　能	脑区图位置
7	体感联合皮层	视觉 - 运动协调，负责手眼动作的协调，参与视觉背侧通路，语义处理。与 BA 5 形成体感联合皮层，控制视觉 - 运动协调功能。顶上小叶（BA 5/7）为精细触觉和体觉的皮质区	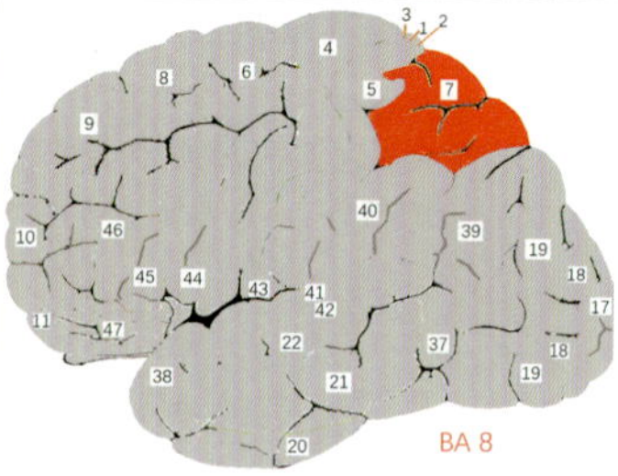 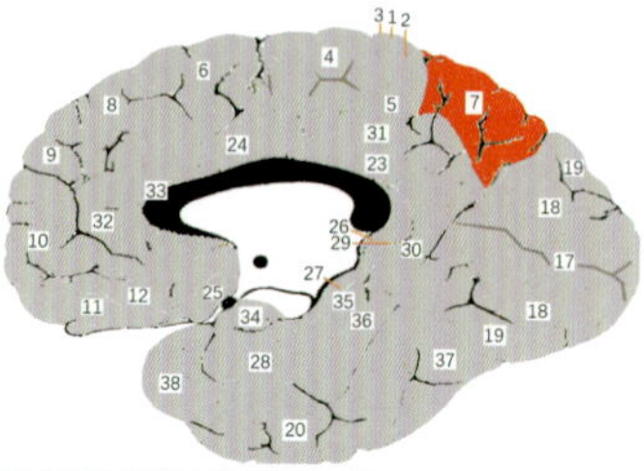
8	额叶眼动区（frontal eye field）	包括前视野，负责眼球运动。位于额叶，与 BA 6 区共同构成前运动皮层，控制眼球的随意运动，尤其与眼球的追随运动有关，和书写功能有关，涉及句法处理、对象命名	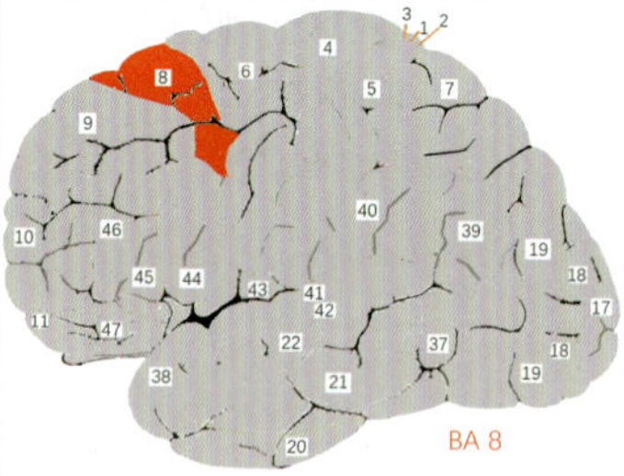 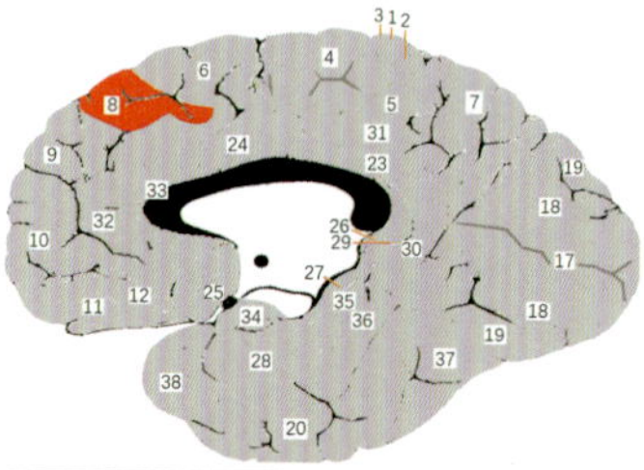
9	背外侧前额叶皮层	负责运动计划与抑制。负责语义判断、同音词判断、语言思维。语义和同音字的判断、大脑高级心理功能综合区与语言思维有关、语义处理、汉字拼写处理、对象命名、动作词的检索、图像命名、认知及顺序处理、语言处理、工作记忆中保存信息的语言功能、语义信息、信息控制与协调。与 BA 10/11 共同组成前额叶皮层	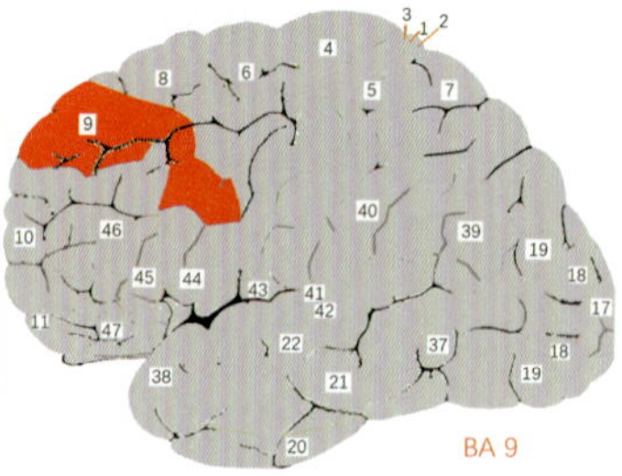 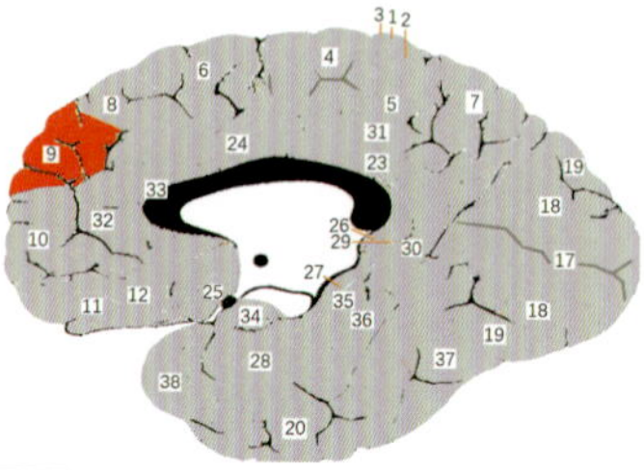

续表

分 区	名 称	功 能	脑区图位置
10	前额叶前部皮层，即额极区（额上回和额中回吻侧大部分）	负责记忆提取、听力理解、语言思维，是大脑高级心理功能综合区，与语言思维有关。与 BA 9/11 共同组成前额叶皮层	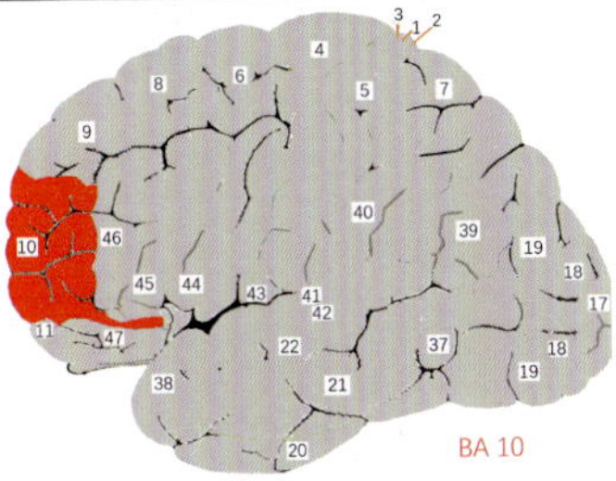 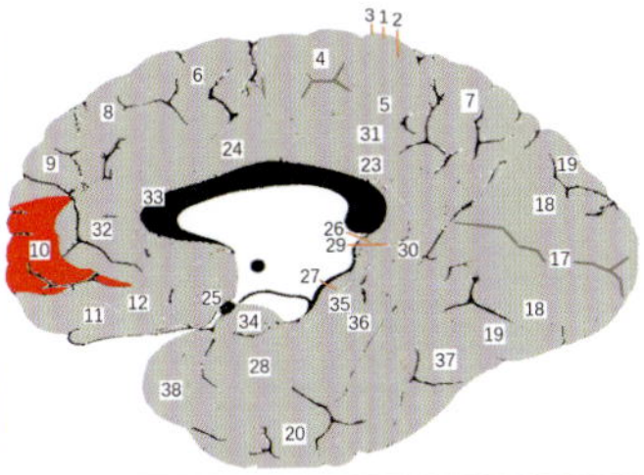 BA 10
11	眶额区（眶回，直回和额上回前侧的一部分）	负责制定决策、语言思维，是大脑高级心理功能综合区，与语言思维有关。与 BA 9/10 共同组成前额叶皮层	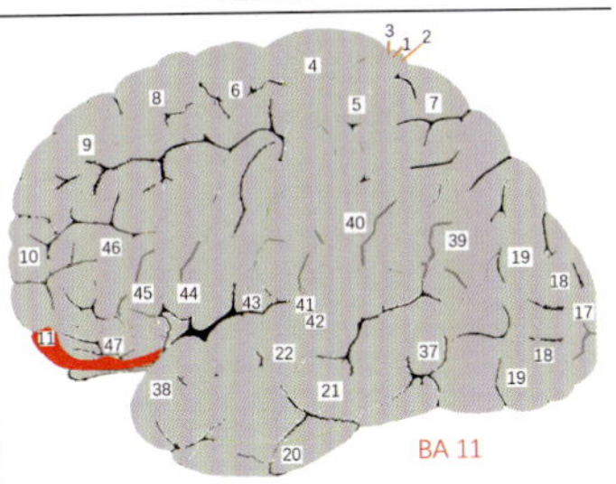 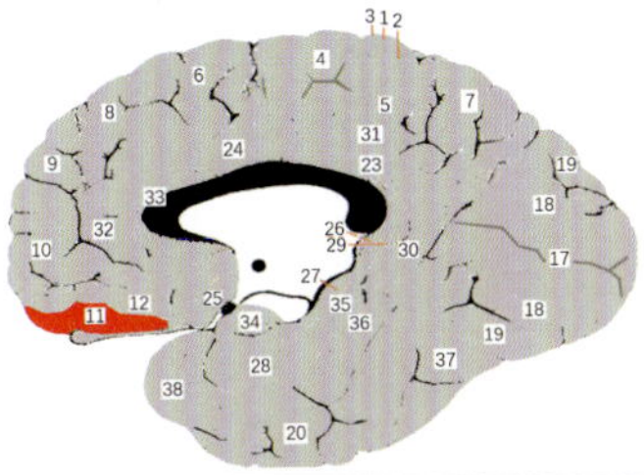 BA 11
12	眶额区（指额上回和吻侧下沟之间的脑区）	负责制定决策	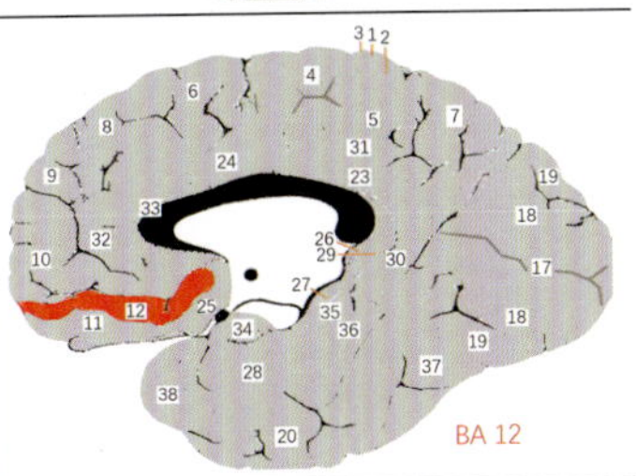 BA 12
13，14	脑岛	岛叶皮质，主要与内脏自主神经以及情感相关。前岛叶与味觉、嗅觉等功能相关，后岛叶与听觉、自主感觉 - 运动功能相关。负责语音流利性、复杂语法结构的理解、多音节单词的命名、言语产生、单词阅读、词干完成、音调处理、语音生成	

续表

分　区	名　　称	功　　能	脑区图位置
15	前颞叶	位于离颞叶最近的岛突部分和面向岛叶的前颞叶的一部分。它被埋在外侧裂裂隙中，如果不进行解剖就无法在大脑表面看到，主要负责传递信息。负责听觉命名、对象命名、单词理解、语义处理 / 加工、多模态语义处理、特定语义信息的检索	
16	岛叶皮质	负责内环境的稳定	
17	初级视觉皮层（V1）	每一侧的 V1 区皮质都接受来自两眼对侧视野的视觉冲动，并形成视觉。主要负责处理初级视觉信息。又称为纹状皮层，与纹外皮层（V2、V3、V4、V5）组成视觉皮层。接收来自外侧膝状体的信息，并且通过背侧流和腹侧流传递到其他视觉区。在阅读过程中初级视觉皮层总是最先被激活，它负责文字图像、手势语信号的输入、阅读	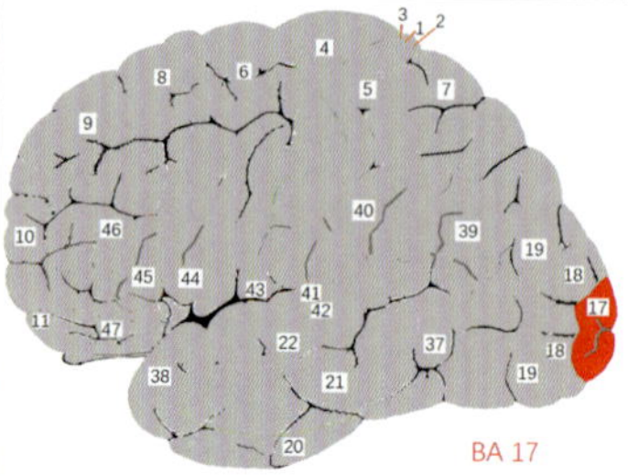 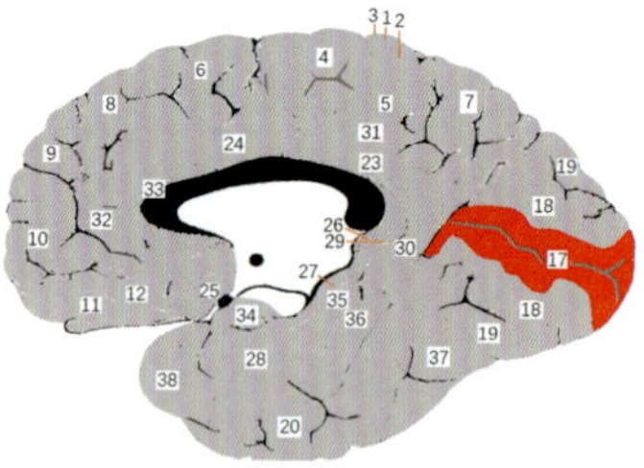 BA 17
18	次级视觉皮层（V2），是视觉联合皮层	负责视觉记忆、听力理解、阅读。属于纹外皮层，与 BA 19 组成视觉联合皮层	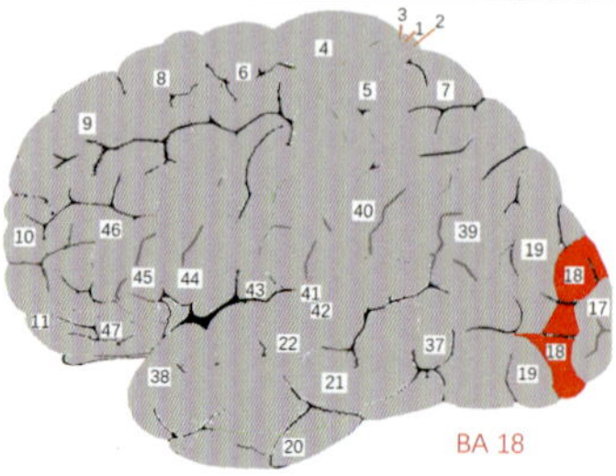 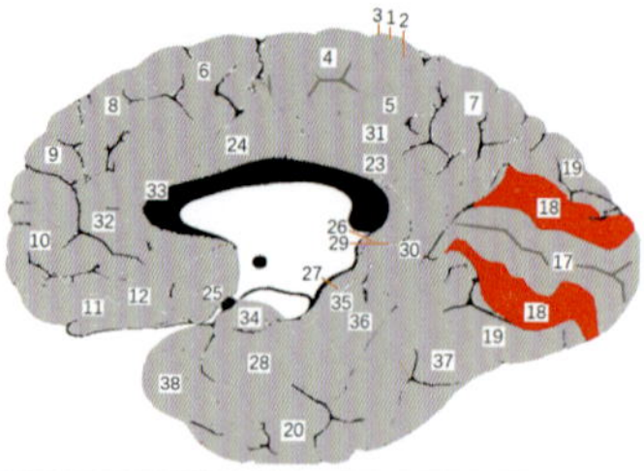 BA 18
19	视觉联合皮层（V3，V4，V5）	视觉联合皮层属于新皮层，位于枕叶，负责阅读、运动识别与记忆，对视觉或触觉刺激（相对于静息状态或听觉基线）做出非特定的反应。属于纹外皮层，与 BA 18 组成视觉联合皮层	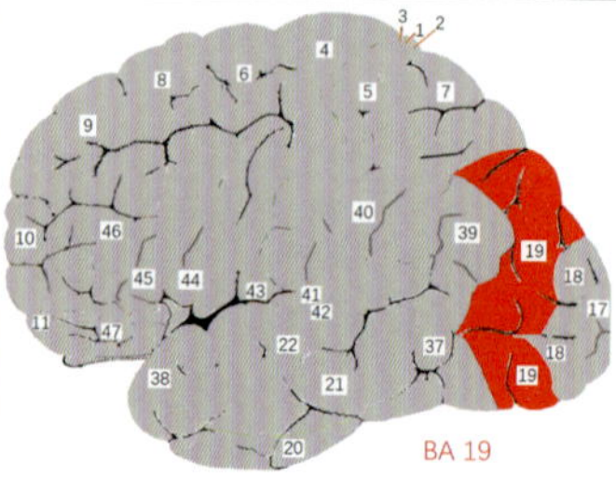 BA 19

续表

分 区	名 称	功 能	脑区图位置
19	视觉联合皮层（V3，V4，V5）	视觉联合皮层属于新皮层，位于枕叶，负责阅读、运动识别与记忆，对视觉或触觉刺激（相对于静息状态或听觉基线）做出非特定的反应。属于纹外皮层，与 BA 18 组成视觉联合皮层	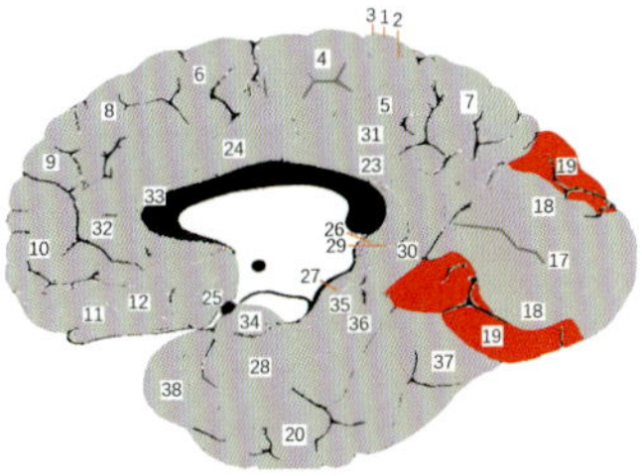
20	颞下回	负责面孔与形状识别、命名、单词理解、对文字和图片进行语义判断、语义处理、语音处理、句法处理、复述、朗读、听力理解。与左颞枕区和梭状回（BA 37）构成视觉词汇形成区，主要负责词汇定位、字形排序、字形处理，也与长期记忆相关	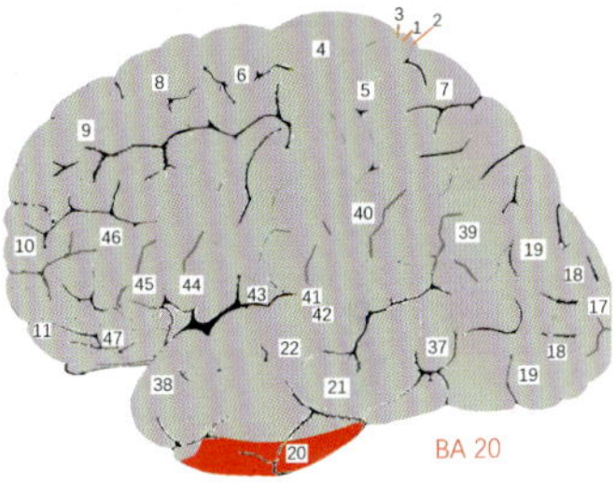 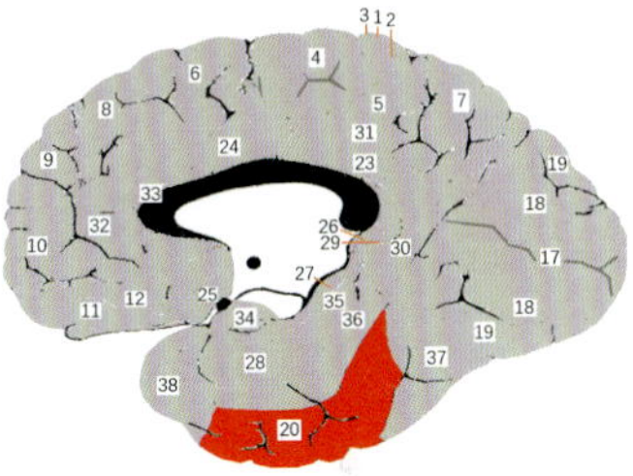 BA 20
21	颞中回	与阅读有关，负责句法处理、语义处理/加工、词汇语义信息的存储和策略检索、词汇选择、语音产生、语义存取、单词的语音处理、听力理解、语法、组词词汇记忆、语言组织、命名	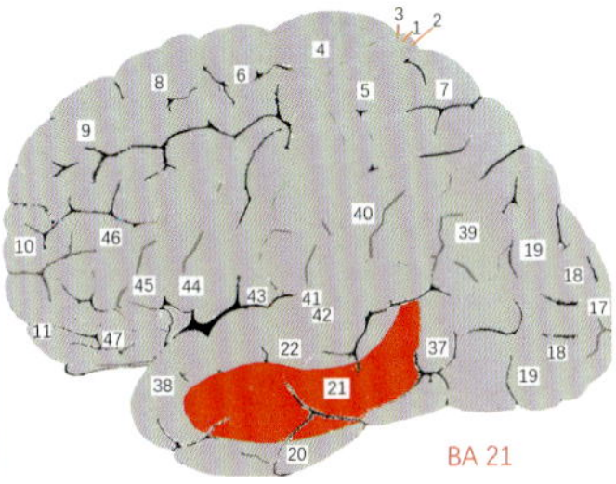 BA 21
22	颞上回的一部分	听觉语言（听讲）中枢，负责词汇理解、阅读、命名、句法处理、流畅性、词汇选择、语音处理、听觉短期记忆、听觉语言理解、听觉分析、语言理解、单词或句子理解、言语发音提供听觉目标、语义处理、听觉-语言理解的词汇-语义听力理解、语音编码、口语表达、接收听觉刺激并进行语言高级信息处理。后部包含韦尼克区，是为大脑书写中枢和视觉性语言中枢，韦尼克区与词义有关，是语义处理的中心，同时它也参与书面/手势语言的理解、复杂部分的听觉功能和物体识别功能	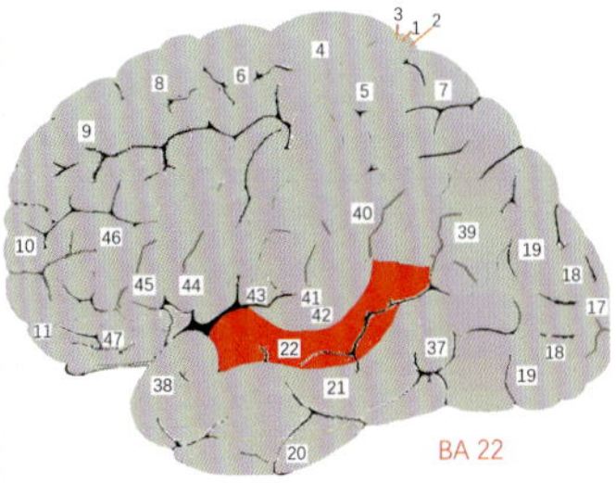 BA 22

续表

分　区	名　　称	功　　能	脑区图位置
23	腹侧后扣带回皮层（下后扣带皮层）	负责空间记忆、情绪。作为边缘系统的一部分，与杏仁核、眶额皮层和海马相连接，延伸至 BA 29	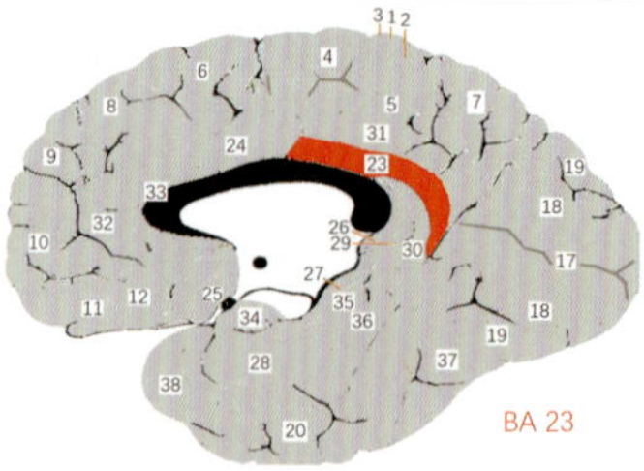 BA 23
24	腹侧前扣带回皮层（下前扣带皮层）	负责情绪，调控心率及血压。作为边缘系统的一部分，与杏仁核、眶额皮层和海马相连接	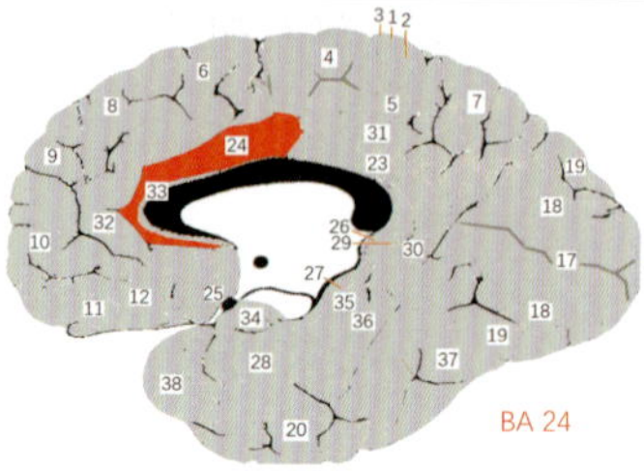 BA 24
25	亚膝区，即膝下皮层（腹内侧前额叶皮层的一部分）	与食欲、嗅觉、睡眠相关	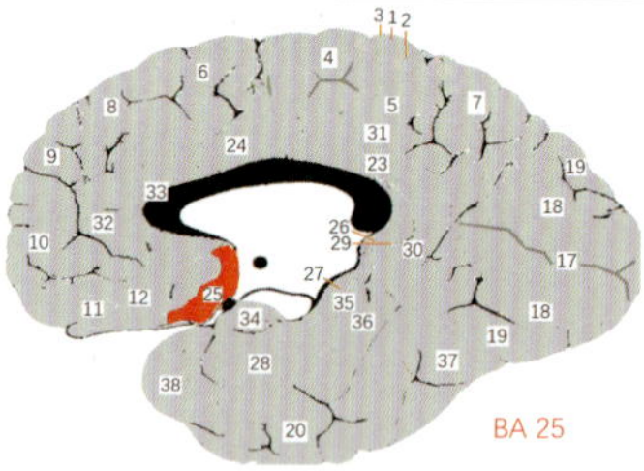 BA 25
26	压外区(ectosplenial area）大脑皮层后皮质区的间接部分	负责情节记忆，是记忆系统的一部分，响应偶发事件	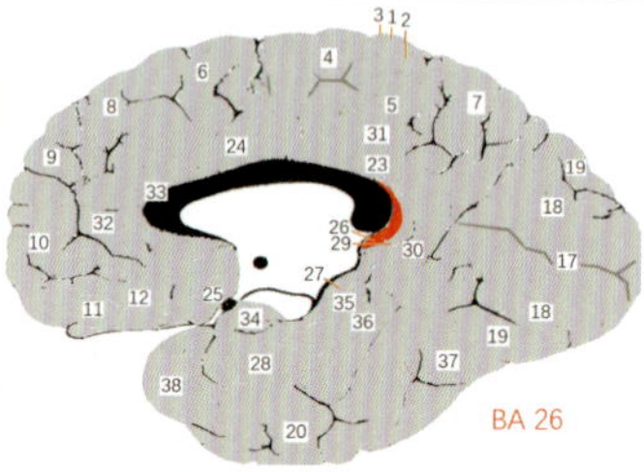 BA 26
27	梨状皮层（位于海马旁回的延髓部分）	负责嗅觉感知，是记忆系统的一部分	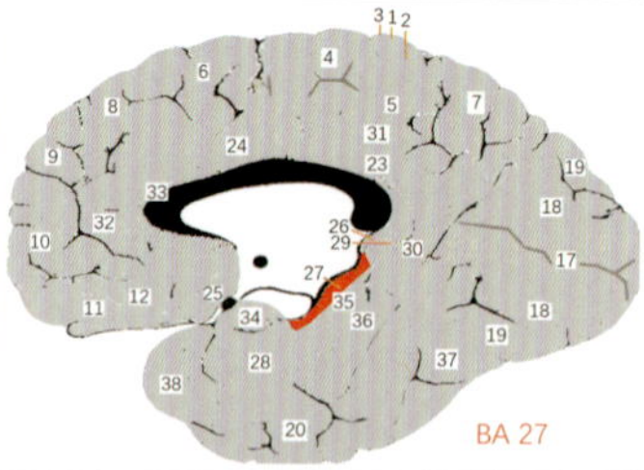 BA 27
28	腹侧内嗅皮层	负责记忆及空间定位。尤其针对人们在睡眠期间新脑和旧脑的“对话”，它对于记忆的形成至关重要	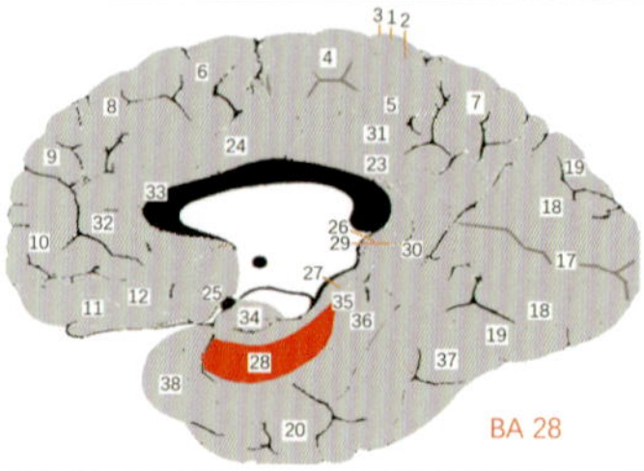 BA 28

续表

分　区	名　　称	功　　能	脑区图位置
29	压后部（扣带）皮层	负责记忆及空间定位。从 BA 23 延伸，是记忆系统的一部分，响应偶发事件	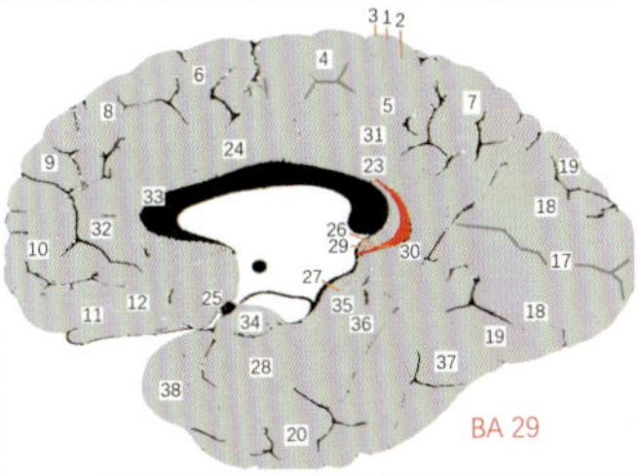 BA 29
30	后压部（扣带）皮层的一部分	负责记忆及空间定位，是记忆系统的一部分，响应偶发事件	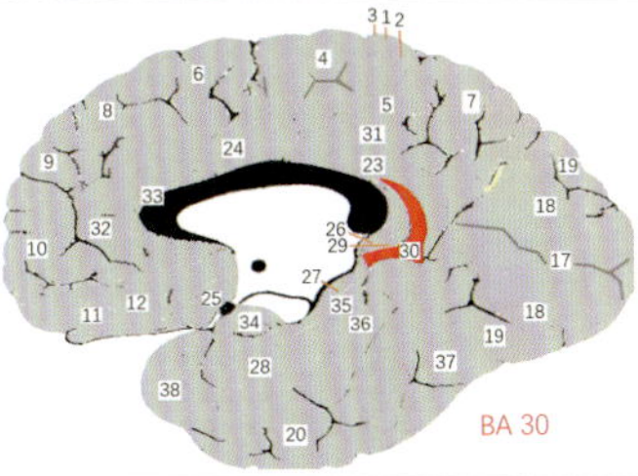 BA 30
31	背侧后扣带皮层	负责记忆及空间定位、语义处理，也与情感处理和识别相关	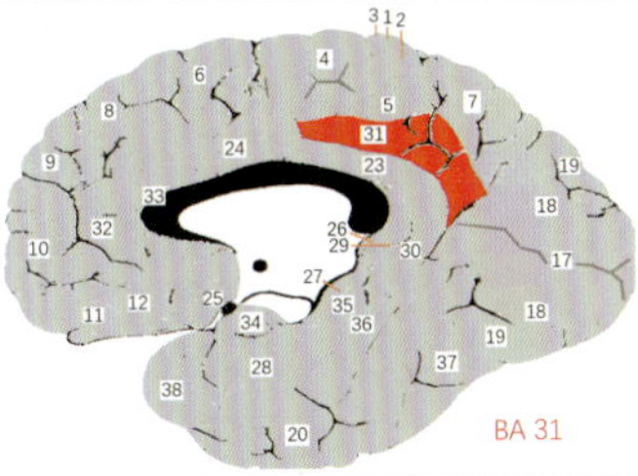 BA 31
32	背侧前扣带皮层	负责记忆及空间定位，与决策的制定过程相关	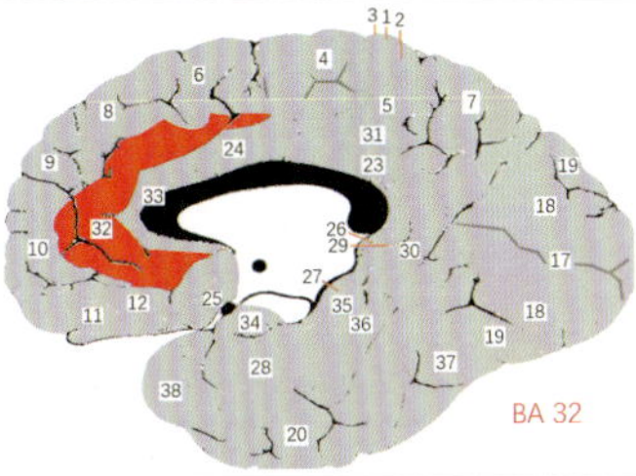 BA 32
33	前扣带皮层的一部分	负责记忆及空间定位、发声、工作记忆、反应冲突、错误检测和执行控制	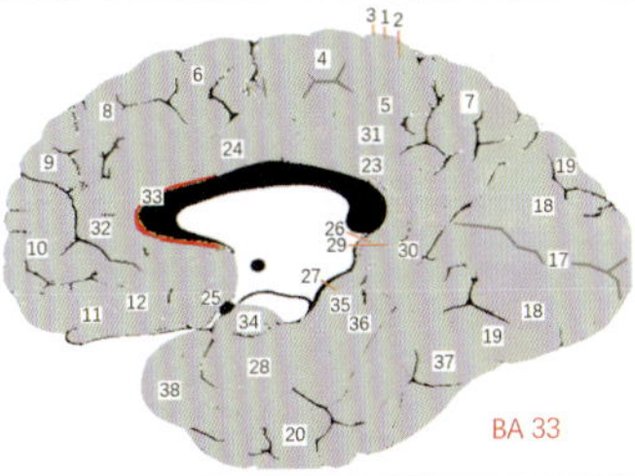 BA 33
34	背侧内嗅皮层或前嗅皮层，位于海马旁回	负责记忆及空间定位	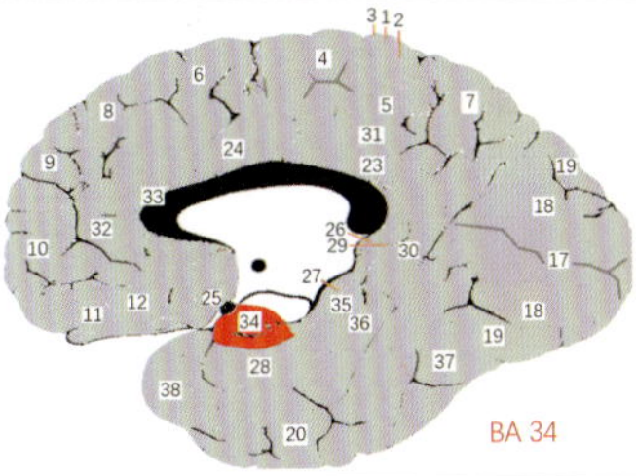 BA 34

续表

分　区	名　　称	功　　能	脑区图位置
35	旁嗅皮层，嗅周皮层的一部分（在鼻沟中），位于海马旁回	嗅觉皮质区，每侧皮质均接受双侧嗅神经传入的冲动，负责记忆与视觉再认	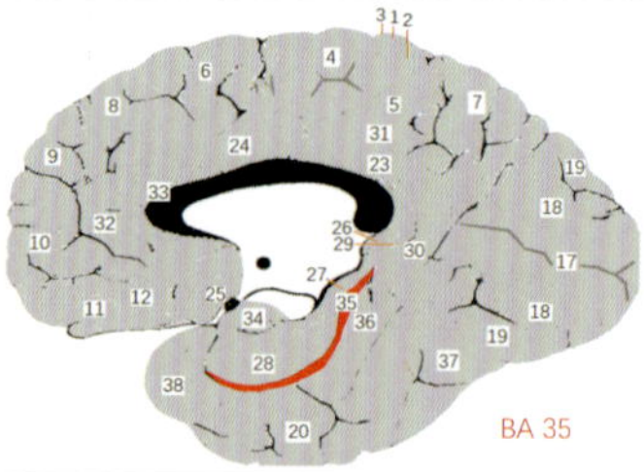
36	海马旁皮层，嗅周皮层的一部分（在鼻沟中）	负责记忆与视觉再认、语义知识的存储和检索	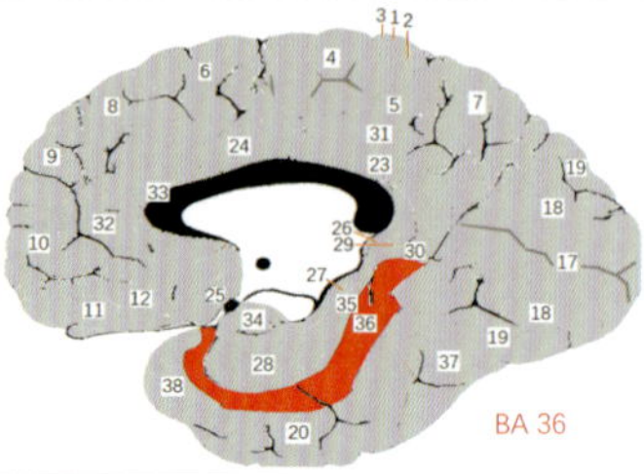
37	梭状回	多模态联合，主要负责高阶对象以及处理颜色信息、人脸与身体识别，负责面孔及字词再认、语义知识的存储和检索、词汇处理、图像/图片命名、听力理解、阅读、词形处理、视觉语言处理和唇读活动、视觉处理、将触觉输入信息与语言知识相融合、语言处理、阅读、语义处理、字形判断、语音匹配、汉字拼写处理、字形加工、词汇识别。与 BA 20 共同构成初级视觉皮层输出讯息的渠道之一，即腹侧流，也被称为“内容通路”，也与长期记忆相关	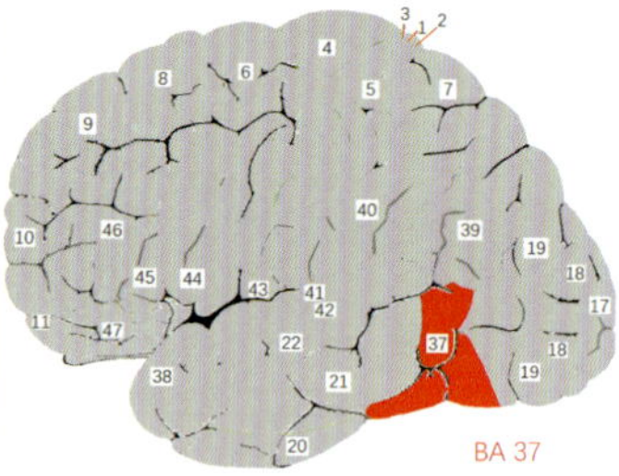 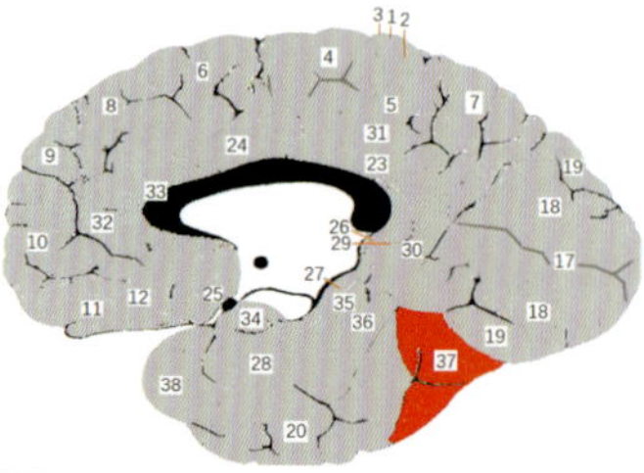
38	颞极区（颞上回和颞中回吻侧大部分）	可能与情绪有关，负责语义加工、参与语言腹侧通路（与下纵束及钩状束相连，主要负责语义处理）	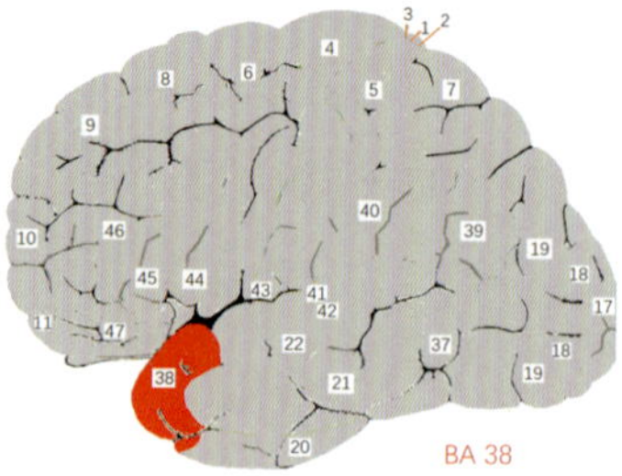 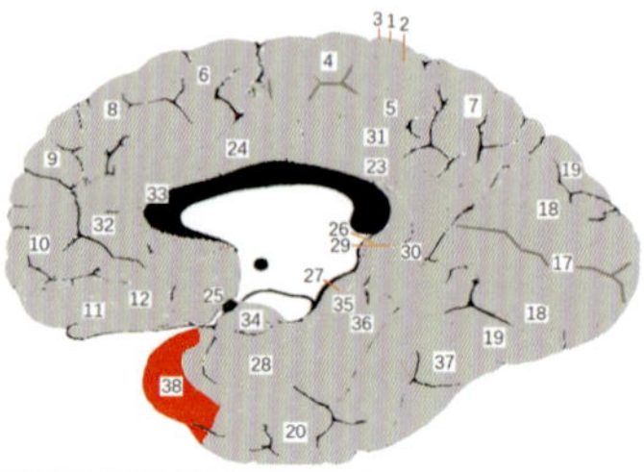

续表

分　区	名　　称	功　　能	脑区图位置
39	角回	是视觉性语言（阅读）中枢、听觉 - 语言理解的词汇 - 语义、视觉、触觉、听觉等感官信号综合区，负责语义处理、语义知识的存储和检索，理解能力、句法处理，是概念的表征区、加工感觉输入、语义表达、复述、听力理解、命名、书写。当角回发生病变时，患者可能出现不能阅读的失读症或既不能阅读也不能书写的失读失写症。失读症是由于顶下回与视觉输入之间的连接中断。如果韦尼克区与其他脑区通过角回的联系中断，患者会出现纯词盲，患者听觉功能正常，但听到的话语是无意义的声音。角回是人听言语和写言语的桥梁，它能把语音转化为视觉信息，使人能写下听到的话语，又能把文字信息转化为语音，使人能诵读诗文。书面语的视像和口语的音像在此区建立联系。与 BA 40 共同构成初级视觉皮层输出讯息的渠道之一，即背侧流。背侧流被称为“空间通路”，参与处理物体的空间位置信息以及相关的运动控制，如眼跳、伸取	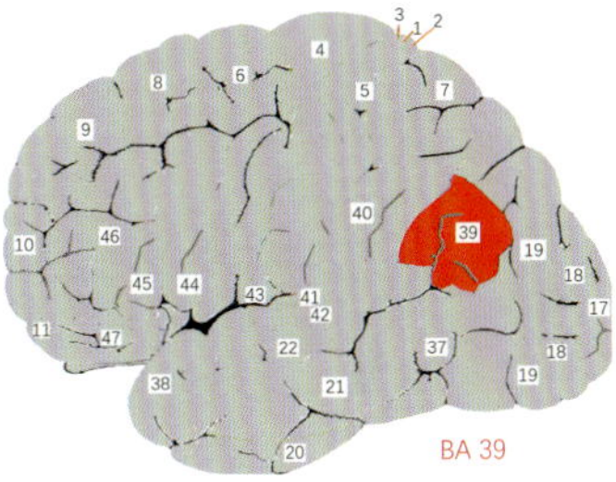 BA 39
40	缘上回	精细的协调功能，次级体感皮层的一部分，用于响应躯体刺激，完成结构区分任务。负责听觉 - 语言理解的词汇 - 语义、句法处理、语义处理、理解能力、复述、听词认知、语音编码、口语表达、语义信息的整合及其与语音信息的联合、单词特征和语义分类的集成，是躯体 / 视觉 / 听觉的信号综合区。威尼克区是语言理解中枢，包括颞上回 BA 22，颞中回 BA 21，缘上回 BA 40 以及角回 BA 39。其中，BA 22/39/40 与词义有关，BA 21 与阅读有关	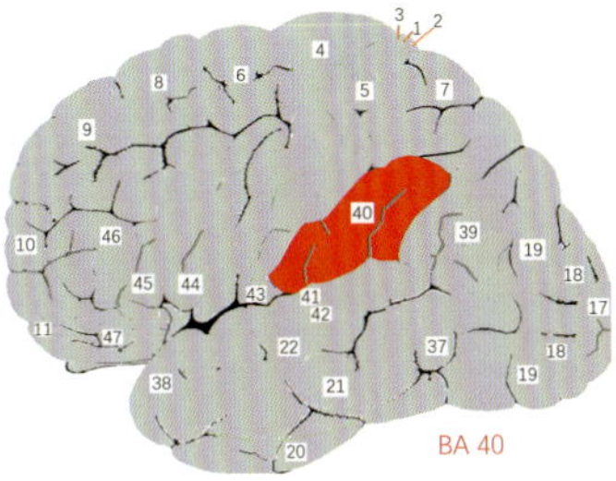 BA 40
41	初级听觉皮层	每侧皮质均接收来自双耳的听觉冲动产生听觉。主要负责接收和处理毛细胞传递的讯息，是早期听觉信息处理区。低音频大多集中于喙侧，高音频大多集中于尾侧或内侧。该区具有能够听到声音并将声音理解成语言的一系列过程的功能，接收听觉刺激及语言高级信息处理、听词认知。在口语交流过程中，若没有正常的听觉输入，语言理解则无法完成。人们在说话时，同时通过初级听觉皮层对自己所说话语（包括音量、音调、语速等）的内容进行监控	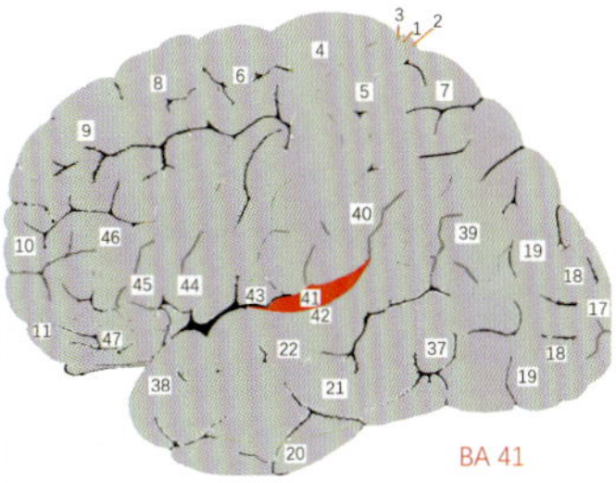 BA 41

续表

分区	名称	功能	脑区图位置
42	听觉联合皮层	每侧皮质均接收来自双耳的听觉冲动产生听觉。主要负责接收和处理毛细胞传递的讯息，是早期听觉信息处理区。低音频大多集中于喙侧，高音频大多集中于尾侧或内侧。接收听觉刺激及语言高级信息处理、听词认知。初级听觉皮层周围的脑区，尤其是靠近威尼克区，也负责短时记忆，对话语的前后内容有所记忆，完成对整个话语的理解。负责接收听觉刺激及语音高级信息处理	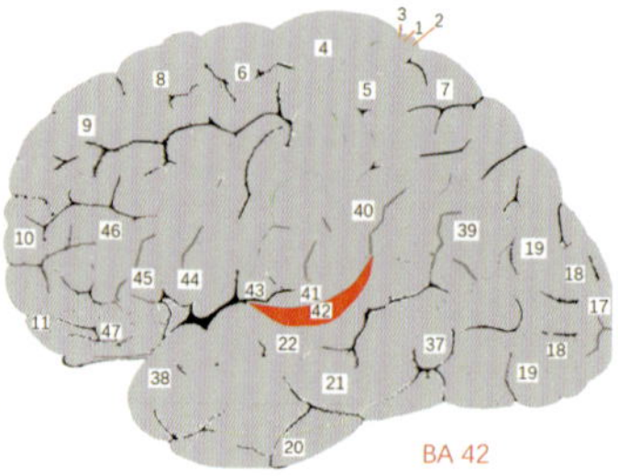 BA 42
43	中央下区（subcentral area）初级味觉皮层	味觉的主要接收区	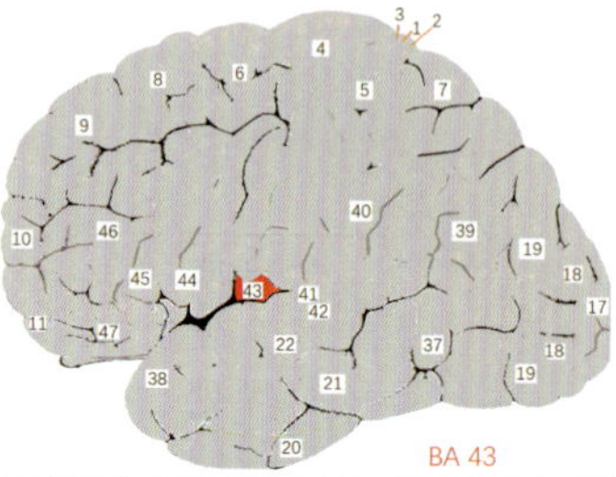 BA 43
44	岛盖部，布洛卡区的一部分	运动性言语中枢，负责命名、运动编程/语音清晰度、语音生成、发音动作的执行、语音输出、音节辨别、复杂句法构成、句法处理（中枢）、语义/语法信息处理、理解和生成语义可逆句子、拼写、口语产生的大规模皮质网络中信息的转换、信息复述、组词词汇记忆、语言组织、语音编码、句子处理（排序）、口语表达，执行语义任务和文字产生的工作	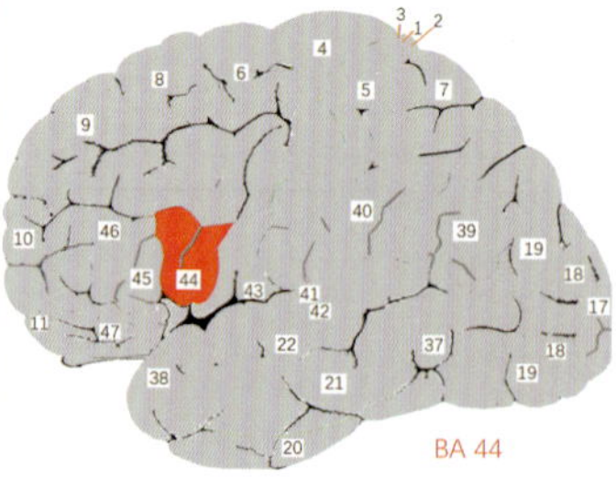 BA 44
45	三角部，布洛卡区的一部分	运动性言语中枢，负责命名、运动编程/语音清晰度、语音生成、发音动作的执行、语音输出、音节辨别、复杂句法构成、词汇检索、语法信息处理、理解和生成语义可逆句子、拼写、口语产生的大规模皮质网络中的信息转换、信息复述、组词词汇记忆、语言组织、语音编码、语言叙述、语言产生的形态学基础、对音素流畅性、句法处理（中枢）、语义编码，执行语义任务和文字产生的工作	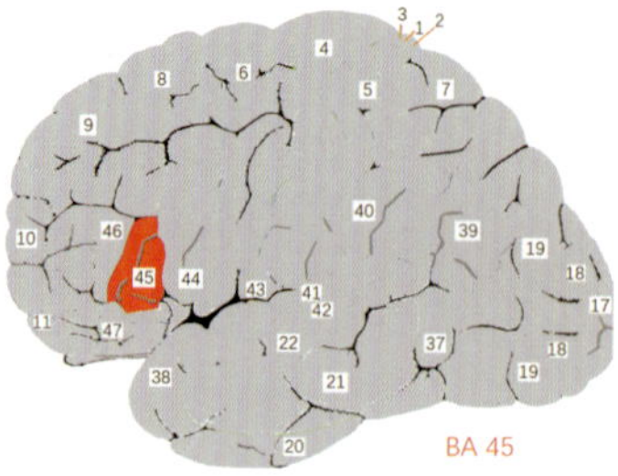 BA 45
46	背外侧前额叶皮质	大脑高级心理功能综合区，与语言思维有关，负责注意力与工作记忆、语言思维、动作词的检索、图像命名、认知及顺序处理、语言处理、工作记忆中保存信息的语言功能、语义信息、信息控制与协调、语义编码	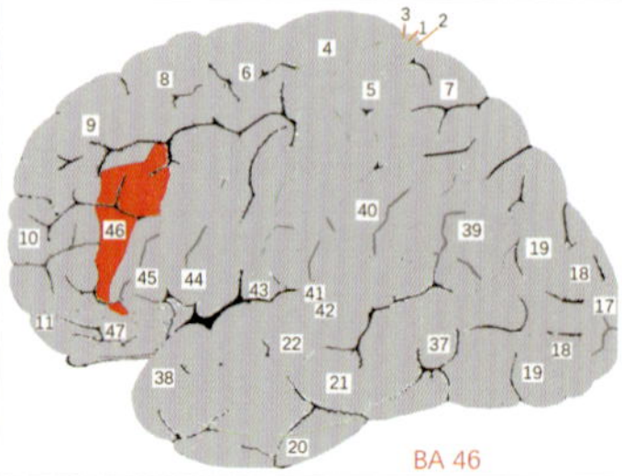 BA 46

续表

分　区	名　　称	功　　能	脑区图位置
47	额下回眶部	大脑高级心理功能综合区，与语言思维有关，负责语言与句法，语音流畅性、语音生成、语言输出、语法生成、语法理解、词汇语义选择、句子加工、句法处理、执行句法计算、语义编码、语义处理、语义知识的存储和检索、阅读理解、工作记忆、动词处理、听力理解	BA 47
48	下脚后区，即亚次区，颞叶内侧的一小部分	—	—
49	岛旁区，位于颞叶和岛叶的交界处。	啮齿动物的亚次区	—
52	脑岛旁皮质，副颞叶区（颞叶与脑岛交界处，被41区遮挡）	主要负责听觉处理	BA 52

小结

根据大脑的结构、语言中枢、52个布罗德曼区及功能论述了人脑的构成与功能。对人类大脑的额叶、顶叶、颞叶、岛叶、枕叶、小脑、丘脑、基底神经节、扣带回、大脑海马和海马旁回的解剖位置及结构，以及相应脑区主管的语言功能进行了论述。对大脑的白质神经联络纤维束，包括上纵束、额 - 枕下束、下纵束、钩状束、弓形束、最外囊、中纵束、垂直枕束、额斜束、胼胝体等白质束的位置及功能进行了论述（相关内容总结于附录表1~表10），是后续各章的基础性知识。

思考题

1. 请阐述各脑回的功能、作用和语言的听说读写中枢。
2. 为什么躯体感觉皮层和运动皮层与身体部位的比例不是线性的？
3. 为什么丘脑和基底神经节对语言加工非常重要？
4. 请阐述各白质纤维束的功能和作用。
5. 请阐述布罗德曼各分区的功能和作用。

第2章

语言的起源

本章课程的学习目的和要求

1. 对语言起源的相关理论、灵长类的手势理论，手势与语音依赖于类似的神经系统，语言进化论有基本的了解，从而理解语言的起源与进化过程。
2. 基本掌握灵长类交流的多模态性，人类语言的模态独立性，镜像神经元和语言的神经基础；对语言的神经生物学起源，灵长类动物与人类基因表达水平和发音器官的差异，FOXP2（叉头盒蛋白 P2，forkhead box protein P2）基因突变对语言的变异影响有基本的理解。
3. 弄清语言的神经生物学起源，掌握人类语言的理论范式、指称关系和意义关系等特征，从而理解人类语言是人类独有的。

2.1　语言出现的时期及相关理论

人类语言在动物界是独一无二的，是人类独有的，其复杂性远远超过任何现存灵长类物种交流系统的复杂性。它的独特之处不仅在于其结构的复杂性，还在于其与核心认知能力（如对象表示、对象分类和抽象规则学习）密不可分。语言与这些核心认知过程相关联，语言信号会反馈影响我们对世界的认识和表示。习得人类语言需要掌握一个复杂的、多层次的符号系统，这个系统由语音、音位学、形态学、句法、语义、语用学等几个成分交织在一起。此外，语言并不是孤立出现的，而是在一个社会交流网络中与一系列非语言线索（包括手势）进行精妙的互动。这种语言 - 认知界面使无与伦比的交流精确性成为可能，并提高了概念的灵活性。这种灵活性、精确性和表现力是人类语言的标志：它们共同使我们能够超越“此时此地”，想象可能的未来并唤起过去，产生新的符号系统，创造诗歌和数学，并代代相传我们的思想和文化。这种语言与认知的联系是学习和文化传播的渠道。然而，重要的是，人类的语言并不是在婴儿时期完全形成的，而是在生命的最初几年逐渐演变的，不仅由我们的天生禀赋，而且由我们接触到的特定母语的经验形成。人们会问，婴儿是如何以及多早开始将他们听到的语言与周围的世界联系起来的？人类语言的哪些方面（如果有的话）是与非人类动物共享的？当然，所有物种都会交流，例如，类人猿的交流系统包括发声、手势和面部表情。通过研究这些交流信号，科学家已经在非人类物种中确定了某些可能是人类语言系统独有的成分以及共享的成分。例如，一些非人类物种表现出规则控制的元素序列排序（原语法），而另一些则表现出参考的暗示。有证据表明，几种核心认知能力是共享的，包括区分不同的个体对象、形成物体类别、导航空间、检测数量的基本方面和理解因果关系的能力。非人类灵长类动物和大多数驯养的犬科动物与人类共享某些社会认知技能。

人类语言是有目的的——我们对刺激的反应是不会自动产生句子，而是有意改变其他人的行为或心理状态。诺瓦克（Novack）等使用来自人类婴儿和非人类类人猿的现有证据来研究类人猿的交流系统是否会像人类婴儿的语言一样影响其核心认知能力。人们普遍认为手势是一种强大的交流工具，对于婴儿来说尤其如此，他们在说出第一个单词之前就会做出手势。在类人猿中，手势从婴儿期开始就很普遍，贯穿其整个生命周期。证据表明类人猿之间存在复杂的手势交流系统，但我们没有发现任何证据表明这些系统与人类婴儿的核心认知能力有关。与人类婴儿的证据相比，几乎没有证据表明猿类的交流能力有实质性的发展变化。和人类一样，类人猿也有灵活的、有意的交流系统。这些交流系统的表征范围和精确度与人类的不同。人类婴儿天生就有习得语言的倾向，这种倾向是通过他们对交流输入的调整而强有力地塑造的。在婴儿 3 个月大的时候，这种语言与认知的联系就会呈现出一个丰富的、复杂的交流能力的发展梯级，每一次进步都为随后更精确、更有力的联系奠定了基础。似乎只有人类才会以参考和陈述的方式进行交流，并进行文化学习和传播。3 个月大的婴儿将语言与分类等核心认知过程联系起来，而这种联系会随着婴儿的成长、发育而继续发展。这种联系支持了人类表达和传达抽象概念的能力，以及超越当下的交流能力。相比之下，尽管类人猿的交流系统本身很复杂，但并没有确凿的证据表明类人猿可通过参照、陈述性地传递信息或遗传交流工具来进行文化传播。猿类的手势会影响彼此的计划、期望和行为，如果没有指物交流、陈述功能、抽象和文化传递等成分，猿类的手势符号似乎不太可能影响它们的核心认知过程。

2.1.1 语言出现的时期

随着工具、庇护所和火的发展，人类的生存环境不断变化，生存变得更加容易，从而促进了互动、自我表达和工具制造的进一步发展。不断增长的大脑规模允许在旧石器时代使用先进的资源调配和工具，并在以前的两足动物和手的进化创新的基础上，使得人类语言的发展成为可能。

几个世纪以来，语言的起源及其在人类物种中的进化一直是人们感兴趣的话题。由于缺乏直接的证据，所以只能从其他种类的证据中得出推论。例如，化石记录、考古证据、当代语言的多样性、语言习得的研究，以及人类语言与动物（尤其是其他灵长类动物）的交流系统之间的比较。语言学家、考古学家、心理学家、人类学家和其他学者都试图用新方法来解决这一难题。根据一些基本假设将语言起源的方法细分为：

连续性理论（continuity theories）：语言表现出如此多的复杂性，以至于人们无法想象它会从无到有地以最终的形式出现，它一定是从我们灵长类祖先较早的语言前系统发展而来。

间断性理论（discontinuity theories）：语言作为一种独特的特征，不能与非人类中发现的任何事物相比，应是在人类进化的过程中突然出现。语言学家诺姆·乔姆斯基（Noam Chomsky）是间断性理论的支持者，认为语言是很久前偶然突变成近乎完美的形式。

一些理论认为，语言主要是一种与生俱来的能力，很大程度上是由基因编码的。强调语言能力以通常的渐进方式进化。语言不是从灵长类动物的交流演化而来的，而是从灵长类动物的认知演化而来的，后者明显更为复杂。其他理论认为语言是一种文化体系，通过社会互动来习得，将语言视为社交习得的交流工具，认为语言是从灵长类动物交流的认知控制演化而来的，主要是手势，而不是声音。大多数语言学家都支持连续性理论，就声音的先驱而言，认为语言是从人类早期的歌唱能力发展而来的。

一些学者超越了连续性与不连续的界限，把语言的出现看作是某种社会变革的结果。由于语言的出现可以追溯到人类的史前时代，相关的发展没有留下直接的历史痕迹。今天也无法观察到类似的过程。尽管如此，现代手语的出现可能会对语言必要的发展阶段和创造过程提供一些参考。另一种方法是考察早期的人类化石，寻找对语言使用进行物理适应的痕迹。在某些情况下，当可以恢复已灭绝人类的 DNA 时，是否存在与语言相关的基因，例如，FOXP2 可能会提供线索。语言及其解剖学进化的先决条件的时间范围原则上其种类的分化是从潘人（Pan 从 600 万 ~500 万年前）到人属类（Homo 从 240 万 ~230 万年前）再到完全行为现代人（15 万 ~5 万年前）的出现。很少有人怀疑南方古猿可能缺乏比一般的类人猿更复杂的声音交流，一些学者认为像原始语言的发展早于能人（Homo habilis，200 万 ~150 万年前），而另一些学者只把象征性交流的发展与直立人（Homo erectus，180 万年前）或海德堡人（Homo heidelbergensis，60 万年前）联系起来。智人（Homo sapiens）语言的发展，目前估计不到 20 万年前。诺姆·乔姆斯基（Noam Chomsky）认为，语言出现于 20 万 ~6 万年前（在第一批解剖学意义上的现代人抵达南非和最后一批人离开非洲之间），在这大约 13 万年，大约 5 000~6 000 代人的进化时间。

1998 年，加州大学伯克利分校的语言学家约翰娜·尼克尔斯（Johanna Nichols）用统计学方法估计了现代语言传播和多样化所需要的时间，认为至少在 10 万年前，发声语言就已经开始在我们这个物种中多样化了。阿特金森（Atkinson）的一项研究进一步表明，随着我们的非洲祖先迁移到其他地区，人口连续出现瓶颈，导致遗传和表型多样性下降，这些瓶颈也影响了语言和文化的发展。这表明一种特定的语言离非洲越远，其包含的音素就越少。证据表明，当今的非洲语言倾向于具有相对较多的音素，而来自人类最后迁徙的大洋洲地区的语言却相对较少。随后的一项研究探索了音素自然演变的速度，并将这种速度与非洲一些最古老语言的演变速度进行了比较。结果表明，语言最早是从 15 万 ~5 万年前进化而来的，也就是现代智人进化的时期。综合考虑遗传学、考古学、古生物学和其他许多证据表明，语言可能出现在中石器时代的撒哈拉以南非洲的某个地方，大致与智人的形成同期。

人类大脑进化于这个世界，部分是为了语言。尽管大脑的复杂形式只在人类中表现出来，但它必须被视为人类进化史的产物。我们的发声器官的结构是独特的，以产生语言。人类天生就具有辨别所有口语声音的能力，尽管他们的语言经验早在 6 个月大时就会影响他们的音素感知。事实上，在出生前，我们就学会了母亲母语的某些韵律特征。研究表明，婴儿的哭声是由这一韵律的轮廓塑造的。当我们来到这个世界时，口语和听力的神经生物学系统就已经配置就位，使我们能相对容易地掌握口语。然而，阅读和写作能力需要经过正式的指导，只有经过多年的接触和经验才能逐渐发展完善。学习阅读和写作会重新开发我们的大脑，它通过选择可能进化用于其他目的的神经系统，这是前所未有的。在一个假设为大脑皮层映射的神经元循环的协调过程中，这种重构建立了神经元激活和持续发展的新模式，形成了对所有后来的经验、思想、感觉及其表达的感知。随着口语和紧密相连的阅读和写作技能的习得，语言、学习和思想之间的基本关系就建立起来了，这样一来，每一种技能都有可能以我们往往觉察不到的方式影响其他技能。一旦人类大脑学会解码构成我们书面世界的符号，负责语言处理的神经解剖学区域的神经回路和活动模式就会发生改变。这在某种程度上类似于神经可塑性，表现为在接受感知或运动学习训练后皮层映射中的功能重组。皮层映射的改变与相关行为任务的性能提高相关。另一方面，在学习阅读的情况下，在进化上离我们最近的祖先和没有文字记录的人类中，用于阅读的脑区有其他用途。一旦获得了读写技能，他们就会承担处理新要求的责任。任何学会阅读的人都会在看见代表声音的符号（词素）时，从这些刺激物中提取或试图得出意义。

在达到流畅阅读成为可能的状态之前，至少有 16 个神经网络需要成熟并协调行动。其中，12 个涉及认知过程：例如注意网络、语音意识网络、概念形成网络和工作记忆网络。其余 4 个网络属于社会情感领域，似乎支持自我效能、社会认知、师生关系和动机等结构。这些多维成熟过程的存在使我们明白，认知发展并不是通过与年龄相关阶段的固定进程发生的。每个人都有不同的学习轨迹，根据他/她遇到的环境中的各种经验和刺激，及在可变时间范围内发生的大脑网络成熟度来发展个人技能。我们的个体并非局限于根据固定的生物年龄和预先确定的发育时间，而是由个体发育的复杂性所塑造，这种发育与我们经历的外部世界不断相互作用并对其做出反应。人类语言是我们的天性（即生物学和基因）和我们的后天培养（学习经验和环境）之间持续而根深蒂固的相互依存关系的作用结果。我们一部分是由我们的基因构成塑造的，一部分是由我们在没有预定或固定数量的相互作用中的经验所塑造的。每个人的学习轨迹总是受到自己独特的基因构成所支配。

2.1.2 语言起源的相关理论

1. 语言起源假设的理论及工具使用声音在语言演变中的作用

为什么人类有语言而其他灵长类却没有？语言作为一种文化产物，受到多种机制的约束而形成，其中一些机制具有人类特有的特性。具体而言，与现存的猿类相比，人类的语言是通过对更古老的灵长类动物系统进行一些定量进化的改进，例如，对于意图的共享和理解，或复杂的序列学习和处理。这些变化起初只是一种非常适度的形式，可以被视为提供了必要的非语言适应，一旦实现，就可以通过文化传播而出现语言。只有在积累至一定关键数量的语言支持特征后，语言的文化进化才能够得到发展。如果最初的变化具有功能性的话，也许会导致人类进化过程中的多个变化。人类为什么与其他灵长类动物不同？显然，孤立地考虑语言并不能为我们提供这个问题的答案。

历史语言学家马克斯·穆勒（Max Müller）于1861年提出了口语起源理论：认为早期的词汇是对动物和鸟类叫声的模仿，第一个单词是由痛苦、快乐、惊讶等引起的情感感叹词，万物具有自然的共鸣，人类最早的词语是用某种共鸣的方式来呼应的。语言起源于集体的有节奏劳动，这种尝试与肌肉的运动同步，从而使人发出的声音与ho的声音交替出现，人类最早通过模仿手势的舌头运动来发出声音。毫无疑问，语言起源于各种自然声音、其他动物的声音和人类自己本能的哭声的模仿和修饰，并辅以各种手势和表情。一旦我们的祖先偶然发现将声音与意义联系起来的适当巧妙机制，语言就会自动进化和改变。

语言进化运动理论主要关注视觉和观察动作进行交流。工具使用的声音假设表明，声音的产生和感知起到很大的作用，特别是动作的附带声音和工具使用的声音。人类的两足行走导致有节奏且更可预测的动作附带声。这可能刺激了音乐能力、听觉工作记忆，以及产生复杂的发声和模仿自然声音的能力进化。由于人脑可以从它们产生的声音中熟练地提取出有关对象和事件的信息，工具使用的声音及模仿可能成为一种标志性的功能。声音的象征现存于许多语言中。自我生产的工具使用的声音激活了多模态式大脑加工（运动神经元、听觉、身体感觉、触觉、视觉），工具使用的声音刺激灵长类的视听觉镜像神经元，这很可能会刺激联想链的发展。工具的使用和听觉手势涉及前肢的运动加工，这与脊椎动物的声音交流的进化有关。工具使用的声音的产生、感知和模仿可能导致与工具使用相关的发声（原语）的数量有限。一种交流工具的新交流方式（尤其是在视线之外）可能具有选择性优势。声学特性以及对应含义的逐渐变化可能会导致任意性和词库的扩大。数百万年来，人类与工具使用的声音的接触越来越多，这与口语的进化时期相吻合。

关于交流过程中信号的可靠性问题，从信号理论的角度来看，自然界中类似语言的交流进化的主要障碍并不是机械性的。相反，声音或其他可感知形式的事实性符号与相应含义的联系是不可靠的，甚至是错误的。动物的声音信号在很大程度上是固有的、有限的。当猫发出呼噜声时，这一信号直接构成了猫满足状态的证据。我们相信这个信号，不是因为猫诚实，而是因为它不能伪造出这种声音。灵长类动物的叫声可能稍微更容易控制，但仍然同样可靠，因为很难伪造。灵长类动物的社会智商表现出狡猾、自私、不受道德规范的约束。猴子和猿猴经常试图互相欺骗，同时又时刻保持警惕，以防自己成为被欺骗的牺牲品。从理论上讲，灵长类动物对欺骗的抗拒是阻止其信号系统沿类似语言进化的方向发展的原因。防止被欺骗的最佳方法是排除或忽略所有信号，除了那些可立即可验证的信号。话语很容易伪造，如果事实证明它们是谎言，听者将会通过忽略它们来适应，转而接受难于模仿的线索。为了使语言发挥作用，听者必须确信与他们交谈的人都很诚实。语言以相对较高的相互信任为前提，以便随着时间的流逝而逐渐成为一种进化上稳定的产物。这种稳定性源于长期的相互信任，也正是这种信任赋予了语言的权威。因此，关于语言起源的理论必须解释，为什么人类可以开始以其他物种显然无法接受的方式来信任廉价信号。

2. 灵长类的手势理论

语言的一个关键特征是能够将话语中的大量信号组合起来，以创建大量的、开放式的意义集，从而提高接受者的适应性反应能力。语言的进化是为了使人类能够在大型和动态的社会群体中维持更复杂的社会关系。理解语言的进化是确定人类是否真正区别于其他动物的最重要问题之一。研究人类现存的近亲黑猩猩的各种手势是如何与社会性联系在一起的，或许能让我们对语言的进化有更深的了解。研究表明，手动、视觉手势在调节灵长类动物和人类社会动态方面很重要。更广泛地说，灵长类动物的手势类型的规模因物种而异，例如，猩猩有 29 种手势类型而黑猩猩有至少 100 种手势类型。研究表明，复杂的社会和生态环境所带来的挑战的相似性可以解释所有类人猿物种的手势技能的相似性，社会性和生态学的复杂性塑造了手势的规模。使用大量视觉手势的黑猩猩更有可能在复杂的社会环境中进行互动。在复杂的社会和生态环境中，黑猩猩的手势技能可以灵活地用于管理社会互动的处理需求。

在试图推断语言的进化过程中，主要关注点是了解灵长类动物的交流。语言不是从发声演变而来，而是最初是从手势演变而来的。非人类灵长类动物尤其是类人猿，有大量的手势，定义为手臂、头部、身体姿势和运动步态的随意运动。手动手势是由特定的神经结构控制的，即类似于负责人类语言的神经结构控制。只有人类和其他类人猿习惯性地用手交流，手势交流比面部或声音信号显示出更大的灵活性。人类和猿类手势的同源性表明，人类祖先的复杂手势是在相对较晚的时期进化的。这种进化的一个特征是手势信号的规模。交流信号的数量既是人类交流的一个关键，也是人类之间复杂社会关系的特征之一。

有意的手势首先是在圈养的黑猩猩中观察到的，要被归类为手势，必须满足以下的一些行为标准：它应该针对特定的接收者，信号者应该检查接收者的注意力，并调整它们的信号以匹配该注意力，信号者应该等待回应，如果它们没有收到回应，它们应该继续产生更多的信号。这些标准源于早期尝试识别人类婴儿的有意手势产生。随着人类社会结构的复杂性增加，认知和交流的复杂性同时增加。手部手势的数量和社会复杂性的度量之间的关联可能表明接受者在应对复杂的社会环境（例如受众规模）所造成的压力时，能够灵活地将信号与指称对象联系起来，因此，具有灵活影响社会互动结果的能力。灵长类动物复杂社会关系的一个核心特征是梳理（毛发）互惠。单向梳理（当一个个体梳理另一个个体时）在合作伙伴之间建立亲密关系，从而导致梳理互惠。相互梳理毛发的伴侣之间的交流与社会和生态复杂性有关。当群体规模增加，且当同龄的伙伴作为群体中的接受者的数量增加时，黑猩猩不太可能与相互梳理毛发的伙伴进行交流。此外，当黑猩猩与对方的距离增加、噪声增加、能见度减弱、群体数量增加时，它们与相互梳理毛发的同伴交流的可能性更小。相比之下，肢体动作越多，反应的准确性就越低，这可能反映了与人类交流相关的类似神经过程。对圈养和野生黑猩猩的研究表明，与接受者对交流的反应相关的手势交流具有灵活性。例如，当接受者对手势交流缺乏预期的响应时，信号者通过使用不同的手势类型来详细说明最初的手势，从而增加了手势序列的曲目规模。在接受者可能没有反应的情况下，黑猩猩使用与接受者的曲目不重叠的手势类型，这表明响应的本质与曲目的多样性有关。曲目的规模也与黑猩猩中信号者和接受者之间关系的性质有关。黑猩猩更有可能对更多的曲目做出反应，这使它们能够花更多的时间与其他黑猩猩接触，并在社交网络中获得中心地位。例如，黑猩猩可能会将信号与身体上的某个特定部位联系起来，从而采取行动（例如，爬到背部而不是胸部）。身体动作、手势动作、面部表情或发声等情绪表现，经常与有意的手势同时出现。因为发现大量的手动手势比大量的身体手势更具体地针对接收者的反应，表明手的手势可能会影响接受者对情感肢体手势的归因能力，从而影响信号者和接受者之间的社会联系。

当灵长类动物在一个简单的社会环境中互动时，接受者可以从正在进行的情境中单独地在情感表现和所指对象之间建立关联。然而，当社会复杂性增加时，更多受众的存在可能会对情感展示 - 参照物联系的学习造成干扰。信号者通过引起对所指对象的注意并增加接收者在情感表现和所指对象之间建立关联的能力，进化出了许多策略来提高学习这些联系的效率。这些策略包括，通过右手的手动手势和奖励性交流（如相互关注）进行交流的坚持。当社会复杂性增加时，这些行为可能会减少对情绪表现语境理解的认知要求，通过让接受者更明显地看到指称，从而促进学习。在此进一步假设，手势库规模的调整可能会影响接受者发现和响应交流的能力。更多的手动视觉手势与交互关系的存在和更大的社会复杂性有关。较多的手动、视觉手势汇辑可能使黑猩猩能够增加表达中的特殊性，从而增加接受者对该手势做出适当回应的可能性。与相互梳理毛发的伙伴交流的黑猩猩，在共同进食和旅行等情境中，比那些不相互梳理毛发的伙伴参与社会协调的时间更长。虽然黑猩猩似乎在复杂的社会环境中有效地使用手势交流来促进社会联系，但交流互动也在生态复杂性的可变条件下发生。例如，当光照度下降和有更多的观众在观察聚会时，会出现更多的手动视觉手势。昏暗的光线、高环境噪声和较大的风都会让接受者更难察觉到信号者的手势交流。较低的植被密度，虽然可以更容易检测到手势交流，但可能会使灵长类动物面临更大的捕食风险，从而可能产生更大的警觉性需求，影响交流的质量。相反，当气温升高的高温栖息地，黑猩猩可能会通过降低手势多样性来应对处理信息的更高代谢成本。但当可见度增加时，会出现较多的手势曲目。

人类的文化多样性已被证明受社会和生态特征（例如环境干扰、高温和人口密度）的影响。与拥有不同手势曲目规模的个体相比，拥有相似曲目规模的个体在相互梳理、共同旅行和相互视觉监控等社会联结行为中表现得更持久。野生和圈养黑猩猩都使用多模式信号组合来影响接受者。虽然手动手势可以影响一对一互动中的社交联系，但有益的、高强度的、多模式的身体交流可能会促进更大规模的社交互动，尤其是在旅行期间或接近喂食地点时。在人类中，灵活使用手动手势可以提高与接收者的沟通效率。例如，失聪儿童在玩耍时使用各种手势交流，并根据他们是与失聪儿童还是与听力正常的儿童玩耍而调整他们的手势。在成年人中，实验表明，当在较大的群体中进行觅食任务时，手势的使用有所增加，而指向似乎是专门针对接受者的。因此，灵活使用手动手势似乎可以提高人类交流的效率，支持了手势交流在人类语言进化中作用的理论。

黑猩猩偶尔会遇到其他群体成员，这可能需要调整它们的交流方式，以适应与社会伙伴的联系强度。罗伯茨（Roberts）等研究了生活在乌干达布东戈森林的野生东非黑猩猩的手势库（整体、手动和身体手势，以及不同方式的手势）规模、社会性（存在互惠的梳理）、协调行为（旅行、休息、共同进食）以及生态复杂性（如大声议论、启发）和社交性（群体规模、观众）之间的联系。发现手势库与社会联系更多的手动视觉手势与相互梳理的关系的存在和社会复杂性的增加有关；随着社会和生态复杂性的增加，黑猩猩会根据在更复杂的社会和生态环境中的相互梳理，调整手势的规模，以促进社会关系。手势信号的演化理论如图 2.1 所示。

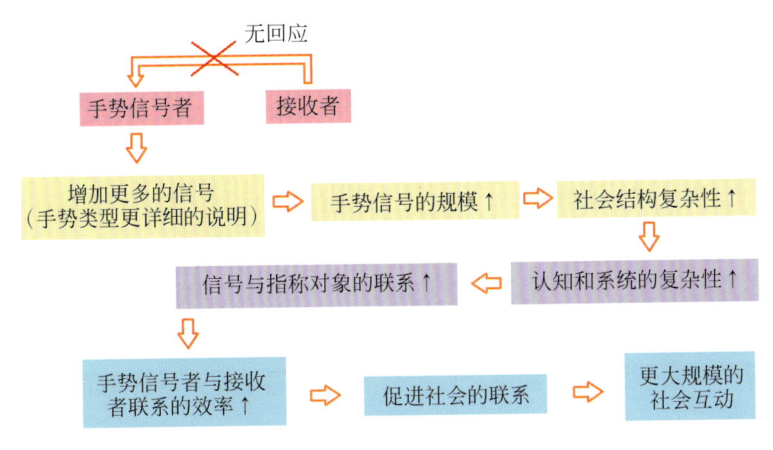

图 2.1　手势信号的演化理论

交流的目的是语言演化的重要动力，合作是语言演化的基础，语言的古老源头是初期的共享意图，有了共享意图，就有了合作，如图 2.2 所示。而以手指物、比划示意等手势交流让人类的合作变得更为容易。类人猿的沟通手势可分为用来改变意图和获取注意力。用手指物的手势被视为用来获取注意力手势的自然延伸。大部分的人类幼儿在 1 岁左右虽还不会说话，就会以手指物了。从人类个体发展的角度看，合作沟通的基础一开始不是靠语言来支持，而是靠手势来辅助交流。手势沟通要求双方必须保持眼神交流。几乎所有人类语言交流的特征在旧世界猴类和猿类的发音中均能找到雏形。

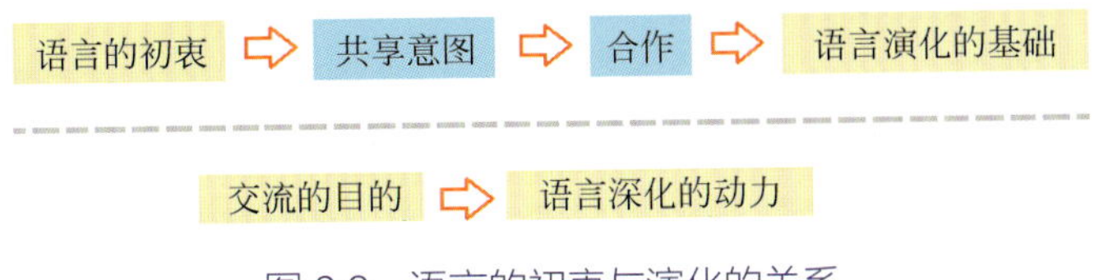

图 2.2　语言的初衷与演化的关系

3. 手势与语音依赖于类似的神经系统

人类语言可能始于手势交流，这种“手势起源”理论为弥合猿猴的口齿不清和人类的口齿流利性之间的鸿沟提供了一种途径。如果最初的语言是手动语言，那么它们可能在猿猴和现代人类之间提供了一个中间阶段。但类人猿并不像人一样一出生就是哑巴，现代失聪群体使用的手语也不是我们不太会用语言表达的祖先交流的有用模式。类人猿听觉感知能力不受限制，学习符号的能力比其他猿类显著提高，但没有像现代人的大脑那样得到很好的支持。这些事实表明，手势很可能是早期符号交流的重要组成部分，但在过去 200 万年的大部分时间内，手势和声音是并存的。手势和语言并不是相互替代，而是在它们长期的、不断变化的伙伴关系中共同发展的复杂的相互关系。因此，两者都应该在它们之间近乎普遍的相互依赖中，展示出这种长期进化的证据。当前语言与手势交流的“共生”现象，已在大多数对话中伴随着特定文化的手势得到了充分体现。不难想象，交流是语音和手势的更完整结合。

手势理论指出，语音是相对较晚发展的，从最初的用于简单交流的手势系统逐步演变而来的。当手势被用来交流时，我们的祖先无法控制他们的发声。但当他们慢慢地开始控制自己的发音时，口语开始进化。手势语言和声音语言依赖于类似的神经系统，大脑皮质上负责嘴部和手部运动的脑区彼此相邻。非人类灵长类动物会通过手动、面部和其他可见手势最大限度地减少语音信号，至少可以使用手势或符号进行原始的交流，以便在野外表达简单的概念和交流意图，其中一些手势与人类相似，比如人类与黑猩猩共享的乞讨姿势是伸出手。研究发现，口语和手语依赖于类似的神经组织结构，使用手语并患有左脑病变的患者其手语表现出的与口语患者表现出的疾病相同，使用手语和使用语音或书面语言时，左脑的脑区同样活跃。人们在构思用语音表达想法时，会自发地使用手势和面部表情。当然，许多手语通常与聋人群体联系在一起。因此，手语在复杂性、复杂程度和表达能力上均与口语不相上下。

灵长类动物的手势至少部分是遗传的，不同的非人类猿类会做出它们物种特有的手势，即使它们从未见过其他猿类做出这种手势。例如，大猩猩拍打它们的胸部，个体的节拍可以让其他大猩猩区分出捶胸的具体是谁。这表明手势是灵长类动物交流的内在和重要的组成部分，这支持了语言是从手势进化而来的观点。进一步的证据表明，手势和语言之间存在联系。人类打手势的同时会对发声产生影响，因此会产生某些自然的手动发声联想。黑猩猩在执行精细动作任务时嘴巴会动。这些机制可能在将有意的语音交流作为手势交流的补充方面发挥了进化作用。另一事实是，声音调制可能是由预先存在的手动操作引起的，从人类婴儿开始，手势既可以补充语音又可以预测语音。这一发现提出了这样一个观点，即手势在人类很小的年龄阶段迅速地从一种单一的交流方式转变为一种我们能够进行口头交流的补充和预测的行为。这与手势最先发展，然后在其上构建语言的想法相类似。因此，可以认为语言来源于手势，我们先用手势交流，然后发展为用语音进行交流。

支持手势理论的语言进化论认为，语言是从我们祖先的呼叫进化而来的，源自手势，因为人类和动物都会发出声音或哭泣。但解剖学上的观点认为，控制猴子和其他动物呼叫的神经中枢位于大脑中与人类完全不同的部位，在猴脑中这个中枢位于与情感相关的大脑深处，而在人脑中位于一个与情感无关的脑区，即人类进行交流时无需情绪。那么，手势为什么要转变为发声？

我们的祖先开始使用越来越多的工具，这意味着他们的手已被占用，无法再用于手势。手动手势要求说话者和听者彼此可见。在许多情况下，即使在没有视觉接触的情况下，他们也可能需要进行交流，例如，在夜幕降临时或当树叶遮挡可见度时。一种假设认为，早期的语言采用了部分手势和部分声音模仿的形式，并结合其他各种形式。在这种情况下，所显示的每个视觉、声音交流媒介不仅需要消除意图的歧义，而且还需要激发交互双方对信号可靠性的信心，认为只有在整个群体范围内的契约理解生效后，才能自动假定对交流意图的信任，最后才使智人（Homo sapiens）的交流转变为更有效的默认格式。由于声音独特的特征是实现此目的的理想选择，只有当不再需要传达每个信息的具有内在说服力的肢体语言时，才发生了决定性的转变，从手动手势到我们目前依赖的口语的转变。

一个类似的假设认为，在明确有力的语言表达中，手势和发声是内在联系的，因为语言是从同样内在联系的舞蹈和歌声演变而来的。当人们说话时，尤其是当他们遇到没有共同语言的人时，仍然使用手势和面部表情。当然，大量的手语通常与聋哑人的群体联系在一起。这些手语在复杂性、老练性和表达能力上与任何口语都相同。认知功能相似，大脑使用的部位也相似。主要区别在于，手语是在身体外部产生的，是通过手、身体和面部表情来表达的，而语音是通过身体内部的舌、齿、唇和呼吸来表达的。

4. 语言进化论

早在1772年赫尔德（Herder）在《语言起源论》中指出，语言是人类创造的，人类的第一句话是意识的起源，这些单词的语音形式主要接近其所指定对象的声音，是拟声的。随着人类的发展，词汇和语言也在发展，并且变得越来越复杂，并认为语法并不是语言的起源，语法不过是一种关于语言的哲学，是一种使用语言的方法，只是随着对抽象实体需求的增加而发展起来的。1871年达尔文在《人类的起源》中指出，语言是人类区别于其他灵长类动物的关键，发音能力并不是造成关键区别的原因，而是大脑。他认为，语言不是一种真正的本能，因为它必须学习，但人类有这样做的本能倾向。

在语言进化的相关大脑理论中，里佐拉蒂（Rizzolatti）等将其理论基于对非人类和人类灵长类动物的实验上，声称语言是由动作手势演变而来的。研究发现，猕猴在观看抓握动作时，不仅会激活视觉皮层的神经元，还会激活手部运动皮层的神经元，这些神经元会对视觉刺激做出反应。且在人脑系统的层面上观察到了类似的效应，称为镜像系统。对人类来说，镜像系统涉及布洛卡区，该区与视觉输入系统和顶叶皮层一起激活。这三个脑区被认为构成了大脑皮层的模仿机制。由于布洛卡区是这一机制的一部分，因此有人提出，在非人类和人类灵长类动物中，镜像系统可能作为非人类和人类灵长类动物之间进化的关键环节，暗示了从手势到语言的直接步骤。

由于难以在非人类灵长类动物中找到类似语法能力的证据，寻求解决该问题有两种方法。一种方法将鸣禽用作语言学习的动物模型，因为这些动物表现出声音学习能力，并且能够学习听觉序列。而动物鸣叫学习的组成部分是最特殊、最罕见的，用于鸣叫的脑组织是由大脑通路复制从古代运动学习通路进化而来的。第二种方法是观察我们的近亲，非人类的灵长类动物。在追溯口语（即语音）的起源时，应同时考虑有声学习者（鸣禽）和非有声学习者（非人类灵长类）。尽管鸣禽可以用作声音序列学习的模型，但是我们的近亲非人类灵长类可以提供有关更一般的学习认知能力（包括记忆和注意力）的演变信息。

口语能力可以被认为是由多种特征组成的，一些特征在物种中普遍存在，少数特征专门存在于稀有的物种群体或仅存在于人类，如图2.3所示。口语可被分为七个特征的组合。这些特征与语言学研究的要素重叠的有：语音、语法、语义、语用和形态。突出的扇形表示在脊椎动物中是最稀有的成分。大多数成分在物种之间可能是连续的（中间是渐变），而人类是最先进的。

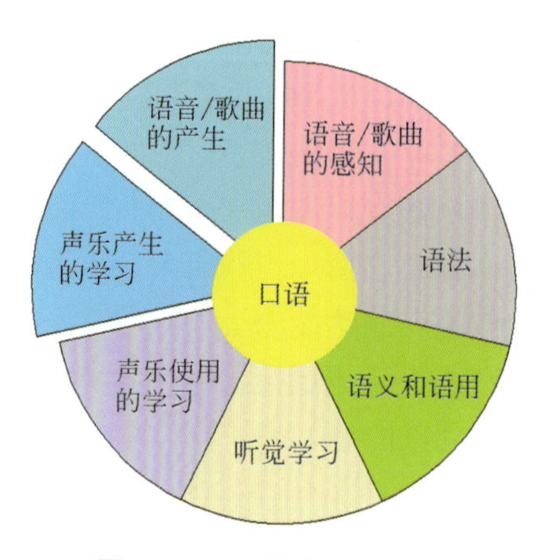

图 2.3　口语的多成分视图

一个普遍存在的组成部分是听觉学习，即学习和记忆新的声音关联的能力。例如，狗或非人类灵长类动物可以学习单词的声音“来这里”之类的单词组合的含义。声音用法学习也无处不在，这是一种学会在不熟悉的环境中产生先天或所学声音的能力，例如，狗或非人灵长类动物在请求食物或发出警报时学会吠叫或呼叫的能力。较难的是发声学习，它是模仿声音的能力，到目前为止，仅在哺乳动物中的人类、鲸类、鳍脚亚目动物、蝙蝠和大象中，以及在鸣禽、鹦鹉和蜂鸟中才发现具有这种能力。这些群体中都有缺乏发声学习能力的密切相关物种，表明这种特征是独立进化的。对于其他成分，句法、控制声音序列的规则、语义和语用学也存在于非人类动物中，但在人类中更为先进。例如，黑顶山雀的鸣叫声在求偶时语法简单，而习得的叫声则拥有捕食者和捕食者体型大小的信号，但人们不知道它们是否能将这些叫声组合成具有不同含义、更长的序列或具有层次结构的语法。这里，将口语认为是一种学习性的前脑感觉运动交流的形式，其中一些成分在大多数脊椎动物中都有不同程度的发现，而高度专业化的高级语音学习成分只在少数物种中发现，其中人类口语是所有成分中最先进的，而且所有成分都组合为一个特征：口语，如图 2.3 所示。

口语成分的离散假设与连续统一体假设，将口语分成具有声乐学习的物种或没有声乐学习的物种。但是，差异可能取决于程度。例如，一些被认为是声音非学习者的物种，包括老鼠和非人类灵长类动物，但发现了它们具有基本的声音可塑性和学习能力。到 30 多岁的时候，大猩猩可可已经学会了 1000 多个美国手语（American sign language，ASL）词汇，而且还能识别大约 2000 个口语单词。虽然这些物种都没有表现出高级的声音学习能力、句法或语义，但它们也不是完全没有能力。连续统一体假设认为当考虑到成熟的声乐学习者在声乐学习复杂性上的巨大差异时，不同物种具有不同声乐学习程度，并且逐步发展。这种变异可能受到产生声音的解剖学机制的影响，比如黑猩猩学会舌头放在唇间发出的咂嘴声，或者用膈肌引起咳嗽声。相比之下，高级声乐学习者不仅可以自由控制口部的咬合（嘴唇、舌头、嘴和下巴），而且还可以控制喉部（在哺乳动物中）或鸣管（在鸟类中）。连续统一体假设并不否认高级声乐学习是趋同的，不同成分的不同连续体可以解释为什么听觉学习在许多物种中比语音学习更先进，为什么第二语言的听（接受语言）比说（产生语言）更容易，以及为什么非语言自闭症儿童的接受语言比产生语言的能力更强。

图 2.4 为在跨物种的相对技能水平假设的情况下，语言依赖于我们与其他物种共享的许多机制，自然选择可能会改善人类的某些技能，从而使语言能够通过人们的互动而出现。其中脑容量的增加、发音声道的进化、交流意图的社会需求、复杂序列的学习能力等因素，所有的这些技能综合起来使人类的语言成为可能。

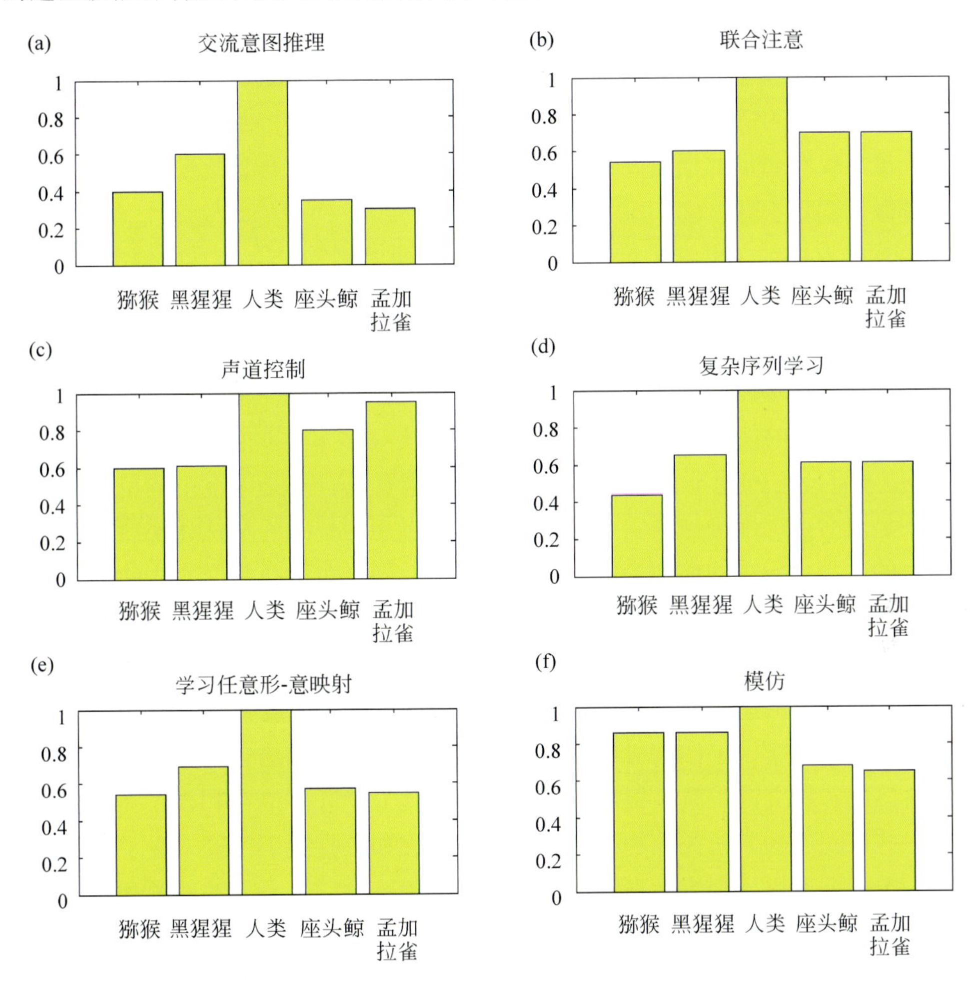

图 2.4　语言依赖于人类与其他物种共享的许多机制

5. 语法化理论

语法化是一个连续的历史过程，在这个过程中，独立的词汇发展成为语法的附属物，而这些附属物反过来又变得更加专门化和语法化。最初被接受的“不正确”用法会导致无法预料的后果，触发连锁反应和扩展的变化序列。矛盾的是，语法之所以发展，归根结底是人们更关心让别人理解自己，而不是语法上的细微差别。如果这就是今天语法的演变过程，那么可以推断出远古的祖先在语法本身最初建立时就在运用类似的原则。为了重构从早期语言到具有复杂语法语言的进化过渡，为了表达抽象的思想，说话人的第一反应是求助于可立即识别的具体意象，通常使用源于共同体验的比喻。一个大家熟悉的例子是使用诸如“腹部（belly）”或“背部（back）”之类的具体术语来传达诸如“内部（inside）”或“背后(behind)”之类的抽象含义。同样隐喻也是在空间模式上表现时间模式的策略。例如，以英语为母语的人可能会说“It is going to rain（要下雨了）”,就像“I am going to Beijing（我要去北京）”一样。这个短语可缩写为“It's gonna rain”，缩略仅限于指定时态。从这些例子可以看到语法化为什么始终是单向的，从具体含义到抽象含义，而不是反向的。

语法理论家认为早期语言很简单，也许只包含名词。然而，即使在这种极端的理论假设下，也很难想象会阻止人们用名词“矛（spear）”来实现动词[“(用）矛（刺）那只猪！ spear that pig!”]的情况。人们可能会根据需要将其名词用作动词或将其动词用作名词。简而言之，虽然仅有名词的语言在理论上似乎可行，但是语法理论表明它不可能在任何一段时间内都保持固定不变。

语言是变化发展的，创造力推动语法的变化，听者必须具有丰富的想象力和创造力，创造力和可靠性是不相容的需求。例如，当没有豹子出现时发出豹子出现的警报，这并不是猴子会欣赏或奖励的行为。对于灵长类动物而言，最重要的是证明其可靠性。如果人们要摆脱这些限制，在通常情况下是听者/读者对其内容感兴趣，享受那些具有想象力和趣味性的故事。以隐喻的使用为例。从字面上看,隐喻是一种错误的陈述。如罗密欧的宣言：“朱丽叶就是太阳！（Juliet is the sun!）”朱丽叶是个女人，不是天空中的星球，但是听者的追求并不是点对点的准确性事实，他们想知道讲者想说什么。语法化实质上是建立在隐喻的基础上的。禁止隐喻的使用会阻止语法的发展，同样也会排除所有表达抽象思想的可能性。尽管语法化理论可以解释当今的语言变化，但它不能令人满意地解决真正的困难挑战，语法化要求一种语言系统在一群讲述者中经常使用，并从一群讲述者传递到另一群讲述者。婴儿在学会遣词造句前，就已经懂得了一些抽象词汇的意义了。

语言包括书面文字、手语符号和语音。语音是编码和传输语言信息的多种不同方法之一，是最自然的一种交流工具。提出问题的能力被认为是区分语言和非人类动物交流系统的能力。一些被圈养的灵长类动物（尤其是倭黑猩猩和黑猩猩）已经学会了使用基本的肢体动作与人类训练者进行交流，事实证明它们能够正确地回答复杂的问题和要求。但它们没有问过自己最简单的问题，如为什么它们要被人类训练者圈养起来，为什么要教它们手语。相反，人类儿童在开始使用句法结构之前，即在他们发育的咿呀学语阶段就能够使用问句问他们的第一个问题。尽管来自不同文化背景的婴儿从其社会环境中习得母语，但世界上所有语言（音调、无调、语调和重音）都无一例外地使用类似的疑问语调来表示疑问问题。这一事实有力地证明了疑问句语调的普遍性。句子的语调/音调在口语语法中至关重要，是儿童学习任何语言语法的基本信息。

6. 词汇-语音原则

霍克特（Hockett）1966年描述了人类语言的词汇-语音原则，人类可以创建和理解全新的消息，新消息是通过混合、类比或转换旧信息而自由创造的。无论是新元素还是旧元素，都可以根据情况和上下文自由分配新的语义负载。即，每种语言中新的习语不断出现。

大量有意义的元素是由少数几个独立、毫无意义，但又具有消息区分性的元素组成的。一种语言的声音系统由一组有限的简单语音项组成。在给定语音的特定韵律规则下，这些音项可以重新组合和连接，从而产生了词法和开放式词汇。语言的一个主要特征是，一个简单、有限的音位项集合产生了一个无限的词汇系统，其中规则决定了每个词项的形式，而意义则与形式密不可分。因此，语音语法是现有语音单位的简单组合。人类语言的另一个基本特征是词法和句法，其中预先存在的单元被合并，从而产生了语义上新颖或截然不同的词汇项。

众所周知，词汇 - 语音学原则的某些元素存在于人类之外。尽管几乎所有物种的发音系统都以某种形式在自然界中被记录下来，但在同一物种中共存的元素形式非常少。鸟类、非类人猿和鲸鱼的歌唱都显示出音系语法，将声音单位组合成更大的结构，但明显缺乏强化或新奇的意义。其他某些灵长类动物确实具有简单的语音系统，而与人类系统不同的是，这些灵长类动物系统中的语音单位通常是孤立存在的，这反映出它们缺乏词汇语法。

皮钦语（Pidgins）是一种非常简化的语言，只有基本的语法和有限的词汇。早期的皮钦语主要由名词、动词和形容词构成，冠词、介词、连词或助动词很少或没有。语法通常没有固定的词序，单词也没有屈折变化（屈折变化就是词的词形发生变化）。如果讲皮钦语的群体之间长时间保持联系，那么几代人之后皮钦语就会变得更加复杂。如果一代的孩子把皮钦语作为他们的母语，皮钦语就发展成为一种克里奥尔语（Creole），这种克里奥尔语变得固定，并具有一种更复杂的语法，由固定的音位、句法、形态和句法嵌入。这些语言的语法和词法经常有局部的创新，而不是明显地来自任何一种母语。世界各地对克里奥尔语的研究表明，它们在语法上有显著的相似之处，而且都是在一代人的时间里由混杂语统一发展而来的。即使克里奥尔语没有任何共同的语言起源，这些相似性也很明显。尽管克里奥尔语彼此孤立地发展，但它们具有相似之处，如句法上的相似之处包括主语 - 动词 - 宾语的词序。即使克里奥尔语是从具有不同词序的语言衍生而来的，它们通常也会发展出 SVO（subject–verb–object）词序。克里奥尔语倾向于对定冠词和不定冠词有相似的使用模式，对短语结构有相似的移动规则，即使母语不是这样的情况也是如此。人类的语法能力可能是从唱歌等非语义行为演化而来。鸟类具有产生、处理和学习复杂声音的能力，但当把鸟鸣的单元从鸟鸣整体的更大意义和环境中移除时，就没有内在的意义了。早期的原始人可能进化出了类似的、非语义的能力，这些能力后来被修改为符号语言。语言的生物过程理论认为，当一个社区群体中的儿童所接触的语言仅仅是一种高度无组织的混杂语时，语言的克里奥尔化就发生了。这些孩子利用他们天生的语言能力把混杂语（其特点是有很复杂的句法变异性）转换成一种具有高度结构语法的语言。由于这种能力具有普遍性，这些新语言的语法具有许多相似之处。

7. 语言中词汇的齐普夫定律

根据德国的调查研究结果，截止于 2021 年底世界上仍在使用的语言有 5651 种，目前世界上主要的语系（在某些情况下是地理上的语系）如图 2.5 所示，可分为汉藏语系、印欧语系、阿尔泰语系、乌拉尔语系、闪含语系、高加索语系、达罗毗荼语系、南岛语系、南亚语系以及其他语群和语言。齐普夫（Zipf）定律是一种使用数学统计公式制定的经验定律，是指在物理和社会科学中研究的许多类型的数据都可以用齐普夫分布来近似。齐普夫定律最初是在计量语言学方面表述的，即给定一些自然语言的语料库，任何单词的频率都与它在频率表中的排名成反比，如图 2.6 所示。因此，频率最高的单词出现的频率大约是第二高的单词的 2 倍，第三高的单词的 3 倍，等等。排名 - 频率分布是反比关系。例如，在美国英语文本的布朗语料库中，单词“the”是出现频率最高的单词，其本身就占所有单词出现率的近 7%（69 971 个单词 /100 多万单词）。和齐普夫定律一样，排在第二位的单词“of”（36 411 个单词 /100 多万单词）略高于 3.5%，其次是“and”（28 852 个单词 /100 多万单词）。只需要 135 个词汇就可以占到布朗语料库的一半。

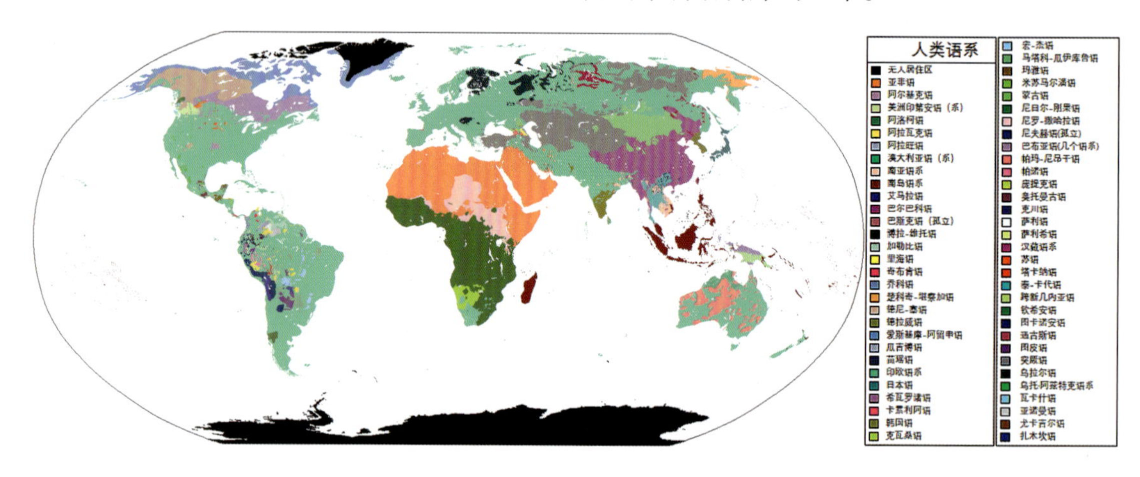

图 2.5 目前世界上在用的主要语系分布示意图

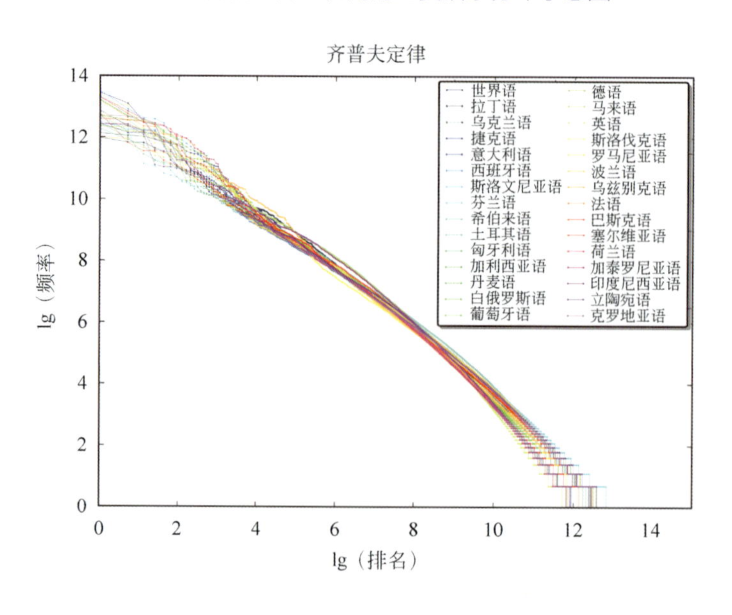

图 2.6 以对数 - 对数比例绘制 30 个维基百科中前 1000 万个单词的排名与使用频率的关系图

齐普夫定律以美国语言学家乔治·金斯利·齐普夫（George Kingsley Zipf，1902—1950年）的名字命名。尽管齐普夫定律适用于所有语言，即使是世界语这样的非自然语言，但其原因仍未被很好地阐明。李（Li）指出，在一个文档中，每个字符都是从均匀分布的所有字母中随机抽取的（加上空格字符），不同长度的“单词”遵循齐普夫定律的宏观趋势（出现频率越高的单词词长越短）。维托尔德·贝列维奇（Vitold Belevitch）通过大量语料的统计，经数学推导将每个表达式扩展为泰勒级数，在各种情况下，均得到泰勒级数的一阶截断导致齐普夫定律的发现，泰勒级数的二阶截断导致曼德布洛特（Mandelbrot）定律的显著结果。齐普夫提出最小努力原则的解释：即，使用一种特定语言的说话者和听者都不愿付出任何非必要的努力来达到相互理解，致使努力的大致均等分配的过程导致了观察到的齐普夫分配。类似地，尤尔-西蒙（Yule-Simon）分布中的优先依附（即，“富人越富”或“成功造就成功”）被证明更符合语言中的单词频率与排名，以及人口与城市排名。

2.1.3 创造语言的三个尺度

我们可以在历史/生物时间尺度上创造语言。不仅是在生成语言的那一刻，或者是在我们习得母语的童年时期，而且是在一代又一代的使用者创新、修改和传播声音、词汇和语法结构，从而在创造出当时的语言过程中，共同创造了当今的语言。语言一直在不断变化：整个印欧语系，包括丹麦语、希腊语、印地语和威尔士语等多种语言，在不到9000年的时间里就已经从一个共同的词根中分化出来。世界上成千上万种语言的出现是人类文化最杰出的成就之一。我们将语言理解为跨多个时间尺度创造出来的：通过产生和解释语音来创建语言的时间尺度；在数十年的时间里，我们会在学习中创造语言知识，并在一生中对其进行更新；以及语言在人类中被创造并进化成目前的形式，可能是10万年或更长的时间尺度。图2.7给出了语言在加工、习得和进化过程中的三个时间尺度之间的关系图，即处理语言的话语时间尺度（C_i对应于结构），语言习得的个体生命周期的时间尺度，以及人类语言起源和进化的历史/生物时间尺度。

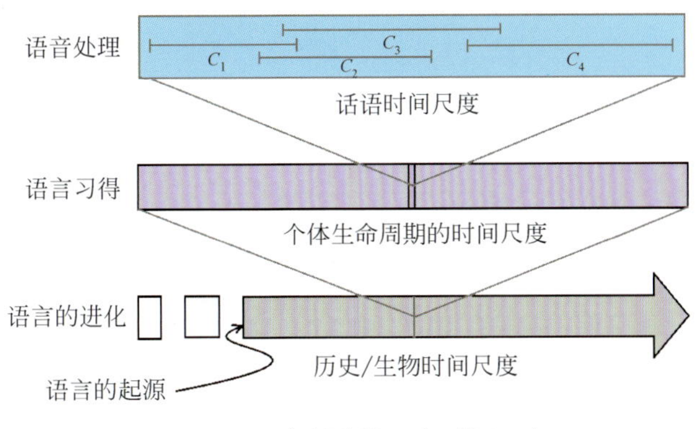

图2.7 语言创造的三个时间尺度

该框架基于一种基于构造的语言方法，其中话语被视为由一系列构造组成。习得的结构是形式和意义之间的配对。话语在时间尺度上的处理（包括理解和生产）对于其他两个时间尺度的语言创建至关重要。每个处理事件都提供了习得机会，语言习得由分布在个体生命周期中的大量此类处理事件组成。因此，语言习得实质上涉及学习如何处理话语。正如语言习得由大量的处理事件组成一样，语言的进化也随着时间的推移而演变，这是由许多代语言学习个体的语言技能通过文化传播形成的。因此，语言创造在多个时间尺度上紧密地交织在一起，凸显了语言的加工、习得和进化之间理论上相互依存的重要性。

日益复杂的先天语言机制的逐步演变，是从语言环境及其产生的反复习得的结果，两者都是由性能系统调节的。由于文化传播的过程，语言环境本身也会随着时间而改变。语言环境以话语形式提供了习得的机会，并根据其成分结构进行加工，可以在其中学习归纳。语言的进化被看作是从一个语言群体中选择的结构，语言环境是由基于经验的产生和对话语的理解之间的相互作用形成的，而话语的理解又是通过加工来学习的。

尽管语言的加工、习得和演化发生在非常不同的时间范围内，但这三种类型的语言创建紧密地交织在一起，因此，每种类型的研究都对其他类型的研究提供有力的理论支撑。其相互关系如图 2.8 所示。生物学上的处理偏差限制了可以习得的结构种类。在加工和习得的时间尺度上将产生的领域性制约因素结合起来，为在历史时间尺度上可能发生的演变提供了约束。因此，语言结构的演变通过文化的传播将使语言在加工和习得方面适合语言使用者。此外，与习得相关的发展过程将使所学到的内容符合加工语言所涉及的机制。实验表明，成年人对句子的解释的各种限制很敏感，包括特定的世界知识有关话语的内容、产生的视觉话语的上下文、单个单词的声音属性、经验与特定的结构和各种语用因素。同样，多种约束或“线索”的整合在当代语言习得理论中也占有重要地位。

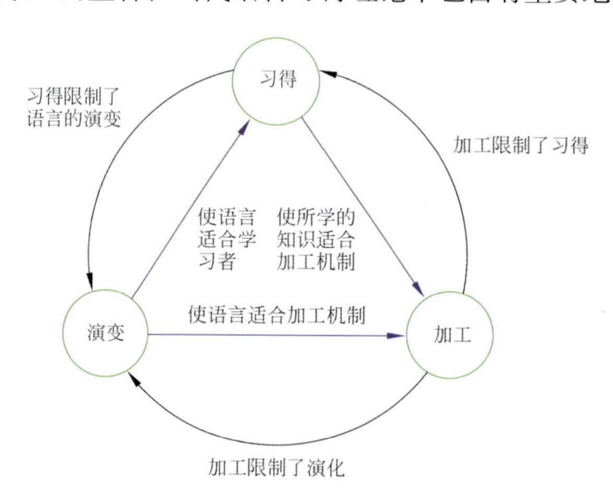

图 2.8　语言的演变、习得和加工之间的相互关系

图注：对语言的任何一个方面的解释可能都需要包含来自思维、运动感知因素、认知和语用学的多种重叠的约束。

2.1.4　灵长类交流与人类语言的模态性差异

1. 灵长类交流的多模态性

语言主要表现在面对面的互动中，并且可能主要在这种背景下进化。除了语音外，人类还通过肢体语言向他人传递大量信息，不断整合视觉和听觉（有时也包括触觉）成分。在所有的文化和时代，人类的语言都伴随着视觉信号和线索，例如手势、姿势、面部表情和眼睛凝视。研究表明，人类和非人类灵长类动物的交流本质上都是多模态的。同样，语音也被视为一种“动作”形式，嘴的动作与手势以及其他身体动作动态地结合在一起，形成了统一的交流系统。多模态提供的这一额外信息非常重要。语音的听觉感知与伴随的发音手势作为视觉提示而改变。人类依赖两个通道来理解信号，给予最可靠信息的渠道更大的权重。如果我们去掉这些额外的肢体交流行为，语言的理解往往会受到损害，例如，“表情符号”的发明是为了消除短信中的歧义。鉴于普遍使用身体信号和线索来补充我们的语言和凝练我们的信息，人类面对面交流是通过手势、言语和其他身体动作之间紧密结合来实现的。人类交流显然在大脑和发声器官中具有强大的生物学基础，但由于这些解剖学特征没有变成化石这一显而易见的事实阻碍了对其进化的理解。灵长类动物的交流具有多模态的特性，弗罗利希（Frohlich）等研究发现产生灵长类动物手势和发声的神经生物学机制以及个体发育的灵活性有很高的重叠，从而得出语言起源一定也是多模态的。人类多模态交流远远超出了言语和手势，还包括面部表情、身体动作和非言语情感发声（例如笑声、哭泣）。研究表明灵长类动物的手势和发声在它们显示关键语言属性存在的证据程度上没有明显区别：语言属性包括意图性、指称性、象似性和话轮转换。这些发现证实了人类语言具有多模态起源，如图 2.9 所示。在类人猿中，手势似乎在近距离交流中起到了承载（即主要提供信息）的作用，而在人类面对面交流中则相反。这表明携带角色从手势到声音的进化转变，在发声领域的信号结构似乎更加僵化和离散，手势曲目的规模更小，而动物显然是通过组合性克服的。相比之下，信号序列的组合性在手势域中不那么明显，其中许多不同的信号类型被用于实现相同的目标，因此信号在意义上是冗余的。尽管在形式和功能上存在差异，但在手势和发声中关键语言成分的存在程度上没有明显的差异，并且两者的神经生物学调节显示出很大的重叠和整合。

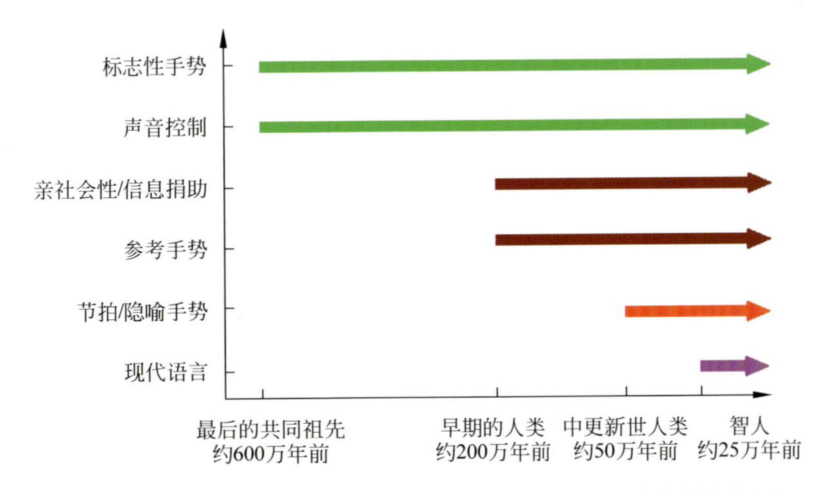

图 2.9　现代人类交流能力的进化轨迹，强调人类手势和亲社会性的起源

语言是人类交流的杰出系统：在动物的交流系统中寻找语言的前身，如果动物交流系统缺乏人类语言的某些特征，它代表了进化中的一个至关重要的差距，并证明了进化的间

断。在这里，惠誉（Fitch）认为我们应该逆转这个逻辑：因为人类语言的一个决定性特征是其灵活表示和重组概念的能力，语言的许多重要成分的前身应该在动物认知而不是动物交流中寻找。动物交流系统通常只允许表达可以被该物种表示和操纵的概念的一小部分。因此，如果一个特定的概念没有在一个物种的交流系统中表达出来，这也不能证明它缺乏这个概念。惠誉的结论是，如果我们只关注交际信号，那么我们就低估了语言进化的比较分析。因此，动物的认知为人类语言的生物学和进化提供了一个重要的证据来源。

当考虑到人类认知的进化时，如果我们只把他们可以交流的概念归到动物身上，我们将从根本上被误导。概念的外化只是语言的一个组成部分，另一个是帮助构建我们个人的内部思想。因此，我们不能准确地将我们对人类所知道的东西的估计限制在他们所说的东西上，动物也是如此，动物的想象力远不如人类。人类语言的灵活性意味着我们可以用它来表示几乎任何我们能想到的东西（也许需要将相当大的努力放在视觉、音乐或高度抽象的概念方面）。同样的灵活性和表达能力在动物交流系统中是不存在的。人类在语言进化过程中超越了这种局限，而不是任何根本不存在的动物概念。因此，如果我们希望理解人类语言的神经和最终的遗传基础，就必须解释我们的语言指称能力，而不是我们概念表示的基本能力。这并不是否认外化语言给了人类比其他物种具有巨大的概念优势。我们通过语言获得许多概念，而这些概念是我们无法通过个人经验直接获得的，这极大地扩大了我们潜在的知识储备（如有些读者可能从未亲眼见过章鱼，但仍然会有一些章鱼概念）。由于语言的作用，盲人对颜色术语有着惊人、丰富的概念，许多抽象或科学术语，如“电子”或“真理”，根本无法有感官上的表现。这并不是说动物和人类有着完全相同的概念（即使人类不同的个体也没有完全“相同”的概念）。惠誉的论点是关于构成心理表征的神经和认知机制，还有许多认知过程，这些认知过程允许概念在感官经验的基础上形成并与基本水平结合。在许多情况下，对动物交流的研究可以提供至关重要的见解，并且是语言进化比较研究的重要组成部分。但是，接受动物所知远多于它们所能表达的这一基本事实意味着，人类语言的进化是建立在一个既存的概念装置之上的，这个概念装置要比我们在动物交流能力中观察到的要丰富得多。

人类语言的一个基本特征是通过社会中介的互动习得的，通过文化代代相传，并且在人类社会内部和社会之间存在很大差异。人类文化和语言在进化上密切相关。一种独特的行为模式可能是群体特有的，有时涉及生活在几乎相同环境但基因不同的邻近群体。然而，大多数灵长类动物的研究主要集中在觅食技术上，而忽略了交流信号。一些文化传播的交流行为案例涉及发声和与发声相关的视觉信号（包括手势交流）。我们将手势定义为肢体、头部或身体指向接受者的运动，并引起接受者的自愿反应。手势在人类和非人类灵长类动物的交流系统中起着至关重要的作用。一些非人类灵长类动物的手势交流系统与人类语言具有几个关键特征，如意向性、指称性。所有这些构成复杂手势交流的基础属性都是人类语言的重要先决条件。普里尔（Prieur）等研究了人类和非人类灵长类动物有意识的交流系统（包括手势、发声、面部表情和眼睛行为）的机制，以揭示语言的进化根源。关于非人类灵长类动物特别是类人猿的研究表明，手势交流是语言出现的关键先决条件，手势在语言多模态特性的出现中起着关键作用。这一观点得到了几个论点的支持，包括他们大量的手势库和相关的意向性的多方面性质，以及灵长类动物的左脑半球在手势交流中的作用。根据大量的交流技能和相关的意图性的多面性的证据，意图性是语言的关键属性。手势在进化过程中通过信号仪式化的方式逐渐出现，关键涉及情感表达和处理。随着社会生态生活方式和相关的日常操作活动日益复杂，使得在整个生命周期中获得和发展不同的相互作用策略成为可能。语言的起源不仅是多模态的，而且是更广泛的和多因素的。假设灵长类动物的交流信号是一种复杂的特征，包括物种、个体和环境相关的特征以及行为及其特征。越来越多的行为和神经学证据支持语言的多模态起源：手势、声音、口面部和眼睛成分以及相关特征（例如意向性、目标指向性、指称性、原语、转换规则和节奏）将共同进化，形成一个日益复杂、动态和多样化的人类语言和非语言交流系统。

2. 语音形式逐步进化为一种交流系统

如果说语言最大的奥秘是符号能力的起源，那么第二奥秘就是大多数符号交流是如何依赖于一种高度复杂的媒介——语言。我们在社会和内部交流的许多领域中使用符号表征，但语音成为其压倒性的最重要渠道。口语是首先将符号的力量引入儿童的媒介，也是将符号标记传达给大多数人类活动的主要手段。在这个过程中，一种符号化的媒介逐渐承担了越来越多的符号化传输任务。符号交流与额叶前部的扩展如图 2.10 所示，显示了核心符号功能的选择是如何将选择分布到各种各样的支持适应性上的，这些适应性只有在这个核心功能建立之后才变得重要，这反过来将选择的压力分配回核心功能。结果，前额叶皮层也像其他系统一样，额外参与了其他支持功能。

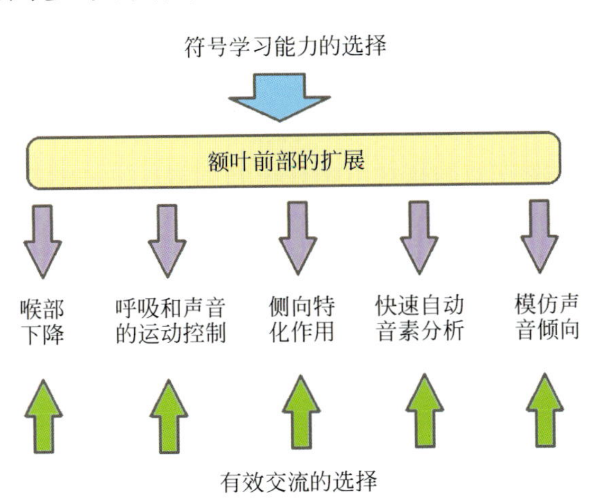

图 2.10　符号交流与额叶前部的扩展

这个过程类似于进化中的垄断。最早的符号化程序的“语言”很可能比现代语言具有更多的多模态，直到后来口语才成为我们今天所描述的相对独立和封闭的系统。自引入符号交流以来的 200 万年里，用于表达符号信息的不同模式一直在相互竞争，就像不同的单词发音在未来世代竞争表达方式一样。随着时间的流逝，语音符号形式逐渐接管了以前由各种非语音符号形式提供服务的功能，因此目前它看起来几乎是独立、完整的。事实上，这种明显的自给自足是语言学理论的隐含假设，这些理论致力于提供语言功能的完整的规则管理的描述。但这是一种理想化的交流系统，尽管经过了百万年的巩固，它仍然没有完全摆脱非语言的支持。

在现代语言中，许多将非语音符号功能逐渐融合为语音形式的证据仍然以隐式存在。句法结构往往只是模糊地隐藏了它在指向手势、操作和变换物理对象、时空关系等方面的语用根源。例如，语言在句法形式上通过相应的重复、转折、邻接等常规的标志来表现数量、强度、重要性、占有率等并不鲜见。儿童的语言发展在大多数方面都不能概括语言的进化，因为未成熟的大脑或儿童对成人现代语言的部分映射都不能与任何祖先的成熟大脑和成人语言相提并论。然而，我们可以观察到，随着他们语言能力的发展，非语言支持逐渐被同化为更灵活有效的发声形式。

尽管有些人想象口语可能是随着发声限制的消除而突然出现，但如果说这是限制语言进化的主要制约因素，那是对语言过程的过度简化，如果说这些能力有突然的不连续的变化，那也是对零碎化石证据的过度解释。尽管如此，由于发声能力对媒介的容量和灵活性的重要限制，不断提高的发声技巧很可能是符号功能同化到单一媒介的进化的重要步伐。与可能的祖先条件相比，发声学习的神经学基础和发声的解剖学基础都发生了根本性变化，但熟练发声能力的发展几乎可以肯定是类人猿进化中一个旷日持久的过程，而不是一个突然的转变。在过去的 200 万年里，大脑体积的逐渐增大，逐渐增强了大脑皮层对喉部的控制能力，这几乎可以肯定既是发声符号化使用增加的原因，也是其结果。在连续的大脑进化中，更多地使用发声将不可避免地在声道结构上施加选择，以提高其在同一时期的可操控性。可以断定，虽然早期的智人谱系还没有完全的现代发声能力，但他们的发声能力远没有其他猿类那么有限。

相对大脑大小的更普遍和更明确的变化，可能能够提供关于大脑重组更具体的证据。这是因为，关键的区别不在于增加了某些基本的大脑结构，而是在于对整个大脑内部关系的定量修正，尤其是对前额皮质的相对贡献。正如某些古生物学家所指出的那样，这一脑区额外褶皱的出现，可能必然与大脑尺寸的整体扩张有关。发育分析表明，前额叶的相对大小是由发育过程中的竞争过程决定的，这涉及来自广泛分离的脑区相互作用。在现代大脑中，对前额回路的偏爱是由于发育过程中的大脑皮层和其他大脑和周围神经结构之间的比例失调造成的。因此，随着人类进化过程中大脑皮层的比例增大，决定前额叶皮层的连接系统随之招募了更大比例的潜在目标。

3. 人类语言的模态独立性

语音起源与语言中的书面语、手语起源有关，人类语言能力的进化已成为一个独特的、在许多方面独立的研究领域。语言不一定是说出来的，也可以是写出来的或使用手势展示出来的。从这个意义上说，语音是可选的，尽管它是语言的默认形式。

模态（为编码和传输信息而选择的表示形式）独立是语言的一个显著特征。人类语言可以表现为以听觉通道为主的口语模态，以视觉通道为主的书面语模态和手语模态，以及以触觉通道为主的盲文模态。如果一个有听力障碍的孩子不能听到声音，他天生掌握语言的能力同样可以在手语中得到表达。聋哑人的手语是独立发明的，除了传播方式外，它具有口语的所有主要特征。由此看来，人类大脑的语言中枢一定是在进化过程中发挥了最佳功能，而与所选择的语言形式无关。与特定输入模态的分离可能代表了神经组织的重大变化，这种变化不仅影响模仿，也影响交流。只有人类才能在失去一种模态（如听觉）的情况下，通过用另一种完全胜任的模态（如手语）进行交流来弥补这一缺陷。

动物的交流系统通常结合了视觉和听觉的特性和效果，但没有一个是独立于模态的。例如，没有任何声音受损的鲸鱼、海豚或鸣鸟能够在视觉展示中平等地表达它们的歌声。在动物的交流中，信息和模态是不可分解的。无论传递的是什么信息，都源于信号的固有特性。

模态独立性不应与普通的多模态现象相混淆。猴子和猿猴依赖于特定物种的“呼唤手势”，这是情感表达的发声方式，与伴随它们的视觉表现密不可分。图 2.11 是黑猩猩失望而生闷气的表情。

图 2.11 黑猩猩失望而生闷气的表情

人类也有特定于物种的手势（笑、哭、抽泣等），以及伴随语音的非自愿手势。许多动物展示都是多模态的，每个展示都旨在同时利用多个通道而设计。具有模态独立性的人类语言特性在概念上与此不同。它允许说话者将消息的信息内容编码到单个通道中，同时根据需要在通道之间进行切换。现代城市居民可以毫不费力地在口语和各种形式的书写之间进行转换——手写、打字、电子邮件等。无论选择哪种方式，都可以可靠地传输完整的消息内容，而不需要任何形式的外部帮助。例如，在电话交谈时，无论对说话人来说多么自然，任何伴随的面部或手势都不是必需的。相反，在键入或手动签名时，不需要添加声音。人类语言的多模态性及模态独立性如图 2.12 所示。

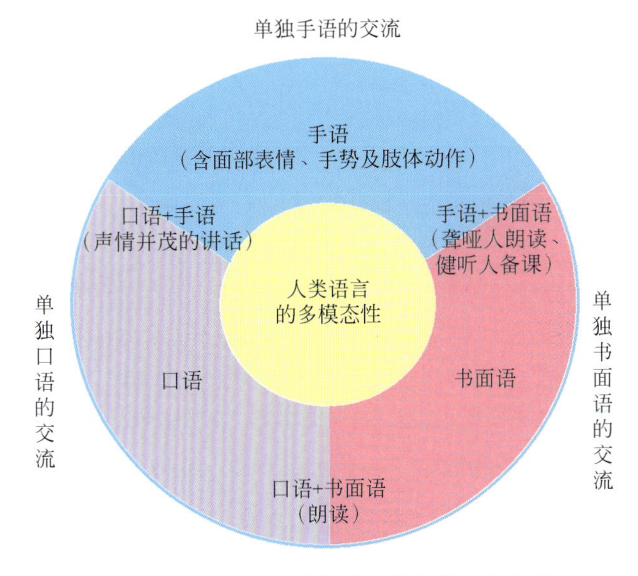

图 2.12 人类语言的多模态性及模态独立性

2.2 语言的神经生物学起源

2.2.1 镜像神经元和语言的神经基础

镜像神经元（mirror neuron）作为语言进化的一个因素的证据，镜像神经元的功能是反映并模仿他人的行为、理解他人的意图（灵长类动物中的镜像神经元，可以从教猿类手势交流的成功，以及用手指/手势教幼儿语言的成功得到证实）、体验他人的情感，是语言建立的基础。功能磁共振成像研究表明，在人脑额下皮层中发现与猴脑镜像神经元系统同源的脑区，即靠近人脑语言区之一的布洛罗卡区，从而推断人类语言是从镜像神经元中实现的手势表现/理解系统进化而来的。镜像神经元被认为可为动作理解、模仿学习和模仿他人行为提供一种机制，福加西（Fogassi）等监测了猴子的运动皮层活动，特别是位于布洛卡区的F5区，那里是镜像神经元的脑区，如图2.13所示。当观察到猴子执行或观察其他人的不同手势时，这个脑区的脑电活动就发生了变化。布洛卡区是额叶中负责语言生成和处理的脑区，这一发现强烈支持了交流曾是通过手势来完成的理论。猴脑的前运动区F5和人脑的布洛卡区之间的一些细胞结构的同源性支持了这一假设。教幼儿语言时也是如此，当一个人指向特定的物体或位置时，孩子的镜像神经元就好像在做动作一样被激活，这导致了长期的学习。词汇扩展的速度与儿童模仿非单词发音的能力有关，从而获得新单词的发音。这种语音重复会自动、快速、独立地在大脑中进行语音感知。而且，这种语音模仿可能会在没有理解的情况下发生，例如在语音模仿或模仿语中。这种联系的进一步证据来自通过功能磁共振成像测

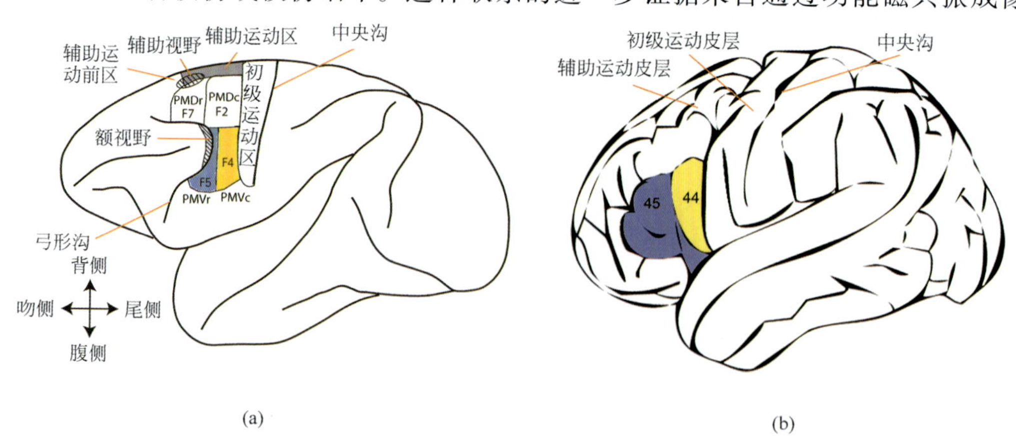

图2.13　图（a）为猴脑侧视图，图（b）为与猴脑F5区和下4区镜像的人类左脑侧视图的布洛卡区示意图，以及经典布洛卡区的位置定义为BA 44（黄色）和BA 45（紫蓝色）

图注：PMDr = 背侧前运动皮层的吻侧部（F7, dorsal premotor cortex, rostral division）。PMDc = 背侧前运动皮层的尾部（F2, dorsal premotor cortex, caudal division）。PMVr = 腹侧前运动皮层的吻侧部（F5, ventral premotor cortex, rostral division）。PMVc = 腹前运动皮层的尾部（F4, ventral premotor cortex, cau-dal division）。SMA = 辅助运动区（supplementary motor area）。SEF = 辅助视野（supplementary eye field），Pre-SMA = 辅助运动前区。FEF = 额视野（frontal eye field）。

量两个参与者的大脑活动，他们彼此用手语和用手势玩手动字谜游戏，这种方式可能代表了进化的前兆。对手语使用格兰杰因果（Granger Causality）关系方法进行的数据分析表明，被观察者的镜像神经元系统确实反映了信号者的运动系统的活动模式，即与词语相关的运动概念确实是通过镜像系统从一个大脑传递到另一个使用镜像系统的大脑。

语言具有悠久的进化历史，与大脑息息相关。布洛卡区和韦尼克区位于语言优势半脑中，涉及语音到读写的所有内容。语言本身是基于符号来表示世界上的概念，并且概念符号系统似乎位于这些脑区的心理词典中。尽管人脑的语言区与其他灵长类动物高度相似，但后者不使用语言，人类是唯一使用语言的物种。可能还有一个遗传因素：FOXP2 基因的突变（病变）阻止了完整句子的构建。语言的生物过程理论认为，人类天生就有认知语法结构，使他们能够发展和理解语言。根据这一理论，这个语法结构系统嵌入到人类遗传之中，并支撑着所有语言的基本语法。证据表明，至少我们的一些语言能力可能是受基因控制的。FOXP2 基因的突变使人们无法将单词和短语组合成句子。

黑猩猩的大脑结构与人类非常相似。两者都包含与交流有关的布洛卡区和布洛卡的同源区。布洛卡区主要用于产生、组织和规划语言的表征符号成为句子。韦尼克区似乎是语言表达和符号映射到特定概念的脑区，黑猩猩和人类都有这种功能。黑猩猩的韦尼克区与人类的相似之处远大于布洛卡区，这表明韦尼克区的演化比布洛卡区更古老。最早的语言是严格的手语，随后进化至手语与口语相结合，而阅读和书写是后来才有的。研究表明，手势和发声的结合可能导致了史前人类更复杂语言的发展。黑猩猩能发出吸引注意力的声音，其脑区的活动与人类的布洛卡区极为相似。即使是没有发声的手和嘴部的运动也会在人类和猴子的布洛卡区产生非常相似的激活模式。当猴子看到其他猴子的手势时，其布洛卡同源区中的镜像神经元就会被激活。一组镜像神经元只对一种观察到的行为做出反应，这可能是适应语音处理和发声的神经元的进化起源。

大多数专家认为尼安德特人的语言能力与现代智人并无本质区别。一个间接的论点是，如果没有某种语言，他们的工具制造和狩猎技术将很难习得或执行。从尼安德特人的骨头中提取 DNA 的结果表明，尼安德特人具有与现代人相同的 FOXP2 基因。该基因曾经被错误地称为“语法基因”，在现代人类中控制与语言有关的面部运动方面起着重要作用。在 20 世纪 70 年代，人们普遍认为尼安德特人缺乏现代言语的表达能力。据称，他们的舌骨在声道中如此之高，以至于无法产生某些元音。舌骨存在于许多哺乳动物中，通过将这些结构相互支撑以产生变化，它允许舌头、咽部和喉部的广泛运动。现在人们意识到，舌骨位置的降低并不是智人所独有的，它与灵活的人类语音的相关性可能被夸大了；尽管男人的喉咙较低，但他们产生的声音范围并不比女性或 2 岁的婴儿大。没有证据表明尼安德特人的喉头位置会阻碍他们产生元音的范围。来自西班牙阿塔普尔卡什（Atapuerca）的原始人的外耳和中耳的形态被认为是原始的尼安德特人，表明他们的听觉敏感度与现代人相似，可能能够区分许多不同的语音，但与黑猩猩相差甚远。

语言是我们日常生活中不可或缺的一部分。我们毫不费力地使用语言，使用时通常考虑的是想说什么，而不是如何以正确的语法方式说出来，我们很自然地使用语言。那么，让我们人类有能力以这样的方式学习和使用语言，是由于天生所具有的语言能力所致。语言系统是一个复杂的系统，在自然科学中，通常将复杂的现象和系统分解为基本元素或操作，以便使其易于使用。这些基本元素一旦确定，就可以放在一起，从而解释一个复杂的系统。复杂语言系统的分解要素是词素和句法规则。对于句法领域来说，这种方法效果很好，因为有一个清晰的语言学理论定义了一个最基本的规则，即整合。这种规则计算在大脑中被定位，在个体间具有高度的一致性。对于词汇 / 句子语义而言，这就比较困难了，部分原因是单词的含义不确定，这是由于单词具有许多因人而异的心理关联这一事实。语言学理论可以通过特定语言中的选择限制来描述名词和动词之间的语义关系，这种限制对使用这种语言的所有个体都是成立的，但却无法描述跨个体层面的关联，因为这些关联可能因人而异。鉴于此，这些过程在大脑中的定位显示出更多的个体间差异就不足为奇了。

语言是人类独有的特征，其特点是能够生成和处理有层次结构的句法序列，这使我们与非人类灵长类动物有所不同。因此，与我们系统发育上的近亲进行比较，可以使我们对这种差异的依据有一些了解。这种比较可以在不同的层次上进行：行为层次、大脑层次或基因层次。

在基因层次上，人类和非人类灵长类动物之间的基因差异不到 2%，但目前还不知道语言系统是由哪方面的基因产生的。有人提出 FOXP2 是一个在言语和语言方面起主要作用的基因，因为在一个有言语和语言问题的家庭中发现了这个基因的突变。然而，这一观点也受到了挑战，一个原因是 FOXP2 也可以在非人类灵长类动物、小鼠、鸟类和鱼类中发现，因此在不会说话的动物中也可以发现。另一个原因是发现 FOXP2 作为这样的基因调控着大量的其他基因，从而调控着蛋白质的编码，这是详细的遗传分析中的一个相关方面。遗传分析的新方法可以使我们了解人类进化的时间轨迹，从而可能告诉我们语言的出现原因。利用这样的分析可以表明，FOXP2 在尼安德特人中编码一种特殊的蛋白质，这种蛋白质与现代人类的蛋白质相同，但与黑猩猩的蛋白质不同。这些发现表明，语言的遗传基础在进化过程中很早就奠定了（在与黑猩猩分离之后，但在尼安德特人出现之前），大约在 40 万至 30 万年前。

如今，遗传学家一致认为，语言能力不能追溯到单个基因，而可以追溯到许多相关基因，这些基因共同促进了对正常大脑成熟乃至语言发展至关重要的神经通路的发展。关于大脑发育，众所周知，遗传程序有助于指导发育过程中的神经元分化、迁移和连通性，以及对环境的依赖经验的贡献。这些结果为基因与大脑发育之间的关系提供了证据，但它们并不直接与语言遗传学相关。研究表明，特定基因可控制特定脑区中的回旋数，语言结构网络是由基因预先决定的。这些研究采用遗传学和脑成像相结合的方法，对 1000 个个体的皮质折叠情况进行研究，发现三个不同家族的 5 个个体患有智力和语言障碍，但没有运动障碍。遗传分析显示，GPR6 基因调控区的突变异常，GPR6 编码的蛋白质在神经元引导中发挥作用，从而使脑皮质成熟。

2.2.2 语言的神经生物学起源

1. 人脑与非人类灵长类动物大脑基因表达水平的差异

马里奥 · 卡塞雷斯（Mario Caceres）等使用现代技术比较了人类、黑猩猩和恒河猴大

脑皮层的基因表达，在人类和黑猩猩的大脑皮层之间识别出了169个显示出表达差异的基因，发现短尾猴的91个基因可以被归结在人类的血统之中。人类与非人类灵长类动物大脑之间的大多数差异是与正向调节有关的，大约有90%的基因在人脑中被更高度表达。相比之下，人类和黑猩猩的心脏与肝脏的正向调节基因和下降调节基因的数量几乎是相同的。结果表明，人类大脑与非人类灵长类动物的大脑相比，显示出了一种与众不同的基因表达模式，这种表达模式包含了很多属于各种功能类别的较高表达水平的基因。这些基因所增强的表达水平能够为人类大脑生理学与脑部功能的广泛改进提供基础，人类大脑的特点在于更高水平的神经元活性。人类、黑猩猩和恒河猴大脑皮层的基因表达分析表明：与人类和恒河猴（相关性 $r = 0.785$, 标准差 SD = 0.053）、黑猩猩和恒河猴（相关性 $r = 0.817$, 标准差SD = 0.016）相比，人类和黑猩猩彼此更加相似（相关性 $r = 0.900$，标准差SD = 0.017）。这些关系很好地印证了已知的系统进化，并且反映了在物种之间基因表达谱和核苷酸序列的分歧。马里奥·卡塞雷斯等使用几种实验和分析的方法识别出人类大脑皮层与非人类灵长类动物大脑皮层的91个有差异的基因表达，并且显示人脑皮层中具有清晰的偏向正向的调节。人脑的基因表达变化增加的要比减少的多。两个不同的数据集支持人脑皮层以基因表达的突出正向调节为特征这一结论，这种上调提高了各种基因的转录水平。高水平的神经元活动很有可能在认知和行为能力上产生重要的影响。

人类大脑的显著特点是其不寻常的大体积以及新大脑皮层的不成比例地扩展。人类和黑猩猩DNA序列之间的大量相似性表明物种之间许多关键表型的区别首先产生于基因自身的变化调整，而不是基因的序列。一项比较人类、黑猩猩和红毛猩猩的大脑、肝脏、白细胞的基因表达模式的研究表明，与其他器官相比，在基因表达模式上人类大脑特别显著，人类大脑皮层的基因表达的改变与主要的表达增强有关，人类很多基因的正调节可能又与较高水平的神经元活动有关。识别在人脑进化期间经历表达变更的具体的基因，能够为人类大脑的生物化学、解剖学和功能特殊化提供重要线索，并且帮助我们理解为什么人类更易受某种神经组织退化疾病的攻击，诸如阿尔茨海默病（老年性痴呆），这种疾病在其他灵长类动物中是绝少发生的。

2. 灵长类动物与人类发音器官的差异

为了说话，必须自动利用呼吸系统来产生声音，允许呼吸机制暂时停止，以支持歌声或语音的产生。人类的声道已经进化到喉头较低，气管90°旋转，舌头又大又圆的更适合说话的状态。更新纪灵长类动物与现代人类声道及喉咙位置的比较如图2.14所示，猿和南方猿猴和现代智人的声带主要结构的相对位置表明，人类进化过程中嘴和脸部分的相对减少（火的使用，人类吃熟食对牙齿咬合力的需求减少，长时间的进化导致牙床的缩小）以及颅骨的相对扩张导致相关的喉部下降和会厌部向下进入喉部，咽部增大，并且舌头在调节咽和口腔的形状中的作用增强。这显著增加了声音的音频范围，尤其是元音的产生并降低了语音的鼻声，声带解剖结构的这种演变，使直立人的解剖学结构或多或少介于原始猿人状态和现代猿人状态之间。

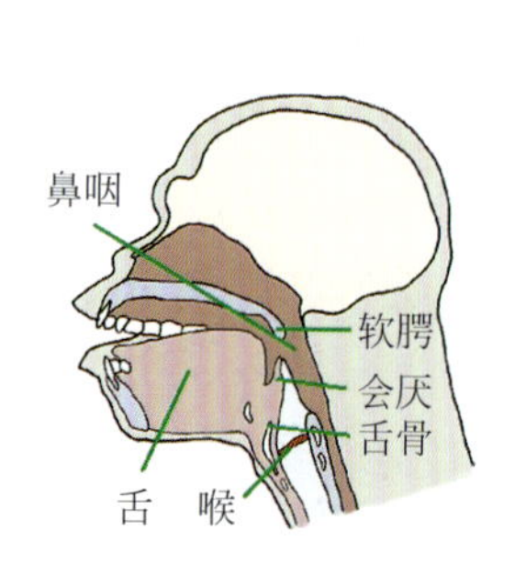

(a) 南方古猿和猿

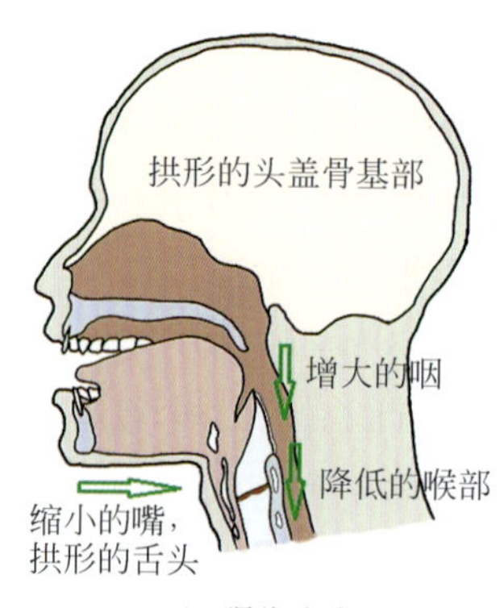

(b) 现代人类

图 2.14　更新纪灵长类动物与现代人类声道及喉咙位置的比较

口语是所有文化中语言的默认形式。人类的首要手段是将其思想编码为声音，这种方式依赖于控制嘴唇、舌头和其他发声器官的复杂能力。言语器官最初的进化不是为了语言，而是为了更基本的身体功能，如进食和呼吸。非人类灵长类动物具有广泛相似的器官，但神经控制不同。猿类使用其高度灵活、可操控的舌头进食，但不发声。当猿类不进食时，对其舌头的精细运动控制就会失效。它要么是用舌头执行舌的运动，要么是发声，但它不能同时执行这两项活动。由于这适用于通常的哺乳动物，所以智人在利用呼吸和消化机制来满足完全不同的发音方面与众不同。

语音学家认为，舌头（“语言”一词起源于拉丁语“舌头”）是产生区别性语音最重要的器官，其次是嘴唇。语音可以被看作是使用舌头表达思想的一种特殊方式。人的舌头具有不同寻常的形状。在大多数哺乳动物中，舌是一个长而扁平的结构，大部分位于口腔内的舌骨后面，咽的口腔平面以下。人类的舌头具有几乎呈圆形的矢状（中线）轮廓，大部分位于垂下的咽部下方，并在较低的位置与舌骨相连。造成这种情况的部分结果是，构成咽上声道的水平管（口内）和垂直管（喉咙下）的长度几乎相等（而在其他物种中，垂直段较短），如图 2.14 的右图所示。当我们上下移动下巴时，舌头可以独立地改变口腔管道和喉咙管道的横截面积，从而相应地改变共振峰的频率，下降的喉头促进了共振峰频率的降低。口腔管道和喉咙管道以直角连接可以发出元音 [i]、[u] 和 [a]（参见第六章的图 6.3），这是非人类灵长类动物无法做到的。即使在执行效果不是特别准确的情况下，人类区分这些元音所需的发音操作也会产生一致、独特的声学效果，从而说明了人类语音的量化本质。人的舌头比其他哺乳动物的舌头短得多，薄得多，并且由大量的肌肉组成，这有助于在口腔内形成各种各样的声音。声音产生的多样性也随着人类开 / 关呼吸道的能力而增加，从而允许不同数量的空气通过鼻腔排出。与舌头和呼吸道相关的精细运动，使人类更有能力产生各种各样的复杂口腔形状，从而以不同的速率和强度产生声音。与非人类灵长类动物相比，人类对呼吸的控制能力有了显著的提高，我们说话时可以延长呼气时间，缩短吸气时间。当我们说话时，肋间肌和腹内肌被用来扩张胸腔，将空气吸入肺部，随后在肺部收缩时控制空气的释放。与非人类灵长类动物相比，人类的相关肌肉明显受到更多的神经支配。

人类除了发出元音外，嘴唇对于停顿和摩擦音的产生也很重要。然而，没有任何证据表明嘴唇由于这些原因而进化。在灵长类动物的进化过程中，眼镜猴、猴子和类人猿从夜间活动转变为白天活动，使得他们对视觉的依赖程度增加，而对嗅觉的依赖程度降低。结果鼻子变小了，鼻腔或“湿鼻子”消失了。面部和嘴唇的肌肉因此变得不那么受拘束了，这使得它们能够配合面部表情的表达。另外，嘴唇也变厚了，隐藏在嘴唇后面的口腔变小了。对人类语言非常重要的、可活动的、肌肉发达的嘴唇的进化，是类人猿共同祖先的全日性和视觉交流进化的结果。

喉部或喉头是颈部的一个器官，如图 2.14 的右图所示，容纳着声带，负责发声。人类喉部下降，其位置比其他灵长类动物低。这是因为人类向直立姿势的进化导致头部直接移至脊髓的上方，迫使其他部位向下。喉的重新定位导致了一个更长的腔体称为咽，该腔体负责增加所产生声音的频率范围和清晰度。其他灵长类动物几乎没有咽，因此其嗓音明显偏低。人类在这方面并不是独一无二的：山羊、狗、猪和绢毛猴会暂时降低喉部以发出响亮的叫声；几种鹿也会永久性地降低喉头，雄性在吼叫时可能会进一步降低它们的喉头；狮子、美洲虎、猎豹和家猫也是如此。但是，非人类的喉部下降并不同时伴随舌骨下降，舌头在口腔中保持水平，阻止它作为咽关节的功能。研究表明，黑猩猩在发育过程中，喉部确实会有一定程度的下降，然后是舌骨的下降。与此相反，只有人类进化出了与舌骨下降相关的永久性和实质性的喉部下降，从而形成了一个弯曲的舌头和 1∶1 比例的呼吸道与消化道双管道。只有在人类病例中，会厌和软腭（详见第六章图 6.1）之间不再可能发生简单的接触，这打乱了哺乳动物在吞咽时呼吸道和消化道的正常分离。由于这会带来高昂的成本，吞咽食物时会增加窒息的风险，但其显而易见的好处一定是讲话。但人类实际上并没有想象中的被食物窒息的严重风险：医学统计表明，此类事故极为罕见。

语言适应复合体的最后一个特征可能是喉部的位置。降低喉部就是增加声道的长度，进而降低共振峰的频率，使声音听起来“更低沉”，从而使发声个体在声学上夸大了自己的体型，给人一种体型更庞大的印象。人类（尤其是男性）降低喉头的功能，可能是为了增强威胁的表现，而非语言本身。如果降低的喉部适合言语表达，那么我们预期成年男性比成年女性的适应性更好，成年女性的喉咙低得多。事实上，在口头测试中，女性总是比男性表现得更好，这表明整个推理过程是错误的。这是我们人类最初喉部下降的选择优势，尽管人类最初的喉咙下降与言语无关，但增加了共振峰模式的频率范围后来被用于语言。人类的第二次喉部下降发生在青春期，不过，只发生在男性身上。作为对人类女性喉部退化这一异议的回应，可以认为是为了保护婴儿而发声的母亲们也会从这种能力中受益。

对许多脊椎动物的比较解剖学喉部分析和依据化石重建的原始人类的声道表明，现代人类不寻常地表现出相对较低位置的喉咙，具有更复杂、更大发声能力的发声器官，人类喉部永久下降，用于发声的固有喉部肌肉增加，赋予了它们产生更多种声音的能力。研究表明，鸟类和人类的运动神经元绕过脑干中的无意识系统，直接控制大脑的喉部产生歌声或语音。

灵长类和哺乳动物的较高声带显著减少了声音产生的频率范围和灵活性。相比之下，人类喉部的低位置增加了声音的频率范围，这种声音的产生是通过允许口腔和咽部形成的共振腔的体积发生更大的变化，以及通过将声音转移到口腔和鼻腔之外。主要结果是，构成语音元音成分的声音比其他任何猿类所产生的声音都具有更大的可变性，包括极端的共振组合，如“tree/tri:/”中的“ee”音和“flaw/flɔ:/”中的“ah”音，这两种音都需要咽部空间（在口腔后方）相对较大。同样重要的是，这样可以最大限度地提高嘴巴和舌头调节声音的能力。这种喉部位置的改变所提供的声音灵活性的增加不太可能仅仅是巧合，这种转变还伴随着更容易窒息。图 2.15 的彩色椭圆区是三种极端元音的第一和第二共振峰频率范围，即发声的主要谐波共振频率图。被内灰色区包围的区域是一个受限范围，这两个共振峰相对联系更紧密，这可能是早期原始人较高喉部位置的特征。箭头指示为由于更大的独立性导致的频率范围的相对增加，以及在后来的人类进化过程中发生的咽部和口腔体积变化的范围。

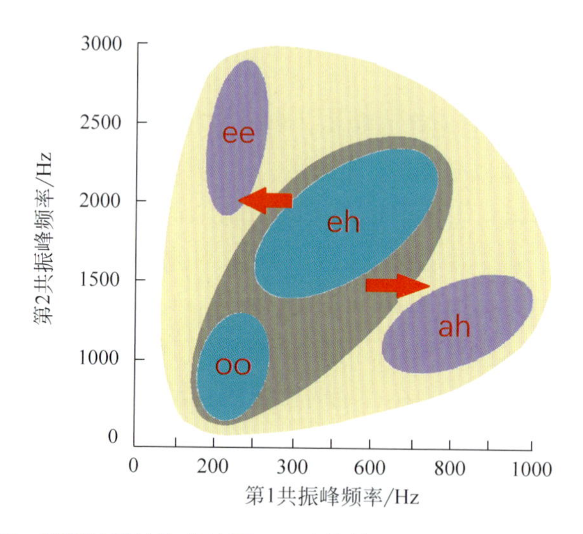

图 2.15　喉部位置的改变扩展了元音的第一和第二共振峰频率范围

但是该变化与语言进化的因果关系并不明显。例如在其他猿类中，元音范围的缩小和语音中鼻音的增加本身是否会成为发音交流的主要障碍，这一点还不清楚。该变化虽然降低了语音的频率范围和区别度，但它不会消除语音中最关键的声音元素：部分或完全中断声音而发出的声音，这些构成了辅音的大部分音素。因此，即使是南方古猿，只要它们有必要程度的发声运动控制，它们的声道也能达到这种程度的发音。然而，它们的大脑尺寸表明，它们实际上无法对舌头和喉部的肌肉施加这样的控制。我们更近一些的脑容量更大的祖先，能人和直立人，会有更强的运动控制能力，并且可能也表现出某种中等程度的喉部下降。直立人的语音可能不如现代言语那么独特，也比现代语音语速慢，而能人的语音甚至会受到更大的限制。因此，尽管他们的发音没有今天的速度、频率范围或灵活性，但至少拥有许多现代发音中也存在的辅音特征。研究表明，辅音与元音是由截然不同的神经机制处理的。这些预测了一些有趣的暗示：

首先，现代口语中一些几乎普遍存在的方面（例如，辅音发音不变元素）可能早在 200 万年前就已出现了。其次，语音发音不太可能是能人的直接祖先南方古猿最早的符号交流方式的唯一表达，甚至不是主要的表达形式。再次，有许多声音能力在进化过程中出现的时间相对较晚，有些可能早于早期智人，因此在很长一段时间内都不可能受到选择的影响。最后，在人类进化的大部分过程中，发声的许多方面的准确性和速度都在不断发展，这可能反映在相对大脑的尺寸上。

考虑到现代人类与任何其他哺乳动物相比具有惊人程度的语音能力，以及句法和语音之间的亲密关系，因此语音在人类史前的很长一段时间里一直在不断发展中。进化变化的速度很难表明，如果没有长期暴露在自然选择的影响下，这样一种前所未有的、高度整合的、高效的媒介，是不可能出现的。但是，如果人类使用语言的历史可以追溯到 200 万年以前，那么它在史前的大部分时间里都是在声音能力有限的情况下进化而来的。通过研究分析和产生语音的方式，证明了人类对语音的独特适应能力。

2.2.3 FOXP2 基因与语言的神经解剖学关系

1. FOXP2 基因与人类的语言

叉头盒蛋白 P2（forkhead box protein P2, FOXP2）是人类体内由 FOXP2 基因编码的一种蛋白质。FOXP2 是叉头盒转录因子家族的一员，该因子是通过与脱氧核糖核酸（deoxyribonucleic acid，DNA）结合来调节基因表达的蛋白。FOXP2 于 1998 年被发现，是英国一个名为 KE 家族的言语障碍的遗传原因，FOXP2 是第一个被发现与言语 / 语言相关的基因。早期研究包括对一组在语言发育方面表现出共同缺陷的家庭的研究，他们不能正确地发音，理解语言困难，也不能像他们社区的其他人一样发展语言。通过对其遗传影响的基因图谱的进一步检查，研究人员确定了所有受影响人群中都存在的一个因素：他们遗传了一个特定基因的突变，即 FOXP2。这种突变与一种构音障碍有关，也就是发音困难。值得注意的是，还存在其他遗传变异，例如，其中之一是语法特定缺陷。这些被称为特定语言障碍的发育障碍会影响语言处理的不同方面，并且通常与神经解剖学的潜在结构异常有关。在遗传决定因素控制的成熟过程中，神经系统与来自环境的信息一起发育，在这里是指语言输入。乔姆斯基认为语言的习得在人类中是由生物学决定的，人类使用的所有语言基本上都是围绕先天通用语法构建的。

然而，其他基因对于人类语言的发展也是必需的。除了大脑外，FOXP2 还参与了其他组织的发育，如心肺和消化系统中都有表达。FOXP2 及其基因是在对英国 KE 家族的调查中发现的，KE 家族中有一半人（三代人中的 15 个人）患有言语 / 语言障碍，称为发育性言语障碍。1990 年，麦吉尔大学（McGill University）语言学教授玛娜·戈普尼克（Myrna Gopnik）的报告说，受疾病影响的 KE 家族的言语障碍严重，他们的语言听不懂，主要特征是语法缺陷。研究认为其基础不是学习或认知障碍，而是主要由遗传因素影响语法能力，这种障碍纯粹是由遗传造成的。该疾病从一代到下一代的遗传与常染色体显性遗传是一致的，即，以显性方式起作用的常染色体（非性染色体）上仅单个基因发生突变。1998 年，牛津大学的遗传学家西蒙・费舍尔（Simon Fisher）等从受影响和未受影响成员的 DNA 样本中发现了一种定位于 7 号染色体小区域的常染色体显性单基因遗传。染色体区域（位点）包含 70 个基因。人类基因组命名委员会将该基因座命名为“SPCH1”（即“语音 - 语言障碍 -1”）。借助于细菌人工染色体克隆对染色体区域进行定位和测序，确定了一个与

KE 家族无关的人，但是他患有类似的言语和语言障碍。这名被科学著述称为 CS 的孩子携带的染色体易位，其中 7 号染色体的一部分与 5 号染色体的一部分发生了交换。7 号染色体的断裂点位于 SPCH1 区域内。2001 年，研究小组在 CS 中鉴定出这种突变位于蛋白质编码基因的中间。通过结合生物信息学和 RNA（核糖核酸，ribose nucleic acid，RNA）分析，发现该基因编码一种属于叉头盒（FOX）转录因子组的新型蛋白质，其官方名称是 FOXP2。当研究人员对 KE 家族的 FOXP2 基因进行测序时，发现所有受影响的个体都有一个杂合的点突变，但未受影响的家庭成员和其他人则没有。这种突变是由于氨基酸取代抑制了 FOXP2 蛋白的 DNA 结合域。对该基因的进一步筛选发现了多个 FOXP2 突变的额外病例，包括不同的点突变和染色体重排，提供了对该基因一个拷贝的破坏足以使言语和语言发展脱轨。在人类众多基因中，FOXP2 基因能使人类拥有语言，若没有该基因，语言与人类的文明就没有发展的机会。在过去的 20 万年间，该基因的改变，促使人类与其他生物朝向不同的路径演化，FOXP2 基因的损坏，会造成语言障碍，语言文法将出现问题。

FOXP2 基因与多种认知功能有关，包括一般的大脑发育、语言和突触可塑性。FOXP2 基因区域充当 FOXP2 蛋白的转录因子。转录因子影响其他区域，而 FOXP2 蛋白也被认为是数百种基因的转录因子。这种多因素的参与开启了 FOXP2 基因比最初认为的要广泛得多的可能性。证据表明，FOXP2 与自闭症和阅读障碍相关，与 FOXP2 基因突变相关的语言障碍不仅是运动控制方面的基本缺陷，也包括理解困难。受影响个体的大脑成像表明，与语言相关的皮质和基底 / 神经节区域的功能异常，表明问题超出了运动系统。

从理论上讲，FOXP2 基因的 7q31.2 区域易位会引起严重的语言障碍，称为发育性言语障碍或儿童言语失用症。当进行重复和动词生成的任务时，这些具有发育性言语障碍 / 儿童言语失用症的患者在功能磁共振成像研究中的核壳和布洛卡区的激活降低，这些脑区通常被称为语言功能区。患者有语言延迟、发音困难，包括口齿不清、口吃、发音差，以及运动障碍。这种语言缺陷的一个主要原因是无法协调必要的动作来产生正常的语言，包括嘴和舌头的形状。此外，在处理语音的语法和语言方面还存在更多一般性障碍。这些发现表明，FOXP2 的作用不仅限于运动控制，还包括其他认知语言功能的理解。这些患者临床上也可能表现出难以咳嗽、打喷嚏或清嗓子。尽管 FOXP2 基因被认为在语音和语言的发展中起关键的作用，但这一观点受到了挑战：该基因也在其他哺乳动物、鸟类以及不说话的鱼类中也有表达。因此，FOXP2 转录因子与其说是一种假设的“语言基因”，还不如说是与言语外在化有关的调节机制的一部分。

FOXP2 存在于许多脊椎动物中，在鸣鸟类的模仿和蝙蝠的回声定位中起着重要作用。对小鼠和鸣禽的基因的研究表明，该基因对发声模仿和相关的运动学习是必要的。黑猩猩也被发现具有 FOXP2 基因。然而，该基因的人类版本由于两个氨基酸的突变而有所不同。德国的一项研究对黑猩猩和其他物种的 FOXP2 的互补 DNA 进行了测序，以将其与人类的互补 DNA 进行比较，以发现通过自然选择进化而来的序列的具体变化。研究发现，与黑猩猩相比，人类的 FOXP2 基因在功能上有所不同，这种差异被认为是人类语言能力发展的原因，而黑猩猩却没有这种能力。由于还发现 FOXP2 对其他基因有影响，所以它对其他基因的影响也在研究中。在尼安德特人身上也发现了人类 FOXP2 基因的这种突变。人类版本的基因在功能和外观上都与黑猩猩不同，这是由于人类携带的版本中已经进化出了氨基酸替换。由于 FOXP2 是一种转录因子，人们发现它可以控制其他基因。正是 FOXP2 基因的功能使人类能够拥有语言的能力，但黑猩猩却没有这种能力。这一发现可用于进一步研究其他独特的人类能力，例如黑猩猩无法展现的更高认知功能。

FOXP2 蛋白在出生前后在大脑和其他组织中都有活性，它对于神经细胞的生长和神经细胞之间的传递至关重要。FOXP2 基因还参与突触可塑性，这使得学习和记忆变得至关重要。FOXP2 是大脑和肺部正常发育所必需的。FOXP2 在大脑的许多区域都有表达，包括基底神经节和额下皮层，这对于大脑成熟以及语音和语言的发展至关重要。在小鼠中，发现该基因在雄性幼崽中的表达是雌性幼崽的 2 倍，这与雄性幼崽与母亲分开时发声的次数几乎增加了 1 倍有关。相反，在 4~5 岁的人类儿童中，该基因在女性儿童的布洛卡区的表达增加了 30%，这种基因在更善于交流的性别中更活跃。

三种氨基酸的替换将人类的 FOXP2 蛋白与小鼠的 FOXP2 蛋白区别开来，而两种氨基酸的替换将人类的 FOXP2 蛋白与黑猩猩的 FOXP2 蛋白区别开来，但这些变化中只有一个是人类独有的。虽然自从人类和老鼠血统在 7 千万年前开始分支时，就有很多核苷酸变化在 FOXP2 基因中累积，但是与人的区别只有 3 个氨基酸在 FOXP2 基因中发生改变。人类和黑猩猩之间的两个氨基酸差异的一个也独立出现在食肉动物和蝙蝠中。在鸣鸟、鱼类和爬行动物短吻鳄中也可以找到类似的 FOXP2 蛋白。与人类相似，鸣鸟通过模仿学习发声。虽然哺乳动物和鸟在 3 亿年以前从同一条线分离，斑胸草雀中的 FOXP2 蛋白在 5 个氨基酸位置和老鼠的不同，在 8 个氨基酸位置和人类的不同，这些不同产生了多于 98% 的蛋白质的独特特征，即使在人类和鸣鸟之间也是如此。此外，斑胸草雀脑中 FOXP2 表达的所有模式和哺乳动物大脑中的模式显著地相似，包括人类胎儿的脑。在性别上是两性的，显示出雄性在学习唱歌时 X 区（详见第 4 章图 4.20 所示）表达增强而在雌性唱歌学习时相应区域没有这类表达。这一发现表明，FOXP2 对人类语音可能是很关键的。目前是人类所独有的，而黑猩猩、大猩猩或猩猩都没有。因此，仅仅从 400 万 ~600 万年前人类血统与黑猩猩血统分离开来时，这些氨基酸替换就已产生，并成为固定的 FOXP2 基因序列。

当 FOXP2 表达在小鼠中改变时，它会影响许多不同的过程，包括运动技能的学习和突触的可塑性。该基因在感觉输入的处理过程中发挥有意义的作用，因为它在大脑皮质和皮质下区（如嗅球、听觉和视觉回路，以及丘脑的体感区）起作用。此外，FOXP2 在皮层的第六层比在第五层被发现得更多，这与它在感觉整合中发挥更大作用相一致。FOXP2 还存在于小鼠大脑内侧膝状核中，这是丘脑中听觉输入必须经过的加工区域，因此发现 FOXP2 的突变在延缓语言学习的发展中发挥了作用。FOXP2 突变在运动功能的学习、整合和输出中也有意义，因为它在小脑回路的浦肯野（Purkinje）细胞和小脑皮质核中有高表达。在纹状体、黑质、丘脑底核和腹侧被盖区表达 1 型多巴胺受体的多棘神经元中也显示出 FOXP2 的高表达。FOXP2 基因在这些脑区的突变对运动能力的负面影响已经通过在小鼠身上的实验得到证实。在分析这些病例的大脑回路时，发现多巴胺水平升高，树突长度缩短，导致长期抑郁症，而长期抑郁症与学习和维持运动功能有关。通过脑电图研究，还发现这些小鼠的纹状体活动水平升高，表明 FOXP2 基因的靶标突变在精神分裂症、癫痫、自闭症、躁郁症和智力障碍中发挥作用。

FOXP2 对蝙蝠回声定位的发展过程起作用。与类人猿和老鼠不同，这种基因在回声定位的蝙蝠中极为多样化。在蝙蝠体内，氨基酸变异与不同的回声定位类型相关。22 条非蝙蝠真兽类哺乳动物基因序列显示总共 20 个非同义突变，而蝙蝠基因序列的一半显示了 44 个非同义突变。所有的鲸类动物都有三个氨基酸替代品，但是回声定位的鲸鱼和非回声定位须鲸类（鲸鱼中的一类,另一类是齿鲸类）之间没有发现差异。然而,在蝙蝠体内,氨基酸变异与不同的回声定位类型相关。在斑马鱼中，FOXP2 在腹侧和背侧丘脑、端脑、间脑中表达，它可能在这些部位的神经系统发育中发挥作用。斑马鱼的 FOXP2 基因与人类的 FOX2P 同源基因有 85% 的相似性。

在鸣禽中，FOXP2 最有可能调节涉及神经可塑性的基因。鸣禽基底神经节 X 区 FOXP2 的基因敲除（基因敲除是使生物基因失效的技术）导致鸣禽的鸣声模仿不完整、不准确。FOXP2 的过表达是通过将腺相关病毒血清型 1 注入到大脑 X 区完成的，这种过表达与基因敲除产生相似的效果。幼年斑胸草雀无法准确地模仿它们的导师。同样，在成年金丝雀体内较高的 FOXP2 水平也与鸣声变化相关。成年斑胸草雀体内的 FOXP2 的水平在雄斑胸草雀向雌斑胸草雀唱歌时明显高于在其他环境中。“定向”唱歌指的是雄性向雌性唱歌，通常是为了求爱。例如，当一个雄性在有其他雄性在场或独自一人唱歌时，就会发生“无定向的”唱歌。研究发现，FOXP2 的水平取决于社会环境。当鸟类在无定向唱歌时，X 区的 FOXP2 表达下降；鸟类在唱定向歌时，FOXP2 水平保持稳定。研究表明，学习歌曲和不学习歌曲的鸟类之间的差异是由 FOXP2 基因表达的差异造成的，而不是由 FOXP2 蛋白的氨基酸序列差异引起的。

2. FOXP2 基因突变对语言的变异影响

语音和语言是人脑先天的能力这一观点已被长期广泛地接受。瓦尔加 - 哈德姆（Vargha-Khadem）等的研究从调查三代 KE 家族开始，KE 家族一半成员有口头言语表达障碍，那是一种与常染色体显性突变相一致的遗传模式。这种言语表达障碍其实深植于口 / 面部的运动障碍，这明显地表现在言语的过程中。受到影响的 KE 家族成员有明显的灰质减少的脑区。在 KE 家族成员中发现了 FOXP2 序列在其他部位的基因突变。这种突变发生在每个受到影响的家族成员身上，但不会发生在未受影响的成员身上，KE 家族中氨基酸的替代作用导致了 FOXP2 基因一个复制体的功能缺失，剩余的复制体对于大脑正常运转是不足的，这就导致了语音和语言障碍。图 2.16 为依赖于 FOXP2 的语音和语言回路，红箭头表示额下 - 基底神经节回路；蓝箭头表示额下 - 小脑神经回路。紫色和蓝色框表达 FOXP2 的结构；紫框表示使用神经成像在受到影响的 KE 家庭成员中发现的，在结构、功能，或者是两方面都反常的结构。除这里显示的结构之外，表达 FOXP2 的基底神经节回路的其他组成部分包括丘脑底核和腹内侧、丘脑的中央和束旁核；同样地，表达该基因的其他与小脑相关的结构包括下橄榄簇和红核。

有一半 KE 家族的成员因为 FOXP2 基因突变而蒙受语音和语言紊乱之苦。未受影响的家庭成员进行动词产生任务时，呈现出包括布洛卡区的典型的左脑优势的激活分布，但在单词重复任务时显示出更多的双侧激活分布；而受影响的成员在执行所有任务时都呈现出大脑更后部且更广阔的双侧激活模式。与不受影响的成员相比，受到影响的成员在布洛卡区和其右侧相应的同源区，以及其他与语言相关的皮层区和壳核中显示出明显的激活低下。在 KE 家族受影响的成员中看到的左额下回的欠激活与成年的失语症患者比较，此脑区确实有损伤。两种类型案例的语言障碍十分类似，特别是在要求重复非词和理解复杂的句法、词法和过去式的任务中。KE 家族中受影响的成员当执行隐性和显性动词产生任务，以及重复单词时，其功能磁共振成像都展现了高度非典型的脑激活。在布洛卡区以及与说话相关的皮层及皮层下的脑区都发现了反常的低水平激活。有人猜测人类的布洛卡区与猴子的 F5 区是同源的，这可通过在体内产生的手的抓取运动和观察另一灵长类动物完成同样的运动，两者均包含镜像神经元的激活来证实。手动手势的模仿是一种交流的原始形式，而 F5 区可能是涉及语音和语言进化的重要脑区。对非人类灵长类动物的 F5 区 FOXP2 的表达研究表明，在灵长类动物进化中的 FOXP2 蛋白在其氨基酸序列中获得变化，可能有助于语音的出现。

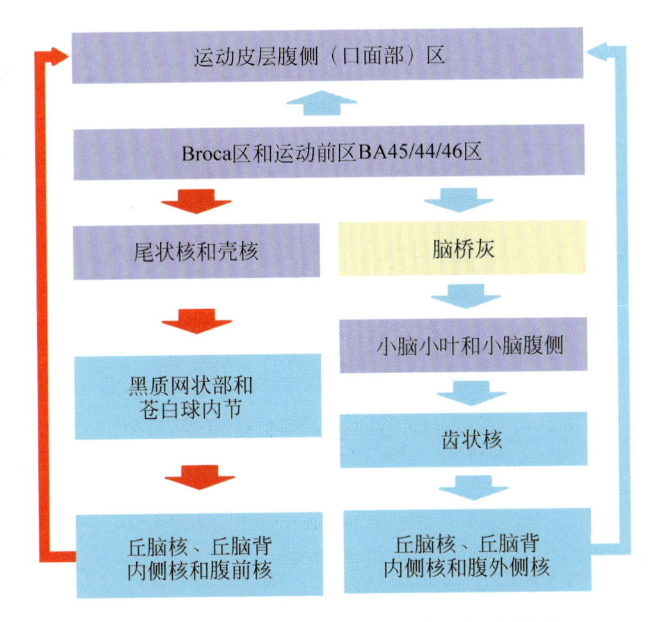

图 2.16　依赖于 FOXP2 的语音和语言回路

三代 KE 家族中大约一半的成员有 FOXP2 基因突变，而这些成员均有显著的口 / 面部运动障碍，并以常染色体显性单基因为显著特点遗传。额下回、尾状核的头部、中央前回、颞极和小脑中的灰质密度反常低下，而颞上回后部的韦尼克区、角回、壳核中的灰质密度反常地高。在执行隐性和显性语言任务期间，KE 家族受影响的成员明显的激活低下出现在先前被发现的双侧形态异常的两个脑区——布洛卡区和壳核。在这些区域中，最重要的发现是在左额下回的岛盖部（BA 44 区），功能磁共振成像显示其激活低下。在右壳核 / 苍白球区、左缘上回、右额下回（BA 45 区）和左中央前回的上部也发现了激活低下。受影响的成员在一些形态异常区有显著的双侧过激活，例如双侧的颞上回后部的韦尼克区、左中央前回的上部和右颞极以及顶叶区一些尚未被预测的功能异常区。

基因在相当大的程度上影响布洛卡区和韦尼克区的皮层结构，还影响到大脑额区。基因可以强烈地影响智商、言语、空间思维能力、感知速度甚至一些个性品质，包括情绪的反应应力。汤普森（Thompson）等发现大脑结构在一广泛的解剖学区域内受到基因的显著控制，包括前额和语言相关的皮层，尤其是前脑灰质的数量对基因相似的人来说最为相似。这些大脑结构的个体差异与智商的个体差异紧密相连。结果表明在基因、大脑结构和行为之间的紧密关系，显示出大脑结构的高度可遗传外表也许在决定个体认知差异中是基本的。研究表明有遗传的同卵双胞胎在前额、感觉运动皮层和外侧裂语言皮层的近亲一致性的灰质分布几乎完全相似。异卵双胞胎在前额皮层只有明显很少的相似性，但是在包括缘上回、角回和韦尼克区在内的外侧裂语言相关皮层的灰质具有 90%~100% 的相似。基因对大脑结构的控制显示出不对称性，即大脑功能组织上的镜像不对称，而且基因强烈地控制着包括大脑前额区、语言和运动感觉皮层在内的广大解剖学的脑区范围。

人类的基因组深深植根于我们的生物构成中，基因组通过建立能够适应和重组以响应输入的神经系统为语言习得提供了平台。语言处理系统，以及我们的世界观，在很大程度上受到人类经验提供的可能性范围影响。证据表明，为了表达自己的愿望和需求而需要掌握的语言技能似乎在早年就开始了，就像学习走路一样自然。然而，值得注意的是，要想有效地传达一个人的抽象思想和观点并理解他人的能力，需要终生在社会上进行互动。社会关系、教学和我们所处的文化通过语言媒介培养了我们的认知能力和正确的世界观。这些能力的产生是由环境和遗传决定的神经生物学系统之间不断相互作用的结果，神经生物学系统对外部输入做出反应，并可被外部输入改变，同时保持身心平衡状态。

2.3 人类语言与猿类交流的特征差异

2.3.1 人类语言的理论范式

美国语言学家查尔斯·霍克特（Charles Hockett）认为，人类语言有如下特征将人类交流与动物交流区分开来，这些是为语言而设计的特征。迄今为止，以下功能已在所有人类口语中找到，并且所有其他动物交流系统中至少缺少一种。

任意性：声音或符号与其含义之间通常没有合理的关系。例如，“house” 一词本身就不像房子。

离散性：语言是由小的、可重复的离散单元组成，这些单元结合在一起被用来创造意义。

置换、位移：语言可以用来传达在时空上都不在附近的事物的想法。

模式的对偶性：最小有意义的单位（单词、语素）由无意义的单位序列组成，称为双重组构。

生产力：可以理解并创建无限量的语音。

语义性：信号（符号）和含义之间存在固定关系。

声音听觉通道：从口腔发出并被听觉系统感知的声音。这适用于许多动物的通信系统，但是有许多例外。声音听觉交流的替代方法是视觉交流，人类手语提供了使用视觉通道的完整的手势语言。

传播发送和定向接收：这要求接收者可以告诉信号发送方的来自方向。

快速衰减（短暂性）：信号持续时间很短，所有涉及声音的系统都是如此。它没有考虑录音技术，也不适用于书面语言。它往往不适用于涉及化学物质和气味的动物信号，这些信号通常会慢慢消失。例如，在其腺体中产生的臭鼬（skunk）气味会持续存在，以阻止捕食者的攻击。

互换性：所有可被理解的话语都可以产生。这不同于某些动物的交流系统，例如，雄性产生一套行为，而雌性产生另一套行为，它们无法交换这些信息，例如，蛾具有不同的交流方式：雌性能够发送化学物质以表明交配的愿望，而雄性则不能发送这种化学物质。

反馈：消息的发送者知道正在发送的消息。

专业化：产生的信号用于交流，而不是由于其他行为。例如，狗喘气是过热的自然反应，但并不是专门用来传递特定信息的。

人类语言服从形式分析：所有的语言，无论是书面还是口语，都是由小的元素分层递归地组合构建成较大的单元，它们具有声学特征或人工特征，可以依次用来组成音节、词语、短语和句子，再由此组成段落和篇章，这样的组合规则不是任意的，每种语言都有具体的规则。句子中词的组合方式是由该语法规则系统中的层次结构决定的，因此人类的语言具有处理层次构造序列的能力和处理递归结构的能力，如图 2.17 所示。

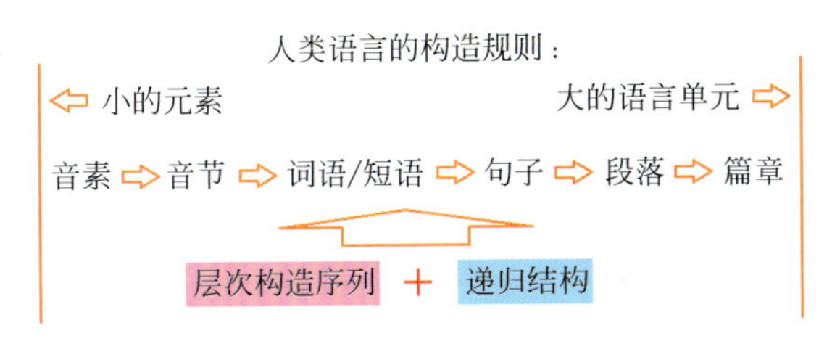

图 2.17　人类语言的构造规则

人类语言从外表看是一串符号串，实际是具有层次树状句法结构的。为了研究这样一个组合系统，人类需要从语流中截取一些基本元素，然后得到一些在语言体系中特许的组合模式。人类语言不仅能为人们说一些新东西，而且能为人们用一些新方式说一些旧东西提供了无限的可能性，其中有许多切实可行、有效的策略可以对单词进行预测，除非上下文的约束太大以至不能对其预测。诺瓦克（Nowak）等指出：数学和计算机科学中的形式语言理论为处理这种现象（规则）提供了一种数学机制。人类的自然语言是由包含有限数目的符号集的一个字母 / 符号表构成，其可能的字母 / 符号表是所有音素的集合或该语言所有词汇的集合。对于这两种集合我们可在不同的水平层次上获得形式语言，但是数学原则是同样的。一种语法规定一种语言的有限规则列表，或按照“重写规则”表达，使我们总能说出新的语句。

迪肯（Deacon）解释人类语言的主要理论范式如图 2.18 所示，图 2.18（a）是指当一个单词的声音与一个物体相联系时，这个词的意义就产生了。这个物体既可以被感知，也可以以精神意象的形式储存在大脑中。在这个简单的常识观点中，把单词串在一起组成一个句子，会引导听者在脑海中把图像联系在一起。图 2.18（b）是指单词的意义和语言结构的知识都是通过内在的关联概率模式来学习的，这些关联概率将单词彼此联系起来，并将单词和对象联系起来。语言知识被描述为类似于神经网络中的分布式连接模式。图 2.18（c）是最具影响力的语法知识观点之一，语言学家诺姆·乔姆斯基（Noam Chomsky）首先明确提出了这种观点，语法知识是先于语言经验而建立的，语言的结构是由一串串的单词按层次结构构成的。图 2.18（d）：极端的语言天赋论认为语言知识是大脑内部通用语“心理语言（mentalese）”的外在反映。

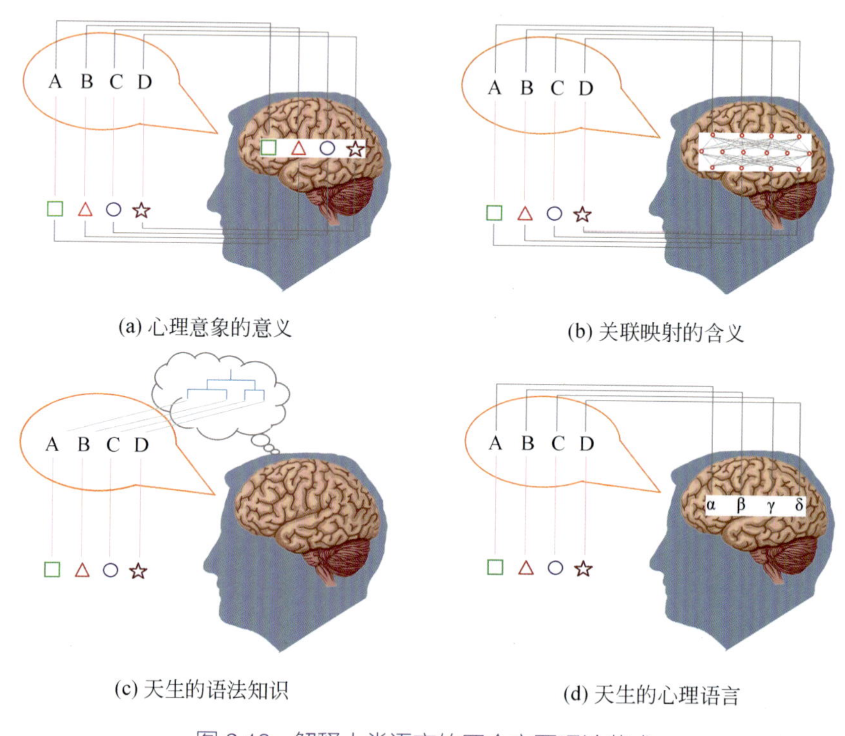

图 2.18　解释人类语言的四个主要理论范式

有一种流行的观点认为，构成其他物种交流的声音和手势就像单词和句子一样，这主要可以追溯到对指称概念的误解。指称问题一直是动物交流研究中争论的主要话题（详见第 5 章及图 5.12）。在一种极端情况下，一些动物行为主义者认为，呼叫和手势仅仅是内部状态的外部关联，因此没有外部参照。但另外一些认知动物行为学家认为，许多动物的叫声、呼噜声和手势都应该被认为等同于世界上那些特定物体的名称，如，长尾黑颚猴有四种确定的捕食者：豹、鹰、蟒蛇和狒狒。每一种掠食者的出现都会引起声音上不同的警报，其他猴子的反应也会根据叫声做出相应的逃生策略（详见第 5 章）。例如，如果警报呼叫发出蟒蛇信号，则猴子爬入树中，而“鹰”的警报呼叫则使猴子寻找地面上的藏身之处。长尾黑颚猴不仅能够识别并响应个体的呼唤，而且能够识别个体正在交流的语义。

2.3.2 人类语言的指称关系和意义关系

一个词用来表示事物的方式与一只长尾猴的报警声或一幅肖像用来表示其他事物的方式有什么区别呢？单词含义一直使人们着迷，因为它既简单又难以捉摸。从表面上看，似乎只不过是一个事物与另一事物之间的映射或配对，一方面是声音或常规的标记（“能指”），另一方面是一个物体、过程或事物的状态（“所指”），如图2.19所示。事物的所指如何与能指相对应，被认为是用来区分不同形式的指称。单词和指称事物的其他方式之间的区别似乎在于语言连接的任意性和约定俗成。但对这些关系进一步的研究表明有更多的关系。

图2.19中，元素的两个集合：指示符（例如，符号、单词、图片）和指示的对象，通过一种概念关系（语义）相关联，这种关系将一个集合中的各个元素映射到另一个集合中的元素。大多数理论认识到至少两种语义或意义关系，即透明的和不透明的：那些通过其相似性将指示符和指示符连接在一起的语义或含义关系是“透明的”，因为它们不需要额外的知识来通过另一个的经验“看到”它；而那些通过任意编码或映射将它们联系起来的则是“不透明的”，因为它们需要代码的知识。透明的指示符通常被称为图标，不透明的变体通常被称为符号。不论语义如何，指示符通常被称为信号。例如，汽车仪表盘上的指示灯可能是发动机油量低的信号，因为它与油压传感器相连，后面将称其为索引。基于对立的分类方案（透明的/不透明的、图案化的/任意的、自然的/传统的、语义的/非语义的）这种双平面解释模糊了这些引用关系形式的潜在相互依赖性。

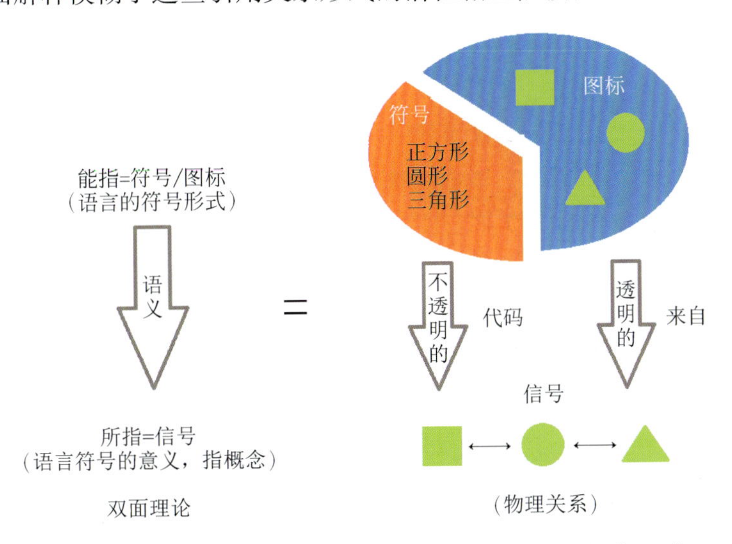

图2.19　不同形式的指称关系和有意义关系之间的经典区别

当鹦鹉说：“漂亮的鸟儿！”它真地“知道”这些声音应该指的是它自己（或另一只鸟）的外貌吗？其实，它学会了模仿单词的发音，仅此而已。如果它被教导说“想要玉米粒！”并且每次它说的时候都有玉米粒奖励呢？当它想要玉米粒时，它会这么说，那么它知道这些词的意思吗？格特洛布·弗雷格（Gottlob Frege）指出术语的含义和术语的指称的区别，其含义是指一个人在考虑一个特定的词或短语时所对应的想法；而同一词或短语的指称，指的是与这个词及其意义相对应的世界上的某物。这可概括为“含义的感觉是头脑中的东西”和“指称是世界上的东西”。狗从短语中获得一种指称的能力与人类获得该指称的能力的区别在于，人脑中产生了一些额外的结果，采用这种方法来解决问题可能有助于辨析这种区别。

指称并不是一个词、声音、手势或象形文字所固有的。它是由对它的某种响应的性质所创建的。指称源自产生某种认知行为的过程，是一种解释性反应。用认知术语来说，解释者是使人们能够从一个或多个符号及其上下文中推断出指称的事物。一个词也可能会让我们想起字典上的定义，或者另一个有相关含义的词，或者它可能会诱导我们做出某种行为，甚至可能会产生一种模糊的、发自内心的感觉，这种感觉与我们过去的经历有关。所有这些都是解释者，但是它们带来特定的词语指称关系的方式可以是多种多样的，当然很多可以同时出现。解释性响应的类型决定了指称关系的性质。解释者是将符号和指称对象结合在一起的中介。指称形式的差异是由于此中介过程的形式不同。

单词含义的符号基础是通过激发其他单词（在不同的意识水平上）来介导的。即使我们没有有意识地体验到其他单词的启发，它们被激活的证据来自单词联想测试中出现的启动和干扰效应。诸如“公正”“虚伪”和“特性”等抽象的品质，不容易被想象出来，可能会产生与更具体的词汇一样强大的词汇联想效果。但也有一些虚词，我们似乎无法想出任何一种解释。诸如“that”“which”和“what”这样的词,其作用是指向其他单词和短语，而不是特定的意义类别，也不会引起心理意象。尽管如此，当违反语法规则时，我们会意识到这些规则会对接下来的语法结构产生某种预期。虽然我们不愿把这些解释称为与普通名词和动词意义相同的“意义”,但它们在功能上是等同的。如果鹦鹉呼叫“想要吃玉米粒”时就不给它喂食，最终可能会停止发出这些信号，用不了多长时间，它就会改变它解释事物的老习惯。如果长尾猴的捕食者从非洲消失了，那么在未来的进化过程中，长尾猴的警报信号将会从它们的生活中消失，或者可能会被其他一些目的所利用。所有这些都依赖于与它们所指称的对象相对稳定的关联。

如果我们对单词的使用不能与世上的事物以某种方式对应，那么它们就没有多大用处。那样的话，这种联系早就消失了。如果不保持一定程度的共同刺激，学习关联会变得越来越弱。有某种词与物的对应关系，但它不是基于物理上的相关关系。为了理解这种差异，我们需要能够描述出，能够维持一个词和它的指称之间关联的解释性反应，与那些根据经验建立和消解或死记硬背的关联之间的区别。当我们解释一个单词或句子的含义和参考指称时，所产生的东西要比鹦鹉在请求玉米粒时所产生的东西还要多。这种“更多的东西”构成了我们的象征能力。

不同参照模式之间的差异可以从解释的层次来理解。理解参考的这种层次性方面对于理解单词和动物叫声之间的关联方式至关重要。例如，随着人类儿童对文字的理解能力和经验的提高，他们逐渐将对这些标记的标志性解释替换为索引性解释，并最终使用这些作为学习解释其象征意义的支持。这样，他们便找到了某种路径，就像考古学家学会解密古代文字一样。这表明索引引用依赖于图标引用，而符号引用依赖于索引引用，如图 2.20 所示的层次结构示意图。符号关系由一组索引之间的索引关系组成，而索引关系由一组图标之间的图标关系组成。这表明一种符号学还原主义，其中可以将更复杂的表示形式分析为更简单的形式。事实上，这本质上就是对形式的解释。高阶形式被分解为低阶形式。相反，要构建更高的表示形式，必须使用低阶形式来表示它们。每个符号都是一个解释过程，并且在不同的层次上替代先前符号的新符号是这些先前符号的“解释者”。语言并不是一种简单的联想系统，其深层的关联逻辑源于符号引用的间接系统逻辑，它是高度分布且非局部性的，这些关系的句法实现趋于形成复杂的层次结构模式。

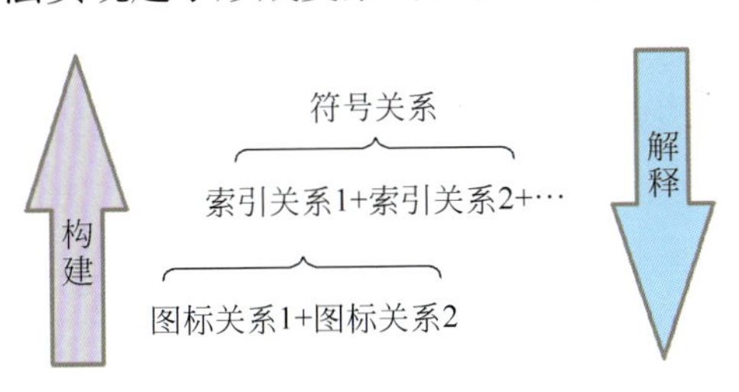

图 2.20　图标、索引和符号三种基本的指称形式之间的层次关系

尽管理性地将语言分解为句法和语义、名词和动词、产生和理解等互补领域，可以为语言学家提供有用的类别，且从感觉和运动功能上将其分解似乎从全局神经元的角度来看比较容易，但我们不应该指望大脑对语言的处理遵循这两种互补类别的逻辑。符号化的系统性表明，大脑内符号关联的表示应分布在不同的脑区，然而，相似的词汇应该共享神经共性。虽然文字作为符号可以通过特定的声音模式或视觉形状进行编码，但符号所指关系是由来自独立大脑系统的不同神经编码的融合而产生的。由于单词的理解和检索过程具有象征意义，因而它们是一些相当独立的脑区中更简单的联想过程组合的结果，涉及许多独立的脑区的招募。因此，它们不能被定位在任何单一的神经基质中。相反，当每一种支持性的表征关系在产生或理解一个单词的过程中发挥作用时，每一对应的神经基质在这个过程的不同阶段将被激活。

从某种程度上说，每一种高阶的表示关系都必须由低阶的表示构成或分解成低阶的表示，我们可以预期，它们的神经表示也将表现出类似的嵌套层次结构。为了预测这样的过程在大脑中是如何进行的，我们首先需要询问图标的和索引的过程是如何表示的。最低层次的形象化关系不可避免地要映射到单一感觉模式的过程中。例如，在不同的语音语境中识别出的音素之间的相似性，或者在不同的视觉体验中识别出的视觉形状之间的相似性，都是基于对单一模态中几个感官维度的评估。这种简单的模态内图标性过程可能具有高度局部化的特征，可能在大脑皮层通过相邻的感觉或运动区的活动表现出来。单词和熟悉的物体通常需要涉及多个感官维度，有时不止一个感官模态的复合图像分析，因此根据物体或关系，识别过程可能分布在许多脑区。然而，在大多数语用语境中，为了做出识别决策，只需要评估少数特性（其余的都是隐含的）。不同图标特征之间的这种联系是一种索引性联系，反映了这些表示方式之间的内在层次关系。对复杂对象的心理表征是建立在众多不同维度或模式的形象化联想的相关基础上的，这些联想相互之间预测着对方的存在。物体或关系越复杂，识别它所需的图标性和索引性评估就越多。这一方面学习识别物体，另一方面学习识别物体之间或事件之间的关系，所涉及的符号的数量和多样性之间存在差异。

单词与关联物体之间的索引关联往往涉及跨模态关系（例如，声音和视觉）。因此，我们应该期望单词分析的基础包括高度分布的脑区的集合，甚至不局限于单一的模态。要发展符号指称，就需要：（1）在符号（如文字）和经验中的物体（事物和事件）之间建立一套索引关联；（2）在不同符号之间建立一套系统的、以逻辑交替和替代关联形式存在的索引关联；（3）识别组合符号 - 符号关系与符号所指的各种对象之间的隐式关系之间的对应（图标）。当所有这些符号拼图拼凑在一起时，就有了一条参考的捷径：有可能绕过每一个索引中介，直接使用符号组合中隐含的关系（例如，短语和句子）来指代物理对象和事件之间的关系。当学习者开始认识到符号关系到物体关系的这种间接映射时，可以将注意力从更具体的索引关联上转移，从而实现更有效、更强大的组合逻辑符号之间的关系，以便在需要时为检索和重建它们提供助记符支持。图标和索引关系系统的符号重新编码非常有用，因为它最终使我们可以忽略单词 - 物体，单词 - 单词和物体 - 物体索引关联组成的庞大网络。与大多数其他形式的交流相比，此助记符快捷方式的可用性使得在语言生成和理解过程中的信息传输和接收的惊人加速和压缩成为可能。

词汇的引用需要涉及大脑的特殊联想区或多模态区（尤其是大脑皮层）。研究表明，至少在猴子的大脑中，存在着多模态的顶叶、颞叶和前额叶皮层区，这些脑区对于跨感觉模式传递学习关联的能力至关重要，比如通过视觉来识别一个之前只知道形状的物体。这抓住了词义的一个基本方面，而不是它的象征方面。相反，这些图像和经验之间的交叉模式关联，一方面和它们与特定单词的声音之间的关联，提供了词的指示性关联，但它们的符号关联（称之为意义）涉及了这些以及更多内容。更多内容还包括单词之间的关联关系，以及这些单词如何映射到更具体的索引关系的逻辑。然而，人类并不是整个大脑甚至整个前脑都变大了，只是前脑的背侧部分变大了。人类前脑背侧和腹侧在大小上的差异已经与其他物种的大脑以完全不同的方式改变了连接方式。这些对于理解人类语言适应的两个最主要特征至关重要：说话的能力和学习符号联想的能力。具体来说，产生熟练发声的能力可以追溯到运动预测中脑和脑干的变化，而克服符号学习问题的能力可以追溯到前额叶皮层区的扩展，以及其预测在整个大脑突触竞争中的优势。

2.3.3 类人猿对位移指称的认知

语言是人类独有的，但自然世界中也有许多与“语言”有关、显著的传播特征，如语义、语法、信号的文化传播、推诿和欺骗、任意性和受众效应。大量的工作都致力于研究灵长类动物，这一分支将许多构成语言的特征结合在一起，并最终进化出语言。然而，在我们的灵长类动物亲属中尚未自然观察到的一个特征是移位指称——传递关于“空间或时间（或两者）遥远的事物”的信息能力，换句话说，关于在交流时传递在空间或时间上不存在的事物。语言的定义特征之一是移位指称——传递有关不存在的事物或过去或未来事件的信息的能力。“移位指称”既是世界上所有语言中普遍存在的一个特征，也是其基本特征之一。它在自然界中非常罕见，在任何非人类灵长类动物中都没有出现过，因此混淆了对其祖先和人类谱系进化的理解。长尾猴在没有捕食者的情况下偶尔会发出警报叫声，但这些叫声被解释为战术欺骗，而不是移位指称。此外，不同种类的猴子发出的报警叫声可以是对捕食者以外的刺激做出的反应，可以触发接受者的不同反应，还可以交替指代捕食者或触发与反捕食行为无关的运动。鉴于多种解释，研究人员一直无法令人信服地将灵长类动物的这种叫声和其他情况归结为“位移指称”。昆虫交流的一些案例，最显著的是蜜蜂摇摆舞（即，蜂巢中知情的觅食者向资源位置发出方向和距离的信号，详见第四章），确实可以作为移位参照，但它们代表了一种由不同认知过程控制的功能融合，而不是人类语音中的移位指称。与猴子不同的是，圈养的类人猿已经展示了移位指称所需的能力（例如，通过参考指向），但总是在人类的启发下，而在野外的同种物种之间则从来没有。然而，这一证据对于理解在没有成熟语言的情况下，我们的世系中如何演化出置换的指称是非常必要的。

图 2.21 苏门答腊红毛猩猩

拉梅拉（Lameira）等系统地研究了野生红毛猩猩母亲对捕食者模型的反应，通过描述一种野生类人猿的声音现象，它具有无与伦比的亲和力和移位指称。当暴露于捕食者模型时，苏门答腊红毛猩猩（如图 2.21 所示）的母亲会暂时抑制警报呼叫长达 20 分钟，直到模型消失。被试者延迟了它们对自己感知危险的声音反应，对婴儿来说，声音延迟也是感知危险的一种功能，这暗示了高阶认知能力。研究结果表明，语言中的移位指称可能最初是基于祖先人类的相似行为。先前使用捕食者模型报告了在其模型存在的情况下（在狐猴、猴子和类人猿中）发出警报的时间，但是红毛猩猩却延迟发出警报直到捕食者模型消失。苏门答腊猩猩的某些高阶认知支撑着它们的声音指称，因为母亲的反应显然是由第三方因素介导的，而不仅仅是对生存严重危害的生理反射。在人类神经生理学中，当对刺激的反应时间延迟数百毫秒时，就可以推断出有高级智力的参与。因此，红毛猩猩的声音延迟与反射性刺激反应的时间尺度完全不同，后者的速度要快四个数量级。类人猿表现出非凡的记忆能力，以复杂的社会认知和相应的运动控制以及对第三方的元理解为基础的高级交流行为（例如，声音和手势），红毛猩猩在社交抑制和行为灵活性方面的表现优于其他非人类灵长类动物。这种认知机制似乎提供了一个坚实的认知平台，可以产生在时间空间中被数千秒取代的声音反应。在野生类人猿中观察到的声音指称，也与自然世界中常见的交流特征有关，但又有所不同，包括非人类灵长类动物，如声音抑制、声音使用学习和观众效应。然而，这些特征都不能解释为什么在捕食者模型存在的情况下不会发出声音。在时间和空间中的延迟行为本质上表达了对刺激和一般智力的高度认知处理的作用。因此，拉梅拉等观察结果为原始人的语言进化提出了一种设想，即当共同的交流特征与先进的认知能力结合时，就会转变为“更高”的形式。许多这样的特征存在于类人猿身上，并与之共享——长期记忆、有意识地交流、精细的喉部和发音运动控制、早期的心智理论，包括传输关于时空中不存在的事物的信息的能力。

2.3.4 类人猿记忆中存在错误信息的效应

源头监测错误是人类普遍存在的记忆挑战，我们的记忆在随后出现错误信息时会失真。来源监测是对记忆和知识的来源或起源做出判断的心理过程。这些判断是在记忆发生时做出的，基于记忆的特征（即感觉、上下文、语义和情感信息）的质量，以及获得这些信息的相关的内部或外部条件。当记忆的细节被不准确地归因于不同的事件（内部或外部）时，就会发生来源监测错误。对信息源监测的研究发现，误导性信息可能会导致人们在报告之前经历过的事件时出现错误。在没有实际记忆障碍的情况下，事后错误信息可以增加测试的错误率，这可能是由于无法访问原始记忆。误导信息记忆和事件记忆之间的来源相似性的增加会导致暗示效应的增加。因此，他们将错误信息效应归因于不同记忆之间的混淆（即源头监测错误），而不是对原始记忆表征的改变。在原始记忆没有受损的情况下会发生暗示效应。类似于人类的错误信息效应已经在非人类灵长类动物身上进行了研究。例如，一只大猩猩最初目睹了一个人的表演，被呈现了一个新的物体，或者被给予了一份独特的食物。在本次直播活动结束后，立即向大猩猩展示了一张包含正确信息（上一活动中的人、物体或食物）的照片、一张展示错误信息（不同的人、物体或食物）的照片，或没有显示照片的对照试验。在 5 分钟的保留时间间隔后，研究人员给大猩猩提供了三张照片，让它从两张分散注意力的照片（都与目标照片属于同一类别）中选择目标照片（人、物体或现场活动中的食物）。在控制和正确信息测试中，大猩猩选择了高于平均水平的目标照片。然而，在错误信息试验中，表现与偶然性没有区别。因此，现场事件后出现的错误信息似乎对大猩猩的事件记忆产生了干扰效应。更有趣的是，这些错误信息的影响导致了来自不同媒体类型（现场直播和照片）的信息在非人类灵长类物种中相互干扰。

施瓦茨（Schwartz）等的数据与大猩猩将每张照片视为其所描绘的真实物体的表现的观点基本一致。先前的研究表明这种假设是合理的。指称理解指的是刺激物，如单词和物体的二维表现（例如玩具、电视、图片、书籍的照片）与现实世界的物体和事件相对应，而类人猿表现出理解这种对应关系的证据。例如，黑猩猩和红毛猩猩已被证明可使用视频中的搜索线索来指导它们在后续搜索任务中的行为，认为它们理解电视屏幕上描绘的视频代表了它们周围世界中的真实物体。类人猿还通过使用各种非语言类的语言系统（例如，手语、图形字）而具有象征性的参照理解。詹姆士（James）等的研究，黑猩猩被训练使用人工语言，通过使用符号系统来专门提供回忆的信息，以研究黑猩猩对事件记忆的源头监测，但保留时间间隔更长。黑猩猩谢尔曼（Sherman）之前曾被教导将图形字（lexigrams）与现实世界的指称联系起来。由于谢尔曼的专业训练史和对词法的理解，它的参考理解与对有语言的儿童进行的源头监测研究更具可比性。谢尔曼接受了一项食物命名记忆任务，其中向它提供了有关不透明食物容器内容物的信息。在各种条件下，实况和电视事件对容器真实内容的准确性上有所不同。谢尔曼被要求判断所提供信息的来源和可靠性，以便正确地记住和命名容器中的内容，并接收食品。将现实生活中的事件记忆与谢尔曼的电视事件混淆，表明它的记忆中可能存在错误信息效应。詹姆士等测试了这只受过符号训练的黑猩猩在延迟 10 分钟后对隐藏食物的记忆。在此延迟期间，受试者有时（取决于条件）显示关于食物名称的一致或不一致的视频信息，然后被要求在不考虑奖励条件的情况下向第二个实验者说出食物的名称。在所有条件下，受试者谢尔曼在高于概率水平上正确地命名了食物。在不一致的条件下，谢尔曼被展示了一段带有误导性信息的视频，它的表现是所有条件中最差的（尽管准确性仍然很高）。然而，有趣的是，在这种情况下，谢尔曼犯了四次试验中的三次错误，它错误地命名了误导性视频信息中显示的食品。这些结果表明，黑猩猩和人类一样，可能容易受到错误信息的影响，即使该误导信息以与原始现场事件记忆不同的方式（视频）呈现，进一步证明了人类和猿的记忆系统之间的共性。尽管发现了一些暗示错误信息效应的错误，但在不同条件下，这只黑猩猩对食物的记忆，无论是否面对误导性信息，都相当好，如图 2.22 所示。

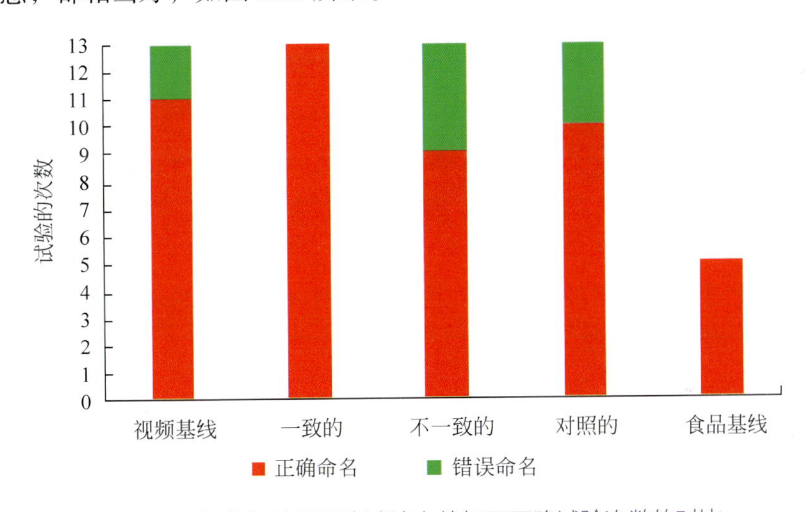

图 2.22　每个条件下正确试验次数与不正确试验次数的对比

总的来说，黑猩猩谢尔曼似乎对记忆错误有抵抗力。然而，当错误确实发生时，它们似乎是干扰的结果。谢尔曼几次混淆了向它提供的误导性事后信息和它之前接触过的正确信息。谢尔曼的表现，特别是在对它的错误进行定性回顾之后，表明黑猩猩的记忆很容易受到事后干扰或错误信息的影响，与这种干扰在人类记忆表现中表现出来的方式大致相同。有趣的是，这种干扰甚至出现在不同的模式中，视频事件干扰了对现场事件的记忆。与最初体验方式来源不同的事件后的错误信息会干扰人类对真实事件的回忆。黑猩猩记忆中错误信息效应的证据也反映了人类和非人类记忆的另一个共同点。也就是说，当错误信息出现时，不同物种的记忆表现的这种共性可能表明，处理、存储和检索机制普遍容易出错，从而进一步加深了我们对记忆如何工作的理解。

共同进化的观点认为，语言的进化既不是发生在大脑内部，也不是发生在大脑外部，而是发生在文化进化过程中的影响生物进化过程的界面上。共同进化过程在塑造人类大脑和心智方面发挥了如此重要的作用。如果不承认人类解剖学、人类神经生物学或人类心理学都是由一种最能被描述为思想的东西所塑造的，即符号参照的思想，那么是根本不可能理解人类思想的。虽然符号思维可以完全是个人的，但符号参照本身在本质上是社会性的。

我们不仅通过与出生于社会中的其他成员互动，获得了这种强大的表达方式，而且符号本身也可以追溯到其社会起源。从非常具体的意义上说，我们独特的人类思想是一种不寻常的再生挑战产物，这种挑战只有符号参照才能解决。总之，动物缺乏语言，而人类语言非常复杂，但易于学习和使用，这依赖于有效和成功的符号交流。长期的共同进化遗产不仅使符号交流变得更容易和更有效，而且这些任务的简化还提高了难度，因此，越来越有效地获取和越来越强大地运用符号交流势在必行。虽然语言起源的问题不能用从简单到复杂，或者从低智能到高智能的过渡来回答，但很明显，其结果是智力和使用非常复杂的交流方式的能力都得到了令人难以置信的提高。

小结

从语言出现的时期，语言起源的相关理论及工具使用在语言演变中的作用，灵长类的手势理论，手势与语音依赖于类似的神经系统，语言进化论、创造语言的三个尺度系统性地介绍了语言的起源。从灵长类交流的多模态性，人类语言的模态独立性论述了人类语言在动物界是独一无二的，是人类独有的。通过镜像神经元和语言的神经基础，语言的神经生物学起源，灵长类动物与人类基因表达水平和发音器官的差异，FOXP2 基因突变对语言的变异影响，论述了语言的神经生物学起源。通过人类语言的理论范式，指称关系和意义关系论述了人类语言的特征。

思考题

1. 为什么语言是人类独有的？

2. 在语言学习过程中，如何理解人类大脑的天性（即生物学和基因）和后天培养（学习经验和环境）之间持续而根深蒂固的相互依存关系？

3. 请阐述灵长类的手势理论的主要特征，手势库的规模与社会复杂性的关系，以及手势的演化理论。

4. 为什么手势与语音依赖于类似的神经系统？

5. 请阐述灵长类交流的多模态性以及人类语言的模态独立性的主要内容，以及人类语言与猿类交流的特征差异。

第3章

人脑与语言的共同进化

本章课程的学习目的和要求

1. 对大脑的构建方式、语言符号系统、语音的涌现、语言的社会属性、知识用语言记载、人类的思维用语言实现有基本的认识，从而理解人类创造的语言和人脑与语言共同进化的理论。
2. 通过从南方古猿到智人进化过程中颅骨容量、身高与语言协同进化，不同物种的脑商比较，理清不同物种的大脑尺寸与智力水平的关系，领会不同哺乳类动物的生长曲线和进化过程的联合皮质和运动感觉皮质的变化规律，以及脑与身体的重量比与智力的关系。
3. 人类进化的语言出现之前后，理清促使人类交流形式进化、驱动文化进化的因素，充分理解语言与思维的关系。

3.1 人脑与语言的共同进化

3.1.1 语言是什么?

语言是人类进化的产物，是过去 5 亿年中出现的最有趣的系统。语言结构精巧，复杂又多样，是人类特有的天赋，是人类意义的核心所在。语言与范围广泛的人脑神经过程集成在一起，并且不断地相互作用共同进化。诺瓦克・马丁（Nowak Martin）指出，要理解如何将达尔文进化论引入人类语言，需要结合形式语言理论、学习理论和进化动力学。形式语言理论提供语言和语法的数学描述。学习理论使语言习得的任务正式化，它证明了没有可以学习无限集合的语言机制。普遍语法指定了人脑可习得的语言受限集。进化动力学能阐明描述语言的文化进化和普遍语法的生物学进化。生物学使用生成系统，基因组由 4 种核苷酸构成的序列组成，按一定的规则生产蛋白质和组织细胞，产生无限多样性的生命有机体。几十亿年来，地球上的生命进化受到限制，只能使用这种生成系统。直到最近几十万年前，另一个生成系统的出现展示了进化的新方式，该系统便是人类语言。它使我们实现个体间无限的非基因信息的传递，并且促使文化的进化。

语言学家王士元教授指出，语言的出现有两种截然不同的理解：一种是个体发生的出现，指的是婴儿如何从其环境中获取语言的过程；另一种是系统发生的出现，则指的是我们的物种——现代人，如何从人类具备语言能力前的交流向我们今天使用的语言交流逐渐转变的过程。

关于语言系统发生的出现，有两个著名的假说：天赋论相信人类的语言才能必定是由与生俱来的、特有的语言特征决定的，这种假说已经成为语言学领域中的教条；涌现论假定进化力驱使某些一般领域的特征运用于语言之中，驱使语言的发展从原始形式变成现代复杂的、人类特有的形式。纽波特（Newport）指出，人类学习者习得其母语的机制，既需要先天条件又需要后天培养，也就是说该过程既包括学习者所接触的语言环境，又包括学习者所具备的先天素质，还需要以特殊的方式来学习瞬时组织语言的模式。人类学习者有显著的计算语声（以及其他类型的听觉刺激）中复杂的共现统计的能力以及在连续的语音流中快速、实时并同时处理大量语声的能力。语言是由人类听者以复杂的和语言学的结构方式来表述的。在最低的层次，语言也许是根据特征或声音转换的形式来表现的；片段、音节、单词和短语是通过一系列分层次的有组织的更小单位组合形成的。自然语言的结构可能至少在部分上是由人类学习者发现较易习得的那些约束（如语言规则约束、语法约束）和可选择性（自然语言含有歧义，如一词多义、同义词、同音词等，同一事物可有多种描述等）形成的。

语言是一种沟通方式，是人类行为的重要部分和定义我们社会身份的一种文化对象。人类语言还有一个基本的方面使之服从于形式分析：语言学结构由根据一定规则组合起来的较小的单元组成。进入较大结构的小单元的组合顺序在几个不同的水平产生。音素形成音节和词汇，词汇形成词组和语句，这样的组合规则不是任意的。每种语言有具体的规则。一定的词序在一种语言中是可接受的，但是在另一种语言中就不行。在一些语言中，词序是比较自由的，但是格标记却非常显著。并且，有效或者有意义的语言学结构的具体规则总会产生。

人类创造了语言。我们所说的几乎每一个复杂的事情都可能是我们以前从未说过的。我们说的很多东西，以前可能从来没有人说过。除了创建单个句子之外，我们还可以将这些句子组织成文章、小说、演讲、笑话、电子邮件、食谱、报纸文章和学术专著。但是，语言真正的奥秘在于我们如何使用极其精细复杂的词汇和语法结构系统，实时地自由表达我们的意识和思想。这样做是如此自然、迅速、毫不费力，以至于我们大多数人都没有意识到我们惊人的语言创造力。然而，语言并不是我们与生俱来的，事实上，每个幼童都必须从零开始培养说和理解语言的能力，而且，每个幼童都必须在没有任何明确指示的情况下“创建”自己的语言处理系统。这似乎使得学习人类语言“系统”比我们通常提供的大学层次的全面系统的培训任务（例如学习计算机编程、掌握逻辑形式主义或进行高等数学运算）更具有挑战性。尽管如此，幼童仅仅是沉浸在一群语言使用者之中，就能够重现他们父母的语言技能。当然，这种潜移默化的作用在学习计算机编程、逻辑或数学时是无法观察到的。

3.1.2 语言是人类特有的特质

人类天生就能学习语言。我们学习母语时没有接受过任何正规的教学或培训，我们每天都能不假思索地在各种可能的情况下处理语言问题。这意味着，一旦学会了语言，我们就会自动使用语言，语言系统是天生的。我们每天都在使用语言交流，我们也可以不用语言而通过手指、面部表情和手势进行交流，很明显语言和交流是不一样的。由于语言与交流并不完全相同，而语言可用于交流。诺姆·乔姆斯基指出，**语言是一个自由创造的过程，它的规律和原则是固定的，但是生成原则的使用方式是自由的**，甚至单词的解释和使用都涉及一个自由创造的过程。乔姆斯基将语言与交流区别开来，他认为语言是一种心理器官，是一组有限的计算机制，它可以无限变化，允许我们产生无限的句子。另外一些学者则认为语言是人类在交流中分享意图的能力的展现。这些不同的观点根植于语言作为人类能力是如何进化到不同信念中。尽管双方都同意人类认知的生物学进化，但一方认为语言是通过社交互动和交流而发展的，而另一方则认为语言是由遗传确定的神经生物学进化步骤的结果，即遗传学。

假设语言是一个通过系统发育进化而来的生物系统，人类语言的使用基于其他动物部分存在的认知能力，但所有自然语言构建层次结构的句子所必需的能力除外。在这些非人类特有的认知能力中——也存在于其他动物，如非人类的灵长类动物、狗或鸟身上——包括记忆和注意力，以及联想学习能力、识别和记忆时间序列的能力。这些认知能力加上人类特有的、天生的语言能力，使人们能够习得和使用任何自然语言。

语言系统必须是天生的，不仅指出生时的能力，还包括那些根据固定的生物学程序在生命后期发展起来的能力，即使这些能力在发育的关键时期需要语言输入。研究表明，在生命早期被剥夺了语言输入的人，后来再也没有发展出完整的语言能力。卡斯珀·豪瑟（Kaspar Hauser）是大约 7 岁时被发现的男孩，他确实学习了词汇和语言的一些基本方面，但是像其他“被遗弃的孩子”一样，他从未开发出语法。吉妮（Genie）是 13 岁时被发现的女孩，自 2 岁起就一直与人类隔离，她可以通过强化训练来获取词汇。但是，她无法学会语法结构的最基本原理。这与正常的语言习得情况形成了鲜明对比，在正常的语言习得情况下，儿童在整个发展过程中都有持续的语言输入，他们通常会遵循一个固定的生物学程序来获得包括语法在内的全部语言能力。这不仅适用于听觉输入语言，还适用于可视输入的手语。这样看来，自然为我们提供了一个语言的生物学程序，但它需要输入才能发展。

与人类形成鲜明对比的是，我们的近亲黑猩猩无法学会组合单词来构造更大的发音。结果表明，到 4 岁的儿童，无论是听力正常的儿童还是聋哑儿童，其发音一般长度为 3~4 个单词；而黑猩猩，即使经过 4 年的强化训练并用有意义的符号进行沟通交流，也只能表现出平均的发音长度不超过一个词或符号。因此，在黑猩猩中根本不存在将词汇整合起来以建立语言序列的能力。另一项比较人类和猴子的研究表明，棉顶绢毛猴虽然能够学习根据简单规则构建的基于听觉规则的序列，但是当构建规则变得更复杂时它们却无法学习相同长度的序列。相比之下，人类可以在几分钟内学会这两种规则类型。这些结果表明，在学习句法结构化序列时，人类和非人类灵长类动物之间存在巨大的差异。一个可能的答案可以在人类和非人类灵长类动物大脑的神经解剖学差异中找到，特别是在大脑中那些构成人类语言网络的部分中找到。事实上，对人脑中负责语言的脑区以及连接这些脑区的神经纤维束的跨物种分析，可以揭示人类和非人类灵长类动物之间的重要区别。

人类语言允许我们从一组有限的基本构件中创造出无限的思想。有证据表明，人脑的两个脑区在理解和产生，以及口语和手语之间存在着共同的处理过程，两者似乎都在计算意义，而不是句法结构。当接触到熟悉的语言时，人类的大脑会自动将各个单词组合成更大的含义。即使没有语言输入，我们的大脑也会做类似的事情：在思想中创造新的含义，甚至理解我们自己创造的东西。虽然结合意义是本能的、自动的，但我们的大脑在进行这种操作时，实际上进行了一些相当复杂的心理操作。我们的大脑具有与词汇知识和句法结构相对应的长期记忆痕迹，因此能够根据这些知识来评估传入大脑的语言。

3.1.3 语言与大脑共同进化的理论

著名语言学家王士元教授指出，没有人类发达的大脑，就不可能有我们变化无穷的语言；同时，没有语言来帮我们组织思想及累积几百年的科学成果，我们也不可能了解大脑这个极为繁复精密的器官。显然，大脑和语言息息相关、相互演化。地球上有千千万万种不同的动物，可是只有一种动物能如此深刻地影响整个地球的现状及未来。想要具体理解为什么人是如此特殊的动物，研究大脑和语言是必经之路。

莱拉·波罗迪斯基（Lera Boroditsky）指出，人脑是一个“语言”大脑，是通过一个人一生中语言使用的个人历史而形成的。当人脑处理来自感官的传入信息时，它也积极、动态地使用语言资源（语言中可用的类别、结构和知识）。简而言之，无论是在思考时还是在早期学习和体验中形成的力量，如果不理解语言的贡献和作用，就无法理解人的大脑。当我们学习语言时，我们可以窥见人性的本质。语言是我们从前人那里继承而来的结构深刻的文化对象，与我们的生物遗传共同作用，使人类的大脑成为现在的样子。

语言与大脑的研究是最吸引人的学科，对大脑和语言的研究不可能只在一个领域内完成。早期的研究追踪了猴子大脑与人类大脑中的语言脑区对应的关系，在猴脑中发现语言连接与人类脑区大不相同。加利福尼亚大学伯克利分校的生物人类学和语言学教授特伦斯·迪肯（Terrence Deacon），结合人类进化生物学和神经科学，从细胞分子神经生物学到对动物和人类交流（尤其是语言）背后的符号学过程进行了研究，从多个方向出发，对灵长类动物的脑区进行了更多映射，以试图了解它们与人类的联系。结果表明，识别语言的人类脑区与猴子的对应脑区具有相同的连接类型。从猴脑中收集的数据以及它们的组织方式实际上预测了这些语言的联系和功能，最终得出结论：语言与大脑是共同进化的。哺乳动物大脑中人脑皮层相对身体的比例是最大的且连接最复杂的。它的体积和复杂性在进化的过程中不断增加，使得一些旧有的功能得以改进，也使得一些新的功能（如语言）得以涌现。这种现象扩大了物种的行为和认知技能，并且决定了他们在竞争中的优势地位。

1. 大脑的构建方式

迪肯指出，大脑的设计不同于任何机器的方式，其构建方式与构建计算机的方式不同。这不像从计划中构建东西，这个过程非常类似于自组织，很多构建大脑的信息实际上并不存在于基因中，而是在大脑发育的过程中酝酿出来的。因此，如果要解释像大脑这样的非常复杂的器官实际是如何进化的，改变它的功能以能够执行诸如语言之类的事情，则必须通过这种非常复杂的自组织机制和漫长的进化来理解它，在某些方面大脑的进化就像进化中的选择过程。像进化一样，大脑以一种即时创造信息的方式对周围世界的采样（包括身体自身和外部世界的采样），然后调整自己以适应它。语言随着代代相传的发展，具有一种自组织和类似进化的特征，是结构起源的一部分，语言本身是负责大脑进化过程的一部分。人脑所做的事情会改变环境，从而在人类的身体上产生了选择，语言改变了大脑进化的环境。人们可以从内到外分析大脑，人脑在某些方面以独特的人类方式与其他物种的大脑有很大不同，这种不同告知我们形成大脑的力量包括语言，对于帮助大脑在这种复杂的相互作用中发展的力量而言，这是奇妙的标志。人类这一物种在某种程度上受到符号的塑造，受到我们所做工作的塑造。

猴脑的结构可以预测，在人脑中可看到相对应的结构。人脑的变化必须是身体的变化。即我们在语言方面做了事情而其他物种没有做的原因显然与人类的大脑有关。不可否认我们某些内在先天因素使我们的语言准备就绪。我们从内而外的角度来看待大脑，寻找语言的线索。我们与其他物种之间的最大差异是反映在人脑与非人脑之中。

人脑与其他物种的大脑在规模上有很大不同，规模的不同导致相同零部件的分布方式之间发生了变化和扩大。当人们更改某项内容的大小时，还将更改零部件之间的关系。例如，一个小型企业可以用一种组织来做事，而大型企业，最终因其规模，就必须拥有各种中层管理人员和不同种类的管理机构。人脑因为更大，连接会有所不同。从发展的角度看待脑容量变化如何改变神经回路，即观察回路如何对此做出反应。因为人脑更大，并非所有部分都以相同的速度扩张。这是了解语言差异重要之处的第一个由内而外的线索。语言与大脑存在着一种共同进化的过程，其中语言影响着大脑。问题是语言的变化速度比大脑快得多。毫无疑问，人类的进化过程不是经历了一个原始语言阶段，而是可能经历了许多原始语言阶段，这种语言符号通信系统拥有多种形式，所有这些都留下了痕迹。唯一的痕迹是在今天还活着的大脑中，是在内部而不是在外部，我们看不到外部世界的痕迹。我们在考古记录中看到的关于人类进化的痕迹不一定有用，而真正有用的是直接对应于人类内部事物的地形图。众所周知，在世界范围内，具有同等智力、同等复杂语言的人们可能使用截然不同的技术、生活在截然不同的文化之中。那些看起来像一百万年前的石器时代，那些看起来也像我们今天坐在智能化工作室中一样的现代，相同的大脑可以产生所有这些系统，部分原因在于，这些系统不是全部在大脑内部。

为了找出语言和大脑之间的对应关系，比如，人们可能会寻找大脑中能映射到动词/名词/过去时的东西，语言被分解成各种特征。但是语言是根据一种逻辑来分解的，这种逻辑与交流符号有关，与交互时所受到的限制有关，与语音或手势有关。我们看到的语言的外部世界和大脑内部之间不太可能有一个漂亮、整洁的直接映射。事实上，大脑内部的地图非常混乱、复杂和非常不同于外部世界，大脑是如何处理我们在语言中看到的东西的呢？大脑是将世界创造成为一种正在适应的环境，而语言是其创造的主要领域。从某种意义上说，我们期望大脑反映语言的特征，即语言所创造的特征。语言进化和大脑进化相互干扰、相互混淆、相互影响。

2. 语言符号系统

在语言处理过程中涉及符号处理、自动化（加快语法处理、自动运行分析）、助记符，和与之相关的短期存储，这些普遍存在的问题。产生和听到声音，视觉 / 手动产生的和视觉上的解释，这些都是制约因素，所有这些都是可以预测的。从某种意义上来说，我们可以使用语言的一般特征进行预测。因为人们看不到大脑认知边界的物理痕迹，大脑形成的逻辑和语言形成的逻辑是不同的。大脑的逻辑是胚胎学的逻辑，非常古老、保守；语言的逻辑在进化生物学领域是全新的。这意味着人们期望从语言中发现的许多细节不会以任何简单、明显的方式映射到大脑中。因此，人们在语言中可能期望的那种认知差异，在大脑的功能和结构变化中可能不会有简单的对应。但两者之间有关系，语言正在扩展我们的认知范围。

从人类进化的角度来看，语言的发展是当今人类最独特、最显著的特征。围绕语言的支持（符号）系统，我们的交流不只是语言，事实上人类的认知是以语言为基础，以思维为特色来形成文化，文化在很多方面都和语言很像，语言与文化的进化明显已经很长时间了。如仪式只是传统上象征性地组织事情的方式，这是人类物种的标志。早期类似语言的行为可能看起来非常不同，很显然早期类似语言的行为需要更少的发声，因为在我们之前的哺乳动物大脑不太会把声音组织成精确、离散、快速产生的习得序列。非人类的哺乳动物大脑设计不当的确切原因是不能准确地做到这一点，因为人类用来产生声音的系统是一个在正常情况下自动运作的系统，以便我们可以适当呼吸，且不会窒息。为了让语言成为可能，人类大脑的神经回路确实发生了变化，覆盖了哺乳动物大脑的那些系统。

人们谈论记忆时，通常涉及两种记忆：情景记忆（记住曾经发生过的特定事件）和程序性记忆（一种与技能学习有关的记忆）。一方面，语言使用程序性记忆，大部分的发音、语法处理、句子构造都是不需要多加考虑的技能，就像骑自行车、游泳一样轻松。另一方面，我们可以使用程序存储系统，它包含的符号可以自动地访问语义和语义网，可以访问我们曾经的、丰富的人生经历。人类大脑可以使用一种记忆来联想并组织另一种记忆，而其他物种则无法使用这种记忆。结果是我们可以构建叙事，将生活中的成千上万的情节联系在一起，可以回忆以前特定日子发生的事情，可以思考过去一周中的每一天所经历的事情，可以慢慢地将注意力集中在情景记忆上，甚至在某种意义上来重新体验它。因此，人类的大脑拥有一个语言的、自我反身的、有意志的记忆访问和控制系统，幼童在其 2~4 岁时就学会了语言。显然，语言改变了人类的一切，人类是象征的物种。在进化中，在日常生活中，符号从字面上改变了我们的生物有机体，与我们在认知层面上的运作方式有根本的变化。

关于语言的历史，如果语言只有十万年，甚至更短的历史，那么我们应该期望它对人脑几乎没有明显的影响，我们就不应该期望它能容易、流畅、毫无困难地使用。如果语言已进化了几百万年，甚至更久，那么就有足够的时间来使大脑结构化和重塑，从而更好地解决问题，实时处理和使用语言。同样，语言也会适应我们对语言进行的调整，以更好地适应我们自己。这两者一前一后，相互融合。

人类是一个拥有抽象思维的物种，可以通过比较与读写相关的东西为自身的思维获取证据。读写是人类进化史上最近发生的。因此，无论我们用什么方法来做这件事都是一种权宜之计。我们没有很好的设计去这样做，因此很多人在习得读写方面有困难，有些人将永远无法读写，因为他们的大脑没有机会跟上这个过程。如果语言本身如此，就应预料到语言在习得过程中会出现这样或那样的问题。事实上，语言极其复杂，在人类的生长过程中习得很快，甚至在幼童还很小的时候。当然，要获得阅读技能就需要较长的时间直到大脑成熟为止。有趣的是，在高强度的训练下，出生时大脑严重受损的人其语言水平还是比地球上任何其他物种都要好。这表明，人脑系统已经充分设计，以备出现问题时使用冗余系统。如整个左脑受损或被切除的幼儿仍可以用右脑掌握语言，表明该系统在某种程度上设计过度了。在漫长的人类进化历史中，除非语言扮演了重要的角色，设计过度才可能发生，类似语言的过程并不是新的事物，也不是人类进化史上最近才出现的。所以，语言的非自然性在很长一段时间内成为人类的第二天性和几千年前发明的书写之间的区别。在语言发展的某个时刻，人类进化出了语言，随着时间的流逝，它自己折叠起来，形成了这个自反意识系统。

3. 语音的涌现

化石记录表明人类的颌骨和咽喉解剖直到最近几十万年才允许讲话。发声是一个重要的问题，当我们观察非人类哺乳动物的大脑和声道时，它们与人类是完全不同的。声道本身是次要特征，在我们可以产生的各种声音中扮演着重要的角色，我们所产生的音域的多样性主要是元音，更复杂的是控制喉部的解剖结构。人类的前脑与喉部结构和对语言至关重要的舌头之间的联系对发音至关重要。事实证明，就像其他哺乳动物一样，我们的祖先南方古猿，还有他们的祖先，在某种程度上对喉咙甚至舌头的控制相对不连贯，对发声可能没有太多的自动控制，没有达到我们可以毫不费力地停止或开始发声的程度。人们怀疑大脑尺寸的变化与该系统控制的变化有关。我们在化石记录中实际能看到的第二个信号特征是颅骨的底部及其形状的变化以及喉头的位置。如果不需要以清晰的方式发声，那么它在产生声音中的作用就不会在进化中保留下来。换言之，语音的产生在某种意义上必须先于，并推动与外部的声音产生系统共同进化。这种现象先于解剖学上的现代人类，可以追溯到直立人和早期的智人时期，我们看到其中一些已经发生的变化，表明发声的方式与其他物种不同。图 3.1 是人类与语言共同进化的示意图，脑与语言共同进化，从 400 g 古猿脑进化到 1400 g 现代人类大脑。图 3.2 显示人类祖先进化的大致时间段与脑容量的关系。

把交际任务转换为语音经历了一个缓慢演变、逐渐完善的过程。现在语音取代手臂和手，是让手臂和手可以腾出来用来做其他事情，同时使得模仿声音更加容易。语言习得使得我们必须学习语言的发音。要学习手势，必须在视觉上先看到，并以对方的角度来做，这是一个额外的步骤。我们所听到的与我们发音时所听到的并没有什么不同，所以我们在学习语言时不必经过额外的步骤。随着时间的推移，越来越多的可能是语音接管了手势这个功能，证据表明这个接管可能会逐渐取代。随之而来的是处理时间、短期记忆等方面可能会有不同的要求。当我们开始更改这个系统时，整个系统也会随之改变。

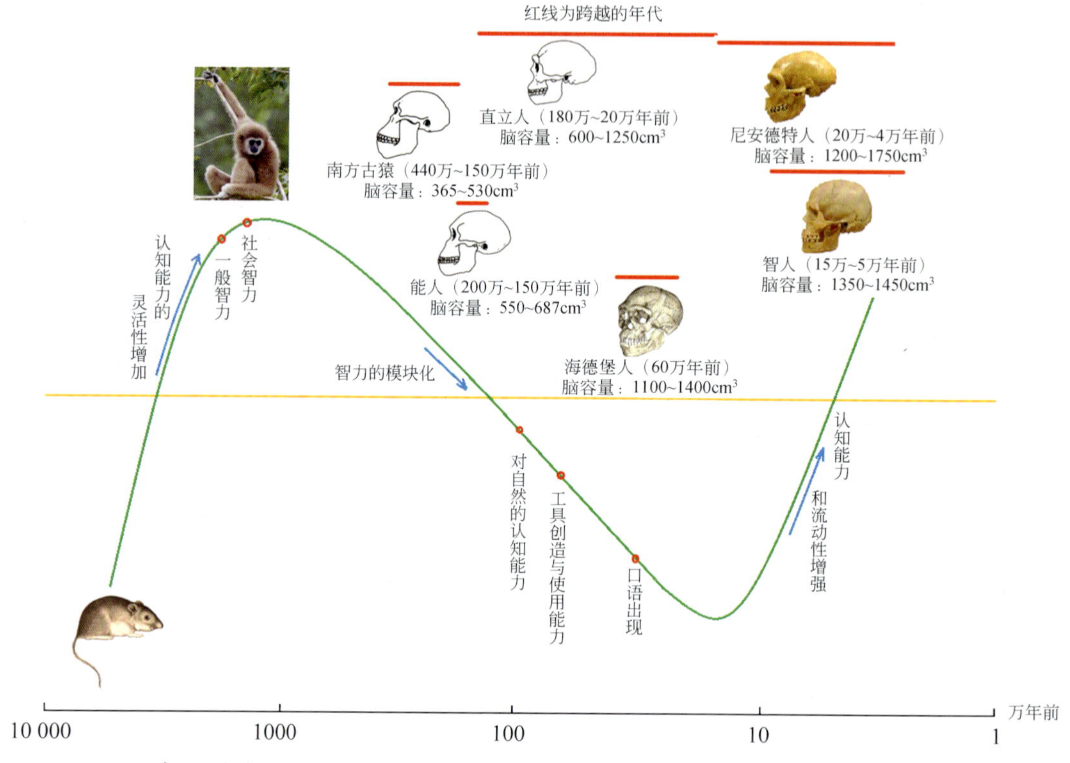

图 3.1　从猿类进化到现代人类的时间轴与脑容量的关系

语音带来的好处就是我们不必看到它，我们可以隔着树，不需要在视觉范围内看着对方，也不需要看到对方的手势来进行交流，这样我们就可以在更远的距离上进行交流。但对于阅读，至少在最初阶段，当孩子们学习这项技能时，阅读必须与语音一同进行。阅读必须在现有的语言处理基础结构的约束下运作，必须采用此代码并模拟语音过程的组合，这些过程会生成虚拟的已听到或实际说出的单词声音。汉语和英语都和语音有关系，但英语和语音的关系更密切，实验表明：阅读汉字时并不能由字直接到达意义，也要通过语音，即通过看字形，经过语音然后才能形成意义，这就是语言的理解过程中形、音、义之间的关系。

4. 书写系统

我们通过观察书写系统本身的演变情况来研究有关神经系统问题。远古的交流几乎都是以一种画面化的方式开始的。图片不像声音，也不像语言。从某种意义上说，图片的优势在于它更接近于所代表的内容。我们查看一些古老的书写系统，并进行一些有根据的猜

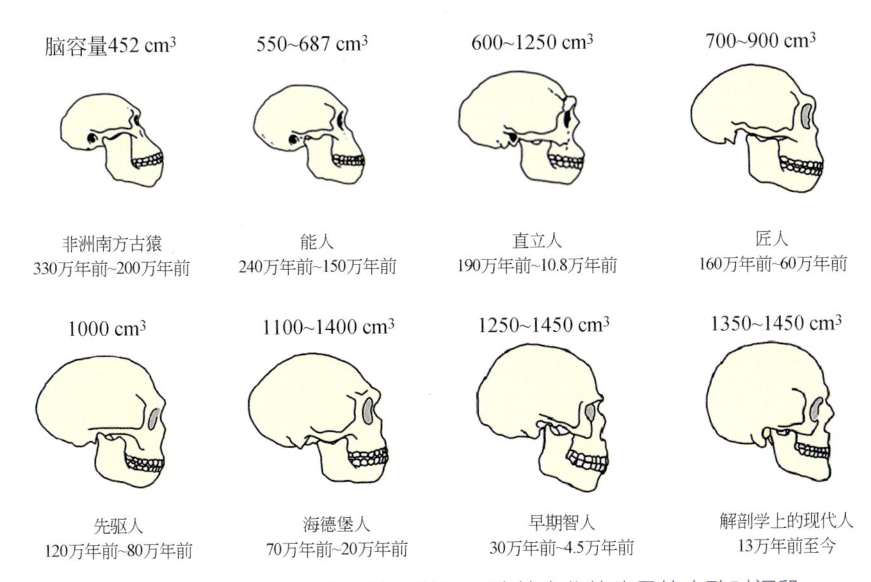

图 3.2　人类祖先进化至现代人的近乎连续变化的头骨的大致时间段

测，结果这些猜测都是错误的。其中一个原因是，几乎是在出现类似图片文字的同时，人们就开始使用图片来表示声音、事物的名称等。人们通过使用图片表示声音来找出事物的含义。大多数图画文字系统很快就采用了声音图标方式，每个事物的单词对应一个声音，可以将该声音元素与其他声音元素组成系统，这种系统很快就被人类采用。从某种意义上讲，这是一个缺点。因为如果可以看到图片，立即获得有关图片的含义，对含义的解释可能会更容易。视觉是人们记住对象和关系的重要方式，如果你有一些关于某些对象和对应关系的图片，它却被分解成碎片、被分开，导致它与语音相距甚远，语音以完全不同的方式对此进行了重新编码。世界上大多数书面形式的语言似乎都出现了这种情况，但是即使那些仍然具有一定图形性质的系统，也已经具备了这一功能，即它们已成为语音本身的表征。语音已经适应了我们，图片不再容易适应我们所做的事情，图片不像语音那样灵活易用，比图片编码更多的东西实际上更易于交流。书写系统的进化是大脑设计的一部分，它不完美，但令人满意，还有其他因素正在影响它，使它朝着更好地适应我们的自动和易用的方向发展。

语言的进化更能反映儿童学习语言的能力，而不是成年人使用语言的能力。书写系统并非如此，书写系统是成年人为成年人设计发明的，在进化循环的程度上，成年人与孩子的适应程度是不同的。写作是要花足够多的时间才能掌握，在我们的大脑准备好去掌握它并轻松地去做它之前，其学习过程是笨拙的。而语音甚至手势语的学习过程已经建立起来了，从很小的时候起，我们就会使用语音或手势做一些事情。如果只是看写作任务的复杂性，我们就会发现这似乎比解释这些文字并弄清楚文字如何映射到声音要复杂得多，这就使读写问题的优势凸显出来。还有一点，书写已经适应成年人使用，而语音和手势可能更适合儿童习得。只有那些在年轻的时候迅速、轻松学会的语言，才能有效、高效地将之传承下去。

在人们年轻的时候学习语言，是因为早期的大脑有很强的可塑性，很灵活。如果你做任何事情都要用到语言，在某种程度上，你就想要以最适合你大脑的方式来获得它，因为你的大部分资源都与它相关。结果是我们越早拥有语言经验，成年后就越擅长使用它。那些以这样或那样的方式被剥夺了这种经历的人，成年后语言能力相当差，有些人甚至从不具备语言的某些特征。根据幼儿对语言的学习能力来适应语言，这就是选择语言的原因，因此他们共同成长，这就是人类和语言共同进化联系最强的地方。书写系统是成年人的发明，其处理方式不同于儿童或口语习得的自然处理方式。为了揭示书写系统的奥秘，消除歧义并把这些文字转换成声音，实际上人们在阅读和书写时就伴随着语音，整合文字、排除歧义的整个过程必须足够快，以使整个欲描述的事情随之浮现出来，就像我们自言自语一样。大脑已经进化为书写系统由人工模拟和选择的方式来处理语言。

当你试图想用一个规则系统来描述自然语言时，结果会变得非常复杂，大量调整、特殊情况和规则等，这些均非常神秘。书写就像早期的计算机接口，需要复杂的学习过程，在这个过程中，我们首先学习发声，然后学习单词，最终学会这些复杂的解码，我们会自动做很多。问题是，如同于计算机操作，刚开始是一项艰巨的任务，对于那些尚未经历该过程、尚未阅读计算机手册、并且没有记住操作系统的人，读写与之类似。对尚未发生的事情，读写系统还没有像计算机接口那样进化到自然、自发的程度。当计算机工程师试图剖析人类行为的某些方面时，似乎可以用工程学的术语来分析它。世界上没有机器能够找出如何去做，或者以这种方式协调所有必要的声音、声学特征。因此，人类所做的很多事情都违背了我们所有人的感觉，我们可以把它分解并把它放入计算机工程师的某种逻辑中分析字是如何在词法的约束下组成词，词又是如何在句法的约束下再组成句子的。语言学家诺姆·乔姆斯基率先提出的原始生成语法是在计算机工作原理基础上发展起来的，即由一组简单的指令和规则以生成某些东西。可以肯定，这与我们大脑运作的方式完全不同，涉及的歧义越来越复杂，在读自己写的东西时，我们大脑在启动，当看到一个字时，去猜测其余部分，它揭示了我们如何构建事物的某些策略。随着语言的习得，尤其是语音，我们的系统有很多冗余和变通的办法，可能是从那里进化而来的。但对于读写，则没有进化的支持。

5. 语言的社会属性

语言的外在化并不是一件容易的事。如果语言是如此强大的东西，为什么我们直到几千年前才学会读写呢？因为外在化的语言不仅是一个认知问题，还是一个社会问题。将语言符号外在化，无论是在墙上的绘画还是书写的文字，都是一个社会问题。社会文化领域中应有某些存在的环境来支持它。语言出现在城市、政府、贸易和人口集中的地方。在书写的发展背后有一种社会进化的支持，即在它可以外在化之前，在你可以把它放在身体外面让人们可以使用它。外部化依赖于一个社会基础，一种已经建立的文化，一些使之有用的支持，使其值得去做，使它有所作为。就像6万年前的人脑没有准备好写作一样，我们的大脑经历了语言的外在化已经准备好像今天一样去写作了，因为6万年前的人脑与我们现在的大脑基本上是一样的。洞穴墙壁上的艺术作品和龟甲兽骨上雕刻的甲骨文，以及语言形式的外在化符号的产生，需要的不仅仅是大脑中的某些东西，更需要一个复杂的社会环境来支持它，并让它变得有价值。语言本身是集体的产物，而不是个人的产物，语言具有社会属性。语言的属性，不是你可以从一个群体、家庭、部落、社会、文化或任何你想要切断的环境中提取出来的单个有机体的属性。它不是抽象个体的属性，是社会集体的产物。一个人拥有一门语言是没有意义的。不适用于社会交流、独特不合逻辑的语言是无用的，语言从一开始就是系统性和社会性的。通常我们会根据上下文学习单词。我们通过逐步习得来区分其含义，通过捕捉其细微差别、内涵以及它们与事物的匹配方式，来学习单词的含义。当有人不太理解一个单词（尤其是专业术语）的含义时，是因为他们经常以一种脱离上下文、死记硬背的方式来使用它，这种情况是他们错过了一些关键的联系，实际上是没有在不同的上下文环境下来区分它。

语言是只有人类才能做到的一种独特的交流形式，大脑进行了很多改变以使其成为可能。人类专门为此目的而努力，是唯一做到这一点的物种。狗语和猫语以及鸟语，这些动物的交流方式与人类有很大不同。这不是说它们具有简单的语言，而是不同于语言。它们没有诸如动词和名词之类的东西，这与人类的语言完全不同，其组合方式也完全不同，人类语言并非简单，而是复杂。为什么动物没有简单的语言？如果语言只是非常复杂，并且动物需要一个非常好的大脑，需要通过大量的学习工具来获取它，那么动物就应该拥有简单的语言。但实际上，动物的交流与语言有很大的不同，像是笑声、抽泣、微笑和皱眉，我们有，它们也有。动物的交流工具不需要在脑中有一明确的大纲、一种语言工具、一种通用语法，不需要所有的支持。

无论人类使用哪种语言进行进化，它们都是集体而不是个人的反映，是集体的行事方式，其集体行为的复杂性给这种交流带来了选择压力，所以人类才产生了其他物种没有的语言。社会团体必须具有最小的群体规模，才能创造出产生语言的各种压力。当然，有很多群居的昆虫也是非常大的群体，它们之间的交流确实很复杂。通常这是一种沟通方式，也就是说，它们会散发出特殊的气味，会发出特定的声音来组织自己。当它们遇到来自其他个体的动作、声音、气味时，本能地做出反应以产生自己的行为。确实有昆虫动物群、哺乳动物群和鸟类群体，它们实际上可以大量互动。例如，限制区域筑巢的鸟类，可以协同工作的大型畜群，协调活动的大型鱼群，以及可以控制百只活动的鸟群，发现大批群居物种真正融入它们的互动中并不少见。社会群体的规模并不一定是一个明显的特征。

生产语言的最小群体规模，就像人类社会产生文字的最小条件一样，是类似的问题。产生文字要发生的事情是，文字出现在人口稠密的复杂社会中，这种组织相当于城市组织，其中有许多人进行组织和控制。很多时候，似乎与贸易有关，我们拥有的最早书面文字几乎都与贸易有关。不仅是人数众多，从某种意义上来说，特定的交流需求以数字的形式表现出来，存在着交换物品和保持物品组织的协调问题，尤其是在群体中维持角色的分化。当我们观察第一次符号交流的起源时，语言之前就已经有了一些东西，但要抽象地交流事物，就要进行命名，讨论事情并代表可能曾经存在的事物。在此过程中，还需要一个已创造这种需求的社交组织。你创造词语来表达你的想法，还是用这些词语来帮助你思考那些在你思考之前你无法思考的问题？语言的习得以及它的早期进化都有同样的动力，这是一种共同进化的动力。在这种情况下，群体环境要求它，支持就在那里产生它，内部和外部都准备好了趋同于这个结果。语言起源实际上是不同的社会环境成为创造一种交流的支撑。

在人类进化中看到的是人类祖先独特的社会背景。我们从其他物种中寻找到的最复杂的交流往往发生在社会群体之中。一些有趣的需求可能与人类的繁殖方式有关。它关系到谁与谁交配，谁控制或限制了交配过程，以及谁有义务生育谁的后代等。例如当你考虑获取肉食时，不一定是狩猎，可能只是在寻找肉类，第一个是劳动分工问题，因为带着年幼婴儿的女性坐在杀戮地点的开阔大草原上是不明智的选择。为此需要进行某种形式的合作。这意味着男性之间将必须彼此达成某种协议，因为他们在这个杀戮地点需要互相合作、彼此保护才能在这里得到肉食，语言的核心与合作有关。由此引发的社会问题是，群内既需要合作，又存在性竞争。群中的动物总是相互竞争。在一个社会群体中，谁与谁交配是至关重要的问题。而且，这个社会群体之间的联系越紧密，相互重叠的个体就越多，谈判就越困难。谈判意味着语言的演变，以区分合作与竞争。谈判的问题，尤其是在一个必须合作的群体中，我们必须找到代表“如果……会怎样”的方法。我们可以使用其他人的眼睛，他们知道我们有共识、有期望，并且我们已经达成某种共识以使事情发展得越来越好。即让事情保持平衡，以便我们既可以合作也可以在某种平衡中进行竞争，而不会使团队分裂。这是进入杀戮地点寻找肉类的背景下自发产生的，必须通过寻找外部代表“如果……那么”的方法来协商。从某种意义上来说，这就像一个社会契约，与婚姻这样的社会契约不同，仅仅是关于协商这个复杂的合作与竞争的平衡问题。人类之所以如此强大，是因为我们有共同学习的能力。我们不仅会以超出其他生物规模的方式单独学习，而且会集体学习。我们可以学会协作，可以学会一起做事。我们的文明，所有的一切，好的、坏的和美丽的、丑陋的都与此有关。

6. 知识用语言记载，是人类智慧的结晶

著名学者蔡曙山教授指出，人类的心智与认知产生于脑的进化与分工，奠基于语言，发展于逻辑与思维，积淀为文化，构建为社会。北京大学前校长蔡元培教授指出，为什么只有人类能创造历史而别的动物不能？因为人类有变化无穷的语言。

知识用语言记载，是经验的先驱。当我们学习新信息并通过应用所学到的知识来修正行为时，我们就会创造出一种新的更丰富的体验。因为情感是体验的最终产物，所以我们有意采取的行动的结果应该以一种新的情感产生一种新的体验。当我们有意识地了解如何根据所学和所做的事情来创造新的体验时，我们就拥有智慧。智慧是有意识地理解我们如何能随意创造任何经验。当我们从一个不理想的经验中学习时，通过了解我们做了什么而产生那个结果，从而不再重现那个事件，也会产生智慧。进化是基于我们已经学习、展示，然后体验的知识，通过理解我们所创造的感受而获得的智慧。人类智慧的进化过程如图 3.3 所示。

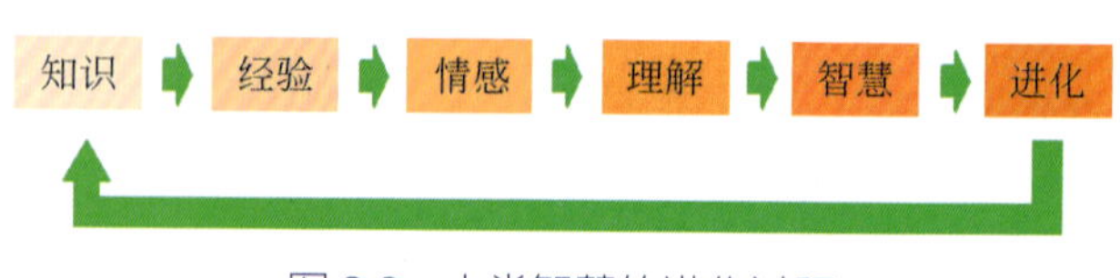

图 3.3　人类智慧的进化过程

学习知识就是思考，运用知识是实践和体验。能够用心去重复体验，这就是人类的智慧，其形成过程如图 3.4 所示。

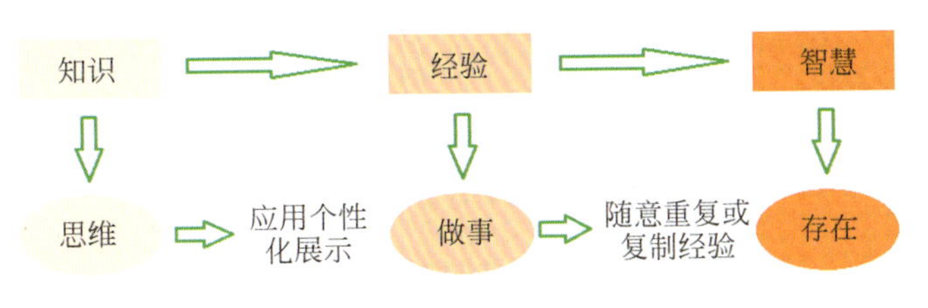

图 3.4 人类智慧的形成

而人类技能的发展是从无意识的不熟练到有意识的不熟练，再到有意识的熟练，最终到无意识的熟练过程，如图 3.5 所示。

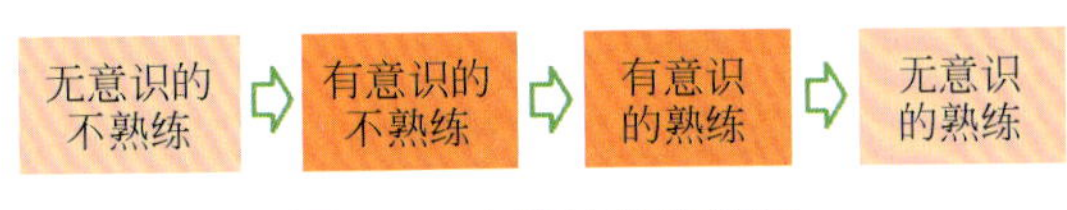

图 3.5 人类技能的发展

总之，语言是与人脑共同进化的，语言是一种形、音、义结合的词汇和语法的体系，是人类沟通交流的一种方式。人类智慧的结晶可用语言描述和记载，使我们的知识、经验和财富得以积累，使我们可能用几年或十几年的时间就可掌握人类几千年文明智慧所积累的知识，逐步走向繁荣、富强和发达的人类社会。语言虽变化无穷，但语言的语法类型是有限的，是可以归类、分析、统计和学习的。

3.2 灵长类动物的进化

许多非人类灵长类动物和鸟类大脑大小的变化与行为灵活性和创新倾向密切相关。在整个人类进化过程中，类似的生态挑战是重要的驱动因素。此外，较高的行为创新率和较大的大脑尺寸与技术、文化和社会智能的标志相关。大脑更大的物种，例如非候鸟，也存在于季节性更强的栖息地，因此能够在资源稀缺时生存。研究表明，脑容量更大的物种具有更强的创新能力，并且能够更好地适应和生存在新的或多变的环境中。多种环境假设适用于人类进化，其中，特定栖息地的假说强调了从祖先环境迁移的重要性，尤其是从封闭、潮湿的热带雨林迁移到开放、干旱的大草原。尽管如此，人们普遍认为，环境变化，无论是短期还是长期，塑造了人属中发现的一系列适应性特征：习惯性双足行走、出现大脑新皮层、习得工具的使用和制造、大型的合作狩猎、控制火，以及复杂的社会和文化认知能力。

通过关注人类现存的近亲黑猩猩，卡兰（Kalan）等测试了环境变化对物种内部特征的影响，鉴于这些类人猿生活在非洲赤道附近广泛的地理范围，从森林到大草原林的栖息地，同时在行为上也表现出巨大的种群差异。这些包括用于采掘的工具使用行为，其中一些也被证明是文化的（即特定于群体的社会传统）。卡兰等使用了关于黑猩猩行为多样性的数据集，并进行了回归分析，以测试多种来源的生态和环境变化。研究发现，黑猩猩群落经历更强的季节性，生活在远离季节性变化较小的森林保护区，并且主要位于热带大草原林地栖息地的黑猩猩群落，拥有 31 种不同的行为特征。这些结果对行为的分类是稳定的，不依赖于包含特定的黑猩猩实地地点。黑猩猩在其生活范围内行为多样性和灵活性的进化可能是受适应新环境的综合影响而产生的，同时也受到来自以前种群所经历的气候和栖息地变化的多种历史影响（例如遗传、行为和生理）的限制。卡兰等使用 144 个野生黑猩猩（Pan troglodytes）群落的数据集，表明黑猩猩在具有更多可变性的环境中表现出更大的行为多样性——无论是在近期还是历史时间尺度上，环境的变化是促进类人猿行为和文化多样化的关键进化力量。

3.2.1　人猿的进化

查尔斯·罗伯特·达尔文（Charles Robert Darwin，1809—1882，英国博物学家、地质学家和生物学家，如图3.6所示），提出所有物种均由共同祖先随时间进化而来的这一基本科学概念。与阿尔弗雷德·罗素·华莱士（Alfred Russel Wallace）共同阐明了这种进化的分支模式是由自然选择的过程产生的。达尔文于1859年在《物种起源》中阐明了进化论，指出种群是通过自然选择的过程在几代人的时间里进化的，大量证据表明生物的多样性是通过进化的分支模式而产生的。1871年，达尔文在《人类的由来》中研究了人类的进化和性选择，将进化论应用于人类进化，阐述了性选择理论是一种不同于自然选择但又相互关联的生物适应形式。研究了进化心理学、进化伦理学、种族之间的差异、性别之间的差异、女性在择偶中的主导作用，以及进化论与社会的相关性等相关问题。20世纪30~50年代现代进化综合理论的出现，形成了一种广泛的共识，认为自然选择是进化的基本机制。达尔文的科学发现解释了生命的多样性，是生命科学的统一理论。

图3.6　查尔斯·罗伯特·达尔文

美国心理学家詹姆斯·马克·鲍德温（James Mark Baldwin）提出“鲍德温进化论”，认为学习和行为灵活性可以在扩大和偏向自然选择中发挥作用，因为这些能力使个体能够改变影响其未来亲属的自然选择环境。行为上的灵活性使生物能够进入与其祖先所占据的生态位不同的生态位，其结果是后代将面临一系列新的选择压力。例如，最初可以通过季节性迁徙模式来提高利用寒冷环境中资源的能力，但是如果适应这种寒冷环境的能力变得越来越重要，它将有利于保留后代中任何增强耐寒性的特性，例如皮下脂肪的沉积，毛发的生长或一年中部分时间的冬眠能力。总而言之，鲍德温的理论解释了行为是如何影响进化的，但没有证据表明人在一生中获得对环境需求的反应可以直接遗传给后代。鲍德温提出，动物在其生命周期中，通过对新环境的临时调整行为或生理反应，可以在未来世代的适应环境中产生不可逆转的变化。尽管在此过程中不会立即产生新的遗传变化，但条件的变化将改变现有的或随后改变的遗传倾向中哪一种将在未来得到青睐，如图3.7所示。垂直方向的箭头描绘了三个同时发生的

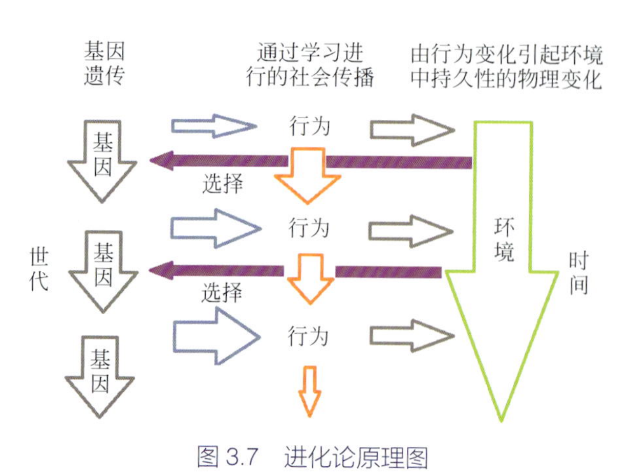

图3.7　进化论原理图

传播过程：基因遗传（左），通过学习进行的社会传播（中），以及由行为变化引起的环境中持久性的物理变化（右）；指向右的箭头表示基因对行为和行为对环境的影响；指向左侧的箭头指示变化的选择压力对基因的影响。社交传播的箭头在每一代中都变细，以表示由于对行为的遗传影响降低而导致的学习作用增加（箭头从基因到行为的由细变粗表示）。

灵长类动物的分支进化过程如图 3.8 所示，绿色的数字为进化的年代。大约 3100 万年前，类人猿与猕猴类产生分支。大约 2040 万年前，人科动物与其他灵长类动物——旧/新大陆猴和原猴亚目猴分离；而人类和黑猩猩大约在 630 万年前变成不同的分支，黑猩猩能理解概念并具有丰富的社会交互的复杂系统，但是它们没有可与人类相比的语言。在近不到 300 万年中，人类大脑的重量从 400 g 增加到目前的 1350~1450 g，且体积和复杂性在进化的过程中不断增加，使得一些旧有的功能得以改进，一些新功能（如语言、工具制造、创造）得以出现。皮卡·西蒙妮（Pika Simone）的研究结果表明，手势信号在非人类灵长类动物的交际上扮演着十分重要的角色，在某些重要方式上对于语言能力前的阶段和语言发展阶段的人类婴儿来说也是如此。基因证据显示，直到距今大约 20 万年前，原始人类祖先很可能仍缺乏生成正常语音的一些关键能力。人类与倭黑猩猩和黑猩猩最为相似，具有大约 98% 相同的 DNA。

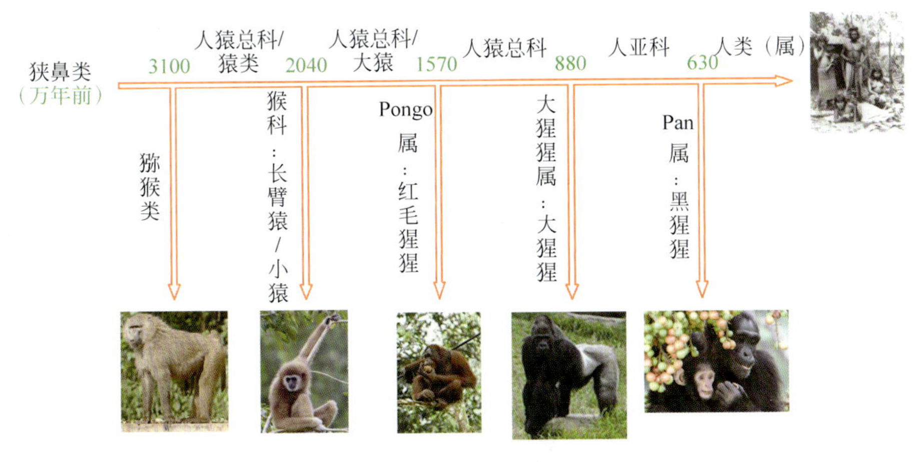

图 3.8　灵长类动物的分支进化图（其中数字单位为万年前）

现存于地球上的猿类与人类一样经历了漫长的演化过程，它们最多是我们的表亲，而非祖先。人类并非是由黑猩猩进化而来，与共同祖先大猩猩相比，人类具有竖直的体态（两足动物）、不成比例的硕大的大脑，能使用工具以及复杂的语言。语言的产生很有可能是人类和黑猩猩分道扬镳之后的事情，导致了黑猩猩没有语言，而人类却拥有 630 万年的时间来逐步进化自己的语言。大约 50 万年前，口语的出现，使人脑中操作口语的机能以及语音和对应的语义经过几十万年的进化，神经系统自然而然地联为一体，促使人类大脑表面积开始增加。

图 3.9 表明了猿类之间基因座的蛋白质特征系统进化树的差异关系，基于高曼（Goldman）等的蛋白质电泳数据，利用 153 个基因座的 240 个蛋白质性状进行最大简约分析，得到了系统发育树。分支和节点间的距离与字符状态变化所需的数量成比例。总长

度为 297，一致性指数为 0.808。

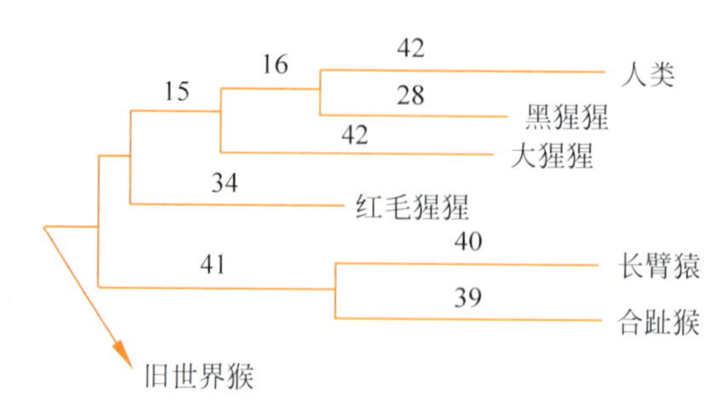

图 3.9　猿之间系统进化树的差异关系，图中的数字为分支长度，是进化差异的度量

图 3.10 给出人类与其他几种灵长类动物的 DNA 差异，与黑猩猩的差异为 1.2%，与红毛猩猩的差异为 2.4%，与大猩猩的差异为 1.4%，其差异性具有一致性智力水平与大脑的容量相关的一致性特点，即智力水平与大脑皮层的表面积成正比。

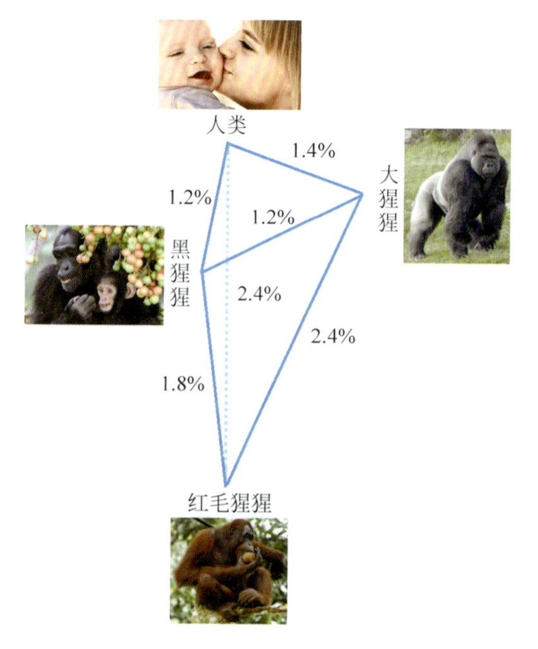

图 3.10　人类与其他几种灵长类动物的 DNA 差异

人类大脑体积（或重量）约是黑猩猩大脑的 3 倍，如图 3.11 所示，人脑平均 1350 g，黑猩猩和红毛猩猩平均 400 g，而猕猴平均 100 g。图 3.12 是几种灵长类动物的脑商、脑容量和体重的对比。脑商（encephalization quotient, EQ），是一种相对脑容量测量方法，其定义为给定大小的动物的观察到的脑容量与预测的脑容量的比值，该比值是基于一系列参考物种的非线性回归。它被用作智力的代表，因此作为比较不同物种智力的一种可能的方法。为此，它是比原始的大脑与身体的质量比更精确的测量，因为它考虑了异速生长效应。而智商（intelligence quotient, IQ）是从一组旨在评估同一物种人类智力的标准化测试得出的分数，是由心理学家威廉·斯特恩（William Stern）提出。智商通过智力测试获得的人的心理年龄分数除以该人实际年龄分数而获得，所得结果乘以 100 即得 IQ 数。大约

2/3 的人群的 IQ 在 85~115，而 IQ >130 或 IQ<70 的人各占约 2.5%。

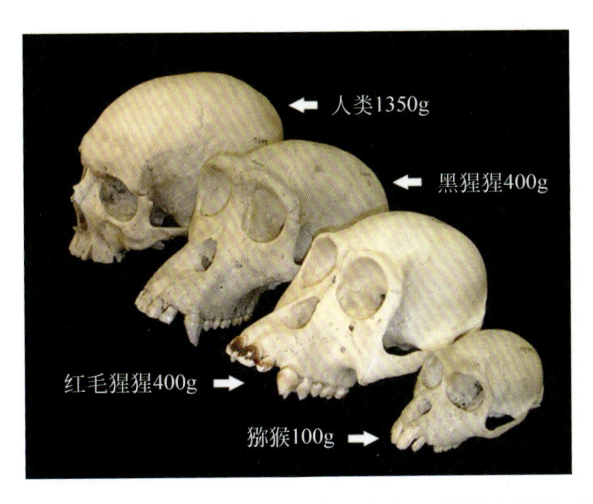

图 3.11 灵长类动物的头骨显示出后骨架，并且大脑尺寸增大

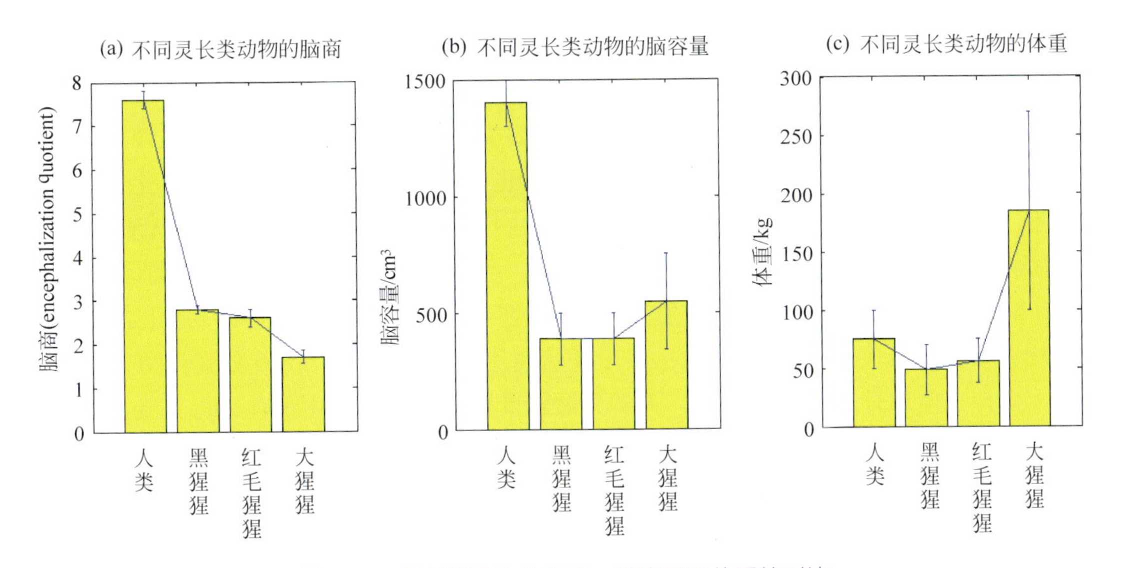

图 3.12 灵长类动物的脑商、脑容量和体重的对比

在人类的进化过程中受头盖骨的限制，近代人的大脑容积基本没有增加，但大脑皮层表面积却增加了，大脑不同程度地更加折叠，而大脑的表面积与智力水平呈正相关。从图 3.13 可以看出，即使黑猩猩大脑放大到与人类大脑同尺寸，其大脑皮层表面的面积比人脑要小很多，其智力也不能与人类相比。大脑皮层的大小与其社会结构和配偶结合的生活方式也有关，在灵长类动物中，大脑皮层的大小随生活在一个庞大复杂的社会网络中的需求而变化。与其他哺乳动物相比，灵长类动物的大脑明显较大。此外，大多数灵长类动物被发现是一夫多妻，与他人有许多社会关系，这种一夫多妻的现象与大脑大小有关。研究发现，与人类一样，黑猩猩的智力与大脑大小、灰质体积和皮质厚度有关。在人类进化的过程中，大脑皮层的卷积增加了大脑表面的折叠。据推测，大脑皮层的高度卷积可能是支持人类大脑某些独特认知能力的神经基质。因此，人类个体的智力可能受大脑皮层卷积程度的调节。

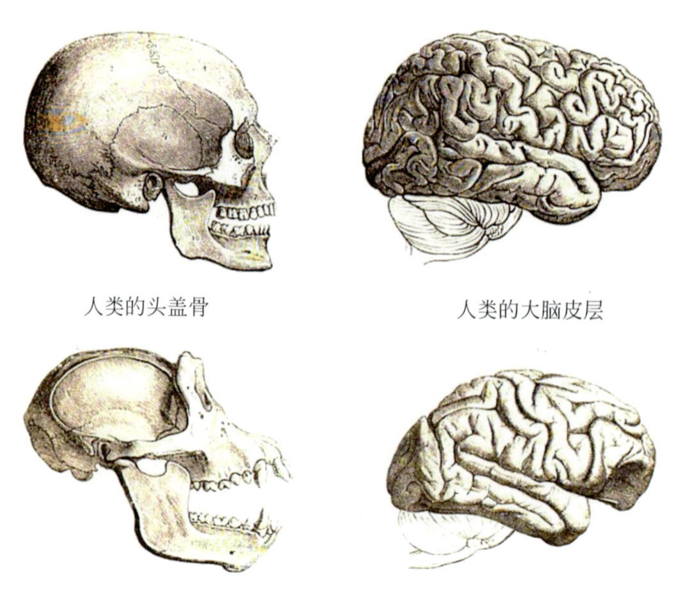

图 3.13　人类与放大到人类同尺寸的黑猩猩的头骨和大脑，两者大脑皮层的表面积相差很大

人猿科的脑容量对比如图 3.14 所示，各主要类人猿类群的大致年代与颅骨容量以彩色椭圆表示，表明了各个特征的重要性和发展程度。600 万年前人属与猿类分化，人属直立行走。400 万年前最早的人属出现，体现在直立行走、脑容量小、牙齿大、无石器使用。200 万年前人属开始分化，这一时期脑容量增加，产生并使用石器，古人开始狩猎、屠宰。100 万年前人属诞生，脑容量继续增加，石器工具进步，人们狩猎、采集食物，并开始使用火，吃熟食，牙齿逐渐变小，智力增加，逐步开始使用符号语言进行初级交流。20 万年前近现代人出现，使用骨器，创造艺术，人类分散到世界各地，并使用语言进行交流。

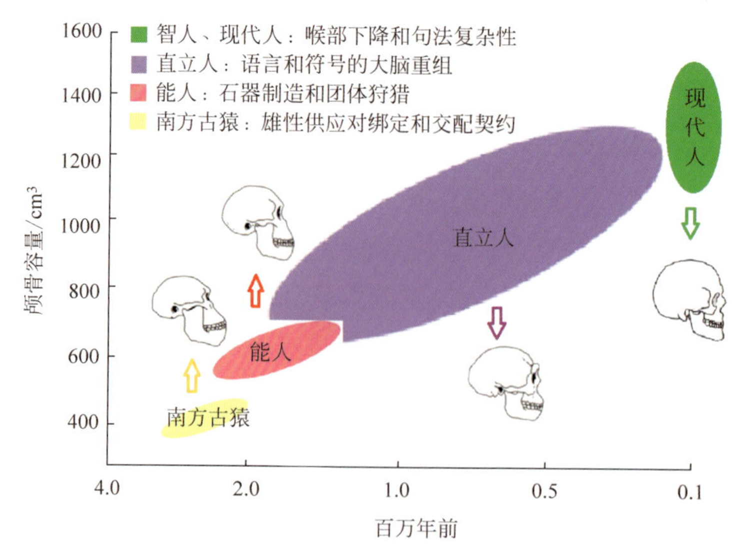

图 3.14　原始人从南方古猿到能人、直立人再到智人进化过程中颅骨容量与语言协同进化的相关时间轴

原始人类的大脑尺寸猛增显然要面对严峻的连带进化代价。这意味着大脑尺寸的增加肯定提供了某种优势以使人类更适于生存。人猿科的脑容量对比如图 3.15 所示，在不到 300 万年里，原始人类大脑容量粗略估计增长了 3 倍，这不能通过体型增长得到解释。由于大脑越大成熟时间越长，需进行大量的新陈代谢，并降低了双足运动的效率（因为骨盆孔径必须允许生育），因此增加大脑尺寸必须提供平衡以弥补人类适宜于生存的特性。人猿类的进化主要特征如表 3.1 所示。

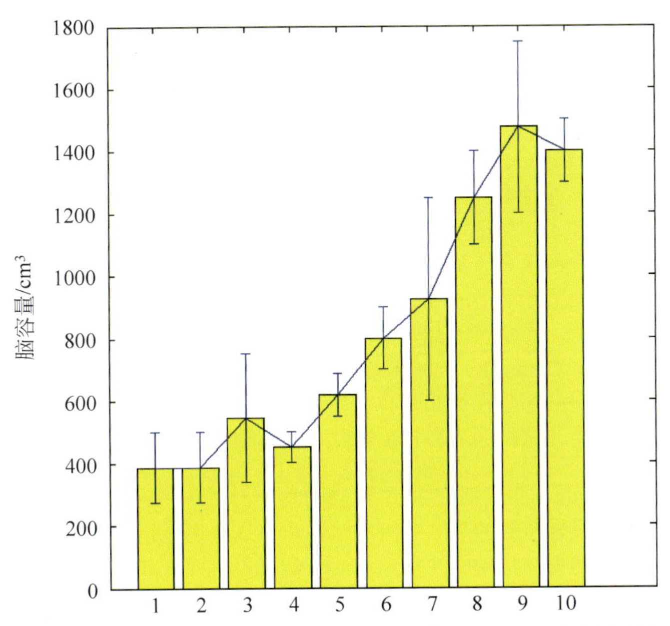

(a) 人猿科脑容量对比，纵坐标为脑容量/cm³,横坐标为10种人猿动物

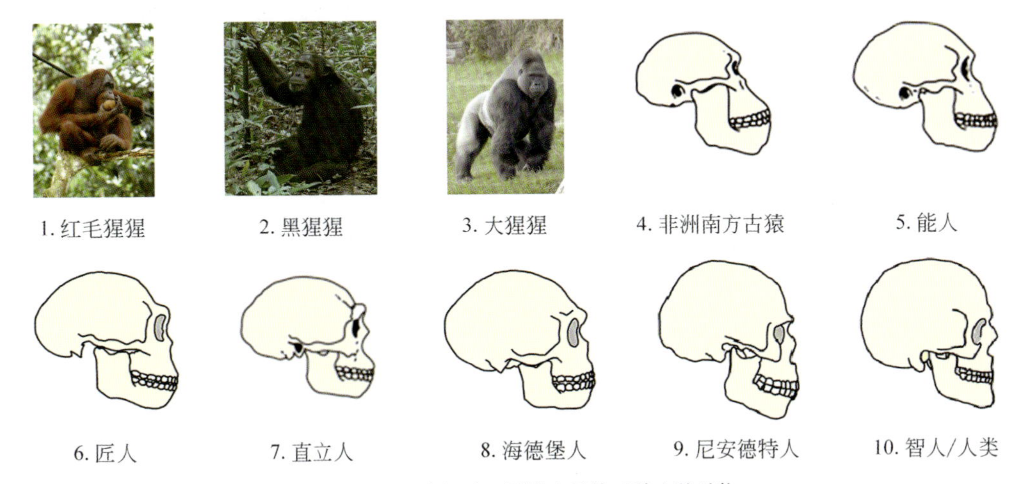

(b) 对应于(a)图横坐标的10种人猿动物

图 3.15 人猿科的脑容量对比

表 3.1　人猿类进化的主要特征

人猿分类	特　征
红毛猩猩，脑容量 275~500 cm^3 	红毛猩猩（orangutan）是最聪明的灵长类动物之一，会使用各种复杂的工具，每晚在树枝和树叶上建造精美的睡巢。红毛猩猩以各种声音进行交流，雄性会长时间呼叫，以吸引雌性并向其他雄性发出警告。雄雌双方都将试图通过一系列低喉音来恐吓同种异体，这些噪声统称为“滚动呼叫（rolling call）”。惹恼后的红毛猩猩会通过撅起的嘴唇吸气，发出一种接吻的声音，被称为“亲吻吱吱声（kiss squeak）”。婴幼红毛猩猩在痛苦时会发出嘶哑的叫声。动物学家加里·夏皮罗（Gary L. Shapiro）指导圈养的红毛猩猩如何获取和使用符号，研究表明，一只少年雌性红毛猩猩学习了近 40 个符号，一只自由放养的成年雌性红毛猩猩，在 2 年的时间里学会了近 30 个符号。夏皮罗研究了在 15 个月内影响 4 只幼年红毛猩猩学习符号的因素
黑猩猩，脑容量 275~500 cm^3 	黑猩猩（pan troglodytes）生活于非洲热带森林和热带草原上，比倭黑猩猩更大、更强壮。会使用工具，可对木棒、岩石、草和树叶进行修饰，并将其用于狩猎和获取蜂蜜、白蚁、蚂蚁、坚果和水。黑猩猩还可创造出尖锐的棍棒，以刺穿小型哺乳动物。黑猩猩可学习美国手语之类的语言。如黑猩猩 Washoe 花费 51 个月的时间学习美国手语，学会了 151 个符号，并自发地将这些符号教给了其他黑猩猩。在很长一段时间内，Washoe 学会了 800 多个符号。黑猩猩与人类发音器官不同，口语并不适合这个物种。黑猩猩尼姆·奇普斯基（Nim Chimpsky）的语言训练，仅能模仿人类所做的事情，很少产生新词，并且尼姆的字串顺序与人类儿童有所不同，表明它没有语法能力，使用的句子长度没有增加，这与人类儿童的词汇和句子长度显示出很强的正相关性不同
大猩猩，脑容量 340~752 cm^3 	大猩猩（gorilla）能识别出 25 个不同的发声，其中许多主要用于茂密植被内的群体交流。在迁徙中，最常听到的是咕哝声和吠叫声，这些声音指示出集体成员的行踪，也可在需要纪律约束的群体活动中使用它们。它们通过尖叫声和咆哮声发出警报或警告，通常是由银背大猩猩发出。深沉的打嗝声暗示着满足感，在进食和休息期间经常听到打嗝的声音，是群内交流的最常见形式。大猩猩被认为高度聪明，圈养的大猩猩科科（Koko），被教会了一部分手语。大猩猩可以表现出笑、悲伤，拥有“丰富的情感生活”。它们通过建立牢固的家庭联系，会制造和使用工具以及思考过去和未来。它们已经被证明在不同的区域有不同的文化而使用不同的食物准备方法，并且会表现出个体的颜色偏好
南方古猿，440 万~50 万年前，脑容量 365~530 cm^3 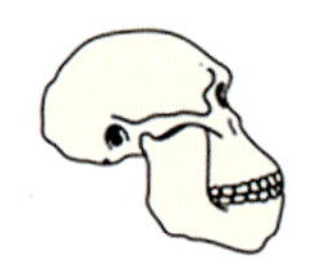	南方古猿（australopithecus）物种在人类进化中起着重要作用，人属是在 240 万~230 万年前起源于南方古猿。从化石记录中发现南方古猿的手部有重大变化（手指相对于拇指变短），南方古猿拥有 340 万~240 万年前源自 SRGAP2 的三个重复基因中的两个（SRGAP2B 和 SRGAP2C），其中第二个基因促进了人类大脑中神经元的数量和脑容量的扩展，并最终从早期的同种物种进化成现代人类
能人,200 万~150 万年前，脑容量 550~687 cm^3 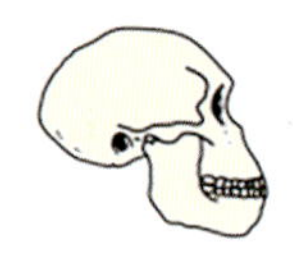	能人（Homo habilis）会使用工具来屠宰和剥皮动物。能人主要是用工具来清除腐肉，比如把肉从腐肉上剔除出来，而不是用来防御或狩猎。他们可能是好斗的食腐动物，从与其生活的环境中较小的食肉动物如豺或猎豹那里偷取猎物。牙齿侵蚀与重复暴露在酸性之中的迹象表明，水果也可能是一个重要的饮食组成部分。能人的智力和社会组织比典型的澳大利亚古猿或黑猩猩更为复杂。能人的比例较长的腿可能表明长途迁徙

续表

人猿分类	特　征
匠人,200 万 ~180 万年前，脑容量 700~900 cm^3 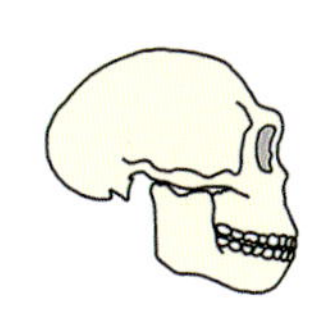	匠人（Homo ergaster）可能是亚洲较晚直立人种群的直接祖先，可能是起源于欧洲和后来的非洲人类，例如现代人类和尼安德特人。与其祖先相比，匠人使用更先进的工具，是人属最早的真实代表，居住在非洲大草原上，匠人可能是第一个进化为群体食肉动物的灵长类动物。匠人的身体比例与后来的人属更相似，尤其是腿比较长，这使他们不得不成为双足动物。这种行为可能是在与其他食肉动物争夺营养食品的过程中反击的结果，集体捕食可能引发了一系列进化变化，从而改变了人类进化的过程。匠人可能是最早掌握火的人类，将火用于烹饪，烹饪使肉类和植物性食品都更易消化，使内脏尺寸减小。相比直立人，匠人的牙齿和颌骨较小，匠人头骨的脑容量在 700~900 cm^3 变化，比现代人类的平均水平低了约 500 cm^3，匠人的头骨在眼窝后变窄。匠人的脊柱长度在现代人类的脊椎范围内，表明匠人能够说话
直立人，180 万 ~20 万年前，脑容量 600~1250 cm^3 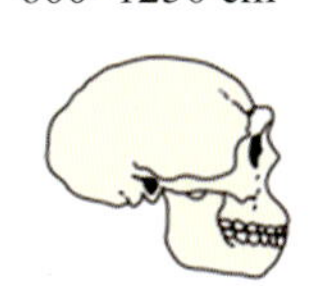	直立人（Homo erectus）诞生于 180 万年前，具有较大的大脑、较扁平的脸、更像现代人的鼻子，使用火和更先进的工具。亚洲直立人的脑容量是现代人类的 72% ~84%。2005 年，美国人类学家马克 · 迈耶（Marc Meyer）得出结论，直立人至少在非洲以外，在解剖学上是有语言能力的。从神经学上讲,所有人属均具有类似的大脑配置。同样地，直立人的布洛卡区和韦尼克区与现代人相当。然而，这并不能说明任何语言能力方面的问题，因为即使是大型黑猩猩也可以有类似扩大的布洛卡区。随着技术的发展，大脑的容量和文化的复杂性不断增加，直立人可能使用了一些原始语言并建立了基本框架，最终形成了围绕其框架建立的成熟语言
海德堡人，60 万年前，脑容量 1100~1400 cm^3 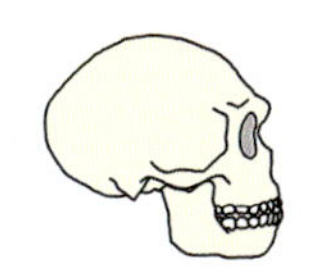	海德堡人（Homo heidelbergensis）与其后代尼安德特人一样，获得了一种语言前的交流系统，被认为是现代人类首个没有气囊（air sacs）的祖先，气囊是与发声有关的喉部憩室。肺泡的缺失可能有助于人类发展语音的能力。有证据表明，海德堡人是右撇子，利手性与人类语言的发展有关。对人类和黑猩猩的讲话频率的研究表明，海德堡人的讲话能力更接近于现代人类。他们的语音显示出一种带宽，这种带宽稍微有些偏移，并且大大扩展到包含人类语言中相关声学信息的频率
尼安德特人，20 万 ~4 万年前，脑容量 1200~1750 cm^3 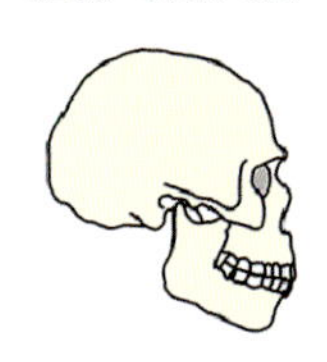	尼安德特人（Homo neanderthalensis）在技术和文化上的复杂性达到了一定程度，他们至少相当善于表达，可以与现代人相媲美。他们使用一种稍微复杂的语言，可能使用语法，可能是在恶劣的环境中生存所必需的，因为尼安德特人需要交流诸如位置、狩猎和采集以及工具制造技术等话题。神经科学家安德烈·维谢斯基（Andrey Vyshedskiy）认为，尼安德特人缺乏心理综合能力，即现代人用有限的文字可以有效地表达无限想法的行为想象力。现代人类中的 FOXP2 基因与语音和语言发展有关，FOXP2 存在于尼安德特人之中，但不存在于现代人的基因变体中。从神经学的角度来看，尼安德特人有一个扩大的布洛卡区控制句子的形成和语音的理解，但 48 个编码语言的基因中有 11 个在尼安德特人和现代人之间存在不同的甲基化模式。这可能表明现代人比尼安德特人有更强的语言表达能力
现代人，15 万 ~5 万年前，脑容量 1350~1450cm^3 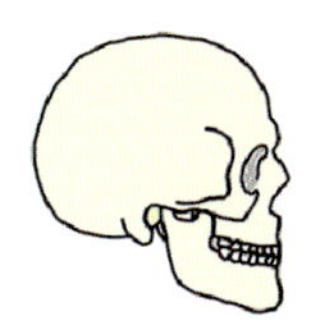	现代人【human, 智人（Homo sapiens）少于 20 万年前】的特征是直立的姿势和两足动物的运动，眉脊比直立人大幅降低，脸部更加扁平，大脑比直立人大得多。与其他动物相比，具有较高的手动灵活性和使用重型工具，使用开放和复杂的语言，具有比其他动物更大、更复杂的大脑，以及高度发达和有组织的社会。早期的人类属（尤其是南方古猿），其大脑和解剖结构在很多方面与非人类祖先的猿类相似，人类至少在 10 万 ~7 万年前就开始表现出行为现代性的证据，并且有些证据可以追溯到大约 30 万年前。在石器时代中期，具有行为现代性的某些特征，可能较早开始，并且可能与智人的大脑球状化的进化过程相平行。在数次移民潮中，智人冒险走出非洲，到了世界大部分地区。这种进化成功的优势包括更大的大脑，大脑皮层、前额叶皮层和颞叶更发达。人类可通过

续表

人猿分类	特　征
现代人，15万～5万年前，脑容量1350~1450cm³ 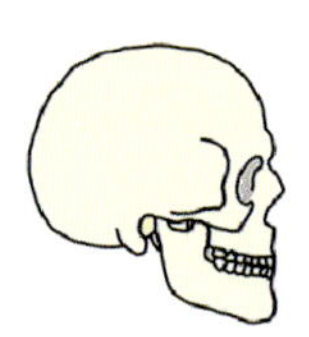	社交学习实现先进的抽象推理，使用语言，具有解决问题的能力，以及社交、文化等特点。人类比其他任何动物都更频繁、更有效地使用工具：他们是现存的唯一一种能够生火、烹饪食物，给自己穿衣服以及创造和使用许多其他技术和艺术的物种。人类独特地使用诸如语言和艺术之类的象征性交流系统来表达自己和交流思想，并将自己组织成有目的群体。人类创造了复杂的社会结构，从家庭和亲属网络到国家，由许多合作和竞争的群体组成。人类对环境的理解和影响、好奇心，以及对现象的解释和操纵的欲望，推动了人类在科学、技术、哲学、神话、宗教和许多其他知识领域的发展

3.2.2　从古人类学角度考察大脑的进化

在没有任何关于我们祖先大脑组织的直接证据的情况下，进化过程中有关类人猿的大脑发育的信息只能从化石骨骼中的内部骨质脑壳的铸模中获取。这些铸模提供了有关大脑尺寸和形状的证据。此外，重建的印记还可以提供有关大脑表面突出褶皱的卷曲信息。这种方法使得该领域早期的大部分研究只关注大脑尺寸相对于身体大小的发展。直到至少60万年前，大脑尺寸的增加与身体尺寸的增加相关，此后大脑尺寸的增加才与身体尺寸无关，如图3.16所示，时期和大脑容量来自对现代人类长骨和椎骨测量数据进行回归的估计值，使用文献中的长骨和椎骨测量数据来估算体重。尽管这些数据来源可能带有不同的偏差，但它们生动地展示了在身体尺寸相对停滞的时期，大脑容量急剧增加。灰线表示现代人的平均值。图3.16表明从南方古猿到现代人的身高与脑容量都是随着时间的推移而增长的。

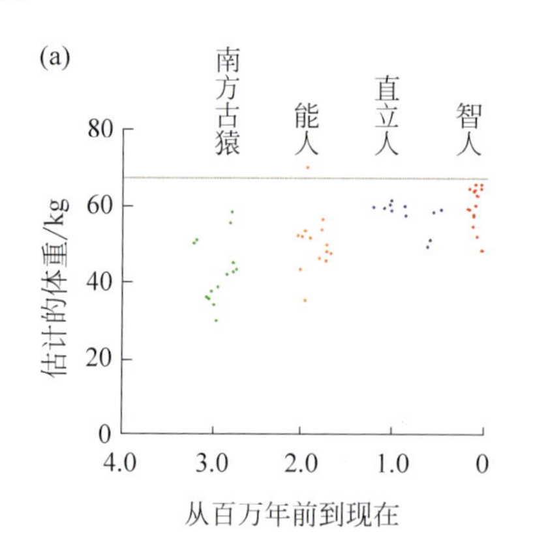

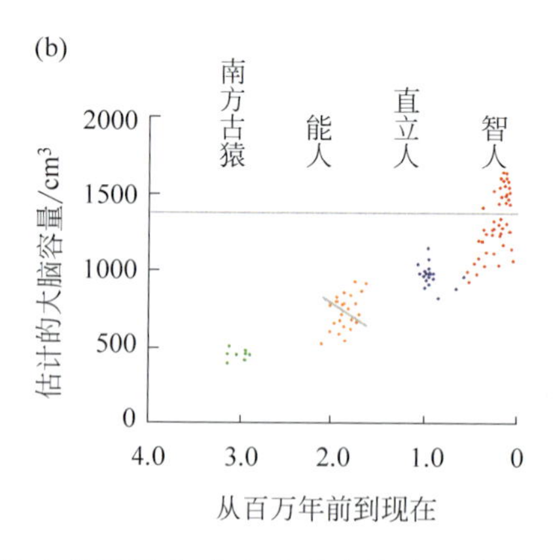

图3.16　从300万年前到现在的原始人化石的身体重量（a）和大脑容量（b）的变化

近年来，人类学家研究了人类和非人类灵长类动物脑中的特定脑沟的细节，因为这些脑沟印在了内骨骼上。其中之一是所谓的月状沟，标志着枕叶的前限，对应于初级视觉皮层。研究认为顶叶和颞叶皮层的进化扩展会导致月状沟在系统发育过程中发生移动，这可能导致了人脑顶-颞-枕关联皮质的扩大。关于前额叶皮层，特别是额中沟，脑沟结构的跨物种差异也得到了研究。观察到的差异已被用来解释人类前额叶皮层的扩张。化石记录的大脑尺寸的增长趋势很明显，如图 3.16 所示。在个体发育过程中，人脑尺寸在早期发育过程中增加，达到成年大小的时间比其他灵长类动物晚。大脑的发育主要发生在出生后与环境的高度互动中。发育涉及灰质和白质，并一直持续到青春期晚期。原始人类的大脑比非洲猿的平均尺寸增加了近 3 倍，这与我们南方古猿的祖先相似。大约在 200 万年前，随着古人类能人（Homo habilis）的出现，与身体相比，古人类的大脑首次开始明显增大。能人脑容量比南方古猿的数值高出 150%，为 500~750 cm^3。过渡并不是那么简单，因为身高的增加使净增加减少了一点，并且归类为人类化石标本的大脑尺寸差异很大。随后的脑部扩张逐渐发生，直到最近。直立人化石的历史最早可追溯到 180 万年前，而最晚可追溯到 35 万年前，高端能人和现代智人的低端脑容量重叠，也就是从 800~1000 cm^3。尽管可以将这些变化视为物种之间的分类，但很明显，在直立人和智人谱系中也存在大脑尺寸变化的趋势：直立人随着时间的推移会略有增加，而最近一段时间智人会略有减少，最终趋于稳定至约 1350 cm^3（图 3.17）。

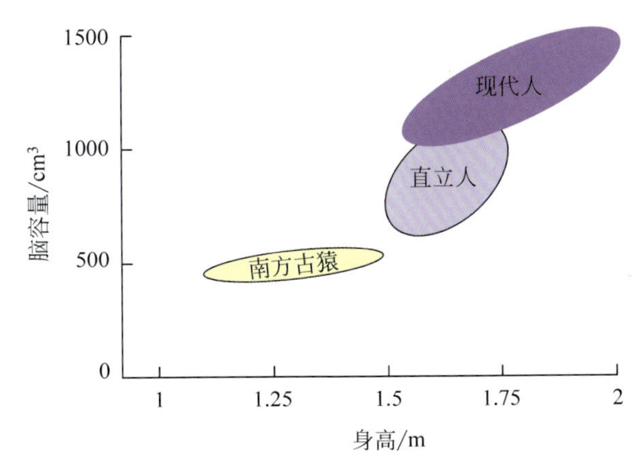

图 3.17　南方古猿、直立人、现代人的身高与脑容量关系图

从这些趋势中，我们可以预测大脑内部结构的相关趋势：前额叶的增加，以及学习倾向的相应变化。大脑结构进化中如此强劲而持久的趋势反映了自然选择作用于大脑主要功能的力量，而人脑结构中这些最显著的变化与人类特有的符号能力的发展相关联，这也绝非巧合。由于这个原因，在人类进化过程中大脑容量的增加是一个重要的记录，既说明了给定化石物种获得符号的相对容易程度，也说明了选择对这种能力的优先影响。大多数物种的大多数特征的进化可以用简单的达尔文进化论来解释，一般来说，行为适应往往会先于人类发展过程中的主要生物学变化并对其进行调节，因为它们比遗传和形态变化更容易发生和响应。但是，一旦一些有用的行为在种群中传播开来，且成为生存的重要因素，它们就会对支持其繁殖的遗传特征产生选择压力。与其他物种相比，原始人的行为适应决定了他们身体进化的进程，而不是反过来。石头和符号工具，最初是借助猿类灵活的学习能力获得的，最终扭转了局面，迫使其使用者适应这些技术并带来了新的生态位。这些用于获取食物和组织社会行为不再只是有用的技巧，而是成为了一个新的适应复合体中不可或缺的元素。人类的起源可以定义为，在我们的进化过程中，当这些工具成为了我们身体和大脑选择的主要来源时，这是人类出现的特征。

晚期南方古猿使用石器，并进入使用符号进行社会交流的早期，这可能促成了许多化石谱系的多样化。在第一次出现石器工具的时期，作为这种适应性行为复合体的每个继承者，不同的血统可能会根据不同的初始条件和环境偶发事件对其影响做出略微不同的反应。但随着时间的推移，我们预期这些差异将趋于一致。因此，我们可以尝试从这个时期追溯到后来的世系以建立系统发育的许多特征，例如火的使用、缩小的牙齿、两性异形、更高效的行走、更完善精确的抓取和大脑尺寸的增加，这些特征可能分别代表不同孤立人群中的早期石器工具的使用者。即便如此，为了应对这种普遍的行为适应所带来的选择压力，无论哪一支能够生存下来，它们最终都会进化出这些先前分离特征的平行形式。所有这些区分现代人类身体和大脑的生理特征都是由代代相传的观点引起的。

尽管区分语言和非语言交流的门槛不是语言的复杂性或效率，但人类对语言的适应使其变得如此复杂又如此有效，也是通过语言能力的选择产生的。一旦符号交流在早期的原始人类社会中变得稍微复杂，它独特的代表功能和开放的灵活性就会导致它被用于无数的目的，并产生同样强大的再生后果。现存语言的多层结构和我们非常容易使用的语言，都只能被解释为二次选择的结果，这种二次选择是由首次引入符号过程的社会功能所产生的。这些都是次要的，因为只有在其他领域中建立了符号交流之后，它们才成为选择的压力。然而，它们是口语广泛专门化的主要原因，也是人类在这些领域的能力与其他物种的能力之间形成巨大鸿沟的主要原因。

社会过程和生物过程之间的进化动力是现代人脑的设计者，也是理解随后一系列前所未有的语言适应性进化的关键。这一重要的转变，摆脱了可能被称为单体先天论的观点束缚，即认为人类对语言的本能是某种单一的、模块化的功能，一种语言习得装置。相反，共同进化的过程产生了一系列广泛的感知、运动、学习，甚至情感的先天性，每一种先天性都以某种轻微的方式降低了在语言游戏中失败的概率。每一个本身可能看起来都是一个典型的人类倾向性的相当微妙的转变。但综合起来，这些众多的语言适应性不可避免地引导着学习过程，虽然其中任何一种可能都不是不可或缺或足够的，但它们共同保证了语言的传承。

事后看来，符号交流的无数衍生用途，从积极地将一代学到的知识传递给下一代，到社会生活的各个方面操控他人和进行谈判，每一种都可以表现为语言的独立收敛的选择压力。语言起源的许多竞争场景在关注某些特定的社会优势方面有所不同，这些优势被认为最有可能是语言能力选择的来源。选择语言是因为其在支持母婴关系中的紧密合作、传授采摘觅食的技巧、组织狩猎、操纵繁殖竞争者、吸引伴侣、招募群体进行战争和集体防御或提供某种有效的社会凝聚力方面的重要性，或者能提供一种有效的社会力，使个体能够持续评估共同利益和支持群体脉络。所有这些可能都是重要的选择来源，与其说是语言起源，不如说是语言选择的重要来源，在于其逐步的专业化和精心设计。在这方面，符号交流被陆续引入一系列领域。这些用途的价值反过来会带来新的选择压力，从而进一步支持和完善符号能力。

支持多样化适应的选择压力的扩散是必然的结果。这就好比一项新的技术创新，为一项应用而开发，却可以成为大量完全出乎意料的应用的选择。随着时间的推移，一项适用于某一领域的新成果，往往会被用于越来越广泛的其他用途。例如，羽毛的进化最初可能是对保温的适应，现在已成为对鸟类飞行进行适应的最重要的组成部分。在羽毛形状和分布的进化中羽毛发挥了突出的作用，这两种功能仍然是羽毛持久存在的原因。但除此之外，许多第三种适应性也随之出现，如筑巢垫层、漂浮和交配展示等功能。

当然，适应性在本质上越具有灵活性或普遍性，就越有可能参与次级功能的多样性。一旦符号交流成为一项重要的社会功能所必需，它就可以用于招募来支持许多其他功能。随着越来越多的功能依赖于符号交流，它将成为一种不可或缺的适应。而且，它变得越不可缺少，就越会提高符号学习失败和笨拙符号使用的成本。人类认知进化的大多数理论都调用了这种正反馈过程。然而，很少有人考虑到，在长达 200 万年的时间里，如此激烈的选择对许多不同的神经和身体系统造成了什么样的后果，这些系统与语言的分析和产生有关，比如符号交流。涉及语言学习和使用的感觉、运动和认知功能的各个方面，最终都可能在某种程度上受到适应性变化的影响。所有人都会在大脑、思想、身体，甚至人类社会机构中留下自己的印记。然而，因为理解符号关系的能力是所有事物的基础，所以对任何有利于这一功能的事物的选择自始至终都是持续而强烈的。这可能解释了自引入符号交流以来，大脑体积和前额叶的持续增长了 200 万年的原因。但是，任何能够帮助克服障碍以实现有效的符号交流的支持来源，都会受到进化的青睐。前额叶化只是这个过程的一个方面。在过去的 200 万年里，语言结构的许多其他方面肯定也在进化，通过最小化语言使用者的局限性的影响来最大化语言的再现性。这种影响不仅体现在语言的词汇、词法和句法上，而且还会在交流中表现出来。在现代语言中，它们的派生特征至少仍部分明显，尽管这些先前的语言适应的大部分细节已经被选择的精雕细琢所磨损，现代语言的一些主要特征仍然保留了它们过去选择压力的重要印迹，这为我们推测性重建提供了一些基础。总之，可利用的古人类学研究结果表明，在系统发育过程中大脑会发生重组，并且由于人类个体发育时间的延长，可能会受到环境因素的影响而重新布局。

3.3 脑与身体的重量比及其与智力的关系

3.3.1 脑体比

脑与身体的重量比（简称脑体比），尽管对许多动物来讲其比值都相当不准确，但通过推测可以对动物的智力进行粗略的估计。一种复杂的测量方法是测量脑商，这种方法考虑了几类种群中不同体型的异速生长效应（allometric effects）。然而，原始的脑与身体的质量比更容易得到，是比较物种内部或相近物种之间脑形成的有用工具。

在动物中，大脑的大小通常随身体的比例而增加，即大型动物的大脑通常比较小的动物大，但这种关系不是线性的。小型动物（例如小鼠）的脑体比可能与人类相似，而大象的脑体比则相对较低。12 种不同物种的脑体比如图 3.18 所示。

在动物中，人们认为大脑越大，就能承担越复杂的认知任务。然而，大型动物需要更多的神经元来维持其身体运作和控制特定的肌肉。因此，相对而不是绝对的大脑大小有助于对动物进行排序，从而更好地符合观察到的动物行为的复杂性。脑与身体质量比和行为复杂性之间的关系并不确定，因为其他因素也会影响智力，比如大脑皮层的进化和大脑不同程度的折叠，由于大脑皮层表面积与智力水平呈正相关。所有活着的脊椎动物的脑重和体重之间的关系遵循两个完全分开的线性函数，分别针对冷血动物和温血动物而言。与相同大小的温血脊椎动物相比，冷血脊椎动物的大脑要小得多。但如果考虑到大脑的新陈代谢，温血和冷血脊椎动物的脑对身体关系就会变得相似，大多数将其基础代谢的 2% ~8% 用于大脑和脊髓。

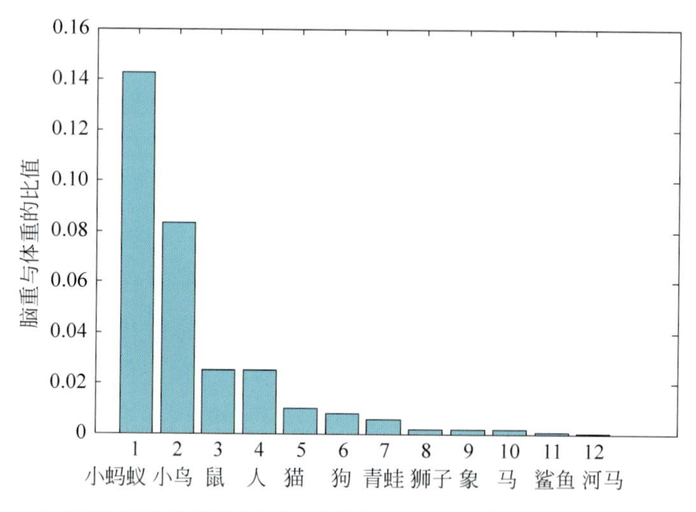

(a) 12种不同物种的脑重与体重的比值（横坐标为物种，纵坐标为比值）

(b) 对应(a)图横坐标的12种动物

图 3.18　12 种不同物种的脑重与体重的比值

从图 3.18 可以看出，人和老鼠的脑体比大致相同，而马和大象的比值也大致相当。小鸟的脑体比比人类大得多，这是否意味着鸟类比人类更聪明？此方法的复杂性在于，脊椎动物的脑重通常不会随体重的增加而线性地增加。因此，大型脊椎动物的脑部比小型脊椎动物的脑部成比例变小，就这些简单的比例而言，许多小型哺乳动物的脑体比要比人类大。图 3.18 展示了一些熟悉的动物的脑体比。在所有鲸类动物中，海豚的脑重与体重比值最高。在爬行动物中，巨蜥、泰格斯、变色蜥和一些龟类是最大的。在鸟类中，脑重与体重比值最高的是鹦鹉、乌鸦、喜鹊、松鸦和渡鸦。无论是章鱼还是跳蛛（jumping spider，图 3.19）都是无脊椎动物中比重最高的，尽管有些蚂蚁的大脑占其体重的 14%~15%，这是已知的所有动物中比重最高的。鲨鱼是除蝠鲼（manta ray）之外的鱼类中比重最高的（尽管带电象鱼的比例要高出近 80 倍，约为 1/32，略高于人类的比例）。树鼩（treeshrew）比包括人类在内的任何哺乳动物都有更高的大脑与身体的比重。鼩鼱（shrew）的大脑质量约占其体重的 10%。从本质上讲，大脑的大小会以特定的指数速率随身体大小而增加。这可能使我们提出疑问：如果伴随体重增加而增加的脑部重量不一定增加智力，那么额外的脑部物质的功能又是什么？哺乳动物的这种近似智力的测量比其他物种和动物种群更为准确吗？

图 3.19 脑重与体重比涉及的几种动物

为了开展脑重与体重比值的研究，让我们从整个大脑和整个身体开始，逐步缩小搜索范围，以找到究竟是什么改变了人类的大脑。大脑功能的某些部分必须始终致力于处理身体的信息处理需求，并不用于其他认知用途。因此，作为分析大脑网络功能的第一步，大脑的总体功能可能会分为内脏部分和认知部分。如果更大的大脑也必须满足更大的身体对信息处理的需求，那么更大的大脑并不一定会给拥有者带来认知能力的净增长。在所有其他条件相同的情况下，可以预期，随着身体的变大，大脑将至少与身体的需求保持同步，这样，对激素、消化、基本躯体感觉和肌肉功能的神经控制程度就不能区分不同体型的物种。但是，我们如何计算出有多少信息处理能力必须专门用于维持躯体功能呢？

一种简单而明显的可能性是，必须用于维持身体的大脑容量部分与身体本身大小成正比。如果是真，那么脑重与体重的比值将反映出认知和躯体脑功能之间的比例。脑重与体重比值高的个体和物种应该有更多的大脑自由用于非躯体功能——更高的净认知能力。与哺乳动物和鸟类相比，鱼类、爬行动物和两栖动物的脑重量在体重中所占的比例要小得多，而且我们倾向于认为这些冷血脊椎动物不如我们的温血动物思维复杂。脑重与体重比值低也被用来论证大型恐龙的低智商，并解释了人类明显比大脑更大的鲸鱼和大象更聪明。不幸的是，一种简单的比例方法无法理解小鼠和其他小型哺乳动物中脑重与体重的高比值（是人类比例的 2 倍），因为似乎没有人愿意声称小鼠在智力上轻微地超越人类，并在与其他大型猿类相比时有很大优势。此外，比例上的差异并不能通过神经元密度的差异来补偿。小型哺乳动物的大脑中充满了更密集的神经元，因为神经元密度随着体积减小而增大。最终的结论是，神经元数量与体型的比例比脑/体比例更有利于小型哺乳动物。对绝对大尺寸和更大尺寸比例的生物的智力比较需求都不能使用符合直觉的脑体比来比较。

并非只有老鼠的脑重与体重比值超过了人类。事实上，大多数非常小的哺乳动物的脑重与体重比值与人类相当。这反映了一个事实，即在大多数动物群体中，这一比值随着体重增大而稳步下降。关于动物心理能力的一般经验和直觉并不表明这种能力会随着尺寸的增加而下降，但是直到19世纪后期，才有一种方法可以挽救智力随着大脑尺寸的增加而增加的直觉。1867年，亚历山大·勃兰特（Alexander Brandt）对一头已经灭绝的海牛进行了研究，这头海牛的大脑比人脑要大得多。简单的分数比较不足以精确地评估其智力。相反，勃兰特认为，大脑的大小可能与新陈代谢有关，大脑的感觉和运动系统的质量应该与身体的表面积有关，而不是它的总体积大小。

3.3.2 脑体比与脑商的关系

脑体比的变化趋势是动物体型越大，大脑与身体的重量比越小。大型鲸鱼的大脑相比其体重很小，而像老鼠这样的小型啮齿动物的大脑相对较大，其脑体比与人类相似。一种解释可能是当动物的大脑变大时，神经细胞的大小保持不变，更多的神经细胞会导致大脑体积（或质量）的增加但比身体其他部分增长的程度要小。为了纠正简单比率方法中的不一致，1892年，奥托·斯内尔（Otto Snell）医生尝试“体型变异测量法”，其计量公式为：$E=CS^r$，其中E是大脑的重量，S是体重，C是脑化因子常数，r是依赖于动物家族的常数（许多脊椎动物接近2/3）。脑化因子C是主要决定因素，一旦确定了r的可接受值，大脑重量由体重S和脑化因子C两个因素确定。因此，该计量公式提供了一种计算具有不同体重、不同物种的大脑相对能力的方法。当输入两个物种的大脑和身体的权重值时，则可以确定每个物种的C值。我们可以得到脑商（EQ），即C与哺乳动物平均值之比。例如，如果某个物种的EQ为2.0，则意味着该物种的C值是具有平均脑量的同等体重的哺乳动物所期望值的2倍。或者，如果某个物种的EQ为0.5，则该物种的脑化水平是平均哺乳动物的一半。他通过对不同体型的不同物种进行两两比较，取其脑重量和体重差异的平均值，得出了这个结论。不同哺乳动物的脑/体质量比的关系如图3.20所示。斯内尔提供了令人信服的（即使不是系统的）证据，证明哺乳动物的大脑与身体大小的关系在本质上相当于表面与体积的关系。后续的研究都具有两个共同的假设：首先，比较智力是指大脑中减去用于基本身体功能的那部分之后剩下部分的功能。其次，这一比例在某种程度上直接反映在大脑与身体比例的比较上。根据这一方法所预测的一般哺乳动物的智力也应该是一般的，因此也应该是可比较的，而异常值则分别大于或小于平均智力。在这种观点下，智力被解释为减去大脑的身体需求后剩下的净大脑功能。

哈里·杰里森（Harry Jerison）在《智力进化》（*The evolution of intelligence*）一书中指出，每个器官的大小应趋于一定比例，该比例应按其对身体其余部分的相对重要性进行缩放。该术语几乎像是自然选择理论的重复表达，是一种新陈代谢经济学的论点。平均而言，大脑的尺寸应倾向于反映进化优势和神经信息处理成本之间的平衡，因此，给定体重的哺乳动物大脑的平均尺寸应该为给定身体的“适当质量”提供一个有用指数。由此可以得出结论，至少在所有其他条件相同的情况下，哺乳动物的大脑相对于身体大小的趋势应反映出大脑大小所带来的成本和收益的最佳平衡。

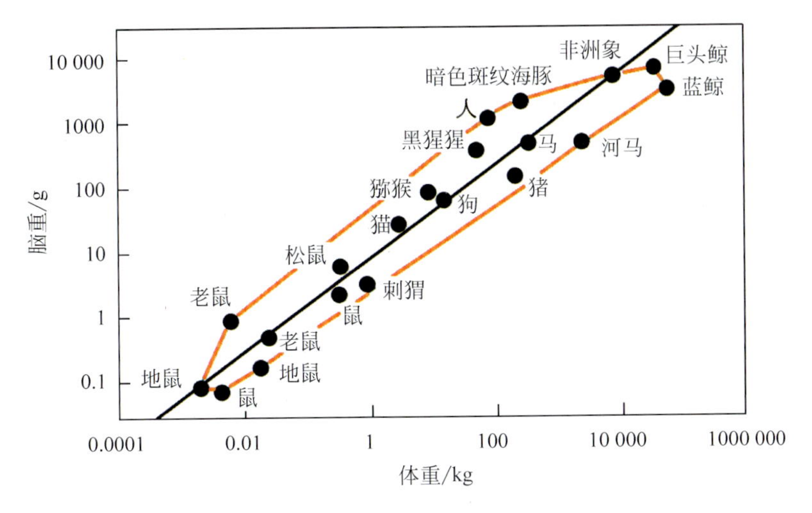

图 3.20　不同哺乳动物的脑重与体重比的关系

杰里森（Jerison）认为，专门用于满足人体运作和日常功能需求的全部大脑计算的比例应缩放到的人体尺寸，因为人体的大多数神经表示都反映了来自人体感觉表面的映射。例如，与大脑尺寸相关的一个主要成本是它的代谢需求。大脑在静止状态下是代谢最昂贵的器官，其消耗的葡萄糖和氧气的量是其他任何器官的 10 倍之多。由于基础代谢在哺乳动物中达到了体重的 3/4，而不是斯内尔（Snell）等从表面到体积的散热假设进行预测的 2/3，这一成本也必须计入适当质量的公式中。但正是因为这种非认知成本必须考虑在内，所以我们不应该期望大脑尺寸到身体大小的平均缩放反映出任何等距的智力能力。按形态学评估的适当质量不能等同于净计算能力，因此在不同尺度上的等效脑化不是等效认知能力的可靠指标。

图 3.21 为不同物种的脑商比较（常数 $r = 2/3$），人类的脑商最高，其次是海豚、乌鸦、黑猩猩等。乌鸦和黑猩猩拥有同等的智力，鸟类大脑的成簇组织承担着和哺乳类动物大脑皮层近乎相似的功效，具有复杂、灵活、有创造性等特征。乌鸦和黑猩猩大脑 / 身体比几乎等大，乌鸦与黑猩猩一样能使用简单的工具，能根据不同的目的选择不同的工具。黑猩猩和乌鸦都是高度社会性的动物，它们都已经进化到能使用和处理群体关系信息，知道谁与谁结盟，谁和谁有何种关系以及如何进行欺骗。乌鸦具有超强的记忆力，能藏起大量的种子并在 6 个月以后再找到它们。若藏食物时乌鸦看到其他的鸟在看着它们，则会过一会儿悄悄地回来将食物重新藏匿。乌鸦知道把胡桃等坚果放在马路上让汽车帮助轧碎，然后再食用。

这些信息是否符合对哺乳动物相对智能的直觉呢？从图 3.21 看见，人在最前面，海豚紧随其后，然后脑商是下降的。海豚在智力方面享有很高的声誉，但我们是否还认为狗比猫更聪明？如何确定家鼠是否比野生鼠更聪明？该数据似乎表明，相对于整个哺乳动物，高等灵长类动物通常比低等灵长类动物的大脑更发达，并且较小的哺乳动物和啮齿动物低于平均水平。研究表明，在非人灵长类动物中，整个大脑的大小比大脑与身体的质量比更能衡量认知能力。然而，研究发现脑/体质量比是食肉哺乳动物解决问题能力变化的一个极好的预测指标。在人类中，大脑与体重的比例可能因人而异，体重过轻的人比超重的人其脑/体比值要高得多，婴儿比成人要高得多。海洋哺乳动物也会遇到同样的问题，它们可能有大量的体脂肪。因此，研究人员更喜欢选用瘦体重者而不是重脑量者作为更好的预测因子。

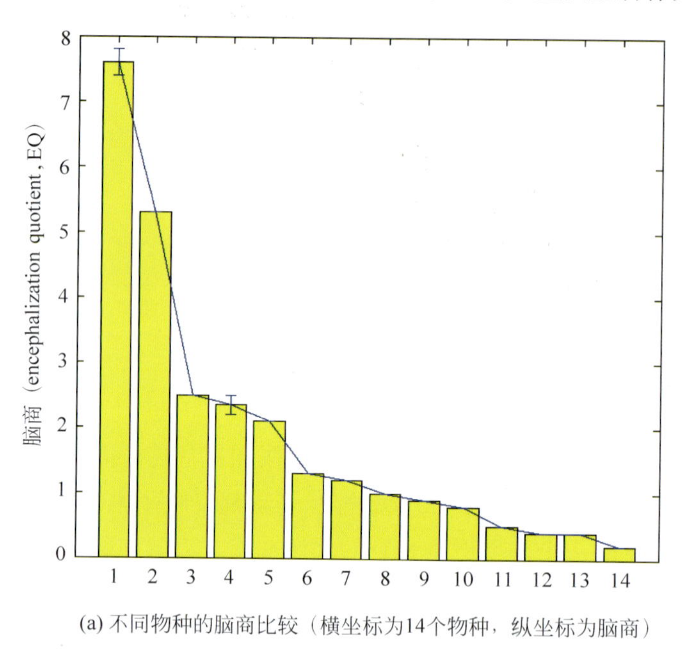

(a) 不同物种的脑商比较（横坐标为14个物种，纵坐标为脑商）

1. 人　2. 宽吻海豚　3. 乌鸦　4. 黑猩猩　5. 恒河猴　6. 非洲象　7. 狗
8. 猫　9. 马　10. 羊　11. 小鼠　12. 大老鼠　13. 兔子　14. 负鼠

(b) 对应于(a)图横坐标的14个物种

图 3.21　不同物种的脑商比较

大脑神经网络功能的评估因其非线性而更加复杂。非线性数学关系是指其中一部分结果必须计入计算本身的关系。例如，肌肉必须像移动其他结构一样移动自己，虽然更大的肌肉质量增加了可以产生的力量，但它也增加了必须移动的质量。这意味着当举重运动员增加肌肉质量时，他们的净力量并没有随着总力量的增加而增加。随着肌肉比例增加到一定水平以上，净力量增加明显减少。在大脑功能方面，可能有很多类似的非线性关系。考虑一下企业的信息处理需求与大脑的信息处理需求之间的类比。企业的发展不仅增加了对更多工人的需求，还增加了管理结构和管理层次的需求。随着工人人数的增加，经理、行政人员和秘书的人数也必须增加。这些中层人员掌握其他工人的工作时间、薪水、职责等很有必要。虽然经理和秘书只占员工总数的一小部分，但是这个比例会随着企业规模的扩大而增加，因为这些中层员工本身也必须得到管理和支付，因此进一步增加了管理成本。因此，随着组织的发展，为了实现总产值的增长，与直接处理所提供产品或服务的员工相比，不可避免地需要略微增加管理与生产工作的净比例，以实现收支平衡。

同样地，随着大脑体积的增大，类似的信息管理需求也随之增加。就像一个不断扩张的企业一样，大脑可能不得不将其信息处理能力中越来越大的一部分用于类似功能的管理，只是为了面对更大的规模和复杂性而保持同等水平的功能集成和控制。因此，用于输入输出功能的神经计算的比例可能因此随着尺寸的增大而减小，就每个功能输出执行的计算数量而言，较大的大脑效率逐渐下降。因此，较大的大脑将倾向于获得较大的总计算能力，但净计算效率会降低。一个较大的机构将要求承担更大比例的管理职能，以便实现收支平衡。我们可以认为这种管理工作类似于大脑的高级功能，即指导、协调和监视输入输出功能的那些功能。从这个角度来看，可以说，更大的大脑将不可避免地越来越需要致力于中层管理，而行政层级将需要提高到新的级别以提供可比的性能。随着规模的增大，必须根据输入–输出容量减去更多的计算开销。它提供了怀疑较大的大脑与较小的大脑需要不同的组织的理由，不同的组成功能需要不同的质量，这导致跨尺寸范围的比较变得更加复杂。

如图 3.18 所示，鲨鱼的大脑体重比要比哺乳动物和鸟类小得多，鲨鱼的习性通常表现出明显的好奇心和举止，类似于在野外游玩，幼年柠檬鲨可以通过观察学习来调查其周围环境中的新物体。少数几种鲨鱼是孤独的寻猎者，大多数鲨鱼的生活更加群居，生活在大的鱼群之中，并具有自己独特的个性。独居的鲨鱼甚至也会在繁殖场所或狩猎场暂时聚居，这可能导致它们一年内迁徙数千英里，鲨鱼的迁徙方式可能比鸟类更为复杂，许多鲨鱼覆盖了整个海盆。海盆中存在跨物种的社会层次结构。图 3.22 是脊椎动物鲨鱼和人类大脑的主要解剖区域。鲨鱼和人类大脑相比，部件相同，但其大小和形状差异很大，但大白鲨大脑的一些重要特征与人脑相同。如大白鲨的大脑中负责视觉输入的区域与人脑相似，大白鲨大脑中有很大一部分都是与视觉相联系的。

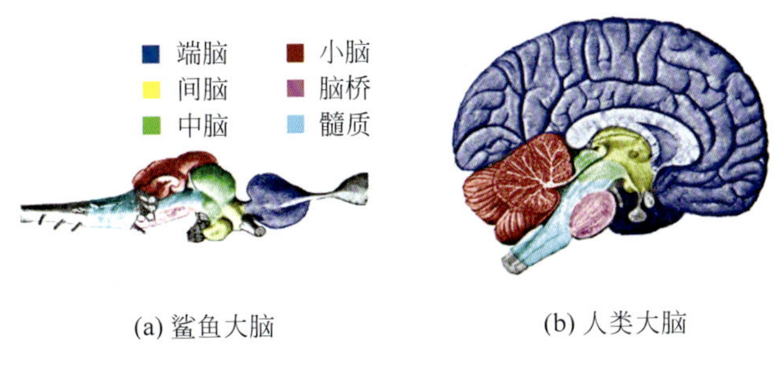

图 3.22 脊椎动物鲨鱼和人类大脑的主要解剖区域

3.4 哺乳动物的大脑尺寸与智力的关系

3.4.1 哺乳动物的大脑尺寸与智力水平的差异

直觉告诉我们，像蝙蝠、鼹鼠和老鼠这样的脑容量小的动物比像马、狮子和大象这样的脑容量大的动物更不聪明，或者至少对它们活动的许多可能选择和后果的“认知能力”更差。当我们将大型哺乳动物与蜥蜴、两栖动物的大脑与通常比最小的哺乳动物还要小的鱼类进行比较时，这种差异似乎更加明显。昆虫的小脑袋又如何呢？即使是最低等脊椎动物的心理表征能力的一小部分也需要极大的想象力。大脑绝对尺寸的巨大差异似乎与我们认为是智力的某些心智能力有着不可否认的相关性。

几乎被普遍忽略的大脑尺寸 / 智力问题的一个方面是，不同大小的动物生活在完全不同的世界中。如果自然形态的尺寸显著不同，它们就会受到不同类型的力和物理约束。身体各部分的几何关系随尺寸的变化（例如，相对于体积的表面，相对于支撑结构的力）只是这种比例的一种表达。虽然不同脊椎动物的大小范围还没有大到需要完全不同的身体结构，但规模仍然存在许多数量级的范围差异，并足以造成大脑的巨大差异。所有哺乳动物，包括它们的大脑，其构造都惊人地相似。尽管如此，对于大与小的信息处理需求，几乎可以肯定会对大型和小型物种的大脑产生截然不同的影响。

时间的伸缩与大小相关。小动物对外界的条件反射必须更快，以便控制小得多的四肢并响应快速的运动反馈。此外，对于小型物种来说，决策必须精简，因为它们的高代谢率和最低能量储备几乎没有为觅食活动、防御捕食者或交配行为提供余地。而且，也许最重要的是，它们短暂的一生几乎没有时间从经验中学习。其结果是，寿命短使得预先设定的行为模式的有效性得到了重视，而这些行为模式几乎不需要环境启动或微调。相比之下，大型动物的反射速度较慢，可以改变其性行为和觅食行为，以更好地优化其行为，并且可能有很大的机会通过观察、反复试验来学习。寿命越长，学习和记忆就越重要，而预先自动规划的行为就越少。此外，生命时间长或具有长途旅行的能力更可能使动物暴露于环境的重大变化中。因此，大型、长寿的动物必须能够评估环境变化的影响并使其适应变化的环境，而小型、寿命短的物种在一个生命周期内不会面临这样的变化。在代际信息传递策略上存在相关差异。大型物种倾向于通过将学到的信息从父系传递给后代，通过把精力集中在少数可塑后代身上来实现。然而，小物种倾向于通过产生大量具有预先规划行为模式的不同变体的后代来更好地取样替代适应策略，并将其余的留给自然选择。

图 3.23 示意性地总结了这些与规模有关的认知关联，哺乳动物从鼠到猫、再到猴、继而到人的进化过程中，脑（特别是新皮质、联合皮质）变得越来越大，联合皮质逐渐发展，脑沟回的数量增加，使得皮质表面积更大，而智力水平是与皮质表面积成正比的，但运动 / 感觉皮质相对脑容量却在下降。

图 3.24 描述了几种不同大小的物种的一些与认知相关的差异，随着大脑尺寸的增加，大脑 / 身体质量比和生殖率则降低，大脑的细分程度更高和相互联系较少导致功能整合减

少，以及相应的处理时间和反应时间增加；这样减少了对内在反应的依赖，增加了对学习的依赖，因为对效率较低但更灵活的试错适应有更大的容忍度；以及学习策略的转变，从高度受刺激约束的学习模式转变为更易于在不同语境中归纳和传递信息的学习模式。研究表明，将训练转移到与联想关系完全相反的条件下，与大脑总容量的增加有相当大的相关性，但与脑形成无关，表明这是“总”而非“净”信息处理能力的关联。

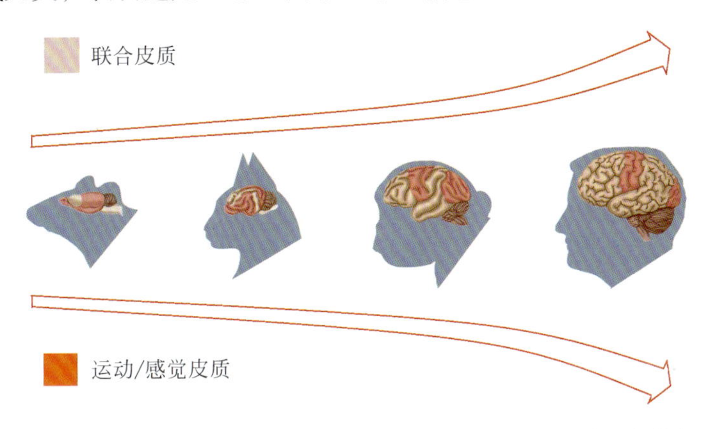

图 3.23 哺乳动物从鼠、猫、猴至人类的进化过程的联合皮层和运动 / 感觉皮质的变化规律

从鼠、猫、猴至人类，其联合皮质的面积随着脑容量的增加而增加，其智力水平与皮质表面积成正比，但运动 / 感觉皮质的相对面积随脑容量的增加却下降。

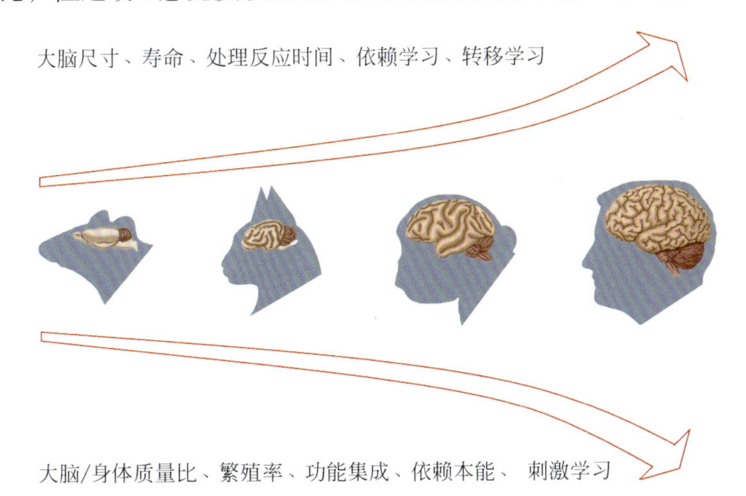

图 3.24 与大脑、身体和寿命的尺度相关的对鼠、猫、猴、人的一些认知差异

从鼠、猫、猴至人，随着大脑尺寸的增加，其寿命、处理反应时间、依赖学习和转移学习也随之增加，但其脑重与体重比、繁殖率、功能集成，依赖本能和刺激学习则随之降低。

迪肯（Deacon）认为，如果只是将一个小物种的大脑扩大为一个大的身体，或者将一个大物种的大脑简单地缩小为一个小身体，都是不适应的。即使是在学习领域，尽管大多数物种都受益于学习以适应临时条件的应变能力，但重点可能是在不同的规模上有很大不同的学习策略。例如，尽管大型的和小型的物种都有可能被选择去学习如何对立即出现的有害或有益的刺激做出反应，但是随着物种的体型增加，很可能会越来越强调对远处的刺激和那些仅仅具有预测价值的刺激做出反应。更大的物种可能也会显示出一种能力的价值，即调整从一种环境中习得的反应以适应另一种环境，甚至是一种因有趣的好奇心和探索而减缓的学习价值。在某种程度上，信息处理与大小相关的差异反映在大脑结构中，我们可以期望在不同大小的动物中其大脑结构呈现相关的异构关系。对于大型物种的大脑，随着神经元数量的增加，它们之间的连接数量必须按几何比例增加，以保持一个恒定连接的整合水平。这种关系适用于许多信息和控制过程。在有着数百万或数十亿神经元的大脑中，要保持相当程度的功能连接，就需要增加大量的连接，这远远超出了将其容纳在体内的任何合理的希望值。此外，对单个神经元大小的代谢限制也限制了一个神经元可以支持的突触连接的数量。因此，不可避免地，在任何真实的大脑中都不可能满足这种不断扩大的需求，每个神经元的连接会随着体积的增大而略微增加，但是与每个神经元相连的神经元的比例会迅速下降，这减少了不同脑区之间连接的相对"扇出"和"扇入"数。因此，增加规模意味着功能的碎片化增加。这也意味着速度的损失，不仅是因为距离增加，而且是因为信号要通过间接性的连接方式到达整个网络中相对应的站点所必须经过的节点数量增加。与电子计算机相比，沿着轴突和突触的脉冲传导非常缓慢。在较大的大脑中，信号在大脑结构之间的更远距离传播不可避免地会花费更多的时间。连接的几何性增加和连接的间接性也会放大较大尺寸上的时间损失。最后，规模更大、集成度较低的网络也将更容易受到局部干扰，使神经活动更加"嘈杂"。这也会减缓识别和决策过程，并影响处理效率。因此，即使规模赋予更大的信息承载能力，这些收益也可能被其他职能领域的重大成本所抵消。不可避免的信息处理几何尺寸决定了更大的大脑不能仅仅是小的大脑的放大，这使得大脑大小与智能的计算公式变得更加混乱和复杂。

没有证据表明基本学习能力在大脑大小差异巨大的物种之间有显著差异。尤安·麦克菲尔（Euan MacPhail）记录了许多脊椎动物具有非常复杂的学习能力，而这些脊椎动物一般都没有表现出发达的认知能力。这也可以扩展到广泛的无脊椎动物的学习过程中。例如，蜜蜂的复杂学习在学习的速度和复杂性方面与脊椎动物的学习有许多惊人的相似之处。对于基本的神经过程，比如简单的联想学习一般模式，我们不应该期望大脑的大小会有非常显著的影响。对大脑的大小最重要的是对不同学习策略的依赖程度，或许还有记忆存储的广度和组织方式。最清晰的证明来自对不同物种在不同任务和刺激条件之间传递学习信息的能力。这种二阶学习能力使动物能够通过在新环境中重用信息来产生新的"紧急"响应，这种能力被证明与大脑的大小相关，而与脑性化无关。

在不同学习策略的相对重要性上，大小相关的差异与语言所带来的特殊学习问题特别相关。相对灵活和间接的学习策略只在有足够的时间使用的情况下才能发挥作用。这对于多阶段学习 - 重新编码 - 取消学习过程来说更是一个问题。这种学习策略对寿命短、体型较小的动物没有什么用处。相反，较小的大脑应该对这种学习策略有偏见，因为没有足够的时间让他们获得回报。迪肯认为这可能有助于解释为什么符号交流是在像猿类这样脑容量大、寿命长的生态物种才能进化出来的。由于语言学习是高度分散的学习问题的一个极端示例，因此，脑容量较小的物种可能会比脑容量较大的物种更不利于适当的学习策略。因此，无论计算能力如何提高，大脑的绝对大小可能在语言进化中扮演了一个重要的限制作用。

3.4.2 哺乳动物的生长曲线

关于大脑尺寸的进化，最不具争议的观点之一是灵长类动物的大脑比大多数其他哺乳动物的大脑更大。从脑形成的角度来看，灵长类动物的脑容量是其他典型哺乳动物的 2 倍，而人类的脑容量是典型灵长类动物的近 3 倍，这种趋势在人脑尺寸的进化中达到了顶峰。研究表明灵长类动物平均比其他哺乳类动物聪明，而人类是灵长类动物中最聪明的。因为演变的趋势从一个以人类为中心的角度来看，人脑的进化是一个高得多的趋势顶点，其他非人类灵长类动物达到中级水平的“智商”，超过其他哺乳动物。

人们可能会认为，每个物种的大脑 / 身体生长轨迹具有不同的斜率和截距，这是因为它们具有独特的适应特性。但值得注意的是，描述所有哺乳动物胎儿大脑 / 身体发育的曲线在胎儿发育过程中往往只集中在两条平行的轨迹上：一条包括灵长类，另一条包括其余的哺乳动物，如图 3.25（a）所示。在发育的早期阶段，个体的大脑和身体几乎是同步生长的，因此所有哺乳动物胎儿的发育基本上是等生长的。这表明整个身体的生长速度可能是一样的。生长是繁殖性的：身体各组织以同样的速度自我复制，会逐渐产生更快的生长。随着发育的进行，身体和大脑的生长速度绝对加快，但是大多数哺乳动物的胎儿以相同的体重和相同的速度生长：5 克猫胎儿和 5 克猪胎儿将在相同的时间内添加相同数量的新组织。即使他们在不同的点沿着各自的发育轨迹和走向截然不同的端点。图 3.25（a）示意性地描述了黑猩猩、猕猴、猪和猫四种哺乳动物从早期胚胎阶段开始的整个生命中大脑 / 身体生长的一般模式。两条曲线都显示出大脑 / 身体生长的两阶段模式，这是由于大脑比身体其余部分更早停止生长的事实所致。图中体现了典型的灵长类 / 非灵长类大脑 / 身体的生长模式。不同的是，灵长类动物的线条向左移动了很多。对哺乳动物脑 / 体生长的比较表明，所有类人猿灵长类动物在出生前都遵循同样的生长轨迹，而大多数其他哺乳动物则遵循另一条右移的平行轨迹。这两类哺乳动物的成年同种异体是整个生长曲线的标量扩展的结果。灵长类动物生长曲线的向左移动（每个身体产生更大的大脑）从最年轻的胚胎中就很明显。图 3.25（b）显示了猪和猕猴两个物种以及人类大脑在胎儿时期的总生长率。这表明左移的灵长类动物的生长并不是大脑更快生长的结果，而是身体生长减慢的结果。人类的大脑也遵循这种模式。

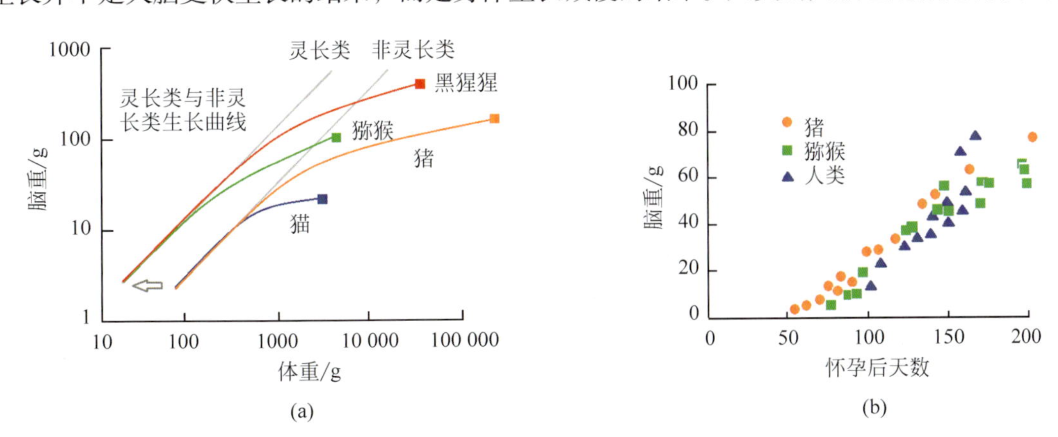

图 3.25 在略为理想化的哺乳动物生长比较中，显示了灵长类和非灵长类哺乳动物大脑、身体发育曲线的共同形状

灵长类动物大脑的生长速度基本上和其他哺乳动物一样。无论是灵长类动物还是非灵长类动物，出生时大脑达到相同大小所需的时间大致相同，如图 3.25（b）所示。灵长类动物的大脑发育速度并不比其他哺乳动物快，但它们的身体发育得较慢。从早期胚胎阶段开始，灵长类动物的体形就比其年龄预期的要小。因此，更准确地说，灵长类动物脑化的明显增加是躯体化的减少。灵长类动物的大脑和身体生长模式是否与其他哺乳动物不同，就像吉娃娃狗的大脑和身体生长与其他狗的生长模式不同。事实上，这种狗没有相应减少大脑体积，而是减少身体尺寸的生长途径不同。矮化动物在胎儿后期和出生后表现出身体生长缓慢，但在胎儿发育的大部分时间里，它们与同类的其他正常成员保持一致。然而，与其他哺乳动物相比，灵长类动物从一开始就遵循一个移动的、平行的妊娠生长曲线。和其他哺乳动物一样，灵长类的胎儿大脑 / 身体是等生长发育的。在每个胎儿体内，大脑和身体几乎以相同的速度生长，但整个灵长类动物的身体在妊娠的所有相应阶段都要小一些，尽管灵长类动物的大脑生长与其他哺乳动物是同步的。似乎从一开始就缺少身体的大部分生长，所以胚胎的头部和躯体分裂变得明显。灵长类动物和吉娃娃狗只是表面上的相似。由于身体生长缓慢，两种动物的头和大脑都相对较大，但灵长类动物从一开始身体较小，而吉娃娃狗最终身体较小。

那人类呢？灵长类动物比其他哺乳动物进化出更大的大脑，而人类却比其他任何灵长类动物的大脑更大。灵长类动物并没有进化出更大的大脑，而只是进化出较小的身体。对比人类和非人灵长类动物的大脑和身体生长模式，如图 3.26 所示，灵长类动物只有在出生后才会偏离典型的生长轨迹。

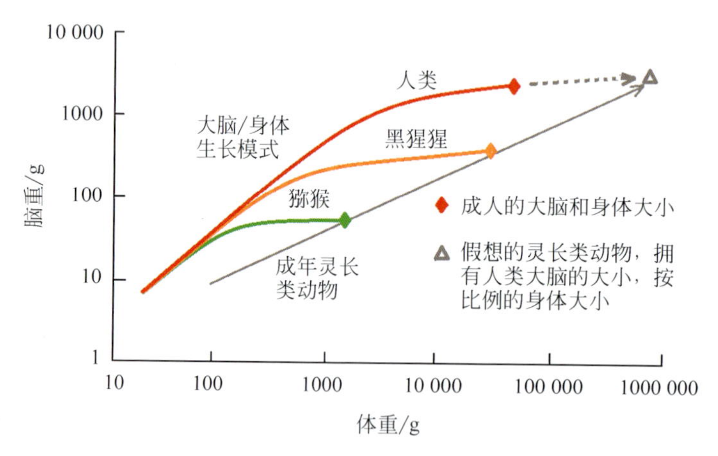

图 3.26　某种理想化的图形，显示了人类大脑、身体与其他种类的灵长类动物（黑猩猩、猕猴）相比的生长曲线

图 3.26 中的菱形表示选定灵长类动物的大脑和体重的成年平均值。灰色线是成年灵长类动物的平均大脑和身体大小的异速生长趋势。人类胎儿的生长遵循灵长类胎儿的轨迹，但是曲线的整体形状发生了变化，因此早期阶段相对延长，而出生后阶段相对缩短。如果人类的身体生长遵循人类的大脑生长所指示的模式，那么人类将成长为一个非常大的猿猴（由灰色虚线和右上角的灰色三角形汇聚点表示）。这也有助于人类在成熟的较早阶段生育后代。人类与其他灵长类动物在胎儿期的共同轨迹表明，与其他灵长类动物相比，人脑的

形成模式是不同的。人类成年后的大脑无论在绝对比例还是相对比例上都比其他任何灵长类动物都要大。我们开始按照标准的胎儿灵长类计划生长，我们的大脑持续生长的时间比预期的要长。化石证据进一步表明，原始人类的大脑大小并不是由躯体的缩小而产生的。我们是灵长类中最大的成员之一，而之前的化石记录表明，我们的身体尺寸绝对是增加而不是减少的，而大脑的尺寸甚至在更大程度上以更慢的速度增长。在人类中，变化的源头确实是大脑。然而，人脑的生长速度并不能将我们与其他哺乳动物区分开来。成年哺乳动物大脑大小的差异是由生长的时间长短决定的，我们的大脑达到大尺寸的时间和我们发现的大型海豚或有这种大脑尺寸的非常大的有蹄类动物差不多。我们的大脑就像成年体型超过 1000 kg 的灵长类动物一样生长，但是人类的身体生长方式与黑猩猩非常相似。人脑和身体的其他部分都是按照他们的目标成人尺寸的预期趋势生长的。我们对大脑尺寸和脑形成的专注使我们忽略了这些差异，并将这三个截然不同的过程弄混了：小型哺乳动物的侏儒症，灵长类动物胚胎的身体生长减少而不是大脑生长，人脑的生长延长而身体生长却没有延长。把它们都看作是单一渐进进化趋势的反映，不仅将表面现象等同于非常不同的生物学现象，而且还导致我们忽视了发育过程在功能结果上可能扮演的重要角色。大脑和身体生长的这三种截然不同的变化几乎肯定会对大脑组织、认知功能以及产生这些变化的选择压力有显著不同的影响。

一个多世纪以来，神经解剖学家一直在收集和比较人类和非人类大脑的大脑结构大小的数据。如果一个结构看起来扩大了，它就被认为是变得更重要或更强大的信息处理器。在大脑皮层区域中，前额叶皮层似乎继承了人脑中额外的区域，可能来自附近减少的运动脑区。研究表明，人类前额叶皮层的大小大约是类人猿的 6 倍，如图 3.27 所示。这可能是所有脑区中前额叶皮层扩张最偏离的。前额叶的这种扩张幅度如此之大，为了更好地理解这一脑区与受外围表征限制的系统之间的关系，考虑一下，尽管黑猩猩的前额叶皮层和人类的前额叶皮层具有可比性，但在绝对大小上它要比黑猩猩前额叶皮层大约大了 6 倍。前额叶皮层只能间接地从外围系统接收信息，大部分是通过其他皮层区连接的。它的丘脑输入来自接收中枢和背侧中脑信息的核，这些信息传递着觉醒和定向信号。所有这些输入都来自大脑的结构，而大脑结构已经是胚胎学上扩展的脑区的一部分，所以前额叶皮层在

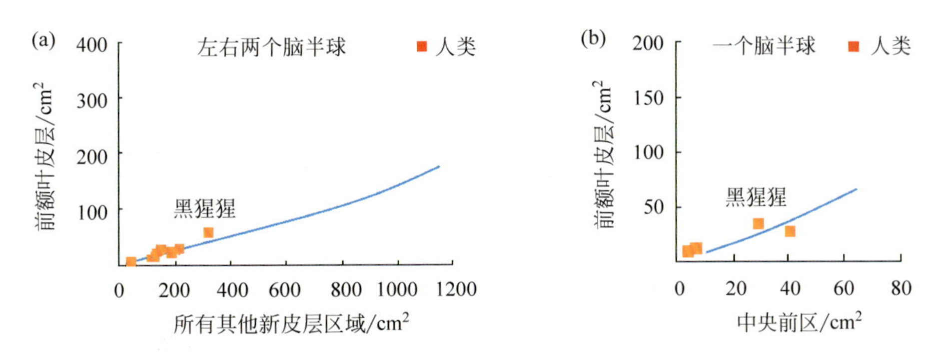

图 3.27　使用两个独立的数据集对人类前额叶皮质异速生长进行评估

图注：（a）前额叶皮层表面相对于大脑皮层剩余表面的缩放比例显示，对于从其他猴子和猿类的趋势推断，人类的比例是异常的。（b）人类前额叶皮层相对于相邻的前运动皮层的比例与从其他猿类和狒狒推断的趋势相比较。

大小上最不受限制也就不足为奇了。虽然这种相对体积的增加是发育过程中许多趋同竞争过程的间接结果，但与其他物种相比，它仍然促成了人脑功能的一个更极端的变化。

3.4.3 人类进化的两个阶段

动物驯化是人类有史以来进行的时间最长、最系统的进化实验。它深刻改变了人类的历史，是农业革命的必要条件。人类的社会进化可以更好地解释为亲社会动机和自我控制的选择，这是由符号的交流和表现所引导的，导致人类的社会结构变得更加复杂。在大多数驯化的动物中，大脑尺寸会缩小，而在人类进化的大部分时间里，大脑尺寸会增加。包括人类在内的所有合作和复杂的社会动物的进化都不可避免地与它们的情感倾向的变化交织在一起。情绪自我控制的进化是人类社会进化的标志，而自我控制是人类认知情感进化组成的一部分。希尔顿（Shilton）等在这个过程中确定了两个重叠的阶段：

人类进化的第一个阶段：在语言出现之前，涉及原始人类生活方式的最初发展，狩猎和觅食、工具制造和异体养育。这些做法中的每一种都受益于并促进了情感控制和亲社会性的增加。所有人类独特交流形式的进化（包括模仿、音乐参与和语言）都是由文化进化驱动的。人类交流的进化始于文化实践，文化实践通过以学习为基础的调整塑造了可塑的人脑，随后是部分遗传因素的适应，使更复杂的交流成为可能。因此，文化进化的交流不仅适应了个体交流者的大脑和思想，而且交流者的大脑和思想也适应了文化进化的交流系统，从而通过积极的反馈产生了一个不断扩大的共同进化螺旋。前语言时代人类的亲社会和合作的进化是这一螺旋进化过程的重要组成部分。除此之外，它还带来了情感控制和模仿交流的进化，包括有节奏的模仿行为，这些是音乐出现的基础。在节奏和音调预期的基础上，音乐活动成为一种强大的参与技术，能够引起高度的情感同步并促进亲社会行为。在计数和表示精确数字时，一个重要的逻辑规则是一一对应，即如果一个集合中的每个元素恰好对应于第二个集合中的每个元素，那么两个集合就是相等的。考普曼（Koopman）等研究表明，非人类灵长类动物，没有语言，至少有部分理解这一原则。狒狒接受了一项数量辨别的任务，其中两个储藏物被用不同数量的食物作为诱饵。当这些数量以强调这些数量之间的一对一关系的方式作为诱饵时，狒狒的表现明显好于没有提供一对一对应线索时。这意味着一对一的对应，需要关于平等的直觉，是计数的可能基石，有一个前语言的起源。在一对一的条件下进行加减法，狒狒能够做出比其近似数字系统预测的更精确的数字区分，这表明它们至少对一对一的对应、相等或精确有一个基本的理解。一对一的对应可能是一种独立于语言发展的逻辑形式。研究发现狒狒似乎使用一对一启发式方法来评估食品的相对价值，这支持了它们是独立语言发展的。人类可以通过生成集合之间的对应来加强集合一对一的关系，而非人类的灵长类动物根本不可能生成集合的概念。非人灵长类动物可能需要环境来突出时间上或空间上的对应关系，以便识别集合之间的一对一关系。尽管如此，考普曼等研究表明，一对一的对应起源于语言之前。

人类进化的第二个阶段：在语言出现之后，涉及情感和认知可塑性的进一步提高，这是通过语言来指导想象力的结果。因此，强烈的文化影响情绪的表达，包括在某些社会和智力条件下抑制情绪的能力。人类表达和交流能力的新适应导致欺骗能力和辨别虚假记忆和真实记忆的能力大幅提高，这些问题部分解决了社会规范的文化演变和自传记忆的发展。通过语言和其他独特的人类文化实践来调节和塑造人类的生理机能，这样做导致部分类似于驯化。人类的社会、基因 - 文化进化更类似于其他高度社会化的哺乳动物的社会进化，这些哺乳动物表现出增强的认知和情感可塑性以及复杂的社会结构。人类社会进化是在累积的文化变化的指导下进行的，这些文化变化导致了认知和情感的可塑性的增强，允许远远超过其他任何动物的神圣合作。

众所周知，只有人类开发了一种适合于所有已知语言产生声音的装置，加上大脑回路，使得交流不仅成为一种交易，而且成为一种协作和共同创造的事情。我们将语言理解为在遗传程序和社会经验影响下发展起来的神经生物学系统中构建共享意义的累积。这种积累来自交流、对话、协作和有意义的共同创造，是我们进行更高层次思维活动的媒介。语言是由基因决定的，是生物进化的结果，是社会互动和交流的结果。思想是认知活动的产物，通过它，我们可以对我们的内在和外在世界进行假设、概念化、结构化和战略化。学习是由经验和神经元重组介导的发展或成熟过程。学习结果是知识和技能的积累，以更好地理解经验和思想并使其有意义。我们通过语言将想法概念化来了解我们的想法，我们开始了解一些东西，也就是说，通过语言中介的互动，在面对新的体验时，建立一些东西（例如一个词或概念）与某些东西的意义之间的关系。通过叙事来使用语言及其与文化的紧密联系是人类认知的核心。

虽然许多物种会交流，但语言对人类来说是独一无二的，是人类的基本特征，也是一种文化共性。与其他动物有限交流的系统不同，人类的语言是开放的、发展的，通过组合有限数量的符号可以产生无限数量的意义。人类的语言也具有置换的能力，可以用语言来表达那些不在当前或局部发生的，而是存在于对话者的共同想象中的事情和事件。语言不同于其他形式的交流，因为它的形式独立。同样的意义可以通过不同的媒介来传达，听觉上可通过语音，视觉上可通过手语或书写文字，触觉媒介可通过盲文。语言对于人类之间的交流以及统一民族、文化和种族群体的认同感至关重要。至少五千年前书写系统的发明使语言得以保存在实物上，这是一项重大的技术进步。

小结

本章讲述了人类创造了语言，从大脑的构建方式、语言符号系统、语音的涌现、语言的社会属性，知识用语言记载，人类的思维用语言实现以及语言是人类智慧的结晶，论述了人脑与语言的共同进化理论。比较了从南方古猿到智人进化过程中颅骨容量、身高与语言协同进化，并对不同物种的脑商进行了比较，探讨了不同物种的大脑尺寸与智力水平的关系，探讨了不同哺乳类动物的生长曲线和进化过程的联合皮质和运动感觉皮质的变化规律，以及脑与身体的重量比与智力的关系。论述了人类进化的语言出现前后，如何促使人类交流形式的进化，进而驱动文化的进化，通过语言来指导思维。正如著名学者蔡曙山教授所指出的，人类的心智与认知产生于脑的进化与分工，奠基于语言，发展于逻辑与思维，积淀为文化，构建为社会。

思考题

1. 语言的本质和特质是什么？
2. 为什么语言与大脑是共同进化的？
3. 请阐述灵长类动物的脑商、脑容量和体重的对比关系。
4. 请阐述脑与身体的重量比及其与智力的关系。
5. 请阐述人类进化过程中语言出现前后的两个阶段的特征差异。

第 2 篇

动物大脑与交流

第4章
非灵长类动物的交流

本章课程的学习目的和要求

1. 对动物的视觉交流、听觉交流、触摸交流、种间交流有基本的了解。
2. 理解蜜蜂找花蜜时的交流方式，鸟鸣的学习和口语的演变，鸟鸣的物种辨识及鸟类文化传播；对不同飞禽鸟类和陆地/水生哺乳动物的大脑神经元数量，以及表达方式的种类数有基本的了解。对不同物种与人类的大脑体积对比有基本的了解。
3. 掌握动物交流与人类交流的本质区别，充分理解动物交流在不同的环境下不能创造新的符号模式，而人类通常会创造出全新的单词组合。

4.1 动物交流的基本概念

4.1.1 动物交流的定义及目的

动物交流是指一只/群动物（信号者）向另一/多只其他动物（接收者）传递信息，从而影响接收者当前或未来的行为。信息可以有意地发送，如求爱时的示爱；也可能是无意的，如气味从捕食者传递给猎物。信息可能被传递给多个接收者。动物交流涉及动物行为学、社会学、神经学和动物认知学等学科。动物行为的许多方面，例如符号名称的使用、情感的表达、学习和性行为，正在以新的方式被理解。

当来自发送者的信息改变了接收者的行为时，这些信息称为信号。信号理论指出，一个信号要维持在群体中，发送方和接收方通常都会从交互中受益。发送者产生的信号以及接收者的感知和随后的响应被认为是共同进化的。信号通常涉及多种机制，无论是视觉、触觉还是听觉，对于要理解的信号，信号者和接收者都需要进行行为的协调。例如，关于受众效应的研究表明，与非亲属相比，雌性地松鼠（地松鼠是松鼠科啮齿动物（松鼠科）的成员，它们通常生活在地上或地下，而不是树上。地松鼠在它感觉到附近有危险时，或者当它必须看到高高的草丛时，地松鼠就会将爪子平放在胸前，发出尖锐的叫声，警告其他家庭成员注意捕食者的存在。）在有直系亲属的情况下会发出更多的警报。同样，当有雌性在场时，雄性家鸡被发现比单独存在时会增加食物叫声的频率；而雄性暹罗斗鱼对其他雄性发出攻击信号减少。这些发现表明，在整个分类群中都发现了复杂的受众效应，信号不仅受到受众存在的影响，还受到受众组成的影响。

蜜蜂跳舞、鸟叫、鲸叫、海豚标志性口哨声、土拨鼠的呼叫，包括大多数群居哺乳动物的交流都不能称为动物语言。有关动物语言的争议很多，如黑猩猩的早期研究是把黑猩猩幼崽当作人一样养大。黑猩猩的喉咙结构与人类的喉咙结构大不相同，黑猩猩不能自主地控制自己的呼吸，很难再现人类语言所需的声调。研究人员最终转向一种手势形式（手语），以及一种“键盘”设备，键盘上的按钮被标记为图形字（lexigrams），黑猩猩可以按下这些符号来产生人工语言。其他黑猩猩是通过观察人类受试者执行任务来学习的。研究人员通过键盘符号的识别和手语的使用来研究黑猩猩之间的交流。利用键盘符号对倭黑猩猩坎兹（Kanzi）的研究得知，动物交流比我们曾经认为的要复杂得多。另外，丹妮丝·赫辛（Denise Herzing）在巴哈马群岛对海豚进行了研究，最终通过水下键盘与海豚进行了双向交流。键盘允许潜水员与野生海豚交流。通过在每个按键上使用声音和符号，海豚可以用鼻子按压按键或模仿发出的口哨声，以便向人类索要特定的道具。实验表明，尽管我们以前有动物交流的概念，但在非语言生物中确实会产生聪明而快速的思维。

动物语言是与人类语言相似的非人类动物的交流形式。动物通过声音或动作等各种符号进行交流。如果符号库规模很大，符号相对任意，使动物产生了一定程度的意志，则可以认为这种符号足够复杂，可以称为一种语言形式。在实验测试中，动物交流现象的存在也可以通过使用 Lexigram（黑猩猩和倭黑猩猩使用的图形字）来证明。尽管“动物语言”一词得到了广泛使用，但语言学家一致认为动物语言不像人类语言那样复杂且富有表现力。动物交流缺乏人类语言的一个关键要素是，动物在不同的环境下不能创造新的符号模式，而人类通常会创造出全新的单词组合。大多数灵长类倾向于表现出一种人类和黑猩猩共有的前语言能力，这种能力可以追溯到共同的祖先。动物能力的相关争议涉及紧密相关的心智理论、模仿、动物文化，和语言进化等紧密相关的领域。人类语言和动物的交流差异如此之大，以至于其基本原理是不相关的。因此，语言学家对动物符号系统不使用“语言”一词。诺姆·乔姆斯基等断言，动物和人类语言的交流方式之间存在着一种进化的连续体。

动物交流的目的

动物交流的目的是求偶、领地保护、食物等。

求偶：动物发出信号来吸引潜在配偶的注意或巩固配偶间的关系。这些信号经常涉及身体部位或姿势的显示。例如，瞪羚会摆出特有的姿势来开始交配。交配信号还可包括嗅觉信号或物种特有的交配叫声。

所有权/领地：用于主张或捍卫领地、食物或配偶的信号。

与食物有关的信号：许多动物发出“食物叫声”，以告知配偶、后代或某个社会群体中的其他成员告知某个食物源。或许与食物相关的最复杂信号是卡尔·冯·弗里施（Karl von Frisch）研究的蜜蜂摆尾舞。当年轻的乌鸦遇到新的或未经测试的食物时，它们会向年长的乌鸦发出信号。恒河猴会发出食物呼叫，以告知其他猴子食物源。信息素由许多群居昆虫释放，引导其他成员找到食物源。例如，蚂蚁在地面上留下了信息素踪迹，其他蚂蚁可以跟随它找到食物源。

警报呼叫：警报呼叫传达捕食者的威胁。这使社会群体的所有成员（有时甚至包括其他物种）做出相应的反应。这可能包括跑去寻找掩护、变得不动，或者聚集成一个群体来降低被攻击的风险。警报信号并不总是发声的，被碾碎的蚂蚁会释放出一种警报信息素来吸引更多的蚂蚁，并将激发它们进入攻击状态。

4.1.2 视觉交流

手势：是指通过展示独特的身体部位/动作来进行的最广为人知的交流方式。通常这些动作是结合在一起发生的，所以动作表现出或强调身体的某一部分。例如，母银鸥将喙展示给雏鸟作为喂食的信号，银鸥的喙颜色鲜艳，靠近嘴尖的黄色下颚上有一块红斑，如图 4.1 所示。当父母带着食物回到鸟巢时，它会站在小银鸥的旁边，用喙轻敲地面。喙上的红斑会引起饥饿小银鸥的乞讨反应，以刺激父母反刍食物。因此，完整的信号包括一个独特的身体部位的特征动作，红色斑点的喙以及独特的轻敲地面的动作，红斑对雏鸟来说非常明显。尽管所有灵长类动物都使用某种形式的手势，但它们只使用有意的手势进行交流。

图 4.1 欧洲银鸥

面部表情：面部表情在动物交流中起着重要的作用。通常，面部表情是情感信号。例如，狗通过咆哮（听觉信号）和露出牙齿（视觉威胁）来表达愤怒，惊慌时它们的耳朵会竖起来；害怕时耳朵会变平，露出牙齿，眯起眼睛。

注视：群居动物通过注视彼此的头部和眼睛的方向来协调它们的交流。长期以来，这种行为一直被认为是人类发展过程中交流的重要组成部分。研究人员对猿、猴子、狗、鸟、狼和乌龟的研究集中于两个不同的任务："跟随他人的视线进入遥远的空间"和"几何上跟随他人视线绕过视觉障碍，例如，当遇到视线障碍时，重新定位自己以跟随视线提示"。第一种能力在许多动物身上都有发现，而第二种能力只在猿类、狗、狼和乌鸦身上发现。证据表明，"简单"的凝视跟踪和"几何"的凝视跟踪可能依赖于不同的认知机制。

颜色变化：颜色变化可以分为在生长和发育过程中发生的变化，以及由情绪、社会环境或温度等非生物因素引起的变化，后者可见于许多类群中。一些头足类动物，例如章鱼和乌贼，具有专门的皮肤色素细胞，可以改变其皮肤的表面颜色、不透明性和反射性。除了用于伪装外，在狩猎和求爱仪式中它们也会使用快速变化的肤色。乌贼可能会同时从其身体的相反两侧发出两个完全不同的信号。当雄性乌贼在其他雄性在场的情况下向雌性求婚时，它会表现出面对雌性的雄性模式和背对雄性的雌性模式，以欺骗其他雄性。加勒比海鱿鱼可以通过各种颜色、形状和纹理变化进行交流。鱿鱼能够通过对色素团的神经控制而迅速改变肤色和图案。鱿鱼除了伪装并在面对威胁时显得更大以外，还使用颜色、图案和闪光在各种求偶仪式中相互交流。加勒比海鱿鱼可以通过颜色模式将一条消息发送到其右侧的鱿鱼，而将另一条消息发送至其左侧的鱿鱼。一些颜色信号会周期性出现。例如，当一个雌性的狒狒开始排卵时，它的生殖器部位会肿胀并变成鲜 / 粉红色，这向雄性狒狒发出了交配的信号。

生物发光的交流：通过发光产生的交流通常发生在海洋中的脊椎 / 无脊椎动物中，特别是在深处（例如琵琶鱼）。洪堡特（Humboldt）乌贼具有生物发光性，能够在黑暗的海洋环境中进行视觉交流。陆地生物发光形式出现在萤火虫身上。另外一些昆虫、昆虫幼虫、环节动物、蜘蛛纲动物甚至真菌种类都具有生物发光的能力。一些生物发光的动物会自己发光，而另一些生物则与发光的细菌具有共生关系。

4.1.3 听觉交流

猫的听力很好，可以检测到 55 Hz~79 kHz 非常宽泛的频率范围，能听到比人类或大多数狗更高的音调，猫不使用这种能力来进行超声波交流，但是在狩猎中这可能很重要，因为许多种类的啮齿动物都会发出超声波。猫的听力也极为敏感，是所有哺乳动物中最好的，在 500 Hz~32 kHz 的范围内最敏锐。猫的大型可移动外耳（耳廓）可进一步增强这种敏感性，既可放大声音，又可帮助猫感知声音的发出方向。

狗的听觉能力取决于品种和年龄，其听觉范围通常为 67 Hz~45 kHz。与人类一样，某些犬种如德国牧羊犬和迷你贵宾犬的听力范围会随着年龄的增长而变窄。当狗听到声音时，会把耳朵向声音的方向移动，以最大限度地接收声音。为达到这一目的，狗的耳朵由至少 18 块肌肉控制，这些肌肉可以使耳朵倾斜和旋转。耳朵的形状还可以使声音更准确地被听到。许多品种通常具有直立且弯曲的耳朵，可引导和放大声音。由于狗听到的声音频率比人高，它们对世界的听觉感知也不同。在人类听起来很响的声音经常会伴随有高频的音调从而吓跑狗。发出超声波的口哨被称为“狗哨”，用于狗的训练，因为狗对这种水平的反应会更好。在野外，狗用其听觉能力来寻找和定位食物。由于听觉能力强，家狗经常被用来保护财产。

与身体相比，老鼠的耳朵更大。它们听到的频率比人类高，其频率范围是 1~70 kHz。它们听不到人类能听到的低频率。它们使用高频噪声进行交流，其中某些噪声是人类听不到的。一只小老鼠的呼救信号可以在 40 kHz 时发出。老鼠利用其发出捕食者频率范围之外的声音的能力来警告其他老鼠危险而不会暴露自己，不过值得注意的是，猫的听力范围涵盖了老鼠的整个声音范围。人们可以听到的吱吱声频率较低，并且由于低频声音比高频声音传播得更远，因此鼠可以用低频声音以传播更长的距离。

听力是鸟类第二重要的感觉，鸟类耳朵呈漏斗状，用来聚焦声音。耳朵位于眼睛的后下方，并用柔软的羽毛（耳廓）覆盖以保护耳朵。鸟头的形状也会影响其听觉，例如猫头鹰，其面部似圆盘有助于将声音引导至耳朵。鸟类的听力最敏感的范围是 1~4 kHz，但它们的全音域与人类的听力大致相似，根据鸟类种类的不同而有更高或更低的限制。尚未观察到任何鸟类对超声波产生反应，但某些种类的鸟可以听到次声（波）。鸟类对音高、音调和节奏变化特别敏感，即使在嘈杂的鸟群中，它们也能利用这些变化来识别其他鸟类个体。鸟类在不同情况下也会发出不同的声音、歌声和叫声，识别不同的声音对于判断叫声是对捕食者的警告、宣传领土主张还是提供食物至关重要。有些鸟类，尤其是油鸱，也像蝙蝠一样使用回声定位。这些鸟类生活在山洞中，用其快速的鸣叫和咔哒声在黑暗的洞穴中导航，即使有敏感的视觉可能也不够用。

由于水生环境的物理特性与陆地环境大不相同，所以海洋哺乳动物与陆地哺乳动物在听力方面存在差异。研究人员通常根据海洋哺乳动物最佳的水下听力范围将其分为五组：

（1）像蓝鲸一样的低频长须鲸（7 Hz~35 kHz）;

（2）像大多数海豚和抹香鲸一样的中频率齿鲸（150 Hz~160 kHz）;

（3）像某些海豚和小海豚一样的高频率齿鲸（275 Hz~160 kHz）;

（4）海豹（50 Hz~86 kHz）;

（5）海狗和海狮（60 Hz~39 kHz）。

陆地哺乳动物的听觉系统通常是通过声波在耳道中的传输来工作的。海豹、海狮和海象的耳道与陆地哺乳动物的耳道相似，功能也可能相同。在鲸鱼和海豚中，声音是通过下颌骨区域的组织传导到耳朵的。一群鲸鱼（齿鲸）使用回声定位来确定诸如猎物之类的物体位置。齿鲸的另一个不同寻常之处在于，它们的耳朵与头骨是分开的，这有助于它们发出定位声音，这是回声定位的一个重要因素。

研究发现，在海豚种群中有两种不同类型的耳蜗。在亚马逊河海豚和港鼠海豚中发现了Ⅰ型。这类海豚利用极高的频率信号进行回声定位。港鼠海豚在两个频段发出声音，一个在 2 kHz，一个在 110 kHz 以上。这些海豚的耳蜗是专门用来接收极端高频声音的，而且底部非常狭窄。Ⅱ型耳蜗主要存在于近海和开放水域的鲸类中，例如宽吻海豚。宽吻海豚产生的声音频率较低，范围通常为 75 Hz-150 kHz。这个范围内的较高频率也用于回声定位，而较低的频率通常与社交互动相关，因为信号传播的距离更远。海洋哺乳动物以多种不同的方式发声。海豚通过咔嗒声和口哨声进行交流，而鲸鱼则使用低频的呻吟声或脉冲信号。每个信号的频率都不同，不同的信号用于交流不同的方面。在海豚中，回声定位被用于检测和描述物体的特征，而哨声则被用于群居动物的识别与交流。

许多动物通过发声来交流。声音交流有许多用途，包括求偶仪式、警告呼叫、食物来源位置的传达和社会学习。在许多物种中，雄性在交配仪式中发出叫声，作为与其他雄性竞争的一种形式，并以此向雌性发出信号。其他声音交流的例子包括坎贝尔猴的警报呼叫、长臂猿的领地呼叫。罗伯特·塞法斯（Robert Seyfarth）等在 20 世纪 80 年代中期的一项研究表明，长尾黑颚猴（vervet monkey）发出的警报声似乎起着类似捕食者名称的作用。塞法斯等的观察结果表明，当鹰、豹或蛇出现时，长尾黑颚猴会发出截然不同的叫声来警告群体其他成员。听见其中一种呼叫，群体其他成员要么从树上跑出来（鹰警报叫声），要么爬到树上（豹警报叫声），要么只是站起来窥视其周围的灌木丛（蛇警报叫声）。因此，不同的叫声指的是捕食者的不同类别，而不仅仅是呼叫者的某种状态（尽管它们也表示出令猴子恐惧的心理状态）。土拨鼠也会用复杂的叫声来表示捕食者的不同，通过叫声来传达正在接近的捕食者的类型、大小和速度。鲸的发声根据地区不同而具有不同的方言。

但并非所有动物都使用发声作为听觉交流的手段。许多节肢动物通过摩擦特殊的身体部位来发出声音，即所谓的鸣声。蟋蟀和蚱蜢在这方面是众所周知的，但许多其他动物也使用鸣声，包括甲壳类昆虫、蜘蛛、蝎子、黄蜂、蚂蚁、甲虫、蝴蝶、飞蛾、千足虫和蜈蚣。另一种听觉交流方式是硬骨鱼鱼鳔的振动，在不同的硬骨鱼类中，鱼鳔的结构和附着的声波肌肉有很大不同，从而产生了各种各样的声音。把身体的若干部分撞在一起也能产生听觉信号，例如响尾蛇的尾端振动作为警告信号。其他例子还包括鸟类的窃窃私语，侏儒鸟求爱时的翅膀拍击声，以及大猩猩的拍打胸部声。

辐射效率已被证明是远距离声音交流的一个重要因素，是许多鸟类和哺乳动物生存的必要条件。高基频是最重要的因素，其次是张口、头部和身体姿势以及声音传播的方向。哺乳动物和鸟类在远距离声音交流中的行为证实了这些结果。呼叫者倾向于张开嘴或张大嘴、仰起头，用身体作为挡板，并提高基频。动物的大小和质量并不是决定远距离声音交流最佳基频的唯一因素，使用高于 1 kHz 的基频来进行的交流比观察到的 100~1000Hz 的频率具有显著更高的辐射效率，由于低传输损耗而非常适合远程通信。对东部红眼雀的实验研究表明，嘴张开程度的降低会导致频率超过 4 kHz 的声音幅度的减少（由于东部红眼雀发音器官的尺寸不同于人类，导致二者的发音频率范围不同，人类语音参见图 6.2，对于汉语元音 [i] 嘴张开程度低于元音 [a] 的，导致超过 1 kHz 的汉语元音 [i] 的语音幅度小于汉语元音 [a] 的，参见图 6.3 的底图）。支持这一发现的是，哺乳动物和鸟类的许多响亮、高频率的叫声被观察到频率在 1 kHz 以上。麋鹿号角的哨声部分的基频高达 2.5 kHz，大浪鸟（piha bird）的尖叫声可以达到 5 kHz，三垂铃鸟（threewattled bellbird）的叫声为 2~4 kHz。美国鼠兔使用 750~1000 Hz 之间的短叫声，但有几个 1 kHz 以上的强谐波。黑猩猩的高潮尖叫的基频约为 1 kHz，具有丰富的谐波含量。鸟类最大限度地张开喙以降低惯性峰值的频率，它还可能通过全身挡板调整有效张角，以最佳利用峰值惯性的大小。如果它以适合其目标的角度引导声音，同时考虑到它离地面的树高，辐射效率可以接近 100%。当目标位置未知且需要与同种动物交流时，动物可以从全方位辐射中受益。动物可以在低频率下实现全向辐射。但是，对于全向辐射来说，辐射声的强度非常低，只有在很短距离内才能听到。另外，动物使用声音辐射的方向性来避免被不想听的听众发现，也为了将强度集中在希望的方向上给想听的听众。

4.1.4 触摸交流

触摸是许多社交互动中的关键因素。哺乳动物通常通过梳理毛发、相互抚摸或摩擦来开始交配。触觉被广泛用于社交，一个动物为另一个动物梳理毛发就是一个典型的社交活动，使得动物之间的关系更融合。梳理毛发清除了梳理过的动物身上的寄生虫和碎屑，重申了动物之间的社会联系或等级关系，给梳理者一个机会来检查梳理过的动物身上的嗅觉线索，也许还会增加一些其他的线索。这种行为可见于群居的昆虫、鸟类和哺乳动物中。

4.1.5 种间交流

1. 广义的种间交流

交流，最简单的定义是信息从一个实体到另一个实体的传输。许多动物间的交流是种内的，也就是说，它发生在同一物种的成员之间。至于种间交流，捕食者和猎物之间的交流尤为重要。在这一过程中，对如何使用其标志和规则的相互理解是取得成功的关键。基于此，发展跨物种的成功交流可以被视为一项特别困难的努力，因为有关标志和规则的协议必须与这两个物种之间已经存在但可能非常不同的交流系统保持一致，以避免误解。许多理论描述了允许新信号在物种之间发展的交流系统，但可以说这样做比种内交流困难得多。如果猎物的移动、发出的声音或发出的振动或发出一种气味，使捕食者能够察觉，这与种间交流的定义一致。但有些被捕食物种的行为显然是针对实际或潜在的捕食者的。例如警告色，像黄蜂这样能够伤害潜在掠食者的物种通常颜色鲜艳，这就改变了掠食者的行为，无论是本能还是经验的积累，它们都会避免攻击这种动物。某些模仿形式属于同一类别：例如，飞蝇的颜色与黄蜂相同，尽管它们不会蜇人，但捕食者对黄蜂的强烈回避也给飞蝇提供了一定保护作用。还有一些行为上的变化，其作用方式与警告色类似。例如，像狼和土狼这样的犬科动物可能会采取一种好斗的姿态，比如露出牙齿咆哮，以表明它们会在必要时进行战斗。响尾蛇也会用其响尾来警告潜在的捕食者它们有毒牙。有时，行为的改变和警告色会结合在一起，就像某些种类的两栖动物，除了腹部颜色鲜艳外，它们大部分的身体颜色都与周围环境融为一体。当面对潜在威胁时，它们会露出腹部，表明它们在某种程度上是有毒的。

猎物与食肉动物交流的另一个例子是追捕威慑信号。当猎物向捕食者表明追捕将是无利可图的，发信号者准备逃脱时，就会发出追赶威慑的信号。追求威慑的信号既有利于信号发出者，也有利于接收者。它们可以防止发送方浪费时间和精力，也可以防止接收方付出高昂的代价，导致不太可能的捕获。这样的信号可以宣传猎物的逃避能力，并通过体重宣传反映表型状况，也可以通过感知宣传猎物已经检测到捕食者。追踪威慑信号的种类繁多，包括鱼类、蜥蜴、有蹄类动物、兔子、灵长类、啮齿动物和鸟类。表型状况的宣传追踪威慑信号的一个常见示例是脚踩，这是一种明显的两腿僵硬的奔跑和跳跃的结合，如汤姆森（Thomson）瞪羚等羚羊在捕食者面前表现出来。像猎豹一样的掠食者依赖突袭，事实证明，羚羊在弹跳时很少被追逐成功。根据最佳觅食行为的原则，捕食者不会在可能不成功的追逐上浪费能量。高质量的宣传可以通过视觉以外的其他方式传达。旗尾袋鼠在许多不同的环境下会产生几种复杂的跺脚模式，其中之一是在遇到蛇时，跺脚可能使附近的后代警觉，但很可能会通过地面传递振动，表明袋鼠过于警惕而无法成功攻击，从而阻止了蛇的捕食性攻击。通常，捕食者试图减少与猎物的交流，因为这通常会降低其狩猎的效率。但是，有些捕食者与猎物之间的交流方式会改变猎物的行为，使它们更容易被捕获，即被捕食者欺骗。一个例子是琵琶鱼，一种埋伏的捕食者，它具有从前额伸出的肉质生物发光的生长物，并悬在它的下巴前面等待猎物的到来。较小的鱼会试图抓住诱饵，诱使小鱼处于更佳的被捕猎位置，以使琵琶鱼能够咬住并吃掉这些小鱼。

关于动物行为的解释，许多动物的手势、姿势和声音都能向附近的动物传达意义。这些信号通常比较容易描述但难于解释，尤其是家养动物和猿类。用人类的术语来解释动物的行为，可能会误导人。例如，猿的“微笑”通常是攻击的标志。并且相同的手势可能会根据其发生的环境而具有不同的含义。例如，狗的“玩耍面孔”所发出的信号表明，随后的攻击信号是玩耍打斗的一部分，而不是严重的攻击行为。家养狗的尾巴摇摆和姿势可能以不同的方式传达许多含义。人类解释动物行为或向动物发出命令的各种方式与物种间交流的定义是一致的。对动物交流的解释可能对于人类正在照顾或训练的动物至关重要。非人类动物物种可能会以不同于人类自身的方式解读人类发出的信号。例如，对于狗，指向命令指的是位置而不是对象。研究人员使用狗和马身上这种可习得、看得见、有表现力的语言，通过教这些动物一种类似美国手语的手势语言，发现这些动物可以自己使用这些新的手语来得到它们所需要的东西。人类还经常试图模仿动物的交流信号，以便与其互动。例如，猫有一种温和的从属反应，慢慢地闭上眼睛；人类经常对宠物猫模仿这种信号，以建立一种宽容的关系。抚摸、爱抚和摩擦宠物都可能是通过其自然的种间交流模式起作用的。

2. 人类与狗的交流

研究人员将动物的功能性交流训练称为"动物手语"，包括通过手势、图片交流系统、敲击和发声进行教学交流。对于语言学而言，动物交流系统的特点在于它们与人类语言的异同：人类语言结合了各种元素以产生新的信息，具有创造力的属性。其中一个原因是，许多人类语言的发展是基于概念性思想和假设结构，两者在人类中的能力都远胜于其他动物。人类语言的特征是具有双重发音［法国语言学家安德烈·马丁内特（André Martinet］的特征）。这意味着可以将复杂的语言表达分解为有意义的元素（例如词素和单词），这些元素又由有影响意义的最小语音元素（音素）组成。但是，动物信号并不表现出这种双重结构。与人类语言相反，动物交流系统通常无法表达概念上的概括（鲸类和某些灵长类动物可能是明显的例外）。一般来说，动物的话语是对外界刺激的反应。远距离相关的事物，如远处的食物源，往往是通过肢体语言向其他个体暗示的，例如，蜜蜂跳舞。

根据驯化假说，通过长期共存的进化压力，狗在与人类交流方面变得特别熟练。狗对人类与之交流的行为具有很高的敏感性，例如指向或眼睛凝视，即使人类没有交流意图，它们有时也会做出反应。亨舍尔（Henschel）等通过设计一个关于有知识的狗和幼稚主人的寻物解谜任务，来探究狗和主人现在和过去共享的信息，以及主人的行为是否会影响人狗在藏物任务中成功的互动形式。这种设置是只让狗看到它们的玩具被藏了起来，而主人随后再次进入房间。因此，狗只有告诉主人玩具藏在哪里，才能把玩具找回来，和主人一起玩。操纵的两种不同条件以空间设置的形式呈现共享信息：可能与藏物点之间的距离很短（近处）或很长（远处），因此需要高精度或低精度指示目标地点。狗可以利用当前的信息（即状况）以及它们第一次交流的记忆（即交流历史）来调整它们的交流策略，这反过来可能会影响找到隐藏玩具的成功率。这项研究证实了狗使用展示行为成功地将隐藏物体的位置传达给了主人，而且还成功证明了这种藏物模式可以真正归因于狗展示了目标位置。此外，主人可以影响他们的狗表现出的努力程度，通常会增加努力程度，尤其是当任务比较容易时。相比之下，结果不支持交流历史对成功或表现出努力的影响。相比之下，发现空间设置会影响展示策略的成功和选择，当狗躲在距离更远的地方时表现更好，但不是为了表现出努力（策略），狗并不会根据不同的空间设置来调整它们的努力表现，也就是说，这项研究没有证据表明狗遵循最少努力原则。结果表明，主人的行为可以影响他们的狗的表现准确性（从而成功）。狗表现出了理解人类交流的能力。在物体选择任务中，狗利用人类的交流手势，如指向和凝视的方向，来定位隐藏的食物和玩具。然而，与人类不同的是，指向对狗的含义不同，因为它指的是方向或位置。研究表明，狗在看人脸时表现出左眼注视的倾向，表明它们能够读懂人类的情感。狗不会利用视线的方向，也不会对其他的狗表现出左眼注视的倾向。

狗似乎能通过肢体信号（如手势）成功地与人类交流。狗已经发展出一种与人类沟通的社交能力，并通过身体信号和面部表情获取社会信息。家犬擅长阅读并正确响应人类的交流手势以定位隐藏的食物。为了研究是否能够会像黑猩猩一样，理解帮助取回掉落物体的请求，贾斯马（Jaasma）等研究了当人类实验者试图获得一个够不着的物体时，狗是否表现出自发的帮助行为。为了更好地了解助犬和非助犬之间的个体差异，采用连续焦点动物采样的方法观察所有狗的行为，并采用动物行为学方法进行评分。性格特征是通过让主人使用 7 分制李克特量表（Likert scale）根据 50 个性格形容词对他们的狗进行评分衡量。结果表明,51 只狗中有 6 只表现出了帮助行为,并且在无意（实验）条件下比在有意（控制）条件下将物体扔在地板上时做得更多（$p=0.001$）。总的来说，与对照组相比，在实验条件下，狗摇尾巴的次数更多（$p=0.009$），看测试组长的次数更少（$p<0.001$），这表明当人类需要帮助时，它们更容易被唤醒。此外，主成分分析（principal component analysis，PCA）显示保留了 41 个形容词，这些形容词揭示了 5 个性格因素。然而，这 6 只特别的狗并没有突出的个性特征，而且属于不同的品种，表明这并不能解释助人行为的差异。研究表明，狗似乎有动力并愿意帮助人类，但大多数狗并不知道问题的根源或如何帮助人类。大多数狗可能缺乏对人类需要的任务和愿望的理解。

3. 狗与人类、非人类物种的注意方式的差异

狗会有意识地向人类主人发出“展示”信号，以指示隐藏的玩具的位置。“展示”被定义为一种交流动作,包括定向“指向”成分（头部朝向隐藏的玩具）和引起注意的成分（吠叫和凝视主人）的交流行动。当狗观察到实验者将玩具藏在房间难以接近的位置，然后主人进入时，狗表现出主人和隐藏玩具之间的目光交替和吸引注意力的行为，明显多于当它们只是简单地在与主人的房间里没有隐藏的玩具。小仓（Ogura）等通过比较犬类对人类、同种动物和其他物种的全身视觉注意模式，调查了狗在三种情况下的凝视行为：观察有或没有手势的人类、观察同类和观察猫。在液晶显示器上显示数码彩色照片，让狗狗观看图像，同时跟踪它们的眼睛。结果显示，被试狗更频繁地注视人的肢体，而不是同类图像和猫的肢体，后者的注意力主要集中在头部和身体上。此外，与不存在人类手势的照片相比，人类手势照片中对手的注视更大。这些结果表明，狗具有专门用于人类非语言交流的注意力风格，重点放在人类的手势上。

在注视次数分析中，最受注视的感兴趣区因刺激物种而异。所有三种刺激物种的每个感兴趣区内的注视次数和总注视时间分别如图 4.2 左图和中图所示，分类到每个首次注视感兴趣区的图片数量如图 4.2 右图所示。图 4.3 是对熟悉和陌生的人的平均注视次数、平均注视总时长以及首次注视感兴趣区的图片数。图 4.4 是对有手势和不带手势的平均注视次数、平均总注视时长和首次注视感兴趣区的图片数。

小仓（Ogura）等的研究重点强调了狗对人类手势的选择性注意，实验表明，狗最明显地注视着人类的四肢，其主要原因是手势的存在，表明狗获得了一种不同于人类和非人类物种的注意方式，使它们能够收集信息，以便与生活在其社区的人进行充分的交流。证

明狗的认知能力可以调整以适应与人类生活。

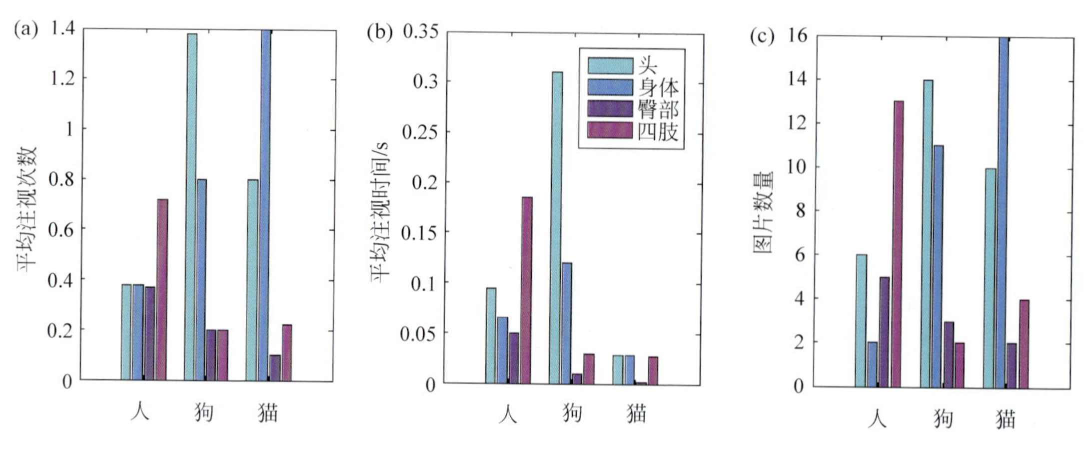

图 4.2　被试狗对不同物种的平均注视次数、平均注视总时长及首次注视感兴趣区的图片数

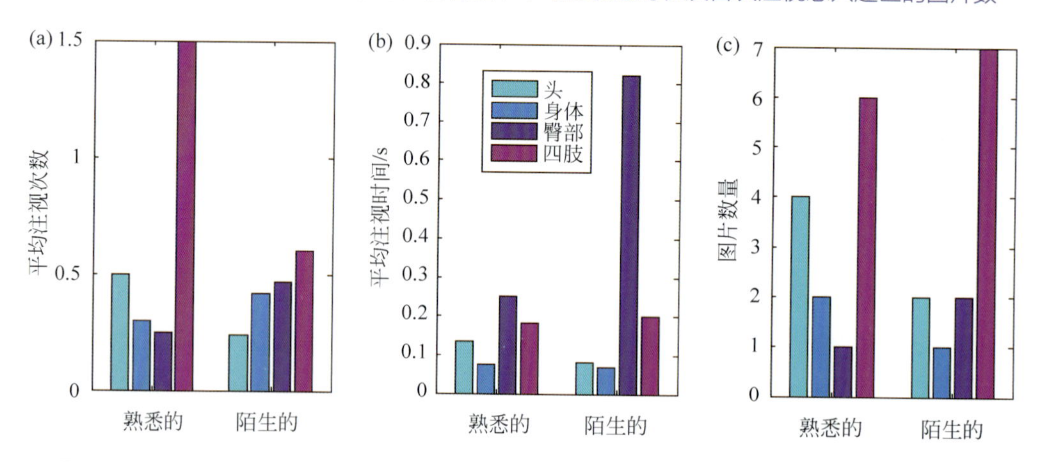

图 4.3　对熟悉和陌生人的平均注视次数、平均注视总时长及首次注视感兴趣区的图片数

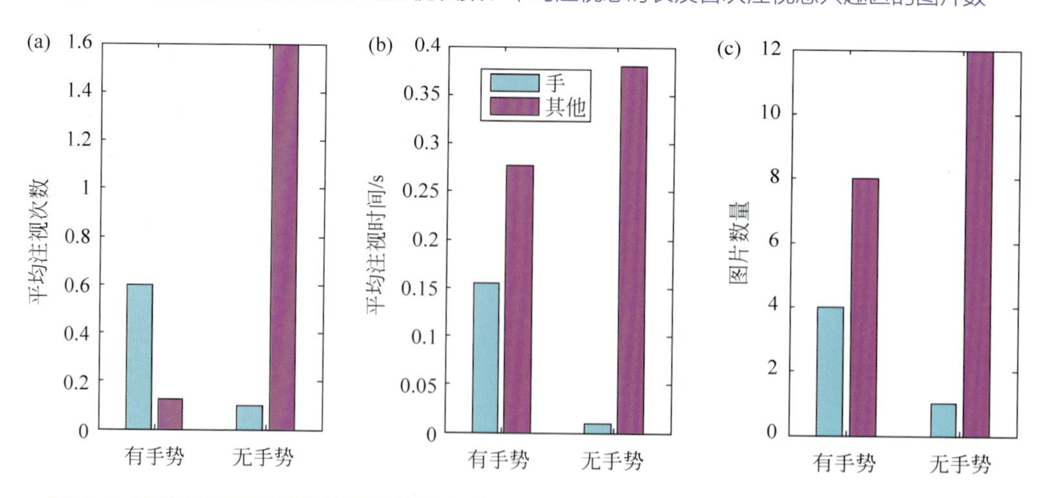

图 4.4　有手势和不带手势的平均注视次数、平均总注视时长和首次注视感兴趣区的图片数

物种间的情绪识别

人类的交流行为在多大程度上类似于动物的，或者是否由于我们的语言能力使所有这种交流消失了。我们身体的某些特征（眉毛、胡须、大胡子、深沉的成年男性声音、女性

的乳房）与产生信号的适应能力非常相似。诸如微笑、做鬼脸和打招呼时的眉毛抖动的面部表情是人类普遍的交流信号，与其他灵长类动物的相应信号相关。

考虑到口语是最近几十万年才出现的，人类的肢体语言很可能包含一些或多或少的无意识反应，这些反应与我们的交流有着相似的起源。当物种长时间处于密切联系中时，例如狗和人类，物种间的情绪识别尤其具有适应性。阿米奇（Amici）等研究了人类识别与狗的情绪（以下简称情绪）相关的面部表情的能力。参与者看到狗、人类和黑猩猩的照片，表现出愤怒、恐惧、快乐、中性和悲伤的情绪，并且必须评估表现出的情绪以及拍摄照片的背景，如图 4.5 和图 4.6 所示。由于不同的个人（即养狗）和文化经验（即成长或接触狗受到高度重视并融入人类生活的文化环境），他们在儿童和成人中招募了具有不同程度的与狗相处经验的人（图 4.5 和图 4.6）。研究结果表明，狗的一些情绪，如愤怒和快乐，在早期就被识别出来了，与经验无关。然而，识别狗情绪的能力主要是通过经验获得的。在成年人中，在对狗有积极态度的文化环境中长大的参与者识别狗的情绪的可能性更高，这可能导致这类人对狗这一物种更感兴趣并乐于接触。与狗的直接经历（即拥有）不同，参与者成长的文化环境可能决定了人类对狗的兴趣，这种兴趣能够捕捉到有助于情感识别的微妙线索，减少因人类无法读懂狗的信号而导致的人和狗之间的有害或负面事件的发生。

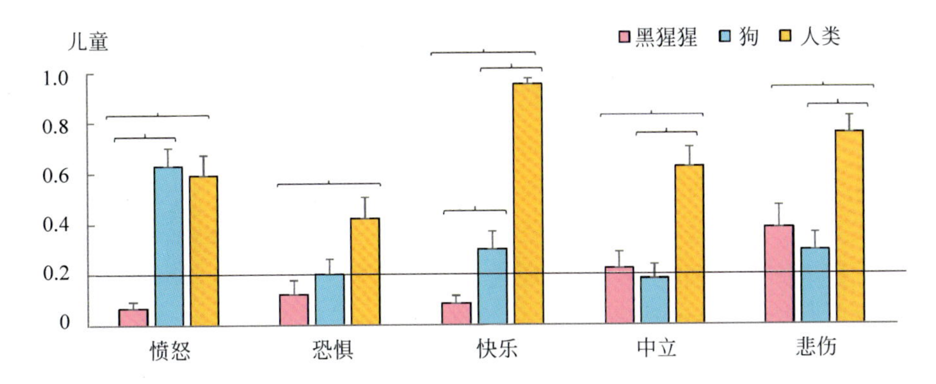

图 4.5 对于每个物种（狗、人类、黑猩猩），儿童识别不同情绪（愤怒、恐惧、快乐、中立、悲伤）的平均估计概率（+ 标准误差）

图注：大括号表示显著的事后比较，黑实线表示偶然水平。

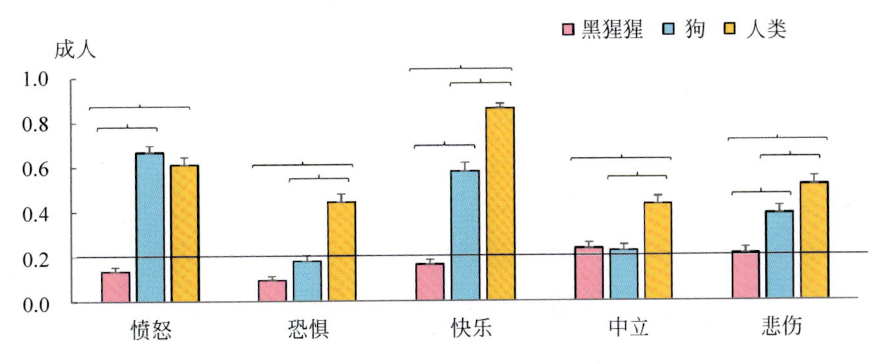

图 4.6 对于每个物种（狗、人类、黑猩猩），成年人识别不同情绪（愤怒、恐惧、快乐、中立、悲伤）的平均估计概率（+ 标准误差）

图注：大括号表示显著的事后比较，黑实线表示偶然水平。

4.2 蜜蜂和鸟类的交流

4.2.1 蜜蜂的交流

图 4.7 卡尔·冯·弗里施

与人类一样，一些动物的行为模式也是先天的。动物中这种行为方式的例子从它们如何相互传递信息，交配时的行为以及如何照顾幼子中可以看出。卡尔·冯·弗里施（Karl von Frisch 动物行为学先驱，1973 年的诺贝尔奖得主，如图 4.7 所示）的研究表明，当蜜蜂在花朵中发现花蜜时，它们会以一种特殊的方式飞行，并表现出一种舞蹈，向附近其他蜜蜂表明在那里找到了花蜜。他用一种简单的语言描述了蜜蜂的回旋和摇摆舞，摇摆舞意味着附近有食物。摇摆舞的笔直部分指向食物，而舞蹈的持续时间表明了距离。在某些情况下，蜜蜂会根据太阳的方向进行定位，或者，如果阴天，它们会用来自蓝天光线的偏振而定向。弗里施发现，蜜蜂具有色觉，并可以通过气味来辨别各种开花的植物，它们对“甜”味的敏感性略高于人类，蜜蜂的空间嗅觉可能来自嗅觉和触觉的紧密结合。

弗里施对蜜蜂定向能力的研究发现，蜜蜂可以通过三种不同方式来识别所需的罗盘方向：通过太阳、通过蓝天的偏振模式以及通过地球磁场，从而将太阳用作主要罗盘，并保留了其他替代方法，选择替代的条件是在多云的天空或黑暗的蜂巢内。图 4.8 所示的蜜蜂招募舞蹈，觅食返回的蜜蜂会为其他蜜蜂跳舞，相对于太阳的垂直角度与飞行到食物源的角度跳摇摆舞，摆动的强度表示到食物源的距离，以传达食物源的方向和距离。

蓝天中散射的光线形成部分偏振光的特征模式，这种偏振光依赖于太阳的位置，人眼是看不见的。偏振光在蜜蜂复眼的每个晶状体上都有一个紫外线感受器，在每个晶状体上都有一个不同方向的紫外线滤光器，使蜜蜂能够探测到这种偏振模式。一小片蓝天足以让蜜蜂识别出一天中发生的模式变化。这不仅提供了方向信息，而且还提供了时间信息。一天当中太阳位置的变化为蜜蜂提供了一种定向工具。它们使用此功能在黑暗蜂箱深处获取一天的进展信息，其信息与太阳位置的信息相当。这使得蜜蜂能够在其摇摆舞中传达最新的方向信息，而不必在长时间的舞蹈阶段与太阳的位置进行比较。这不仅为它们提供了可选的方向信息，而且还提供了附加的时间信息。蜜蜂的内部时钟具有三种不同的同步或计时机制。如果蜜蜂在早上的短途旅行中发现进食地点的方向，它还可以根据太阳的位置找到相同的位置，以及该食物源在下午提供食物的准确时间。研究表明，基于磁场的原理，正在建造的蜂窝（例如，一个新的蜂群建立的蜂窝）的平面排列将与蜂群的母蜂巢的排列方式相同，蜂房的垂直排列是由于蜜蜂能够通过头部和颈部的感觉细胞环来辨别垂直方向。

有关觅食地点的信息可以从一只蜜蜂传到另一只蜜蜂。传播手段是一种特殊的舞蹈，作为一种蜜蜂舞蹈语言，其方法是：一只侦察蜂告诉一群蜜蜂一个潜在的新家位置。在这个过程中，它们会摆动尾巴。蜜蜂向其姐妹传达食物以及水的距离和位置。这里的“语言”是根据瑞士语言学家费迪南德·德·索绪尔（Ferdinand de Saussure）提出了语言符号系统，其中一个符号由能指和所指两部分组成。能指是一个符号的物理表征（形）或语音表征（音），所指是概念的组成部分（义）。如果舞蹈语言遵循索绪尔的符号学的二元模型，那么能指就是摇摆舞，所指就是觅食资源的位置。尽管舞蹈语言可能遵循或不遵循这种模式，但它并不被视为具有语法或一组符号的语言。蜜蜂的沟通不能算是语言，因为这种沟通显然全部是先天的，存在于蜜蜂的基因中，不必看着它的母亲怎么做再学着做，是有其基因控制的。

图 4.8　对蜜蜂摇摆舞的解释：返回觅食的蜜蜂会为其他蜜蜂跳舞，以传达食物源的方向和距离

图注：相对于太阳的方向是通过与垂直线的夹角来表示的。摆动的强度表示距离，由蜂巢到食物源的距离所花费的飞行时间决定。

一只蜜蜂采蜜时无法带上很多的花蜜，需告知其他蜜蜂如何前往，以蜜蜂舞的方式进行沟通。太阳和花的角度等于蜜蜂跳的两个半圆形中间的那条线与垂直线的角度，其他蜜蜂就沿这个角度去寻找花丛，抖动得越快表示离花越近，抖动速度表示距离。如果食物源靠近蜂巢，则蜜蜂的舞蹈就会是圆舞 [如图 4.9（a）所示]，食物源越近，执行的循环次数越多。觅食的蜜蜂表演圆舞，在那头的蜂巢上，开始绕着一个狭窄的圆圈旋转，不停地改变方向，一会儿向右顺时针转，一会儿向左逆时针转，一圈一圈地转，每个方向转一两个圈。这种舞蹈是在最喧闹的蜂房中表演的，它可影响周围蜜蜂的行为方式，使周围的蜜蜂开始追随它，总是试图让它们伸出的触角与它的腹部紧密接触。蜜蜂圆舞提供的信息是，在蜂巢附近 50~100 m 的距离有一个觅食点。通过蜜蜂之间的密切接触，它还提供关于食物的类型、花的气味的信息。蜜蜂舞蹈展示了空间位移的元素。当距离更远时，超过 80~100 m 时，它就会在舞蹈中增加尾巴摇摆的摇摆舞。蜜蜂的摇摆舞用于传递有关更远食物源的信息，跳舞的蜜蜂在蜂巢中垂直悬挂的蜂巢上向前移动一段距离，然后沿着半圆回到它的起点，然后舞蹈又开始了。在笔直的伸展上，蜜蜂用屁股摇摆。直线伸展的方向包含有关食物源的方向信息，直线伸展与垂直线之间的角度正好是飞行方向与太阳位置所成的角度。如图 4.9（b）所示，显示了这种舞蹈的工作原理：摆尾舞尾部摆动形成了“8”字形系列动作，实际上是一种中间摆尾的圆形舞蹈。食物源越远，舞蹈中的摆动就越多。食物源每增加 1 km 的距离，会使摇摆的部分增加 1 s。到食物源的距离是通过跨越直线距离所花费的时间来传递的，1 s 相当于大约 1 km 的距离（因此，舞蹈的速度与实际距离成反比）。其他蜜蜂通过与跳舞的蜜蜂保持紧密联系并重建其动作来获取信息。它们还通过嗅觉获得有关食物来源（食物类型、花粉、蜂胶、水）及其特定特征的信息。蜜蜂的定位功能非常好，它们可以借助摇摆舞找到食物来源，即使有障碍，它们也可以像中间有一座大山一样绕行。至于听觉，有一种假设是蜜蜂在摇摆舞期间可以感知振动并将其用于交流。

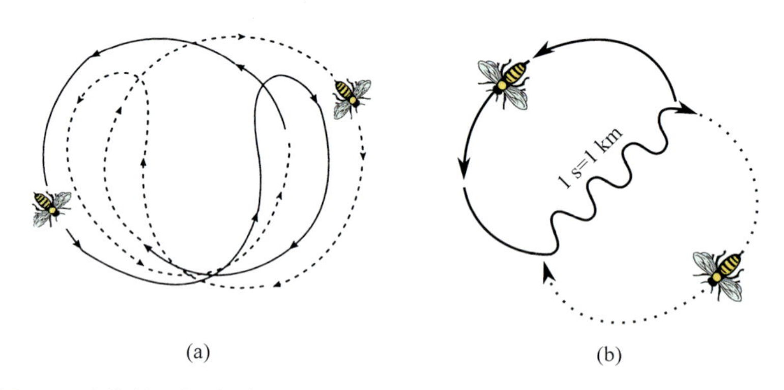

图 4.9 蜜蜂的圆舞（a）和摇摆舞尾部摆动形成“8”字形系列的动作（b）

4.2.2 鸟类的交流

1. 孔雀的交流

从一些动物进化而来的高度复杂的形态、行为和生理特征就可以看出交流的重要性。因为某些动物已经进化出促进这种行为的结构，例如，孔雀的尾巴、雄鹿的鹿角，甚至包括欧洲银鸥喙上的小红斑。高度复杂的交流行为已经进化出来，比如鹤的舞蹈、乌贼的图案变化、园丁鸟收集和整理材料。动物进行交流的重要性的其他证据是，生理功能优先于交流功能，所有这些适应性都需要用进化论来解释。研究人员通过比较群体内的相关物种发现，在原始形态下没有交流功能的动作和身体部位可以被“捕获”，在这种情况下，交流对一方或双方都有作用，并可以演变成更复杂、更专业的形式。例如，对草雀的研究表明，在一系列物种中进化出喙擦拭反应，具有梳理功能，但在某些物种中，这种反应已被细化为求爱信号。社会生物学家也一直在关注表面上过度信号结构（如孔雀尾巴）的进化。人们普遍认为，这些特征只能出现在性选择的结果中，它可以产生积极的反馈过程，导致在竞争择偶的情况下具有优势的特征迅速被夸大。有一种理论可以解释像孔雀尾巴这样的特征进化，需要两个前提：一个是已经存在的特征，例如光亮的尾巴；另一个是已经存在的偏见，雌性孔雀会偏向选择这种特质。雌性孔雀更喜欢精致的尾巴导致这些雄性孔雀能够成功交配。利用雌性孔雀的心理，建立积极的反馈，尾巴变得更大、更明亮。最终，进化将趋于平稳，因为雄性的生存成本不允许进一步进化。存在两种理论来解释失控选择。首先是好的基因假说，认为精心打扮是健康的真实信号，是更好的伴侣。其次是残障假说，认为孔雀的尾巴是一个生存的负担，需要能量来保持，并使捕食者更容易看到它。因此，信号的维护成本很高，并且仍然是信号发送者状态的真实指示。

2. 鸣鸟的交流

鸣鸟的发声器官通常产生多样化且美妙精致的鸟歌，其歌曲本质上是地域性的，因为它可以将个体的身份和下落传达给其他鸟类，也可以暗示性意图。鸣鸟之间的性选择高度基于模仿发声。在某些群体中，雌鸟的偏爱是基于雄鸟歌曲曲目的范围，雄鸟的曲目越多则吸引的雌鸟就越多。其他鸟类，尤其是非雀鸟，有时也会通过鸣叫来吸引配偶或占领地盘，但这些鸣叫通常是简单而重复的，缺乏鸣叫的多样性。尽管许多鸣禽都有悦耳的歌声，但也有例外。乌鸦科的许多成员通过嘶哑或尖叫声进行交流，但这些声音在其他动物听起来却很刺耳。即使有些鹦鹉可以重复人类的语言，鸟类的声音模仿几乎完全局限于鸣鸟，其中一些（如琴鸟）擅长模仿其他鸟类的声音，甚至环境噪声。

鸟儿的歌曲和呼叫之间的区别是基于复杂性、时长和周围环境。更长、更复杂的歌曲与领地以及求爱和交配有关，而呼叫往往起到警报或保持鸟群成员联系的作用。若从歌曲类别上来区分，分为短的叫声，如鸽子的叫声，以及无声的声音，如图 4.10 所示的啄木鸟（woodpecker）的啄木声和鹬鸟（snipe）在展翅飞行时的“风扬”声，都被认为是歌曲。还有一些要求歌曲具有音节多样性和时间规律性，类似于定义音乐的重复和变化的模式。

鸣鸟的声音非常清晰。例如，灰鹦鹉（grey parrot）以模仿人类语言的能力而闻名，有一只名叫亚历克斯（Alex）的灰鹦鹉，似乎能够回答一些有关它所看到的物品的简单问题。鹦鹉（parrot）、蜂鸟（hummingbird）和鸣鸟（songbird）均显示具有声音的学习模式，鸟类歌曲以燕雀发展得最好。一些群体几乎没有声音，只发出敲击声和有节奏的声音，比如鹳鸟撞击它们的喙时发出的声音。在一些侏儒鸟（manakin, pipridae）中，雄性侏儒鸟已经进化出了几种机械发声的机制，其中包括与某些昆虫相似的鸣声机制。

啄木鸟

鹬鸟

灰鹦鹉

鹦鹉

蜂鸟

鸣鸟

侏儒鸟

图 4.10　不同发声机制的鸟类

歌曲通常是从突出的栖息处发出的，尽管有些物种在飞行时会唱歌。术语“先天”已被定义为产生非语音声音的行为，该声音是有意调节的交流信号，是使用诸如喙、翅膀、尾巴、脚和身体羽毛之类的非鸣管结构产生的。在亚热带欧亚大陆和美洲，几乎所有歌曲都是雄鸟发出的。然而，在热带地区以及更大范围内的澳大利亚和非洲沙漠地带，雌鸟的演唱量通常与雄鸟相同。这些差异通常归因于澳大利亚和非洲干旱地区的规律性和季节性气候要差得多，这些条件要求鸟类在有利的条件下在任何时候繁殖，尽管它们不能在任何条件下繁殖。对于季节性不规则繁殖，雌雄双方都必须进入繁殖状态，发声，特别是二重唱可以达到此目的。在热带地区，澳大利亚和南部非洲，雌鸟发声的频率很高，这也可能与极低的死亡率有关，从而产生了更牢固的配偶和领地性。乌鸦会把物体“展示”给同种伴侣。展示被定义为拿起物品，用喙举起，头直立或向上倾斜，并保持这个姿势，这种展示的“手势”总是以接受者为导向，并且比不在场的合作伙伴以明显更高的频率产生，表明对合作伙伴的注意力状态很关注。这些信号是目标导向的，基于信号者看着接受者并表现出响应等待。

3. 鸟鸣的功能

鸟鸣的第一个功能：吸引配偶。假设鸟类的鸣叫是通过性选择进化而来的，实验表明，鸟类鸣叫的质量可能是一个很好的健康指标，寄生虫和疾病可能直接影响歌曲的特征，例如，歌曲的频率可以作为健康的可靠指标。雄鸟用歌声来控制和宣传领地的能力证明了其适应能力。因此，雌鸟可以根据鸣叫声的质量和曲目的规模来选择雄鸟。

鸟鸣的第二个功能：领土防御。有领地意识的鸟类通过鸣叫相互交流以协商领地边界。由于歌曲可能是鸟类健康质量的可靠指标，个体可以辨别竞争对手的健康质量，并避免进行耗费大量精力的战斗。歌曲的复杂性也与雄性领土防御有关，更复杂的歌曲被认为有更大的领土威胁。一对白枕鹤（white-naped crane, Grus vipio，图 4.11）发出“齐声呼叫”，加强了这对白枕鹤之间的联系，并向其他鹤发出领地警告。

通过鸟类鸣叫进行的交流可以在同一物种的个体之间甚至跨物种进行。鸟类通过特定的威胁的发声和动作传达警报，并且其他动物物种（包括其他鸟类）也可以理解鸟类警报，以识别并防御特定威胁。在猫头鹰（owl）或其他捕食者可能出没的地区，群聚叫声被用来招募个体。这些叫声的特征是宽频谱、刺耳的起止和重复，并且由于易于定位而被认为有助于其他潜在的“骚扰者”。家禽对空中和地面捕食者有不同的警报声，它们对这些警报声会做出适当的响应。

个别鸟类可能足够敏感，可以通过其叫声来识别彼此。许多在鸟巢中筑巢的鸟可以使用它们的叫声找到它们的雏鸟。在生态学研究中，叫声有时很特别，即使是人类研究人员也能识别出来。许多鸟会进行二重唱。有些情况下的二重唱时间安排得非常完美，几乎就像一只鸟的呼叫，这种呼叫称为对唱二重唱。这样的二重唱出现在很多种类的鸟中，包括鹌鹑（quail）、布什伯劳鸟（bushshrike）、猫头鹰和鹦鹉。在领地鸣禽中，当鸟类因模拟入侵其领土的叫声而被唤醒时，它们更有可能进行反击。这暗示着种内激进的竞争作用。

有时，在繁殖后的季节里发出的歌声会成为同种窃听者的线索。在黑喉蓝莺（black-throated blue warbler）中，繁殖成功的雄性会对后代唱歌，以影响它们的声音发育，而繁殖失败的雄性通常会放弃巢穴，保持沉默。因此，繁殖后的鸣声无意中通知了那些不成功的雄性，使其特定栖息地有更高的繁殖成功率。发声的社会交流为高质量栖息地的定位提供了一条捷径，也省去了直接评估各种植被结构的麻烦。众所周知，许多鸟类，尤其是在植被中筑巢的鸟类，会发出类似蛇的嘶嘶声，这可能有助于阻止近距离的捕食者。

鸟的听觉范围在50~12 000 Hz，灵敏度最高在1~5 kHz。黑色的毛领鸽（black jacobin）在产生约11.8 kHz的声音方面表现出色。研究表明，白风铃鸟（white bellbird）发出的叫声响度最高可达125分贝。鸟类在环境中鸣叫的频率范围随栖息地的质量和周围声音的变化而变化。声学适应性假设预测，在具有复杂植被结构（会吸收和减弱声音）的栖息地中，发现鸟类使用窄带、低频、长元素和元素间间隔；而宽带、高频、高频调制（颤音）、短元素和中间元素可能会在开放的和没有阻碍植被的栖息地遇到。低频率的歌曲最适合在被阻挡的、植被茂密的栖息地传播，因为低频、缓慢调的歌曲元素较不易通过反射声音的混响消除信号衰减；快速调制的高频呼叫最适合开放的栖息地传播，因为它们在开放空间中的衰减较小。声学适应性假设还指出，歌曲特性可以利用环境中有益的声学特性。在植被茂密的栖息地，混响可以增加窄带的音量和长度。据推测，鸟类鸣叫划分了可利用的频率范围以减少不同物种在频率和时间上的重叠。这种想法被称为"声学生态位"。在有低频噪声的市区，鸟叫声更大、音调更高。研究发现，由于声频重叠，交通噪声会降低大山雀(great tit)的繁殖成功率。歌曲音量的增加和高频率的歌曲，使市区的鸟类恢复了适应性。

图 4.11　为吸引配偶和防御领地而鸣叫的不同鸟类

4. 处理鸣禽中的结构化序列

结构化序列的处理被认为是语法处理的前身，因此许多研究调查了其他动物可以学习和处理基于规则的结构化序列的程度。有两类动物被作为非人类的语言学习模型：鸣禽和非人类的灵长类动物。

鸣禽显然不是我们的直接祖先，并且在进化树中离我们较远，但它们拥有一种声乐学习系统，这种系统与人类系统具有一定的相似性。鸟类的鸣声学习和人类的语言学习有两个阶段：听觉学习阶段和感觉 - 运动声乐学习阶段。研究表明，从行为上讲，人类婴儿和鸣禽都是通过某种倾向和听觉输入的结合来学习的，并且存在听觉 - 声音学习的敏感期。此外，人类婴儿 / 幼鸣鸟都会经历一个婴幼儿 / 幼雏发声逐渐接近成年人 / 成鸟发声的阶段。这个阶段在人类 / 鸣禽中被称为咿呀语 / 亚鸣声时期。听觉 - 声音学习系统允许鸟类以一定的时序学习一系列的元素。由于这些序列可能受到某种句法规则的支配，因此被称为音韵句法。这种音韵句法能力并不意味着能够获得上下文无关的句法规则，从而产生自然语言特有的层次结构。

然而，鸣禽可以学习简单的基于规则的序列。在鸟类中，这种能力的基础神经解剖学涉及一个听觉系统（次级听觉区），一个对感觉 - 运动学习至关重要的前脑前通路，由皮层下区域调节，还有一个歌曲运动通路参与歌曲产生。研究表明，其中任意一个系统的损伤，特别是调节通路，会导致鸣禽的学习障碍。这表明从感觉 - 听觉系统到运动 - 输出系统的路径对于歌曲学习至关重要。从听觉系统到运动系统的类似路径在人类婴儿出生时就已经存在，这为人类的听觉学习和咿呀学语提供了良好的基础。该通路是连接后颞上回和前运动皮层的背侧通路，必须将其与句法定位 BA 44 相关的背侧通路区分开来。

总之，在语言的进化过程中，必须进化出两种至关重要的能力：首先是感觉 - 运动学习能力，其次是处理层次结构的能力。简单基于规则的序列的感觉 - 运动学习是鸣禽的一种能力。然而，处理层级结构的能力在鸣禽身上并不存在。因此，可以想象，处理层次结构的能力应被视为是迈向语言能力的关键一步。

4.2.3 鸟鸣学习的关键期及声乐 / 听觉学习表型

1. 鸟鸣的习得

不同鸟类的歌曲有所不同，物种的歌曲复杂性及其唱歌的种类差异很大（在棕尾雀中多达 3000 种）。一些物种中的个体以相同的方式变化。早在 1773 年，人们就发现鸟类可以学习鸣叫，而交叉培养成功的实验使红雀（linnet）学会了云雀（skylark）的鸣叫（图 4.12）。在许多物种中，尽管所有成员的基本歌曲都是相同的，但幼鸟从其父辈那里学到了一些歌

棕尾雀

红雀

云雀

斑马雀

金丝雀

图 4.12 几种雀类

曲的细节，这些变化经过几代相传的积累形成了方言。在幼鸟中学习歌曲分为两个阶段：感官学习，涉及幼鸟听父辈或其他特定鸟类的声音并记住歌曲的频谱和时间质量（歌曲模板）；感觉 - 运动学习，涉及幼鸟产生自己的发声并练习歌曲，直到它与记忆的歌曲模板完全匹配为止。在感觉 - 运动学习阶段，歌曲的产生始于被称为“亚歌曲”的高度可变的次发声，类似于人类婴儿的咿呀学语。此后不久，这首幼鸟歌曲就表现出模仿的成年歌曲的某些可识别的特征，但仍然缺乏定型歌曲的刻板印象，这就是所谓的“塑性歌曲”。经过 2~3 个月的歌曲学习和排练（取决于物种），有些鸟会产生一个成形的歌曲，其特征在于频谱和时间上的刻板印象（音节产生和音节顺序的变异性非常低）。某些鸟类（如斑马雀）的感官学习和感觉 - 运动学习阶段重叠。

研究表明，鸟类对歌曲的习得是一种涉及基底神经节脑区的运动学习形式。此外，后下行通路（posterior descending pathway, PDP）被认为与起源于大脑皮层并通过脑干下降的哺乳动物运动途径同源，而前脑通路（anterior forebrain pathway, AFP）被认为与通过基底神经节和丘脑的哺乳动物皮质通路同源。鸟类歌曲运动学习的模型可用于开发人类学习语言的模型。在某些物种（如斑马雀）中，学习鸣叫仅限于第一年，它们被称为“年龄限制型”或“封闭式”学习者。其他物种，例如金丝雀（canary），即使在性成熟后也能产出新歌，这些被称为“开放式”学习者。习得的歌曲可以通过文化交流发展出更复杂的歌曲，从而允许种内方言帮助鸟类识别亲属并使其歌曲适应不同的声学环境。

埃里希・贾维斯（Erich D. Jarvis）对人类和鸣鸟类口语和声乐学习的生物学基础进行了研究，根据声乐学习和口语的解剖学特征总结归纳出 3 种流行的假说，分述如下。

假说 1：脑的大小或神经元密度会影响口语语言回路，较大的大脑允许更多的神经元用于语音和声乐学习，如图 4.13 所示。但是，大脑的大小与声音学习能力无关。具有微小大脑的蜂鸟可以模仿复杂的发声，而具有更大大脑的黑猩猩则不能。尽管人类在灵长类动物中拥有最大的大脑，但人类在脑容量大小和神经元密度方面都是规模扩大的灵长类动物大脑。其他鸣叫学习的哺乳动物，比如鲸类和大象都有较大的大脑，但也有较大的体型。相比之下，鸣鸟和鹦鹉的前脑神经元密度是声乐非学习鸟类的 2 倍。也许某些声乐学习的鸟类比按比例增大的人脑的密度高，从而为声乐学习和口语回路的额外神经元提供了所需的空间，而又不会失去较旧的回路并保持脑与身体的大小比例。

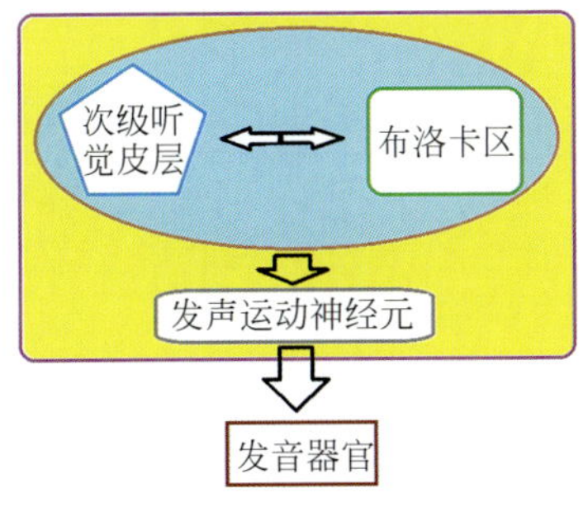

较大的大脑和 / 或较高密度的神经元会影响声音学习的大脑回路。颜色表示大脑的分支和发声器官。箭头表示神经解剖连接，黄色区域为前脑

图 4.13 有关声乐学习和口语解剖学特征的假说 1

假说 2：发声器官的差异不能解释鸣鸟类的歌曲和人类的语言在声音学习方面的多样性。前脑通路对声乐学习和语言这一假说提出只有人类和其他声乐学习物种才具有控制歌曲和语音的前脑回路，如图 4.14 所示。

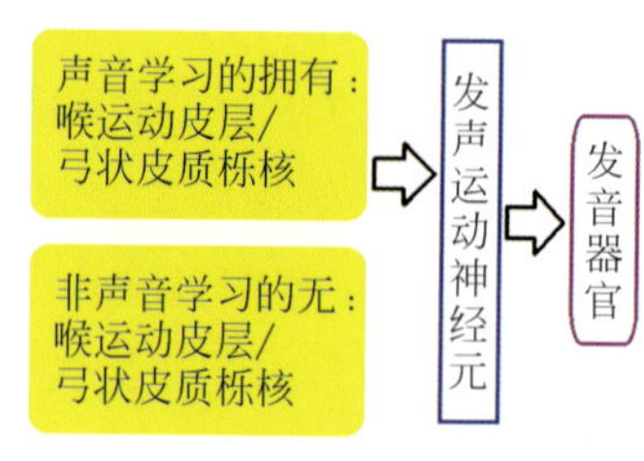

图 4.14　假说 2：差异来自前脑声乐学习通路的存在与否

假说 3：直接和间接运动皮层至脑干的声音运动神经元连接。该假设认为，语音学习和口语发展的一个根本转变是从人类喉部运动皮层（laryngeal motor cortex，LMC）第 5 层神经元和禽类弓状皮质栎核投射神经元到脑干声音运动神经元的间接投射（或从间接投射到直接投射）的变化，如图 4.15 中的红色箭头所示，可以对人和鸣鸟的发声进行精细的运动控制。在人类和学习歌曲的鸟类中，每个声音运动神经元有数百个神经支配轴突。这表明直接投射的密度可能会影响所学声音产生的程度。根据鸟类种类的不同，鸟类弓状皮质栎核的鸣声核也直接或间接地投射到关节神经（如喙、下巴、舌头）和呼吸运动神经元。在背侧喉部运动皮层和腹侧喉部运动皮层之间的人类口腔运动皮层被认为也是如此。非人类灵长类动物也存在舌运动神经元的直接神经支配。这就解释了为什么有限的声乐学习者能够更自主地控制用舌头和嘴唇这样的发音器官发出模仿的声音，而不是用喉咙。然而，当我们无声说话时（即内在言语，用言语思考），大脑的大部分区域，包括用于产生语言和感知的布洛卡区，表现出增强的活动，即使没有声音产生，喉部肌肉也呈现出活动性增强。当我们听、读或写单词时，大脑中产生语言的区域的活动增加，这与喉部和其他发音器官的发声肌活动有关。美国手语的许多肢体动作都伴随着“口语语素”的动作。控制手的脑区与控制发声和口腔面部的脑区相邻，对成像结果的解释是，由于手和口腔的运动，这两个相邻脑区在产生美国手语时都很活跃。

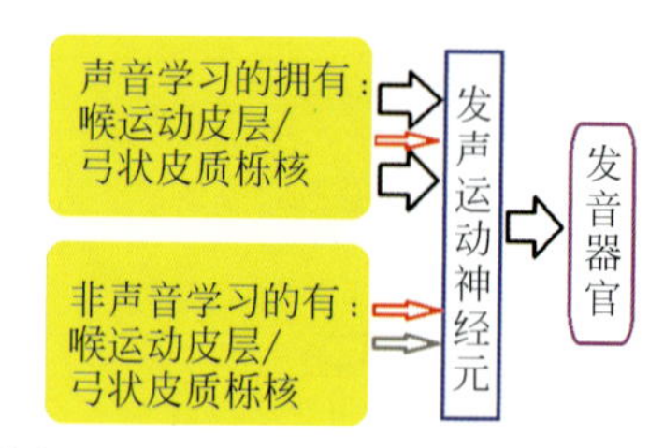

图 4.15　直接或增强运动皮层至脑干的声音运动神经元连接

所有三种学习唱歌的鸟类谱系共有 7 个大脑核，它们组成了产生学习发声的后声道和模仿发声的前声道，而这在非学习发声的鸟类中是没有的。人类也有类似的脑区，包括负责语音产生的背侧和腹侧喉运动皮层，以及负责语音获取和高级语音功能的前运动皮层和布洛卡区。不同的鸣禽发声核具有不同的细胞类型，这些细胞类型可能对应于不同的皮质层以及人类语言通路的纹状体和丘脑区。这些专门的歌曲和语音回路的输入来自听觉、体感和其他途径，但是迄今为止，在所有已调查的声音非学习物种中都发现了这些其他通路，这就解释了为什么听觉学习在物种间更普遍。韦尼克区及其涉及语音感知的网络，在人类出现之前，就已经存在于脊椎动物谱系中。

在连续统一体假说的背景下，有研究认为非人灵长类动物具有前腹侧喉运动皮层，是人类初级腹侧喉运动皮层的祖先前体。然而，产生非人灵长类动物的发声并不需要前腹侧喉运动皮层，而且一个基本的初级腹侧喉运动皮层可能已经存在于非人灵长类动物中。在鸣鸟中，电生理和活性依赖性基因表达研究表明，相同的大脑途径可用于学习和生产歌曲。当鸟类明显地想唱歌时，这些脑区和鸣管肌肉显示神经放电模式，非声音运动区与歌曲学习核相邻。对人类来说，包括布洛卡区在内的口语-语言大脑通路可以用于学习和产生语言，无论是在有声或无声地阅读、写作、思考或用口语语素做手势。非声音和非听觉回路，如前肢和视觉，可以将分层语法算法作为相邻的语音和听觉回路来处理。这可以解释为什么非人类灵长类动物几乎没有口语能力却拥有更强的手语能力。从这个角度来看，口语和手语分别等同于语音和手势语。布洛卡区和其他脑区在说话和其他任务中的神经生理学记录可以作为这些假设的佐证。综上，在具有模仿歌曲或语音的能力的物种中，前脑神经元的密度更高，可以容纳更多的歌曲和语音大脑回路（假说 1）、增加或增强的前脑声音运动学习通路（假说 2），以及新的或增强的前脑到脑干声音运动连接（假说 3）。如果找到其他假说的更有力证据，则将是假说 1、2 和 3 的补充，而不是替代。剩下的问题是如何融合进化为复杂行为建立类似的大脑路径。

2. 鸟鸣习得中的听觉反馈

实验表明，鸟类能够听见父辈导师的歌曲很重要。当鸟类被单独饲养时，不受同种雄性的影响，它们仍会唱歌，唱出的歌曲称为“隔离之歌”，类似于野鸟的歌曲，但与野歌却有着截然不同的特征，而且缺乏复杂性。研究发现，鸟类在感觉运动时期能够听到自己唱歌，在歌曲的成形阶段之前，鸟类充耳不闻，产生的歌曲是与野生型和孤立型截然不同的歌曲。一种实验方法是通过对相关的大脑结构进行损伤来观察鸟鸣学习的神经机制，这些大脑结构涉及鸣声的产生或维持，或者在鸣声成形之前 / 后使鸟类耳聋。另一种实验方法是记录鸟的叫声，然后在鸟唱歌的时候回放，这就会引起听觉上的反馈。研究证明听觉反馈对于维持成年鸟的成形歌曲是必要的，成形化鸟鸣声的成年维护是动态的，而非静态的。研究表明，（前脑的）弓状皮质前端的外侧大细胞核（lateral part of the magnocellular nucleus of anterior nidopallium，LMAN）在纠错中起主要作用，因为它可以检测鸟产生的歌曲与其记忆的歌曲模板之间的差异，然后将指示性错误信号发送给声音产生途径中的结构，以纠正或修改用于产生歌曲的运动程序。当前，有两个相互竞争的模型阐明了 LMAN 在产生指导性错误信号并将其投射到运动产生路径中的作用。

（1）鸟自己的歌声（bird's own song，BOS）调整纠错模型：在鸣叫过程中，LMAN

神经元的激活依赖于从鸟类发出的声音反馈和存储的歌曲模板之间的匹配。如果为真，那么 LMAN 神经元的放电率将对听觉反馈的变化非常敏感。

（2）误差修正的输出复制模型：用于歌曲制作的运动命令的输出拷贝是实时纠错信号的基础。在唱歌过程中，LMAN 神经元的激活将依赖于用来产生歌曲的运动信号，以及基于该运动指令的预期听觉反馈的习得预测。在这个模型中，纠错速度会更快。

通过记录正常和扰动听觉反馈条件下成年斑马雀（zebra finche）的单个 LMAN 神经元的尖峰频率来直接测试这些模型。结果不支持 BOS 调整的纠错模型，因为 LMAN 神经元的发放率不受听觉反馈变化的影响，因此，LMAN 产生的错误信号似乎与听觉反馈无关。此外，这项研究的结果支持了复制模型的预测，在唱歌过程中，LMAN 神经元被运动信号的输出复制激活（及其预期的听觉反馈的预测），从而使神经元更精确地计时锁定听觉反馈的变化。

3. 鸣鸟歌曲学习的关键期

鸣鸟会学习它们的歌曲，这种学习与语言习得有着惊人的相似之处。与人类一样，鸟类在敏感时期必须听到父鸟的声音，并且在学习发声时必须听到自己的声音。鸣鸟歌曲学习限制在鸟类生命中的某个时期，歌曲学习的“关键期”位于敏感期之中，敏感期结束后，进一步的声学刺激不会改变鸟儿的歌声。“关键期”特指鸟类获得听觉信息之后，它将塑造自己的歌曲。鸣鸟歌曲学习的关键期覆盖了鸟类生命的前十个月。10 个月结束后，鸟儿以最终的定型模式建立其歌曲主题，这一过程被称为歌曲的“结晶”。一旦这个过程结束，鸟儿不会改变其歌曲主题，也不会添加新的主题。它的歌曲曲目在未来几年几乎保持不变。

鸣鸟表现出复杂的知觉学习，其中经验与先天的学习倾向相互作用。它们在基于表现的反馈指导下进行复杂的运动技能学习。它们学习歌曲的能力仅限于发育的敏感时期，其时间取决于经验和激素，并且因物种而异。歌曲学习的特性使其不仅可以用于一般的感觉和运动学习，还可以用于人类语音学习，鸣鸟的研究为人类获得声音行为的能力提供了为数不多的模型系统。雄性斑胸草雀通过听导师的声音学习歌曲，但歌曲学习通常仅限于幼年发育的关键时期。鸣鸟的独特之处在于它们学会将自己的发声与同种鸣鸟导师提供的模型相匹配。在许多物种中，听到另一只鸟的经历只能在幼年发育的一个狭窄窗口期间影响个体自己的声音行为，这是学习歌曲的关键时期。控制歌曲产生的解剖回路的物理变化反映了歌唱行为的可塑性变化。

布雷纳德（Brainard）等总结出鸣鸟歌曲学习的时间线，如图 4.16 所示，父鸟叫声的频谱图是雄性斑胸草雀的声音频率与时间的关系图。图 4.16（a）：在许多季节性物种中，例如白冠麻雀，学习的感觉和感觉运动阶段可以在时间上分开。幼鸟产生的初始发声或“和婉的鸟叫声”在个体之间是可变的和通用的，类似于人类婴儿的咿呀学语。和婉的鸟叫声逐渐演变为“可塑歌曲”，从一种演绎到下一种演绎仍然高度可变，但也开始融入一些可识别的父鸟（导师）歌曲元素。可塑歌曲逐渐完善，直到幼鸟“结晶”出其稳定的成年歌曲。图 4.16（b）：斑胸草雀发育迅速，其两个学习阶段广泛重叠。斑胸草雀学习歌曲的关键期经历两个重叠的阶段。首先，早在孵化后的 20 天开始，雄性幼鸟形成了一个听觉模型，它从父鸟导师处习得歌曲。当鸟类在开放式鸟舍中饲养时，歌曲模型的获取可能在大约 35 天后完成。作为初始阶段歌曲模型获取结束，幼鸟开始排练这首歌的制作，从 25~30 天开始发出非常粗糙的鸟声，大约 60 天时达到相对一致的成形歌曲，最后变成不变的并完全“结晶”出成年鸟的叫声（90 天内）。图 4.16（c）：开放式学习者金丝雀，可以继续或重述成鸟的初始学习过程。

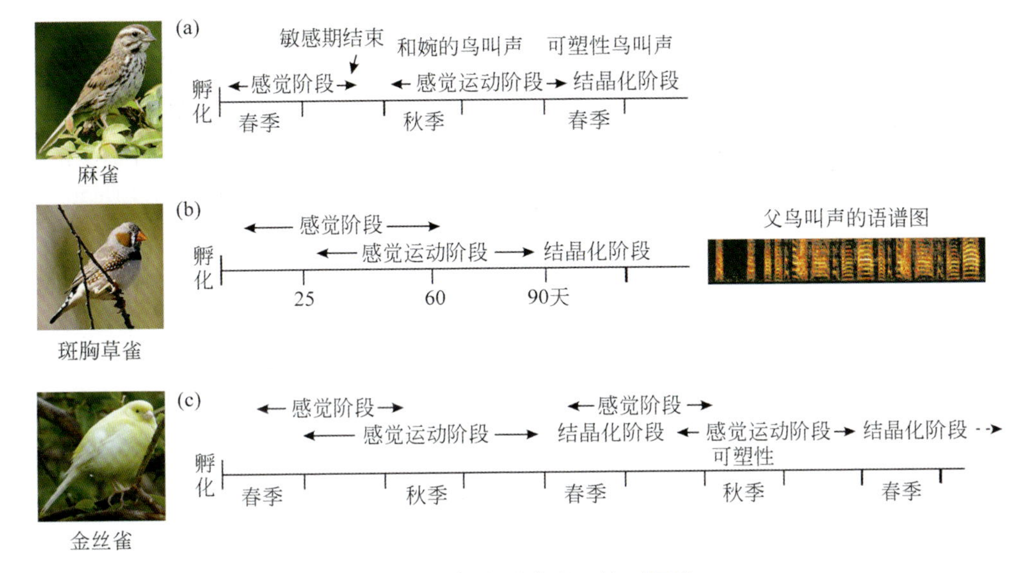

图 4.16　鸣鸟歌曲学习的时间线

4. 鸣鸟的季节性可塑性

在学习发声的鸣鸟中，歌唱行为是通过先天反应和后天反应的结合发展起来的，并且可以传达物种识别、领土防御和配偶吸引力的信息。这些功能将鸟的鸣声与其繁殖成功紧密联系在一起，使鸟鸣成为一种习得的行为，对健康有很强的影响。随着鸟类的学习，其歌声从可塑和高度可变的发声发展为更加刻板的、结晶的歌声。然而，即使在结晶之后，也会存在歌曲可塑性：一些鸟类物种的歌曲随着时间的推移变得更加刻板，而其他物种可以融入新的歌曲元素。除了歌曲的变化，鸣鸟的大脑也具有可塑性。许多鸟类物种的歌曲和神经连接都随着季节而变化，并且在整个生命过程中，新的神经元都可以添加到歌曲系统中。行为可塑性，使生物体能够灵活地与周围环境相互作用的表型的非遗传性变化，这取决于基因类型、大脑和环境之间的相互作用。在鸟类中，声乐学习发生在鸣鸟或鹦鹉和蜂鸟中。在鸟类中，已知多种行为会受到雄性激素的影响，包括歌曲和其他发声、求爱、交配和攻击。伦德斯特龙（Rundstrom）等总结出鸣鸟季节性可塑性示意图，图 4.17 展示了环境的季节性变化，例如，日长（光

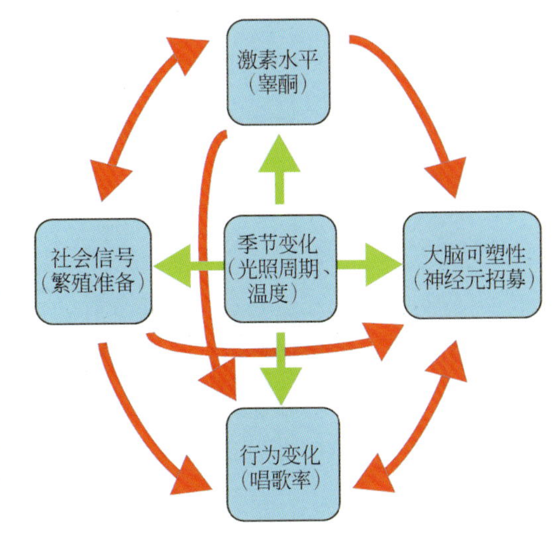

图 4.17　鸣鸟季节性可塑性示意图

照周期)、温度和食物供应与鸣鸟大脑和行为的可塑性循环的对应(绿色箭头代表季节性变化的影响)。随着季节的变化，激素水平会波动，如鸣鸟睾丸激素水平的变化对应于歌唱行为、繁殖行为和神经元募集的变化。

可塑性，即大脑神经系统变化的能力，很容易在脊椎动物的行为和神经系统中观察到。鸟鸣是一种可以在个体内部跨越多个时间尺度变化的行为，从对环境噪声的动态变化，到生命早期的歌曲学习发展，再到某些鸣禽物种在整个生命周期中声音曲目的季节性变化。光照周期和温度的季节性变化伴随鸣禽激素、大脑和行为的巨大变化。将新神经元募集到与歌曲相关的脑区可以单独由非生物季节性变化、单独的激素和唱歌增加引起：一些鸣鸟物种似乎在成年后具有很强的行为可塑性，在一生中改变它们的歌曲，并经常结合其他物种的声音。

5. 声乐学习和听觉学习的表型

声乐学习者，例如人类和鸣鸟，可以学会并产生音频结构上有组织的精细模式，而许多其他脊椎动物，例如非人类灵长类动物和大多数其他鸟类群体，要么不能，要么在非常有限的程度上可以这样做。非人类灵长类动物明显缺乏学习声音或类似句法的能力，只有像人类和其他鸣鸟这样的一些物种表现出声音学习能力，并且具有被广泛归类为“类似句法”的歌曲制作能力。佩特科夫(Petkov)等提出两种行为表型的假设分布：声乐学习和感

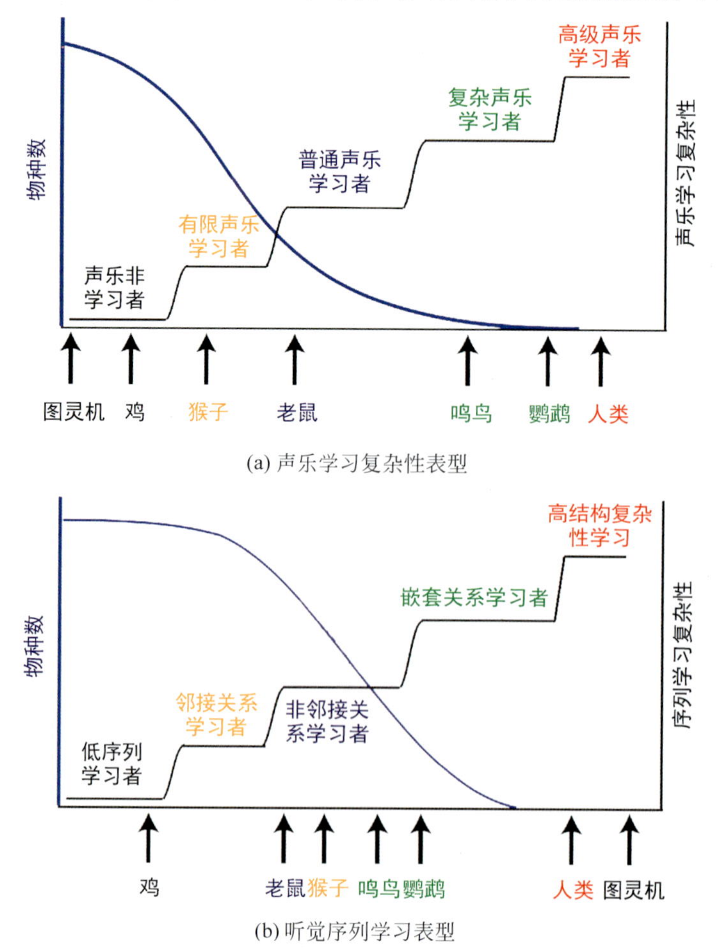

图 4.18　两种行为表型的假设分布：声音学习和感觉(听觉)序列学习

（听觉）序列学习，如图 4.18 所示。假设声乐学习和听觉学习的行为表型分布如下：（a）声乐学习复杂性表型和（b）听觉序列学习表型。左轴（蓝色）表明物种沿行为表型维度的假设分布。右轴（黑色阶跃函数）表明沿着假设的声乐学习 [图 4.18（a）] 或听觉序列学习 [图 4.18（b）] 复杂性维度的不同类型的转换。尽管听觉学习是声乐学习的先决条件，并且两种表型 [图 4.18（a）、（b）] 之间可能存在相关性，但两者不必相互依赖。图灵机可以在数字化听觉输入的记忆力上胜过人类，但不是声音学习者。

4.2.4 镜像神经元和声音学习的运动理论起源

镜像神经元是一种神经元，当一个个体执行某项动作时，以及当该个体察觉到另一个体正在执行相同的动作时，镜像神经元就会放电。这些神经元最初是在猕猴中被发现的，研究表明，镜像神经元系统可能存在于包括人类在内的其他动物中。镜像神经元具有以下特征：位于前运动皮层，表现出感觉和运动特性，是特定于动作的，镜像神经元仅在个体正在执行或观察到某种类型的动作（例如，抓住物体）时才被激活。

由于镜像神经元同时具有感觉和运动活动，镜像神经元可能有助于将感觉经验映射到运动结构上。这对鸟类的鸣叫学习产生了影响，许多鸟类依靠听觉反馈来获取和维持其鸣叫能力。镜像神经元可能将鸟所听到的与记忆的歌曲模板相比较，以及在它所产生的比较中起中介作用。

HVCx（high vocal center，腹侧上纹状体，端脑高级发声中枢，HVC 位于巢皮质的尾部，

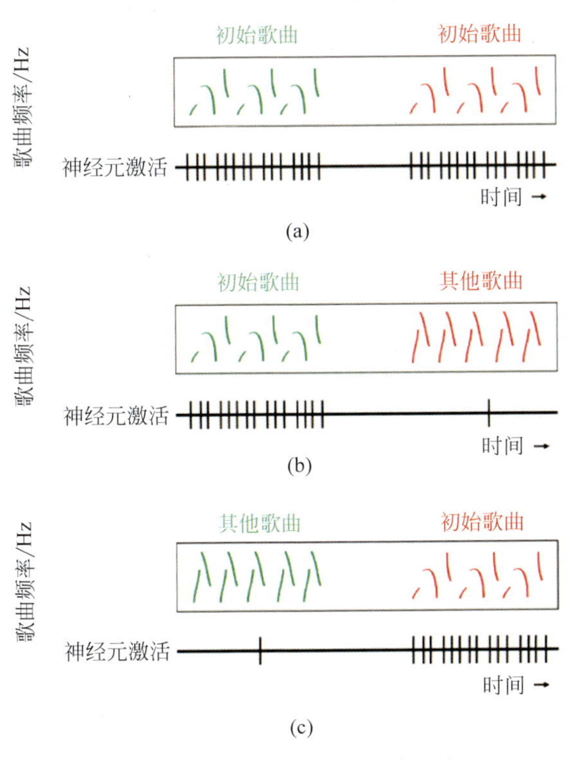

图 4.19 神经元对歌曲的选择性

HVCx 是 HVC 的突出细胞）神经元对歌曲的选择性如图 4.19 所示，图中展示了神经元对听到的叫声（绿色）和发出的叫声（红色）的反应。当听到或唱到初始的歌曲类型时，神经元会兴奋；但无论听到或唱到另一类型的歌曲时，神经元都不会对其做出反应。

为了寻找这些听觉运动神经元，杜克大学的研究人员记录了沼泽麻雀（sparrow）HVC 中单个神经元的活动，发现当鸟类听到自己歌曲的回放时，从 HVC 投射到 X 区域的神经元（HVCX 神经元）反应非常灵敏，如图 4.20 所示。当鸟儿唱同一首歌时，这些神经元也会以类似的方式激活。沼泽麻雀使用 3~5 种不同的叫声，并且神经活动根据听到或演唱的歌曲而有所不同。HVCX 神经元只有在听到 / 或唱出其中一首初始歌曲的类型时才会被激活。它们在时间上也具有选择性，会在歌曲音节的特定阶段发出信号。研究发现，在鸟类唱歌前后的短时间内，其 HVCX 神经元对听觉输入不敏感。换言之，这只鸟对自己的歌声“失聪”，表明这些神经元正在产生一种必然的放电，从而可以直接比较运动输出和听觉输入。这可能是通过听觉反馈进行学习的基础机制。总之，沼泽麻雀中的 HVCX 听觉运动神经元与灵长类动物中发现的视觉运动镜神经元非常相似。像镜像神经元一样，HVCX 神经元位于前运动脑区，展现感官和运动特性，用于“初始歌曲类型”触发响应的行动。

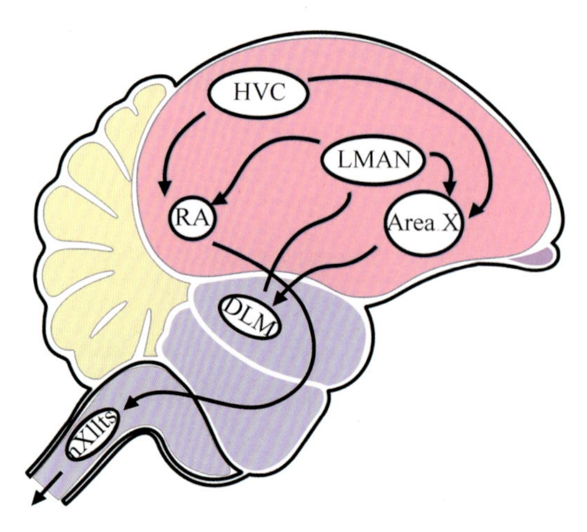

图 4.20 鸟鸣的歌唱学习途径

图注：HVC 核（端脑高级发声中枢）通过两条通路将信息输入，最终导致在舌下核（nXIIts）的气管环部分的神经元投射到声带肌肉。HVC 直接投射到 RA 核（后下行通路弓状皮质栎核），间接投射到 X 区、背外侧丘脑（dorsolateral，DLM）核和 LMAN（弓状皮质前端的外侧大细胞核），其投射方式与哺乳动物通路：皮层→基底神经节→丘脑→皮质相似。

镜像神经元可能在理解、模仿他人的行为，心智理论和语言习得中发挥作用，对于鸟类，镜像神经元系统有可能作为声音学习基础的通用机制。除了对歌曲学习的影响外，镜像神经元系统还可能在诸如歌曲类型匹配和对唱等方面的行为中发挥作用。

研究表明，在关键发育时期受到过压力的成年鸟类发出的叫声不那么复杂，大脑中的 HVC 区也更小。这导致对更复杂歌曲的性选择会间接选择更强认知能力的雄性。研究表明，拥有较大嗓音的雄性麻雀需要较少时间来完成迂回的认知任务，鸟类的鸣声（在其他性选择的特征中，如艳丽的色彩、身体的对称性和精心设计的求偶过程）允许雌性鸟能够快速评估多只雄性的认知能力和发育情况。

鸟类和人类的声音学习通路明显靠近运动学习通路的发现导致了语音学习起源的运动假说，认为声音学习和语音的大脑通路是独立于所有物种中发现的外周运动学习通路进化而来，因而具有深层的同源性。其机制是通过脑通路复制进行脑进化，这种声音学习途径的重复，类似于鸣鸟和蜂鸟、鹦鹉的内核歌曲系统产生了它们独特的鸟鸣系统，即人类的背侧喉运动皮层、腹侧喉运动皮层、前喉部运动皮层到布洛卡区的声音学习通路。

声乐学习起源的运动理论的一个预测是，声乐学习路径与相邻的运动学习路径在分子和功能上有相似之处，但在某些神经元连接基因上存在差异，比如那些控制直接密集地投射到脑干声音运动神经元的基因。研究人员通过分析鸟类和灵长类动物大脑中数千个基因的表达来测试这个预测。基因表达谱支持鸟类和哺乳动物皮层关系的核层假说，其中，弓状皮质栎核所在的鸟类枢椎的细胞类型与哺乳动物运动皮层第 5 层神经元相似，而鸣鸟声乐学习核 HVC 所在的巢皮质细胞类型类似于第 2 层或第 3 层。鸟类鸣叫和人类口语脑区的基因表达谱更像运动脑区，而不是听觉脑区，并从周围区域分化而高度专业化，有 50~70 个基因，其中许多是神经连接的关键，鸟类鸣叫和人类口语的脑区显示出了趋同的特殊表达。研究结果表明，声音学习和口语的进化不仅与物种间相同基因的趋同变化有关，而且物种内相同遗传途径上的不同基因的趋同变化也与声音学习和口语的进化有关。有些基因专门用于声音学习回路。人类管理口语的大脑通路可能也以一种特定细胞类型的方式由歌声和语音驱动的基因调控。神经生理学实验表明，当鸣鸟唱歌时，声音学习通路中的听觉反应受到抑制现象，在人类和非人类灵长类动物中，在发声的听觉皮层中也有抑制。尽管在声乐学习鸟类和人类中的歌声和语音通路是专门的，但大部分的基因、神经连接和生理学都与其相邻的大脑通路相似。

只有发音学习者（斑马雀雄鸟、人类）才能从声音运动皮层到脑干声带运动神经元进行直接投影，如斑马雀雄鸟从声音运动皮层的弓状皮质栎核到脑干声带运动神经元进行直接投影，而人类从声音运动皮层的中央前回的喉运动皮层和喉体感皮层到脑干声带运动神经元进行直接投影。非发音学习者（鸡、猕猴）缺乏这种对声音运动神经元的直接投射。

4.2.5 鸟鸣的物种辨识及鸟类文化传播

动物在不同环境中使用不同的信号来保护资源免扰性或避免生态竞争对手的侵害。这些信号必须编码成允许物种识别的最小信息，同时避免响应异种信号的高成本。鸟鸣是为多种行为编码信息的信号，比如物种识别。物种识别受到鸣叫声和鸟类辨别能力的地理差异的影响，形成了推动生殖隔离和物种形成进化过程的基础。因此，信号发出者和接收者可以区分竞争者和非竞争者，这是物种区分的一个重要组成部分，即动物区分同种个体和异种个体的能力。物种区分可能通过信号接收者和发出者之间的共同进化而进化，这对动物交流和物种形成的进化具有重要意义。因此，要理解动物的物种识别，就必须了解接受者如何感知信号的变化。由于系统发育、生态因素、性选择和文化过程等因素的影响，鸟类的声音信号通常在时间和空间上发生变化。众所周知，在表现出声乐学习的物种中，复制错误或偶然地添加将新的歌曲变异引入鸟类种群中。随着时间的推移，这个过程可能会产生持续的文化信号变化，从而导致分离种群间的显著表型差异。因此，这些族群间的声音差异（称为地域差异）可能为行为区分的演变提供了洞见。费尔南德斯 - 戈麦斯（Fernandez-Gomez）等研究了来自本地和异地种群的橄榄麻雀对声音信号的声音和身体反应，使用本地歌曲和异地歌曲来模拟在各自领地内的入侵者。研究发现，反应强度可以通过两个种群的声学相似性来预测，它们对相似的歌曲有更强的反应，这表明来自不同种群的雄性可能使用相似的机制识别信号，不管信号是同种的还是异种的。鸣声差异至少可能是一个种群的交配障碍，鸟类的反应是由发送者和接收者之间的信号结构的相似性决定的。研究结果体现了橄榄麻雀对异地种群的不对称行为反应。地理隔离、文化迁移、生态和性压力的单独或共同作用可以解释这种不对称的反应模式，而且雄鸟利用歌曲的精细结构特征来识别潜在的竞争对手。

1. 通过鸟鸣的识别与分类

“鸟语”一词也可以更通俗地指鸟类发声的模式，这种模式通常会将信息传达给其他鸟类或其他动物。鸟类鸣叫的特异性已被广泛用于物种鉴定。1948年，贝尔实验室发明了“声谱图（sona-graph）”，采用声谱图来研究鸟的鸣叫，对一些野外鸟类使用声波图来记录鸟类的鸣叫声，与描述性短语不同，声谱图是客观的，但正确的解释需要经验，声谱图也可以粗略地转换成声音。图 4.21 是典型的斑胸草雀鸣声的声谱图。鸟类鸣叫是鸟类求偶过程中不可缺少的一部分，许多异地亚种鸟在鸣叫上表现出差异。这些差异有时很小，通常只能在声谱图中才能检测到。除了其他分类学属性外，鸣声差异也被用于新物种的鉴定，使用声音自动识别鸟类是通过将声音与声谱数据库进行匹配来完成的。

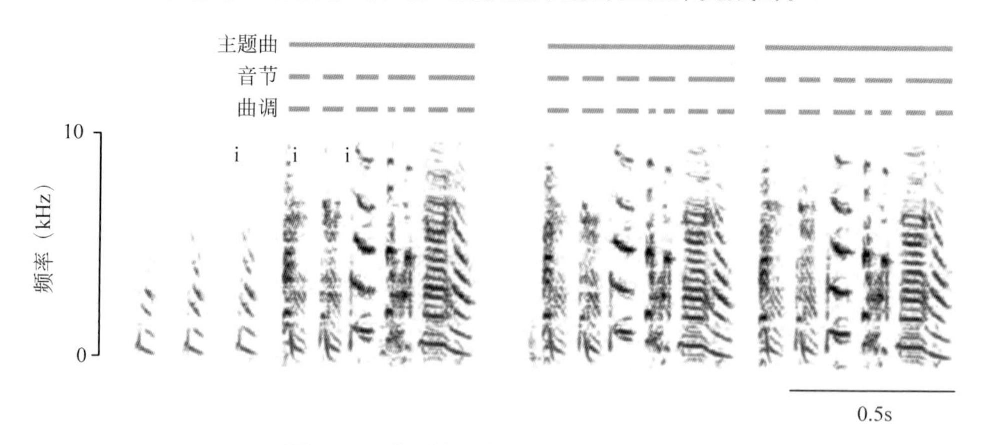

图 4.21　典型的斑胸草雀鸣声的声谱图

图注：描绘了一个分层的结构，横坐标为时间（s），纵坐标为频率（kHz），黑白深度与声音能量成正比。歌曲通常以“开端性音符”开头，然后是一个或多个“主题曲（motif）”，这是重复的音节序列。“音节（syllable）”是一种不间断的声音，由一个或多个连贯的时频信号 [称为“曲调（note）”] 组成。多个音节的连续再现称为“歌曲回合”。标记的音节分别是由人工和机器辅助识别确定的。

鸟类学中的生物声学方法有助于解决各种各样的问题，例如区分相似的鸟类或声音非常相似的鸟类，对种群进行远程监测等。图 4.22 为鸫歌鸲（thrush nightingale）和新疆歌鸲（common nightingale）鸣叫的声谱图，这有助于从声音上明确区分这两种鸟类。

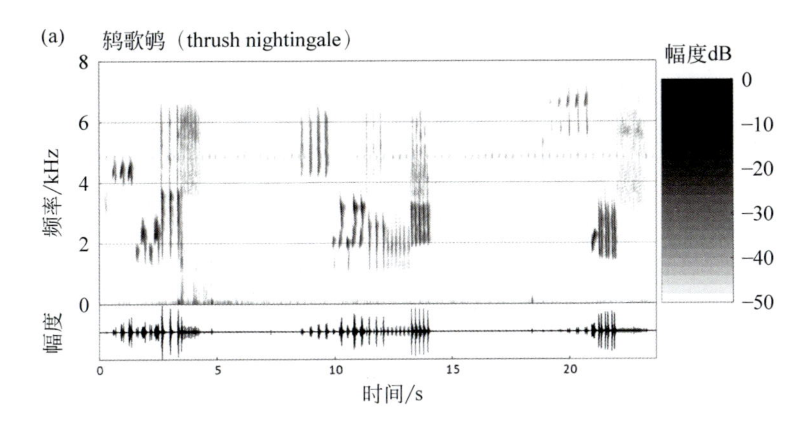

鸫歌鸲（thrush nightingale）

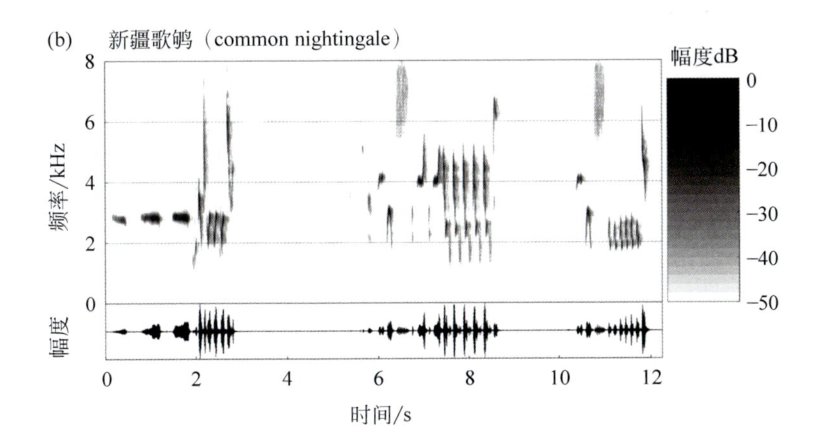

新疆歌鸲（common nightingale）

图 4.22 鸫歌鸲（a）和新疆歌鸲（b）鸣叫的语谱图有助于从声音上明确区分这两种鸟类

然而，语言除了单词之外，还有语法的结构和规则。由于各种可能的解释，证明语言存在的研究一直很困难。例如，为了使一个通信系统算作一种语言，它必须是“组合的”，有一个开放的、符合语法的句子集，这些句子是由有限的词汇组成的。研究表明：鹦鹉具有天生的语法结构能力，包括理解名词、形容词和动词等概念的能力。在野外，黑冠山雀（black-capped chickadee）天生的发声能力已经被严格证明具有组合语言的特点。对八哥（starling）叫声的研究也表明它们可能具有递归结构。

动物文化通常被定义为由特定群体所特有的社会行为模式（“传统”）组成。鸟类鸣叫的自然习性以及类似“方言”的局部变异的证据已证明鸟类文化的存在。下面的例子证明了鸟类鸣叫对学习能力的依赖性，与其他花鸡相比，从它们的第一周开始孤立圈养的花鸡会产生高度异常且较不复杂的歌曲。这表明，鸣禽鸣叫发育的许多方面取决于同一物种中较年长成员的指导。在金丝雀中饲养的燕雀歌曲中观察到了类似金丝雀的成分，证明了导师在幼鸟的鸣叫学习中所起的重要作用。人们观察到类似的燕雀鸣叫类型（根据其不同的元素和顺序进行分类）聚集在相似的地理区域中，这一发现导致了关于鸟鸣中“方言”的假说。从那以后，人们就认为这些歌曲类型的变化与我们在人类语言中发现的方言不同。这是因为并非给定地理区域的所有成员都将遵循相同的歌曲类型，而且还因为没有一种歌曲类型的奇异特征将其与所有其他类型区分开（不同于人类方言，其中某些单词是某些方言所独有的）。基于这种学习和本地化的鸣声类型的证据，人们开始研究鸟鸣作为一种文化传播形式的社会学习。构成这种文化的行为模式是歌曲本身，并且歌曲类型可以被视为传统。

2. 亲社会性和互惠性

亲社会行为被定义为一种有利于他人、自愿、典型的低成本行为。社会宽容被认为是其进化的潜在驱动力，无论是在近因层面还是在最终层面。亲社会性作为人类社会复杂合作进化的驱动机制，实验证据表明，人类的亲社会行为至少在一定程度上是由同理心和对他人福利的关心所激发的。为了理解人类亲社会行为的进化起源，研究人员把重点放在了非人类灵长类物种上，并假定它们是我们现存的最近的亲属。然而，结果显示，与人类的亲缘关系和它们更高的亲社会倾向之间没有明确的联系。事实上，有证据表明卷尾猴会避免自私的选择，而黑猩猩则不会，因为它们可以同时为邻近的伙伴取得食物而无须额外努力。的确，非人类灵长类动物的合作行为似乎指向亲缘关系和熟悉关系，因此是互惠的伙伴。但有报道称，非亲缘关系伙伴之间以及在没有互惠可能性的情况下也有合作行为。例如，狨猴（callithrix jacchus）对亲缘关系伙伴比非亲缘关系伙伴更亲社会，棉顶狨猴（saguinus oedipus）向它们熟悉的笼中伙伴提供的食物比陌生猴更多。同样，卷尾猴（cebus apella）表现出对他人福祉的敏感性，并且对群体成员表现出亲社会行为，但对陌生猴则没有。在直接互惠情境中，它们的亲社会行为也有所增加，因此在亲社会行为中表现出较高的灵活性。

亲社会选择任务（prosocial choice task, PCT）可能是衡量亲社会性最常用的方法，其基本原则要求受试者在两个不同价值的选项中进行选择，即一个同时奖励行为人和伴侣的选项（亲社会选择）或一个只给行为人食物的选项（自私选择）。这种范式允许受试者奖励其伴侣，而不为自己增加额外的成本。亲社会选择任务已被用于大鼠、狗、鸟类等多种物种，因此，采用它提供进一步的比较数据是一项有价值的任务。鸦科鸟类家族成员已经成为研究亲社会行为的一个重要且良好的比较模型，因为它们的社会认知能力可以与灵长类动物相媲美，表明这些特征是趋同进化的。与灵长类动物的研究结果相似，对于鸦科亲社会行为的研究结果是混合的，还没有一个明确的可检测的模式。在使用其他范式的研究中，研究人员得到了一些结论，例如，乌鸦表现出积极的食物分享，并且当在亲社会和自私选择之间做出选择时，还会向其伴侣提供食物。然而，只有在获得奖励的情况下，蓝头松鸦才会向亲社会选择任务中的同伴提供食物；当使用更昂贵的设施只奖励其合作伙伴而不是它们自己时，它们会随机行动。

鹦鹉具有高度的社交能力，是另一组大脑较大的鸟类，在大脑大小和认知能力方面表现相对突出，其认知和交流能力也与灵长类动物相似。非洲灰鹦鹉作为高度社会化的物种，特别适合研究其亲社会倾向，因为高水平的耐受性被认为是亲社会性进化的重要条件。人们观察到非洲灰鹦鹉群中有多达1200只个体，它们白天分开觅食，晚上再次团聚。此外，它们可能形成长期的一夫一妻制并表现出双亲照顾幼崽的现象，即雄性协助喂养后代。研究表明，鹦鹉拥有更强的认知能力，甚至被描述为与幼儿相似。自然地，非洲灰鹦鹉表现出一系列从属行为（例如,为了分享而反刍食物,相互从属互动,例如梳理毛发）。佩龙（Péron）等的两项研究：在第一项研究中，两只非洲灰鹦鹉在动态环境中被测试，它们在四个选项中交替选择，这些选项可以奖励两个个体、任何一个个体或没有一个个体。结果表明，鸟类能够区分这四种选择，并开始适应自己的选择以回应伴侣的选择。虽然这些鹦鹉没有表现出明显的互惠性，但它们会根据每个环节中谁是行动者而改变行为。如果占主导地位的那只鸟先开始这个过程，它会选择亲社会标记，但在经历了伴侣的自私行为后，它会变得更加自私。当占主导地位的鸟是追随者时，它保持了它的亲社会性。然而，随着时间的推移，从属的鸟在这两个角色中都变得更加自私。因此，随着时间的推移，这两只鸟都产生了自私的倾向。在第二项实验中，鹦鹉与自私或慷慨的人类伙伴交换，并倾向于将它们的选择与各自的人类伙伴相匹配。克拉舍宁尼科娃（Krasheninnikova）等在二元亲社会性选择实验中测试了8只非洲灰鹦鹉。它们面临着两种不同的选择：一种是亲社会的（奖励行动者和伴侣）；另一种是自私的（只奖励行动者）。研究发现，当一个被试者继续扮演行动者角色时，鸟儿不会表现出亲社会行为；然而，当角色交替时，鸟类的亲社会选择增加了。鉴于从观察到选择之间的偶然性，这些鸟似乎也回报了它们伴侣的选择。如果提供给伴侣的食物比行为者获得的食物质量更高，行为者就会增加它们提供食物给伴侣的意愿。然而，控制条件表明鹦鹉并没有完全理解任务的偶然性。总之，非洲灰鹦鹉显示出亲社会性和互惠性的潜力。

4.2.6 几种飞禽的大脑神经元数量和表达方式的种类数对比

图4.23是蜜蜂、乌、鸽子和猫头鹰全脑及大脑神经元数量的对比，从图中可见灰鹦鹉的神经元数量最多，也是这几种飞禽类最聪明的。灰鹦鹉是一个高度社会化的物种，即使是在人工饲养的情况下，也依赖于群居型结构。由于野生灰鹦鹉非常依赖群内的其他成员，家养灰鹦鹉的语言和发声能力大部分是通过与其居住的人类互动获得的。野生和圈养的鹦鹉都已被证明使用接触性叫声，这使它们能够与群内的伙伴互动，并传达有关它们的位置、发现捕食者、食物的可用性和安全状态等信息。此外，接触性叫声被用来与它们的鸟群伙伴形成强大的社会关系，如果是圈养的灰鹦鹉，则用来与它们的人类室友形成社会关系。在人工饲养的情况下，非洲灰鹦鹉已被证明显示出交际能力，这意味着它们不仅能

正确使用人类语言，而且其方式也适合它们所处的社会环境。非洲灰鹦鹉非常聪明，已被证明在一些任务中表现出4~6岁人类儿童的认知水平。研究表明，它们具有一系列更高层次的认知能力，灰鹦鹉能学习数字序列，并能学习将人类的声音与创造这些声音的人类的面孔联系起来，有能力学习100多个单词，区分物体、颜色、材料和形状。

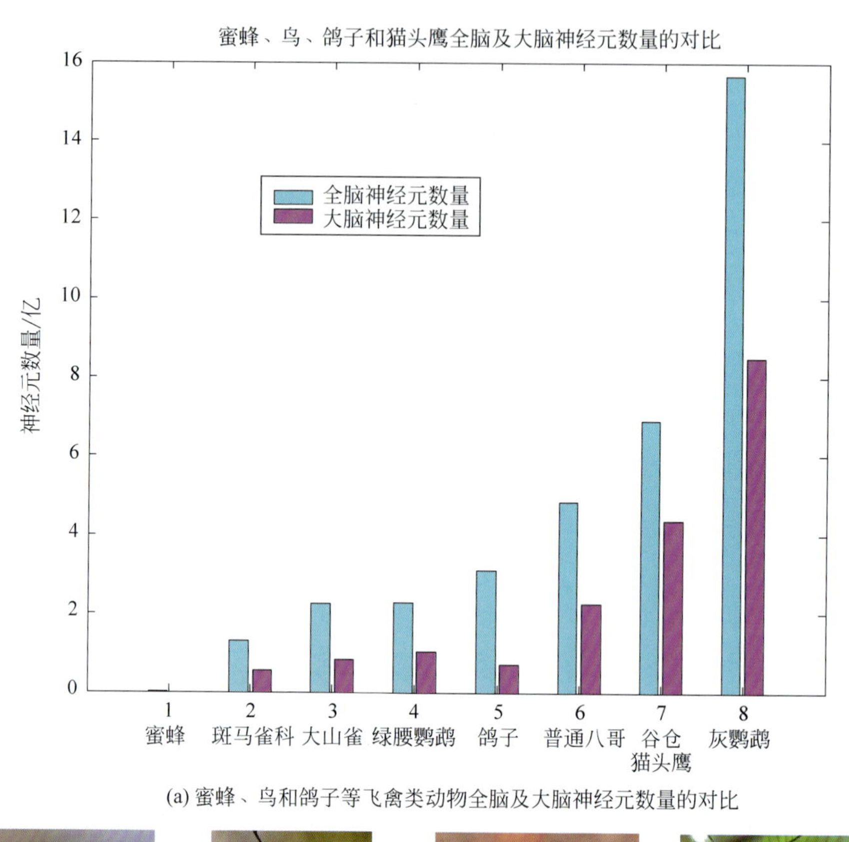

(a) 蜜蜂、鸟和鸽子等飞禽类动物全脑及大脑神经元数量的对比

(b) 对应于(a)图横坐标的8种飞禽类动物

图 4.23 蜜蜂、鸟、鸽子和猫头鹰等飞禽类动物全脑及大脑神经元数量的对比

图4.24是10种鸟类的表达方式的种类数对比，可见白冠海鸥的表达方式最多，达28种；而家雀最少，只有15种。前9种鸟类为野生的，它们具有的更多种表达方式更便于交流，这也是长期进化中生存的需求所致。

(a) 10种鸟类动物表达方式的种类数对比

(b) 对应于(a)图横坐标的10种鸟类动物

图 4.24　10 种鸟类表达方式的种类数对比

4.3　陆地哺乳动物的交流

4.3.1　狼的交流

狼是原产于欧亚大陆和北美地区的大型犬科，有三十多个亚种，是犬科中现存最大的成员，雄性平均体重 40 kg，雌性平均体重 37 kg。与其他犬类动物不同，狼耳朵和口鼻较尖，躯干较短，尾巴较长。狼最擅长于合作狩猎，这表现为它们对付大型猎物的适应能力，更强的社会性质以及高度先进的表现行为，狼在由一对配偶及其后代组成的核心家庭集体旅居、寻猎，后代可能会在性成熟时离开，形成自己的族群，以应对族群内的食物竞争。狼主要是食肉动物，以大型野生有蹄哺乳动物以及小型动物、牲畜、腐肉和垃圾为食。单身狼或成对的狼通常比大型狼群有更高的捕猎成功率。基因组学研究表明，现代狼和狗起源于2万年前的普通祖先狼群。原始形态多样的狼种群已经通过竞争被更多现代的狼所取代。狼生活在森林，内陆湿地、灌木丛、草原、牧场、沙漠和山丘上的石缝中。狼的栖息地取决于猎物的丰富程度、下雪条件、牲畜密度、道路密度、人类的生存和地形。狼也被认为是大多数家养狗的祖先。狼袭击人类的情况很少见，因为狼的数量相对人类较少，它们生活在远离人类的地方，而且由于它们与猎人、牧场主和牧羊人有过接触，它们对人类产生了恐惧。狼群在落基山脉和邻近的山脉可能会遇到美洲狮，狼和美洲狮通常通过在不同的海拔高度捕猎不同的猎物来避免相遇。在冬季，当积雪堆积迫使它们的猎物进入山谷时，两种物种的相遇就变得更有可能。狼群通常能战胜美洲狮，并能偷走它们的猎物，甚至杀死它们，而一对一的遭遇往往是美洲狮取胜，有几起美洲狮杀死狼的记录案例。狼通过控制领地和捕食机会，扰乱美洲狮的行为，更广泛地影响美洲狮种群的动态和分布。狼和东北虎的互动在俄罗斯远东地区有很多的记录，那里的老虎的存在显著减少了狼的数量，有时甚至到了局部灭绝的地步。似乎只有人类减少了老虎的数量，才使狼免受竞争排挤。在以色列至少有一个鬣狗与狼群联系和合作的案例，鬣狗可以受益于狼捕食大型、敏捷猎物的优越能力。狼可以从鬣狗优越的嗅觉中受益，找到并挖出乌龟，用力咬碎大骨头，撕开罐头等被丢弃的食物容器。

狼的后代通常会在族群中待10~54个月，然后分散。分散的诱因包括性成熟的开始和族群内对食物的竞争。分散狼群所游走的距离差别很大，有些在父母群附近，而其他个体可能会从它们的出生群游走很远的距离。一个新的族群通常是由不相关的分散的雄性和雌性组成，它们一起寻找没有其他敌对族群的区域。狼有领土意识，通常会建立比其生存所需的更大的领地，以确保有稳定的猎物供应。领地的大小很大程度上取决于猎物的数量和狼群幼崽的年龄。狼群不断地旅行寻找猎物，猎物的密度在领地的外围要高得多。除非出于绝望，狼往往会避免在它们活动范围的边缘狩猎，以避免与邻近狼群发生致命冲突。狼群通常定居下来，只有在食物严重短缺的时候才会离开它们习惯的活动范围。狼通过嚎叫和气味标记来向其他狼群宣誓自己的领地。气味标记包括尿液、粪便和肛门腺的气味。用气味标记领域，比嚎叫更有效，而且经常与划痕结合使用。当狼遇到来自其他狼群的狼时，它们会增加气味标记的频率。孤独的狼很少会留下痕迹，但是新结对的狼会留下明显的痕迹。这些标志通常每隔240 m在整个领地的常规交通路线和交汇处留下。这种标记可以持续2~3周，通常放置在岩石、巨石、树木或大型动物的骨骼附近。地盘之争是狼死亡的主要原因之一。

狼通过交流来预测它们的同伴或其他狼接下来会做什么。这包括发声、身体姿势、气味、触觉和味觉的使用。月相［月相是从地球上看月球直接被阳光照射的部分的形状，随着月球围绕地球和地球围绕太阳的轨道位置发生变化，月相在一个朔望月（约29.53天）内逐渐变化］对狼的叫声没有影响，尽管人们普遍认为狼会对月亮嚎叫。狼通常在狩猎前/后通过嚎叫来集合狼群，特别是在巢穴传递警报，在暴风雨中确定彼此的位置，穿越不熟悉的领地，以及远距离交流。在某些条件下，在130平方公里的范围内都能听到狼的嚎叫，其他的声音包括咆哮、吠叫和哀鸣。在对抗中，狼不会像狗那样大声或持续地吠叫，而是吠几次，然后在感知到危险时撤退。攻击性强或自信的狼的特点是动作缓慢而深思熟虑，身体姿势高，鬃毛竖起；而顺从的狼则把身体放低，压平皮毛，垂下耳朵和尾巴。狼的翘腿排尿被认为是最重要的气味交流方式之一，占所有被观察到的气味痕迹的 60%~80%。

狼穴通常是在夏季为幼崽建造的。当建造洞穴时，雌性会利用岩石裂缝、悬在河岸上的悬崖和被植被覆盖的洞穴等自然庇护所。有时，小动物会利用专用的洞穴，如狐狸、獾或土拨鼠。一个被占用的小洞穴通常会加宽和部分改造。洞穴通常建在距离水源不超过 500 m 的地方，通常面朝南，阳光照射能使它更温暖，雪也能更快地融化。狼崽们的休息场所、玩耍场所和食物残渣通常都在狼穴周围。从穴居区散发出的尿液和腐烂食物的气味经常吸引像喜鹊和乌鸦这样的食腐鸟类。尽管它们大多避开人类视线范围内的区域，但狼群也曾在住所、公路和铁路附近筑巢。在怀孕期间，母狼会待在远离领地外围的窝里，在那里与其他狼群发生暴力冲突的可能性较小。新生的小狼看起来很像德国牧羊犬。它们刚出生时还没有视力和听力，覆盖着短而柔软的灰褐色皮毛。幼崽们在 3 周后第一次离开巢穴。在一个半月大的时候，它们能足够敏捷地逃离危险。在最初的几个星期里，母狼不会离开巢穴，依靠父狼为它们和幼崽提供食物。小狼崽在 3 周大时就开始玩耍打闹，但与小土狼和狐狸不同的是，它们的咬伤是温和的，而且能控制住。建立等级制度的真正斗争通常发生在 5~8 周大的时候。这与年轻的土狼和狐狸相反，它们可能在玩耍行为开始之前就开始战斗。到了秋天，幼崽足够成熟，可以陪伴成年狼捕食大型猎物。

单匹狼或成对的狼通常比大型狼群有更高的捕猎成功率，人们偶尔会观察到单匹狼在没有帮助的情况下杀死大型猎物，如驼鹿、野牛和麝牛。这与人们普遍认为的更大的群体能够从合作捕猎中受益的观点形成了对比。狼群的大小与前一个冬天存活下来的小狼的数量、成年狼的存活率和狼离开狼群的分散率有关。捕猎麋鹿的最佳群体是 4 头狼，而对于捕猎野牛来说，大型狼群更易成功。狼不仅在身体上适应了捕猎有蹄类哺乳动物，而且在行为、认知和心理上也有一定的适应性，以适应其捕猎生活方式。狼是非常优秀的学习者，可以和家犬匹敌甚至胜过它们。它们可以用凝视来集中注意力在其他狼正在寻找的地方。这一点很重要，因为狼在捕猎时不会发声。在实验室测试中，它们表现出洞察力、远见、理解力和计划能力。为了生存，狼必须能够解决两个问题——找到猎物，然后直面它。狼在捕猎时会在自己的领地周围移动，长时间使用相同的路径。下雪后，狼会找到它们原来的足迹，并继续使用它们。它们沿着河岸、湖泊的海岸线，穿过长满灌木的峡谷，穿过种植园，或道路和人类的小径。狼是夜行性食肉动物。在冬天，狼群会在黄昏时分开始捕猎，会跋涉数 10 km，整晚都在捕猎；有时捕猎大型猎物会发生在白天。在夏季，狼通常会单独捕猎，伏击猎物，很少追击猎物。狼的头和背保持在同一高度，只有在警觉时才会抬起。在一项研究中，狼使用气味 10 次，检测视力 6 次，并在雪中追踪 1 次来检测驼鹿。它们的视力和人类一样好，嗅觉比人类好，至少能在 2.4 km 外嗅到猎物的气味，一只狼可以跑到 103 km 以外的牧群中。人类可以在距顺风相同距离的地方检测到森林大火的气味。狼的嗅觉至少可以和家犬相媲美，而家犬的嗅觉至少比人类灵敏 1 万倍。

当捕猎大型群居猎物时，狼会试图将个体从群体中隔离出来。如果成功了，狼群可以拿下猎物，让它们吃上好几天，但一个错误的判断就会导致严重的受伤甚至死亡。大多数大型猎物都进化出了防御性的适应性行为。狼在试图猎杀野牛、麋鹿、驼鹿、麝牛时都有一定的风险，甚至可能被其最小的有蹄猎物白尾鹿杀死。尽管人们通常认为狼可以轻易地战胜任何猎物，但它们捕猎有蹄猎物的成功率通常很低。当狼遇到逃跑的猎物时，它们会进行追逐。猎物的奔跑速度与它们的主要捕食者的速度密切相关。狼能以 56~64 公里 / 小时的速度跑上几公里。狼的大多数猎物会试图跑到水里，在那里它们要么能逃脱，要么能更好地躲避狼群。

4.3.2　非洲象的交流

康奈尔大学的研究人员在中非赞加国家公园研究了非洲森林象的叫声，观察大象的交流情况，使用语谱图记录大象发出的声音。通过大象的声音来识别大象，研究人员希望将这些声音翻译成一本大象发音词典。由于大象的叫声通常发出的频率很低，所以这个声谱图能够探测到人耳听不到的低频率，更好地理解大象在说什么。人类更善于使用语言，而动物只能向他人传达很少的信息，大象的许多叫声在某些方面与人类的语言相似。对于这些哺乳动物来说，听觉和嗅觉是它们最重要的感官，因为它们的视力不好，可以识别并听到地面的震动，并可以通过嗅觉发现食物来源。大象也是有生物节律的物种，这意味着它们在昏暗的光线下也能像在白天一样看东西。它们之所以能做到这一点，是因为它们眼睛里的视网膜的调整速度几乎与光的调整速度一样快。另外，大象的脚很敏感，可以探测到最远 10 英里之外的地面震动，无论是雷声还是大象的叫声引发的。

4.3.3　胡子蝙蝠的交流

由于胡子蝙蝠（mustached bat，哺乳类动物）这些动物大部分时间都是在黑暗中度过的，因此它们严重依赖听觉系统进行交流。这种声音交流包括回声定位或使用呼叫在黑暗中相互定位。研究表明，胡子蝙蝠会使用各种各样的声音相互交流。这些声音包括 33 种不同的声音或“音节”，蝙蝠可以单独使用或以各种方式组合起来以形成“复合”音节。一些穴居物种，包括油鸱鸟（oilbird）和金丝燕（collocalia 和 aerodramus spp）使用人类可听见的声音（大多数声音定位发生在 2~5 kHz 之间）在黑暗的洞穴中回声定位。

4.3.4　草原土拨鼠的交流

草原土拨鼠（prairie dog）对不同种类的捕食者会发出不同的警报，在没有捕食者的情况下，警报呼叫的回放会导致与引起警报呼叫的捕食者类型相适应的逃跑行为。该行为适合于引发警报呼叫的掠食者类型、捕食者体型的大小、颜色和移动速度的描述性信息。草原土拨鼠根据不同种类的捕食者产生不同的逃逸行为的事实证明，警报呼叫具有语义信息的传递功能。

4.3.5　豚鼠的求偶交流

繁殖涉及交流。雄性通常通过不同的方式发出信号，进化出复杂的表现方式，以表明自己的品质并吸引雌性进行交配。雌性可能会使用编码根据求偶信号中的线索来评估雄性并对其品质做出选择。维尔佐拉-奥利维奥（Verzola-Olivio）等研究了啮齿动物豚鼠精心展示的声学元素，通过声学结构和雄性声乐表现的变化，验证了求偶叫声（purr 咕噜声）反映雄性身份和社会地位的潜力。豚鼠在求爱过程中使用不同模式的信号，一些证据表明，这些成分（听觉、视觉、化学）不是多余的，咕噜声可能具有编码个体识别的潜力，但不能区分雄性支配地位。豚鼠的咕噜声反映了雄性的品质，但这种咕噜声的一个可能功能是在求爱期间将雌性的注意力吸引到雄性的视觉信号（伦巴舞）上。这种声音信号也会间接地被接收者窃听，比如其他的雌性和可能的雄性竞争对手，然后它们可以观察到求偶雄性的所有行为。根据求偶雄性发出的信号所传递的信息，接受者可以对发送者做出明智的决定。在这种情况下，咕噜声可以提供身份信息，可能编码在声音参数中，或者它可能只是刺激接受者的感觉系统，以吸引它们的注意力到雄性的视觉信号和行为上。研究表明，与视觉成分结合产生的呼叫的含义取决于完整的展示，不同个体的声音表现和呼噜声的结构参数存在差异，但声音参数与雄性优势地位之间没有相关性。豚鼠的求偶是一种多模式的展示，雄性的品质可能被编码在视觉和化学信号中。

4.3.6 陆地哺乳动物的神经元数量与表达方式数量的对比

大脑是所有脊椎动物和大多数无脊椎动物神经系统的中枢，位于头部，通常靠近感觉器官如眼睛。大脑是脊椎动物体内最复杂的器官。人类大脑皮层有 140 亿~160 亿个神经元，小脑有 550 亿~700 亿个神经元。每个神经元通过突触与其他数千个神经元相连。这些神经元通过被称为轴突的长原生质纤维相互沟通，轴突将一系列称为动作电位的信号脉冲传送到大脑或身体的远端，目标是特定的受体细胞。图 4.25 是 10 种陆地哺乳动物全脑神经元（左蓝色柱）和大脑皮层神经元（右粉红色柱）数目的对比。从图 4.25 可见，陆地动物中人类大脑的神经元数量最多，但全脑的神经元人类却不如大象，表明大象的小脑和脊髓中的神经元数量远比人类的多，小脑主要负责身体平衡、视觉空间能力、执行功能、认知功能等。大象庞大的身躯和体重使其小脑在日常生活中的负担更重，长期进化使其小脑的神经元数量在陆地哺乳动物中是最多的。表 4.1 为 14 种哺乳类动物表达方式的种类数对比，对应的图如图 4.26 所示。

表 4.1　14 种哺乳类动物表达方式的种类数对比

哺乳动物的类型	表达方式的种类数 / 个
1. 恒河猴（猕猴）	37
2. 环尾狐猴（狐猴）	34
3. 红褐枕绢毛猴	32
4. 红腹伶猴	27
5. 麋鹿	26
6. 欧洲臭鼬	25
7. 格兰特瞪羚（瞪羚）	25
8. 赤斑猴	24
9. 平原斑马	23

续表

哺乳动物的类型	表达方式的种类数 / 个
10. 马达加斯加狐猴	21
11. 黑尾草原土拨鼠	18
12. 长鼻浣熊	17
13. 鹿鼠	16
14. 夜猴	16

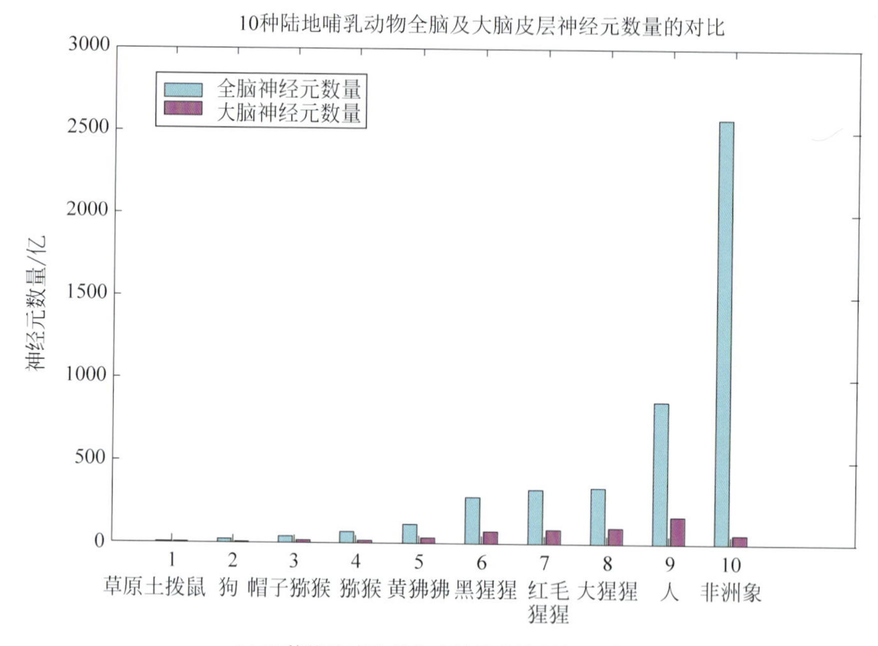

(a) 10种陆地哺乳动物全脑及大脑神经元数量的对比

1. 草原土拨鼠　2. 狗　3. 帽子猕猴　4. 猕猴　5. 黄狒狒

6. 黑猩猩　7. 红毛猩猩　7. 大猩猩　9. 人　10. 非洲象

(b) 对应于(a)图横坐标10种陆地哺乳动物

图 4.25　10 种陆地哺乳动物全脑及大脑神经元数量的对比

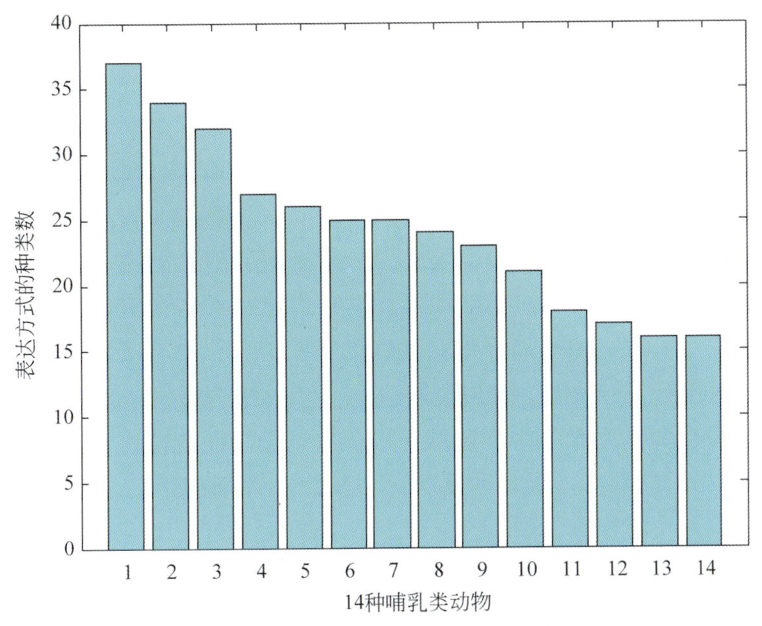

(a) 14种哺乳类动物表达方式的种类数对比

(b) 对应于(a)图横坐标14种哺乳类动物

图 4.26　14 种哺乳类动物表达方式的种类数对比

4.4 水生哺乳动物的交流

4.4.1 几种海洋动物的大脑对比

科学家们推测哺乳动物的智力与大脑皮层中神经元的数量有关。然而，迄今为止已知的新皮层神经元数量最多的物种是长翅巨头鲸（long-finned pilot whale），如图 4.27 所示。巨头鲸的脑重也是最重的，平均达 7800g，如表 4.2 所示。海洋哺乳动物，如鲸鱼（whale）、海豚（dolphin）和鼠海豚（porpoise），比陆地哺乳动物更依赖声音来进行交流和感知，因为其他感官在水中的作用有限。由于海洋散射光线的微粒方式，海洋哺乳动物的视觉效果较差。气味也受到限制，因为分子在水中的扩散比在空气中的扩散更慢，这使嗅觉效果降低。但是，水中的声速大约是海平面大气中声速的 4 倍。由于海洋哺乳动物非常依赖听觉来交流和进食，所以船只、声纳和海洋地震勘测所造成的海洋环境噪声的增加会对它们造成伤害。

表 4.2 不同物种的平均脑重对比

种类	脑重 /g	种类	脑重 /g	种类	脑重 /g
成年人	1300~1400	新生的人类	350~400	巨头鲸 / 香鲸	7800
长须鲸	6930	大象	4783	座头鲸	4675
灰鲸	4317	虎鲸	5620	露脊鲸	2738
巨头鲸	2670	宽吻海豚	1500~1600	海象	1020~1126
直立猿人	850~1000	骆驼	762	长颈鹿	680
河马	582	豹斑海豹	542	马	532
北极熊	498	大猩猩	465~540	牛	425~458
黑猩猩	420	红毛猩猩	370	加州海狮	363
海牛	360	老虎	263.5	狮子	240
灰熊	234	猪	180	捷豹	157
羊	140	狒狒	137	猕猴	90~97
狗（小猎犬）	72	土豚	72	海狸	45
大白鲨	34	铰口鲨	32	猫	30
豪猪	25	松鼠猴	22	土拨鼠	17
兔子	10~13	鸭嘴兽	9	短吻鳄	8.4
松鼠	7.6	负鼠	6	飞狐猴	6
仙女食蚁兽	4.4	豚鼠	4	环颈雉	4.0
刺猬	3.35	树鼩	3	精灵犰狳	2.5
猫头鹰	2.2	灰山鹑	1.9	大鼠（400 克体重）	2
仓鼠	1.4	象鼩	1.3	麻雀	1.0
欧洲鹌鹑	0.9	乌龟	0.3~0.7	牛蛙	0.24
毒蛇	0.1	金鱼	0.097	绿色蜥蜴	0.08

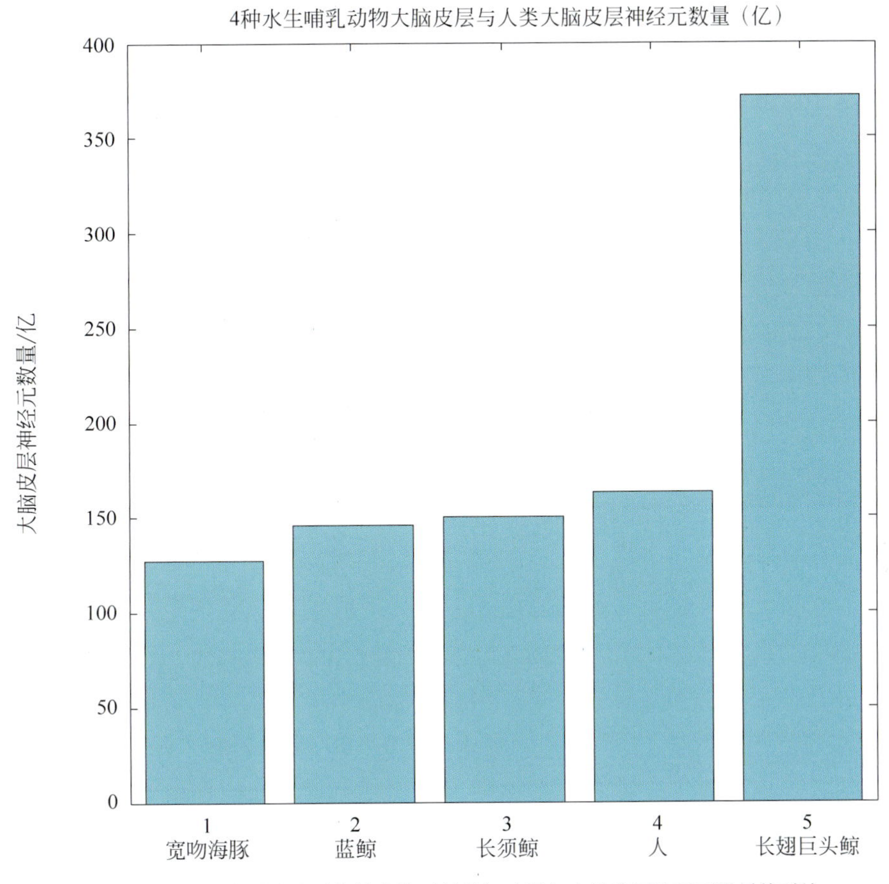

(a) 4种海洋哺乳动物的大脑（前脑）皮层与人脑皮层神经元数量的对比

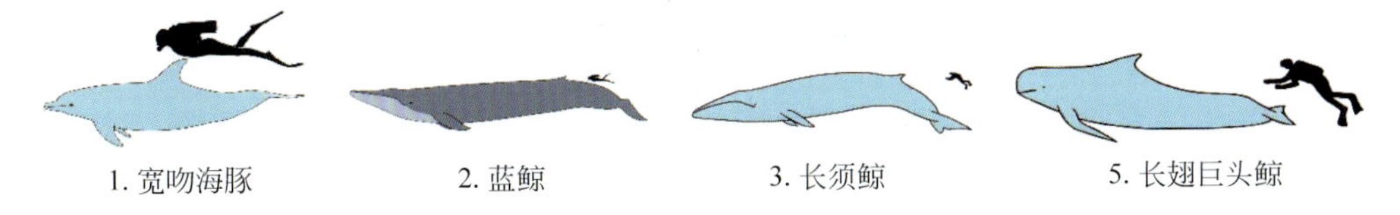

(b) 对应于(a)图横坐标的4种海洋哺乳动物与人类体积的对比图

图 4.27　4 种海洋哺乳动物的大脑（前脑）皮层与人类大脑皮层神经元数量的对比

在所有脊椎动物中都发现了大脑结构和功能的不对称，其类型和量级各不相同。不对称或偏侧化大脑的特征是其两侧组成部分，如大脑半球、皮质区或大脑白质束之间的解剖或功能差异。据推测，大脑偏侧化的程度随着大脑尺寸的增加而增加。这种关系被认为是通过以下机制产生的：

（1）避免极端、不可维持的大脑扩张，而这是为了保持完全的神经元连接（即单个神经元能直接连接到的神经元数量）；

（2）减轻大脑中由于较长的传输距离而增加的半球间传导延迟。

林戈（Ringo）假说认为，大脑进化过程中内在的互联性和传导时间的限制可能会对整体加工造成严格的限制，而有利于相关功能的局部加工，从而导致大脑偏侧化的发展。皮层区域化和半球互连性的研究为增强哺乳动物大脑的局部处理提供了证据，并提出更大的结构和功能侧化可能来自增加的半球内连接和减少联合连接的半球隔离。

鲸类动物（鲸鱼、海豚和鼠海豚）拥有动物界中最大的大脑。根据假说我们可以预计大型鲸类大脑会出现高度的侧化。这除了有利于需要持续警惕的水生环境带来的选择压力之外，还偏离了进化上保守的大脑尺度定律，可以预测大脑半球的偏侧化和功能独立性的增加。事实上，在整个鲸类动物中都观察到了结构、功能和行为的偏侧化，包括齿鲸类（回声定位的齿鲸、海豚和鼠海豚）和须鲸类（非回声定位的须鲸）。在许多鲸目海豚科物种中观察到皮质表面积以及皮质下和中脑结构体积的不对称。与功能单侧化间接相关的行为不对称已被广泛记录在齿鲸类和须鲸类中，涉及各种感觉、运动、认知和社会功能。可以说，在齿鲸类动物中观察到的最显著的功能侧化形式是单半球慢波睡眠，这是一种半球不连贯的状态。当一侧大脑半球产生睡眠脑电图（electroencephalogram，EEG），而对侧大脑半球产生清醒脑电图时，这被认为对于保持运动、表面呼吸或对同种动物、捕食者或猎物的警觉性很重要。这同时允许一侧半球清醒对侧半球睡眠。

宽吻海豚是一种平均绝对大脑尺寸大于智人，且相对大脑尺寸超过非人类灵长类动物的海豚科动物。脑扩大与神经元间距离的增加、传导时间的延长和神经元间互联性的降低有关。硕大的哺乳动物大脑应该表现出更大的大脑结构和功能偏侧化，作为动物界中拥有最大大脑的分类群，鲸类动物为研究大脑结构和功能的不对称性提供了独特的机会。赖特（Wright）等采用弥散张量成像（DTI）和纤维束成像研究了宽吻海豚大脑白质的不对称性。弥散张量成像和纤维束成像用于识别、测量和三维重建宽吻海豚白质束的关联、投射和连合纤维系统。在宽吻海豚的脑中观察到广泛的白质不对称，其中大部分脑区表现出向左的结构不对称。向左偏侧化可能反映了大脑半球对行为变化的感觉和运动功能的不同处理和执行。弓形束是一种与人类语言进化相关的神经纤维束，被分离出来并表现出向右的不对称性，这表明与大多数哺乳动物不同的是，宽吻海豚的右脑半球偏向于同种交流。研究结果表明这个硕大的宽吻海豚大脑的双侧大脑白质束表现出明显的偏侧化，可能与大脑扩大、独特的大脑规模或环境选择压力有关。宽吻海豚大脑白质束的相对体积、相对神经纤维的数量的不对称性如图 4.28 所示。图 4.29 是 6 种鱼类表达方式的数量的对比，与图 4.26 中的陆地哺乳类动物表达方式的种类数对比可知，水中鱼类的平均表达方式的数量低于陆地哺乳类动物平均表达方式的数量，其解释是水中的可见度比空气中的弱，长期进化不利于水中鱼类表达方式数量的增加。

4.4.2 宽吻海豚的交流

1. 宽吻海豚

宽吻海豚（bottlenose dolphins）的脑重是 1500~1600 g，比成年人的脑重 1300~1400 g 略重，如图 4.30 所示。它们在水下相隔 6 英里都能听到彼此的声音，母海豚通过呼叫与其婴儿进行交流，似乎两只海豚都知道它们与谁交谈以及在谈论什么。海豚不仅通过非言语信号进行交流，它们似乎还会吱吱叫声，并对其他海豚的叫声做出反应。宽吻海豚通过脉冲声、口哨声和肢体语言进行交流。肢体语言的例子包括跳出水面、咬紧下巴，在水面

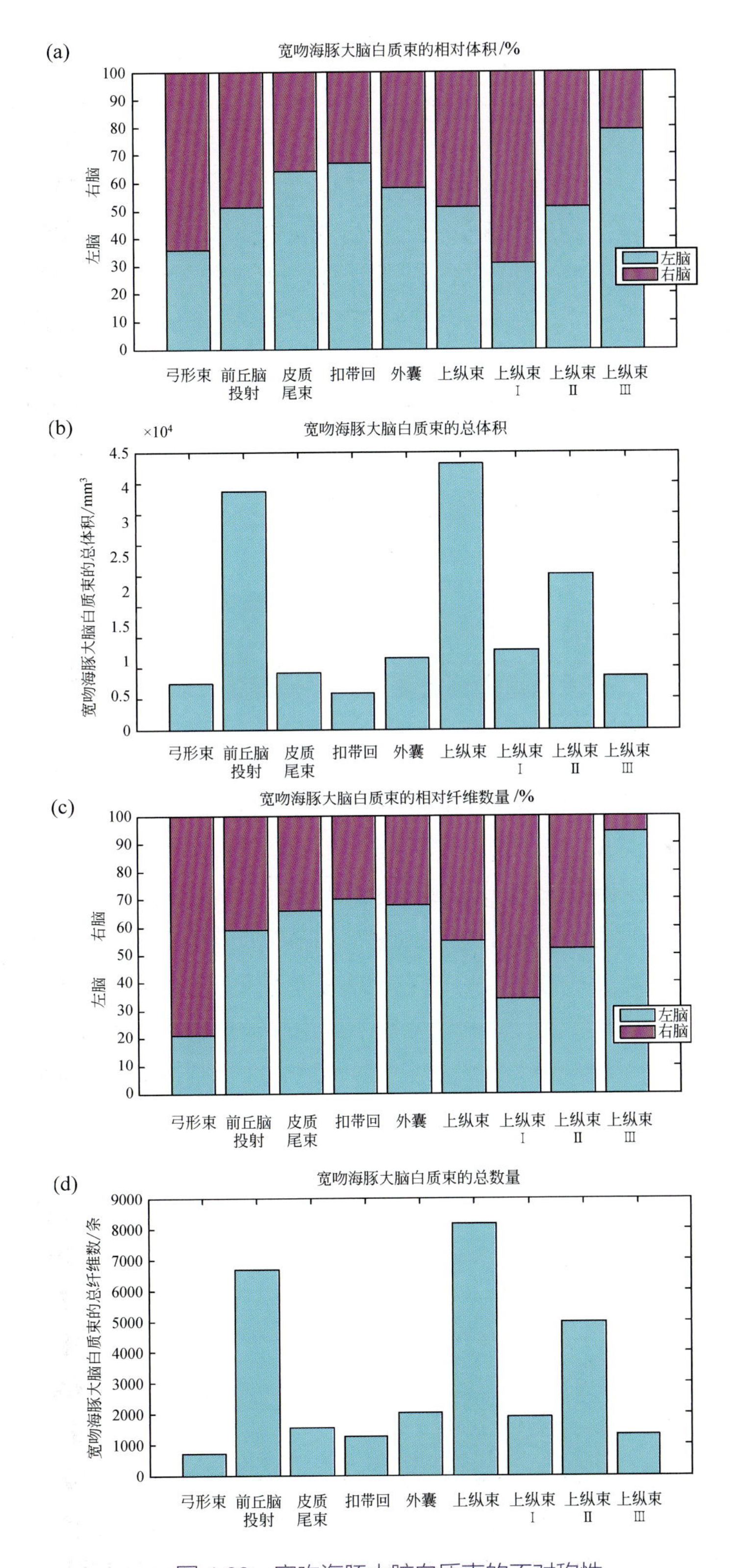

图 4.28 宽吻海豚大脑白质束的不对称性

图注：上面 2 幅图是每条束的相对体积和总体积，下面 2 幅图是每条束的相对纤维数和总纤维数。

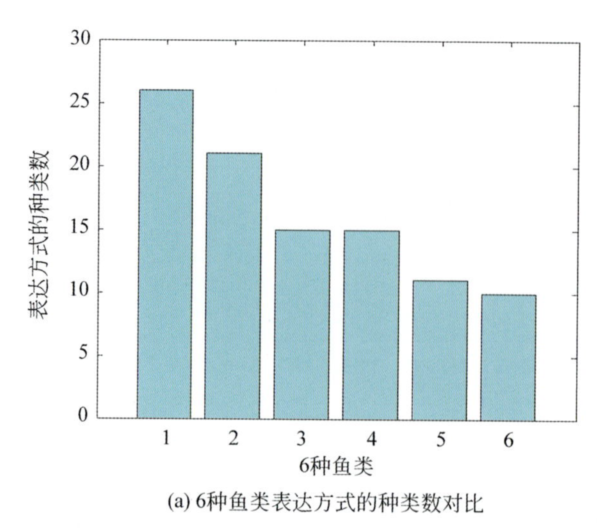

(a) 6种鱼类表达方式的种类数对比

1. 巴迪鱼

2. 口育鱼

3. 翻车鱼

4. 孔雀鱼

5. 十刺鱼

6. 牛头鲶

(b) 对应于(a)图横坐标的6种鱼类

图 4.29　6 种鱼类及其表达方式的种类数对比

上拍打尾巴和撞头。声音和肢体语言有助于跟踪群体中的其他海豚，并提醒其他海豚注意危险和附近的食物。由于缺少声带，它们通过气孔附近的 6 个气囊发出声音。每只海豚都有一个独特可被识别的调频窄带信号口哨声（信号哨子）。研究发现，口哨声和脉冲声对海豚的社交生活和行为至关重要。音调口哨声（最悦耳的声音）使海豚彼此保持联系，尤其是母亲和后代之间，并协调狩猎策略。突发脉冲声音（比哨声更复杂，变化更大）被用来“在高度兴奋的情况下避免身体攻击”，例如当它们争夺相同的食物时。当其他海豚朝着同一猎物移动时，海豚会发出这些刺耳的声音，“最弱势”的一方很快就会离开，以避免对抗。

(a)

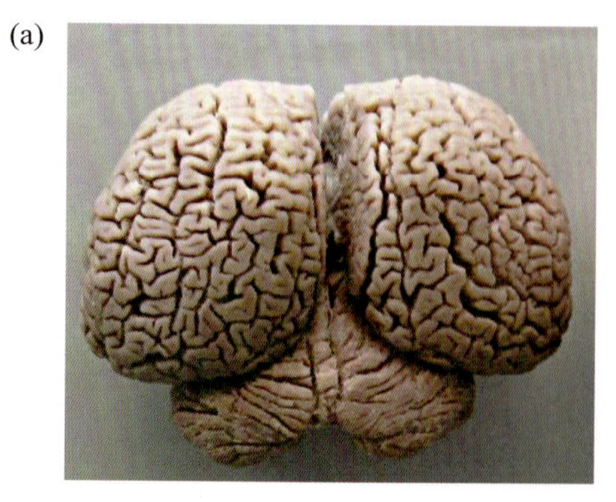

(b)

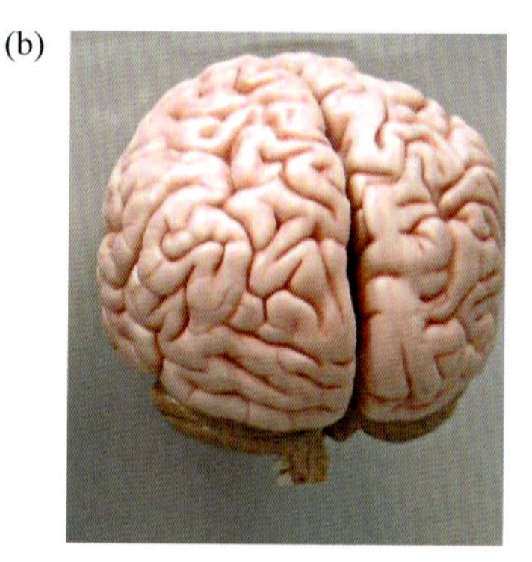

图 4.30　普通宽吻海豚的大脑（a）与人类的大脑（b）大小比较

海豚生活在不同规模的裂变融合社会中，个体经常以每天或每小时为单位改变联系。海豚群体组成通常由性别、年龄、生育状况、家族关系和隶属关系史决定。在佛罗里达州萨拉索塔附近的海豚群落中，最常见的群体类型是成年雌海豚和它们刚出生的后代，成年雄海豚和成年雌海豚亚成体以及成年雄海豚单独或结合成对。较小的群体可以组成拥有100只海豚或更多的大群体，有时甚至超过1000个。宽吻海豚等海洋哺乳动物的社会策略与大象和黑猩猩的社会策略有相似之处。

对海豚的认知能力研究包括概念形成、感觉技能和心理表征、声音和行为模仿、人工语言中的新序列理解、记忆、自我行为监控、辨别和匹配、理解身体各个部位的符号、理解手势和眼神（由海豚或人类做出的手势），以及镜像自我识别和数值。海豚的其他交流方式使用大约30种可分辨的声音，但并未发现“海豚语言”。至少一些野生宽吻海豚会使用工具。在美国南卡罗来纳州和佐治亚州的海滩和潮汐沼泽中，宽吻海豚合作将猎物聚集在陡峭的沙滩上，这种做法被称为“海滨捕食”。研究人员经常观察到2~6只的海豚群，形成一个弓形波，迫使鱼群离开水面。海豚跟随着鱼，短暂地搁浅自己，吃它们的猎物，然后扭转身体滑回水中。芝加哥大学的一项研究表明，宽吻海豚可以在分离20年后记住之前所生活的其他海豚的口哨声。每只海豚都有一个独特的哨声，其功能类似于名字，使海洋哺乳动物保持紧密的社会联系，这表明海豚在人类以外的任何物种中拥有最长的记忆力。研究表明，宽吻海豚可以识别哨声中的身份信息，即使是在没有哨声特征的情况下。这使得海豚成为除了人类之外，唯一能通过独立于呼叫者的声音或位置来传递身份信息的动物。事实上，特征口哨声携带着独立于声音特征的身份信息，提供了将这些哨声用作参考信号的可能性，或者指定个体，或者参照它们，就像人类使用名字一样。

2. 同盟雄性海豚在合作伙伴守卫期间的交流

守护配偶在动物界很普遍，是雄性繁殖成功的重要决定因素。强制护卫配偶，即雄性利用攻击性来控制雌性的行动，是一种性强迫形式，其功能是约束雌性的配偶选择。例如，非人类灵长类动物会把同类雌性动物赶在一起，让它们远离竞争的雄性动物，雄性宽吻海豚也会把同类雌性动物赶在一起，让它们靠近自己的同盟伙伴。的确，两个或三个一组的雄性海豚一起合作，隔离发情的雌性海豚，保护它们免受竞争联盟的影响。它包含许多行为策略，包括垄断对雌性群体的接触和争夺对雌性个体的接触。由雄性个体保护发情的雌性个体，其中一只雄性阻止其他雄性保护其父权，这种现象在鸟类和哺乳动物中都很普遍（例如喜鹊、山雀、鸣鸟、大象和各种非人类灵长类动物等）。雄性联盟的形成，在哺乳动物中比较常见，其中多个雄性独占雌性群体，如狮子、宽吻海豚、黑猩猩和几内亚狒狒。在大多数情况下，雄性会共同保护雌性群体。事实上，这种生殖合作，即雄性结成联盟以获得或捍卫对不可分割资源（例如受孕）的获取，是很少有物种能够克服的进化障碍。就配偶保护的潜在机制而言，雄性针对雌性的攻击可用于限制雌性的行动和配偶选择。例如，在黑猩猩、阿拉伯狒狒和南非大狒狒、宽吻海豚和人类中发现了强制配偶保护。所有这些强制守护配偶的例子都是由单身雄性完成的，但宽吻海豚除外，在宽吻海豚中，单身雌性的“配偶关系”是由多个雄性共同发起和维持的。宽吻海豚种群中的雄性海豚形成持久的合作联盟，这些雄性进行协调努力，以获得比竞争对手更大的繁殖优势。这些强大的联盟关系可以持续数十年，对每只雄性的繁殖成功都至关重要。

在鲨鱼湾，金（King）等研究了雄性海豚在强制护卫配偶时的声音信号的作用。宽吻海豚具有灵活的交流系统，因为它们倾向于发声学习，这是哺乳动物中非常罕见的技能。该种群中的同盟雄性海豚使用标志性哨声来传播个体身份。在联盟期间，它们经常使用一种窄带低频脉冲的声音，即所谓的“威胁声音”，称为“pops”。金等对自由放养的海豚群体进行了集中跟踪、行为观察和声音记录，以探索结盟的雄海豚在合作时，如何使用这两种类型的叫声——砰砰声（pops）和哨声——来协调行为。研究表明，有配偶的雄性在社会交往中发出哨声和砰砰声的频率更高，尽管它们在功能上有所不同。当新的个体加入配偶群体时，哨声频率显著增加。哨声匹配似乎也在联盟内部协调中发挥作用。当离雌性最近的雄性发生变化时，雌性发出的叫声显著增加，这可能会促使雌性在雄性协调转换守卫时保持靠近。研究发现雄性在弹跳时接近雌性和当前的守卫，导致守卫切换。宽吻海豚已被证明能够理解合作伙伴在合作任务中的角色，所以它们肯定拥有协调守卫转换的认知能力。黑猩猩在合作环境中也表现出了对伴侣角色的清晰理解。因此，虽然黑猩猩和海豚都具有将伴侣用作社交工具的认知技能，但海豚在合作伙伴保护环境中积极利用伙伴。金等发现揭示了声音信号可能有助于雄性海豚之间的合作行为。

4.4.3 鲸鱼的交流

鲸鱼使用声音进行各种交流，不同的鲸科动物发声的机制各不相同。一个海域内的所有鲸鱼在任何时间点都唱着几乎相同的歌，而且随着时间的推移，这首歌一直在缓慢地进化。占据相同地理海域（可能与整个海洋盆地一样大）的鲸鱼往往会唱类似的歌曲，只有轻微的变化。来自非重叠区域的鲸鱼会唱完全不同的歌曲。在印度洋发现了两种鲸鱼，即座头鲸（humpback whale）和蓝鲸（blue whale）的一个亚种，它们以不同的频率产生重复的声音，即鲸歌。雄性座头鲸仅在交配季节发出这些声音，因此推测歌曲的目的是帮助进行性选择。座头鲸也会发出喂食的声音，其时长为5~10秒，频率几乎恒定。座头鲸通常是群居在一起合作进食的，它们在鱼群下面游泳，然后一起从鱼群中垂直跃出水面。在此之前，鲸鱼会发出进食的声音。研究表明，鱼群会对这种叫声做出反应，当声音回放给鱼群时，即使没有鲸鱼出现，一群鲱鱼（herring）也会通过远离呼叫来响应声音。

鲸歌用于描述某些鲸鱼（尤其是座头鲸）发出的规则且可预测的声音模式。图4.31是座头鲸发声的声谱图，显示了24 s座头鲸歌曲的录音，鲸鱼之歌和回声定位的咔哒声分别以水平条纹和垂直扫描的形式出现。横坐标为时间（s），纵坐标为频率（kHz）。这些鲸歌在频率上属于音乐范围，或者与音乐声相比，雄性座头鲸被描述为是歌曲的精巧作曲家，这些歌曲与人类的音乐相似。雄性座头鲸通过歌声向母鲸传达了健康的信息。抹香鲸（sperm whale）和海豚发出的滴答声并不是严格意义上的鸣叫，但它们发出的滴答声序列被认为是一种个性化的有节奏的序列，这种序列可以将一只鲸鱼的身份传达给群体中的其他鲸鱼。这种滴答声序列使各群体能够协调觅食活动。座头鲸还会发出一系列其他的社会声音来进行交流，如“咕哝声”“呻吟声”“砰”“喷鼻息声”和“吠叫声”。

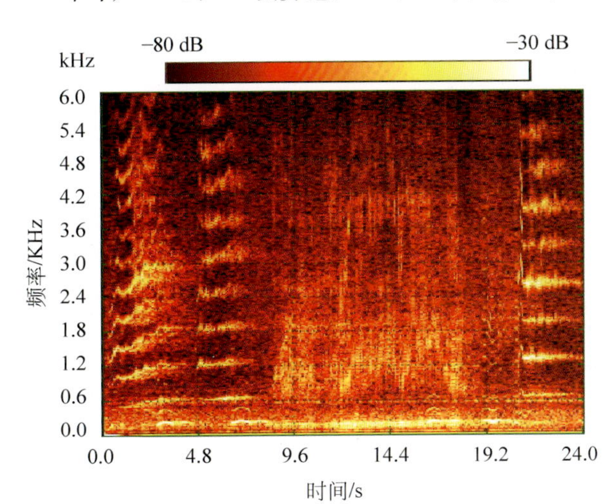

图 4.31　座头鲸发声的声谱图，可达到 10 个类似于元音的共振峰

人类通过空气经喉部发出浊音。在喉内当声带靠近在一起时，通过的空气将迫使它们交替地闭合和张开，将连续的气流分离成离散的空气脉冲，从而产生能够听到的振动。这种振动被口腔和鼻腔的语言器官通过声音谐振进行修正，产生人类语言中的声音。而鲸类动物的发声机制与此明显不同，如齿鲸（toothed whale，包括海豚在内的有齿鲸）和须鲸（baleen whale，包括最大的蓝鲸在内的须鲸）的发声机制确实是不同的。虽然座头鲸（和一些蓝鲸）的复杂声音被认为主要在交配季节用于帮助选择配偶，但其他鲸鱼的较简单声音却可以全年使用。虽然齿鲸能够利用回声定位来探测物体的大小和性质，但这种能力从未在须鲸身上得到证明。此外，与某些鱼类（如鲨鱼）不同，鲸鱼的嗅觉不是很发达。因此，鉴于水生环境的可见性很差，并且声音在水中传播得很好，因此人类可听见的声音可能在导航中起作用。例如，鲸鱼发出的巨响可能会探测到深水或前方是否有大的障碍物。

鲸鱼歌曲遵循不同的层次结构，基本单位（音符）是连续不断发出的持续不超过几秒钟的声音，这些音频范围从 20 Hz~24 kHz 不等（人类的听力范围是 20 Hz~20 kHz）。鲸鱼可以对声音进行频率调制（即声音的音高在音符期间可以升高、降低或保持不变）或幅度调制（提高或降低）。研究表明，虎鲸能发出程式化的、高频的 10~16 km 的远距离叫声，也能发出 5~9 km 的短距离的叫声。短距离呼叫发生在社交和休息期间，而远程呼叫发生在觅食和进食期间。研究人员使用水听器来确定鲸鱼之声起源的确切位置，并检测声音在海洋中传播的距离，鲸鱼的叫声可以传播数千公里。这些数据不仅提供了有关鲸类鸣叫的信息，还让研究人员得以追踪鲸类在整个“鸣叫”交配季节的迁徙路线。

一个由 4~6 个单元组成的集合称为子短语，可能持续 10 秒钟。两个子短语的集合是一个短语。鲸鱼通常会在 2~4 分钟内一遍又一遍地重复相同的短语，称为主题，主题的集合称为歌曲。鲸歌将持续 30 分钟左右，并将在数小时甚至数天的过程中不断重复。这种发音层次的结构暗示了一种句法结构，其复杂性比其他形式的动物交流（如鸟的歌声）更像人类，鸟的歌声只有线性结构。

4.4.4 海狮的交流

海狮（sea lion）的认知能力，能够基于与同龄海狮建立的相似功能或联系，从而识别刺激之间的关系，而不仅仅是刺激的共同特征，这就是所谓的“等价分类”，这种等同性的能力可能是语言的先驱。研究人员证明海狮在被教授类似于灵长类动物的人工手语时能够理解简单的语法和命令。海狮能够学习和使用所教符号之间的多种句法关系，例如符号之间应该如何排列。但是，海狮很少在语义或逻辑上使用这些符号。在野外，海狮会使用与等价分类相关的推理技巧，以便做出可能影响其生存率的重要决策（例如，认识朋友和家人，或避开敌人和捕食者）。澳大利亚的海狮如图 4.32 所示。海狮可以听到频率低至 100 Hz、高至 40 000 Hz，通常在 100~10 000 Hz 之间的声音。海狮独特的声音在水面和水下都能被听到。为了标记领地，海狮会“吠叫”。尽管雌性也会叫，但它们叫的频率较低，而且大多是在与生育幼仔或照顾幼仔有关的时候。雌性发出一种高度定向的嚎叫，这是一种吸引幼崽的叫声，它可以帮助母亲和幼崽彼此定位。两栖的生活方式使它们在陆地上需要通过声音进行社会组织的交流。

图 4.32 澳大利亚海狮

海狮用其不同的身体姿势来进行交流，海狮的声带限制了它们将声音传递为一系列叫声、啾啾声、咔哒声、呻吟声、咆哮声和吱吱声的能力。一些海洋哺乳动物似乎有一种非凡的能力，可以根据经验改变它们发声的环境和结构特征。学习可以通过以下两种方式之一来改变发声的方式：①通过影响使用特定信号的环境；②通过改变叫声本身的声音结构。加利福尼亚的雄海狮可以学会在任何有优势的雄海狮面前抑制自己的叫声，但当优势雄海狮不在时，它们可以正常发声。研究显示，在适当的情况下，鳍足类动物可以利用听觉经验，以及诸如食物强化和社会反馈等环境后果来修正它们发出的声音。1992 年罗伯特·吉斯纳（Robert Gisiner）等进行了一项实验，试图教给加利福尼亚母海狮洛基（Rocky）语法，洛基学会了手语单词，然后它被要求在看了一个有手语的指令后，根据词序完成不同的任务。研究发现，洛基能够确定符号和单词之间的关系，并形成一种基本的句法形式。海狮能够理解抽象概念，例如对称性、相同性和可传递性。这为没有语言也能形成等价关系的理论提供了有力支撑。

小结

动物交流在不同的环境下不能创造新的符号模式，而人类通常会创造出全新的单词组合。本章讲述了动物的交流，包括视觉交流、听觉交流、触摸交流、种间交流。探讨了蜜蜂找花蜜的交流方式，鸟类如何处理鸣禽中的结构化序列，对鸟鸣的学习和口语的演变、鸟鸣的物种辨识及鸟类文化传播进行了论述，并对不同飞禽鸟类的大脑神经元数量，以及表达方式的种类数进行了对比，介绍了陆地 / 水生哺乳动物的交流，并对其神经元数量与表达方式数量进行了对比，以及与人类的大脑体积进行了对比。

思考题

1. 请阐述动物交流与人类交流的区别特征。
2. 请阐述蜜蜂交流的基本规律。
3. 请阐述鸣鸟对其父辈歌声的学习与人类语言学习之间的异同。
4. 为什么长翅巨头鲸的大脑比人脑大很多，但智力水平却不如人类？
5. 请阐述表达方式的种类数对社会交往的重要性。

第5章

非人类灵长类动物的交流

本章课程的学习目的和要求

1. 通过对非人类灵长类动物的手势交流、社会认知和合作能力、亲缘关系间的差异、资源竞争与分配机制的描述，对未知新食物的社会学习以及工具的使用，来理解灵长类动物的行为与交流，厘清黑猩猩交流的特征和黑猩猩与人类交流的异同。
2. 基本掌握猿类布洛卡区与人类语言区的关系，猴脑与人脑中的声音识别区的关系，以及猿类与掌握语言能力前的儿童的手势之间的异同，灵长类动物与人类的脑结构和脑功能的差异。
3. 基本掌握人类与非人类灵长类动物在交流体系上的差异，系统发育和个体发育在语言网络上的差异，以及灵长类动物与人类在行为、语言与认知上的差异。

5.1 灵长类动物的交流

5.1.1 灵长类动物的行为与交流

1. 黑猩猩的行为

非人类的灵长类动物不会说话。它们具有复杂的发声功能，并且可能具有类似的喉部柔韧性，但是它们的发声方式并不接近人类语音，且不具有语言的复杂性。自 20 世纪 50、60 年代开始的研究猿类语言能力的实验得知，尽管黑猩猩乃至所有的大型猿类，本来就具有早熟的、类似人类的学习能力，但它们的发声学习能力却极为有限。通过一只名叫薇琪（Vicki）的家庭饲养的黑猩猩进行嘴形训练，研究人员发现即使他们在语言培训方面和身体上付出了极大的努力，也只能训练几个简单的单词。为什么教黑猩猩手语而非口语？为什么我们要教人类手语？答案很简单，当口语不是一个选项时，人们依旧能够通过手语进行有效沟通。最初，聋人被认为无法接受口语教育，但在 1750 年，法国天主教神父阿贝・德・莱比（Abbe de L'Epee）对帮助教育听力受损的人产生了兴趣。这些失聪的孩子会向他展示他们以前在家里交流的手势，然后他会用这些手势教他们法语。莱比随后开设了更多的学校，一旦孩子离开，他们将与家人和邻居分享他们学到的知识，并允许他们也学习手势。1814 年，手语在美国流行起来，托马斯·加劳德特（Thomas Gallaudet）牧师等受法国莱比后继人的影响，在美国开设了聋人学校，并开始教来自美国各地的聋哑人学生。如果我们能够教聋哑人如何在没有口语的情况下进行交流，那么是什么阻止我们尝试使用类似技术与其他物种进行交流呢？手语不仅使这些黑猩猩有表达自己的思想和感情的能力，也向我们展示了它们有能力学习和教其他黑猩猩。20 世纪 60 年代后期，艾伦（Alan）和比阿特丽斯·加德纳（Beatrice Gardner）发现，只要允许黑猩猩瓦肖（Washoe）使用一种不同的表达媒介——手势，它似乎就能掌握大量的美国手语（ASL）“词汇”。因此，摆脱了这一限制后，表面上看来，非人类灵长类动物的语言学习能力可能相当可观。

手势学习分为社交和个体的学习。社交学习可被定义为，借由观察其他个体以促进或习得新的行为的一套学习机制。相比之下，个体学习则为两个或两个以上的个体，通过偶然相遇的相似学习环境而形成的，各自获取相同的行为。黑猩猩的手势学习主要是个体的学习过程，两个个体在互动的重复场合中相互影响对方的行为，交际的信号由此出现。

黑猩猩具有突出的面部特征，长长的四肢和快速的动作，如图 5.1（a）所示。人类与黑猩猩的 DNA 非常相似，典型的人类和黑猩猩的蛋白质同源物平均只有 2 个氨基酸不同。由于人类和黑猩猩是从共同的进化祖先中分化出来的，故只有大约 2.7% 的相应现代基因组表现出了基因复制或缺失所产生的差异。人类基因组计划完成后，科学家们又启动了黑猩猩基因组计划，对两个基因组之间共有的 7600 个基因进行了初步分析，证实某些基因，例如参与语音发育的 FOXP2 转录因子，在人类谱系中经历了快速进化。图 5.1（b）为伦敦科学博物馆标签为穴居人猿（anthropopithecus troglodytes）的黑猩猩大脑。

(a)

(b)
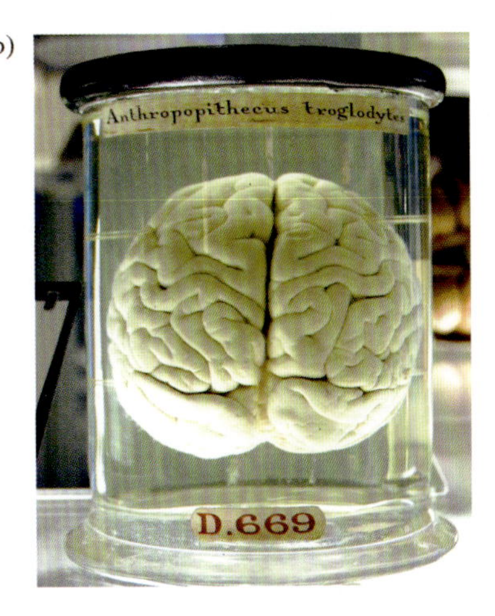

图 5.1 黑猩猩母亲、婴儿（a）和黑猩猩大脑标本（b）

黑猩猩通过面部表情、姿势和声音进行互相交流。黑猩猩的面部表情在近距离交流中非常重要。受到惊吓时，“完全闭嘴的笑容”也会使附近的人感到恐惧。它们在受到威胁或恐惧时发出“冷笑”（sneer）。顽皮的黑猩猩会咧着嘴笑。黑猩猩会在困境时用“撅嘴”（pout）来表达自己，这是一种表达自己的方式。当黑猩猩屈服于处于支配地位的个体时，会发出嘎吱嘎吱的声音，扭动身体，并伸出一只手。当处于攻击模式时，黑猩猩会直立行走，弓着背，挥动手臂，试图夸大自己的体型。在迁徙过程中，黑猩猩通过用手和脚敲打大树的树干来保持联系，这种行为被称为“打鼓”。当遇到来自其他群体的黑猩猩个体时，它们也会这样做。

发声在黑猩猩的交流中也很重要。成年黑猩猩最常见的呼叫声是“气喘鸣叫（pant-hoot）”，这可能是社会等级和联系的信号，也可能是保持群体团结的信号。Pant-hoots 由如下部分组成，从温和的“鸣叫（hoos）”开始，声音越来越大、越积越多；高潮到尖叫声，有时是吠叫；在呼叫结束的降级阶段，会逐渐减弱“鸣叫”声。咕哝声是在喂食和打招呼等情况下发出的顺从的个体对上级做出“气喘咕哝声（pant-grunts）”。年轻黑猩猩的呜咽（whimpering）是一种乞讨的方式，黑猩猩也会在群体中迷失方向时发出这种声音。黑猩猩通过远距离交流来提醒群体注意危险、食物来源或其他群体成员。黑猩猩会在狩猎时发出“短促吼叫（short barks）”，而在看见大蛇时发出“带声调的吠声”。野生和圈养的黑猩猩在身体接触（例如摔跤，追逐游戏或挠痒痒）时均有记载表现出笑声般的声音。非人类灵长类动物也曾表达过喜悦之情。通常黑猩猩的笑声很难被人类识别，因为它是由交替的吸气和呼气产生的，听起来更像是呼吸和喘息。人类和黑猩猩有相似怕痒的身体部位，比如腋窝和肚子，黑猩猩搔痒的乐趣不会随着年龄的增长而减少。图 5.2 为黑猩猩相互梳毛，梳毛是动物间建立同盟和亲密关系的有效方式。相互梳理毛发会激发大脑分泌胺多酚（一种具有化学镇定作用的物质，会在大脑中枢神经系统受到某种刺激时被释放出，可减轻疼痛感，使人心情愉快），通过去除虱子从而进一步维系群体成员间的纽带来增进感情。

图 5.2　黑猩猩相互梳毛，去除虱子

黑猩猩对濒死或死亡的群体成员表现出不同的行为。当目睹一场突如其来的死亡时，其他成员会表现出疯狂的行为，它们会发出声音，做出挑衅的举动，还会触摸尸体。母亲会带着死去的婴儿四处走动，给它们梳洗。在一个案例中，黑猩猩对一只垂死的老者，照顾并清理尸体，随后它们避开了老者死去的地方，表现得更加克制。

从记忆符号到合作、使用工具，或许还有“语言”，黑猩猩显示出许多智能迹象。在一项研究中，两只小黑猩猩在一年没有接触镜子的情况下仍能保持对镜子的自我认知，是通过镜子测试的物种之一。京都大学灵长类研究所的研究表明，黑猩猩能够学会识别数字 1 到 9 及其含义，并对照片具有记忆的天赋。在实验中，尽管乱序的数字只在计算机屏幕上显示了不到 1/4 秒的时间，但名叫亚由美（Ayumu）的黑猩猩仍能够快速准确地指出它们按升序出现的位置，其表现比接受同样测试的成人要好。黑猩猩具有初步的合作能力，在受控的合作实验中，黑猩猩对合作有了基本了解，并招募到能够的合作者。在一个只向合作的黑猩猩提供食物奖励的装置小组环境中，黑猩猩合作首先增加，然后由于竞争行为而减少，最后通过惩罚和其他套利行为提高到最高水平。黑猩猩在群体中也表现出文化的迹象，通过学习和传播不同的修饰、工具使用和觅食技术，形成了当地的传统。

几乎所有黑猩猩种群都有使用工具的记录。它们修改树枝、石头、草和树叶，并用它们来寻找蜂蜜、白蚁、蚂蚁、坚果和水。尽管这些工具缺乏复杂性，但黑猩猩在制作这些工具时仍需要深思熟虑和技巧。据研究人员报道，来自卡萨卡拉黑猩猩群落的普通黑猩猩能制造工具，它们将一根树枝改装成工具，把白蚁从其土堆中提取出来。在泰伊，黑猩猩只是用手来抓白蚁。当觅食蜂蜜时，如果蜜蜂没有刺痛它，黑猩猩会使用改良的短棍将蜂蜜从蜂巢中挖出来。对于危险的非洲蜜蜂的蜂巢，黑猩猩则使用更长、更细的棍子来提取蜂蜜。黑猩猩也用同样的策略来捕食蚂蚁。西非黑猩猩用石头或树枝敲开坚硬的坚果。显而易见，黑猩猩在找到坚果时，在周围找到开裂坚果的器具，坚果开裂也很困难，这项行为必须学习。黑猩猩还将树叶作为纳水工具来喝水。黑猩猩使用诸如矛之类的先进工具，例如，塞内加尔的西非黑猩猩用牙齿使其变尖，用于将小动物从树上的小孔中刺出。黑猩猩也用改良过的树枝作为工具来捕捉松鼠。

2. 灵长类的一夫多妻

值得注意的是，在一夫多妻制的交配群体中，只在大草原狒狒、一些猕猴和黑猩猩身上发现了母亲和后代的父系之间的良好分化关系。许多物种都是季节性的繁殖者，在短暂的繁殖季节后，雄性和雌性群体就会分开，从而无法形成稳定的雄性 - 雌性纽带和父系关怀。在许多物种中，父系关怀可能没有进化出来，因为它的好处还不够大，不足以抵消雄性付出的成本。例如，如果狒狒维护联系的好处是提供保护，防止杀婴，那么这种关系更有可能在相对较高的杀婴风险的物种中进化。还有一种可能是，雌性通过与多个雄性交配来抵消杀婴风险，这可能会使雄性难以识别自己的后代，这反过来又会减少雄性亲代照顾的好处。在一夫多妻制交配的大草原狒狒中，许多雄性与交配范围之外的某些雌性形成紧密联系。这些关系很可能是雄性养育后代的一种形式，因为 50%~75% 的主要伙伴是雌性当前婴儿的父亲。如果雄性父亲与非亲生后代的母亲形成持久的关系，那么该雄性父亲也会抚养该后代。斯塔德莱（Stadele）等在橄榄狒狒的野生种群中测试了这些假设。当前婴儿的父亲身份和前一个婴儿的父亲身份都会影响雄性与雌性建立亲密关系的可能性，并且这些影响在很大程度上是相加的。这些发现表明，橄榄狒狒的雄性 - 雌性纽带在哺乳期后很长一段时间内都存在，甚至超过了泌乳期，这表明选择可能有利于父系对后代的长期抚养。狒狒、黑猩猩和猕猴都生活在一夫多妻制的多雄多雌群体中，具有一夫多妻的交配系统，其持久的非一夫一妻制的雄 - 雌关系和父系照顾的证据表明，这些特征可能早于人族谱系中配对关系的进化。在幼年时期，生态压力增加了雄性亲代照顾的价值，或降低了雄性与多个伴侣维持关系的能力，这可能有利于向更稳定的繁殖纽带转变。

5.1.2 黑猩猩 / 倭黑猩猩的社会认知和合作能力

大量实验研究揭示了圈养黑猩猩和倭黑猩猩的社会认知和合作能力，这大大有助于人们理解人类独特认知和合作能力的进化。从两种理论来理解人类独特的合作能力背后的社会认知机制，首先，“相互依赖假说”认为，当多个个体需要共同行动以实现共同目标时，例如在狩猎大型猎物时，人类合作的认知维度就会进化；其次，个体之间的相互依赖程度越高，他们就越有可能在其他情况下为同种动物提供服务。另外，“社会容忍度假说”认为，更高的社会容忍度允许同种动物更有效地与更广泛的合作伙伴合作。巴托兹（Buttoz）等通过将黑猩猩与不那么相互依赖但更宽容的倭黑猩猩进行对比，对这两种假设进行了实验评估，比较了每个物种在合作任务中的表现：将危险告知同类，向来自 5 个野生群落的 82 只个体展示了加蓬蝰蛇模型。结果表明，迟到的黑猩猩明显更有可能听到叫声，也不太可能受到惊吓，这表明黑猩猩比倭黑猩猩更了解威胁的存在。这源于个体如何将其呼叫决定调整到现有信息水平的明显物种差异。黑猩猩在没有听到叫声时更有可能发出警报，并发出更多警报叫声，而倭黑猩猩在已经听到叫声时就会发出警报叫声。研究结果证实了相互依赖与合作效果之间的联系。这些物种的差异很可能是由动机的差异而不是认知能力的差异造成的，因为这两个物种在决定呼叫时都倾向于考虑听众的知识。正如相互依赖假说所预测的那样，更经常参与群体合作的物种（黑猩猩）在群体内对非合作任务表现最好，而这种表现与个体的行为决策紧密相关。研究表明，这种表现可能并不像相互依赖假说所预测的那样，源于黑猩猩和倭黑猩猩之间认知能力的差异，而是与黑猩猩有更高的动机通过告知他人威胁而进行合作有关。领地意识更强的物种（黑猩猩）在群体内对非合作任务表现更好。

1. 倭黑猩猩 / 黑猩猩雄性亲缘关系间的差异

倭黑猩猩和黑猩猩是人类现存的两个近亲，它们在社会系统中有许多共同的特征，包括雄性亲善。然而在黑猩猩中，群体间的关系基本上是敌对的，雄性有时会杀死其他群体的个体；而在倭黑猩猩中，这种关系要温和得多，并且在群体间相遇时经常观察到不同群体个体之间的交配。与黑猩猩相比，倭黑猩猩的这种行为差异可能会促进更频繁的群间雄性基因流动和更大的群间差异。石冢（Ishizuka）等的研究结果表明，倭黑猩猩的平均亲缘关系与相邻群体的平均亲缘关系之间的差异明显大于黑猩猩。两个物种之间的常染色体和 Y 染色体组间雄性遗传距离没有显著差异。与黑猩猩相比，倭黑猩猩的群体间雄性亲缘关系有类似或更多的分化。在雄性亲善物种中，亲缘关系可能基本上无法解释同一群体和不同群体的雄性之间的社会互动模式。一种解释是，雌性倭黑猩猩较长时间的发情期可能会降低雄性倭黑猩猩的群间攻击强度。与雌性黑猩猩相比，雌性倭黑猩猩在一生中表现出更长的性接受时间，导致倭黑猩猩群体中同时接受性行为的雌性数量更多。雄性黑猩猩经常表现出群体间的攻击性，从邻近的群体中获取雌性，与之相反，雄性倭黑猩猩可能不需要从其他群体中招募雌性，因为在其自己的群体中有大量的雌性。对雄性倭黑猩猩更温和的群际攻击的另一种可能解释是倭黑猩猩可以与不同群体的雄性觅食。当倭黑猩猩群体相遇时，它们经常合并和一起觅食，这可能会消除保卫领地的必要性。此外，倭黑猩猩比黑猩猩更依赖陆地草本植物作为它们的食物。这表明水果在倭黑猩猩的饮食中可能不如黑猩猩重要，这可能会减少保卫领土的必要性。雄性黑猩猩群体间致命攻击的存在也可以解释为群体规模和组成的巨大差异，这导致群体间遭遇时群体的战斗能力不平衡。一项跟踪调查发现，近一半的群体成员出现在倭黑猩猩群体中，而黑猩猩聚集的成员比例更小。这表明，与倭黑猩猩相比，黑猩猩的日常聚集规模有更大的差异。群体规模的差异可能导致规模差异显著的群体之间相遇。在这样的遭遇中，来自大群体的雄性黑猩猩可能会发动致命的联合攻击，杀死其他群体的雄性黑猩猩。

2. 亲社会性

狨猴（如图 5.3 所示）是 22 种新世界猴子之一，身长约 20 cm。相对于其他猴子，它们表现出一些明显原始的特征，有爪子而不是指甲，手腕上有触觉的毛发，没有智齿，其大脑布局似乎比较原始。表现出高水平的主动亲社会行为，这是狨猴和人类共有的特征，可能是因为两个物种都依赖异母抚育。不同种类的亲社会行为往往在合作育种者中是相关的，所有的亲社会行为似乎都受到催产素的调节，包括普通狨猴。此外，这种意向性可能已经扩展到食物呼叫、食物共享和供应之外的其他环境。布尔卡特（Burkart）等研究了绒猴的亲社会行为是否符合灵长类交流中发展出来的意向性标准。狨猴的亲社会行为满足了一些有意行为的标准，而且，它们也认为他人的行为是有意的（即目标导向的），并且这种感知会指导进一步的行为决策。研究结果表明，狨猴的亲社会行为具有以下特点：①具有一定程度的灵活性，因为个体可以使用多种手段来达到它们的目标并根据特定条件进行调整；②取决于受众的存在，即潜在的接受者；③亲社会行为是目标导向的，因为它会一直持续到假定的目标达到为止，并且当它们的亲社会行为没有达到假定的目标时，个体会回头寻找它们的伴侣。这些结果表明狨猴亲社会性处于某种程度的自愿、有意控制之下。狨猴将彼此视为有意的行为主体，并且仅从被视为有意的行为中进行社会学习。狨猴的亲社会行为从根本上说是自愿控制的，因此，在这方面，它与人类的亲社会行为并没有本质上的区别。这一结论并不意味着狨猴的每一个亲社会行为都处于有意识的持续控制之下，人类也不是这样的，但这一行为也不意味着狨猴和人类的亲社会行为之间没有区别。即使那样，我们更复杂的认知能力允许将亲社会行为更复杂地整合到更广泛的环境和行为目标中。例如，发达的认知同理心和心智理论能力有助于确定个体的确切需求，这显然超出了对食物的需求，以及最有可能满足这些需求的行为方式。这些认知能力可能会限制个体参与帮助行为的范围，不仅是绒猴，还包括黑猩猩和幼儿。

图 5.3　狨猴

3. 黑猩猩通过嗅觉识别群体成员和亲属

嗅觉是最古老的感官之一，它影响着许多物种的社会行为，如领土防御、亲属识别和配偶选择。与大多数其他哺乳动物物种相比，灵长类动物的嗅上皮层和嗅球体积的比例更小，嗅觉受体功能基因更少。但原猴亚类（狐猴、懒猴和夜猴）和阔鼻猴（新世界猴）严重依赖嗅觉交流，表现出经典的气味标记行为或拥有专门的气味腺体。例如，绢毛猴使用嗅觉线索来检测排卵和熟悉的个体，狐猴在其腺体分泌物中发出信息，包括身份和亲缘关系，同种动物可以感知到这些信息。和新世界猴相比，狭鼻猿（旧世界猴和猿类，包括人类）似乎没有功能性的反嗅器官和附属嗅球（与感知信息素有关的结构），至少在出生后没有。然而，主要的嗅觉系统也可以感知社会信号，证据表明，社会气味在旧世界猴子中发挥着信号作用。人类有很好的气味辨别能力和出乎意料的高嗅觉灵敏度，对于某些物质而言，超过了小鼠、大鼠和狗。此外，人类可能会在配偶选择中使用化学信号，并且可以仅通过体味来识别亲属。研究表明，大猩猩会产生个体可识别的体味，而野生银背大猩猩使用体味作为一种灵活的、依赖于环境的信号机制，向群体成员和外群同类传递信息。

由于黑猩猩的领地意识很强，可以杀死不属于自己群体的个体，故嗅觉的功能可能是收集关于同种动物的信息，特别是关于群体成员和亲属关系的信息。野生雄性黑猩猩在性和社交环境中更频繁地嗅闻，而雌性黑猩猩在觅食背景下更频繁地嗅闻。黑猩猩在巡视其领地边界时也经常嗅闻地面、植被和黑猩猩的痕迹，如巢穴、粪便和尿液。由于黑猩猩生活在具有高度裂变 - 融合动态的多雄性、多雌性群落中，群落成员可能几天都不见面，而且由于黑猩猩的领地性很强，经常杀死其他群落的个体，获得有关群落成员和外群个体下落的信息以及区分后者的能力至关重要，而且它们似乎很可能使用嗅觉来感知这些信息。除了识别群体成员外，黑猩猩还可以通过亲属识别最大限度地提高包容性，这对于避免近亲繁殖和防止杀婴很重要。黑猩猩的行为偏向于亲属，与亲属形成牢固的社会联系，并与基因不同的配偶交配，这表明它们可以认出自己的亲属。

黑猩猩具有出色的面部识别能力，汉高（Henkel）等测试了黑猩猩是否能通过嗅觉线索区分群体成员（群内个体）和非群体成员（群外个体），他们向两组生活在动物园的黑猩猩展示了来自群内和群外个体的尿液，以及一个无味的对照进行辨别。结果如图 5.4 所示，嗅觉检查包括嗅觉、鼻子在 20 cm 内和舔尝行为。

触觉调查包括触摸和手动操作，视觉调查只包括在 50 cm 内出现（嗅觉或触觉没有调查的盒子）。研究发现黑猩猩对尿液的反应比对粪便或体味的反应更强烈。使用同步辨别任务，在通气箱中展示了来自群体成员、群外个体和无味对照的尿液。在 83% 的情况下，黑猩猩第一次接近盒子后的第一个行为与嗅觉（嗅觉，鼻子在 20 cm 内，舔）有关，突出了嗅觉作为这种物种的一般调查机制的重要性。黑猩猩对尿液刺激物的嗅觉时间明显长于对照组，而对来自外群个体的气味的嗅觉时间也明显长于群体成员的。此外，嗅觉的持续时间与关联性呈正相关。研究结果表明，黑猩猩使用嗅觉线索来获得有关社会关系的信息。

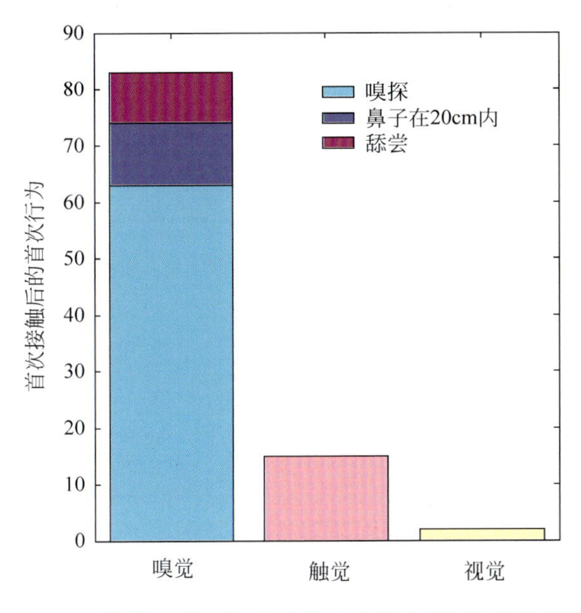

图 5.4 黑猩猩在测试过程中首次接近盒子后的首次行为

4. 黑猩猩的联合行动协调能力及其社会认知基础

联合行动协调构成了社会认知的一个突出和独特的方面。通过交流方式协调联合行动的能力已经存在于人类群体中，并且假设，人类的直系祖先也可以运用这种能力。通过协调其行动，个体可以实现他们永远无法单独完成的事情。因此，联合行动是人类文化的主要组成部分。沃伊诺夫（Voinov）等研究了与人类亲缘关系最近的黑猩猩的联合行动协调能力及其社会认知基础。在自然栖息地的黑猩猩经常面临协调和合作的问题，比如一起狩猎或一起旅行，在冲突中与他人合作。黑猩猩以及其他灵长类动物，在野外和圈养时交流不同种类的信息。在野外，黑猩猩通过声音交流来警告他人潜在威胁的存在、调节社会动态、交流食物，以及打招呼和表明社会地位。它们也用手势开始和婴儿一起旅行，并寻求玩耍或性暗示。此外，在囚禁状态下，它们使用手势向同类请求工具或请求工具性行动来帮助它们实现目标，尽管它们的手势交流似乎仅限于原始命令式请求，比如要求一个物体或一个自我导向的行动。有越来越多的证据表明，黑猩猩在做出手势时，对语境具有灵活性和适应性。此外，对交叉抚养的黑猩猩进行的手语研究表明，它们可以适应性地使用符号交流（通过重复或修改它们的话语）来修复对话中的障碍。一些研究表明，大猩猩可以使用手势和发声来调节（协调）社会互动，例如玩耍行为或梳理毛发。与人类儿童形成鲜明的对比是，人类儿童在很小的时候就很容易通过交流来解决类似的协调问题。儿童与同伴协调的能力也与语言熟练程度相关，这表明语言与联合行动能力之间存在联系。虽然这可能意味着黑猩猩总体上的沟通能力较低，但明显缺乏联合行动协调沟通的证据并不反映黑猩猩缺乏沟通能力。沃伊诺夫等开发了一种新方法来研究交流在非人类灵长类动物的联合行动协调中所起的作用：黑猩猩学会玩轮流游戏，其中的共同目标是将虚拟目标从一个计算机屏幕移动到另一个。首先，沃伊诺夫等的任务要求持续轮流互动，而不是一个个体有时间考虑的一次性决定或一系列决定。先前研究表明，黑猩猩会自发地轮流协调先前单独学会的任务，并根据同伴的节奏来调整自己的行动。同样地，轮流和角色交替是幼儿与成人和同龄人一起玩游戏的常见规则。从他们 3 岁开始，儿童就可以与同龄人轮流协调以实现共同目标。在 1 岁时，他们开始与成年人交流，修复彼此间的协调能力。其次，沃伊诺夫等的任务需要协调动态的物理动作。经典的困境决策任务，例如猎鹿游戏，要求受试者学习或理解自己和同伴决策之间的依赖关系，并通过领域通用认知机制从同伴的角度看待问题。相比之下，协调联合行动可以利用基于自身行动的内部模型的模拟来预测他人行动的结果。同样，感知 - 行动联系可以用来推断另一个体的行动目标，或者使用共同的目标来形成这样的预测。因此，联合行动的协调可能建立在不同的、专门的认知能力上，可能也适用于非人类灵长类动物。研究结果表明，至少在某些情况下，黑猩猩可以表现出通过交流行为来维持联合行动中的协调。

5. 灵长类动物在社会传播中倾向于模仿地位较高的个体

社会学习可以广义地定义为通过观察或与另一个个体或其产品的互动而促进的学习，并且可以导致一个个体在接触到另一个体执行一种行为模式后学习这种行为模式。这种社会传播可以导致新行为通过群体传播或“扩散”，并有可能形成群体特有的传统和文化。例如座头鲸“龙虾喂食”的传播，黑猩猩和宽吻海豚使用新的工具，大山雀使用新的觅食技术。社会网络结构塑造了社会习得行为的扩散，个体间的密切联系可以用来预测创新的传播。文化行为的维持被认为部分是由于新知识的有效和准确传播。特定的社会学习机制，如模仿，是文化所必需的，因为它们允许行为的高保真模仿，例如，当一个觅食技术被观察到时，观察者通过社会学习相同的觅食技术。另外，文化往往使动物固守已经习得的觅食技术，例如，一旦观察者学会了一种特定的觅食技术，它就会继续使用这种技术，而不是社会性地学习另一种替代技术。文化可能依赖于所采用的社会学习策略，即基于行为内容或其背景的学习偏向。带有内容偏向的社会学习策略关注观察到的行为特征（例如，偏向于更好的回报）。语境偏向侧重于其他线索，如它们在种群中的频率（例如，模仿罕见的行为；模仿最常见的行为或大多数个体表现出的行为，即从众倾向）或模型的特定特征，这些特征可能与适应性相关（称为“模型偏向”，例如，模仿亲族、占优势的、年老的个体）。这里使用“模仿”作为“社会学习”的同义词，无论潜在的隐含心理机制如何，都会导致演示者和观察者之间的行为匹配。研究表明，一些灵长类动物在模仿特定的个体或行为时具有选择性，这与人类的社会学习惊人地相似。圈养的黑猩猩倾向于模仿年长的、地位高的个体以及大多数个体。野外实验表明，野生长尾猴的多种社会学习策略的实验中，幼猴在觅食时更关注其母系亲属，婴儿以与其母亲相同的方式加工食物，雌性（恋家性别）比雄性更受青睐。相比之下，与等级较低的成年雌性相比，野生黑长尾猴没有表现出更喜欢模仿等级较高的成年雌性。卷尾猴被发现会模仿年长的个体更成功地打开果实，而黑长尾猴中，雄性而非雌性更有可能模仿在两种动作学习任务中获得更高回报的雄性模型。一个个体可能比其他潜在的示范者更容易被模仿，因为它的行为更多（表现偏向），或因为它的行为比其他人的行为更容易被观察到（注意偏向）。例如，年长和级别更高的卷尾猴被发现在敲坚果时更频繁地受到同种动物的观察。地位高的个体行为可能比地位低的个体行为更有可能被模仿（社会信息使用偏向）。

康特卢（Canteloup）等将野生灵长类动物的开放扩散实验与建模方法相结合，研究的黑长尾猴没有经过训练的模型，它们可以接触到 8 个可以用两种方式打开的觅食箱。康特卢等测试了两组猴子，它们可以自由地与盒子互动，并自行发现如何使用两种打开技术中的一种打开盒子，个体通过社会学习它们在他人身上观察到的技巧。研究结果表明，长尾猴通过观察它们的同伴可社会性地学习一种新的觅食技术，地位高的个体比地位低的个体更有影响力，学习一个选项会促进对另一个选项的社会学习，使猴子在社会学习了第一个选项后，比两个选择都不了解的个体更有可能社会学习第二个选项。研究表明，等级传递偏向有利于向高等级个体学习，但没有证据表明存在年龄、性别或亲属差异。

5.1.3 资源的竞争与分配

1. 资源竞争

竞争在自然界中无处不在，进化有利于增强个体竞争能力的各种行为和形态特征。在哺乳动物中，争夺食物和配偶的相对重要性通常因性别而异。与雄性相比，雌性哺乳动物对于食物的争夺和繁殖成功更加重要，雌性哺乳动物承担着妊娠和哺乳期的责任，而这一责任需要能量维持的成本。投入到繁殖中的时间和精力使雌性成为雄性的有限资源，对配偶和繁殖机会的竞争通常对哺乳动物雄性的体质比雌性哺乳动物有更重要的影响。有相当多的证据表明，雌性哺乳动物的繁殖成功率受到它们获取食物资源的影响。例如，食物丰度的增加影响黑猩猩、婆罗洲猩猩、红毛猩猩、灰颊白眉猴和几种猕猴的繁殖成功率。拥有更多能量储备的雌性生产的后代生长得更快并且更有可能存活。在长尾猕猴中，群体规模的增加会降低觅食效率并改变活动预期，与繁殖力的减少和死亡率的增加相关。在雌性形成统治地位的物种中，地位高的雌性通常有优先获取食物资源的权利（黑猩猩），并且比低级别的雌性更成功地繁殖（一些灵长类物种）。对于承担妊娠和哺乳期能量成本的雌性哺乳动物来说，食物资源的竞争通常被认为比配偶竞争对繁殖成功有更重要的影响。然而，在某些情况下，雌性哺乳动物会为了获得配偶、争夺有限的雄性或照顾后代而竞争。雌性狒狒在获取食物和获取配偶方面都存在竞争。帕特森（Patterson）等研究了野生雌性橄榄狒狒因食物和配偶竞争在形成雌性之间的攻击模式中的相对重要性。哺乳期和怀孕期的雌性比其他生殖状态的雌性更具攻击性，而处于性发育期的雌性发起和接受的攻击相对较少。

2. 黑猩猩在资源分配中的交流

在过去的 10 年里，人们对人类亲社会行为和公平感的进化起源进行了大量与非人类灵长类动物的比较研究。尽管像黑猩猩这样的类人猿在野外会进行合作狩猎和食物分享，但实验室研究始终发现，黑猩猩通常不会无偿地向伙伴提供意外之财，也不像人类那样理解正义。一般来说，测试程序涉及两个同种个体面对一项食物分配任务，这可能会引发诸如不公平厌恶、无成本亲社会、食物共享或互惠等现象。讨价还价的游戏，如独裁者游戏（dictator game, DG）和终结者游戏（ultimatum game, UG）特别有吸引力，在这两款游戏中，提议者以任何它想要的方式与它的伴侣分享意外之财。DG 接受者是被动的，必须接受提议者的提议，而 UG 接受者可以接受或拒绝提议。如果提议被接受，每个合伙者都会得到相应的分成，但是如果提议被拒绝，没有个体会得到任何东西。因为 DG 接受者不能影响分配的最终结果，任何非零的提议都表明了提议者的亲社会倾向。研究表明，接受者接受任何高于零的优惠。相比之下，UG 中提议者的提议由它的亲社会倾向加上它对接受者可能接受的策略估计组成的。当面对资源分配游戏时，人类会考虑自己和他们的合作伙伴的亲社会倾向和社会厌恶来避免冲突。尽管存在着实质性的跨文化差异，人类的提议者在两款游戏中提供的提议都高于零，通常 UG 中高于 DG，而人类的接受者往往拒绝少于 20% 甚至有时超过 50% 的选项。

凯撒（Kaiser）等对黑猩猩和倭黑猩猩进行了一项测试，他们允许提议者在提出提议之前“偷”一些原本分配给接受者的食物，以观察这是否会增强拒绝。在这项研究中，提议者并没有为提出平等的提议而产生成本，而接受者则没有表现出对不平等的厌恶，因为它们从未拒绝过非零的结果。因此，与人类不同，黑猩猩和倭黑猩猩的行为是理性的最大化者。讨价还价方法的另一个相关方面是提议者为其提供回应的方式。一种解决方案是使用令牌交换程序来直接替代存在物体的食物（令牌等于一些食物的分配），并模拟物理交换。研究发现，提议者在 UG 中比在偏好测试中更经常选择 3/3 令牌。

人类在分配资源并拒绝被判断为低于 / 超过预期阈值的分配时通常会产生成本。独裁者游戏 / 终结者游戏（DG/UG）是一种两人游戏，通过测量分配的分布和拒绝阈值来量化亲社会性和不公平厌恶。布宜诺 - 格拉（Bueno-Guerra）等使用预先分配好的分布对四只黑猩猩进行了 DG/UG 测试，玩家交换其角色（提议者 / 接受者）来测试互惠。结果表明，提议者在 DG 中比在非社会基线中提供得更多，特别是当它们不承担任何成本时。在 UG 中，接受者接受了所有高于零的报价，表明不存在不公平厌恶情绪。提议者优先选择给合作伙伴更多金额的选项。然而，它们也减少了其报价，可能是倾向于惩罚其合作伙伴的拒绝。因此，黑猩猩并没有战略上的动机去慷慨地提供更多的礼物以获得其伴侣的认可。没有互惠的迹象，即使导致拒绝，提议者也没有改变其行为（与人类提议者表现的战略行为特征相反）。这些发现表明，亲社会性、不公平厌恶和战略行为可能在两个物种中遵循不同的进化途径。

3. 黑猩猩与合作 / 旁观者分享狩猎食物的机制

分享合作获得的战利品是维持合作的关键。人类社会通常有非常明确的规则，规定合作狩猎或觅食的物品应该如何在参与者和更广泛的社区之间分享。黑猩猩是人类在世的近亲之一，它们会成群结队地捕猎，并在群体成员之间分享肉食。这种行为对于理解人类合作的进化特别有意义。约翰（John）等研究了影响合作获得的资源在黑猩猩中分配的因素。集体捕猎在黑猩猩群落中很普遍，群体之间在狩猎的许多方面存在差异，包括首选的猎物、狩猎队的组成以及狩猎的展开方式，但通常情况下，在遇到潜在的猎物（通常是树栖猴子）

时，一只或多只雄性黑猩猩会在树冠上发起追逐，其他黑猩猩也可能加入。一次成功的狩猎可以捕获多个猎物，捕获者保留其中最大的一部分。然而，群体中相当一部分黑猩猩得到了肉，包括没有参与狩猎的旁观者。研究发现参与者比旁观者获得了更多的肉，因为它们参与了合作活动，捕捉者或肉的占有者奖励了其合作伙伴的努力。这意味着占有者认识到它们合作伙伴的付出，这些技能在人类儿童 3~4 岁就可以被看到。然而，有来自贡贝国家公园黑猩猩的证据表明，共享主要取决于乞讨，乞讨行为可以有多种形式，如坐在占有者旁边,盯着肉看,或者把手伸向肉体。当乞讨者触摸尸体或占有者时,乞讨就是一种骚扰，证据表明，这种乞讨会降低占有者的进食速度。尽管分享对占有者来说是有代价的，但它也会通过减少来自他人的骚扰而产生直接收益。证据表明，猎物也倾向于与偏爱的群体或交配伙伴分享，参与狩猎可以预测之后获得肉的机会。

圈养的种群没有机会狩猎，但它们会分享食物，包括理想的稀有物品。研究发现，让食物更具垄断性（更像捕获的猎物）会降低合作成功率，而伙伴之间增加分享与更高的合作成功率有关。合作对非捕获者获得的食物数量没有影响。相反，非捕食者在取食时离食物的远近预示着分享，表明战利品的分配不受个体在获取过程中所扮演的角色的影响。约翰等调查三个个体之间的分享模式,在三个个体中,感兴趣的角色（捕捉者、帮助者和旁观者）在同一互动中自然出现。这与有几个潜在接受者存在的野外狩猎环境更具有可比性。帮助者和旁观者同时出现还可以促进两种角色之间的比较，从而可能会使捕捉者更容易选择与谁分享。由三只圈养黑猩猩组成的小组通过两个个体合作（第三只作为旁观者）或通过一个个体与两个旁观者一起单独行动来获得可垄断的食物资源。首先获得资源的个体保留了大部分的食物，但另外两个个体试图通过乞讨从“捕获者”那里获得食物。研究发现，预测旁观者获得食物总量的主要因素是在捕获者获得食物的那一刻离食物的远近程度，与个体是否通过合作获得食物没有影响。然而，有趣的是，合作者比旁观者向捕获者乞讨的次数更多，这表明它们更有动力对获得食物有更大的期望。这些结果表明，虽然合作狩猎中的黑猩猩捕获者可能不会直接奖励合作的参与，但合作者可能会通过增加乞讨来影响分享行为。约翰等在实验中没有发现黑猩猩优先与那些帮助其获得资源的个体分享食物的证据。

4. 黑猩猩与人类儿童分享战利品比较

黑猩猩有许多单独学习并有意使用的手势，它们灵活地使用这些手势（相同的手势用于不同的目的，不同的手势影响相同的目的），甚至等待接收者的回应，如果没有得到期望的回应，则重复该手势。而且它们对手势的使用是根据接受者的注意力状态来决定的：当它们的目标接受者不看的时候，它们的手势从来不是视觉的，而主要是听觉或触觉的。虽然这些手势与人类婴儿的仪式化行为相同，例如举起手臂的手势，但它们显然不同于人类婴儿的指向性和标志性手势。指向性和标志性手势是指代性的，旨在建立共同关注，而猿类的手势似乎没有这样做，甚至没有这样的目的。托马塞洛（Tomasello）认为，社会学习的这种差异解释了黑猩猩文化的试探性和脆弱性，而人类文化根深蒂固，其产品和实践可以随着时间的累积而增加复杂性，而这种累积的文化进化过程是人类群体拥有如此复杂的技术、符号系统和体系的原因。当一个有 / 无经验知识的人类指出食物藏在哪里时，无论谁来指出，黑猩猩都不会得到食物。但野外的等级低下的黑猩猩有时会拿着食物逃脱，即使附近有等级高的黑猩猩，只要它能确定等级高的黑猩猩的视线被岩石或灌木挡住了。观察发现，黑猩猩可以分辨出占优势的竞争者是否看到了食物，黑猩猩还能分辨出占优势的竞争者何时知道食物在障碍物后面，因为它以前看到过食物放在那里（尽管它现在看不到它）。黑猩猩实际上会移动几码到一个优势者无法看到它们在障碍物后面的地方，这样它们就可以拿走食物。这其中的一个关键是黑猩猩在相互竞争，而不是像人类一样合作交流。

类人猿很难以一种让双方都满意的方式分配合作获得的战利品。通常情况下，占主导地位的猿猴只是拿走了食物，而下属很快就不合作了。人类儿童在多次试验中以双方都满意的方式分配战利品是没有问题的。同样，孩子们会一直合作，直到他们的伙伴都得到奖励，即使他们意外地过早得到了奖励。猿猴只工作到它们自己得到其奖励，然后就结束了。此外，如果它们的合作伙伴停止合作，猿类要么放弃，要么试图自己获得奖励，而人类儿童通常会招手或示意合作伙伴回到他 / 她的角色。儿童也将不合作者（搭便车者）排除在战利品之外，而黑猩猩则不然。当一个伙伴没有很好地扮演其角色时，儿童，而不是黑猩猩，会试图让他 / 她回到正轨。研究发现，关键是人类的孩子，而不是类人猿，表现出许多特别适合与他人合作的生物迹象。简而言之，这些新的认知和社会道德机制是随着人类适应越来越多的合作生活方式而出现的：最初是与伙伴面对面地合作觅食，并公平地分配战利品，后来是在更大的文化群体中合作生活并进行分工，每个人都必须为群体的生存和发展付出自己的努力。做到这一切需要个人从他人的角度出发，对他们的心理状态进行递归推断。

5. 黑猩猩对未知新事物的社会学习

社会学习，是通过对另一动物（通常是同种动物）或其产品的观察或与之互动而影响的学习，可以具有高度的适应性，因为它允许个体避免昂贵的试错学习，从而节省时间和精力，并避免危险的错误。此外，社会学习可以促进有利的行为创新的快速传播，因此，除了系统发育获得的行为特征外，还可以充当第二遗传系统。社会学习可能在许多领域具有适应性，包括觅食、择偶或躲避捕食者，甚至可以发生在物种之间。事实上，在一个特定的生态位内，不同的物种可能面临同样的要求和限制。因此，从异种物种获得的信息可能与从同种物种获得的信息同样有价值。例如，昆虫和鱼类食物源定位的种间社会学习案例、哺乳动物和爬行动物对捕食者的识别和回避以及鸟类对筑巢地点的偏好。社会学习对于年轻和幼稚的个体尤其重要，它们可以通过观察和学习更有经验和年长的个体，这些个体基本上在特定环境中幸存到成年，从而避免代价高昂或不适应的行为。

通过对野外（例如猿、猴子和鸟类）和圈养（例如猿、猴子、狐猴和鸟类）的动物使用观察和实验技术来研究不同动物群体的社会学习机制。常见的实验范式是让受试者接触无法获得的食物奖励，而这些奖励只能使用工具获得。大多数灵长类动物都能够进行多种操作，例如扭曲、拉动或剥皮，但这些操作在结构上往往很简单，很少涉及使用工具。社会学习可能会给幼稚的观察者在某些类型的解决问题方面带来优势，比如黑猩猩吸苔藓，卷尾猴和黑猩猩剥坚果。社会学习的一个关键领域是区分可食用食物和有害食物。在遇到未知新食物时显然具有恐惧症，但当环境条件变得不稳定时，它会使个体面临饥饿。当依赖个体学习有风险时，一个更具适应性的策略可能是遵循“不确定时的模仿”策略。在几种鸟类（例如麻雀、红翅黑鸟）以及灵长类动物中，食物选择的社会学习证据已被揭示，其中与食物相关的社会学习受到多种因素的影响。这些包括性别、等级、年龄和社会关系，而在一些物种中，仅存在同种动物就可以促进新食物的摄入，而不管它们（例如簇绒卷尾猴、黑猩猩）吃什么，在其他情况下，个体似乎是通过观察其他动物（例如棉顶狨猴、长尾黑颚猴）来了解食物的适口性。可以通过简单的社会学习过程（例如刺激或局部增强）来获取此类社会信息。

灵长类动物社会学习觅食行为的一个重要表现是年轻和幼稚的个体向成年个体行为学习。不成熟的个体通常会等待更有经验的个体开始觅食，然后才会跟着吃同样的食物。在类人猿中，与熟悉的食物相比，成年黑猩猩在面对新食物时表现出更多的谨慎并密切观察同种食物的处理。幼猿在觅食期间非常关注其母亲，并表现出很高的共同进食率。母亲和后代之间的食物共享和共同喂养似乎为婴儿提供了直接学习的机会，这在低凹地大猩猩、红毛猩猩、黑猩猩和倭黑猩猩中都被观察到。有趣的是，这种影响可能非常强烈，例如，在红毛猩猩中，母亲之间的饮食差异大于母亲与其后代之间的饮食差异。尽管有这些考虑，个体学习仍然是获得食物厌恶（例如猪尾猕猴、蜘蛛猴、簇绒卷尾猴）或复杂形式的食物加工（例如大猩猩的荨麻喂养）的重要机制。一些进食行为甚至被认为是物种特定行为库的一部分（例如黑猩猩和倭黑猩猩的粗叶吞咽），尽管社会影响可能有助于此类行为的传播。在幼年灵长类动物优先向母亲学习的初始阶段之后，随着社会学习策略的发展和它们开始向其他群体成员学习，它们可获得的信息库会扩大。

当这些策略导致向其他群体成员学习时，对特定模型的选择性就会变得明显。怀滕（Whiten）等提出了灵长类动物向其他群体成员学习时出现的选择性学习偏爱得到了验证。即，对“经验知识渊博”或“专家”模型的偏爱；对于年长有知识的模型、特定性别的模型或从众的模型（即，模仿一个群体中的大多数个体表现出来的行为）的偏爱。事实上，灵长类动物社会学习的实证研究中有一个普遍发现，强调了传播示范者身份的重要性。举例来说，黑猩猩明显倾向于模仿年龄更大、级别更高、经验知识更渊博的个体。然而，当没有“模型竞争”时（即，当没有年长或更高级别的个体充当示范者时），低等级个体可能同样有效地创造新行为。然而，研究人员在对黑猩猩进行的一项实地研究中发现，一种由雄性首领发明的“吸苔藓”新行为通过两种传播模式在黑猩猩群体中传播。最初的传播是在一个基于邻近的时空队列中进行的，但随后主要通过母系传播，表明黑猩猩的行为传播模式具有相当大的灵活性。事实上，从鱼类和鸟类到大鼠和灵长类动物等跨物种的几个物种中已经发现了社会学习策略灵活使用（即模仿什么、何时模仿和向谁模仿）的证据。社会学习策略的这种灵活使用反映在与个体发育、经验、状态和背景相关的变化中，当个体迁移到新的群体、面临新的地点和种群时，就会发生这种情况。例如，在野外的一项实验中，迁徙的雄性黑长尾猴放弃了它们自己的食物偏好，转而接受新群体表现出的相反偏好，这被解释为具有从众偏见的有效社会学习。

社会学习是在其他健康后果较高的情况下进化的，如区分适口和有毒的食物、识别捕食者或理解社会等级制度。肖兰（Shorland）等测试了倭黑猩猩是否能够仅通过观察就能够从社会上学习作为示范者的群体成员的任意食物偏好，以及它们是否会采取并保持这种偏好，而不管它们自己是否知道这两种选择都是同样美味的。肖兰等培训了两名示范者，让受试者观察到两名示范者始终选择一种新颜色的食物而不是另一种。然后对受试者进行测试，以确定它们是否更喜欢选择与演示者颜色相同的食物。如果受试者观察到示范者对一种新的食物颜色表现出明显的选择偏见而不是另一种，它们会在随后的选择测试中以高于概率的水平匹配这种偏见。让它们更喜欢/避免用甜味剂/苦味剂处理的颜色鲜明的食物。然后，示范者在幼稚的受试者面前展示它们新获得的偏好。在随后的选择测试中，尽管它们已经尝过同样可口的颜色选择，但受试者通常会将它们的选择与示范者喜欢的食物颜色相匹配。年龄和对示范者偏好的接触对匹配选择的比例都有明显的积极影响。此外，在错误可能带来昂贵代价的情况下，社会学习是即时的，因为七名受试者中有六名使用社会学到的信息来影响它们的第一种食物选择。研究结果表明，即使在没有嗅觉和味觉线索的情况下，倭黑猩猩也能够获得并记住其他黑猩猩的食物偏好，并准备好遵守这些偏好，即使示范者不是地位较高个体。倭黑猩猩与人类类似，很容易通过观察他人的行为来获取信息，即使示范者在社会上并不重要，它们甚至会坚持这些习得的行为。无论颜色、食物类型和示范者身份如何，受试者都将它们的选择与示范者的选择相匹配。

5.1.4 工具的使用

1. 工具/非工具的分类

在我们的日常生活中，工具是一种特殊的人工制品，其本质是独立的对象，允许用户修改环境的其他部分。虽然长期以来被认为是人类独特性的标志，但对野生黑猩猩使用和制造工具的发现，激发了人们对动物使用工具行为的兴趣。黑猩猩作为最多的非人类工具使用者和制造者，是研究工具使用背后的认知的一个有价值的研究对象。来自野外和圈养的证据表明，黑猩猩是高效的社会学习者，通过观察可获取工具使用信息。例如，野生黑猩猩的野外实验表明，它们对石头工具和树叶工具都有选择性，选择这些对象作为能提供更高效率的工具。基于工具的任务通常比非基于工具的任务更复杂，这可能影响了之前对灵长类动物行为的解释。在 20 世纪 70 年代后期，萨维奇 - 伦博（Savage-Rumbaugh）及其同事在对圈养黑猩猩的研究中引入了代表不同类型“食物”和“工具”的符号。黑猩猩能够根据物体的性质（“食物”或“工具”）进行分类，并能使用符号要求特定的工具，从对方那里收回特定的食物。工具作为有意义的本体论实体，其功能是作用于环境的。相比之下，儿童对人工制品的认知（出于某种目的而创造或修改的物体，代表了人类物质文化的主要组成部分）在儿童中得到了很好的描述。2 岁的孩子理解人工制品的一些特性，但没有形成工具的整体概念；而 3 岁的孩子理解工具是为特定目的“制造”的，并相应地选择它们。然而，大约在 6 岁，孩子们只会发展出一种“设计立场”，即他们明白，工具是由设计师有意制造的，以实现某些功能。克莱门（Kelemen）等认为，只要感知信息与特定功能相一致，儿童就可能早在 2 岁时就开始获得以基于预期功能的意图 - 历史设计立场为代表的因果丰富的解释结构，从而引导他们根据功能特性对人工制品进行分类。这代表了一个重要的认知和表征的转变，从 5 岁孩子不完全清楚人工制品的功能，实现用户可能拥有的任何目标；到 7 岁时，这个功能已经成为人工制品的典型或预期用途。获取工具使用的主要理论是目的论立场，研究表明，从 2 岁起，孩子们就建立起他们有意识的、心灵感应的发展能力，把一个特定的功能归因于一个人工制品。换句话说，工具是用来“做”某事的，这可能是在成年人故意使用新工具后出现的。相比之下，黑猩猩被认为不能采取目的论的立场。

格鲁伯（Gruber）等旨在解决工具在儿童和黑猩猩中的表征问题，即工具被理解为在其修改环境的过程中执行功能的对象，并且用户有意地使用它们来执行这些功能。相反，非工具是那些由用户操作不会导致环境改变的对象。格鲁伯等用同样的方法测试了成年黑猩猩和 7~11 岁的人类儿童。利用这两个物种的先进社会学习能力，假设在参与者面前展示新工具的功能可能会导致他们自发地将一些物体归类为“工具”,另一些归类为“非工具”。在观察到实验者在“演示阶段”使用这些物品后，参与者进入了一个经典的“样本配对”（matching-to-sample, MTS）范式，他们必须将两种可能的选择之一与给定的样本配对。虽然大多数的试验都是基于身份的（规则是在备选方案中找到与样本相同的对象），但还引入了称为“匹配功能”（matching-to-function, MTF）的探测试验，其中两个备选方案分别是工具和非工具，样本可以是工具也可以是非工具，但与任何一个替代方案都不相同。如果受试者根据观察到的功能自发地对物体进行分类，则探测试验应该以高于随机概率的配对率在工具 / 工具和非工具 / 非工具之间产生配对。相反，如果工具和非工具根据其感知特征更容易配对，这将表明受试者遵循配对对象的感知规则。最后，如果配对模式与随机配对模式没有区别，则表明被试没有构建或没有遵循任何规则。因此，就工具的自发分类能力而言，只有第一个结果会产生强大的结果。格鲁伯等使用了基于功能的方法来解决这个问题。让 7~11 岁的儿童和成年黑猩猩接受功能匹配任务，以探索在实验者演示工具和非工具的功能后，他们是否会分别对工具和非工具进行分类。功能匹配是样本匹配的变体，其中样本和目标来自相同的类别 / 种类。大约 40% 的儿童根据他们在功能匹配任务中的功能将物体配对。此外，当被口头询问时，这些孩子提供了基于功能的答案来解释他们的选择。6 只黑猩猩中的一只也能根据功能成功配对了物品。因此，儿童和至少一只黑猩猩可以根据对演示者的观察，自发地将工具分类为功能类别。一只黑猩猩成功完成了任务，这表明目的论推理可能已经存在于我们的最后一个共同祖先身上，但也表明人类儿童更容易以一种自发的方式对工具进行概念化。格鲁伯等研究表明，如果向两个物种提出同样具有挑战性的任务，则可以从比较的角度对黑猩猩和儿童进行概念理解。

2. 动物使用工具的交流

与使用工具进行采食相比，动物使用工具进行交流的情况相对较少。许多动物使用特殊的适应器官来有效地与同种动物交流、吸引配偶和宣誓领地。此外，一些物种使用灵活的行为来优化与其环境相关的声学信号。例如，青蛙会选择能更好地与其叫声产生共鸣的树洞和排水管。同样，树蟋蟀使用树叶作为声障板来增加其声音强度。在哺乳动物中，许多物种拥有专门的声囊来放大其叫声，例如在非人类灵长类动物中发现的声囊。改变交流的一种有效行为策略是使用工具，其中工具的使用被定义为：在外部使用一个独立的或可操纵的附加环境物体，以更有效地改变另一物体、另一生物体，或使用者本身的形态、位置或状况，而使用者在使用过程中或使用前持有并直接操纵该工具，并对该工具的正确和有效方向负责。尽管与使用工具觅食相比，借助工具进行的动物交流并不多见，但相关的例子包括棕榈凤头鹦鹉鼓声和猩猩用树叶“接吻”的声音。在动物中，黑猩猩是最擅长使用工具的动物之一，它们利用木棍、石头和树叶进行觅食和交流。最近，4 个野生黑猩猩群落被观察到累积投掷石块（accumulative stone throwing, AST），通常是成年雄性，习惯性地（即在几个个体中重复发生）向树木投掷石块，导致石块聚集在这些树木上。累积投掷石块也被认为是一种文化传统。在非觅食环境中灵长类使用石头工具的其他例子包括投掷石块作为对入侵者或捕食者的威胁，以及雌性卷尾猴向雄性投掷石块，假定是为了引起交配。然而，黑猩猩的累积投掷石块是独一无二的，因为石头被扔向了外部物体，即树。它被推测为一种交流方式，一种增强雄性的展示，甚至是领地标记。

几乎在所有情况下，黑猩猩在扔石头之前都会发出一种长距离的叫声，即喘气声。因此，这种行为让人想起了在所有野生黑猩猩身上观察到的普遍的扶壁击鼓行为，这通常还伴随着喘气声。因此，在黑猩猩的累积投掷石块过程中出现了冗余的听觉信号，卡兰（Kalan）等调查了野生黑猩猩的累积石头投掷行为，黑猩猩经常在树木上扔岩石，产生显著的声音，并导致岩石的聚集。卡兰等测试了黑猩猩是否使用具有特定声学特性的树种。人们可以观察到黑猩猩和棕榈凤头鹦鹉在树上击鼓，人类制造了各种木制乐器，其中每种乐器的声音质量取决于所用树种的内在声音属性，或者被称为“音色”。特别是，木材的机械性能，如内摩擦、密度和纵向弹性模量是仪器制造商在选择树种时考虑的重要方面。例如，决定声音衰减方式的内摩擦（阻尼因子）似乎是用于构建木琴的木材种类的最重要特征。卡兰等在实验现场记录了向树木投掷石块产生的撞击声，并比较了用于累积投掷石块的树种和非累积投掷石块树种产生的撞击声。研究表明，黑猩猩的累积投掷石块树种产生的声音能量集中在较低频率和更大的共振，因为这些撞击声音将是长距离交流的最佳选择。因此，我们预测黑猩猩会向具有以下物理特征的树种累积投掷石块，因为它们可能有助于产生低频、高共振的声音：具有大直径、支撑根和由根合并在一起或挖空的树干形成的空腔树木。这些结果表明，黑猩猩使用的累积投掷石块树种产生的共振冲击声音的频谱能量集中在较低的频率。对接的支撑根也是累积投掷石块树的一个重要特征，因为它们发出低频冲击声，冲击时间较长，意味着声音持续时间较长。然而，支撑根不能解释所有的变化，因为两种累积投掷石块树种没有形成支撑根，而是形成空心洞。较长的冲击时间表明支撑根部比树干或空心洞更软或更柔韧。

3. 黑猩猩社会工具的使用

许多动物至少在其生命的某个阶段生活在群体中，从松散和开放的群体到高度复杂和封闭的社会。尽管群居生活带来了一些好处，包括增加觅食的成功率、捕食者的安全、热保护和节省能源，但也不是没有代价的。例如，群居动物面临更多的食物和配偶竞争、疾病传播的风险和杀婴。复杂的社会环境的特点是竞争与合作的良好平衡，复杂社会环境的特殊挑战选择了先进的社会认知技能。合作和竞争都是社会智力的驱动力。与战术欺骗相比，操纵他人的方式要微妙得多，涉及使用同种动物作为社会工具。例如：联盟支持或对抗缓冲，雄性巴巴里猕猴偷窃未断奶的婴儿，并将其作为激动性缓冲的保护盾牌，以避免其他雄性猕猴的攻击性遭遇。社会工具的使用远不如物理工具的使用那么普遍，尽管如此，还是有一些关于非人类灵长类动物使用社会工具的报告。苏门答腊红毛猩猩的母亲（pongo abelii）利用其未成熟的后代来取回食物，主动将它们推向触手可及的食物，在一项实验研究中，它们最终从其婴儿身上偷走了这些食物。在相同的实验环境中，黑猩猩和倭黑猩猩的母亲允许其后代在没有任何骚扰或偷窃企图的情况下吃取回的食物。在自由放养的日本猕猴（macaca fuscata）中也有类似的社会工具使用案例：三只雌性猕猴利用其婴儿爬到一个管道里收集苹果片，之后这些苹果片被母亲们单独吃掉。因为利用他人的好处会通过获得资源或配偶而获得成功，这种技能会很容易进化。此外，如果一个个体使用一种策略来利用他人，预计他们会发展出反策略，从而导致不断的反馈循环，正如在一些战术欺骗的案例中所发现的那样。一种可以重复利用他人的策略是为其提供某种形式的好处，例如梳理或社交游戏，这反过来可能会减少反策略。最终，这种螺旋式上升的效应可能导致在个体发育和系统发育过程中出现越来越复杂的技能。最后，这个过程导致生活在复杂社会环境中的物种比生活在简单社会环境中的物种具有更优越的社会认知技能。

通过分析黑猩猩中这些自发使用社会工具的事件，施韦因富特（Schweinfurth）等向一群黑猩猩展示了一种装置，如图 5.5 所示。果汁储存在果汁罐中，同时按下两个按钮，果汁通过地下管道输送到远处的水龙头处。由于按钮和水龙头相距 3 m，因此推动者无法直接从水龙头饮果汁。按下两个按钮可以从远处的水龙头中流出果汁。因此，任何一个个体只能按按钮或从水龙头中喝果汁，而不能同时按和喝。在这种情况下，一只成年黑猩猩试图找来群体中另外三个成员，把它们推向按钮，如果按下按钮，就会从喷泉中释放出果汁。通过这种策略，这位社会工具使用者将其果汁摄入量增加了 10 倍。有趣的是，这个策略随着时间的推移是稳定的，这可能是通过玩社会工具实现的。

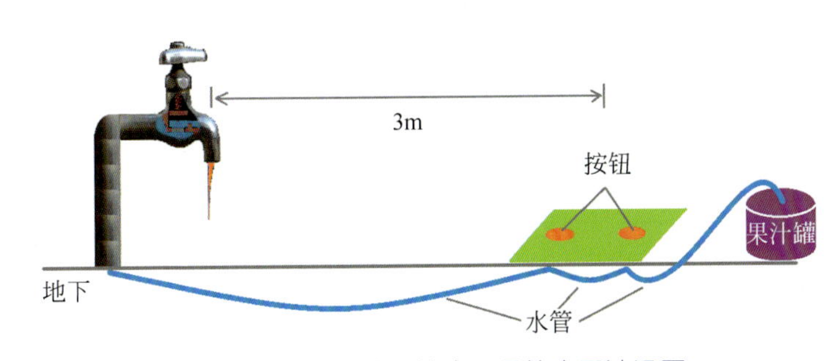

图 5.5　黑猩猩使用社会工具的水果汁设置

施韦因富特等已经证明黑猩猩在半自然条件下自发地开始使用群体成员作为社会工具。由于为自己的利益而按下按钮是不可能的，只能依靠其他成员来为它按下按钮。

圈养的大猩猩和倭黑猩猩中有系统地使用工具的案例，但野外的大猩猩和倭黑猩猩则不会有。圈养的猿猴会（对人类而言），还有用手势指向他人，但野外的猿猴不会。基于这些研究，托马塞洛（Tomasello）提出了人类进化的两个步骤：合作和文化，这导致两个个体发育步骤。第一步，从 9 个月到 3 岁，涉及儿童的共同意向性能力（例如，共同注意、合作中的共同承诺），这已经将儿童与其他猿类区分开来。第二步开始于 3 岁左右，涉及儿童的集体意向性能力（例如，在群体中发挥作用的能力，以及基于诸如惯例、规范和制度等超个体社会结构与他人协调的能力），这种群体意向性的转变推动了人类心理学向物种独特的方向更进了一步。基于这两种成熟能力的学习和认知建构（以及一些进化中的社会自我调节的新技能）在社会认知、交流、文化学习、协作、亲社会性和社会性规范等不同心理领域将类人猿个体发育转变为人类个体发育。

5.1.5 灵长类交流的属性特征

1. 声音引起的有节奏的摇摆

音乐和舞蹈在人类文化中具有普遍性，并且有着悠久的历史。音乐的特点之一是它对动作的强烈影响。例如，听觉节拍会在人类早期发育阶段诱发带有积极情绪的有节奏的运动。哈托利亚（Hattoria）等研究了声音是否能诱导黑猩猩自发的有节奏的运动。实验结果表明，听觉节拍引起有节奏的摇摆和其他有节奏的运动，雄性黑猩猩的反应大于雌性黑猩猩。随机节拍和有规律的节拍诱导的有节奏的摇摆和节拍速度影响了黑猩猩两足姿势的运动周期性，这表明声音的周期性在一定程度上影响了运动。黑猩猩在听到听觉刺激时，会靠近声源，这表明声音对黑猩猩有积极的吸引力。雄性黑猩猩对声音的反应要比雌性黑猩猩大，在野外环境中，雄性黑猩猩在听到开始下雨的声音时就会表现出有节奏的表演。有节奏的摇摆是在不考虑节拍规律的情况下产生的，这一事实可能是与人类的一个关键区别。这些结果表明，跳舞的某些生物学基础存在于 600 万年前人类和黑猩猩的共同祖先身上，支持了音乐感知的进化起源。研究表明，听觉节拍会引起黑猩猩的有节奏的运动。对声音的反应存在性别差异，雄性黑猩猩比雌性黑猩猩对听觉刺激更敏感，反应更灵敏，可能是黑猩猩从共同祖先分化出来之后才出现的。随机和有规律的节拍都能诱发有节奏的运动，这一事实表明，声音节奏的规律性对于黑猩猩的有节奏运动并不是必不可少的。然而，当黑猩猩处于双足姿势时，节拍速度会影响运动的周期性。比较这些系统发育上接近的物种以及更远的物种将有助于我们对音乐感和舞蹈的进化作用的理解。

2. 根据接受者的行为调整种间手势交流

对接受者注意力的敏感度和反应能力是有意沟通的关键标志。艾谢（Aychet）等以圈养的红顶白眉猴（cercocebus torquatus，如图 5.6 所示）为研究对象，研究了接受者的存在、注意力状态和反应能力对其种间手势交流的影响。研究显示，当人类接受者面对它们时，它们会优先向人类接受者做出学会的乞讨手势。实验允许受试者在实验人员周围移动，并使用不同的方式（视觉和听觉）进行交流。

图 5.6 红帽白眉猴

研究发现当接收者没有面对它们时，白眉猴会移动到接收者视野范围内的某个位置，而不是使用吸引注意力的东西。有趣的是，与猿类不同的是，当实验者对它们的乞求没有积极回应时，它们并不会用视觉或听觉来详细说明它们的交流。研究结果表明，乞求手势是有目的的，因为当实验者无法立即回答（即给予奖励）时，白眉猴会抑制它们。总之，红顶白眉猴的种间视觉交流呈现出意向性特征，但在类似情况下，它们对乞讨手势的使用不如类人猿灵活。这项研究揭示了红顶白眉猴的种间视觉交流对其接受者行为的适应性。艾谢等观察到乞求手势中的社会定向特征（即手势取决于接受者的存在和视觉注意力，并伴随着目光的交替）和潜在的目标定向特征（即手势取决于接受者给出满意回应的可能性），这是有意交流的指标。

3. 黑猩猩年龄组内和年龄组间的手势交流

非人类灵长类动物之间的手势交流是对其复杂社会环境的一种反应。在这个范围内，雄性和雌性、成年和非成年的黑猩猩使用不同的手势，可能是由于它们不同的社会角色决定的。奥利维拉（Oliveira）等对 16 只圈养黑猩猩进行了为期 3 个月的观察，主要目的是调查生活在葡萄牙里斯本动物园的黑猩猩群体的年龄组内和年龄组间手势交流的差异。结果显示，在某些情况下，幼年黑猩猩倾向于将其手势指向明显更适合特定环境的年龄组的黑猩猩。年龄组内和年龄组间的分析表明，幼年黑猩猩强烈喜欢在玩耍环境中通过手势进行交流，但也会对同一年龄组的同种黑猩猩使用相同的手势。这可以解释为什么年幼的黑猩猩在玩耍的过程中会对同年龄的其他黑猩猩做出更多的手势。

首先，玩耍是几种灵长类动物的年轻个体参与其中的主要环境。一般来说，玩耍的进化功能促进了社交、身体和认知能力的发展，并促进了必要的行为灵活性以应对社会和生态需求。因此，年少个体之间的玩耍活动带来了多种好处，即社交、感觉运动刺激以及身体和认知锻炼。它们还可能影响未来的统治等级，刺激其他黑猩猩学习行为和交流元素，减少社会冲突，并加强交流标志的实践和测试以及社会关系的建立。

其次，成年黑猩猩在参与诸如玩耍等非优先活动时表现出的身体和认知能力并不强。这就是为什么年轻的黑猩猩倾向于选择其他年轻的个体玩耍。手势是互动双方实时社会塑造、共同理解和相互构建的输出方式。研究结果表明，在幼年黑猩猩之间的玩耍互动中，手势信号的流行程度很高。这表明它们将大部分时间用于玩耍。黑猩猩个体发育的早期阶段，不仅对功能和完整的手势系统的发展，而且用于有效学习适当的手势很重要。幼年黑猩猩手势交流是建立在相互和共享的理解基础上，并表现为针对不同的语境产生不同的含义。幼年黑猩猩群体在玩耍情境中大量使用手势也证实了这一趋势。

在涉及跨年龄组互动的因素方面，研究结果显示了运动和从属关系的差异，其中幼年黑猩猩的手势率超过了成年黑猩猩。显然，运动和从属关系包括不同的、有规律的育儿活动，这一事实可以解释为什么在这些情况下，幼年黑猩猩倾向于把它们的手势指向成年黑猩猩。例如，在运动环境中，年幼的黑猩猩经常要求与成年黑猩猩“共同旅行”，目的是探索周围的环境，即使它们已经在身体上独立了。然而，弗罗利希（Frohlich）等在野生黑猩猩中证实了相反的情况，即为了要求“共同旅行”而做出手势的主动行为是由祖先完成的。年幼的黑猩猩通常会寻找其父母或其他成年黑猩猩进行亲缘活动。这不仅是因为它们之间的情感关系，而且因为后者最适合提供亲缘关怀。即使在独立并开始探索周围社会和物理环境后，年轻的黑猩猩仍然经常要求与母亲合作，把母亲当作一个“安全基地”。手势交流在非人类灵长类动物处理社会复杂性的方式中扮演着重要的角色。事实上，幼年黑猩猩在手势信号方面具有一定程度的灵活性，表明它们倾向于根据手势信号产生的环境将手势信号引导到类似年龄组的个体中。结果表明，幼年黑猩猩倾向于根据语境将其手势指向不同的年龄组。更具体地说，少年黑猩猩经常在游戏环境中在其年龄组内打手势，在运动和从属环境中与年长的黑猩猩打手势。在此基础上，幼年黑猩猩的手势信号具有一定程度的灵活性，在一定程度上，它们宁愿将自己的手势指向同年龄组的黑猩猩，目的是让自己参与手势信号产生的活动情境。

4. 黑猩猩问候的功能由其声学变化调制

信号在调解许多动物物种的社会互动中起着重要作用。例如，在接近时，某些物种会发出“问候”，这可以采取声音或视觉信号的形式，减少了攻击性互动的可能性，或在彼此接近时促进了联系。然而，在问候既包含声音信号又包含视觉信号的物种中，很少有人知道声音成分是如何与视觉成分相关的。费德里克（Fedurek）等观察了乌干达和象牙海岸 5 个野生黑猩猩群落中的 2 个个体在接近时发出的 2 种不同的声音，即低基频喘息呼噜声和高基频喘息吠声。更具体地说，探讨了问候呼叫的产生与在接近过程中的攻击性和顺从性互动，以及在接近过程的前、后接近程度之间的关系。在攻击性互动期间更有可能产生呼叫，并且与顺从相关的姿势和手势有关，如图 5.7 所示。当声音中包含喘息吠声时，这些模式会更强，而不仅仅是喘息呼噜声。在聚会融合后不久，问候呼叫更有可能产生，并且与随后呼叫者和接收者之间的接近度水平呈负相关。研究结果表明，问候呼叫可以在一段时间的分离后重新确立现有的支配关系，并可能最终减少信号发送者和接收者之间的攻击性。这些过程可以通过呼叫的声学变化来调节。这些叫声的功能可以被它们特定的声音变体和经常伴随它们的视觉信号调制。

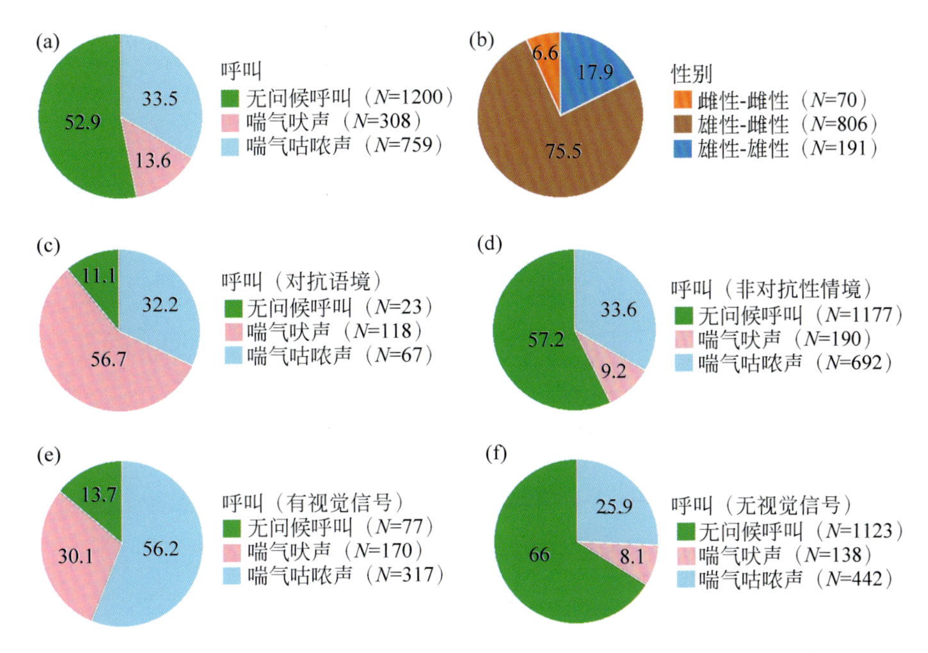

图 5.7　两只黑猩猩个体在相互接近时发出的不同问候声所占百分比

图注：（a）带有喘气咕哝声问候呼叫、喘气吠声和无问候呼叫的百分比。（b）雄性 - 雌性、雄性 - 雄性和雌性 - 雌性三组发出的问候呼叫的百分比。（c）在与喘气吠声、喘气咕哝声和无问候呼叫相关的对抗语境中的百分比。（d）在与喘气吠声、仅喘气咕哝声和无问候呼叫相关联的非对抗性情境中的百分比。（e）有视觉信号的接近，只有喘息吠声、喘息咕哝声、没有问候呼叫的百分比。（f）没有与喘气吠声、喘气咕哝声和无问候呼叫相关的视觉信号的方法的百分比。

5. 倭黑猩猩的更高基频可以通过喉部形态来解释

在灵长类动物身上可以找到人类交流进化轨迹的线索。在脊椎动物中，体型大小与声学参数（例如，共振峰弥散度和基频 F0）之间存在密切的关系。对于给定的体型，这种声学异速生长的偏差通常会产生低于预期的 F0，这通常是由于喉部或声道的形态适应性。一个不寻常的例子是，基本频率和体型之间明显不匹配的两个人类的近亲，倭黑猩猩和黑猩猩。尽管这两种类人猿在体型上有重叠，但倭黑猩猩的叫声比黑猩猩的相应叫声的 F0 高得多。格兰德（Grawunder）等比较了倭黑猩猩和黑猩猩叫声的声学结构与其喉部形态的关系。研究发现，与黑猩猩相比，倭黑猩猩的声带长度更短，这解释了 F0 的物种差异，且在雌 / 雄倭黑猩猩中都表现出了信号减弱的罕见的正向选择。雄性和雌性倭黑猩猩的高 F0 呼叫对应于较短的声带长度，并且不能完全用环境影响、性别选择或自我驯化假设的声学假设来解释。雌性和雄性倭黑猩猩高 F0 决定了两性的体力和耐力，这使个体在群体内或群体间的交流具有优势，并可能促进雄性和雌性之间的共同优势。如果是这种情况，通过力量获得更高的 F0 意味着使用更大的肺活量而不是减少声带长度。与黑猩猩相比，无论在群体内部还是群体之间，倭黑猩猩对同种物种都明显更宽容，暴力程度也更低。如图 5.8 所示。因此，高 F0 可能标志着群体内部和群体之间的社会容忍或安抚。

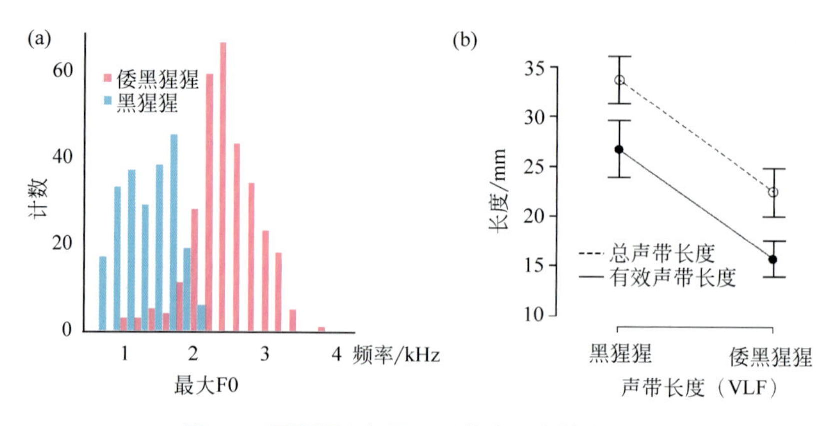

图 5.8　黑猩猩和倭黑猩猩发声和声带的比较

图注:（a）是黑猩猩和倭黑猩猩的最大基频值分布;（b）是每个物种的声带长度（vocal fold length，VFL）的测量值: 总声带长度和有效声带长度的平均值，误差条显示 95% 的置信区间。

5.1.6　圈养的非人类灵长类动物的认知能力与交流

圈养的非人类灵长类动物有人类教师一对一地教，表 5.1 中的 4 只黑猩猩堪称动物认知与交流之最。由于黑猩猩与人类发音器官不同，手的使用是黑猩猩行为中的显著特征，无论是野生的还是人类饲养的黑猩猩，都有丰富的手势语言。口语并不适合于这一物种。黑猩猩 Viki 在 6 年的集中训练中只学会发出 4 个非常类似英语单词的音。以前教黑猩猩模仿声音语言的尝试都失败了，因为黑猩猩实际上无法产生口语所需的浊音，因此训练者只使用美国手语与瓦肖（Washoe）进行交流，而不是使用语音交流。手势语也能证实早期的母语环境对于语言习得是有利的。人类婴儿在出生后的 1 个月内，对成年人的语音特征是有反应的，比如可以在音素之间进行分割和辨别。女婴在其 4 个月大时使用了表达食物意义的手势，而黑猩猩使用其第一个手势的年龄似乎早于人类使用第一个词语的年龄。瓦肖在大约 11 个月大时开始学习美式手语，在 51 个月中它学会了 151 种美式手语手势，并以此作为发展研究中可靠使用的依据。瓦肖使用手语确定指示物的类别而非特定的物体或事件，并使用组合手势。瓦肖计划证实美式手语对于黑猩猩来说是个可行的交流媒介。猿类由于缺乏人类的发声结构而无法说人类语言。尽管它们不会说口语，但它们可能能够理解和回应人类的口语，并且仍然可以通过人工语言耶基什语（Yerkish）和手语进行交流。耶基什图形字（Yerkish lexigram，一种与对应单词不太相似的人工符号）语言使用的符号表示英语中的一个单词或短语。

与动物不同的是，人类行为的说话方式更加分离或与引起他们的外在刺激关系甚微，这也是人类行为的普遍特征。人类的逻辑语言，依赖于将外界事物分析成块，在不同的句子中形成不同的组合。而动物使用完整的表达方式，并不会分离并重新组合来形成新的信息。在探索人类形成其说话方式与人脑一般的运作方式的关联时，行为和逻辑成分都扮演着不可或缺的角色。人类祖先使用的语言是完全超越黑猩猩的。语言重建被认为是人类独有的能力。

（1）3 岁儿童已经可以形成句子概念，包含对句法关系的理解（例如句子的主语、谓语和动词宾语）。儿童不仅能清楚地了解这些含意，而且还能很好地将其应用于自身的语言中。

（2）3 岁儿童似乎能成熟地用多种基本句型表达意思，能提出要求和命令，还会否定提议和提出无数的问题。为了表达更复杂的意义，表达这些含意的语法规则也在同步发展。

（3）3 岁儿童能分门别类地组织自己的词汇，这些词汇依据语法规则组成句子。

人类习惯于将外界事物分离并命名，将外界事物分析为截然不同的部分并视为独立的个体进行处理，并单独地处理、组合。目前还没有证据表明非人类灵长类动物具备这种能力。图 5.9 显示了黑猩猩交流与人类语言特征的差异。

黑猩猩交流的特征	人类语言的特征
黑猩猩使用完整的词汇/短语，并不会通过分析重组来形成新的信息	人类行为的普遍特征是习惯于将外界事物分离并命名，其说话方式与外在刺激关系甚微，将外界事物分析为截然不同的部分并视为独立的个体
由于口腔结构的限制，黑猩猩没有口语，但可以使用手势语进行交流	人类的逻辑语言，依赖于将外界事物分析成块，在不同的句子中形成不同的组合，从而在人脑中可以被单独地加工、整合重组成新信息，概念词汇的重组是人脑的一个进化特征
黑猩猩使用的词语没有语法可言	人类的语言具有层次性，同样的词汇不同的语序其含义不同，有语法规则约束

图 5.9　黑猩猩交流与人类语言特征的差异

表 5.1　4 只圈养的黑猩猩认知能力与交流情况

雌性黑猩猩瓦肖（Washoe, 1965—2007）	瓦肖是第一个学习使用美国手语进行交流的非人类动物。当瓦肖大约 4 岁时，它已经学会了做出 80 种以上可靠的不同手势，并自发地将这些手势教给了其他黑猩猩，在很长一段时间内，瓦肖学会了 800 个手势。 测试证明：黑猩猩被试者可以在只有黑猩猩的手势作为信息来源的条件下交流信息，黑猩猩用这些符号来指代自然语言范畴——狗可以指代任何狗，花可以指代任何花，鞋可以指代任何鞋。当看到天鹅，瓦肖就用手语表达了“水”和“鸟”的字样。当向瓦肖显示镜子中自己的图像并询问它所看到的内容时，它回答说“我，瓦肖！”

续表

雄性倭黑猩猩坎兹（Kanzi，1980—）	 坎兹表现出了高级的语言能力。在语言环境中长大，识读图形字（lexigram），一种便携式的“键盘”进行交谈，键盘上的符号使坎兹与单词联系在一起。坎兹已经学会了数百个符号，这些符号代表单词、物体和熟悉的人（包括通用的“访问者”）。当它听到口语单词（通过耳机，以过滤掉非语言的线索）时，它指向正确的图形字。坎兹 8 岁的时候，一个历时 9 个月的研究项目将它对口头要求的回应能力与一个 2 岁儿童阿里亚（Alia）的能力进行了比较。给坎兹和阿里亚发出了 660 条语音指令，要求他们以新颖的方式处理熟悉的物体。坎兹对 74% 的指令反应正确，而阿里亚仅对 65% 的指令反应正确。在佐治亚州树林里的一次郊游中，坎兹触摸了“火”和“棉花糖”的符号。研究人员给了火柴和棉花糖，坎兹折了几根树枝用火柴生火，然后用一根棍子烤棉花糖。坎兹不仅喜欢吃煎蛋，还会自己做煎蛋，它用键盘上的符号要配料。试验结果表明，坎兹能够识别手势符号的正确率高达 89%~95%。坎兹可以理解单个口语单词以及它们在新句子中的用法。例如，研究人员要求坎兹去拿微波炉中的胡萝卜，坎兹直接去微波炉里取，而完全忽略了靠近它但不在微波炉中的胡萝卜。另一示例，一位研究人员完成了“给你的球喂一些西红柿”的任务。2 岁的儿童阿利亚不知道该怎么做，但是由于坎兹附近没有球，它立即用海绵玩具万圣节南瓜作为球，开始喂玩具。坎兹学会了 348 个符号，同时还学会了 3000 个英语单词
雌性倭黑猩猩潘班尼莎（Panbanisha，1985—2012）	 坎兹（右）和它的妹妹潘班尼莎（中）在便携式“键盘”前与灵长类动物学家萨维奇 - 伦博（Savage-Rumbaugh）交流。潘班尼莎能够在图形字键盘上使用 256 个符号，不仅能够与人类交流，还能与其他像它一样的非人类类人猿交流。潘班尼莎学习符号的方式和年轻人一样，在潘班尼莎和帮助它学习的人们之间建立了纽带，这种纽带相当于一个孩子和其父母。潘班尼莎在很小的时候就能理解别人叫它的名字，对别人叫它的名字最敏感（51 次中有 37 次）。潘班尼莎和其他倭黑猩猩不仅具有理解能力，而且还可以通过图形字符来做出回应，从而证明它们可以对人类语言做出响应。1~4 岁时的潘班尼莎能够正确回答 94% 的键盘符号和英语单词，3 岁时，能听懂 80 个英语口语单词。潘班尼莎在使用图形字之前先用嗓音手势来回应不同的单词。这些图形字用来表明猿类可以学习严格语法的语言，可以与其他人进行交流，并可以理解英语，而不仅仅是重复或模仿人类的动作。潘班尼莎可用手指着图片或者键盘上的符号来回答英语口语。潘班尼莎在 7.5 岁时，可以正确回答 75% 的句子，这些句子所需要的不只是“是 / 否”的答案。2 岁的儿童回答类似问题的成功率仅为 65%。潘班尼莎表现出了对记忆和谈论过去事件的能力。例如，当一位研究人员问潘班尼莎怎么了时，它回答“坎兹的键盘不好”。说完这些之后，该研究人员问了另一位研究人员坎兹和键盘之间发生了什么。然后，他被告知坎兹把它弄坏了。人类教师告诉 14 岁的潘班尼莎给它一杯饮料时，潘班尼莎立即回答“咖啡、牛奶和果汁不加冰”。潘班尼莎大约知道 6000 个英语单词

续表

<table>
<tr><td>黑猩猩尼姆·齐姆斯基 Nim Chimpsky（1973—2000）</td><td>齐姆斯基是以语言学家诺姆·乔姆斯基（Noam Chomsky）的双关语而得名，乔姆斯基认为人类天生就会发展语言。由于人类和黑猩猩的 DNA 有 98.7% 是相同的，旨在挑战乔姆斯基关于只有人类才拥有语言的理论。尼姆对美式手语（ASL）的使用不像人类语言习得，尼姆自己从不主动交谈，也很少引入新单词，只是简单地模仿人类的动作，或解释为实验者的提示，尼姆的字串顺序有所不同，这表明它没有语法能力。尼姆的句子长度也没有增加，这与人类儿童的词汇和句子长度显示出很强的正相关性不同，认为语言仍然是人类物种的重要定义。尼姆学会了 125 个手势，尽管黑猩猩学会了在适当的情况下重复训练者的手势，但它并没有掌握任何研究人员准备用来命名为“语言”（由诺姆·乔姆斯基定义）的东西。语言被定义为“双连接（doubly articulated）”系统，由对象和陈述状态形成符号，然后以确定其含义将如何被理解的方式进行语法组合。例如，“人咬狗”和“狗咬人”使用的是一组相同的单词，但由于其顺序不同，使用者会理解其表示的含义完全不同，而黑猩猩没有表现出任何与人类语法相匹敌的有意义的顺序行为。黑猩猩可以学习符号，但无法将它们构成有语法的语言，不像人类儿童，可以用来产生或表达意义、思想或观念。对动物讲语言显然是不可能的，人类使用语言的能力是一种天生发展而来的</td></tr>
</table>

5.2 非人类灵长类动物的交流与人类语言的差异

5.2.1 非人类灵长类动物呼叫的特征

野外灵长类动物学家发现，非人类灵长类动物，包括其他大猿类，发出的声音是经过分级的，而不是完全区分性的，听者很难去评估信号发出者的情绪和身体状态的细微变化。似乎发现猿猴在没有相应情绪状态的情况下很难发出声音。在人工饲养的环境中，猿猴被教会了基本的手语，或者被说服在计算机键盘上使用图形字（lexigram）。例如黑猩猩坎兹，已经能够学习和使用数百种符号。非人类灵长类动物大脑与人脑布洛卡区和韦尼克区同源脑区负责控制脸部、舌头、嘴巴和喉部的肌肉，并识别声音。众所周知，灵长类动物会发出“声音”，这些声音是由脑干和大脑边缘系统的神经回路产生的。研究表明，圈养中的黑猩猩使用不同的“词”来指代不同的食物。通过记录黑猩猩参考葡萄所对应的声音，其他黑猩猩在听到这些声音时也指向了葡萄的照片。

听觉 - 声音领域的传统交流，例如人类语言，至关重要的是需要学习声音的产生和理解。为了阐明声音学习的进化起源，许多研究调查了非人类灵长类动物的声音学习。在声乐学习的背景下，区分呼叫者的声乐学习和听者的声乐学习是很重要的。呼叫者的声音学习包括发声结构的调整（狭义的发声学习）和与经验相关的声音使用调整（声音使用学习）。

听众的声乐学习包括听觉理解学习，它指的是将声音与其来源或声音“代表”，即它所预测的东西联系起来的能力。经典研究提供了明确的证据，表明非人类灵长类动物不需要听觉输入就能发展出正常的特定物种的叫声：在社会和声学隔离条件下长大的猴子婴儿，或在物种之间交叉培养的猴子婴儿，发展出了典型的物种叫声。非人类灵长类动物的叫声是许多最有影响力的声音交流研究的焦点，特别是关于非人类灵长类动物叫声的语义内容和句法属性。在这方面最具影响力的一个例子是长尾猴的报警系统。简而言之，长尾猴进化出了不同的适应性逃脱策略，以应对它们的主要捕食者类别。当看到豹子时就爬上树，当发现老鹰时会扫视天空或躲进掩体，当发现蛇时会双足站立。它们还会对这些主要捕食者发出不同类型的警报呼叫。回放实验表明，单是叫声就足以引起适应性逃逸反应。

在野外，通过考察长尾猴的交流发现，它们最多可以发出数十种不同的声音，其中许多用于警告群体中的其他成员有关掠食者接近的信息。图 5.10 是长尾草原猴母子，图 5.11 是一只雄性长尾草原猴在群体间偶遇发出呼叫与遇到掠食者豹子呼叫的语谱图区别。草原猴在遇到豹子、蛇、鹰等不同的掠食者时会发出“豹叫（leopard call）”“蛇叫（snake call）”和“鹰叫（eagle call）”不同的叫声，以警告群体中的其他猴子根据不同的呼叫声采取不同的逃逸策略。在听到叫声的猴子中，每一次叫声都会触发一种不同的防御策略，野外灵长类动物学家能够通过扬声器和预先录制的声音，从猴子身上得出可预测的反应。长尾草原猴的其他发声可以用于识别，如果婴幼猴子呼唤，它的母亲就会转向它，但其他的母猴却会转向该婴幼猴的母亲，看看它会做什么。研究表明，黑长尾猴最多可以发出多达 30 种不同的警报叫声。野生长尾猴在看到人类接近时发出了不同的叫声，这使得研究人员相信长尾猴可能有一种区分不同陆地和飞行捕食者的方法。

图 5.10　长尾草原猴母子

然而，这一经典的研究是针对单个种群进行的，人们对种群或物种之间的差异所知甚少。费舍尔（Fischer）等在塞内加尔（Niokolo Koba）国家公园开展了一项关于长尾猴同类西非绿猴的警报系统的研究。为了引起警报，向绿猴展示了蛇和豹的模型，以及栖息在树上的鹰的模型。猴子只对蛇和豹子模型做出警报、警惕和逃跑的反应，而对鹰模型则基本上置之不理。相比之下，灰鼻长尾猴（cercopithecus nictitans martini）对类似的鹰模型产生了强烈的警报反应，包括发出警报叫声。因为自 2009 年以来，从未观察到猴子对该地区的任何猛禽发出警报，所以可以认为该地区的猴子没有被猛禽捕食的可能性。反过来，这也为我们提供了机会向其展示一种新的空中威胁，一架飞行的无人机，来评估其声音反应。当我们让无人机飞过猴子上空时，动物们发出了不同的叫声，一些实验对象跑到了遮盖物下。通过对这些叫声的声学分析，并将其与之前研究中记录的豹和蛇的叫声进行比较。使用判别函数分析的分类程序，发现对于雌性受试者，80.0% 的呼叫可以被正确地分配到它们被给予的情境中，这明显大于偶然性概率。无人机报警与其他两类明显不同，分类正确率为 95.2%。对于雄性受试者，总体正确分类略低，71.2% 的呼叫被正确地分配到了它们被给予的情境中，但这再次明显地大于偶然性概率。与雌性的发现类似，无人机警报最容易与其他两种警报呼叫类别区分开来：雄性绿猴发出的无人机呼叫中 92.6% 被正确分类。

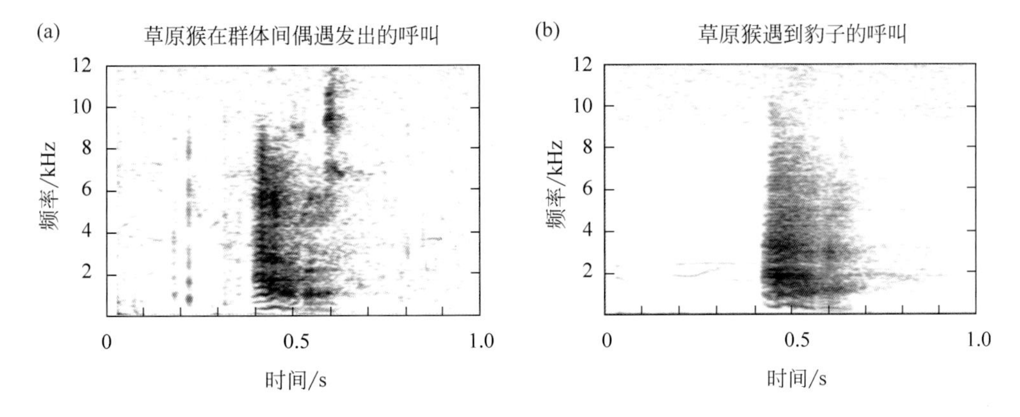

图 5.11　长尾草原猴在群体间偶遇和遇到豹子呼叫的不同语谱图

图注：（a）是一只雄性长尾草原猴在群体间偶遇发出呼叫的语谱图，（b）是同一只草原猴遇到豹子呼叫的语谱图，呼叫单元由呼气亚单元和吸气亚单元组成。

总之，绿猴对新型飞行物体的响应与蛇和豹模型的响应不同。与黑长尾猴鹰警报相比，费舍尔等使用了报警呼叫的原始录音，是先前对黑长尾猴警报呼叫曲目进行分析的一部分。对声谱图的目测（如图 5.12 所示）以及对雌性和雄性的关键声学参数的统计分析揭示了与环境相关的显著差异，并且存在仅与物种相关的边际差异。对于雌性，这两个物种显示出相对相似的模式：对豹子发出的警报呼叫持续时间最长，对蛇发出的警报呼叫频率最高，而对空中威胁发出的警报呼叫平均频率最低。对于雄性，情况更加区别化：绿猴的豹子警报比蛇警报长得多，但黑长尾猴的警报时间仅稍微长一点。在绿猴中，蛇报警的频率范围最高，而在黑长尾中，豹报警和蛇报警的频率范围没有差异。空中警报在这两个物种中的频率特征均最低。这些物种之间对雄性叫声的差异表明了性别选择的作用不同。在判别函数分析中，绿色母猴对三种情境的呼叫分类的正确率为 80%，雌性绿猴的警报呼叫彼此之间的区别不如雌性黑长尾猴的警报呼叫。在长尾动物中，响应鹰、豹和蛇的叫声的分类正确率为 93.3%。雄性绿猴的警报叫声也不明显，分类正确率为 71.2%，而雄性黑长尾猴的分类正确率为 81.3%。两个物种之间的空中警报具有最高的相似性值。这两个物种的整体结构和警报呼叫库的结构都显得具有高度防御性。

费舍尔等调查表明接受者能够学会将意义归于各种声音。绿猴对无人机反应的研究为我们提供了机会来测试动物对无人机声音赋予意义的速度有多快。当准备让无人机第一次飞过猴子上空时，可以观察到，猴子似乎在无人机出现之前就对它的声音做出了反应。这表明它们对环境中的新声音高度敏感。更重要的是，在展示了无人机之后，进行了一个回放实验，将无人机的声音回放给动物。随着无人机声音的呈现，猴子们向扩音器方向看的时间明显更长，而且比播放不同熟悉的宽带噪声（比如附近发电机的声音）的控制条件下更警觉。即使无人机只出现过一次，情况也是如此。引人注目的是，与控制组的声音相比，在播放无人机的声音后，动物们更有可能抬头扫视天空。在三种情况下，受试者在听到无

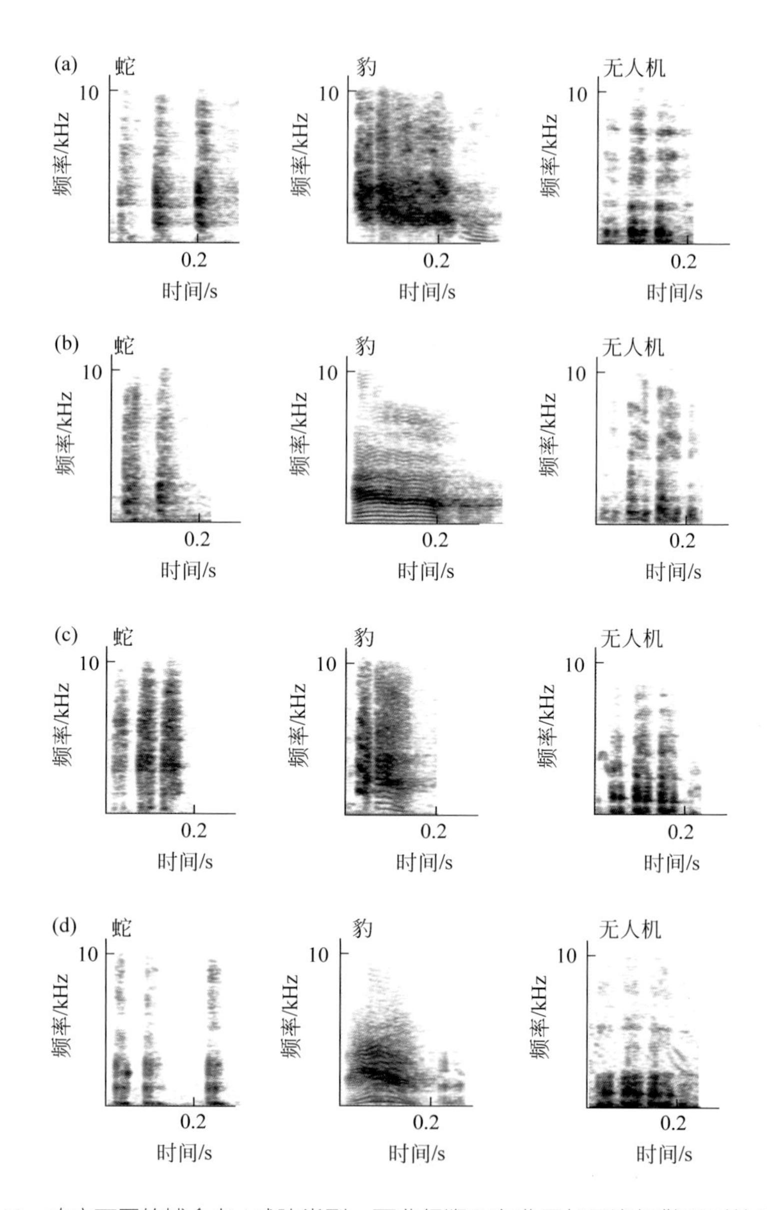

图 5.12 响应不同的捕食者 / 威胁类型，西非绿猴和东非黑长尾猴报警呼叫的语谱图

图注:（a）雌性绿猴的报警呼叫的语谱图;（b）雄性绿猴的报警呼叫的语谱图;（c）雌性黑长尾猴的报警呼叫的语谱图;（d）雄性黑长尾猴的报警呼叫的语谱图。

人机发出的声音后立即跑到掩体中。这在对照实验中从未发生过。在非人类灵长类动物中发现声音学习的程度是重建语言进化的关键。对不同属灵长类的叫声进行比较后发现，同一属不同种类的灵长类的叫声结构和叫声库具有惊人的相似性，这表明非人类灵长类的叫声结构是高度防御性的。相比之下，理解性学习可能是极其快速和开放式的。

是什么导致个体动物在特定时刻产生特定类型的呼叫？许多研究已经证明了“指称性”，或特定于上下文的性质，即某些呼叫类型是在相对狭窄的一组环境中产生的，而接收者能够提取有关呼叫上下文的特定信息。尽管呼叫上下文通常与呼叫类型相关联，但它远非一一对应。即使是高度特定于上下文的呼叫有时也会在其主要上下文之外产生，例如，黑长尾猴（cercopithecus aethiops）在群体间相遇时也会发出“蛇警报”。此外，呼叫者有时会在同一上下文中产生不同类型的呼叫，例如黑猩猩在发现捕食者时会产生呼噜声和吠声。这种混乱的呼叫产生模式表明，呼叫可能不会“指代”外部刺激或物体。相反，呼叫产生似乎是呼叫者固有过程的结果。研究人员将这一神秘的内部过程分为“唤醒”“情感”“影响”“动机状态”或简单的“内部状态”。发声只是从信号者中爆发出来，而接收者通过整合各种信息来源来解释这些呼叫时表现出相当的复杂性和灵活性。然而，信号者和接收者之间的这种明显鸿沟，从上下文特定的角度来看，呼叫产生似乎并不复杂，因为呼叫者可能不打算提供接收者在听到呼叫时提取信息。例如，接收者听到警报呼叫并推断头顶上有一只鹰，但有证据表明，呼叫者可能会发出这样的呼叫来响应鹰的存在带来的内部状态，而不是发出呼叫来传达有关鹰信息本身。特定于上下文的框架通过考虑信号对接收者的好处来解决呼叫产生的问题。然而，从呼叫者的角度来看，提供关于呼叫上下文的信息可能不是发声的主要好处。在最终的进化水平上，信号者发声是为了影响接收者的行为，当信号赋予信号者和接收者互惠互利时，信号在同一个曲目中变得稳定。例如，威胁展示，常见于动物，向接收者传达即将升级的攻击性。然后接收者可以选择通过撤退或参与来做出回应，这可能会限制信号发送者和接收者参与代价高昂的战斗次数。一种解释是，呼叫是基于情感的，即呼叫反映了呼叫者的内部情绪状态。在这样的框架下，尖叫的最终功能可能是阻止进一步的攻击，但在近似水平上，尖叫是极度恐惧的结果。另一种解释是，呼叫产生的近似机制反映了最终功能。例如，在最终的层次上，长时间的呼叫可能是为了吸引社会伙伴，而个体发出这种呼叫的直接动机可能也是为了吸引特定的社会伙伴，这反映了信号的进化功能。

这里，呼叫的功能类似于具有交流目标的呼叫，例如，信号者产生给定的呼叫类型，因为它们在那一刻被激励去实现一个特定的目标，而发声是实现该目标的一种方式。使用术语“目标”并不一定意味着呼叫者对信号如何或为什么以呼叫者希望的方式影响接收者的行为有任何（隐式或显式）理解。因此，对呼叫者目标的概念不同于与有意信号一起讨论的“目标导向”发声，尽管呼叫者目标对两者都至关重要。例如，如果呼叫者没有根据接收者的行为（意图的关键标准）修改或详细说明信号，则呼叫者可能会产生没有任何“意图”的基于目标的发声。对我们来说，术语“呼叫者目标”仅表示呼叫者有一个动机，即接收者以某种方式行事。信号之间的区别在于信号者理解显示方式对接收者的影响程度。我们对呼叫产生的两种替代解释：基于影响或基于目标的呼叫产生并不相互排斥，但它们确实代表了对呼叫产生的两种可能不同的解释。这里的目的是通过证明情感可以解释呼叫产生的某些特征（尖叫可能更高或更低音调），而不是特定呼叫类型的产生，来阐明情感和呼叫者目标对呼叫产生的贡献（发出尖叫声而不是咕噜声），这最好由呼叫者目标来解释。如果这一前提正确，那么在最终和近似水平上，一个物种的每一种叫声都被设计为从接受者（如“接近”“撤退”“交配”）或从接受者的一个特定子集（如“雌性”或“同类”）引出一个特定的行为。嵌入在每种呼叫类型中的情绪效价和紧迫性为接收者添加了更具体的信息（例如“谨慎接近”或“快速撤退”）。尚贝格（Schamberg）等提出的框架：一方面，发声传达了有关呼叫者情绪（或唤醒）的信息，另一方面传达了关于环境的“指称”（或语义）信息。从接受者的角度出发，认为呼叫产生的潜在机制可能完全是“情绪化的”，但接收者将能够从此类呼叫中提取有关上下文的非情绪信息，这样的呼叫接收者就可以像其指称一样发挥作用。与接受者从呼叫者中提取情绪和非情绪信息一样，情绪和非情绪机制也会影响呼叫者的声音。

证据表明呼叫是基于目标的，呼叫类型是呼叫者目标的信号，以引起接收者行为的变化。使用黑猩猩和黑长尾猴作为案例研究，论证了将呼叫产生视为发出呼叫者目标（决定呼叫类型）和呼叫者唤醒（影响呼叫类型变化）的两个好处。这样的框架首先可以解释为什么在多种情况下会给出单一类别的呼叫，其次，为什么某些物种比其他物种具有更多的呼叫种类。随着社会复杂性的增加，呼叫者可能需要从更广泛的不同受众中引出更多不同的行为。研究人员经常使用呼叫发生的上下文来对呼叫类型进行分类和概念化（例如旅行呼叫、交配呼叫、鹰警报呼叫、分离呼叫、食物呼叫）。虽然呼叫类型和上下文之间经常存在很强的关联，但这种关联在两个方面并不完善。首先，呼叫者在适当的上下文中不会自动产生特定于上下文的呼叫类型（例如，黑长尾猴不会在每次看到鹰时产生“鹰警报”）。其次，呼叫者有时会在“错误”的上下文中产生呼叫类型，例如簇绒卷尾猴（cebus apella nigritus）在进食期间会发出“警报”。这些观察表明，特定的呼叫类型在严格意义上并不指代外部对象。一些研究认为，基于情感或唤醒的呼叫产生可以解释观察到的呼叫产生模式。然而，虽然唤醒会影响呼叫类型中的呼叫韵律（呼叫音调、节奏和振幅），但它无法解释为什么个体会产生不同的呼叫类型。呼叫是目标驱动的新证据，表明呼叫类型是呼叫者目标的信号。相信将呼叫类型视为呼叫者目标的信号是了解当前呼叫产生数据的最佳方式，并将有助于产生新的研究。除了解释令人困惑的呼叫产生模式外，呼叫者 - 目标框架也有助于理解信号分化和呼叫库规模的演变。图 5.13 是使用目标 - 呼叫者框架的黑猩猩声音库的部分结构。

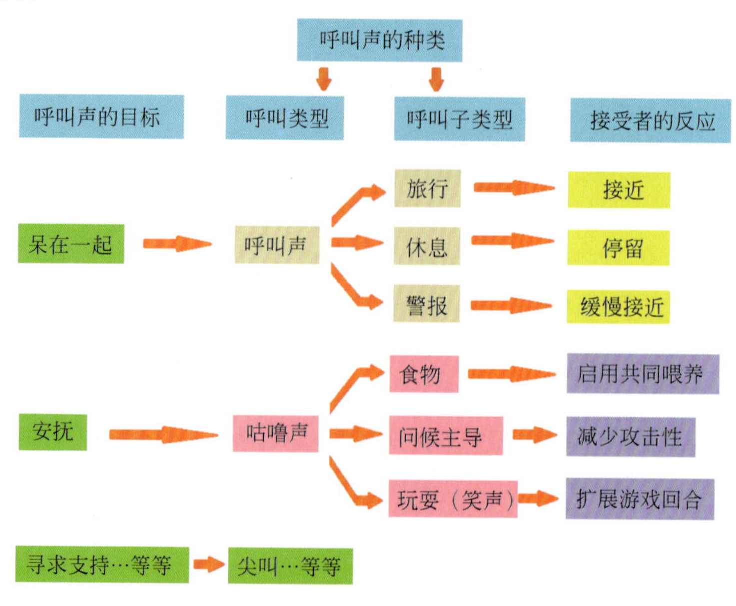

图 5.13　使用目标 - 呼叫者框架的黑猩猩声音库的部分结构

不同的呼叫者目标促进了不同呼叫类型的使用。呼叫类型可能具有声学上可区分的子类型，每个子类型都需要来自接收者的不同响应来实现呼叫者的目标。在这里，呼叫子类型根据它们产生的上下文进行标记。上下文信息可能使接收者能够做出适当的响应，可以预测，当视觉线索受到限制时，例如在低能见度的栖息地，黑猩猩更有可能通过声音来传达信息。重新关注呼叫者的视角，说明了社会复杂性如何有利于更多的呼叫种类。随着社会复杂性的增加，特别是在社会和合作角色方面，呼叫者可能会从引发大量特定接收者响应中受益。当激发特定接收者的响应是适应性的，可以预见引起接收者特定行为的特定呼叫可能会发生演变，因此需要呼叫多样性和更大的呼叫库。当社会复杂的物种生活在低能见度的栖息地或长距离交流时，预计这一点尤其如此。

对类人猿科科（Koko）和瓦肖的研究表明，类人猿有能力使用满足其中一些要求的语言，如任意性、离散性和生产力。在倭黑猩猩坎兹和潘班尼莎之间可能发生了文化上的信息传递。但黑猩猩能够习得语言的说法被夸大了，正如史蒂文·平克（Steven Pinker）在其《语言本能》一书中所阐明的那样，它们所依据的数据非常有限或其表达似是而非。在野外，人们曾看到黑猩猩在发出危险警告时互相“交谈”。例如，如果一只黑猩猩看见一条蛇，它会发出低沉的隆隆声，示意所有其他黑猩猩都爬到附近的树上。这种情况下，黑猩猩的交流并不表示指称置换，因为它完全包含在一个可观察到的事件中。

人类能够根据单词本身的音序来区分真假单词，灵长类动物的一项研究表明，狒狒（baboon）也具有这种能力。这一发现使研究人员认为阅读并不像以前认为的那样先进，而是基于识别和区分字母的能力。实验设置由 6 只成年狒狒组成，通过允许动物使用触摸屏并选择显示的单词是真实单词还是非单词（例如“ dran”或“ telk”）来统计测量结果。这项研究持续了 6 周，期间完成了大约 5 万项测试。实验人员解释了双字母的用法，双字母是两个（通常是不同的）字母的组合。它们在非单词中使用的双字母组合很少见，而真实单词中使用的双字母组合更常见。研究表明，猕猴拥有能够说话的声道，但缺乏一个能控制声道的大脑。

重构产生这种独特呼叫和参照关系的进化过程并不困难，可以在呼叫群体其他成员引发的行为中找到突破口。这些掠食者使用非常不同的攻击方式，而每一种恰当防御行为都是相互排斥的。当豹子在附近徘徊时，最糟糕的地方是待在地面上。但是，由于豹子也可以爬树，因此最好在较细的树枝上躲避。不幸的是，这却是面对老鹰威胁时最糟糕的地方。最好是躲在树下的地上。想象一下，如果这种物种只有一种报警信号，那将会是怎样的两难境地？要爬树还是从树上下来，这就是问题所在。只因犹豫不决或站着不动而站起来四处张望是最糟糕的反应（除非蛇是掠食者，为此又有另一种呼叫），因为它会让你在两者面前都不堪一击。因此，捕食动物会选择那些无法确定哪种呼叫是哪种声音的个体，也会选择那些在某种程度上无法提供有助于做出这种选择的独特信息（例如声音差异）的同类。这种进化逻辑通常被称为破坏性选择：针对一个特性的中间（折衷）值进行选择并偏向于极端。这些叫声的指称特异性随着时间推移而进化，然后，作为警告和逃跑的结果，提供了选择压力，改变了该物种成员的叫声和反应倾向。毫不奇怪的是，类似的进化逻辑也影响了许多其他物种的警报声，并且还经常涉及其他因素，例如声音本身的可定位性。

对于这些掠食性动物，长尾黑颚猴的警告呼叫类似于这些捕食者的“名字”，并且可能以我们大喊警告的方式使用：“着火了！”这使得许多人认为这种呼叫系统就像一种非常简单的语言。甚至有人认为，这类似于刚开始学习说话的婴儿会用“果汁”来要求喝一杯，或者用“狗狗”来表示他们想要抚摸一只狗，等等。这种缺乏明显句法（虽然通常是带有手势特征的支持）的词句例子被称为整体语法话语。这种解释含蓄地让我们想象一个物种有更多这种独特的叫声类型，一些是为了食物，另一些是为了重要的物体，甚至可能是用来识别特定个体的声音（例如,海豚似乎使用独特的“标志性哨声”来识别同类个体）。这样精心制作的曲目会构成一种原始语言吗？这些呼叫本质上是一种词汇吗？这甚至暗示了一种引人注目的语言演变方案：单个呼叫首先演变，其数量和种类不断增加，它们以不同的方式组合在一起，最终一种语法和句法进化成系统化的组合模式。不幸的是，整个不切实际无法实现的计划都依赖于呼叫引用与词引用的等价性，并且在某些重要方式上还不完全相同。让我们看看是否可以更精确地了解它们之间的不同之处。

通常，即使是随意交谈也需要一定程度的有意识的努力和监控。听别人讲话至少需要一点注意力和有意识的控制分析：当一个对话者的思想开始不集中时，这一点很快就会显现出来。部分原因来自这样一个事实，即一个人说的话在某种程度上通常会受到另一个人已经知道的假设的影响。因此，使用语言的一个共同因素是人们有一种意图，想要传达一些别人可能不知道的东西。哲学家格莱斯（Grice）认为，“我相信你相信我相信 x”这种形式的一种反身逻辑是传达语言含义的重要组成部分。警报声和警语之间的区别并不是指称。两者都可以指世界上的事物，也都可以指内部状态，但有区别。这种差异是对语言交流与非语言交流本质的最常见误解的根源。这是一种不同的参考。我们倾向于混淆不同的指称形式，或者把指称和非指称交流区分开来，而不是认识到指称的模式可能不同，而且可能以复杂的方式相互依赖。除非我们能够澄清这种混淆，并发现究竟是什么构成了这种差异，否则我们无法对人类不同的交流方式进行适当比较，更不用说对人类语言和其他物种的交流方式进行比较了。

5.2.2 猿类与掌握语言能力前的儿童的手势之间的异同

阿拉伯狒狒的告知行为主要发生在当一只狒狒离开群体的其他成员时，另一只狒狒会接近它并直视它的脸。一个可能的解释是，发信号者在参与某些活动之前要确定是否要接收者参与进来。灵长类物种中发现最相似的是支配和服从信号，而最不同的是从属关系手势和结合模式。当幼猴不想跟随母亲时，母亲有时会转身并且直视幼猴的脸，甚至戳一下幼猴。

手势可根据其主要感官形式的功能进行分类：听觉手势、触觉手势和视觉手势。听觉手势主要依赖声音的生成，触觉手势主要取决于与接收者肢体上的接触，而视觉手势仅靠视觉讯息。托马塞洛（Tomasello）等通过调查圈养的黑猩猩的手势技能发现，1 岁的黑猩猩会使用 12 种不同的手势,在 3 岁时达到了顶峰 19 种。在此基础上,手势的数量是稳定的,有些会被其他手势取代，比如，哺育的手势逐渐消失，而竞争和求偶的手势变得更为突出。利巴尔（Liebal）等对黑猩猩手势的研究表明，手势种类的规模会随年龄增长而减少，成年猩猩最少而年轻的猩猩最多。关于大猩猩的手势发展，皮卡（Pika）等发现在 3 岁时黑猩猩手势曲目的平均数量为 18.5 种,在 4 岁时增加到 24 种,但到 5~6 岁时又减少到 20.6 种。合趾猴有许多不同的触觉和视觉手势，合趾猴的手势与猿类相比是普遍有限的，合趾猴在幼年时期平均的手势数量是 8.5 种，在 4~5 岁时达到顶峰的 11 种手势。从这个观点来看，手势的数量似乎是保持相对稳定的，且有些手势能被其他手势取代。

猿类是否使用手势来指示，这是科学家正在研究的问题。换言之，它们是否使用手势去吸引其他个体去注意外界实体，例如事件或物体。指示性的手势常常是三元的，包含了信号发出者、接收者和第三方实体或事件。指示性手势，如发出命令，可见于圈养猩猩与人类实验者的互动中。证据表明，猿类能够使用指示性手势，包括发出命令或是与人类实验者、看管员的陈述性手势。此外，猿类在与其同类自然交流时也使用命令的、指示的手势。与人类儿童相同，其手势的使用是有意的行为。但猿类的手势主要是二元的而不是三元的，换言之，它是用来引起其他个体对自身的注意，而不是将其他个体的注意力吸引到一些外界实体上。要求清洁或食物，或提供食物给其他个体，这些手势很明显是三元的。然而，人类儿童在掌握语言之前使用手势进行初级交流尝试时，同时涵盖了二元的和三元的，图 5.14 为不同猿类使用手势的总数，分为视觉、触觉和听觉三种手势。图 5.15 为梳理毛发的三元指示性手势图解。

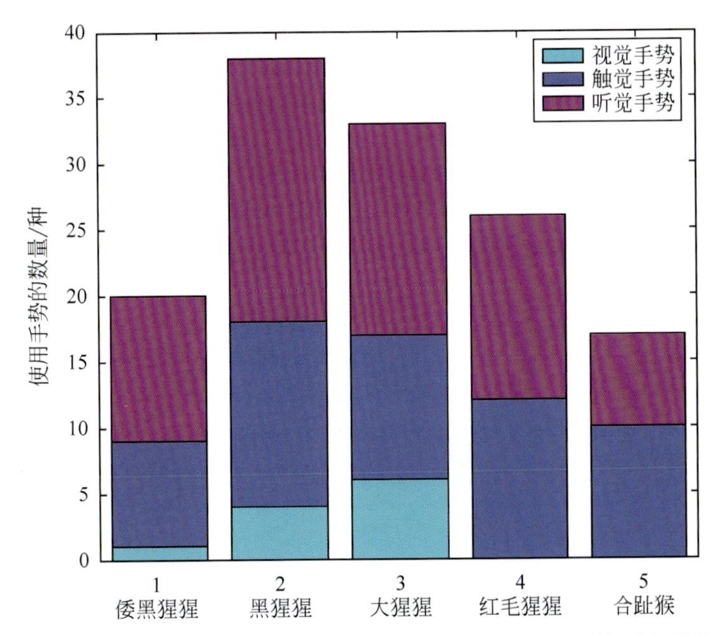

(a) 5种猿类使用手势的数量，分为视觉手势、触觉手势和听觉手势3种信号类别

1. 倭黑猩猩

2. 黑猩猩

3. 大猩猩

4. 红毛猩猩

5. 合趾猴

(b) 对应于(a)图横坐标5种猿类动物

图 5.14 不同猿类及其使用手势的数量

许多人类手势在使用功能方式上与语言十分相似。这些手势本质上是个体学习的，主

观间共享社会习俗，习惯于将其他个体的注意力和精神状态指引到用作参考的外界实体上。猿类也在日常交流中使用手势，但在交流方法上主要用于二元互动请求其他个体的行为作为有效规程。无论如何，这些手势的使用多为有意的且明显可习得。

二元手势：猿类用来获取其他个体对自身的注意，而非将其他个体的注意力吸引到一个外界实体上。

三元手势：要求清洁/食物，提供食物给其他个体，儿童在掌握语言之前使用涵盖二元和三元手势进行交流。

图 5.15　梳理毛发的指示

5.2.3　人类和黑猩猩对情绪表征的处理

灵长类动物的面部表情是情绪激发的信号。下属黑猩猩害怕接近支配者，它们可能会产生一个沉默的露出牙齿的脸，这种信号和假定支持它的恐惧情绪都会持续到支配者让下属放心，此时恐惧的情绪减少，沉默地露出牙齿的脸就消失了。在这种情况下，沉默地露出牙齿的脸会满足持久性的标准，直到达到从支配者那里获得安慰的目标。除了沉默的露齿面部表情之外，与害怕接近支配者相关的唤醒状态可能会引发顺从的蹲伏行为或喘气的咕噜声，而这一系列行为将满足细化的标准以达到目标的信号。

对于社会性物种来说，识别并对他人的情绪作出充分而迅速的反应对其生存至关重要。研究表明，人类和黑猩猩都能识别同物种的情绪表达。与中性表情相比，他们对情绪表达的图片有更好的记忆力，并对情绪化图片与非情绪化图片表现出更长时间的关注。人类的情感研究大多集中在对面部表情的感知上。然而，在日常生活中，情感状态是由整个身体来表达的，同种动物有情绪并通过面部表情或肢体语言表达出来，会立即引起观察者的注意并自动触发行动倾向。事实上，我们使用他人的情绪信号来指导我们的行动，例如，对一个快乐地对你微笑的人做出接近的反应，或者避开一个表情愤怒的人。甚至更基本的反应是，战斗或逃跑的反应，都可以通过观察他人的情绪表达来触发。研究表明，当两种身体姿势同时呈现时，愤怒的姿势吸引了最多注意力，而且比快乐的姿势更多。与中性表情相比，对愤怒和恐惧表情的注意力偏向于更快的反应，这与情绪是通过面部还是身体表达无关。行为观察表明，非人类灵长类动物的情绪表达和人类的情绪表达可以发挥类似的功能作用。例如，人类婴儿倾向于用噘嘴来吸引母亲的注意，在黑猩猩婴儿中也可以发现类似的面部表情，以达到相同的功能。此外，黑猩猩还会无声地露出牙齿和玩耍的表情，这有助于维系社会关系和维持社会群体。在人类中，微笑也起到了同样的纽带作用，这看起来和黑猩猩的表现很相似。

一项眼球追踪研究表明，与中性行为相比，猕猴对表现出攻击性或顺从性猴子的注意力更强，而且注意时间也更长。这种效应是由对身体的高度关注所驱动的，这一发现复制了人类早期的发现。当人类观察到面部和身体都表现出愤怒或恐惧的人时，他们的唤醒程度要比快乐的人高。研究表明，情绪是由面部和身体来表达的，而表情，特别是威胁的表现，很容易被观察者捕捉到，并促进快速行动。

一项跨物种人类与狗的情绪感知的研究，将视觉和听觉线索结合在一个跨模式的偏好性观察范式中。狗被呈现在具有不同情绪效价（快乐 / 俏皮与愤怒 / 攻击性）的人脸或狗面孔前，与同一个体的单一发声相配，这些发声具有积极或消极的价值。结果表明，对于同种和异种动物，狗看着表情与发声效价一致比不一致的脸的时间要长得多。这一结果表明，狗可以提取和整合双模式的感官情绪信息，并能区分人和狗的积极和消极情绪。就家犬而言，可以说识别人类的情绪可能是特别有利的，因为这些是其日常伴侣。此外，人与狗的共同进化可能促进了这一过程。然而，对非人类灵长类动物观察研究得出了类似的结论。例如，戴安娜猴能理解其他灵长类物种的警报声和不同种类的黑猩猩的尖叫声的含义和根本原因。另一项在人类听人类、猕猴或猫发声的研究也表明，不同物种之间存在着共同的情感系统。

克雷特（Kret）等采用了比较方法来更深入地了解两个密切相关物种内部和之间的情感关注。对情绪的主效应、物种刺激和评级类型的研究表明，人们对愤怒和恐惧相对于中性表情的评价更高，对人类的评价高于黑猩猩，愤怒的评价高于恐惧的评价。情绪和物种之间的交互作用，表明人类对愤怒刺激的强度评分高于黑猩猩对刺激的强度评分。对于恐惧的刺激，发现了一个小得多，但也很显著的相反的效果。刺激显示，黑猩猩与人类相比，恐惧被评价为更强烈。情绪和评价类型之间也存在交互作用，简单地说，愤怒的刺激获得的愤怒分数比恐惧分数高，而恐惧的刺激则相反。物种 - 评分类型的相互作用，表明黑猩猩的刺激平均获得较低的恐惧评分，然后是愤怒评分。同样的效果，尽管要小得多，在人类刺激上也被发现了。最后，情绪、物种刺激和评级类型之间存在三向交互作用。这表明恐惧的黑猩猩被认作是愤怒而不是恐惧，如图 5.16 所示，人们对恐惧的人类给予相对较高的恐惧强度分数，对愤怒的人类也给予较高的愤怒强度分数。相比之下，他们对恐惧的黑猩猩的评分是愤怒多于恐惧，误差条代表平均值的标准误差。

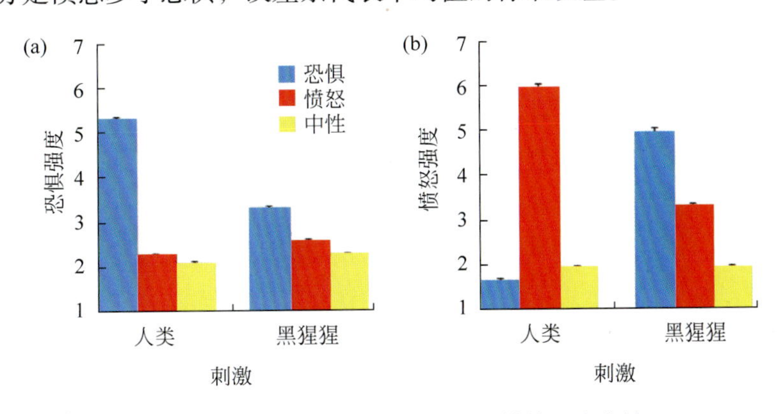

图 5.16　人类和黑猩猩观察者的情绪强度分数

人类对描绘令人恐惧的人的刺激给予较高的恐惧评分，对展示愤怒的人的刺激给予较高的愤怒评分。他们对恐惧和愤怒的黑猩猩刺激的情绪强度评分则不那么明显。他们认识到，黑猩猩对恐惧（服从）和愤怒（展示）的表达不是中性的，而是经常夹杂着特定的情绪标签。克雷特等观察到与中性表达相比，对情绪表达的反应更快，与刺激呈现的持续时间和所描述的物种无关。此外，物种刺激、干扰情绪和刺激呈现时间之间存在着三项相互作用。诚然，对这一结果的解释仍然是推测性的，但实际上被认为是愤怒、高度消极和被激起的恐惧黑猩猩可能被处理为直接威胁，例如表现出愤怒，并引发了类似的相应行动倾向。这类似于那些表现为愤怒的人的刺激所唤起的。有趣的是，这两种情绪表达的模式在黑猩猩表达时是相反的。与中性个体相比，人类对情绪的关注度更高，与这些个体是人类还是黑猩猩无关，因此部分支持进化连续性的主张。

5.2.4 类人猿对明示信号及指向的认知

1. 明示信号对类人猿的作用

人类使用“明示”信号，如眼神交流和呼唤目标接收者的名字，作为向他人表明其交流意图的一种方式。这些信号的作用是提醒预期的接收者注意信号者可能要传达的信息，从而为接收者提供证据，表明他们应该将自己的认知资源用于找出该信息的内容。根据非语言线索确定他人是否有交际意图的能力被认为在语言习得和更广泛的文化学习中起着根本性的重要作用。人类的婴儿有一套感知和认知的偏见，这使他们把明示性的信号解释为表明一个代理并试图传递通用信息。这些偏见是：

（1）优先关注明示信号的来源：人类婴儿对表明他们正在被交流代理称呼的信号（如眼神接触和婴儿导向的语言）的存在高度敏感。

（2）参照期望：根据明示信号，婴儿期望找到交流代理信息的预期指称，即代理正在交流的实体。

（3）通用性：婴儿认为明示交流为他们提供了关于代理所指对象的一般信息，也就是说，这些信息是可以推广到其他情况下的对象。

与第一个特征相关的是人类婴儿在早期发展中对关注面孔和婴儿引导的语言有偏爱。第二个特征，无论是在他之前是直接言语还是明示的眼神接触，发现6个月大的婴儿会跟随实验者的目光注视预期的指涉对象，但当用类似的突出的动画来吸引他们的注意力时则没有。这表明明示信号可以帮助婴儿识别代理的指称目标，从而更好地理解指称性交流。与第三个特征相关的发现，在A-not-B任务中，当代理表面上隐藏物体时，与代理只是隐藏物体而没有任何明示性信号时相比，9个月大的婴儿（和家犬）更频繁地犯搜索错误。也就是说，在明示条件下，婴儿（和狗）即使在观察到它隐藏在另一个位置后，仍会在其最初的藏身之处持续寻找隐藏的物体。这一发现表明，基于明示信号，婴儿（和狗）已经形成了对物体隐藏位置的普遍预期，而这些预期胜过他们自己看到物体隐藏起来的经验。

研究表明，驯养的狗对人类的明示信号的适应方式与人类婴儿相似。狗在各种交流环境中自发地关注人类的脸，它们使用眼神交流和（在较小程度上）叫名字来识别实验者正在与它们交流。只有在进行了明示的眼神接触和定向的言语，狗才会跟随实验者的目光看向所指对象。因此，与婴儿类似，狗可能期望人类的明示信号先于指称信息。即使是几周大的家犬，在一些必须读懂人类交流信号的任务中，如凝视和指向以找到隐藏的食物，它们的表现都超过了黑猩猩和狼。维拉尼（Virányi）等比较了人工饲养的 4 个月大的狼和狗的幼崽，发现狗更愿意与实验者保持目光接触，并能更好地利用实验者的指向来寻找隐藏的食物。虽然狼在训练后能够学会对明示信号做出反应，但结果表明，狗拥有一种早期发展的对人类交流的反应能力，而狼却没有。

像人类一样，类人猿也能够自发地跟随他人的目光。它们不只是与他人共同定向，而是在跟随视线时将他人的视觉视角考虑在内。例如，当黑猩猩和大猩猩在打架后试图与同种动物和解时，它们在接近对手之前首先建立眼神交流。当个体之间出现紧张时，倭黑猩猩会通过眼神接触和进行性活动来调节它。一些猿类在实验室里向人类实验者索要食物时，甚至会明目张胆地使用眼神交流。研究表明，类人猿会自发地注意同种动物和人类的面孔。像人类婴儿一样，黑猩猩幼儿更喜欢直接注视人脸，而不是回避注视人脸。与直立呈现时相比，当这些面孔倒置时，黑猩猩在区分人类和同种动物的面孔时不太准确。对于生活在动物园和研究环境中的猿类来说，人类看护员和实验者在试图与它们交流时经常叫黑猩猩的名字，并与它们进行眼神交流。研究表明，黑猩猩在听到人类实验者叫它们名字后立即变得很专注。即使是基于模棱两可的手势，当黑猩猩看到另一个体在请求一个特定的物品时，它们可以推断出对方所请求的物品。类人猿似乎不像人类婴儿和家犬那样对人类交流的指称那么敏感。例如，在人类实验者试图通过注视和指向等指代性手势告知它们隐藏食物的位置，人类婴儿和家犬都擅长使用这种实验者的提示来定位食物。然而，类人猿在类似的范例中表现相对较差，尽管驯化的类人猿通常比未驯化的类人猿表现更好。

在一项向黑猩猩展示静止图像的眼球追踪实验的研究表明，黑猩猩跟随同种代理的注视，而不是人类代理的注视。倭黑猩猩、红毛猩猩和人类成年人都跟随同种和异种代理的目光，但人类婴儿和黑猩猩只跟随同种代理的目光。这些发现表明，至少黑猩猩在观看没有明确提示的静止图片和电影时，可能无法接受跟随人类实验者的目光。卡诺（Kano）等研究了类人猿，尤其是黑猩猩，是否会在响应人类行为者建立明示的眼神接触并呼唤参与者的名字时表现出更强的目光跟随。根据驯化假说和以前的证据，猿类不善于理解人类的指称性交流，它们可能不会像人类婴儿和狗那样理解人类行为者的明示性信号。卡诺等还在实验中测试了倭黑猩猩和红毛猩猩。和黑猩猩一样，在明示条件下，倭黑猩猩和红毛猩猩都不会比控制条件更敏感地追随行动者的日光。有趣的是，虽然红毛猩猩与黑猩猩有些相似，因为它们在明示条件下观察目标和干扰物体的时间比对照条件更长，但倭黑猩猩不是。此外，倭黑猩猩在明示阶段比控制条件更长时间地观察行为者的脸。这表明黑猩猩基于明示信号具有一种简单的交流期望形式，但与人类婴儿和狗不同的是，它们随后不会使用实验者的凝视来推断预期的指称对象。这些结果可能反映了非驯化物种在解释人类在物种间交流中的明示信号方面的局限性。

2. 类人猿指向基于语境的调整

正如语用学交际理论所强调的那样，人类的言语和手势交际是自发地与语境相适应的。类人猿能够通过指向向人类索要物品。陶津（Tauzin）等的研究结果表明，圈养的类人猿不仅会有意识地做出指向动作，而且还会根据空间环境自发地调整这个手势，例如食物的距离和位置。这意味着指向动作并不是对某些感知线索的自动或相关反应。类人猿会有意地使用交际手势，并在社交场合使用。当人类在身边时，它们会更频繁地指向对方，这表明它们对人类的存在很敏感。此外，类人猿会追踪接受者之前是否在场，并相应地调整随后的交际行为。但类人猿在解决需要整合不同类型信息的任务时存在困难。研究结果表明，圈养的类人猿除了停止或改变信号外，还能够根据空间指称语境对现有信号进行修改。这种对交流行为的灵活修改可能是交流中目标导向的进一步指标。此外，类人猿调整指向语境设置的能力也可能意味着它们应该在考虑前后动作的同时分析信号者和接收者动作的一致性，因为根据前后动作，它们可以产生一组不同的动作来引发接收人也有同样的反应。圈养的类人猿至少能够通过使用一组有限的手势信号来发展出一种基本的交流能力，它们可以灵活地修改或调整到特定的空间环境，以便向其接受者提供信息。这尤其适用于指示信号（例如指向）的使用，成功地指示和消除意图所指的歧义涉及需要调整或修改交际手势作为空间和指称前后动作的功能。但是人们没有发现它们在这样做的时候考虑到接受者的观点或知识的证据。这意味着在类人猿中指向手势对语境敏感，但可能不如人类指向手势通用。

5.2.5 猿类布洛卡区与人类语言区的关系

BA 44 区描绘了人脑额下回的部分布洛卡区是语言生成的一个关键区，左脑的 BA 44 区比右脑的同源区大，这种不对称与左脑的语言优势相关。在这一区域有同样不对称的，也具有左脑优势的三个猿类物种，包括：黑猩猩、倭黑猩猩和大猩猩。至少在 500 万年前，左脑在语言生成中的优势已具备明显的神经解剖学基质，并且不局限于原始人类的进化。从细胞结构学和脑电刺激研究中可以发现，许多非人类的灵长类动物，包括猿类，拥有 BA 44 区的同源组织。

坎塔卢波（Cantalupo）等从 20 只黑猩猩、5 只倭黑猩猩和 2 只大猩猩的磁共振成像中，发现这些物种的 BA 44 区显示了形态上的不对称模式，左脑半球脑皮层区的优势类似于人类同源的脑皮层区。人脑此区是布洛卡区的一部分，是语音功能的关键解剖学脑区，负责诸如语音的清晰度和流利度等语言运动功能。猿的原始发声和人类复杂的语言之间存在巨大的差异。手势对人类语音和语言的进化有着突出的贡献。在猿猴脑中，BA 44 区中的所谓镜像神经元似乎促进了猿类对于用手抓取和操作的模仿，该神经系统可能专门被用于最初手势交流和之后的有声交流。在圈养的猿类中，手势是指示性的和有意图的，是由左脑控制的右手优先产生的。惯用右手的偏好在伴随发声的手势中愈加显著。从进化的立场看，BA 44 区的不对称可能与猿类伴随发声的手势产生有关。这一能力成为现代人类语音系统发展的一种最终选择，并且很有可能促使在额下回的脑皮层产生更多褶皱，导致 BA 45 区在人脑中扩大。坎塔卢波等发现这些物种表现出来的类似人类的不对称性不仅仅存在于大脑后部（诸如颞平面），而且也存在于前脑额区，这表明人脑与语言相关的脑区中不对称的起源应该放在进化过程中去理解而不应该局限于人类范围。

1. 猴脑 / 人脑中的声音识别区

在非人类灵长类动物中，初级听觉皮层由三个核心场组成，它们按尾 - 喙侧方向排列，然后投射到周围的带状场和副带场。这些投射维持了核心场的喙 - 尾结构，这种连接性也被保留在与额场的投射中。在非人类灵长类动物中，这些喙 - 尾区存在功能上的差异，喙端区对不同种类的同源发声敏感，而尾区对声音的空间位置敏感和躯体感觉刺激敏感。因此，灵长类动物的感知处理不是一个单一的现象，而是一个基于不同感知网络的现象，这些感知网络可以根据任务而有区别地使用它。在现实世界中，行动将依赖于这些网络的协同工作。

利用正电子发射断层扫描术（positron emission tomography，PET），吉尔 - 达 - 科斯塔（Gil-da-Costa）等发现恒河猴的神经系统与感知特定物种的发声有关联。这些发声在人脑外侧裂语言区的相应脑区引起特定的大脑活动。生活在 3000 万 ~2500 万年前的短尾猿和人类最后的共同祖先，有可能具有在语言进化中能够使人类产生其他适应特性的关键的神经机制。猴子虽然没有语言，但是它们具有特定物种的发声技能，并且似乎同人类语言一样，可以把意义编码到有任意性的声音模式之中。在非人类灵长类动物中，这种技能包括了对于生存至关重要的信息，例如个体身份的确认，情绪状态和关于掠夺者、食物或个体大小的指示性信息。传达此类信息的呼叫必定依赖于一定的神经系统：能够为感知和产生声音提供基础的感官系统和运动系统，以及为能够描绘这些声音所表达的意义提供基础的概念系统。这些系统也许可以支持各种非人类种群中的交流与沟通。当处理同种类呼叫时，这些系统对应的脑区从大脑外侧裂前部 / 侧裂的布洛卡区延伸到后部的韦尼克区被激活。临床案例、电生理学和神经影像技术的证据，表明了外侧裂前后脑区在表达和接受语言时对语音、词汇和句法的处理过程起到关键作用，这些都不被非人类灵长类动物种群所共享。特定物种的发声在颞上回的活性得到增强，被限制在外侧裂皮层后部的颞 - 顶区（temporoparietal，Tpt）和颞 - 顶 - 枕（tempor-parieto-occipital，TPO）后部交界区。这些发声也能引起其他外侧裂区活性的增加，包括额叶的腹外侧前运动（ventral premotor，PMv）皮层和后顶叶皮层（posterior parietal cortex，PPC）。图 5.17 为短尾猿的叫声与非生物声音的声学语谱图分析，图 5.17（a）~（c）表示不同类型刺激的样本声谱例子，（a）为短尾猿的咕咕声，（b）为短尾猿的尖叫声，（c）为非生物声音。

如图 5.18 为短尾猴的咕咕声和尖叫声相互间并没有显著差异，两者都引起了在颞 - 顶细胞结构区、腹外侧前运动皮层和后顶叶皮层超过非生物声音的更大的活性。但是非生物声音在听觉核的 R 区和 A1 区引起了更大的活性。区域间的协方差模式也显示了猴子对不同刺激类别的响应是不同的。通过方差分析对三只猴子的实验数据的比较结果表明，咕咕声和尖叫声相互间没有显著差异，但在腹外侧前运动皮层、颞 - 顶区、后顶叶皮层都比非生物声音产生更大的活性。

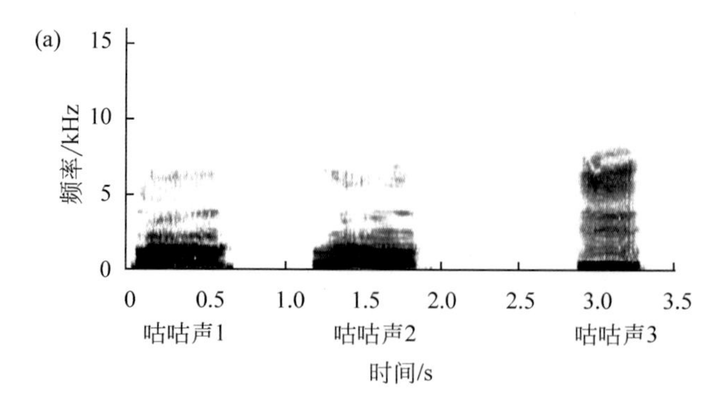

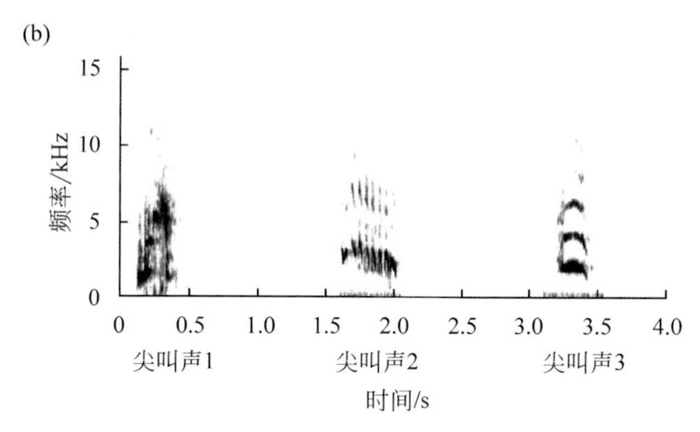

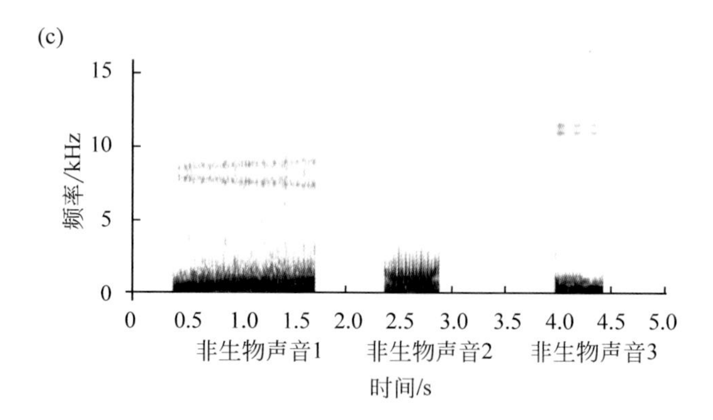

图 5.17　短尾猿的叫声与非生物声音的声学语谱图分析

特定物种的呼叫和非生物的声音都在颞上回产生活性的特征模式：沿右半脑前后轴增加脑血流量，具有更大的整体活性。非生物声音（一般始终与更大的活性相关）引起了早期听觉脑区的 R 区和 A1 区显著更大的响应。初级听觉皮层是被新的、在声学上“不寻常”的刺激强烈地激活的，因此对那些异类集合的刺激（指非生物声音）很可能比相似集合的声音（咕咕声和尖叫声）具有更多的响应。同种动物的发声会激活高阶视觉 - 物体处理区，包括颞 - 枕区（tempo-occipital，TEO）、颞上沟和颞下叶前区，以及与检测和解码突出表达情感的相关脑区（如杏仁核、海马体、腹内侧额叶前部皮层）。研究表明，该网络的所有元素的共同激活，即外侧裂区的运作是与概念、感觉运动神经系统相呼应的，非人类灵长类动物的交流似乎是语言演变的基础。

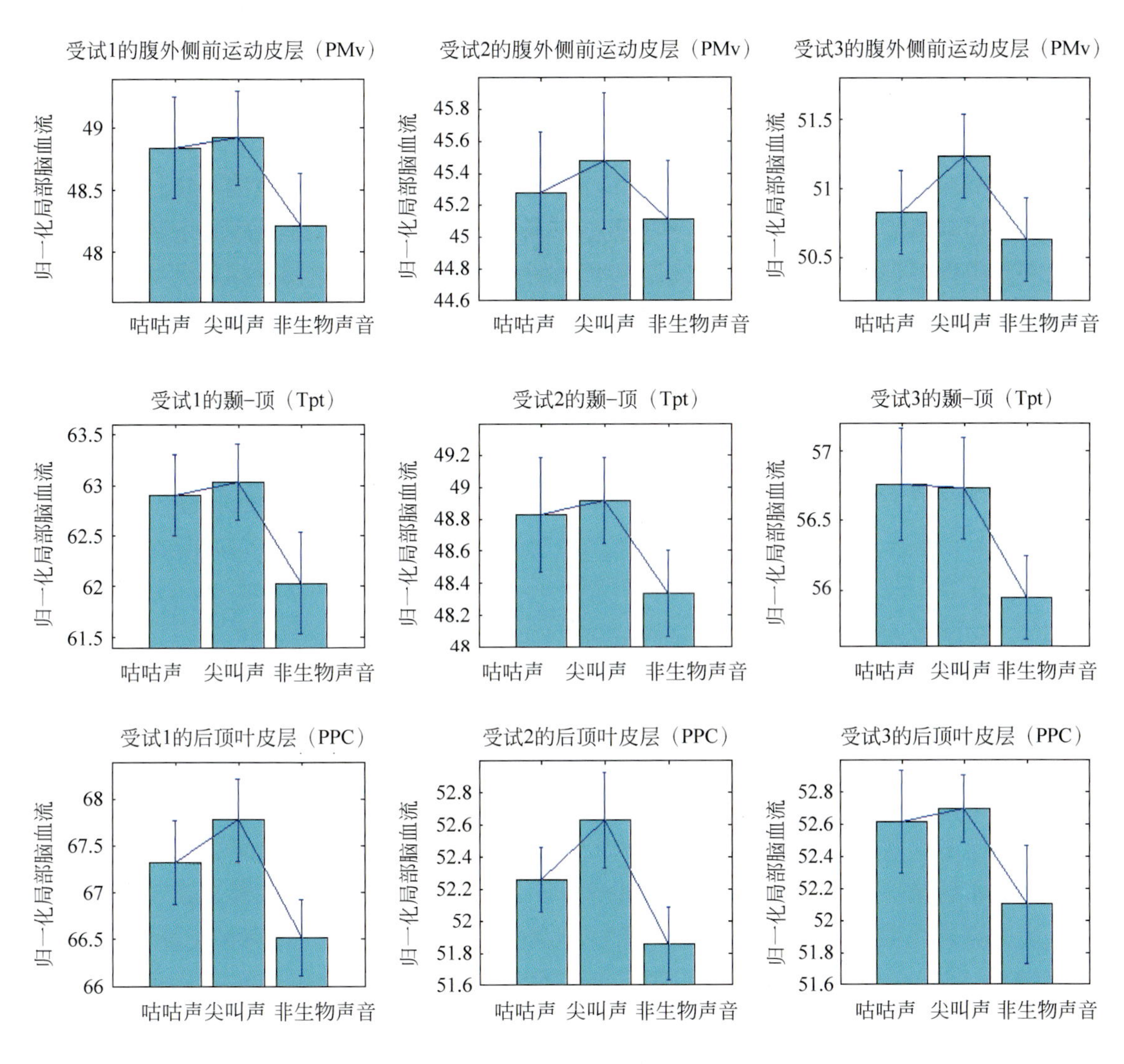

图 5.18　特定物种呼叫（咕咕声和尖叫声）大于非生物声音时，柱状图表示每只猴子腹外侧前运动皮层（PMv）、颞 - 顶（Tpt）区、后顶叶皮层（PPC）的归一化局部脑血流平均值（± 平均标准误差）

对于那些能够发声的动物，识别特定物种的发声对于其生存和种群交往是很重要的。人脑中有一个已确认的对人类嗓音和发声十分敏感的声音识别区。通过对短尾猴、旧大陆猴、恒河猴进行功能磁共振成像分析，佩特科夫（Petkov）等在其大脑中发现了一个高级听觉脑区。该脑区对特定物种的声音的识别优于普通其他声音的识别。此脑区不仅对不同物种的声音很敏感，而且能够识别同物种的不同个体的声音。猴子的这个声音识别区位于颞上平面，并且属于前部“what”听觉通路。这些发现与人类声音识别区在功能上有着紧密联系，并支持不同灵长类动物大脑前颞区都是用以识别同物种交流信号的观点。

我们能从其他声音或发声中区别出人类的声音，能够区别不同说话者的声音并且能识别出我们认识的人的声音。一个对声音相对敏感的脑区位于颞叶的前部，颞上沟的上部。相比其他动物的发声，这一脑区已显示对听觉调节和自然声音而言更容易辨识人类的声音。丰富的证据表明，大脑声音脑区是专门用来区分人类发音与其他各物种声音的特征；人类声音脑区对识别不同人的声音十分敏感，能被用来识别不同个体的声音。人类的声音脑区可能形成了对人类语言识别敏感的听觉区，类似于在人和猴子大脑中都存在的对面部识别敏感的视觉区。人类是把他们的声音作为一种有声语言进行交流的媒介，并且在说话时能激活声音脑区或其附近的脑区。非灵长类动物，就像许多利用发声的动物一样，缺少能用于表达的声音范围和许多人类的语言功能。许多灵长类动物都已经适应了特定物种的发音方法并且也能依据发音识别同物种，这些都表明它们的听觉系统可能包括处理特定物种发声的脑区。首先，当用一组熟悉的声音（包括熟悉的同种动物的发声）测试时，该候选猴脑声区为短尾猴发声保持其优先选择。其次，仅仅该前区的猴脑声区对同物种个体声音的辨识显示出选择性。

社会动物的声音表达对所有此物种的成员承载了相当大的意义，并经常针对危险或者社会重要的事件引发行为反应，诸如发现食肉动物的出现或者种群的移动。7 只雄性短尾猴的功能磁共振成像数据表明，它们的体重在 6~12 kg 之间，都来自一个家庭的雄性群体。在这些听觉皮层区中对特定种类的短尾猴发声法的响应明显大于其他条件。第一组对于两只觉醒（清醒）的短尾猴的实验辨识出几个脑区，很清晰地显示其对于特定物种（短尾猴）发声的偏好。对于觉醒的猴子，只有 3 个脑区强烈地偏好于特定物种的发声：听觉皮层中有两个区，第三个区为后顶叶皮层的顶内沟周围。在颞上皮层（superior-temporal plane，STP）的前部，两个听觉区被定位到听觉皮层中具有层次结构的高级加工脑区。中心区或者更后部脑区在最初的若干听觉皮层处理阶段以内，包括初级听觉皮层的 A1 区。

猴子听觉区前部只对同种猴子的声音特性引起的发声敏感。实验表明前听觉区对呼叫者的身份很敏感，这支持了该区用作识别个体声音的结论。多种证据来源显示，猴子发声的功能区是存在的，而这一脑区和已知的人类发声区是可比较的。在两类灵长类物种中，这些声音区表现出对特定物种的发声具有偏好的行为。它们对同类个体的发声很敏感，并且属于高级听觉处理区。在所有情况下，这些实验强调了听觉前区的作用，可以得出猴脑前听觉区对区别于其他种类的声音中特定物种发声的声学特性有偏好，此区对物种的声音敏感的结论。图 5.19 为非生物声大于特定物种呼叫（咕咕声和尖叫声）时，柱状图表示从听觉区的 R 区和 A1 区的每只猴子归一化的局部脑血流的平均值（± 平均标准误差）。从 3 只猴子的方差分析得出，听觉核 R 区和 A1 区非生物声音比咕咕声和尖叫声产生更大的活性。

颞叶前区倾向于单方面表征特定物种的发声，左脑对于这些发声有着更强烈的反应。猴脑中一个倾向于猴子发声法的腹外侧前运动区和布洛卡区是同源的；与之相对的，一个高级听觉区的后部，即颞 - 顶（Tpt）和韦尼克区是同源的。颞上平面（STP）的听觉前区对特定物种发声具有最强和最可靠的特性。

在人类和猴子中，腹侧或者前部的听觉处理通路可能包括了声音识别前区中的一条称为“what”通路。听觉前区作为猴子声区的适宜性，在 what 通路中对于特定物种的发声所观测到的偏好更像是声音识别的底层。猴子的声区属于听觉 what 通路的解释，暗示了该区要依靠和其他脑区的网络来分析声音的声学特性，提高对特定物种发声的特别敏感度。社会性动物为了生存依赖于同种的其他成员。相似的进化压力也影响着其他社会性动物的

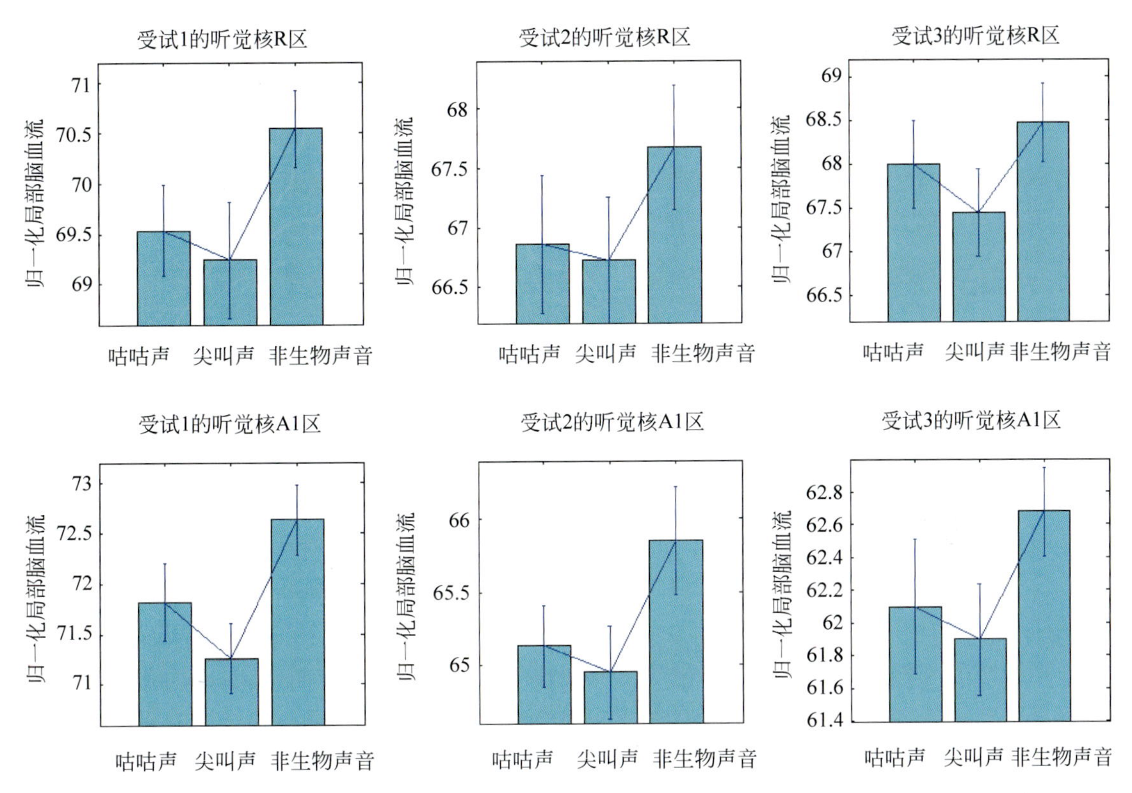

图 5.19 非生物声大于特定物种呼叫（咕咕声和尖叫声）时，柱状图表示每只猴子听觉区的 R 区和 A1 区的归一化的局部脑血流平均值（± 平均标准误差）

大脑特化作用，特定物种的特化作用类似于描述灵长类动物的声区方法，也应该适用于更多的动物物种。如果人类和短尾猴声区是同源的，那么其他的灵长类动物很有可能也具有声音脑区。和灵长类亲缘关系远一些的动物，为了获得群居能力，也能独立进化自己的声音脑区。

将猴脑中声音区的解剖学位置同人脑中已知的声音区进行比较，发现存在着差异。猴脑的声音区位于颞上平面前部的中间处，而人脑的声音区虽然也在颞上的前部，但是位于颞上沟的上部，甚至有可能位于颞上回内。不论是猴子、黑猩猩还是人的大脑中的初级听觉皮层都相似地位于颞上平面。研究显示，许多人类脑区（从初级到高级脑区）都能在短尾猴的大脑中找到，但是那些与人类语音和语言功能相关的脑区却位于人脑的多个不同区域。通过比较可以认识到，许多脑区在一个物种的大脑中已经扩展或者缩小，结果导致一些类似功能的脑区在两种不同的物种大脑中分布在不同的解剖学区域。

2. 人类与非人类灵长类动物的交流体系的差异

人类语言和动物交流体系之间存在着巨大差异，这种差异甚至存在于人类与非人类灵长类动物的发声方法上。一个根本的不同在于人类语言的组成性质：所有的语言，无论是书面语还是口语，都是由小的元素分层递归地组合建构成较大的单元；声学或手势特征结合形成片段，可以依次用来组成音节、词汇、短语和句子。为了研究这样一个组合系统，人类幼儿必须能够从语流中离析出一些开始元素，然后习得在特定的语言体系中特许的组合模式。研究表明了人类和非人类灵长类动物在语音分类上的不同是由于内部组织的差异。

一种可能存在于成年人和绢毛猴之间的差异是，在人类语言中他们察觉的类型单元与绢毛猴能够完成统计估算的单元有所不同。为了习得非邻近音节的规则，听者必须能够在语流中以音节作为感知单元并且清楚哪些音节以何种顺序发生，以及它们的发生频率等。相反，为了习得非邻近音节片断的规则，听者必须感知并统计计算辅音和元音。纽波特（Newport）等对绢毛猴的研究发现了一种可能的解释是，绢毛猴有感知音节和元音——都是在快速语流中相对长的、大声的、声学上突出的单元——但不是辅音的能力。辅音具有的多种难点可能导致习得辅音模式的失败：它们也许不能从其后置元音中作为分离单元觉察到辅音（特别是闭塞辅音）；当辅音和不同元音连在一起时，它们不能区分特别的辅音作为同样的音素的不同案例；或者在一个冗长的语音环境中，它们不能计算和维持辅音的统计特性。与元音或完整音节相比，所有的这些困难都与闭塞辅音具有复杂的声学 / 语音学特性相一致。实验表明了绢毛猴有很多用以感知人类语音和计算其规律模式的能力，绢毛猴必须能觉察人类语音的音节和元音，且它们需要追溯的不仅是语音出现的规则序列，还包括规则的非邻近模式。绢毛猴并未表现出能够很容易地从元音中分离出连续的辅音学习模式，纽波特等也预测还有其他一些更复杂的模式是它们无法习得的。绢毛猴也许仅仅对大的、整体的语音元素，例如音节和元音进行统计计算；相反，人类却似乎在更精细的、可区分的语音元素上运用统计计算，例如辅音和元音，并非仅在音节上运用了统计计算。第二种可能性是在可以进行统计估算的语流长度上，绢毛猴和人类也有所不同。假定计算激增，这种差异将引起习得难易的规则类型的差异。最后一种可能性是绢毛猴和人类对表述语音元素中的关系有所不同，也就是什么种类的元素相互接近还是相互间隔。绢毛猴可以把语音表述成为一个声音元素的线性序列，例如 ABC。在这一类型的表示中，元素 A 和元素 C 都只是一个个分离的元素。相反，人类表述的语音被认为是由许多层级内部关联的元素通过层次结构组成的。

人类既可以对音素进行监测，又可以对音节进行监测，并且可以同时学习读音节文字和字母文本。成人被认为能感知和表述的语音音节由（以层次方式结合的）特征和可能的语音片段组成。对人类来说，语声并非按线性顺序排列的大块整体出现。更正确的是，声音元素是分层次组合而成的，以各种不同种类的元素结合形成高阶元素。一个音节被认为是由一开头的辅音加上一韵母组成的，韵母由核心元音和一个可能存在的最终辅音组成。音节然后被集合成为韵脚（从语音方面）、词干和词缀（从词汇方面）。

3. 行为与认知的差异

研究数据表明，句法学习机制可能与两个不同的神经回路有关。一个回路将颞皮层的听觉系统连接到额叶皮层的运动系统，并促进感觉到运动的映射。这个回路可以支持学习 $(AB)^n$ 语法，以及不需要建立结构层次的人工语法。为了学习具有其层次结构的自然语法，可能需要第二条回路将颞后皮质与额叶皮质的布洛卡区的后部（BA 44）连接起来。后者可能只在人类脑区中活跃，这一发现表明自然语法和需要建立句法层次结构的人工语法须激活 BA 44 区。人类语言的能力是具有处理层次构造序列的能力和处理递归结构的能力。左额岛盖部负责对局部转移的处理，是在动物种类史上一个比布洛卡区更古老的脑区，专门负责层次依存关系的计算。人类语言能力的核心部分是语音和语义相互作用的语法规则系统，称为句法。这个语法规则系统使人类可以产生并理解无数的句子，即词汇的不同组合。句子中词的重新排列和置换关键是由这个语法规则系统中的层次结构决定的。两种语法类型的结构是有限状态语法（finite state grammar, FSG）和短语结构语法（phrasal structure grammar, PSG），假设语言因素 A 和 B，有限状态语法的一般结构是（AB）^{n}，短语结构语法的一般结构是 A^nB^n。

行为差异：人类和非人类灵长类动物的行为研究表明，人类和非人类灵长类动物之间的主要区别在于人类能够将单词或有意义的元素组合成更大的序列。行为研究表明，人类与黑猩猩产生单词序列的能力不同。听力正常的儿童和失聪的儿童与黑猩猩相比，话语的长度明显增加。如图 5.20 所示，听力正常的孩子（绿色）、聋哑的孩子（橘色）和黑猩猩（红色）在 2~4 岁的平均发声时长。“话语”一词是指听觉正常的孩子通过说话产生的响应，失聪的孩子通过手势产生的响应，黑猩猩通过视觉符号产生的响应。

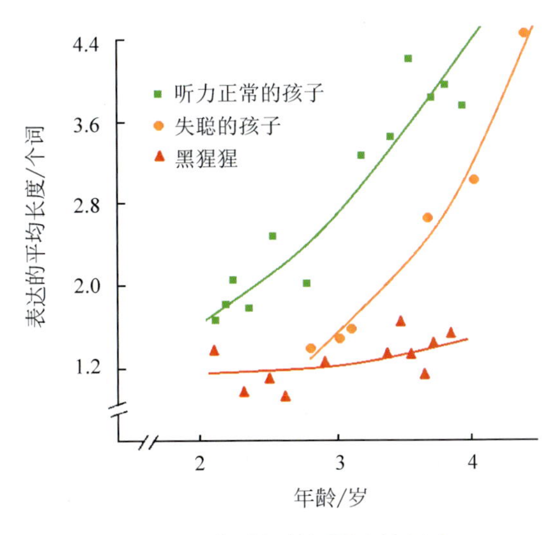

图 5.20 物种间的话语表达长度

灵长类动物的序列处理的中心问题，不仅是序列是否可以习得，而且更重要的是关于什么样的句法序列可以习得的问题。在此背景下，两种句法类型之间产生了根本的区别，即遵循（AB）^{n} 规则的有限状态语法和遵循 A^nB^n 规则的短语结构句语法。这两种语法类型之间的重要区别是，基于（AB）^{n} 规则的序列包含 A 元素和 B 元素之间的相邻依赖关系，而基于 A^nB^n 的序列导致不相邻的依赖关系，如图 5.21 所示。

至少存在三种可以针对这些句法类型进行语法序列学习的机制：①从听觉输入中提取语音规律并将其记忆以备进一步学习，这可以学习（AB）^{n} 语法中的相邻依存关系。②只要不要求层次结构的建立，A^nB^n 人工语法中 A 和 B 之间不包含高阶层次结构的不相邻依赖关系，可以通过①中描述的相同机制来学习。③但是，自然语法中的 A^nB^n 依赖关系要求通过“整合”计算来建立层次结构，该计算将两个元素绑定到一个最小的层次结构中。

这是处理具有高阶层次结构的自然语法的基本机制。图 5.21（c）为人类的自然语言语法。惠誉（Fitch）等率先使用有限状态语法和短语结构语法研究了人类和非人类灵长类动物的语法学习。在一项对成年人和棉顶绢毛猴的行为语法学习研究中，他们发现人类可以很容易地学习这两种类型的语法，而猴子只能学习与其相邻依存关系的有限状态语法。

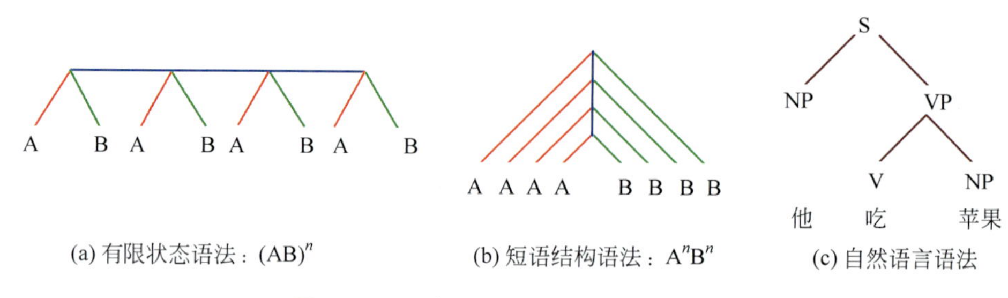

(a) 有限状态语法：$(AB)^n$　(b) 短语结构语法：A^nB^n　(c) 自然语言语法

图 5.21　三种用于层级结构测试的结构

图注：（a）（b）为人工序列；（c）为自然语言语法。

人工语法学习也在两种与人类进化距离不同的猴子中被研究：狨猴和猕猴，如图 5.22 所示。从进化的角度来看，猕猴比狨猴更接近人类。因此，通过比较这两种动物，我们可以追踪语法学习的可能的系统发育痕迹。在实验中，这两个物种都必须学习一种带有非确定性词转换的人工语法。狨猴只对序列中简单的违规行为表现出敏感性，而猕猴则对更复杂的违规行为表现出敏感性。这表明了一个关于猴子的有趣的进化结果，即那些与我们亲缘更近的猴子比那些进化得更远的猴子表现出更高级的人工语法处理能力。

(a)　(b)

图 5.22　狨猴（a）和猕猴（b）（梳理和清洁它的幼子）

然而，当涉及处理音调信息时，在进化上比猕猴更远离人类的狨猴，在音调处理方面表现出与人类相当的能力。音高处理与狨猴有关，因为音高信息是它们发声的一部分，也是它们交流的一部分。两项研究的数据表明，作为一种声学处理机制的音高处理可能在进化过程中很早就出现了，而允许处理复杂听觉序列的机制则是后来才进化出来的。在人类中，处理有限状态语法（AB）^{n} 及其相邻的依赖关系，激活了额岛盖部（BA 44），而处理更复杂的短语结构语法 A^nB^n，则额外地激活了系统发育更年轻的布洛卡区。结构成像分析发现

（AB）^{n} 语法的额岛盖部通过腹侧通路与颞叶皮层相连。相比之下，计算短语结构语法 A^nB^n 的后布洛卡区通过背侧路径连接到颞后皮质。这些数据表明，后布洛卡区，即额岛盖部（BA 44）及其与颞叶皮层的背侧连接，特别是支持与语言相关的高阶层次结构序列的处理。

非人类灵长类动物使用一种可学习的语法，由有限状态语法（FSG）产生的序列转移依存关系的估测，会使系统发育上更古老的一块皮层额岛盖部活跃起来。人类语言使用的语法，根据短语结构语法（PSG）产生的序列层次依存关系的计算，会使动物种类史上更年轻的额外皮层布洛卡区（BA 44/45）活跃起来，与句法构成上复杂句子层次至关重要的 BA 44/45 区是一致。额岛盖部（BA 44）在两种语法类型中都有参与，对层次结构的语句计算仅仅激活 BA 44/45。额岛盖部支持输入元素与预测元素的核对，因此参与独立于序列结构中非文法的处理。当基于评估的结构层次被计算时 BA 44/45 也参与进来。研究表明，造成 BA 44/45 激活的是结构层次存在的作用。额岛盖部通过沟状束连接到前颞叶，而布洛卡区则经上纵束连接到颞上区的后中部。由布洛卡区和颞上回的中后部构成的网络在复杂句法和处理短语结构语法时被激活。在语言学习中，颞上回后部的激活在功能上与综合处理区相连，因为该脑区在处理非文法句子时是活跃的。相比之下，额岛盖部同颞上回的前部在处理局部短语结构违例时被激活。有种假设，在口语研究中颞上回前部的激活可获得词典中词类信息解码，而额下回的激活应是与处理局部结构构建相关。在该假设下，可以认为呈现的有限状态语法的激活是在额岛盖部而不是在颞上回前部。对于只有人类才能使用可学习语法类型的过程，有助于在系统发育上更晚出现的脑区完成的。处理句法的层次和递归是人类语言至关重要的一个方面。一种关于序列计算的进化轨迹，从处理简单的可能性到计算层次结构的后出现的布洛卡区，在动物种类史上布洛卡皮层区比额岛盖部更年轻，更古老的额岛盖部脑区涉及序列的转移概率的处理。

综上所述，人类和非人类灵长类动物在处理复杂的基于规则序列的能力上明显不同。除了人类之外，其他任何物种都不能处理和学习自然语言的句法结构中出现的层次结构序列。人类和非人类灵长类动物之间的基因差异不到 2%，只有在基本的神经解剖学上存在微小差异。然而，这些微小差异可能是至关重要的，无论是在大脑结构还是大脑功能方面都值得我们仔细研究。

4. 脑结构差异

从大脑的灰质（特定脑区的细胞结构）和大脑的白质连通性（保证不同脑区之间的信息传输）来考虑大脑的结构。人类大脑皮层的尺寸是黑猩猩的 3 倍以上，与非人灵长类动物相比，人类的关联皮层包括前区和后区的增长不成比例，这尤其涉及那些与人类语言有关的脑区。人类与非人类灵长类动物之间的前额叶皮层内白质的发育是理解人类复杂认知能力进化的关键。人类和猕猴之间，代表前额叶皮层内连接的白质的发育模式以及与后区的相互连接存在明显的差异。与人类相比，猕猴在青春期前已经表现出类似成人的成熟模式。对于我们最近的黑猩猩而言，情况并非如此，黑猩猩在青春期前的白质体积与人类相似但不完全相同。人类在婴儿期的发育速度比黑猩猩要快。这表明，人类与其最后的共同祖先一起表现出前额叶皮层的白质成熟较晚，这意味着它对出生后的经验仍然是“开放的”。

与黑猩猩相比，人类前额叶白质的成熟速度更快，这可能支持人类在生命早期发展复杂的认知能力。

与人类的语言相关脑区是额下回和颞叶皮层，特别是颞上回。颞叶的结构在 11 种灵长类动物，包括猿、猴和人的体积和白质方面进行分析表明，对于整个颞叶，发现人类的总体积、表面积和白质明显大于非人灵长类动物。人类的语言偏向左脑半球。在神经解剖学上，人脑左后颞叶皮层比右脑半球大。对于颞平面，一个位于颞横回后方并包含韦尼克区的脑区，长期以来一直被认为是支持语音和语言处理的，对人类来说，存在着大脑半球的不对称。一项元分析表明，后颞叶皮层的解剖学不对称对于最佳的言语表现是必要的。一项涉及黑猩猩和包括猕猴在内的其他三种非人灵长类动物的跨物种的比较表明，只有黑猩猩表现出与人类相似的颞平面不对称性。这表明生物大脑在进化的过程中，人类与我们最亲近的黑猩猩在划分之前，已经出现了颞平面的不对称。颞叶皮层中的颞平面是一个脑区，它支持听觉语言处理。

另一个重要的与语言相关脑区是额下皮层的布洛卡区。布洛卡区在人类处理句法的能力中起着至关重要的作用。研究表明，成人大脑的布洛卡区存在左右脑的不对称，即左脑的布洛卡区大于右脑的。在成年黑猩猩（37.8 岁）的布洛卡区的 BA 44 或 45 区没有发现这种不对称性。在人类中，这种不对称性对于布洛卡区的前部（BA 45）和后部（BA 44）有着不同的发育轨迹。BA 45 的左大右小的不对称性在 5 岁时就出现了，而 BA 44 的左大右小的不对称性在 11 岁时才出现。这是一个有趣的观察，因为 BA 45 和 BA 44 在成人大脑中服务于不同的语言功能，其中 BA 45 支持语义过程，而 BA 44 支持句法过程。这些过程在儿童语言发展中也具有不同的行为和神经生理学轨迹。建立语义过程的时间比句法过程的时间要早得多，句法过程要晚得多才达到类似成人的行为表现，而处理复杂句法的神经生理模式只有在 10 岁以后才出现类似成人的表现。在人类发育过程中，可以观察到支持句法过程的 BA 44 和支持语义过程的 BA 45 之间的有趣差异。这些数据反映了语义和句法在行为学、电生理学水平的功能发展轨迹。在脑成像水平上，BA 44 对句法过程的特异性只在儿童晚期发展，而在此之前 BA 45 也被招募，说明完整的句法语言能力出现得较晚。然后，成熟的 BA 44 对句法上表现出明显的特异性，并且似乎表明与人类婴儿和猴子相比，在成年人之间观察到结构和功能上的差异，因此对于语言能力至关重要。

另一个与功能相关的神经解剖学参数是神经元显示的树状结构。树突结构指的是神经元的分支投射，通过它从其他神经元接收电信号。这些构成了微观层面信息传递的基础。一项组织学研究就树突结构研究了人类的布洛卡区，分析了 47~72 岁个体死亡后大脑布洛卡区皮质第三层和相邻的左、右脑中央前回运动皮层的神经元树突结构。假设，语言所要求的更复杂的处理水平将导致皮质第三层中的树突状树更加精致。而事实上，树突结构在布洛卡区的后部最为复杂，左脑岛盖部（BA 44）优于其右脑同源物以及中央前回（PCG）的左和右口面区，从而支持了该假设。图 5.23 是左脑和右脑的典型树突状总体的示意图，与所有其他脑区相比，左脑额盖部（BA 44）的高阶分支数量有所增加，而右脑额盖部和中央前回（precentral gyrus，PCG）的二、三级分支长度相对较长。根据这些数据，无法确定左脑岛盖部（BA 44）中更复杂的树枝状结构是终身语言处理的结果，还是在发育早期就已经预设好并存在的。

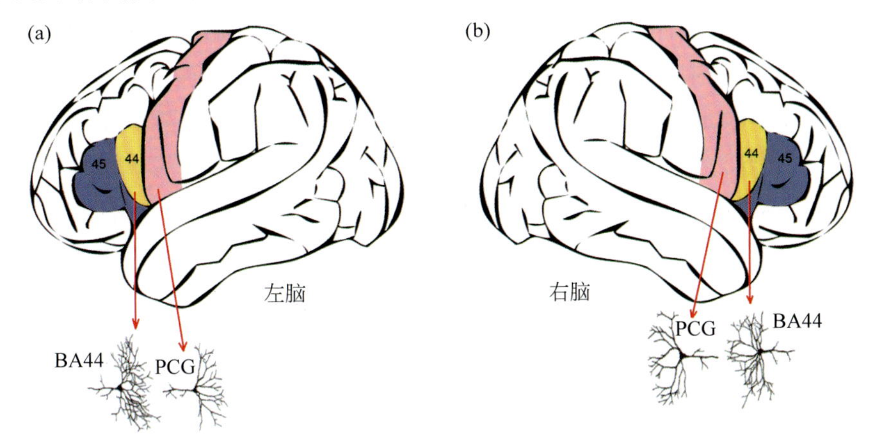

图 5.23　人类布洛卡区（BA 44）的树突结构

对发育过程中树突的生长进行的其他分析结果表明，2~3 岁的儿童，布洛卡区的树突系统，岛盖部（BA 44）和三角部（BA 45），开始超过相邻运动皮层（BA 6）的树突系统，并在接下来的岁月中扩展了它们在树突状细胞中的主导地位。到了 3~6 岁，左脑的神经元似乎普遍获得了树突总长度和远段长度。这一观察结果可以映射到行为学数据以及功能神经生理学数据上，这些数据揭示了语言习得过程中的两个关键期。第一个时期是从出生到 3 岁，在这个时期可以用母语的方式学习语言；而第二个时期在 3~6 岁，在这个时期学习语言仍然很容易，虽然不一定用母语的方式进行，表明 BA 44 在树突水平上具有一定的特异性，可能对语言习得产生影响。

然而，一些关于人类、猕猴和黑猩猩的长程白质连接的结构成像研究表明，连接已知参与人类语言处理的额叶和颞叶区的纤维束的强度存在差异。在人脑中，布洛卡区通过一条背侧白质通路连接到后颞上回 / 沟；在非人类灵长类动物中，这条背侧通路比人类要弱得多。此外，通过直接比较还发现了人类和非人灵长类动物之间的差异：猕猴和黑猩猩显示出强大的腹侧通路和弱小的背侧通路，而人类则显示出强大的背侧通路和较发达的腹侧通路。因此，背侧通路被认为是人类成人语言能力的关键通路。背侧语言通路是 BA 44 和后颞上回由一条背侧弓形纤维束连接，它们共同代表了成年人的句法网络。它在系统发育过程中的出现与个体发育过程中的出现是否有平行关系，经比较显示，人类成年人的这种纤维束既不同于人类婴儿，也不同于非人类灵长类动物。这种背侧通路在猕猴和黑猩猩（它们没有语言）中非常弱，但在成年人（掌握语言）中该背侧通路却很强。此外，在新生儿（尚未掌握语言）中，弓形束非常弱，且髓鞘化程度很低。这些数据表明，当弓形束的髓鞘较低时，句法功能较差。研究结果表明弓形束强度的增加与处理复杂句法结构的能力增加直接相关。因此，这种纤维束可能是人类成年人语言能力与语言前婴儿和猴子相比存在差异的原因之一。

5. 脑功能差异

在电生理学研究中，直接比较了语言前人类婴儿和非人类灵长类动物的序列加工，这些研究集中在听觉序列中基于规则的非相邻元素的依赖性的处理上。这种最简单形式的非相邻依存关系是 AxB 结构，其中 A 和 B 是恒定的，x 发生变化（例如，音节序列 le no bu，le gu bu）。学习这种非相邻依赖关系的能力被认为是学习自然语言中句法依赖关系的先决条件。对 3 个月大的婴儿和成人进行的第一项研究显示，AxB 序列中的违规行为反映在错配否定上。违规行为要么是基于声学的（音高违规），要么是基于规则的（违反音节序列，AxC 代替 AxB）。在婴儿中，声学条件下的事件相关电位（event-related potential，ERP）响应对基于规则的音节条件（音高）具有预测性，这表明检测声学违规的能力和检测基于规则的音节序列违规的能力之间存在相关性。

婴儿在针对 BA 44 的背侧纤维束的强度上明显不同于成人，他们处理 AxB 结构的能力不能基于背侧纤维束。猴子相应的背侧纤维束也不发达，因此，猴子可能不具备处理复杂句法的能力，但与婴儿相似，可能能够处理那些简单的 AxB 结构。为了研究人类有语言能力前的婴儿和非人类灵长类动物在多大程度上显示出处理上的相似性，研究人员对猕猴进行了后续的脑电图研究，应用了与人类婴儿和成人使用的非常相似的刺激材料，测试了猕猴在听觉领域（音高）或规则领域（规则）两种不同刺激类型的非相邻依赖项（AxB 结构）的处理。在这一范式中，正确和不正确的音高偏差或规则偏差序列以听觉方式呈现。猴子对不正确元素的 ERP 结果揭示了类似于人类婴儿的 ERP 模式，但不同于人类成年人的 ERP 模式。

另一项跨灵长类动物的比较研究集中在人类和猕猴的音序处理过程中的功能激活模式上。序列的重点是音调的数量或音调重复模式。除了一些物种间的相似性外，数据还显示，与猴子相反，在人类额下区（主要是 BA 44）和后颞上沟显示出序列数量和序列变化的相关效应。这一结果与进化赋予人脑新的额下皮层和具有规则序列模式的颞上回路的假说最相符，并且这种增强的学习能力与额下回 - 后颞上沟回路有关。在解剖学上，这些脑区通过背侧纤维束连接在一起，背侧纤维束在人类中很强，而在非人类灵长类动物中却很弱。

通过功能磁共振成像评估了人类和猴子对基于规则的简单序列的处理，记录了布洛卡区（BA 44/45）以及左、右脑腹侧额岛盖皮质的激活差异。揭示了猴子框额皮层和布洛卡区的参与，而人类成年人只激活框额皮层，而不是布洛卡区。揭示了在处理简单的基于规则的序列时，额岛盖部皮层的激活，而不是布洛卡区的激活。对人类和黑猩猩的静息状态大脑活动的比较，与黑猩猩相比，人类在已知涉及语言和概念过程的左脑皮质区显示出更高水平的激活。综合功能数据表明，在进化过程中，系统发育上出现了连接语言相关脑区的新回路。额下回的布洛卡区和颞后皮层关键性地从猴脑进化到人脑。这两个脑区在结构上由背侧纤维束连接，背侧纤维束的强度也在系统发育过程中得到增强。此外，研究数据还表明，人类后颞皮层与腹侧额下皮层（包括布洛卡区）的连通性整体地强于猕猴腹侧额下皮层的几乎所有区域，尤其是人类的后布洛卡区（BA 44），参与了句法层次结构的构建。

综上所述，这些数据表明灵长类动物在连接两个与句法相关的脑区，即布洛卡区的后部和后颞上回 / 沟的背侧通路的强度方面有明显的进化轨迹。这种系统发育的变化，与连接布洛卡区后部（BA 44）和后颞上回 / 沟的背侧纤维束从新生儿到儿童期，直至成年的新兴强度的个体发育的轨迹相似，如图 5.24 所示，系统发育 B → C 和个体发育 A → C

的示意图。在新生儿中，背侧通路（紫色）仅针对中央前回，而不针对布洛卡区（BA 45/44）。在新生儿中存在通过最外囊连接额下回和颞叶皮层（橙色）的腹侧通路，该纤维束已被证明在处理句法复杂的句子中起着关键作用。

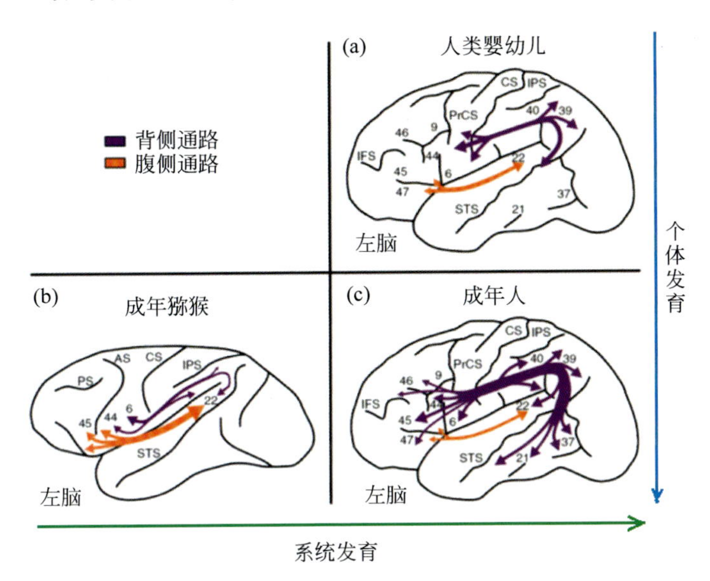

图 5.24　系统发育和个体发育中的白质纤维束示意图和结构连接

图注：背侧纤维束（紫色），腹侧纤维束（橙色）。（a）基于纤维追踪的弥散张量成像数据的示意图，该图适用于人类婴幼儿与语音相关的脑区；（b）成年猕猴；（c）成年人。abSF = ascending branch of the sylvian fissure 外侧裂的上行分支；AS = arcuate sulcus 弓形沟；CS = central sulcus 中央沟；IFS = inferior frontal sulcus 额下沟；IPS = intraparietal sulcus 顶内沟；PrCS = precentral sulcus 中央前沟；PS = primary sulcus 主沟；SF = sylvian fissure 大脑外侧裂；SFS = superior frontal sulcus 额上沟；STS = superior temporal sulcus 颞上沟。

证据比较说明了同样的基本情况，图 5.25 显示了旧大陆猕猴大脑中相应的纤维束。从顶部到背侧到腹侧的完整环（标记为粗红色的弓形纤维束和最外囊纤维束之间）缺失了。两条纤维非常接近并彼此连接。黑猩猩也是如此。图 5.26 右图为对应于成年人左脑的背侧通路（紫色）和腹侧通路（橘色）形成了完整的环，左图为婴幼儿的左脑的背侧通路（蓝色）和腹侧通路（橘色）也没有形成完整的环，这时的婴幼儿还没有开发出语言。从推测的角度来看，连同人类的发育证据一起，这表明一个完全的连接对句法系统与概念整合的“环”是必要的，以实现基本属性。

6. 系统发育和个体发育的语言网络

当考虑跨个体发育和系统发育的大脑语言网络时，可能会更多地了解人类句法能力所依据的神经生物学的具体内容。与人类成年人相比，非人类灵长类动物和幼年婴儿既不具备语言能力，也不具备特别的句法能力。数据表明，这些网络在 BA 44 上有所不同，此外，在连接 BA 44 和后颞上皮层的背侧纤维束方面也有所不同。在布洛卡区，BA 44 的细胞结构及其在左、右脑的相对表达在成年人和非人类灵长类动物中是不同的。包括 BA 44 在内的布洛卡区的细胞结构分析显示，在成年人中存在明显的左向不对称性，但在黑猩猩中则没有。在人类中，生命早期并不存在左向的不对称性，但随后遵循与功能相关的发展轨迹。

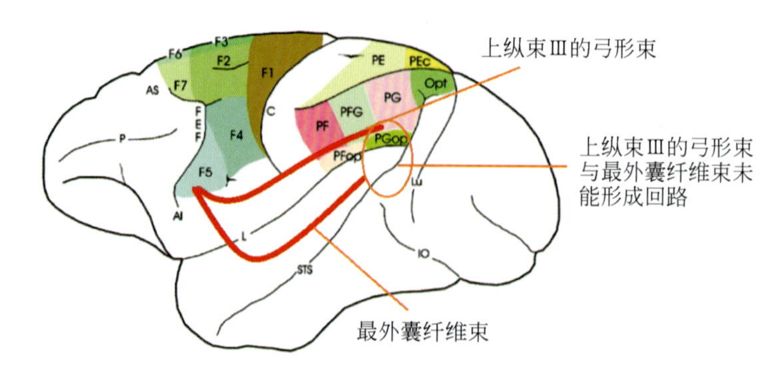

图 5.25　猕猴皮层运动系统的一些公认划分

图注：F1= 初级运动皮层，F7= 背侧前运动皮层的喙部，F2= 背侧前运动皮层的尾段，F5= 腹侧前运动皮层的喙部，F4= 腹侧前运动皮层的尾段，FEF（frontal eye field）= 额眼视野。上纵束 III 的弓形束与最外囊纤维未能形成回路，无法有效地完成语言产生与理解的功能。

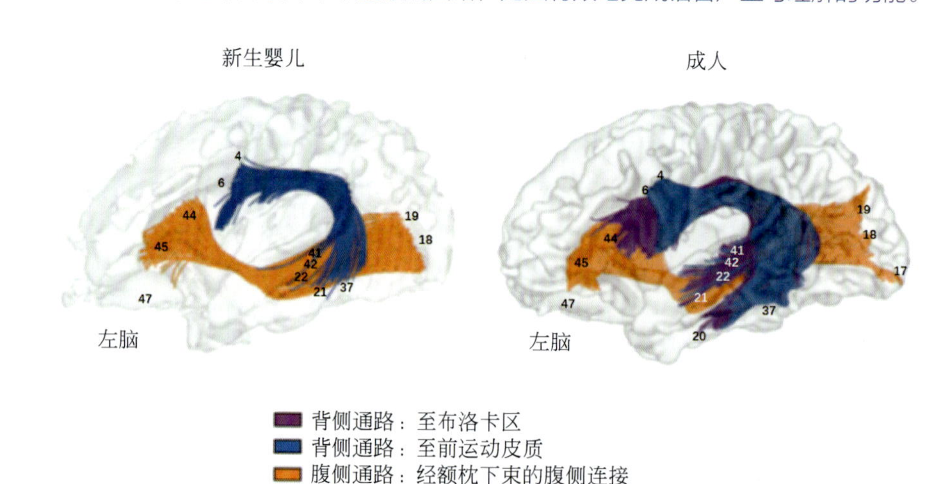

图 5.26　新生儿和成人的纤维束通路和结构连通性结果

图注：成人有两条背侧通路（蓝色和紫色）连接颞中 / 上回的中后部与额下回前部，和一条腹侧额枕下束通路（橙色）；而婴幼儿只有一条背侧通路（蓝色）和一条腹侧额枕下束通路（橙色）。

人类与非人灵长类动物在构建句法结构的能力上有所不同。词汇的语义是语言重要方面，但需要句法来将单词组合成短语和句子。我们用词语来指代对象和心理实体，并指代行为和心理状态，但需要句法来确定句子中词语之间的主题关系。句法可以表达逻辑关系（例如，因果关系），它使我们能够表达自己及与他人相关的信息。布洛卡区的句法特异性，特别是其后部，即 BA 44 及其与颞叶皮层的连接，给予这两个脑区之间的相互作用，是造成这些变化的原因之一。总之，这些系统发育和个体发育的数据，为 BA 44 和连接 BA 44 与后颞上皮层的弓形束对语言功能的特殊作用，提供了令人信服的证据。这些大脑结构可能是为了辅助人类处理语法的能力而出现的。这种纤维束可以被看作是存在于人猿与人类之间的过渡，为了使人类的全部语言能力成为可能，必须进行进化。人类和非人灵长类动物大脑的跨物种比较，揭示了布洛卡区的细胞结构和布洛卡区与颞皮层的连通性的差异。首先，细胞结构分析表明，人类额下回的布洛卡区存在左向不对称性，而非人类的灵长类动物中则没有。其次，人脑布洛卡区中的 BA 44 和颞上皮层之间的背侧连接比非人灵长类动物脑更强。这些结构可能是为了满足人类处理句法的能力而进化的，而句法是人类语言能力的核心。

小结

灵长类动物可以使用手势语进行交流。通过黑猩猩 / 倭黑猩猩的社会认知和合作能力、亲缘关系间的差异、资源竞争与分配机制，对未知新食物的社会学习以及工具的使用，探讨了灵长类动物的行为与交流，黑猩猩交流的特征以及与人类的异同。探讨了猿类布洛卡区与人类语言区的关系，猴脑与人脑中的声音识别区，以及猿类与语言能力前的儿童的手势之间的异同，灵长类动物与人类的脑结构和脑功能的差异，人类与非人类灵长类动物的交流体系的差异，系统发育和个体发育的语言网络的差异，论述了灵长类动物与人类行为、语言与认知的差异。

思考题

1. 请阐述黑猩猩的社会认知和合作能力与人类的差异。

2. 请阐述黑猩猩交流与人类语言特征的差异及人类与非人类灵长类动物的交流体系的差异。

3. 请阐述猿类与掌握语言能力前的儿童的手势之间的异同。

4. 请阐述猿类布洛卡区与人类语言区的关系。

5. 请阐述非人灵长类动物与人类脑结构和脑功能的差异。

第 3 篇

人脑语言认知机制

第6章
听觉与视觉感知器官的语言认知

本章课程的学习目的和要求

1. 了解语音的发音器官及声道，发音部位与声道及语音产生模型等，理解语音产生的认知机制。
2. 基本掌握听觉的腹侧通路和背侧通路的语言演化模型、听觉语言理解的认知模型、语音处理的双通道听觉模型，从而弄清发音及视听觉语言感知的机制。
3. 理解语音在阅读高频率和低频率的双字复合中文单词中的作用，以及阅读过程中提取汉字的抽象拼写模式。

6.1 发音器官及语音产生模型

语言是人类的标志，世界上每一种语言都有其所特有的快速张嘴闭合周期，这种韵律节奏是语音所固有的，并且在口语中普遍存在，因为它表达了音节的产生，其中嘴巴的张开和闭合分别大致对应于元音和辅音的产生。在包括猩猩在内的一些非人类灵长类动物的口腔面部信号中，发现了所有口语特有的 2~7 Hz 的张嘴 - 闭合节律的特征，这种节奏通常表现出 2~7 Hz 的频率，即每秒 2~7 次开口闭合循环，并且是语音的视觉和听觉信号，似乎对其可懂度至关重要。在越来越多的灵长类动物信号中发现了类似言语的节奏：各种猕猴物种的咂嘴声，短尾猕猴的喘息声，狒狒的摇摆声，长臂猿的歌声，猩猩的咔嗒声和假语音。研究表明，猕猴的咂嘴行为的发展轨迹与人类语音相似，并激活了与布洛卡同源的脑区，每个人都能感知到咂嘴的自然频率。在同源性的基础上，这些跨越领域和分类群的趋同的证据线表明，语音节奏很可能源自远古灵长类谱系深处的快节奏的口腔信号。佩雷拉（Pereira）等通过社交过程中产生的亲缘信号描述了两个圈养和两个野生种群的黑猩猩咂嘴的节奏，他发现黑猩猩以 4.15 Hz 的平均类似语音的咂嘴节奏发出唇音，观察到黑猩猩种群内部和种群之间有相当大的节奏变化，个体和群体之间的差异有时会超过 2 Hz。

6.1.1 发音部位与声道及语音产生模型

语音的发音器官及声道

毫无疑问，猴子、猿类和人类像许多其他动物一样，已经进化出了专门的发声器官，用于社会交流。另外，没有猴子或猿类会为此目的使用舌头，人类史无前例地使用舌头、嘴唇和其他可移动的部分，似乎把语言归入为一个独立的类别。语音起源涉及人类语言器官的生理发展，如舌头、嘴唇和发声器官，这些器官在所有人类语言中都是用来产生语音单位的。图 6.1 为人类发音器官的发音部位和解剖声道图。

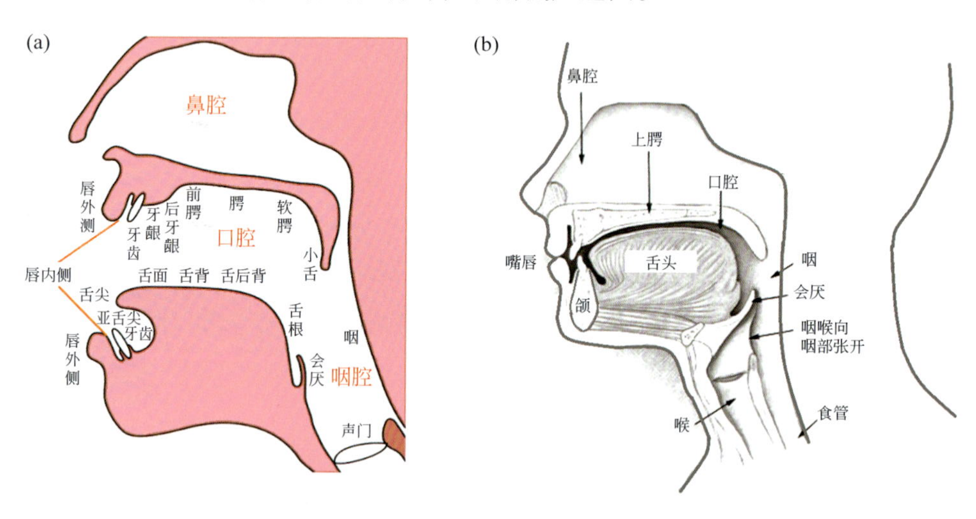

图 6.1 人类发音器官的发音部位（a）与解剖声道图（b）

在脊椎动物解剖学中，喉咙是颈部的前面部分，位于椎体的前面。它包括咽和喉。会厌将食道与气管分开，防止食物和饮料被吸入肺部。喉咙包括各种血管、咽肌、鼻咽扁桃体、扁桃体、气管、食道和声带。喉咙作用于嘴、耳朵和鼻子，以及身体的其他一些部位。它的咽部与嘴相连，使说话得以发生，食物和液体得以通过喉咙。它通过位于喉咙顶部的鼻咽与鼻子相连，并通过咽鼓管与耳朵相连。喉咙的气管将吸入的空气输送到肺部的支气管。食道将食物通过喉咙送到胃里。喉部包含声带、会厌（防止食物 / 液体吸入）和一个被称为声门的区域，在儿童中，它是咽喉上部最狭窄的部分。人类的咽道是一组可移动的“开关”，每个开关在任何时候都必须处于一种或另一种状态。例如，声带要么振动（发出声音），要么不振动（静音模式）。根据物理学原理，相应的独特特征是不可能介于两者之间。选项仅限于“关闭”和“打开”的一种。在任何时刻，软颚会允许或不允许声音在鼻腔内产生共鸣。在嘴唇和舌头位置可以允许两个以上的状态。

人类的语音通常在 40~8000 Hz，主要集中于 200~3400 Hz，而人耳的听觉频率范围在 20 Hz~20 kHz。图 6.2（a）为理想化的前元音的舌位，并标明最高点；（b）为原始元音四边形，一个平行的图涵盖了前面和中间的圆形元音和后面的非圆形声母。这些单元格表示可以合理地用这些基本元音 [i, e, ε, a, ɑ, ɔ, o, u, ɨ] 和非基本元音 [ə] 转录的发音范围。

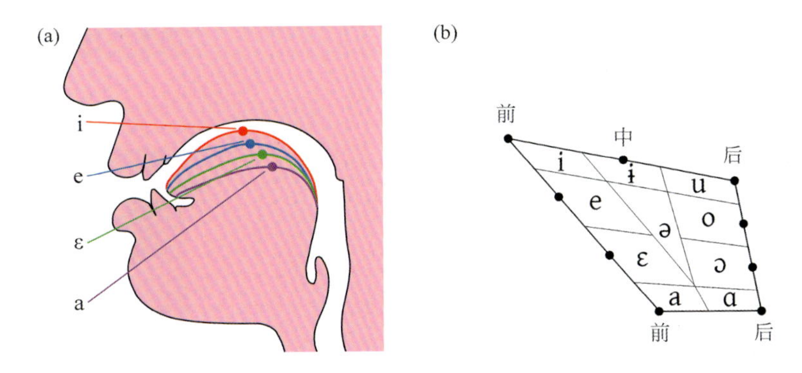

图 6.2　理想化的前元音的舌位（a）和原始元音四边形（b）

图 6.3（a）是美国英语元音 [i，u，ɑ] 的第 1 共振峰 F1 和第 2 共振峰 F2 的宽带语谱图，横坐标为时间（s），纵坐标为频率，颜色的深浅代表语音信号的能量，颜色越深代表能量越大。[ɑ] 为低元音，F1 值高于高元音 [i] 和 [u]；[i] 是前元音，所以它的 F2 明显高于后元音 [u] 和 [ɑ]。通常元音有 3~5 个共振峰。第 2 共振峰频率变化范围最大，人耳最容易听到。图 6.3（b）是汉语元音 [a, i, u] 的原始语音信号波形，基音频率曲线以及 F1 和 F2 共振峰的窄带语谱图。

6.1.2　语音生成模型

1. 与语音夹带相关的脑区连接及语音生成模型

模仿视听语音刺激，产生流利的语音称为“语音夹带（speech entrainment）”。弗里德里克松（Fridriksson）等通过只有音频反馈，模仿听到的言语，对布洛卡失语症患者组和对照组进行的语音夹带的神经机制实验结果显示，与前岛叶和 BA 47 区交界处、BA 37、左颞中回和布洛卡区背侧的自发言语相比，语音夹带过程中产生的言语的双侧皮质激活更大，其相关脑区之间的连接，通过弥散张量成像（DTI）数据显示的白质连接，左右岛叶 / BA 47 之间的白质连接是通过胼胝体，左右 BA 37 之间的白质纤维连接是通过胼胝体压部（splenium of the corpus callosum, SCC）。前岛叶 /BA 47 和 BA 37 之间的半球内连接基本是通过腹侧通路的最外囊（EC），将颞叶前部和额叶背外侧下部连接起来。相比之下，没有显示双侧激活的两个脑区，仅有左脑半球被激活的颞中回和布洛卡区的背侧部分是通过背侧通路的弓形束，从颞叶连接到额叶。根据各纤维束脑区连接，左右脑相同脑区（同源区）之间通过胼胝体连接，当一侧脑区受损时，对侧同源脑区被激活，这也体现了胼胝体协调左右大脑活动的功能。

图 6.4 为语音生成的状态反馈控制模型，从反馈控制、心理语言学和神经语言学文献中得出的语音模型生成框架。该架构是一个状态反馈控制（state feedback control, SFC）系统结构，带有一个 / 组控制器，位于初级运动皮层。该运动皮层产生运动命令到声带，并向内部模型发送推测放电，这个内部模型可以对声道的动态状态以及这些状态的感觉结果

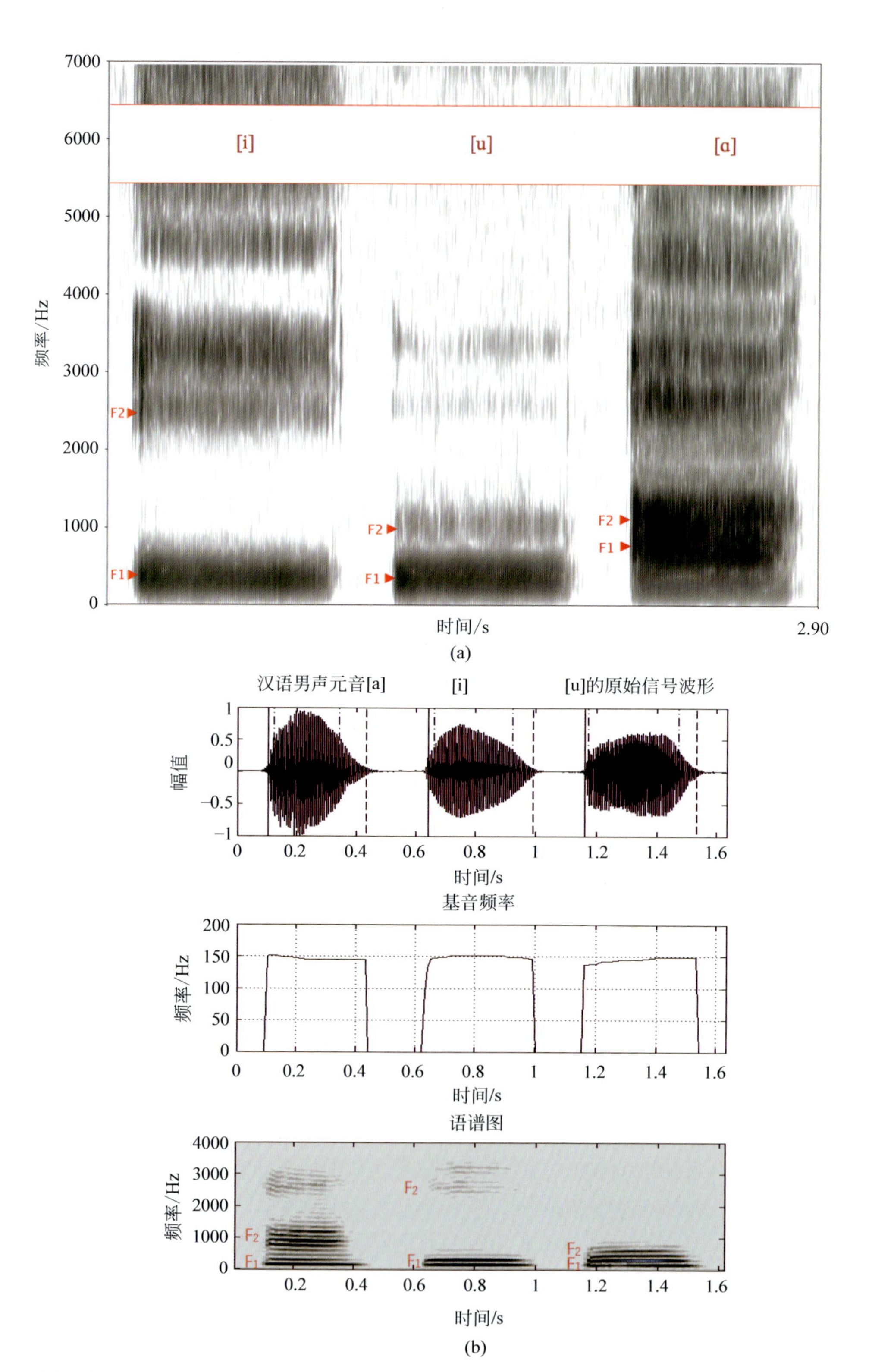

图 6.3 美国英语元音 [i，u，ɑ] 显示的 F1 和 F2 共振峰的宽带语谱图（a）；汉语元音 [a, i, u] 的原始语音信号波形、基音频率曲线以及 F1 和 F2 共振峰的窄带语谱图（b）

做出预测。预测的听觉状态与预期目标或实际感觉反馈之间的偏差会生成一个误差信号，用于纠正和更新声道的内部模型。声道的内部模型被实例化为“运动语音系统”，它对应于神经语言学解释的语音输出词典，并位于前运动皮层；听觉目标和感官结果的前向预测编码在同一个网络中，即“听觉语音系统”，它对应于神经语言学解释的语音输入词典，并定位于颞上回 / 沟（STG/STS）。运动和听觉语音系统通过听觉 - 运动翻译系统相连，该系统位于外侧裂 - 顶叶 - 颞叶区（Spt）。通过从词汇概念系统到运动和听觉语音系统的并行输入来激活该系统。

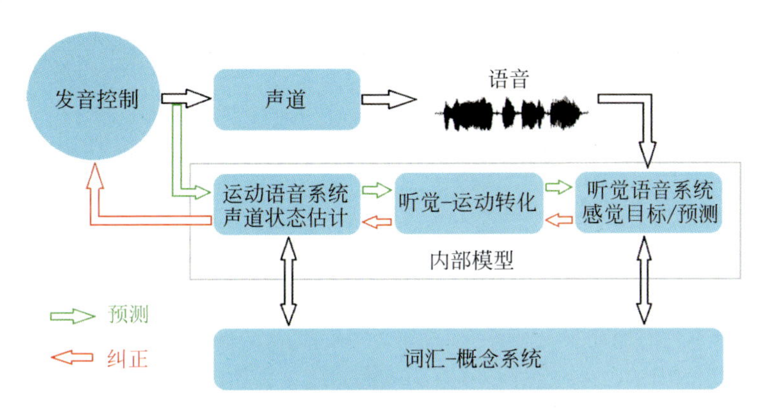

图 6.4 语音生成的状态反馈控制模型

2. 韦尼克区对语音产生的作用

韦尼克区所涉及的脑区及其语言功能，一直以来都是大脑语言研究者的一个课题。博根（Bogen）等称韦尼克区受损后可致语言理解障碍，并强调左侧颞叶（包括左后颞上 / 中 / 下回）及顶下叶（缘上回和角回）涉及语言理解。然而，随着功能神经影像学及脑皮层电刺激等研究的进展，发现韦尼克区的左侧颞叶及顶下叶的相关部位具有语音产生的作用。如宾德（Binder）对韦尼克区语言功能的研究结果显示，该区参与了语音检索及语音产生，如图 6.5 所示。

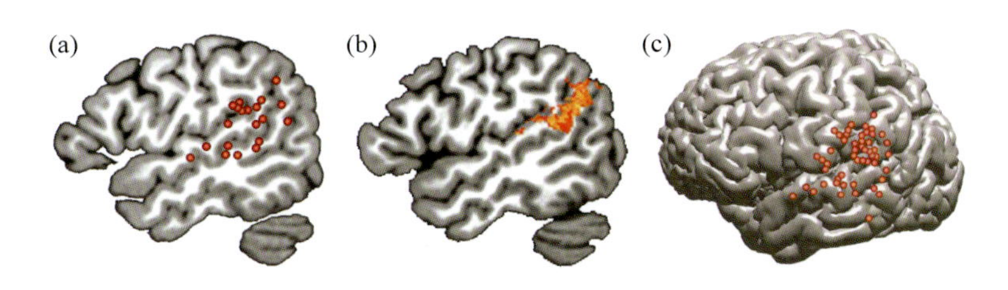

图 6.5 韦尼克区参与语言产生的部位

图注：（a）功能神经影像学的研究结果显示，激活与语音检索的位置有关，与语义处理、发音清晰度或听觉感知无关；（b）左脑半球中风患者的病变部位，与不能检索语音信息相关，而无语义或发音方面的缺陷；（c）在大声朗读时脑皮层电刺激产生语音错误的位置。

6.2 听觉及感知

6.2.1 外耳、中耳、内耳及听觉感知

1. 外耳、中耳、内耳

听觉或听觉感知是通过检测振动，经诸如耳朵等器官的周围介质压力随时间的变化来感知声音的能力。听觉可以通过固体、液体或气体物质听到声音，是传统的五种感知之一。部分或全部听不到声音称为听力损失。在人类和其他脊椎动物中，听力主要由听觉系统来完成的：机械波（振动）被耳朵检测到，并转换为大脑（主要在颞叶）感知到的神经冲动。像触摸一样，听觉需要对生物体外部世界中分子运动敏感。听觉和触觉都是机械性感觉的类型。听觉系统由外耳、中耳和内耳（图 6.6）三个主要部分组成。外耳接收声音，通过中耳的小骨传到内耳，声音在内耳转化为神经信号，并沿前庭耳蜗神经传递。

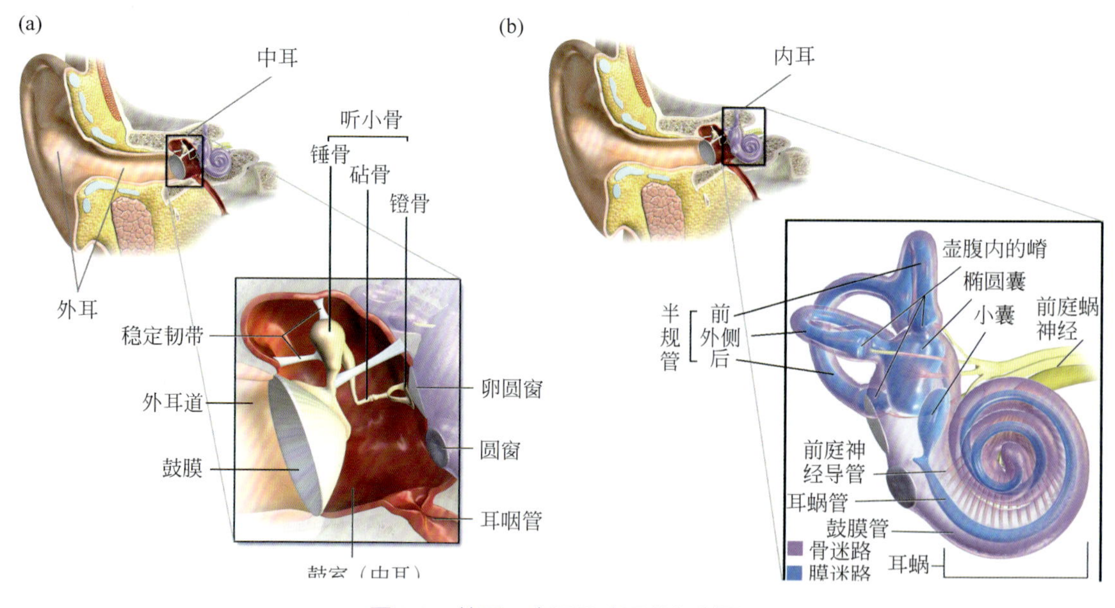

图 6.6 外耳、中耳及内耳的解剖图

外耳包括耳廓、耳朵的可见部分，以及终止于鼓膜的耳道。耳廓用于将声波通过耳道聚焦到鼓膜。由于大多数哺乳动物的外耳具有不对称的特征，声音在进入耳朵的过程中会根据来自不同的垂直位置进行不同的过滤，使这些动物能够垂直定位声音。耳膜是一种不透气的薄膜，当声波到达耳膜时，它会随着声音的波形而振动。

中耳使用三个微小的骨头，即锤骨、砧骨和镫骨，将振动从鼓膜传递到内耳。中耳由位于鼓膜内侧的一个充满空气的小腔组成。这个腔室内是人体中三个最小的骨头，统称为听骨，包括锤骨、砧骨和镫骨。它们有助于将振动从鼓膜传递到内耳（耳蜗）。中耳听骨的作用是通过提供阻抗匹配来克服空气波和耳蜗波之间的阻抗失配。中耳还有镫骨肌和鼓膜张肌，它们通过加强反射来保护听力机制。镫骨通过椭圆形窗口将声波传输到内耳，椭

圆形窗口是一层易弯曲的膜，将充满空气的中耳与充满液体的内耳分隔开来。圆形窗口是另一种易弯曲的薄膜，可以使进入的声波引起内耳液平稳地移位。

内耳是一个很小但非常复杂的器官。内耳由耳蜗组成，耳蜗是一种螺旋形的充满液体的管道。它在长度上被柯蒂器官纵向分割，柯蒂器官是机械向神经传导的主要器官。柯蒂器官内部是基底膜，当来自中耳的声波通过耳蜗液-内淋巴传播时，基底膜结构会发生振动。基底膜是调性的，因此每个频率都有一个沿其共振的特征位置。特征频率在耳蜗基部入口处较高，而在耳蜗顶部较低。基底膜的运动引起毛细胞的去极化，毛细胞是位于柯蒂器官内的一种特殊的听觉感受器。虽然毛细胞本身不产生动作电位，但它们在与听神经纤维的突触处释放神经递质，而听神经纤维的确产生动作电位。通过这种方式，基底膜上的振动模式被转换成发射的时空模式，将声音信息传递给脑干。

图 6.7 是听觉系统的信号处理流程图，首先声音进入耳朵，经微小的中耳骨放大声音，耳蜗根据频率对声音进行分类，然后神经将信号从耳蜗传递到脑干，信号在大脑中传递并被解码，最终听觉皮层识别、处理声音。来自耳蜗的声音信息通过听觉神经到达脑干中的耳蜗核。从耳蜗核，信号被投射到中脑顶盖的下丘脑。下丘脑将听觉输入与来自大脑其他部位的有限输入整合在一起，并参与了潜意识反射，例如听觉惊吓反应。下丘脑依次投射到内侧膝状核（参见第 1 章的图 1.14），这是丘脑的一部分，声音信息在这里传递到颞叶的初级听觉皮层。声音首先被认为是在初级听觉皮层有意识地被感知。韦尼克区位于初级听觉皮层的周围，是负责解释声音的脑区，对于理解口语单词是必不可少的。

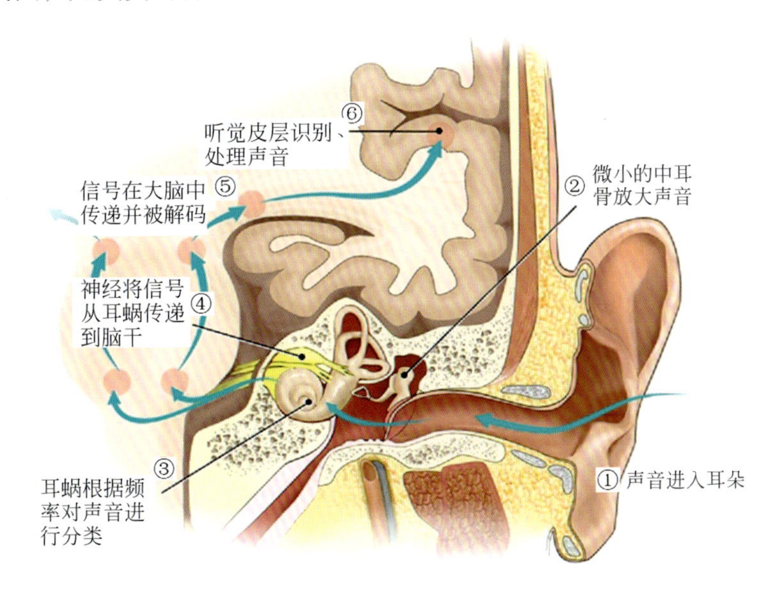

图 6.7 听觉系统的信号处理流程图

任何水平的损伤（如中风或外伤）都可能导致听力障碍，尤其是在双侧损伤的情况下。在某些情况下，它还会导致听觉幻觉或更复杂的声音感知困难。听力可以通过使用听力计的行为测试来测量。听力的电生理测试甚至可以在无意识的受试者中提供听力阈值的准确测量。尽管测量中可能存在误差，但听力损失还是可以检测出来的。人类能够听到的声音频率被称为音频，通常的范围为 20~20 000 Hz。高于音频的波称为超声波，而低于音频的波称为次声波。一些蝙蝠在飞行中使用超声波进行回声定位。狗能够听到超声波,这是“无声”致狗叫声的原理。蛇通过下颚感知次声波，须鲸、长颈鹿、海豚和大象用次声波进行交流。由于耳朵与鱼鳔之间发达的骨质连接，某些鱼具有更灵敏的听觉能力。这种对鱼类的“聋子救助”出现在某些物种中，例如鲤鱼和鲱鱼。

在人类中,声波通过外耳道进入耳朵并到达鼓膜。这些波的压缩与稀疏使该薄膜运动,从而引起中耳听骨（锤骨、砧骨和镫骨）、耳蜗中的基底液以及耳蜗内的静纤毛交感振动。这些静纤毛从耳蜗底部到耳蜗顶端排列,受到刺激的部分和刺激的强度表明了声音的性质。从毛细胞收集的信息通过听觉神经传递到大脑中进行处理。

2. 听觉感知

通常，人类听觉的范围是 20~20 000 Hz。在理想的实验室条件下，人类可以听到低至 12 Hz，高至 28 kHz 的声音，但在成年人中，这一阈值在 15 kHz 时急剧增加，与耳蜗最后的听觉通道相对应。人类对 2~5 kHz 之间的频率最敏感（即能够以最低强度辨别）。个体的听觉范围可根据人耳和神经系统的状况而变化。随着年龄的增长，这个范围会缩小，通常从 8 岁左右开始，频率上限也会降低。女性的听力损失程度通常低于男性，而且发病较晚。到 40 岁时，男性在上半频率损失达 5~10 分贝。

等响线是在频谱范围内测量声压级的一种方法，当听众听到纯正的稳定音调时，就可以感觉到恒定的响度。响度的测量单位是“方（phon）”，是根据等响线来确定的。根据定义，如果普通年轻人在没有明显听力障碍的情况下将两个正弦波感知为同等响度，则可以将两个不同频率的正弦波认为具有相等的响度。等响线通常被称为弗莱彻 - 蒙森（Fletcher-Munson）曲线，新国际标准是根据国际标准化组织（International Organization for Standardization，ISO）定义的，图 6.8 为人类听觉的声压与频率的等响线。

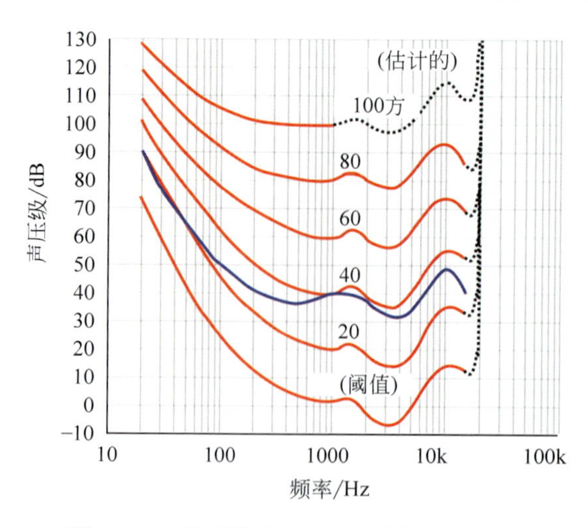

图 6.8　人类听觉的声压与频率的等响曲线

听觉皮层是颞叶的一部分，负责处理人类和许多其他脊椎动物的听觉信息。听觉皮层在听觉中执行基本和较高的功能，例如与语言转换的可能关系。听觉皮层位于两侧，大致位于颞叶的上侧。在人类中，向下弯曲并弯曲到内侧表面，在颞上平面和外侧沟内，并包括颞横回和颞上回的部分，以及颞极平面和颞平面（大约是 BA 41/42 区，部分是 BA 22 区）。听觉皮层参与了时间和频率的频谱时间分析，以及对从耳朵传递来的输入信号的分析。然后，大脑皮层过滤并将信息传递给语音处理的双流模型。听觉皮层的功能可能有助于解释为什么特定的大脑损伤会导致特定的结果。例如，在耳蜗核上方的听觉通路区域中的单侧破坏会导致轻微的听力丧失，而双侧破坏则会导致皮质性耳聋。

先前将听觉皮层细分为初级（A1）和次级（A2）投影区以及其他关联区。听觉皮层的现代划分是核心区（初级听觉皮层，A1），听觉带（次级听觉皮层，A2）和旁带（第三级听觉皮层，A3）。听觉带是紧紧围绕核心的区域，旁带与听觉带的侧面相邻。除了通过听觉系统的下部接收来自耳朵的输入之外，它还将信号传输回这些脑区，并与大脑皮层的其他部分互连。在核心区（A1）内，它的结构保存了频率的有序表示的拓扑，这是由于它能够将低频到高频分别对应于耳蜗的顶点和基部进行映射。有关听觉皮层的数据是通过对啮齿动物、猫、猕猴和其他动物的研究获得的。在人类中，已使用功能磁共振成像、脑电图和皮质脑电图研究了听觉皮层的结构和功能。与其他初级感觉皮层一样，听觉只有在皮层区接收并处理后才能达到感知。这方面的证据来自人类患者的病变研究，这些患者通过肿瘤或中风、脑卒中或动物实验对皮质区造成了持续的损害，在动物实验中，皮质区被手术损伤或其他方法破坏。对人类听觉皮层的损害会导致对声音的任何意识的丧失，但由于听觉脑干和中脑中存在大量的皮层下处理，因此仍然能够对声音进行反射性反应。

听觉皮层中的神经元是根据它们对声音最敏感的频率来组织的。听觉皮层一端的神经元对低频反应最好，另一端的神经元对高频反应最好。存在多个听觉区（非常类似于视觉皮层中的多个区），可以在解剖学上并且基于它们包含完整的“频率映射”来对其进行区分。该频率映射（称为音质拓扑映射）的目的可能反映了耳蜗根据声音频率排列的事实。听觉皮层负责识别和分离“听觉对象”以及识别声音在空间中的位置等任务。例如，A1 对听觉刺激的复杂和抽象方面进行编码，并对它们的“原始”方面（例如频率内容、独特声音的存在或其回声）进行编码。初级听觉皮层位于颞上回，并延伸至外侧沟和颞横回（也称为赫氏回旋）。然后，由人脑皮层的顶叶和额叶执行最终的声音处理。对动物的研究表明，大脑皮层的听觉区接收来自听觉丘脑的上行输入，它们在大脑的同侧半球和对侧半球上相互连接。

6.2.2 听觉输入和语音信息流

1. 语音的信息流网络模型

伯纳尔（Bernal）等对弓形束的作用研究发现，弓形束可以通过位于前运动或运动皮层的中继站连接到布洛卡区（图 6.9）。语言皮层模块包括额下回的 BA 47/44/45，颞上回的 BA 22/39/40。红色箭头描绘了从听觉输入语音和语音的信息流。首先，听觉语音信号传至初级听觉皮层（BA 41/42），然后传至韦尼克区进行理解，通过弓形束直接连接语言理解（韦尼克区，图 6.9 中深蓝色区）和语言产生（布洛卡区 BA 44/45）的脑区。在中央前回有一个具有前运动功能的脑区中继站，用标记为 BA 6 的深黄色区表示。从模型可以看出布洛卡区可能接受来自辅助运动区、BA 45/47 及 BA 6 的多种信息输入。双向箭头连接显示了若干联系。这样在布洛卡区产生的语音信号，经前运动皮层 BA 6 最终传至运动皮层 BA 4，控制声带和口腔的运动将语音输出。

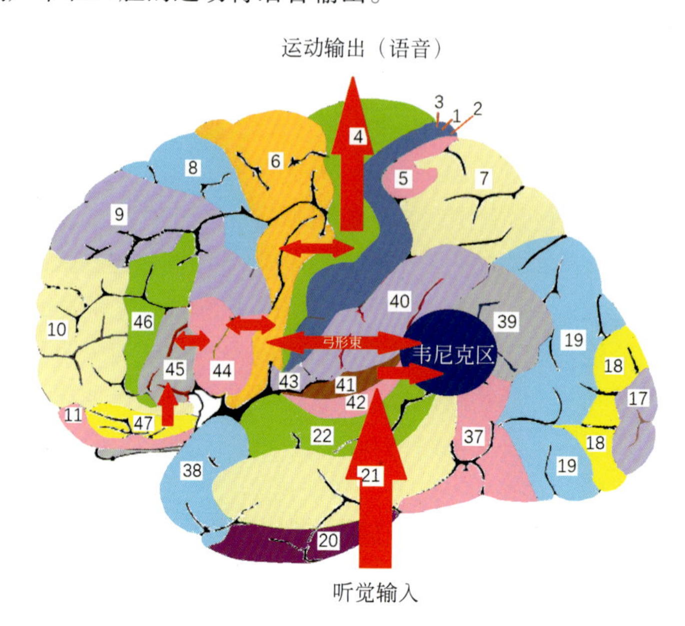

图 6.9　从听觉输入到语音和语音信息流网络模型

颞上回对较长的语音序列的输入高度敏感，但对音素簇的输入不那么敏感。颞上回对音素的性质似乎更重要，因为它们如何有助于序列的音素"形状"，这种形式是在音节级而不是在单个音素的级别上表示。音素对序列的贡献就像面部特征对面孔的贡献一样：面部的感知作用对整体的贡献，而不是对个体组合的贡献。对颞上回区的时间敏感性的研究表明，相对较慢的敏感性，在与单词或音节相关的时间尺度达到峰值，而不是与单个音素相关的快得多的时间尺度，如图 6.10 所示。① 在短语层次（0.6~1.3 Hz）上感知相关的语音追踪，见左中央前回、中央后回、缘上回、颞横回（见右图 BA 41/42），峰值在左前辅助运动皮层。② 在词汇层次（1.8~3.0 Hz）上感知相关的语音追踪，左颞上 / 中 / 下回、缘上回、颞横回。颞横回是在人脑侧沟内主要负责听觉皮层区的脑回，占据 BA 41/42 区。这种影响在左颞中回达到峰值。

类似地，皮层脑电图数据显示对语音幅度包络的敏感性，与音节结构广泛相关。音节也是口语组织中语言通用性的良好候选者，并且音节的结构受到很大限制。最简单的情况是，一个音节可以包含一个元音，而在不同的语言中，辅音加在元音的首字母和尾字母上的方式也各不相同，尽管世界上最简单的结构是辅音 - 元音或 CV（consonant-vowel），而不是 VC。英语允许高度复杂的音节，在元音前最多有三个辅音，元音后有四个辅音，例如"strength"，它具有 $C_1C_2C_3VC_1C_2C_3C_4$ 的结构。在日语中，这样一连串的辅音是不合法的，而音节的 CVC 结构要简单得多。很明显，音节结构给出了一个框架，可以粗略地解释为对应于音节的开始或韵律，并可能形成代表音素序列的基本上下文。当出现辅音串时，日语听者会听到辅音之间的元音，被称为插入元音，对这些插入元音的感知与颞上回中依赖于经验的处理有关。在颞上回中看到的特定于语言的声学语音处理的一部分可能形成这些音节级别对语音感知的限制。图 6.10 是通过对接受脑磁图（magnetoencephalography，MEG）扫描的听者播放自然语音，然后根据原始刺激产生的语言的统计特性来考察大脑皮层的活动。凯特尔（Keitel）等发现，对于正确的试验，在短语时间尺度（0.6~1.3 Hz）的活动中，感知相关的语音跟踪（基于互信息，MEG 研究中的同步测量）在前运动和运动皮层（顶部）比较大，而词汇时间尺度（1.8~3 Hz）的活动中在左颞叶（底部）比较大。

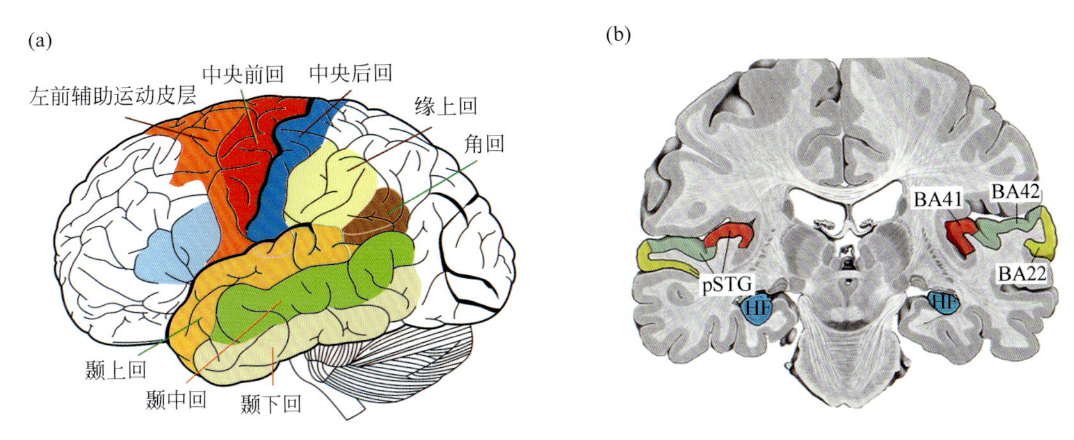

图 6.10　大脑外侧面（a）和冠状切面（b）

图注：在图 6.10（b）中，pSTG 为后颞上回（posterior superior temporal gyrus），HF（hippocampal formation）为中间海马背侧结构，BA 22 为颞上回。

一项研究观察了口语对时间尺度的敏感性，发现前运动皮层在处理口语序列中的短语信息时起着重要作用。相比之下，颞上回对音节范围序列的结构更为敏感。这表明前运动皮层对信息的敏感程度可能对口语的节奏调整很重要。将面对面交谈与面对面重复进行比较，可以发现交谈过程中，额叶和颞叶区的全脑参与程度更高，重点是左颞极、左颞 - 顶叶交界处和双侧内侧前额叶皮层。这表明面对面的对话确实激活了语音感知网络的不同元素，包括喙部和尾部网络，以及在面部处理中激活了其他网络。

2. 听觉的腹侧通路和背侧通路的语言演化模型

纯粹的神经解剖学结构描述将主要集中在左脑半球，但也要考虑在右脑半球的连接。两个半球的解剖连接是相关的，因为两个半球都参与听觉语言处理。在脑半球内，已区分出位于背部和腹部的纤维束。连接颞叶皮质和额叶皮质的背侧和腹侧方式之间的区别是基于神经解剖学的区别，在猴子的“where”通路，它从听觉皮层的背侧延伸到背外侧前额叶皮层，而腹侧则位于“what”通路，从神经解剖学的角度来看，情况有些复杂。背侧通路似乎包含不止一个白质纤维束。这项工作已经确定了一个连接布洛卡区和颞后皮质的主要背侧纤维束。“从哪里到什么（from where to what）”模型是一种语言演化模型，主要来自大脑中语言处理的组织及其两个结构：听觉背侧流和听觉腹侧流。听觉流都存在于人类和其他灵长类动物的大脑中。

听觉腹侧流（what 通路）：连接听觉皮层、颞中回和颞极，颞极又连接额下回，负责声音识别和句子理解，因此它被称为听“什么（what）”声音的通道。

听觉背侧流（where 通路）：在人类和非人类灵长类动物中，听觉背侧流连接着听觉皮层和顶叶，顶叶又连接着额下回，听觉背侧流负责声音的定位，称为听觉“在何处（where）”的通道。仅在人类左脑半球中，它还负责与语言使用和习得相关的其他过程，例如语音产生、语音重复、音素与其嘴唇运动的整合（唇读），音调的感知和产生，语音长期记忆和语音工作记忆。一些证据还表明，where 通路在通过他人的声音识别方面发挥了作用。听觉背侧流中每一种功能的出现代表了语言进化的中间阶段。人类语言的联系性呼叫的起源与动物是一致的，就像人类语言一样，猴子的联系性呼叫辨别能力是偏向左脑半球的。

希科克（Hickok）等提出了听觉语言加工的双流模型，即听觉语言加工的执行由背侧通路和腹侧通路共同完成。背侧通路被认为与声音 - 运动的映射相关，把听觉言语信号转换为发音表征。该背侧通路具有听觉运动整合的功能，包括自身产生言语的监测和言语运动程序的纠正，因而被视为言语发展和正常言语产生的基础。学习说话就是其中一个例子，背侧通路使得初级输入的语音知觉通过编码和保持言语声音的神经机制来调整言语音姿，实现语音的准确再现。而腹侧通路则与声音 - 意义的映射相关，参与言语理解信号的加工过程。另外，该模型也指出腹侧通路为双侧组织，因为单侧损害造成的缺陷只发生在罕见病例中，而双侧腹侧通路的损害将带来严重的言语识别缺陷（如词聋）。在视听对象分类过程中，依赖血氧水平（blood oxygen level dependency，BOLD）信号在两个脑半球的额下回的腹侧和背侧区都有所调整，潜在地暗示这些区域是用于语义记忆中的概念整合多模态对象的表征。

3. 语音处理的双通道模型

希科克等整合源自心理语言学和神经语言学的研究提出了语音处理双通道模型，如图 6.11 所示。该模型是“背侧”听觉 / 语音流所涉及的计算的拼写，作为语音处理双流模型的一部分。

在输出端，听觉信息在语音生成的反馈控制中起着重要作用。在输入端，虽然言语运动系统不是言语感知所必需的，但它在被动聆听言语时被激活，并可能对言语声音的感知提供调制性影响。支持语音中感觉运动功能的神经网络包括前运动皮层、Spt 区、STG（听觉皮层）和小脑。作为反馈控制计算的结果，这样的回路也能解释感知过程中运动皮层的激活以及运动系统对语音感知可能产生的自上而下的调节影响。双通道模型认为，语音处理的早期阶段在背侧的颞上回 STG（频谱时间分析；绿色）和颞上沟 STS（语音存取 / 表示；黄色）的听觉区中双向发生，然后分叉为两个宽阔的流：颞叶腹侧流支持语音理解（词汇访问和组合过程；粉红色），而左侧强优势背侧流支持感觉运动整合，并涉及外侧裂 - 顶 - 颞交界处（Spt）和额叶的结构。同时假设概念语义网络（灰色框）广泛分布在整个皮质中。

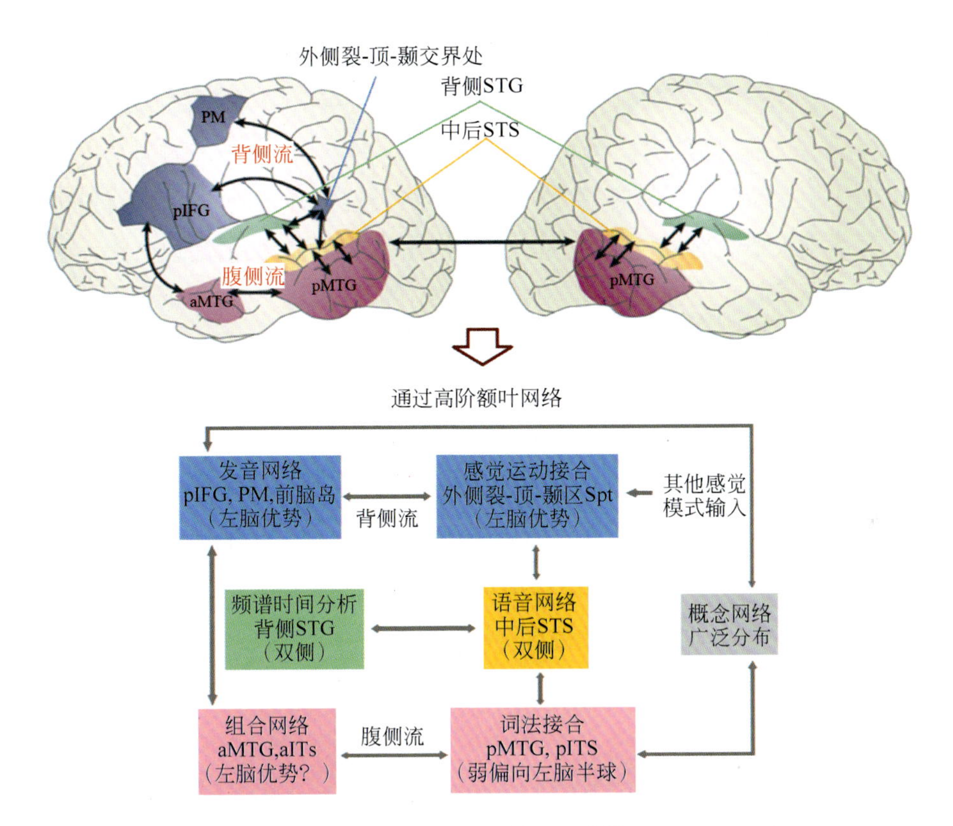

图 6.11 语音处理的双通道模型

图注：IFG = 额下回，pIFG = 后额下回，ITS = 颞下沟，aITS = 前颞下沟，MTG = 颞中回，aMTG = 前颞中回，pMTG = 后颞中回，PM = 前运动，Spt = 外侧裂 - 顶 - 颞交界区，STG = 颞上回，STS = 颞上沟。

6.2.3 听觉语言理解的认知模型

理解话语意味着解释所讲的内容。一旦将语言意义成功地映射并整合到现有的世界知识中，就可以实现理解。为了达到这一目标，语言处理系统必须计算许多不同类型的信息，包括声学的、音位的、句法的和语义的信息，即关于语音、话语的句法结构和不同单词之间的意义关系的信息。语言学理论通常把这些不同的信息类型分配给不同的语言子成分。语音学和音系学分别研究语音和语言的声音，语音学是关于声音的物理方面，而音系学是关于声音的抽象方面，独立于它们在语音中的物理实现。此外，语音还携带着比单个声音更大单位的物理信息，比如单词和短语在超音段上的重音 / 重读或语调，也被认为是音系学的一部分。句法是研究短语和句子的语法结构的一个重要子成分。语义学处理单词和单词组合的意义。这些不同类型信息的计算必须在几毫秒内完成，以保证在线理解。这样的理解速度是必须的，因为一般说话者的语速是每分钟 300 个音节，也就是 200 ms 内 1 个音节，快得令人难以置信。

每一种情感似乎都有它自己的声学轮廓。例如，发怒时的声音比悲伤时的声音具有更高的基频，声音强度的测量可以显示出高兴时要比悲伤时说话的声音更加响亮。为了更恰当地传达情感意义，情感韵律需要和情感语义结合起来，同时还要结合其他非语言的功能，比如模仿和手势。音节 + 声调是词汇生成中的一个单位。一种语言的词汇可能包含许多音节类型（例如，在荷兰语中有超过 12 000 个音节类型），而有一些语言音节类型可能很少（例如，日语中大概只有 400 个）。此外，语音的韵律因素（如音高）在不同语言中会有不同的作用。音高的变化也许是对比的，也就是说，可以把一个词条通过音调的变化变为另一个词，就像用汉语普通话一样的声调语言，或者它们可能像用英语一样把词汇重音或语用功能联系起来。声调在语言中更像是被当作韵律属性来处理，比如荷兰语和英语。汉语这种声调语言中语义编码要先于韵律编码。ERP 数据显示对首音重音词条比对末音重音词条具有更早的 N200 效果，表明首音重音在音位检索的时间进程中比末音重音更早进行编码。传统上左颞叶和额下叶被认为的“语言”区并不只是进行语音处理，例如，它们也参与着耳聋患者使用手语的视觉 - 肢体语言信号以及非语言声学信号的感知。图 6.12 是大脑激活作为韵律的功能，激活韵律语音（没有音段信息，只有超音段信息）与正常语音（音段和超音段信息）的颜色编码分别为红 - 黄色和绿 - 蓝色。

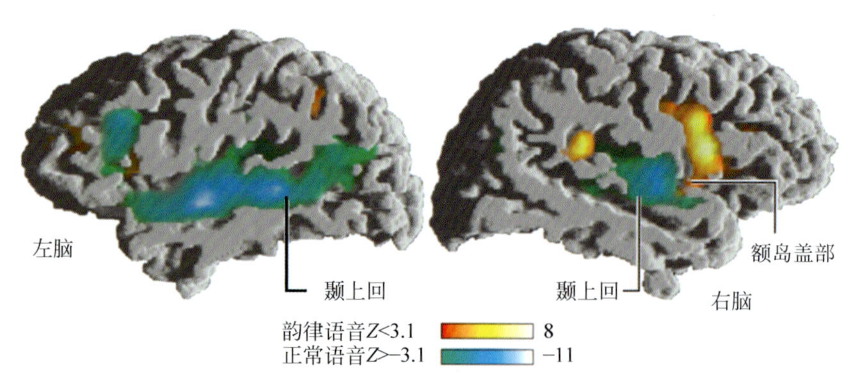

图 6.12　大脑激活作为韵律的功能

图 6.13 中概述的语言处理模型假设，表明了从听觉输入到理解过程中的不同处理阶段的子过程。不同的颜色编码框表示假设在左脑和右脑发生的子过程。在第一个阶段，有听觉 - 音韵学的过程，由两个半脑的听觉皮层处理。然后，左脑和右脑根据其规范（左脑的声音和右脑的超音段参数）进一步处理此初始过程的输出。左脑在解释和整合现有世界知识之前，有三个处理阶段处理句法和语义信息。右脑必须至少处理语音中的韵律信息的两个不同的方面：第一个是对句子旋律和语调的处理，这可以表示一个句子中短语的开始或结束；第二个是与主题重点相关的强调处理。在听觉语音理解过程中，一个脑半球（以及两个脑半球之间）的不同子系统共同工作以实现流畅的理解。图 6.13 中的功能认知模型描述了这些不同的过程，假定这些过程以部分并行但级联的方式运行。这意味着每个子系统都将其输出尽快转发给下一个子系统，从而导致多个子系统并行工作。每个子系统都对应于特定脑区中的局部皮层网络。这些局部皮层网络共同构成支持语言理解的大规模动态神经

网络。

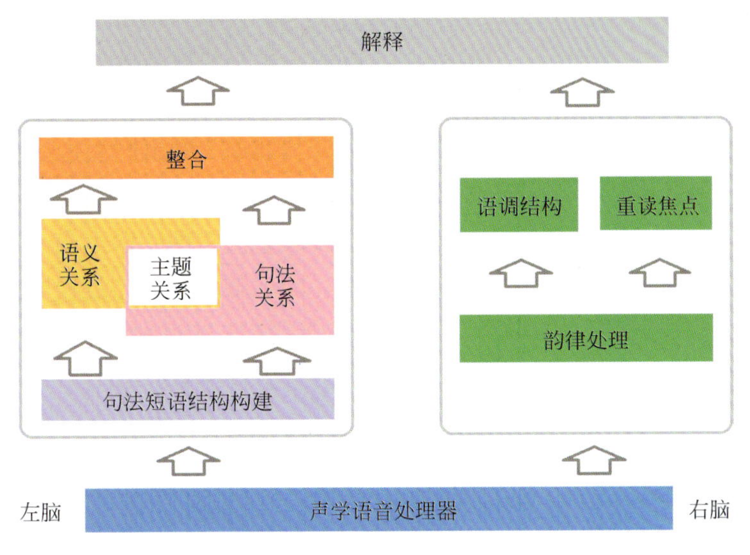

图 6.13　听觉语言理解的认知模型

与书面语相比，口语会提供诸如节奏、停顿、口音、振幅和音高变化等韵律学信息。人类日常的语言交流是以口语为主而非书面语，与口语相比，书面语在实验设计中更容易被控制。自然语音总是被韵律学特征所浸染，这就增加了词长可变性，并引入了音高和振幅的不确定因素；而书面语却能够完全避开这些不确定因素。音调信息对于语言韵律和情感韵律至关重要，而且在处理音乐旋律方面也是如此。语音理解过程中韵律信息的处理主要涉及右脑，而句法信息的处理主要是在左脑。在语音处理过程中，左右半脑在线交互，分配短语边界作为组成部分的边界。它们通过胼胝体（连接两个半球的白质结构）来完成这一过程。研究结果表明，尽管纯音调信息可能主要在右颞上回处理，但人脑中与高音调相关过程的定位依赖于音高传递的特殊功能：词汇音调是在左脑处理的，语言韵律以从左脑偏向大脑两侧进行处理，而音乐则以从右脑偏向大脑两侧进行处理。因此，音高的定位似乎不是由其形式决定的，而是由其认知功能决定的。

听觉处理由两个脑半球的听觉皮层负责。在功能上，左右脑的初级听觉皮层会对语言和音调做出反应，但它们似乎有不同的计算偏好。当左侧初级听觉皮层对语音特征做出反应时，右侧初级听觉皮层对音调特征做出反应。左右脑的两个听觉皮层对这些刺激类型的相对专门化已经被解释为基于这些脑区对输入中出现的时间和频谱特征有不同的敏感度。左脑被描述为专门用于以有限的频率分辨率快速变化的信息，而右脑被描述为专门用于具有相反特征的刺激。左脑系统对于语音的感知和识别是理想的，因为要确定这些语音（即序列中的音素）需要一个时间分辨率为 20~50 ms 的系统。右脑系统将能够处理超音段（韵律）信息需要一个时间分辨率为 150~300 ms 的系统。脑电信号中左脑和右脑通常在不同的时间范围内反映出不同频段的脑波，从而导致相对偏侧性左脑的功能主要在 γ 频带工作范围和右脑在 θ 波频带工作范围。

在在线语音感知过程中，心理物理学的行为证据表明，音素大小（10~40 Hz）和音节大小（2~10 Hz）信息与不同的时间尺度相关联。语言的时间尺度和皮层振荡激活的频率之间存在原理上的关系。皮层激活的振荡出现在不同的频带中：δ（1~4 Hz），θ（4~8 Hz），β（13~30 Hz）和 γ（30~70 Hz）。研究表明，语音、音节和短语处理是平行发生的，它们反映在听觉皮层嵌套的 $\theta \sim \gamma$ 频段振荡模式中。因此，大脑对并行处理的解决方案可能是将反映处理过程的不同方面（例如，音素处理和音节处理）的不同频带相互嵌套。

研究表明，前颞上沟作为可理解功能被系统地激活。相比之下，后颞上沟被发现同样被正常语言和较难理解的语言激活。这导致了一个想法，即后颞上沟参与了包含一些语音信息（不一定可理解）的声音序列的短期表示，而前颞上沟参与过程所必需的语音的识别。吉罗（Giraud）等证明了左颞上回 / 沟的不同亚区在功能上有明显的分化，分为后、中、前部三个部分。颞上沟 / 回的中间部分被发现对一般声音和言语声音都有反应，而颞上回的前部和后部只对言语做出反应（图 6.14）。如上所述，后两个区可能具有不同的功能。根据颞上回的结构连接，即它们与其他脑区的结构连接，将它们分成了三个子部分。通过这种按纤维跟踪成像分割方法，颞上回 / 沟也可以分为三个部分：颞横回后部、中部和颞横回前部。这三个子部分通过白质纤维束连接到额叶皮层的不同区域，尤其是 BA 44/45/47，它们具有不同的语言功能。这种基于纤维跟踪成像的分割将基于功能相关性的颞上皮细分成三个部分，即仅后部和前部支持语音处理，而中部通常为听觉处理服务。基于对单词、短语和句子处理的不同研究的元分析，颞上回被解释为反映语音处理的从后到前的渐变：当语音刺激变得更加复杂时，激活更多颞上回的前部。

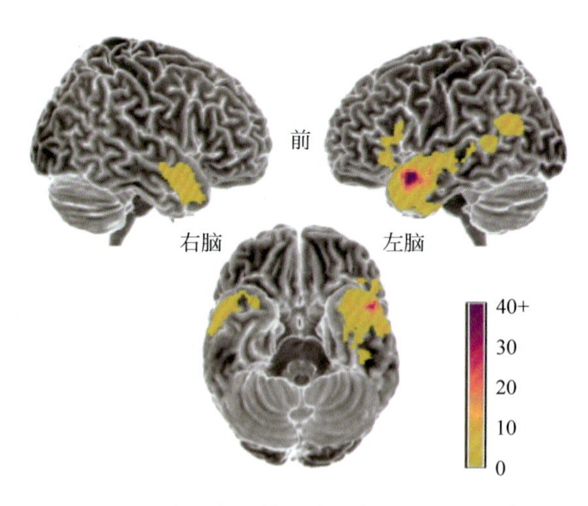

图 6.14　听力正常人的语音理解相关的脑区激活

图 6.15 为自然声音和人类语音的大脑激活，与噪声和自然界相关的声音和人类语音的共同激活和特定于样板左右脑的人类语音激活。人类语音包括单词、音节，自然声音为非语言声音。在声学语音输入过程中，首先在听觉皮层网络中进行声学分析，该网络从初级听觉皮层开始，然后将信息沿两个方向分布：向后朝向颞平面和后颞上回，向前朝向颞极平面和前颞上回。颞上回中 / 后部的颞平面被认为是一般的听觉“计算中心”，信息从这里进入高阶皮层区。因此，在语音识别的最初处理步骤中，物理声学和语音分类过程在大脑中的呈现方式有所不同。这些观察结果可以映射到与任何心理语言学模型相关的听觉

（非语音和语音）和言语相关过程的功能区分上。理解人脑在语言交流中的作用以及这种作用对社会和情感的影响是至关重要的。对语音感知的神经科学研究的目标是解决我们社会意义和社会接触上的语音互动的方式。斯科特（Scott）指出人类语言感知是人类语言处理复杂性的一个范例。然而，它也是表达声音特性的主要方式，对社会互动至关重要。处理语音的神经系统会在社交、对话环境中发展这些技能，而语音是绝大多数的社交行为。首先，语音通常被视为听觉形式的一个更抽象的语言系统，从神经心理学的角度来看，这种口语的处理与左后颞叶相关联。然而，根据听觉处理从非人灵长类动物模型，听觉语音处理中的背外侧颞叶可能依赖于由多个处理路径组成的感知网络，这与视觉系统中看到的不同背侧、腹侧处理流相当。其次，对语音中所编码的非语言信息的加工研究表明，如果有言语，就一定有说话的声音，并且左右颞叶区处理这些不同种类信息的方式可能涉及很大的半球不对称性。另外，言语具有社会重要性，我们可以孤立地学习语言，但是处理语言的神经系统会在社交和会话环境中发展这些技能，而语言是一种压倒性的社会行为。

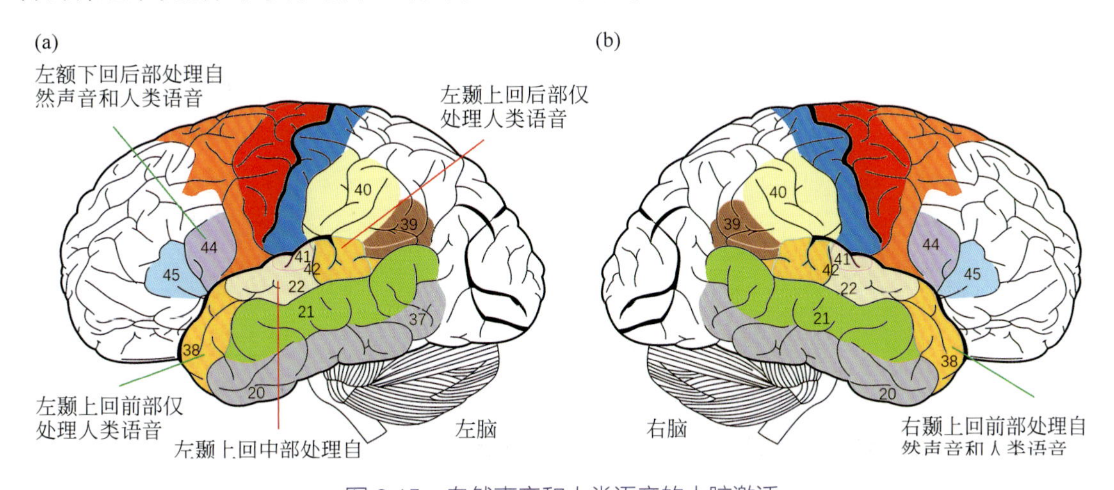

图 6.15　自然声音和人类语音的大脑激活

人类的语音是从声音到意义的系统。就声学而言，人类的语音信号几乎复杂得令人困惑。语音是由各种不同的动作产生的，从短暂的、爆发性的释放到冗长的、嘈杂的片段，从鼻音到持续的元音。尽管所有的语音都依赖于详细的语谱时间处理，但具有语言相关性的精确的声学线索在不同语言之间有所不同。当遇到自己语言中没有使用过的音素或声音提示时，我们可能很难准确地听到并在语言上使用它。出现此问题的原因是在获取语音知觉中语音处理技能的发展。发育中的大脑学会优先考虑与语言相关的听觉线索，降低对区分单词意义不那么重要的语音的重要性。事实上，以整体方式处理单词可能要先于发展过程中更精细粒度的语音技能。然而，人类语音感知是复杂的、多稳态的。在听者的大脑中，没有任何声音线索决定言语的可理解性，听者会灵活地听，当相关的声音线索有用时，会加以利用。这种灵活性是必要的，因为我们不断面对新的声音和口音，以及复杂的听觉环境。因此，听觉皮层需要以一种短暂的方式适应语音和听到语音的听力条件。此外，尽管语音是由一系列音素组成的，但语音本身会受到周围声音的影响。每个音节的位置不同，发音也会有所不同，如在英式英语口音中，“leaf”开头的“l”和“bill”结尾的“l”非常不同，听者对这种语境非常敏感。

信息用来帮助其解码语音，且口语单词的识别不是基于抽象的音素类别序列，而是基于一种基于听觉表征的形式。语音是语言的听觉形式，目的是研究包含语言计算特性的深层结构，语音的表面结构在某种程度上与这种高阶信息是分离的。然而，语音形式的信息是丰富的，具有音素、说话者、情感、效果和语法结构等高级信息。语音也很少是在静音环境中听到的，我们通常在嘈杂的环境中听语音。

虽然从概念上来说，区分语音产生机制和语音感知机制很简单，但感知网络对语音的产生至关重要。即使适度的听力丧失在发育期也会对语言能力的发展产生影响。相比之下，不具备大声说话能力并不会对学习理解讲话的能力造成损害。因此，言语产生技能，像许多受控的运动技能一样，依赖于对自己动作的感知处理。人类语言表达了惊人的复杂性，但它也是一种主要的社会行为：我们很少单独大声讲话，人类语言普遍是社会参与的主要方式。会话是我们学习说话的语境，也是大多数社交互动的环境。因此，语音研究的核心是听觉处理、语言处理、社会处理、情感、身份和音乐。语音是一种听觉信号，因此会在上行听觉通路中被处理，到达初级听觉皮层和周围听觉联想皮层，并向外侧再向下延伸到颞上回。

早期的言语感知功能成像研究显示，语音从初级听觉皮层向前移至颞极，进入颞上前回。这些左前颞上沟区对可理解的话语敏感，无论说话者的声音是什么，而喙侧颞上回 / 颞上沟（STG/STS）区则对语音、句法和语义信息表现出选择性反应。颞上回对音素序列的处理具有高度敏感的模式，显示出这些网络在不同口音和不同听力环境的说话者的背景下导航所需要的灵活性和适应性。

喙侧颞区的这些识别过程显示出一些重要的脑半球不对称。在非人类灵长类动物中，右喙侧颞区对声音特定信息非常敏感，对语音中的自然音高也非常敏感。在人类的说话者身份的处理中，右喙侧颞区占主导地位，尽管这也可以显示双边的反应。人类强烈依赖音调来区分说话者。左右喙侧颞区对声音信息的语言处理和非语言处理之间的差异并不基于基本的听觉处理差异，而是似乎反映了被处理信息种类的差异。听者利用说话者的口音来帮助解释词义。对熟悉的说话者我们更容易理解，而且听者会很快适应说话者说话时特有的怪癖，显示出特定音素的适应，但只针对说话者。我们也能更准确地以我们会说的语言来区分说话者，而用我们不会说的语言，我们很难区分说话者。这些研究则意味着语音和说话者识别的大脑网络在解剖学上可能是不同的，但是必须快速、连续且准确地交互。

相比之下，尾部听觉区对正在处理的特定类型的语音和声音信息不那么敏感，而对它们的感觉运动关联更为敏感。当人们通过发音器官发出声音时，或者即使他们默默地模仿这些动作时，尾部听觉区都会被可靠地激活。这似乎反映了尾部听觉区在语音和语音产生的感官指导中的关键作用。当人们因应对说话的感知变化而改变声音时，对这些变化的发现和补偿与增加尾部听觉区有关。使你的声音与另一说话者的声音一致或在说话时有意识地控制以产生不同的声音特性（即，尝试听起来像其他人一样），也激活了这些尾部区，如图 6.16 所示。显示的是基于行为和非侵入性刺激研究的左（绿色）和右（红色）背外侧颞叶以及语音和语言识别过程的语言和非语言方面之间可能发生的不同候选交互。

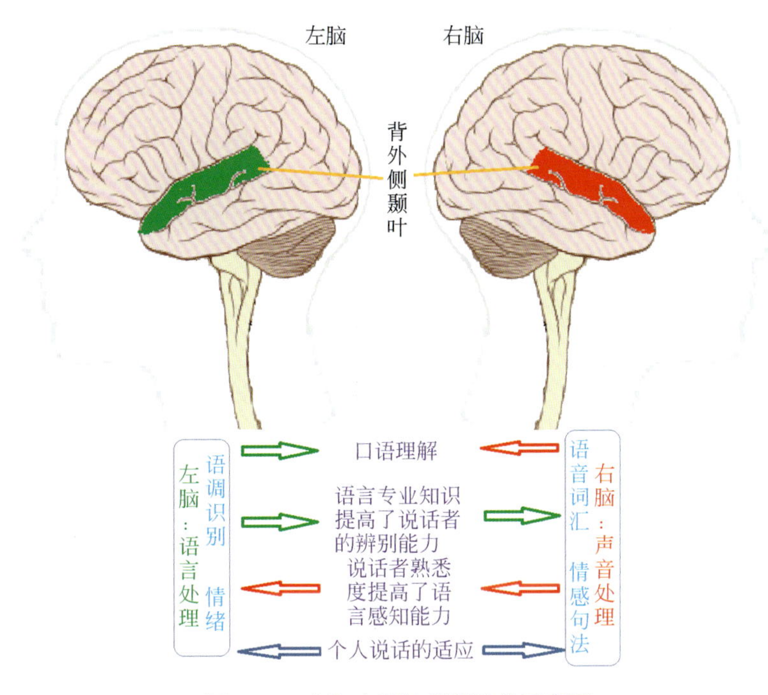

图 6.16 左和右背外侧颞叶的示意图

6.2.4 语言理解的功能神经解剖学

1. 由 Spt 区（外侧裂 – 顶叶 – 颞叶）介导的语音回路及后部皮质语言处理模型

布克斯鲍姆（Buchsbaum）等指出，经典的语音回路是语音缓冲区（语音储存）与言语表达（发音复述）相互作用，语音缓冲区的语音存储和发音复述机制共同构成了语音回路（图 6.17A）。该模型说明了语音存储中断导致的复述能力下降，通过听觉语音处理系统可对听力理解进行保留。然而，根据感觉运动理论，感觉运动回路具有语音短期记忆（short-term memory，STM）的特点，由 Spt 介导的从感知和运动语言中枢之间相互作用的语音回路（图 6.17B）。该语音回路模型机制与发音复述机制相同，但“语音存储”并不是专门独特的缓冲区，而是一个参与语音理解加工的听觉语音系统。该模型说明了发音机制和“语音存储”（听觉语音处理系统）的相互作用与语音短期记忆相关。听觉语音信息不能正常用于支持语言产生时，会出现音位性语言障碍。听觉语音处理系统功能处于正常情况下，可保留理解能力。因此，感觉运动理论不仅解释了语音短期记忆是语音处理所需的特性，同时也解释了在传导性失语症中语音短期记忆障碍和音位语言障碍也会同时出现。

图 6.17A 为经典的语音回路，图 6.17B 由 Spt 介导的从感知和运动语言中枢之间的感觉运动相互作用中产生的语音回路。该模型后外侧颞上回（lateral STG）和后颞上沟（posterior superior temporal sulcus，pSTS）对应于“语音处理”系统。我们分析语音处理过程包含了语音生成、语音感知以及听觉语音短期记忆。在正常情况下颞上回 / 颞上沟能够充分支持语音感知，以保留理解能力。由左脑听觉语音网络与运动系统连接共同组成 Spt 区，在语音处理过程中，完整的与 Spt 区连接的网络系统完成语音感知 - 语音理解

加工、听觉语音短期记忆 - 口语表达的过程。

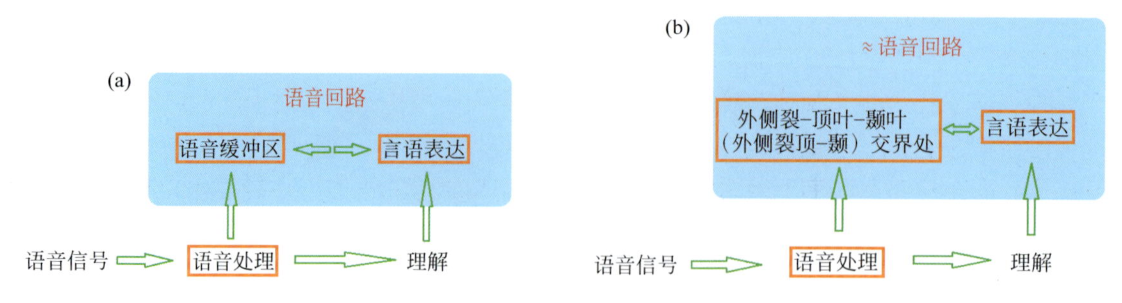

图 6.17　图示 Spt 在语音回路中的作用

在语言处理的过程中，输入语音的处理及语义处理过程是必不可少的。基于韦尼克区对语音产生的作用，宾德等将语言理解的处理过程分为音素感知及语义处理两个阶段，并将韦尼克区与相关脑区构建的后部皮质语言处理系统的模型如图 6.18 所示。语言理解处理过程的两个阶段：

(1) 音素感知过程：分析听觉输入的音素内容，与词义无关。该过程主要由颞上回的高级听觉区和相邻的两侧颞上沟负责完成。

(2) 检索与输入相关联的语义信息：涉及语义处理的脑区包括角回、颞中回、腹颞叶、顶叶内侧皮质、内侧前额叶皮质和前外侧额下脑区。

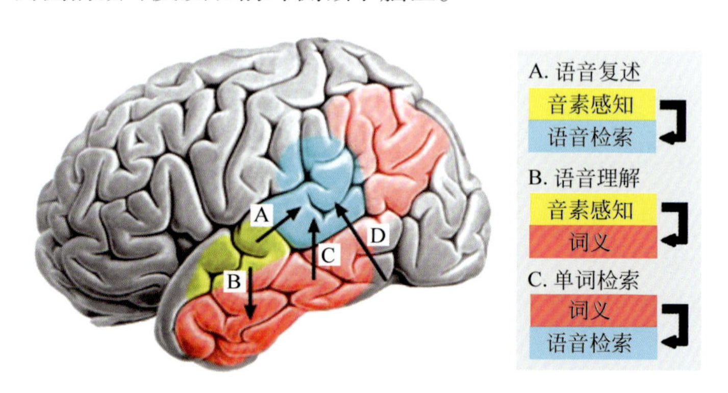

图 6.18　后部脑区主要语言系统的功能模型

宾德等研究表明，黄色表示双侧语音音素感知系统。蓝色表示韦尼克区，支持发音前的语音检索。红色表示系统中用于词义（语义）的颞叶和顶叶组成部分。语言复述是按图中 A 标记的途径，以及模型中未标注的支持发音准备和执行的前顶叶和额叶脑区。口语单词理解是按图中 B 标记的途径，将其感知的音素序列映射到单词概念。说话人通过检索词汇以产生表达概念的交际性语音（自发语言等）是按图中 C 标记的途径，该路径将概念表示映射到语音表示上。按 D 标记的途径，表示从视觉单词形式到语音表达的直接映射（图 6.18）。该模型由语言复述（A）、语音理解（B）、单词检索（C）及阅读（D）的四个途径组成。将四个途径作为语言处理的一个整体进行考虑，使相关脑区联系起来。首先来源于对音素的感知过程（黄色部分），如听到的语音信息，进入语言复述途径进行语音检索（韦尼克区）。同时听到的语音信息可通过语音理解途径将听觉音素感知系统中感知的内容映射到语义理解系统（红色部分）。原模型中的单词检索是作为自发语言（并非输入的语音信息），对要表达的单词，从语义理解系统（红色部分）检索其单词含义，映射到语音检索（韦尼克区）。阅读途径则可通过初级视觉皮层输入信息后传递到语音检索（韦尼克区）。

根据前述脑区功能及神经纤维束的连接，**在语言信息传递到韦尼克区后进行的语言处理过程可考虑是通过左侧初级听觉皮层、后颞上回、缘上回、角回、弓形束、额下叶和运动皮层，即布洛卡区和韦尼克区的完整的大脑外侧裂周边的语言区来共同完成的。**通过弓形束将韦尼克区与布洛卡区功能连接，布洛卡区连接到运动皮层的语音处理通路中，初级听觉皮层对语音进行听觉分析，后颞上回进行单词发音的记忆，从而形成了语音词汇。通过韦尼克区到布洛卡区之间的连接形成了单词声音，随后被输送到初级运动皮层发出语音。由此可见，无论是复述、自发语言还是阅读处理都将通过韦尼克区的语音检索进行语音生成后，再通过弓形束传递到额下回及初级运动皮层来完成语言任务。研究表明，左颞 - 顶区后部（BA 40/39）、左颞中 / 上回（即 BA 21/22）和左前额下回（BA 47），这些脑区在过去的脑损伤和失语症以及语言功能的神经成像调查中负责词汇搜索和语义检索。

2. 语言理解的功能神经解剖学

我们从听觉语言理解的认知过程出发，从听觉输入到句子理解，所有这些过程在不到1秒的时间内发生。为了获得成功的理解，语言系统必须在语言网络中获取和处理相关信息，该语言网络由左额下皮层和颞叶皮层以及右脑区组成。纯粹的语言语义过程很难与语义记忆和语义关联分开，而语义记忆和语义关联又具有很大的个体差异，甚至可能随着时间的流逝在个体中发生变化，具体取决于个体经验和各自的关联。根据不同子过程的时间顺序及其位置来描述听觉理解的功能神经解剖学，如图 6.19 所示。

语言的功能神经解剖学，其处理阶段定义在最初的神经认知语言理解模型中（不同的处理阶段由中间显示的彩色编码框表示）。语言相关的脑区以示意图方式显示在左脑和右脑中。在图的左边和右边的图例中，区域的功能用颜色进行编码和标记。图的底部显示了不同子进程的时间进程，以 ms 为单位，列出了与语言相关的 ERP 效果。图 6.19 所示，不同的 ERP 效果表明听觉语言的处理遵循随时间变化的过程。声学过程和语音分类过程大约在 100 ms（N100）内发生。初始短语结构的建立在 120~250 ms（早期左前负性，early left anterior negativity，ELAN）进行，而语义、主题和句法关系的处理则在 300~500 ms（左前负性，left anterior negativity，LAN，N400）进行。不同信息类型的集成大约在 600 ms（语义句法，P600）进行。这些过程主要涉及左脑。此外，韵律过程涉及右脑，并依赖与左脑的相互作用来处理韵律短语边界，这反映在称为终止正移（closure positive shift，CPS）的 ERP 成分中。这些过程可以位于左右脑的不同脑区。初级听觉皮层和颞平面支持声学语音过程。最初的阶段结构是由额岛盖部的最腹侧部分以及前颞上回共同构成的，其中额岛盖部负责将两个元素集合在一起，而腹侧 BA 44 则负责构建层次结构。在第二阶段发生的语义过程和主题角色分配涉及左颞上 / 中回以及额叶皮层下部的 BA 45/47。BA 44 和左脑后颞上回支持复杂句法层次结构。韵律过程主要位于右脑，涉及颞上区和额下区。句子理解过程中句法信息和韵律信息的相互作用由连接左右脑的胼胝体来保证。因此，似乎存在支持早期和晚期句法过程的不同功能网络，以及用于处理语义信息的额外网络和支持韵律过程的网络。

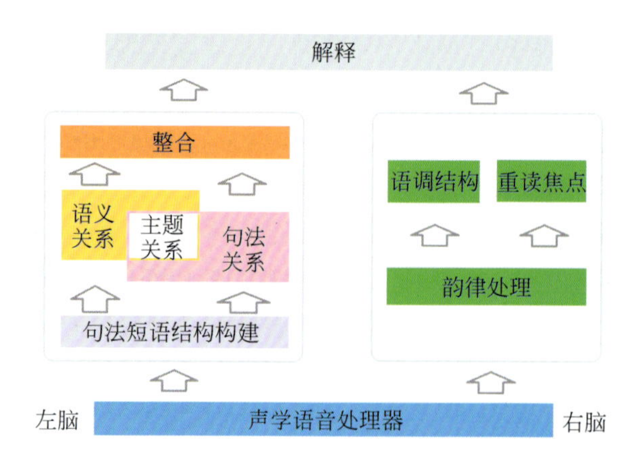

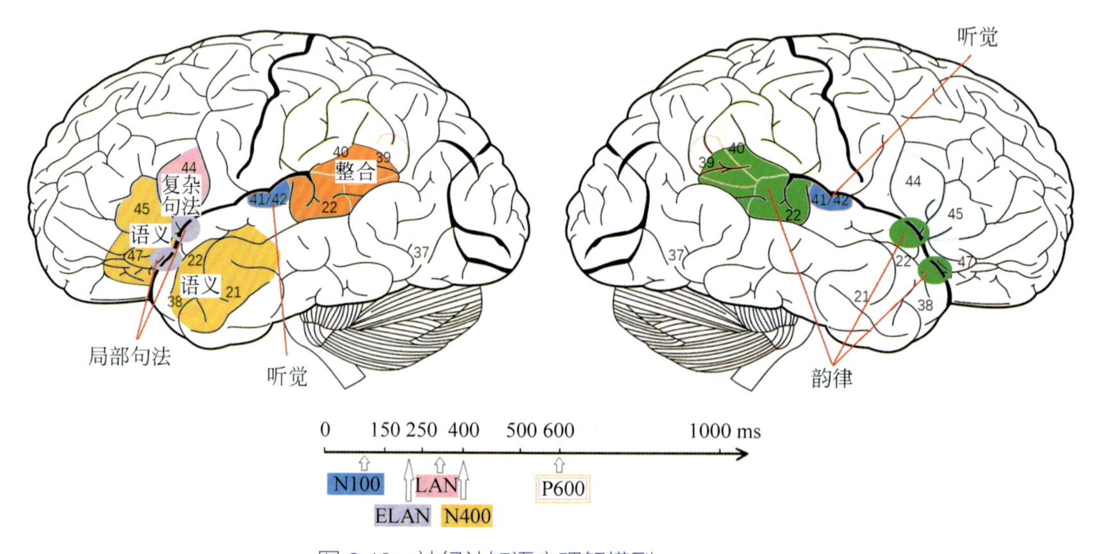

图 6.19　神经认知语言理解模型

图注：ELAN：早期左前负性；LAN：左前负性。

6.2.5　口语和环境声音的认知及句子理解因果关系推理

1. 口语词汇和环境声音的认知

除了音乐以外，非语言声音比其他那些能够传达信息或激活概念的感官刺激得到更少的实验关注。当受试者被要求辨识声音时，他们不是描述其声学特点，而是典型性地提供声源的名称或者声音产生的原因。在定义词义方面，与约定俗成的社会惯例形成对比的是，确定一个自然环境的声音是由真实事件产生的声音，并且根据其内在的因果关系确定该事件的意义。声音处理和词汇处理之间存在的一些抽象的相似之处：

(1) 类似于词频效应，经常听到的声音比不太经常听见的声音要容易识别；

(2) 通过预先呈现“相关的”声音，其声音的识别要更容易（比如，与保险丝烧毁相对应的爆炸声音）；

(3) 不同的来源产生相似的声音也许类似于同音异义单词。

实验结果证明，口语单词和有意义的非语音声音之间的概念关系影响了单词和声音的处理。在命名、区分单词 / 非单词、关于简短呈现的或不清晰词汇的非文字报告里，那些与之前的词汇有语义关联的单词能够获得更快、更准确的响应。与那些不相关的声音相比，事先与相关声音搭配的单词能够更快地得出词汇判断。当记录下与事件相关的电位时，呈现给受试者带有声音 / 词汇和词汇 / 声音的搭配对。与那些事先不相关的声音相比，事先与相应声音对应的单词引出更小 N400 成分；在右脑的电极点上，该 N400 的上下文效应要略微显著些；而与不相关的声音相比，相关的声音对应着更小的负波。左脑的记录位置对声音的上下文效应要比右脑明显，说明不同的脑半球涉及词义的处理比周围环境声音的“含义”要多一些。

左脑通常更擅长于语音分析，尤其是从字形到音素的转化。语音和非语言声音的处理分别受到左、右不同半脑的控制。在对正常个体所做的双耳听力实验中，当对环境声音表现出一种左耳优势时，语音通常表现出右耳优势。与词汇处理相比，在处理环境声音时右脑参与得更多。其主要理论是，语音这种特殊的声学特性受制于左脑对语言感知的专门化。尤其是，辅音是由持续时间非常简短的声学信号相互区别的，并且左脑的听觉系统擅长识别简短的声学事件。因此，双耳听力中，右耳优势仅限于辅音，而非持续时间更长的元音。

2. 句子理解因果关系推理

每当我们阅读文章或聆听发言时，我们总是先获取单个单词的意思，将句法结构与词汇结合以建立命题意思，并结合命题最终弄清整个话题的意思，这取决于我们做出推理的能力，这种能力使得我们在单个的事件之间建立连贯性和一致性。为了建立句子之间的连贯性（理解话语），人们必须采取推论，去激活和整合实际未陈述的信息。脑损伤研究已很典型地暗示了右脑对推理，以及对其他高阶语言的加工过程，譬如对笑话和隐喻的解释具有重要作用。

前额叶皮层在选择、工作记忆、整合和编码方面的作用，将预测颞叶活性之后出现的前额叶活性。库珀伯格（Kuperberg）等研究表明，对连贯性（相对于不连贯）的句对有激活的主要脑区在左前额内侧皮层。与上下文中度相关（相对于高相关和零相关而言）的语句，与较长的判断反应时间以及左外侧颞 / 顶下 / 前额叶皮层、右前额下回、双边前额上内侧皮层中血液动力学活性的持续增长有关。相比之下，与上下文不相关（相对于高相关而言）的语句，则与右外侧颞叶皮层和右前额下回中短暂的活性提升有关。库珀伯格等实验结果表明，与高相关的语句相比，被试者对零相关语句的阅读时间更长，暗示的回忆程度更差。相对于高相关和零相关场景，中相关场景在左外侧颞 / 顶下 / 前额网络有着增强的活性。右前额下回也在中相关场景下，相对于高相关场景（在感兴趣区和皮层统计图分析上均达到显著性）和零相关场景（在感兴趣区达到显著性，在皮层统计图分析上接近显著性）表现出了更高的活性。相对于高相关和零相关，阅读中相关场景句增加了反应时间并增强了颞 / 顶下 / 前额叶的血液动力学的活性。参与者们在中相关场景中用了更多时间去处理连贯性的判断。相对于高相关和零相关场景，解释这种中相关场景中更高的召回（recall）正是由于精确因果推理的产生。在中度相关语句中，虽然对这些句子的阅读时间介于高相关和零相关语句之间，但高相关的句对之间建立连贯性需要较少精细的推理。

首先，当被激活的语义信息与之后呈现的信息含义相矛盾时，阅读时间被延长。其次，拥有高超的非文字工作记忆能力的个体比低工作记忆能力的个体在文本推理过程中表现得更好。在当前研究中，与处理中相关场景相关的工作记忆要求可能非常高，因为被激活的语义信息为整合输入的话语上下文，不仅需要在线保持，而且也需要去完成连贯性的判定任务。不仅是前额下皮层的后部，背外侧前额区也涉及保留工作记忆中的非文字语义信息。对中相关场景中受到驱使的脑区，或者部分地受到与建立连贯性相关的这些场景中增强的工作记忆负荷的前额下皮层（包括 BA 45）、对额中回（包括背外侧前额皮层的后部，BA 9）后部的激活是可能的。相对于高相关场景，与中相关场景相关的活性是双边分布的。最大范围内的活性是在左脑被观察到的，而对于右脑而言，相对于高相关场景，中相关场景仅在前额下和前额上内侧区表现出了更多的活性。相对于高相关场景，对零相关场景仅仅只有右侧前额下和颞叶皮层，在血液动力学反映的峰值处表现出了短暂增长的活性。推理的产生也许是由右脑对于不连贯性检测而触发的，而语义联想则导致了更多连续不断的右侧活性的产生，以及在左脑中对于大的语义处理网络的激活。

6.2.6 脑电图与事件相关电位

脑电图（electro-encephalogram, EEG）是一种记录脑电活动的电生理监测方法，通常是非侵入性的，电极沿着头皮放置，尽管有时会使用侵入性电极，例如在皮层电描记术中。脑电图测量是通过由大脑神经元内的离子电流引起的电压波动进行。临床上，脑电图指的是在一段时间内，通过放置在头皮上的多个电极记录的大脑的自发电活动。诊断应用通常着重于事件相关电位（event-related potential, ERP）或脑电图的频谱内容。前者调查锁定在某个事件（例如“刺激开始”或“按下按钮”）上的潜在波动时间，后者分析脑电图信号在频域可以观察到的神经振荡的类型。脑电图最常用于诊断癫痫病，这会导致脑电图读数异常。它也被用来诊断睡眠障碍、麻醉深度、昏迷、脑病和脑死亡。尽管脑电图 / ERP 的空间分辨率有限，但便于移动，并能提供毫秒级的时间分辨率，这是计算机化 X 线体层照相术（computerized tomography，CT）、PET 或磁共振成像（magnetic resonance imaging，MRI）无法实现的。

ERP 指的是对更复杂的刺激处理进行定时锁定的平均脑电图响应，这些响应被锁定在更复杂的刺激处理上，如图 6.20 所示。ERP 是一种可测量的大脑反应，是特定的感觉、认知或运动事件的直接结果，是对刺激的任何定型的电生理反应。微电极需要将电极插入大脑，而正子断层扫描须将人类暴露在辐射中。与微电极不同，ERP 使用脑电图，是一种评估大脑功能的非侵入性的手段，此技术被用于认知科学、认知心理学和心理生理

图 6.20　ERP 脑电设备

学研究。ERP 可以通过脑电图进行可靠的测量，脑电图是一种通过放置在头皮上的电极来测量大脑随时间变化的电活动的程序。脑电反映了数千个同时进行的大脑活动的过程。这意味着大脑对单个刺激或感兴趣事件的反应通常在单个试验的脑电图记录中不可见。为了观察大脑对刺激的反应，实验者必须进行多次试验并将结果平均在一起，从而使随机的大脑活动平均化，并保留相关的波形，称为事件相关电位。随机（背景）大脑活动以及其他生物信号，如眼电图（electro-oculogram, EOG）、肌电图（electromyography, EMG）、心电图（electrocardiogram, ECG），和电磁干扰（例如，线路噪声、荧光灯）共同构成了对记录的 ERP 的噪声贡献，这种噪声掩盖了感兴趣的信号。从工程的角度来看，可以定义所记录的 ERP 的信噪比（signal-to-noise ratio, SNR）。平均会增加所记录的 ERP 的信噪比，从而使其可辨别并允许对其进行解释。只要做一些简化的假设，就有一个简单的数学解释。

相对于行为测量：与行为程序相比，ERP 提供了刺激和响应之间的连续处理测量，从而可以确定特定实验操作正在影响哪个阶段。相对于行为测量的另一个优势是，即使没有行为变化，它们也可以提供对刺激进行处理的测量。但是，由于 ERP 的体积非常小，通常需要大量的试验才能准确地对其进行测量。

时空分辨率：ERP 提供了极高的时间分辨率，因为 ERP 记录速度只受记录设备所能支持的采样频率限制，而血流动力学测量，如功能磁共振成像（functional magnetic resonance imaging, fMRI）、PET 和功能性近红外光谱（functional near-infrared spectroscopy, fNIRS）天生受 BOLD 响应速度慢的限制。然而，ERP 的空间分辨率远不如血流动力学方法。事实上，ERP 源的位置是一个无法精确解决的逆问题，只能估计。因此，ERP 非常适合研究神经活动速度问题，而不太适合研究活动空间位置问题；反之，fMRI 非常适合研究空间定位问题，它的空间分辨率较高。

每种语言都包含与单词识别相关的不同语音。在语言理论中，那些在特定语言中对区分单词至关重要的语音被称为音素。例如，在英语中，两种语音 /l/ 和 /r/ 区分单词 low 和 row，因此是英语的音素。在日语中，/l/ 和 /r/ 之间的区别不能区分单词，这些声音在日语中是不相关的，因此不是日语中的音素。对于每种语言来说，音素的识别是语音感知过程中至关重要的第一步。而 ERP 效应会在语音发作后约 100 ms 发生，并反映音素的识别。这种效应称为 N100，是 ERP 波形中的一个负偏转。在声学 - 音韵处理的背景下讨论的第二个 ERP 成分发生在 100 ms 后不久，是所谓的失配负性，它已经被证明反映了声学和音素类别的辨别，这个 ERP 成分并非特定于语言，而是反映了听觉类别的区别。然而，它可以用来研究语言，例如使用音素或音节作为刺激材料的音素辨别。研究表明，语言被感知后不久在音素和音节水平上建立了语言特异性表征。一项对以单词为单位的音素处理进行的研究比较了法语和日语听者，发现在语音处理过程中，听觉输入信号被直接解析为听者母语的特定语言的语音格式。这允许从语音输入快速计算音位表征，从而可以方便地访问存储在词典中的音位词的形式。词典通常被认为是所有词的清单，每个单词都有关于其语音词形、句法类别（名词、动词等）和意义的信息。然而，一个词的语音形式是词汇被访问的方式。

早期语音相关的 ERP 效应发生在口语的语音开始后约 100 ms，但近来的研究甚至表明在 100 ms 之前就有非常早的效应。在语音处理过程中，这已经被用于识别单词的词汇身份，例如“这个元素是否是自己语言中的单词吗？”以及对一个词的句法类别的识别，例如“在这个短语语境中，这个词的句法类别是正确的吗？”这些早期的 ERP 效应挑战了严格的增量式语音处理系统的观点，在这种系统中，子进程只有在前一个进程完成后才能开始。研究人员更倾向于一个部分平行运作的理解系统，在这个系统中，即使是来自声学 - 音韵处理器的部分信息也会被转发到下一个处理层次，以允许进行与单词相关的早期处理。

支持语音的声学 - 音韵分析的最明显的神经候选是听觉皮层和邻近区。确实，N100 和对音素的响应失配负性位于听觉皮层内或附近，从而表明这些过程发生在该脑区的语音感知的早期。这与关于音素处理的神经成像研究结果相一致，通过定位 N100 的元音和辅音成分在所谓的颞横回和颞平面区，这两个脑区作为听觉皮层的一部分都位于颞叶的上半部。但是，听觉皮层本身必须是一个通用的处理系统，因为它必须处理任意类型的听觉输入。

为了描述音素感知在一般听觉区或处理言语的特定脑区中的位置，必须从神经解剖学和功能两个方面对颞上叶的亚区进行实证评估。研究人员先对非语言动物进行了研究，试图确定人脑中听觉皮层和邻近区的亚区。对于非人类灵长类动物，神经解剖学数据确定了颞横回的一个核心区，以及一个周围带和副周围带区。人类初级听觉皮层位于颞平面的双侧颞横回（BA 41）。此外，可以确定与颞横回相邻的三个脑区：一个位于后部的脑区，称为颞平面；另一个位于前外侧的脑区，称为颞极平面；还有一个位于颞横回，向下延伸到颞上沟。颞上沟是颞上回和颞中回之间的沟。所有这些脑区都涉及语音的声学分析。从功能上讲，三个脑区（颞横回、颞极平面和颞平面）都参与语音分析，但颞横回提供了更一般的听觉功能。在处理语音时，一个主要步骤是区分语音和非语音的声音信号，并且，为了描述语音理解的神经解剖学基础，最重要的是确定听觉处理流中不同子过程的发生位置。众所周知，任何主要的听觉分析都是在颞横回中进行的，因为功能神经成像研究表明，颞横回会被任何类型的声音激活。颞上回的颞横回外侧延伸到颞上沟的脑区，被发现对非言语声音的频率和频谱信息的变化都有反应，以及对声学语音参数做出响应，因此不专门用于语音。此外，功能成像研究表明，颞平面与颞横回一样，不会对语音做出特别反应，至少与同样复杂的非语音相比是这样的。然而，在研究颞横回到颞平面的信息流动的时间敏感的功能磁共振成像范式中，已经证明颞横回在颞平面之前是活跃的。从这些数据可以得出结论，颞横回本身支持声音信号的处理，而颞平面可能参与后续对声音信号进行分类的过程。因此，颞平面被认为是分离和匹配频谱时间模式的脑区，并作为一个“计算中心”，将信息分类并控制到更高阶皮层脑区，以便进一步处理。

在语音处理过程中，感知音素（如辅音）的，两个颞区也被观察到是活跃的。其中一个脑区被发现处理信号的基本声学特征是独立于语音的，另一脑区被发现能区分语音和非语音。这些发现提出了处理声学信息的层次步骤。功能磁共振成像的证据定位了相对早期的 N100 对颞横回和颞平面中的辅音的响应，而且它与患者的证据相符。后者表明颞上回后部的病变会导致词聋，无法处理和理解单词，以及导致无法听到非语音声音。这些数据表明，听觉语言处理过程涉及两个脑区：一个是处理听觉信息，而不管它是否是语音；另一个是将声学信息分类为非语音和语音。

（1）皮层电活动的平均

对时间敏感的脑电图以无创方式记录脑电活动，因为在大脑外部（即头皮）能测量大脑产生的电活动。脑电图能记录在不同频带中反应的神经振荡。在神经认知研究中，脑电图被用来测量特定刺激下的大脑活动，这些刺激可以是听觉的，也可以是视觉的，称为事件相关脑电位（ERP）。ERP 是大脑皮层对特定类型的刺激事件作出反应时的电活动的量化，具有毫秒级的时间高分辨率。由于对某一事件的反应信号非常小，所以必须对类似事件的电活动进行平均，以达到更强的信号来对抗正在进行的与刺激无关的大脑活动。平均皮层电活动表现为波形，其中所谓的 ERP 成分与基线相比有正负极性，在刺激开始后以毫秒为单位，具有一定的时间潜伏期，在头皮上具有特征性，但在空间分布上很难分辨。

对于语音和语言领域，至少有 5 个 ERP 成分必须被考虑。神经认知模型的时间方面取自 ERP 研究，这些研究通常包括句子中相应信息类型的违反，因为大脑对意外事件和输入中违反行为的反应最为强烈。与语言相关的 ERP 成分按时间排序，分述如下：

第 1 个是 N100（约 100 ms 的负值），它与声学过程有关。

第 2 个是 ELAN（早期左前负性，120~200 ms 左前负性），它反映了短语结构的形成过程。

第 3 个是 LAN（左前负性，300~500 ms），它反映了句法合成过程。

第 4 个是 N400（400 ms 左右的负值），它反映了词汇 - 语义过程。

第 5 个是 P600（600 ms 后的正值），它与后期的语法整合过程相关。

最大 ERP 成分出现的极性和时间点以及其分布的命名，如：大约 400 ms 的负极性成分（N）称为 N400，大约 600 ms 的正极性成分（P）称为 P600。

（2）N400 效应

1980 年，N400 事件相关电位被认为与语句内的语义异常相关联。语义是语言的一个关键特征，人类受试者在听到一句话，会在视觉上呈现目标词。语义引导的电生理学指数是 ERP 测量法的 N400 成分。N400 是在顶叶中心电极位置上产生的最大负极性 ERP 成分；N400 通常在词刺激触发后约 250 ms 出现，并在约 400 ms 时到达最大峰值。由单词刺激引发的 N400 是对语义关系的处理高度敏感的，与在语义上不一致的语境相比，先前在语义上一致的语境中的单词刺激引发的 N400 要弱一些，即 N400 的振幅与单词和其先前语义上下文之间的语义适合程度呈负相关。图 6.21 展示了语义特征违反程度的 N400 效应。语义上下文通过读入一个语句或者一个单词建立起来。随后另一个相关或者不相关的单词出现，在 ERP 中，语义引导使用刺激之后大约 400 ms 处有与一负偏差波峰的调制有关的单词刺激，即 N400。不相关的刺激比相关的刺激产生了更大的负值。图 6.21 显示动词和宾语名词之间不同程度特征违反的句子的事件相关脑电位。示例显示的是在位于中心电极 Cz 处记录的四种不同情况的 ERP 总平均值。N400 的振幅随着动名词组合中目标对象名词的“不适当性”的增加而增加。“不适当性”的增加被定义为名词的语义特征不匹配的数量。语义特征有：± 人，± 有生命等。在这种情况下，最不适合动词（雇用）的名词是导致

N400 振幅最大的无生命宾语（电线）。

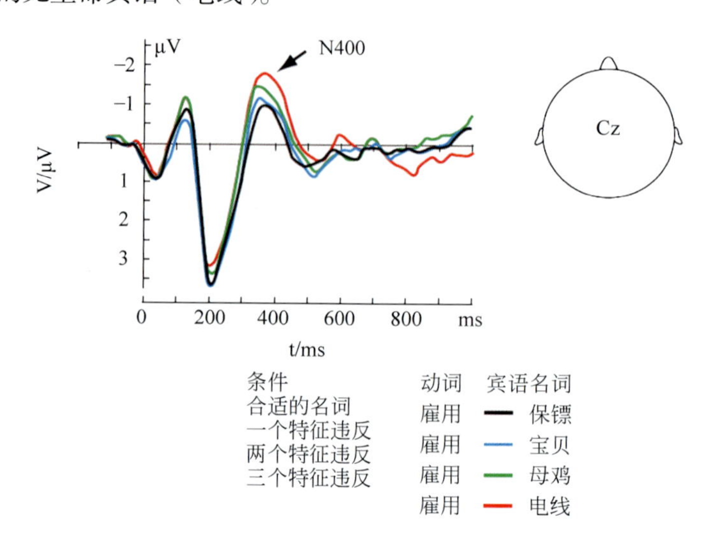

图 6.21　语义特征违反程度的影响

N400 效应不仅由语义上不协调的词汇引起，而且由那些与句子其他部分相适应却有搭配可能性很小的词汇引起。当语言实时展开时，需将个体词汇的意义和语句的句法结构结合起来以建立整体意义的表达。

证据表明语言处理系统至少包含两条交互式的却又彼此分离的路线或处理通路。第一种是基于记忆的语义系统，不断将接收到的词串之间的词汇联想和类别关系，与语义记忆中已存在的储备信息进行比较，这在由 N400 的调制作用中部分地反映出来。第二种结合式的处理通路则对形态句法以及词干 - 语义的约束和收益（proceeds）更为敏感，从某种程度上来说，它是与基于记忆的语义分析并行运作的。这些截然不同的大脑系统的平衡协作，一方面不仅能将接收的语义信息与语义记忆中已存在的信息存储联系起来；另一方面还能将人、物体和动作之间的联系结合起来，并建构出新的含义使理解过程既有效率又适当合理。

当在视觉上呈现成对的词或词表时，如果引起的单词与先前单词是语义相关的话，N400 幅值就比语义上不相关的小。对于语句中的词汇而言，N400 的幅值是由句子的前部所施加的上下文约束的数量决定的。高度可预见的决定性词汇，比起合适的、但不相像的词汇引发的 N400 小，而后者比起完全不规则的决定性词汇依次引发更小的 N400。中间的语句词汇引发的 N400 的分级幅值依赖于它们在句中的位置：早出现的词汇引起较大的 N400，稍晚出现的词汇能受益于大量先前的语境，所以它们引起更小的 N400。与看到的句子相比，在听到的语句中，N400 的上下文效应有明显更短的潜伏期，但口语词汇也可以从先前词的协同发音信息出现的早期被识别。同样地，听觉的 N400 通常比视觉的 N400 持续期长，但这可能与口语单词的可变持续期和单词可被唯一确定的点的可变性有关。

（3）P600 效应

1992 年，当有人宣称另一种波形 P600 与句法的异常和歧义有关联时。正常的语言理解过程至少沿着两条相竞争的神经处理通路进行，即基于记忆的语义机制和组合式的机制，主要以各种形态的句法规则为基础分配句子结构，而且以确定的语义 - 词干的约束为基础。语言处理时的神经关系，P600 的事件相关电位由一个单词刺激开始后不久，由句法（而不是语义）处理引发出正电位，大约 600 ms 出现高峰。P600 几乎总是由句法异常引起的，包括短语结构异常、名词短语主语和动词之间的数量和动词时态异常、次范畴化异常。P600 还可通过一些词汇引起，通常这些词汇初看异常但却能在句法歧义或花园 - 小径的句子中被复原。P600 是语言处理中的句法进程敏感的标识。P600 被认为能够反映句法的再分析，并能对句子分析、“句法处理成本”或句法整合过程的两阶段模型修复处理。P600 效应与可修复的以及不可修复的句法异常均有关联，这种波形还与符合句法规则的、非花园小径（人们以常规方式理解花园小径句时，往往需读到句子最后才能意识到原先的理解有误，即最初预想的成分结构完全错了，须重新回到引起歧义的分叉点来分析句子，就像人们在花园小路上走错了路，不得不回头另寻出路）的句子中的句法整合难度相关。

6.2.7 语音加工在阅读汉语双字复合高 / 低频词中的作用

1. 语音加工在汉语阅读中的作用

对于任何视觉单词识别和阅读的模型来说，关键的问题是它在词汇访问过程中对语音的作用。如果要朗读单词，语音信息是必要的。许多研究结果与以下观点一致：语音被早期激活并用于语义访问，这在英语、希伯来语、法语和西班牙语中都可以看到。为了研究在词汇访问过程中语音效应的影响，大多数 ERP 研究都采用了启动程序。在字母语言中，通常有一个很强的拼写 - 声音映射。因此，拼写的差异总是与语音的差异混在一起。为了验证语音学效应，需要严格控制拼写变量。例如，在卡雷拉斯（Carreiras）等实验中，设置了两组与目标词拼写相似的启动词来验证语音的启动效果。即在关键的语音比较条件下，启动词和目标词之间的差异只表现在语音方面，所以如果启动效应出现，可以归结为语音的作用。同样，在临界拼写条件下，启动词和目标词之间的差异也只表现在拼写因素上。拼写启动主要是在 150~250 ms（N250）的时间窗口获得的，而语音启动则发生在 350~550 ms（N400）的窗口。因此，这些结果强烈地表明，存在着语音启动效应，这不能归因于不受控制的正字法因素。

不难理解，语音在字母语言的词汇访问中起着重要作用，因为这种语言通常有很强的拼写 - 声音映射。语音是否在所有的书写系统中都发挥着重要作用呢？与英语相比，汉语是一种逻辑文字，其字符代表语素而非音素。此外，汉语中有大量的同音字：一个特定的音节（例如，/qing1/）包含许多不同形状、意义不同的汉字（例如、清、倾、轻、卿、氢、顷）。这一语言特点使我们有机会研究语音的影响，而不会出现拼写的干扰。早期关于阅读中文单词的论文对语音的作用有不同的解释，主要是基于行为数据。例如，一些学者声称，在阅读汉字或单词时，语音起着重要的作用。然而，另一些学者则持相反的观点。目前关于中文词汇识别的研究是基于这样的假设：正字法信息是以前馈方式被感知的，然后其他表征如语音或语义被激活。基于这种前馈激活方式，争议的焦点在于语音是否先于语义被激活，即语音是否在拼写和语义信息之间起到信息传递的桥梁作用，如图 6.22 所示。因此，人们对汉语词汇的识别提出了 3 种不同的假设，即直接访问观点、语音中介观点和双路径观点。为什么中文词汇识别的 ERP 结果不一致？在比较了大多数探讨中文效应的 ERP 研究后，我们发现大多数研究都有不同的实验范式，主要包括启动范式和违反范式。我们将对这些相关的研究比较如下，找到解决问题的最佳方法。

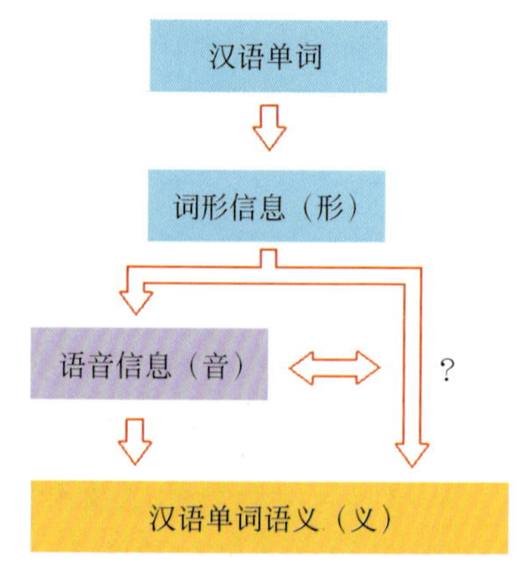

图 6.22　汉语单词认知模型

首先，大多数实验主要集中在中文单字词上。例如，使用颜色词、颜色词的同音词和颜色词关联词作为 Stroop 任务的材料，要求被试对单词的墨水或背面颜色做出反应，并忽略单词的含义，王（Wang）等发现了一个 N450 成分用于不一致的颜色词（用绿色墨水印刷的“红色”）和颜色关联词（用绿色墨水印刷的“火”）。如果一个词可以激活具有相同发音的其他词的含义，那么对于不一致的同音词，就会出现 N450 成分。然而，同音词（“洪”，/hong2/，意为洪水，与“红 ”同音，用红色墨水印刷）和非同音词（“洪 ”用绿色墨水印刷）在 N450 时窗引起的 ERP 波形没有差异，表明语音在中文语义获取中没有起到重要作用。然后，他们扩展了其工作，增加了与这些颜色词在拼写上相似的假词，在两种不一致的条件下也观察到了 N450，这进一步证明了中文一字词的语义获取可能在很大程度上依赖于正字法 - 语义路线。

然而，张（Zhang）等指出，在中文单字识别中，词频会影响语音和语义激活的时间过程。与上述 Stroop 任务不同，语义和语音判断任务被用来检测单词识别中语音和语义激活的顺序。对于语义判断任务，可以比较对目标词前面的同音词和不相关词的行为和 ERP 反应，以揭示语音何时以及是否干扰了语义访问。同样，对于语音判断任务，可以比较对目标词前面的语义相关词和不相关词的行为和 ERP 反应，以揭示语义何时以及是否干扰了语音判断。然后，通过比较相关的 ERP 成分的潜伏期，可以得到语音和语义激活的相对时间过程，还可以根据激活模式检验词频的影响。例如，如果语音激活干扰了语义判断，但语义不干扰语音判断，那么可以推断语音激活早于语义。上述推理是基于这样的假设：较早的激活会影响较晚的成分处理，但反之亦然。具体来说，张等在语义判断任务和同音字判断任务中使用了不相关或相关的高低频率的语义和语音词对作为材料。他们发现，对语义任务中的同音词对和同音词任务中的高、低频的语义相关词对都会引起较小的 N400 成分（与不相关的对照词相比），表明在 N400 时窗中语音和语义都被激活。然而，仅就低频词而言，语义任务中的同音词对相对于控制词而言，诱发了较大的 P200 成分，这意味着有早期语音处理。因此，他们的结果表明，对于低频词对，语音比语义更早激活。对于高频词，来自语音和语义激活的 N400 成分在时间过程中没有显示出差异。然而，行为数据显示，语义干扰了语音处理，而且对语义处理没有语音启动效应，表明对于高频词，语义信息的激活早于语音信息。因此，他们的结果显示，在高频词的语义获取过程中，语音往往不活跃，而低频词则相反，说明词频影响了语音在汉语单字语义获取中的作用。

在语义和同音判断任务中使用相同的干扰范式的原理，刘（Liu）等发现，在意义判断任务中，同音对，而不是语义相关操作，导致N400时窗的振幅相对于不相关的对照词在发音判断任务中的振幅减少。总的来说，在他们的实验中没有发现表明语音的启动效应的P200。然而，在N400时窗中看到了同音字干扰效应，但没有观察到反向效应-发音中的意义干扰。因此，刘等研究结果支持语音较早激活，并在中文单字的语义访问中起着重要作用的结论。

在此，我们将对上述关于汉字识别的语音和语义激活的研究进行了总结。首先，这些研究的范式是不同的。值得注意的是，Stroop任务类似于命名任务。探讨语音在单词识别中的作用的首选方法是词汇决策任务，而不是命名任务，因为命名任务可能有独立于词汇访问的内在语音成分。此外，Stroop任务的属性决定了实验材料只能包含几个颜色的词和它们的关联词，这并不具有代表性。其次，尽管频率是影响单词识别的主要因素，但在大多数早期的实验中没有考虑到单词频率因素。到目前为止，单词在某种语言中的频率对其识别方法的影响最大，语言中频率较高的单词识别速度较快。最后，就实验材料而言，不包括在句子上下文中的独立假词，因为其可能不会强烈激活语义表征。就语言的大脑机制而言，一个完整的句子是相当难以管理的，而一个简短的两字短语则是更容易管理的表示单位。

我们首先采用了探索单字的干扰范式来探索语音在阅读中文双字复合词中的作用。这种词识别范式可以更准确、更全面地探索语义路径，因为它不仅涉及常规的语义判断任务，还涉及语音判断任务。语义任务可以监测语音是否以及何时干扰了语义访问。同样，语音判断任务可以监测语义是否以及何时干扰语音处理。因此，关于单词识别中语音和语义激活的相对时间过程的最终结论不会从单一任务中得出，而是从2个任务的重复验证中得出。此外，高频词和低频词将分别进行验证。我们还为语音相关的3种类型设计了启动范式，即同音词、语义相关和不相关的配对。我们监测了2个ERP成分：P200和N400，它们与语音和语义处理有关。将监测由语义任务中的语音相关对和语音任务中的语义相关对引起的N400成分是否减少，语义和语音是否都可能在N400时窗内激活。更重要的是，我们将检查同音词对是否具有表征语义判断任务中早期语音激活的P200成分，以及这种影响在高频和低频词中是否不同。总之，语义和语音是否有明显的激活顺序将通过2个干扰任务来验证，探究汉语双字词语义获取路径原理，如图6.23所示。

24名来自清华大学的中国内地学生（其中，平均年龄21.9岁，范围19~26岁，14名男性）参加了实验，均为右利手，视力正常或矫正到正常，无神经或精神病史。目标词由120个中文双字复合词组成，其中高频率和低频率的词都占一半。每个目标词都与3个类似的词配对：一个语音相同的词（同音），一个相关的词，以及一个对照（不相关）的词。高频目标词总是与高频的前一个词配对，而且两者在笔画数和频率方面都趋于一致。此外，语义相关的配对之间的语义关联被严格控制。另外一组30名参与者以7分制评价本研究中使用的语义相关对之间的语义关联程度，1 分表示最低的关联，7 分表示最高的关联。高频语义相关词对的平均得分是 5.62 分，低频词对的平均得分是 5.73 分，两者之间没有显著差异。此外，同音词对和不相关的词对之间的语义相关度也没有显著差异。

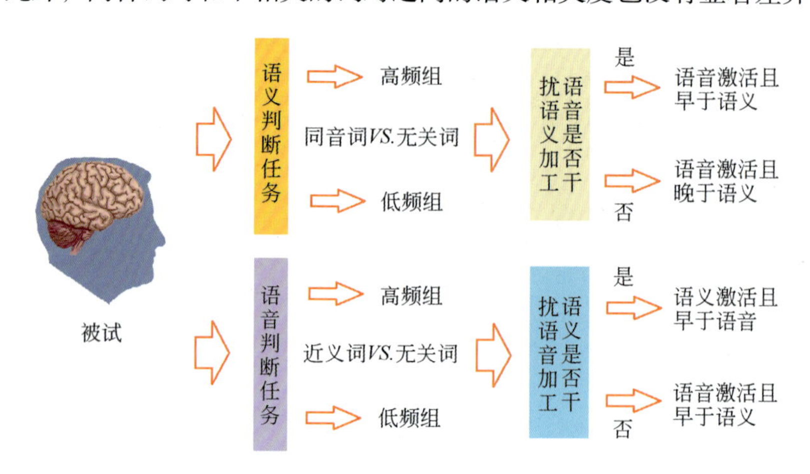

图 6.23　探究汉语双字词语义获取路径原理图

2. 行为实验结果

在语义判断任务中，参与者需要判断前面的词和目标词是否有语义上的联系；在语音判断任务中，参与者需要判断前面的词和目标词是否是同音词。每个任务的平均反应时间（reaction time，RT）和错误率显示在图 6.24 中。每个任务的反应时间和错误率采用双因素（关系类型和频率）重复测量方差分析。语义判断任务中的反应时间分析表明，关系类型 [同音 vs. 对照 = 395 ms vs.435 ms, $F(1,23) = 5.856, p = 0.024, \eta_p^2 = 0.203$] 和频率 [高频 vs. 低频 , 376 ms vs.455 ms, $F(1,23) = 27.986, p < 0.001, \eta_p^2 = 0.549$] 都有显著主效应，表明低频率对的反应时间比高频率对的长。此外，还发现了一个明显的关系类型 × 频率的交互作用 [$F(1,23) = 7.105, p = 0.014, \eta_p^2 = 0.236$]。事后比较显示，对于低频对 [同音 vs. 对照 , 419 ms vs. 489 ms, $F(1,23) = 8.943, p = 0.007, \eta_p^2 = 0.280$]，同音对的反应明显快于对照对，但对于高频对（371 ms vs. 380 ms, $F < 1$），则没有。在同音字判断任务的反应时间分析中，关系类型的主效应 [语义 vs. 对照 , 335 ms vs. 309 ms, $F(1,23) = 6.849, p = 0.015, \eta_p^2 = 0.229$] 达到显著性，揭示了语义相关对的反应时间明显长于不相关对。此外，频率的主效应 [高频 vs. 低频，300 ms vs.345 ms，$F(1,23) = 14.267$，$p = 0.001$，$\eta_p^2 = 0.383$]，表明低频配对的反应时间明显长于高频配对。

然而，没有发现明显的频率 × 关系类型的交互作用（$F < 1$）。语义判断任务中错误率数据的方差分析表明，频率有显著的主效应 [高频 vs. 低频 , 2.4% vs. 6.2%, $F(1,23) = 40.457, p = < 0.001, \eta_p^2 = 0.638$]，表明低频配对的错误率高于高频配对的。关系类型 [同音 vs. 对照 , 3.6% vs. 4.8%, $F(1,23) = 3.894, p = 0.061, \eta_p^2 = 0.145$] 有轻微的显著主效应，显示语音对的错误率略低于不相关的对。没有明显的频率 × 关系类型的交互作用（$F < 1$）。

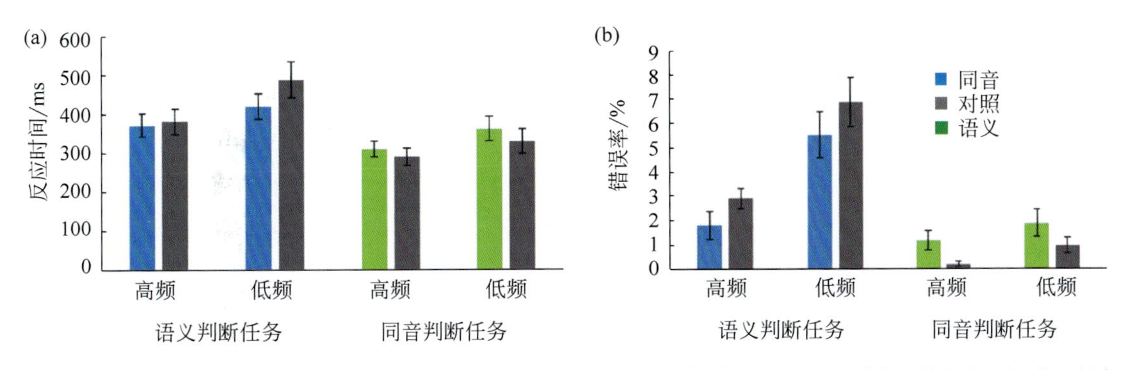

图 6.24 语义判断任务和同音判断任务两类试验的平均反应时间（a）和错误率（b）（误差条表示标准误差）

对同音字判断任务中错误率数据的分析显示，频率有显著的主效应 [高频 vs. 低频，0.7% vs.1.4%, $F(1,23) = 5.970$, $p = 0.023$, $\eta_p^2 = 0.206$]，表明低频对的错误率高于高频对的错误率。关系类型 [语义 vs. 对照 , 1.5% vs. 0.6%, $F(1,23) = 7.126$, $p = 0.014$, $\eta_p^2 = 0.237$] 有显著的主效应，揭示了语义相关对的错误率明显高于不相关对。没有明显的频率 × 关系类型的交互作用（$F < 1$）。电生理数据如图 6.25 显示了 2 个任务，高频率和低频率配对的所有负性测试中，目标产生的平均 ERP。图 6.25 的左图为代表性电极（LA, LC, LP, RA, RC, RP, Fz, Cz, Pz）对语义判断任务中的同音和对照对的目标词反应的总平均事件相关电位，右图为代表性电极（LA, LC, LP, RA, RC, RP, Fz, Cz, Pz）对同音判断任务中语义相关和对照对的目标词反应的总平均事件相关电位。在 160~280 ms（P200）刺激后的时窗中显示了一个正峰值，而一个负峰值是在 300~500 ms（N400）时窗（电极位置见第 1 章图 1.12）。我们将监测 P200 和 N400 这两个 ERP 成分，以探索语音和语义的相对激活时间。

3. 语义判断任务的 ERP 结果

160~280 ms 期间：对于中线电极来说，关系类型没有明显的主效应，也没有频率与关系类型的交互作用（$p_s > 0.1$）。然而，频率有主效应 [$F(1, 23) = 5.546$, $p = 0.027$, $\eta_p^2 = 0.194$]，表明低频对比高频对引起更大的正波形。没有发现其他明显的影响或交互作用。在侧位点，关系类型也没有明显的主效应，也没有频率 × 关系类型的交互作用（$p_s > 0.1$）。总体分析还显示了频率的主效应 [$F(1, 23) = 5.585$, $p = 0.027$, $\eta_p^2 = 0.195$]，表明低频对比高频对引起更大的正波形。发现明显的频率与区域的相互作用 [$F(5, 115) = 3.083$, $p = 0.047$, $\eta_p^2 = 0.118$]。进一步的分析表明，频率的影响在 2 个脑区是显著的 [LC: $F(1, 23) = 10.345$, $p = 0.004$, $\eta_p^2 = 0.310$; LP: $F(1, 23) = 18.448$, $p < 0.001$, $\eta_p^2 = 0.445$] 。

300~500 ms 期间：对于中线电极，观察到关系类型的显著主效应 [$F(1, 23) = 27.783$, $p < 0.001$, $\eta_p^2 = 0.547$]，显示同音对的负振幅比不相关条件的小。此外，还发现了一个重要的关系类型 × 电极的交互作用 [$F(2, 46) = 3.597$, $p = 0.053$, $\eta_p^2 = 0.135$]。进一步分析显示，关系类型的影响在所有 3 个中线电极都是显著的 [Fz: $F(1, 23) = 10.406$, $p = 0.004$, $\eta_p^2 = 0.312$; Cz: $F(1, 23) = 26.809$, $p < 0.001$, $\eta_p^2 = 0.538$; 和 Pz: $F(1, 23) = 46.063$, $p < 0.001$, $\eta_p^2 = 0.667$]。在外侧部位，也观察到关系类型的显著影响 [$F(1, 23) = 11.862$, $p = 0.002$, $\eta_p^2 = 0.340$]，表明在同

音条件下，ERP 信号的负向性比对不相关的反应要少。观察到频率的影响略微明显 [$F(1, 23) = 3.166, p = 0.088, \eta_p^2 = 0.121$]。此外，还发现了一个显著的关系类型 × 区域的交互作用 [$F(5, 115) = 16.969, p < 0.001, \eta_p^2 = 0.425$]。进一步的分析显示，关系类型的影响在 4 个脑区是显著的 [LP: $F(1,23) = 17.188, p < 0.001, \eta_p^2 = 0.428$；RA: $F(1, 23) = 8.240$，p=0.009，$\eta_p^2 = 0.264$；RC: $F(1, 24) = 24.608$，$p < 0.001$，$\eta_p^2 = 0.517$；RP: $F(1, 23) = 44.610$，$p < 0.001$，$\eta_p^2 = 0.660$]。图 6.26 的 2 个板块显示了对高、低频对反应的差异波的地形图。这些表明，关系类型的 N400 效应主要在中线部观察到，在右脑的外侧部位比左脑的大。

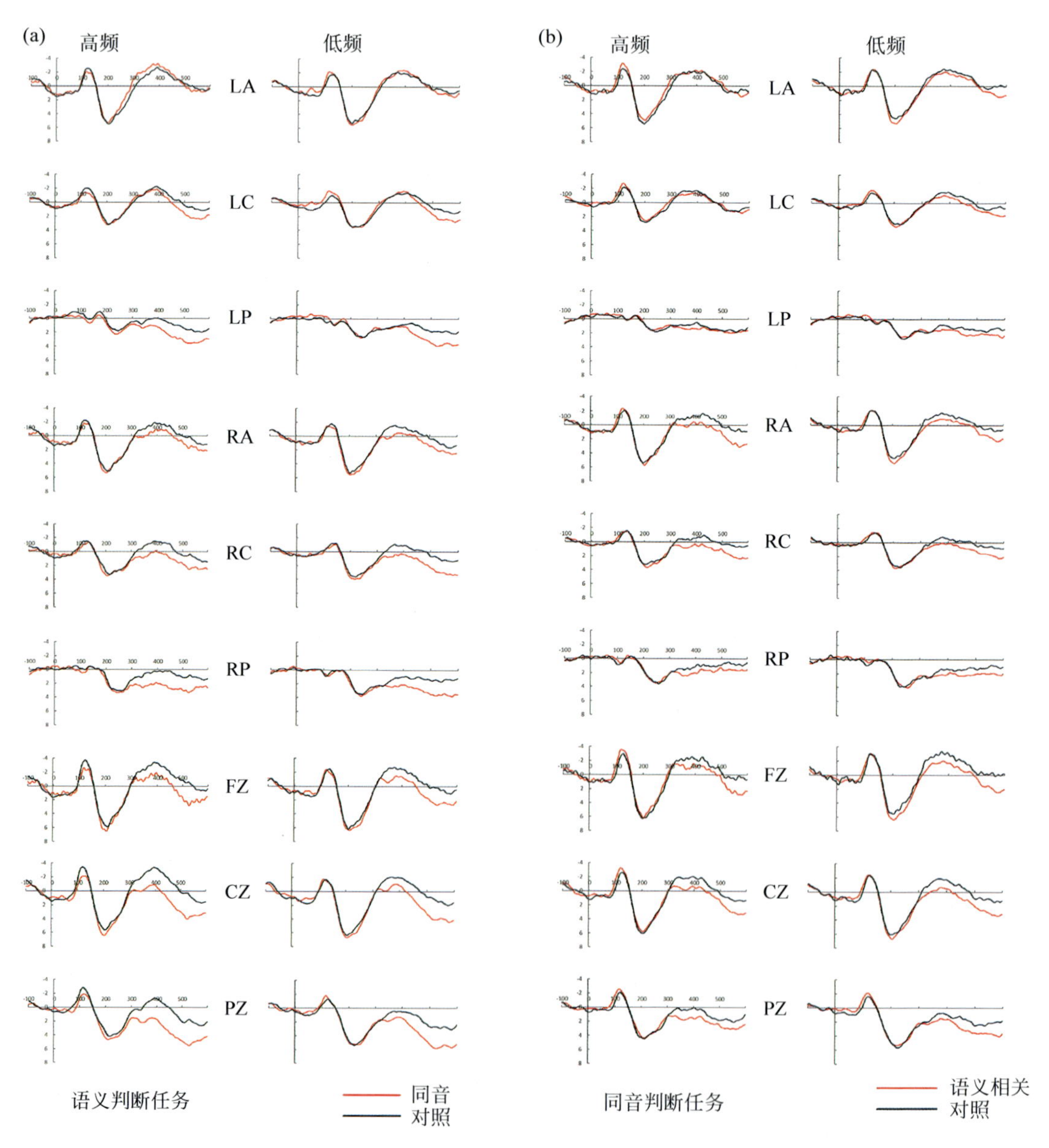

图 6.25 语义判断任务和同音判断任务的总平均 ERP 波形图

图注:（a）为代表性电极对语义判断任务中的同音和对照对的目标词反应的总平均事件相关电位;（b）为代表性电极对同音判断任务中语义相关和对照对的目标词反应的总平均事件相关电位。（纵坐标单位为 $V/\mu V$，横坐标单位为 t/ms）

4. 同音判断任务的 ERP 结果

160~280 ms 期间：在前额电极上，关系类型和频率没有明显的主效应（ps > 0.1）。发现明显的频率 × 关系类型的交互作用 [$F(1, 23) = 7.951, p = 0.010, \eta_p^2 = 0.257$]。进一步的分析表明，关系类型的影响只在低频条件下显著 [FPz: $p = 0.055$；FP1：$p = 0.027$；FP2：$p = 0.004$；AF3：$p = 0.060$；AF4：$p = 0.021$；AF8：$p = 0.009$]，表明在 P200 时窗，语义相关条件下的 ERP 信号比无关条件下的 ERP 信号更显著。图 6.27 详细显示了低频条件下 6 个前额电极的波形，这与图 6.28 中相同条件下的地形图相对应。对于中线电极来说，关系类型、频率或它们的交互作用没有明显的主效应（ps > 0.1）。发现明显的频率与电极的相互作用 [$F(2,46) = 6.096, p = 0.014, \eta_p^2 = 0.210$]。进一步的分析表明，频率的影响只在 Pz 处显著 [$F(1, 23) = 6.564, p = 0.017, \eta_p^2 = 0.222$]。在侧位点，关系类型、频率或它们的相互作用也没有明显的影响（$F < 1$）。此外，还发现一个明显的频率 × 区域的交互作用 [$F(5, 115) = 4.363, p = 0.016, \eta_p^2 = 0.159$]。进一步的分析表明，频率的影响只在 2 个脑区显著 [LC: $F(1, 23) = 4.506, p = 0.045, \eta_p^2 = 0.164$; LP: $F(1, 23) = 10.470, p = 0.004, \eta_p^2 = 0.313$]。

300~500 ms 期间：对于中线电极，观察到关系类型的显著主效应 [$F(1, 23) = 9.082, p = 0.006, \eta_p^2 = 0.283$]，表明语义相关对的负振幅比不相关条件的小。此外，还发现显著的频率 × 电极交互作用 [$F(2, 46) = 6.863, p = 0.008, \eta_p^2 = 0.230$]。没有得到其他显著的效应或交互作用。进一步分析表明，频率的影响只在 Pz 处显著 [$F(1, 23) = 5.526, p = 0.028, \eta_p^2 = 0.194$]。在外侧部位，也观察到关系类型的显著影响 [$F(1, 23) = 5.164, p = 0.033, \eta_p^2 = 0.183$]，表明在语义相关的条件下，ERP 信号比不相关的条件下的负极走向要少。关系类型与区域的交互作用有轻微的显著性 [$F(5, 120) = 3.151, p = 0.060, \eta_p^2 = 0.115$]。进一步的分析显示，关系类型的影响在 4 个脑区是显著的 [LP: $F(1, 23) = 2.991, p = 0.097, \eta_p^2 = 0. 115$；RA：$F(1, 23) = 5.795$，$p = 0.024$，$\eta_p^2 = 0.201$；RC：$F(1, 23) = 14.063$，$p = 0.001$，$\eta_p^2 = 0.379$；RP：$F(1, 24) = 6.845$，$p = 0.015$，$\eta_p^2 = 0.229$]。图 6.28 的 2 个板块显示了高频率和低频率词对（语义相关减去对照）的差异波的地形图，表明关系类型的影响对于高频率词主要在右脑的中线部位明显，对于低频率词则在中央 - 前部脑区明显。

我们研究了语音在阅读高频率和低频率的双字复合中文单词中的作用。参与者执行了相同的前 - 目标对的语义和同音判断任务。每对高频或低频词要么不相关（对照条件），要么在语义或语音上相关（同音词）。在语义和语音任务中，低频词对诱发的 P200 成分都比高频词对大。在语义判断任务中的同音词和在语音学任务中的语义相关词都引起了比对照条件更小的 N400，与词频无关。然而，对于语音判断任务中的低频词，发现语义相关的词对释放的 P200 明显大于对照条件。因此，高 / 低频词的语义激活可能不比语音激活晚。

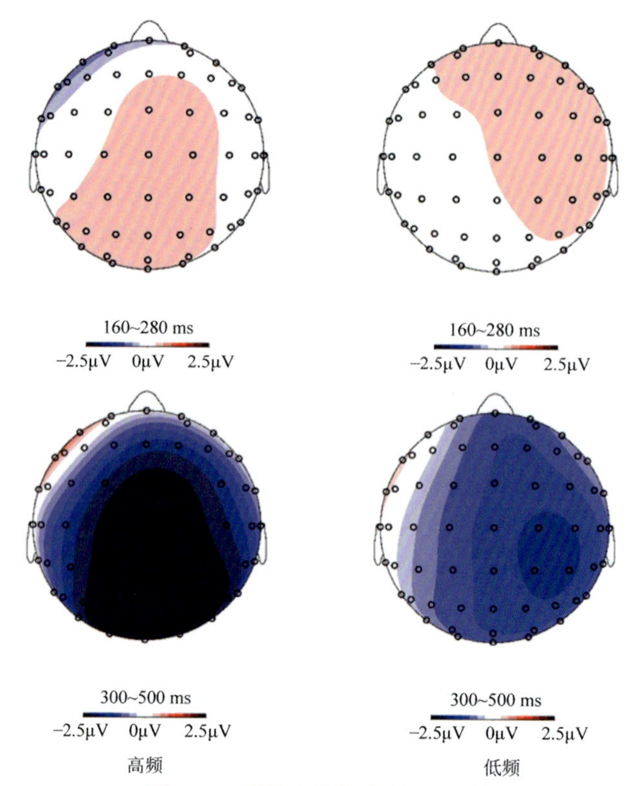

图 6.26　语义判断任务的 ERP 地形图

图注：语义判断任务中，目标开始后 160~280 ms（同音减去对照）和 300~500 ms（对照减去同音）的不同波形的地形图。

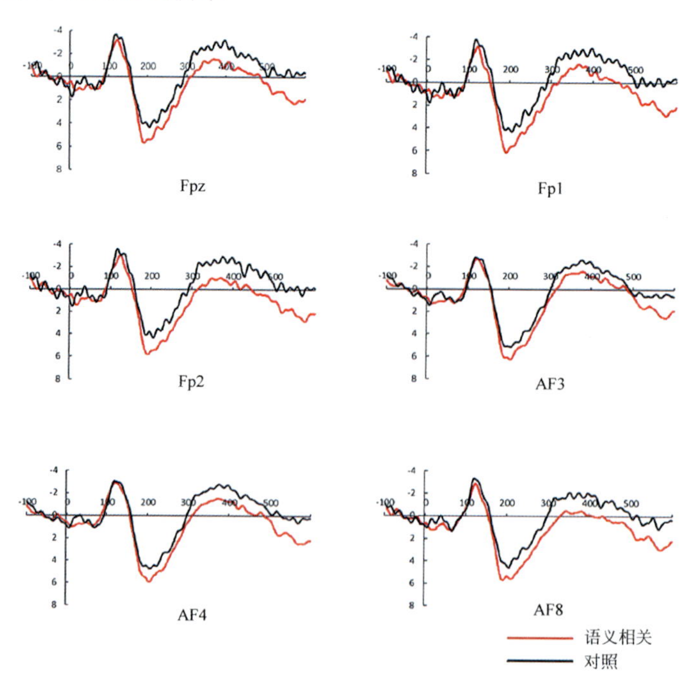

图 6.27　6 个前额电极同音判断任务的 ERP 总平均值

图注：6 个前额电极（Fpz、Fp1、Fp2、AF3、AF4 和 AF8）在同音判断任务中，低频语义相关和对照对，对目标词反应的事件相关电位总平均值（纵坐标单位为 V/μV，横坐标单位为时间 /ms）。

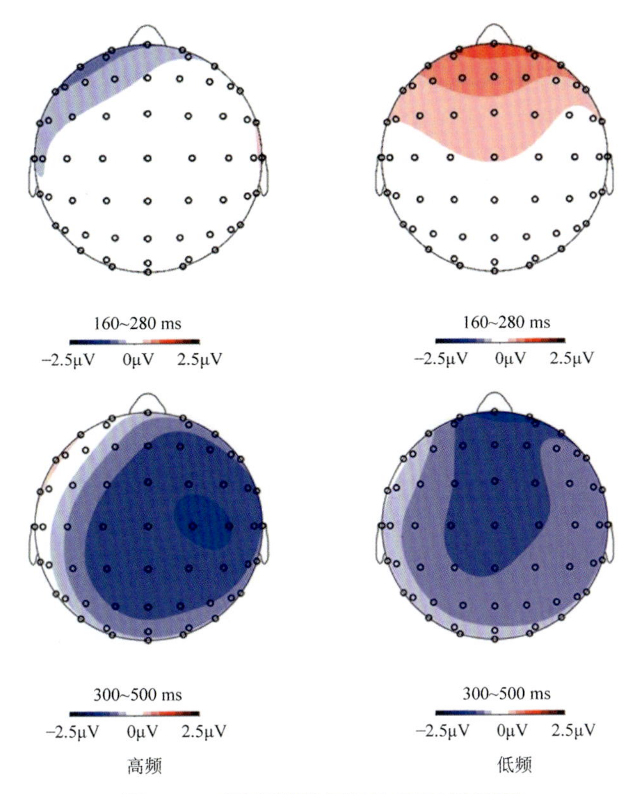

图 6.28 同音判断任务的 ERP 地形图

图注：同音判断任务中，目标开始后 160~280 ms（语义相关减去对照）和 300~500 ms（对照减去语义相关）的不同波的地形图。

6.3 视觉及感知

6.3.1 视觉皮层及视觉通路

1. 视觉皮层

大脑的视觉皮层是大脑皮层中处理视觉信息的部分，位于枕叶。视觉神经从眼睛一直延伸到初级视觉皮层再到视觉联想皮层。来自眼睛的视觉信息经过丘脑的外侧膝状体核（见第 1 章的图 1.14），然后到达视觉皮层。视觉皮层接收来自丘脑的感觉输入的部分是初级视觉皮层，称为视觉 1 区（V1，BA 17 区）和纹状皮质。边缘区由视觉 2 区（V2，BA 18 区），视觉 3、4 和 5 区（V3，V4，V5，所有 BA 19 区）组成。两个脑半球都包含视觉皮层，左脑的视觉皮层接收来自右视野的信号，右脑的视觉皮层接收来自左视野的信号。上一节论述了与语言相关的听觉腹侧通路与背侧通路，对于视觉信息的处理也分为腹侧通路与背侧通路。

腹侧通路（what 通路）沿大脑皮层的枕叶的初级视觉皮层（V1）到颞叶分布，该途径经过次级视皮质（V2）及高级视区（V4）后到达颞下回，具有负责视觉认知的功能，进行辨别物体对象的颜色和形状的信息处理，与词汇的阅读及识别有关，该通路的损害会导致脑部色觉障碍和视觉性失认。

背侧通路（where 通路），从初级视觉皮层到顶下小叶，具有负责空间感知的功能，执行有关位置和运动的信息处理以及对意识不强动作的控制，与词汇阅读有关。

视觉信息处理的腹侧通路与背侧通路如图 6.29 所示。其通路途径涉及的脑区分别为：

视觉背侧通路：V1（BA 17），V2（BA 18），V5（BA 19），顶下小叶（BA 7）。

视觉腹侧通路：V1（BA 17），V2（BA 18），V4（BA 19），梭状回（BA 37），颞下回（BA 20）。

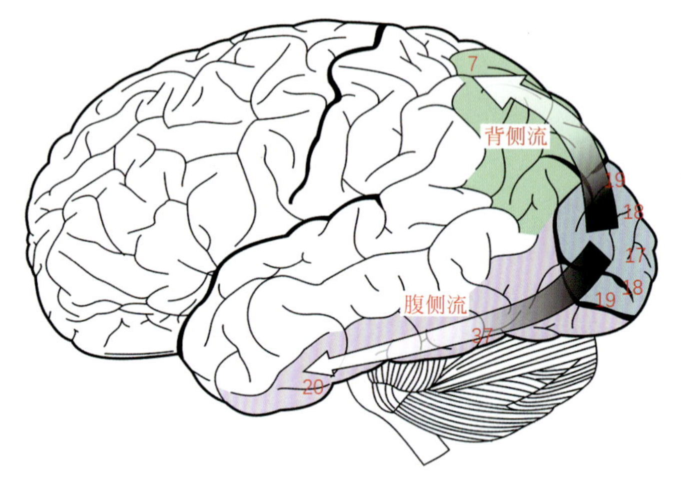

图 6.29　起源于初级视觉皮层的背侧流（绿色）和腹侧流（紫色）

视觉皮层主要从大脑后动脉的距状分支接收血液供应。初级视觉皮层（V1）位于枕叶的距状裂内和周围。每个脑半球的 V1 直接从其同侧外侧膝状核接收信息，该核接收来自对侧视野的信号。当视觉刺激出现在视觉皮层的感受区时，视觉皮层的神经元就会激发动作电位。根据定义，感受野是整个视野内引起动作电位的区域。但是，对于任何给定的神经元，它可能会对其接受域内的一部分刺激产生最显著反应。这种特性称为神经元调谐。在早期的视觉区，神经元有更简单的调节。例如，V1 中的神经元可能会在其感受野中激发任何垂直刺激。在较高的视觉区，神经元具有复杂的调节。例如，在颞下皮质（inferior temporal cortex，ITC），仅当某张面孔出现在其感受野中时，神经元才可能被激活。

腹 - 背侧模型：V1 将信息传递给两条主要的通道，分别是腹侧流和背侧流。

腹侧流从 V1 开始，经过视觉区 V2，然后经过视觉区 V4，到达颞下皮层。腹侧流，有时也被称为“什么通路（what pathway）”，与形态识别和物体表征相关。它还与长期记忆的存储有关。

背侧流从 V1 开始，经过视觉区 V2，然后到达背内侧（dorsomedial，DM / V6）区和颞内侧（medial temporal，MT / V5）区并到达后顶叶皮质。背侧流有时也被称为“位置通路（where pathway）”，与运动、物体位置的表达、眼睛和手臂的控制相关，特别是当视觉信息被用来引导扫视或到达时。

腹侧视觉通路内的多模式语言区，读词与辨认图片涉及视觉刺激与语音、语义知识间的关系。位于视觉皮层和颞叶皮层的更前部之间的左脑基底颞后叶（BA 37）关键区的损伤，会导致阅读与图片辨认障碍。人脑 BA 37 区受损后的主导障碍是失读症和（视觉）称名失能症，但据报告也有一种相关的触觉称名失能症。比赫尔（Büchel）等研究表明，对失明受试者，可获得的触觉和听觉经验足够使 BA 37 区将感觉信息与语言知识结合起来。BA 37 区在阅读、图片命名时的激活，说明 BA 37 区可能在内部知识与任意符号之间建立了联系。BA 37 区融合了从不同渠道汇聚的输入信息这一证据说明这一区域也许本质上并不包含语言编码的记录。安格莱德（Ungerleider）等实验结果表明，根据视觉语言加工的双流模型，图命名时背侧通路加工语音，而腹侧通路加工语义。背侧通路被认为与视觉 - 语音的映射相关，将视觉信息映射到发音。背侧通路的损害可能导致传导性失语症，其症状包括音位性错误、复述障碍等。而腹侧通路则与视觉 - 意义的映射相关，将视觉信息映射为意义。实验证明了腹侧通路的语义流，涉及特异性命名（如：著名人物）、非特异性命名（如：兔子）等方面。

2. 腹侧 / 背侧通路的关系与位置

研究表明，腹侧流对视觉感知至关重要，而背侧流对熟练动作的视觉控制起中介作用。事实证明，视觉幻觉，例如艾宾浩斯（Ebbinghaus）幻觉，会扭曲感知本性的判断，动作和感知系统都同样被这种错觉所迷惑，但当主体做出诸如抓握之类的熟练动作不受图形幻觉的影响，动作 / 知觉分离是描述大脑皮层中背侧和腹侧视觉通路之间的功能分工的一种有效方法。图 6.30 是基于功能脑成像的人脑功能定位，表明了大脑各个解剖部位与其相关联的功能。认读书面词的主要功能区在左脑的枕叶，其 V1 皮层区为视觉投射区，V2 皮层区为投射联络区。

初级视觉皮层是大脑中研究最多的视觉区域。在哺乳动物中，它位于枕叶的后极，是最简单、最早的皮层视觉区。它高度专业化地用于处理有关静态和运动对象的信息，并且在模式识别方面非常出色。功能上定义的初级视觉皮层与解剖上定义的纹状皮层大致相同。纹状皮质是肉眼可见的一种独特的条纹，代表从外侧膝状体的有髓轴突，终止于灰质的第 4 层。初级视觉皮层分为六个功能上不同的层，标记为 1 至 6。第 4 层，从外侧膝状核接收大部分视觉输入，成年人大脑每个半球的初级视觉皮层神经元的平均数量估计约为 1.4 亿。

视觉区 V2 或次要视觉皮层，也称为前纹状皮质，是视觉皮层中的次要区域，也是视觉联想区内的第一个区域。它从 V1（直接和通过丘脑枕）接收强大的前馈连接，并将强连接发送到 V3，V4 和 V5。它还将强大的反馈连接发送到 V1。在解剖学上，V2 分为四个象限，分别在左右半脑的背侧和腹侧。这四个区一起提供了一个完整的视觉世界映像。V2 具有许多与 V1 相同的属性：将单元格调整为简单的属性，例如方向、空间频率和颜色。许多 V2 神经元的反应也被更复杂的特性所调节，例如错觉轮廓的方向、双眼视差，以及刺激是图形的一部分还是背景的一部分。研究表明，V2 细胞表现出少量的注意力调制（大于 V1，小于 V4），可针对中等复杂的模式进行调节，并可能受到同一接收域内不同亚区多个方向的驱动。V2 是在视觉皮层腹侧流中高度互连的区域。在猴脑中，该区从初级视觉皮层（V1）接收强大的前馈连接，并向其他次级视觉皮层（V3、V4 和 V5）发送强大

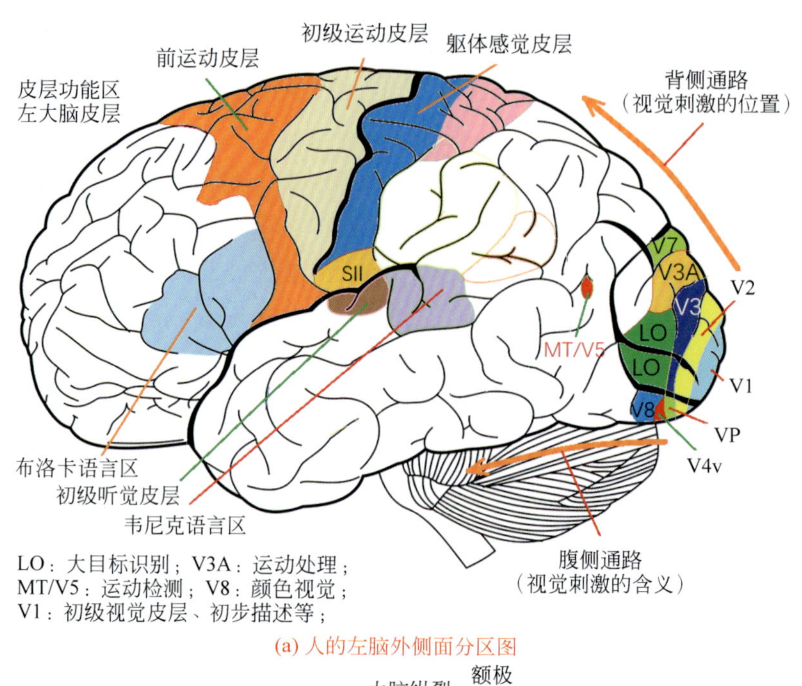

(a) 人的左脑外侧面分区图

右脑
视神经交叉
大脑纵裂
额极
直回
嗅觉沟
左脑
眶回
前穿孔物质
眶沟
颞极
嗅觉三叉神经
乳头体
钩部
大脑外侧裂
颞中沟
脑梗基部
颞中沟
黑质
灰结节
位置识别区
位置识别区
颞下回
脸面识别区
脸面识别区
海马裂
梭状回
形状识别区
形状识别区
侧裂
海马回
颞下沟
四叠体
穹隆回峡部
舌回
扣带回
大脑导水管
侧裂
词形
识别区
胼胝体压部
顶枕裂
楔叶
枕极

(b) 腹侧视图（底面）

图 6.30　基于功能脑成像的人脑功能定位，表明大脑各个解剖部位与其相关联的功能

的投射信号。灵长类动物这一区域的大多数神经元都被调整为简单的视觉特征，例如方向、空间频率、大小、颜色和形状。解剖学研究将 V2 区的第 3 层包含在视觉信息处理中。与第 3 层相比，视觉皮层的第 6 层由多种类型的神经元组成，它们对视觉刺激的反应更为复杂。研究发现，V2 皮质的第 6 层细胞在物体识别记忆的存储以及将短期物体记忆转换为长期记忆中起着非常重要的作用。

背侧和腹侧 V3 与大脑的其他部分有着截然不同的联系，背侧 V3 通常被认为是背侧流的一部分，接收来自 V2 和主要视觉区的输入，并投射到后顶叶皮质。它可能在解剖学上位于 BA 19 区。布拉迪克（Braddick）使用功能磁共振成像表明，V3/V3A 区可能在整体运动的处理中发挥作用，其他研究则倾向于将 V3 背侧视为更大区域的一部分，称为背内侧区，它包含整个视野的表象。背内侧区神经元对覆盖视野大部分的大模式的连贯运动做出反应。腹侧 V3（VP）与主要视觉区的连接较弱，而与颞下皮质的连接较强。尽管较早的研究提出 VP 仅包含视野上部的表示，研究表明这个区域比以前所认为的更广泛，像其他视觉区一样，它可能包含一个完整的视觉表现。罗莎（Rosa）等将修订后的更广泛的 VP 称为腹外侧后（ventro-lateral posterior，VLP）区。

视觉区 V4 是外视皮层中的视觉区之一。在猕猴中，它位于 V2 的前部和颞下区的后部（pITC）。它至少包含四个区域（左 / 右 V4d，左 / 右 V4v），它还包含吻侧和尾侧的亚区。颞中部视觉区（MT 或 V5）是纹外视皮层的一个区。新大陆猴和旧大陆猴的几种物种都在 MT 区含有高密度的方向选择神经元。灵长类动物的 MT 被认为在感知运动，将局部运动信号整合到整体感知，以及指导某些眼部运动方面起着重要作用。背内侧区也被称为 V6，似乎对与自我运动和宽视野刺激相关的视觉刺激作出反应。V6 是灵长类动物视觉皮层的一个分支，V6 位于大脑纹外皮质的背侧部分，靠近穿过大脑中央的深沟（内侧纵裂），通常还包括内侧皮质的一部分，例如顶 - 枕沟。背内侧区包含整个视野的映射组织表示。

来自双眼的词视觉信息分别达到对侧枕叶的 V1 皮层区，即来自右眼的视觉信息到达左脑枕叶皮层区，而来自左眼的视觉信息到达右脑枕叶皮层区，如图 6.31 所示。视觉是由照射到眼睛视网膜的光线产生的。视网膜上的光感受器将光的感觉刺激转变成神经电信号，然后被发送到枕叶的视觉皮层。视觉信号通过视神经离开视网膜，视觉信号从视网膜的鼻半部的视神经纤维交叉穿过到相对的两侧，与来自相对视网膜的颞半部的纤维连接，形成视神经束。眼睛的光学系统和视觉通路的安排意味着来自左边视野的视觉被每个视网膜的右半部接收，由右边的视觉皮质处理，反之亦然。视束纤维在外侧膝状核到达大脑，并通过视辐射到达视觉皮层。

研究表明，与语言相关的皮层在某种程度上是可变的，即大脑神经元之间的连接是可塑性的。书面语言的处理离不开视觉皮层，但语言处理发生在先天盲人的枕叶皮质中，有证据表明视觉皮层的激活与言语记忆任务中的行为表现有关。此外，先天盲人的视觉皮层对句法动作的句子做出反应，而对数学公式却没有反应。如果大脑某个特定区的输入模式发生变化，则该区可能会被用于实现完全不同的功能。人脑皮质是认知多能性的，也就是说，能够承担广泛的认知功能。专业化是由发育期间的输入驱动的，而发育过程受到连接性和经验的限制。

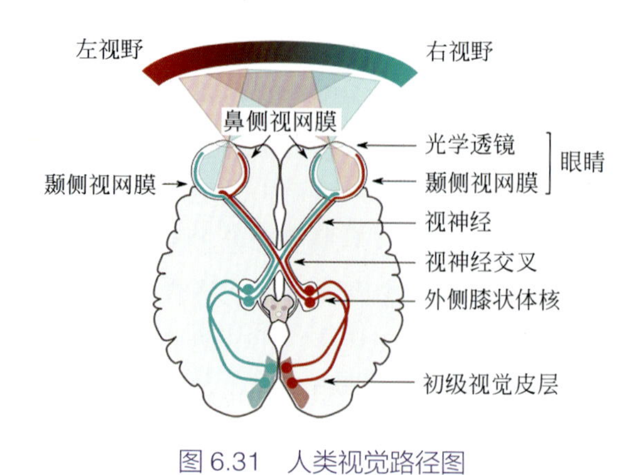

图 6.31　人类视觉路径图

6.3.2　视觉词形区

刘（Liu）等研究结果表明，左脑的梭状回（BA 37）中部负责视觉词形处理和在阅读中把字母连成词的拼写处理，这一脑区因此被命名为“视觉词形区（visual word form area，VWFA）”。梭状回属于多模态联合区，主要负责高阶对象以及处理颜色信息、人脸与身体识别，负责面孔及字词再认、语义知识的存储和检索、词汇处理、图像命名、听力理解、阅读、词形处理、视觉语言处理和唇读活动、视觉处理、将触觉输入信息与语言知识相融合、语言处理、语义处理、字形判断、语音匹配、汉字拼写处理、字形加工、词汇识别的功能。与 BA 20 共同构成初级视觉皮层输出讯息的渠道之一，即腹侧流，也被称为“内容通路”，也与长期记忆相关。

39% 以上的汉字是分别由音旁和综合表示某范围可能的读音与某类意义范畴的偏旁各自构成的复合字。音旁和偏旁可以被进一步划分构成各种汉字部件的笔画或笔画类型。阅读中文比阅读字母文字需要更为复杂的正字法处理。左梭状回中部能被不同的汉语实验范例激活，包括语义关联、词汇判断和文字阅读。作为一种表意文字，汉字由于拥有数百个子汉字的构字部件而非 26 个字母，且这些构字部件是二维的（从左到右，从上到下）而非一维的（从左到右），因此在视觉形状上比字母文字拥有更大数量且更多样的形状。

识别汉字所要求的精确视觉特性也许不是由左梭状回单独完成的，而是由双侧枕中回和梭状回完成的。这将会是表意文字与字母文字相比的一个独有特征，而且它可能是表意文字的视觉复杂性的结果或其他特有的特征。由于语义和语音信息间的相对透明，表意文字可能和双侧语义表征有更强的联系，而字母文字则可能与左侧语音表征有更强的联系。在书写汉字案例中左梭状回中部与拼写处理有关联。

字母文字和汉字之间的一个显著区别是前者由字形映射到音素，而后者由表意文字映射到如词素或单词的意义单位。左颞 - 顶区后部位置处理字母文字刺激时，完成从拼写到语音处理的转换（形 - 音转换），汉字刺激既需要左额中回进行图形（拼写）到音节的转换，又需要涉及从拼写到语义映射的其他操作。左梭状回中部、左额中回也被认为在汉字拼写处理中有激活现象。克朗比希勒（Kronbichler）等研究表明，左梭状回中部不仅会由视觉词汇激活，而且也会由比如在盲文阅读中的非视觉性的刺激激活，或由非阅读任务激活。在枕 - 颞区，低频词有着比高频词更强的激活。默读任务不仅明显涉及视觉处理，而且还涉及语音 - 语义表征。频率差异不仅可以在左梭状回中部的视觉词形区预见到，而且也可以在与语义加工有关的左腹侧额下区和与语音处理有关的左背侧额下区和中央前区预见到。阅读涉及利用关于熟悉的字母组合及其意义和声音的先验知识。视觉词形是构成单词的字母组合。对熟悉的字母组合的知识源于字形、语义和语音处理之间的相互作用，视觉词形表征被包含在左梭状皮质的有限范围内，通过阅读可重复激活。纯粹失读症的患者通常有广阔的左枕叶损伤，除了梭状回之外，还包括楔叶、距状沟和舌回。左梭状回中部区与命名有关联。左梭状中部区是个多模式区，它不仅明确地由视觉输入驱动，同时响应触觉和听觉刺激。

6.3.3 汉字的形和音处理

汉字由于缺乏字母顺序因而具有截然不同的特征。汉字的表意性质，与依字母顺序的文字相比，也许造成汉字形与意之间更为紧密联系，通过该论点可以推测，汉字阅读优先占用了腹侧处理通路。日文假名的阅读依靠从枕叶到顶下区的背侧通路，而日文汉字的处理则依靠枕叶到颞叶皮质的腹侧通路。其中，左梭状回中部 / 枕 - 颞连接处（occipital–temporal junction，OTJ）引起了特别的注意，这一区域被称为“视觉词形区域”。与无意义的图形相比，枕 - 颞连接处不仅论证了优先对汉字有响应，而且表达了细微的语言学性质，即频率效应，对阅读不常遇见的汉字要比常遇见的汉字具有更强的激活。不像字母单词的线性排列，每个汉字都是由笔画或笔画模式（即偏旁部首）构成的，形成了不同的汉字成分。每个汉字都是方块字。超过 80% 的汉字都分别由一个表明读音的声部（或提示可能发音的表音符号）及表明含义的偏旁部首组成。偏旁部首在汉字中有传统的固定位置，并在汉字识别中有着重要作用。汉字的另一个明显的特点是，大量的同音字有着不同的字形。通过同音字判断任务和汉字、假字以及与类似韩文的无意义字符的 3 个外形判断任务，郭（Kuo）等实验结果表明，同音字判断会在前运动皮质、左额下回、辅助运动区以及左颞 - 顶皮质区引发更强的激活。左枕 - 颞区、左背侧加工通路以及右额中回建立起字形加工网络，而左前运动区、左额中 / 下回、辅助运动区和左颞 - 顶区共同进行发音处理。左额下皮质的腹侧部分会对汉字的刺激产生特定响应，表明该区对语言材料起着整体词汇加工的作用。由汉字同音字判断在背侧视觉通路产生的更强烈的激活揭示了在汉字的语音表征和相应的字形感知之间的紧密联系。

同音字判断与字形判断的对比可对汉字字形处理的神经机制产生最佳的描述，因为这两个条件均使用真实汉字。除了已知的左额、颞皮质区参与发音处理以外，右额中回、左枕 - 颞连接处和从枕叶到顶叶皮层的左背侧通路也被激活，并被认为是对动态字形处理的整个网络的一部分。左枕 - 颞连接处对书写文字的正确拼写有着公认的作用。当执行同音字判断时，在视觉工作记忆和注意力负荷的语境下，右额中回参与作用。字形处理是一个从书写词汇的表层结构提取不变的、抽象的结构表示的动态过程。一般认为，词汇识别的前期阶段会为后继处理提供信息，如语音转换。语音处理是将字形处理中的抽象结构表征转变成它的抽象语音形式的过程，并映射到其语音体系中。在同音字判断与外形判定的对比中，左颞 - 顶区参与了汉语阅读中字形 - 字音的转换，汉语同音字判定与背侧视觉通路有更强的关联，暗示字音表征与字形感知之间紧密相联。这是由于汉字必须作为一个整体来阅读，该过程要求对精细粒度的视觉空间进行分析。表意系统要求十分细致的视觉空间处理。左枕 - 颞区、左背侧加工通路及右额中回形成了字形加工网络，而左前运动区、左额中 / 下回、额内侧皮质和左颞 - 顶区则共同参与了汉字的发音处理。在语音的受控检索中，左额下腹侧皮质与左颞 - 顶叶皮质协同作用。不同区域的组合参与不同层面的汉字字形和字音处理，汉字知识来源于字形、字音和字义处理的相互影响。语音处理需要背侧区的参与，而语义处理则涉及额下回的腹侧区。角回在传统意义上被称为阅读中心。研究发现角回的激活涉及视觉词汇的韵律判断任务以及听觉词汇的正字法判断任务，而且在句子阅读中也如此。喙腹侧区与语义处理更相关，而后背侧区与语音处理的联系更紧密。

6.3.4 阅读过程中快速提取汉字的抽象拼写模式

1. 汉字阅读中特征抽取

作为人类之间交流的重要载体，书面语言变化很大。对人类来说，能够感知书面文字并快速提取相关特征是非常了不起的。在阅读过程中，我们识字的大脑能够通过双重途径理解单词的语音形式，即使用心理词典或通过字母到音素的转换。无论采取哪种途径，书面文字首先在视觉皮层中以分层方式进行处理，首先检测到简单的特征，如有方向的条形，然后再检测更复杂的特征，如字母碎片和形状。最后，抽象的文字表征可能在梭状回（BA 37）的视觉词形区形成。

在形成词汇表征之前的词汇过程中，将书面文字的单位结合成一个整体是一个关键步骤。例如，字母被感知，然后被捆绑成字符串，形成像英语这样字母语言的语素，以及像汉语这样的语标语言的笔画变成部首。证据表明，子词汇形成过程已经发生在字符串或部首的级别，它们的表征可能有助于对嵌入字符串或偏旁部首的整个单词或字符的识别，当启动和目标有共同的字符串或偏旁部首时，由促进启动效应支持。然而，字符串和部首的进一步组合在组织方式上是不同的。对于字母语言，这种组合通常发生在一个维度中，将字符串组合成单词。相反，对于语标语言的汉语，部首的组合发生在二维平面上。汉语部首可以有多种结合方式。例如，它们可以水平结合，形成一个左右结构的字符；也可以垂直结合，形成一个上下结构的字符。尽管部首组合还有其他方式，但超过 86% 的现代汉字具有左右（~65%）或上下（~21%）结构。

部首位置信息似乎是在正字法处理期间被编码和表示的。尽管行为学研究提供了证据，支持特定位置和一般位置的偏旁部首表征在汉字识别中的作用，但汉字识别背后的隐蔽处理的时间过程只能通过神经生理学技术，如 ERP 来揭示。特定位置和一般位置部首表征的出现顺序不可避免地表明了一个可能的抽象化过程，它将部首本身的表征和抽象部首位置的表征分开。在字母语言中，字母标识和词内字母位置的分离对于随后的语义和语音处理至关重要；字母标识有助于语义提取，而位置信息对于在语音处理中使用的词内位置编码字母标识的表征是必要的。由于在汉字识别中，语义和语音特征也是在部首层面上处理的，所以部首本身和抽象部首位置的单独表示可能比字母语言更复杂。抽象位置信息代表了汉字部首的组合方式，与部首本身无关的抽象位置信息确实影响了阅读时对汉字的识别。例如，具有左右结构的字符往往比上下结构的字符更容易被感知。此外，由于偏旁部首的组合方式不同，出现的频率也不同，因此，在长期的语言体验中，汉语使用者的大脑可能会学会快速提取嵌入字符中的偏旁部首的抽象空间模式，以适应语言环境，便于进一步处理，从而识别汉字。因此，分离部首本身的表征和抽象部首位置的表征的可能抽象过程，部首的空间排列对汉字识别的影响，以及讲中文的人的大脑在不断学习统计语言环境的事实，使我们假设汉字中部首的空间排列的抽象模式是在阅读过程中提取的，可能是以隐含的方式。

对部首配置的抽象空间模式的提取可能发生在汉字识别的早期阶段，在语音或语义处理之前。我们认为，这一提取过程可能发生在特定位置的部首表征出现之后，因为部首本身及其位置的分离（如果存在的话）也可能参与到部首配置的抽象空间模式的提取中。以前的研究表明，在正字法处理过程中，包括梭状回和枕中回（BA 18/19/37）在内的脑区被特别激活，这表明可能有脑区参与汉字的这种抽象正字法模式的提取。

我们试图探索在阅读过程中是否可以隐含地提取抽象的部首空间排列模式，使用 ERP 技术追踪这一隐性程序在汉字正字法特有过程中的时间过程。视觉错配负性（visual mismatch negativity, vMMN）的 ERP 成分是一种源自视觉皮层的响应，反映了其对视觉环境统计数据的预测误差。从进化角度来看，我们的视觉皮层进化到可以自动检测环境的突然变化，即使这种变化是微妙的。当一系列的标准刺激被传递给受试者时，它们将为他/她的视觉皮层预测未来的刺激建立一个视觉环境统计的规范。然后，当一个罕见、异常的刺激突然出现时，他/她的视觉皮层会出现预测错误，从而产生 vMMN。因此，vMMN 可以用来检查视觉皮层是否能够感知和识别视觉刺激的某些特征，如果能够，可以帮助进一步检测隐蔽特征提取的时机。vMMN 的研究表明，人类视觉系统不仅对颜色和线条方向等视觉刺激的简单特征的变化敏感，而且对违反顺序规则性和性别类别等抽象特征的变化也敏感。

视觉皮层自动提取抽象语音模式的能力支持在视觉皮层提取更高层次的抽象词汇特征。由于抽象结构模式比音调模式更直接来自视觉线索，而且正字法处理通常先于语音处理，可以想象抽象结构模式也可能在视觉皮层中被提取。我们采用了一种主动的双偏差新奇范式，模拟一个阅读场景，使用的视觉刺激流由三种类型的汉字组成：左右结构降调的汉字，左右结构升调的汉字，以及上下结构降调的汉字（概率是 8 ∶ 1 ∶ 1）。在实验的两个环节的一个环节中，受试者被要求对具有不同于标准结构（左 - 右）的目标字符（上 - 下）做出反应。通过这样做，受试者在这个环节中明确地识别了违反标准抽象模式的偏旁部首的空间排列。若观察到响应标准刺激和目标刺激的 ERP 之间 vMMN 时间范围内的差异，就代表了抽象结构模式的主动提取。在另一个具有完全相同刺激呈现的环节中，受试者被指示以与标准音调（下降）不同的音调（上升）回应目标角色。然后，我们研究了 ERP 对标准刺激和非目标刺激（结构识别过程中的目标刺激）在 vMMN 的时间范围内是否也存在差异。若观察到与结构识别环节类似的 ERP 差异效应，则意味着在阅读过程中可以隐含提取对汉字抽象结构模式变化的 ERP 差异。

正字法处理在阅读中至关重要。对于汉语来说，次词汇加工已经在部首层面上进行。研究表明，位置特定的部首的早期表征和位置通用的部首的后期表征，这意味着在正字法处理过程中，抽象位置信息可能被分离，而不考虑部首本身与部首表征。由于视觉皮层被证明积极参与拼写处理，它也可能在汉字抽象拼写模式的提取中发挥作用。因此，假设在阅读过程中，汉字的抽象正字模式会在视觉皮层被隐蔽地提取。我们利用 ERP 技术研究了视觉皮层是否能快速提取汉字的抽象结构模式，采用了一种主动的新范式，有两种类型的异常刺激，只在结构或音调上与标准刺激不同；在两个环节中，受试者的注意力集中在一个特征上，而忽略了另一个。我们观察到，在这两个环节中，枕部电极记录的 ERP 对标准和结构异常的刺激有不同的反应，特别是在枕部 P200 成分的时间范围内。然后，我们提取了来自视觉皮层不同层次的三个源波。在源波之间观察到早期反应差异（从刺激开始后 88~ 456 ms），可能来自左初级 / 次级和双侧联想视觉皮层，这表明在视觉皮层中存在快速提取汉字的抽象结构模式，无论抽象结构模式对受试者是显性还是隐性的。结果表明，右左初级 / 次级视觉皮层对标准刺激和结构异常刺激产生的源波没有任何差异，说明对汉字抽象结构模式的提取是左侧化的。此外，对于违反抽象音调模式的标准和异常刺激，源自视觉皮层任何层次的源波都没有观察到差异，直到 768 ms，在视觉皮层的较高层次出现了与有意识检测目标有关的后期效应。在晚期阶段（晚于刺激开始后的 698 ms），无论关注的是结构还是音调特征，双侧联想视觉皮层对标准和目标刺激产生的反应在两个环节上都不一样。我们的研究结果支持视觉皮层的原始智能可以快速提取抽象的汉字拼写模式，这些模式可能会参与进一步的词汇处理，这种快速提取可以在阅读过程中隐含地进行。

16 名受试者（8 名女性；平均年龄 23 岁）参加了实验。所有受试者母语均为中文，视力正常或矫正至正常，均无神经或精神疾病史。我们使用了一个有两类异常刺激的主动新奇范式，模拟了一个阅读的场景 [图 6.32（a）]。在一个汉字流中，具有左右结构降调的字符（LR4）作为标准刺激频繁出现，两种类型的异常刺激在标准刺激之间不经常出现：一种是具有上下结构降调的字符（UD4），另一种是具有左右结构升调的字符（LR2）。UD4 字符与 LR4 字符仅在结构上有区别，LR2 字符与 LR4 字符仅在汉字声调上有区别。这些字符由各种偏旁部首组合而成，其发音包含各种辅音和元音，因此，结构和声调特征的模式都是抽象的。

刺激程序包含 1200 个字符：960 个标准刺激字符（LR4），120 个结构异常刺激字符（UD4）和 120 个音调异常刺激字符(LR2)。由于具有左右结构降调的真实字符数量的限制，刺激材料包含 524 个标准字符，其中 436 个被呈现两次。这些字符以伪随机顺序呈现，任何两个相邻的异常刺激之间至少有两个标准刺激相隔，而且两次呈现的标准字符并不是连续呈现的。所有的刺激字符都是白色的，显示在灰色背景的中心。受试者的眼睛与屏幕中心处于同一高度,眼睛与屏幕的距离约为 1 m。汉字的宽度和高度约为 10 cm,均为仿宋字体。汉字的出现频率和笔画数在不同的刺激类型中是匹配的；汉字的出现频率是从国家语言委员会的现代汉语平衡语料库（http://corpus.zhonghuayuwen.org）中获得的。三种刺激类型的叠加刺激字符的最终图像相当相似，表明视觉刺激的物理异质性很小图 [6.32（b）]。每个字符出现的时间为 200 ms，刺激开始的不同步时间为 1.9~2.1s [图 6.32（c）]。刺激的传递由 E-Prime 的自定义程序控制。

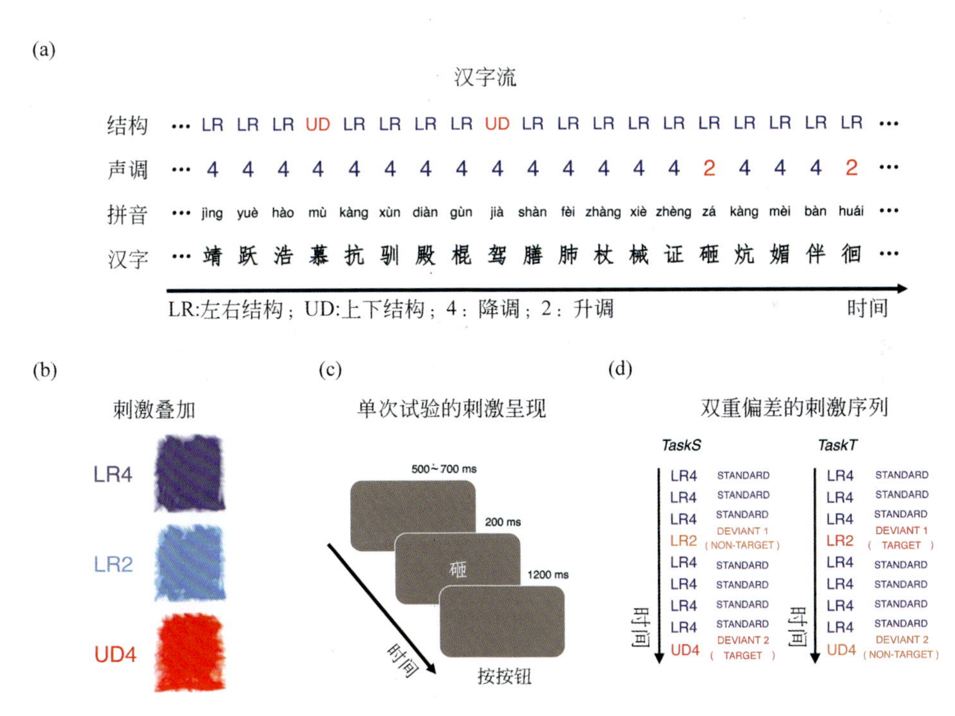

图 6.32　实验方案和刺激材料

图注: (a) 采用了一种主动新奇范式，包含两种异常的刺激，它们分别违反了汉字结构和声调的抽象模式。标准刺激是左右结构降调的汉字（LR4）。异常刺激的两种类型是上下结构降调的汉字（UD4）和左右结构升调的汉字（LR2）。结构和声调特征的模式是抽象的，因为这些字符是用各种部首构成的，其发音包含各种辅音和元音。(b) 三种刺激类型的汉字叠加。注意它们是相当相似的，这表明视觉刺激的物理异质性最小。(c) 每个汉字出现的时间是 200 ms，刺激开始的异步时间是 1.9~2.1 s。(d) 实验包括两个环节，其中呈现的字符流完全相同。在一个环节中，受试者被要求对违反抽象结构模式的异常刺激作出反应，按一个按钮，而忽略其他类型的刺激（TaskS）；在另一个环节，他们被要求对违反抽象音调模式的异常刺激作出反应，按一个按钮（TaskT）。

TaskS 的平均反应时间为 684 ms，TaskT 为 839 ms [6.33（a）]，成对的 t 检验显示，TaskS 的反应时间明显短于 TaskT（$df = 15, t = 10.759, p < 0.001$）。TaskS 的平均命中率为 94%，TaskT 的平均命中率为 86% [6.33（b）]，成对的 t 检验显示，TaskS 的命中率明显高于 TaskT（$df = 15, t = 5.326, p < 0.001$）。这表明音调识别任务比结构识别任务更难，确保了 TaskT 中抽象结构模式的提取是隐含的。

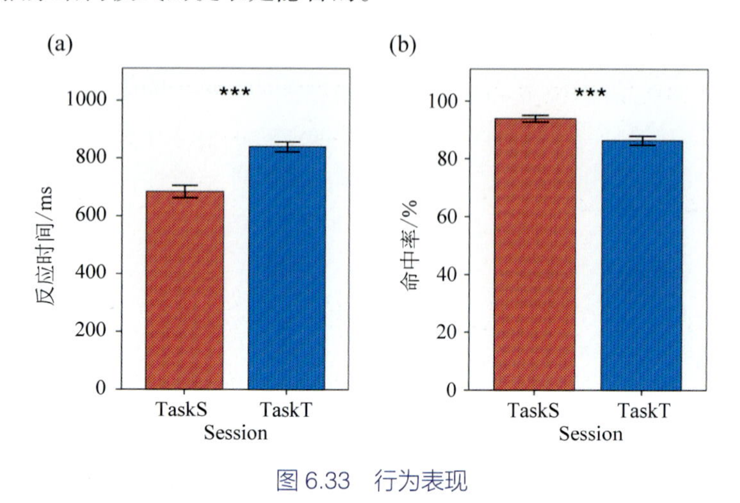

图 6.33　行为表现

图注：(a) TaskS 的反应时间明显少于 TaskT。(b) TaskS 的命中率明显高于 TaskT。行为表现表明，当受试者将注意力集中在相应的特征上时，他们比声调特征更快、更准确地检测到汉字的结构特征。误差条指的是 ±SEM（standard error of mean，平均标准误差）。

2. 抽象结构模式的提取：感应层面的分析

在 TaskS 中观察到枕部 ERP 对标准（LR4）和目标异常刺激（UD4）的响应之间存在显著差异。如图 6.34（a）所示，差异发生的时间范围是 118~212 ms（目标偏差 > 标准），226~388 ms（目标偏差 < 标准），402~478 ms（目标偏差 < 标准）和 638~756 ms（目标偏差 > 标准）。这表明，当对汉字结构投入足够的注意力资源时，汉字的抽象结构模式可以被迅速提取出来。另外，在 TaskT 中，枕部 ERP 对标准（LR4）和非目标异常刺激（UD4）的反应也有明显差异。如图 6.34（a）所示，差异发生的时间范围是 22~146 ms（非目标偏差 > 标准），204~356 ms（非目标偏差 < 标准）和 666~784 ms（非目标偏差 > 标准）。因此，无论是否有意识地注意到抽象的结构模式，ERP 之间的差异，特别是 P200 成分，对标准刺激和结构异常刺激的反应是显著的，这表明即使有意识地注意到音调特征而不是结构特征，抽象结构模式的违反也可以以隐性的方式检测。图 6.34（b）给出了 P200 成分的地形图，表明差异效应确实来自枕叶；反之，后期的 ERP 差异主要代表 P300 效应，可能与目标检测有关。

3.ERP 的分解和来源的定位

我们提取了 6 个成分，可以解释整个数据的 95.18%，如图 6.35 所示。根据目视检查，

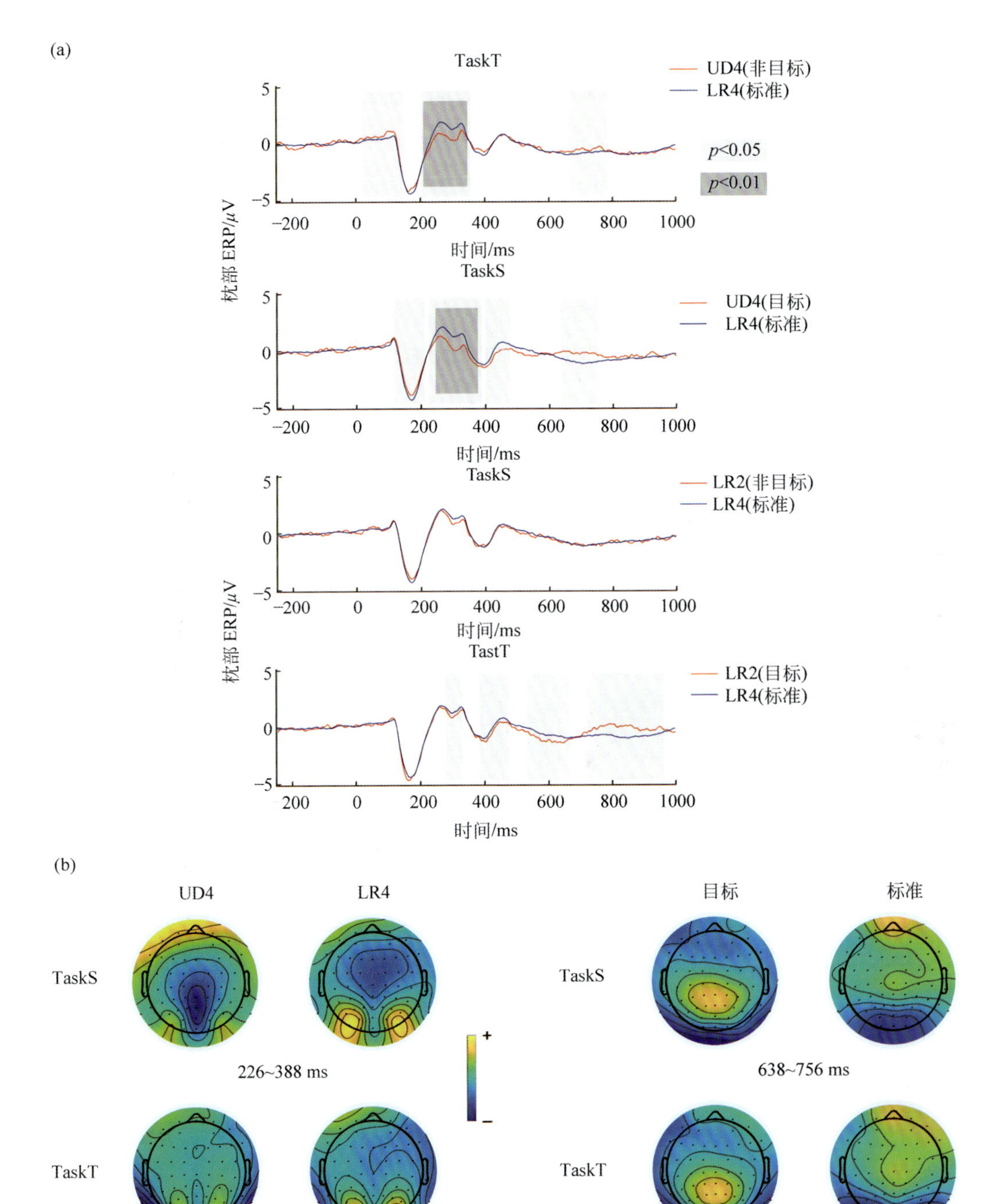

图 6.34 枕部 ERP

图注：(a). 枕部电极记录的反应。观察到在 TaskT 中响应标准和非目标刺激的枕叶 ERP 存在显著差异，尤其是在 P200 的时间范围内。在 TaskS 中，也观察到枕部 ERP 对标准和目标刺激的类似反应差异。这些发现表明，抽象的结构模式可以被显性和隐性地检测到。相反，在 TaskS 中没有观察到枕叶 ERP 对标准和非目标刺激的反应有明显差异，但在 TaskT 中枕叶 ERP 对标准和目标刺激的反应有明显差异，表明只有在有意识地注意到字符的音调特征时才能检测到抽象的音调模式。(b). 枕叶 P200 和顶叶 P300 成分的地形图。枕叶 P200 成分的拓扑结构表明，差异效应确实来自枕叶。顶叶 P300 效应主要发生在 Pz 周围，尽管枕叶 ERP 也显示出类似的效应，可能部分是体积传导的产物。

其地形图表明三种成分来自枕叶（IC5、IC4 和 IC1），一种来自额叶（IC3），一种来自 P300 的产生部位（IC2）。进一步的神经源定位表明，IC5、IC4 和 IC1 的神经源可能在很大程度上归因于左侧初级 / 次级视觉皮层、右侧初级 / 次级视觉皮层和双侧辅助视觉皮层以及可能负责更高层次语言处理的脑区。偶极子拟合将 IC5 的等效偶极子定位在 [-6, -83, 4] mm（*RV* = 3.52%；图 6.35）；以该坐标为中心的立方体（范围：± 4mm）与之重叠最多的灰质是楔部和舌回（BA 17/18），偏向于左脑。此外，偶极子拟合将 IC4 的等效偶极子精确到 [7, -95, -14] mm（*RV* = 2.52%；图 6.35）；以该坐标为中心的立方体（范围：± 4 mm）与之重叠最多的灰质是舌回（BA 17/18），偏向于右脑。另外，偶极子拟合将 IC1 的一对等效镜像偶极子精确到 [± 37，-55，12] mm（*RV* = 0.92%；图 6.35）；以该坐标为中心的立方体（范围：± 4 mm）与之重叠最多的灰质是两个脑半球的颞中 / 上回（BA 19/22）。

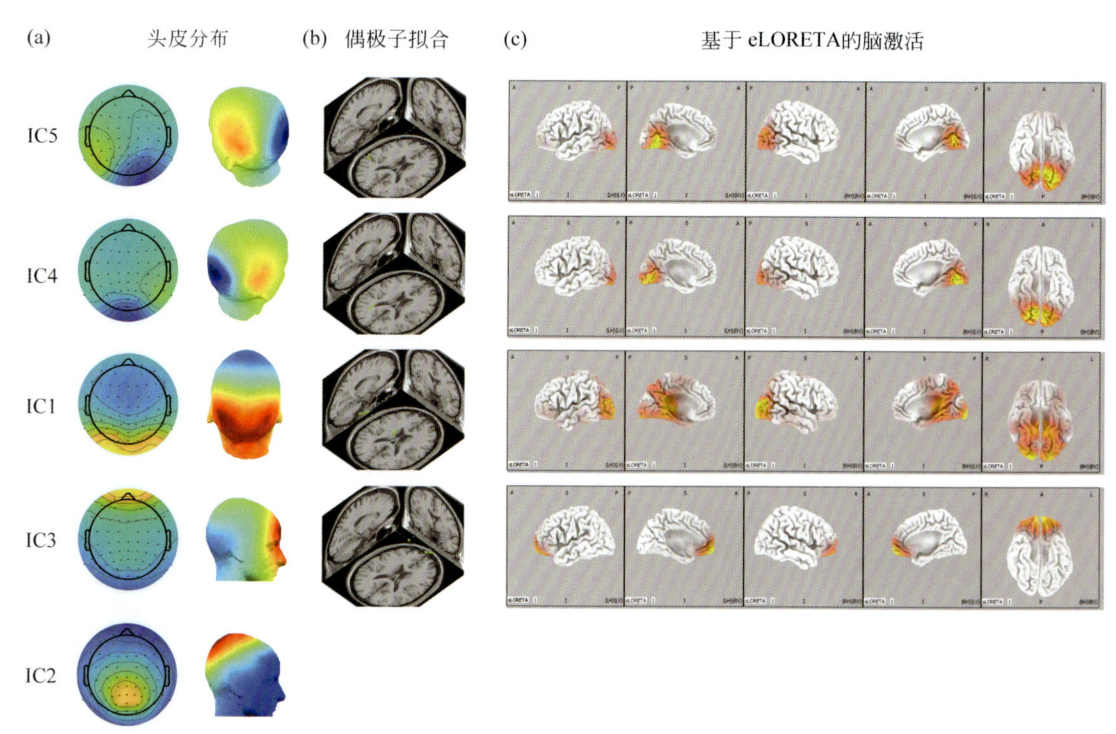

图 6.35　源重建结果

图注：图中显示了 2 维和 3 维地形图、平均大脑中的等效偶极子以及每个成分的 eLORETA 结果。IC5 可能来自左侧初级 / 次级视觉皮层，IC4 可能来自右侧初级 / 次级视觉皮层。与 IC5 和 IC4 相比，IC1 来自更高层次的视觉皮层，可能是双侧相关的视觉皮层。IC3 可能来自眶额皮质（BA 11）。IC2 明显代表了 P300 成分。

基于精确的低分辨率脑电磁断层扫描（exact low-resolution brain electromagnetic tomography，eLORETA）的这三个成分的源重建结果与偶极子拟合结果一致。这三个成分的等效源都主要分布在枕叶，但在枕叶不同的部位。一方面，与 IC1 相比，IC5 和 IC4 的信号源分布在更有限的区域范围内，更接近枕极（图 6.35），主要与 BA 17/18 重叠。这表明 IC4 和 IC5 可能代表初级或次级视觉皮层的神经活动。另一方面，IC1 的脑激活源分布范围更广，离枕极更远（图 6.35），大部分与 BA 18/19 重叠；一些激活源甚至到达 BA 37 和 BA 39，前者与正字法处理有关，后者是韦尼克区的一部分，在理解书面或口头语言中起重要作用。这表明，与 IC5 和 IC4 相比，IC1 可能代表了视觉皮层中更高层次的神经活动。IC3 可能来自眶额皮质。偶极子拟合将 IC3 的一对等效镜像偶极子精确定位到 [± 23, 42, –27] mm（RV = 14.10%；图 6.35）；与 以该坐标为中心的立方体（范围：± 4 mm）与之重叠最多的灰质是两个脑半球的 BA 11 区。基于 eLORETA 的源重建也给出了类似结果。很明显，IC2 代表 P300（图 6.36）。

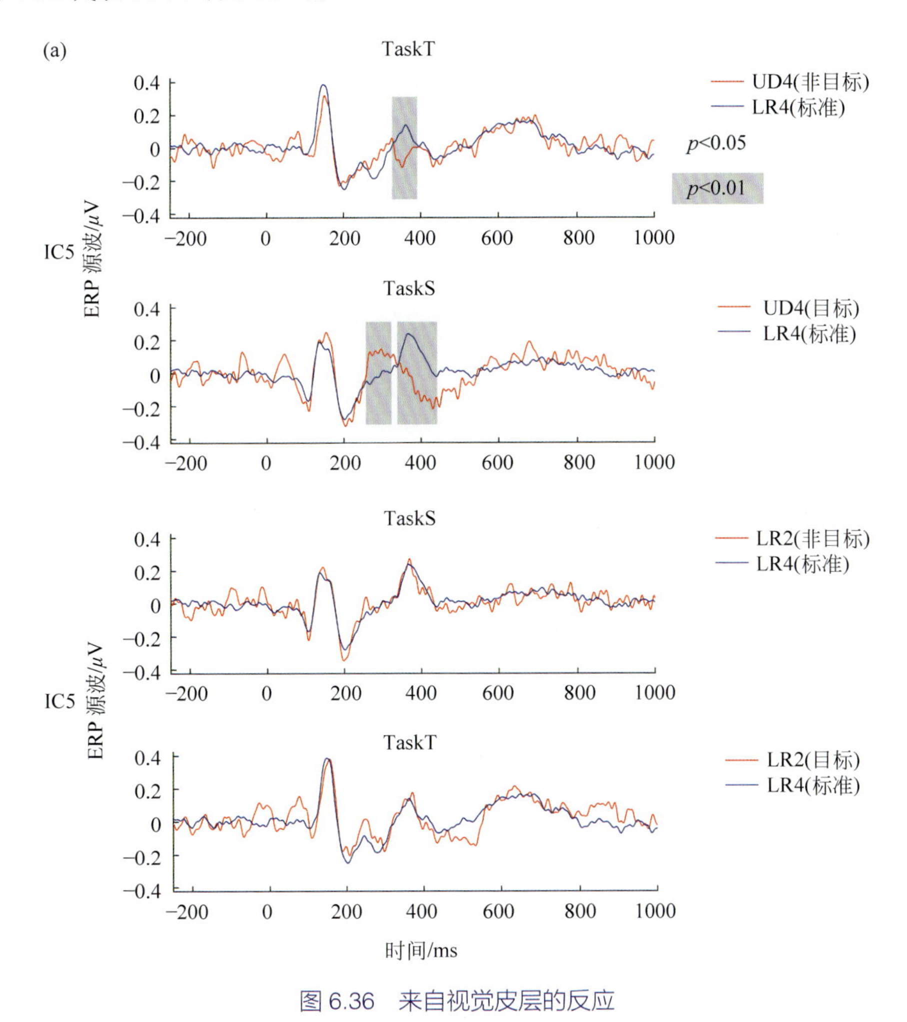

图 6.36　来自视觉皮层的反应

图注：(a) 在 324~392 ms 的时间范围内，IC5 与 TaskT 中的标准和非目标刺激之间出现显著差异。在 334~456 ms 的时间范围内，IC5 对标准刺激和目标刺激之间的 TaskS 也观察到了类似的响应差异。(b) 在 TaskT 中，在 88~140 ms 和 200-356 ms 的时间范围内，IC1 对标准和非目标刺激之间出现了显著差异。在 TaskS 中，IC1 对标准和目标刺激的类似反应差异也被观察到，时间范围为 120~222 ms 和 224~374 ms。此外，在 TaskS 和 TaskT 中，IC1 对标准和目标刺激的显著差异发生在一个相对较晚的阶段（晚于 698 ms）。(c) 在 TaskT 和 TaskS 中，对标准和非目标刺激的 IC4 之间或对标准和目标刺激的 IC4 之间没有观察到差异。

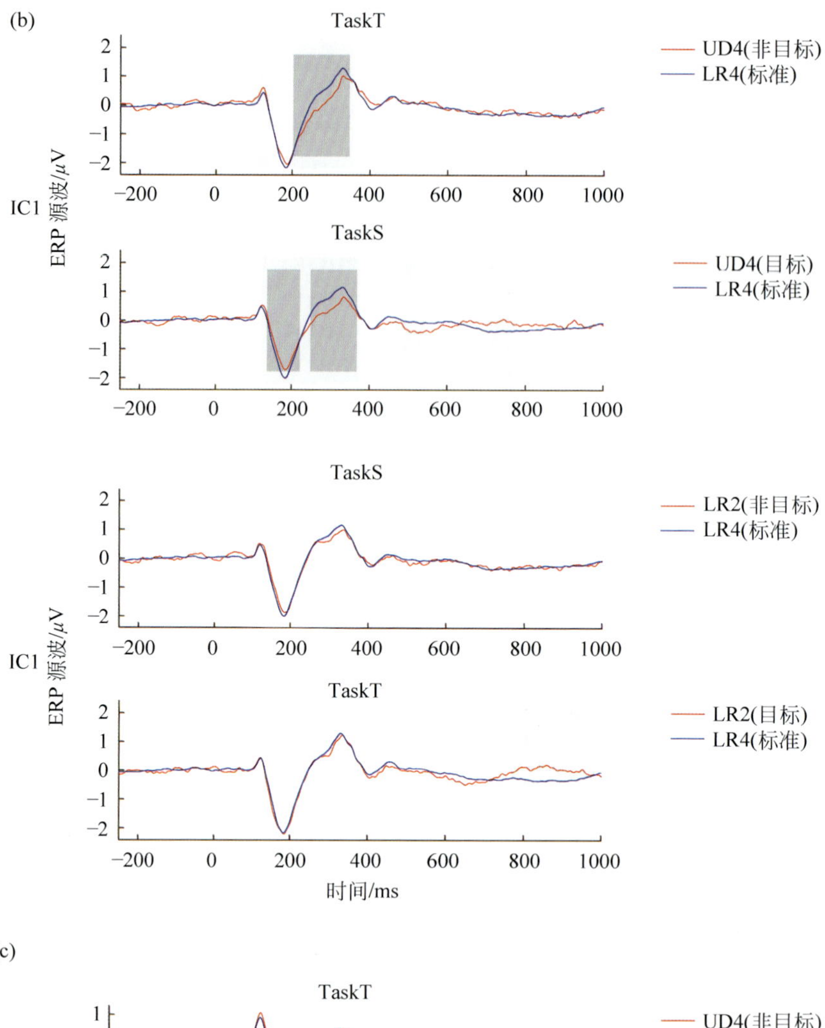
(b)
TaskT
UD4(非目标)
LR4(标准)
TaskS
UD4(目标)
LR4(标准)
IC1
ERP 源波/μV
TaskS
LR2(非目标)
LR4(标准)
TaskT
LR2(目标)
LR4(标准)
IC1
ERP 源波/μV
时间/ms

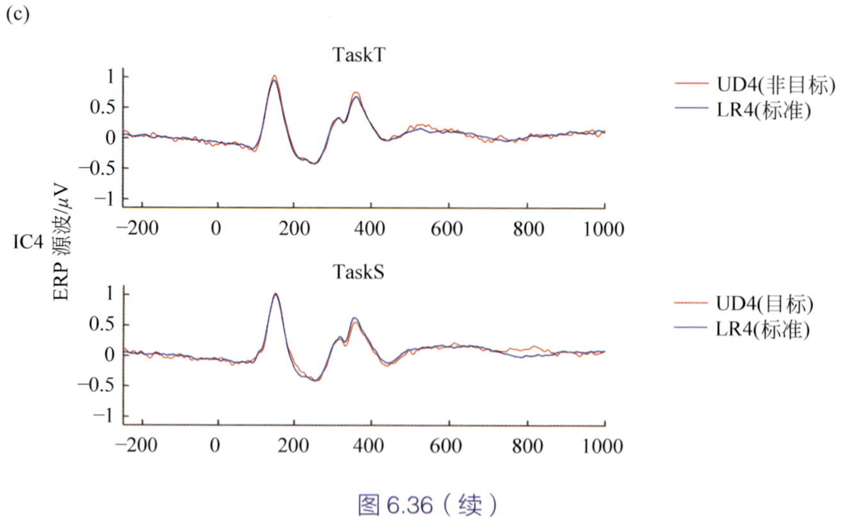
(c)
TaskT
UD4(非目标)
LR4(标准)
IC4
ERP 源波/μV
TaskS
UD4(目标)
LR4(标准)

图 6.36（续）

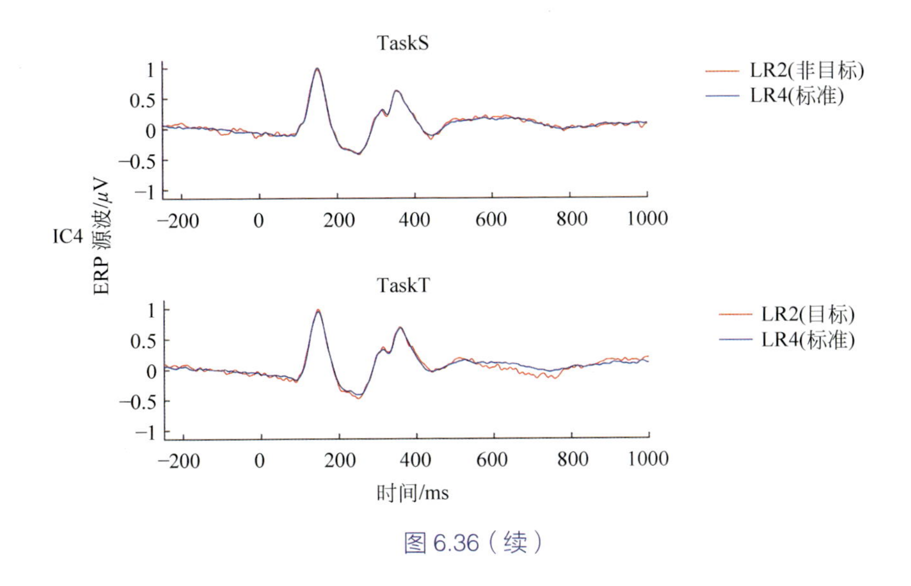

图 6.36（续）

4. 抽象结构模式的提取：源级分析

我们在 TaskS 中观察到由标准（LR4）和目标异常刺激（UD4）引起的视觉皮层产生的源波之间的显著差异。差异发生的时间范围是：IC5 的 248~332 ms（目标偏差 > 标准）和 334~456 ms（目标偏差 < 标准）（图 6.36A）；IC1 的 120~222 ms（目标偏差 > 标准）、224~374 ms（目标偏差 < 标准）、484~540 ms（目标偏差 < 标准）和 698~776 ms（目标偏差 > 标准）（图 6.36B）。在 TaskS 中没有发现 IC4 的显著差异（图 6.36C）。这表明，当有意识地将足够的注意力资源用于汉字结构时，可以在视觉皮层中快速提取汉字的抽象结构模式。还观察到由 TaskT 中标准（LR4）和非目标异常刺激（UD4）引起的视觉皮层产生的源波之间的显著差异。差异发生的时间范围是 IC5 的 324~392 ms（非目标偏离 < 标准）（图 6.36A），IC1 的 88~140 ms（非目标偏离 > 标准）和 200~356 ms（非目标偏离 < 标准）（图 6.36B）。在 TaskT 中也没有观察到 IC4 的明显差异（图 6.36C）。这表明，即使在缺乏对结构特征的有意识注意的情况下，视觉皮层也能迅速检测到汉字抽象结构模式对隐性抽象结构模式的违反。IC5 存在显著差异但 IC4 没有显著差异这一事实表明，这种对汉字抽象结构模式的隐式提取倾向于偏向左侧初级 / 次级视觉皮层。

5. 晚期高级进程的响应：源级分析

当注意力资源被有意识地积极用于检测目标刺激时，在 TaskS 和 TaskT 中，代表由标准和目标异常刺激引起的更高级别过程（IC3 和 IC2）的源波之间存在显著差异。对于源在额叶中的 IC3，出现差异的时间范围在 TaskS 中为 360~520 ms（目标偏差 > 标准），在 TaskT 中为 558~756 ms（目标偏差 > 标准）（图 6.37）。对于代表 P300 的 IC2，TaskS 中出现差异的时间范围为 52~476 ms（目标偏差 < 标准）、498~764 ms（目标偏差 > 标准）和 902~980 ms（目标偏差 < 标准），而在 TaskT 中是 230~608 ms（目标偏差 < 标准）和 666~904 ms（目标偏差 > 标准）（图 6.37）。这表明，在提取汉字结构和音调特征的明确抽象模式时，需要注意高层次过程的参与。对于 IC3 和 IC2 来说，目标刺激检测的响应差异在 TaskS 中比在 TaskT 中更早开始，这与其行为表现一致。

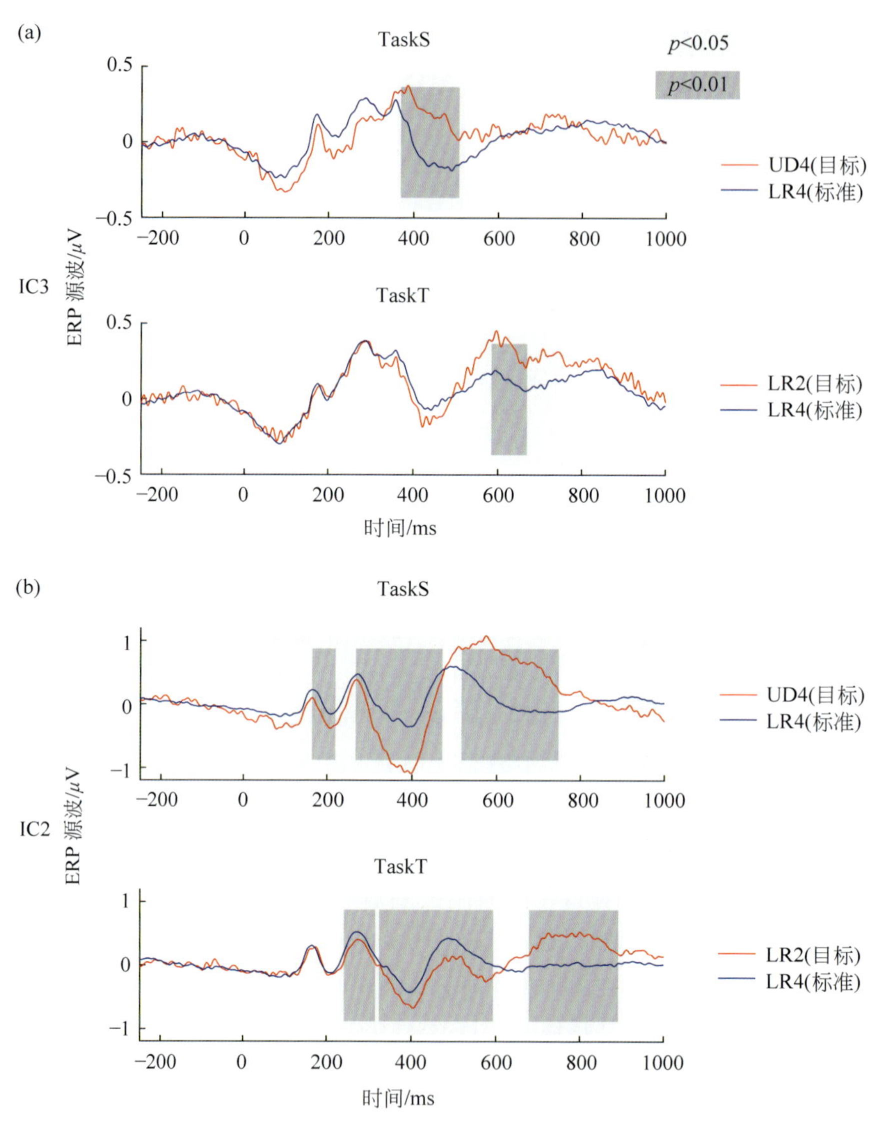

图 6.37　代表高层次过程的反应

图注：在 TaskS 和 TaskT 中，IC3 对标准和目标刺激都有明显的差异。此外，在 TaskS 和 TaskT 中，IC2 对标准和目标刺激都出现了明显的差异。与行为反应时间和 IC1 的结果一致，IC3 和 IC2 的反应差异 TaskS 比 TaskT 开始得早。

有趣的是，我们还观察到在 TaskS 和 TaskT 后期由标准和目标异常刺激引起的 IC1 之间存在显著差异。出现差异的时间范围在 TaskS 中为 484~540 ms（目标偏差 < 标准），698~776 ms（目标偏差 > 标准），TaskT 中为 768~960 ms（目标偏差 > 标准）（图 6.37）。这表明视觉皮层中后期需要注意的过程与提取隐式抽象模式的基础不同，参与了显式抽象模式、结构或音调的提取。当有意识的注意力被充分投入时，视觉皮层能够在相对较短的时间内对违反抽象结构和音调模式的行为做出反应。IC1 的后期差异在 TaskS 中比在

TaskT 中开始得更早，这与行为表现以及 IC2 和 IC3 的结果一致。这种一致性表明视觉皮层中特定于显式抽象模式的后期反应差异可能与更高级别过程的自上而下调制有关。

综上所述，无论抽象模式对读者来说是显性还是隐性，我们都记录了视觉皮层能够快速提取汉字部首（即结构）空间排列的抽象模式。左侧初级 / 次级视觉皮层和双侧联合视觉皮层可能参与了这种左侧化提取。这些发现表明，视觉皮层的原始智能可能仅限于提取汉字有限的、与拼写相关的特征的抽象模式。

小结

通过语音的发音器官及声道，发音部位与声道及语音产生模型等，我们阐明了语音产生的认知机制。通过听觉的腹侧通路和背侧通路的语言演化模型、听觉语言理解的认知模型、语音处理的双通道听觉模型等，我们论述了听觉及感知的机制，研究了语音在阅读高频率和低频率的双字复合中文单词中的作用。通过视觉皮层及视觉的背侧和腹侧通路，我们论述了视觉及感知的机制，探讨了阅读过程中快速提取汉字的抽象拼写模式。

思考题

1. 请阐述听觉的腹侧通路和背侧通路的功能与差异。

2. 在语音处理过程中，句法语义的处理主要由哪个半脑完成，而语调结构和韵律处理主要由哪个半脑完成的?

3. 请阐述自然声音和人类语音的大脑激活区域的差异。

4. 请阐述神经认知语言理解模型的主要内容。

5. 请阐述视觉的腹侧通路和背侧通路的功能与差异。

第7章
语言回路的加工机制

本章课程的学习目的和要求

1. 对大脑各语言区的功能、语言相关的大脑回路、大脑的语言机制和加工模型有基本的了解。弄清上纵束/弓形束与句法理解和句法生成的关系，额斜束在言语启动和协调中发挥的作用，运动脑区与额叶的语言/语音处理的关系。
2. 基本掌握额-枕下束在语言理解过程中的作用，下纵束在视觉对象识别、语义处理和将对象表征与词汇相联系方面的作用，以及钩状束腹侧语言通路的功能。
3. 基本掌握发育过程中的结构和功能连接，背侧/腹侧语言纤维束及其发育过程，成年人及儿童的背侧通路的差异，语言纤维束在发育中的变化；理解神经解剖学的句法和语义网络。

7.1 语言处理模型

7.1.1 弓形束（长段、前段和后段）形成的回路

1. 重观韦尼克-格施温德模型

我们从出生接触各种语言环境，在一种固定母语环境中自然地学习语言，伴随成长从幼儿语言到讲述完整有逻辑性的语句。从我们听到语音到形成答复句子的过程中，大脑语言区是经过怎样的处理过程来完成一系列语言工作？通过对失语症的研究，从大脑各语言区的功能，与语言相关的大脑回路，了解大脑的语言机制，拟从听到语音到答复。语言在脑内的处理内容为语音输入，转换为单词及词汇处理、句法处理，句子组成及口语表达的过程。根据语言的产生和理解过程，构建大脑的语言加工模型。

在语言加工的韦尼克-格施温德（Wernicke-Geschwind）模型中，布洛卡区对语言产生至关重要，布洛卡区与形成言语所需的运动输出（发音相关的肌肉控制）脑区相邻，主要负责语言信息的处理、话语的产生。韦尼克区位于与视/听觉相关的脑区附近，主要处理语言理解。而布洛卡区和韦尼克区是由额叶和颞叶间的神经通道弓形束（arcuate fasciculus, AF）连接，韦尼克区和布洛卡区之间的必要信息交换便是通过弓形束完成的。角回在韦尼克区上方、顶 - 枕叶交界处。若切除角回，将使单词的视觉意象与听觉意象失去联系，并引起阅读障碍。在韦尼克 - 格施温德模型里，构成这一模型的关键部位除了布洛卡区、韦尼克区、弓状束和角回之外，还包括接受和产生语言的感觉区和运动区。复述一个口语单词和朗读一个书写体单词涉及不同的脑区。卡尔 · 韦尼克（Carl Wernicke）创建了语言的早期神经学模型，后来诺曼 · 格施温德（Norman Geschwind）恢复了该模型，该模型称为韦尼克 – 格施温德模型。该模型基于语言包含的两个基本功能：理解是一种感觉 / 感知功能，而说话是一种运动功能。尽管这个模型仍然很有影响力，但它被证明有严重的局限性，并且在很大程度上是错误的。这些是关键的问题：

（1）布洛卡区和韦尼克区定义不明确，不形成自然的神经解剖学成分。此外，它们被进一步分割成具有不同细胞结构特征和受体结构指纹的多个区域。

（2）功能磁共振成像和脑损伤研究表明，与语言相关的皮层比想象的要广泛得多，包括大部分颞叶皮层、部分顶叶皮层和 BA 44/45 区之外的左额下皮层区。此外，语言的左偏侧性程度也没有以前认为的那么严格。

（3）额叶和颞叶区都参与语言理解和语言产生。

（4）与语言相关的大脑皮层的连通性比经典模型假设的要广泛得多，当然并不局限于弓形束。

（5）小脑和皮层下结构，如丘脑和基底神经节也起着重要作用，特别是在说话的时机和时序上的微调。

经典的观点主要是基于单字处理，缺乏语言具有超越单个单词的组合机制的想法。这可能在一定程度上解释了为什么经典模型在很大程度上没有代表对语言很重要的脑区和纤维束。经常以新的方式组合单词的能力是人类语言的标志。这种组合是通过布洛卡区与左额下区相邻皮层以及颞 - 顶皮层区之间的动态相互作用来实现的。这些脑区之间的相互作用保证了从记忆中检索到的词汇信息被统一为具有总体句法结构和语义解释的连贯多词序列。

2. 从听到单词到复述单词的模拟扩展处理过程

在韦尼克 - 格施温德模型中，人类语言机制位于左脑外侧裂周区皮层，而额叶和颞叶区之间有严格的分工。位于左额下皮层的布洛卡区被认为支持语言生成，而位于左颞叶凸起部位的韦尼克区被认为用于语言理解，两个脑区通过弓形束相连。这个模型有严重的局限性，假设复述一个口语单词时大脑语言区的处理顺序，如图 7.1 所示：

（1）要复述的词语被听觉感受器感知到，听到单词（如果听觉输入是通过空气传导，则声音信号通过耳道震动鼓膜，连带震动三块听小骨传导至耳蜗，再由耳蜗基底膜振动而引起生理电位，通过耳蜗核、上橄榄核、下丘、内侧膝状体到达颞横回的初级听觉皮层（BA 41）及听觉联合皮层（BA 42）)，进行接收听觉刺激及语言高级信息处理，对语音进行听觉分析。

（2）上传至初级听觉皮层的信号，继续传入韦尼克区，词意信息被进一步理解和解构（对词意信息的结构和内容进行剖析）。通常位于颞上回（BA 22）后部，是颞叶和顶叶相遇的地方，是听觉性语言（听讲）中枢，具有听觉 - 语言理解的词汇 - 语义听力理解、语音编码、“音位感知”、单词发音的记忆，从而形成了语音词汇等功能。

（3）信息从颞上沟继续扩散到角回（BA 39），角回是顶 - 颞 - 枕联合皮层的一个特定区域，被认为与传入的听觉、视觉和触觉信息的整合有关，具有语义处理、语义知识的存储和检索、句法处理、阅读中枢、听力理解、复述等作用；缘上回（BA 40）是视觉和听觉的信号综合区，具有句法处理、语义处理、理解能力、复述、听词认知、语音编码、口语表达等功能。听到的单词在韦尼克区处理后被理解为有意义的单词。

（4）弓形束将韦尼克区与布洛卡区（额下回的岛盖部和三角部）连接起来，并将复述的单词信息从韦尼克区传递到布洛卡区，具有促进语音产生、语言表达、复述等功能。在布洛卡区，语言的知识被翻译为短语的语法结构，并存储着如何清晰地发出声音的记忆。布洛卡区的岛盖部（BA 44）：主要负责句子处理（排序）、语音编码、口语表达；三角部（BA 45）：主要负责语言叙述、语言产生，把单词转换为语音所需的肌肉运动的代码。大脑在布洛卡区将信息中的语素组织起来。

（5）布洛卡区连接到运动皮层（BA 6/4），发出发音的指令，该指令传送至运动皮层（motor cortex）的口面部脑区后，再传送至脑干的口面部运动神经元，驱动嘴唇、舌头、喉等肌肉运动，从而实现复述发出声音使得这个词能够被清晰说出。

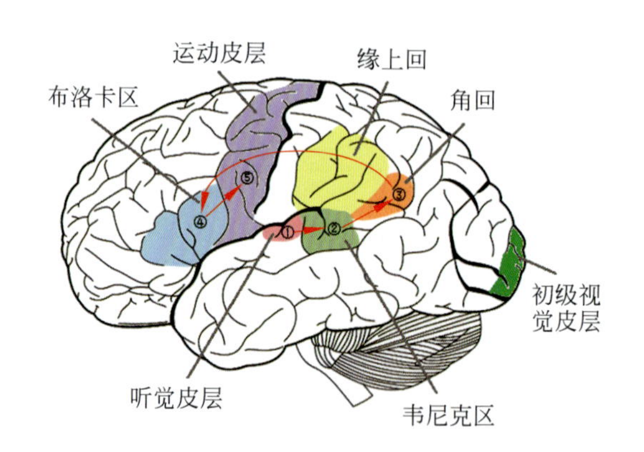

图 7.1　根据韦尼克 - 格施温德模型，复述词语时的脑区活动过程

如今韦尼克 - 格施温德模型已遭受挑战，其局限性表现为：这一旧模型是基于过去的大脑解剖结构，空间精度有限，无法检验特定的脑区与行为关系的假说，旧模型集中于两个语言区，没有充分表达与分布式纤维束连接相关的语言机制，只关注皮质结构。旧模型有限的空间范围和皮质焦点，难以协调模型与现代技术发现的白质纤维束的连接支持语音 / 语言与分布式脑区功能之间的关系。因此旧模型还需要进一步改进。

过去，弓形束一直被认为是连接布洛卡区和韦尼克区的唯一神经通路，后来许多研究报道了参与语言功能的各种其他的神经通路，这些神经通路被分为两类：一是负责发声的背侧通路，二是负责理解的腹侧通路。而弓形束就是背侧束的主要纤维。2005 年卡塔尼（Catani）等通过弥散张量成像技术（DTI）使用 B 样条曲线逼近白质纤维束追踪的方法划分出上纵束（SLF），进一步将 SLF 细分为三个部分：长段束（long segment），即传统弓形束，连接额下回和颞上回后部；前段束（anterior segment），连接额叶和顶叶；后段束（posterior segment），连接颞叶和顶叶，如图 7.2 所示。

将弓形束分为一条长的直接通路（直接连接布洛卡区与韦尼克区），为传统的弓形束（长段）；弓形束的前 / 后段经格施温德区形成了连接传统的布洛卡区 / 韦尼克区的间接通路。两条间接通路中，弓形束（前段）连接布洛卡区与格施温德区（顶下小叶），弓形束（后段）连接韦尼克区和格施温德区。卡塔尼等认为直接通路主要和基于语音的语言功能及音韵学有关，如自发性重复；间接通路主要和基于语义的语言功能有关，如听觉性理解和语义内容的发生。弓形束连接了包括两个经典语言区（即布洛卡区和韦尼克区）在内的几个主要语言皮层区。弓形束包含连接额叶、顶叶和颞叶的一组长短纤维，它起源于外侧颞叶区皮层，在豆状核与岛叶上方沿外侧裂周围向前延伸，到达额叶。研究发现，弓形束的一端延伸到了比布洛卡区更远的地方，甚至延伸进入了额中回和下中央前回。在颞叶，弓形束的纤维连接着颞上 / 中 / 下回；在额叶中，弓形束的纤维连接着前运动区皮层、额下回岛盖部和三角部以及额中回。

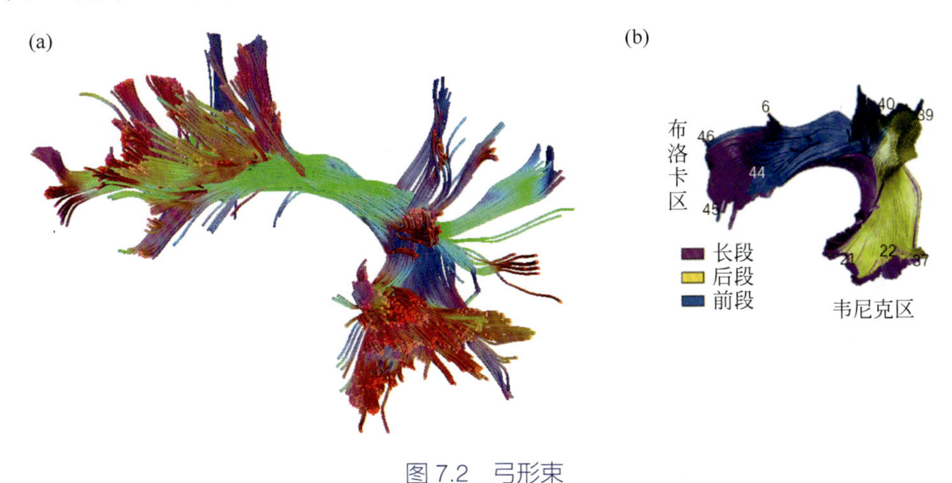

图 7.2　弓形束

图注：（a）是通过使用定量各向异性过滤将广义确定性纤维跟踪应用于网格采样数据，生成的弓形束三维图像，（b）是弓形束长段、前段及后段，（b）中的数字为布罗德曼脑区。

卡塔尼等提出的双通路言语产生模型：布洛卡区和韦尼克区之间的直接通路与快速、自动的单词重复功能有关，而间接通路所涉及的是言语理解和语义或音位转换的阶段。顶下皮层作为一个独立的主要语言区，该区对应于 BA 39/40，通过之前未被描述过的间接通路与古典语言区紧密相连，最近的神经成像研究强调了它在语义处理方面的重要性。总之，**间接通路与基于语义的功能更相关，直接通路与基于语音的功能更相关。**语言产出的直接通路是长段弓形束，由该通路介导的复述是快速且自发的，而两条间接通路在词汇输入与产出之间的过程中进行词汇理解和语义 / 语音转码的干预。弓形束长段的损伤可导致传导性失语症，然而这种类型的失语症临床表现呈现异质性，说明存在着比经典弓形束通路更为复杂的纤维束系统。

早在 20 世纪诺曼•格施温德（Norman Geschwind）就发现顶下皮层是语言的重要脑

区，认为通过皮质与皮质间的相互作用，输入的多种感觉在顶下皮层的汇聚能够促进语义内容的发展，这一脑区被命名为格施温德区。如今的脑成像检测技术已实验证明格施温德推断的真实性，但卡塔尼等认为，格施温德区在人脑中是一个极其特殊的脑区，它相比其他脑区成熟较晚，通常要到人类的5~7岁以后才开始发育成熟，而这一时期恰巧是儿童开始发展阅读和写作能力的时期，这对于儿童时期的语言习得非常重要，格施温德区是阅读能力和书写技能成熟的最后一个脑区。同样地，对比人类和其他灵长类动物可以发现，在灵长类动物的大脑中也有类似的格施温德区，但人和动物之间唯一区别在于：人类经过阅读和写作训练，将这一语言神经系统进一步加固并重新整合了起来，因此能够获得其他灵长类动物无法比拟的非凡语言能力。该发现还可能对灵长类动物语言进化起源的研究有意义。**语言进化部分源自既存脑区的变化而不是通过出现新的大脑结构来实现。因此，人脑虽然天生就存在着若干成型的特定功能脑区，但要充分挖掘出人脑中所蕴藏的巨大潜力、开发出更多的脑部功能，后天必要的学习和思维训练是不可或缺的。**成人脑中有两条背侧通路，而新生儿中只能检测到一条中央前回的通路，即通过上纵向束连接颞叶皮层到中央前回的通路，而通过上纵向束连接颞叶至布洛卡区的通路还不存在。

听觉复述的语言处理过程是通过包括布洛卡区及韦尼克区的完整的大脑外侧裂周边的语言区共同来完成的，其中包括左侧初级听觉皮层、后颞上回（韦尼克区）、缘上回、角回、弓状束、额下区（布洛卡区）和运动皮层。大脑外侧裂周边的语言区与韦尼克区相连，该区通过弓形束连接到布洛卡区，布洛卡区连接到运动皮层。在口语理解和产生过程中（例如，复述别人的一段话），声音信息首先传递到大脑颞叶的初级听觉皮层的颞横回，颞横回接受来自听觉器官的神经信号。然后神经信号进一步传递到韦尼克区，在这儿完成对声音信息的理解。之后，神经信号沿弓形束传递到额叶的布洛卡区，在这完成发音的编码工作。弓形束是连接布洛卡区和韦尼克区的神经白质纤维束，在语言处理中扮演着重要角色。布洛卡区完成语音的发音编码后，由神经信号进一步传递到中央前回，负责支配发音器官工作的运动皮层。然后由运动皮层发出指令，指挥口部发音器官发出相应的语音。这样，从听到和理解别人的语音，到发出自己语音的过程就完成了。

改进的韦尼克-格施温德模型如图7.2所示，在失语症的研究文献中显示韦尼克区除颞上回（BA 22）外，还包括颞中回（BA 21）后部、缘上回（BA 40）以及角回（BA 39）。同时，弓形束是连接韦尼克区与布洛卡区的重要解剖结构，在额叶与颞叶之间传递信息，在语言的产生与语言理解中发挥重要作用。弓形束的直接通路（即AF的长段），连接颞上回（BA 22）和颞中回（BA 37）的后部与额下回（BA 44/45）、额中回（BA 46）和前运动皮质（BA 6）；其间接通路是由将布洛卡区与顶下皮质（BA 39/40）（格施温德区）连接起来的前段和将格施温德区和韦尼克区连接起来的后段组成。我们需要将这些功能连接起来，重新对韦尼克-格施温德模型进行思考。

3. 弓形束（长段）形成的回路

弓形束长段是最经典的，称为上纵束的额-颞段，连接韦尼克区（包括BA 21/22/39/40）和布洛卡区（BA 44/45）的直接通路部分。弓形束长段连接BA 20/21/22/37/44/45/46

和 BA 6 等脑区，与经典的弓形束对应。弓状束长段有大量髓鞘，这种髓鞘形成的密度决定了人们理解句子的准确性和速度，如图 7.3 所示。弓形束长段位于弓形束间接通路的内侧，源自韦尼克区（颞上回后部），绕过外侧裂，终止于中央前回的腹侧、额下回后部（额叶岛盖部和三角部）以及额中回。洛佩兹·巴罗佐（Lopez Barroso）等认为，人类在词汇学习中的表现与布洛卡区和韦尼克区之间的直接通路（弓形束长段）的强度有关，而与间接通路，即弓形束的前 / 后段无关，因为听觉颞区和额叶运动区之间的连接在很大程度上影响着人类学习新单词的能力，听说学习过程涉及这两个区域间的快速信息传递。

弓形束的损伤可导致传导性失语，这是一种语言障碍，其特征是患者依然可能具有流利的言语和良好的理解能力，但重复语言的能力较差（例如复述），并且时常言语错乱。其中，BA 22（颞上回，与词义相关）为语言理解中枢，负责听力理解、阅读、语法、组词词汇记忆、语言组织、接收听觉刺激及语言高级信息处理、语音编码和口语表达；BA 37 为视听联合区，负责听力理解、阅读、视觉语言处理、唇读活动和词形处理；BA 44 为布洛卡区的岛盖部，也是运动性语言中枢，负责阅读、语法、组词词汇记忆和语言组织；而 BA 45 为布洛卡区的三角部，也是运动性语言中枢，除了负责和 BA 44 一样的工作外，也负责语言叙述、语音编码和口语表达；BA 46 负责语言思维；BA 6 为前运动皮层，负责书写和语言运动器官的组织。

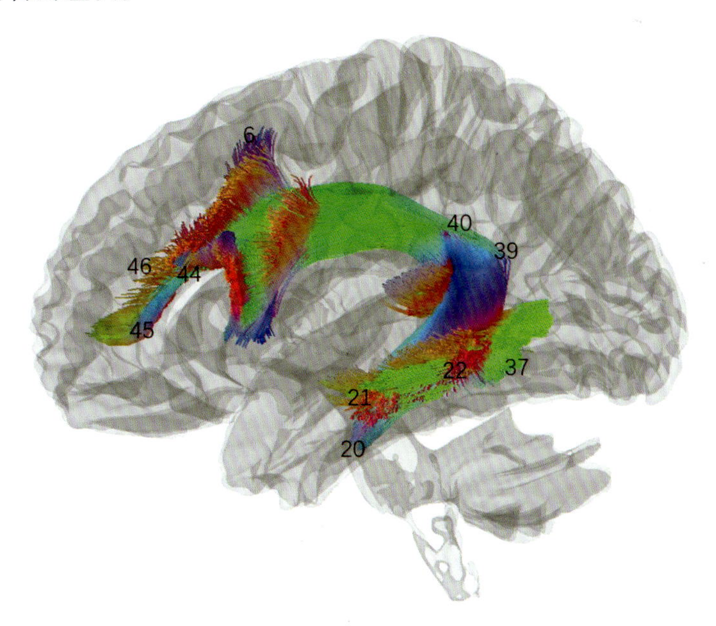

图 7.3　弓形束长段是颞 - 枕 - 额叶相连的纤维束（图中的数字为对应的布罗德曼脑区）

作为联系语言运动中枢的布洛卡区和语言理解中枢的韦尼克区之间重要的联合纤维，弓形束在语言功能的完成中发挥着重要的作用，即促进语音产生及其前馈和反馈、语言表达、重复、帮助学习语言和监控语音、连接前后语言区、复述，并在额叶与颞叶之间起着双向传递信息的作用，这种信息的双向传递涉及了语言的产生和理解。布洛卡区和韦尼克区直接通路的结构属性和功能连接性强度，和词汇学习的能力密切相关，可能在语言习得早期阶段至关重要的听觉 - 运动整合过程中发挥着重要作用。研究显示，我们学习新词汇的能力依赖于听觉颞叶区（包括韦尼克区）和额叶运动区（包括布洛卡区）有效、快速的交流。这些连接在非人类灵长类动物身上的缺失，可以解释人类独有的学习新词汇的能力。此外，弓形束长段对句法加工和词汇重复方面也很重要。布雷尔（Breier）等研究发现，弓形束部分各向异性（FA）值的降低，与复述障碍和语言理解障碍有关，这表明弓形束与复述和语言理解具有关联性。耶特曼（Yeatman）等研究发现，左侧弓形束 FA 值与语音意识呈负相关，而左侧弓形束体积和密度与语音记忆和阅读能力呈正相关。

弓形束长段作为连接布洛卡区和韦尼克区的神经白质纤维束，在左脑的语言处理中扮演着重要角色，参与着多种语言过程，如自发复述，包括单词的复述过程等，它们主要与弓形束长段和弓形束后段的活动有关。弓形束在右脑参与的少部分视觉空间处理，并在语言处理的某些方面也有着部分的作用，如韵律和语义。弓形束长段若损伤，可导致复述障碍，即不能把在韦尼克区听到的信息传递给布洛卡区，进而出现传导性失语（conduction aphasia），即在产生自发口语和复述口语时出现困难。传导性失语症患者由于其布洛卡区和韦尼克区基本保留，故言语较流利，也有相对较好的理解能力，然而其复述功能却显著受损。传导性失语症以复述不成比例受损为突出特点，患者言语流畅，用字发音不准，复述障碍与听力理解障碍不成比例，患者能听懂的词和句却不能正确复述，结果说话时出现乱语现象。弓形束长段具有如下两个作用：

（1）阅读任务：阅读过程是基于腹侧通路的正字法路径和背侧通路的语音通路共同参与完成的，直接连接布洛卡区和韦尼克区的弓形束可通过背侧的语音通路辅助完成阅读，具有一定的“预测阅读功能”。弓形束和上纵束组成了一条间接路径，辅助阅读的原理是通过字母和音素的转化方式完成阅读过程，字母和音素之间的转化是通过将单词 / 词汇分解成音素，通过音素和字形的对应来得到词汇的意义。

（2）语音生成：在复述、朗读的过程中，在韦尼克区进行处理后，经弓形束将相关信息传入布洛卡区及附近的程序性记忆脑区，这些皮层储存着句法记忆、词语的发声规律和程序记忆等，布洛卡区靠近运动皮层，所以这条弓形束长段对语音产生具有非常重要的作用。

在弓形束长段纤维所连接的环路中，BA 44 区的活动显示出与句法处理更为紧密的关系，而与之同在布洛卡区的 BA 45 则主要与词汇语义有关。费德里奇（Fiederici）等研究表明，用伪词替代句子中有语义的词语而仅仅保留能够指示词性的词语成分（比如名词中的 -s，动词中的 -ing 等），仅有 BA 44 区仍然表现出神经活动，而 BA 45 中的神经响应消失了，说明 BA 44 主要和句法整合有关而和语义理解关系较小；位于纤维束另一端的颞上皮层后部（posterior superior temporal cortex，pSTC）主要承担了语义和语法融合的功能。费德里奇等构建了一些在语法结构上有分层结构和线性结构的句子，以这些句子作为实验材料，发现在分层的句子结构刺激下，颞上皮层后部呈现出更高的活动强度，而在人为构造的没有语义的句子中不能引起颞叶皮层的响应，说明颞上皮层具有融合语义和句法含义的功能。

由于在这两个语言脑区通过纤维束进行相连，在一些句子理解的任务中，颞上皮层后部和布洛卡区显现出协同活动的特性。比如，马库奇（Makuuchi）等实验构造了一些主语易位的句子。如"This man, I think, showed the uncle to the child yesterday night"，和"Yesterday evening, I think, this man showed the uncle to the child"。通过改变谓语和主语的距离来改变句子的句法构建难度，并以此为不同输入，观察脑区中协同激活的情况。实验结果显示，颞上皮层后部到 BA 44 之间存在连接，说明这两个语言脑区之间在句子理解上存在高度的功能相关性。在 BA 44 区受损的渐进性失语病人的实验中，发现患者的弓形束受损程度和句子理解力呈负相关。患者的 BA 44 区不能很好地在复杂句子当中增强响应，在行为实验中也表现出更差的理解力。因此，连接 BA 44 和颞上皮层后部的纤维束为复杂句子的理解提供了环路基础。

上纵束（SLF）包括其弓状束成分，对句法加工和理解具有重要作用。图 7.4A 表明左上纵束 / 弓形束的各向异性分数与句法理解高度相关。图 7.4B 表明左上纵束 / 弓形束的各向异性分数与句法高度相关。

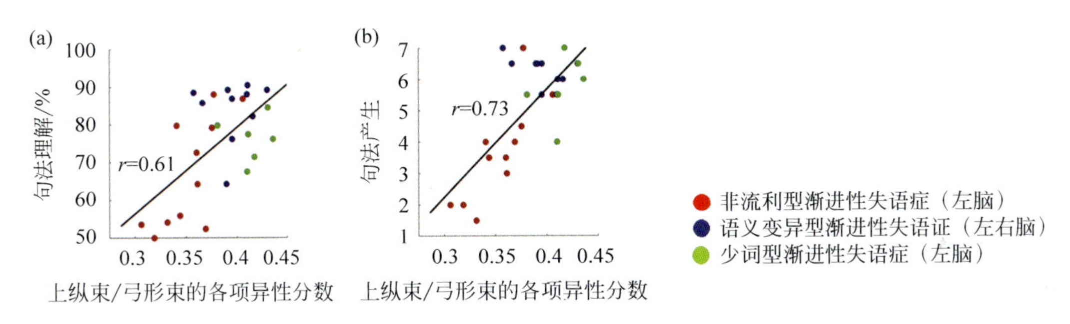

图 7.4 上纵束 / 弓形束的各向异性分数与句法理解（a）和句法产生（b）高度相关

4. 弓形束（前段）形成的回路

弓形束的前 / 后段组成了联络布洛卡区和韦尼克区的间接通路，间接通路的前段和后段在阅读、语音和语义加工、言语工作记忆等方面有着不同的作用。间接通路的前段，连接顶下皮层格施温德区和额下皮层的布洛卡区以及前运动皮层，主要和语言生成有关；间接通路的后段，连接顶下皮层格施温德区和颞上皮层后部的韦尼克区，主要和语义理解有关。当连接顶叶和布洛卡区的短纤维束损伤时，表现为布洛卡失语，无法进行正常的语言组织，这类患者难以命名，但有良好的理解能力。

上纵束是大脑中关于语言处理的另外一条关键的背侧通路，直接连接的脑区是前运动皮层和颞叶，对于培养阅读理解和命名等相关能力有相当重要的作用。例如，劳斯切克（Rauschecker）等研究了一名在 5 岁时因恶性脑肿瘤而接受放射性治疗的患者，在随后的生活和学习过程中存在严重的阅读障碍和难以快速给物品命名等问题，并且对比该患者的 DTI 图像和正常人的 DTI 图像后发现他缺少上纵束神经纤维，这可能是引起阅读障碍的主要原因，由此发现上纵束这一背侧纤维在人类的阅读、命名、语言理解等方面发挥了至关重要的作用。当我们看到一个物品时，位于颞叶的负责记忆和命名的脑区被激活，关于物品名称的词汇、句法等信息通过弓形束和上纵束传入布洛卡区，因为该区负责发音方式的记忆和调动相邻的前运动皮层，控制发音器官完成名称的发音。另外，由于上纵束连接的脑区是前运动皮层和听觉中枢的颞叶相关皮层，所以这条纤维束在我们日常的听写环节中发挥了重要作用。当我们听到了词汇、句子等信息，经过听觉系统的处理，信息传递到韦尼克区，然后经过上纵束相关信息来到前运动皮层，前运动皮层与运动皮层联合作用控制手部的运动，从而完成词汇的书写。

如果说背侧通路主要关于语音产生和加工，腹侧通路更多侧重于对语言的理解。腹侧通路支持声音对意义的映射，语言理解通过语音信息和抽象概念的联系来实现，把声音转化成词的形式和概念，这个过程由额 - 枕下束和钩状束等腹侧通路联系和贯通的。此外，命名的词汇检索和语义加工也与额 - 枕下束与钩状束有关。腹侧通路同样在词汇理解和阅读的过程中发挥作用，参与阅读和书写过程中的词汇识别和处理。阅读一方面可以通过字母和音素之间的转化，也就是通过背侧通路完成；另一方面词汇经过视觉系统的处理进入大脑，并且经过识别和“正字法”的处理通过腹侧系统直接读词，完成对词汇的理解和阅读的过程。弓形束前段具有如下三个作用：

（1）口语流利性：上纵束广泛分布于额叶和顶叶皮质，研究表明，口语流利性可能与弓形束前段有关。语言的流利性依赖于运动和感觉反馈脑区之间连接的完整性，弓形束前段连接额下回的语言相关脑区和顶叶后部，可以通过听觉的信息反馈来调整口语的流利度。

（2）命名任务：左脑涉及对命名任务加工的脑区，包括颞上回、顶下皮质、前额叶皮质。连接这些脑区的纤维束充当信息传递的角色，弓形束前 / 后段相连，将颞上回、顶叶下皮质和前额叶皮质联系起来，为命名处理提供了便捷通路。

（3）阅读任务：阅读过程是基于腹侧通路的正字法路径和背侧通路的语音通路的共同参与完成的，弓形束可通过背侧的语音通路辅助完成阅读。

弓形束的前段，也称上纵束的额 - 顶段，连接布洛卡区的中央前回和额上回后部（包括 BA 45）和格施温德区（包括 BA 39/40）。其中，BA 44 为布洛卡区的岛盖部，也是运动性语言中枢，负责阅读、语法、词汇记忆和语言组织；而 BA 45 为布洛卡区的三角部，也是运动性语言中枢，除了负责和 BA 44 的工作外，也负责语言叙述、语音编码和口语表达；BA 39 为角回，负责阅读，也作为视觉性语言中枢和听觉信号综合区；BA 40 为缘上回，是听觉信号综合区，负责语音编码和口语表达。弓形束的前段和后段共同组成了语言理解的间接通路，走行在弓形束长段的外侧。在功能上，弓形束前段参与语音的产生和会话，以及与整合语言工作记忆有关。弓形束前段和额斜束（frontal aslant tract，FAT）在结构上有部分重叠，研究表明，弓形束前段和额斜束在语言的流畅性功能方面有着协同作用，左侧弓形束前段损伤会导致初级渐进性失语。弓形束前段与语义处理有关，主要负责语言信息的处理、话语的产生。例如，当人们听到一个词并要念出来时，韦尼克区将该词的声音信号通过弓形束传到布洛卡区，由布洛卡区来计划发声的过程，由哪些咽喉肌以及舌肌参与运动，运动的大小、方向和力量如何等，都由布洛卡区来控制，再由布洛卡区发出指令到躯体运动皮层中掌管咽喉、舌肌和口腔的神经元，这些神经元支配相应的发音肌肉运动，从而念出词汇。而至于是否念对了，则需要由韦尼克区来进行判断比较。弓形束前段的破坏或移位，会造成布洛卡失语症，也称表达性失语（expressive aphasia）。布洛卡失语症的关键症状就是在言语产生上发生障碍，包括无法流利地言语、发音困难、说话费力、语速缓慢以及出现语音性错语（phonemic paraphasia），但是对阅读、理解和书写不受影响。

5. 弓形束（后段）形成的回路

弓形束后段是人类独有的神经纤维束，连接颞上回和颞中回后部，即韦尼克区（包括 BA 22/21），终止于顶下部的格施温德区（包括 BA 39/40）。其中，BA 21/22 负责听力理解、阅读、语法、词汇记忆和语言组织，BA 22 除了这些工作外，还负责接收听觉刺激及语言高级信息处理、语音编码和口语表达；角回 BA 39 与阅读有关，主要作为视觉性语言中枢和听觉信号综合区，单词信号在角回可以进行某些视觉性的活动，例如在我们的大脑中形成与单词有关的意象，或者进一步的词义理解 / 信息综合，之后再传送到布洛卡区进行与上面相同的语言生成；缘上回 BA 40 为听觉信号综合区，负责语音编码和口语表达。与弓形束前段一样，弓形束后段也与语义相关，主要负责声音信息的理解过程。弓形束前 / 后段的作用十分复杂，这一间接通路可能参与语义（布洛卡区）和语音（弓形束后段）的关联，处理句法复杂句，以及整合语言工作记忆等各个方面。弓形束后段的损伤或移位会造成韦尼克区失语。与布洛卡失语症不同，韦尼克失语症的关键症状是在言语理解上发生障碍。这类患者虽然言语流利、发音不费力、语调正常，但其言语理解极差，所说的话几乎都是无意义的，不能听懂他人的话，看不懂书面文字，其所用语言多由错语（paraphasia）或新语（neologisms，即自己造的词）组成，语义理解困难。例如当人们听到一个词时，这个词的声音信号从耳朵进入大脑的听觉皮层，位于颞叶的听觉皮层将声音信号传到邻近的韦尼克区，韦尼克区将声音信号与记忆中的词库进行对比，找到相关的词及其所代表的含义，完成对所听到的词的词义理解。韦尼克失语症患者常常意识不到自己的言语是杂乱、无意义的，也意识不到听不明白别人的话，而这正是由他们理解的缺陷所导致的。布洛卡失语症和韦尼克失语症分别损伤了言语产生和言语理解的脑区，故复述功能受损。

此外，健康大脑的弓形束微观结构上的变化与学习新单词有关联。无论是发生在童年还是成年时期，学习阅读一直被视为与弓形束后段的各向异性指标的上升有关。另一个证明弓形束在阅读中的作用的证据来自对一名 15 岁女性患者 S 的研究，S 的两个半脑均缺少弓形束。在她 5 岁时接受了恶性脑肿瘤的放射治疗。辐射导致了她的脑组织坏死，进而影响了脑白质。当实验者对 S 进行测试时，发现与健康控制组相比，S 的大脑白质总体上有更低的张量的各向异性值（fractional anisotropy，FA）和更高的平均弥散系数（mean diffusivity，MD）。研究发现左颞 - 顶区 FA 值的降低与阅读能力的下降有关。而 S 的口语能力虽然相对来说保住了，但她在阅读中的各个方面都受到影响，这些方面包括阅读单个单词、非单词以及对文本的理解。研究表明从韦尼克区到布洛卡区的弓形束的局部各向异性分数与语言理解的关系，弓形束长段的局部各向异性值和语音意识有关，而弓形束后段的 FA 值和噪声语言感知有关。

肖顿（Schotten）等研究指出，弓形束后段与语言阅读理解有关。研究分 3 组不同的被试，分别是不识字的文盲、在成年后才学会阅读的人和在童年时就学会了阅读的人，通过对他们的大脑进行磁共振成像发现，被试者阅读水平和他们的弓形束后段的FA值呈现正相关关系，如图7.5所示。在3个不同的组中，弓形束后段FA值表现出了显著差异。这说明无论是在成年时学会了识字还是在幼年时学会了识字，都会影响弓形束后段的连接变化。

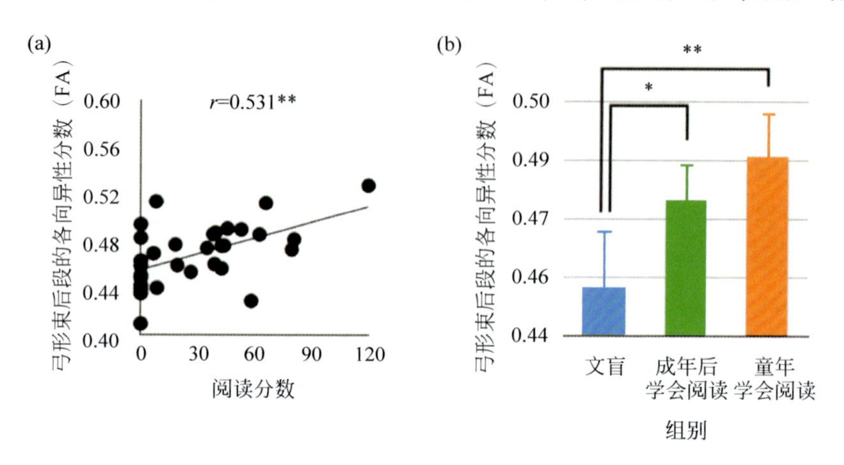

图7.5　阅读能力和弓形束后段FA值的关系

6. 从看到单词到朗读词语的模拟扩展处理过程

复述一个口语单词和朗读一个书写体单词所呈现的回路也有所不同。书面语内容复述的语言加工过程是文字性视觉信号，由视网膜传至视交叉，经视觉传入通路至外侧膝状体之后传至初级视觉皮层，初级视觉皮层接受视觉信息后传至更高级的视觉中枢，然后被输送到颞-顶-枕叶交界处的角回。视觉信号在角回皮层进行某种转换处理分析之后，被输送到韦尼克区。在韦尼克区，视觉信息被进行深度分析并转化为该词的语义理解。被解析了的视觉信息经弓状纤维束传至布洛卡区。图7.6是以背侧纤维连接图为例，对朗读一个书写体单词所经历的过程做出解释，其脑区活动过程如下：

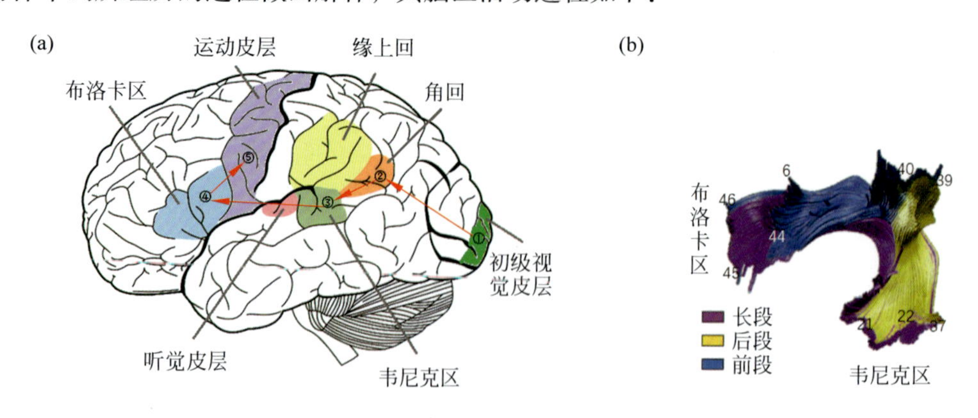

图7.6　阅读词语时的脑区活动过程

（1）大脑先由眼球中的视网膜接受到书写单词的视觉信号，随后通过视交叉、外侧膝状体核、上丘、视放射等结构引起枕叶的初级视觉皮层的反应。

（2）初级视觉皮层提取出视觉特征，将视觉信息传送至角回进行整合。

（3）韦尼克区完成语义理解，此时视觉的信息已经得到了语言的抽象，后面的过程和复述单词中提到的情况完全类似，即（4）（5）过程。

（4）再通过弓形束传递至布洛卡区。

（5）布洛卡区组织语素并发出发音的指令，该指令通过运动皮层的口面部区、脑干的口面部运动神经元传递至发音相关的肌肉，从而朗读出一个书写单词。

阅读过程与口语加工过程有相同的神经信号传递过程，也有不同的过程。与口语加工不同，在阅读过程中，文字信息首先传递到位于大脑后部枕叶的视觉皮层，然后传递到角回，完成从词形到语音的转换。之后由角回传递到韦尼克区，再沿弓形束到布洛卡区，及其他相关脑区进行句法语义的词汇整合加工。最后，通过前运动区编码和运动控制的相关脑区，将所理解的文本输出，由此完成书写体单词的复述。图 7.7 是在 204 名参与者的 fMRI 研究中，与低水平的基线相比，常见的听句子和朗读句子时左右脑的激活。

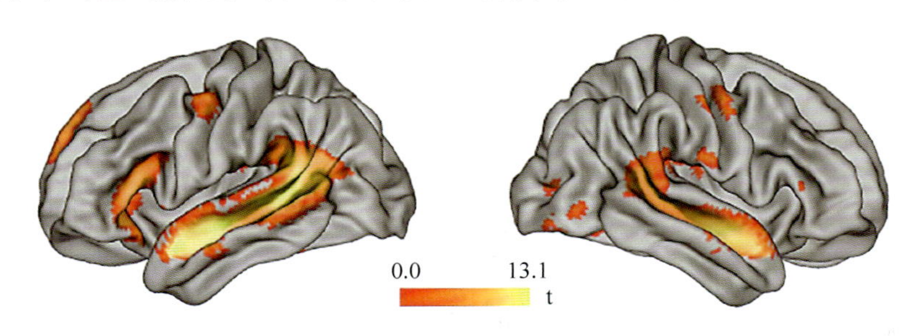

图 7.7　常见的听句子和朗读句子时左、右脑的激活

7.1.2　额斜束形成的回路

额斜束（FAT）直到 21 世纪初才被发现，不过目前这条通路的存在已经被强有力地证实。通过额斜束连接的脑区在口语中起着重要作用，额斜束与言语障碍有关，左侧额斜束也与持续发育性口吃（persistent developmental stuttering）有关。使用弥散张量纤维束成像方法，卡塔尼（Catani）等确定了额斜束连接额下回与额上回内侧，即前辅助运动区（pre-SMA）、辅助运动区、前扣带皮层和扣带回 / 沟。因为连接了运动皮层和语言区，所以额斜束和口语的生成和组织有关。额下回涉及 BA 44/45 区，而前辅助运动区和辅助运动区则分别涉及 BA 8/6 脑区，如图 7.8 所示。

布洛卡区包括额下回三角部和岛盖部，其中，岛盖部 BA 44 是运动性语言中枢，与阅读、语法、词汇记忆、语言组织等语言功能相关；三角部 BA 45 也是运动性语言中枢，与阅读、语法、词汇记忆、语言组织、语言叙述、语音编码、口语表达等语言功能相关。而 BA 8 和 BA 6 分别负责眼球运动和语言运动器官组织。额中区通过与布洛卡区的直接连接，促进语音的生成。额斜束在言语和语言功能上发挥作用，并与语言启动、运动启动、口吃和言语流畅性等有关。影像学研究表明左额下回与许多语言领域（包括手语和手势的理解）中词汇和语音的选择，以及检索、句法加工、言语产生有关，额斜束因此也与这些语言过程相关联。例如，通过幼儿的左额斜束的长度可以预测其语言接受能力。谢尔波夫斯卡

（Sierpowska）等对接受了左额叶切除手术患者的案例研究表明，对左额斜束进行束中刺激引起患者在形态派生任务中名词 - 动词检索的障碍，即当被要求生成与名词（如“book”）相关的动词时，患者扩展了形态学规则来发明新词（如“booked”），而不是说出适当的现有单词（如“reading”），而这属于形态推导上的缺陷。也有研究发现额斜束对于言语流利性与句法处理的重要性，如卡塔尼等发现，额斜束的异常与原发性渐进性失语（PPA）的子类型，即非流利以及语法失能亚型呈现高度相关。额斜束连接辅助运动区与额下回的后部，额斜束的损伤会影响患者语言的流畅程度，导致原发渐进性失语症。

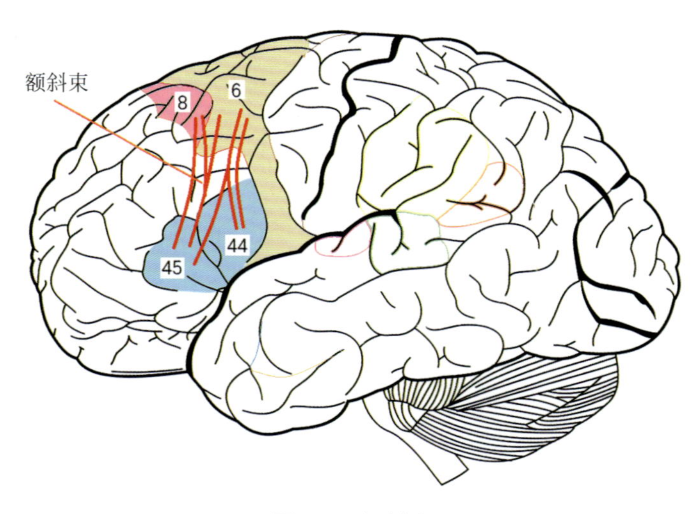

图 7.8　额斜束

（图中的数字为对应的布罗德曼脑区）

成像研究显示，额斜束起源于前辅助运动区和辅助运动区前部，终止于额下回的岛盖部，行走于上纵束Ⅱ的外侧和额纹束的内侧。左额下回主要涉及语言处理和语音产生，与控制词汇和语音选择 / 提取相关联，包括理解手语和手势。前辅助运动区 / 辅助运动区在语音和非语音领域，都和运动选择和执行相关联，比如说手部运动。前辅助运动皮层尤其被认为在高阶的动作选择、冲突监测和解决中发挥作用，运动的执行可能更多地依赖于辅助运动皮层及其与运动皮层的联系。它不直接和初级运动皮层、脊髓、颅神经运动核（cranial nerve motor nuclei）连接。人们推测额斜束的功能可能广泛涉及许多与说话相关的任务，包括讲话时有意识地控制和措辞、组织语言、开口讲话等。额斜束支持语音和语言功能，尤其是在语音生成、口吃和言语流利性等方面起着重要的作用；连接辅助运动区复合区和额岛盖部及三角部，负责语言流利度；损伤后语言能力完全丧失或者流利程度改变。事实上，有大量证据表明，布洛卡区、前辅助运动皮层 / 辅助运动皮层在语言过程中存在关联。额斜束所连接的布洛卡区在许多语言领域发挥作用，例如在手语和手势的理解中、与词汇和语音的选择 / 检索有关的事实上。如此一来，额斜束在语言行为中的作用实际上很容易被推断出来，即在手语和口语等行为中，接收布洛卡区关于词汇和语音的选择来判断信息，并将其传导到前辅助运动皮层和辅助运动皮层，进行动作的选择决策（例如做什么样的手势 / 什么样的嘴型），进而由后者传导到下游的运动皮层产生动作。

额斜束在大脑半球的左右两侧均存在，但是作用有所区别，左额斜束回路被认为对语音动作（speech actions）、言语运动控制（speech motor control）具有特异性功能，在句子规划（sentence planning）和词汇通达加工（lexical access processes）中起着重要的作用。右额斜束在执行功能，尤其是抑制控制上起着重要作用。额斜束可以进行双向的信息传递：一方面，布洛卡区接收到来自韦尼克区的语言信号时，通过额斜束向辅助运动区传达信息，准备进行说话/书写等运动；另一方面，当我们想要说话/书写时，辅助运动区做好运动计划，传递给布洛卡区，进行语言的组织。在听到问题之前，就要准备好开口说话，因此辅助运动区率先发出信号，通过额斜束传达到布洛卡区，做好说话的运动计划，当语言信号经过韦尼克区传到布洛卡区后，就可以支配运动皮层进行说话的动作。

法比安·雷奇（Fabien Rech）等应用直接电刺激揭示语言与运动功能的皮质-皮质下网络结构的组成及其在相互影响中的作用，研究结果表明，辅助运动区在整体连续活动中扮演着不同的角色。通过直接电刺激，可以识别相应的躯体特定功能区和从前至后描绘语言和运动功能的排列图。在皮质刺激过程中，诱发言语和运动反应并不罕见。刺激前辅助运动区可导致命名不能症，但不伴有运动障碍。因此，前辅助运动区参与词汇系统，特别是与额中/下回的连接；而与腹侧前运动皮层连接的辅助运动区更大程度地参与语音生成。神经影像学的直接电刺激证实，前运动皮质分离现象是发生在背侧前运动皮质和腹侧前运动皮层。研究结果说明了在辅助运动区运动网络和语言网络的密切关系和相互作用，并表明额斜束连接的辅助运动区和腹侧前运动皮层都与运动启动和语言启动有关。此外，研究发现额斜束对口吃现象的影响，如克朗费尔德-杜尼亚斯（Kronfeld-Duenias）等对34名成人进行测试，其中有15名自小有口吃的症状。实验组和控制组在额斜束的平均弥散系数上呈现差异，并预测了口吃者在语速上的个体差异，这证明了额斜束是言语“运动流”的一部分。而克梅尔代尔（Kemerdere）等研究了8名神经胶质细胞瘤手术的患者，发现对清醒患者的额斜束进行直接电刺激会引发他们短暂的口吃。这些证据都证明了额斜束对于言语流畅性的重要性。卡塔尼等对35位原发性渐进性失语症患者的大脑进行了扩散体成像摄影，结果表明，额斜束的受损程度会造成语言的流利性的下降，而钩状束的受损程度则与词汇语义的误用相关。额斜束和钩状束的受损都没有对语法组织造成可见的影响。在两组病患之间有明显的词汇语义错误和语言组织流利度的差异。这些结果说明额斜束的受损是原发性渐进性失语症的神经学基础。

总之，额斜束在言语启动和协调中发挥作用，将运动脑区和额叶的语言/语音处理联系起来，将大脑皮层的运动区整合到额叶语音产生的网络中，所以额斜束也与口语的流利性有关，额斜束受到损伤，也会对口语流利性产生负面影响。

7.1.3 额-枕下束及下纵束形成的回路

下纵束始于额叶的外纹状体区，终止于颞中回、颞下回、颞极、海马体和杏仁核。额-枕下束与下纵束并行，始于枕叶中下部，到达颞极，再沿钩状束到达额下回、框额叶和内侧额叶。下纵束和额-枕下束都是腹侧通路中负责语义理解的重要成员，对它们的刺激都会导致语义理解的失调。有研究表明对下纵束的刺激会影响辨识物体和阅读的能力，而对额 - 枕下束的刺激则干扰了对图片的辨认能力。因此下纵束可能与视觉到单词拼写的转换更相关，额 - 枕下束则与语义处理更相关。

1. 额 - 枕下束形成的回路

额 - 枕下束（IFOF）位于豆状核的腹外侧，其前部经行于钩状回的背侧，而后部则融入了下纵束。额 - 枕下束联结大脑枕叶皮质（BA 18/19/22/37）和额叶皮层（包括 BA 9/10/11/44/45/47/12），是人脑枕叶和额叶皮层之间唯一的直接连接（图 7.9）。额 - 枕下束，主要是负责语言腹侧语义系统的直接途径，是脑内最长的联络纤维之一，以额 - 枕下束为主要连接纤维束的腹侧通路在语言理解的过程中发挥了重要作用。额 - 枕下束连接额叶和枕叶，广泛分布于顶叶、枕叶、颞叶的皮质，与语义处理的功能有关。

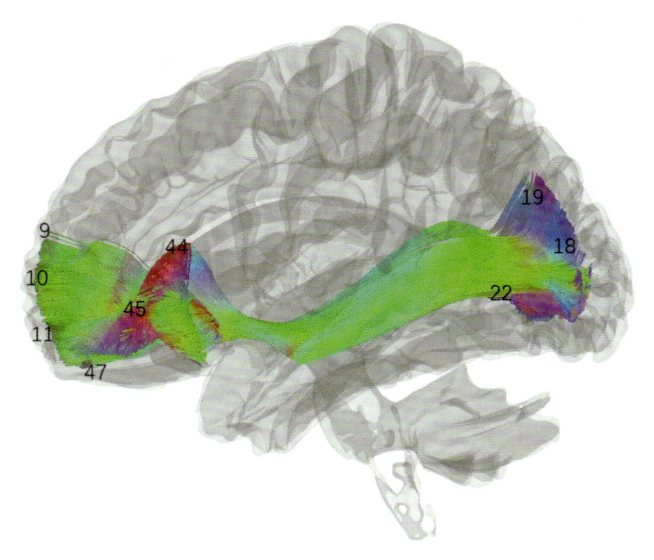

图 7.9　额 - 枕下束与大脑皮层相关的布罗德曼区示意图

（图中的数字为对应的布罗德曼脑区）

根据语言双通路模型，语言皮质下联系主要由背侧与腹侧两个不同的白质通路构成。背侧通路的联络纤维为上纵束 / 弓形束（SLF/AF），主要参与语言的重复与表达过程；腹侧通路分为直接束和间接束。前者由额 - 枕下束组成，后者由钩状束和下纵束组成，主要参与语言的语义及语法处理过程。因此，额 - 枕下束连接腹侧额下回和颞叶皮质，对命名、语义加工有着重要作用，主要负责语言腹侧语义系统的“直接”途径。额 - 枕下束是一束将额叶经过颞叶和岛叶与枕叶和顶叶连接的联合纤维，其中，BA 44/45 为语言运动中枢；BA 47 负责语言与句法；BA 18/19 作为视觉和视觉联合区负责阅读活动；BA 9 负责语义判断、同音词判断和语言思维；BA 10 负责听力理解和语言思维；BA 11 负责语言思维。额 - 枕下束在视觉刺激下的语义加工、多模式感觉输入的整合、阅读、写作以及理解和产生有意义的言语上都扮演着重要角色。

额 - 枕下束（背侧成分）终止于额下回，起始端为枕中、枕上回后部和顶上小叶 / 角回。

由于顶上小叶涉及多通道感觉信息整合和空间知觉，前额皮质涉及运动计划，因两者之间的联系，该通路可能参与感觉 - 运动加工。也有研究结果提示该束可能支持语义记忆与言语系统的连接。顶上小叶还参与更高级的认知功能，如注意、工作记忆和语言加工（如：语句理解）。额 - 枕下束深层（腹侧成分）有三个亚成分，终止于额 / 前额区。后部亚成分终止于额中回和背外侧前额叶，中部成分终止于额中回和眶额皮质，前部成分终止于眶额皮质和额极。左额 - 枕下束连接额叶与顶叶和枕叶后下部和颞叶后基底区，涉及了重要的语义加工。额 - 枕下束不同的亚分支可能承担不同的语言和非语言语义加工，如命名、阅读与朗读、注意和视觉加工，并为视觉空间注意提供解剖连接，尤其是腹侧视觉注意系统。杜福（Duffau）等和曼陀罗（Mandonnet）等证明，术中电刺激颞上沟下的白质会导致语义性错语，而这一脑区已经确定是额 - 枕下束的白质。额叶三角部的关键语言位点主要由额 - 枕下束负责，在语义处理异常的精神分裂症谱系障碍患者中，左额 - 枕下束常常结构受损。

额 - 枕下束作为促进语言语义加工的腹侧语义系统中的主要直接通路。对额 - 枕下束的前端和后端的电刺激会引起语义扰乱。吉尔 - 罗伯斯（Gil-Robles）等报告了刺激下纵束和额 - 枕下束的双分离，刺激下纵束会引起视觉客体识别和阅读扰乱，但是不会造成图片命名损伤。相反，在相同的被试者身上，刺激额 - 枕下束会扰乱图片命名，但是不会扰乱视觉客体识别或者阅读。这暗示，额 - 枕下束也许和语义加工更加相关，下纵束也许和视觉 - 正字法加工（visual-orthographic processing）更加相关。额 - 枕下束对命名加工是很重要的，腹侧额 - 枕下束和命名任务更是直接相关。

后来的研究鉴定了枕 - 额下束的两个组件，即浅背侧部分和深腹侧部分。浅背侧部分到达顶叶和枕叶凸面皮质，即顶叶上部和枕上回、枕内回的后部；而深腹侧部分最后终止于枕下回后部、梭状回后部、颞 - 枕沟和颞下回底面。研究结果展示了枕 - 额下束主要与两个涉及语义的领域，即枕部联合纹外区皮层（occipital associative extrastriate cortex）和颞基底区（temporo-basal region）相关联。视觉信息在枕部和颞基底关联区（occipital and temporal-basal associative cortices）进行加工，而听觉信息在颞 - 顶联合皮层（temporal and parietal associative cortices）进行加工，这些信息直接传入到前额皮层，额 - 枕下束进而得以自上而下控制此语义信息。这一语义网络在很大程度上是偏左侧化的，特别是当支持对言语刺激的编码和提取时。而在先前的弥散张量成像（DTI）研究已经显示出额 - 枕下束参与了语义信息的检索和控制，这一结论得到了脑区病灶和功能连接检查的进一步支持，证明额 - 枕下束在语义系统中的功能。

此外，阿尔迈拉克（Almairac）等对 31 个患有弥漫性低度神经胶质瘤（diffuse low grade glioma，DLGG）的患者进行研究，以进一步了解额 - 枕下束在语义处理中的作用。DLGG 是一种罕见的慢性脑肿瘤，它会优先侵入白质连接的路径。手术前后，研究人员用典型的语言任务对患者的口语流利度进行评估，并对手术过程中的患者进行局部麻醉，这是为了通过皮层和皮层下的大脑映射识别及保留语言流畅的结构。他们进行基于体素的病变症状映射（voxel-based lesion symptom mapping，VLSM）来分析术前和术后的行为数据。研究发现术前语义流利度得分与构成腹外侧连接的白质纤维之间存在显著关系。统计结果表明与额 - 枕下束的空间位置基本重叠（37.7 %）。此外，语义流利度得分也被观察到与渗

透到额 - 枕下束中的体积呈现负相关（$r = -0.4$，$p = 0.029$）。研究结果进一步证实额 - 枕下束在语义处理中的重要作用且其为语言的直接腹侧通路。

另外，对额 - 枕下束进行术中皮层电刺激也在 85% 的情况下使实验对象出现语义性错语（semantic paraphasia）或命名性失语（anomia）。例如，在让清醒的患者完成图片命名任务的过程中对其额 - 枕下束进行直接电刺激会引发语义性错语，如把“key”（钥匙）说成“padlock”（挂锁），把“tiger”说成“lion”，这些现象都表明了额 - 枕下束是腹侧语义系统的重要通道。值得注意的是，研究发现在其他灵长类动物中未能识别出额 - 枕下束的存在，而它也成了唯一一个与其他灵长类动物相比，仅存在于人类大脑中的纤维束。有研究者提出，这可能是人类能够维持相对其他物种而言更为复杂的语言功能和理解能力的关键差异，额 - 枕下束使人类得以产生和理解语言、操纵概念，以及通过元语言学、概念化和知识意识来了解这个世界。

总之，额 - 枕下束广泛分布在额叶、颞叶、枕叶皮质内，将额叶、枕叶及部分颞叶的功能整合和关联，对语义处理的重要作用是阅读、书写和语言理解：额 - 枕下束在深层阅读和书写中发挥作用，额 - 枕下束与下纵束共同形成的腹侧语言加工通路为处理阅读任务提供了直接路径，这条腹侧拼写路径可通过直接读词的方式辅助阅读，这种直接读词和通过弓形束间接转化的途径在阅读过程中并存。额 - 枕下束可能与阅读有关，尤其是默读。我们在默读时，首先是词汇等通过视觉系统的处理，相关信息到达枕叶的初级视觉皮层和视觉联络皮层，然后经过额 - 枕下束信息到达负责语义理解的位于颞叶后部的韦尼克区，经过字形与意义的初步联合和处理。额 - 枕下束是语音处理的一个直接通道，整合了两个经典语言处理区，支持对语音加工，即处理声音对意义的映射，通过将语音信息与词相对应，然后信息继续经额 - 枕下束到达负责语言思维和语音理解的额下皮层的相关脑区，进行更加深刻的语言理解，所以通过这些脑区和纤维束的共同作用，我们可以在日常阅读和默读时，理解语言现象背后的思维，领会作品背后表达的深刻含义。

2. 下纵束形成的回路

下纵束（inferior longitudinal fasciculus, ILF）联络枕叶和颞叶，将枕叶的视觉信号输入到颞叶。这条通路最早在 2003 年由卡塔尼（Catani）等通过弥散磁共振成像（diffusion tensor-MRI，DT-MRI）和 MRI 配准成像的方式被确认，被认为有可能在物体识别、阅读、文字的语义联系上发挥着重要的作用。下纵束主要负责语义处理，由连接着视觉皮质和视觉物体形态区（简称“视觉物形区”）的纤维组成。该区位于枕 - 颞基底部，涉及图命名加工的第二阶段，即物体识别。视觉物形区邻近视觉词形区，在枕 - 颞皮质存在平行的两条通路，分别涉及了词形和物体识别。对枕 - 颞皮质下的白质纤维进行电刺激，可产生失读症，刺激上部纤维产生命名不能，从而可以造成失读症和图命名困难之间的双分离。下纵束联系前颞叶与梭状回、枕叶背外侧部。下纵束与视觉学习、记忆有关，与阅读的学习有关。下纵束是连接前颞叶区（anterior temporal lobe，即 BA 20/21/22/38）和内侧颞叶区与枕叶区（occipital lobe，包括 BA 18/19/37）的白质纤维束，下纵束沿侧脑室颞角下壁向腹侧伸出（如图 7.10 所示）。

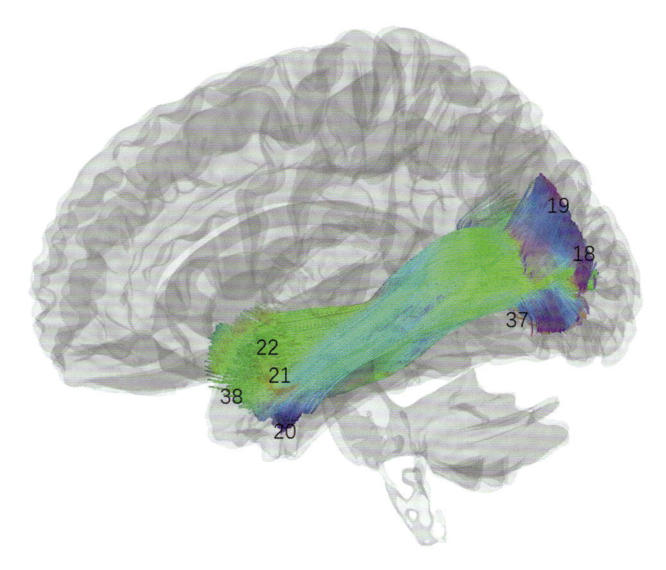

图 7.10　下纵束是枕 - 颞叶相连的纤维束
（图中的数字为对应的布罗德曼脑区）

下纵束携带着来自枕叶和枕 - 颞区的视觉信息通往颞叶前部皮层，下纵束的连接包括枕叶和颞叶、枕下回（视知觉）- 颞中回（与阅读有关）/ 颞下回（负责面孔与形状识别），功能上主要负责语义处理。颞下回的作用是形状识别、语义、词汇选择，而枕 - 颞下皮层的功能是视觉词形、物体识别。下纵束与汉语等象形表意文字相关，汉字信息从视觉 BA 17/18/19 经由下纵束发送到韦尼克区（BA 21 的后部）进行理解，如果这一文字不存在于之前的记忆中（BA21 区具有组词词汇记忆的功能），则下纵束继续延伸到颞下回的 BA 20 区，这一区域负责面孔与形状识别，帮助我们对陌生的文字进行分析和辨认，并结合已储存的语言文字信息，推测不认识字的意思。下纵束在视觉客体识别、阅读、联系客体（视觉）表征和它们的词汇标签（lexical labels）中起着重要的作用，是两个间接腹侧通路中的一个。下纵束联络整个颞叶部分，涉及 BA 20/21/38 区以及枕叶底层部分，涉及 BA18/19 区。其中，BA 18 区为次级视觉皮层（V2），负责视觉记忆；BA 19 为联想视觉皮层（V3，V4，V5），负责运动识别与记忆；BA 20 为颞下回，负责面孔与形状识别；BA 21 为颞中回，与阅读有关；BA 38 区为颞极区，可能与情绪有关。除了负责语义处理，下纵束也与物体识别、脸部识别、阅读、视觉记忆及情感相关的过程有关。下纵束主要负责语义处理，它有许多通往颞叶前部（anterior temporal lobe, ATL）的通路，而颞叶前部被认为充当了跨模式语义中心（transmodal semantic hub）。

从解剖学来看，下纵束连同其他腹侧白质束（尤其是额 - 枕下束和钩状束），是构成腹侧语义流的主要白质途径。研究表明下纵束中弥散张量成像（DTI）参数的变化与语义或词义能力受损之间关联。例如，一项针对原发性渐进性失语症患者的研究强调，用以探究语义联想能力和单词理解能力在行为任务中的表现与各向异性分数值呈正相关；另一项研究也发现下纵束中的某些 DTI 指标与两个语义因素（仅存在于左下纵束的语义丰富度以及左下纵束和右下纵束都有的语义特征）之间存在显著相关性。这一发现表明，在这些患者中观察到的一些词汇语义障碍可能部分由下纵束的结构性破坏所致。其他实验证据表明，左下纵束参与了其他语言过程，尤其是词汇检索。在一项针对 110 名因弥漫性低度神经胶质瘤（DLGG）而接受切除手术的患者的大规模神经心理学研究中，发现左下纵束中残留的肿瘤成了词汇检索中永久性损伤的预测指标。这一结果与以下观察结果非常吻合：脑卒中患者左下纵束的破坏（估计为纤维束断开的可能性）可决定对某些非唯一类别（如动物、水果和蔬菜）的命名障碍。神经外科案例研究发现，左下纵束的肿瘤存在与命名障碍有关，腹侧枕 - 颞皮层区已经被反复地认为对阅读加工很重要。这对于所谓的位于外侧枕 - 颞区的视觉词形区尤其如此，视觉词形区使得词形的识别成为可能，也使得语言文字符号的识别成为可能。神经心理学研究揭示了这一脑区和阅读的因果关联，这一脑区的损伤会造成失读症。在占主导地位的左侧颞叶中，“语义腹侧流”（semantic ventral stream）可能是由至少两个平行通路所构成的，一是直接通路，即连接后颞区和眶额区的额 - 枕下束，它对于语言的语义处理至关重要，因为当它受到刺激时，会引发语义性错乱；二是由下纵束支持的间接通路，不过由于它可以在刺激期间和切除后进行补偿，所以它对语言而言不是必不可少的。

总之，下纵束是连接大脑关键皮质区的一条重要的白质纤维束，在功能上，下纵束负责将枕部的视觉识别信息传导到颞叶前部，使枕叶区和颞叶区的功能得到了关联和整合，可能在视觉对象识别（包括物体和面部识别、辨别、记忆）、语义处理以及将对象表征与词汇相联系方面发挥着重要作用。也有一些研究表明，下纵束在视觉刺激的情绪中起作用，在语言和面部识别中起次要作用。这些脑区涉及视觉处理的同时，也涉及视觉加工处理任务、语言和语义的加工处理、情绪调节和阅读等功能和任务。作为腹侧神经通路的一部分，下纵束和额 - 枕下束共同将额 - 颞 - 枕区联系在一起，二者共同作为参与语言理解过程的颞叶纤维网络的一部分。然而，研究人员也注意到，二者在具体过程中的作用难以区分，很难在一个如此狭小的区域内，从解剖学和功能上分离出额 - 枕下束 / 下纵束通路以及邻近的钩状回。因为精细研究手段的缺乏，未来更需要从解剖学和功能学两个角度，对通路中具体的纤维束加以区分。

7.1.4　最外囊与中纵束形成的回路

最外囊（蓝色）与中纵束（草绿色）如图 7.11 所示。

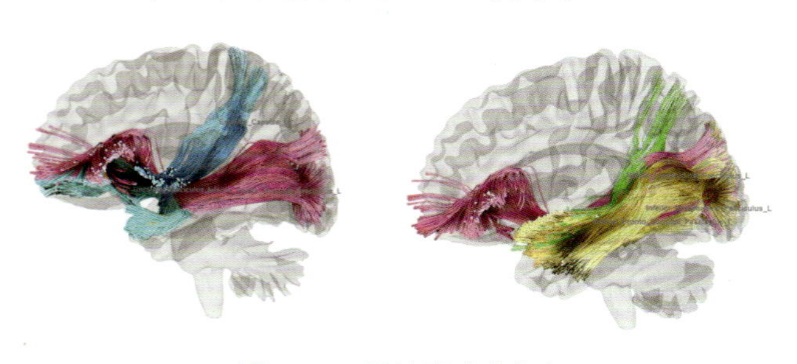

图 7.11　最外囊（蓝色）

图注：粉色为额 - 枕下束；浅蓝色为钩状束；草绿色为中纵束；黄色为下纵束。

最外囊：位于脑岛和屏状核之间的纤维束，连接颞中回、颞上回的中后部与额下回前部，不过这部分纤维束的尺度较小，DTI 等技术不易分辨和观察，因此就其应该独立分开还是作为其他纤维束（比如钩束和额枕下束）的一部分仍有争议。研究最外囊的功能可以从其起点和终点脑区的功能出发。在语言的认知和理解中，额下回和颞上 / 中回都与长期词汇存储和受控语义表示检索有关，其间相连的纤维束构成了语言认知腹侧通路的主要部分，也包括最外囊。此外，最外囊也有可能参与基本语义处理，另外有临床证据表明最外囊的损伤也会导致语法分析能力的下降。

中纵束：中纵束的发现时间较晚，且始于对恒河猴的研究。后来的人脑实验表明中纵束将顶上小叶、角回、颞上回和颞极串联在一起。但连接角回与颞叶的是上纵束 / 弓形束，而中纵束一直延伸到顶叶，并不终止于角回，也不在语言认知中扮演重要角色。即使认为中纵束参与语言理解，我们也只知道中纵束在腹侧通路中可能负责从声音到含义的转换，将初级和次级听觉皮层的输入传递到颞上回 / 沟。

颞上回 / 沟：负责整合语法和语义信息，并且只有在句法和语义信息兼具时才会激活，如果输入的语句是无意义的人造句子，则颞叶不被激活；如果句法结构比较复杂或语义包含语境信息，则整合过程会延迟至语法和语义信息的分析都结束后。BA 44 和颞上部与二者之间通过背侧通路的纤维束共同完成对构成一个语句的复杂层次关系的分析与处理。在语句生成过程中，颞叶的信息可以通过后颞上回到前运动皮层的纤维束直接传递。

颞叶前部：除了上述提到的颞叶各脑回 / 沟的功能，颞叶前部具有支持语义重组的独特功能。另外，根据“hub-and-spoke”模型，特定领域的语义知识分散连接额 - 顶 - 枕 - 颞多个不同纤维束（spoke）处理，然后汇集到中心区（hub）进行整合，人们认为颞叶前部就有这样的“中心区”，颞 - 顶交接区后部也可能分布着一些中心区。这些中心区是“普遍领域的”（domain-general），当受损时，患者对涉及不同领域的语言理解能力均会下降。

7.1.5 钩状束形成的回路

钩状束（uncinate fasciculus, UF）是腹侧语言通路的一部分，如图 7.12 所示。钩状束的解剖学结构很早就已建立，且没有什么争议，其喙端投射到眶额皮层、外侧额皮层、额极和前扣带回，喙端经由杏仁核，到达位于颞极、颞上回 / 沟、海马旁回的末端，是连接前颞叶和外侧眶额皮层的主要白质纤维束，也是人脑中最后成熟的白质纤维束之一，主要负责语义处理，部分前颞叶（但不是颞极）被认为在某些类型的语义记忆中发挥作用，也在社会和情绪概念的编码和存储中发挥作用。钩状束的功能是对语义处理以及相关工作记忆的检索，这一点与颞极的功能相符。但是实验证据是两方面的，即对颞极和钩状束的切除可能导致或不导致显著的语义混乱及渐进性失语症。此外也有证据支持钩状束在基本语法处理、情绪分析等任务中具有作用。

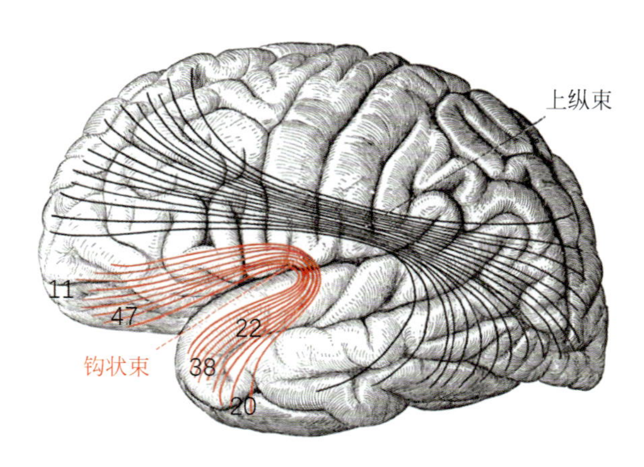

图 7.12 钩状束

图注：钩状束（UF）是连接前颞叶区（anterior temporal lobe，即 BA 15 区）和前额叶前皮质（anterior prefrontal cortex，aPFC，即 BA 10）以及外侧前额皮质（lateral orbitofrontal cortex，LOFC，即 BA 47）的长距离连接束，涉及腹侧通路，是 BA 11/47 区与 BA 22/20/38 区相连的纤维束。标注为橙色的神经纤维束，图中的数字为对应的布罗德曼脑区。

左钩状束常与语言功能联系起来，因为它连接了被假定在语言方面的功能脑区：前颞叶和部分额叶被假定为与编码、存储和检索语义知识有关，是“腹侧语言通路”的一部分。它通过传递有关物体的感觉信息来支持语义命名。不过这种推测的逻辑问题在于它基于的是一种相当粗糙的解剖学评估，钩状束实际上并不连接额叶中已知的对语言产生至关重要的特定区，比如布洛卡区 / 额下回与前颞叶。相反，它将前额叶的腹侧和内侧区（通常与语言功能无关）与前颞叶和周围结构连接起来。除言语记忆外，一般的语言功能在癫痫单侧颞叶切除术后通常并未受损，因此神经外科手术中，对钩状束的刺激与一般语言障碍无关。其他研究也表明钩状束与原发性渐进性失语症无关，而倾向于它连接了颞中皮层和腹外侧前额叶皮质。虽然左钩状束在语言中并没有发挥一般或排他的作用，但其他证据表明它在语义知识的词汇检索中起着次要的辅助作用。研究者在一项对健康老年人记忆研究中发现，被试者在通常涉及命名的各种语义记忆任务中的表现，与左钩状束的各向异性分数值呈正相关，而通过颞叶切除术治疗癫痫通常会导致命名障碍，但一般语言功能仍能得以保留。

钩状束在词汇提取（lexical retrieval）、语义连接和命名上起着重要的作用。钩状束连接额眶皮质与颞极，前颞皮质和腹外侧前额叶涉及了语义认知。前颞与语义记忆的提取有关。基本的图命名需要低水平的语义控制，直接电刺激钩状束对这一处理作用不大。在更特异性水平的命名（包括人名）可能需要更多的执行控制，而钩状束直接电刺激显示了这个作用。损伤 - 症状映射研究也显示钩状束损害伴有特异性命名缺陷，而下纵束损害伴有非特异性命名损害。如，帕帕尼奥（Papagno）等评估了因低级别神经胶质瘤手术切除左钩状束的患者情况，发现这些患者在术后立即表现出在命名名人面孔上有明显的缺陷，经历 3 个月后这一特点依然存在。而术后立即出现的其他缺陷与这一缺陷相比而言，在 3 个月后能改善到正常水平，比如记忆单词表的困难和语言流畅性的缺陷。这些发现表明，除了正确命名外，左钩状束在词汇检索和言语记忆的某些方面与其他纤维通路相比具有冗余功能。达马西奥（Damasio）等在词汇检索和前颞叶的研究中，间接研究了恰当命名和左钩状束之间的联系。这些研究探讨了稳定颞叶病变患者的缺陷，这种缺陷通常是由颞叶切除手术引起，病变局限于左前颞叶的患者还可能包括钩状束的损伤，他们在检索人名和有时标记方面有特定的缺陷。人们不能确定所观察到的患者缺损是由于钩状束损伤本身，还是与其他外科损伤或癫痫相关。钩状束并非专门用于一般语言功能，而是在语义检索中也起着重要但并非关键的作用。同时，钩状束也可能参与到社交情绪的处理中。当我们考虑到语言具有内在的社会性时，这两个过程的结合就显而易见：说话除了传递想法，还传递情绪，而表达想法的基础概念知识又受到既有偏好和情感的影响，因此情感也是概念表征的重要组成部分。

钩状束是颞叶和额叶之间的双向通路，传统上被认为是边缘系统的一部分。有人提出，钩状束允许储存在颞叶的记忆表现与额叶相互作用并指导决策。弥散张量成像（可通过弥散 MRI 扫描获得的重建模型）在左侧比右侧显示出更大的各向异性分数，这种各向异性度量的差异与左脑语言专长有关，然而，对其进行脑电刺激却并不能中断语言，这表明它可能不涉及语言。这种中断之所以没有发生，可能是因为它在功能上得到了其他途径的补偿。钩状神经束似乎在某些类型的学习和记忆中起作用，但不是全部。逆向学习是指，在许多试验中，刺激 - 奖励的联系被训练，然后反过来，使最初的刺激不再与奖励有关，而与钩状束的个体变异有关。此外，通过试错学习关联的能力，如将一个名字与一张脸配对，与钩状束的微结构相关。与早期工作相关的研究表明，钩状束的外科损伤与恰当名称的修复缺损密切相关。

与弓形束类似，钩状束在结构上具有不对称性。在一些人中，左右脑的钩状束体积存在差异。有趣的是，左右半脑不同的钩状束结构子成分表现出不同的连通性特征和结构不对称性，有的子成分在左脑体积较大，而有的则在右脑体积更大。钩状束是人类语言加工的前颞叶区网络的重要部分，这一网络结构在婴儿期就已经开始发育，负责词汇和语义处理。在语言学习过程中，钩状束与词汇和语音的识别有关，这一网络主要参与将语句声音信息与语义相联系，并投射到前额叶的“决策部分”的过程。钩状束在词汇提取、语义连接和命名上有着重要作用，并在语言记忆方面也发挥了重要作用。钩状束连接颞叶（语义加工）和额叶（额眶区，语言思维、句法），主要负责语义处理，我们推测它是一条负责生成口语的通路，但它不经过视觉性语言中枢，也不经过听觉信号综合区，可能是接收到非语言的声音时，如在听力理解提取词汇及其语义时，就需要用到钩状束这条通路。钩状束涉及的脑区有 BA 20/38/11/47，其中 BA 11 负责语言思维，BA 47 负责语言与句法。因为钩状束与前颞皮质和颞极有很强的连通性，后者被认为是语义处理的中枢。钩状束切除后语义功能的丧失是支持钩状束的语义功能的证据。例如，影像学研究表明对钩状束白质完整性的弥散张量成像测量与原发性渐进性失语的语义痴呆或语义变异子类型相关联。与健康的实验对象相比，原发性语义变异患者的钩状束区域的 FA 值更低。此外，标识钩状束恶化的现象，即减低的 FA 值也与患者的语义缺陷（单个词理解和命名）相关。而失语症患者钩状束的 FA 值与口语理解测试的成绩也呈现显著相关，表明了钩状束在语义控制上的作用，因为它连接了支持认知控制和支持词义存储的区域。有研究提出钩状束的主要作用是允许颞叶中存储的助记符关联（mnemonic associations，例如人名 + 脸部 + 声音）与额叶相互作用并指导额叶中的决策，且通过试错法学习联想的能力，例如名字与面孔的配对，与钩状束的微观结构有关。钩状束也支持图片命名，例如一项涉及一名患有影响左脑岛、颞干和眶额皮质功能的肿瘤患者的觉醒手术研究发现，在图片命名任务时对患者的钩状束进行术中电刺激引起命名错误、词语错语，以及一种在无意间重复先前的回应，而不是说出目标词。这些错误表明了钩状束可能支持单词产生，从语义记忆中提取单词以及抑制短期记忆中出现无关单词的能力。另一个证明钩状束语义功能的证据来自一个基于病灶的 DTI 研究，实验涉及了 76 名右利手的脑损伤患者，而结果表明患者左钩状束的 FA 值与其在三种语义任务，即口头图片命名、口头基于声音的命名和图片关联匹配的表现呈现显著相关。

前额叶和颞下皮层的直接交互作用对于完成需要记忆目标与场景的视觉属性的任务非常关键，而两者通过钩状束这一直接通路连接起来产生交互作用。总之，钩状束连接处理眶额皮质和颞极这些负责语言、语义处理的脑区，参与辅助语义的处理任务，对于词汇的获取、解读和命名等功能有一定联系。

总之，短距离的钩状束连接了前颞叶和额叶的腹侧部分。这条钩状束在语言处理中的具体功能仍然存在争议。2008 年弗里德里奇（Friederici）等试图区分 BA 44/45 区和额叶腹侧岛盖部（frontal operculum，FOP）的语言学功能，提出的假设是：BA 44/45 负责在具有层次继承关系的结构中进行句法的整合和理解，而 FOP 主要负责局部语义构建。为了验证这个说法，实验者构造了 2 种人造语法，第一种语法称为“有限状态语法”，通过局部的词语的勾连来组成句子，其表现形式是 $(AB)^n$。第二种语法称为“短语结构语法”，通过局部结构的嵌套、远距离的组合来组成句子，其表现形式是 A^nB^n（见第五章的图 5.21）。被试者需要通过一些材料学习这种人造语法，所用到的词汇都是不具有语义的伪词。在完成学习后，被试者需要判断测试句子是否符合之前学习的人造语法的规则。实验发现，在这两种人造语法的情况下，弗里德里奇等都能观察到 FOP 脑区的激活，但是 BA 44/45 脑区仅仅在短语结构语法的句子当中被激活。这说明 FOP 脑区与局部的意义整合更为相关。在功能磁共振成像中，也发现了连接 FOP 和前颞叶的纤维束的存在。2008 年卡塔尼等认为，将颞叶前部与额叶腹侧相连的钩状束，可能在词汇检索、语义关联以及额叶和颞叶的连接等方面发挥作用。

7.2 发育过程中的结构和功能连接

7.2.1 背侧语言纤维束及其发育过程

1. 背侧语言纤维束的发育过程

神经语言网络功能的一般框架是由其额 - 颞白质纤维束的成年结构成熟度决定的。假设结构连通性的成熟会对语言网络的功能连通性产生影响。关于结构的连通性，来自新生儿的加权弥散磁共振成像数据表明，额下回和颞上回之间的背侧连接通过上纵束 / 弓状束，在成人中，它与复杂的语法处理有关，而在出生时或 1~4 个月大时却还没有髓鞘细胞形成。但是连接前运动皮层和颞上回的背侧通道的纤维束，支持了感觉运动映射到发音的结论，就像在成年人中看到的那样，在出生时就已经存在，并在 1~4 个月大的婴儿中得到证实。如图 7.13 所示，新生儿和成人的弥散加权数据在连接后颞上回到额叶皮层的背侧通路上有所不同，两组都有到达前运动皮层的通路，但到达布洛卡区的婴儿通路尚未成熟。因此，在成人中与支持分层句法过程相关的上纵束 / 弓形束，在婴儿期还没有髓鞘形成，必须在儿童时期逐渐发育。结构数据表明，它在童年时期慢慢成熟，并导致了成年阶段语法性能的提高。

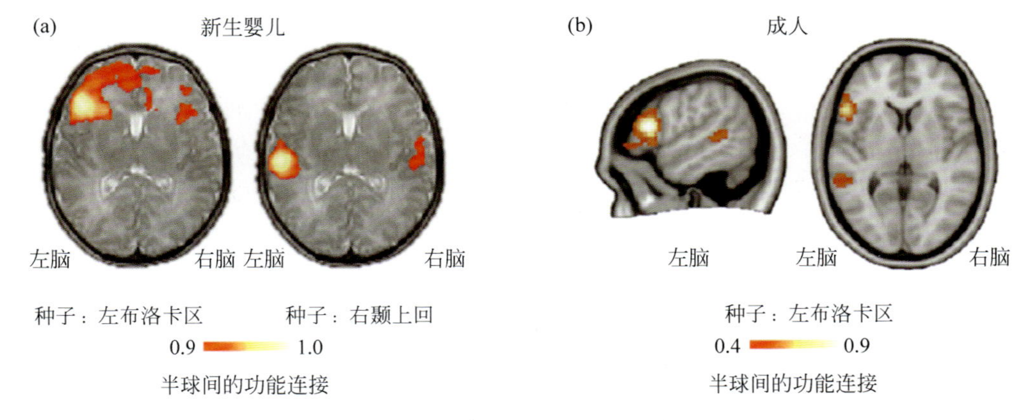

图 7.13　新生儿和成人的功能连接

考虑到语言相关脑区之间结构连接的“强度”发生变化，预计功能连接也会随发育而发生变化。左 BA 44 和左脑的后颞上回 / 沟之间不成熟的结构连接伴随着这些脑区之间的功能连接的缺失。在新生儿中，左 BA 44 和右 BA 44 之间、左后颞上回 / 沟及其右脑的同源区之间仅存在功能连接；当比较婴儿和成人之间 BA 44 和后颞上回 / 沟的功能连接通时，发现其仅在成年后才有意义。如图 7.13 所示，通过分析在布洛卡区和左后颞上回有种子的新生儿和成人语言实验的低通滤波残差的相关值，研究人员揭示了功能性连接。新生儿显示了两个半球之间的功能连接；而成年人则显示了左脑内的功能连接，这是一个结构连通性完全成熟的年龄。这些功能连通性分析是基于独立于不同的语言条件分析低频波动的语言处理研究的数据。然而，由于对语言研究中的低频波动的分析与对非语言研究数据的分析有所不同，语言研究数据中观察到的功能连通性代表了一个基本的语言网络。

在结构上，背侧纤维束（弓形束）连接后颞上回和额下回岛盖部（BA 44）作为背侧语言系统的一部分，如由各向异性的逐步增加所揭示的，在 3~10 岁之间缓慢成熟，这种成熟度的提高与处理对象优先句的性能有关，包括准确性和响应速度。而在腹侧通路，即额 - 枕下束中则没有观察到这种相关性。语言能力的增强与左脑、额下回、后颞上回 / 沟与语言相关的脑区之间的结构和功能连通性的增加有关。具体而言，将额下回的 BA 44 连接到后颞叶皮质的背纤维束对句法能力的完全实现至关重要。

早期的研究表明成年人存在两个主要的背侧连接纤维束，分别与语音和语言有关。这两个纤维束可以通过额叶皮层的终止区和这些终止区的特定语言子功能来区分。其中一束背侧纤维束通过顶下皮层的介导连接颞叶和前运动皮层，通常称为上纵束（SLF）；而另一纤维束为弓形束，将额下皮层的布洛卡区（特别是 BA 44）与后颞上回背侧连接在一起，但由于弓形束和上纵束确实部分平行于前额叶和顶叶皮质，因此将此纤维束称为弓形束 / 上纵束（AF / SLF）。如图 7.14 所示。终止于前运动皮层的纤维束在功能上似乎与声 - 运动映射相关，而终止于BA 44 的纤维束似乎支持复杂句法句子的处理。成年人的两条背侧通路如下：

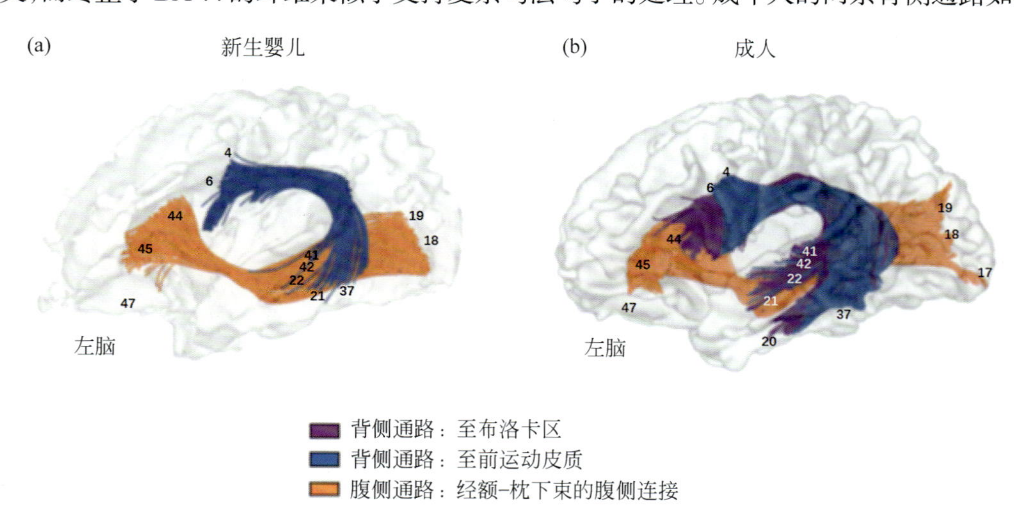

图 7.14　新生儿和成人的纤维束通路和结构连通性结果（图中的数字为对应的布罗德曼脑区）

图注：对新生儿和成年人的语音相关区的弥散张量成像数据进行纤维跟踪，其中种子在布洛卡区、中央前回 / 前运动皮层，可见成年人中存在两条背侧通路。一条是通过弓形束将颞皮层连接至额下回，即布洛卡区的 BA 44（紫色），从解剖学来看，它连接 BA 44 和后上颞回（pSTG）；另一条通过上纵束将颞叶皮质连接至中央前回，即前运动皮质（蓝色）。在新生儿中，只能检测到中央前回的通路。在成人和新生儿中存在通过额 - 枕下束连接颞叶皮质（橙色）的腹前额下回（即 BA 45/47 和其他皮层）的腹侧通路。显然，新生儿缺少了连接 BA 44 和 pSTG 的背侧通路包括的弓形束部分，而 BA44-AF-pSTG 这一背侧通路对复杂句法处理非常重要。

背侧通路（蓝色，即上纵束，SLF）连接后颞叶皮层（即后颞上回 / 沟，也涉及角回）与中央前回（即前运动皮层）。后颞叶皮层涉及颞上回的 BA 41/42，为初级听觉皮层和视觉联合皮层，可以接受听觉刺激以及语言高级信息处理。部分颞上回属于韦尼克区，主要集中于颞上回的 BA 22 区以及 BA 39 区（角回）、BA40（缘上回），负责语言理解、听觉信息处理。前运动皮层主要集中在 BA 6 区，负责书写及语言运动器官组织。通过上纵束连接的两端主要集中于角回附近与 BA 6 区。角回是阅读中枢、视觉性语言中枢、听觉信号综合区。因此，蓝色背侧通路连接颞上回后部、缘上回（支持来自躯体感觉和听觉区的反馈信息）与腹侧前运动皮质（它将传入的语音信息转换为发音运动程序）相连，该纤维束涉及发音。直接电刺激该纤维束则丧失说话能力、不能发音、无面部动作。

背侧通路（紫色，即弓形束，AF）连接颞叶皮层附近（涉及缘上回、角回等区域）与额下回（主要是 BA 44 区，即部分布洛卡区）。与背侧通路（蓝色）在颞叶皮层处分布相差无几，但其通过弓形束连接的两端主要集中在颞上后回（即 BA 22/41/42）与布洛卡区附近 BA 44 区（岛盖部）。布洛卡区的 BA 44 主要支持语言生成。背侧通路（where 通路），沿着枕 - 顶叶分布，经内侧颞叶投射至枕 - 顶叶，主要对物体的运动、位置等属性进行反应。背侧通路分为三个部分：顶下叶、侧枕前和内侧顶 - 枕前。

在成年人的两条背侧通路中，一条是通过弓形束将颞皮层连接至额下回的布洛卡区（紫色）；另一条通过上纵束将颞叶皮质连接至中央前回，即前运动皮质（蓝色）。在新生儿中，只能检测到中央前回的蓝色通路，而没有紫色的背侧通路（颞皮层到布洛卡区的 BA44），表现为婴儿会说一些成人难以听懂或者不符合语法规则的话语。而成年人由于多了一条从颞皮层到布洛卡区的紫色纤维束，语言信号在布洛卡区经过处理后传送到运动皮层，所生成的语言符合语法。稍大一些婴儿有时也能听懂大人说话，但无法回答，也很可能是因为语言信号从韦尼克区无法到达布洛卡区，所以语言生成有困难，但听到语言后的理解是正常的。例如，小孩通常只会回答判断类的对错问题，而对较为复杂的问题，他们虽然可以明白问话者的意思，但是无法做答。在成人和新生儿中都存在通过额 - 枕下束连接枕 - 颞皮质（橙色）至腹前的额下回腹侧通路，如图 7.14 所示。左图显示了新生儿左脑半球的连通性，右图显示的是成人左脑半球的连通性，成年人连接腹侧和背侧区的“环”是完整的，橙色、蓝色和紫色部分指示腹侧和背侧纤维的连接。腹侧通路则是通过外囊纤维系统和额 - 枕下束，以此连接腹侧额下回与颞叶皮质。但是，左图显示在出生时的婴儿，缺乏紫色的连接，它们还没有形成与布洛卡区连接的髓鞘，婴儿连接腹侧和背侧区的纤维通路没有形成完整的“环”。这就好像大脑在出生时就没有正确地“连接”起来进行语法处理。这些纤维束在 2~3 岁时成熟并开始发挥作用，这与我们对语言发展的了解是一致的。与此相反，在出生时负责听觉处理的脑区是功能性的，并且在生命的第一年，孩子们就获得了他们的语言的声音系统。

我们推测早期婴儿的语言功能主要由韦尼克区负责，此时布洛卡区（BA 44）并不完全成熟，它需要在语言学习的过程中不断发育，这种发育的外在表现为对语法的掌握，内在表现可能与布洛卡区的神经元以及韦尼克区与布洛卡区之间的联系越来越密切（逐渐形成背侧弓形束通路）有关。早期学习者在此时学习两门语言，布洛卡区在发育成熟的过程中即同时承担两门语言的所有语法，可以将它们综合起来，也就产生了活跃区的重叠；然而，晚期学习者在学习第二门语言时，布洛卡区的 BA 44 区已经储存了母语的语法信息，第二门语言的语法信息只能被储存在布洛卡区的其他部分，表现为活跃区的分离。无论是早期还是晚期，韦尼克区从出生起就承担了语言理解的功能，在成长过程中只是建立起更多词汇 - 意义的对应关系而已，所以与习得早晚无关，活跃区重叠。

成年人的蓝色纤维通路意味着他们的韦尼克区与前运动皮层可以进行联系，这可能有两种解释。第一种解释与婴儿一样，成人在某些特殊情况下“不假思索”地说话，所说的话语可能不符合语法规则，例如梦话、呓语等。第二种解释则是人脑的校验机制：韦尼克区的语言信号一方面直接被传送到前运动皮层，另一方面经紫色纤维束（弓形束）由布洛卡区传送到前运动皮层，两种信号可以进行某种配对（例如神经网络模型中的残差连接）。从图 7.14 可以看出，布洛卡区和韦尼克区定义并不明确，还不能形成自然的神经解剖学成分，与语言相关的皮层比想象的要扩展得多，包括大部分颞叶皮层、部分顶叶皮层和

BA 44/45 之外的左额下皮层，而这一点也已由功能磁共振成像和脑损伤的研究表征出来。实际上额叶和颞叶区都参与语言理解和语言产生。此外，与语言相关的大脑皮层的连通性比经典模型假设的要广泛得多，并不局限于弓形束，还包括上纵束、钩状束等。相关研究表明，小脑和皮层下结构，如丘脑和基底神经节也起着重要的作用，特别是在说话的时机和时序上的微调。经常以新的方式组合单词的能力是人类语言的标志，这种组合是通过布洛卡区与左额下的相邻皮层以及颞 - 顶皮层之间的动态相互作用来实现的。这些脑区之间的相互作用保证了从记忆中检索到的词汇信息被统一为具有总体句法结构和语义解释的连贯的多词序列。对于绝大多数人而言，语言的优势是属于左脑。但是人类在对于语言的理解和产生时是同时使用左脑和右脑，是两侧半脑相互协作所得出的结果。

通过弓形束直接连接布洛卡区和韦尼克区的通路是最简化的模型，在韦尼克等研究基础上，人脑语言处理模型又被格施温德所扩充，最终形成了韦尼克 - 格施温德模型。可以解释复述口语单词和朗读书写体单词时大脑中发生的信息传递及转换过程。越来越多的研究揭示语言网络连接的复杂性，所涉及的语言相关脑区也不再局限于布洛卡区和韦尼克区这两个脑区。更为全面的模型包含连接额叶皮质和颞上皮质的两条背侧通路和两条腹侧通路。两条背侧通路分别负责从感觉到运动的语言产出，和基于高级句法规则的语言层级结构构建；腹侧通路负责语义和概念信息的处理。此外，还有很多跨脑叶或脑叶内部的连接通路与语言功能相关，如两条弓形束间接通路、额 - 枕下束、下纵束、钩状束和额斜束等。这些通路各不相同又存在相互作用，共同完成语言习得，以及语音、语义、句法等信息的处理。从新生婴儿与成年人的区别来看，卡塔尼等发现，格施温德区相对其他脑区成熟较晚，通常要到 5~7 岁以后才开始发育成熟，而这一时期也正是人们开始发展阅读和写作能力的时期，人类经过阅读和写作训练，将这一语言神经系统进一步加固并重新整合了起来。

尽管人类语言的习得很复杂，但大多数儿童在出生后几年内就掌握了这种能力的核心，他们在没有接受正规教育前，在学会系鞋带或做简单的算术运算之前就已经掌握了这种能力。这表明，人脑的基础结构为儿童提供了一定的语言准备。婴幼儿期是语言发展的关键时期，婴幼儿学习语言的过程，同时也是他们认识世界、形成思维的过程。研究表明，后天的阅读与写作学习对语言能力的形成扮演着极其重要的角色。新生儿中，只有蓝色纤维束通路至前运动皮层区和通过橙色的额 - 枕下束连接颞叶皮质至前额下回的腹侧通路。这说明在出生时的大脑还未发育完整，这个可发育性是和成人已发育的大脑是不同的。布洛卡区负责处理语音的产生，这样的情况也说明了为什么新生儿在出生之初乃至数月之内都无法使用语言，而只能通过声带无规则、无意义的震动发出声音。若患有脑损伤，两者之间的大脑可发展性是截然不同的。韦尼克区的功能主要是在脑区进行其他处理之前，将感官体验的主要部分转化为其等效语义。对于儿童的大脑而言，右脑可以代替左脑的语言功能，可以正常学习语言和同龄人并没有任何差异，只在拼写复杂的单词和理解复杂的概念时会出现一些小缺陷。但相比起成人而言，成人在这种情况下若大脑受到损伤，用于成人大脑的可塑性受到限制，右脑是无法像儿童那样有那么大的发展和恢复能力，能做到的非常有限，语言会与同龄人有明显的差异，在语言上有较大的阻碍。所以功能分区是很难界定的，因为人脑有着很强的可塑性，且是通过学习和发育的过程去区分不同的功能在脑区的定位。于是若左脑的语言功能在儿童时期受损，右脑可以高度完整地弥补上左脑所受损的语言功能。但在成人身上，大脑基本上已经确定了语言的具体功能区，可塑性没有儿童的那么强，于是右脑就很难去完整地代替左脑的语言功能。婴儿在习得母语的过程中一直和说母语的人相接触，所以婴儿习得语言是无意识的，通过立体的感官去和面对自己的人进行交流和反馈，对某句话会得到反复的强化，是一个“输入 - 互动 - 输出”的模式。

2. 语言纤维束在发育中的变化

在幼年和成年的大脑中，一个显著的特点是连接后颞上皮层和 BA 44 区的纤维束的逐渐生成。纤维束的成熟程度可以通过髓鞘的形成来衡量，因为髓鞘对于不同脑区之间电脉冲的传输速度和效率来说至关重要。新生儿的后颞上皮层和 BA 44 区不体现出明显的功能性连接，但是在新生儿的左侧布洛卡区和右侧同源区以及左脑的颞上皮层和右脑的同源区之间存在跨大脑半球的连接，如图 7.15 所示。肖（Xiao）和弗里德里奇（Friederici）等研究对 46 位 5 岁的学前儿童和 33 位成年人分别进行语言任务的测试，被试者需要进行一项图片和句子匹配的任务。句子中有较容易的规范主语初始句和语法上较难的非规范宾语初始句，这两种句子的差别可以用来引发脑区的不同程度的激活。

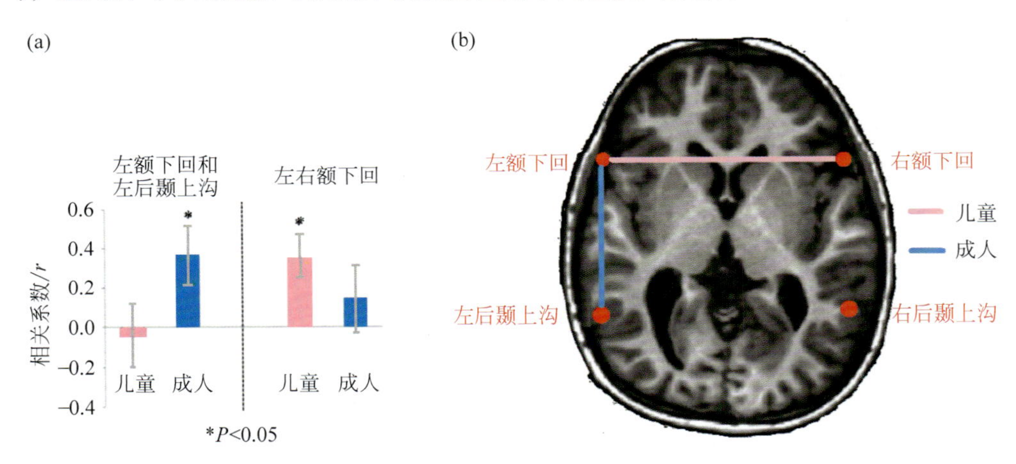

图 7.15　儿童和成人大脑水平切面的脑区波动相关性

通过统计两个脑区间的低频波动幅度的相关性发现：在语言理解任务中，成人大脑表现出非常明显的后颞上沟（pSTS）和额下回之间的相关性，而儿童的大脑几乎没有这种相关性，但是儿童大脑中表现出了左右脑的额下回之间的相关低频波动幅度。在复杂的非规范宾语初始句的理解任务中，儿童的大脑半球间的相关性更加显著。这说明在成人大脑中起到重要作用的背侧纤维束在儿童的大脑中还没有得到建立。在儿童大脑发育的过程中，腹侧的纤维束通路（图 7.14 橙色的额 - 枕下束）和连接运动皮层的背侧通路（蓝色的上纵束）在早期被建立，这是儿童在早期学习语法和词汇的神经学基础，但是对语法的特异性的处理（在 BA 44 区）是在发育过程中逐渐建立的。

斯凯德（Skeide）等研究了三个不同年龄组（3~4 岁、6~7 岁、9~10 岁）的儿童需要在听到一个句子之后，选择与听到的句子匹配的图片。主语和宾语的倒置关系构成了不同语法构建难度的对照组。在这个过程中，他们接受了脑部功能磁共振成像。研究发现，在 7 岁以前，词汇和语法的交互是在左颞叶发生的。与语义独立的语法处理的建立发生在 9~10 岁，左额下沟是这个阶段的主要语法处理的中心。因此，大脑的语言处理功能是一个不断发展、细化的过程。早期的儿童大脑还没有出现专门负责语法处理的环路，因此儿童的大脑应该有一套不同于成人的句子构建的模式。一种假说认为，在幼年时的句子理解是通过建立词汇之间的统计学关系来构建词汇在句子中的意义的。在这种情况下，不需要基于语法的词汇意义的组合。这种偏向语义构建的主要神经基础是腹侧的连接 BA 44/45 和颞叶的纤维束。

3. 普遍语法的认知与习得

弗里德里奇和乔姆斯基等批评了将语言视为人类交流工具或思维工具的片面认识，指出语言基本上可被描述为一种生物学上决定的计算认知机制，它产生了一个能够实现无限层次结构组合的结构装置。这是因为语音只是外化语言的一种可能方式，它是内部计算系统的辅助。从本质上说，语言是一种内部的计算机制，它产生了一组无界的结构化短语和句子，其涉及两个接口，即内部的语言计算机制，以及通过声音、书写或符号进行的外化。其中，句法过程实际上就是在大脑中独立计算出来的。

与任何其他有机系统相同，语言的发展涉及遗传、外部输入（语言环境）和一些独立的计算系统的原则三方面的相互作用。首先，人类大脑足够复杂，有学习语言的天赋，人类后天可以学会符合普遍语法（universal grammar，UG）的任何一种语言。它与其他认知系统相互作用。在某种程度上，普遍语法决定了人脑中语言发展可能产生的个体遗传结果，这种结果受到限制，因而只能产生自然语言，而不能产生其他种类的语言。不符合普遍语法原则的语言被称为不可能的语言，对婴儿来说是不可习得的，只有可能遵守普遍语法规则的语言才能够被儿童习得。从理论语言学的角度来看，生成语法被假定为一个在形式层次上描述语言系统的理论，它被划分为功能上可分离的或自主的成分，如句法、词法等。在当前的生成语法理论框架下，语言层次结构产生时进行计算的基本操作被称为“整合”（merge）。这种计算机制将两个句法元素（单词）整合成新的句法单元（词组）。通过此计算机制的递归应用，可以生成无限数量的句子。例如，单词“这本”和“书”可以整合形成名词短语 [这本，书]，并进一步与“读”构成动词短语 [读，[这本，书]]。整合的递归使用自动生成大量的层次结构，这是人类语言所特有的，进而与其他已知的非人类生物的认知系统区分开。

此外，功能磁共振成像的研究发现，布洛卡区在面对符合句法规则的语言时其激活是增强的，而在面对不符合句法规则的语言时则未表现出激活增强，这表现出布洛卡区作为语言加工的特定脑区之一对“普遍语法”的敏感。穆索（Musso）等指出，人类对语言及其习得的生物天赋中似乎没有这些不可能的规则，因为在实验中这些不可能的句法规则是线性的，其相比于语言的层级结构更为简单，也就是说其计算难度比真实的句法规则要更简单，然而布洛卡区仍旧未表现出相应的激活。布洛卡区（尤其是 BA 44 区）在语法习得中的作用得到了进一步支持，因为它也可运作于一种人工语法的处理过程中，这种人工语法模仿生成语法的可能规则，并使用分配给语法类别的新单词。显然，一旦获得了语法，布洛卡区就被激活，这与语义无关，因为只要处理的结构化序列遵循符合整合操作的普遍语法规则，那么布洛卡区就被激活，而不管它的单词的真假。一项脑成像研究也为整合计算在人脑中单一应用的神经基质定位提供了证据，例如，由单个整合操作决定的句法结构的形成是一个限定词短语，由一个限定词“the”和一个名词“pish”组成。为了研究与语义无关的整合计算，可以构造一个无语义的限定词短语“the pish”。研究发现对整合操作敏感的脑区位于 BA 44 的一个非常狭窄的亚区，即 BA 44 最前部的腹侧，且个体间具有很高的一致性。相比之下，没有句法层次（如“apple，ship”或“apple，pish”）的双词序列处理被定位在大脑额岛盖 / 岛叶前部，这是一个比 BA 44 本身在系统发育上更古老的脑区。由此可见，句法层次的处理选择性地涉及一个较新的皮层脑区，即 BA 44。

从研究人类语言认知神经基础的神经语言学来看，大量的神经成像研究已证实句法结构的处理不仅是基于布洛卡区，还涉及一个特殊的左额 - 颞神经网络，该网络有两个不同的脑区：额下回的布洛卡区和颞上回后部（pSTG）（韦尼克区的一部分），尤其是颞上回 / 颞上沟（STG/STS）。布洛卡区由两个在细胞结构上截然不同的部分组成，其后部（岛盖部，BA 44）主要辅助严格的句法处理，而前部（三角部，BA 45）主要支持词汇语义处理。布洛卡区的两个亚区通过明显不同的白质纤维束与颞叶皮层相连，BA 44 通过背侧通路连接颞叶皮层，而 BA 45 通过腹侧通路连接颞叶皮层。通过改变句子的句法复杂性，许多跨语言的研究都证实了 BA 44 作为语法功能加工区的激活。所谓的复杂句是指偏离了基本的、规范语序的句子，也指等级复杂程度不同的句子，例如嵌入的句子、从句。研究结果表明句子复杂度越高，激活 BA 44 的能力越强。BA 44 区因而被认为应当是对语法加工特定敏感的脑区，这一脑区主要负责“整合”计算，而非语义理解。

同时，连接颞上回后部和布洛卡区的背侧定位的 BA 44 通路，对复杂句法句子的处理至关重要。这一推论得到了个体发育数据的支持，这些数据表明，神经通路的成熟状态（如髓磷脂的增加等扩散特性）与处理这类句子的行为表现之间存在直接联系，同时对失语症患者的研究也支持这一观点。例如患有渐进性非流利型失语、这一背侧通路受损的患者被发现特别缺乏处理句法复杂句子的能力。因此由 BA 44 构成的背侧额 - 颞叶网络和由背侧通路连接的颞上回后部有助于对复杂句子的掌握。

从大脑发育过程中语言的神经表征来看，白质纤维束的成熟状态取决于它的髓鞘化程度。髓鞘形成在功能上是至关重要的，因为髓鞘对于电脉冲的传输至关重要，因此它决定了信息从一个脑区传递到另一个脑区的速度，即效率。在人类发育过程中，不同的纤维束遵循不同的成熟轨迹。连接颞上回后部和 BA 44 的背侧纤维束的发育较晚，该纤维束的成熟程度对某些语言处理非标准的宾语前置句的行为表现具有高度预测性，从而为其在处理层次复杂句的功能作用提供了证据。从婴儿期到成人期，布洛卡区与颞上回后部之间的功能连接也发展缓慢，这反映了这两个脑区之间的协调性。成年人在左脑这两个脑区之间显示出明显的半球内功能连接，而在新生儿中却没有观察到这种连接。与此相反，新生儿表现出左脑布洛卡区与右脑同源区之间、左颞上回后部与右脑同源区之间的半球间连接。左额下回和颞上回后部之间的功能连接可以在 6 岁左右独立于任务的大脑激活时被检测到，并在行为上显示出与这个年龄越来越相关。这进一步支持了布洛卡区和颞上回后部之间的功能连接可能需要良好的语言输入和语言发育的支持，同时，这两个脑区之间的纤维束发育时间也几乎吻合。

图 7.14 紫色的这条纤维束连接了颞叶的感觉皮层和前运动皮层。在成人的大脑中，这条通路的主要作用是将听到的声音用口语进行复述。为了证明这一点，索尔（Saur）等研究分别要求被试进行复述不具有词汇意义的伪词和理解句子这两个任务。功能磁共振成像和 DTI 成像的结果显示，在复述伪词的任务当中，背侧的纤维束被更多地激活；而在理解句子的任务当中，腹侧的纤维束被更多地激活。因此证明了从颞叶通过背侧的纤维束到达运动皮层的纤维束的主要语言功能是听取并且重复一个语言单元，而与语义的理解关系较小。

虽然这些学习的概念对儿童和成人都适用，但学习的某些方面在他们之间是不同的。一般来说，儿童的学习过程是建立在对新信息的积累和接触的基础上的。这实质上是儿童适应和吸收经验的方式。但对于成年人来说，新信息只是他 / 她用来解释意义的资源之一。要想真正发挥作用，这条新的信息必须符合一个参考框架，它必须映射到之前的知识：即认知图式，以便由此产生的框架用于指导未来的决策。此外，值得注意的是，学习是一个多面的概念，比获得思考能力更重要。它超越了累积过程的界限，包括语言、思考、感知、注意、记忆和解决问题的能力。例如，要从一个发展阶段进入另一个发展阶段，儿童依赖于由语言介导的心理间和心理内过程，并通过成年人的指导或与同伴的协作得以实现。无论将发展和学习视为二分过程还是同一过程，语言仍然是高度认知技能的一个例子，它服务于这两种结构，与年龄和知识相关，并在依赖经验的环境中发展。语言本质上是一种通过社交互动磨练出来的技能，例如，一个出生在多语言环境中的孩子，学习第二语言（L2）的方式不同于一个在习得母语（L1）之后再学习另一种语言的孩子。

使用反应时间作为衡量标准，第二语言习得的年龄，而不是第二语言接触的时间，是影响思维的因素。对于抽象思维，在语言相对论框架下进行的研究表明，L1 是调节一个人习惯性思维的基础。抽象概念化（时间、空间、因果关系和关系）的形成比具体概念化（感官刺激）需要更多时间，这意味着获得它们（前者）需要语言经验。因此，这些概念化将受到人们接触和实践语言的影响，越早学习 L2，人们对目标语言中的这些抽象概念化的体验就越多。这种经历反过来又会影响一个人的思想。

在比较神经语言学方面，一些研究对人类和非人类灵长类动物在产生过程中结合单词（符号）的能力与学习和处理结构化序列的能力进行了比较，对手语也进行了测试，都得出了同样的结果：非人灵长类动物的语言能力无法达到产生或理解两个单词短语的能力。行为研究表明，非人类灵长类动物（棉顶绢毛猴）可以学习由人工合成的规则 $(AB)^n$ 型有限状态语法生成的序列，但不能学习短语结构语法 A^nB^n 型生成的语言。

一个被认为使人类具有奇异性的功能特性是我们从顺序数据中推断出树结构的能力。树结构是威廉·冯特（Wilhelm Wundt）引入的一种表示形式，它与层次结构的概念错综复杂地联系在一起。这在词汇的形态构成和短语的分层解释中得到了例证，如图 7.16 所示。这种计算分层结构的倾向

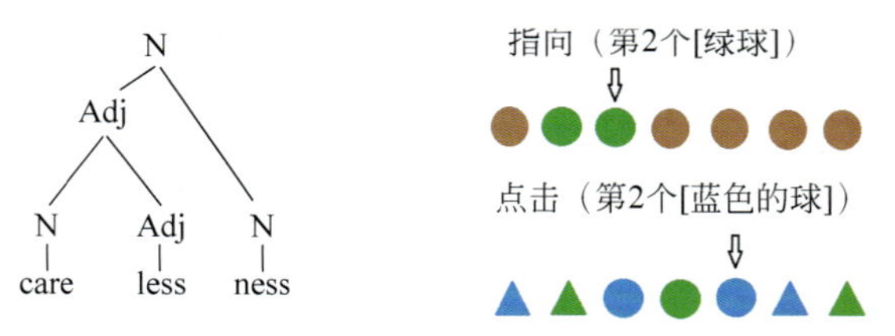

图 7.16 树状结构是构词、短语解释和句子的特征

不仅限于语言，还可推广到认知的其他领域，如规划和音乐。左图“carelessness（粗心）”一词由语素“care（小心）”（N，名词）、“less（更少的）”（Adj，形容词）和“ness（名词后缀）”（N，名词）组成。最后的语素决定了它作为名词的状态。右图（上）是在31名参与者中有30人认为“第2个绿球”指的是第3个球，而不是第2个球。这是对该短语进行分层解释的结果，指的是第2个绿球。方括号中的表示形式上等同于树结构。右图（下）在具有球和三角形的数组中，约99%的参与者再次将短语“第2个蓝色球”解释为第2个蓝色的球（第5个形状），而不是第2个蓝色物体，它是第3个球形状。

背侧语言纤维束及其发育过程如图7.14所示，第一条背侧通路连接颞上回（韦尼克区和听觉皮层）和中央前回的前运动皮层，参与语言产出和单词重复，即“感觉-运动”通路。第二条背侧通路连接后颞上回和布洛卡区（BA 44区），参与处理复杂的句法结构。两条背侧通路都经由弓形束和上纵束连接。人类语言的一大特点是具有层级结构。研究表明，布洛卡区尤其是额下回岛盖部（BA 44）负责处理结构复杂的句子。弗里德里奇等一项研究测试了处理$(AB)^n$（图5.21a）和A^nB^n（图5.21b）两种不同的人工序列时的脑区活动情况，结果表明处理A^nB^n式结构的句子激活布洛卡区（BA 44区），而处理$(AB)^n$式结构的句子激活额叶岛盖部（BA 45区），后者是一个在进化上比布洛卡区更古老的脑区。非人类灵长类也有处理这种简单有限状态语法结构序列的能力，但该脑区不能处理更复杂的层级句法结构，如句子中距离较远的成分组合。非人类灵长类动物与人类的区别在于它们不能处理递归的层次结构。因此，人类和非人类灵长类动物在左额下皮层的加工对象上有所不同。上述结构也可以被鸣禽类动物习得，且事实上处理A^nB^n可以不构建层级结构，而是通过工作记忆计数A和B出现的次数是否相等。但值得注意的是，人脑中的BA 44区不仅可以被A^nB^n式结构激活，也在处理具有复杂层级结构的自然语言（图5.22c）时被激活。相较于人工序列，自然语言的语句处理也同时激活后颞上皮质，即背侧通路中通过弓形束（紫色）和布洛卡区相连的脑区。因此，BA 44区支持复杂结构的构建，而后颞上皮质参与对句法及语义信息的整合，最终完成句子理解。

背侧通路上纵束（蓝色）参与在口语中的重复，是语言“外化”的过程，在出生时就存在于婴儿的大脑，并持续存在。可习得性也是人类语言的一大特征，该“感觉-运动”通路即为婴儿出生后几个月内基于语音的早期语言习得提供了生物学基础，而上述额下回和颞叶之间的背侧通路弓形束（紫色）至少在7岁后才开始形成。因此，背侧通路上纵束（蓝色）虽然可以检测到语音编码的规则，但不足以单独处理人类语言更高级的句法结构，对句法处理的习得需伴随大脑的进一步发育和更多的语言输入。此外，虽然在婴儿的双侧大脑半球中，已有响应口语的通路，但其功能和结构连接尚未完全成熟，半球间的联系很强，但半球内部的连接弱，与成人不同，需要进一步的发育。值得注意的是，运用弥散张量成像技术研究脑区之间纤维连接的方法并不能提供这些连接的方向性信息。以猴子为实验对象的侵入性示踪剂法显示，从感觉相关脑区至前额叶皮层包含双向信息流，从感觉皮层流向前额叶的为前馈投射，而相反方向的为反馈投射。前者对应到人脑中即为从感觉皮层投射至前运动皮层的背侧通路上纵束（蓝色），负责自下向上的信息处理；后者则对应由布洛卡区投射至颞叶皮质的方向，负责自上而下的信息处理、分析句法结构，对即将到来的信息做出预测，从而简化信息的整合过程。反馈过程可以分为两部分：从 BA 45 区通过腹侧通路投射至前颞上回和颞中回，负责语义成分的反馈；而背侧 BA 44 区向后颞上回 / 颞上沟的投射负责句法成分的反馈。

额叶皮层和颞叶皮层中的语言区不仅通过背侧的路径连接，而且通过至少两条腹侧的路径连接。首先，一条纤维系统如图 7.11 中的最外囊，另一条是额 - 枕下束（IFOF，如图 7.14 的橙色纤维），因为它连接额下区域（BA 45/47）与颞叶和枕叶皮层。其次，钩状束，将额岛盖部和前颞皮质连接起来。因此，在神经解剖学上，至少有两个背侧和两个腹侧纤维束连接颞叶和额下皮质。这些不同的纤维束似乎支持不同的语言功能。在功能研究中，BA 44 的短语结构语法和 BA 45 的有限状态语法的个体最大激活，不同语法类型的纤维连接如图 7.17 所示。额下皮层的两个脑区的结构连通性：布洛卡区（BA 44）和额岛盖部（BA 45）作为功能实验的种子。两个启动区与脑容量中所有体素的连通性值的分布（种子 BA 44 用白圈紫色束点标注，种子 BA 45 用白色红色束点标注）。左图代表性的受试者在处理短语结构语法时，在布洛卡区的 BA 44 处引起最大激活，纤维跟踪成像检测到从布洛卡区（BA 44）通过纵上束到颞上区的中后部的连接。右图代表性受试者在处理有限状态语法时，在布洛卡区的 BA 45 处引起最大激活。

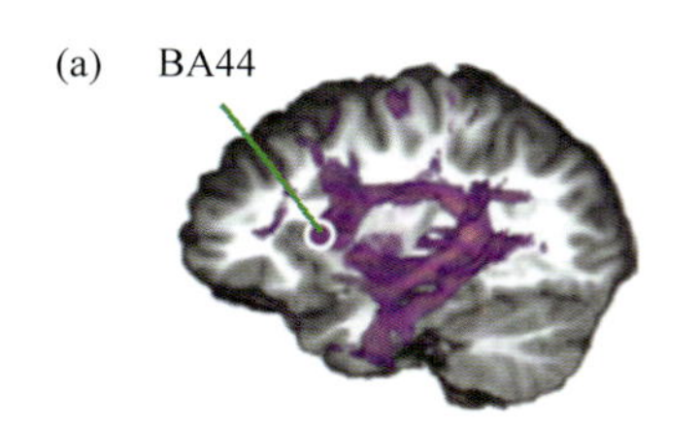

从BA44至颞上回的背侧通路

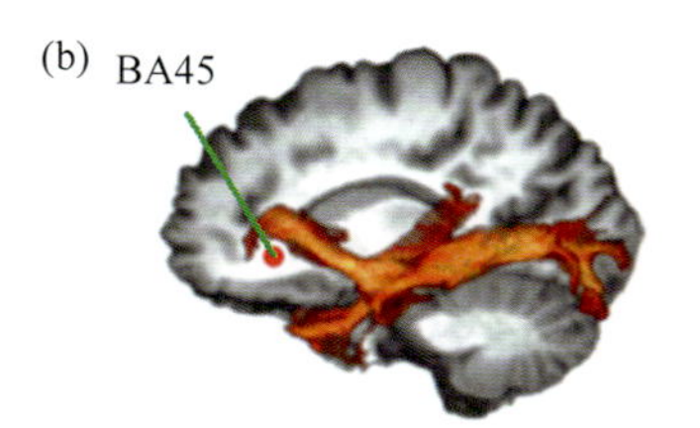

从BA45至颞上回的背侧通路

图 7.17　不同语法类型的纤维连接

7.2.2　腹侧语言纤维束及其发育过程

腹侧通路（图 7.14 的橙色额 - 枕下纤维束）以及上纵束中连接颞上回与前运动皮层的背侧纤维束（蓝色纤维束）在出生时就已经比较成熟，因而幼年阶段就可以认字、学发音。但是连接颞上回与布洛卡区的纤维束（紫色）在出生后几年内髓鞘化还不完全，限制了额叶与颞叶之间的联系，直到童年阶段的中后期（7~10 岁）才最终发育完全（图 7.14 的紫色纤维束），在此之前，额叶与颞叶无法很好地协同工作，因此幼儿分析语法的能力较弱，只能掌握几乎不含语法成分的简单句子或单词组合。此外在幼年阶段的布洛卡区的分工也不够明显，语法和语义的处理混在一起进行，也是在 10 岁左右，BA 44 开始相对独立地承担语法分析的任务，同时左右脑在布洛卡区的不对称性也开始显现。

额 - 枕下束主要负责语言腹侧语义系统的“直接”途径，这条纤维束最长，从枕叶直接连接到额叶，但其位于额叶的终端在布洛卡区的前方，对应 BA 10/ 46 区，这两个区的功能是听力理解、语言思维、记忆提取、注意力和工作记忆，而枕叶与视觉语言有关，因此可以建立一个理解式记忆时的语言模型。BA 45 是运动性语言中枢，与阅读、语法、组词词汇记忆、语言组织、语言叙述、语音编码、口语表达有关；而 BA 47 与语言思维有关。推测这条通路与语法有关的紫色弓形纤维束的通路不同，它传递的是某种语义信息而非句法信息，对应的语言学现象是婴儿所说的话虽然不一定完全符合语法，但是在语义上可能与我们的问题或他们自己想要表达的意思契合，他们的话可能是词汇 / 语素的简单罗列，如:“妈妈抱”“啊呜”等。

新生婴儿的大脑中只能检测到中央前回通路，即连接后颞叶皮层与前运动皮层的背侧通路，最主要因素可能在于其布洛卡区还没有发育完全，无法生成且支配语言，或者无法进行复杂的语音编码。腹侧语言纤维束在婴儿时期即存在，是婴儿大脑语言系统中唯一连接额下回和颞叶皮层的纤维束，但连接强度较儿童弱，在 7 岁儿童中该通路连接情况与成人差距很小。例如：刚出生的婴儿（0~4 个月）只识“黑白”色；稍大些，视觉器官有了一定的发育，开始进入“色彩期”。“颜色”作为一种视觉信息，由视网膜传至婴儿外侧膝状体，从外侧膝状体传至初级视觉皮层，初级视觉皮层接受视觉信息后传至更高级的视觉中枢，并由此传至角回。角回作为视觉性语言中枢（阅读中枢),“颜色”可作为一种特殊的“语言”进入角回，并在角回进行“颜色”辨别与理解。但婴儿是不具备语言思维的,他 / 她不知道语言上的“白色”或“黑色”或其他颜色（即婴儿不知社会约定俗成的“何为白色？何为黑色？”),只知道“黑白不同”，即婴儿只能区别颜色，进行的是非语言思维。再者，在未学会说话阶段，婴儿在一定程度上是能够理解语言中的语义的，特别是“叠音”“拟声”。但新生儿表现出左布洛卡区与右脑同源区之间、左颞上皮层后部与右脑同源区之间的半球间的连接。

成人的语言能力是通过后天语言环境的影响与语言学习、锻炼而获得的。语言是具备可习得性的。“狼孩”的例子可作为成人与婴儿背侧通路差异的直接证明。“狼孩”可通过声音传递“信息”，但这一“信息”本质上不是“人类语言”。语言是需要特定社会约定俗成的语法规则、语音编码组合而成的音 - 义结合体，其最直接的生成脑区是布洛卡区。但只要有信号刺激前运动皮层，人就会发出声音或者做出相应的肢体反应，但这一信号如果不经过布洛卡区进行词汇整合、语法编辑、语音编码，再由前运动皮层进行表达，那就不是含有社会意义的“语言”。新生婴儿缺少连接颞叶皮层与额下回布洛卡区的背侧通路（紫色），与“狼孩”的脑回路可能相差无几。即前运动皮层因接受信息刺激而兴奋，发出相应的声音，如婴儿本能的啼哭，但这一信息来源的脑区有可能是角回、缘上回或其他脑区，这一声音信息（本质上不是语言信息）没有经过布洛卡区的分析、组合甚至编码，并形成具备社会所约定的语义内涵、语法结构的语音信息。新生婴儿发出的声音或者做出的动作只是单纯的物理行为，没有社会意义。“可理解”与“可言语”是有着本质区别的。婴儿不能生成语言的最主要原因在于未经布洛卡区学习词汇、语法规则、语音合成。但理解声音可能就具有“先天性”，趋利避害是生物体的本能，即使在胎儿期，婴儿也能随着音乐而有所反应。

长距离的额 - 枕下束将颞叶与 BA 45/47 连接起来。BA 45/47 共属于额下回，额下回被认为与语义处理有关，因此这个纤维束的整体功能也被认为和语义处理更为相关。索尔（Saur）等提出了背侧和腹侧两个纤维束分别负责词语的复述（背侧通路），和词语的语义理解（腹侧通路）两个功能的假说。利用 fMRI 成像和 DTI 成像的技术，被试在复述亚词单元的任务中，背侧纤维束显现出更高的响应，在整体句子理解的任务中，腹侧纤维束表现出更高响应，这为语言的双流模型提供了神经环路上的证据支持。腹侧通路通过额 - 枕下束连接枕叶与额下皮层，外侧枕叶主要涉及 BA 18/19 区（主要是视觉中枢，负责视觉信息处理），额下皮层涉及 BA 45 区（与语法、组词词汇记忆、语音编码等有紧密关联）、BA 47 区（主要负责语言思维）。腹侧通路（what 通路）的颞下回皮质接收来自中央视野的信息，负责视觉认知功能；背侧通路（where 通路）的后顶叶皮质接收来自中央视野和周围视野的信息，负责空间感知功能。额 - 枕下束可能承担不同的语言和非语言语义加工，如命名、阅读与朗读、注意和视觉加工。

另外，腹侧通路的梭状回（BA 37）与单词识别有关，波尔克（Polk）等让被试者看真词、假词、字符串和注视点发现，真词和假词都激活了左梭状回脑区，但字符串没有激活这个脑区，表明梭状回的激活可能与加工字形的抽象表征有关（如正字法）。此外，采用不同的输入形式，如视觉输入和听觉输入，也发现梭状回在词汇识别中的作用。该研究中，视觉形式的任务是要求被试判断配对的单词是否一致，听觉形式的任务是要求被试检测可发音的假词是否前后相同，结果发现视觉单词识别区（梭状回）只对视觉呈现的单词有激活，而听觉呈现的单词没有引起该脑区的激活。另一研究也发现，当视觉呈现字符串时，左梭状回被激活，而刺激以听觉形式呈现时，这个脑区则没有活动。

从以往研究看，在非人类灵长类动物和人类婴儿身上观察到的效果基本相似，但它们都不同于在人类成年人身上观察到的效果。因此，这些数据表明，简单基于规则的线性序列可以由非人类灵长类动物和前语言期的婴儿学习，其神经基础可能基于那些存在于婴儿和非人类灵长类动物中允许语音学习的路径。新生儿颞上回后部与额下回的纤维连接还没形成，但颞叶与前运动皮层的连接已建立，表明新生儿已具有较好的语音感知和发音运动的基础。到目前为止，还没有证据表明非人类灵长类动物或人类新生儿能够处理层级结构的短语。为了处理这些短语，成年人拥有一个特定的网络，其中包括一个功能上指定的 BA 44，它在结构上和功能上都连接到左颞上回后部。而证据表明这个网络在非人灵长类动物中则没有完全进化，在幼儿中也不成熟。在发育过程中，其髓鞘形成可能遵循遗传决定的成熟轨迹。考虑到非人类灵长类动物和人类婴儿都不能处理复杂的句法层次，可以得出结论，即由 BA 44 组成的背侧网络通过弓形束连接到颞上回后部，对复杂句法句子的处理至关重要。总之，语言本质上是一个认知计算系统，而句法过程就是在大脑中独立计算出来的，这与生成语法中所使用的形式表征、支持语言的神经网络、大脑发育过程中语言的神经表征、与其他非人类物种的对比所得出的结果一致。BA 44- 弓形束 - 颞上回后部回路负责复杂语法处理形成句意，而与成人相比，新生儿这一通路髓鞘尚未成熟，因而只能表达理解简单语法，无法处理复杂的句法层次。

7.2.3 背侧和腹侧纤维束通路的整合

1. 背侧和腹侧纤维束共同形成一个完整的“环”

句法是人类语言的核心，因为句法提供了确定句子中单词之间关系的规则和计算机制。

确定了用于语言的左脑额 - 颞网络和用于语法的特定网络。这个特定网络保证了：①基于整合的操作，将两个词（或元素）结合成短语单元的句法；②基于整合的多次递归应用，将短语单元整合成句子的句法。在这个网络中，布洛卡区的后部和邻近的额岛盖部代表了一个局部回路，为整合的基本句法计算提供服务。图 7.18 的左图是系统学的视角，右图是解剖学的视角，额下回和颞上回这两个脑区以及它们之间的连接代表了一个长程环形回路，该回路支持句子中短语单位的句法和主题关系的分配。图 7.18 说明了成年人脑中与语言相关的背侧区与腹侧区相连的远程纤维束的位置。有两条背侧通路，一条将颞上皮层后部与前运动皮层相连（蓝色纤维束），另一条将颞叶皮层后部与布洛卡区的后部 BA 44（核心语言网络的一部分）相连（紫色纤维束）。这两者可能具有不同的功能，前者支持听觉到运动的映射，而后者支持句子语法的处理。此外，还有连接 BA 45 和腹侧额下皮层（ventral inferior frontal cortex，vIFC）到颞叶皮层（temporal cortex，TC）的两条腹侧路径（红色的钩状纤维束从额下回的 BA 45/47 至颞极的 BA 38，橙色的额 - 枕下纤维束从布洛卡区的 BA 45 至颞上回的 BA 22 并延伸至枕叶）也已被视为与语言相关。这两条腹侧通路从“词汇”所在的区域连接到前背部区。这些背侧和腹侧纤维束共同形成一个完整的“环”，将词汇中的信息转移到背侧的区，在那里信息被整合使用。纤维束“环”对句法处理起作用。

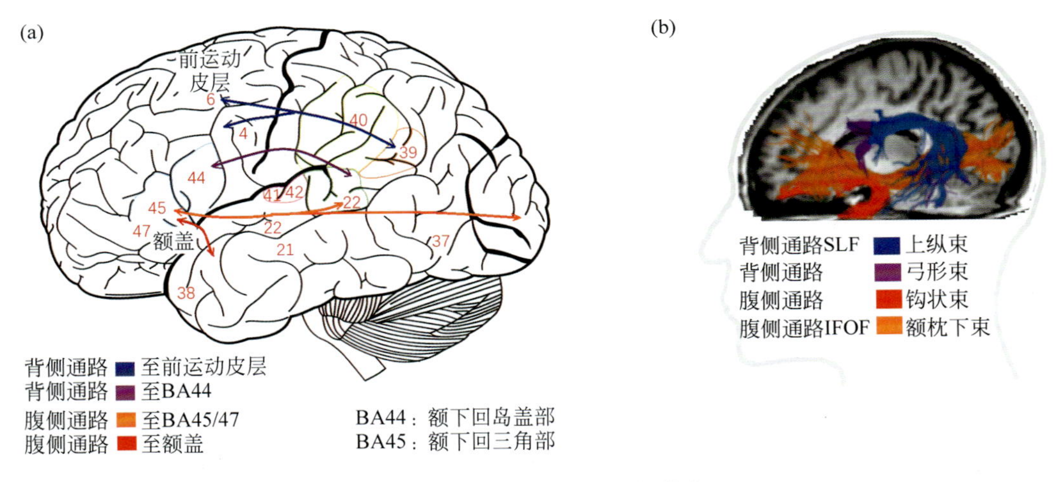

图 7.18 人脑的核心语言纤维束

语言处理是及时进行的。电生理学的方法可以使我们以毫秒为单位记录大脑的激活，它提供了有关语音、句法和语义的时间过程的信息，但仅对这些神经动力学过程进行了粗略的脑部定位。人类语言网络由额下回和颞叶皮层的白质纤维束连接的区域构成，这个更大的网络负责语言的处理。在这个更大的网络中，不同脑区和特定的子网络支持单词的声音、它们的含义、它们在短语和句子中的关系以及这些实体的韵律参数的处理。语音涉及词形和韵律参数、词、短语和句子。词是由不同的音素组成的，这些音素最初在位于颞上皮层中段的初级 / 次级听觉皮层中进行处理。颞上皮质后部和前运动区负责特定语言的语音信息处理。颞上皮质后部的脑区通过短程纤维束与初级听觉皮层相连，从而确保信息从听觉系统的较低层次处理脑区传输到语音处理的下一层次。一旦识别出语音词形，接下来的处理层次及其各自的神经网络就会被激活。假设系统最初使用句法词类信息来在线建立短语结构。这个过程包括两个步骤：第一步的过程是相邻的元素被识别，第二步的过程是局部句法被分级建立。第一步涉及颞上回前部和额岛盖部，通过位于腹侧的纤维束（钩状束）连接，即图 7.18 中红色纤维束。句法层次结构建立的第二步涉及布洛卡区的后部（BA 44）。句子中句法关系的处理涉及一个由布洛卡区（BA 44）和颞上回 / 沟后部组成的网络。这两个脑区通过弓形束的背侧纤维束连接起来，以紫色标记。储存在颞中回的单词的词义信息是通过布洛卡区的前部（BA 45/47）访问的。这两个脑区通过位于腹侧的纤维通路与额 - 枕下束相连，以橙色标记。假定颞上回 / 沟后部作为句法和主题信息进行整合的脑区。右脑在处理韵律信息时起作用，连接两个半脑的纤维束胼胝体支持左脑处理的句法信息和右脑处理的韵律信息之间的互动。在言语感知的过程中，背侧神经束与词汇层面之下的音位与音节的识别相关，而腹侧神经束则与词汇与语义的提取有密切的关系。

2. 语言的神经解剖学途径

图 7.19 是大脑皮层的各布罗德曼区的分布，大脑的布洛卡区粗分为 BA 44 和 BA45。对额下皮层进行神经受体结构分析，BA 45 又可细分为两部分：与 BA 47 相邻的更前区域（BA 45a）和与 BA 44 相邻的更后区域（BA 45p）。此外，BA 44 在结构上又细分为覆盖 BA 44 上半部的背侧（BA 44d）和覆盖 BA 44 下半部的腹侧（BA 44v）区域。不同的语言实验给这些不同的子区分配了不同的功能，因此这些子区在功能上尤为重要。BA 44 被证明与句法处理密切相关，其背侧部分（BA 44d）支持句法中的语音记忆相关处理，而腹侧部分（BA 44v）对层次处理至关重要。BA 45 被认为是语义处理的一个重要领域。这些语义方面似乎在更前部的 BA 47（即 BA 45a）的边界上招募了 BA 45 的前部；更靠后的部分，与 BA 44 接壤的 BA 45p 参与了一些句法处理。

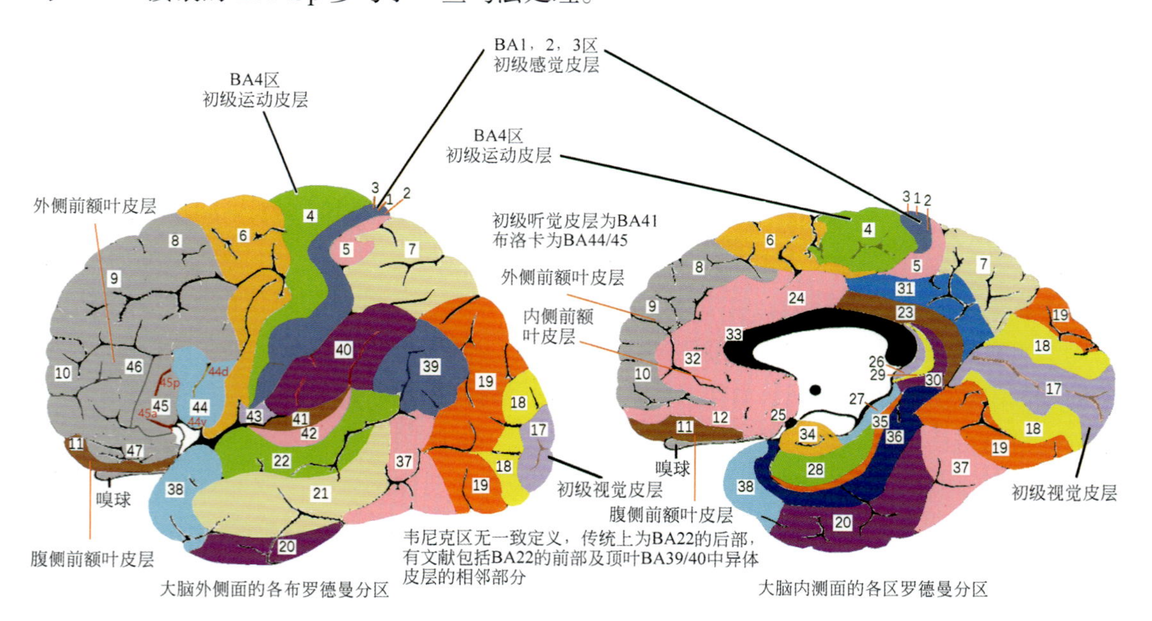

图 7.19　大脑皮层的各布罗德曼区的分布

图注：左 / 右图是外 / 内侧面各布罗德曼区的分布。左脑为语言网络，前额叶皮层的各布罗德曼区的彩图详见第一章的图 1.25。

人类处理语法复杂句子能力的神经功能网络的脑区，如功能磁共振成像对嵌入中心句的研究显示，在 BA 44 的后部、额下沟和颞上回 / 沟后部均有激活。对于属于句法网络的区域（即 BA 44 的背侧 44d 和腹侧 44v）、额下沟、颞上回 / 沟后部，特别是在属于句法网络的区域，发现了构架相似性的增加。对于句法处理领域，额 - 颞网络现在可以从功能、结构层面进行描述。用于处理复杂句子的左脑语言网络在功能上涉及 BA 44 和颞上回 / 沟后部。在语言感知过程中，不同脑区和子系统处理的语义信息和句法信息必须整合起来才能达到理解的目的。这时就出现了句法和语义信息的整合是由哪个脑区负责的问题。颞上皮层后部作为整合的主要脑区，当自然句中的语义信息和句法信息都要处理时，可观察到这个脑区的激活，但当处理没有任何语义信息的句法序列时，则没有激活。然而，根据语义信息的存在，在额下回也发现了 BA 45 类似的激活模式，这使 BA 45 可能在句法 - 语义整合中也发挥作用的可能性变得悬而未决。研究表明，额下皮层的较大区域已被认为是整合区。如果额下皮层参与了整合过程，尤其是 BA 45，只要其中存在最小的语义信息，BA 45 与 BA 44 就一起参与了句法结构序列的处理。BA 45 不仅可以在功能数据的基础上，而且在受体结构数据的基础上，也可以作为整合脑区。BA 45p 与 BA 44 相邻，这是一个与语法相关的脑区，有时被视为与 BA 44 一起活动。BA 45a 与 BA 47 相邻，在处理语义信息时通常会与 BA 47 一起活动。因此，BA 45a 和 BA 45p，除了颞上皮质后部外，还可能为整合过程提供可能的基础。

当从不同的神经科学层面对人类语言网络进行分解时，有两种与句法处理相关的结构：一是额下回布洛卡区后部的 BA 44；二是连接该区与颞上皮层后部的弓形纤维束。这个网络已被确定为支持人类复杂语法的处理。在涉及布洛卡区 BA 44 和颞上回后部的句法网络中，BA 44 起着特殊的作用。BA 44 负责层次句法结构的生成，这个脑区在功能和各种神经结构层面上都与其他脑区有许多不同之处。

在细胞结构层面，作为最低结构层次之一，BA 44 在 6 层皮层的某些层（粒度异常结构）中显示出比更位于后方的前运动皮层（BA 6）（非颗粒状结构）具有更多的锥体神经元，但这些神经元比 BA 45 完全颗粒化的皮层（颗粒状结构）少。此外，在成年人中，BA 44 的体积占比已被证明在语言主导的左脑比右脑大。这种不对称性与人类语言能力有关，特别是黑猩猩却不存在左右脑的细胞结构学差异。因此，与右脑同源区相比，左脑的 BA 44 在成年人中似乎较大。在微观结构的组织学层次上，已经证明 BA 44 的树突结构比相邻的运动皮层及其右脑同源区的树突结构更为复杂。树突状细胞能保证神经元之间的信息传递，因此与特定区域所表示的那些语言功能进程有关。BA 44 复杂的树突结构已被认为与该区支持的特别复杂的语言功能进程有关，或更具体地说是与句法有关。在成人的大脑中，BA 44 和相邻运动皮层之间存在明显的功能差异，正如通过皮层脑电图测量的局部场电位所表明的那样：BA 44 参与语言规划，而运动皮层则支持说话的运动行为。因此，人类左脑的 BA 44 是特异性的，因为它比相邻的脑区或其在右脑同源区具有更密集的树突结构。

作为最低的功能相关级别之一，可以考虑对更大的语言网络，特别是对额下皮层的布洛卡区进行神经递质水平分析。这些分析表明：①可以将布洛卡区的后部 BA 44 与布洛卡区的前部 BA 45 区别开来，BA 44 在细胞结构上和受体结构上与 BA 45 不同，BA 44 负责句法过程，在功能上与 BA 45 负责语义、命题过程分开；② BA 44 可以从受体结构上细分为背侧（BA

44d）和腹侧部分（BA 44v），神经影像学数据发现背侧部分参与语音过程，腹侧部分参与句法过程；③ BA 44 可以与位于更腹侧的额岛盖部分开，这些神经受体架构上的分化可以很好地映射到系统层面的功能语言数据上，BA 44v 与相邻的额岛盖部在受体结构上不同，BA 44v 在功能上可以与额岛盖部分离。这些数据表明，在受体结构层面上，BA 44 可以清楚地与其相邻区域区分开来，既可以与更位于前部的 BA 45 区分开来，也可以与更腹侧靠中的额岛盖部区分开来。这些差异映射到语言网络中的特定功能，因此它可能对语言机制至关重要。在宏观结构层面上，可以将白质纤维密度的程度与句法行为进行功能上的关联，并且可以看到弓形束在发育过程中的成熟度，特别是其髓鞘化程度，可以预测句法表现。语句理解意味着控制着从形式到内容映射的一套规则进行在线式执行。弗里德里奇等使用事件相关的功能磁共振成像，来直接比较与不同程度的语言复杂性相关的血流动力学反应与处理不合语法的话语所产生的反应。结果表明，左额下回后部的 2 个不同的亚区选择性地对语言理解的这两个方面做出反应。BA44v 的血流动力学反应受语言复杂性增加的影响，但不受句法异常存在的影响，而更靠后的额叶深部则选择性地参与处理有非语法性词序的句子。这表明在从语言形式到意义的映射中，前额叶皮层的不同脑区支持不同的机制，从而将不合语法性与语言的复杂性分开，BA44v 的大脑激活效应确实是针对语言层次的处理。

在功能连通性方面，布洛卡区的 BA 44 和颞上回后部在句子处理过程中表现出高度的功能配合，这两个脑区之间的连通性随着儿童期的年龄而增加。此外，通过句子理解测试的相关分析表明，这些脑区之间的连通性在 5~6 岁与句子加工的相关性越来越大。使用振荡测量的研究发现，在处理短语和句子的句法结构时，左额叶与左顶叶和颞叶脑区之间具有高度同步性。这些数据表明，在句子处理过程中，左额叶区的神经集合和左后区的神经集合是一致活跃的，似乎各脑区中的神经元合群在线协同工作。总之，在布洛卡区的 BA 44 和颞上皮质后部之间通过背侧通路具有明显的结构连通性，背侧通路在句法层次结构处理中具有功能相关性。

7.2.4 基于神经解剖学的句法和语义网络

神经解剖学通路模型假设两个不同的句法处理阶段用两个不同网络（均由白质纤维束构成）：一个是句法网络，另一个是语义网络。

1. 句法网络

局部结构构建的第一个处理步骤是构建目标语言的句法知识的功能。这涉及邻近依赖关系结构的基本知识，例如局部短语，并且在每种语言中只有少数，例如限定词短语 the ship（船）和介词短语 on ships（在船上）。这种知识必须在语言习得过程中习得，并且随着学习的进行，其使用将变得自动进行。在成人的大脑中，这一过程是高度自动化的，并且对局部短语违规的检测涉及额岛盖部和前颞上回。如果该过程的自动化程度较低，就像第二语言处理和在开发过程中，那么 BA 44 也可被招募用于违规检测。这两个彼此相邻的脑区在系统发育上有所不同，额岛盖部的系统发育早于 BA 44。因此，系统发育上较老的皮层似乎可以处理检测邻近依赖关系中违规行为的更简单的过程，而不是更复杂地建立结构层次的过程。额岛盖部和前颞上回通过腹侧纤维束——钩状束连接。这两个脑区的功能可以定义如下：在成人脑中，从听觉皮层接收输入的前颞上回代表了局部短语（限定词短语、介词短语）的模板，并对输入的信息进行检查。信息从此处通过钩状束传递到额岛盖，后者再将此信息传输到 BA 44 的最腹侧部分（BA 44v，见图 7.19），以进行下一步处理。该腹侧网络参与了最基本的组合过程，额岛盖部为独立于层次结构的元素组合服务，BA 44 的相邻最腹侧前部支持层次短语结构的构建。

第二个处理步骤是句法网络处理句法复杂句子中的层次依存关系。复杂性一词用于涵盖不同句子层次的现象，包括不规范的词序的句子、不同嵌入程度的句子、句法融合程度不同的句子，以及这些句子结构与工作记忆的相互作用。这些研究表明，在英语、德语、希伯来语和日语等不同语言中，作为非规范句子的重新排序或嵌入结构的处理而运作的句法层次因素主要集中在布洛卡区的后部（BA 44）。研究表明，句法树中定义的层次的增加会导致 BA 44 的激活增加。

研究表明，第二个被激活的脑区是颞上回 / 沟后部，这是一个句法复杂性和动词论元解法的功能区。当动词与其论元之间的语义关系无法解析时，也会激活该脑区。此外，还发现动词类别和论元顺序的因素在该脑区相互作用。因此，颞上回 / 沟后部似乎是一个句法信息和语义动词 - 论元信息被整合的脑区。因此，布洛卡后部（BA 44）与颞上回 / 沟后部一起通过弓形束构成第二句法网络，负责处理句法复杂的句子。在这个背侧句法网络中，BA 44 支持层次结构的构建，而颞上回 / 沟后部则支持复杂句子中语义和句法信息的整合。根据这些结论，可以识别出两个与语法相关的网络，一个是腹侧语法网络和一个是背侧语法网络，每个网络负责句法处理过程中的不同方面（图 7.18）。

对患者的功能磁共振成像和弥散性磁共振成像研究，揭示了一些关于背侧和腹侧语法相关网络的结果。如，格里菲斯（Griffiths）等研究表明，左脑腹侧网络或背侧网络受损的患者在句法处理方面表现出一些缺陷。尽管此研究没有系统地改变其句子的句法复杂性，但结果通常支持两个网络都参与句法过程的观点。威尔逊（Wilson）等对非流利渐进式失语症的研究表明，连接颞叶皮层和布洛卡后部的背侧纤维束的退化，尤其导致在处理句法复杂的句子时出现缺陷。这一发现明显符合对以布洛卡区为目标的背纤维束作为支持复杂句法处理的通路的解释。关于这种途径有助于处理句法复杂句子的观点的进一步支持来自对语言的发展研究。这些报告指出，儿童在仍缺乏处理非规范句子的年龄时，表现为针对尚未完全髓鞘化的 BA 44 的背侧纤维束，而且，髓鞘形成的程度可预测处理语法复杂的非规范句子的行为。

颞叶损伤主要与语义缺陷有关，那些颞叶病变扩展并包括颞叶前部的患者表现出句法理解能力缺陷。此外，对脑卒中患者的白质完整性及其行为表现的相关分析表明，句法是由背侧和腹侧系统处理的。两个系统都与句法相关，但子功能不同。腹侧句法系统可能参与独立于句法层次的组合方面，而背侧句法系统对于层次构建、处理层级结构的句子是必要的。

2. 语义网络

腹侧通路长期以来一直被用来支持语义过程。腹侧通路可分为两条途径：一条涉及钩状束，另一条涉及最外囊纤维系统（extreme capsule fiber system，ECFS）或额 - 枕下束。钩状束到达颞叶前部，而最外囊纤维系统或额 - 枕下束也到达颞叶的后部。弗里德里奇等功能磁共振成像研究表明，钩状束在感知结构化序列的过程中支持处理相邻的依存关系。在许多研究中，额 - 枕下束支持使用功能磁共振成像和弥散磁共振成像相结合的方法，或将弥散磁共振成像与行为测量相结合的方法来支持语义过程。该纤维系统从额下回的腹侧部分沿着颞叶皮质延伸到枕叶皮质。这样，与语义过程有关的那些额下脑区，例如 BA 45/47，与颞叶皮层相连，颞叶皮质支持包括语义记忆方面在内的语义过程。BA 45/47 作为语义网络中的一个脑区，尤其在词汇语义过程受到策略控制时被激活，也就是说，当要求参与者进行某种语义相关性或合理性判断时被激活。另一个被认为是语义网络一部分的脑区是前颞叶，这个脑区的退化会导致单词级别的语义缺陷，并被作为一个通用的语义“枢纽”进行研究。

不同语义合理性研究发现额下回 BA 45/47 的激活，而语义可预测性导致后颞 - 顶区的缘上回和角回的激活，这些区域被认为参与了语义预测和组合语义。然而，前颞叶、额下皮层和后颞 - 顶皮层（包括角回）参与了句子级的语义过程。连接额下回与颞上回 / 沟的腹侧通路在语义过程中起着至关重要的作用，但也认为只要预测过程存在争议，就牵涉到背侧连接。

语义网络涉及前颞叶，前额下皮层和后颞 - 顶区。前两个区域通过腹侧路径连接。句法处理基于两个与语法相关的网络：腹侧网络和背侧网络。腹侧网络支持相邻依存关系的结合，从而为后期的短语结构构建过程提供了基础，它涉及前颞上回和额岛盖部，通过腹侧路径连接到 BA 44 的腹侧部分。背侧网络支持句法层次结构的处理，并涉及布洛卡区后部（BA 44）和颞上回后部，通过背侧通路连接（图 7.18）。

小结

通过了解大脑各语言区的功能，与语言相关的大脑回路，探讨大脑的语言机制。根据语言的产生和理解过程，构建大脑的语言加工模型。通过上纵束 / 弓形束的各向异性分数论述了与句法理解和句法生成的相关性，探讨了额斜束在言语启动和协调中发挥作用，将运动脑区和额叶的语言 / 语音处理联系起来，将大脑皮层的运动区整合到额叶语音产生的网络中。探讨了额 - 枕下束为主要连接纤维束的腹侧通路在语言理解过程中的重要作用，以及下纵束在视觉对象识别、语义处理和将对象表征与词汇相联系方面的重要作用。钩状束腹侧语言通路的功能是语义处理以及相关工作记忆的检索。探讨了发育过程中的结构和功能连接，背侧 / 腹侧语言纤维束及其发育过程，论述了成年人及儿童的背侧通路的差异，语言纤维束在发育中的变化，探讨了基于神经解剖学的句法和语义网络。

思考题

1. 随着近代科技的发展，韦尼克 - 格施温德模型有哪些扩展处理？
2. 新生儿和成人的背侧神经纤维束通路和结构连通性有哪些差异？
3. 请阐述腹侧语言神经纤维束及其发育过程。
4. 背侧和腹侧语言神经纤维束是如何共同形成一个完整的“环”？
5. 请阐述神经解剖学的句法和语义网络的工作机制。

第8章
语言产生与理解机制

本章课程的学习目的和要求

1. 对语言获得装置理论，与语义处理相关的左脑网络系统，短语的神经加工机制，句法处理的语法中枢与神经回路等大脑语言网络有基本的了解。
2. 基本掌握颞叶皮质的自下而上过程，从听觉感知到单词和短语，从颞皮质到额叶皮质走向高阶计算，以及从额下回皮质到颞皮质的自上而下的过程，从而深刻理解大脑的功能连接性。
3. 基本掌握陈述性记忆系统和程序性记忆系统；对语言理解和产生的语言公共知识库，语言的理解和产生的过程，非字面语及隐喻的加工有基本的认识。

8.1 语言作为大脑系统

8.1.1 语言作为一种特殊的认知系统

语言是人类认知的基石。非人类的生物，例如鲸鱼和蜜蜂是通过语言以外的方式进行交流的。人类的语言是用来交流的，但除了语言之外，人类还使用手势和带有感情色彩的语调作为交流手段。而且，人类能够依据说话者的语言来推断说话者的意图。因此，人类语言与其他交流方式的区别主要在于语法，语法是一种特殊的规则和操作的认知系统，可以将单词组合成短语和句子的元结构。除了由句法规则和词汇表组成的核心语言系统外，语言系统还有两个接口：一个是外部接口，即支持感知和产生的运动感知接口；另一个是内部接口，即保证核心语言成分与概念、意图和推理之间关系的意图概念接口。在产生或理解一个句子时，语言系统的不同部分必须协同工作，才能成功地使用语言。在这个系统中，句法是一个被很好地描述的核心部分，尽管在跨语言理论中有所不同。乔姆斯基提出一个著名理论，语法可以被分解为一个个单一的基本机制，而整合是将元素绑定到一个个层次结构中。这一主张被认为适用于所有的自然语言。例如：当我们听一个句子并听到单词 the（定冠词），然后听到单词 ship（船，名词）时，整合计算将这两个元素绑定在一起以形成最小的层次结构。在这个例子中，[the ship 船] 被称为限定词短语。然后，当我们接下来听到单词 sink（沉，动词）时，计算整合将两个元素再次绑定在一起：元素限定词短语 [the ship（船）] 和元素 [sink（沉）]。这导致了一个层次结构的句子：船沉没了（The ship sink）。一遍又一遍地递归应用这种计算，可以生成无数个任意长的句子，并在心理上表现出来。基本这种计算整合与其他更复杂的语法过程一样，在人脑中有一个明确定义的定位。

在语言中，信号的形式与其意义之间的关系在很大程度上是任意的。例如，“蓝色”的声音可能与我们体验到的蓝色光的属性无关，也与“蓝色”的视觉书写形式无关，在各种语言中听起来都是不同的，而且在手语语言中根本就没有声音。在许多可能更少或更多或不同颜色区分的语言中，甚至没有“蓝色”的等同词。就语言而言，信号的意义不能从感官所能获得的信号的物理特性中来预测。相反，这种关系是按约定设置的。

与此同时，语言是人类智慧和创造力的强大引擎，它允许单词无休止地重组，从“旧”元素中产生无限的新结构和新思想。从我们如何处理颜色到如何做出道德判断，语言在人脑中扮演着核心角色。它指导我们如何分配视觉注意力、解释和记忆事件、对物体进行分类、对气味和音乐音调进行编码、保持方向感、对时间进行推理、进行心理计算、做出财务决定、体验和表达情感，等等。事实上，越来越多的研究正在记录语言体验是如何从根本上重塑大脑结构的。那些在儿童时期被剥夺接触语言机会的人（例如，聋哑人无法接触手语者）表现出的神经连接模式与早期接触语言的人截然不同，在认知上也与早期接触语言的同龄人不同。人出生后接触语言的时间越晚，其后果就越明显，也就越不易改变。此外，不同语言的使用者会因语言结构和模式的不同而发展出不同的认知技能和倾向。使用不同形式的语言（例如口语和手语）的经验也会在语言范围之外发展出可预测的认知能力差异。例如，使用手语的人与只使用口语的人发展出不同的视觉空间注意技能；接触书面语言也会重塑大脑结构，即使是在晚年也是如此。即使表面上的属性，比如书写方向（从左到右或从右到左），也会对人们如何关注、想象和组织信息产生深远的影响。

但是语言通常是一个将结构化的单词序列映射为含义的系统。这种映射要求我们不仅要识别句子中词语的句法关系，还要识别这些词语的意义，以确定“谁在对谁做什么”。与具有严格规则的语法相比，单词的表示及其含义不易从神经生理学的角度进行研究，可能是因为每个单词都有两种类型的语义表示：一是语言语义表示，二是概念语义表示。这两种类型的表示形式由于部分重叠而很难凭经验进行区分。与相当丰富的具有所有视觉、触觉、嗅觉和情节关联的概念语义表示形式相比，语言语义表示是限于语言上相关的部分，因而未得到充分说明。根据这一观点，语言语义表示只包含概念语义表示中所呈现的信息的子集，恰好足以构建语法正确且可解析的句子。考虑到概念语义表示在个体间的巨大变异性，可以想象，概念语义的大脑基础比语言语义表示受到更少的限制。因此，要想掌握一个词的全部意义，往往需要考虑核心语言系统之外的其他方面，比如说话人的意图和说话人所处的环境或文化背景。这样在首次尝试时进行理解有时会失败并不奇怪，但令人惊讶的是，大多数时候人际交流是成功的。

8.1.2 大脑的语言能力:“语言获得装置”理论

与传统的语言神经生物学模型相比，脑区相互作用的图景更为复杂。这是因为使用语言不仅仅是单字处理，而且还有很多事情超出了进入初级感觉皮质的声音或正字法符号所提供的信息。**语言能力是人类生存条件的一个中心特征。它使我们能够与同胞交流、积累知识、创造文化实践，并支持我们的思维过程。**语言是一种复杂的生物文化混合体。为了理解其复杂的组织结构和神经生物学基础，我们必须将语言技能分解为基本的构建模块和核心操作。基本的构建模块包括在发育过程中获得的知识，这些知识涉及说话者命令的一种或多种语言的声音模式，其词汇项的含义、句法特征（例如名词、动词和语法性别）、阅读中正字法模式或聋人语言中的手势。除了这些基本语言单元外，还有一些基本语言操作，它们可以从记忆中检索单词识别中的基本语言单元，或从这些基本构件中生成更大的结构（如在形态词法组合或动词词形变化，以及在句子层次意义的构建）。此外，结合基本语言单元和基本语言操作所创建的命题必须与它所嵌入的实际或想象的情况相联系，以确立其真值。

语言是通过视觉、听觉、体感等大脑皮质接受信息，并通过大脑网络中各脑区之间相互作用共同完成的。然而，语言的能力在大脑中是怎样形成的？又如何解释学习母语时并没有在学习语法知识的前提下进行的？根据乔姆斯基的“语言获得装置（language acquisition device, LAD）”理论，酒井邦嘉认为只要是人类，就具有与生俱来的语言能力。假设大脑中存在“语言获得装置”，普遍语法是以语言学的方法描述语言获得装置拥有的语言规则。换言之，人类的语言中，普遍语法原理是作为本能而具备的。与普遍语法相比，实际说母语（日语、英语等个别语种）时使用的语法称为个别语法，个别语法比普遍语法更具体。所谓语言获得装置，是将个别语言的数据作为输入，个别语言的语法作为输出的装置，语言获得装置是一种限于语言获取的特殊机制，其模型如图 8.1 所示。

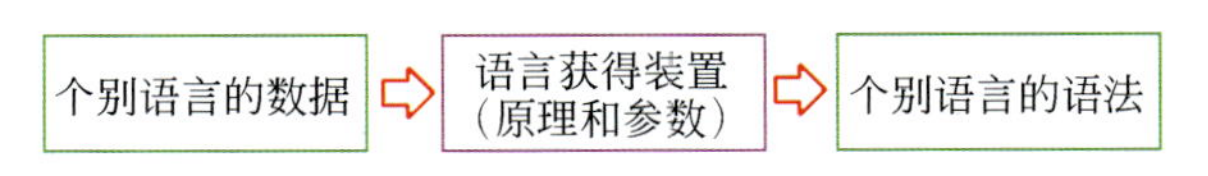

图 8.1 语言获得模型

所谓的语言获得，可以看作是在基于生来就有的语言“原理”的同时，根据母语固定“参数”的过程。如果语言是天生的、本能的、普遍的，那么语言基本上是由决定论决定的。酒井邦嘉指出，“原理”部分是遗传的，由作为大脑的神经回路网络决定的，其余的“参数”部分是由环境决定的。由此可见，普遍语法中一部分是天生具备的，其他部分则是由成长的过程及外界环境决定的。无论是中文汉字，还是英语字母或日文汉字及假名，在大脑中分辨语言的处理模式，通过与生俱来的大脑语言网路，进行听觉和视觉识别、语言理解、文法处理、语言产生等一系列活动，完成语言表达工作。基于大脑语言处理模型，在此将大脑语言网络比拟为语言获得装置，其中的原理比拟为大脑语言各脑区处理语言信息的基本途径，参数比拟为输入信息。

经失语症类型及脑区功能的研究表明，脑损伤部位的不同，语言障碍也不同，大脑对语言的产生既是遵循着一定的规律（先天的、大脑解剖结构具备的语言网络），同时，在脑部受损时，激活同源脑区，以维系大脑的语言功能。了解语言回路，并阐明语言障碍的机制，也成为了临床神经科学的一个重要课题。

8.2 大脑的语言网络

8.2.1 与原发性渐进式失语综合征相关的左脑语言网络

探求大脑语言神经网路是研究者一直以来的主要课题，在语言优势的左脑大规模神经网络中，各脑区之间的共同协调的关系也成为支持语言的关键所在。听到的单词是如何形成语音的，其过程是基于语言优势的左脑大规模语言网络。默里・格罗斯曼（Murray Grossman）根据磁共振成像以及正电子发射断层扫描术（PET）的功能成像的研究，总结左脑大规模语言网络中断的特点，并将其与原发性渐进性失语（primary progressive aphasia，PPA）综合征的皮质特点相关联，将原发性渐进性失语综合征的三种类型的大脑皮质的萎缩分布绘制如图 8.2 所示。

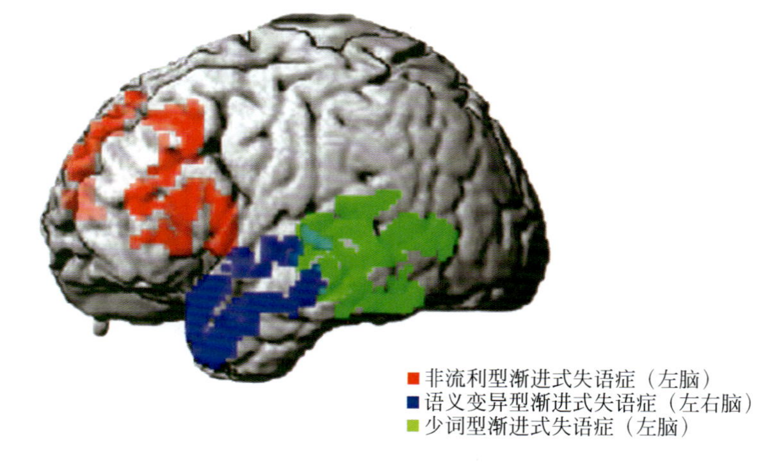

图 8.2　三种原发性渐进式失语综合征的皮质萎缩分布

图注：红色为非流利性渐进式失语症（non-fluent variant PPA，nfv-PPA）；蓝色为语义变异型渐进式失语症（semantic variant PPA, PPA-S）；绿色为少词型渐进式失语症（logopenic variant PPA, PPA-L）。

红色部位显示的是渐进式非流利型失语症（progressive non fluent aphasia，PNFA）患者，分布于左额下区、背外侧前额叶和岛叶区；绿色部位显示的是少词型渐进式失语症（logopenic progressive aphasia，LPA）患者，分布于左侧颞叶和顶下皮质；蓝色部位显示的是语义变异型失语症（语义性痴呆，semantic dementia，SD）患者，分布于左前颞叶。格罗斯曼的研究结果表明，听到的单词是从听觉 - 感觉输入转换成邻近外侧裂的顶下叶和颞上回的语音信息。语音被解释为与颞后 - 外侧和前 - 颞下回的概念相关联的单词形式。大脑在前额下回和侧前额叶区解释单词的顺序并将单词组合成符合语法的句子。语言的表达过程是在语义及语法处理的基础上完成的，被选定的单词形式在额下回和岛叶区形成语音。由此可见，从听到单词到形成语音的过程，是通过大脑的顶叶、颞叶、额叶及岛叶共同完成的，其中包括进行听觉语音处理、单词处理、语法处理、句子合成到转换成语音的过程。正如原发性渐进式失语综合征的三种类型中不同的皮质萎缩部位决定了各类型不同的病理表现形式一样，各失语症特点取决于大规模语言网络的受损部位。

罗加尔斯基（Rogalski）等对原发性渐进式失语症语言障碍的解剖学进行了研究，图 8.3 表明左脑相关脑区与语义处理、句子重复、语法处理和流利性之间呈显著相关。使用听觉单字处理测试作为词汇 - 语义处理的衡量标准，语法处理使用变形词测验作为语法处理手段来测量句法复杂句和简单句的产生。图 8.4 的散点图表明了语言测试的表现和选定区域的平均皮质厚度之间的关系。

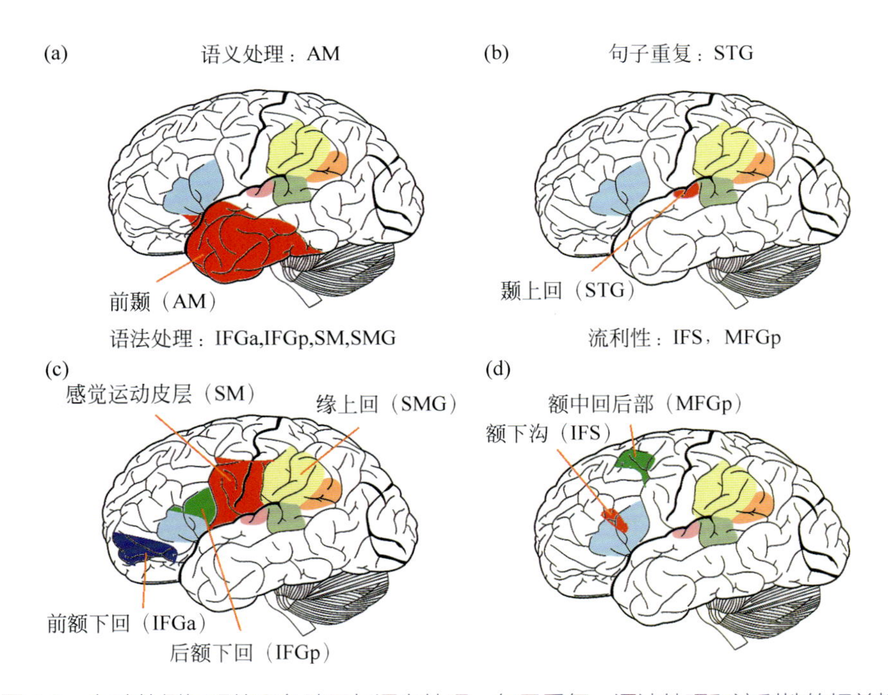

图 8.3 左脑外侧标明的彩色脑区与语义处理、句子重复、语法处理和流利性的相关性

图注：彩色区域突出显示了左脑外侧皮层表面的脑区，显示了在皮层厚度和语义加工之间显著的相关性（a），皮层厚度和句子重复之间显著的相关性（b），皮层厚度和语法加工之间显著的相关性（c），以及皮层厚度和流利性之间显著的相关性（d）。AM = anterior temporal; STG = superior temporal gyrus; IFGa = inferior frontal gyrus anterior; IFGp = inferior frontal gyrus posterior; SM = sensorimotor; SMG = supramarginal gyrus; IFS = inferior frontal sulcus; MFGp = middle frontal gyrus posterior。

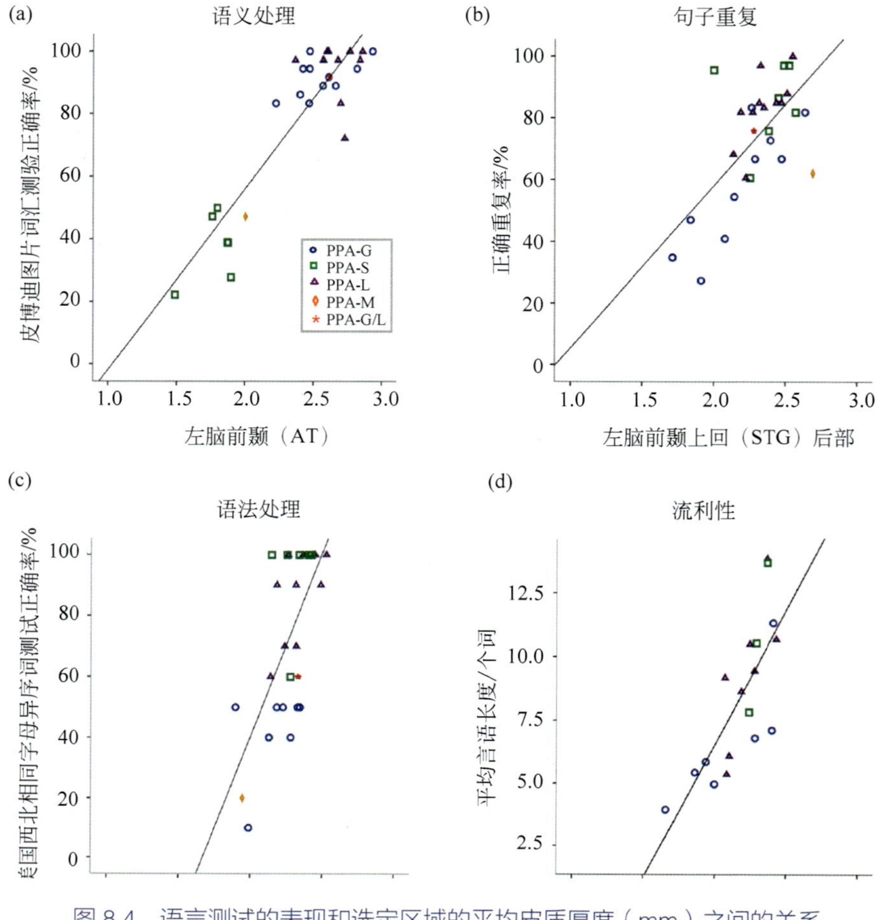

图 8.4　语言测试的表现和选定区域的平均皮质厚度（mm）之间的关系

图注：PPA-G（agrammatic PPA）：语法异常性 PPA，表现为语法（词序）或口语或书面语的某些其他方面的异常，而单词理解力相对保持不变，流利性往往受损；PPA-S（semantic variant PPA）：语义异常 PPA，表现为在语法和流利性相对保留的情况下，单词理解能力异常，输出的内容绕口，偶尔是无信息的，经常是比喻性的，命名严重受损；PPA-L（logopenic variant PPA）：少词型 PPA，表现为间歇性的找词犹豫和音位偏移，命名有障碍，但不像 PPA-S 那样严重，而且在音位提示下有改善；PPA-M（mixed subtype PPA）：混合亚型 PPA；PPA-G/L 是指语法和少词亚型混合特征的患者。

8.2.2　与语义处理相关的左脑网络系统

在研究人脑语言的领域中，对于语义系统的研究也是必不可少的。“语义”顾名思义，是语言词汇中所涵盖的意思，也体现了词汇与它所代表的如形状特征、颜色、声音等从外界环境及经验中所获得的信息、知识之间的关系，语义处理也是人类行为的特征性表现。

宾德（Binder）等通过功能神经影像技术对脑损伤与语义处理的研究结果显示，语义处理主要集中于左脑，由 7 个高激活点组成了独特的左脑网络（如图 8.3 所示），包括：

（1）顶下叶的角回（AG）和缘上回（SMG）；

（2）颞叶外侧，颞中回（MTG）、颞下回（ITG）的后部；

（3）颞叶腹内侧的梭状回、海马旁回；

（4）额上回（SFG）及额中回（MFG），背内侧前额叶皮层（DMPFC）；

（5）额下回（IFG），尤其是眶部；

（6）腹内侧前额叶皮质；

（7）后扣带回。

在图 8.4 中，不同的符号形状用来表示每个参与者的临床亚型。PPA-G = 语法型原发性渐进式失语症，PPA-S = 语义型原发性渐进式失语症，PPA-L = 少词型原发性渐进式失语症，PPA-M = 混合亚型原发性渐进式失语症，PPA-G/L = 语法型和少词亚型混合特征型原发性渐进式失语症。NAT = 西北相同字母异序词测试（Northwestern anagram test），MlU = 平均言语长度（mean length of utterance），PPTV = 皮博迪图片词汇测验（Peabody picture vocabulary test）。将每个患者的语言测量得分和平均皮质厚度数据绘制成图并按亚型编码，以确定这些相关性是否与亚型的区别相一致。根据单字理解能力（以 PPVT 的 60% 正确率为分界点）和前颞极的皮质厚度（以 2 作为平均厚度的分界点），可以将 PPA-S 患者与 PPA-G 和 PPA-L 患者明确区分（图 8.4 的语义处理）。同样，PPA-G 患者可以根据 NAT 表现（< 60% 正确率）从 PPA-S 和 PPA-L 患者中分离出来（图 8.4 的 NAT 正确率）。然而，前额下回的厚度测量不能区分 PPA-G 和其他 PPA 变体。复述和流畅性表现的异常并没有作为单一 PPA 变体的主要缺陷出现。

从图 8.5 中可以观察到，该语义网络由后顶下皮质、颞上沟、海马旁回皮质、背外侧前额叶皮层、后扣带回和压后皮层、眶额皮层和腹内侧前额叶皮质构成。

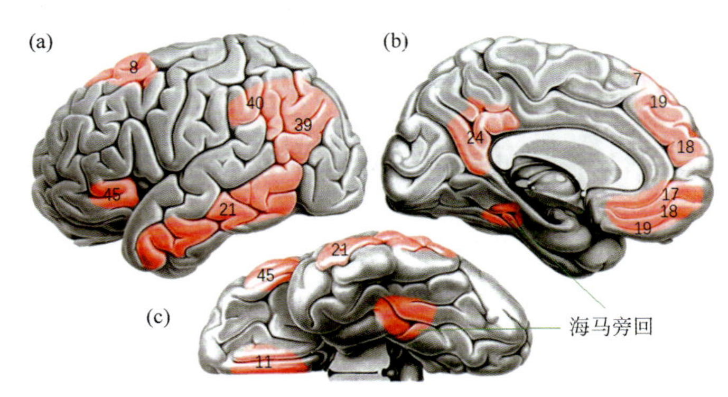

图 8.5 执行语义任务时激活的语义网络概要图

图注：（a）图为左视图，（b）图为矢状切面，（c）图为腹内侧面。

8.2.3 叙述性语言理解过程中左前外侧颞上皮层的功能连接

沃伦（Warren）等对叙述性语言理解过程的研究表明，正常组和失语症组在包括左前外侧颞上回的双侧颞区均表现出对语言理解的明显激活（图 8.6A）。同时，左前外侧颞上回呈功能连接（图 8.6B），与左前外侧颞上回呈显著功能连接的区域有：左前颞上回 / 沟，左颞极；左中后颞上沟；以梭状回为中心的左前基底颞叶皮质（basal temporal cortex, BTC）；左前额下回（主要在三角部）；右前外侧颞上回（图 8.6B 左）。左 / 右前颞叶，包括前颞上皮层（STC），通过前连合的白质通道直接连接。其功能连接在语言表达中的意义在于：左前颞上回和颞间功能连接对语音理解能力发挥了重要作用；左前外侧颞上皮层（left anterolateral STC, LalSTC）处理与句子上下文相关的词级信息，将有意义的词汇结合成连贯的信息。左 / 右前颞区参与了语音处理的不同方面，左前外侧颞上回支持平均单个语言信息的综合处理，右前外侧颞上回处理语调等非语言语音相关信息。与正常组不同，在失语症组中，与左前外侧颞上回有明显功能连接的脑区仅限于左前颞上回和邻近源区的颞上沟，及左中颞上沟的一小部分脑区（图 8.6B 右），而左前基底颞叶皮质、左额下回和右前外侧颞上回没有明显的功能联系。这更加说明了，双侧前外侧颞上回之间的功能连接在语言理解能力方面的重要性，及左前外侧颞上皮层在正常语言理解中起着关键作用。

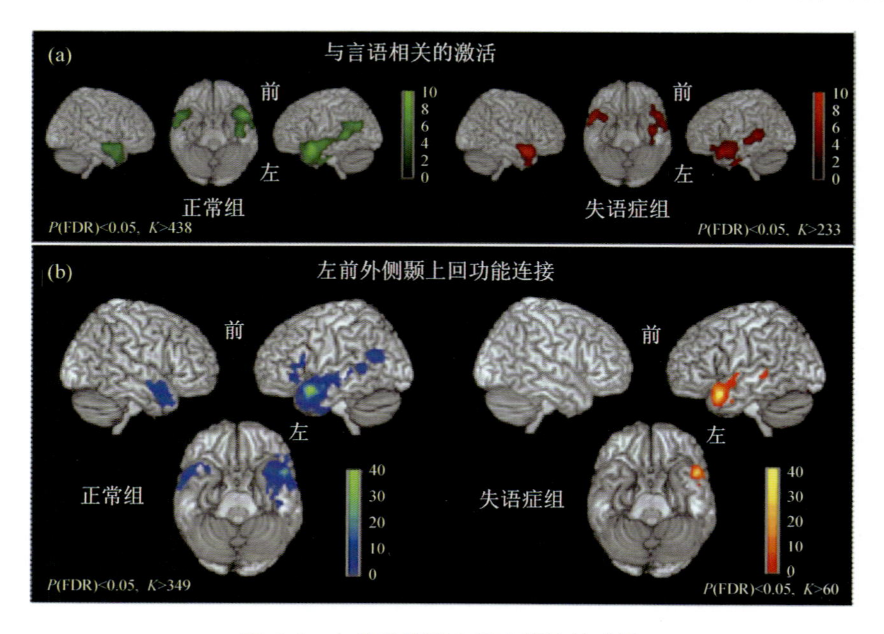

图 8.6　左前外侧颞上回功能连接成像

图注：（a）正常组（绿色组）和失语症组（红色组）的言语理解相关激活。（b）正常组（绿 – 蓝）和失语症组（红 – 黄）的左前外侧颞上功能连接。

8.2.4　默认模式网络的关联脑区

使用功能磁共振成像数据作为功能连通性的分析有两种方法。一种方法使用静息状态功能磁共振成像数据，这些静息状态是在参与者“静息”（不参与任务）时收集的。然而，为了使这些数据与功能语言网络的问题相关，这些数据通常与独立收集的行为语言处理数据相关联。第二种方法使用与任务相关的功能磁共振成像数据，例如语言研究的数据，但是分离出与条件相关的激活，只使用剩余的数据进行分析。当这两种方法与行为语言数据相结合时，它们可以提供有关语言网络中不同脑区之间功能连接的有价值的数据。

研究表明，涉及布洛卡区和韦尼克区之间功能连接的网络，包括了前额和顶叶区、颞叶区以及皮质下脑区，如基底神经节和丘脑的部分脑区。一项汇集了 84 个实验数据的研究报告了语言任务中布洛卡区的激活，发现布洛卡区与左额岛盖部、左后颞区、顶叶以及辅助运动区之间具有功能连接性，也就是语言网络的那些组成部分，它们都支持语言处理。此外，另一项静息状态的研究表明了较大布洛卡区的三个子区，即额下回岛盖部（BA 44）、三角部（BA 45）和眶部（BA 47），连接到颞叶皮层中三个不同的子区（即后颞上 / 中 / 下回和颞中回）。这些数据以及其他数据表明，前额语言区和颞叶语言区之间存在内在的连通性。

获取与任务无关的低频波动数据的另一种方法基于这样一个事实：即使在与任务相关的功能磁共振成像过程中，特定任务也只能解释大约 20% 的激活，而大约 80% 的低频波动是无关的。使用后一部分不同语言研究的功能数据表明，在左外侧裂周区皮层有一个所谓的默认语言网络。在左布洛卡区的种子也显示了与左颞上回后部的功能连接。马科特（Marcotte）等研究表明，在静息状态下大脑的功能网络即默认模式网络（default-mode network，DMN），包括的脑区有：后扣带回皮质、下扣带前皮层、双侧丘脑、楔前叶、正中和背外侧前额叶皮质、顶下皮质、角回、双侧梭状回、颞中 / 上皮质、左枕中回。默认模式网络又可细分为前后两个子网。前部子网由双侧额上 / 中回和左上内侧额叶皮层组成；后部子网的脑区包括双侧颞中皮质和角回，左颞下皮质和右中扣带回及右小脑。正常受试者中在对象命名任务时双侧颞叶被激活，左颞中 / 上皮层与词汇选择有关，左右颞上皮质功能整合与失语症中单词和句子理解的行为之间呈现正相关关系。

这些数据提出一个有趣的问题：不同语言之间的神经语言网络在多大程度上是相同的？一项研究分析了来自 22 个研究网站的 970 个研究对象，涵盖了英语、德语、荷兰语和汉语等语言。在布洛卡区和韦尼克区，科学家发现了一个扩展的网络，包括前额叶、颞叶和顶叶皮质区，以及皮层下结构（基底神经节和丘脑下核）。分析表明，不同扫描部位（包括具有不同母语背景的受试者）之间的静息状态功能连接性惊人相似，表明内在神经网络具有一定的普遍性。

8.2.5 神经语言网络发育模式

人脑生来就已经包含了神经元之间以及各脑区之间的连接。学习一门语言涉及根据语音输入的功能来调节和部分重组这些连接。颞叶皮层中负责处理语音输入的听觉感觉系统在出生时就已经就位。高级语言处理系统的功能发育较晚，连接相关处理脑区的远程纤维束也是如此。基于大脑的语言习得模型包括两个主要的发育阶段：第 1 阶段涵盖了生命的前 3 年，在此阶段，自下而上的过程主要基于颞叶皮层和腹侧语言网络在发挥作用；3 岁以后的第 2 个阶段，直到儿童晚期的过程中，在作为背侧语言网络一部分的左额下回的特化和连通性不断增强，那些自上而下的过程逐渐出现。在语言理解的发展过程中，大脑皮层的发育回路如图 8.7 所示。图 8.7 的上图，在两个半球中的主要处理步骤 1~7 的神经实现方式示意性地投射到了成年左脑上。图 8.7 的下图，语言习得时间表（以年为单位）。在组水平上某个神经处理里程碑的前体（直线的起点）和类似成年人的首次出现（直线的终点）的最早表现。

在第 1 阶段，婴儿主要在语音感知过程中激活双侧颞叶皮质。新生儿右侧颞上回中后部血流动力学活动强于左侧。在 3 个月大时，正常语音与后向语音相比，会激活左颞叶皮层。在 6 个月大时，可以观察到早期的语音分割和语音词形的检测。9 个月大时可以将词义归纳为词类。在 12~18 个月大时，也就是孩子们每天学习大量单词的阶段，词汇 - 语义过程中出现了明显的 N400 ERP 效应。这种 N400 效应定位于颞叶，即从左颞上回延伸至颞下回的颞中央和后颞区。

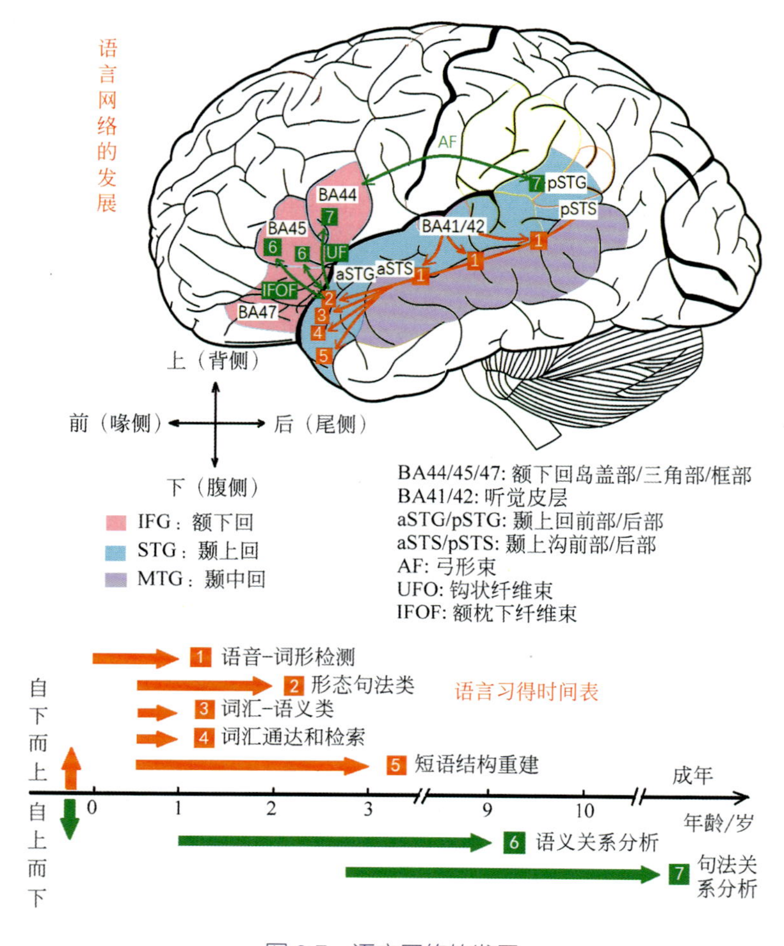

图 8.7 语言网络的发展

为了从连续的语音流中提取词汇元素和可能的短语，语音输入必须在孩子 5 个月大之前分成多个子部分。基于主要的声学线索，即停顿，语音输入可以被分割成语音短语，但是直到 3 岁，儿童才能在没有这种声音提示的情况下识别语音短语边界。这种能力与当时获得的第一个句法知识有关。虽然声音线索是在颞叶皮层处理的，但句法知识对这些过程的影响必须被看作是在此期间形成的前额叶皮质的自上而下的过程。在 2.5 岁时，可以发现孩子的语法过程的第一个神经生理学指征。这个年龄段的儿童在遇到介词短语中的词类错误时，其 ERP 反应模式与成人相似，这反映在 ELAN（早期左前负性）和 P600 的双相模式中。ELAN 被发现起源于左前颞源，也可能起源于其他额下源。在儿童中，这些过程以及句法短语的建立都受到腹侧语言系统的支持，该腹侧语言系统涉及颞叶皮层到腹侧额下回的腹侧通路。

在第 2 个发育阶段，自上而下的过程变得越来越重要。句子处理包括识别单词和短语之间的语义和句法关系，并有效地使用这些信息。3~7 岁时，与语义和句法相关的血液动力学活动有很大的重叠。此外，句法和语义因素在统计学上在左颞上回的中后方相互作用。直到 9~10 岁，语义和句法领域才被划分为不同的神经网络。左额下回某一特定脑区对句法具有功能选择性的证据首次出现在 9~10 岁的儿童中。但是在这个年龄段，选择性模式仍然与成人不同。成人中 BA 44 被发现对复杂的句法过程具有选择性，而 9~10 岁的儿童中 BA 45 出现了功能选择性，表明在此年龄段 BA 44 仍然没有达到处理句法的完全效率。为了达到理解的目的，句子层面的短语顺序涉及左额下回和左后颞上回 / 沟，它们与位于背侧的纤维束相连。这种背侧语言系统的成熟，特别是连接后颞上回 / 沟和 BA 44 的背侧纤维束的成熟对于处理句法复杂的非规范句子至关重要。

虽然这个模型是基于一个稀疏的经验数据库，但语言的第 1 阶段似乎主要是基于自下而上过程招募的颞叶皮质；第 2 阶段采用自上而下的过程，因此涉及额叶皮层及其向后投射到后颞叶皮层。令人信服的证据表明，与成年人相比，婴儿最初是从语音输入中学习的，而没有涉及前额叶皮质的自上而下的过程，这是通过对婴儿期和成年期语言学习的比较得出的。婴儿与成人之间的比较表明,正常听力下 4 个月大的婴儿与成人之间存在明显差异：婴儿表现出了 ERP 效应，表明声学 - 音韵结构学习，而成人则没有。只有当大脑的左前额叶皮层受到神经刺激而活动下降时，成年人才会表现出类似于婴儿的结构学习 ERP 效应。因此，正如在婴儿身上观察到的，当来自前额叶皮层的控制过程不以自上而下的方式影响声学 - 音韵过程时，语音学习似乎更为成功。总之，神经语言网络发育模式认为，在婴儿出生后的最初几个月，语言处理很大程度上是由输入驱动的，并由语言网络的颞皮质和腹侧部分提供支持。3 岁以后，当自上而下的过程开始发挥作用时，左额下皮层和语言网络的背侧部分发展到更大的程度。

8.2.6 神经语言回路

语言回路以自下而上的由输入驱动的过程开始，结束于自上而下的受控制的过程，如图 8.8 所示。语言处理涉及的主要脑回用颜色编码。在额叶皮层中，有 4 个与语言相关的区域被标记：由细胞结构定义的 BA 47/45/44 区和位于腹侧的额岛盖部，前运动皮层，颞叶的初级听觉皮层、颞上回 / 沟的前后部、颞中回，以及顶下皮质。在听句子理解过程中，信息流从初级听觉皮层开始，然后进入前颞上回，并通过腹侧连接进入额叶皮层。假设从 BA 45 向后投射到前颞上回和颞中回通过腹侧连接来支持语义域的自上而下过程，而从 BA 44 向后投射到颞上回 / 沟后部来辅助与语法关系分配相关的自上而下过程。假定从初级听觉皮层通过颞上回 / 沟后部到前运动皮层的背侧通路支持从听觉到运动的映射。此外，在颞叶皮质内，前后区通过下纵束和中纵束连接，其分支可允许信息从颞中回中部流入。自下而上，由输入驱动的过程从听觉皮层到前颞上皮质，再从那里到前额叶皮层；而自上而下，受控和预测性的过程从前额叶皮层回到颞叶皮层，被认为构成了皮层语言回路。

普尔弗米勒（Pulvermülle）的研究表明，在猴脑中也有对应于人类语言系统的同种组

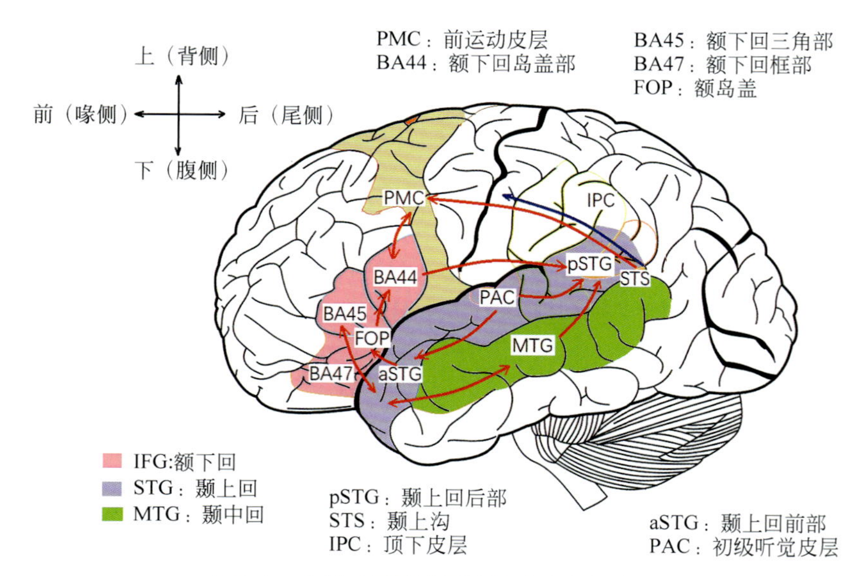

图 8.8　左脑皮层语言网络回路内部的动态

图注：红线示意性指示这些脑区之间的直接路径。蓝线表示由顶下皮层介导的颞上回 / 沟后部与前运动皮层之间的间接联系。箭头表示假定的这些脑区之间信息流的主要方向。

织和动作的皮层系统内部和之间的神经元连接。比如，在背侧和腹侧的前运动区皮层之间、左额下布洛卡区和颞上韦尼克区语言区之间存在连接。在额下皮质前运动区和语言区相连接处也显示出众多连接，且包括长距离的皮质与皮质之间的连接。前额叶和前运动皮层的背侧和腹侧与颞上回 / 沟的带和旁带的听觉区相联系，因此提供了颞上语言区和运动系统之间的多重连接。这些连接表明，针对语言和动作的皮层系统之间的信息流是可能的。很可能每当动作和特定语言处理之间相联系时，针对语言和动作的皮层系统就产生特定连接。

动作相关的词义不仅在皮层激活模式中反映出来，而且运动系统的刺激也在识别不同语义类型的动作词汇时产生不同的效应。听一个词似乎与其发音运动程序的激活有关，理解一个动作词似乎导致对这个词所指动作瞬时而自发地思考。神经生物学解释将额下语音运动回路和颞上语音感知体系之间神经元连接的特定加强，与引发有助于语言产生和理解的分布式细胞集合的感知和运动信息之间的相互关系联系起来。动作意义似乎不仅仅是必要的，而且是和语言高度相关的。有几类词没有所指的动作但仍然在语义上和动作相连。比如工具词，与制作工具的动作有关；指示内部状态的词，诸如“疼”“恶心”只有在说话者和听话者都把它们和根据遗传天赋感知的与疼或恶心所表达的相似运动程序关联起来时才能被理解。理解语言意味着把语言和自己的行动相关联，可能是因为我们的大脑将感官和运动信息自动和迅速结合的能力有助于理解和学习过程。

短语的神经加工机制

当谈到大脑的语言机制时，简单的、两个字的短语是一个更易于处理的表征单位，因此须研究表征这些最小短语的组成，如图 8.9 所示。其目标是在功能上分解处理完整句子的外侧裂周边大脑网络。当我们理解语言时，几十个处理阶段被压缩到几百毫秒内。追踪血液流动的神经科学技术，如功能磁共振成像或正电子发射断层扫描术，具有良好的空间

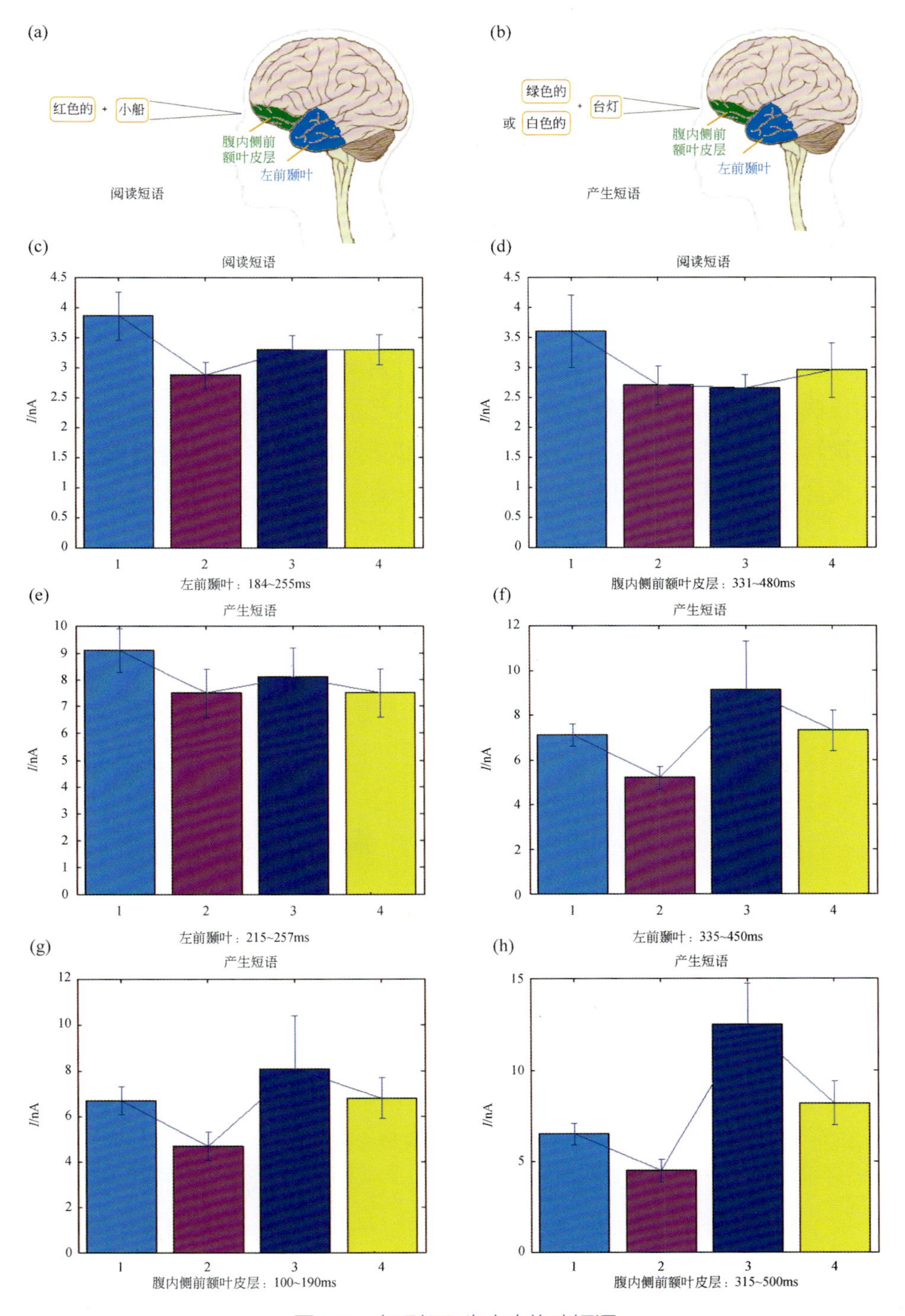

图 8.9 在理解和生产中构建短语

图注：将左前颞叶和腹内侧前额叶皮层结合在一起，在阅读理解方面（a），左前颞叶参与优先于腹内侧前额叶皮层参与；但是在言语产生中（b），二者以更并行的方式运行。第 1 行子图的横坐标数字的含义分别为：1= 红色的小船（组成）；2=xtp 小船（组成）；3= 茶杯，小船（列举任务）；4=xtp，小船（列举任务）。第 2 行和第 3 行子图的横坐标数字的含义分别为：1= 美国手语短语（白色的，台灯）；2= 美国手语列表（绿色的，台灯）；3= 英语短语（白色的台灯）；4= 英语列表（绿色的，台灯）。纵坐标 nA = 纳安；误差线表示标准误差（SE），* p <0.05，** p <0.01，ns = 不显著。

精确度，但对于描述快速展开语言的时间进程来说太慢了。皮尔卡宁（Pylkkänen）通过使用非侵入性技术的脑磁图的研究，既能提供快速语言处理特性所需的毫秒分辨率，满足时间分辨率的要求，又能合理准确地定位产生测量信号的神经流。

在言语产生中，图片命名范例可用于研究不同的语言，同时完美地控制物理刺激。可以简单地要求参与者用不同的语言命名图片。这里，显示了类似的左前颞叶和腹内侧前额叶皮层效果，用于英语和美国手语短语的规划。研究表明两者在本质上都不是句法的，而左前颞叶具有明显的概念轮廓。尽管两个单词的短语比句子简单，但其组成仍然可能涉及许多不同类型的组合例程（图 8.10）。例如，为了解释简单短语（例如“红色的小船”）的句法和语义行为，语言学和认知心理学假设至少三种类型的结构：

（1）语法，其中“名词”和“形容词”的加入形成名词短语；

（2）逻辑语义，其中灰色和房子的属性相交以表示同时具有这两种属性的实体表示；

（3）概念结构，其中两个概念的特征结合在一起。

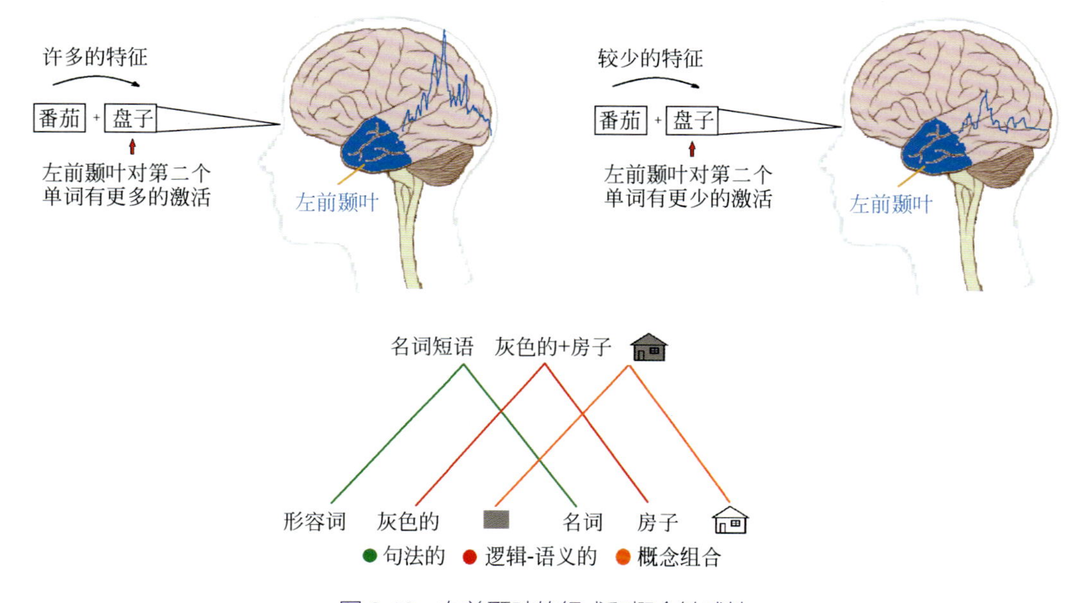

图 8.10　左前颞叶的组成和概念敏感性

图注：组合被认为可以细分为句法、逻辑语义和概念子程序。当从上下文中将更具体的含义整合到单词中时，左前颞叶会显示出更大的信号，因此不太可能反映出构成的句法或逻辑语义方面。

因为这些表征可能是同时并行地建立起来的，一个机械性理解构成的问题是要确定这些可能不同的表征是否在神经活动中分离。首先，需要描述当一个人在一个最小的组合语境中听到 / 读到一个单词时，大脑会发生什么。对最小短语的研究大多使用了形容词 + 名词的组合。结果表明，与不能与前一个词整合（两个词的列表）的相比，这种整合后的基本成分在名词出现后 200~250 ms 内增加了左前颞叶的活动。大约 200 ms 以后，腹内侧前额叶皮层中经常发生形容词 + 名词整合的活动增加（如图 8.9 所示）。

句法效应很难与语义效应区分开，因为在自然语言中，句法变化通常会改变表达的含义。然而，在保持语义不变的同时改变语法是困难的，但反之则容易得多：可以在改变意义的同时保持语法结构不变。事实上，当用脑磁图进行测量时，这样的操作已经排除了对左颞叶和腹内侧前额叶皮质组合效应的语法解释。左前颞叶早期（200~250 ms）对整合的贡献在本质上是概念性的，这一发现与血流动力学和神经心理学的研究结果一致。短语的第二个词引起的左前颞叶幅度，似乎反映了第一个词在整个短语的组合特征集上贡献的特征的比例。考虑“川菜”这句话，修饰语“川”限定了名词所指的菜肴：除四川菜以外的所有菜肴都被排除在外；修饰语“中国的”效果会弱一些，因为“中国菜肴”可以指任何种类的中国菜（鲁菜、湘菜、川菜、东北菜等）。这是左前颞叶敏感的因素类型，如图8.10 所示。随着第一个单词的特征空间变得更加具体，当该单词与第二个单词整合时，观察到的左前颞叶信号的幅度就会更增加。第二个单词的特征空间也很重要：含义不明确，第一个单词对整个短语的联合特征集影响越大，在第二个单词上观察到的左前颞叶信号也越大。

如果左前颞叶在 200~250 ms 内整合了单词的某些意义，那么这些意义一定已经从记忆中被检索出来。这个估计还处于早期阶段，考虑到关于语义访问时间的经典和广泛重复的发现，将其定位在 300~400 ms。然而，有证据表明语义访问时间可以更快地早在 100 ms 开始。通过某种尚未阐明的机制，语义特征空间可能在几百毫秒内逐渐被激活。关于腹内侧前额叶皮层功能的假设空间仍然是开放的，尽管我们知道腹内侧前额叶皮层对语法并行表达中的语义也很敏感。因此，它也不太可能反映组成的句法方面。这一点的证据来自对包含隐含意义的表达式的处理，这些隐含意义是由格式正确的表达式中的语义不匹配触发的。

在脑磁图中，反映跨词绑定（整合）的活动比反映词内绑定（词检索）的活动更强，这可能是因为前者创建了新的含义，而后者激活了现有的连接。尽管术语“语音”和“语言”经常互换使用，语音只是语言外化的一种方式，正如世界上超过 200 种手语的使用所表明的那样。一般而言，手语和口语是基本相似的系统，并且使用相同的广泛大脑网络。口语和手语之间有相似的证据，由于这两种语言的物理信号的性质明显不同，因此要检测出这种相似性是很难理解的。在感知的最初阶段，手的运动和声音涉及完全不同的系统。在一项计划中，图片命名是英语口语使用者和先天性聋哑人使用美国手语的共同生产任务，研究表明，语言产生的早期计划阶段可能非常相似，直到计划的表示形式开始使用运动系统。在图片命名研究中，说话者和手语者都用形容词 + 名词组合来命名有色物体，如“白色的台灯”。因此，两组的物理刺激（图片）相同。在非组合试验中，非组合控制条件与组合条件在词汇上匹配，方法是在有颜色的背景上展示有颜色的物体（例如，红色背景上的白色台灯），并要求参与者在非组合试验中说出背景颜色和物体的名称。在两种情况下，参与者都产生形容词 + 名词序列，但只有在一种情况下，单词形成了连贯的组合表征。研究表明，手语者和说话者在计划描述有色物体的短语时都使用了左前颞叶和腹内侧前额叶皮层，而在计划描述背景颜色加物体时则没有。因此，组成的神经反射既可以用于短语理解，也可以用于短语产生，适用于不同的发音器官。

8.2.7 句法处理的 2 个语法中枢与 3 个神经回路

句法是人类语言能力的核心，有充分的证据表明，非人类灵长类动物和狗可以学习单词和固定短语的含义，但不能学习句法。句法可定义为一套把离散结构的元素（例如词汇）组合成序列的规则。语言序列并不是以基本元素通过随机排列而创造的，它是在多重层面上按照组合原则运行的，例如语言中的词汇、短语和句子的形成。金野竜太等研究表明，句法处理及语言中枢如图 8.11 所示。图 8.11 为左脑外侧面，(a) 为句法处理的 2 个语法中枢分别位于左前额叶的左运动前区外侧皮质(绿色)和左额下回的岛盖部 / 三角部(红色)；(b) 表示语言中枢，指定了左额叶的"语法中枢（左额下回岛盖部 / 三角部）"和"阅读理解中枢(额下回眶部)",以及从颞叶到顶叶的"听觉语音处理中枢(左颞上 / 中回)"和"单词 / 词汇中枢（左角回 / 缘上回)"。该图显示了左脑的外侧面（左为前面）。

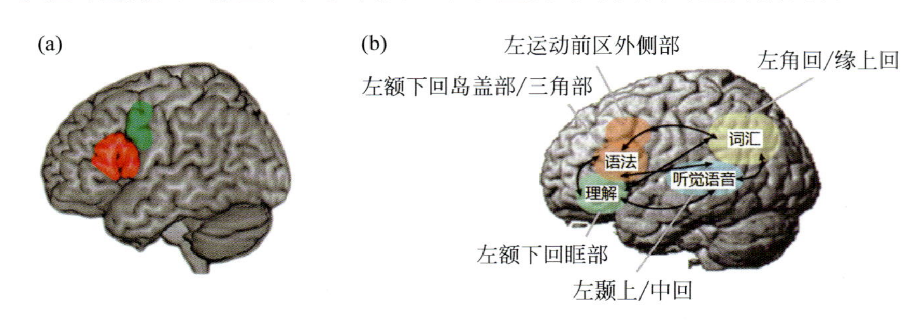

图 8.11 句法处理及语言中枢

通过功能磁共振成像和日语的语法能力测试，对左额叶患有脑神经胶质瘤患者和健康者对照组的大脑结构和功能的研究结果显示，14 个与句法处理相关的脑区如图 8.12A、B、C 所示，并发现了 14 个脑区相互关联构成 3 个句法处理的神经回路，如图 8.12D 所示。

金野竜太等对 3 个神经回路做了进一步阐明：

神经回路Ⅰ（红色)：是由左额下回的岛盖部 / 三角部→左顶内沟（intraparietal sulcus, IPS）→前辅助运动区（pre-SMA）→右额下回的岛盖部 / 三角部→右运动前皮层（right premotor cortex，RPMC）外侧部→右颞上 / 中回后方的各脑区，通过胼胝体、右弓形束等形成的神经回路。这些脑区可能具有对语法规则错误的句子以及使用语音信息作为线索进行句法处理等辅助句法处理的功能。

神经回路Ⅱ（绿色)：是由左运动前区外侧部→左角回→舌回→小脑核的各脑区，通过左弓形束和丘脑小脑束等形成的神经回路。这些脑区主要参与语言表达和视觉信息处理，可考虑该回路在运动感觉信息和句法处理的输入 / 输出系统神经回路中发挥作用。

神经回路Ⅲ（蓝色)：是由左额下回三角部 / 眶部→左颞上 / 中 / 下回后方的各脑区，通过左中纵束形成的神经回路。这些脑区除作为阅读理解中枢的左额下回眶部以外，还包括与语音和语义处理相关的左颞上 / 中回，由此可见这些脑区参与句法处理和语义处理。

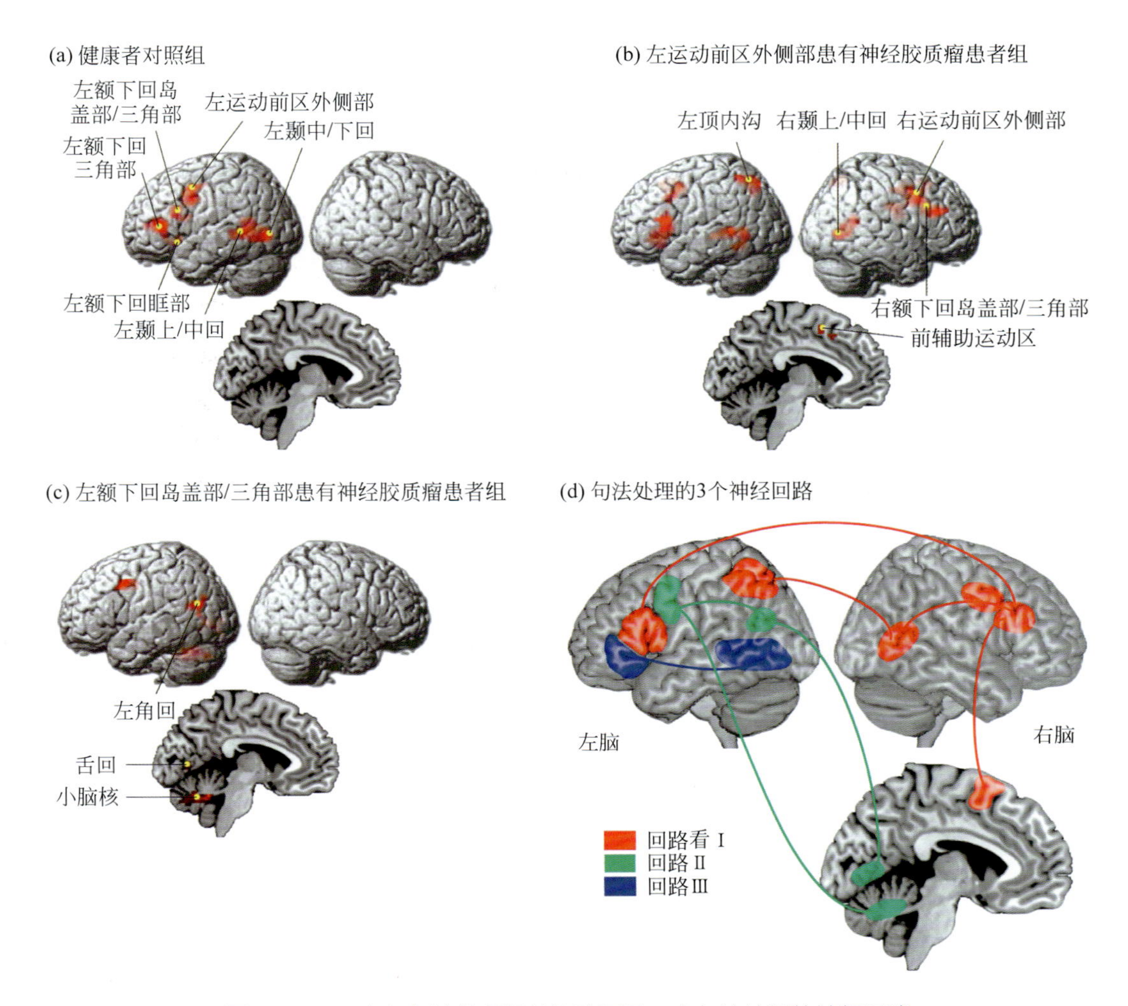

图 8.12 14 个与句法处理相关的脑区及 3 个句法处理的神经回路

3 个神经回路的神经连接如图 8.13 所示，各回路的脑区之间依靠神经纤维束相互连接。

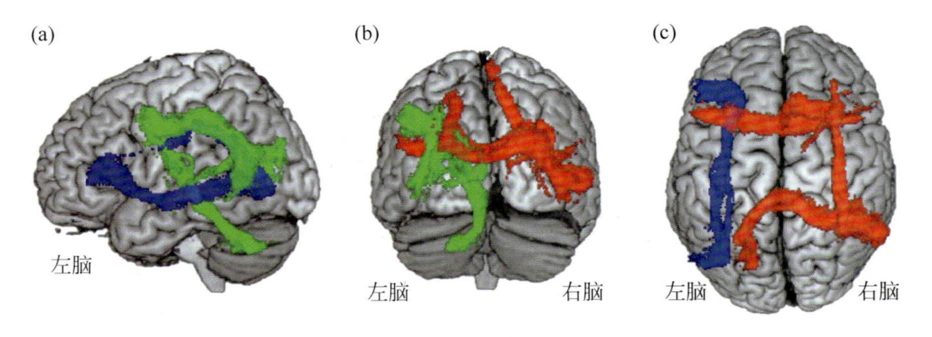

图 8.13 根据健康者弥散张量成像法的 3 个神经回路

8.3 功能连通性和词汇句法处理

8.3.1 语言相关的功能连通性

1. 句子处理的功能连通性

研究预定义的功能脑区之间的功能连通性的一种方法称为心理生理相互作用分析。该分析是一种探索性的多元回归分析，用于指定功能磁共振成像显示的感兴趣脑区之间的相互作用。在句子理解方面，心理生理的相互作用表明，在额下皮层有两个令人感兴趣的脑区：一个是根据句法复杂性而变化的（嵌入句子，即 BA 44），另一个是根据相关要素之间距离而变化的（名词主语和动词，即额下沟），两个脑区共同实现句子理解。

通过功能磁共振成像来揭示激活脑区的信息流动方向，用来确定信息流动方向的有效连通性方法是动态因果关系建模。一些功能磁共振成像已被应用于词处理级别和句子处理级别的语言数据。通过动态因果建模方法测试各种模型，这些模型在神经生理上看似合理。第一个动态因果模型研究使用的是来自听觉处理实验的数据。该数据确定了 4 个激活簇，用于处理 4 个不同脑区的句法复杂句子：额下回（BA 45）、前运动皮层、后颞上沟和前颞中回。使用理论动态因果建模方法进行的所有测试均假定这 4 个脑区之间存在双向内在连通性。主要的模型是以额下回为输入的模型，其中句法复杂性调节了从额下回到后颞上沟的信息流，反映了这种连接对于处理复杂句法句子的重要性。另一项动态因果模型研究通过分析来自阅读实验的数据，这些数据还改变了句子的句法复杂性。这项研究确定了 4 个激活簇：BA 44 和额下沟，顶下皮层和颞中回。由于这是一项阅读研究，以梭状回（BA 37）的视觉词形区为起点，不同的模型在从梭状回开始的脑区之间的连接存在差异[图 8.14（a）]。流行的模型表明自下而上的信息流从梭状回通过顶内沟（IPS）（称为音韵工作记忆系统）流向额下沟（称为句法工作记忆系统）。最有趣的是，来自额下回的信息通过两个处理流作为直接功能连接从 BA 44（用于处理层次句法结构）到作为间接连接从额下沟（IFS）经顶下皮层至颞中回[图 8.14（b）]流回颞后皮质。因此，在理解句法复杂的句子期间，似乎在额下沟和顶下沟中的工作记忆系统开始发挥作用。研究证明信息从额下回通过背侧通道流回后颞叶皮质。

人们想知道，这些与语言相关的脑区是如何协同工作的。一项研究针对这些脑区之间的信息流动的方向性提供了直接的答案。这项研究报告了皮层 - 皮质诱发的脑电位。皮质脑电图来自癫痫患者，这些患者通过硬膜下电极进行侵入性监测以进行癫痫手术。每个患者记录 3~21 个电极的脑电位。患者没有执行任何任务。对布洛卡区的刺激诱发了颞上回的中后部、颞中回和缘上回的诱发电位。刺激后部语言区激发了布洛卡区脑电位，然而，在这个脑区有较少明确的反应。这项研究证明了利用皮层诱发电位在人类语言系统中进行脑区间连接的结论。将弓形束作为可能的纤维束来介导从布洛卡区到后颞区的激活（图 8.15）。

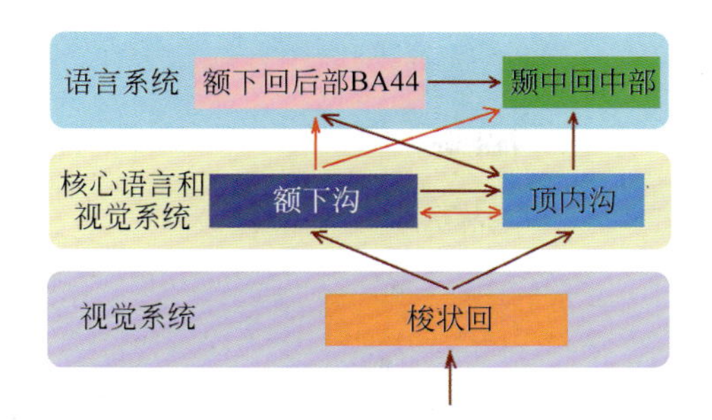

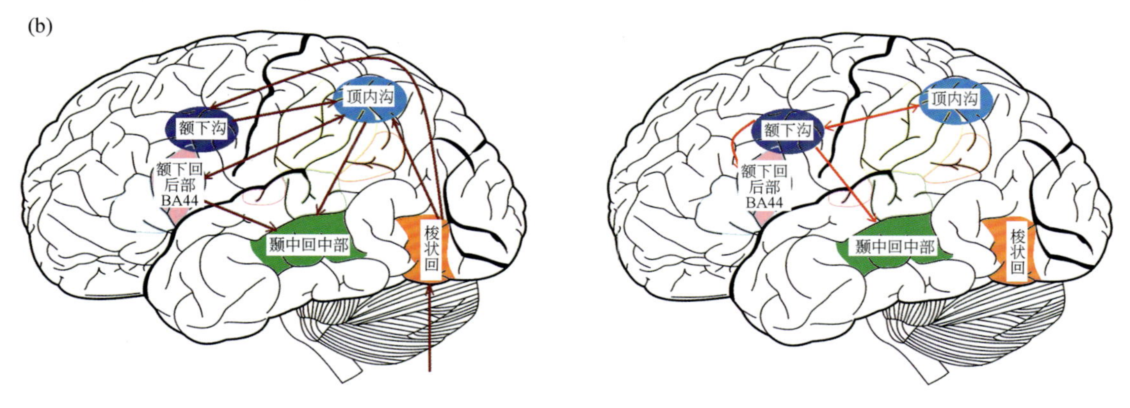

图 8.14 句子处理的功能连通性

图注：显著的内源性连接和显著的调节作用的连接增加了工作记忆负荷。上图：功能分离区（核心语言和视觉系统）及其连接的层次结构图。岛盖部（BA 44）、额下沟、颞中回中部（middle of MTG，mMTG）、顶内沟（IPS）和梭状回（FG）。箭头表示统计上显著的内源性连接和显著的连接调节。棕色箭头表示内源性连接。红色箭头表示相关单词之间的因子距离显著增加了连接强度。梭状回的垂直棕色箭头表示视觉系统的输入。左下图：大脑重要的内源性联系。右下图：相关单词之间的因子距离显著调节的连接示意图。

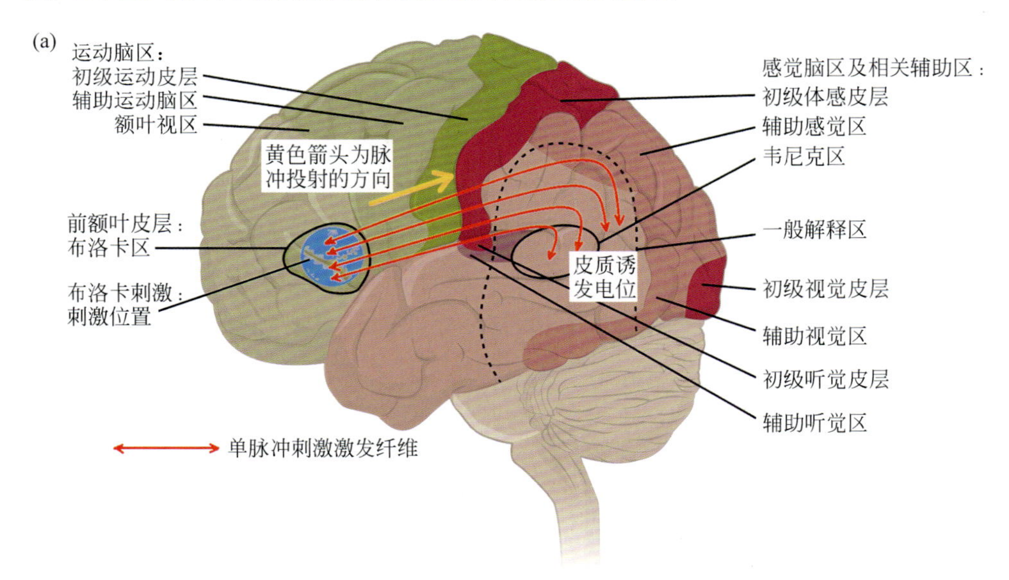

图 8.15 皮层 - 皮层诱发电位，前后语言区之间的假定连接示意图

图注：蓝色圆表示刺激的部位。箭头指示单脉冲刺激引起的脉冲投影的方向。被激发的纤维束显示为粗红线，未被激发的纤维束显示为粉红线。

(b)

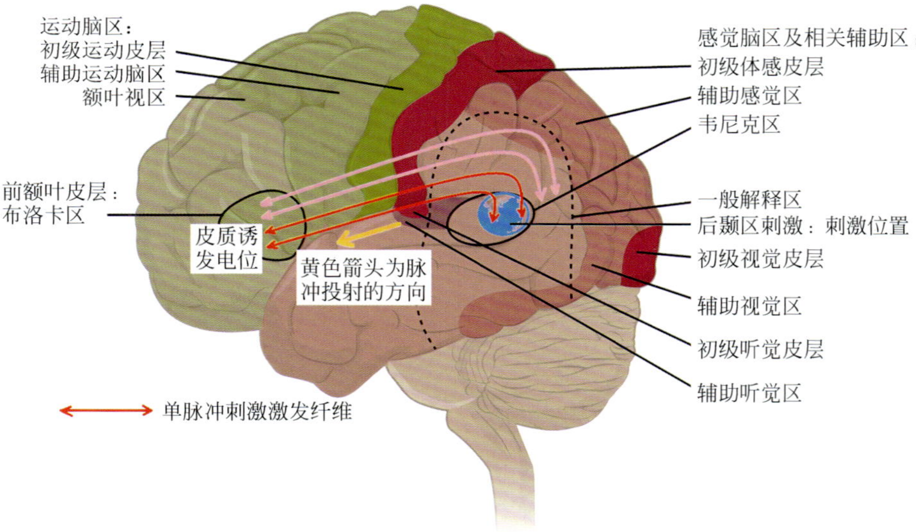

图 8.15 （续）

总之，功能连通性分析可提供有关不同脑区协同工作的信息，并让我们能够判断哪些脑区在协同工作，以及这些脑区之间信息流的方向。此外，神经振荡使我们能够指定局部和较大的神经回路活跃的时间域。

2. 颞叶皮质的自下而上过程：从听觉感知到单词和短语

听觉语言理解过程的初始阶段是听觉感知。声学 - 音韵分析和音素处理是在左颞上回中部进行的，位于颞横回的外侧，这里是初级听觉皮层。对听觉呈现的单词处理位于左颞上回的颞横回前方的脑区，该脑区被认为是处理听觉词形区（即单词的语音形式）。神经生理学证据表明，对词形的词汇状态（词与伪词）的识别超快速（50~80 ms），因此最初的反映一个词的语法分类（40~90 ms）可能是由于识别了一个特殊的形态词的形式。研究表明，早期的单词识别效果是由左外侧裂周区和右颞叶支持的。一旦识别出语音词形，就必须在后续步骤中检索其句法信息和语义信息。单词属于一个特定的词类 / 范畴。有关单词的句法类别的作用是可以初步构造句法短语。根据神经生理学数据，这些短语结构的构建过程，在词汇类别信息获得后 120~150 ms 被定位于前颞上皮层，可作为一种早期的自动句法过程。在功能磁共振成像研究中，使用句法违规范式以及自然听觉范式表明了前颞上回的参与。

词汇 - 语义通达和句子理解所必需的整合过程：词汇 - 语义访问发生得很快，即在单词识别点之后 110~170 ms，而众所周知的 N400 效应（350~400 ms）被认为反映了受控的过程。在句子语境中，这些词汇 - 语义语境效应是由低完形概率而非高完形概率词引起的，通常在 350~400 ms，始于 200 ms。在功能磁共振成像研究中，词汇 - 语义过程主要在颞中回被观察到，尽管它们似乎并不局限于这个脑区：它们还包括左右脑的联想皮层。句子层次上的语义过程更难定位，它们似乎涉及前颞叶，以及后颞叶皮层和角回。前颞叶似乎至少在句子层面上参与了句法信息和语义信息的处理，因此这一神经解剖区的功能被认为反映一般的组合过程。这些过程对后续的短语结构构建以及语义处理都是必要的。因此，语法上相关的信息和语义信息都可以从颞上回前部转移到额下皮层，以进行高阶计算。

3. 从颞皮质到额叶皮质：走向高阶计算

句法和语义过程均涉及额下皮层，可将其在细胞和受体结构上细分为不同的子部分。在额下皮层中，额岛盖部（BA 44）似乎支持句法过程，而额下回三角部（BA 45）和框部（BA 47）似乎支持语义过程。因此，为了进一步进行语言处理，信息必须从颞叶皮层转移到下一个处理步骤发生的额下皮层。

在句法方面，该系统必须处理高阶结构方面的问题，以建立不同短语之间的语法关系，这些短语由前颞上回、额岛盖部和 BA 44v（最腹侧部分）传递。证据表明，前额岛盖部参与单词的组合，与任何句法结构无关；BA 44v 在需要建立句法层次时发挥作用，即使是在最低层次上。对于更复杂的层次结构，即对于具有非规范表面结构的句子（例如，对象优先的句子），必须另外实现层次结构中短语参数的重新排序。这一过程由额下回的布洛卡区支持，在 BA 44 和 BA 45 的后部都有激活。显然，标记清楚的短语的重新排序主要涉及脑岛盖部，而从从属句部分移出的论点（重新）计算则涉及 BA 44 和 BA 45 的后半部。在句子语义方面，系统必须处理不同的论元名词短语（argument noun phrase）和动词之间的语义和主题匹配。通常，语义方面会激活额下回的前部，即 BA 47 和 BA 45a（前部），尤其是在词汇过程受到策略控制的情况下或在检查句子语义上下文的时候。

为了在额下回实现这些高阶语法和语义过程，必须将这些计算所基于的信息通过结构上的连接从前颞叶皮层转移到额下皮层。两个腹侧纤维束连接颞叶和额叶皮层：钩状纤维束将腹侧中的额岛盖部与前颞叶皮层和颞极连接，而额 - 枕下束则将横向的位于 BA 45 和 BA 47 区与颞枕皮层连接。语义信息似乎是通过额 - 枕下束经腹侧途径从颞叶皮层转移到额下回的前部，到达 BA 47/45。然而，语法信息似乎也通过腹侧连接从前颞上回 / 沟转移到额岛盖部，如功能磁共振成像 / 弥散磁共振成像研究的结合所表明的那样，然后从那里到 BA 44 进行高阶句法计算。基于这些发现，可以模拟颞 - 额句法处理网络最初包括前颞上回和由额岛盖部在腹侧介导的布洛卡区后腹侧（BA 44v）。语义加工的腹侧系统被认为涉及颞中回、前颞叶和布洛卡区的前部（BA 45）。经验发现语义和句法信息的相互作用和整合不仅激活了额下回的整个区域（从 BA 47 到 BA 44 的统一空间），也激活了后颞叶皮层。

4. 自上而下的过程：从额下回皮质到颞叶皮质

假设后颞叶皮层支持短语和句子的最终语义 / 句法整合。因此，这个脑区必须接收来自 BA 44 的输入作为核心语法脑区，以及从语义区接收输入，即 BA 45 或 BA 47、角回和颞中回。这样的信息流可以通过现有的结构路径实现。

在句法加工过程中，针对 BA 44 和后颞叶皮层在理解句法复杂句子时的激活，提出了这些脑区如何在功能上相互关联的问题。现有证据表明，句子中论证的句法（重新）排序位于 BA 44，句子加工过程中的加工语音工作记忆位于顶叶皮层。这些脑区之间必要的结构连接是由部分上纵束和弓形束（上纵束 / 弓形束）提供的。后额下回的一个重要功能可能是将句子中输入信息的句法和语义预测传递给颞叶皮层，即颞上回 / 沟后部。

当一个词的语义可预测性较高时，鉴于之前的句子语境，该句子的角回会被激活。当动词与其直接宾语之间的期望值较低时（当单词整合困难时），颞上回 / 沟后部就会被激活。此外，颞上回 / 沟后部经常与 BA 44 发生共变，而角回通常与左额下回前部（BA 47）以及左外侧和内侧额上回发生共变。此外，在组合词层次上，角回与额下回（BA 45/47）和前颞叶一起被激活。从功能上讲，这意味着超出词汇级别的语义过程可能部分依赖于基于腹侧通路和部分背侧通路的语义网络。相反，基于句法的动词论证关系的预期可能主要涉及背侧通路。动词论证处理与颞上回 / 沟后部的激活相关。从结构上看，颞上皮层内有两个短程纤维束：一个来自听觉皮层到前颞上回，一个从听觉皮层到后颞上回。这些神经束已被证明与听觉加工功能相关。

自下而上和自上而下的整合过程中可以看到从初级听觉皮层到后颞上回的信息传递的功能。基于先前的句法信息的这种自上而下的预测将不涉及特定的单词，而涉及特定的词类。这些预测可能通过连接后额下回（BA 44）和颞后整合皮层的背侧通路自上而下通过上纵束 / 弓形束传递，要么通过直接的背侧连接通路，要么通过由顶叶皮层介导的间接背侧连接通路。

关于语义信息如何准确地传递到后颞叶皮层进行整合，至少有两条处理通路。首先，如果假设前额下回的功能是调解自上而下控制语义检索词汇表示位于颞中回是有效的，则可以将语义信息从 BA 47/45 经极囊纤维系统（图 7.11 中的最外囊）通过腹侧途径到达颞后皮质，而从颞中回的词汇 - 语义系统中间纵向纤维束收集额外信息。其次，也有可能在 BA 47/45 处理语义信息，并将其与额下回 BA 44/45 的句法信息集成在一起。如果是这种情况，则可以通过上纵束 / 弓形束将其从那里转移到角回和后颞叶皮质。总之，语言回路作为一个动态的颞 - 额网络，与初始输入驱动的信息处理，自下而上从听觉皮层沿着腹侧额叶皮层通路，与语义信息达到前额下回，和句法信息到达后额下回。前额下回被认为是调节自上而下控制的词汇 - 语义通达颞中回，和通过顶叶皮层对颞后皮层进行语义预测。后额下回被认为是支持短语和论点的层级化，并可能通过到后颞叶皮层的背侧通路来调节与语言相关的预测，在这里进行句法和语义信息的整合。

5. 结构与语义的组合网络

对于我们理解大脑中的语言构成，尤其是句法方面，即使没有语法上的组合，左前颞叶仍可以组合概念，这表明，与其试图在保持语义完全不变的情况下改变语法，我们可以以不影响左前颞叶活动的方式改变语法。皮尔卡宁（Pylkkänen）的研究发现，左后颞叶存在更多基于结构处理的证据。脑磁图仪（magnetoencephalogram，MEG）的测量表明，这种活动的时间与左前颞叶的活动时序相似，始于 ~200 ms。因此，颞叶的不同部分可能同时构成不同的语言结构和意义。除了左前颞叶、腹内侧前额叶皮层和左后颞叶，至少还有两个脑区被认为是更广泛的联合网络的一部分：角回和左额下回，如图 8.16 所示。在脑磁图仪的测量中，角回在可视单词出现后大约 170 ms 急剧达到峰值，并显示出对单词的参数数量的敏感性。例如，及物动词比不及物动词更容易激活，这与之前的血流动力学研究是相同的。研究表明左额下回与句法组合相关。大样本的脑磁图仪研究确定了句子处理过程是在左额下回激活的中潜伏期时间，即在单词出现后约 300~450 ms。左额下回参与长距离依赖关系。

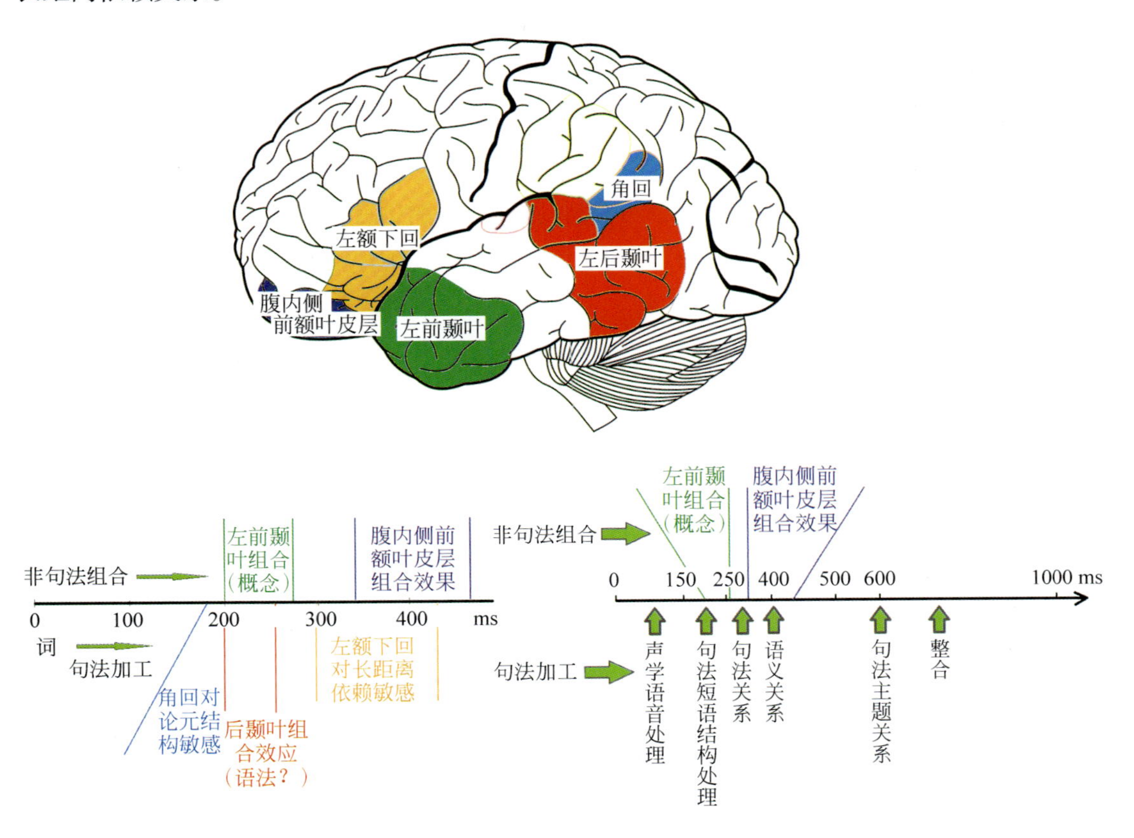

图 8.16　大脑组合网络的时空特征

图注：时间轴上方的活动的功能概要是非句法的。时间轴下方的区域代表了各种关于句法、加工的皮层位置的假设。

语法、语义的神经基础归纳如下：

（1）在处理自然的、有意义的语言过程中，神经信号在两词范式和完整的句子中都是由意义相关而不是结构主导的。这并不意味着语法也不需要计算，但确实使语法与语义计算的隔离更加具有挑战性。

（2）当对与句子处理相关的大脑活动进行建模时，通过句法结构的测量，逐个单词地建模，该模型可以可靠地预测多个脑区的活动。然而，这些结果在多大程度上是由纯结构处理或组合语义处理驱动的仍是未知的。对于附加结构的每个元素，通常也会同时添加含义元素。区分结构和意义是自然语言处理的根本挑战。

（3）当句法短语以一致的、可预测的速率呈现给听者时，即使在没有与结构相关的物理线索的情况下，电生理反应显示出与这些结构呈现速率相匹配的能量增加。即，我们的大脑会注意到短语。大脑节律是跟踪句法还是语义组合仍未解决，但是韵律追踪已经被复制到没有意义的人工语法中，指向了纯粹的结构起源。韵律反映了比组合语言操作更普遍的现象，或者语言中的组合操作与一般分块过程共享属性，无论如何，这些韵律节奏可能是理解过程中进行语法分析的线索。

人类在判断句法结构是否严谨方面非常熟练。句法可能是大脑知道的东西，而不是做的东西。也许那些消耗能量并使我们的神经元兴奋起来的组合步骤都是语义性的，而句法处理相当于将这些语义结构与我们储存的句法知识进行比较。知识可能具有创建结构的生成规则的格式，也可以表示结构本身。这种“句法即知识，语义即过程”的模型将使纯粹的句法成分在构建句子的增量组合步骤中无法衡量。然而，句法知识仍然可以用来对即将到来的语言进行预测，因此，神经活动可以根据所遇到的语言与预测相匹配的程度进行调整。这些类型的句法预测效果已在行为和神经测量中得到了广泛的证明。总之，根据这个假设，自上而下的预测可以是语法上的，也可以是语义上的，但是自下而上的组合则完全是语义上的。

8.3.2　从词形到句法和词汇语义信息

一旦声学音韵过程识别出初始的语音（音素），就可以开始访问心理词典中的特定单词。词典中给定单词的条目存储了有关进一步处理不同类型的信息：除了词形以外，它还存储有关其句法词类（例如，名词、动词）和含义的信息。在词汇访问期间，必须执行各种处理步骤。首先是识别词形，处理系统必须检查在给定序列中所识别的音素组合在目标语言中是否合法。如果在音素序列和词汇条目之间未找到匹配项，则系统将以错误信号做出反应，指示“未找到条目”；如果找到匹配项，则可以访问词典中的单词，并检索语法和语义信息。这个过程将真实单词的处理，与某种语言中语音上可能存在的单词，而不是与该语言的词典中存在的单词进行对比。伪词（对给定的语言在语音上可能的单词，但不是真实的单词）会在靠近听觉皮层的颞上回引起坚实的激活，表明对可能的词形的首次搜索和检查过程。与此相反，真实的单词会在颞叶皮层的前 / 后 / 下区引起更多的激活，即对编码在词汇条目中的词汇 - 语义和词类信息进行处理。

1. 词汇通达

可以对词汇访问的时程进行建模，当声学语音过程导致能识别第一个触发词汇访问的语音合法音节时，词汇访问的时程就可以被建模。大量的行为研究表明，可能单词的初始音节构成了词汇访问的队列，而一旦前一句的上下文信息可用，该队列的规模就会缩小（有效的上下文信息减少了后续信息的困惑度）。在神经生理学上，这一过程通过 ERP 效应反映在大脑中。例如，考虑一句子：To light up the dark she needs her can_（要照亮黑暗，她需要她的 can_），这应该由单词 candle（蜡烛）来完成。在 ERP 实验中，这样的句子片段是以听觉呈现的，然后显示一个视觉上的单词补全功能，要么正确完成单词片段 candle（蜡烛），要么不正确的 candy（糖果）。与上下文指示的意义不匹配的不正确的补全词 candy（糖果）导致了左侧和右侧的负性，这可能被解释为普遍的意外反应。与匹配的词相比，完全不匹配的词导致了 N400 的峰值，这是一个已知的表明词义过程的 ERP 成分。这两种 ERP 效应表明，有两个过程在起作用：从正性反映出来的早期自下而上的过程，以及由负性表示的词汇 - 语义整合过程。甚至在句子语境之外的单字层面上，当出现在目标词之前的首音节与感知到的目标词的首音节不匹配时，也可以观察到类似的负性与前正性。由此可见，语音处理系统在处理初期就对相关的上下文信息非常敏感。

另一研究表明，在词汇层面，甚至韵律因素也会帮助或阻碍词汇的通达。例如，考虑一复合词 wheelchair（轮椅）。该复合词的第一部分 wheel（轮）的发音不同于其作为单独的词 wheel 的发音方式。当把 wheel 这个词和合成词的第二部分 chair 分开时，与 wheelchair 这个合成词相比，词汇的通达会受到阻碍。这种韵律上的差异是由于作为复合词 wheelchair 的一部分的 wheel 的声学包络与 wheel 作为单个单词的声波包络是不同的。因此，处理系统在访问词典时已经从复合词的开头考虑了韵律信息。这些发现证明了语音和韵律信息在词汇获取和词汇识别中的有效使用。正是这种不同过程之间精细的相互作用，使单词识别速度更快。

除了有关单词的语音形式的信息外，词汇条目还包含其他重要信息，即有关单词的句法词类（名词、动词、形容词、定冠词等）的信息以及有关其含义的信息，即词汇 - 语义信息。此外，对于动词，词典条目包含有关动词的自变量结构的语法信息，即有关特定动词可以接受多少个自变量的信息：一个自变量 he cries（他哭泣），两个自变量 he sees Peter（他看见彼得），或三个自变量 he sends the letter to Peter（他把信寄给了彼得）。一旦访问了这些信息类型，就可以在考虑句法、语义和主题关系的随后层次上将其用于后续处理。

在语言理解过程中考虑单词处理时，一个单词的句法类别可能不是第一个浮现在脑海中的。然而，这些信息在语言处理过程中是高度相关的，因为知道给定的单词是名词还是动词是至关重要的。这是因为单词类别信息在理解过程中指导了句法结构（名词短语或动词短语）的形成。此外，动词中所编码的动词变元信息（verb argument information）决定了句子结构，特别是关于它需要多少个论元名词短语（argument noun phrase）。

2. 单词级别的词汇 - 语义信息

对单个单词及其含义的理解，与左颞极和邻近的前颞皮质的神经基质有关。研究表明前颞叶皮层中的系统激活不仅针对单个单词处理，而且与句子处理有关。当基于语义组合构建有意义的单位时，左前颞叶可能是单词理解所必需的，也是句子理解的条件。词汇理解首先是获取词汇和编码在词汇条目中的信息。从神经科学的角度来看，颞叶皮层，以及内侧颞叶和海马体在这一过程中起着重要作用。

一个词的语义表征作为语言表征的一部分，概念语义包含了所有可能的语义关联的记忆表征。概念语义知识是在语义网络中表示的，其中节点表示概念的特定语义特征（例如，鸟具有生命、有翅膀、羽毛、可以飞翔等特征），并以允许对层次关系进行编码的方式进行排列（鸟类动物在等级中比特定名金丝雀更高、更抽象）。然而，为了生成一个连贯的句子，并不需要激活所有的特征。为了在句子中正确使用“鸟”一词（如“鸟会飞”），激活“动物”和“会飞”的语义特征就足够了。动物的语义网络如图 8.17 所示。

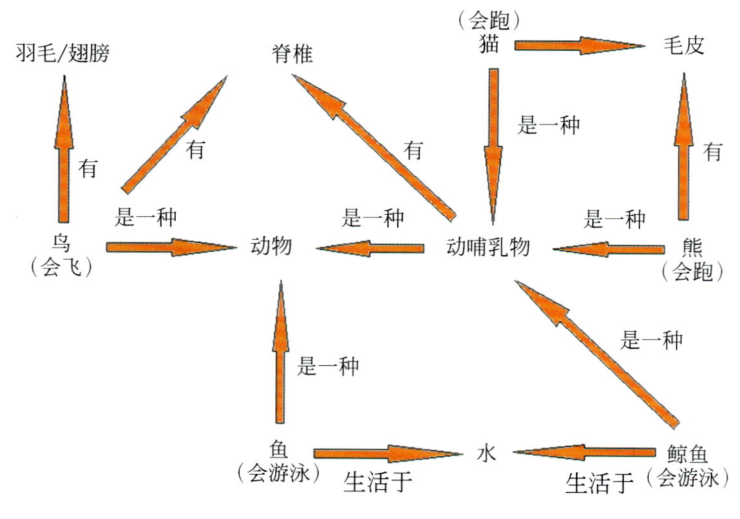

图 8.17　动物的语义网络

语义词汇的层次性如图 8.18 所示，在语义词汇的层次性中，上位词更抽象，下位词更具体。根据一些模型，概念语义记忆表征和相应的词汇 - 语义表征可以描述为语义特征的集合。词典中的单词代表较小的特征集，记忆代表了更丰富的功能。可以将这些特征视为词汇表征和概念表征之间的相关元素。

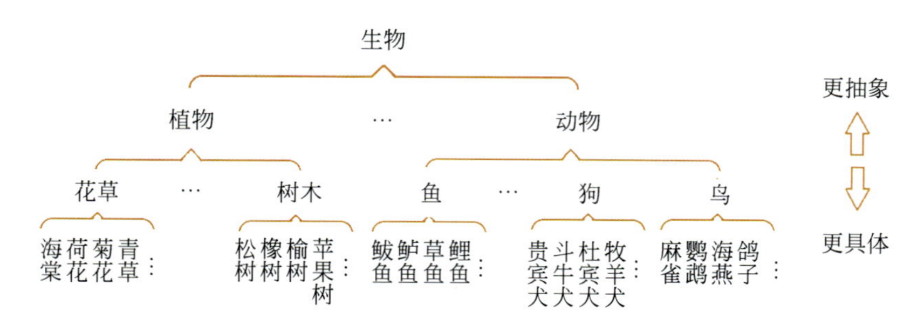

图 8.18　语义词汇的层次性

从神经科学的角度来看，前颞叶被认为是记忆系统中的语义“中枢”，该记忆系统具有模态不变性，因此具有普遍性，并将特定方式的特征（如视觉、声音、嗅觉和运动特征）作为次要关联考虑在内。语义加工的一个模型假设，在语言理解过程中，颞中皮质的更后部支持语义处理。此外，内侧颞叶和邻近的海马体被认为在语义加工中发挥了重要作用，特别是在学习新单词及其随后的识别中。至于内侧颞叶和海马体，甚至有证据表明在单细胞记录水平上存在语义过程。结果表明，语义方面是在内侧颞叶处理的。这个脑区的神经元被发现对视觉上显示的物体或熟悉的人的图片激活，甚至被人的名字激活。这一发现表明，在神经元水平上已经有了高度的概念抽象。由右前海马体的记录结果表明，某些神经元对语义类别做出反应，而不是对该类别的特定成员做出反应。研究表明，单个神经元不仅对比萨斜塔做出反应，而且对埃菲尔铁塔做出反应，表明对语义特征塔的反应力强，如图 8.19 所示。

这些发现可以直接与基于认知特征的语义理论相关，在行为层面上发现，识别一个词所花费的时间取决于一个词所携带的语义特征的数量（语义丰富度）。在神经认知水平上，研究表明，脑电生理反应随着语义特征不匹配的数量增加而更强烈，因为给定单词与最适合于先前句子环境的语义特征不匹配。借助脑磁图描记术已经在左颞皮层中找到了这种语义词汇处理的时间敏感干扰效应，该皮层区参与了语义层次中不同层次的语义方面的加工。海马体被认为是支持记忆的。在人的颞叶内侧也已发现了对特定物体或人有反应的神经元，即由少量高度专门化的神经元表征特定内容，特定的神经元只代表一群神经元众多特征中的一个，而这群神经元构成了一个更复杂的概念。

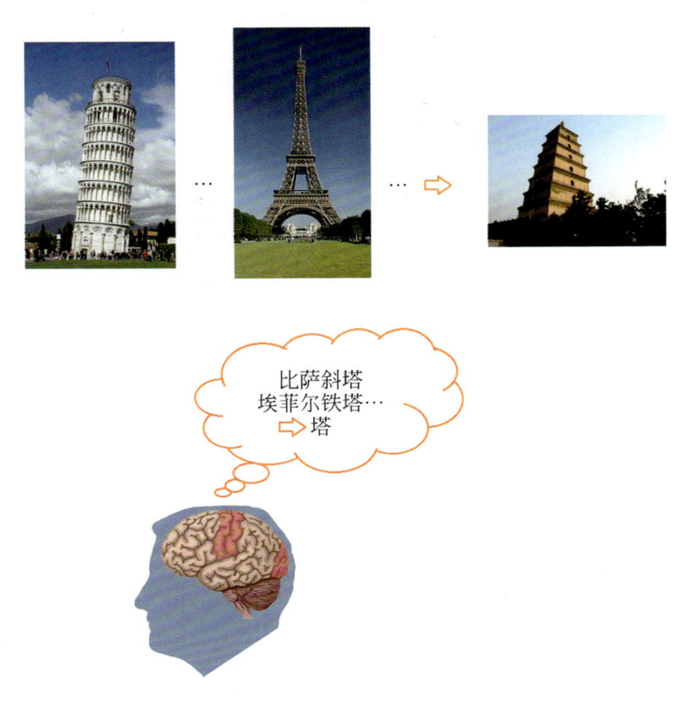

图 8.19　神经元对塔这一概念的反应

3. 处理语义关系

句子理解的关键取决于句子含义的提取，这是由不同单词的含义及其之间的关系提供的。尽管受到语法规则的约束，但几乎无数的单词组合允许我们构建复杂的概念，这些概念超出了单个单词所代表的概念。

语义网络本身很难在人脑中定位，因为左脑的许多脑区都有语义触发的激活。宾德（Binder）等对 120 多项语义方面的神经成像研究进行了元分析，包括句子级和词汇级，结果表明语义系统被激活的脑区覆盖了大部分的左脑。其原因可能是基于这样一种情况，即使是在单词层面上，语义过程也会立即触发语义记忆的不同领域的关联，这些语义记忆也涉及感觉和运动方面。这些关联因人而异，因为每个人可能是在不同的情况下学习了一个给定的单词，从而触发了他们个人记忆的不同方面。研究表明，一般的语义网络通常包括额下回、颞叶和顶叶脑区，例如左额下回、左颞叶，以及角回。劳（Lau）等提出了一种基于上下文的词语语义处理的神经解剖学模型，如图 8.20 所示。根据该模型，词汇表征被储存和激活在颞中回和附近的颞上沟和颞下皮层，并被语义网络的其他部分访问。前颞叶皮质和角回参与将传入的信息集成到当前的上下文和句法表示中。前额下回调节基于自上而下的信息的词汇表征的受控检索，而后额下回调节高度激活的候选表征之间的选择。该模型包括颞叶皮质、额下回和角回的不同脑区。

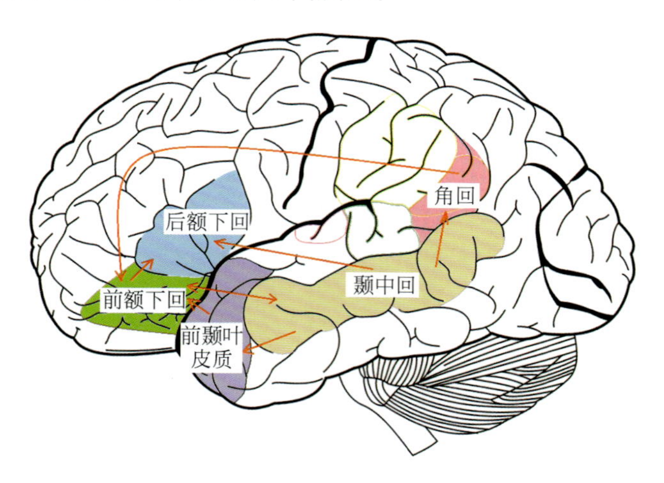

图 8.20　上下文环境对单词进行语义处理的神经功能模型

早期的功能磁共振成像研究表明，额下回的 BA 45/47 是支持语义相关过程的脑区。在要求参与者判断两个句子是否具有相同含义的判断任务中，或者在需要语义处理的策略和执行方面的任务（例如单词检索和分类）中，观察到 BA 45/47 被激活。研究表明，在语义域中，额下回主要支持策略性过程和受控性过程。颞皮层中与语义相关的激活主要用于颞叶前部、颞上回后部，以及角回的句子加工。然而，一项跨句子处理的元分析表明，在处理语义时，BA 45/47 参与其中。

自从 ERP 技术的 N400 首次被发现以来，它就一直被视为与词汇语义处理相关联。后来，它被解释为反映了词汇 - 语义整合的困难，或反映了词汇的预激活。在词级和句子级不同的层级下观察到 N400 效应，发现当以下情况出现时，N400 幅度有所增加：

（1）当单词没有词汇身份（即，非词或伪词）时；

（2）当一对词中的第二个词在语义上与第一个词不匹配时；

（3）当句子中动词 - 自变量关系的选择限制被违反时；

（4）当一个单词在世界知识方面与前一个句子的上下文不符或出乎意料时；

随着句子展开，由于下一个单词的可预测性增加，单词的 N400 振幅降低。

因此，N400 被视为词汇过程、词汇 - 语义过程、语义上下文可预测性以及由于世界知识而产生的可预测性的指标。此外，N400 效应在句子处理过程中会发生变化，因为需要进行超出单词本身含义的语义推理过程。因此，它反映了与语言理解有关的不同层次的过程，也反映了与世界知识有关的过程。功能磁共振成像研究发现，与先前研究相似的语义违反在颞上回的中后部有激活。

4. 文本 / 语音句子的理解过程

句子理解中句法形式的指派很大程度上在占优势半脑的外侧裂联合皮层中被执行。卡普兰（Caplan）等研究对包含相同词汇项的配对句子进行比较。其中一组由句法较简单的句子组成，包含一个主语相对化的从句；第二组由句法上更复杂的句子组成，其中包含一个宾语相对句。10 名受试者对这些句子做出了可信度判断，这些句子在电脑屏幕上每次呈现一个单词。与固定值相比，所有句子呈现在左右枕叶皮层、左外侧裂周区皮层、左前运动区和运动区的依赖血氧水平（BOLD）的信号都有增加。当受试者处理句法更复杂句子的复杂部分时，左角回的依赖血氧水平的信号增加。卡普兰等研究表明，与处理句子的句法复杂部分有关的血流动力学反应，可以定位到优势半脑的外侧裂周区联想皮层的一个部分。这些实验结果一致地说明，布洛卡区与处理更复杂的关系从句和被动语句有关，布洛卡区可能与分析歧义的句法处理有关。双侧枕部的激活反映了对可视刺激物的感知；左外侧裂的激活反映了对语言的处理；左运动区和前运动区的激活反映了受试者用他们的右手进行动作的响应。

文本 / 语音句子的理解过程如图 8.21 所示：

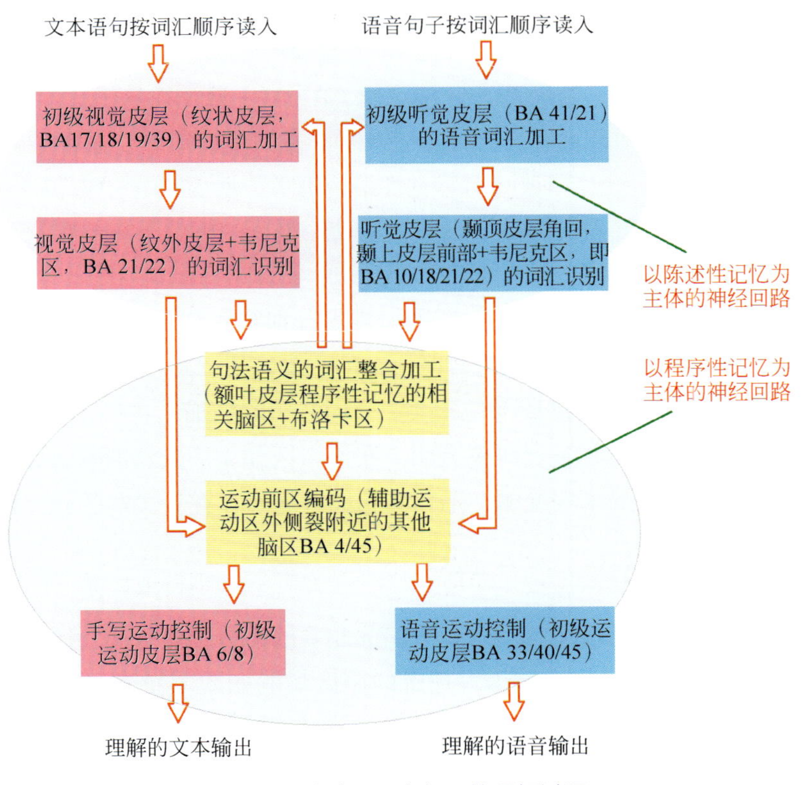

图 8.21　文本 / 语音句子的理解过程

图注：括号内为该脑区主要的语言工作。

外部环境中的语言通常以两种形式按词汇顺序读入，分别是文本和语音。文本语句按词汇顺序输入后，信号首先在初级视觉皮层进行词汇加工，这一脑区主要包括纹状皮层、

BA 17（阅读）、BA 18（阅读，听理解）、BA 19（阅读）、BA 39（阅读，视觉语言中枢，听觉信号综合区）等。然后经由弓形束后和额 - 枕下束这两条纤维通路到达视觉皮层，包括纹外皮层、韦尼克区、BA 21（听理解、阅读、语法、组词词汇记忆、语言组织）、BA 22（听理解、阅读、语法、组词词汇记忆、语言组织、接收听觉刺激及语言高级信息处理、语音编码、口语表达、语言理解中枢）等脑区进行词汇识别。其中弓形束后主要连接顶叶皮层和韦尼克区的后段，而额 - 枕下束联络枕叶、颞叶和额叶，主要负责语义处理。语音语句按词汇顺序输入后，首先经由初级听觉皮层进行词汇加工，这一脑区主要包括 BA 41（初级听皮层和听觉联合皮层，接收听觉刺激及语言高级信息处理）和 BA 21。然后通过弓形束和额 - 枕下束这两条纤维通路抵达听觉皮层，包括颞 - 顶皮层角回、颞上皮层前部、韦尼克区、BA 10（听理解、语言思维）、BA 18/21/22 等。

与语言活动有关的脑区，主要包括布洛卡区、韦尼克区、额叶运动区和前运动区、前额区、听觉区、顶叶联合区、视觉区、视听联合区等。布洛卡区（BA 44/45）为运动语言中枢；额叶运动区（BA 4）和前运动区（BA 6）涉及所有的语言运动器官组织，包括口、唇、舌及手等发音和书写运动器官组织；前额区（BA 9/10/11/46/47）是大脑高级心理功能综合区，与语言思维有关，并与前运动区相关联（又涉及 BA 24/33）；顶叶联合区（BA 39/40）主要是汇集了顶叶、颞叶和枕叶的神经束，因此是躯体、视觉和听觉的信号综合区；颞叶的初级听觉区（BA 41）和听觉联合区（BA 22）主要接收听觉刺激并进行语言高级信息处理；韦尼克区则是语言理解中枢；视听联合区梭状回（BA 37）涉及视觉语言处理和唇读活动；枕叶初级视觉区（BA 17）和视觉联合区（BA 18/19）涉及阅读活动等。通常左脑为优势半脑，额叶与运动性语言有关，颞叶和顶叶与感觉性语言有关。听觉语言中枢位于颞上回 BA 22 区后部；阅读中枢位于顶叶角回的 BA 39 区；运动性语言中枢位于 BA 44/45 区后部；书写中枢位于额中回的 BA 6/8 区。

通过功能磁共振成像和正电子发射断层扫描术分别对人脑语言区的定位结果表明：在语言优势半脑的颞叶、顶叶、额叶是语言区所在的主要位置。言语活动与小脑、前运动区、布洛卡区、运动区和视觉区等皮质部位相关；遣词造句的脑加工主要定位于外侧裂；布洛卡区与言语产生及语言理解相关。研究表明，布洛卡区在无声阅读时被激活、韦尼克区对聆听自己声音时不被激活等事实说明，不同脑功能区之间存在着普遍的相互作用。

5. 陈述性记忆系统和程序性记忆系统

结合临床失语症患者的成果与厄尔曼（Ullman）的语言神经分离（陈述性记忆与程序性记忆两条回路）理论总结归纳的语言理解的脑区功能如图 8.22 所示。脑区与对应的语言表征是通过一定数量的临床失语症患者取平均值获得的，通过统计归纳发现，两 / 多个脑区整合的功能要大于两 / 多个单独脑区功能的相加（即在功能上通常是 1+1>2），就如同两个单独的汉字整合成词会产生新的含义。厄尔曼等研究表明心理词典是陈述性记忆的一部分，而语法规则是由程序系统处理的。语言是由一个可以存储词汇的词典和一种可以产生符合规则形式的语法体系所构成，两种能力（陈述性记忆和程序性记忆）给了人类语言巨大的表达力量，如图 8.22 所示：

1）颞 - 顶 / 颞内侧的陈述性系统成为词汇记忆的基础，有关事实和事件的潜在信息储存和学习的陈述性记忆系统完成语义加工：受颞内侧回路辅助支持，其回路在很大程度上与颞叶和顶叶中的新皮层区连接，而在颞内侧构成巩固的记忆最终储存在新皮层。证据表明词汇是颞 - 顶 / 颞内侧“陈述性记忆”系统的一部分，包含成千上万词汇的“心理词典”，每一单词与一个记忆的、假定的形、音、义配对。

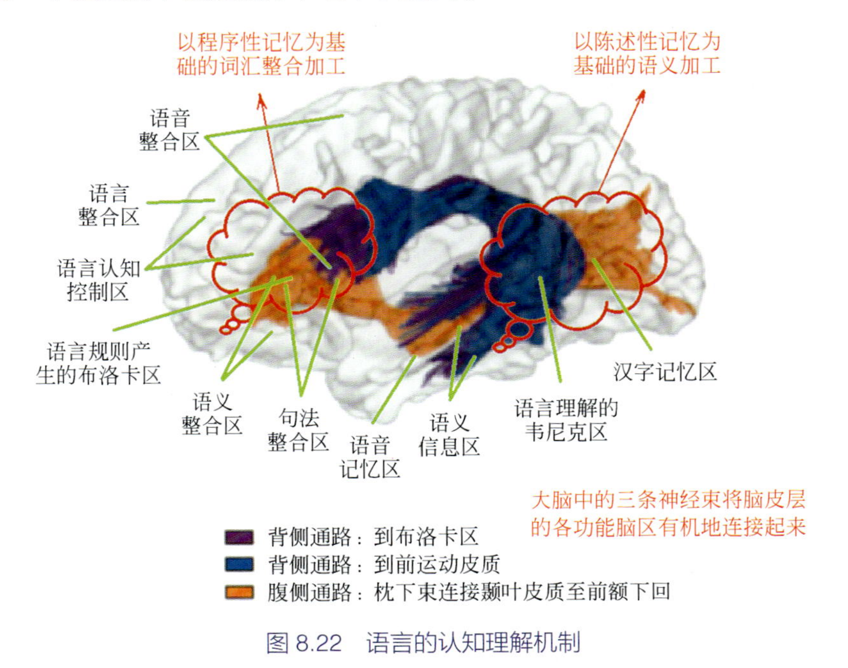

图 8.22 语言的认知理解机制

2）额叶 / 基底神经节程序系统成为规则处理的基础，学习和处理运动、知觉和认知技巧的程序性记忆系统完成词汇整合加工：很大程度上受到与额叶皮层连接的基底神经节回路的辅助支持。这些并行基底神经节回路是功能分离的，每一个都是从特定同侧皮层和皮层下脑区接收到投射信号，并通过丘脑投射到一个特定的同侧额叶区。因此，“运动回路”就投射到额叶运动区，而其他回路就投射到其他额叶区。不同的回路在基底节之中有类似的突触组织。语法规则是由额下基底神经节“程序性”系统处理的，生成规则的“心理语法”把单词结合起来生成无限多且更大的词组、短语和语句（乔姆斯基）。

从图 8.22 的大脑语言加工脑区分布图与建立的计算机处理模型面临如下两个问题：

（1）从处理能力和规模上看：我们普通的计算机是由约 10^8 个门电路组成，每个门电路与几个至几十个其他门电路相连，其记忆容量为 10^{10} bits，存取数据的方式是按地址查询，按串行方式集中处理数据；而人脑是由 10^{10}~10^{12} 个神经元组成，每个神经元与 1.5 万~3 万个其他神经元相连，其记忆容量为 10^{13}~10^{20} bits，存取数据的方式是按内容联想，按并行方式分布处理。谷歌脑（Google Brain）由 16000 个 CPU Core 的并行计算平台，采用深度学习神经网络（内部共有 10 亿个节点），通过不断训练、领悟，最终领悟“猫”的概念。瑞士的蓝脑计划（http://bluebrain.epfl.ch/page-52063.html），采用近万个 CPU 模拟 1 亿个神经元的大脑（相当于半个鼠脑），以探索人脑的认知、感觉、记忆、语言等多种功能的加工原理。这表明目前的计算机处理能力还远不如人脑。

（2）从哲学层面上看：对自然语言的理解，不应当用一种单一的模式（把世界看作统一整体的宏大观点）来解释自然语言，涉及众多不同模型（一一对应不同的语言情形，即计算机建立的计算模型仅能现实部分情形的语言处理）；巴尔巴（Barba）的研究表明：许多模型是以最简单、自然的方式对自然语言给出形式上的对应，一个包罗万象的大模型在逻辑上是不可实现的。

语言是由一个可以存储词汇的词典和一种可以产生符合规则形式的语法体系所构成。厄尔曼等研究结果表明：颞 - 顶 / 颞内侧是“陈述性记忆”系统的一部分，语法规则是由额下的基底神经节“程序性记忆”系统处理的。两种能力给了人类语言巨大的表达力量。一种是包含成千上万词汇的“心理词典”，每一单词与一个记忆的、假定的音 - 义配对，心理词典是陈述性记忆的一部分，即有关事实和事件的潜在信息储存和学习的陈述性记忆系统，受颞内侧回路辅助支持，其回路在很大程度上与颞叶和顶叶中的新皮层区连接，而颞内侧构成巩固的记忆最终储存在新皮层。另一种是生成规则的“心理语法”，它把单词结合起来生成无限多且更大的词组、短语和语句，即语法规则是由程序系统处理的，生成规则是通过学习和处理运动、知觉和认知技巧的程序性记忆系统来实现的。它很大程度上受到与额叶皮层连接的基底神经节回路的辅助支持。这就证实了达马西奥（Damasio）的假设，即基底神经节回路在与额叶结合处理语法规则中起到很重要的作用，并暗示基底神经节回路的潜在运动机制在规则设计中起到相当的作用。将语言处理分为“陈述性记忆”系统、“程序性整合”系统和协调控制三个环节完成，将脑认知科学的各种发现与各语言功能脑区的神经回路联系起来。根据第（1）（2）点，从规模上看，目前的单个计算机只能相当于 1/10 000 的人脑，对不同的语言情形采用分治策略，分述如下。

“陈述性记忆”系统涉及心理词典（mental lexicon），是保存在人脑中的一部词典网络系统，它存储了大量的词条，每个词条又包含词的形、音、义、句法、语用等信息，分门别类地将信息存储在各自的库中，建立的形 - 音 - 义的词汇网络系统。有多种模型，如层次网络模型认为词的概念是心理词典的一个节点，各个节点由复杂的语义关系相连接构成一个具有层次性的网络。扩展网络模型（extended network model）认为词汇知识分为三个层次：概念层的词义内容、词目层（lemma）含词汇句法信息、词位层（lexeme）含词汇语音信息，心理词典的词语按照一定的方式（词的使用频率，词义的归门别类）组织起来。根据激活扩散模型（spreading activation model），词汇存储在大脑中呈现一个复杂的网络系统，各词汇之间可相互激活。用计算机模拟人脑的处理策略是，知识图谱（knowledge graph）是类人计算机的基础构件，是让计算机具有认知能力的先决条件。Google 的知识图谱中已经包含了超过 5 亿个事物，以及 35 亿条不同事物之间的关系。目前互联网时代的海量数据，互联网信息的暴增，信息杂乱无章，深度学习技术的产生，让计算机可以理解海量的网络信息，智能化的知识图谱应运而生，它是一种基于图的结构化知识库，将散乱的知识有效地组织起来，便于计算机存取。能够被计算机产生、创作、总结和理解的是结构化数据，目的是通过知识类数据让计算机在感知能力的基础上形成类人的语言认知能力和智能决策能力。通过知识图谱建立足够多的知识，对外部世界及语言描述有自己的理解后，就可以进行智能决策，使计算机具备认知能力。计算机通过足够多的知识图谱获取人类知识，将人类的各种知识进行关联存储于计算机中，形成网状结构并持续动态完善，通过搜索引擎和维基百科等让机器不断汲取知识，对世界的认知日益完善，构建一套自主的知识体系来学习语言的句法语义规则，与深度学习、脑认知科学相结合，进而理解语言，形成语言认知能力。

根据第（2）点，从哲学层面上看，建立一个包罗万象的自然语言处理大模型在逻辑上是不可实现的，必须通过分解，拆解成众多不同模型来分别解决不同情形的语言处理。

值得注意的是，人大脑利用极短时间就可以理解复杂的句子。揭示支持这种复杂但看似毫不费力的心理和神经机制，是理解人类认知的核心。句子的理解需要各种不同的信息源，例如句法、语义、语用、韵律和视觉信息以及世界知识。何时以及如何组合这些不同类型的信息存在很大争议，尤其句法、语义之间的关系。当前许多句子理解理论声称句法处理与语义处理之间存在紧密的联系。根据这些理论，如果不立即进行句法信息的处理，则不可能构建对句子语义的理解，即传统的语言理解理论认为句法和语义处理是密不可分的。图 8.22 描绘了人脑句子加工的宏观流程，根据彼得・哈古特（Peter Hagoort）的神经模型，将句子加工分为记忆（以陈述性记忆为主体的神经回路，完成单词的存储和提取）、整合（以程序性记忆为主体的神经回路，将语言的形、音、义和句法结构信息整合到整个语言的全部表征中）和控制（将语言与行动联系起来）三个环节。

无论是文本视觉信号还是语音听觉信号，在各自的脑区完成词汇识别后，都将通过背侧通路的弓形束长段、弓形束前 / 后段和腹侧通路的钩状束这三条纤维通路到达额叶皮层程序性记忆的相关脑区和布洛卡区。布洛卡和韦尼克区通过大脑中的直接和间接途径相连。弓形束长段是直接指向布洛卡区的路径并在内侧延伸，与经典的弓形束相对应。弓形束前段为间接通路，向外侧延伸，连接顶叶下皮层和布洛卡区的后部。弓形束长段和弓形束前段 / 后段，三条纤维通路共同组成了弓形束，主要负责促进语音产生及其前馈和反馈控制系统的关键结构、语言表达、重复、助于学习语言和监控语音、连接前后语言区、复述、在额叶与颞叶之间传递信息（语言产生、语言理解）。而腹侧通路的钩状束则联络额、颞叶前部，主要负责语义处理。额 - 枕下束在初级视觉 / 听觉皮层完成相应的文本 / 语音词汇加工后，可以由这一腹侧通路直接传达至额叶皮层程序性记忆的相关脑区和布洛卡区，进行句法语义的词汇整合加工。因为额 - 枕下束主要是负责语言腹侧语义系统的“直接”途径。完成句法语义的词汇整合加工后，信号经由额斜束到达前运动区并进行编码。这一脑区主要包括辅助运动区和外侧裂附近的其他脑区，包括 BA4（初级运动皮层，语言运动的器官组织）、BA 45（运动性语言中枢，负责阅读、语法、组词词汇记忆、语言组织、语言叙述、语音编码、口语表达）等。在这里完成编码后，通过初级运动皮层 BA 6（前运动皮层，负责书写、语言运动器官组织）和 BA 8（书写）等，实现理解的文本输出。同时通过初级运动皮层 BA 33（负责记忆及空间定位）、BA 40（听觉信号综合区，负责语音编码、口语表达）和 BA 45，完成理解的语音输出。

所有语言都有名词和动词这样的语法分类，语言中普遍存在长距离的句法依存。大脑额区支撑了对于句法操作的程序性工作记忆系统，包含语言学句法的符号处理系统。吉布森（Gibson）的位置依存理论假定语言的句子理解涉及两个不同的成分，每个成分都消耗神经资源。一个成分是结构存储：当一个语句（例如，当遇到名词时，动词会被预测形成一个完整的从句）被感知时，及时追踪被预测的句法范畴。另一成分是结构整合：把每一个输入的单词连接到它在语句结构中所依赖的先前词。这一理论的基本前提是整合代价要受位置的影响，代价随新元素和整合位置之间的距离（在词汇中衡量的）增加而增加。这一理论的主要优点是它能够为句子中的每个词的处理（存储 + 整合）成本提供量化的预测。

综上所述，人脑的语言认知机制可归纳如下：

布罗德曼各相关的语言区以及相连接的纤维回路，从功能的区域化和结构的连通性两方面来诠释人脑的语言能力。从语言理解而言，人脑语言能力的认知机制可以从行为和逻辑两个主要特征一见端倪。其一为人类行为上的说话方式较为分离，与外在刺激的关联较小。人脑首先将外界事物分析为截然不同的个体并进行单独处理和命名，使得动作、属性等抽象事物都可以成为具体化的词汇。其二为人类的逻辑语言赖于将外界事物分析成块，并且善于组织不同的句子组合。人类语言具备层次结构，即语法。语法规则系统中的层次结构，决定了句子中词汇的重新排列和置换。因此，通过语音和语义相互作用的语法规则系统，人类可以产生并理解无限数量的句子。词汇的不同组合，经常以新的方式组合单词的能力是人类语言的标志。

相关研究表明，人类语言能力被论证为具有处理层次和递归结构序列的能力，并且超越了非人类灵长类动物处理简单邻近元素的转移概率序列的能力。在处理这两种类型的序列时，其所涉及的脑区也是有所不同的。较为古老的左额下回三角部（BA 45）主要负责对邻近元素局部转移的处理，该脑区只能处理简单的句子结构，如有限状态语法。而相对年轻的布洛卡区岛盖部（BA 44）则专门负责层次依存关系的计算并且仅存在于高等进化物种的人脑中，该脑区可以处理较为复杂的句子结构，如短语结构语法。

除此之外，人脑对会话理解的认知机制也从研究中得到证实。脑神经成像的研究表明，人类会在会话过程中将新事物、新概念的信息和原有的概念系统相互联系，并且调用大脑中已存在的知识，与过去的经历进行对比。在交互的过程中，人类通过自身的感官（如：视觉、嗅觉、听觉、味觉、触觉），并且利用人脑中已储备的语用背景知识（陈述性记忆系统），对上下文进行推断并理解说话人的实际意图。在对话过程中，颞叶的听觉处理脑区对说话人的音调、语调、语速、重音等声音特征信息及会话场所的背景声音进行处理。接着，通过韦尼克区进行话语理解后将有关表达的信息通过弓形束到达布洛卡区，再经大脑运动区驱动喉咙和口腔表达出语音。与此同时，交互双方通过眼睛将说话人的手势、肢体表达、面部表情以及场景的视觉信息映射到枕叶的视觉处理脑区进行相应的视觉处理。于是，当提及相识的某人或共知的某事时，交互双方就会将记忆中的关于该人的面貌、性格、体征、职业、处事方式等信息传达到人脑相关分析处理的脑区，综合信息以帮助语言对话的理解处理。

8.4 语言产生和理解的机制

8.4.1 语言的产生和理解

1. 语言的理解和产生的过程

当我们与他人交流时大脑是经过怎样的过程来对语言进行理解，并进行答复的？根据对语言脑区的语言功能及各脑区之间的连接，我们来建立语言的理解和产生过程的大脑认知模型。听到的语句与听到单词复述过程一样，首先听到语音，然后经颞横回的初级听觉皮层（BA 41）、听觉联合皮层（BA 42），进行接收听觉刺激及语言高级信息处理，听词认知及对语音进行听觉分析，其主要的语音处理过程为：

韦尼克区的颞上回（BA 22）为听觉性语言中枢，接收听觉刺激并对听觉语音进行处理，后颞上回具有单词发音的记忆，与其相邻的颞中回（BA 21）具有听力理解、语法、组词词汇记忆、语言组织、词汇语义信息的存储和策略检索、语义存取、单词的语音处理的作用，如图 8.23 的红色箭头。左颞上 / 中回为听觉语音处理中枢，在此处处理后形成了语音词汇，并通过外侧裂（位于颞横回的内侧）的 Spt 区（外侧裂 – 顶叶 – 颞叶交汇区；Sylvian-parietal-temporal）负责语音工作的储存。

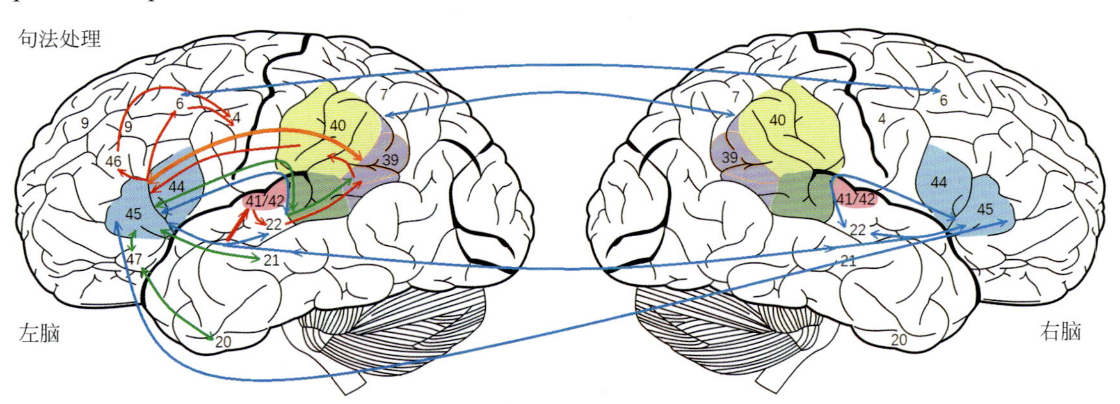

途径1：橙色实线箭头；途径2：蓝色实线箭头；
途径3：绿色实线箭头；共同及口语部分：红色实线箭头。

图 8.23 语言理解和产生的过程模型

主要的语义处理过程：

上述信息传入顶下叶的角回和缘上回。顶下叶是视觉 / 听觉的信号综合区。角回（BA 39）具有语义处理、语义知识的存储和检索、句法处理、听力理解等作用；缘上回（BA 40）具有句法处理、语义处理、理解能力、听词认知、语义信息的整合及其与语音信息的联合、单词特征和语义分类的集成等功能。角回（BA 39）和缘上回（BA 40）为单词 / 词汇中枢，具有语音编码、共同完成词汇的语义加工，听到语句在韦尼克区处理后被理解为有意义的单词。如图 8.23 的红色箭头所示。

大脑通过弓形束将韦尼克区与布洛卡区（BA 44/45）连接起来，并将单词的信息从韦尼克区传递至布洛卡区。

主要的句法处理过程（将单词组合成符合语法的句子）为：

1）句法处理途径 1（图 8.23 的橙色箭头）：额下回的布洛卡区（BA 44/45）接受单词 / 词汇信息，该区为句法处理中枢，具有复杂句法构成、句法处理及句子排序、语义处理、语法信息处理等功能。布洛卡区前部主要负责参与语义加工，布洛卡区后部主要负责参与语音加工。岛盖部（BA 44）主要负责句子处理（排序），三角部（BA 45）主要负责词汇检索。经过该回路处理后由单词组合成句子并进行语音加工。在此处的句法处理过程中，通过弓形束前段与角回（BA 39）和缘上回（BA 40）进行相互的功能连接，以准确地选词。

2）句法处理途径 2（图 8.23 的蓝色箭头）：通过两耳传入的语音信息使双侧大脑语言区接受刺激，句法处理由双侧大脑共同进行。其参与大脑回路由左额下回的布洛卡区（BA 44/45）、左顶内沟、前辅助运动区（BA 6）（图 8.23 的红色箭头）、左颞上 / 中回（BA 22/21）、右额下回的 BA 44/45 区、右前运动区（BA 6）外侧部、右颞上回及颞中回后部脑区构成。其中左右两侧的额下回的岛盖部 / 三角部、左顶内沟、运动区、颞上 / 中回通过胼胝体连接；左右额下回的岛盖部 / 三角部、前运动区外侧部、颞上 / 中回通过左右弓形束连接；同时，额下回的岛盖部 / 三角部、颞上 / 中回又可通过左右最外囊 / 最外囊纤维系统（EmC）连接；颞上回与顶内沟通过中纵束连接。前辅助运动区（BA 6）参与单词生成。左脑作为语言的优势半脑，发挥着重要的作用，右脑的同源区，右额下回的 BA 44/45 区同样参与语法处理，右额下回也具有基本语言功能，参与词干完成，在语言生成中起到一定的作用。右前运动区为语言表现的必要因素。左颞中 / 上皮层参与词汇选择，左右外侧前颞叶具有语义信息的检索功能，右颞上回负责听觉语言理解能力、单词和句子理解。左右颞上皮质功能的整合具有单词和句子理解的作用。

3）句法处理途径 3（图 8.23 的绿色箭头）：由左额下回的岛盖部（BA 44）、三角部（BA 45）、眶部（BA 47）与左颞上回（BA 22）、颞中回（BA 21）、颞下回（BA 20）后部的各脑区，共同构成的句法处理回路，该回路可考虑的几个纤维束连接：

（1）通过背侧通路的弓形束将额下回的岛盖部（BA 44）、三角部（BA 45）与左颞上回（BA 22）、颞中回（BA 21）连接。通过腹侧通路的钩状束将眶部（BA 47）和颞上回（BA 22）、颞下回（BA 20）连接。

（2）通过腹侧通路的额 - 枕下束将岛盖部（BA 44）、三角部（BA 45）、眶部（BA 47）与颞上回（BA 22）连接起来。BA 22 的信息可通过该束直接传递至 BA 47。

（3）通过最外囊 / 最外囊纤维系统将岛盖部（BA 44）、三角部（BA 45）、眶部（BA 47）、颞上回（BA 22）和颞中回（BA 21）连接起来。通过腹侧的钩状束将眶部（BA 47）和颞下回（BA 20）连接。BA 47 具有句法处理、语音生成、词汇检索功能，BA 20 具有单词理解、句法处理等功能。

（4）当该途径是由韦尼克区的颞上 / 中回（BA 22/21）输入信息时，通过额 - 枕下束将颞上回（BA 22）与岛盖部（BA 44）、三角部（BA 45）、眶部（BA 47）连接起来。再通过中纵束与颞上回（BA 22）、角回（BA 39）和缘上回（BA 40）连接起来。通过钩状束将眶部（BA 47）和颞下回（BA 20）连接。

发出口语表达指令过程为：

左额下回（BA 44/45/47）具有语音生成及流畅性、句法处理、语义知识的存储和检索、工作记忆的功能，经过以上句法处理的内容存储在额下回，通过额 - 枕下束传递到基底神经节（基底神经节具有言语的皮层下整合作用，此处对语言具有加工、整合和协调的作用，并参与和语言有关的启动效应），然后传入到丘脑（丘脑具有词汇决定、调节词义的正确性、单词或句子生成、语义处理、语音、流畅性调节及言语记忆等功能）。通过基底神经节对言语控制作用，基底神经节的输出对丘脑有控制（允许）作用，从而允许丘脑与额叶皮层（运动皮质、前运动区和前额叶皮质）的交流和运动的开始。

丘脑与额叶皮层的连接可考虑有两种可能：

（1）通过前辅助运动区 – 背侧尾状核 – 腹前丘脑部回路，与前辅助运动区的 BA 6 连接，语言信息存储在 BA 6。

（2）与背外侧前额叶 BA 46/9 直接连接，BA 46/9 参与在工作记忆中保存信息的语言功能，语言信息存储在 BA 46/9。

主要口语表达的过程（完成口语输出）：语言信息存储在 BA 6 时，与相邻 BA 4 共同完成口语表达；语言信息存储在 BA 46/9 时，BA 44/46 相邻或通过弓形束长段与 BA 44/6 相连，再通过额斜束与 BA 8 连接，与相邻 BA 4 共同完成口语表达。

按以上论述，语言的理解和产生的过程模型如图 8.23 所示，语言理解和产生的过程处理顺序示意图如 8.24 所示。

虽然在外侧裂周区，特别是在左脑，编码和解码命题内容很重要，但这并不是全部。话语的含义通常强烈依赖于上下文信息，而这些信息实际上并没有被编码在所说内容中。在词语和语言结构中被编码的东西不能完全决定意图。要想提取预期的含义，就需要在假设相互作用的意图以及对恰当语言使用的共同理解基础上做出推论。语言在社会上具有约束力和交流作用，在很大程度上取决于做出正确语用推理的能力。语用推理依赖于心智理论（theory of mind）网络中核心脑区的贡献。这些脑区包括右颞 - 顶交界处和内侧前额叶皮层，这些脑区通常参与需要心理状态推理的任务，即思考他人的信念、情感和欲望。言语行为的识别是由言语及其上下文结合而引起的，这似乎需要心智理论网络中实例化的心智机制的贡献。

语言神经生物学的方法是从确定语言的本质，如果递归是关键，人们可以将布洛卡区识别为下推堆栈的神经等效物，从而支持这种明显的人类计算能力。将诸如口语和听力等复杂的语言技能分解为基本语言单元和基本语言操作，作为编码和解码命题内容的关键构件。这些主要由左额下皮层、颞叶皮质和顶叶皮质的大部分支撑，向左脑偏倚。需与注意控制 - 多重需求系统的交互作用，将话语内容整合到跨越多个连接话语的情景模型中。这个过程似乎涉及右额下回和右角回。为了从语言话语所提供的编码含义中提取出预期的信息，听者必须整合语言信息和非语言信息，还必须得出必要的务实推断。

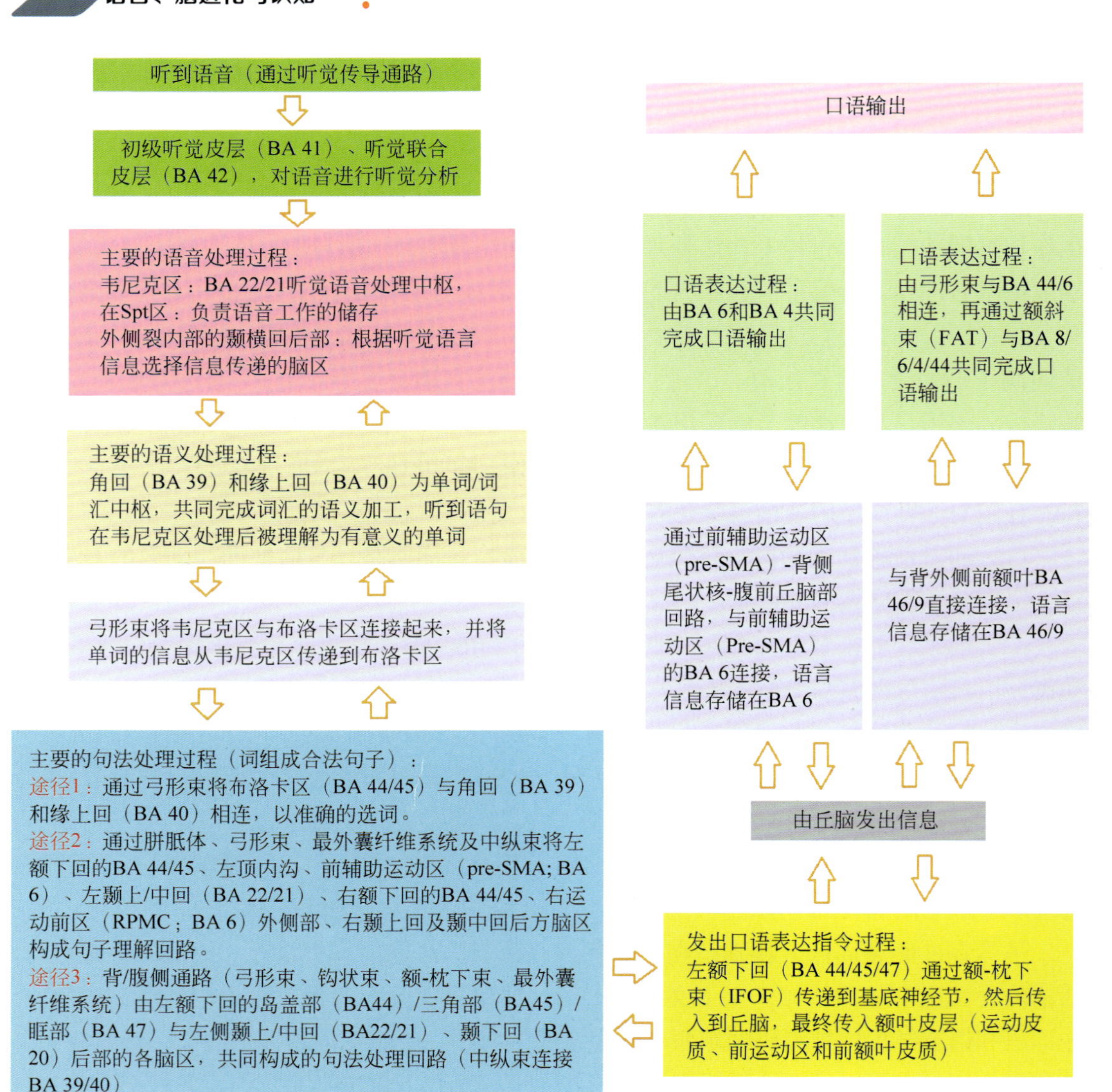

图 8.24　语言理解和产生的过程处理顺序示意图

2. 语言公共知识库用于语言的理解和产生

语言产生和语言理解可以访问由词典和句法规则组成的公共知识库。弗里德里奇等建立了公共知识库模型，如图 8.25 所示，假设语言产生和语言理解由顺序组织的不同子过程组成。这些过程访问一个称为语法的中央知识库，该知识库由语法词典和句法规则（图中间以椭圆表示）组成。语言产生和理解的共同点是概念处理的级别，在该级别上构造消息并在其上解释所感知的消息，这是根据上下文和可用的世界知识完成的。消息解释和消息构造受到监控。言语前 / 后信息的中介表征在概念系统和语言系统（产生 / 理解）之间起中介作用。图底部的语音序列（音位顺序）也是语言系统和输入 / 输出过程之间的一种中间表示。从产生过程中的语音序列表示，到理解系统的箭头的观察所证明，作为人类，如果我们意识到最好不要说出所构筑的信息，则能够在发音之前停止产生过程。一旦它被表达出来，不仅我们自己的理解系统（如底部箭头所示），而且他人的理解系统也能感知话语。

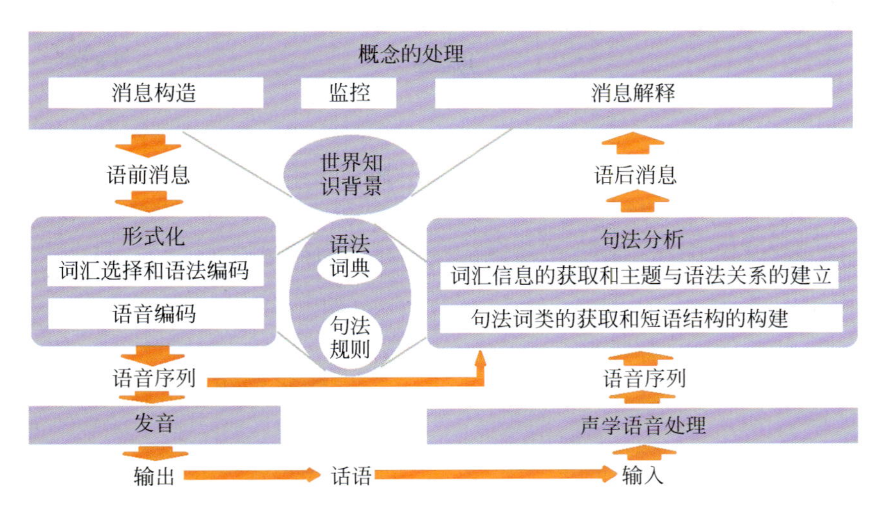

图 8.25　语言产生与理解模型

图注：中心知识库表示为椭圆形，流程表示为方框。

利用弗里德里奇等模型，研究人员采用不同方法来研究语言的产生，如研究大脑损伤后的语言障碍，或系统地研究健康说话者的言语错误，或通过在实验环境中以视觉或听觉呈现的材料来触发将要形成的信息。不同的方法会融合到一种语言产生模型中，该模型似乎显示出用于语言理解的三个阶段与语言产生的顺序相反。

概念知识模型表明，物体在一个分布式的皮质区网络中被表示出来，该网络存储着不同类型的属性信息，如形状、颜色和运动。这种说法的两个具体主张是：(1) 每当物体概念被唤起时，与物体相关的运动和行动（以及其他属性）会被自动激活；(2) 不同的神经脑区负责与工具和动物类别中的物体相关的运动 / 行动属性。泰勒（Tyler）等通过功能磁共振成像研究了与指称动物和工具的名词以及指称与工具有关的动作（如钻孔、绘画）和生物动作（如行走、跳跃）的动词的概念处理有关的神经激活。研究发现，物体名称和它们的相关行动激活了同一组神经脑区（左纺锤回、颞上 / 中皮层），这与单词工具和动物概念隐含地激活与它们相关的行动的说法一致。然而，没有证据表明物体或动作具有类别特异性，对生物和非生物类别的形式和运动属性的激活基本相同。泰勒等研究结果表明，颞上沟是视觉眼肌运动动作网络的一部分，参与对诸如工具和水果之类能理解的物体概念的处理，而不是作为生物体动作属性的专门脑区。因为两种类型的动作本质上激活了相同的皮层脑区，所以现在的结果不支持不同的神经网络负责处理趋向于与不同知识类别相关的不同类型信息的观点。颞上沟是作用于选择性处理或表征生物运动的神经脑区，而颞中回是储存或处理工具动作相关运动的脑区，如图 8.26 所示。

与人造物品（例如工具）相联系的运动无法像生物动作一样激活相同的脑区。这表明颞上沟可能对于人类和动物典型的全身或部分复杂运动敏感。动物的名称激活纺锤形外侧（与其视觉性质相关）的脑区和颞上沟，而工具名词激活纺锤形内侧和颞中回。动物和工具的名称强烈激活的脑区是相似的，即在海马旁回、纺锤体和颞中上皮层。概念知识是由一个包含许多皮层脑区（颞叶、额叶、枕叶和顶叶）的分布式系统中表征和处理的。这些不同脑区依赖许多因素较大或较小程度地参与，这些因素包括：输入的类型（口头词汇、书面词汇、图画）、任务的性质（例如：命名词汇或者图片、阅读词汇、匹配），以及认知需要的额外非语言学要求。因而，比如说，由图片组成的刺激时，枕叶皮质会比口语词汇刺激时更多地参与，而前额下皮层对任务和素材处理需求增加时会更多地参与。然而，没有任何专门的脑区专门针对任何专门的概念域或类别的概念处理。尽管由动物激活的皮层脑区与工具激活的皮层脑区一样，但预测的动物激活的程度更大。

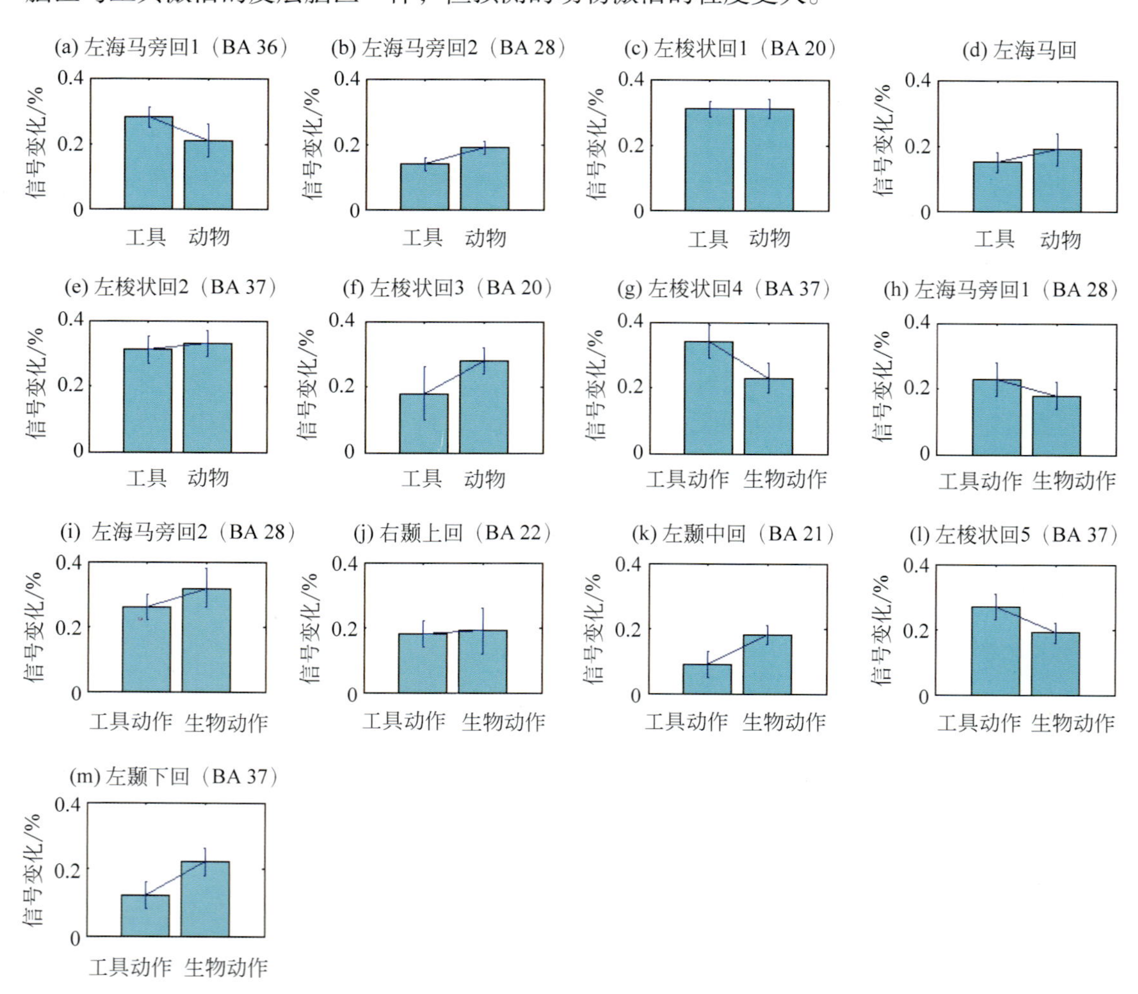

图 8.26　颞叶皮层每一局部最大值的信号变化（基于标准误差）的图像

图注：图（a）~（c）是工具词减去基线的对比；图（d）~（f）是动物词减去基线的对比；图（g）~（j）是工具动作词减去基线的对比；图（k）~（m）是生物动作词减去基线的对比。

现实世界语义知识和句法规则的异常将引起神经活动截然不同的时空模式。库珀伯格（Kuperberg）等研究表明，左额下回（BA 45/47）在个体词汇含义明确受约束的检索或受约束的选择中发挥作用。当语义异常发生在句子中时，包括在现实世界中可能发生的异常和我们知道的事实的异常，左额下回也被激活，暗示该脑区也可能调节现实世界语义知识的检索。相对于正常语句和现实世界中不可能发生的违例，带有屈折形态句法违例的句子，如“Every morning at breakfast the boys would eats toast and jam（每天早餐孩子们吃烤面包和果酱）”引起双边顶叶皮层活动的强健增加（BA 40/7）。对于生命属性的语义 - 论题和句法异常诱发 P600 效应，而对于现实世界语用异常诱发 N400 效应。左额下皮层前部负责对现实世界语用异常进行搜索、获取，并将现实世界的知识整合到句子的表示形式中。

3. 语言层次的分块处理

语言处理的速度惊人，我们很容易每秒产生和理解 2~5 个单词。对速度需求的结果是，在产生和理解中，对语言成分的检索和组合操作是按递增层次进行的。此外，语言处理的特点是即时性原则。在理解中，语言信息和语言之外的信息一出现就立即被使用。也就是说，人类大脑系统结合了每个单词的含义，与来自其他模式的伴随信息（例如，同声手势、面部表情），以及关于说话者的知识、语境和世界知识，它们都能立即在同一个快速反应的大脑系统上发挥作用。即，所有可用的相关信息毫不延迟地被用于共同决定对发言者信息的解释。在所有情况下，左额下皮层与颞 - 顶脑区的动态相互作用在统一决定话语解释的不同信息源方面都起着重要作用。预测对于理解是必要的，预测有助于语言处理，而且可能与满足对速度的要求有关。词汇、语义和句法线索很有可能共同预测下一个预期词的特征，包括其句法和语义成分。上下文预测与自下向上的分析结果之间不匹配导致了大脑的即时反应，从而增加了额外的处理资源，以挽救在线解释过程。

在正常讲话中，需要进行单词联想分析来解释贯穿整个讲话的单词之间的许多关系，甚至可能是句子之间的关系。另外，单个单词的产生或感知涉及各个音素级的发音精确度，而单词的识别只需要进行音素比较。它们的区别在于时间上的数量级差异，以及完全不同的分析方式。图 8.27 表明各种语言层次的分块和处理。随着从声音到话语的理解，将输入分块并传递到越来越抽象的语言表示水平时，信息所能维持的时间窗口就会增加，正如与每个语言层面相关的黄色箭头所指示的。这个过程与产生计划是相反的，在产生计划中，从话语层次消息到用于产生特定发音输出的运动命令，将块分解为越来越短和具体单元的序列。更抽象的表示对应于更长的语言材料块，在更高的抽象层次上具有更高的产生前瞻性。产生过程可以进一步用作预测的基础，以促进理解，从而在理解中提供自上而下的信息。声学信号首先在语音层面上被分割成更高层次的声音单元。为了避免基于局部语音单元（例如音素或音节）之间的干扰，这些单元应尽快重新编码为更高级别的单元（例如语素或词）。同样的现象也发生在上一层，即必须将局部词组分割成更大的单元，可能是短语或其他类型的多词序列。随后的组块将这些表征重新编码为更高层次的话语结构（这些结构本身可能被进一步组块为更抽象的表征结构）。产生需要逆向运行相反的过程，从预期的信息开始，逐渐将其解码成越来越具体的块，最终产生相关语音或符号输出所必需的运动程序。产生过程可以进一步用作理解过程中预测的基础，从而允许更高层次的信息影响当前输入的加工。

尽管这种描述与语音学的标准语言层次相符，从音位学、句法学到语用学，设想一个完整的模型可能包括更细粒度的级别，例如区分多个级别的话语表示。世界知识之类的额外语言信息在处理更高水平的语言表示中的参与度越来越大。语言表示的级别越高，可以对信息进行分块的时间窗口就越长。在图 8.27 中，语言表示的每一层处理都是并行进行的，但是有一个明确的时间成分，因为块在两层之间传递。在块传递框架中，语言输入完全有可能同时以多种方式分块。例如，句法块和语调轮廓可能在某种程度上是独立的。

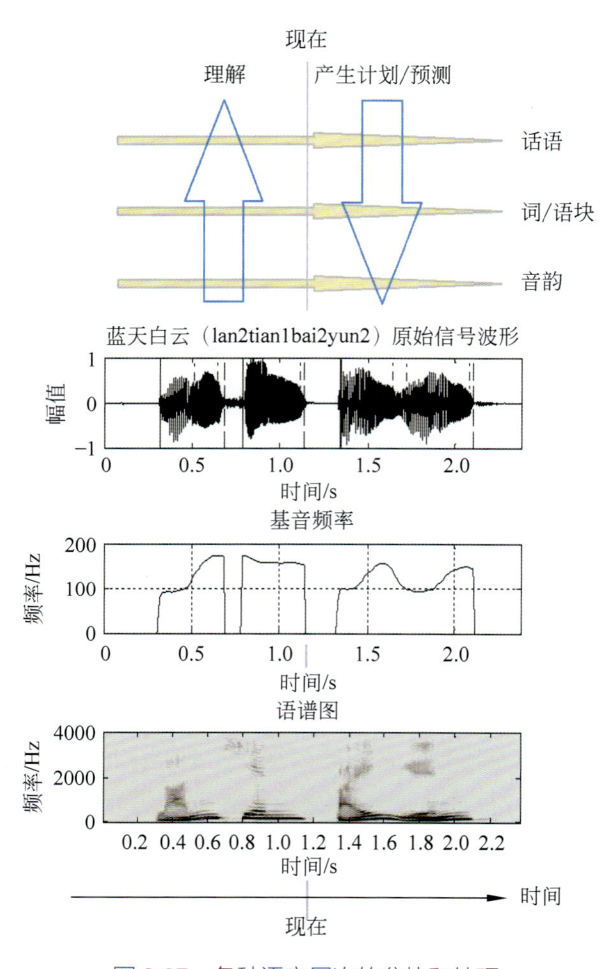

图 8.27　各种语言层次的分块和处理

来自成年人和婴儿的功能磁共振成像数据表明，从初级听觉皮层向后的韦尼克区或向前的布洛卡区移动时，对单个句子的激活反应会系统地减慢，这与从音素到单词到短语的分块时窗越来越长相一致。实际上，处理从较低（感觉）脑区到较高（认知）脑区的听觉输入的皮质回路遵循不同的时间窗口，它们对越来越多的抽象层次的语言信息（从音素、单词，到句子和话语）敏感。同样，逆向过程从意图信息的话语层面表征到跨越平行语言层面的语音（或符号）生成，与当前几种语言生成模型兼容。语言产生过程中来自颅内录音的数据与单词、语素和语音级别的块解码的不同时窗一致，间隔仅 0.1 s。在理解和产生中的增量处理在语言表征的多个层次上并行发生，每个层次都涉及在一个特定的时窗内的分块。

如果语言处理涉及预测，为了使新的语言材料的编码足够快，那么语言习得的一个关键方面就是学习成功地做出这样的预测。也许预测学习最自然的方法是将预测结果与随后的实际情况进行比较，从而产生一个“误差信号”，然后修改预测模型以系统地减少这种误差。在认知科学的许多领域，这种误差驱动的学习已经在一系列计算框架（例如，从人工神经网络到强化学习，再到支持向量机）中得到了广泛探索，并且有相当多的行为支持和神经生物学支持。预测学习原则上可以采取多种形式：例如，可以在许多样本上累积预测误差，然后对预测模型进行修改以最大程度地减少那些样本的整体误差（例如，批量学习）。误差驱动的学习也可以在线进行，每个预测误差都会导致对预测模型的即时（尽管通常很小）修改，而这些小修改的聚合会逐渐减少对未来输入的预测误差。许多计算模型都遵循这些原则。学习涉及使用在线误差驱动的学习来创建语言的预测模型。这样的模型尽管受到限制，但可以为创建越来越逼真的语言习得和处理提供一个解释。例如，体现这些原理的人工神经网络模型是循环神经网络，该网络学习将当前输入映射到语言连续序列中的下一个元素，或其他输入，并通过调整其权值的在线学习，以通过反向传播学习算法减少观测到的预测误差。通过逐步创建可能结构的数据库，并动态使用相似度的在线计算以动态招募这些结构来处理和预测新的语言输入。还可以构建基于样例的语言习得和语言处理的模拟模型，以在线构建和预测语言结构。预测允许自上而下的信息在不同语言表征层面影响当前的处理，从音位到话语，在不同时窗上进行。但在自下而上的信息基础上，使用这种自上而下信息的能力将逐渐显现。即，孩子们逐渐学会应用自上而下的知识，通过预测来促进处理，因为更高层次的信息可变得更加根深蒂固，并允许做出预期的概括。

4. 千年文明史的汉语

汉语属于汉藏语系中的分支，由大中华区的大多数汉族和许多少数民族群体所使用，约有 13 亿人将汉语作为第一语言（母语）。最早的中文书面记录是在公元前 1250 年商代出现的甲骨文，可以从古代诗歌的押韵重建古代汉语的语音类别，甲骨文是商王盘庚迁都后至公元前 11 世纪商纣亡国的 270 年左右的时间内，商代王室用以占卜记录而契刻在龟甲或牛肩骨上的文字，是迄今为止中国最早的成熟文字，其中涉及王事、农业、天象、吉凶、祭祀、征伐、使令、往来、婚娶等多方面社会内容。与埃及的纸草文、巴比伦的泥板文书等同为人类社会最珍贵的文化遗产，如图 8.28 所示。纸草文字和泥板文书都已失传，而中国的文字几经演变，从古至今经历了甲骨文→青铜器铭文→简牍→碑刻→到现代楷书的发展演变过程，虽然它们存在着形体的变化，但它们是一脉相承的，文字专家们发现并寻找出它们之间的联系，终于成为中国现在通行的文字。从甲骨文到现代汉字，不仅对中华民族的发展具有巨大的凝聚力，而且记录了中华民族灿烂的五千年文明史。普通话是中国的官方语言，是联合国的六种正式语言之一。图 8.29 是汉字古今演变过程，可以看到，从甲骨文到现代的简体汉字，“车”字经历的变化是一个由繁到简的过程，现代汉字虽然符合了使用简便的要求，但同时也丧失了包含在文字中的一些象形信息。

(a)

(b)

(c)

图 8.28　人类文化遗产的古文字

图注：图（a）：公元前 3 世纪纸莎草纸上的官方信函，图（b）：公元前 2003—1595 年泥板的数学与几何代数（类似于欧几里得几何），图（c）：公元前 1250 年中国商代的刻有占卜铭文的甲骨文。

图 8.29　汉字古今演变过程。从左到右依次是：甲骨文、金文、篆书、隶书、楷书繁体、简体

与字母文字英文的线性排列不同，39% 以上的汉字分别是由音旁和综合表示某范围可能的读音与某类意义范畴的偏旁各自构成的复合字。阅读中文比阅读字母文字需要更为复杂的正字法处理。图 8.30 是甲骨文与现代汉字的对应关系。汉语“妈妈”“好吗”“上马”和“骂人”的波形图、基音频率曲线和窄带语谱图如图 8.31 所示，汉字的声调具有辨义作用。

甲骨文文字：

现代汉字：　马　虎　犬　象　龟

图 8.30　甲骨文字与现代汉字的对应

汉字的一个明显特征是汉字的子部件能表达意义，在偏旁中蕴涵着语义知识。图 8.32 表明了汉语的形、音、义之间的关系。然而，不同程度的语义偏旁可能表达同一语义。一个语义偏旁的结合度（共享一个语义偏旁的字数）在汉字判断任务中可以预测辨认汉字。汉字的频率和其部件的频率交互影响着汉字识别。当呈现拥有相同语义偏旁的两个不同汉字时，出现频率较高的汉字比很少遇到的汉字会被更快识别。刘（Liu）等研究了频率效应与语义偏旁的可结合性对中文阅读的影响，结果表明频率效应从 150 ms 时在左枕叶（BA 17）的位置，到 200 ms 时转移到右枕叶（BA 18）的位置。对出现频率低的汉字，在枕叶区看到较早的（100 ms）激活，而左额上区（BA 6）观察到较晚的（250 ms）激活。参与者对较高频率的汉字和偏旁结合性高的汉字反应更快。与高频率汉字相比，可结合性操作对低频率汉字的影响更大。语义偏旁可结合性与频率对汉字识别有影响。包含结合性高的

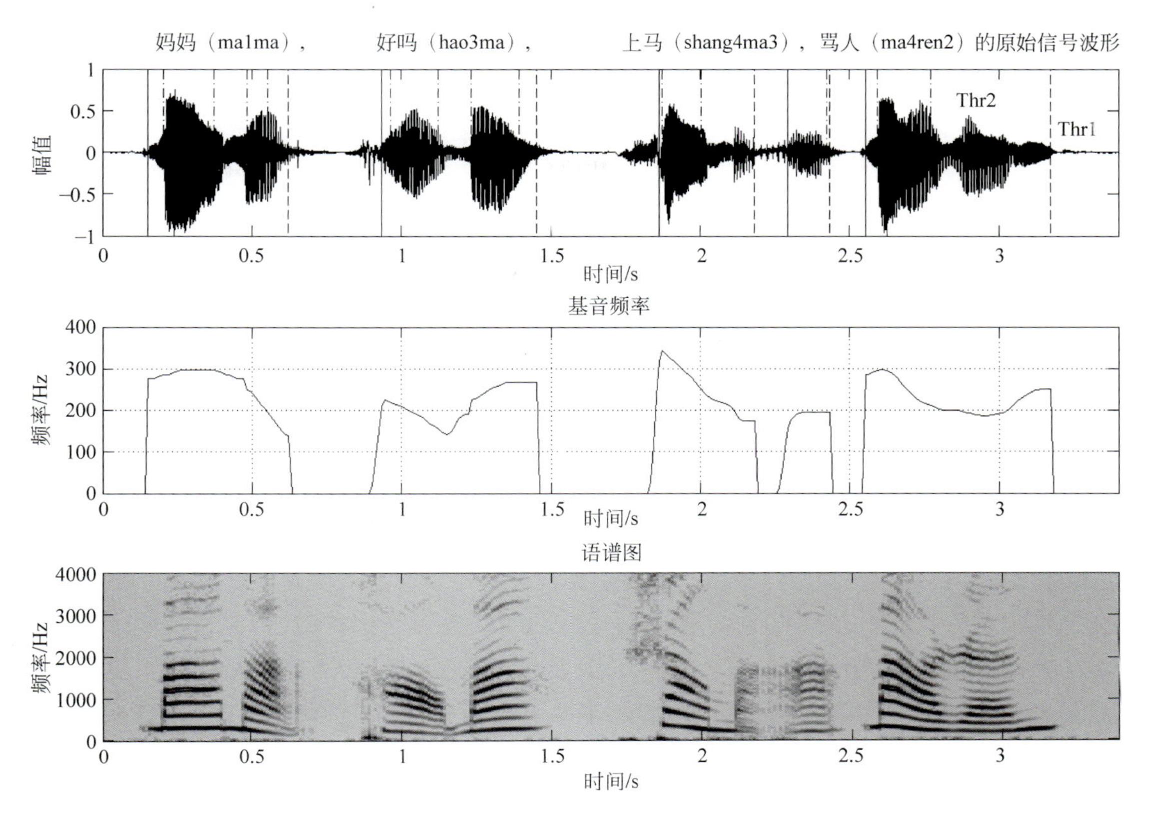

图 8.31 汉语“妈妈”“好吗”“上马”和“骂人”的波形图、基音频率曲线和语谱图

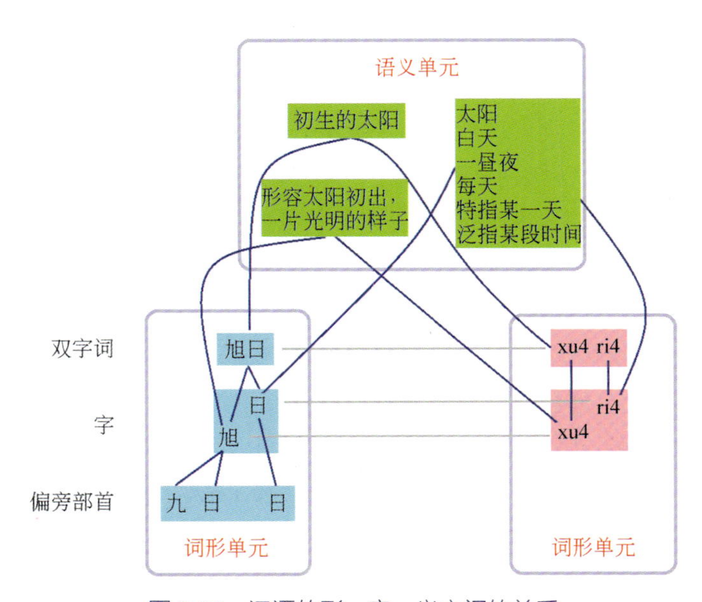

图 8.32 汉语的形、音、义之间的关系

偏旁的汉字，可以更直接地进行意义识别的存取。

汉语可以用表意形式的汉字和字母形式的拼音来书写单词。傅（Fu）等使用功能磁共振成像来考察词形对大脑处理书写汉语的影响，15 名健康的志愿者参加了实验，默读汉字（8 名受试者 19~29 岁，其中 5 名男性）或拼音（7 名受试者 25~38 岁，其中 4 名男性）阅读，被试均为强右利手，均是母语为汉语者。这两项实验任务是通过刺激呈现的不同速率来确认依赖词语负荷激活的脑区。速率对汉字阅读的影响（快速呈现与慢速呈现之差）在纹状体和纹状体外视觉皮层、顶上小叶、左颞中回后部、双侧颞下回以及双侧额上回均被观察到。

阅读涉及字形、语音及语义处理组成的任务。每个汉字都是独特的方块字结构。在处理单音节及双音节词汇时，右枕区被激活。汉语拼音是由 26 个英文字母和 13 个字母组合（如 zh、ch、ang 等）的符号集合。同音字在汉字中非常普遍，因此一个人不能单纯从其拼音的视觉形式判断出一个单字的意义。一个汉字的发音可通过表示语音偏旁的子字符得以表示。一方面，字母形式的拼音阅读比非字母形式的汉字阅读在缘上回的激活范围大，这可解释为与字母形式的拼音阅读中的组合过程有关。另一方面，相对于拼音阅读，汉字阅读在左梭状回显示出更强的激活，这可能是汉字表意形式分析具体化的结果。汉字处理在额叶、枕叶、顶叶以及小脑区的双侧有激活。拼音阅读任务产生了比汉字阅读任务在程度和范围上都更为显著的激活效应。对于受过教育的成年汉语阅读者来说，拼音阅读通常更费力。在拼音阅读过程中，在左额中回（BA 9/46）发现更强的激活。额下回腹侧（BA 47）较靠前和靠下的部分参与语义处理，而较靠后的三角部 / 岛盖部（BA 45/44）参与语音处理。意义从语音而来，因此拼音的组合需要语音处理。相反，对于与意义相关的汉字，其习得过程中语义处理仍然重要，但语音处理却相对弱化。一种解释是与汉字阅读过程中额下回的激活相对靠近腹侧的位置相一致。

无论是汉字阅读还是拼音阅读，激活幅度变化通常偏向左脑。与拼音阅读相比，汉字阅读通常更偏向于与双侧半脑的激活模式相关。对拼音阅读来说，额上回楔前叶、顶下小叶以及壳核区内的激活现象都明显表现出向左脑的偏侧，而汉字阅读没有表现出偏侧。相反，拼音阅读在纹状体外视觉皮层的激活现象表现出向右脑的偏侧，而汉字阅读则表现出向左脑的偏侧或没有偏侧。这表明汉字和拼音阅读的脑激活的模式截然不同，正电子发射断层扫描术的研究识别出在阅读日语假名时外侧裂颞 - 顶区（包括 BA 40/22 区）具有更强的激活，表明这一脑区在语音处理中具有潜在的重要性。相对于汉字阅读，拼音阅读在颞 - 顶区有更强的激活。正如拼音阅读的组合过程比汉字阅读的寻址过程的反应更慢一样，日语阅读者阅读假名比阅读汉字更慢。虽然大脑激活通常在左脑较为显著，但在枕区和顶区上的双侧激活表明，右脑在阅读汉字和拼音的过程中扮演着重要的角色。

董（Dong）等对汉语词汇加工的神经机制进行了功能磁共振成像研究，实验任务包括：字形判断、语音匹配和语义关联。左颞下皮层的后部（BA 37）对 3 种任务都显示出强健的激活。然而语音匹配任务在左额下和顶叶区产生激活，语义关联任务在双侧额下和枕 - 顶区显示大量的激活。语音匹配和语义关联任务之间的直接对比，在左额下回（BA 47）的前部和右额下区（布洛卡区的同源区 BA 45）显示语义关联的激活。行为学方面，在语音匹配和语义关联任务之间的响应时间没有差异。汉语单字词的音和义的处理涉及不同的神经通路。不同于字母文字系统，汉语由表意文字组成，并基于有意义的词素和图解组件的关联。汉语的词义可能从拼写中直接获取，而很少或没有语音的调节。阅读汉语单词可能涉及与其独特的象形文字特性相关的特殊的神经网络。右脑在处理日语汉字时有特殊的优势，这可以归因于直接使用语义系统。左颞下皮层的后部是与日语汉字处理一贯关联的唯一脑区。通过检索其可视的图解成像，同样在左颞下皮层的后部脑区在书写和回忆日语汉字时扮演了重要的角色。

在 3 种语言学任务（包括字形判断、语音匹配和语义关联任务）中都能发现左颞下区后部的激活。字形判断在双侧枕叶、左顶下和左基底颞区产生激活；语音匹配任务在左额下回布洛卡区显示出激活；而语义关联任务不仅在上述脑区中显示强健的激活，而且还在右顶上和右额下区也产生强健的激活。在语音匹配任务中，右脑的布洛卡同源区没有产生激活。和语音匹配任务形成对比，语义关联任务产生双侧额下区的激活。语音匹配任务最显著的激活脑区有左基底颞区、顶叶和额下皮层；左额下回布洛卡区与左前运动皮层同时激活，表明为语音处理进行发音复述。语义关联任务有选择地激活左额下区的腹侧部分，这与语音匹配任务激活的后部背侧脑区分离。即前部腹侧区与语义处理相关，而后部背侧区与语音处理相关。右顶和额叶网络参与语义处理，右顶区和额叶区出现的激活与汉语表意系统的特定处理相关。由于汉字属于象形文字，它在汉语单词的空间结构与其意义之间肯定比英语单词有更强的关联。例如：“馬”是一个象形文字，类似驰骋的马的抽象图形。

齐（Chee）等对汉字、英语单词和图片在脑中的语义处理进行了功能磁共振成像研究，相比于感知大小判断任务，由汉字和图片的语义任务共同激活的脑区包括：左前额区（BA 9/44/45）、左颞区后部、左梭状区（BA 37）以及左顶区。汉字处理在左颞中 / 后区和左前额区会产生比图片处理更强的激活。而相比于汉字语义处理，图片的语义处理过程则在外侧枕区产生更强的激活，汉字的语义处理比图片更接近于英语单词。视觉失认症的案例以及“图像优势”效应的存在，即表示实物的图片比文字更容易记忆，暗示在某一点上沿着从表面特征到含义的感知路线，图片与文字处理是不同的。单词的语义处理会激活左颞上沟、左颞中回前部和左颞下沟，然而图片的特定语义处理会激活左颞下沟后部。

汉字是分离的语言单位，大部分书写字符都是由偏旁的任意符号组成的，这些偏旁指示单词的含义或发音，但是它们既不是象形文字也不是字母文字。汉字和图片处理激活了很多共同的脑区。行为学的研究表明，英语单词和汉字含义的获取必须涉及语音处理。与图片处理相比，对于英语单词在左颞后区引起更强的激活，反映出单词处理增强了使用语音表示的机会。图片的语义处理对右枕叶有显著的影响，这一脑区对于所有的图片任务都比单词任务更加活跃，而不特别涉及语义处理。与英语单词相比，汉字处理在左前额区，与引起更强的依赖血氧水平信号改变相关。

8.4.2 反讽和隐喻话语的大脑理解处理

1. 反讽和隐喻的加工

几十年前，麻省理工学院著名的结构语言学家罗曼 · 雅各布森（Roman Jakobson）提出，可以将潜在的语言过程中的单词联想分析为两大类联想操作，称为词语联想的组合维度和聚合维度，提出这些过程应该分别在大脑皮层的额叶和后部完成。聚合操作反映在词之间的替代关系中，隐喻、照应语和代词都起这个作用。从最普遍的意义上说，同一词性的所有词在某种程度上都是聚合的，因为它们可以相互替代。在一个句子中具有相同功能的单词，除了具有某种重命名功能外，一般不会同时出现在同一个句子或上下文中。组合操作反映在不同词类（例如，名词、动词、形容词、副词或冠词）之间的互补关系，以及这些不同类别的词在句子中的顺序交替的方式。通过转喻进行词语联想，组成句子的实义词几乎总是彼此转喻地联系在一起。在句子形成或故事描述的语境中，后续单词彼此作用，扩展或缩小语义关系，引入新主题或仅产生一个句子功能，例如指示或请求某些内容。这种转喻功能不仅仅是一种范式的转变，而且还涉及一个词在决定指称方面作用于另一个词的基础。

产生隐喻关联需要选择具有共同语义特征的单词，而产生转喻关联则需要将注意力转移到特定的替代特征上。这就是为什么可能存在大脑后部皮层偏向于隐喻性操作和前额皮层偏向于转喻性操作。对共同感知特征的注意所引起的联想类似于感知识别过程，因此应激活相应的后部皮层区的功能。然而，需要转移注意力的关联，其中一些特征被用来产生补充，可能需要前额的作用。转喻词联想因此提供了一个范例，利用信息对自身产生新的互补替代。

幽默、心照不宣等反讽是我们看世界的镜头之一，也是我们描述世界给他人的方式之一。对于我们自己和那些与我们沟通的人，隐喻是一种方式，这种方式依据其他概念来理解某个概念，把知识从一个领域转移到另一个。对反讽和隐喻的理解都要求非字面解释，它超出了一阶词汇和句法的处理。例如，反讽和隐喻都需要理解者知道说话者的信念和意图，并用这些知识来产生非字面的解释。隐喻话语不必从字面上陈述真实的内容，而反讽陈述则被说话场景虚伪化（例如：听话者知道正在下大雨，但却说，“多么适合野餐的天气啊”）。对于隐喻，不相干的陈述由传达属性和目标属性的关联来解决。对于反讽，一致连贯的解释就需要说话者做假，其实际想表达的意思正与他所说的相反。隐喻是一种语言的描述使用，涉及话语命题形式和其所要表达思想之间的关系。反讽更需要解释而且更复杂，因为它涉及说话者的想法和其他人的想法之间的关系。研究显示健康成年人在阅读反讽陈述时所需的时间比阅读隐喻陈述的时间更长。

大多数的人其语言功能是左脑占主导地位，右脑则参与了叙事建构和话语表征的进程和处理。右脑也被证实与言语反讽、传统和新颖的隐喻以及预测和连贯性的推论等处理相关。研究表明，对于隐喻和含蓄的有效处理，一个完整的右脑加工是必须的。损伤的脑区和理解的缺陷之间是有一定联系的，右脑损伤对反讽理解的削弱多于对隐喻理解的削弱，左脑损伤对隐喻理解的削弱多于对反讽理解的削弱。对于非字面语言的处理，高阶过程中的两脑半球间的整合作用是必需的。

埃维塔（Eviatar）等研究表明，隐喻话语比起字面话语和反讽话语，其明显引起了大脑左额下回和双侧颞下皮层更高的激活。反讽话语引起的右颞上 / 中回的激活程度远高于字面话语所引起的激活，同时隐喻话语则引起了这些脑区介于两者之间的适中激活程度。参与者在完成很多语言任务时的功能磁共振成像显示了右脑的激活，尤其是当参与者必须完成因果推论或是篇章层级估计时，右脑激活是最常见的。这里的所有隐喻都是指的传统隐喻或死隐喻，并不含有说反话的意思。左脑的 3 个脑区是：额下回（IFG）、颞下回（ITG）

和纹外下皮质（inferior extrastriate, IES）。注：纹外皮层位于初级视觉皮层旁的枕叶皮层区。初级视觉皮层（V1）也因其在显微镜下的条纹外观而被称为条纹皮层。纹外皮层包含多个功能区，包括对运动敏感的 V3、V4、V5/MT，或用于感知人体的纹外体区（参见图 6.30 上图）。隐喻和字面陈述对比的 F 比率是：在额下回 $F(1, 15) = 7.43, p < 0.01$; 在颞下回 $F(1, 15) = 5.84, p < 0.05$; 在纹外下皮层 $F(1, 15) = 7.96, p < 0.01$。隐喻与反讽陈述对比的 F 比率是：在额下回 $F(1, 15) = 4.15, p < 0.05$；在颞下回 $F(1, 15) = 4.51, p = 0.05$；在纹外下皮层 $F(1, 15) = 3.86, p < 0.06$，这些结果如图 8.33 所示。右脑中两个脑区显示了陈述类型的可信效果。右颞上 / 中区对反讽陈述比字面陈述表现出有更高的激活水平，隐喻陈述的值在它们之间。右颞下回的效果与左颞下回的不同，强度上也低很多。其他脑区隐喻与反讽陈述对比，隐喻的激活水平明显高于其他类型的陈述或语句。

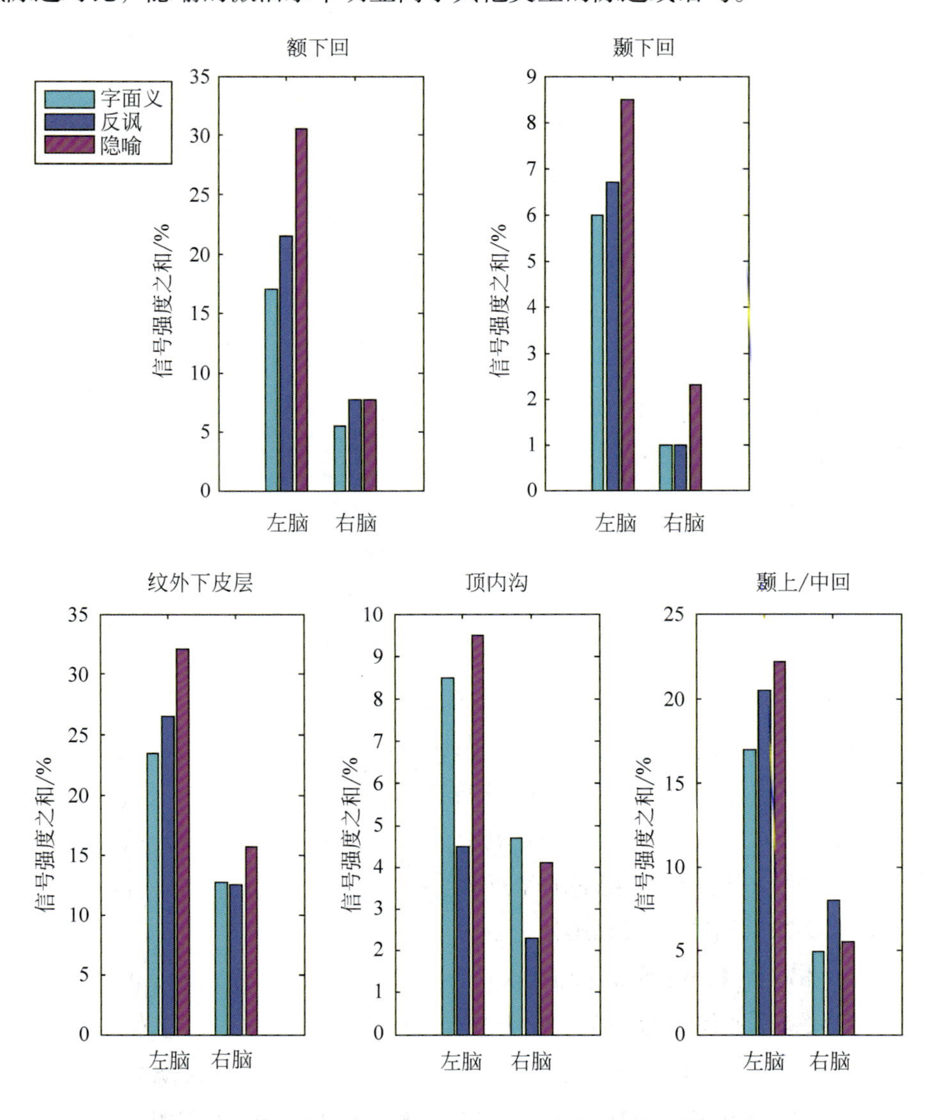

图 8.33　5 个脑区表明信号强度之和的关键话语类型

埃维塔等研究验证了字面义、反讽和隐喻 3 种类型的陈述都会导致在左脑经典语言区的激活，与之前语言理解的成像研究一致。同时，在左额下回、左颞下回和左纹外下皮层这 3 个脑区，隐喻陈述导致的激活水平明显高于反讽和字面陈述。在右颞叶的两个不同脑区，对反讽和隐喻有不同的敏感度：反讽陈述导致了在右颞上 / 中回有更高的激活水平，而隐喻陈述导致在颞下回相对更高的激活水平。这些研究结果支持了比喻性语言是被如同文字陈述一样的通用机制进行处理，而且反讽和隐喻的处理有着不同的特点。结果表明，隐喻引起左额下回、颞下回更高激活。在右脑额下回、颞中回和楔前叶（为大脑顶叶内面的一个小正方形脑回，向后以顶 - 枕沟内侧部为界，向前以中央旁小叶为界，参见图 1.8）中隐喻处理导致了不同的激活，左额下回和颞下回对隐喻语句的激活水平比字面语句的更高。预测性推论是在右脑激活的，并且是右脑粗糙语义编码的一种反映。

焦拉（Giora）等研究表明，在反讽理解测试中，单侧右脑损伤患者比单侧左脑损伤患者获得的分数更低，而在隐喻测试中，单侧右脑损伤患者则比单侧左脑损伤患者获得的分数更高。因此，右脑在反讽理解过程中有着鉴别的作用，而左脑在隐喻理解过程中有着鉴别的作用。埃维塔等研究认为，所有的刺激都激活了经典的外侧裂语言区。反讽陈述引起了右脑颞区的激活，隐喻陈述则引起了左额下回超出阈值的大量激活。研究发现，在处理反讽和隐喻时，右脑的激活水平都不会超过左脑。虽然这两种比喻性语言的处理已被描述为是右脑的功能，但它更可能是双边功能，两个脑半球的激活量具有不对称性。

2. 非字面语的加工

假定词形就像事实一样是任意的，而且很有可能存储在颞叶和顶叶区，颞 - 顶 / 颞内侧的陈述性记忆系统可能促进词汇以及事实和事件处理。假定规则就像实时的、需要协调程序的技能一样，并且额叶 / 基底神经节程序系统处理语法规则就像处理运动和感知技能一样。基底节神经回路可以投射到布洛卡区，提高了基底神经节部分促进语法处理的可能性，实施操作就像那些运动程序设计一样。

语句理解预示着大脑控制从形式到内容映射的一套规则的顺序执行，通过语言的线性序列元素传达有组织的意义形式的分层树状的句法结构来被大脑感知。句子中的单词整合过程在被大脑理解时，先获取若干词的字面意思，接着在句法结构、语义信息和语用知识的指导下，把若干事件联结并运用因果关系和推理，逐步完成对词的整合以达到对非字面意思的理解。由于汉语同音字词和形似字词多，通常所有候选的同音字词、近音字词、形似字词的汉字串形式候选表征被激活参与竞争，用声调辨义，随着汉字词的输入，当更多知觉信息可利用时，被激活的表征数量缩小到最匹配输入的汉字词，上下文语境指导将最符合语境认知的汉语非字面意义词选出，而对其他不匹配的汉语非字面意义词予以抑制，导致被激活的候选词数目或候选含意的减少，同时激活了具有非字面信息及可能的句子树形结构的词元信息进行句法分析，要将已识别单词的语义特征在句法约束下实时整合到整句话的表征之中，句子的其他部分约束了该词只符合其中一种含义的语境，即该词的符合句义的合适语义是在整合到非字面语言语境之中确定的，其非字面语言句法和语义加工流程图如图 8.34 所示，可见对于非字面语的加工左右脑均参与其过程。

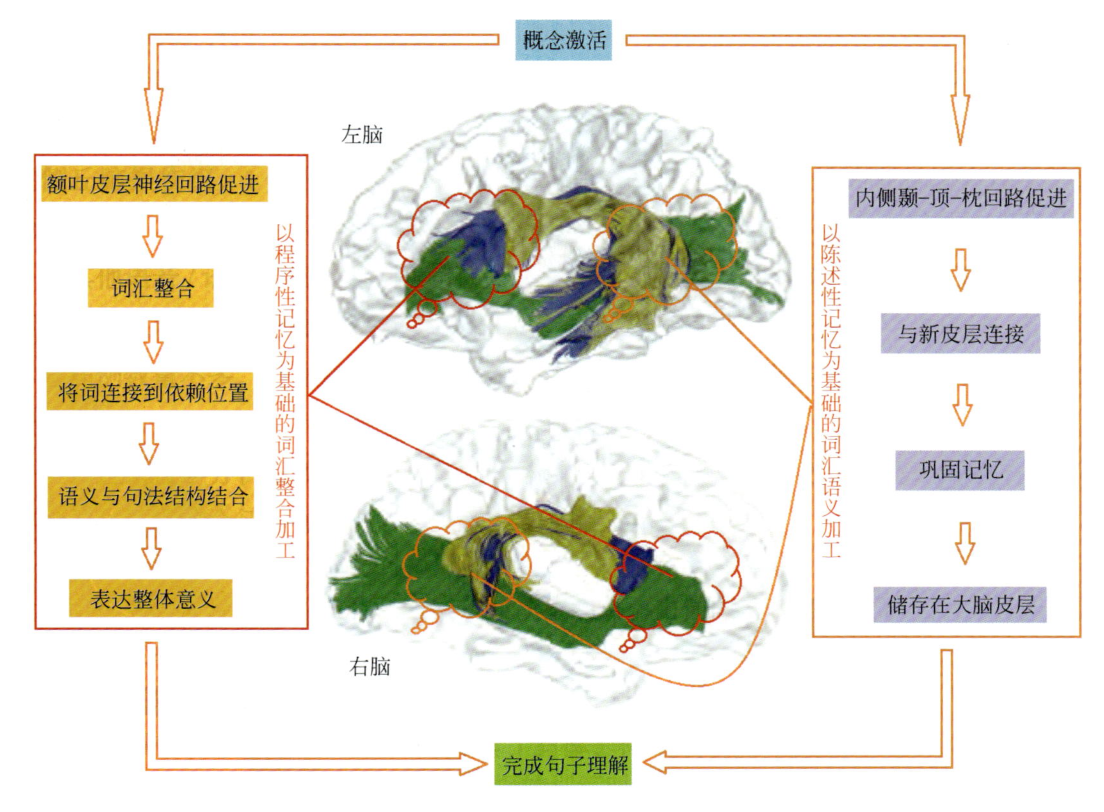

图 8.34　非字面语言句法和语义加工流程图

将句法树结构配给串序汉字词的过程，在一个目标词之前，若能先呈现出一个与语义相关的启动词，那么对目标词的加工就会更容易，即前面的词对后面的词有启发作用，可减少后面词在心理词典中搜索的困惑度，后面的词语对非字面意义的修正理解和句法结构的完善起补充作用。

小结

语言是通过视觉、听觉、体感等大脑皮质接受信息，并通过大脑网络中各脑区之间相互作用共同完成的。本章论述了语言获得装置理论，通过与语义处理相关的左脑网络系统，短语的神经加工机制，句法处理的 2 个语法中枢与 3 个神经回路，研究了大脑的语言网络。通过颞叶皮质的自下而上过程，从听觉感知到单词和短语，从颞皮质到额叶皮质走向高阶计算；以及自上而下的过程，从额下回皮质到颞皮质，研究了大脑的功能连接性。论述了陈述性记忆系统和程序性记忆系统，并对语言理解和产生的语言公共知识库，语言的理解和产生的过程，以及汉语的处理，非字面语及隐喻、反讽处理进行了论述。

思考题

1. 请阐述与语义处理相关的左脑网络系统的工作机制。

2. 请论述神经语言网络发育模式。

3. 请论述短语的神经加工机制以及句法处理的语法中枢与神经回路。

4. 请论述颞叶皮质的自下而上过程：从听觉感知到单词和短语的处理；以及自上而下的过程：从额下回皮质到颞叶皮质的语义整合机制。

5. 请根据陈述性记忆系统和程序性记忆系统来阐述语言的认知理解机制。

第9章 二语习得的认知理论

本章课程的学习目的和要求

1. 理解乔姆斯基的语言学层次结构和普遍文法解释二语习得理论。对监测模型、交互假说、竞争模型、输入假设理论、注意假说、语义理论、社会文化理论和二语习得的相关模型有基本的理解。了解二语与母语习得的比较、社会文化因素、个体差异、情感因素、损耗等二语习得的影响因素。
2. 基本掌握习得年龄、熟练程度与二语习得的关系，以及二语习得的词汇处理，语言使用的社会多样性，二语习得熟练程度和习得年龄对灰质密度的影响；充分认识早期的语言习得对后期语言学习的影响，单语与双语者的脑区激活以及双语对大脑结构和功能连接的影响，以及二语习得的关键时期假说。
3. 通过时间进程的 ERP 研究，脑区定位的 fMRI 研究，多语言者语法相关脑区的变化，来充分理解二语习得的神经生理学认知机制。

9.1　二语习得理论

第二语言习得，简称二语习得，是指学习者学习第二语言（L2）的行为和过程。第二语言是指一个人除了第一语言（母语，L1）以外的任何一种语言，二语习得理论主要揭示已经掌握一种语言的人如何更有效地学习 L2。尽管这个概念被称为 L2 习得，但它也可以包含对第三、第四或后续语言的学习。

关于学习者如何准确习得一种新语言的研究涉及多个领域。重点是提供基本语言技能是天生遗传的、后天培养的，还是两种属性的结合的证明。二语习得研究的认知方法涉及大脑中支撑语言习得的过程，例如，对语言的关注如何影响其学习能力，或者语言习得与短期和长期记忆如何相关。社会文化研究方法拒绝接受二语习得是一种纯粹的心理现象的观点，并试图在社会环境中对其进行解释。影响二语习得的一些关键社会因素包括沉浸程度、与第二语言社区的联系以及性别。语言学研究方法将语言与其他种类的知识分开考虑，并尝试使用语言学更广泛的研究结果来解释二语习得。二语习得如何受年龄和学习策略等个人因素的影响，二语习得的成人学习者和儿童学习者之间的差异。二语习得中关于年龄的关键时期假说，即个体在童年某个特定年龄之后就失去了全面学习一门语言的能力。学习策略通常被分类为学习策略或交际策略，以提高各自的习得技能。情感因素是影响个体学习新语言能力的因素，影响习得的常见情感因素是焦虑、个性、社交态度和动机。总之，二语习得是应用语言学的一个分支学科，包括语言学、社会语言学、心理学、认知科学、神经科学和教育。二语习得可以从语言维度、非语言认知维度、社会文化维度和教学维度进行研究，其共同点在于它们可以指导我们找到有助于成功学习二语的条件。

9.1.1 二语习得的研究历史

二语习得是一个跨学科的领域，科德（Pit Corder）于 1967 年发表的论文《学习者错误的重要性（The significance of learners' errors）》和塞林克（Larry Selinker）于 1972 年发表的论文《中介语（Interlanguage）》对现代二语习得研究的发展起到了重要作用。科德否定了行为主义者对二语习得的解释，认为学习者利用了内在的语言过程。塞林克认为，第二语言学习者拥有自己的独立于第一语言和第二语言的语言系统。

20 世纪 70 年代，二语习得研究的大趋势是探索科德和塞林克的思想，驳斥行为主义的语言习得理论。例如，对错误分析的研究，对第二语言能力的过渡阶段的研究，以及调查学习者获得语言特征的顺序的"语素研究"。从 20 世纪 80 年代开始，人们从各学科角度和理论角度对二语习得进行了研究。斯蒂芬·克拉申（Stephen Krashen）的理论已经成为二语习得的重要范式，他提出学习者的语言习得完全由可理解的语言输入驱动。20 世纪 80 年代的研究特点是试图填补这些空白。一些方法包括怀特（White）对学习者能力的描述，皮涅曼（Pienemann）使用语音处理模型和词汇功能语法来解释学习者的输出，以及连接主义的心理学方法。20 世纪 90 年代，这一领域出现了许多新理论，如迈克尔·朗（Michael Long）的相互作用假说、美林·斯温（Merrill Swain）的产出假说和理查德·施密特（Richard Schmidt）的注意假说。然而，研究的两个主要领域是基于诺姆·乔姆斯基的普遍语法的二语习得理论，以及技能习得理论和联结主义等心理学方法。后一类在此期间也出现了可加工性，输入加工的新理论以及社会文化理论，社会文化理论是一种从学习者的社会环境来解释二语习得的方法。21 世纪初，研究分为语言学和心理学方法的两个主要阵营。研究表明，5~11 岁年龄段的儿童获得人类语言与计算机语言（例如 Java）的习得是等价的。该领域的重要研究方法包括系统功能语言学、社会文化理论、认知语言学、诺姆·乔姆斯基的普遍语法、技能习得理论和连接主义。

9.1.2 二语习得的相关概念及模型

1. 二语习得的相关概念

中介语：二语习得研究的中心主题是中介语言，即学习者使用语言的认知不仅是他们已经知道的语言与他们正在学习的语言之间差异的结果，而且是一个完整的语言系统，拥有自己的完整性和系统规则。最初，研究人员试图描述学习者的语言是基于比较不同的语言和分析学习者的错误。然而，这些方法并不能预测学习者在学习 L2 过程中犯的所有错误。例如，说塞尔维亚语和克罗地亚语的人在学习英语时可能会说“What does Pat doing now?”，尽管这在任何一种语言中都不是一个有效的句子。为了解释这种系统性错误，中介语的概念应运而生。中介语是 L2 学习者心目中出现的一种语言系统。学习者的中介语并不是一种有缺陷的充满随机错误的语言，也不是一种纯粹基于从学习者的 L1 引入的错误的语言。相反，它本身就是一种语言，有自己的系统规则。这种中介语随着学习者接触的目标语言而逐渐发展。即使对于使用不同母语的学习者，无论他们是否接受过语言教学，学习者获得其新语言特征的顺序都将保持非常稳定。从中介语的角度来观察语言的大部分方面是可能的，包括语法、音位、词汇和语用学。语言迁移、过度泛化和简化过程会影响中介语的创建。

语言迁移（language transfer）：L1 习得与 L2 习得之间的一个重要区别是，L2 习得的过程会受到学习者已经掌握的 L1 的影响，这种影响被称为语言迁移。语言迁移是学习者先前的语言知识，在他们所遇到的目标语言输入以及他们的认知过程之间相互作用所导致的复杂现象。语言迁移并不总是来自学习者的母语，它也可以是 L2 或 L3。它也不限于任何特定的语言领域。语言迁移通常发生在学习者感到他们已经掌握的语言特征和他们已经熟悉的中介语特征之间存在相似性时。如果出现这种情况，可能会延迟更复杂的语言形式的习得，转而采用类似于学习者所熟悉语言的简单语言形式。如果学习者被认为与 L1 相距太远，他们也可能根本拒绝使用某些语言形式。学习者依靠 L1 来帮助他们建立语言系统。语言迁移可以发生在语法、发音、词汇、篇章和阅读中。迁移可以是积极的，促进学习；也可以是消极的，导致错误，产生“干扰误差”。

过度归纳：学习者使用 L2 的规则的方式与儿童在其 L1 中过度概括的方式大致相同。例如，学习者可能会说“I goed home（我回家了）”，过度概括添加 -ed 以创建动词过去式形式的英语规则。英国儿童还会产生像 goed, sticked, bringed 等形式。德国儿童同样把一般过去时的形式扩展到不规则形式。

简化：学习者使用高度简化的语言形式，类似于儿童语言或皮钦语。这可能与语言通用性有关。

2. 二语习得的相关模型

监测模型：由语言学家斯蒂芬·克拉申提出，监测模型是 L2 学习者语言处理系统的组成部分，该模型使用从语言学习中获得的知识来观察和调节学习者自己的 L2 产生，并在必要时检查准确性和调整语言产生。语言处理系统可以处理不同类型的知识。就像孩子们在熟练掌握 L1 时所做的那样，输入对于二语习得至关重要。而语言学习是有意识地、有意地学习一种语言的特征，一方面是学习者对 L2 语法结构的了解，以及使用该知识客观地分析目标语言的能力；另一方面是在时间限制下使用其 L2 知识的能力，准确理解 L2 中的输入并产生输出。分析是学习者试图理解目标语言规则时所做的工作，通过此过程可以获取这些规则，并使用它们来更好地控制自己的 L2 产生。

交互假说：由龙（Long）提出，在交互中使用目标语言会大大促进二语习得。可理解的输入对于语言学习很重要，当学习者必须就意义进行协商时，可理解输入的有效性会大大提高。如果学习者说了对话者听不懂的话，经过协商，对话者可以模仿正确的语言形式。这样，学习者可以获得他们尚未掌握的关于自己语句和语法的反馈。互动过程也可能导致学习者从对话者那里得到更多信息。此外，如果学习者停下来澄清他们不理解的东西，可能会花费更多时间来处理他们收到的输入。这可以帮助我们更好地理解和掌握新的语言形式。互动可以作为一种方式，将学习者的注意力集中在他们对目标语言的知识与他们所听到的现实之间的差异上，它还可能会将其注意力集中在他们尚不了解的目标语言的一部分上。当 L2 交互中出现障碍时，学习者必须就意义进行协商，像这样的交互作用对语音的修改有助于使输入更容易理解，为学习者提供反馈，并促使学习者修改其语音。课堂二语习得的研究表明，许多传统的语言教学方法是非常低效的，仅限于教授语法规则和词汇表的教学法并不能使学生准确、流利地使用 L2。相反，要精通 L2，学习者必须有机会使用 L2 进行交流。反馈纠正体现在帮助学习者的效果取决于校正的技巧和课堂的整体重点，无论是形式上的准确性还是有意义内容的交流，如图 9.1 所示。

输入假设理论：由语言学家斯蒂芬·克拉申提出，该理论认为推动二语习得的主要因素是学习者接受的语言输入，认为理解性输入是二语习得所必需的。研究表明，一个人在国外停留的时间长短与他们的语言习得水平密切相关。学习者越长时间沉浸在学习的语言中，自由自愿地阅读时间越多，他们就越进步。输入的进一步证据来自阅读方面的研究：大量的自由自愿阅读对学习者的词汇、语法和写作有显著的积极影响。输入也是人们按照通用语法模型学习语言的机制。输入的类型也很重要，输入不应该按语法顺序排列。输出也起着重要的作用，它能帮助学习者提供反馈，使他们专注于他们所说的话语形式，并帮助他们使语言知识自动化，如图 9.1 所示。习得是一种潜意识过程，而学习是一种有意识地学习和分析所学语言的过程。L2 的习得过程与 L1 的习得过程相同，但有意识地学习语言规则在语言使用中发挥的作用有限，为了使学习者达到更高的水平，输出和交互的机会可能是必要的。

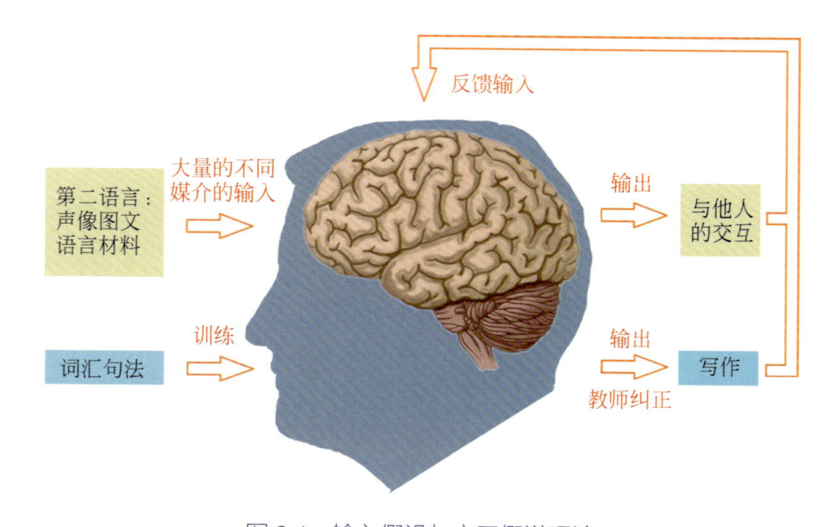

图 9.1　输入假设与交互假说理论

注意假说：由理查德·施密特提出，学习者必须注意到其中介语结构与目标规范的不同之处。注意到这种差距后，学习者的内部语言处理就可以重组学习者对 L2 规则的内部表示，从而使学习者的产出更接近目标。注意是决定语言处理成败的一个因素，尽管语言的显性元语言知识并不总是习得的必要条件，但学习者必须意识到二语输入才能从中受益。注意假说与涌现论和联系主义中的规则形成过程是一致的。

语义理论：L2 学习中的意义获取是最重要的任务。语言的核心是意义，而不是外来的声音或优美的句子结构。语义提取包括词汇、语法、语义和语用几种类型，如图 9.2 所示。所有不同的意义都有助于意义的获得，从而形成综合的 L2 能力。词汇含义是储存在我们心理词典中的含义。语法是词组织成句的约束规则，语法含义是计算句子的含义，对于形态语言通常以变体形态进行编码。语义是指词和句子的含义。语用意义依赖于语境上下文的意义，需要对世界的知识加以解读。

竞争模型：学习者在学习 L2 时，有时会得到相互矛盾的线索，必须决定哪一种线索与决定意义最相关。学习者如何组织语言知识是基于不同语言的讲者如何分析句子的含义。竞争模型是个体使用语言线索从语言中获取含义，而不是依赖语言的普遍性。

社会文化理论：由沃特奇（Wertsch）提出，认为人的心理功能是通过参与文化中介、融入社会活动而实现的。社会文化理论集中在语言学习发生的各种社会、历史、文化和政治背景下，由拉尔森·弗里曼（Larsen Freeman）提出了语言学习和教育的四个概念：教师、学习者、语言/文化、语境的相互作用，如图 9.3 所示。

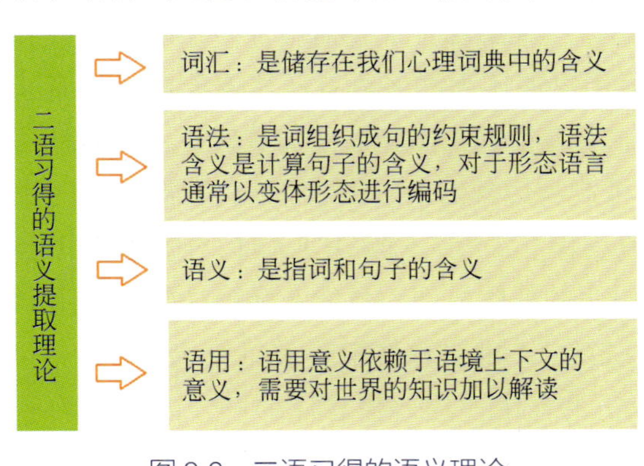

图 9.2　二语习得的语义理论

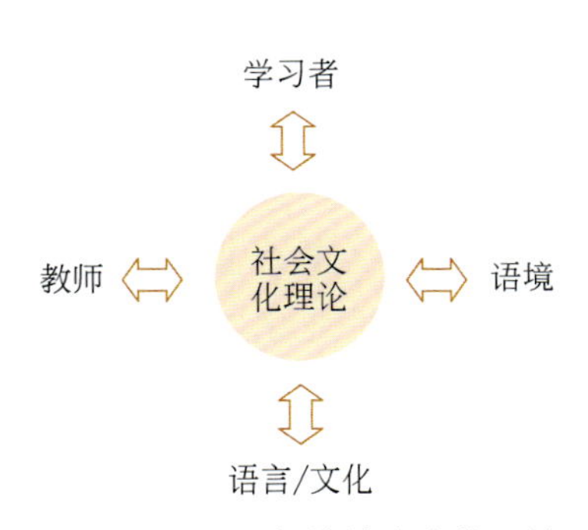

图 9.3　二语习得的社会文化理论

陈述/程序模型：迈克尔·厄尔曼（Michael Ullman）提出陈述性/程序性模型来理解如何存储语言信息（图 8.22）。这个模型与一般认知科学在存储和检索事实以及理解如何执行操作之间的区别是一致的。陈述性知识由存储在大脑陈述性记忆中任意的语言信息组成，例如不规则动词形式。相反，语言规则的知识（例如语法词序）是过程知识，储存在程序性记忆中。陈述性/程序性模型在心理语言学和神经语言学有广泛的研究。

斯蒂芬·克拉申将二语习得过程分为 5 个阶段：

第 1 阶段：预备阶段（静默期），这个阶段学习者接受的词汇量高达 500 个单词，但他们还不会说 L2。这可能会持续 3~6 个月。

第 2 阶段：早期生产阶段，这个阶段学习者能够用一两个词的短语说话。他们还可以记住大量的语言，尽管使用时可能会犯错误。学习者通常有1000个左右的主动词汇和接受词汇。这个阶段通常持续6个月左右。

第3阶段：语音涌现阶段，这个阶段学习者的词汇量增加到约3000个单词，可以使用简单的问题和短语进行交流，可能经常犯语法错误。

第4阶段：中等流利度阶段，这个阶段学习者的词汇量约为6000个单词，可以使用更复杂的句子结构，还可以分享自己的想法和观点。学习者可能会因更复杂的句子结构而经常犯错误。

第5阶段：高级流利度阶段，通常需要学习语言5~10年。这个阶段学习者的水平可以接近母语者。

达到高水平熟练程度所花的时间可能因所学习的语言而异。对于以英语为母语的人，美国国务院外交事务研究所提供了一些估算，在分析的63种语言中，最困难的5种语言是阿拉伯语、粤语、普通话、日语和韩语，需要88周（2200学时）才能达到熟练的口语和阅读水平，日语通常比该组中的其他语言更难学习。

3. 二语习得的影响因素

与L1习得的比较：学习L2的成年人与学习L1的儿童至少在三个方面有所不同：儿童仍在发育自己的大脑，而成年人则具有成熟的思想，成年人至少有一门引导他们思考和说话的L1。尽管一些成人的L2学习者达到了很高熟练度，但发音往往不像母语。成人学习者缺乏母语发音的现象可以用“关键期假说”来解释。从普遍语法模型的角度来看，学习L2的语法仅是设置正确参数的问题。通用语法还为许多语言迁移现象提供了简洁的解释。L1对L2的影响被称为语言迁移，并非所有错误都以相同的方式发生；即使是两个拥有相同L1的人学习相同的L2，也仍然有可能利用其L1的不同部分。同样，这两个人可能会以不同形式的语法发展出接近L1的流利程度；当人们学习L2时，他们说L1的方式也会发生细微的变化。这些变化可能涉及语言的任何方面，从发音和语法到学习者做出的手势以及他们倾向于注意到的语言特征。L2对L1的这些影响导致维维安·库克（Vivian Cook）提出了多语能力（multi-competence）的概念，这一概念认为一个人所说的不同语言并不是一个独立的系统，而是在他们的大脑中作为一个相关的系统。计算模型是认知方法中二语习得的主要模型，包括3个阶段。在第一阶段，学习者在短期记忆中保留了语言输入的某些特征。然后，学习者将其中的一部分转化为L2知识，并将其储存在长期记忆中。最后，学习者使用L2的知识来产生口语输出。

社会文化因素：每种方法的共同点都是拒绝将语言视为一种纯粹的心理现象。社会语言学研究认为，学习语言的社会环境对于正确理解习得至关重要。埃利斯（Ellis）提出了3种影响二语习得的社会结构类型：社会语言环境、具体的社会因素和情境因素。社会语言环境是指L2在社会中所扮演的角色，例如L2是由大多数人说还是由少数人说，L2的使用是否广泛或仅局限于少数几种功能角色，或者社会主要是单语或双语。埃利斯还区分了L2是在自然环境中学习还是在教育环境中学习。影响二语习得的具体社会因素包括年龄、性别、社会阶层和民族认同。情境因素是指在每次社会互动中都有所不同的因素。例如，一个学习者在与社会地位较高的人交谈时可能会使用更礼貌的正式语言，但在与朋友交谈时可能会使用非正式的语言。沉浸式课程提供了一个社会语言学的环境，有利于L2的习得。沉浸式课程是一种教育项目，孩子们在这里接受L2的指导。虽然教学语言是L2，但课程设置与非浸入式课程相似，而且教师都是双语的，因此L1有明确的支持。这些课程的目标是提高学生对L1和L2的熟练程度。在浸入式课程中学习的学生，其L2的熟练程度要高于那些在学校只接受L2教育的学生。此外，较早加入沉浸式学习课程的学生通常比较晚加入的同伴具有更高的L2能力。虽然沉浸式学习的学生的接受能力特别强，但如果他们把大部分时间都花在听老师讲课上，他们的二语生产能力可能会受到影响。社会认同理论认为，二语习得的一个重要因素是学习者对所学习的语言群体的认知认同，以及目标语言群体对学习者的认知。学习者是否感觉与目标语言的社区或文化有联系，这都有助于确定他们与目标文化的社会距离。较小的社交距离可能会鼓励学习者习得L2，促使他们在学习过程中的投入更大。相反，社会距离越远，越不利于学习目标语言。性别作为一种社会因素，也会影响二语习得。女性在二语习得上比男性有更强的动机和更积极的态度。然而，女性也可能表现出更高的焦虑水平，这可能会抑制她们有效学习一门新语言的能力。

个体差异：人们学习L2的速度和最终达到的语言水平有很大差异。一些学习者学得很快，达到了接近母语水平的能力，但另一些学习者学得很慢，在相对较早的阶段就陷入了习得的困境，尽管他们生活在一个说这种语言的国家好几年。学习者用于学习L2的策略被认为是非常重要的，因此策略能力被认为是交际能力的一个主要组成部分。策略通常分为学习策略和交际策略，如图9.4所示。学习策略是用于改善学习的技巧，例如助记符或使用字典。交际策略是学习者在没有掌握正确表达方式的情况下使用的策略，例如使用诸如事物之类的形式，或使用诸如手势之类的非语言手段。如果正确使用学习策略和交际策略，则语言习得是成功的。学习L2的要点是：提供学生感兴趣的信息，为学生提供分享知识的机会，教授使用现有学习资源的适当技巧，以及有意识地学习或提高他们的L2技能。

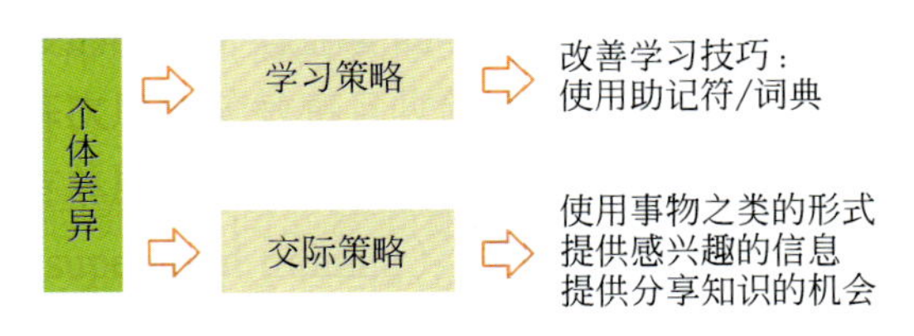

图9.4　二语习得的个体差异

情感因素：学习者对学习过程的态度对二语习得至关重要。在语言学习情境下的焦虑几乎一致地被证明是不利于成功学习的。焦虑会干扰语言的心理，因为与焦虑相关的思想需求会导致对智力资源的竞争。这导致用于语言处理所需任务的可用存储空间和精力减少。不仅如此，焦虑通常还伴随着自嘲的思想和对失败的恐惧，这可能会损害一个人学习新语言的能力。学习一门新语言会提供一种独特的情况，甚至可能产生一种特定类型的焦虑，称为语言焦虑，这会影响习得的质量。同样，焦虑可能对二语习得有害，因为它会影响学习者学习、专注和编码语言信息的能力，可能会影响学习的速度和准确性。此外，由于焦虑而产生的恐惧会抑制学习者检索和产生正确信息的能力。个性因素也受到关注。性格外向的素质可以帮助学习者寻找机会，并帮助人们进行 L2 学习，而性格内向的人可能会发现寻找这种机会进行互动会更加困难。尽管性格外向的人可能会更流利，可能会通过鼓励自主学习而受益，但性格内向的人可能会犯更少的语言错误。但是，研究发现性格外向的人和性格内向的人在 L2 取得的成功上并没有显著差异。二语习得研究表明，责任心与时间管理技能、元认知、分析学习和坚持不懈、努力的意愿，以及对详尽的学习、智力和元认知的开放性有关。基因和学习者的环境都会影响学习者的个性，促进或阻碍个体的学习能力。社会态度，例如性别角色和社区对语言学习的看法也被证明是至关重要的。

损耗：损耗是由于缺乏接触或使用某种语言而造成这种语言熟练程度的丧失，即个体可能通过 L2 磨蚀过程而失去一门语言，如图 9.5 所示。这通常是由于长期缺乏使用或不使用某种语言造成的。磨蚀的严重程度取决于多种因素，包括熟练程度、年龄、社会因素和获得时的动机。学习者的 L2 并不会因为停止使用而突然消失，但是其交流功能逐渐被母语的交流功能所取代。年龄、熟练程度和社会因素在损耗发生的方式中起着作用。年幼的孩子往往比成年人更容易在 L2 不使用时失去它。然而，如果一个孩子已经建立了很高的熟练程度，他们可能需要几年的时间来失去这门语言。熟练程度似乎对损耗程度起最大作用。对于非常熟练的个人，在一段时间内观察到的磨损很少。在不使用语言的头 5 年内，熟练的个人失去语言知识的百分比较不熟练的人少。对此的认知心理学解释表明，更高水平的熟练程度涉及对语言结构的模式或心理表征的使用。模式涉及心理检索的更深层次的心理过程，这种心理过程是不易磨损的。因此，与这个系统相关的信息可能比不相关的信息经历更少的磨损。与二语习得相似，L2 损耗也是分阶段发生的。然而，根据回归假设，磨耗阶段的发生顺序与取得阶段相反。在习得的过程中，接受技能首先得到发展，然后是产生技能，随着损耗的进行，产生技能首先丧失，然后是接受技能。

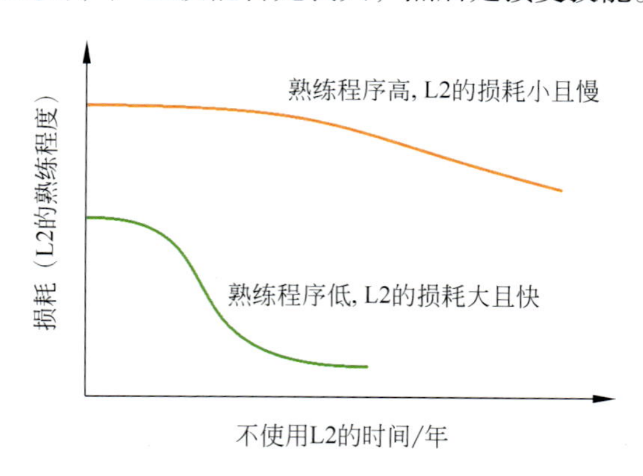

图 9.5　L2 的熟练程度随不使用 L2 的时间而下降，损耗的程度与熟练程度和年龄相关

图注：小孩比成年人损耗得快。

9.1.3　乔姆斯基的语言层次结构和普遍文法

语言学家诺姆·乔姆斯基认为语言具有层次结构，我们先介绍有限状态语法、上下文

无关语法、上下文有关语法、短语结构语法和普遍语法的概念，然后再探讨各类语法之间的集合关系。

有限状态语法（finite state grammar，FSG）：是一种简单的句子结构模型。

上下文无关语法（context free grammar，CFG）：不同的上下文无关语法可以生成相同的上下文无关语言。通过比较描述语言的多种语法，可以将语言的内在属性与特定语法的外在属性区分开来。所有上下文无关语言的集合与下推自动机所接受的语言集合相同，这使得这些语言易于解析。在形式语言理论中，上下文无关语言是由上下文无关语法生成的语言。上下文无关语言在编程语言中有很多应用，特别是大多数算术表达式是由上下文无关语法生成的。

上下文有关语法（context sensitive grammar，CSG）：是一种形式语法，其中任何产生规则的左边和右边都可以被终端和非终端符号的上下文所包围。从某种意义上说，上下文有关语法比上下文无关语法更通用，因为有些语言可以由上下文有关语法描述，但不能由上下文无关语法描述。在相同的意义上，上下文有关语法不如不受限制的语法更通用。因此，上下文有关语法在乔姆斯基层次结构中处于上下文无关和不受限制的语法之间。乔姆斯基引入了上下文有关语法，用来描述自然语言的语法。在自然语言中，一个词在某个地方可能合适，也可能不合适，这取决于语境。

短语结构语法（phrase structure grammar，PSG）：最初由诺姆·乔姆斯基引入，在乔姆斯基层次结构中用于更受限制的上下文有关语法或上下文无关语法中。在语言学中，短语结构语法是所有基于构成关系的语法，而不是与依存语法相关的依存关系。因此，短语结构语法也称为选区语法（constituency grammars）。

普遍语法（universal grammar，UG）：由诺姆·乔姆斯基在20世纪50年代提出，着重于描述一个人的语言能力。这一理论的核心在于一种与生俱来的普遍语法的存在，认为儿童不仅通过学习描述性语法规则来获得语言，儿童在学习语言的过程中通过创造性地玩耍来形成单词，创造这些单词的意义，而不是记忆语言的机制。它由一组普遍不变的原则和一组参数组成，这些参数可以针对不同的语言进行不同的设置。在普遍语法框架中，已广泛接受所有母语学习者都可以使用普遍语法。在现代语言学中，普遍语法是语言机制的遗传成分理论，诺姆·乔姆斯基普遍语法的基本假设是：一定的结构规则是人类固有的，独立于感官经验。随着儿童在心理发展过程中所接受到的语言刺激的增多，儿童会采用符合习惯的特定句法规则，这强调了人类自然语言的一些普遍属性的存在。普遍语法理论认为，如果人类是在正常条件下成长起来的，那么他们的语言始终会具有一定的属性（如区分名词与动词，虚词与实词）。人类天生具有一种由基因决定的语言能力，这种能力使人知道这些规则，使得儿童学习说话比其他方式更容易、更快。这种能力使人不清楚任何特定语言的词汇（词汇及其含义必须通过后天学习），还有一些参数可以在不同的语言之间自由变化，例如形容词是在名词之前还是之后，也必须通过学习。研究表明，年幼儿童在这种知识出现之前就已经理解了句法类别及其分布。乔姆斯基指出，个人语言的发展必须包含的要素：遗传天赋使语言习得成为可能；外部数据转换为在较窄范围内选择一种或另一种语言的体验，而不是语言能力特有的原则。普遍语法理论可以解释一些对二语习得研究的一些发现。例如，L2 使用者经常展示他们没有接触过的 L2 知识，L2 使用者经常意识到二语单元的歧义或不符合语法，他们既没有从任何外部来源学习，也没有从他们已有的母语知识中学到。这种没有来源的知识表明存在一种普遍的语法。

图 9.6 显示了乔姆斯基层次结构：有限状态文法是上下文无关语法的子集，上下文无关语法是上下文有关语法的子集，上下文有关语法是代表全部可能语法的短语结构语法的子集。自然语言比规则语言更有生命力。通常，当我们学习生成系统的语法时，诸如国际象棋或者算术，有人告诉我们规则。我们并没有通过看国际象棋比赛猜想国际象棋的玩法规则。相比之下，语言习得的过程发生时没有人指导规则；教师和学习者都没有意识到规则。这是一种重要的差异：如果学习者被告知了一种语言的语法，那么所有可计算的语言集合都可以通过记住其规则的算法习得。把语言研究看作一种生物现象将集合多种学科，包括语言学、认知科学、心理学、遗传学、动物行为学、进化生物学、神经生物学和计算机科学。

图 9.6　乔姆斯基层级结构和普遍文法的逻辑必然性

9.2　二语习得的关键时期假说

9.2.1　语言学习的关键期假说

1. 语言学习的关键期

因为人类语言的声音和意义都有差别，所以孩子必须通过后天学习来掌握他们的语言。对于言语感知，这个学习过程是选择性的：最初婴儿对于任何语言中大部分的语音差别都很敏感，这种敏感反映了听觉系统的基本特性，而不是对于某一特殊语言的机制。婴儿对于非母语语音区别的敏感性 1 岁之后就衰减了。学习自然语言的语义影响一个人将事物转化为概念。

学习语言的关键期是否存在，是许多想学外语的人都感兴趣的一个问题。众所周知，在晚年学习一门外语是很困难的。为什么学习 L2 在早年似乎很容易，但随着年龄的增长就变得越来越难？我们可以合理地假设，这是由于神经生物学的限制因素决定了大脑可塑性的时间窗口。在这种情况下，讨论经常发生在所谓的早期语言习得的关键期，如果有的话，那么这个关键期什么时候开始和结束。实际上，生命的前三年确实被认为是人类学习语言的一个关键期，这个时期，人类特别愿意学习语言。过了这个关键期，语言习得就变得更加困难了。支持学习语言关键期的论点是，与成人学习新语言相比，婴儿和儿童的语言学习相对容易。

在语言领域，埃里克·伦内伯格（Eric Lenneberg，1967）率先提出了一种成熟的语言习得模型，认为语言习得的关键期结束于青春期的开始。如今，研究发现关键期的结束，特别是对于句法习得的关键期，是在 6 岁时或不迟于 6 岁。也有一些人认为，母语句法习得的关键期甚至更早，大约在 3 岁。神经生理学和行为学的证据表明，3 岁以前学习 L2 的人在以后的生活中在语义或句法任务的表现上无法与母语学习者区分，如图 9.7 所示。那些在青春期（国际上推崇的是 10~19 岁）后学习 L2 的孩子在日后的语义任务中与母语学习者没有显著差异，但他们在句法任务中的表现较差。3 岁后习得 L2 的个体在所有句法任务中的表现都明显较差。这些发现符合以下假设，语言习得最关键、敏感的时间段是：①从出生到 3 岁，L2 的习得在句法和语义上都是像母语一样的；②在 3 岁之后的习得在语义上类似于母语，但在句法上已经是非母语了；③在青春期之后，似乎没有以母语的方式习得 L2。这些发现表明，人脑在生命最初几年的关键期对语言输入最敏感，无论是一种语言还是两种语言，无论是听觉语言还是手语。

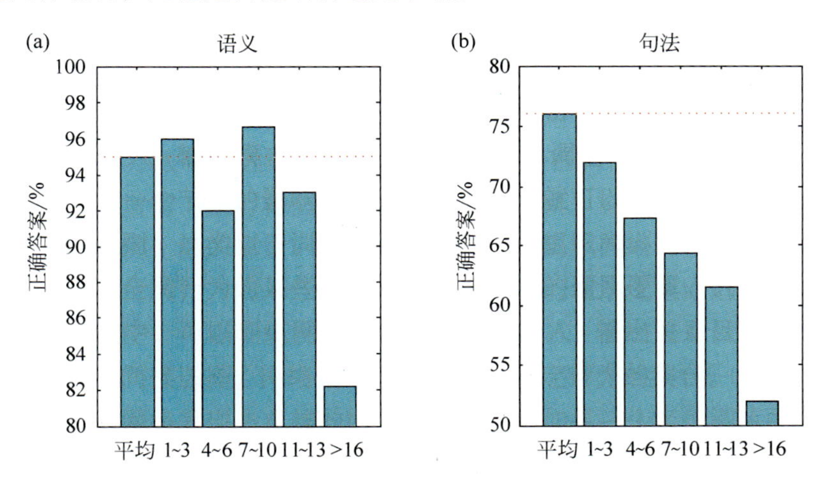

图 9.7　行为语言的表现与获取年龄的关系

图注：横坐标是习得组的年龄，对于单语者和不同年龄习得 L2 的双语者在（a）语义任务和（b）句法任务上的行为表现。

1967 年，埃里克·伦内贝格提出，存在一个学习母语的关键时期（2~12 岁），如图 9.8 所示，此后学习者便失去了充分学习语言的能力。然而，标志着这一关键时期结束的确切年龄还存在争议，其范围为 6~13 岁，许多人争论说它是在青春期左右开始的。因为有人观察到一些成年人和青少年学习者的发音和一般流利程度比幼儿快，达到了母语般水平。然而，总的来说，青少年和成年人的 L2 学习者很少能像那些从出生就掌握两种语言的儿童那样达到母语的流利程度，尽管他们在最初的阶段往往进步得较快。这导致人们猜测年龄与影响语言学习的其他更核心因素间接相关。例如，纽波特（Newport）指出一种可能性，即当学习者接触 L2 时也可能有助于他们的二语习得，从而扩展了关键期假说的论点。事实上，她揭示了习得年龄和 L2 表现之间的相关性。在这方面，L2 学习可能会受到学习者的成熟状态的影响。

从出生就获得两种语言的孩子被称为同时（早期）双语者。在这种情况下，父母或照顾者会向孩子讲两种语言，他们长大后会懂这两种语言。这些孩子通常与只会一种语言的

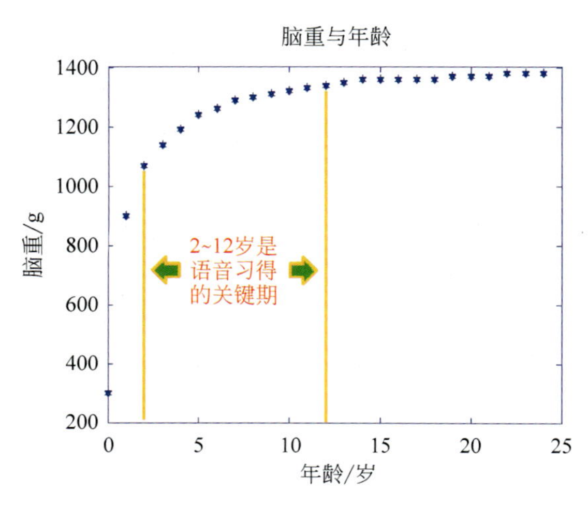

图 9.8　人脑重量与年龄的关系

图注：蓝色六角形是对应年龄的脑重。

同龄人同时达到两种语言相同的水平。那些从婴儿期开始不学习两种语言，而是从出生开始学习一种语言，在童年的某个时候学习另一种语言的儿童，被称为顺序（晚期）双语者。人们通常认为顺序双语者的 L1 是他们最精通的语言，但事实并非总是如此。随着时间的推移和经验的积累，孩子的 L2 可能成为他 / 她最强的语言。如果孩子的 L1 是在家里说的少数民族语言，L2 是在学校或社区里 5 岁之前学习的主要语言，这种情况尤其容易发生。同时和顺序双语者的熟练程度取决于孩子在各种情况下进行有意义的对话机会。通常同时使用两种语言的人比顺序使用两种语言的人更精通他们的语言。有一种观点认为，同时使用两种语言的人会发展出不同的语言表达方式，尤其是在语音和语义层面上的处理。这将使学习者在语言之间有更多的差异，使他们能够识别语言之间的微妙差异，而不那么熟练的学习者很难识别这些差异。早期学习一门语言将有助于发展这些不同的语言表征，因为学习者的母语不太稳定。相反，在以后的生活中学习一门语言会导致更多相似的语义表示。

虽然儿童学习者更容易获得与母语类似的熟练程度，但年龄较大的儿童和成人学习者在学习的初始阶段往往进步得更快。年龄较大的儿童和成人学习者比年幼儿童学习者更快地获得了最初的语法知识，但是，只要有足够的时间接触这门语言，年幼儿童就会超过年龄较大的学习者。一旦被超越，年龄较大的学习者往往比儿童学习者表现出明显的语言缺陷。这归因于对他们最初沉浸于其中的母语或母语的扎实掌握。由于人们对语言的工作方式有了更好的了解，已经具备这种认知能力的人可以帮助学习 L2。出于同样的原因，与家人的互动，以及母语的进一步发展受到鼓励，并得到积极的强化。对超过特定年龄的确切语言缺陷认识尚未达成一致。有些人认为只有发音会受到影响，而另一些人则认为其他能力也会受到影响。但是，通常可以达成共识的一些差异包括年龄较大的学习者有明显的口音、词汇量较小，并易犯一些语言错误。对于 L2 习得年龄差异的一些非生物学解释，包括社会和心理因素的变化，例如动机、学习者的语言环境和接触语言的程度。尽管非生物因素的影响较小，但许多幼儿对 L2 的熟练程度要高于非生物因素影响较大的老年人。

对于年龄较大的学习者和年龄较小的学习者之间的这种能力差异的一种解释涉及普遍

语法。普遍语法是一个有争议的理论，它表明人们具有从出生开始就存在的普遍语言原理的先天知识。这些原则指导儿童学习语言，但是语言的参数因语言而异。该理论假设，尽管普遍语法一直存在到成年期，但重新设置每种语言参数的能力却丧失了，这使得熟练地学习一门新语言变得更加困难。由于年长的学习者已经拥有一种确定的母语，因此语言学习过程与年幼的学习者相比有很大不同。指导学习者母语使用的规则和原则，在 L2 的发展过程中发挥着作用。成年人对于非母语音韵类别的识别能力可以随训练而提高，但很少能达到母语的熟练程度。

在正常的大脑皮层发育过程中，神经元从脑室区迁移到皮质，并且在怀孕第 20 周左右开始建立内在和外在的联系。当大脑成长和扩充时，大脑皮层相邻脑区之间的连接强度决定了它成熟的折叠模式，也就使得坚固的连接区形成了脑回，同时柔软的连接区形成了脑沟。在正常成长过程的受试者中，20~40 岁，大脑额叶会出现白质体积的增加伴随着灰质体积的减少。

神经生理学家彭菲尔德（Penfield）和罗伯茨（Roberts）建议语言学习的最佳年龄是在 10 岁之前，他们从神经生理学的角度系统地阐述了语言学习的关键期，认为大脑在 2 岁开始被偏侧化。在被偏侧化之前，幼儿用左右两个半脑学习语言。在 11~19 岁，大脑会被完全偏侧化。此后，左脑主要负责语言学习。大脑偏侧化后的语言学习不如全脑学习。因此，最好在大脑完全偏侧化之前学习语言，也就是所谓的“学习语言的关键期”。

儿童学习复杂语言概念的机制是：当大脑中还没有任何语言成分的概念时，父母用声音和手势来刺激孩子。孩子们通过他们的眼睛看，通过耳朵倾听他们的声音。他们直接在大脑中建立了一些初步概念，并将这些概念映射到他们面前的“人”身上。当大脑中最初的语言概念达到一定数量后，大脑可以通过联想类比获得其他概念，并且这个过程会继续加强。

2. 手语学习的关键期

美式手语（Amercan sign language, ASL）等手语同属于自然语言，它们在形式上类似于口语，对美式手语的处理，除了经典的左脑激活之外，还与右脑的激活有关。相比而言，英语并没有造成右脑的激活。额外的激活可归因于对语言信息和视觉空间解码在颞叶的同时存在。即，在语言处理过程中，母语口语的学习者在左脑显示出对语言处理明显的神经活动模式，而美式手语的母语学习者则在右脑和左脑同时广泛显示出活跃的迹象。

人们普遍认为学习 L1 有一个“关键期”：孩子如果在青春期（甚至更早）之前没有接触任何语言，那么他们不能够完全掌握和使用语言的句法规律。L2 习得也存在关键期。人们习得 L2 的年龄与他们掌握那门语言的熟练程度呈负相关，特别是对于句法和语音体系。在精通这些语言的使用者中，相似的脑区，主要是位于左脑的部位能够协调 L1 和 L2 的处理，但是随着熟练程度的降低或习得年龄的增长，重叠部分的程度和两种语言的偏侧性会减少。那些听力正常但出生于聋人家庭并且学习美式手语和英语作为母语的人，他们在阅读英语时主要激活左脑的传统语言区，而当他们注视美式手语语句时，则激活了左脑的相似脑区以及右脑包括颞上沟、角回和中央前沟的后部在内的广大脑区。这些右脑激活效应在丧失听觉的本族手语者注视美式手语时同样被观测到，但是无法在听力正常、以英语为母语且不懂美式手语的人身上被观测到，这显示右脑的区域网络会由美式手语的处理需求被特定地激活。当处理美式手语时，母语手语者和后期手语者的受试者显示左脑和沿右脑颞上沟区存在激活。然而，只有母语手语者的受试者显示在右顶下区的角回发生了额外的激活现象，这表明当这一脑区被恢复进入语言系统时存在一个有限的时段。发生于以手语作为母语的人群中的右脑损伤，会导致损害依赖于空间关系的句法结构处理以及所指对象以文字或“图标”方式的视觉 - 空间信息的分类和标记的处理。

手语（视觉 - 手动语言）与口语一样，具有复杂的语法结构，因此可以为支持句子理解的脑区的特异性和功能提供有价值的见解。约翰逊（Johnson）等探讨传统的语言网络如何适应成人对手语句子的反应，手语句子包含语义和句法组合的视觉空间语言信息。20 名完成美式手语入门课程的母语为英语的本科生在功能磁共振成像数据获取过程中观看了以下条件的视频：手语句子、手语单词表、英语句子和英语单词表。研究结果表明，L1 句子处理资源对 L2 晚期学习者的美式手语句子结构有反应，但某些 L1 句子处理脑区对 L2 美式手语句子的反应不同，例如，布洛卡区的 L1 句子脑区对 L2 的反应显著高于对 L1 语句的反应，支持了当需要增加处理时布洛卡区作为认知资源有助于句子理解的假设。前颞 L1 句子脑区对 L2 美式手语句子结构敏感，但对 L1 的激活与 L2 没有显著差异，表明其对句子处理的作用是独立于模态的。颞上回后部 L1 语句脑区对美式手语句子结构也有反应，但英语激活程度大于美式手语句子。研究结果表明，在 L1 句子加工区，美式手语熟练度与对美式手语句子反应的激活呈正相关。涉及句子处理的完善的额 - 颞叶语言网络在 L2 美式手语后期习得表现出功能可塑性，因此，它们对句法结构的适应性与个体的 L1 大不相同。尽管 L1 和 L2 在情态和熟练程度上存在差异，但在 L1 和 L2 句子理解的神经解剖学功能上存在高度的重叠。在 L1 语句处理网络中，布洛卡区、左前颞叶和左颞上回后部对 L2 美式手语语句的反应各不相同。布洛卡区的 L1 句子资源对 L2 句子的反应显著增加，而左前颞叶区在 L1 和 L2 句子之间没有显著差异，颞上回后部对 L1 比 L2 句子表现出更大的偏好。布洛卡区参与句子处理可能与 L2 句子相关的认知需求增加有关，而前颞叶和颞上回后部中 L1 句子区对 L2 句子的反应，反映了 L2 手语理解吸收了 L1 句法或组合语义过程。晚期 L2 学习者的美式手语句子理解能力，可能与 L1 句子脑区的激活增加和视觉空间区响应美式手语句子的激活减少有关。

语言学习背后的神经可塑性是一个过程，而不是一个单一事件。巴纳斯凯维奇（Banaszkiewicz）等通过研究接受为期 8 个月的课程和 5 次神经影像检查的健听成年人的手语习得情况，仅在学习 3 个月后，活动模式就出现了重大变化，即手语学习者在模态无关的外侧裂周边语言相关网络中的快速功能重组，以及模态依赖的视觉空间和运动敏感脑区的额外重组。这是由模式独立的外侧裂周边语言网络的激活增加，以及模式依赖的枕 - 顶叶、视觉空间和运动敏感脑区的激活增加所显示的。尽管在接下来几个月的进一步学习中没有检测到激活的变化，然而随着熟练度的提高，连通性分析显示左枕叶区和额下区之间的耦合增强。在左额下回检测到灰质体积增加，在学习结束时达到峰值。结果表明，大脑通过多种时间上不同的机制来适应新体验带来的需求。

9.2.2 单语与双语者的脑区激活

汪（Wong）等整合了语言学、认知 / 发展心理学和神经科学的理论模型和实证研究结果，发现双语者激活了经典的左脑语言区（左额下回、颞上回）和通用领域认知脑区（背外侧前额叶皮层、喙外侧前额叶皮层）在阅读任务中比单语者更强。喙外侧前额叶皮层与规划、推理和信息整合有关，而背外侧前额叶皮层与工作记忆有关。因此，双语者在两种语言系统之间进行监控和选择的经验可能与较大的前额叶皮质激活有关。与单语者相比，双语者与执行功能相关的关键脑区在图 9.9 中用彩色区块表示。研究表明双语者的执行功能更强，与认知控制相关的脑区的灰质和白质体积增加以及区域激活（特别是额 - 顶网络和基底神经节），支持执行功能中双语优势的概念。韦尼克区传统上被视为位于颞上回 BA 22 区的后部，通常位于左脑，其位置没有一致的定义，一些研究还包括顶叶的角回和缘上回中异体皮层的相邻部分。

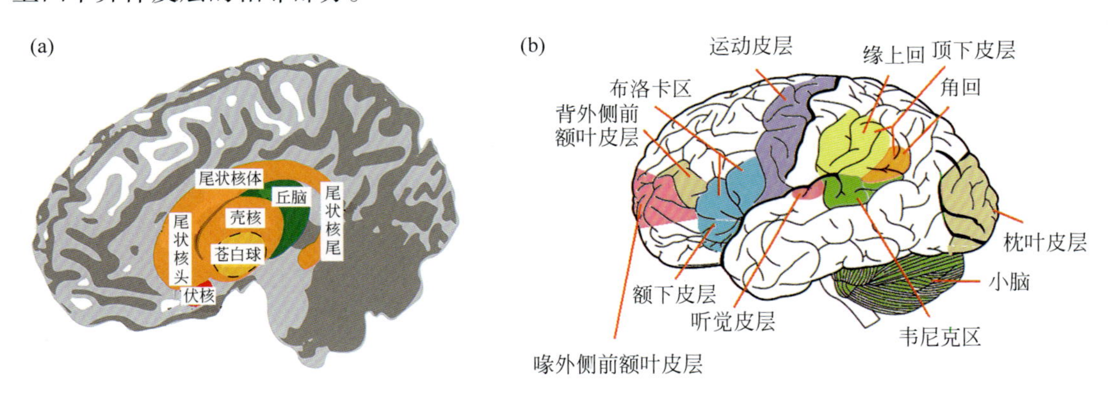

图 9.9　涉及双语者执行功能的关键脑区

图注：涉及双语的脑区包括左图的尾状核（含尾状核头、尾状核体和尾状核尾），右图的背外侧前额叶皮层、喙外侧前额叶皮层、额下皮层和顶下皮层。

在大脑神经网络连接方面，双语者在进行押韵判断时也表现出每种语言的不同组合，在额 - 顶 - 颞叶和枕 - 顶叶局部网络中，整体上估计出较高的处理效率。这些发现表明，双语可能导致语言之间形成早期专门的子网络来处理语音、语义和句法信息。双语者执行语音处理任务时，显示结构和功能活动变化的关键脑区和神经纤维连接如图 9.10 所示，包括弓状束、上纵束、钩状束、额 - 枕下束，以及左顶下皮层（缘上回和角回）、颞上回、左额下皮层。

人们感兴趣的是早年生活经历如何影响大脑的结构和功能。在这方面，双语提供了一个最佳的方法来确定语言学习时间的影响，因为 L2 可以从出生或以后的生活中学习。伯肯（Berken）等使用基于静息状态的磁共振成像方法，比较了同时双语者（出生时就学习两种语言）和顺序双语者（5 岁后学习 L2）。研究表明，双语者的二语习得过程中，额下回的神经功能和结构变化与年龄有关。同时双语者的左、右额下回之间以及额下回与涉及

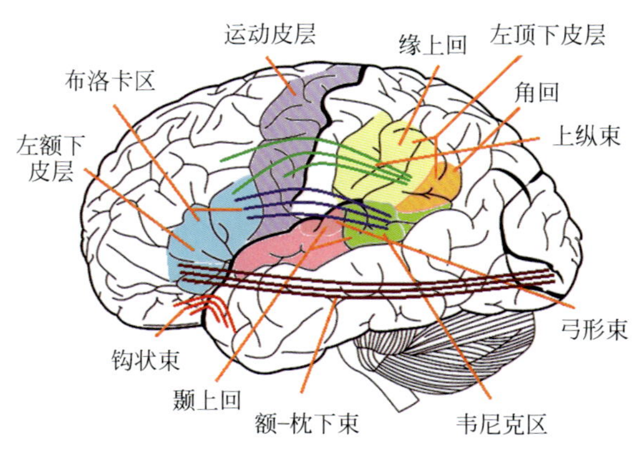

图 9.10　双语者执行语音处理任务时，关键脑区和连接显示结构和功能活动的变化

语言控制的脑区之间的功能连接更强，这些脑区包括背外侧前额叶皮层、顶下小叶和小脑；顺序双语者左、右额下回和右顶下小叶之间的功能连通性与习得年龄也显著相关。二语习得越早，其功能连通性越强。此外，额下回同源区之间更大的功能连接与语音生成过程中左额下回的神经激活减少相关。静息时连接性的增强和任务执行时神经活动的减少表明，这一重要脑区的神经效率提高了，该脑区涉及语言产生和领域一般认知加工。

研究发现，在同时双语者中，语言和认知控制脑区之间的连接更强，这种模式与说话时更有效的大脑激活有关。早期 L2 熟练程度和效率受到局部、半球间和分布的大脑前后连接的影响。与顺序双语者相比，观察到的语言和认知控制脑区同时增加的连接可能反映了同时双语者更能满足说两种语言的控制需求，为同时双语者在双语处理方面的明显优势提供了可能的解释。相比之下，较晚学习 L2 的人使用不同的功能回路来获得 L2 技能，这可以从额下回更左侧化得到证明。在小脑中与句法处理和程序表示相关的领域，双语者比单语者具有更多的灰质体积。双语者的 L2 与 L1 在句法加工方面也存在差异，包括左额下回、中央前回与辅助运动区和壳核的参与。此外，一个人的 L2 语法熟练程度或所学人工语法也与大脑重叠区域，尤其是布洛卡区和布洛卡区与上纵束连接纤维的激活增加相对应，如图 9.10 所示。涉及布洛卡区的结构连通性已被证明与 L1 学习和加工有关。此外，较高的 L2 语法熟练程度与自动语言处理（早期左前负性，ELAN）和小脑体积相关的电生理模式相对应。双语者执行 L2 句法处理任务时，显示结构和功能活动变化的关键脑区如图 9.11 所示，包括右顶上皮层、枕叶皮层、小脑、双侧顶下皮层、左额下回、背外侧前额叶皮层。

语言神经网络在 L1 和 L2 处理过程中，对于阅读、听力和言语产生过程，L1 和 L2 激活了类似的大脑网络。双语者认知控制能力的增强伴随着大脑灰质和白质体积的增加以及额 - 顶神经网络和基底神经节的脑区激活。双语对语言处理的语音、词汇 - 语义和句法方面的影响是：与单语者相比，双语者的语言成分结构和这些脑区之间的连接区的体积通常有所增加。此外，涉及 L1 和 L2 处理的脑区和网络的收敛 / 分化程度与所涉及的语言过程有关。具体来说，在结构、功能和连通性方面差异最大的是音系，其次是形态句法和语义。这些脑区的发展可能与语言发展的里程碑平行，首先是语音发展，然后是语义发展，

最后是语法 / 句法发展。敏感期并不广泛地适用于语言，而是不同的语言领域或成分以不均匀的方式受到影响。语音学最容易受到年龄影响而受句法学习影响较小（青春期左右），词汇习得根本没有年龄限制。习得年龄和熟练程度等因素进一步改变了双语者大脑的激活位置、相互联系和强度。研究表明，一般情况下，语言学习越早，L2 熟练程度越高，灰质强度和白质完整性越明显。虽然语音和句法知识通常对年龄效应更敏感（更早的习得年龄 = 较少的激活），词汇语义受熟练程度的影响更大（一般来说，熟练程度越高 = 更像 L1 的激活）。

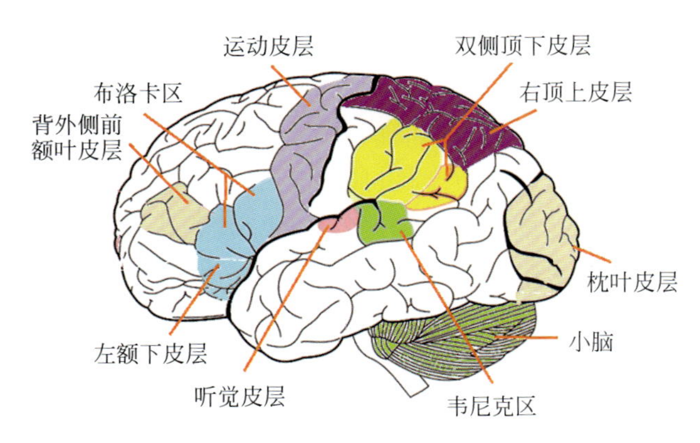

图 9.11　双语者执行句法处理任务时，显示结构和功能活动变化的脑区

9.2.3　二语习得的词汇处理

1. 二语的词汇加工

在《语言学习与大脑：二语习得中的词汇处理》（*Language learning and the brain: lexical processing in second language acquisition*）一书中，乌尔夫·舒茨（Ulf Schütze）指出学习者的成功很大程度上取决于学习者的大脑一次性能处理多少东西。学习者习得、记忆和说另一种语言词汇的条件是：年龄、个人背景、词语的情感内涵和记忆能力。学习者在第一次遇到一个词后，将其音、义联系起来。如果这个过程成功了，就会产生一个突触，通过这个突触，学习者可以永久地理解单词的含义。但这种突触并不是真正永久性的。这种联系的持久性取决于许多因素，包括该词第一次经历的情境、该词的情感内涵、该词在学习者头脑中与其他词的关联，以及后来对该词的重复。理想情况下，L2 应该在 6 岁之前习得，那时 L1 和 L2 的学习可以相互补充。大约 8 岁时儿童可以推断单词的含义并发展了语法技能，12 岁时孩子们能够理解抽象概念，到了 25 岁左右大脑中负责创造新词储存的部分终于发挥了全部潜能。文字处理包括编码、存储和检索三个阶段。及时处理单词是新语言学习者面临的最大挑战之一。

工作记忆用于延长大脑必须经历处理步骤的持续时间。当一个单词被学习者注意到并且被认为重要时，它就被保存在工作记忆中。当一个单词被保存在工作记忆中，没有及时重温，它就不会被保存在长期记忆中。单词在工作记忆中会争夺存储空间，所以存储量是有限的。如果一个词只遇到一次，除非与情感事件相关，否则不太可能被记住，重复会增加一个词的记忆，但重复连续使用同一个词对提高保留率无效。一个单词必须在适当间隔的时间重复。舒茨分析了“认知负荷”，即记忆可以处理的程度。当学习另一种语言时，学习者必须掌握两个系统：词汇和语法。通过对儿童的研究表明这两个系统之间呈现负相关。当孩子们接触到更多语法形式时，他们记住的新单词更少；而当他们接触到更多新单词时，他们记住的语法形式更少。认知负荷的这些限制也表现在一些幼儿的学习问题和语言错误上。当幼儿面临学习许多新单词的挑战时，他们依赖于能力有限的临时记忆。成年人的经历要复杂得多。成年学习者更容易在生词和已知单词之间找到语义联系，所以可能不需要临时存储。

此外，年龄较大的学习者根据偏好管理他们的认知负荷。有些人满足于知道更少的单词和不准确的语法，只要他们能把他们的信息传达给别人，而另一些人则喜欢大量的词汇和准确的语法。学习者也表现出对所学科目的偏好，例如，一个对烹饪感兴趣的人会优先使用烹饪词汇。在 8 岁之前，偏好并不起很大作用，使得语言学习更容易预测。舒茨确定了语言习得的 5 个敏感阶段：建立联系、制定策略、分析抽象概念、发展认知回路和创造记忆。一个人如果在其中一个阶段接触到 L2，就会有优势；而一个人如果在所有这些阶段都接触到 L2，就会成为真正的双语者。由于大多数人没有机会同时学习 L2 和 L1，最好在 11 岁之前开始学习一门新语言，在这之后继续学习和练习这种语言同样重要。在 25 岁以后学习另一门语言将会非常困难，但如果有足够的内在动机，仍然是有可能的。

众所周知，在年轻时更容易掌握 L2。一些迹象表明，为了访问单词，说话者无论年龄多大都只使用一条回路；但是为了访问语法，年龄大于 8 岁者必须靠两条线路。学习一个新单词需要间隔和重复。使学习者发展分心的概念，大脑需要另一项任务来将一个单词的体验与另一个体验区分开来。找到理想的分心时长和理想的重复次数对于最大化学习非常重要。为了长期记忆，多次重复是必要的。为了最大限度地记忆，学习者应该对生词进行“产生”任务，而不仅仅是“理解”任务。虽然例子很有用，但太多的例子实际上会阻碍学习和记忆。许多电脑语言学习软件具有间隔和重复的优点，它们还能记录学习者掌握了哪些单词，并能组织这些单词，确保在适当的时间重复。关于实词和虚词的区别，实词对应于现实中的事物；而虚词，例如连词和介词，使语言在语法上起作用。在任何一种语言中，实词要比虚词多很多，但是 L2 学习者学习虚词的速度要比实词慢。虚词的额外间隔重复有助于记忆，但缩短词表则不会。虚词之所以难学，可能是因为虚词很少或没有情感成分，学习时通常没有任何情感激活。

使用多种语言的经验对大脑皮层结构和信息处理有独特的影响。与单语者相比，终身双语者的脑灰质密度和皮层激活模式存在差异，这是由于他们在处理跨语言干扰方面的经验的结果。在晚年学习 L2 的单语者开始遇到与双语者相同类型的语言干扰，但其与预先存在的语言结构不同。巴托洛蒂（Bartolotti）等利用功能磁共振成像技术研究了单语成人二语习得的起始阶段和跨语言干扰。研究发现，在英语单语者学习新的西班牙语词汇后，英语和西班牙语听觉词汇导致了不同的皮层激活模式，英语词汇的后顶 - 颞网络（包括双侧楔前叶 / 楔叶和左侧顶下小叶脑区）和西班牙语词汇的左海马体得到了更大的响应。此外，英语的跨语言干扰影响了新学习的西班牙语单词的加工，降低了左海马体 / 杏仁核的激活。

研究结果表明，单语者可能依赖不同的记忆系统来处理新学习的 L2，该 L2 系统对母语干扰很敏感。

心理语言学模型认为，语义表征可能会在语言之间重叠。神经成像研究发现，在不同的语言中，与单词意义相关的大脑活动模式可能是相似的。谢赫（Sheikh）等发现，在浅处理期间，多变量模式分类器可以解码语义网络的每种语言中的单词语义类别，但在浅处理上下文中没有跨语言泛化的证据。相比之下，当处理深度较高时，在顶下、腹内侧、颞外侧和额下皮层等多个脑区出现了显著的跨语言泛化现象。研究结果表明，跨语言词汇意义的非选择性获取不是语义系统的强制性或内在属性。相反，并行和非选择性访问的范围可以根据处理的深度进行调节。然而，还需要更多的研究来阐明加工深度在多大程度上影响双语者如何访问语义表征，即不同的语言表征在多大程度上平行地共同激活一个给定的概念，与 L1 相比，双语者在 L2 中对词汇和语义表征的获取被延迟。

2. 双语大脑 L1 处理引发隐性 L2 的激活

双语心理词汇之间的联系在双语研究中至关重要。认知科学家和神经科学家都对个体如何存储和获取不同语言的单词表现出极大的兴趣。尽管以前的一些证据支持 L2 处理不可避免地伴随着隐性 L1 的激活，但目前仍不清楚 L1 处理是否也会引发隐性 L2 的激活。这个问题的答案可能为目前对双语者心理词汇之间的相互联系的理解提供重要的参考。在词汇通达方面，已有研究提出了四种双语模型，即词汇通达双语模型（bilingual model of lexical access, BIMOLA）、修订层次模型（revised hierarchical model, RHM）、双语互动激活 ＋（bilingual interactive activation plus, BIA＋）模型和发展性双语互动激活（developmental bilingual interactive-activation, BIA-d）模型。

词汇通达双语模型和双语互动激活 ＋ 模型都关注目标语言和非目标语言之间的关系。词汇通达双语模型假设双语者有两种语言网络；每种语言都有其特征、音素、单词等。当双语者在使用其中一种语言时，不可避免地会受到其他语言的干扰。在单语模式下，正在使用的语言网络的激活水平相当高，而其他语言网络的激活水平则很低。然而，在双语模式下，多种语言网络同时被激活，其程度因熟练程度而异。双语互动激活 ＋ 模型是双语互动激活模型的升级版。与词汇通达双语模型类似，原始的双语互动激活模型假设特征、字母、词汇和语言在语言识别系统中构成一个垂直的层次关系。语言信息的输入从下到上激活了所有层次。双语互动激活 ＋ 模型在语言识别系统中增加了语音和语义表征。双语互动激活模型和双语互动激活 ＋ 模型都假设目标语言和非目标语言之间存在非选择性激活关系和侧向抑制关系。目标语言和非目标语言首先被平行激活；在目标语言被识别后，非目标语言被抑制。一般来说，词汇通达双语模型和双语互动激活 ＋ 模型的主要区别在于非目标语言是否被完全抑制。

熟练程度被认为是影响修订层次模型和发展性双语互动激活词汇通达的关键因素。修订层次模型假设词汇系统有两个层次：概念层次和词汇层次。由于 L1 和 L2 分别储存形态，但共享概念，所以从 L1 到 L2 或从 L2 到 L1 的激活都是可能的。此外，它还预测，L2 熟练程度高的双语者在语义和词汇表征之间进行“直接概念”联系，因此，他们在处理 L2

词汇时不会受到 L1 的影响。相反，低熟练度的双语者会参与“词汇联想”环节，表现出更强的跨语言效应。发展性双语互动激活模型主要研究了 L2 的熟练程度对 L2 加工过程中 L1 激活的影响。该模型认为，在早期学习阶段，L2 的语义加工将首先通过 L1 进行，而不是直接连接 / 共享的概念存储；然而在 L2 学习的后期阶段，个体会抑制 L1 的连接以促进与概念存储的直接连接。

双语者在理解不同语言时有统一和共享的语义概念，这一猜测得到了行为研究、事件相关电位研究和功能神经影像学研究的支持。研究表明，在 L2 加工过程中，双语者有意识或无意识地激活 L1 的相关信息。这些研究与词汇通达双语模型是一致的，即当个体处理 L2 词汇时，他们会自动检索语义相关的 L1 词汇。例如，当高级汉 - 英双语者被要求确定英语词对的语义相关性时（例如，train/ham，中文的火车 / 火腿），他们无意识地感知到中文翻译中的重复字符：火。韩语 - 英语、英语 - 西班牙语的双语者也出现了类似的结果。

音素可能是双语词汇检索中最敏感的因素之一。例如，当高级汉 - 英双语者被要求确定英语词对的语义相关性，这些词对的第一个汉语字符具有相同的发音，但在 L1 翻译中却拥有不同的形态（例如，experience/surprise，中文为经验 / 惊讶，拼音为 jing1-yan4/jing1-ya4），和英语词对的第一个汉语字符具有相同的形态，但拥有不同的发音（例如，accounting/meetings，中文是会计 / 会议，拼音是 kuai4-ji4/hui4-yi4），他们的 N400 只是受到发音重复启动效应的影响，而没有受到形态重复的影响，这表明他们检索到的 L1 是声音形式而不是视觉形式。此外，在语义匹配范式中也观察到类似的现象。结果显示，当双语者读到一个英语单词（如 fee，中文是费 /fei4/）时，只有中文发音相同的英语单词（如 lung，中文是肺 /fei4/）被激活。与 L2 处理中的 L1 激活不同，L1 处理中的 L2 激活被研究得更少，而且仍然模糊不清。像词汇通达双语模型和双语互动激活 + 模型这样的二语习得模型都采用了连接主义的假设，即不同的语言在分布式网络中被表征，包括正字法、语音和语义等多层次的相互连接。因此，可以假设 L2 在 L1 处理过程中被激活。

由于汉 - 英双语者的 L1 和 L2 属于不同的语系，L2 在 L1 处理过程中是否被激活尚不清楚。我们采用隐式启动范式，进一步研究 L1 处理是否会受到 L2 中隐藏的头韵可能启动效应的影响。蒂埃里（Thierry）等研究设置了 4 种类型的英语词对（第 1 个词用作启动词，第 2 个词用作目标词）作为条件，语义相关的词对在翻译成汉语普通话时共享第 1 个字符（例如：post 和 mail，在汉语中指邮政和邮件，S+P+ 英语对），语义相关的词对在翻译成汉语普通话时不共享字符（例如：wife and husband，在汉语中指妻子和丈夫，S+P- 英语对），在语义上不相关的词对，在翻译成汉语时共用第 1 个字符（例如：train and ham，在汉语中指火车和火腿，S-P+ 英语对），以及在翻译成汉语时不共享任何字符的语义无关的词对（例如：table and apple，在汉语中指桌子和苹果，S-P- 英语对）。有两种类型的启动，语义启动和字符启动。结果表明，双语者有意识地感知语义启动，无意识地感知字符启动。

我们采用隐式启动范式，以 4 种类型的汉语词对为条件，语义相关的词对在翻译成英文时共享一个头韵（例如，公主和王子，英语中的 princess and prince，S+P+ 汉语对，

S+ 表示语义相关，P+ 表示重复的第 1 个音素），翻译成英文时不共享任何头韵的语义相关词对（例如，报纸和记者，英文的意思是 newspaper and reporter，S+P- 中文对，S+ 表示语义相关，P- 表示第一个不重复的音素），翻译成英文时共享 1 个头韵的语义无关词对（例如，博士和美元在英语中表示 doctor and dollar，S-P+ 中文对，S- 表示语义无关和 P+ 表示重复的第 1 个音素），以及翻译成英语时不共享任何头韵的语义上不相关的词对（例如，沙滩和卡片，在英语中意为 beach and card，S-P- 中文对，S- 表示语义无关，P- 表示第一个不重复的音素）。如果 L1 处理受到隐性 L2 激活的影响，就像词汇通达双语模型假设的那样，我们将在英语翻译中的头韵条件下观察到启动效应。

实验方法

两组汉 - 英双语者参加了实验，分别是 24 名高级双语者（平均年龄：22.25 岁，范围：19~26 岁，12 名女性）和 24 名普通双语者（平均年龄：22.75 岁，范围：19~26 岁，12 名女性）。所有参与者都是来自中国大陆的大学生，他们开始学习英语的时间都大于 10 岁。参与者的分类是基于英语水平的。高水平的双语者至少符合两个标准中的一个：雅思成绩达到 7 分及以上，托福网考成绩达到 105 分及以上。普通水平的双语者至少符合以下两个标准之一：雅思成绩在 5.5~6.5 分之间，或托福网考成绩在 85~105 分之间。他们都没有在英语国家居住的经验。所有参与者都为正常视力或矫正为正常视力的右利手。参与者没有参与实验中作为刺激的单词的评估。实验结束后的问卷调查证实，在实验结束前，没有被试察觉到英文单词翻译中的隐藏头韵。

材料和设计：实验使用了 84 个中文词对，分为 4 组，即 S+P+ 中文词对、S+P- 中文词对、S-P+ 中文词对和 S-P- 中文词对（S+ 表示语义相关，P+ 表示英文翻译的第 1 个音素重复，S- 表示语义不相关，P- 表示英文翻译的第 1 个音素不重复）。表 9.1 给出了一组典型的刺激。每组包含 21 个中文词对。词对的语义相关性和词对的英文翻译的语义相关性由单独招募的 20 名参与者用 5 点李克特（Likert）量表来评估（表 9.1）。

表 9.1　实验设计和刺激示例

英语头韵	语义相关度（显性因素）	
（隐性因素）	语义相关（S+）	语义不相关 (S-)
重复（P+）	公主 - 王子 Princess-Prince SRC: 4.10（±0.39） SRE: 3.80（±0.25）	博士 - 美元 Doctor-Dollar SRC: 1.50（±0.32） SRE: 2.00（±0.38）
不重复（P-）	报纸 - 记者 Newspaper-Reporter SRC: 4.50（±0.32） SRE: 3.85（±0.63）	沙滩 - 卡片 Beach-Card SRC: 1.5（±0.26） SRE: 1.85（±0.19）

以语义相关（相关和不相关）和 L2 头韵（头韵和非头韵）为因素，分别对汉语词对语义相关性和英语翻译语义相关性进行方差分析。就中文词对的语义相关性而言，语义相关性 ×L2 中的头韵的交互作用是显著的 [$F(1,80) = 4.164, p = 0.045$]。此外，$t$ 检验显示，

S+P+ 词对的语义相关性显著高于 S-P+ 词对 [$t(40) = 23.452$，$p < 0.001$]，S+P- 词对的语义相关性显著高于 S-P- 词对 [$t(40) = 31.725$, $p < 0.001$]，S-P+ 词对的语义相关性与 S-P- 词对相似 [$t(40) = 0.318$，$p = 0.752$]，但 S+P- 词对的语义相关性明显高于 S+P+ 词对 [$t(40) = 2.382$，$p = 0.022$]。S+P- 词对的语义相关性略高于 S+P+ 词对，只会降低在语义相关条件下观察到的头韵对 N400 的启动效应的可能性，不会影响本研究实验设计的有效性。至于英语翻译的语义相关性，其主效应显著 [$F(1,80) = 427.757$, $p < 0.001$]。L2 中头韵的主效应和语义相关度 ×L2 中头韵的交互效应都不显著。以语义相关（相关和不相关）和 L2 中头韵（头韵与非头韵）两个因素对词频进行方差分析，主效应和交互作用都不显著。为了确保中文词和它们的英文翻译之间的一致性，另一个单独招募的 10 名参与者被要求确定当他们看到一个中文词时，在他们脑海中闪现的第一个英文翻译是否与本研究中采用的英文翻译相同。因此，每个中文词都有一个翻译一致性的分数，表示有多少人在看到这个中文词后会首先想到所采用的英文翻译。以 L2 的语义相关性（相关和不相关）和头韵（头韵和非头韵）为两个因素对翻译一致性评分进行方差分析，主效应和交互作用都不显著。由于头韵是本实验中的关键，报告了英文译文的平均音节数，S+P+ 中文对为 1.738（SD = 0.912），S+P- 中文对为 1.976（SD = 0.869），S-P+ 中文对为 1.833（SD = 0.794），而 S-P- 中文对为 1.714（SD = 0.774）。以 L2 中语义相关（相关和不相关）和头韵（头韵与非头韵）两个因素对英语翻译词的音节数进行方差分析，主效应和交互作用都不显著。由于满足实验方案要求的中文词对数量有限，84 个词对在实验中重复了三次，共形成 252 个试验，以保证测量的数量。这些刺激是伪随机呈现的。

程序：整个实验分为四个块。第一块是练习块，向参与者展示了 20 对中文词语，其中 10 对语义相关，10 语义对不相关。接下来的三块是正式块。在每个正式块中，有 84 个词对，四个条件各 21 个，以伪随机顺序呈现。每个正式块共享相同的刺激，数据分析仅基于正式块。试验的过程如下：注视在屏幕中央出现 200 ms，提醒被试者集中注意力；然后，第 1 个中文单词出现在屏幕中央 500 ms；之后，第一个单词消失了，留下一个空白屏幕一段随机时间（500、600 或 700 ms）；最后，第 2 个单词出现在屏幕上，直到参与者做出回应才消失；回答后，一个空白屏幕再次出现在随机的一段时间（200、300 或 400 ms）。然后，下一次试验开始。

行为实验结果：反应时间（RT）是相对于第 2 个词的开始而言的。图 9.12 中给出了两组的反应时间和准确率。每个条件下的平均准确率都在 95% 以上，S+P+ 中文对为 96.73%（SD = 0.533%），S+P- 中文对为 95.57%（SD = 0.436%），S-P+ 中文对为 98.15%（SD = 0.452%），而 S-P- 中文对为 97.85%（SD = 0.400%）。高精确度保证了数据的有效性。关于反应时间，采用三向重复测量方差分析，将语义相关性（相关和不相关）和 L2 中的头韵（头韵和非头韵）作为参与者内部因素，熟练程度（高水平和普通水平）作为参与者之间因素。我们观察到相关度的显著主效应 [$F(1,46) = 87.019$, $p < 0.001$, $\eta^2 = 0.654$]；语义相关词对的反应时间比语义不相关词对的反应时间短（$p < 0.001$），与以前的研究一致。没有头韵的主效应在 L2 中 [$F(1,46) = 0.007$, $p = 0.931$, $\eta^2 < 0.001$]、熟练程度 [$F(1,46) = 0.108$, $p = 0.744$, $\eta^2 = 0.002$] 或语义相关度 ×L2 中的头韵 [$F(1,46) = 2.484$, $p = 0.122$, $\eta^2 = 0.051$]，

L2 中的头韵 × 熟练程度 [$F(1,46) = 0.019, p = 0.892, \eta^2 < 0.001$]，语义相关度 × 熟练程度 [$F(1,46) = 0.075, p = 0.785, \eta^2 = 0.002$]，或语义相关度 ×L2 中的头韵 × 熟练程度 [$F(1,46) = 0.003, p = 0.959, \eta^2 < 0.001$] 被观察到。这些结果表明，高水平和普通水平的参与者都对语义相关度敏感，但对 L2 中的头韵不敏感。总之，没有行为证据支持任何从 L1 到 L2 的无意识激活或与 L2 熟练程度的互动。

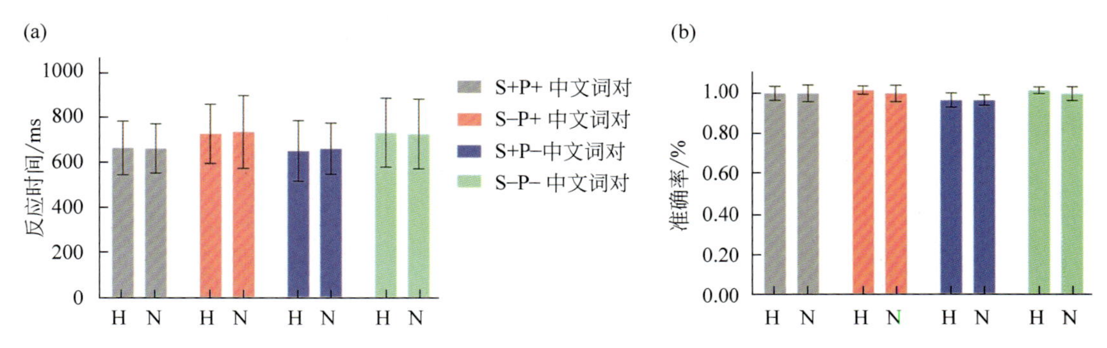

图 9.12　两组在四个因素中的平均反应时间和准确率（误差条表示标准误差）

电生理学实验结果：使用ERP技术来揭示L1处理过程中与L2有关的隐蔽过程。图9.13显示了 ERP 总平均波、N400 振幅和 N400 的头皮地形图。首先，以语义相关（相关和不相关）和 L2 中的头韵（头韵和非头韵）为参与者内部因素，以熟练程度（高水平和普通水平）为参与者之间因素，进行了三向重复测量方差分析。我们观察到语义相关度的高度显著主效应 { 语义相关 > 语义不相关；[$F(1,46) = 49.122, p < 0.001, \eta^2 = 0.516$]}，表明语义启动对 N400 振幅有降低作用。

此外，我们观察到 L2 中的头韵与熟练程度的交互作用 [$F(1,46) = 5.995, p = 0.018, \eta^2 = 0.115$]，表明英语熟练程度影响了 L2 中隐含的头韵所诱发的启动效应。其他主效应和交互作用都不显著。然后，进行了两项重复测量的方差分析，一项是对 L2 熟练程度高的参与者，另一项是对 L2 熟练程度普通的参与者，语义相关（相关和不相关）和 L2 中的头韵（头韵和非头韵）是参与者内部因素。对于高水平组，我们观察到语义相关度的显著主效应 { 语义相关 > 语义不相关；[$F(1,23) = 16.516, p < 0.001, \eta^2 = 0.418$]}，表明语义相关的词对 N400有启动效应；我们还观察到L2中头韵的显著主效应 { 头韵 > 非头韵；[$F(1,23) = 4.697, p = 0.401, \eta^2 = 0.170$]}，表明 L2 翻译中有头韵的词存在启动效应。然而，对于普通水平组，我们只观察到语义相关度的显著主效应 { 语义相关 > 语义不相关；[$F(1,23) = 35.488, p < 0.001, \eta^2 = 0.607$]}。在普通水平组中，L2 中头韵的主效应不显著 [$F(1,23) = 1.581, p = 0.221, \eta^2 = 0.064$]。在两组中，两组参与者内部因素的交互作用均不显著。

此外，我们还进行了四对 t 检验，以检验隐性 L2 启动是否对每个语义条件下的 N400 振幅有降低作用。在高英语水平的被试者中，发现隐性 L2 启动对语义不相关词对的 N400 振幅有显著的降低作用 [头韵 > 非头韵；$t(23) = 2.167, p = 0.041$，双侧]。通过配对 t 检验，没有发现隐性 L2 启动对语义相关词对的 N400 振幅有显著的启动效应 [$t(23) = 1.094, p = 0.285$，双侧]。在普通英语水平的被试者中，没有发现隐性 L2 启动对 N400 振幅有任何影响。

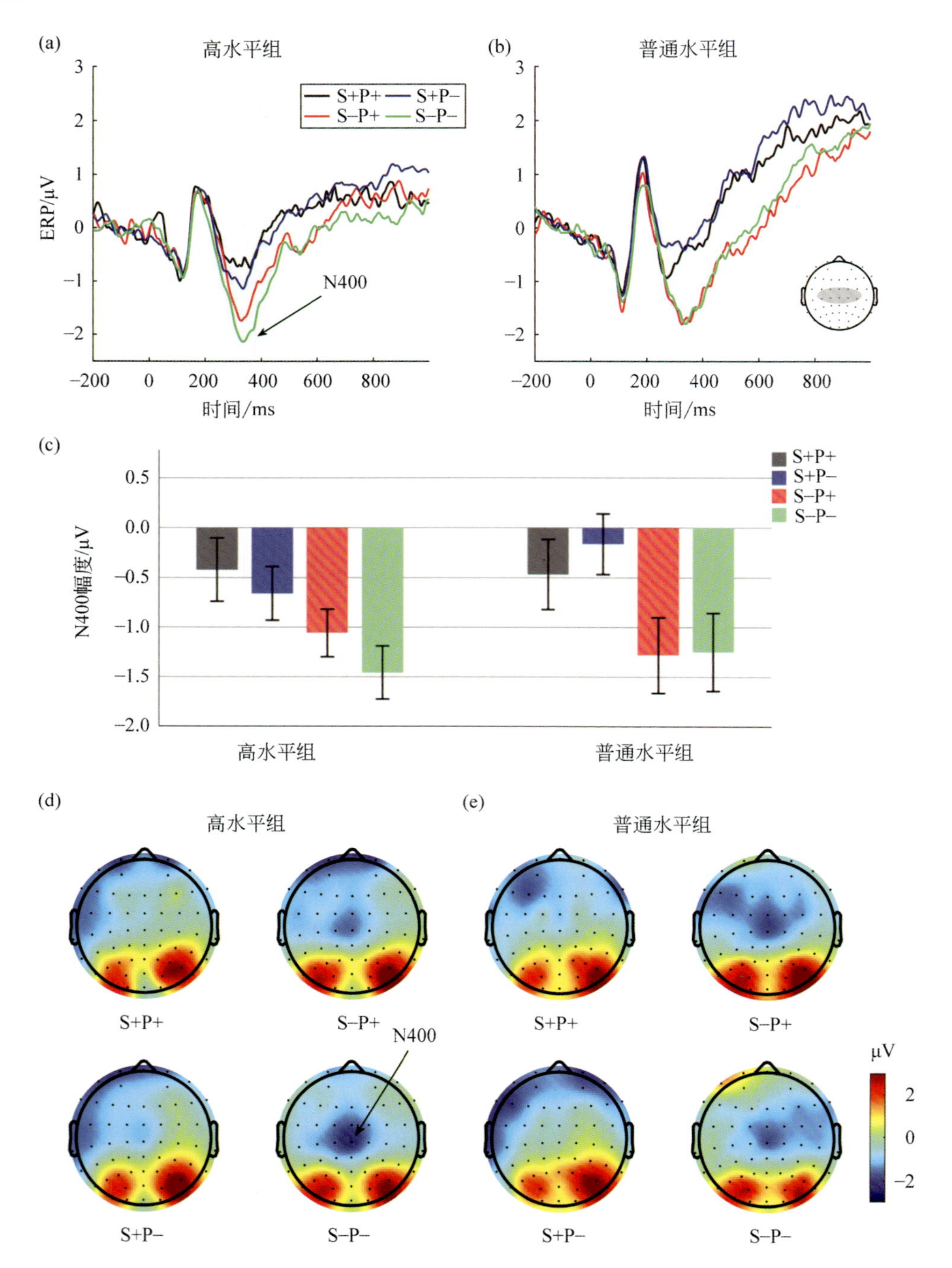

图 9.13 （a）（b）为总平均 ERP 波形，（c）为 N400 振幅（误差条表示标准误差），（d）（e）为 N400 的头皮地形图

综上所述，我们观察到隐性 L2 启动（即 L2 中的头韵）对具有高水平 L2 熟练程度的参与者在 L1 处理过程中引起的 N400 振幅有明显的影响，尤其是在语义启动缺失的情况下；而在具有普通水平的 L2 熟练程度的参与者中，则没有这种启动效应。在行为层面上，我们观察到了语义相关词汇的启动效应，表现为反应时间缩短，但没有发现 L2 翻译中隐含头韵对反应时间的启动效应。在电生理层面上，我们仍然观察到语义相关词的启动效应，表现为较小的 N400 振幅。发现了 L2 翻译中的头韵对 N400 振幅的启动效应，但仅在高水

平的 L2 熟练程度的参与者中。这些结果表明：①在 L1 处理过程中，隐性地、无意识地翻译到 L2 是可能的；②这种翻译很可能受到 L2 熟练程度的影响。

此外，无论是在 S＋P＋ 中文对和 S＋P- 中文对之间，还是在 S-P＋ 中文对和 S-P- 中文对之间，隐含的头韵词均未对反应时间产生任何启动效应。在英语翻译中，如果目标词跟在与首韵相同的启动词后面，N400 振幅会显著下降，这表明 L1 加工中 L2 的跨语激活可能会隐式和无意识地发生。这些结果与大脑神经科学中众所周知的观点一致，即大脑知晓的知识比我们想象的要多得多。它表明人脑可以无意识地激活这些词在单语环境中出现的语言之外的相应词，无论是 L1 还是 L2。我们发现只有高水平组激活了 L2 单词，这支持了从 L1 到 L2 的隐蔽翻译可能受到纯 L1 环境中 L2 熟练程度的调节。这些结果与双语认知研究的结果一致，表明双语者的不同语言可通达一个共同的语义系统。另外，双语者的 L2 熟练程度会影响与语言处理相关的脑区的激活，尤其是海马旁回和扣带回。此外，海马旁回和扣带回都参与了 N400 的产生。

因此，我们发现隐性头韵启动的 N400 效应是由 L2 熟练程度调节的。总之，我们的研究结果与词汇通达双语模型的预测一致，即在单语环境中，L2 并没有被完全抑制。相反，我们发现 L2 在 L1 的处理过程中被隐蔽地激活。此外，高级 L2 学习者在从 L1 转换为 L2 时对 L2 熟练程度的调节表明，熟练程度确实能调节跨语言激活。这些结果也是对发展性双语互动激活模型的补充，即跨语言激活的多个方向可能受到熟练程度的调节。这项研究还提供了电生理学证据，支持在纯粹的 L1 环境中激活 L2，为双语词汇访问的理论模型带来新的见解。

3. 大脑词汇量与后缘上回灰质密度的关系

研究表明，当成年人学习一种新的认知或运动技能时，其大脑结构会发生变化。这种效应被认为是与行为测量相关的局部灰质或白质密度的变化。学习新词汇涉及获取新的感觉运动模式和记忆轨迹，这可能会导致大脑结构和功能的变化。功能成像研究表明，词汇学习可以激活缘上回前 / 后表面附近的顶下小叶（inferior parietal lobule，IPL）。同样，结构成像研究发现，发音新单词的能力与缘上回前部的白质密度相关，而二语习得能力与缘上回后部的灰质密度相关。李（Lee）等采用基于体素的形态计量学（voxel-based morphometry, VBM）来研究是否可以根据大脑结构预测青少年参与者的词汇知识，结合大脑成像、行为分析和白质纤维示踪成像对讲英语的单语青少年的研究表明，词汇知识与双侧缘上脑回后部的相对灰质密度成比例地相关。这种效果只对学习的词汇量有影响，与语言流利度和其他认知能力无关。研究发现，被识别的脑区与其他分别处理单词的声音或含义的顶下脑区有直接联系，这表明缘上回后部在连接词汇知识的基本成分方面起着重要作用。

一个典型的以英语为母语的成年人至少知道 2 万个词汇，包括基本单词及其变形和派生形式。从 5 岁开始，这种知识通常每年以 1000 个单词的速度增长。研究表明，词汇知识可以根据顶下叶离散区域的灰质密度来预测，并且这种关系在言语高智商和低智商的参与者中都很明显，该效应的解剖位置位于后缘上回（posterior supramarginal gyrus，pSMG），后缘上回的灰质密度似乎对所学单词的数量敏感，与年龄和语言无关。在比较词汇量的影响和语言流畅性的影响时，可以将其归因于参与者对词汇的知识，而不是他们的语言产生能力。同样地，通过比较词汇量与一系列其他语言能力的影响，李（Lee）等证明了后缘上回的灰质密度与其所有其他行为测量的词汇知识成正比。

在青少年样本中存在广泛的言语技能，在词汇量、两种语言流畅性（头韵和押韵）、平均语言智商和平均全面智商方面，低语言能力组和高语言能力组之间存在显著差异。然而，高语言和低语言能力参与者在他们的非语言能力和年龄上都很好地匹配。李（Lee）等首先采用 VBM 分析旨在通过比较词汇分数和语言流畅性的影响，将词汇知识从语音产生过程中分离出来。从行为上讲，词汇和语言流畅性任务都涉及言语产生，但是，只有词汇任务才能测试个人关于单词知识的局限性。因此，如果区域灰质或白质密度与词汇量和言语流畅性相关，那么这种效应可以归因于言语产生。然而，如果区域灰质或白质密度与词汇量的相关性超过了语言流利性的影响，那么这种影响更可能是词汇知识的结果。研究发现，词汇量，而不是语言流利度，可以预测双侧顶下叶的灰质密度。这种效应在二语习得的后缘上回中被发现。这种关系在左脑和右脑都被观察到，并且在语言能力的上下范围都存在，如图 9.14 所示。在顶下叶或整个大脑中没有其他显著的灰质或白质影响被发现。而词汇组与语言能力组之间没有显著的交互作用。然后的第二次分析比较了词汇的影响，与第一次分析确定的在顶下脑区的其他四个语言智商亚测试的影响。结果表明，与其他任何语言子测试相比，词汇对顶下灰质密度的预测更好。在包括信息、相似性、算术、词汇、理解力 5 个子测试中，只有词汇的灰质密度和词汇分数正相关。简而言之，词汇量的多少被发现与后缘上回的灰质密度成正相关，而且这种效应是特异性的，没有在任何其他行为测量中发现。

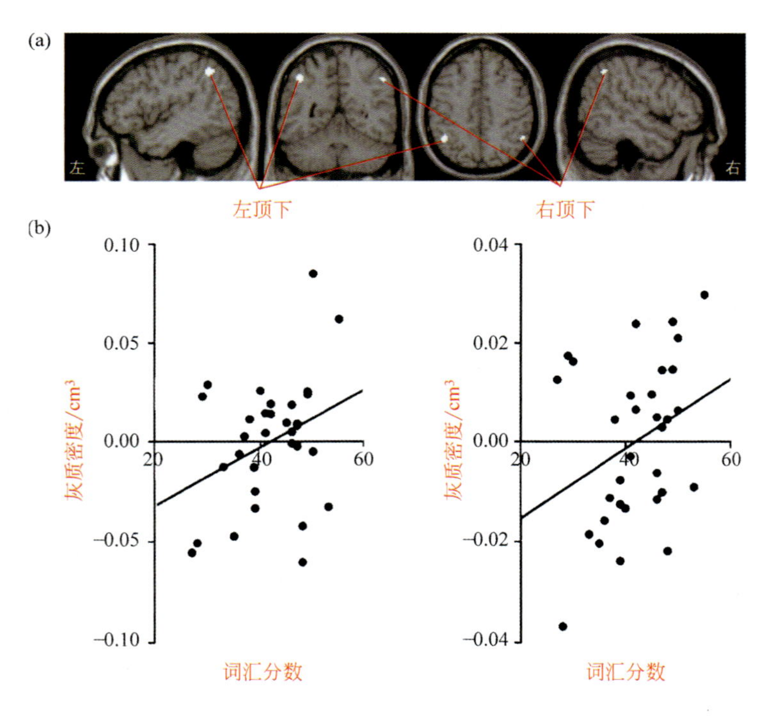

图 9.14　词汇位置效应及其与脑灰质的关系

图注：（a）左侧顶下区（64 个体素）和右侧顶下区（17 个体素）的词汇位置效应（$p<0.001$）；（b）平均中心灰质密度作为词汇分数的函数。

虽然后缘上回在文字加工的功能成像研究中不被典型激活，但它位于与语音加工相关的前缘上回（anterior supramarginal gyrus，aSMG）和与语义加工相关的前角回（anterior angular gyrus，aAG）区域之间。因此，后缘上回是连接语音和语义信息的理想位置。为了验证这一假设并调查后缘上回的局部解剖连接，在另一组成年志愿者中使用了弥散加权磁共振成像和概率纤维示踪成像。先前的功能性研究和结构性研究表明，人类和非人类灵长类动物的顶下叶具有同源性。如果这种连接模式在人类中得以保留，它就为连接前缘上回和角回之间的语音和语义处理提供了解剖学基础。后缘上回在文字处理本身的功能成像研究中并不典型地被激活，专注于单词的语音关联的任务典型地激活了前缘上回，而专注于单词的语义关联的任务通常会激活角回。鉴于后缘上回在前缘上回和前角回之间的解剖位置，假设后缘上回可能在前缘上回和前角回之间提供解剖学联系。白质束纤维示踪成像结果支持了这一假设，结果显示后缘上回、前缘上回和前角回之间存在直接的解剖学连接。这种局部连通性的模式与在猕猴中观察到的模式相对应。通过将分别处理单词或词义的顶下区的语音和语义过程联系起来，后缘上回可能在词汇学习中发挥关键作用，这使得预测词汇学习过程中后缘上回的激活会发生变化。这种变化可以通过激活增加、激活减少或与邻近脑区相互作用的变化来体现。

尽管之前没有研究调查左顶下叶内的功能连接性，但之前的一些结构和功能成像研究表明，左顶下叶与词汇习得和发出新语音能力有关。然而，这些研究只有一项确定了后缘上回附近的影响。相比之下，布赖滕施泰因（Breitenstein）等发现的脑区位于缘上回的前表面深处，与戈莱斯塔尼（Golestani）等发现白质密度与新语音发音能力之间正相关的脑区相似。在此基础上，假设不同的顶下区在词汇学习中起着不同的作用。具体而言，词汇学习涉及三个不同的顶下脑区的协调：前缘上回加工语音信息，前角回处理词义，后缘上回将声音和意义结合成一个统一的表征形式。然而，并不是说这三个脑区都存储语音、语义和词汇信息。相反，前缘上回和前角回有助于广泛地处理语音和语义信息，后缘上回有助于在学习新词汇时将单词的这两个不同方面联系起来。

从心理语言学的角度来看，正常儿童的词汇习得与大声重复非词汇的能力密切相关。词汇习得与非词汇重复之间的密切关系在成年后得以保留，特别是在学习与熟悉的母语单词不同的语音形式的情况下。这一事实表明，在以母语或新外语进行语言习得的早期阶段，存储新颖形式的能力在学习新单词中起着特别重要的作用。在以后的阶段，人们可以通过访问现有单词的语音表示法来利用已经存在的结构。然而，无论在习得的哪个阶段，词汇学习都要求将词汇的语音和语义属性结合在一起，后缘上回的灰质随着 L2 熟练程度的增加而增加，该脑区在一生中获取新单词方面发挥着作用。

后缘上回的灰质与 L1 和 L2 的词汇量相关，这表明相对灰质密度的增加反映了经验依赖的可塑性导致的树突分支或局部突触密度的增加。另一种观点是，大词汇量是大脑灰质差异的结果，而不是原因。换句话说，那些拥有超强词汇习得能力的人可能在顶下叶脑回和脑沟的位置或形状上存在形态上的变异，从而为词汇学习带来了优势。无论因果关系如何，左后缘上回在词汇习得中起着重要的作用。因此，我们预计左顶下叶损伤会损害词汇的学习或使用。事实上，成年早期头部损伤导致左顶叶损伤的患者在词汇和算术测试方面的下降明显大于左颞叶损伤的患者。

李（Lee）等研究得出三个有效结论。首先，证明在英语为单语的青少年中，顶下叶灰质密度大小是词汇量多少的标志。其次，为先前报道的意大利语 - 英语双语者的顶下叶灰质密度与 L2 熟练程度之间的相关性（即所学单词的数量增加）提供了解释。最后，后缘上回灰质变化的位置表明，人类这个脑区可能是建立单词发音和词义之间的关键联系的解剖学基础。

包斯（Baus）等通过在对象命名过程中比较双语者和单语者，获得了双语命名劣势词汇起源的证据，一般来说，即使在一个相对自然的任务中，内部言语监测和词汇获取是同时启动的，单语者和双语者实施的监控过程是不同的，无论是在言语计划期间还是在发音后。在发音之前的结果显示，单语者的频率效应比双语者更早，而两组双语者之间没有观察到差异。正确性效应的出现与频率效应类似，并且仅适用于单语者。这些结果表明双语劣势的来源是词汇，双语者相对于单语者在参与词汇选择方面有所延迟。

库尔特（Coulter）等对 57 名英语 - 法语 / 法语 - 英语高度熟练的双语者（L2 习得年龄不同）在记录事件相关脑电位的同时，用两种语言进行语音感知任务。研究表明，熟练的双语者在感知两种语言的言语时受益于语义语境，同时双语者与单语者在处理语义语境方面表现出相似的证据。尽管他们受益于 L2 中的语义上下文,但在较晚的年龄（6 岁之后）习得 L2 的双语者在使用语义上下文来促进语义处理方面可能会受到更多限制。与晚期双语者相比，在早期习得 L2 的双语者更有效地使用语义上下文似乎得到了招募额外神经资源的支持。

9.2.4 习得年龄与熟练程度、语言使用的社会多样性

1. 双语的可塑性、变异性和年龄的关系

伯德桑（Birdsong）对二语习得与双语的可塑性、变异性和年龄的关系进行了研究，考虑了关键期效应与双语效应、早 / 晚期双语效应、母语化和非母语化的二语水平、认知老化、学习的个体差异和双语的语言优势。非一致性是早期和晚期双语的固有特征。年龄同样会影响语言经验、母语损耗和语言优势等个体因素。相比之下，无论学习年龄如何，双语效应都可以解释在 L1 和 L2 中观察到的非单语相似性。与此同时，L1 激活度、L1 巩固度、L1 损耗度和 L1-L2 相对优势度，所有这些都受习得年龄的影响。随着习得年龄的增加，L2 成绩变化的可能来源，从经验（教育、居住时间）到表达能力（L1 巩固），再到认知能力下降，以及潜在的神经系统原因，例如多巴胺水平，这些因素介导了一般领域的学习和处理。彭菲尔德（Penfield）等认为从失语症中恢复的成人大脑是“较差的”；而儿童的大脑是“可塑性的”，即更有可能恢复语言功能。伦内伯格（Lenneberg）将成年期的 L2 学习困难与半脑功能专业化和可塑性下降联系起来。赫福德（Hurford）等神经生物学解释是“用了就会失去”的模型，青春期之后，语言学习所需要的神经回路被破坏了，因为在成年之后，人类继续学习语言的选择压力和促进语言学习的新陈代谢贪婪的神经系统都没有了。另一个神经生物学的解释是作为语言学习基础的神经回路中成熟调节的髓鞘形成，髓鞘形

成隔离了轴突以有效地传递电脉冲，但是这样做是以降低新学习所需的突触可塑性为代价的。随着年龄的增长，黑质纹状体多巴胺的下降与认知能力的下降有关，例如注意力、排序和竞争信息的抑制。沃克（Werker）等阐述了早期语言学习的基本神经生物学和体验特征，描述了多个重叠的可塑性时期的级联序列，这些可塑性时期通过单词形式和语音类别的结构能够在母语中发展语音感知，从婴儿最初几个月的语音识别开始，到孩子接近 20 个月大时，如图 9.15 所示，实线代表典型的起始点和偏移量，虚线表示周期的延长。

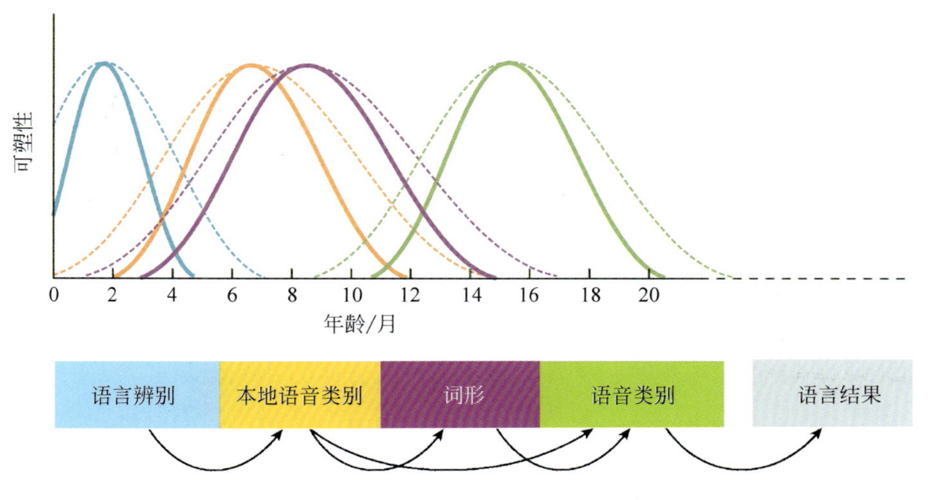

图 9.15　婴儿言语感知发展中的连续、重叠的关键时期

每个关键期的发生、持续和结束的年龄不是固定的，而是由生物学和经验因素影响的。因此，变异性和可塑性是密切相关的。相对于单语婴儿，双语婴儿中母语语言类别的建立需要更长的时间，对语音的敏感性一直保持到更年长。在早期发育阶段，双语婴儿的两种语言可能类似于单语儿童。在 10~12 个月时，英 - 法双语婴儿的两种语言语音辨别能力与单语婴儿相似，并且持续数月。然而，一旦同时双语者和早期双语者长大成人，他们对每种语言的处理和产生都不同于单语者。更重要的是，在同时 / 早期双语成年人中，言语感知和产生的可变性得到广泛证明，并且个体之间的差异程度通常大于在母语（单语）者中观察到的差异。这种可变性可能反映对两种语言的不对称接触或使用，或接触一种或两种语言的带口音的语音，以及动机、学习环境、个体间神经生物学和神经认知在发育过程中的差异等。

语言是一种使人们可以交流且一旦习得将贯穿一生都在使用的编码。婴儿感知信息的规则、学习词汇的方法、语言交际的社会环境以及长时间习得实体的记忆需要，很可能都会影响到语言的演变。婴儿是运用计算策略来发现语言输入中的统计和韵律模式的，这导致音素和词汇的发现。与别人的社会交际影响语言的习得，正如某种意义上鸣鸟学习鸣叫时的交互影响一样。孩子们都能毫不费力地迅速学习他们的母语，且不考虑文化沿着相同的路径发展。语言的密码早已深深植根于大脑了。婴儿通过初始的感知能力来学习语言，这种能力是语言习得所必需的，他们一接触语言就可运用人类特有的能力迅速学习，将对模式（节奏）检测和计算的能力（常被称为“统计学习”）同特有的社会技巧融合起来。

缺乏对自然语言（口头或者符号）固有模式的早期接触会对语言习得能力产生长期的变化，婴儿的感知、学习语言的能力也被高度束缚了。婴儿“最初”是在社会交互中学习语言输入的规律性的。由于大多数儿童出生后语言能力的发展很快，其发展阶段的顺序也是如此。弗里德里奇（Friederici）认为社会因素对L1发展有很强的生物学影响。她报告说，德国4个月大的婴儿在听到一些错误形式的句子后，就可以辨别出德语以外的语言（如意大利语）的语法的不一致。这种神经特征也与社会环境中语言习得的其他过程不相容。这就导致我们强调社会因素对于习得L1以及L2的重要性。

L1习得不同于L2习得。这种差异源于刺激的模式和时间，在学习L1时，刺激首先被引入，然后被确立。在出生前，胎儿的耳朵在子宫里就已被母亲说话的旋律所吸引，胎儿开始注意那些最终将围绕在胎儿周围的声音和语言的轮廓。这一过程塑造了人类的大脑回路和发声器官，根据人类语言的任何变化或组合预设功能。一旦我们获得轮廓，并设法根据一套模式（L1模式）产生口语，我们将继续根据先前的经验形成的句法规则和可接受的语义来提高熟练程度。这种以往经历的模式决定了人类的大脑处理输入信息的方式，并产生任何特定语言的输出。尽管尚不确定L1正常习得的关键时期是否存在，但在随后的任何时候习得L2都是可能的，尽管在句法和意义方面的熟练程度可能无法达到母语者的水平。研究指出，其他语言的启动发声模式习得存在一个敏感时期。研究表明，通过人类互动接触L1以外的其他语言的声音的婴儿，在他们发育的后期仍能以类似L1的能力发出该语言的声音。我们可以在任何年龄学习L2，尽管难度更大，并且对于任何学术能力或多或少都适用，即通常在学校环境中获得的能力。

二语习得年龄和他们随后的熟练程度这两个关键因素决定了双语者如何在神经上保持两种语言，这两个因素可能密切相关，尼科尔斯（Nichols）等结合功能磁共振成像和弥散张量成像来识别特定的脑区，通过功能活动和白质微观结构揭示了习得年龄和熟练程度对L2学习的独立影响。通过对母语为普通话的中国人和母语为英语的人在图片-单词配对时进行了脑成像扫描。出现了由这两个变量预测的两个独立的脑区和白质束网络，研究结果显示，涉及大脑灰质和白质网络包括左右半脑，作为L2使用者的习得年龄和熟练程度的独立功能，主要集中在颞上回、额中/下回、海马旁回和基底神经节。这些结果表明，熟练程度和习得年龄解释了双语者大脑中不同的功能和结构网络，与经验或熟练程度相比，习得年龄依赖效应具有不同类型的可塑性。研究结果表明，功能活动和白质完整性都在L2学习中发挥作用，这种关联可能是积极的，也可能是消极的，这取决于脑区，而L2学习的最终成功取决于年龄因素。

习得年龄（age of acquisition，AoA）和L2的熟练程度如何影响L1和L2大脑网络之间的异同一直是有争议的。欧（Ou）等以26名成年中-英双语者为研究对象，采用表征相似性分析方法，定量分析了不同年龄、不同熟练程度的中英双语者在句子理解任务中L1和L2之间的神经相似度。研究结果表明，虽然L1和L2处理激活了相似的脑区，但在控制熟练程度的影响后，L1和L2之间更大的神经模式差异与左额下/中回的早期习得年龄相关。当排除习得年龄的影响时，熟练程度与L1和L2之间的神经模式差异的相关性不显著。在较早获得L2的双语个体中，L2的活动模式与L1的活动模式更不同，并且习得年龄对神经模式差异的贡献大于熟练程度。

研究表明，语言接触对双语者的大脑表征具有重要影响，涂（Tu）等采用功能磁共振成像随访研究接触不同语言是否会导致高熟练粤语（L1）- 普通话（L2）早期双语者的语言控制网络的神经可塑性改变。同样的 10 名受试者在执行无声叙事任务时进行了两次依赖于血氧水平的功能磁共振成像扫描，分别对应于两种不同的接触语言条件，条件 1（L1/L2 使用百分比，50%： 50%）和条件 2（L1/L2 使用百分比，90%： 10%）。研究表明在完全浸入 L1 环境 30 天后，L2 的使用显著减少，检测到 L2 处理的显著神经可塑性效应，语言接触在与语言控制相关的脑区对接触较少的语言的强烈影响。研究结果表明：①语言与语言接触条件的交互作用在左岛盖部（BA 44）显著，在左额中回（BA 9）轻微；②在条件 2 中，双侧 BA 46/9、左侧 BA 44 的 L2 激活值明显升高，左侧尾状核（参见图 9.9 所示）的 L2 激活值略微升高；③在条件 2 中，L2 语言接触与依赖血氧水平的激活值之间存在显著的负相关，特别是在左前扣带回。这些发现表明，即使是短时间的不同语言接触也可能导致负责语言控制的脑区出现显著的神经可塑性变化。

埃斯凡迪亚里（Esfandiari）等以陈述性 / 程序性（declarative/procedural, DP）记忆模型为基础，探讨了熟练程度对 L2 句法和语义加工的影响。通过两组波斯语 - 英语双语者（L1：波斯语，L2：英语；10 名高精通水平，10 名中级前水平；性别：女性；平均年龄：25.50 岁，SD：5.09 岁，年龄范围：19~35 岁）跨越 6 种不同的条件，经 240 个英语句子的视觉刺激任务，3 种不同的实验条件（违反常规过去形式 / 短语结构规则 / 最终词语义违反）和 3 个控制条件（每个实验条件的正确句子集）。两组开始学习英语的时间都较晚（开始年龄：15 岁 +），并且是在明确的学习环境下进行的。结果显示两组的皮质反应不同。在处理违规形式时，高熟练度的受试者在词汇语义和句法处理中表现出更像母语的皮层活动模式；相比之下，不太熟练的学习者在某些脑区表现出延迟发作或峰值、振幅降低，或缺失成分。在较低的 L2 水平上，语法处理最初依赖于陈述性记忆系统；而在高熟练度受试者的 L2 句法处理过程中几个脑区类似于在 L1 中观察到的方式而被激活，解决其对句法处理的程序性记忆系统的依赖以获得更高的熟练程度。结果表明在较低的 L2 水平上，最初依赖陈述性记忆系统进行句法加工。

古利弗（Gullifer）等使用基于种子的静息状态功能连接在高度熟练的法 - 英双语者中，调查了 L2 习得年龄和语言使用的社会多样性对内部大脑组织的独立贡献。研究发现，较早的 L2 习得年龄与同源额叶脑区之间更大的半球间功能连接有关；其次，日常生活中社会语言使用的更大多样性与前扣带皮层和双侧壳核之间更大的连通性有关，并且与在同一任务中对主动控制的依赖增加有关。相比之下，社交语言使用多样性程度的高低与广泛分布的大脑网络有关，这些网络涉及主动控制和上下文监控。研究结果证实了关于双语语言控制的理论观点，包括神经认知语言控制模型（neurocognitive language control model, NLC）和自适应控制假设（adaptive control hypothesis, ACH）模型。NLC 模型强调双语经验在整个生命周期（即从幼儿期到成年后期）与语言和执行控制相关的大脑网络的组织作用，而 ACH 进一步提出该网络的组织可以适应语言使用的社会多样性的需求。古利弗等研究发现神经认知语言控制模型的核心脑域（如前扣带回、基底神经节和额下回）之间的功能连接

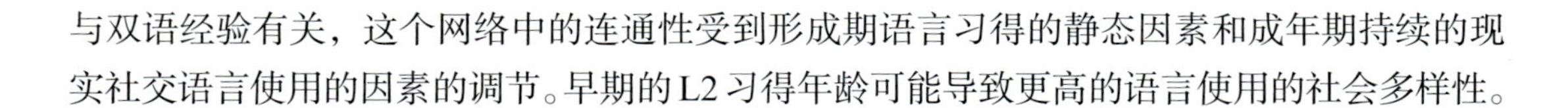

与双语经验有关，这个网络中的连通性受到形成期语言习得的静态因素和成年期持续的现实社交语言使用的因素的调节。早期的 L2 习得年龄可能导致更高的语言使用的社会多样性。

2. 二语习得熟练程度和习得年龄对灰质密度的影响

人类具有学习多种语言的特殊能力，被认为是由大脑中的功能（而非结构）可塑性变化所调节的技巧。L2 可以增加左顶下皮层的灰质密度，这一脑区的结构重组程度是由习得 L2 时的年龄阶段与所达到的熟练程度来调整的。灰质密度与 L2 学习成绩之间的关系可以代表一种大脑组织的普遍法则。尽管对于早期双语习得者与晚期双语习得者来说，顶下皮层的灰质密度都有增加，然而早期双语习得者左右脑顶下皮层的灰质密度增加程度要更大，如图 9.16 所示。图 9.16（a）：以 1 mm^3 灰质密度作为度量，以 L2 熟练程度为函数而测量左顶下区的灰质密度。每一受测者的 L2 熟练程度是通过标准化的神经心理学测试评估的，该测试使用的是主元分析。图 9.16（b）：以二语习得的年龄段为函数所测量的灰质密度。主元分析法显示熟练程度与二语习得的年龄段呈负相关，这一脑区的灰质密度与二语习得的年龄呈负相关。梅凯利（Mechelli）等发现，双语习得者左顶下皮层的灰质密度比单语习得者要大，而早期双语习得者比晚期双语习得者要更加显著，同时也发现这一脑区的灰质密度随着使用 L2 的熟练程度而增加，但是随着习得年龄的增长而减少。这一发现表明，人脑的结构可以由二语习得的经历所改变。人脑会根据环境的需要在结构上发生变化，并证明除了语言，大脑结构会根据学习领域的不同而发生变化。双语习得者大脑结构重组的程度，与二语习得成绩有关系。这里所发现的灰质密度与二语习得成绩之间的关系是更加普遍的结构 - 功能原则，这一原则不仅限于语言领域。

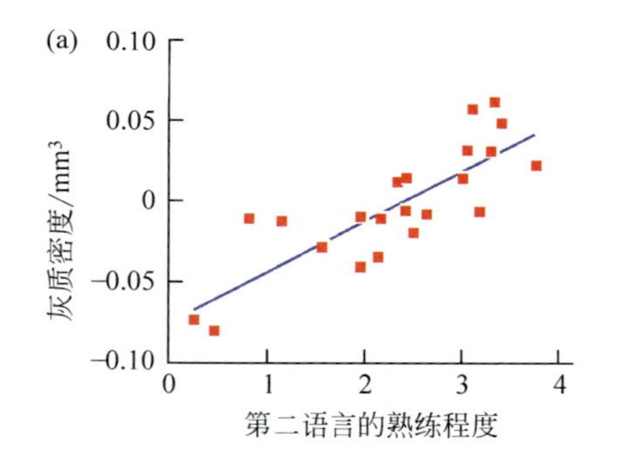

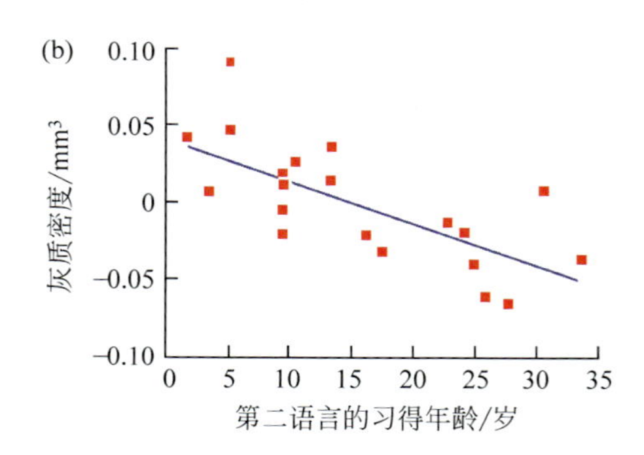

图 9.16　第二语言的熟练程度和习得年龄与左顶下皮层灰质密度的关系

图注：双语习得者大脑的结构重组，双语习得者大脑皮层的灰质密度比单语习得者要大。

双语能力是一种与皮质灰质（grey matter，GM）形态结构变化相关的持续经验。哈梅莱宁（Hämäläinen）等采用基于表面分析的方法来研究 L2 的早期习得是否会影响 L2 习得晚期的皮质灰质形态，结果显示早期双语经验与左额盖部和右颞上回的皮层表面积显著扩大有关。然而，没有发现证据支持 L2 习得晚期与皮质厚度增加之间的联系。研究表明，灰质形态至少部分地与 L2 习得年龄相关。这些结构的灰质调节可能反映了从早期习得和使用两种语言提高语音处理需求的适应性。

凯撒（Kaiser）等对多种语言（3 种以上语言）学习者的二语习得的年龄对语言相关

脑区的灰质量的影响进行了研究。他们调查了能流利说 3 种语言的多语成年人，这些多语成年人在 9 岁之前就在教室里学习第 3 种语言。从出生就同时接触两种语言的多语者与先后获得前两种语言的多语者形成对比。基于全脑体素的形态测量显示，与 L2 的连续习得相反，从出生第一年开始同时习得 L1/L2（通过浸入式）与语言相关区域（特别是前额叶、内侧颞叶和顶叶皮层）的低灰质体积有关。相对于先后习得 L1 和 L2 的多语者，从出生就同时习得 L1 和 L2 的多语者在两个半脑的几个与语言相关的脑区具有显著较低的灰质体积：在双侧额内侧回和额下回，在右颞内侧回和顶下后回，以及左颞下回。连续的语言学习会增加与语言相关皮层脑区的体积；即使晚期学习了 L3，这种差异仍然存在。童年早期在多语言环境中成长可能会改变个人的皮层结构，迫使其建立更有效的突触网络来处理语言。然而，对于早期同时接触多种语言的大脑来说，学习更多的语言似乎没有那么大的影响。研究表明在语言习得方面，早期发育的影响得到了维持，并在成年后一直对依赖经验的可塑性产生影响。

3. 二语习得互动的作用

儿童在与照料者互动的社会环境中自然地习得一种语言。研究表明，在儿童语言习得的早期阶段，社会互动促进了词汇和语音的发展。优佐（Yusa）等研究了社会互动和学习之间的关系是否适用于句法规则的成人二语习得。日本成年参与者学习一门新的外语：日语手语（Japanese sign language，JSL），要么通过母语失聪的手语者，要么通过数字化视频光盘（digital video disk，DVD）进行学习。研究发现，通过与母语手语学习者互动学习日语手语的参与者在左额下回有显著的激活；相比之下，在通过 DVD 播放相同时间经历相同视觉输入的组中，没有发现左额下回的皮层激活变化。鉴于左额下回参与语言（口语或手语）的句法处理，通过社交互动学习会产生母语者典型的功能磁共振成像特征：左额下回的激活。因此，从广义上讲，交流互动的可用性对于二语习得是必要的，这会导致观察到的大脑变化。通过与聋哑手语者互动学习日语手语比通过 DVD 演示经相同的输入学习更能激活左额下回，表明与人类的互动有助于获取句法规则，进而导致大脑的显著变化。如果左额下回的激活表明语法的加工类似于母语，那么 L2 学习的一个启示是，在更丰富的社会环境中学习 L2 语法很可能会导致 L2 加工的实现类似于母语。

4. L2 的音位辨别与熟练度的关系

L2 学习者在感知某些非母语声音对比时经常遇到持续的困难，即一种称为“语音失聪”的现象。然而，如果广泛的二语经验导致语音系统的神经可塑性变化，那么区分非母语音位对比的能力应该会逐渐提高。海德迈尔（Heidlmayr）等设计了一个 EEG（脑电图）实验，实验中听者区分 L2 音位对比的感知能力会影响词汇 - 语义违规的处理。句子上下文中关键词的语义一致性是由英语 L2 独有的音位对比驱动的（例如，/I/-/iː/，ship 船 -sheep 羊）。28 名以法语为母语且英语为中级水平的年轻成年人听了包含语义一致或不一致的关键词（例如，The anchor of the ship/*sheep was let down，船的锚 / 羊被放下）的句子，同时记录脑电图。研究发现，三种 ERP 效应与 L2 熟练度的提高有关：①左额叶听觉 N100 效应；②额 -

中区较小的语音错配负性(phonological mismatch negativity, PMN)效应；③语义 N400 效应。研究结果表明，人脑的神经元可塑性允许在较晚的时候习得甚至是固有的语言特征，比如对 L2 的音位对比的辨别。然而，语音系统的神经可塑性变化是由神经认知个体差异和语言背景、二语习得条件等环境因素决定的。

9.2.5 早 / 晚期双语者的脑区及其他因素的影响

1. 早 / 晚期双语者的脑区

有选择地习得、使用多种语言是人类一种独特的和本质的能力。在通晓数种语言的人中，通过优势半脑的新皮质离散区域的电刺激让不同语言有选择地分开。在翻译任务过程中获得与背景脑电图相一致的分布状况的变化，亦说明脑皮层区有针对多种语言的不同空间分区。金（Kim）等运用功能磁共振成像确定大脑皮层中处理 L1 与 L2 脑区之间的空间关系；无论是年轻成年人（“晚期”双语者）习得 L2 达到流利会话程度还是早期发展阶段同时习得两种语言（“早期”双语者）的受试者，都用两种语言完成无声的、内部表达的语言任务。布洛卡区和韦尼克区在人类语言功能中履行重要职责，图 9.17 的左图显示了一位典型的“晚期”双语受试者大脑的主要结果。前部语言区以绿色方框标出，在左插图中放大。红色部分表示完成 L1（英语）任务时显著活跃的脑区，而黄色表示完成与 L2（法语）相关的任务时显著活跃的脑区。位于额下回内，两个截然不同但邻近的激活中心 (+)，相隔大约 7.9 mm，显得非常明显，说明这两个不同的专门区域分管两种不同的语言。在同一受试者的后部语言区（图 9.17 的中图）进行同样任务时，两个活跃区的质心间距是 1.1 mm，小于一个体素的宽度，说明在这一后部语言区有相似或同样的脑皮层区同时服务两种语言。图 9.17 的右图为一位童年早期同时学习英语和土耳其语的“早期”双语受试者脑的典型轴向切面图。研究表明，在额叶的语言敏感区（布洛卡区）内，成年后（“晚期”双语受试者）习得的 L2 区与 L1 区是分开的。然而，如果 L2 在早期语言习得的发展阶段（“早期”双语受试者）习得，L1 与 L2 的表达趋于共同的额叶皮层区。“早期”和“晚期”双语受试者，颞叶的语言敏感区（韦尼克区）也都有效地显示很少或几乎没有基于语言习得年龄的影响而产生的活性分离。

图 9.17 左图是一位“晚期”双语受试者大脑的典型轴向切面图，无论红色（L1）还是黄色（L2）区。活跃区（位于 BA 44，布洛卡区的一部分）的模式放大图，表明了两种语言对应的活跃区的质心（以“+”表示）是分离的。质心计算表明两质心在此平面相距 7.9 mm。位于左上方的中间矢状图的绿线指明了平面位置。中图为颞上回（BA 22 区，对应于韦尼克区）内激活模式的放大图，标明了后部语言区两种语言所对应的激活质心。橙色代表在 L1 及习得 L2 任务时均通过统计标准的体素。质心计算表明，两质心在此平面上相距 1.1 mm，小于单个体素的直径。右图是一位童年早期同时学习英语和土耳其语的“早期”双语受试者大脑的典型轴向切面图，红色代表土耳其语，黄色代表英语。其感兴趣的布洛卡区的放大图为两种语言区之间有多个共同的体素。几何质心指明质心相距小于 1.5 个体素。

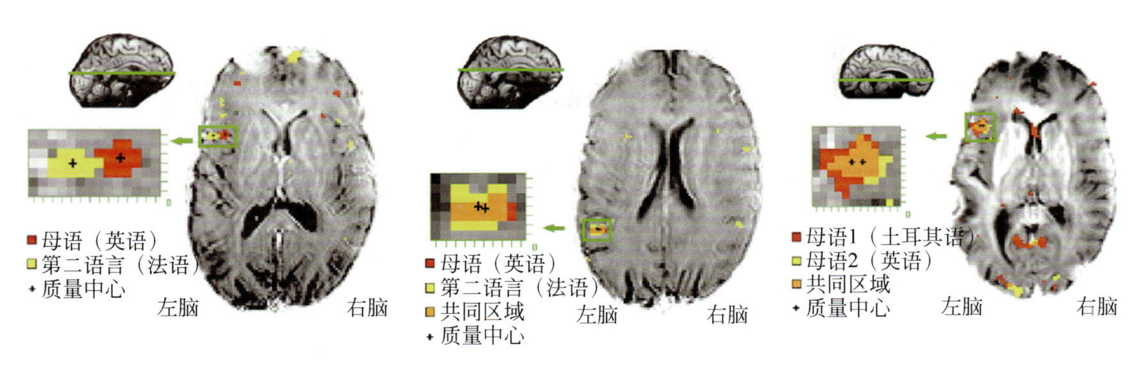

图 9.17 “早期”和“晚期”双语者在布洛卡区和韦尼克区产生活性的重合与分离程度

图注：左图是一位“晚期”双语受试者大脑的典型轴向切面图，中图为颞上回内激活模式的放大图，右图是一位童年早期同时学习英语和土耳其语的“早期”双语受试者大脑的典型轴向切面图。

2. 早期的语言习得对后期语言学习的影响

梅伯里（Mayberry）等研究表明，无论是耳聋的人，还是有听力能力的人，只要幼年时接触过语言，在以后学习一门新语言的时候，他们都表现得同样出色；不管他们的早年语言是手语还是口语，或者以后所学习的语言是手语还是口语。然而，早年很少接触语言的聋人在学习一门新语言时就表现不佳了。研究表明，**语言学习能力是由大脑发育早期语言体验开始决定的，而与这种语言学习经历的具体形式无关。语言学习能力，无论是手语还是口语，都随着年龄的增长而下降。**早年生活中缺乏语言经历的耳聋成年人，在学习美式手语的过程中表现不佳；相反，后来耳聋的成年人表现出了很好的手语学习能力，如图 9.18 所示。图 9.18（a）：在早期生活中没有语言经历的耳聋成年人与在早期生活中有过口语学习经历的耳聋成年人，在学习美式手语时的不同表现。在测试过程中，被试对象需要记忆复杂的美式手语句子。图 9.18（b）：在早期生活中没有语言经历的耳聋成年人、在幼年时期有过美式手语学习经历的耳聋成年人及在幼年时期学习过不同于英语口语的听力正

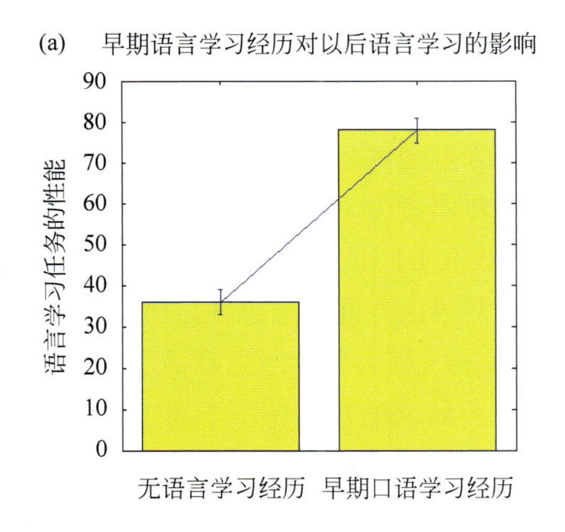

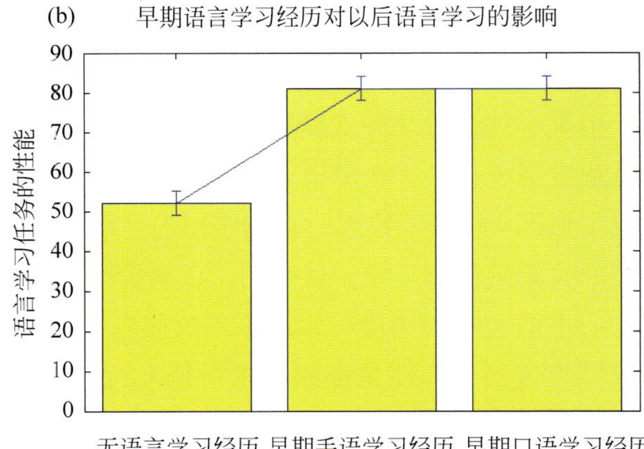

图 9.18 早期经历对以后语言学习的影响

常的成年人在以后学习英语时的不同表现。无论是耳聋的成年人，还是有听觉能力的成年人，只要早年学习过口语或者手语，在以后学习语言的时候都同样表现出很高的水平；然而，早年缺乏语言经历的耳聋成年人则表现很差。梅伯里等研究结果显示，**语言学习能力的提升来自早期大脑开发与语言学习经历的协同作用**。如果早年缺乏语言经历，这种学习能力就会遭到严重损害。

3. 早期 L2 习得促进脑皮层微观结构的发育

人脑具有独特的能力，能够获得不止一种语言，就像双语者一样。神经影像学研究表明，学习 L2 在宏观结构水平上诱发了神经可塑性。罗（Luo）等采用定量磁共振成像（quantitative MRI，qMRI）和功能磁共振成像相结合的技术，对双语者大脑的微观结构特性进行量化，并测试 L2 学习是否调节双语者大脑的微观结构。研究发现，大脑左额下回和左梭状回在解决双语者的两种语言词汇竞争中起着至关重要的作用。早期二语习得有助于促进大脑皮层微观结构水平的发育，但与其熟练程度无关。这种增强的微观结构对早期更好的语言学习做出的重要贡献是，它为早期学习者提供了感官和运动知觉、习得和辨别方面的优势，这对于习得的语言成分（包括语音学、正字法和语法）至关重要。额下回在这一过程中扮演着重要的角色，因为它致力于感觉学习、序列学习以及语法和语义过程。额下回可能与其他脑区形成神经回路以完成这些任务，包括最重要的基底神经节。

4. 晚期 L2 习得者对句法不匹配消极性对应的磁响应

人类在习得 L2 方面表现出不同程度的成功。一些学习者在较晚时期开始习得 L2，在许多情况下也能达到类似母语的水平，但形态和句法知识仍然缺乏。语法熟练的英语使用者作为晚期习得 L2 显示出类似母语者的语法处理大脑指数，这反映在早期和注意力无关的句法不匹配消极性对应的磁响应上，这是由违反主谓一致引起的。汉娜（Hanna）等使用心理语言学、在线语言能力测试和句法处理的神经生理学指标，即违反局部一致性的句法不匹配负性（syntactic mismatch negativity, sMMN），来比较以英语为母语者和非母语者。当英语母语者听到主语和动词之间缺乏一致性（不符合语法的单词序列，例如 *we kicks）时，主谓不一致的句子比合法的句子（例如 he kicks）反应更强。更精通的非母语者也表现出这种差异，但不太精通的非母语者则没有。不匹配负性反应的主要皮层来源位于双侧颞上区，根据心理语言学测试显示，语法相关神经元活动的来源强度与个体二语习得者的语法熟练程度显著相关。在母语者和具有高语法熟练度的非母语者中，早期的不匹配负性指数违反了形态 - 句法一致性，而这些形态 - 句法似乎与至少在 L1 和 L2 语法的某些方面使用相似的大脑机制相一致。这表明，二语习得者可以获得对语法方面的敏感性，研究发现个体在心理语言学语法测试中的表现反映在语法违规引起的大脑内部神经生理活动的强度。研究结果表明，即使是那些较晚习得 L2 的人，甚至在所研究的句法特征不属于 L1 的情况下，也可以产生句法不匹配负性对应的磁响应。

5. 年老 L2 学习者与幸福感

积极心理学的观点强调参与各种活动的参与者，特别是心理和大脑训练练习的参与者，其幸福感的改善的积极方面。皮哈特（Pikhart）等探索了老年人与其外语学习相关的主观感受，将其作为提高生活质量的关键方法之一。研究确定 L2 习得课程参与者的主观满意度，样本（实验组）由 105 名年龄在 55 岁以上的捷克公民组成。设置了两个对照组。第 1 组（青年对照组）由 102 名年轻大学生组成，他们也是捷克公民，年龄在 19~23 岁间。第 2 组为老年对照组，由 55 岁以上的 102 名受试者组成，与实验组年龄相近。研究结果表明，大脑的可塑性甚至在老年人中仍然存在，语言训练显著提高了老年人的主观积极感受和幸福感，而无论他们在外语学习方面的客观进步如何。这些结果与年轻对照组相反，与老年对照组不同。结果表明，与较年轻的学习者群体相比，老年群体的主观感受与 L2 习得作为一种改善生活质量的工具有关，尽管较年轻学习者的学习结果明显高于老年群体，但老年组的满意度有所提高。外语学习是提高老年人整体幸福感的有效工具，这体现在他们表达幸福感、满足感和学习 L2 的积极动机上。外语学习在客观上积极影响着他们的心理健康，扩大了他们的社交网络。

6. 双语者延缓认知衰退

大脑信号的复杂性随着发育而增加，并且与老年时更好的认知结果相关，双语者比单语者延缓认知衰退的时间更长。格兰迪（Grundy）等通过多尺度熵（multiscale entropy）检测了单语和双语年轻人在任务切换模式下的脑电图，结果显示，双语者在枕叶区比单语者有更大的大脑信号复杂性。这些复杂性变化与更有效的信息处理有关，随着枕叶信号复杂性的增加，双语者的表现更好，而单语者则依靠与额叶区的耦合来证明表现的提高。这有助于解释为什么双语者比单语者在老年时表现出较晚的认知能力下降。

9.3 二语习得的神经生理学机制

二语习得的研究不仅关系到一般语言学习关键期的科学争论，也关系到何时、如何进行二语习得和语言教学最有效的教育决策。现有的研究大多是在双语成年人中进行的，在成人双语研究中普遍存在的一个问题是，几乎不可能恢复个体的语言学习历史，尽管这样的历史对于以后的语言能力及其神经表征可能至关重要。为了进行可靠的科学分析，了解 L2 是在什么条件下，在发育的什么时候被学习的，L2 的使用强度有多高，以及在生命的最初几年里语言输入发生了什么是很重要的。因此，尽管研究人员控制了这些重要因素中的一个或另一个，但并非总是能够记录所有感兴趣的因素。大多数关于双语的研究要么关注习得年龄因素，要么关注熟练程度因素，要么两者都关注。相反，其他研究调查了成年后对一种全新语言的学习，以便能够直接控制输入。然而，如上所述，在生命最初几年的语言学习可能与成年时期的语言学习有所不同。因此，关于成人语言学习的研究采用了这两种方法，并且在发育中的大脑和成人的大脑如何完成语言学习方面提供了不同的机制。电生理学和功能磁共振成像都对 L2 处理的大脑基础进行了研究。这些研究说明了大脑在何时以及在什么条件下准备学习一门外语。

我们应该从大脑的哪个部位期待语法和句法信息的处理呢？与简单的单词关联过程一样，答案可能取决于处理需求，而不是某些语法处理中心。句法操作和语法判断可能涉及许多不同的组合和聚合过程，这些过程可能因语言而异。例如，在英语和德语等语言中，单词和短语在句子中的位置决定了许多语法功能，例如所有或从属关系，陈述句和疑问句之间的区别，以及时态的某些变化（如被动时态）。但是在意大利语或拉丁语这样高度屈折的语言中，音素的后缀、后缀或系统变化（英语动词也是如此）也往往表示这些功能作用。如果语法操作是由一些中央处理器处理的，我们不应期望观察到与语言变化相关的神经变异，但由于语法调用关系是符号关系，它们在大脑定位中的分布和任务依赖性可能不比单词检索过程少。即使在双语的个体中，不同的语言也可能以不同的方式被单独地组织起来，有时甚至不仅仅局限于大脑皮层。例如，患有皮层下（纹状体是基底神经节的一部分，由尾状核、苍白球和壳核三部分组成，如图 1.13 所示）损伤的双语患者，其 L1 往往比 L2 受损更严重。

9.3.1 时间进程的 ERP 研究

在双语成年人中进行的电生理学研究，大多使用了能够在单语者中产生清晰 ERP 效应的语言材料。这些是针对语义违规的 N400 和针对词类违规的 ELAN（早期左前负性）-P600 效果以及针对词法句法违规的 LAN（左前负性）-P600。韦伯 - 福克斯（Weber-Fox）等研究，通过比较不同年龄开始习得 L2（英语）的成年双语者的 ERP 解决了语言习得中敏感期的问题。句子加工过程中记录的 ERP 显示出习得年龄和句法加工之间的紧密联系：如果孩子在 3 岁以后开始使用 L2，则句子中句法违规的处理会受到影响，而习得年龄则对语义违规的影响较小。这些电生理学发现与行为研究相一致，表明学习语言的句法和语义方面存在不同的关键期。

类似的发现在其他使用不同语言的 ERP 研究中也有报道。在母语为日语的晚期学习德语者中，与母语相似的 N400 在违反语义的句子中表现明显，而典型的句法短语结构违反成分（即 ELAN 和 P600 成分）在德语晚期学习者中则缺失。同样，母语为俄语的晚期德语学习者对语义违规的行为反应呈现出 N400，对句法短语结构违规行为的反应呈现出 P600 延迟，但没有 ELAN 成分。由于 ELAN 成分被证明反映了早期的自动过程，而 P600 被用来反映晚期的受控过程，因此缺失的 ELAN 成分表明了晚期学习者的自动化语法过程较少。ERP 研究支持和扩展了这一结论，参与者的英语习得年龄不同，但他们的语言熟练程度相同。与以英语为母语的人相比，晚期学习者没有显示 LAN，而只有 P600。这些发现表明，句法过程的神经表征的获得是在一个敏感的时期，独立于后期的语言使用熟练程度。在这项研究中，成年人接受了遵循自然语法规则的人工短语结构语法训练。但是，这种语法称为 BROCANTO，在每个句法类别（名词、动词、限定词、形容词、副词）中只有很少的元素（单词），以便于学习。这种人工语言的熟练程度很高（正确率95%）的被试者表现出早期的负性和P600规则违反，而未经训练者则没有。这一发现表明，至少在熟练程度极高的情况下，ERP模式可以与在母语者观察到的相似但不完全相同。在这项研究中，早期的前负性没有左侧化，这增加了潜在的过程，尽管与自然过程相似，但可能与这些过程不同。

通过对高熟练度和低熟练度德语-意大利语双语者的句法违规行为进行调查，发现在晚期学习L2的高熟练德语-意大利语双语者中存在早期前负性和P600。同样，在这项研究中，早期的前负性并没有被左侧化。一方面，这些结果可能会挑战句法过程习得的早期和短关键期的观点。另一方面，后两项研究表明的是双侧早期前负性，而不是经常在母语使用者中观察到的早期左前负性/左前负性，因此表明精通双语者和母语者的句法过程相似但不相同。来自不同L2习得的ERP研究数据表明，N400中反映的语义违规处理较不容易受到习得年龄和熟练程度因素的影响，而句法违规的处理及其ERP反映则取决于多种因素，例如习得年龄和熟练程度。

其他的ERP研究使用这种方法来监测成年人的外语学习。一项研究表明，与句法方面相比，大脑至少在语义方面具有快速的可塑性。N400成分被观察到在母语为法语的英语学习者中迅速出现。仅经过14个小时的课堂教学，大脑就能通过N400效应来区分新语言的单词和伪单词，而经过63个小时的教学，大脑就首次看到了行为学习的效应。奥斯特豪特（Osterhout）等提出，外语中形态句法的ERP成分的发展取决于母语和L2之间的相似性以及相关形态结构的语音实现。ERP数据表明，最初类似N400的反应是由形态句法的违反引起的。然而，随着熟练程度的提高，这个成分被P600所取代。这种ERP模式可能是由于在学习过程的开始阶段，形态句法结构是按词汇存储的，它们是作为单元记忆的，而不是分解的，而且基于规则的过程只在学习的后期才发生。

一项ERP和功能磁共振成像研究已证明单词学习（语义）和规则学习（句法）之间的基本差异。在ERP研究中，参与者必须学习一种人工语法。ERP模式的变化与呈现给参与者的三音节单词所依据的结构规则的发现密切相关。一旦学习了这些规则，违反这些规则会导致早期的前负性，随后是后期的正性（P600），清晰的基于单词的学习效果反映在N400幅度的调制中。有一种观点认为，至少在成年人中，最初的语言学习是以单词为基础的，应该反映在类似N400的ERP成分中。在这些研究中，成年人必须学习一种新语言中的句法依存关系，表明L2学习者在短时间的学习后，表现出一种违反句法的N400成分，但在较长时间的连续学习后，形成了一种类似母语者的N400-P600模式。这一观点还得到了一项使用功能磁共振成像研究的支持，研究显示，在最初的学习阶段，基于项目的学习大脑系统（海马体，见图1.16）参与了学习，而随后与句法相关的大脑系统（布洛卡区）开始发挥作用。

迪亚兹（Díaz）等调查了早期和晚期L2学习者如何处理在其母语（L1）中存在或不存在的L2语法特征。研究结果表明，13名早期（习得年龄4岁）和13名晚期（习得年龄18岁）西班牙巴斯克语学习者对巴斯克语听力句子进行语法判断，同时记录他们的ERP。这些句子包含违反参与者L2特有的句法属性，即作格，或违反参与者两种语言中存在的句法属性，即动词一致。两种形式的动词一致被测试：主语一致，出现在参与者的L1和L2中；而宾语一致，只出现在参与者的L2中。在行为上，早期双语者在判断任务中比晚期L2学习者更准确。早期双语者在动词一致性方面表现出类似母语的ERP，这与晚期学习者的ERP模式不同。尽管如此，与动-宾一致（仅存在于参与者的L2中的动词一致类型）相比，主-谓一致处理（参与者L1中存在的动词一致类型）更接近于母语相似度。对于L2独有的作格参数对齐，两个非母语组表现出相似的ERP模式，与母语者的ERP模式不符。迪亚兹等结论是，在早期二语习得和高熟练水平时，非母语句法处理近似于母语句法处理。然而，在母语中不存在的语法特征并不依赖于类似于母语的处理，尽管有早期的习得年龄和较高的熟练程度。L2句法过程的电生理相关性与母语和L2距离有关，而与习得年龄无关。

普（Pu）等通过记录L2词汇习得第一周的ERP，以前没有西班牙语经验的以英语为母语的成人完成了不到4小时的西班牙语词汇培训，并将培训前/后的ERP记录到反向翻译任务中。结果表明，开始学习L2的学习者在学习后表现出快速的神经变化，表现在对词汇语义处理和L2熟练程度敏感的ERP成分N400的变化。具体地说，在L2习得的早期阶段，学习者在学习后表现出对L2词汇的N400振幅的增长，以及在没有预先训练的情况下的反向翻译N400启动效应。这些结果是在进行了少量的L2训练后的几天内得出的，表明在成人L2习得过程中捕捉到的神经变化比之前显示得更快。这些结果表明，学习者在开始学习一门新语言时，会产生高强度的可塑性，即使是最小的指令也能导致神经变化，而这些变化可以通过ERP捕捉到。

瑞典语单词重音的形态句法性质使其成为语言预测处理研究的理想对象。词干重音与即将出现的后缀的联系，可以让母语听众预先激活单词的潜在结尾，从而促进语音处理。与以英语为母语的人不同，二语习得者在L2中使用预测的能力较差。这可能是由于来自学习者的L1的竞争信息以及对相关L2信息的接触较差。然而，瑞典语单词重音在输入中很丰富，而且在跨语言方面很少见，这使得它们非常适合研究L2初学者的语言预测的隐性习得的理想选择。因此，贝塞尔森（Berthelsen）等记录了学习者对瑞典语单词口音的脑电生理反应，并将其与母语者的脑电生理反应进行了比较。在母语者组中，明显的与发音后缀相关PrAN（激活前负性，pre-activation negativity）、N400和类似P600的晚期正性成分表明预测性加工。然而，在单词重音处理中，学习者只产生了晚期（400~600 ms）集中分布的负性，这与在同一受试者组中发现的纯音高差异的偏转非常相似。相关性分析表明，瑞典语水平越高，这种负性（在右侧电极位置）就会增加。这些学习者在对词干音调的反应上没有表现出任何行为差异，也没有表现出他们对后缀的效度上的差异，而且与母语使用者不同的是，他们没有产生任何典型的、单词重音-后缀相关的ERP效应：PrAN、N400和P600。相反，L2组的数据在单词重音开始后400~600 ms产生了一个中间分布的负性，这实际上与他们对纯音高差异产生的负性是相同的，并且随着熟练程度的增加向右侧扩展。这些发现表明，瑞典语的初学者已经学会将单词的声调模式与他们的L1中的语用功能区分开来，并对瑞典语的音高差异变得越来越敏感。在声调与后缀联系起来并达到其预测能力之前，分离和敏感被视为重要和必要的步骤。因此，当一种语言的初学者嵌入韵律、语义和形态句法的复杂相互作用中时，他们无法立即利用复杂的预测处理线索。相关的行为结果表明，熟练程度稍高的L2学习者可以掌握所有必要的前兆阶段，从而可以充分利用这些韵律线索的预测潜力。

默尔曼（Meulman）等通过ERP来研究习得年龄对L2学习者语法加工的影响。66名斯拉夫德语高级学习者听德语句子，句中正确和不正确地使用非限定动词和语法性别一致。研究发现，ERP信号依赖于学习者的习得年龄，也依赖于所研究结构的规律性。语法的性别一致性的加工策略随习得年龄的变化而逐渐变化，较年轻的学习者表现出P600，较年长的学习者表现出后验否定。对于动词一致性，所有学习者都表现出P600效应，而与习得年龄无关。晚期学习者在面对不同于母语的（由词汇决定的）句法结构时，会采用计算效率较低的处理策略。

9.3.2 脑区定位的fMRI研究

L2在大脑中的表达方式是否与L1相同？当对成年人的L2习得进行实验研究时，同样需要考虑两个主要因素：习得年龄和熟练程度。这是因为语言能力和大脑激活显然是这两个因素之间相互作用的结果。

关于L2处理的功能磁共振成像研究的重点是，在处理不同语言时我们使用的是相同还是不同的大脑系统。研究发现，如果L2学习得较晚，则在左额下皮层的句子生成过程中，两种语言的脑区是分开的，而早期双语者的脑区是重叠的。然而，其他研究表明，在控制熟练程度时，早期和晚期双语者的大脑激活模式相似，因此在观察L2习得的大脑组织时，突出了熟练程度和习得年龄因素的重要性。

许多神经影像学研究比较了双语者和单语者的大脑激活情况，这些研究没有系统地改变习得年龄或熟练因素。一项功能磁共振成像研究监测了俄语和德语晚期双语者在处理语义和句法违反句子时的大脑激活模式，并将其与单语母语的德国人进行了比较。虽然在语义条件下，没有激活差异，但在组间发现了激活重叠，在句法条件下，观察到双语者的左额下回激活比单语者的激活增加，这表明双语者的这一脑区招募更强。另一项呈现不同句法复杂性的正确句子的研究也发现，西班牙语-英语双语者的左额下回（布洛卡区）的激活程度明显高于英语单语者。这些研究表明，在处理语法时，双语者比单语者表现出更多的激活，尤其是在左额下回。然而，一项研究并未直接证实关于左额下回激活的结论，在对高水平的加泰罗尼亚语-西班牙语的双语者和西班牙语的单语者的理解实验中使用了两个不同的任务：语义判断和句法判断任务。在这两个任务中，双语者在左颞皮质比单语者显示出更多的大脑活动，但在左额下回并没有激活。然而，这两项研究在额下回发现之间的差异可能是由于习得因素的年龄所致。这些发现，与早期双语者（出生时习得的L2）相比，西班牙语-英语晚期双语者（4岁以后获得L2）的额下回激活多。因此，似乎与那些较晚学习L2的人的大脑激活相比，一生中较早学习L2的双语者的大脑激活与单语者更相似。

除了习得年龄的因素外，两种不同语言在被调查双语者中的类型上的“接近”程度可能也有关联。罗曼（Román）等研究的加泰罗尼亚语和西班牙语比英语和西班牙语在词汇领域具有更多的重叠，这可能导致前一种情况下两种语言之间的干扰更多。因此，控制过程可能需要避免与另一种语言的干扰。这可以解释为什么与单语者相比，精通加泰罗尼亚语 - 西班牙语的双语者在额下回比英语 - 西班牙语的双语者表现出更多的激活。

熟练程度是研究双语的另一个关键因素，因为很少有人对 L2 比 L1 更熟练。在所有其他情况下，大多数研究报告其熟练度和大脑激活之间呈负相关。即，熟练程度越高（即越像母语者），大脑在处理对认知要求更高的 L2 时的激活程度就越低。在许多不同的任务中，在单词生成任务、语义或韵律匹配任务以及句子理解任务中，额 - 颞叶脑区都显示出了这种情况。从其他语言任务中可以得知，熟练程度与大脑激活之间的负相关关系，或者任务需求与大脑激活之间的正相关关系：任务越困难或越复杂，fMRI 信号就越大。

关键的一点是，一些双语研究并没有对语言能力和习得年龄进行同等的控制。这就意味着，熟练掌握 L1 的人通常会和后来习得的 L2 进行比较。一项精心设计的 fMRI 研究试图理清习得年龄和熟练程度的影响。这项研究发现，在词汇 - 语义加工过程中，fMRI 的激活依赖于熟练程度：低熟练和高熟练的双语者学习 L2 较晚，其左额下、右额中皮层均表现出高激活程度。相比之下，句法处理更依赖于习得的年龄。就句法条件而言，根据意大利 - 德国双语者在句法判断任务中所做的测试，晚期精通的双语者与早期精通的双语者中，双侧额下皮层的激活更大。晚期 L2 习得组在学习 L2 时比学习 L1 时表现出更大的激活差异，而早期 L2 习得组没有表现出这种激活差异。虽然习得年龄和熟练程度这两个因素都与 L2 的大脑激活有关，但是可以从这项研究得出结论，习得年龄（早 / 晚）对于 L1 和 L2 的神经相似性比熟练程度（高 / 低）更重要。

同样地，当在单词级别上处理不规则句法与规则句法形态时，与熟练程度相近的早期双语者相比，晚期双语者对左额下皮层的布洛卡区的招募更为强烈，这再次表明，晚期双语者的句法处理神经资源高于早期双语者。在晚期精通的双语者中，以 L2 与母语对比处理非规范句子时，其左额下区也表现出了更大的激活，而同样精通的早期双语者则表现出重叠的大脑激活模式。此外，研究表明，观察到的 L2 加工的激活模式取决于 L1 和 L2 的句法特征的相似性以及这两种语言习得的顺序。一项研究甚至调查了 L2 习得年龄对学习 L3 的影响。即使在这项调查中，似乎习得 L2 的年龄也是一个关键因素。早期学习 L2 的受试者在语言产生过程中的激活模式变化较小，而那些后来学习 L2 的受试者则在所涉及的语言网络中变化较大。这些数据表明，语言在晚期学习者中存在一定的分离，而在早期学习 L2 则存在共享网络。

另一项研究调查了习得年龄对内在功能连接性的影响，这是对两组受试者在静息状态下 fMRI 期间测得的。一组被试从出生起就同时学习了法语和英语；而另一组被试则按顺序学习了两种语言，即先学习其中一种语言，在 5 岁后学习另一种语言。在左额下回播种时，发现同时双语者在左额下回和右额下回之间，以及在左额下回和一些涉及语言控制的脑区之间（包括背外侧前额叶皮层、顶下叶和小脑）有更强的功能连通性。在顺序双语者中，这种功能连通性与 L2 习得的年龄显著相关。学习 L2 的时间越早，这种联系就越紧密。这种功能连接强调了左额下回与其内在的功能连接对于母语学习的重要性，此外还强调了及早学习 L2 的重要性。

就语音水平而言，一项 fMRI 研究表明，即使没有持续的输入，早年学习语言的某些语音表征也会随着时间的推移而保持。研究人员要求 13 个月大时从中国领养的 9~17 岁的儿童进行汉语词汇语调测试，之后只让他们接触法语。大脑的激活模式与早期的中 - 法双语者非常相似，但与法国的单语者有所不同。这两个被收养的孩子在 13 个月后再也没有听过中文，在执行词汇语调任务时，他们的大脑活动与那些很早就学过中文和法语的孩子一样。被收养者和双语者都招募了左颞上回，而法国单语则激活了右颞上回。被收养者和早期双语者之间的相似性表明，早期获得的词汇声调音系及其表征在大脑中被保持着，即使这些信息不再有意识地被使用。一项有趣的双语研究调查两种语言的声调信息参数是否与词汇相关，其中汉语是声调语言，英语是非声调语言。研究人员通过动态因果模型测量 fMRI 并进行功能连通性分析发现，尽管这两种语言的语音处理是由一个共同的额 - 颞网络的支持，与英语相比，汉语作为一种声调语言，在功能连接方式上存在差异，左右前颞回大脑皮层之间的交互作用更高。

另一种研究语言的方法是监控一种全新的语言学习，这种语言是根据特定句法或基于词语来构建的。一项 fMRI 研究使用了遵守自然语法规则的人工语法。研究发现，基于规则的学习和基于词汇的学习的激活模式不同。在最初的培训阶段之后，参与者会遇到两种类型的违规行为，即发生变化：规则改变和字词改变。在学习这些新颖（改变的）形式的过程中对大脑活动进行了扫描。单词的改变导致了左前海马体的明显调节，这是一个已知的对学习项目至关重要的系统。规则的改变导致了 BA 44 稍靠后的左腹前运动皮层的激活增加。这一脑区的规则依赖型激活与其他研究报告的可能句法规则与不可能句法规则习得相似的激活模式一致，针对自然语言中的局部规则违规行为，以及处理自然语言和数学公式的第一级层次构建过程。研究表明，在 L2 学习过程中，首先是基于单词的学习，然后是基于规则的学习。

关于纯语法学习的研究，泰塔曼蒂（Tettamanti）等提出了一个简单问题：学习句法规则和非句法规则之间是否存在区别？只会说意大利语的成年人被要求学习由意大利语单词组成新的可能和不可能的规则。例如，可能的规则如下："The article immediately follows the noun to which it refers.（冠词紧随其指的名词之后。）" 这不是意大利语的规则，但也可能是其他语言的规则。但是，一条不可能的规则 "The article immediately follows the second word in the sentence（冠词紧接句子中的第二个单词）"，是一条不会在任何自然语言出现的规则。可能的规则特别激活了左脑网络的布洛卡区（BA 44），显示了这两种规则类型在激活上的重要区别。在第二项研究中，意大利单语者必须学习一种由日语单词和可能规则和不可能规则组成的新语言。同样，对可能规则的学习揭示了布洛卡区的激活，但对不可能规则的学习却没有。

另一项 fMRI 研究监测了学习者在扫描中可能的语言 BROCANTO 的学习过程。研究监测了学习过程中大脑的活动，这个学习过程持续了大约 1 小时。在学习初期，海马体表现为高激活，布洛卡区表现为低激活，学习后期表现为布洛卡区激活增加，海马体激活减少，如图 9.19 所示。要学的语法叫作 "BROCANTO"，它符合自然语法的规则。图 9.19A 表明大脑在海马体（绿色）和布洛卡区（红色）的激活位置。图 9.19B 表明两个脑区的信号变化作为学习随时间变化的函数。1~15 为学习难度（learning block），随着句法学习的难度增加，海马体的激活减少，布洛卡区的激活增加。这些数据表明，一旦以海马体为基础的项目学习的初始阶段过去，支持程序过程的额叶系统就开始发挥作用。

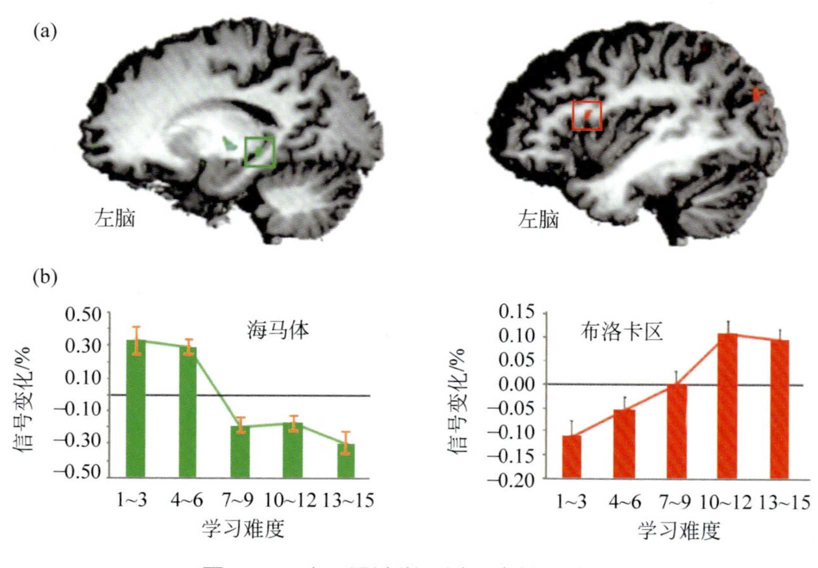

图 9.19　人工语法学习过程中的大脑激活

9.3.3　二语习得对白质纤维束及皮层下基底神经节和丘脑的影响

1. 二语习得对大脑结构的影响

研究表明，学习和使用 L2 会影响大脑的结构，包括白质（white matter，WM）束的结构。这一结论来自对早期和老年双语者的研究，这些人多年来每天都在使用 L1 和 L2。早期终身双语会影响大脑白质的结构，并在老年时保持其完整性。普拉提卡斯（Pliatsikas）等发现在双语者中也发现了类似的白质效应，这些个体在晚年学习 L2 并且是两种语言的活跃用户。这可以归因于日常的 L2 使用，而不管 L2 学习的关键时期或时间长度。研究显示，与单语者相比，双语者在几个与语言处理相关的白质束中具有更高的各向异性值，其模式与老年和早期双语者报告的结果非常相似。在童年后学习和积极使用 L2 可以对白质结构产生快速的动态影响，这反过来可能有助于在老年时保持白质的完整性。研究表明双侧胼胝体中 L2 组的各向异性分数（FA）值较高，包括膝部、体部和压部的前部（参见图 1.24）。它向两侧延伸至额 - 枕下束、钩状束和上纵束。L1 组在任何体素中都没有显示出比 L2 组更高的 FA 值。在双语参与者中受影响的领域之一是双边的额 - 枕下束。这些纤维束与 L2 学习密切相关，由于该纤维束涉及语义处理，观察到的效果可能意味着双语者的语义处理效率更高，这可能与双语者需要在 L1 和 L2 命名选择之间不断选择这一事实有关。

另一发现是受双语影响的脑区是胼胝体膝部，这归因于语言转换需求增加导致胼胝体纤维髓鞘形成增加，它与有效的两个半脑间交流和执行功能密切相关。最后两个似乎受双语能力影响的纤维束是双侧的上纵束和钩状束，这些脑区分别构成了连接布洛卡区和颞区

（特别是颞上 / 中回）的背侧和腹侧通路，这些通路与语音、语义和句法处理有关，有时是相互竞争的。尽管在双语中白质结构和认知益处之间的联系被提出，康明（Cummine）等报告了在一项涉及大声朗读具有规则和不规则音系的单词任务中，FA 值与反应时间之间呈负相关。细田（Hosoda）等在几个白质区中显示 FA 值与 L2 词汇量呈正相关。与语言相关的白质中发现了 L2 组的显著影响，这些脑区的 FA 值与参与者在语义和语法任务中的表现之间存在显著相关性，这意味着更高效地处理。此外，在胼胝体上的显著影响预示着同一组执行功能的增强，进一步强调了双语对一般认知的影响。以上结果表明，每天处理一种以上的语言功能作为一种强化的认知刺激，通过保持特定的与语言相关的大脑结构的完整性，有利于特定的与语言相关的大脑结构。因此，一种以上的语言功能可以保护其大脑不因年龄增长而退化。L2 学习及其伴随的白质连接变化是一个动态过程，严重依赖于 L2 使用。双语对老年白质结构的好处可能与二语习得的关键时期无关，但却是终生积极使用两种语言的直接结果。

在成人的二语习得中，即使在具有相似经历的人之间，个体差异也相当大。这种变化背后的神经机制可能包括语言相关通路的结构可塑性。青少年的大脑会受到年龄相关因素以及 L2 表现的影响。山本（Yamamoto）等招募了两个年龄段的日本学生，即初中生（13~14 岁）和高中生（16~17 岁），他们都是从 12 或 13 岁开始接触英语的，这个年龄段是青春期的过渡期，这与语言习得敏感期（≤12 岁）后成熟的可塑性有关，以揭示 L2 的表现和年龄对主要语言相关通路中结构可塑性的差异特征。将被试分成亚组，在组间比较中，L2 表现（初中水平 / 高中低水平）或年龄（高中低水平 / 高中高水平）进行匹配，分别检测了背侧和腹侧路径，即弓形束和额 - 枕下束的厚度和 FA 值。关于左侧弓形束的 FA，高中高水平组的 FA 显著高于其他两组，表明与 L2 成绩相关的组间差异。此外，左侧弓形束中的 FA 与句法任务的准确性有选择地相关。左侧弓形束的厚度，高中高水平和高中低水平组的厚度显著大于初中水平组，表明年龄相关的组间差异。这些与 L2 表现和年龄相关的差异特征仅在左侧弓形束上很明显，而右侧弓形束仅显示出轻微的厚度差异，而双侧额 - 枕下束则没有任何一种差异特征。山本等研究结果表明，左侧背侧通路持续发展到青春期，句法任务的表现差异可以通过其 FA 进行预测，与年龄和经验持续时间无关。

学习 L2 是一种可以导致神经结构快速变化的体验。罗西（Rossi）等研究结果表明，二语习得对白质 FA 具有显著的影响。在广泛的白质网络中发现了较高的 FA 值，包括丘脑前束（anterior thalamic radiation, ATR）、额 - 枕下束、钩状束和下纵束。此外，FA 值与 L2 习得的年龄呈负相关（$r = -0.465, p = 0.02$），这表明学习 L2 会诱发神经变化，L2 学习具有塑造语言处理基础的白质纤维网络的潜力，即使 L2 是在童年之后学习的。

为阐明语言中涉及的神经可塑性机制，三桥（Mitsuhashi）等比较了单语者和双语者之间与听故事相关的血流动力学调制和皮层下纤维网络的空间特征。参与者是日语单语者和 L1 是日语的日 - 英双语者，将双语者分为早期和晚期双语者，这取决于习得年龄是在 7 岁之前还是之后。研究结果表明，与日本单语者相比，双语者在右侧壳核和双侧颞上回显示更大的血氧水平依赖性反应；晚期双语者右前颞叶和左内侧顶叶的血氧水平依赖性反应明显大于早期双语者。在弥散张量成像中，早期双语者比单语者和晚期双语者在右侧壳核（图 1.13）和中央前回之间表现出更大的神经纤维数量，并激活右侧壳核以获得替代语言的功能。与单语者和早期双语者相比，晚期双语者的左颞上回和缘上回之间的神经纤维数量较低。这些关键的脑区和皮层下纤维网络可能有助于语言的神经可塑性。研究表明，语言的习得年龄是神经可塑性的一个重要因素。

言语模仿是语言习得和 L2 学习的关键。研究发现，个体在模仿外语声音的能力上存在很大差异。瓦克罗（Vaquero）等将弓形束的白质结构特性与 52 名讲德语的人在印地语句子和单词模仿任务中的表现相关联。研究发现，弓形束体积向左脑偏侧的程度越大，参与者在模仿任务中的表现就越好。重建的结果也显示了左侧偏侧化的趋势：左侧弓形束前半部分较大的各向异性分数值与印地语模仿任务的表现相关。结果显示，外语模仿技能的关键特征是白质通路的完整性，其功能是将感知到的声音翻译并映射到语音产生中。此外，似乎弓形束的直接通路是对这些功能和能力最重要的脑区，尤其是左长段前半部分的脑区，显示弓形束的偏侧化与言语模仿 / 发音能力的个体差异之间存在明显关系。

学习和说 L2 可能会导致人脑发生深刻变化。哈梅莱宁（Hämäläinen）等研究了早期同时双语者和晚期顺序双语者与语言相关的白质纤维束轨迹，弓状束和额 - 枕下束的局部结构差异。通过提取各向异性分数（FA）、平均扩散（mean diffusivity, MD）系数和径向扩散（radial diffusivity, RD）系数以分析区域特异性的变化。研究发现，同时双语者导致的语音加工需求增加，可以通过增加与语音相关的左侧弓状束（长段）的 FA 来调节。相对于晚期接触 L2，早期接触 L2 会导致沿弓状束的相关部分的 FA 增加，但不会沿额 - 枕下束诱导与语义处理相关的调制。然而，双侧额 - 枕下束的平均扩散系数减少与晚期顺序双语有关。早期和晚期双语可能导致结构语言相关网络的不同性质的变化，假定同时发生的语义处理负荷似乎不会导致同时双语者的结构变化，但只会在晚期顺序双语者中引起调制。L2 加工的不同方面在大脑上具有独特的微观结构特征，这取决于二语习得的年龄。早期的双语能力有助于弓状束的结构侧向性，导致这些与外侧裂周围语言相关的脑区更加双边化。

左额下回与不仅在 L1 中，而且在 L2 中的句法处理密切相关。事实上，额下回的左侧化已经被证明与 L2 的句法任务表现相关。鉴于后部语言相关脑区与左额下回系统地连接，山本等使用弥散磁共振成像和纤维束成像技术计算了背侧通路的弓形束以及腹侧通路的额 - 枕下束的各感兴趣区的平均厚度和 FA。实验 1 中，对句法任务的正确率进行了偏相关分析，排除了拼写任务正确率、性别和偏手性的影响。在每个半脑的两条通路中，只有左弓形束的 FA 与句法任务的个体准确性显著相关。实验 2 中，招募了同卵双胞胎，并检测其 L2 能力和结构特性在何种程度上相似。在双胞胎组中，拼写任务的反应时间相关性最高，而语法任务的准确性相关性最小；这两个相关系数有显著差异。左弓形束厚度的相关系数明显大于左额 - 枕下束。这些结果表明，左弓形束的厚度更多地与共同的遗传 / 环境因素相关，而左弓形束中相互相关的 FA 和 L2 中的个体句法能力可能不太容易受这些共同因素的影响，背侧通路比腹侧通路更能反映 L2 个体的句法能力。

2. L2 对听觉脑干功能神经的可塑性

年轻时学习 L2 是听觉脑干功能性神经可塑性的驱动因素。吉鲁（Giroud）等比较了 3 组成人英 - 法双语者对英语元音进行分类的能力，这些能力与他们由相同元音引起的频率跟随反应（frequency following responses, FFR）有关。在测试时，两种语言的认知能力和流利程度在 ① 同时双语者（SIM，$N = 18$）之间进行了匹配；② 具有母语为英语的顺序双语者（$N = 14$）；③ 具有母语为法语的顺序双语者（$N = 11$）。结果表明，与母语法语组相比，母语英语组在识别元音方面表现出更清晰的类别边界。同样的模式也反映在 FFR 中（即在母语英语 > 同时双语者 > 母语法语中更大的 FFR 反应），只有母语英语组和母语法语组之间的差异具有统计学意义。与母语法语组相比，同时双语者中存在更大 FFR 的趋势。表明在生命的最初几年接触一种语言会诱导听觉脑干功能神经的可塑性，这种可塑性至少在成年初期保持稳定。研究结果表明，对该语言的接触量（即 100% 与 50%）不会差异地影响感知能力的稳健性或语音类别的听觉脑干编码。证明脑干的神经可塑性效应在青年成年期之前保持稳定，并且 L2 接触量不会影响行为或脑干的可塑性。表明 ① 在生命的最初几年接触语言会导致更强大的感知能力以及语言特定语音对比的编码，直到至少年轻的成年期。② 语言的接触量（估计为 100% 对 50%，因为双语环境）不会导致编码稳定性的差异。感知和听觉脑干的长期依赖经验的神经可塑性是早期语言接触的一个功能。

3. 二语习得对皮层下的基底神经节区和丘脑的影响

双语已被证明会影响大脑的结构，包括与语言相关的皮层区。皮层下的基底神经节是语言监测和语言选择的基础，这一过程对双语者至关重要，还有其他语言功能，比如语法和语音的习得和处理。与单语者相比，同时双语者已经证明了基底神经节和丘脑的显著重塑。普拉提卡斯（Pliatsikas）等发现，双语诱导的皮层下效应与 L2 持续使用量或 L2 沉浸量直接相关。在广泛沉浸于双语环境的顺序双语者中，皮层下有显著的重塑，这与同时双语者中的发现相吻合。在沉浸式双语环境中花费的时间与某些结构效应呈正相关。相反，具有相当的习得能力和年龄的顺序双语者，有限沉浸程度没有表现出类似的效果。这些发现表明，沉浸式顺序双语者对基底神经节和丘脑形状具有显著影响。L2 习得及其在大脑中的结构关联，是一个动态的过程，依赖于主动和持续的 L2 使用，与在双语环境中的沉浸程度高度相关。

4. 二语习得对额 - 颞 - 顶 - 枕的语言相关脑区的影响

酒井（Sakai）等对开始在国外学习日语的受试者进行了前、后两组阅读和听力测试。这两组日语训练间隔约 2 个月。研究结果表明，首先，左侧优势语言区以及双侧视觉和听觉脑区被激活，显示了多种模式的协同效应。双侧海马体也有显著的激活，表明记忆相关过程的预期参与。因为听力测试对于 L2 学习者来说通常很困难，所以听力刺激总是呈现两次，就像原始分班测试的情况一样。统计比较不同条件下的信号变化：大脑半球 [左、右]、组 [前、后] 和事件 [阅读、第 1 次听、第 2 次听]。使用 t 检验对个体条件进行直接比较，而当预期半脑或事件的主要影响时，则使用重复测量方差分析（repeated measures analysis of variance，rANOVA）。行为结果表明，在日语作为二语习得的过程中，准确度从前、后组的阅读测试有显著提高，而在听力测试中没有差异；观察到听力测试反应时间有显著的改善（前、后的反应时间减少），而在阅读测试中没有显著差异。这些行为结果表明，在大约 2 个月的过程中，两项测试都有所改善。在听力测试期间，左额下 / 中回，以及在阅读测试期间视觉区（双侧顶下 / 上小叶，以及左枕下 / 中回）的大脑活动减少；而在听力测试期间右颞上 / 中回的激活增加。这些依赖于模态的激活变化不能用领域一般的认知因素来解释，如习惯化或熟悉化，因为我们使用了完全不同的前和后测试集。在阅读、第 1 次听和第 2 次听活动中，两半脑均观察到显著的激活。在阅读期间，在左脑主导的额下 / 中回以及双边顶下 / 上小叶、梭状回和枕下 / 中回（即语言区和视觉区）被观察到显著激活。这种激活模式与前、后组相似。第 1 次听，额下 / 中回的左脑主导激活仍然存在，而视觉区完全被双边颞上 / 中回（听觉区的一部分）取代。第 2 次听，同样的语音再次与视觉刺激一起出现时，整体皮层激活显著增加。除了双侧额下 / 中回和颞上 / 中回外，双侧顶下 / 上小叶、梭状回和枕下 / 中回的视觉区在前、后组的第 2 次听事件中也显著激活，远多于第 1 次听事件。这些结果表明多种模态（即视觉、听觉和语言）的协同效应，因为视觉信息提供的问题和可能的答案可以增强对听觉刺激的句子理解。研究发现双侧海马的显著激活，虽然后海马体在所有事件一致显示激活，前海马体在第 1 次听事件期间表现出选择性激活。这一结果表明，海马体前部对听觉信息的初始编码起着关键作用。观察到在第 2 次听事件中左额下 / 中回前、后的激活显著减少，尽管这种影响在阅读或初听事件中不明显。在任何事件中，右额下 / 中回均未显示出显著变化。此外，在阅读事件中，除前组外，左额下 / 中回的激活均显著大于右额下 / 中回 [图 9.20（a）]。这种偏侧化与左额下 / 中回作为语法中心的关键作用是一致的。一些在短时间内没有显著激活变化的脑区可能与习得过程无关，右颞上 / 中回在第 2 次听事件期间显示前、后的信号变化显著增加，而在第 1 次听事件期间这种增加是微不足道的，这表明在习得一门新语言过程中，听觉区变得更加敏感，至少在这个早期阶段是这样 [图 9.20（b）]。这种激活增加与视觉区的结果形成了明显的对比：即在阅读事件期间，每一侧的顶下 / 上小叶显示前、后的信号变化显著减少 [图 9.20（c）]。左枕下 / 中回在阅读事件中也表现出同样显著的趋势 [图 9.20（e）]。与枕下 / 中回一样，阅读事件中左梭状回的激活始终强于右梭状回，而这一趋势在第 1 次听事件中发生了逆转，如图 9.20（d）所示。

这些结果表明，一方面，不同的激活模式和半脑区域存在不同的激活变化控制机制。另一方面，前后海马体表现出不同的激活模式，表现出与大脑半球或事件相关的差异，而非前后组的差异。因此，使用了 3 个因素（大脑半球 [左，右]× 组 [前，后]× 事件 [阅读，第 1 次听，第 2 次听]）的方差分析。后海马体显示出显著的半脑主效应 [$F(1,14) = 14, p < 0.0005$]，左侧海马体的激活更大 [图 9.20（f）]。相比之下，前海马体显示出显著的事件主效应 [$F(2, 28) = 15, p < 0.0005$] 仅在第 1 次听事件期间激活增加，但没有半脑或组间差异（$p > 0.5$），即没有显著的学习效应 [图 9.20（g）]。事后分析进一步显示第 1 次听事件与其他事件之间存在显著差异 [阅读，$t(14) = 4.9, p < 0.0005$；第 2 次聆听，$t(14) = 6.0, p < 0.0005$]。这些结果表明后海马体和前海马体的不同功能作用。后海马体表现出半脑的主效应，而前海马体表现出显著的事件主效应（即针对首次听事件），仅反映听觉信息的初始编码。

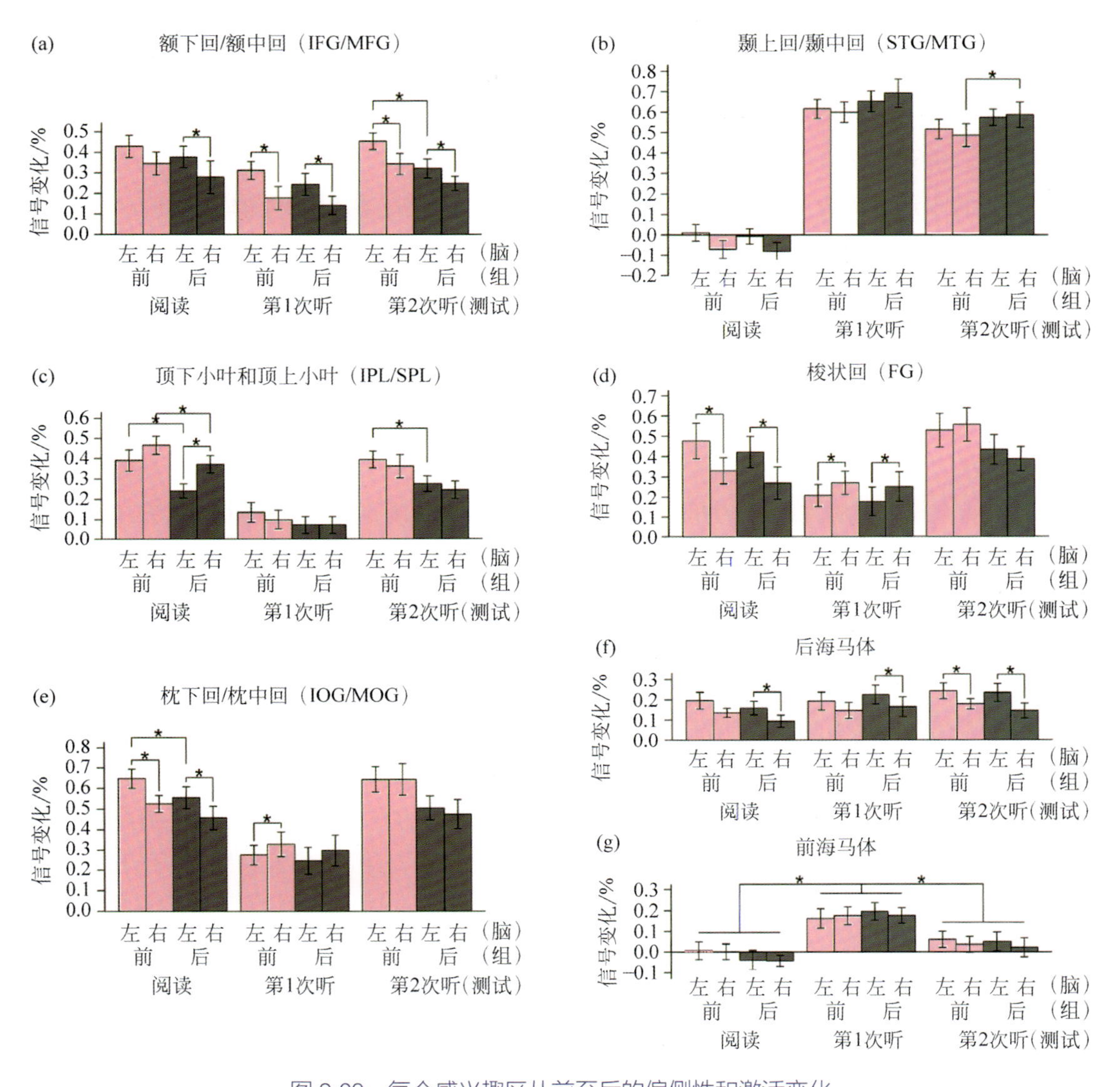

图 9.20　每个感兴趣区从前至后的偏侧性和激活变化

图注：(a)额下 / 中回；(b)颞上 / 中回；(c)顶下 / 上小叶；(d)梭状回；(e)枕下 / 中回；(f)后海马体；(g)前海马体。* $p < 0.05$（配对 t 检验）。

5. L2 熟练度与语言网络的灰质体积

王（Wang）等结合静息态 - 功能磁共振成像（resting state-fMRI，rs-fMRI）、基于任务的功能磁共振成像和结构磁共振成像（structural MRI，sMRI），研究了汉 - 英双语者的 L2 学习引起的跨模态神经变化。静息态 - 功能磁共振成像数据显示参与者的低频波动幅度与他们在显著性网络脑区的 L2 熟练程度之间呈正相关，这意味着 L2 学习体验与认知灵活性相关。此外，与 L1 加工相比，L2 图像命名任务的功能磁共振成像数据显示出更多的认知控制和语言控制区的神经激活，并与 L2 熟练度呈正相关。最后，对结构磁共振成像数据的灰质体积（gray matter volume，GMV）分析显示，熟练双语者的广泛大脑网络中灰质体积增大，这与其功能变化相吻合。汇聚在一起的多模态成像数据可以支持母语为汉语的人作为晚期非熟练双语者学习 L2 时右梭状回的重要作用，这可能与他们母语汉语的符号性质有关。研究结果揭示了 L2 学习的神经可塑性，并表明 L1 和 L2 经历都塑造了双语者的大脑。研究结果表明：① L2 熟练度与静息状态显著性网络的更强参与相关；② L2 熟练程度高的双语者需要更多的神经认知资源进行认知控制；③大脑功能的改变与 L2 学习引起的结构神经可塑性一致，特别是右梭状回作为汉 - 英双语者 L2 学习成功的重要指标。这些发现对于理解 L2 学习和双语处理中语言能力和认知控制的神经关联具有重要意义。

6. 双语对大脑结构和功能连接的影响

学习和使用一门新语言会对大脑的结构和功能产生影响，包括涉及认知控制的脑区以及这些脑区之间的联系。德卢卡（DeLuca）等探讨双语使用中基于经验的因素（experience based factors, EBF）对大脑结构和功能连接的综合影响。基于经验的因素包括在不同类型的沉浸式环境（例如，社交环境中的使用量）中对 L2 的日常使用的一系列测量。分析揭示了大脑结构和功能上的特定适应性与个体基于经验的因素及其综合效应相关。大脑在处理和控制两种语言时效率最高，尽管最终会受到个人语言经验的调节。德卢卡等研究表明，双语经历的差异在大脑 / 思维适应方面可归纳出两个模型。

模型 1：二语习得的年龄、沉浸感、家庭环境中 L2 使用程度和社交 / 社区环境中 L2 使用的独立效应。L2 的习得年龄与胼胝体头部和膝部几个部分的 FA 值正相关。发现与双语使用时间和程度有关的几个因素可以预测皮层下结构的重塑，L2 的习得年龄可显著预测左侧伏核和双侧丘脑的扩张。L2 接触的长度显著预测了右侧尾状核后部（扩张和收缩）、右侧壳核的扩张以及双侧丘脑和伏核的收缩 [参见图 9.9（a）]。L2 社会环境预测左侧尾状核、左侧伏核和右侧丘脑的部分脑区会扩张。在校正的显著性阈值下，L2 习得年龄可以显著预测静息状态的功能连通性。具体而言，L2 习得年龄与视觉网络相关成分内的连通性呈负相关。

模型 2：主动 L2 使用的持续时间。研究发现两种语言经验因素都可以预测皮层下适应。具体来说，主动 L2 使用时间预测了左侧伏核的扩张，主动 L2 沉浸可以预测右侧尾状核的扩张和收缩，以及右侧伏核的收缩。在模型 1 中，神经适应在与 L2 使用时间（习得年龄和沉浸感）和 L2 使用的程度（L2 社会环境和 L2 家庭环境）相关的总体因素之间有所不同。模型 2 检验了人们积极使用额外语言时间长度的影响，对模型 1 基于持续时间的预测变量产生了相似和不同的影响。这表明大脑在处理交流环境的认知需求方面进行了优化，以最大限度地提高效率。在双语使用方面，这种神经认知优化是一个动态过程，受语言使用的持续时间和程度及其综合效应的调节。

双语的经验导致大脑结构的改变，费尔顿（Felton）等在西班牙 - 英语双语者和年龄和性别匹配的单语者（每组 $N = 39$）的样本中，测量了 13 个感兴趣脑区（包括关键的语言脑区和双语认知控制脑区）的胼胝体体积和皮层厚度的不对称性。研究表明，单语者和双语者的大脑半球间结构在额叶区和胼胝体中都有一些改变，前扣带回脑区的皮质厚度不对称性因组而异，双语者右脑皮层比左脑皮层厚，单语者则相反。双语者胼胝体的两个相邻脑区（前中部和中部）的体积更大。在关键的认知控制脑区内，大脑半球间组织的结构指标对语言经验的变化是敏感的。语言经验的变化会对大脑结构产生深远的影响。

7. 多语言者语法相关脑区的累积增强

所有习得的语言都能以积极的方式潜在地影响后续语言学习的发展。梅岛（Umejima）等进行了一项 fMRI 实验，以评估多语和双语者对新语言（哈萨克语）句法特征的习得，研究表明精通二、三种语言的多语言学习者在习得一种新语言时，语法相关脑区的激活增强。在群体差异方面，多语组比双语组在最初接触哈萨克语时反应时间明显更短。梅岛等研究观察到双侧前运动皮层 / 额中回 / 额下回和颞上回 / 颞中回的选择性激活，以及多语言组左腹侧额下回的选择性激活，这表明更多的句法过程 / 句法知识的参与。在三个句法相关网络中，左额叶区的句法作用得到右额叶区的支持，而双侧颞叶激活可能反映了对声音模式的增强关注。直接组比较显示，在左额下回腹侧的多语者激活显著增强。此外，在 L2 习得的初始阶段，随着语言能力的提高，左前运动皮层 / 额中回 / 额下回的激活确实增加。当多语者需要更复杂的句法结构时，多语者的右额叶区被激活，而双语者也都显示右额叶区被激活。尽管多语者使用的词汇有限，并测试了像主谓一致这样的句法特征，但其组合数量变得无限，因此需要获取句法知识，而不是一般的显性规则和模式学习。这一语法知识的关键基础是人类语言的关键概念“整合”，它与一般的人工规则形成了鲜明的对比。对于多语言者来说，获得语言 / 句法规则和新声音模式的过程最初可能得到促进，后来减少了。在句子 - 词汇表的对比中，梅岛等观察到基底神经节 / 丘脑和小脑的选择性激活，进一步表明多语言者可以比双语者更好地协调语言相关脑区和领域通用自适应控制系统。对于距状皮层 / 舌回激活，舌回与左前运动皮层、左角回和小脑核一起是网络处理句法和输入 / 输出接口的一部分。在多语者中，右侧舌回和左腹侧额下回（主要的句法相关脑区）的招募可能表明句法结构加工的深化。通过使用“句子 - 词汇表”和“词汇表 - 句子”的双重对比，发现距状皮层 / 舌回的吻侧和尾侧分别被激活，这表明即使在听觉呈现过程中被试者也使用了周边视觉，尤其是对多语者。尽管句子和词汇表之间有严格的感官和注意力控制，但距状皮层 / 舌回激活的一个可能的非语言解释是视觉图像的使用（例如，句子的一组单词或一个场景）。研究结果进一步表明，即使在语言使用过程中，多语言使用者也能够利用多模态（视 - 听）信息。这些结果表明，多语言学习者的语法相关和领域通用的大脑网络都得到了增强。多语言者的视觉区的显著激活意味着即使只听语音也会使用视觉表征。由于多语言学习者能够以积累的方式成功地利用习得的知识，因此研究结果支持了语言习得的累积增强模型。

双语使用者用一种间接的语音存取路线通向目标语言的词汇以避免干扰。罗德里格斯 - 福内尔斯（Rodriguez-Fornells）等神经影像研究表明，至少对精通双语的人来说，两种语言的神经解剖成像是重叠的，在西班牙语 / 英语的双语使用者的实验中，面对一张混合着西班牙语、英语和假词的列表时（要求受试者对目标语言中的单词作出响应和拒绝非目标语言的单词和假词），结果其拒绝非目标语言的单词与假词一样快。与目标语言中的单词相反，没有发现在抵制非目标语言中的单词的反应潜伏期中有词频效应。这表示双语使用者有效地“过滤掉”了非目标语言的单词，并且当必要时能够有选择地“关掉一部词典”。

穆勒（Mueller）等使用功能磁共振成像来研究现实学习环境中语言习得的神经机制。在进行功能磁共振成像扫描之前，母语为日语的人先接受微缩版德语的训练。在扫描过程中，他们听熟悉的句子、新句子结构，包含新单词的句子，而视觉上下文提供了参考信息。在包括经典额叶和颞叶语言脑区以及顶叶和皮层下脑区的主要左脑网络中发现了与学习相关的大脑激活随时间减少，并且在学习的初始阶段，在新单词和新句子结构上有很大的重叠。差异发生在学习的后期阶段，在此期间，前额叶、顶叶和颞叶皮质中出现了特定于内容的激活模式。结果支持语言学习初始阶段的领域通用网络随着学习者的熟练程度而动态地适应。

9.3.4 语言的大脑皮层控制

语言功能主要是由大脑皮层控制的。弗里德里奇（Friederici）的研究发现，两种语言的语义判定都能激活额叶、颞叶和顶叶的共同脑区。说明了名词的语义引导可以发生在不同的语言之间，并且表明对于不同语言中的名词，其神经系统的表达可以重叠。相反，左侧尾状核只有在两个词为同一种语言时，才会显示出相同的语义引导效应。当两个词为不同语言时，则左侧尾状核没有语义引导。因此，左侧尾状核 [图 9.9（a）] 对词对的语言变化是敏感的，表明该区在语言控制过程中担当着某种角色。研究发现早期习得一种语言者，在阅读该语言的新学词汇时其左侧尾状核的激活增强。左侧尾状核在单一语言中处理真词时要比处理假词时活跃，在将母语单词翻译成 L2 时要比用母语朗读单词时活跃。在句子层面，观察到受试者对于阅读和听力理解正确、但语义和句法有误的句子，其左侧尾状核在处理 L2 时比处理母语时有更强的激活。这个结果与以下发现是一致的：与真词相比，决定一个假词（一个类似于真词但无任何意义的字符串）是否有意义要花更多的时间。与较早就掌握的词汇相比，对新学词汇做出词汇判定的时间也要长一些。

多语言大脑执行的机制可以根据交流环境选择合适的语言，经常使用这些机制似乎会对大脑结构和功能产生影响。研究表明，尾状核是多语言控制过程中的重要节点，并表明双语人群与单语人群尾状核的结构具有差异。赫维斯·阿德尔曼（Hervais Adelman）等对多语言经验与尾状核体积的相关性进行了研究，分析了 75 个会说 3 种或更多语言的多语言个体的尾状核、壳核、苍白球和丘脑的体积和形态。体积分析揭示了多语言经验与右侧尾状核体积存在显著相关，与左侧尾状核体积存在边缘性相关。多语言能力的增加不仅与双侧尾状核体积相关，而且与左侧尾状核的区域性形态改变相关。习得、维持和部署多种语言的挑战导致尾状核的结构适应。尾状核已被证明在语言控制和认知控制中都发挥作用。与单语者对比，在双语者中尾状核会扩大。尾状核在认知过程的调节中起作用，而壳核对运动控制更为重要。研究表明多语者左侧尾状核的背侧和前部显著扩大，并与执行脑区有连接，扩大的脑区可作为多语言专业知识的功能区。这一结果表明，多语言专业知识可能会对大脑结构产生持续的影响，并且随着获得超过第二语言的额外语言，对语言和认知控制的额外需求会导致与语言管理过程相关的大脑结构发生变化。尾状核相对较大的个体可能在学习外语方面具有特殊的能力，这可能是由于认知优势或动机因素所致。例如，有研究表明尾状核体积与智商呈正相关，这可能与语言学习能力或其他因素有关。多语言专业知识对涉及广泛认知功能的结构产生影响，包括与双语优势相关的结构。多语言控制机制在面对不断增长的需求时表现出持续的可塑性。

小结

从乔姆斯基的语言学层次结构和普遍文法解释二语习得的理论。通过监测模型、交互假说、竞争模型、输入假设理论、注意假说、语义理论、社会文化理论等，介绍了二语习得的相关模型。通过与母语习得的比较、社会文化因素、个体差异、情感因素、损耗论述了二语习得的影响因素。探讨了 L2 加工网络的激活强度取决于习得年龄、熟练程度和语言之间的相似性。通过二语习得的词汇处理，语言使用的社会多样性，二语习得熟练程度和习得年龄对灰质密度的影响，早期的语言习得对后期语言学习的影响，单语与双语者的脑区激活以及双语对大脑结构和功能连接的影响等方面，探讨了二语习得的关键时期假说。通过时间进程的 ERP 研究，脑区定位的 fMRI 研究，多语言者语法相关脑区的变化，探讨了二语习得的神经生理学认知机制。

思考题

1. 请阐述二语习得的主要模型，并指出二语习得的主要影响因素。
2. 请阐述语言学习的关键期理论的主要内容。
3. 单语与双语者的脑区激活有何异同？双语的可塑性、变异性与年龄有何关系？
4. 二语习得熟练程度和习得年龄对灰质密度有何影响？早 / 晚期双语者的脑区有何异同？
5. 请阐述二语习得的神经生理学机制。

第10章 大脑的偏侧性和性别、文化的差异

本章课程的学习目的和要求

1. 了解灵长类脑回 / 沟的不对称性，左右脑的偏侧性以及手的使用与语言能力的相互关系。
2. 基本掌握儿童 / 成人的语言能力的性别差异，性别与大脑结构、智力和功能的关系；性别与脑容量、灰质皮层厚度的关系，脑容量与智力的关系，以及男女大脑尺寸、原始皮质厚度和白质束复杂性的差异。
3. 基本理解中西方文化差异对大脑中形成的算术处理方式的影响。

10.1 大脑的偏侧性及用手习惯

10.1.1 灵长类脑回 / 沟的不对称性

包括脊椎动物和无脊椎动物在内的许多物种都有大脑偏侧化的报道。脑回表面（褶皱）形态是包括人类、非人灵长类动物、食肉动物、偶蹄动物和鲸类动物在内的一些哺乳动物大脑皮层的显著特征。灵长类动物的脑沟形态在很大程度上受遗传因素的影响，这些遗传因素在妊娠中期表现出来，在妊娠晚期发育和环境因素的影响下发生改变，形成成年特征。特别是，被称为发育因素之一的皮质扩张，与灵长类物种间的脑旋回密切相关，并与物种相关的性别二态性模式或脑沟形态的个体变异有关。人类的脑沟高度偏侧化，中央沟的左侧沟不对称与偏手性有关。此外，副扣带沟的左侧沟不对称与认知有关，而颞上沟的右侧沟不对称与 fMRI 定义的右侧语音选择性反应有关。皮质偏侧化以及脑沟不对称一直被认为是人类的独特特征。

然而，在非人类灵长类动物中，如类人猿和猕猴中发现了脑沟的不对称性。泽田（Sawada）将猕猴（属旧世界猴）与其他灵长类动物的脑沟不对称模式进行比较，以推测灵长类动物脑沟不对称的进化意义。研究表明，脑沟形态的不对称性在高等灵长类动物中尤为明显。猕猴胎儿的发育与脑回 / 沟呈对称分布，且发育到青春期后出现脑沟不对称。成年猕猴弓形沟（arcuate sulcus, ArS）的长度和颞上沟（superior temporal sulcus, STS）的

表面积显示种群水平向右不对称。与其他非人类灵长类动物相比，黑猩猩的中央后上沟（superior postcentral sulcus, SPCS）是左侧化的，与猕猴的弓形沟的不对称方向相反，解剖上与中央后上沟相同。这可能与“利手”有关：即要么黑猩猩是“右利手”,要么猕猴是“左利手 / 双利手”。在猕猴中可见到颞上沟表面脑区向右不对称，这与人类相似。然而，类人猿的颞上沟形态没有发现左右两侧的差异，这表明颞上沟不对称性存在进化的不连续性。灵长类物种间皮层侧化的多样性表明，脑沟的不对称性反映了物种间皮层形态和功能的特化，这是由高等灵长类动物的进化扩张所促进的。皮质区的皮质褶皱与进化扩张有关，并且人类和类人猿的皮质褶皱回转化程度高于旧大陆猴。尽管在灵长类动物中，全脑的皮质褶皱指数与更大的大脑尺寸相关，但不断增加的脑回旋发生在脑区而不是整个大脑中。因此，脑沟的不对称性可能反映了高级灵长类进化扩张所允许的皮质形态和功能的物种相关规范。一些研究报告了哺乳动物物种的小脑不对称性，如人类、黑猩猩、卷尾猴、雪貂和狗。众所周知，小脑的不对称性涉及大规模的纤维连接，这些纤维连接与小脑半球和大脑联合皮质具有对侧连接。

10.1.2 左、右脑的偏侧性

人脑的解剖学不对称性因其与惯用手和偏侧化认知功能的联系而成为众多科学兴趣的主题。人类偏侧化的信息也可以从后颅骨获得，特别是手臂骨骼中获得，其中手臂骨骼大小和形状的差异与手 / 手臂的偏好有关。在史前科学中，研究人类考古学记录是为了更好地了解过去的人类社会。史前人类的行为有直接的证据记录，如工具、具有象征意义的物品或洞穴壁画。人类的解剖结构也可能提供重要的线索，尽管它难以解释。一个不对称的大脑可以提供一个进化优势，通过增强神经的能力，允许它的两个半脑并行和独立地处理信息。左脑专门负责语言和言语，它还具有解决对人类行为至关重要问题的能力；右脑有自己的专长，在一般过程中发挥着重要作用。两个半脑并不精通相同的高阶认知过程，尽管它们的大小大致相似，并且有相似数量的神经元。此外，两个半脑的连接系统不同，可能与其各自的认知功能有关。在这种情况下，仅凭大脑大小或神经元数量并不能完全解释人类的能力。因此，与类人猿和古人类化石相比，作为解剖学上功能不对称的智人（Homo sapiens）大脑不对称结构的研究，对于理解现代人类认知的结构基础至关重要。

大脑内模（大脑在颅骨内表面留下的印记）的严重不对称是一种解剖学特征，生物学家对此在活着的人类和古人类化石中开展了广泛研究。右额叶 / 左枕部突起的组合通常是与“扭矩”模式相关联。较大的额叶或枕部投射与另一个部分相结合，相对于其他脑区（叶不对称），投射较多的半脑的宽度更大。在古生物神经学研究的背景下，这些解剖特征的兴趣在于，它们很容易在颅内表面的物理或虚拟模型上被识别。脑叶最突出的点总是可见的，而且很容易定位。人们普遍认为这种不对称模式出现在早期的人类中，并且在惯用右手的人中更为常见。研究发现所有人类，包括现代人类、现存的非洲类人猿和古人类化石，都有相同的额叶和枕部共同突出的模式。这些不对称与利手性和人类认知的其他特定方面有关。虽然大脑皮层的某些特定区域的不对称性也与利手性相关，但在颅内模上并不容易描绘出这些区域。这是因为颅内表面被脑膜和脑脊液与大脑分开，在内膜上留下相对模糊和变化的表面标记。

在古人类化石记录中，手的偏好尤其难以研究。以前的研究集中在大体外部解剖结构或单个CT切片的分析。研究表明可以从上肢几何不对称的测量中成功推断出“手部偏好”。从后颅因素推导出的手部偏好的解释可以得出相同的结论。当然，主要的局限在于，这些知识的应用来自对过去人类社会标本，包括智人以外的其他物种的化石的独立研究（分别专注于大脑/颅内腔、生物骨骼对侧化行为的适应性以及手部偏好）。巴尔佐（Balzeau）等研究了颅内模的解剖不对称，因为已知它们与手的偏侧化以及肱骨（图10.1）对的内部参数有关。分析保存相关头骨和肱骨的考古样本的CT数据，观察到由于大脑的偏侧性和偏侧性行为，一些颅内和肱骨特征都存在方向性不对称（directional asymmetry, DA），将方向不对称的潜在变化和相关性视为大脑/手的偏侧化的指标。这些解剖区域被认为是高度偏侧化的，具有高度的可塑性。而波动不对称（fluctuating asymmetry, FA）的模式则各不相同。波动不对称的变化是对偏侧化因素的答案差异的指标。肱骨的变化范围往往比颅腔模型的变化范围大得多。将颅内不对称特征与肱骨双侧不对称特征结合分析，很难发现两者之间的直接相关性。它们受到一长串生物、生理或行为因素的影响，这些因素反映在偏离双边对称性和协变模式的整套变化中。因此，在骨头上很难分离出如此多种因素的影响。此外，手的偏侧性和更一般的行为以及形态变化不能简化为简单的从右到左的差异。研究表明，重要但复杂的信息可以从颅腔模型和手臂的联合研究中提取出来。

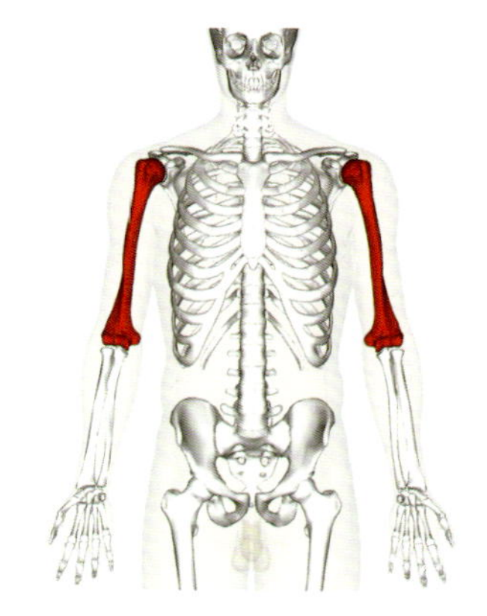

图10.1 肱骨（红色部分）是手臂中的一块长骨，从肩部延伸到肘部

人脑分为左右两个半脑，如图10.2所示，分为左脑和右脑，左右脑之间为大脑纵裂，双侧半脑交叉支配对侧肢体，共同管理人的生理活动及正常生活，多数人左侧大脑为语言优势大脑。图10.2中的咖啡色脑区为额叶，绿色脑区为顶叶，蓝色脑区为枕叶，咖啡色与绿色之间的脑沟为中央沟，左右脑具有偏侧性。

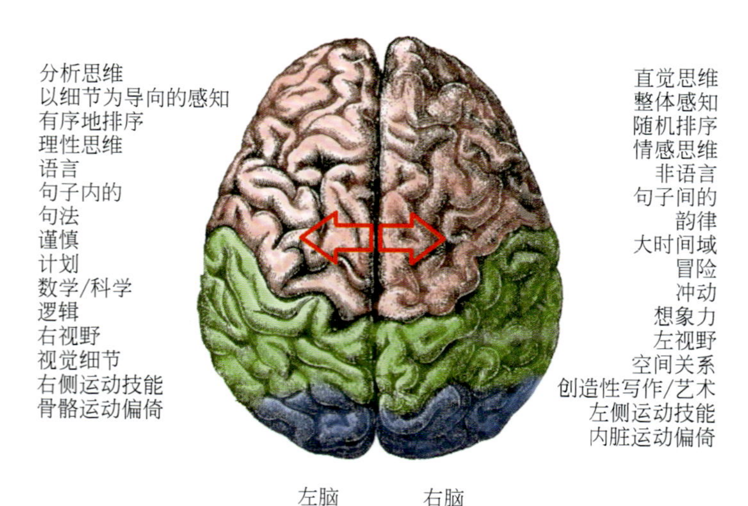

图10.2 从上（额极）往下（枕极）的大脑视图

对于大多数人，左脑负责语言功能、数学计算、写作、逻辑、分析、推理、排序、科学技能等，左脑控制右手，并控制和感知身体的右半部分，左脑是线性思维模式；而右脑具有空间视觉分析（能够感知、组织给定空间的事物，判断距离等）、处理关系、音乐和艺术感知、情感、想象、创造、洞察等，右脑控制左手，并控制和感知身体的左半部分，右脑是整体思维模式。左右脑的功能分工如图 10.2 所示。左脑比较有分析能力，若输入的信号是有时序的一串东西，大脑需要排序分析，则左脑起主要作用；而右脑接受整个印象，若输入的信号是个整体（一幅画），不需深入分析，则右脑作用大，如图 10.3 所示。

虽然左脑为语言优势半脑，但是右脑也在一定程度上参与其中。尽管左脑在加工词汇语义时占优势，但是在处理相对陌生、不常用的词义，或者词的隐喻意义时则右脑占优势。另外超音段特征的处理主要依靠右脑来完成。研究发现，非优势半脑的语言皮层及皮层下分布在失语症患者的康复及高级语言功能方面发挥重要作用。左脑语言区梗塞导致的失语，通过功能锻炼能够逐渐恢复。但是功能恢复后，如果右脑语言区也发生梗塞，那么无论是通过康复治疗还是功能锻炼，语言功能都无法再恢复。格罗斯曼（Grossman）等通过研究发现，左脑和右脑损伤的两类患者在完成探查句子逻辑错误的任务时都存在障碍，而且两组患者所犯的错误类型不同，这说明右脑也具有加工句子的功能。尽管绝大多数人的语言优势半脑为左脑，但是言语的理解和产出是左右半脑相互协调共同作用的结果，右脑在语言的产出和理解中也发挥了重要作用。因此语言的感知和产生不会只发生在大脑的某一个单独区，也不只限于某半脑，而是涉及两个半脑，通过神经纤维束的系统传递消息，连接不同脑区的功能形成一个复杂的网络结构。

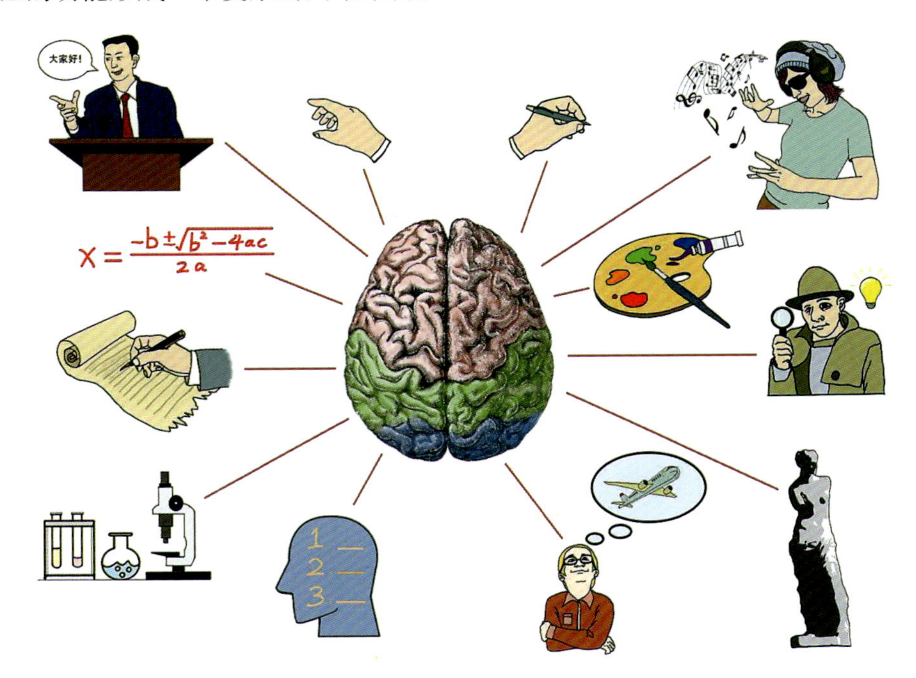

图 10.3　左、右脑的功能分工

在语言处理过程中，左脑主要关注强相关的词义，通过考察激活和维持宽范围的含义（包括次要的含义）间的关系发现，右脑可能只关注词汇歧义的处理。在单词识别过程中，右脑比左脑激活和保持了更加广阔和更少区别范围的相关意思，既包括歧义词的主要意思也包括次要意思。当一个单词被左脑识别时，只有最强烈相关的意思被激活，而右脑却激活了更广范围的意思，包括远距离的、不寻常的、不显著的、次要的和比喻的意思。与真实的记忆相比，左脑对于次要意思词汇比对于主要意思词汇反映出更少的错误，而右脑对两种类型的词汇之间的敏感性上却没有发现明显的差别。通过显示右脑广泛地激活和保持更大的语义范围，包括歧义词的次要相关和主要相关的语义联系，而左脑主要激活和保持强相关的、主要的意思支持了这一模型。右脑在处理次要含义中具有独特作用，能够完成依赖储存宽范围的含义能力的任务，这些任务包括理解幽默、文本的理解、论述和对话以及解决问题的领悟力。

大脑具有功能的偏侧化，多桑 - 皮埃尔（Dorsaint-Pierre）等研究发现左脑的布洛卡语言区和颞平面的灰质量大于右脑对应的脑区，也发现左脑的外侧裂比右脑的长，如图 10.4 所示。位于颞叶上部的区域，其左侧通常显著大于右侧，这与语言的进化有关。语法、词汇和字面意思之类的语言功能通常偏向左脑处理，特别是惯用右手的人。虽然 90% 的惯用右手的人的语言产生是左脑半球化的，但大约 50% 的惯用左手的人的语言产生是双边化的，甚至是右脑半球化的。布洛卡区和韦尼克区分别与言语产生和言语理解有关，位于左脑的右利手约占 95%，而左利手约占 70%。会说多种语言的人会为每种语言展示不同的语言区。大多数人（例如 70%~95%）是惯用右手的，少数人（例如 5%~30%）是惯用左手的，还有一些不确定的人可能最好被描述为双手都灵巧的。这似乎对世界上任何地方的所有人都是普遍适用的。

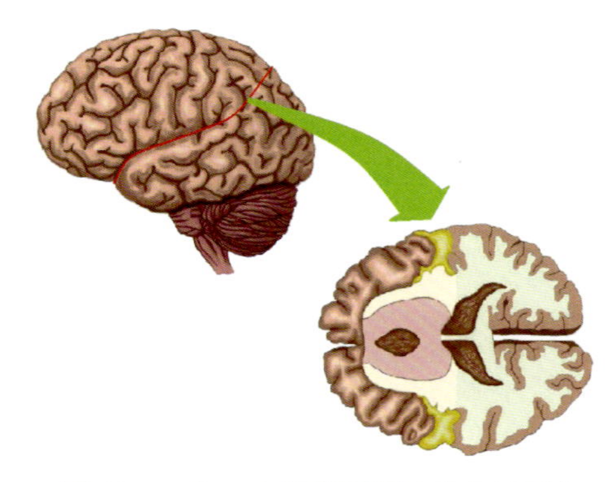

图 10.4　左、右脑颞平面（黄色区域）的不对称性

非人类的灵长类动物是否表现出利手性目前是一个有争议的问题。一个动物个体是左利手还是右利手，以及整个种群中的大多数动物是左利手还是右利手，这两者的区别很重要。对于单个动物来说，用一只手比用另一只手更有优势，从而发展出个体的偏手性是很正常的。研究表明，卢旺达山地大猩猩，以及黑猩猩、红疣猴、红尾猴和灰颊白眉猴均有偏用手的情况，个别的猴子和猿猴通常会对手动任务形成自己的喜好（左右两侧），但还没有发现任何证据表明群体水平的偏手性，就像在人类身上看到的那样。

有证据表明遗传对利手性有影响，但是社会和文化机制可以影响（和改变）偏手性。例如，老师强迫孩子们从用左手写字转向用右手写字。同样，一些限制性更大的社会比其他宽松的社会显示出更少的惯用左手。图 10.5 为言语控制优势半脑及利手关系。有证据表明与出生时脑部创伤有关的“病理性”左利手案例，将利手现象的原因追溯到产前子宫内的发育过程，追溯到胎儿大脑第一次发育出明显的大脑半球时。早在 19 世纪 60 年代，法国外科医生保罗·布罗卡指出，右利手与左脑专业化之间在语言能力方面存在关系。但是，手 - 脑关联既不是简单的也不是可靠的关联。20 世纪 70 年代进行的研究表明，大多数左利手具有和所有人类一样的语言的左脑特化，只有一部分惯用左手的人具有不同的语言专业化模式。

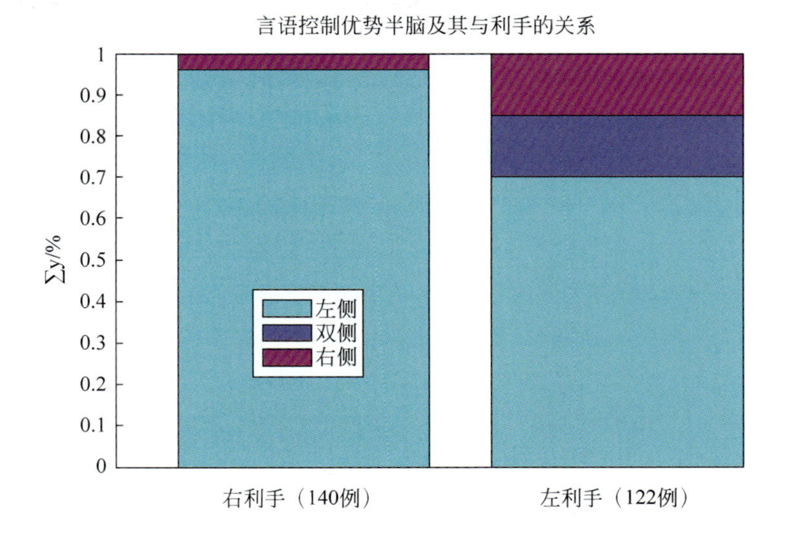

图 10.5　言语控制优势半脑及利手关系

10.1.3　手的使用与语言能力的相互关系

人脑是一个复杂的结构，它控制着复杂的认知行为。在解剖学上，大脑皮层分为额叶、颞叶、顶叶和枕叶，这些脑区控制着思考、语言、行动、感觉、视觉和其他功能。在脑皮层发育中，这些不同功能区的形成称为按区安排（区域化）。大脑皮层也被分为左右两个半脑。左脑通常主管语言和逻辑处理，而右脑则为空间识别专用。另外，人脑左右半脑之间功能的隔离与解剖结构上的不对称有关，例如大脑外侧裂和颞平面。人类运动控制的一个显著特征是至少 90% 的人都使用被左脑控制的右手更灵活。与偏手性的左脑占控制地位相似，语言能力于左脑占优势的人在右利手人群中超过 95%，而在左利手人群中只有 70%。

19 世纪 60 年代，法国医生保罗 · 布洛卡发表了对人脑功能不对称性的第一个详细的描述。一位只会说“Tan”发音的患者死后，他发现那位患者的左脑存在损伤。布洛卡医生指出，在人脑中，语言能力是有偏侧优势的。他很可能第一个提供了在人脑中存在功能不对称性的强有力的证据。1874 年，德国神经学家卡尔 · 韦尼克发现左脑一个脑区（韦尼克区）的破坏会导致一种由语言理解损伤引起的失语症。大脑功能的不对称并不只局限于语言能力。右侧大脑皮层调节身体左侧的运动（而左侧大脑皮层调节身体右侧的运动），超过 90% 的人天生右手比左手更加灵活。对有单侧脑损伤的和接受过裂脑手术的患者的认知研究表明，在左右大脑皮层之间有很多其他方面的不同。例如，左脑在数学和逻辑推理方面更占优势，而右脑擅长于形状识别、空间注意力、感情处理和音乐艺术功能。例如右脑外侧裂的后端比左脑高，而左脑外侧裂的坡度更平缓。颞平面为颞上沟的后部脑区，经检测，超过 65% 的成人和 56%~79% 的胎儿或婴儿左脑的颞平面比右脑的更大。最一贯的不对称性存在于外侧裂或颞上沟的内部或附近。

左脑皮层与语言有关的脑区可能比右脑的相应脑区包括更多且更大层的 3 型锥体细胞。皮层中不对称的脑区可能有神经元数目的不同，而不是存储密度的不同。然而，人脑皮层极大的尺寸和广阔可变的可折叠的模式使得相应的脑区很难进行确定的比较。不对称性与语言能力也相关，例如那些外侧裂和颞平面。解剖学上的不对称还与偏手性有关，这一点在人脑皮层的其他脑区中已经被发现。在初级躯体感觉皮层中,研究表明,在右利手中,代表右手的大脑皮层比代表左手的大，左利手反之。在右利手中，左脑的中央脑沟（区分额叶和顶叶之间的一个大的向内折叠的标记）比右脑的中央脑沟更深。大脑半球间的对比进一步显示，在与惯用手相反半脑的初级运动皮层中，手和手指的运动表现显著增加。偏手性和脑不对称性不存在明显的关联。偏手性和语言能力是人类的两个最明显的偏侧性行为。将功能和解剖学的研究相结合可以发现，调节偏手性的不对称的脑皮层控制与调节语言能力的脑皮层控制密切相关。

贯穿历史、文化和种族的大多数人（超过 90%）都倾向于使用他们的右手，即使是在语言能力尚未形成的人类胚胎时期和婴儿期，手的使用优先性就已经被观察到。例如，在大多数人类胚胎中，右手在 7 周的时候比左手发育得更快。经超声波监测发现，15 周的时候绝大部分胎儿都倾向于吸吮他们的右拇指，这暗示着在出生之前偏手性就已经显现出来。赫珀（Hepper）等对 75 位受试者继续这项研究发现，60 个更喜欢吸吮右拇指的胎儿都在青少年时期成为右利手，而在 15 个更喜欢吸吮左拇指的胎儿中，有 5 个成为右利手，10 个成为左利手。研究表明，一些脑沟和脑回，例如颞回，在 10~44 周的人类胚胎大脑中是不对称的。在 1~3 岁，人类婴儿大脑的右脑比左脑先发育成熟。这一不对称的模式在 3 岁左右开始形成语言能力的时候转换到左脑。有表达作用的手语（例如用于交流的手势）在婴儿中也是不对称的。这些结果表明，在人类能够从环境中领悟信息和认知发展之前，解剖学上的和功能上的大脑不对称就已经发生。表明了调节大脑不对称性的内在控制在早期已经存在。解剖学上人脑的某些脑区的不对称性与语言能力有关，研究发现大猩猩和类人猿大脑的颞平面和布洛卡区具有不对称性，这与人类相似。大脑结构与语言能力的联系也许在人类进化前就存在。用手习惯已被归因于遗传学因素。在幼年时期被强制用右手写字的左利手者，“被纠正的”左利手转变成右手写字，通常仍然优先性地选择使用左手来进行其他技能性的活动。左利手转变者在占优势的右外侧前运动皮层、顶下皮层和颞叶皮层表现出了相对增加的与写字相关的活动。在右喙侧辅助运动区和顶下小叶的与书写有关的神经元活动是和使用左手的习惯程度相关的。

在幼年时期从左手到右手的书写习惯的转变影响用右手、左手或者双手食指做简单的按钮动作时产生的独立于效应器（肌肉和腺体）的神经元表征（effector-independent neuronal representations）。书写习惯的转变导致了单侧其他皮层运动神经表征的重组，这些重组有助于技能性的和简单的手部运动。个人用手习惯转变的程度应该会和参与其他简单手部运动的神经元活动的数量相关。4~6 岁的学龄前儿童有早期的，并且一贯地用左手的偏好，但被迫学习用非优势的右手书写。开始上学时用左手写字，后来转变成用右手。图 10.6 是来自 13 个一贯是右利手和 14 个一贯是左利手的受试者的数据，是从之前用同样范例的研究中得到的。

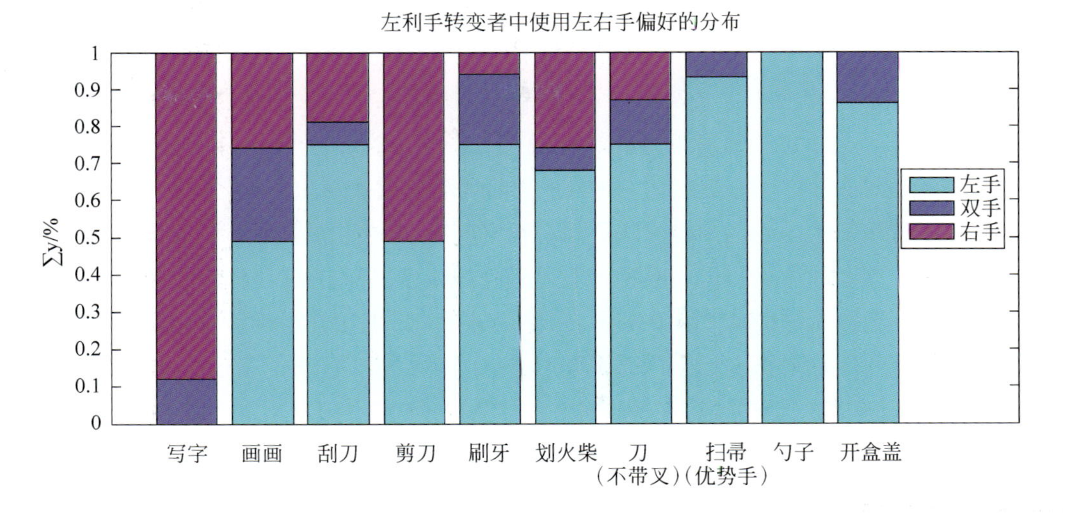

图 10.6　在左利手转变者组中的爱丁堡（Edinburgh）用手习惯分数的每一项使用左、右手偏好的分布

“被纠正”了的左利手是指那些天生惯用左手，但在幼年时期被迫使用非优势的右手写字的人。克洛佩尔（Klöppel）等对从左手到右手的书写转变如何影响手指运动的脑皮层感觉运动区的表征进行了研究。在 16 个左利手转变者以及年龄相当的 16 个一贯为右利手和 16 个左利手群体中，当参与者进行了简单的用右手食指和左手食指的单手和双手运动时，功能磁共振成像研究了与运动相关的神经元活动。在左利手转变者中，非优势的左脑初级感觉运动手区和尾部背侧前运动区皮层（caudal dorsal premotor cortex，caudal PMd）与运动相关的活动，是与从左手到右手用手习惯的转变相关的。左利手转变为右利手的程度越深，在这些脑区的感觉运动激活就越强。从左手到右手的转变也加强了占优势的右脑的运动表征。相对于一贯的右利手或左利手，在所有运动任务中，左利手转变者的右顶下皮层和背外侧前运动皮层区（lateral PMd）更为活跃。这些结果暗示了人类感觉运动皮层的两个截然不同的用手习惯的神经元相互关联。虽然执行感觉运动皮层（初级感觉运动手区，和毗连的尾部背侧前运动皮层区）的神经元依赖于终身惯用的那只手，那些在高阶感觉运动区（即顶下皮层和喙背外侧前运动皮层区）的神经元却是不变的，并且也不能通过教育性的训练被转变到非优势的脑半球。

在“非优势”的左脑中，左利手转变者显示了在初级感觉运动手区和尾部背侧前运动皮层与用手偏好从左到右转变有关的与运动相关的脑区活性增加。在“占优势”的右脑中，与一贯的右利手和左利手相比，左利手转变者表现了更强的与运动有关的顶下皮层和喙背外侧前运动皮层的激活。左利手者需要在各种各样的手动任务中系统地使用他们的右手，将运动优势转变到天生的非优势半脑。研究表明，或许是由于使用依赖重组的结果，简单的手指运动在左脑（非优势）的执行运动区的运动神经表征在左利手越来越转变成倾向使用右手时被逐渐加强。克洛佩尔等也发现了与此相反的证据。组与组之间的比较也揭示了把用手习惯转变到（非优势的）右手的尝试导致了在右脑（优势的）顶下皮层和背外侧前运动皮层的与运动相关活动独立效应的增长。当参与者用右手写字时，左利手转变者比先天的右利手在右脑的额 - 顶区表现出更大的激活，激活的峰值在左顶下小叶和背外侧前运动皮层区。左利手转变者也表现了在右喙侧辅助运动区和右缘上回的任务相关活动，与由爱丁堡用手习惯评分所测量的“残余”左利手的程度呈线性增长。尽管在幼年时被转变，书写运动的皮层表征在右脑（优势的）高阶联想区持续不变。手动技能转变到右手越不成功，这些运动神经表示的持续性就越强。

在一贯的右利手中，（优势的）左脑的背侧前运动皮层和缘上回已经和运动注意、运动准备和基于任意线索的运动选择相关联。而右背侧前运动皮层和缘上回增强的激活，与高阶运动控制相关，如运动注意和运动准备。上述研究归因于一个事实，那就是左利手转变者让右脑（优势的）活动参与运动注意和准备，即使只是执行非常简单的单手或双手的手指运动。企图通过教育性的训练来转变用手习惯完全不能减弱在右脑（优势的）的高阶运动区的左利手的功能表达，而事实上是加强了这种表达。虽然在初级感觉运动手区和背侧前运动皮层尾部的执行表征更为灵活，会被终身偏好使用某只手所影响，在占优势的半脑（即在顶下皮质和喙部背侧前运动皮层）的高阶感觉运动区的表征就不能通过教育性的训练来转变。

索梅拉（Sommera）等对偏手性、颞平面不对称性和语言功能偏侧化的性别差异进行了研究。偏手性、颞平面的不对称性和语言的功能偏侧性，是通过不对称的表现在双耳听力测试（右耳优势，对应左脑优势）和功能成像技术不对称的语言激活量完成的。对评估男性和女性的利手性的元分析显示，男性的惯用左手性更高。对颞平面不对称性的元分析未发现性别差异，对二分听力研究的元分析结果也未发现偏侧化中的性别差异。当研究根据他们所应用的范式进行细分时，使用辅音 - 元音任务的研究产生了有利于男性的性别差异，而应用其他范式的研究没有产生性别差异。应用范式的细分与以性别差异为主要专题的研究细分在很大程度上重叠。对功能影像学研究的元分析显示，语言偏侧化没有性别差异，应用不同范式的亚分析均未发现性别差异。综上所述，男性的非右利手频率高于女性，但在语言任务中颞平面不对称性、二分听力或功能成像方面没有性别差异。

约里奥（Joliot）等对 290 名左利手健康志愿者（52.7%）的大脑半球内部的内在连通性的不对称性及其与利手性和大脑半球语言优势的关联进行了研究。从每个参与者的静息态 fMRI 数据中，得到了一个半脑内部内在连通性不对称（hemispheric intrinsic connectivity asymmetry, HICA）矩阵，作为计算每对同源区的内在连通性图谱（atlas of intrinsic connectivity of homotopic areas, AICHA）感兴趣区的左右半脑内部内在相关矩阵的差值。约里奥等将两个个体的 HICA 矩阵之间的相似性度量定义为其相应元素的相关系数，并为每个个体计算半脑内部内在连通性不对称性的指标，作为其 HICA 矩阵与其他对象的平均相似性度量样本。年龄校正后的 HICA 样本分布的高斯混合模型显示存在两种类型的 HICA 模式：一种是典型的 HICA 模式，占 92.4%；另一种是非典型的 HICA 模式，占 7.6%，主要是左利手。此外，约里奥等研究了大脑内部内在连接的不对称性和语言半脑优势之间的关系，包括左利手在这种关系上的潜在影响。这得益于在语言生成过程中获得的功能磁共振成像。从这个过程中，每个人都获得了语言的半脑功能侧化指数（hemispheric functional laterality index，HFLI）和一种语言上的半脑优势，即左向、双侧或右向优势。语言半脑优势类型与半脑内部内在连通性不对称之间存在显著关联，在语言偏右侧的个体中，非典型的 HICA 个体的发生率非常高（80%），在双侧组则有所减少（19%），在语言偏左的个人中很少见（少于 3%）。定量地说，约里奥等发现半脑内部内在连通性不对称和半脑功能侧化指数之间存在显著的正线性关系，偏手性对截距有影响，但对这种关系的斜率没有影响。这些发现表明，偏手性和语言半脑优势与半脑内部内在连接的不对称性显著但独立相关，表明半脑内部连通性的不对称性是一种可变的显型，部分是由语言半脑侧化造成的，但也可能依赖于其他侧化功能。

内在连通性的不对称与语言生成的功能侧化之间的关系：语言生成的偏侧化类型与半脑内在连接不对称类型之间存在显著相关性。非典型的 HICA 在典型的语言侧化个体中很少见（总体为 2.9%；右脑组为 0.8%，左脑组为 5%），双侧更常见（总体为 18.9%；右脑组为 7.1%，左脑组为 26.1%），被试者主要是语言强烈非典型的个体（左脑组为 80%，右脑组为 %）。在对惯用性因素进行分层时，这种关联在左利手中显著，但在右利手中未达到显著性，因为非典型的 HICA 右利手的数量很少（$N=2$）。

半脑内部内在连通性不对称值的方差分析显示左右手偏侧性与语言偏侧性有显著影响，而这两个因素之间没有交互作用。平均 HICA 值右脑高于左脑，典型的语言偏侧性高于语言的双侧性。强非典型个体表现出最低的平均 HICA 值。整个样本中 HICA 值的协方差分析显示出与 HFLI 显著正线性关系和显著的左右手效应，右利手的平均 HICA 值大于左利手。利手性和 HFLI 之间没有显著的交互作用，表明 HICA 和 HFLI 变量之间的关系强度不受利手性的影响。这些发现并不是由于非典型的 HICA 个体全都是左利手，而是由于非典型的 HICA 个体被排除后，进行的类似分析仍然显示出显著的正线性关系和利手效应。

约里奥等证明了大脑半球内部内在连通性和语言相关半脑活动的不对称强度是正相关的，证明了语言偏侧化对内在连接不对称性的更普遍影响。这种关系在包括具有双侧或非典型语言偏侧化的受试者中也存在。尽管很少见，但非典型的语言偏侧化存在于健康个体中，大多数在左脑组中。该实验以左利手为主的样本，能够证明不同类型的语言偏侧化具有不同的大脑半球内在不对称指数的特征，该指数值随着左侧语言功能偏侧化的减少而减少。半脑内部内在连接的非典型形式的不对称性，在很大程度上取决于语言的左半脑偏侧化类型，对于表现出典型左脑优势的个体来说，这是一个例外（2.8%），对于双侧个体来说很少见（18.9%），但是对于表现出强烈非典型右脑语言优势的个体来说非常常见（80%）。然而，值得注意的是，HICA 指数并不适合预测右脑语言优势，因为在左利手的每种语言偏侧化模式中都存在 HICA 的非典型性。尽管如此，在“强非典型”语言中 80% 的非典型性 HICA 患病率表明，约 0.6% 的人（假设 0.7% 的左脑强非典型语言的流行率）的大脑半球内部内在连接和语言优势均存在反向的组织模式。尽管语言双侧受试者的平均 HICA 值显著低于典型语言偏侧受试者，但半脑内部内在连通不对称性从强向左到弱向右存在连续性。关于语言的双侧性，右脑个体实际上在语言产生方面表现出较少但典型的左向不对称，而左脑的语言双侧组的个体在两个方向上都没有或较弱。这项研究并没有证据表明，偏手性和语言偏侧化的类型或强度在大脑半球内部内在连通性的不对称程度上有相互作用。

总之，在大量 AICHA 图谱的感兴趣脑区之间半脑内部内在连通性不对称的健康个体样本进行分析发现，同时存在左右侧感兴趣区。这些不对称性在半脑水平上的整体指数随着年龄的增长而降低，并与任务功能磁共振成像得出的语言偏侧化半脑指数呈正相关。此外，发现语言偏向右的个体在大脑半球内在连通不对称性上大多具有非典型的指数值，表明大脑半球内在连通性的不对称性是一种可变的显型，部分是由语言半脑侧化造成的，但也可能依赖于其他偏侧化功能。

10.2 大脑的性别差异

10.2.1 语言及智力的性别差异

1. 性别对语言及智力的影响

智力是由一般智力（一般因素或 g 因素）和特殊智力（特殊因素或 S 因素）两种因素组成。g 因素是各种智力（智商，intelligence quotient，IQ）测试的因素分析中出现的一个潜在变量。通常的智力测试表明男性和女性之间的总体分数没有差异，即男性和女性的平均智商得分差别不大，但在诸如数学和言语测度等特定领域存在差异。研究发现男性得分的变异性大于女性得分的变异性，导致智商分布的顶部和底部的男性多于女性。此外，男性和女性执行某些任务的能力上也存在差异。研究发现男孩在算术推理方面“明显较好”，而女孩在回答理解问题方面“较好”。

通过韦氏成人智力量表（Wechsler adult intelligence scale，WAIS）的研究发现，男性的一般智力水平与女性的差别非常小。女孩在言语因素方面略有优势，研究表明女孩比男孩成熟更快，并且认知能力随生理年龄而不是日历年龄而增加，因此在青春期之前，男女差异很小或为负。但男性在青春期后有优势，这种优势一直持续到成年。研究发现，女性受试者的言语能力更好，而男性受试者的视觉空间能力更好。在语言流利性方面，女性在词汇和阅读理解方面表现稍佳，在口语表达和论文写作方面表现明显好于男性；而男性在空间可视化、空间感知和心理旋转方面表现较好。女性擅长语言和感知任务，而男性擅长视觉空间任务。

大多数研究发现，在一般智力方面，男性和女性的差异很小，或者没有性别差异。罗伯托·科洛姆（Roberto Colom）等对 10 475 名成年人的一项大规模研究，对他们进行了智商测试，测试内容主要是智力水平，结果发现性别差异可以忽略或无明显差异。这些测试包括词汇量、空间旋转、语言流利度和归纳推理。阿瑟·詹森（Arthur Jensen）对智力性别差异的研究表明：没有证据表明在 g 的平均水平或 g 的可变性方面存在性别差异。男性平均在某些因素上胜于女性，而女性在其他因素上有优势，通过 42 组智力测试分析，并没有发现总体性别差异。一般智力可能存在微小的性别差异，但这未必反映一般智力或 g 因素上的性别差异。工作记忆能力与 g 因子相关性最高，而神经影像学的研究结果发现工作记忆能力没有性别差异。

一些研究已经确定智商差异的程度是男性和女性之间的差异。男性往往在许多特征上表现出更大的变异性。例如，在认知能力测试中得分最高和最低。尽管平均性别差异很小并且随着时间的推移相对稳定，但男性的测试分数差异通常比女性大。费因戈尔德（Feingold）发现在定量推理、空间想象、拼写和常识测试中男性比女性更具可变性。赫奇斯（Hedges）等证明除了在阅读理解、感知速度和联想记忆测试方面的表现外，在高分个人中观察到的男性多于女性。

2. 语言能力性别差异的陈述 / 程序性理论模型

语言能力性别差异的陈述 / 程序性理论模型将女性在语言任务上的表现提高归因于女性卓越的陈述性记忆系统。只有在学习涉及熟悉的语言信息时，女孩才会在单词学习任务上胜过男孩，因为只有这样，陈述性记忆系统（存储长期语言知识的地方）才能支撑学习。研究发现，只有在学习语音上熟悉的新词时，并且只有在与熟悉的指涉对象相关联时才能学习到新词时，女孩的表现才优于男孩。女性在单词学习任务中的优势植根于女孩在进行短期学习时在陈述性记忆中动态访问长期语言表征（语音和语义）的卓越能力。考尚斯卡娅（Kaushanskaya）等研究了儿童单词学习的性别差异，5~7 岁的儿童通过熟悉的所指对象（动物）或不熟悉的所指对象（外星人）的图片，学习了语音上熟悉或语音上不熟悉的新词。研究结果表明，女孩比男孩具有更强的语音和指称熟悉效应。此外，只有在学习语音上熟悉的新词和学习与熟悉的指涉对象相关联的新词时，女孩的表现才优于男孩。表明在新词学习过程中，女性比男性更有可能获得母语语音和语义知识。

厄尔曼（Ullman）的陈述 / 程序性模型，将语言习得和加工中的性别差异归因于女性优越的陈述性记忆系统。因此，在涉及长期语言知识的任务上，女性通常会优于男性，例如语言流畅性和同义词生成任务。当陈述性记忆系统，即长期语言知识（如语音上熟悉的新词的情况）可以支持学习时，女性的表现优于男性。研究表明，成年女性在语言处理任务上的表现往往优于成年男性。早在 6 个月大时，女孩就在与语音的感官辨别相关的测量中表现优于男孩。当女孩在第一个时间点的表现优于男孩时，这些优势通常会随着年龄的增长而持续。根据陈述 / 程序性模型，语言习得中的性别差异根源于男性与女性使用语言的方式。该模型将语言任务中的女性优势定位到陈述性记忆系统。陈述性记忆是外显学习和信息检索的基础，并且与存储和操作事实和事件知识的能力有关。陈述性记忆系统定位于内侧颞叶，包括海马体以及其他连接区域，如内嗅区，鼻周围和海马旁皮质，而雌激素可以增强海马体的功能。

厄尔曼等指出，陈述性记忆系统的优越功能（由于女性雌激素水平较高的结果）是女性在语言任务中优势的基础。女性倾向于依赖陈述性记忆系统来检索过去时动词形式，而男性倾向于依赖程序性相同任务的记忆。与男性相比，女性更倾向于利用语言规律来支持语言信息的学习和处理，这表明她们更加依赖陈述性记忆系统。研究表明，女性在列表记忆任务和成对关联学习任务上的表现优于男性。根据陈述性 / 程序性框架，只有在学习熟悉的语言信息（可以激活长期的陈述性记忆中的语言表征的信息）时，女性才可能在学习任务上胜过男性。在新词学习过程中，女性比男性更能依靠他们长期掌握的母语语音学知识，因此对语音上熟悉的新词表现出优异的记忆力。语言任务的性别差异可能会随着年龄的增长而扩大。新单词与已知单词属性的符合程度越高，学习者就越能够记住它们。一般来说，语音上较熟悉的单词比语音上不熟悉的单词容易记忆。学习中的语音熟悉效应通常被解释为反映短期记忆机制和长期记忆机制之间的相互作用。虽然短期记忆系统的容量有限，但长期记忆（即存储的与母语相关的词汇知识）可以支持语音短期记忆中信息的维护，前提是这些信息在形式上与存储的词汇知识重叠。

3. 不同性别儿童的语言能力的差异

伯曼（Burman）等对两种形式词汇的两种语言任务的测试证实了儿童（9~15 岁）的性别差异。女孩的额下回和颞上回的双边活性以及左梭状回（BA 37）的活性要大于男孩。无论刺激的形式如何，女孩额下回和梭状回脑区的活性与语言准确度均有关，而男孩性能精确度的相关性则依赖于词汇出现的形式（听觉或视觉的相关皮层）。这一模式意味着女孩依赖于超模式的语言网络，而男孩则是通过视觉和听觉来处理词语。标准化语言测试中女孩的更好表现与其左梭状回脑区的活性有着密切关系，这也是早期语言性别差异的额外证据。

即使是 2~3 岁的儿童，女性的语言表现能力也通常要优于男性。女孩更早开始说话，更快学到词汇，并且表现出更多的自发语言。额下回和颞中 / 上回的后部脑区为女性提供了更多的大脑双边活性。62 名儿童（包括 31 名女孩）参加了这项功能磁共振成像（fMRI）的研究。他们的年龄从 9~15 岁不等。受试者满足下列标准：

（1）母语为英语的右利手，正常或者校正到正常的听觉和视觉；

（2）没有神经系统疾病或者精神疾病，中枢神经系统没有受到药物影响；

（3）没有智力、阅读以及口语能力缺陷史，没有学习障碍或者注意缺陷障碍多动症。

伯曼等研究结果如图 10.7 所示，表明语言任务中的大脑活性与性别差异。在所有年龄性别组同时兼顾语言判断任务和感觉形式的活性，但是女孩（蓝色）比男孩（粉色）在额下回和颞上回的双边脑区以及左梭状回脑区显示了明显更强的活性。任务、形式、年龄、性别和精确度作为联合变量代入 ANCOVA 协方差分析模型中。图像数据源自 5 个感兴趣脑区分析，显示了显著的性别效果。在排除了年龄和精确度的变异之后，依赖血氧水平（BOLD）信号代表了评估局部方法得到的每个感兴趣脑区的平均活性。

左脑显示男孩和女孩的激活模式相类似，但是只有女孩显示出了在额下回和颞上回的双边活性。非语言视觉的激活显示在梭状回中女孩具有更强的活性，男孩则没有在任何部位显示出更强的活性。非语言听觉的刺激显示女孩在额上回具有更强的活性。以任务判断和形式分组的表现精度与激活相关的性别差异，在解释形式影响之后，女孩对押韵和拼写任务的表达精确度显示与颞中回扩展到梭状回和额下回的活性之间存在关系，而男孩则没有。在解释任务影响（押韵对比拼写）之后，男孩对听觉词汇刺激的活性则与颞上回和额下回脑区的表达精确度相关，而视觉词汇的刺激活性则与扩展到楔前叶（图 1.8）的顶上小叶的表达精确度相关。而在女孩当中，听觉词汇刺激的大脑活性与精确度的关联性在这些脑区通常是区别于男孩的；虽然两者在额下回和颞中回后部脑区的重叠显而易见，但女孩在大脑语言区具有着明显更强的活性。结果显示尽管男孩和女孩的大脑活跃区有广泛的重合度，但男孩和女孩的正确表达所依靠的脑区不同，也许反映了语言处理的方式不同。

女孩通过访问共同语言网络在语言内容的基础上作出语言判断，而没有受到感觉先入的影响；而男孩则依靠具体形式的网络来作出语言判断。这种差异会随着男孩感官处理的发育而逐渐消失。因此，成年男女的语言处理都依靠大脑的语言网络效能。

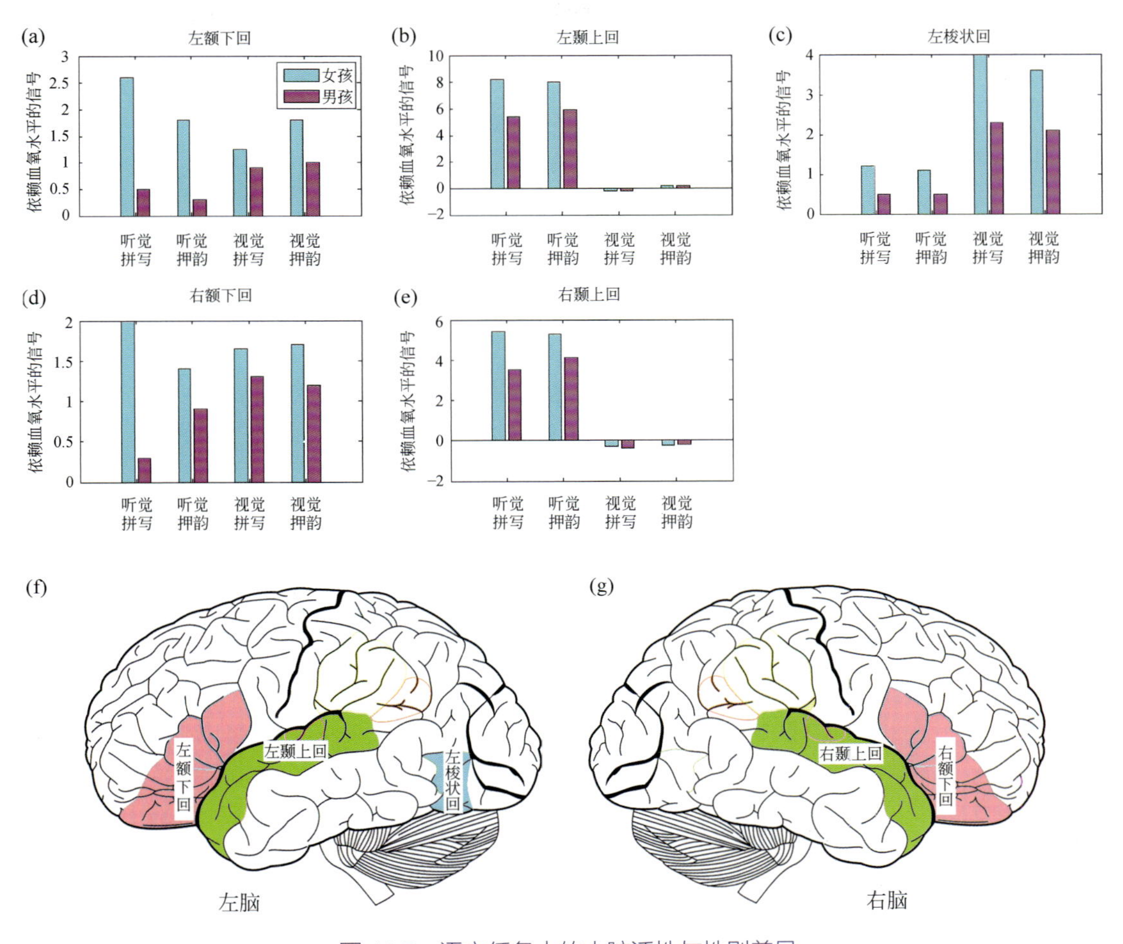

图 10.7 语言任务中的大脑活性与性别差异

图注：各子图直方图的纵坐标单位为 Z 值（Z-value，神经成像的热力学单位）。

谢维茨（Shaywitz）等使用回波平面功能磁共振成像在正字法（字母识别）、语音（韵律）和语义（语义类别）任务中研究 38 名右利手受试者（男性和女性各 19 名）。结果表明，在语音任务中，男性的大脑活动侧向左额下回；女性激活模式非常不同，涉及更多的弥漫性神经系统以及左右额下回。

4. 欧洲 10 个非英语语言社区的男孩 / 女孩在语言技能方面的性别差异

女孩在语言能力方面比男孩成熟得早，女婴比男婴使用更多类型的交流手势，并且学步期的女孩比同龄男孩产生更多的单词。蹒跚学步的女孩在第一个单词组合中也领先于男孩。对于婴儿和幼儿的交流手势和单词产生的数量，女孩和男孩之间的差异随着年龄的增长而增加。研究表明女孩在语言技能方面略领先于男孩，包括 2~5 岁的自发言语、看护者报告和正式测试。埃里克森（Eriksson）等探讨了来自 10 个非英语语言（奥地利德语、巴斯克语、克罗地亚语、丹麦语、爱沙尼亚语、法语、加利西亚语、斯洛文尼亚语、西班牙语、瑞典语）社区的 13 783 名欧洲儿童在语言技能方面的性别差异。对 0.08~2.06 岁的麦克阿瑟 - 贝茨交流发展量表（MacArthur-Bates communicative development inventories, CDI）进行评估的结果表明：女孩在语言能力方面的成熟速度比男孩快，在语言技能方面普遍领先于男孩；女孩早期在交际手势、生产词汇和单词组合方面略领先于男孩，这种差异在 0.08~2.06 岁随着年龄的增长而增加。埃里克森等在多种语言和文化环境中对儿童语言的比较研究具有特殊价值。它扩展了先前关于语言性别差异的研究，从而使其不易受到文化和语言偏见的影响。

图 10.8 是欧洲 10 个非英语语言社区的男孩 / 女孩在语言技能方面的性别差异。图 10.8a：与年龄（$N = 4598$ 名儿童）相关的女孩和男孩（0.08~1.04 岁）之间的交流手势数量。图 10.8b：与年龄（$N = 4691$ 名儿童）相关的女孩和男孩（0.08~1.04 岁）理解单词数。图 10.8c：与年龄（$N = 4598$ 名儿童）相关的女孩和男孩（0.08~1.04 岁）产生的单词数。图 10.8d：与年龄（$N = 9012$ 名儿童）相关的女孩和男孩（1.04~2.06 岁）产生的平均单词数。图 10.8e：与年龄相关的女孩和男孩（1.04~2.06 岁）结合单词的平均百分比（$N = 8829$ 名儿童，所有年龄组的 $p < 0.05$）。

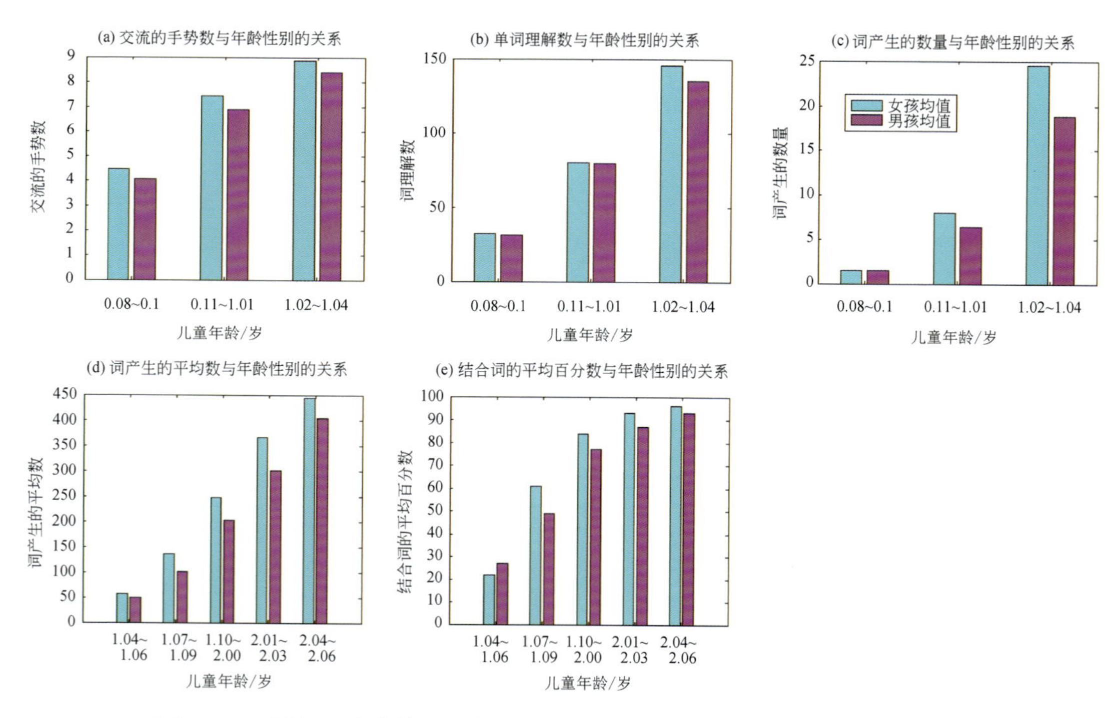

图 10.8 欧洲 10 个非英语语言社区的男孩 / 女孩在语言技能方面的性别差异

由于每个社区内以相同的方式招募女孩和男孩，并且样本异常大，在所有五项测量中，语言社区有主效应，表明社会和语言环境的变化，性别和语言社区之间没有显著的相互作用。如果神经心理差异（例如，大脑侧化或激素释放率的差异）导致女孩在早期语言技能方面的优势，那么性别和语言社区之间没有相互作用正是埃里克森等所期望的。单语儿童的女孩优势也适用于双语儿童，对于婴儿和幼儿的交流手势和单词产生的数量，女孩和男孩之间的差异随着年龄的增长而增加。由于女孩和男孩在出生时很相似，都不会说话，两者都没有性别差异。以后的任何性别差异都会与年龄相互作用。研究表明，男孩在分布的下端比例一直较高，而女孩在分布的顶部比例较高，表明女孩和男孩在手势和口语方面的均值分布基本均匀。

5. 儿童平均话语长度的性别差异

在学校里，女孩往往比男孩更快速、更熟练地学习如何阅读，她们拥有卓越的阅读理解、写作和拼写技能。与此同时，她们患阅读障碍的可能性要小得多。美国教育部的报告称，9 岁女孩（4 年级）的写作能力与 13 岁男孩（8 年级）相当，而且在所有年龄段，女性在阅读和写作方面都超过男性熟练程度。随着孩子年龄的增长，学龄前的句子长度会增加。随着儿童的发展，句子逐渐细化，修饰语、连用动词等复杂修饰增加。女孩在各种语言任务中的表现优于男孩。女性在语言、发音、词汇知识、句法和语言方面比男性优越。女性往往比男性说话快，在婴儿时期发声更多，更早说出她们的第一句话，并在更小的年龄获得词汇。她们孩提时的说话更容易理解，她们以更快的速度获得发音和语法技能，句子的长度和复杂性比男性大。这种差异似乎持续存在，男性更容易受到口吃等语言相关障碍的影响。随着年龄的增长，男性比女性容易失去与语言相关的能力，更可能在中风后失语，并且恢复失去的语言能力的速度较慢且不完全。

谢（Tse）等对 180 名年龄从 3~5 岁的讲粤语的儿童在自发游戏活动中产生的话语进行了分析。句法发展是根据话语平均长度、句子类型和结构、句法复杂性和动词模式的变化来衡量的，研究发现这些方面与年龄增长相关。谢等在句法发展中发现了显著的性别差异，女孩在平均话语长度、某些句子类型和结构以及句法复杂性方面的表现优于男孩，4 岁儿童组的性别交互年龄显著，图 10.9 所示是 60 名 3~5 岁儿童平均话语长度的性别差异。3~4 岁的时期被认为是句法发展的关键时期，因为这个时期发生了许多语言变化。研究发现使用复合句能力的增长是增加平均话语长度的最重要因素。

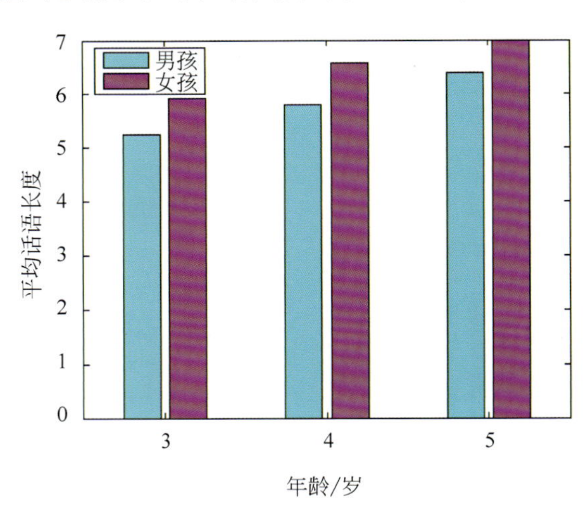

图 10.9　60 名 3~5 岁儿童平均话语长度的性别差异

6. 社会文化水平因素对语言生产的贡献

大多数 18 ~ 24 个月大的孩子进入了语言发展的新阶段，可以观察到他们的语言行为发生了重要变化，大多数孩子的词汇量突然激增，单词发音更准确。从 2 岁开始，孩子们每天掌握大约 10 个新单词，到 6 岁时达到 10 000 多个单词。研究发现，词汇量大的孩子因其父母亲日常产生了更多的言语，表明父母讲话的数量可能会影响词汇量的增长。诺曼底（Normand）等研究了法语学龄前儿童的性别和社会文化水平（social and cultural level，SCL）等因素对语言产生的影响。受试者是 9 个年龄组（24、27、30、33、36、39、42、45 和 48 个月）的法国巴黎儿童。在 20 分钟的标准化播放过程中，总共记录了 316 个语言样本。研究结果表明，在 36 个月大之前，女孩在语言生成方面比男孩略有优势。总体而言，法国儿童的语言生产力在 2~3 岁有所增加，此后趋于稳定。然而，研究发现 SCL 对大多数语言表现测量的发展速度产生强烈影响，而性别通常解释了标记和类型数据的变化。

关于 SCL 对语言产生模式的影响，数据表明环境因素对语言习得率的影响很大。在所考虑的大多数语言测量中，在每个测试年龄，来自高 SCL 家庭的儿童总是比来自低 SCL 家庭的儿童表现更好，如图 10.10 所示。SCL 反映了家庭环境的质量，即语言出现、鼓励、模仿、塑造和强化的环境。研究比较发现，来自高 SCL 环境的儿童较早产生多词话语。在这些儿童中，话语在词汇和形态句法上也更有条理。高 SCL 儿童也较早开始语言生成。家庭社会文化地位一直被证明与儿童的词汇量呈正相关。图 10.11 的结果表明，在 3 岁之前，女孩比男孩产生更多的单词。

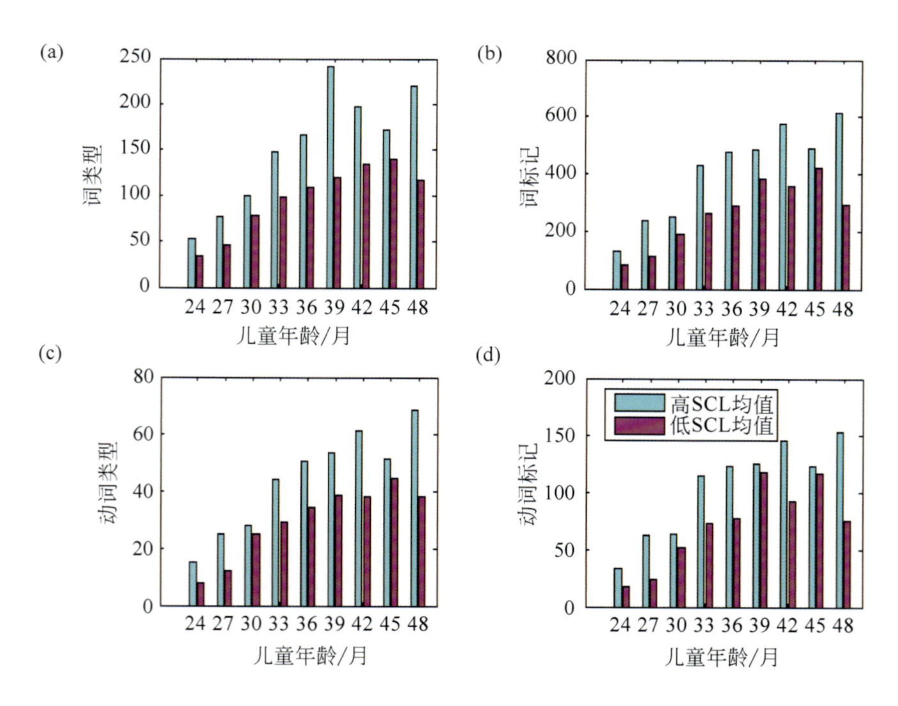

图 10.10　按社会文化水平和年龄划分的语言生产

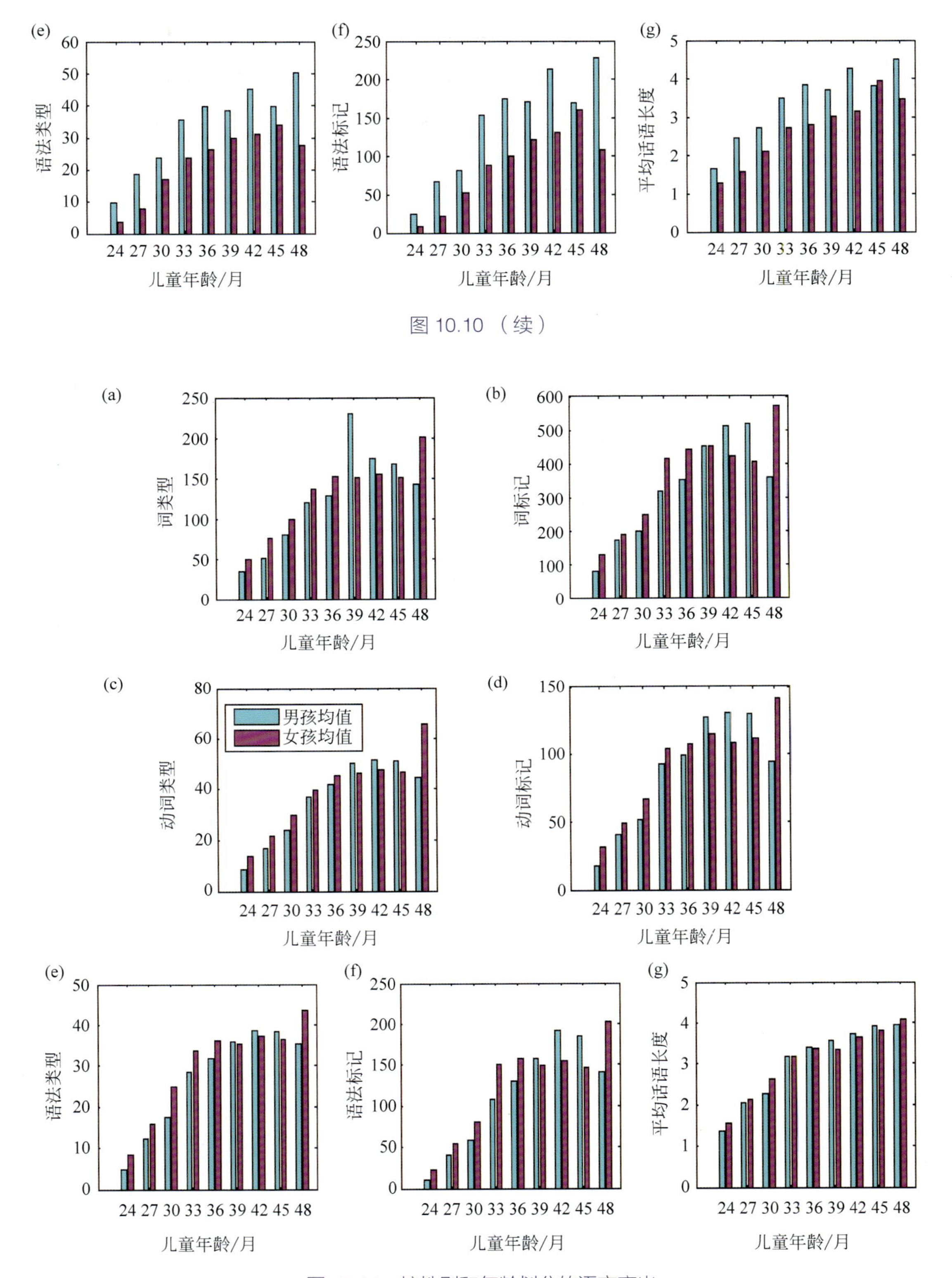

图 10.10 （续）

图 10.11 按性别和年龄划分的语言产出

7. 智力的性别差异

两性大脑生理功能的差异并不一定与智力的差异有关。尽管男人的大脑更大，但男性和女性的智商测试结果基本相同。男性的额叶和顶叶的灰质体积与智商相关，女性的额叶和用于语言处理的布洛卡区的灰质体积与智商相关。女性的皮层厚度更厚，皮层复杂性和皮层表面积（控制体型）更大，从而弥补了较小的大脑尺寸的影响。元分析和研究发现，大脑大小可解释个体智力差异的 6%~12%，皮层厚度可解释 5%。

在几乎每一项有关数学的研究中，男性在高中数学上的表现都优于女性，但不同国家的男女差异的大小，与社会角色中的性别不平等有关。2008 年由美国国家科学基金会（national science foundation，NSF）资助的一项研究指出：女孩在标准化数学测试中的表现和男孩一样好。尽管 20 年前，高中男孩在数学方面的成绩要好于女孩，但研究发现，情况已不再如此，原因很简单：女生过去参加高级数学课程的人数少于男孩，但现在她们上的高级数学课程和男孩一样多。尽管男孩和女孩的平均表现大致相同，但男孩在表现最好和最差的学生中所占比例过高。一项元分析对 242 项数学测试指标的研究涉及 1 286 350 人，发现数学成绩没有总体性别差异，但在解决复杂问题时有利于男性的性别差异在高中阶段仍然存在。

元分析显示男性在心理旋转（其测试如图 10.12 所示，玩电子游戏等体验也会提高一个人的心理旋转能力）、评估水平和垂直方面具有优势，而女性则在空间记忆方面具有优势。男人和女人进化出不同的心智能力以适应他们在社会中不同的角色。这种解释表明，由于某些行为，例如在狩猎过程中的航行，男人可能已经发展出更大的空间能力。研究表明，在完成与感知定向相关的许多空间任务中，女性往往比男性更依赖视觉信息。

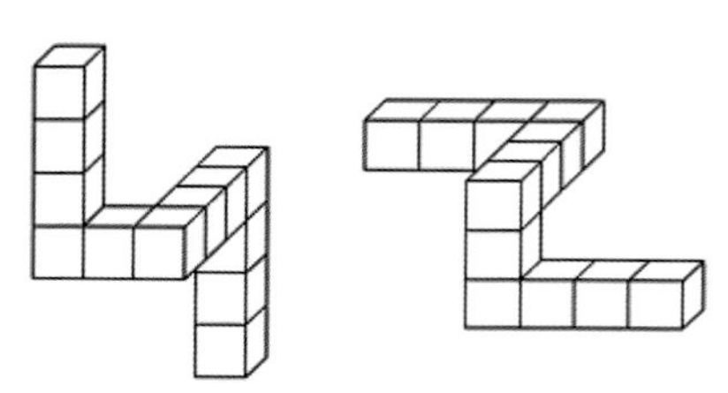

基于Shepard和Metzlar的心理旋转任务

基于规范方向的心理旋转任务

图 10.12　心理旋转任务

阿伦多弗（Allendorfer）等研究了在控制表现的动词生成过程中的皮层激活是否存在性别差异，实验是通过 20 名男性和 20 名女性健康成年人使用块设计（block-design verb generation task, BD-VGT）及其事件相关形式动词生成任务（event-related verb generation task，ER-VGT）的功能磁共振成像（fMRI），探讨男女在动词生成过程中的语言表现和皮质激活模式的相似性。研究结果表明：男性和女性在语言评估中的表现相似，具有相似的语言偏侧模式，并且对于每个 fMRI 任务对比表现出相似的激活模式。性别之间的主要差异发生在名 - 动关联的 ER-VGT 加工过程中，其中男性在右额中 / 上回和右侧尾状核 / 前扣带回（anterior portion of the cingulate gyrus）表现出比女性更大的激活。较好的动词生成性能与男性右侧尾状核 / 前扣带回激活增加和女性右额中 / 上回激活增加相关。BD-VGT 的男女直接比较；男性在左中央前回的激活更大。ER-VGT 分离名 - 动语义关联的男性和女性的直接比较，男性的激活程度大于女性的脑区：

右颞上回/脑岛,左中央前回,左颞中/上回和双侧额内侧回/额上回。在比较男性和女性时,控制扫描器内部任务的表现（即,动词生成准确度）会导致男性更大地激活脑区:尾状体的右头部延伸到前扣带回皮层和右额中/上回(BA 9)。对于ER-VGT隔离发音和听觉处理,男性和女性的直接比较,在左小脑女性的激活大于男性,而在额内侧回男性的激活大于女性。在动词生成fMRI中,男性和女性表现出相似的激活模式,控制扫描内部表现降低甚至消除了语言相关激活的性别差异。

赫恩斯坦（Hirnstein）等对具有行为和fMRI数据的大规模辅-元音二分法听觉的研究表明,语言不对称的性别差异取决于年龄并且很小。赫恩斯坦等通过大量使用相同的辅音和元音二分法听力任务从语言与语言能力的可靠标记中收集了来自大量参与者的数据。一个数据集包含来自1782名参与者（885名女性,125名非右利手）的行为数据,这些参与者分为四个年龄段（10岁以下儿童,10~15岁青少年,16~49岁年轻人和50岁以上的老年人）。此外,还从另外104位年轻的成年人（49位女性,年龄18~45岁）中获得了行为和fMRI数据,这些参与者在3T扫描仪中完成了相同的双耳听觉任务来测试功能语言的偏侧化是否存在性别差异。在所有参与者和两个数据集中出现了右耳优势（right ear advantage, REA）,反映了左脑语言偏侧化。因此,fMRI数据显示了颞叶的语言处理区的左向不对称性。在$N = 1782$数据集中,没有性别的主要影响,但显著的性别与年龄交互作用出现:两种性别的右耳优势均随年龄的增长而增加,但由于女性发育较早,女性的右耳优势较男性的青春期更强。反过来,男性年轻人比女性年轻人表现出更大的不对称性(占方差$< 1\%$)。在儿童和老年人中没有性别差异。fMRI数据集中的男性（$N = 104$）也比女性具有更大的右耳优势（占方差的4%）,但在神经成像数据中没有出现性别差异。偏手性并不影响这些发现。综上所述,通过二分法听力评估存在语言偏侧性方面的性别差异,但这些差异具有以下特点:① 不一定反映在fMRI数据中;② 年龄相关;③ 相对较小,如图10.13所示。对所有参与者的偏侧指数(laterality index, LI)分析显示典型的右耳(即左脑)优势,显示为显著截距和整体的阳性LI。正偏侧性指数LI对应于右耳优势/左脑语言偏侧化。科恩氏（Cohen）d表示性别差异的效应量。$^{*}p < 0.05$,$+p < 0.10$。

年龄组的显著主效应表明儿童的右耳（左脑）优势最弱,并随着年龄的增长而稳步增加。只有儿童和青少年之间以及年轻人和老年人之间的差异没有达到显著性。性别没有显著的主效应,然而性别和年龄组之间的交互作用达到了显著性。历史数据比较显示,在青少年(10~15岁)中,女孩表现出比男孩更不对称的模式 [$t(532) = 2.64, p = 0.009, d = -0.23$],而儿童 [$t(209) = 1.14, p = 0.26, d = 0.16$] 和老年人 [$t(196) = 0.47, p = 0.64, d = 0.07$] 没有性别差异,并且,年轻成年男人的不对称性趋势更强 [$t(837) = 1.91, p = 0.056, d = 0.13$]。因此,不同年龄的右耳优势稳步上升取决于性别:只有女性 [$t(248.51) = 2.63, p = 0.009$] 而没有男性 [$t(424) = 0.73, p = 0.47$] 在儿童期和青春期之间产生右耳优势显著增加。反过来,只有男性 [$t(694) = 5.35, p < 0.001$] 而非女性 [$t(675) = 0.49, p = 0.63$] 在青春期和年轻的成年期之间产生了右耳优势的显著上升。无论男女,右耳优势在青年期和老年期之间均未观察到显著上升 [$t \leqslant 0.91$, 且 $p \geqslant 0.367$]。

在每个年龄段的男性和女性中,LI的分布以及LI的平均性别差异如图10.13所示。

绝对偏侧指数（LI_{abs}）的结果与方向性 LI 的结果几乎一致。没有出现性别的主要影响 [F(1, 1774) = 2.07, p = 0.15, η^2 = 0.001, d = – 0.07]，但是年龄组的主要效应 [F(3, 1774) = 29.41, p < 0.001, η^2 = 0.05]，以及性别与年龄组之间的相互作用 [F(3,1774) = 4.93，p = 0.002，η^2 = 0.008] 是显著的。与方向偏侧指数一样，只有青少年产生了显著的性别差异，女性（M = 22.5, SE = 1.2%）表现出比男性更大的不对称性 [M = 17.2, SE = 0.9%, t (532) = 3.28, p = 0.001, d = – 0.31，所有其他 t≤ 1.72, p≥0.087]。此外，再次是女性 [t (266.5) = 3.56，p < 0.001]，而不是男性 [t (424) = 0.32，p = 0.75] 在儿童和青春期之间的右耳优势显著增加，而男性 [t (683.2) = 5.22，p <0.001]，但不是女性 [t (675) = 0.33，p = 0.74]，从而使青春期到成年之间的右耳优势显著增加。

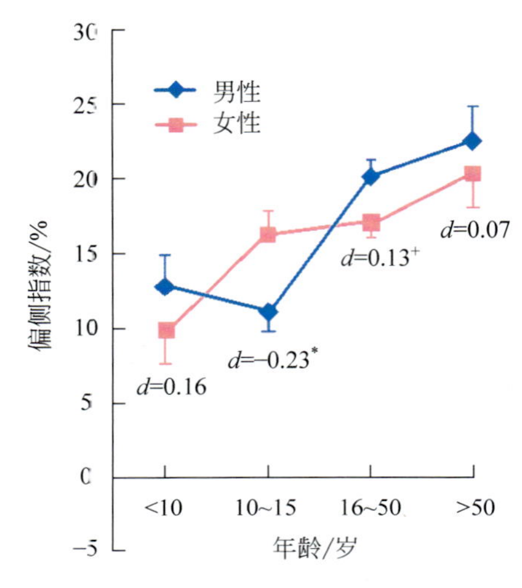

图 10.13　在大的行为样本 [N =1782] 中，不同年龄组的平均偏侧指数（± SE）

非右利手与年龄匹配的随机选择的右利手样本的比较没有显示出偏侧性指标的任何显著的主效应或交互效应 [所有的 F≤2.41, p≥0.122]。对于绝对侧向指数，女性和右利手的右耳优势分别大于男性和左利手 [主效应性别 : F(1200) = 3.66, p = 0.057, d = – 0.27; 主效应利手性: F(1200) = 2.78, p = 0.097]。所有其他主效应和交互作用均不显著 [所有 F ≤0.94, p≥ 0.332, d = 0.05]。然而，方向性和绝对侧向指数都得到了显著的截距，反映了总体的右耳优势 [兼备 F≤102.89, p <0.001, η^2≥0.34]。在双重听觉中存在性别差异，但一般较小，且受年龄的影响。在男女中，反映左脑语言偏侧性的右耳优势都会随着年龄的增长而增加。这种增加在女性中开始得较早，大概是由于青春期的开始较早，因此女性青少年比男性青少年产生更强的侧偏性。当达到青年成年期时，男性赶上来了，事实上，他们比女性表现出更大的不对称性。这种小的男性优势可能会持续到成年后，并且似乎已经存在于儿童中，但即使有 1782 个样本，也没有显示出这些年龄组的显著性别差异。

同样地，尽管在神经成像样本中 N = 104，但仍未能检测出年轻人在功能语言侧化方面的性别差异，尽管双重听觉（dichotic listening, DL）任务导致了大脑中典型语言区的激活。自然，很难将在双重听觉上的发现概括为其他功能和结构半脑不对称。一方面，赫恩斯坦等研究发现与其他视觉、触觉或听觉功能不对称的元分析非常吻合，和这些元分析揭示了惊人的一致的结果。女性具有较高的语言表达能力，而男性则具有较高的空间技能，因为女性比男性具有更少的偏侧性。例如，心理旋转中的性别差异显示效应大小高达一个标准偏差，有时甚至更高。另一方面，在其他对性别敏感的领域中，例如空间知觉、言语流畅性、言语记忆力和感知速度，其效应大小是中小型的，即使有了心理旋转，也不能完全排除一个（非常）小的性别偏侧性差异，构成了认知中更大的性别效应的基础。

8. 性别的情绪效应

性别差异可能是进化利用同源脑区以不同方式处理男女之间社会信息的能力的一种方式。克雷特（Kret）等研究了情绪效价和被观察者的性别对脑区激活的影响，研究了环境、激素、基因和大脑结构差异之间的相互作用，以及在暴露于可见的情感表达后男女之间大脑活动方式不同的情况下的相互作用。结果表明，尽管女性更擅长识别情绪并更轻松地表达自己，但男性对威胁线索（支配性、暴力或攻击性）的反应更强烈，这可能反映了男性和女性之间不同的行为反应倾向以及进化效应。在情感研究中，尤其是在情感神经科学中，性别差异绝对不能忽略。克雷特等研究表明：男 / 女性在遵循情感表达后大脑网络的募集方面有所不同，许多研究观察到了威胁性刺激的强烈效应，从识别表现效应到增强男性观察者的生理唤醒和大脑活动，尤其是在观察到威胁性刺激或男性主导刺激时，男性更有攻击性，尤其是对其他男性。

10.2.2 一般智力和性别的神经解剖学研究

1. 神经结构和功能的性别差异

神经结构和功能的性别差异可能与多种因素和原因有关，包括：神经激素、不同性别的人格特征、不同性别的社会学习能力以及特定性别角色的不同进化等因素。萨赫（Sacher）等神经结构研究表明，男性的脑容量比女性大，女性的灰质 - 白质比例比男性大。胼胝体和扣带皮层的白质微结构存在性别差异，提示男性和女性在髓鞘化方面存在差异。静息状态研究进一步证实了神经连接的性别差异。具体而言，不同的研究方法显示了不同脑区的连通性存在性别差异，包括胼胝体、前扣带回、脑岛、眶额皮层（orbitofrontal cortex，OFC）和中脑导水管周围灰质（periaqueductal gray，PAG）。研究发现，男性大脑右半球的连通性更强，而女性大脑左半球的连通性更强。功能磁共振成像研究发现了情绪感知和记忆、恐惧条件反射和视觉空间能力的性别差异。研究发现男性的双侧杏仁核（图 1.16）和左前额皮层的激活程度高于女性，而女性的活化程度高于男性的几个聚类簇，包括双侧苍白球和壳核、双侧丘脑（图 1.13）、前 / 后扣带皮层和中脑。

加州大学欧文分校（University of California, Irvine）的海尔（Haier）等使用基于体素的 MRI 数据的形态计量学分析法，对智商相等的男性和女性进行了脑结构变异与一般智力之间的关系研究。与男性（$N = 23$）相比，女性（$N = 25$）显示出更多与智力相关的白质和更少的灰质脑区。男性智商 / 灰质相关性在额叶和顶叶（BA 8/9/39/40）中最强，而女性中最强的相关性是在额叶（BA 10）以及布洛卡区。男性和女性在不同的脑区获得了相似的智商结果，这表明一般智力没有单一的潜在神经解剖结构，不同类型的大脑设计可能表现出相同的智力表现。

在男性样本中，联合分析显示灰质体积与双侧额叶（BA 8/9）和左顶叶、韦尼克区（BA 39/40）全量表智商（full scale IQ）的相关性最强；在女性中，灰质 - 全量表智商相关性最强的是在右侧额叶（BA 10），最大的聚类是在左布洛卡区（BA 44/45）。结果表明白质体积与全量表智商的相关性没有那么强，但在女性中更为广泛，发现男性的灰质主要分布在额叶和顶叶（各 45%），而女性的灰质发现主要分布在额叶（84%）。白质主要分布在颞叶（男性 82%）和额叶（女性 86%）。与全量表智商相关的灰质体素占男性大脑所有灰质体素的 9.6%；在女性大脑中，与全量表智商相关的灰质体素仅占所有灰质体素的 1.7%。与全量表智商相关的白质体素只占男性大脑所有白质体素的 0.1%；与全量表智商相关的白质体素占女性大脑白质体素的 1.3%。实验表明：在男性中，PIQ（performance IQ，行为智商）与 BA 7（右顶叶）中的灰质相关；在女性中，VIQ（verbal IQ，语言智商）与丘脑 / 枕叶区的灰质相关。

男性和女性之间灰质和白质的相对角色有所不同，与智力功能相关的体素类型和体素位置的模式在性别之间存在显著差异。就体素类型而言，男性与智力功能相关的灰质体素的数量大约是女性的 6.5 倍，女性的白质体素数量大约是男性的 9 倍。就脑区效应而言，在女性中，与智商相关的已确定的灰质体素中有 84% 位于额叶区，而男性中这一比例为 45%。在白质中观察到更大的性别差异，其中女性中 86% 的已识别体素为额叶，而男性为 0%。在男性和女性中均发现了更多的左脑体素（灰质 + 白质）（分别为 64.6% 和 65.3%），这与先前关于解剖学和较高脑功能的左偏侧化的报道一致。众所周知，男性的大脑比女性大 8%~10%，而女性的灰质 / 白质比男性略高。海尔等通过基于体素的形态测量（voxel-based morphometry，VBM）获得的体素分类，表明女性的灰质 / 白质物质比率（1.47）略高于男性（1.41），在包括中央前回（BA 6/4）、眶额皮质（BA 47）、额上叶（BA 6/8/9）和舌状回（BA 17/18）等脑区中，女性的灰质生物量大于男性。而男性在额内侧皮质（BA 11/12）、下丘脑、杏仁核和角回（BA 39）中的体积更大。由于灰质体素位置与全量表智商相关，男性表现为双侧额叶（BA 8/9）和左侧顶叶（BA 39/40; 韦尼克区）的前后结合；而女性主要表现为额叶区（BA 10），也有少量分布在布洛卡区（BA 44/45）。灰质数量在语言领域中的作用似乎是值得注意的，因为布洛卡区与女性的全量表智商相关，而韦尼克区与男性相关。此外，结合男性和女性的功能成像研究表明，有广泛的涉及记忆和注意力的问题解决任务的激活脑区，包括 BA 6/8/9/10/45/46/47 的额叶区，以及 BA 7/39/40 的顶叶区。与男性相比，女性与全量表智商相关的灰质更少，白质体素更多。考虑到女性的整体灰质和白质总量减少，以及全量表智商在性别上没有差异的事实，结果表明，不同类型的大脑设计可能表现出同等的智力表现。

其他研究人员发现，白质性别差异似乎支持女性比男性有更大的认知联系。例如，古尔（Gur）等对大脑白质总量的智力进行了回归分析，并观察到女性大脑白质总量的斜率更大，这表明女性大脑白质总量的个体差异相比男性更重要，而灰质总量并非如此。在女性中，较大的胼胝体前段的尺寸与所有认知测量都显著相关；而在男性中，局部的胼胝体大小与认知表现之间没有显著相关。最后，利用质子磁共振波谱（^{1}H magnetic resonance spectroscopy，^{1}H-MRS）的研究表明，N- 乙酰天冬氨酸（N-acetylaspartic acid，NAA）的浓度与女性的词汇量（高负荷）显著相关，而在左脑额叶白质中，男性则没有相关。一些研究表明，NAA 与认知能力呈正相关。表明女性的白质量和一般能力的相对变化更大。人类和动物的损伤研究都发现，相比于男性，额叶损伤对女性的认知能力危害更大。木村（Kimura）指出，对于块设计（block design）和词汇而言，两个与全量表智商高度相关的 WAIS 子测验对男子的前 / 后脑部病变均具有不利影响，但只有前脑损伤对女性有显著不良影响。男性由于大脑前部或后部病变均发生失语症，而女性大脑前部病变比后部病变更容易发生失语症。研究结果表明，尽管性别在一般智力能力上没有差异，但一般智力的神经基质是不同的。尽管在许多脑区，灰质和白质的量具有很高的遗传性，但有证据表明，人类的灰质量会随着运动学习或二语习得而增加。艾略特对海尔等研究提出了批评，认为对 21 名男性和 27 名女性的磁共振成像分析按照今天的标准是微不足道的，海尔等研究甚至没有比较脑容量，而是调查了智商和灰质或白质测量之间的相关性。

谭（Tan）等研究了语言的功能性大脑网络中的性别差异，使用功能磁共振成像技术在一项语义决策任务中观察了 58 位参与者的大脑活动（28 位男性和 30 位女性）。研究发现，在语言处理过程中，语言脑区之间的动态互动以及大脑网络的功能分离和整合存在显著的性别差异，同时通过机器学习的分析进一步支持了大脑网络的差异，该分析利用功能连接的多元模式准确区分了男性和女性。谭等行为结果表明：以任务（语义决策与字体大小判断）为被试内因子，性别（男性与女性）为被试间因子的混合设计，方差分析表明，性别对反应时间具有显著的主效应，男性具有比女性更长的反应时间。男性和女性的活动脑区基本重叠，主要在左额中 / 下回（BA 45/44/9/46）、左颞中 / 上回（BA 22）、左顶上叶（BA 7）、左枕中 / 下回和梭状回（BA 18/19/37）。男性和女性组之间的大脑激活的直接比较没有产生明显的差异激活。此外，额叶、颞叶和顶叶在大脑激活的半脑侧化方面没有性别差异。谭等在动态因果模型（dynamic causal modeling）中定义了 3 个左脑感兴趣区（即额下回三角部、左后颞上回和左顶上小叶）。分析表明，在 3 个感兴趣区中，男性和女性的激活水平没有差异。组均值结果显示，从颞上回到顶上小叶的连接是显著的，额下回和顶上小叶之间的双向连接是显著的。性别对任何内在联系都没有显著影响。调制连接反映了语义决策任务相对于控制任务调制的连接模式，除了顶上小叶到额下回的连接以外，所有调制连接都是有效的。从额下回到颞上回（$\beta = -1.06$，后验概率 = 1.00）和从顶上小叶到颞上回（$\beta = 0.81$，后验概率 = 1.00）的调节连接有显著的性别影响（正 β 值表明男性和女性的连接强度更高，负值表示女性具有更大的连接强度）。男性额下回对颞上回的抑制作用大于女性，而女性顶上小叶对颞上回抑制作用更大。语言任务的调节联系中性别差异的一种可能是由于行为表现的性别差异，因为发现女性执行任务的速度比男性快。为了测试这种可能性，首先在语义决策任务中的反应时间与额下回至颞上回和顶上小叶至颞上回的特定于对象的连接强度之间进行了 Pearson 相关分析。结果显示反应时间与额下回至颞上回的连接强度呈显著负相关，而与顶上小叶至颞上回的连接强度则不显著，说明语义信息的加工效率越高，额下回到颞上回的调节连接越强（抑制作用更小）。在女性中，前额叶前部和后顶叶区之间的连接较强，而男性的连接较短，主要局限于大脑前部的脑区。男性表现出比女性更高的功能隔离度和更低的功能整合度，这由较高的传递性值和整个网络的平均聚类系数来表示。相比之下，女性的特征路径长度值较低（越低代表越强的整合性），女性左顶上小叶中心性较高，表明该脑区可能在女性中扮演更重要的信息控制角色。研究发现，语音意识测验得分与特征路径长度呈负相关，语义决策任务反应时间与整体效率呈负相关。特征路径长度越低，整体效率越高，代表着功能集成度越高。这种负相关可能表明，功能整合程度越高，语音和语义加工效率越高。

里奇（Ritchie）等通过人脑中结构和功能性别差异的样本（在英国生物样本库的 2750 名女性，2466 名男性参与者；平均年龄 61.7 岁，年龄范围 44~77 岁）对成人大脑中的性别差异进行了研究。结果表明男性具有较高的原始体积、原始表面积和白质各向异性分数，女性具有较高的原始皮质厚度和较高的白质束复杂性。性别之间存在相当大的分布重叠。亚区差异并非完全归因于总体积、总表面积、平均皮质厚度或高度的差异。总体而言，原始结构测度的男性差异更大。功能连接体组织显示单模态感觉运动皮层和视觉皮层男性的连接性更强，默认模式网络中女性的连接性更强。

男性大脑通常具有较大的体积和表面积，而女性大脑具有较厚的皮质。有 92.1% 的男性高于女性的平均值，并且有 84.1% 的概率随机选择的男性比随机选择的女性拥有更大的总脑容量。体积和表面积几乎介导了推理能力的所有微小的性别差异，但在反应时间上的性别差异要小得多。在白质微观结构方面，女性表现出较低的方向性（各向异性分数）和较高的轨迹复杂性，静息状态的功能磁共振成像分析也显示了整体性的影响：大约 54% 的连接显示出了性别差异。这些差异集中在特定的网络周围，女性在默认模式网络中连接更强，男性在单模态感觉皮质和运动皮质以及吻外侧前额叶皮质高级脑区之间连接更强。对于每一个显示出巨大性别差异的大脑测量，男性和女性之间总是有重叠的：即使总脑容量差异很大的情况下，也有 48.1% 的样本重叠。没有发现女性的大脑分区比男性的体积大。研究表明，更大的男性脑体积出现在一些涉及情感和决策的脑区，如双侧眶额皮质、双侧岛叶和扣带回左侧管峡，但也有像右侧梭状回这样的脑区。表面积显示出更大的差异，显示出最大影响的区域是涉及假设的智力相关回路的广泛区域：如双侧额上回、双侧中央前回、左侧缘上回、双侧额中吻区。然而，就厚度而言，女性的一些脑域更大，例如，双侧顶下区是女性皮质厚度在数值上差异最大的脑区，女性的原始皮质厚度更大。分析发现几乎整个大脑在体积、表面积和白质部分各向异性方面的男性差异更大，但只有零散的不一致的情况。脑变量和认知测验之间只有微弱的相关性，并且这些关联在性别上没有差异。中介模型表明，出于言语 - 数字推理，适度的性别差异中很大一部分（高达 99%）是由大脑的体积和表面积测量值介导的。性别与反应时间之间适度联系的较小部分（最多 38%）可以用体积或表面积来解释。有证据和理论表明白质微观结构与认知处理速度有关，白质微观结构测量只调节了一小部分反应时间的性别差异。与体积和表面积相比，皮层厚度具有微不足道的介导作用：在任何分析中，皮层厚度在性别认知关系中所起的中介作用都不超过 7.1%。

莱曼（Ryman）等研究了白质连通性与创造力之间关系的性别差异，创造性认知产生于脑区相互作用的复杂网络。莱曼等调查了人脑的结构组织与发散性思维任务所激发的创造性认知方面的关系，采用弥散加权成像（diffusion weighted imaging，DWI）从 83 个分段的皮质区获得纤维束。通过计算连接强度、聚类和通信效率等连接组织指标，研究了它们与个体创造力水平的关系。通过发散性思维测试、排列测试，发现全脑连通性和创造力之间存在显著的性别差异。研究结果表明，女性表现出全脑连通性和创造性认知之间呈显著负相关，而在男性中没有观察到显著的关系。特定于节点的分析揭示了女性广泛分布脑区中的连通性、效率、聚类和创造力认知之间的反比关系。女性在处理新想法的过程中涉及更多的脑区，这可能是以效率（更长的路径）为代价的；相比之下，男性在这些测试中表现出很少，相对较弱的正向关系。研究结果表明：男性和女性的年龄和综合创新指数CCI（composite creativity index）没有显著差异。同样，在针对多个比较校正的全局和局部图指标中也未观察到明显差异。但是，全量表智商存在显著性差异，男性平均得分显著高于女性。

全脑指标：根据各向异性分数（FA）加权连接矩阵计算得出的全脑指标（全脑连通性S，聚类系数C和效能E）之间的分析显示，聚类系数和整个群体的创造力之间存在显著相关性，包括年龄、性别和全脑连通性。全脑连通性与综合创新指数之间的关系在不同性别之间存在差异（考虑了年龄和全量表智商）。对于聚类系数，当考虑到年龄、连通性和全量表智商时，全脑指标和两性创造力之间的相关性存在显著差异。在计算年龄、连通性和全量表智商的性别时，综合创新指数和效能之间的相关性没有显著差异。当分别检查每种性别的综合创新指数和连通性之间的关系时，考虑到年龄和全量表智商，连通性和综合创新指数之间存在显著的负相关性。男性中连通性和综合创新指数之间没有显著关系。当综合创新指数和聚类系数分别在性别中检验时，在考虑年龄、全量表智商和连通性时，聚类系数和综合创新指数呈显著负相关。流线数量（number of streamlines）加权矩阵没有显示显著的结果，表明观察到的各向异性分数效应可能与受试者间的纤维示踪成像的简单差异不相关。

区域特定指标：在多个方面其性别的相关性有显著差异，每个脑区的连通性和聚类系数与创造力之间的相关性在男性和女性中显著不同，主要是在额叶和顶叶内，也在枕叶、颞叶和皮层下脑区。对于每个显示出相关性显著差异的脑区，女性在每个图形度量和综合创新指数之间表现出负相关，而男性则表现出正相关或接近于零的相关。当全量表智商的影响不被考虑时，结果没有显著差异。同样，当在聚类系数和效能的分析中考虑连通性时，结果没有显著差异，说明影响不是由总连通性驱动的，而是由拓扑组织驱动的。

特定于节点的连接之间与创造力的关系：排列测试的结果表明，女性表现出额叶和顶叶区的连通性，以及年龄与全量表智商的皮质下脑区的连通性呈显著负相关。男性在计算年龄时连通性与全量表智商呈显著正相关。女性的左侧颞叶、左侧前扣带回尾侧、右侧前扣带回尾侧、右嗅皮质、右梭状、右顶壁、右侧枕、右海马旁、右后扣带回、右吻侧额叶、右额上叶和右侧伏隔区证明了连通性和综合创新指数之间存在显著的负相关，包括年龄和全量表智商。在男性中，左颞中部、右额叶中部和右侧杏仁核表现出连通性和综合创新指数之间显著正相关，包括年龄和全量表智商。

里奇等指出一些精神疾病和特征条件在性别之间的流行程度是不同的。例如，女性的阿尔茨海默病发病率高于男性，女性重度抑郁症的患病率也更高，而男性的自闭症谱系障碍、精神分裂症和阅读障碍等疾病发生率更高。此外，尽管许多心理性别差异很小，但某些行为和特质确实显示出可靠且实质性的差异。例如，男性在心理旋转任务和身体攻击性上的平均表现更高，而女性自我报告的对人对物的兴趣以及神经质和亲和度的人格特征平均表现更高。对这些认知和行为现象的完整解释可能受益于对大脑性别差异的更好理解。

2. 人脑结构连接体中的性别差异

认知功能的性别差异有很大争议，性别差异确实源于男性和女性使用的不同处理策略。这些处理策略可能反映在不同的大脑网络中。舍林格（Scheuringer）等通过对 35 名男性和 35 名女性的语义语言流利任务进行 3 次扫描，将大脑激活模式的性别差异与处理策略的性别差异联系起来。结果表明，男性在支持聚类的大脑网络中表现出较高的激活，而女性在支持转换的大脑网络中表现出较高的激活。来自激活结果、偏侧化指数和连通性分析的汇总证据表明，男性在聚类期间更强烈地招募右脑，特别是右额叶区，而女性在转换期间更强烈地招募右脑。研究结果支持聚类和转换是不同认知机制的基础，并强调了语义流畅策略和音位流畅策略之间的差异，特别是在涉及额叶区方面。男性同侧脑区的连通性更强，而女性的对侧脑区的连通性更强。

英格哈利卡（Ingalhalikar）等研究结果表明，人类行为的性别差异显示出适应性的互补性：男性具有较好的运动和空间能力，而女性则具有出色的记忆力和社会认知能力。研究也显示了人脑的性别差异。英格哈利卡等使用弥散张量成像技术对 949 名青年（8~22 岁，428 名男性和 521 名女性）的大脑结构连接体进行了建模，发现在发育过程中大脑连通性的独特性别差异，结果表明在所有连通脑区，男性大脑半球内连接更强，模块性和传递性增强，而女性大脑半球间连接和跨模块参与占主导地位，如图 10.14 所示。男性和女性的发展轨迹在年轻时就分开了，在青春期和成年期表现出了巨大的差异。然而，这种效应在小脑连接中是相反的。研究结果表明，男性大脑的结构是为了促进感知和协调行动之间的连接，而女性大脑的设计是为了促进分析和直觉处理模式之间的沟通。

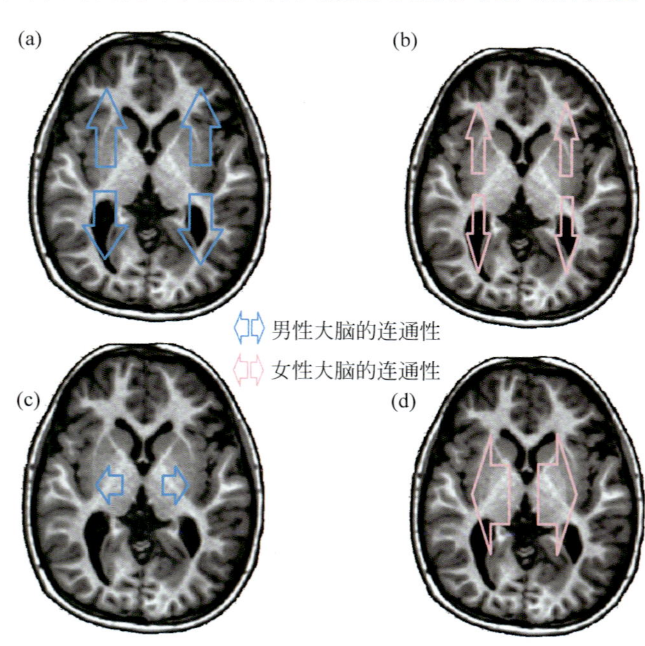

图 10.14　大脑网络显示男性是大脑半球内连接更强（a），而女性是大脑半球间连接更强（d）

海因斯（Hines）对人类行为和大脑中与性别有关的变异进行了研究，早在妊娠第 8 周，男性和女性胎儿的睾酮浓度就有所不同。这种早期的激素差异对大脑发育和行为产生永久性的影响。研究表明，激素对典型儿童期行为的发展尤其重要，包括玩具的选择。直到最近，人们还认为激素完全是社会文化影响的结果。胎儿时期身体里大量的雄激素似乎也会影响性取向和性别认同，以及部分（但不是全部）与性有关的认知、运动和个性特征。证据表明下丘脑和杏仁核（图 1.13）的参与，以及半脑之间的连接，涉及视觉处理的皮层区，视觉皮层影响性别玩具的偏好。图 10.15 显示了由先天性肾上腺皮质增生症（congenital adrenal hyperplasia，CAH）引起的女性 / 男性胎儿时期身体里大量的雄激素对性别玩具的偏好以及广泛的性别典型活动和兴趣偏好的影响。

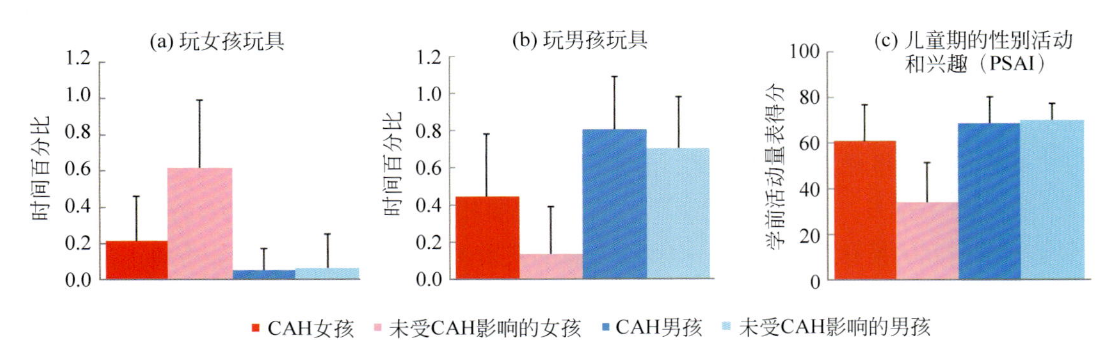

图 10.15　由先天性肾上腺皮质增生症引起的女性 / 男性胎儿时期身体里大量的雄激素对性别玩具的偏好以及广泛的性别典型活动和兴趣偏好的影响

患有 CAH 的女孩在胎儿时期身体里拥有大量高水平的雄激素，这与未受影响的男孩和患有 CAH 的男孩所经历的水平相似。对于玩具的偏爱，在游戏室设置各种各样的女孩玩具（如娃娃、茶具、化妆品）和男孩玩具（如汽车、卡车、枪），连同中性玩具（如书籍、拼图、蜡笔和纸），通过其均值（+ 标准差）体现玩女孩玩具或男孩玩具的时间百分比。在图 10.15 的 3 幅图中，女孩和男孩的均值差异很大，有或没有 CAH 的女孩均值也有很大差异。胎儿激素环境显然有助于人类行为中与性别相关的变异发展，并在两性内以及两性之间的个体行为差异的发展中发挥作用。因此，早期的激素差异似乎是这些问题的答案的一部分，例如，为什么有些孩子比其他孩子更具有性别特征，为什么有些成年人比其他人更具攻击性或在针对性方面更好，为什么有些人是异性恋而其他人则不是。

研究证明了产前雄性激素对儿童性别玩具偏好的影响，为神经性分化提供了线索。这项研究让人们认识到，玩具有一些不明显的特性，会让它们对胎儿拥有大量的雄激素的大脑产生或多或少的吸引力。这种认识反过来又让人们认为，观察物体在空间中的移动可能对大量的雄激素的大脑更有吸引力，而雄激素可能会通过作用于发育中的视觉系统来影响儿童对玩具的偏好。

3. 性别、脑容量、灰质皮层厚度、白质完整性对智力的影响

随着大脑成像技术的出现，大脑大小与智力之间的关系问题又重新引起人们的关注。更大的大脑尺寸和体积与更好的认知功能和更高的智力有关。大脑的额叶、颞叶和顶叶是

体积和智力之间最具相关性的特定脑区。麦克丹尼尔（McDaniel）的一项元分析发现，女性智力与体内大脑大小之间的相关性（0.40）大于男性（0.25）。大脑大小和智力之间的相关性随着年龄的增长而增加，儿童表现出较小的相关性。研究表明，在青少年学习新单词时，词汇量的增长与双侧后缘上回的灰质密度有关。与脑容量类似，整体灰质体积与智力呈正相关。更具体地说，成年人的高智商与前额叶和后颞叶更大的皮质灰质有关。此外，在健康的年轻人中，语言和非语言智力被证明与顶叶、颞叶和枕叶的灰质体积呈正相关，这意味着智力与大脑内的各种结构有关。

在男性和女性之间，灰质与智力的关系似乎存在性别差异。男性表现出智力与额叶和顶叶灰质较强相关，而女性智力与灰质相关最强的脑区是额叶和布洛卡区。然而，这些差异似乎不会影响整体智力，这意味着同样的认知能力水平可以通过不同的方式获得。灰质也被证明与儿童的智力呈正相关。雷斯（Reis）等研究发现，前额叶皮质的灰质对 5~17 岁儿童的智力差异的影响最大，而皮层下灰质与智力的关系较小。弗朗古（Frangou）等研究了 12~21 岁的儿童和年轻人的灰质和智力之间的关系，发现眶额皮质、扣带回、小脑和丘脑的灰质与智力呈正相关，而尾状核的灰质则与智力呈负相关。然而，灰质体积与智力之间的关系只是随着时间的推移而发展，11 岁以下儿童的灰质体积与智力之间没有显著的正相关。

与灰质类似，白质已被证明与人类的智力呈正相关。白质主要由有髓鞘的神经元轴突组成，负责神经元之间传递信号。白质将大脑中不同的灰质区连接在一起。这些互联使传输更加无缝，并使我们更容易执行各种任务。研究发现智力与胼胝体之间存在显著的相关关系，胼胝体面积越大，认知能力越强。然而，语言和非语言智力之间的白质重要性似乎存在差异，尽管语言和非语言智力测量都与胼胝体的大小呈正相关，智力与胼胝体大小的相关性非语言测量值大于语言测量值。健康成年人胼胝体厚度与智力之间呈正相关，白质完整性也与智力有关。脑白质完整性对信息处理速度非常重要，因此脑白质完整性的降低与智力低下有关。白质完整性的作用完全是通过信息处理速度来调节的。大脑在结构上是相互联系的，轴突纤维对于快速信息处理和一般智力至关重要。研究发现皮质厚度与人类的智力呈正相关。然而，大脑皮层厚度的增长速度也与智力有关。在儿童早期，大脑皮质厚度与智力呈负相关，而在儿童晚期，这种相关性已转变为正相关。研究发现，与不太聪明的孩子相比，更聪明的孩子大脑皮层厚度的增长更稳定，持续的时间更长。大脑皮层厚度可以解释个体间智力差异的 5%，不同人群的大脑皮层厚度和一般智力之间存在联系，但性别对智力没有影响。尽管由于不同的社会经济环境和教育水平，很难根据皮层厚度确定智力与年龄的关系，但年龄较大的受试者（17~24 岁）在智力方面的差异往往小于年龄较小的受试者（17~19 岁）。

使用各种脑容量成像和智力测量的研究报告显示，主要正相关系数从 0~0.6，而大多数磁共振成像研究得出的相关系数为 0.4。这种不一致性至少有一部分可能是由于实际年龄、性别或体型等因素是否受到控制，所研究的认知方法和成像分析方法所致。此外，在死后研究中，水置换法可能比磁共振成像测量更精确地确定大脑体积，而磁共振成像测量依赖于计算机图像中脑组织和其他结构之间的区别。维特尔森（Witelson）等对 100 例病例（58 名女性和 42 名男性）死后大脑的智力与大脑大小、性别、偏侧性和年龄因素进行了系统的研究。结果表明，女性和惯用右手的男性的一般言语能力与大脑容量和每个半脑的容量呈正相关，占言语智力差异的 36%。在女性中，一般的视觉空间能力也与脑容量呈正相关，但强度较弱，占方差的 10%；在男性中，视觉空间能力与脑容量呈不显著的负相关趋势，这表明性别之间视觉空间能力的神经基质可能有所不同。在男性中，视觉空间能力和脑容量与实际年龄密切相关，表明视觉空间智力随着年龄的增长而下降，至少在右利手男性中是这样，这与大脑容量随着年龄的增长而减小有关。研究发现，女性的大脑体积仅随着年龄的增长而最小程度地减少。身高对每个性别的脑容量差异有 1%~4% 的影响。

有充分的证据表明，从成年初期开始，大脑的重量会随着年龄的增长而减少。例如，德卡班（Dekaban）等研究是基于超过 3000 名成年人所做的工作：每项研究都表明，在 30~90 岁的年龄段内，大脑重量有所减少。但平均得分显示在所研究的年龄范围内有 4%~10% 的变化。一项大样本（$N = 1261$）研究报告了从 25~80 岁的类似变化，变化幅度为 12%，男性相关系数 $r = 0.27$，女性相关系数 $r = 0.15$（每种情况下 $p < 0.01$）。研究表明在所研究的年龄范围内，大脑的容量与年龄之间呈负相关，视觉空间技能反映在韦克斯勒成人智力量表（WAIS）中，随着年龄的增长而减少。相比之下，像韦克斯勒成人智力量表这样的语言能力测试在相同的年龄范围内没有下降（实际上略有上升）。

有充分的证据表明，男性的平均大脑大小（重量或体积）比女性大 9%~12%。因此，在评估智力与大脑大小的关系时，有必要分别考虑性别或通过某种方法统计控制大脑大小的差异。性别问题似乎更加复杂，因为性别和年龄可能会对大脑大小产生相互影响。一些研究表明，男性的大脑体积随着年龄增长而减小的程度要大于女性，尽管其他具有明显足够权威的研究发现，年龄对大脑大小的影响没有性别差异。

对同卵双胞胎和异卵双胞胎的磁共振成像研究表明，大脑的大小与遗传因素显著相关：每个大脑半球的体积具有 65% 的遗传性，颞叶和额叶皮质区具有 90% 的遗传性，总灰质或白质体积的遗传率为 85%，胼胝体正中矢状面区的遗传率为 94%。格施温德（Geschwind）等研究表明，在同卵双胞胎中，一致的强右手偏好的双胞胎的遗传贡献大于不一致的双胞胎的遗传贡献，在右手一致的同卵双胞胎中观察到更大脑容量的配对内相似性，表明该群体的脑容量受到更大的遗传控制。换言之，非惯用右手者对大脑大小的遗传控制可能较少。在语言和视觉空间功能的皮层定位方面，绝大多数右利手构成了一个相对均匀的群体，分别位于左右脑。相比之下，左利手的认知功能的偏侧化模式变化更大。影响大脑大小和可能的脑功能组织的遗传因素的表达可能受非遗传因素的影响，如偶然环境事件或产前环境或出生压力，左利手比在右利手影响更大。这些发现表明，功能不对称可能是大脑大小与智力之间关系的相关因素。

年龄与左脑或右脑体积的相关性非常相似，与每个偏手性 / 性别亚组的总脑体积的相关性也非常相似。各半脑的容量与年龄的关系存在同样的性别差异。智力评分与年龄的关系语言量表评分（verbal scaled score, VSS）在所有四个偏手性 / 性别亚组中均显示出与年龄的相关性很小，对非一致的惯用右手（consistent-right-handed, CRH）男性没有影响。分析显示，在非一致的惯用右手男性中，没有影响因素或异常值解释了零相关性。相比之下，女性绩效量表分数（performance scaled score, PSS）随着实足年龄的增加而降低（$r = 0.60$,

$p < 0.001$)，男性绩效量表分数随着实足年龄的增加而降低（$r = 0.59, p < 0.001$)。对于女性样本，大脑容量预测了语言量表评分变化的 35%。在这项对 100 名具有认知能力的正常男性和女性的大脑研究中，对言语智力的一般测量与右利手和非右利手女性的死后大脑容量呈正相关。相反，在右利手男性中发现了同样的关系，但在非右利手男性中没有发现，这表明功能不对称可能是男性语言能力的神经基质的一个因素。视觉空间智力也与脑容量呈正相关，但仅在女性中如此，且相关性较弱；在男性中，不管用手习惯如何，都有一种统计上不显著的负相关趋势。这种性别差异表明，男性和女性之间视觉空间智力的神经基质可能不同。此外，在 25~83 岁的年龄段中，实际年龄对脑容量的影响存在性别差异。男性脑容积与年龄相关（$r = 0.55$)，大脑容量每 10 年减少 50 mL。在女性中，随着年龄的增长，大脑的容量仅有最小的减少，变化为 6 mL/10 年。

在所有女性和右利手男性中，言语能力与大脑容量呈正相关，占言语能力变化的 36%。对于女性和惯用右手的男性，脑容量每增加 100 mL，语言量表评分就增加 9 分。在男性中，大多数磁共振成像研究都报告了相关系数 $r = 0.3$。尽管女性和惯用右手的男性之间回归线的相关性和斜率相似，但是截距是不同的，表明在某种程度上，语言能力的神经基质在性别之间是不同的，尽管整体的大脑大小和能力之间有相似的关系。研究发现大脑容量只占语言能力变化的 36%，这清楚地表明环境因素可能发挥了重要作用。与女性和右利手男性的研究结果相反，在非右利手男性组中，没有证据表明语言能力和脑容量之间存在正相关关系，而是一种统计上不显著的负相关趋势。这些结果表明，根据手的偏好，功能不对称可能是男性语言智力和大脑大小之间关系的一个因素，而女性则没有。在男性双胞胎的遗传性研究中，非右利手对脑容量的遗传控制比右利手男性少。这表明在非右利手男性中，非遗传的、随机的环境因素对大脑大小有更大的影响，这可能是非右利手男性样本中语言能力和大脑大小之间的较小关系的一个因素。此外，非右利手的胼胝体中矢状面面积大于右利手，尤其是男性。这可能反映了较少的修剪或轴突丧失，与较弱的语言功能偏侧向左脑有关。与右利手男性相比，非右利手男性的胼胝体体积随着年龄的增长而减小的速度要快得多。这些发现表明，右利手和非右利手男性可能涉及不同的大脑发育原理，并且与脑半球间连接相关的大脑发育的各个方面可能是决定男性言语智力的神经基质的一个因素。右利手和非右利手女性在语言智力和大脑大小之间表现出相似的关系。相比之下，右利手和非右利手男性大脑大小的不同基因贡献可能有助于发现这两组男性在语言智力和大脑大小之间表现出不同的关系。

在每个女性手部亚组中，表现能力与脑容量呈不显著的正相关关系，占方差的 10%，这代表绩效量表分数与脑容量的匹配程度低于语言量表评分。视觉空间测量与大脑寸度的测量之间的相关性相对较低。男性的情况更为复杂，因为男性的脑容量与年龄的相关性比女性更强。在没有年龄限制的右利手组中，研究发现绩效量表分数与脑容量高度相关（$r = 0.63$)。然而，在年龄控制的情况下，这种关系减弱了，表明它在很大程度上是由这些变量与年龄的相关性决定的。这些视觉空间智力的结果表明了性别差异：对于女性，无论惯用哪只手，都观察到一种适度的正相关；对于男性来说，不管用手习惯如何，都具有不显著的最小负相关趋势。与男性相比，女性在视觉空间任务中对言语策略的使用可能与此相关。在功能上更特定的脑区可能会发现更紧密的关系。以爱因斯坦的大脑为例，他的整体脑重量在其同年龄的正常范围内，但他的顶下区独特的形态和扩大的尺寸被认为是其非凡的空间认知能力的基础。

智力和大脑的性别因素会随着年龄的增长而变化。研究发现，男性的大脑容量和年龄之间存在强烈的负相关关系，而在女性中则最小。尽管语言量表评分并没有随着年龄的增长而下降，但是绩效量表分数随年龄的增长而下降在男性和女性中都相似。在男性，特别是右利手男性中，绩效量表分数随着年龄的增长而减少，这似乎与大脑容量随着年龄的增长而减少有关。研究表明，男性的大脑体积或大脑重量比女性大 12% ~ 15%，大脑大小与身高的相关性最小，身高占性别差异的 1% ~ 4%。在发育过程中，大脑大小的性别差异大约在 3 岁时开始出现，而身高的性别差异只在 8 岁时出现。当使用适当的 ANCOVA（协方差分析，相对于比例分数）方法来控制身高或体型时，大脑大小的性别差异仍然存在。研究对象的样本不是随机选择的，样本的平均智商为 115，比总体平均值高一个标准差。脑容量的变化可能反映了灰质或白质数量的变化，推测轴突连接的变化可能与智力有关。古雷特（Guret）等研究发现，在女性中，语言和视觉空间测量与白质体积的相关性强于与灰质体积的相关性，而男性的能力与白质体积或灰质体积的相关性相似。在仅女性的磁共振成像研究中，Stroop 测试的表现（取决于额叶区）与前额叶白质的体积相关（$r = 0.52$）。安德烈森（Andreasen）等研究表明智商和灰质体积有更强的相关性，但与白质体积没有显著相关性。脑容量测量中未反映的许多组织学特征（例如神经元与神经胶质之比，皮质柱状间隔，神经递质或其受体的数量）也可能与智力的变化有关。吉尼亚克（Gignac）等元分析结果表明，脑容量和智力之间的关联可能最好的特征是 $r \approx 0.40$。因此，大脑的容量和智力之间确实存在着一种真正的正相关性。

4. 大脑的灰质和白质与认知表现的性别差异

古尔（Gur）等对健康成年年轻人脑的灰质和白质与认知表现的性别差异进行了研究。对 18~45 岁的健康志愿者（男性和女性各 40 名）使用了双回波磁共振成像扫描的体积分割，经颅内总体积的校正，证实女性的灰质比例较高，而男性的白质和脑脊液比例较高。在男性中，颅容积和灰质之间的斜率与白质相等，而在女性中，作为颅容积函数的白质的增加率较低。在男性中，左脑的灰质百分比较高，白质的百分比对称；右脑的脑脊液百分比较高。女性没有表现出不对称性。灰质和白质量与整体、言语和空间表现之间存在中度相关。但是，女性的认知能力和白质量的下降幅度明显更大。因为灰质由神经元的树突状组织组成，而白质由有髓鞘的连接轴突组成，灰质的百分比越高，相对于跨越远端脑区的转移，就有越多的组织可供计算。这可以弥补女性颅内空间较小的缺陷。主要颅组织体积的比例和不对称性的性别差异可能导致认知功能的差异。

在评估大脑容量和神经认知指标时要考虑的重要因素是衰老的影响。这种影响在整个生命周期中都被观察到，从童年到成年早期，脑实质体积和认知能力都会增加，然后下降。此外，研究还表明，年龄相关衰退的速度存在性别差异，男性实质体积减少更多，年龄与总颅内容积的相关性近似为零，表明头部大小无长期漂移。灰质体积显示出很小但显著的相关性，男性的相关性高于女性。年龄与白质或脑脊液容量没有显著相关。在表现方面，年龄与整体表现或言语表现之间的相关性在各组之间或组内均不显著。空间性能显示整个样本的相关性很小（但显著），这种相关性在男性中更大，在女性中则微不足道。

与预期的一样，男性的颅内容积（1352.2 ± 104.9）mL 高于女性（1154.4 ± 85.1）mL：$t = 9.26$, $df = 78$, $p < 0.0001$，其颅内容积的性别差异（14.6%）介于身高（8.2%）和体重（18.7%）之间。实质总容积男性为（1229.6 ± 106.2）mL [范围：（1033.9~1469.4）mL]，女性为（1072.3 ± 71.5）mL [范围：（895.4~1196.0）mL]：$t = 7.77$, $df = 78$, $p < 0.0001$。检查头颅总容积和三个腔室容积之间的关系（图 10.16）表明男性和女性之间存在差异。无论是男性还是女性，灰质和白质都与总颅容积相关。研究发现，尽管男性对于灰质（0.46 ± 0.07）和白质具有相同的斜率（0.48 ± 0.07，没有显著差异）；女性的灰质斜率（0.47 ± 0.07）与男性的斜率相同，但与男性白质比较，女性的白质斜率（0.30 ± 0.04）明显较灰质的小。因此，男性颅骨体积的增加与灰质和白质的成比例增加相关，而女性颅骨体积的白质增加率较低。男性的脑脊液容积与颅容积之间的相关性不显著，而女性显著。这种关联的斜率的性别差异不显著。

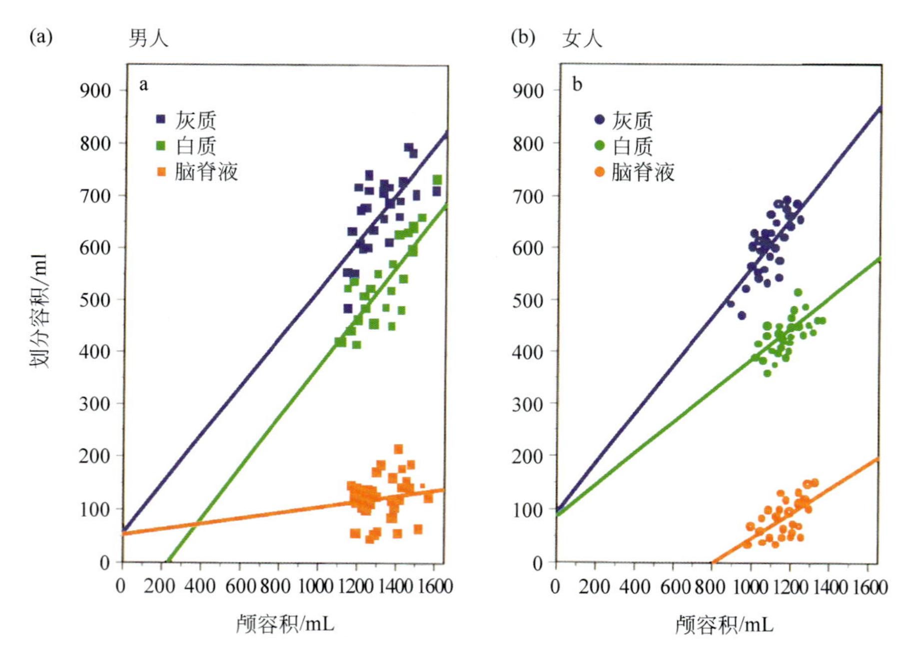

图 10.16　男性（a，正方形）和女性（b，圆）的脑灰质、白质和脑脊液的散点图和回归线

颅内容积由（53.1 ± 4.0）%（42.0%~61.3%）灰质、（38.9 ± 3.0）%（34.3%~46.8%）白质和（8.0 ± 2.9）% 脑脊液组成。通过区划相互作用假设的性别是显著的：$F = 73.33$, $df = 2390$, $p < 0.0001$。如图 10.17 所示，这种交互作用反映出女性的灰质百分比 [（55.4 ± 3.0%）] 高于男性 [（50.8 ± 3.6）%]，（$t = 6.24$, $df = 78$）。相比之下，男性的白质百分比和脑脊液百分比更高（均 $p < 0.0\,001$），脑脊液的差异仅在脑沟测量 [男性（7.8 ± 2.7）%；女性（6.0 ± 2.5）%，$t = 3.10$，$df = 78$，$p = 0.001$] 上显著，非脑室（或中心）测量 [男性（1.1 ± 0.4）%；女性（1.0 ± 0.4）%：$t < 1$]。

脑半球不对称的性别差异也很显著，与女性相比，男性的灰质百分比和脑脊液百分比的不对称性更大（图 10.17c, d）。男性左脑灰质的百分比较高：左右差异 = 0.19 ± 0.09%。白质对称，但右脑脑脊液百分比较高。男性脑脊液的这种不对称性在脑沟中明显，但不包括脑室脑脊液。女性的不对称性不显著，男性和女性之间的侧性梯度差异显著：灰质的正值更大，脑脊液的负值更大。尽管相对于右脑，男性在左脑的灰质比例更高，而女性具有对称的灰质，但在任一脑半球中，女性的灰质比例仍高于男性。

即使男性和女性之间组织体积的关系完全相同，灰质的百分比也将随脑体积的变化而降低。胼胝体形态计量学上的性别差异实际上反映了更普遍的大脑大小效应。如果女性和男性的样本在大脑大小上匹配，那么他们的胼胝体大小应该没有区别。此外，5 mL 的皮层厚度可能会引入部分体积效应，女性由于颅容量较小，更容易受到影响。通过比较 21 名男性和 14 名女性颅内容量重叠范围（1100~1350 mL），古尔等 3 组颅内容积差异无统计学意义 [男性（1265.9 ± 46.3）mL；女性（1244.2 ± 45.7）mL；t = 1.37；df = 33，无显著性差异]，但女性灰质百分比 [（54.5 ± 3.2）%] 高于男性 [（50.9 ± 3.9）%]（t = 2.86, df = 33, p = 0.007）。这表明性别差异与头部大小无关。最后，当以颅内体积、身高和体重作为协变量输入多因素协方差分析时，仍存在差异，无论是百分比还是原始体积值。

如果体积与言语和空间任务的表现相关，则这些解剖学发现可能为认知上的性别差异提供了神经基础。古尔等首先检查了该样本是否显示出与男性相比时女性在言语上相对于空间表现出更好的性别差异。男性和女性的整体（言语和空间平均）表现得分没有差异。然而，正如预期的那样，女性的“语言优势”指数（言语减去空间）为正，男性为负，两组比较差异有统计学意义。

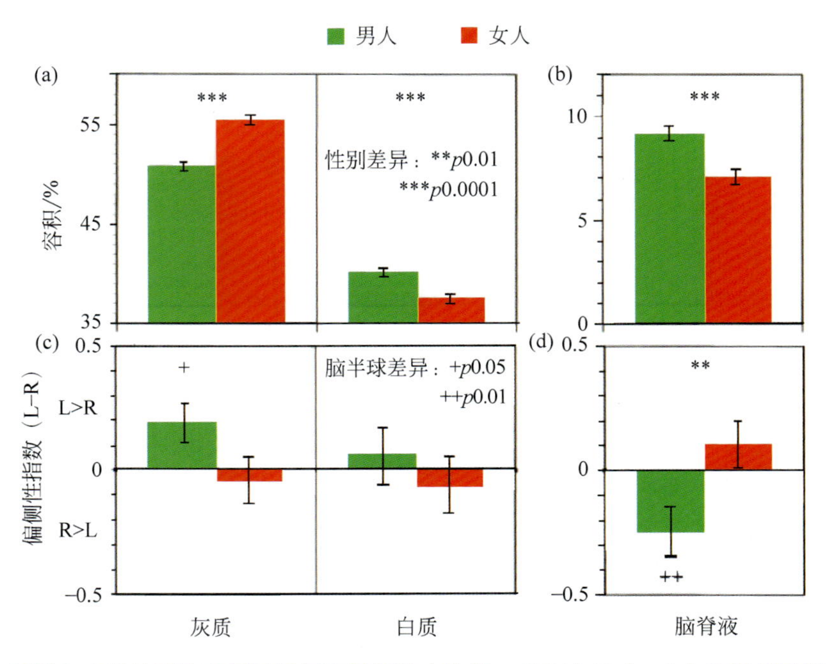

图 10.17 男性和女性的平均双侧脑组织和脑脊液（均值 ±SEM）%（a+b）和偏侧性指数（c+d）

图注：SEM = standard error of mean 为平均标准误差。

这种差异主要归因于空间任务，其中男性的表现要好于女性；而言语任务的性别差异则相反，且差异无统计学意义。整体表现与整个样本的颅内体积相关，男性和女性单独考虑。对于整个样本或男性而言，颅内容积与言语表现之间的相关性并不显著，但颅内容积确实与女性的言语表现相关。空间表现与整个样本的颅容积相关，以及单独考虑的男性和女性。尽管这些相关性是中等的，但散点图表明，灰质和白质的体积和性能值范围内的关系非常一致（图 10.18 a, b），而与脑脊液体积的相关性为零。值得注意的是，尽管男性和女性的整体表现对体积的回归具有相同的斜率（图 10.18 a），但女性表现出与白质体积增加相关的更好表现的更陡峭的斜率。在语言和空间表现得分之间的这种关联模式存在一些差异（图 10.18 c~ 图 10.18 f）。在整个样本中，无论是男性还是女性，语言表现都与灰质体积无关（图 10.18 c）。在整个样本中，白质与语言表现不相关，但当男性和女性被单独考虑时，表现出显著的相关性（图 10.18 d）。与全局评分一样，白质的回归线在女性中更陡峭。空间表现与整个样本以及男性和女性的灰质和白质体积相关（图 10.18 e, f）。同样，女性的白质回归线比男性更陡峭。与绝对体积和性能之间的相关性相比，与百分比值或侧向梯度（半脑之间的差异）的相关性都不能预测性能。尽管在空间表现上存在显著的性别差异，但大多数女性在空间测试中的表现与男性相当。然而，只有一名女性的表现比平均水平高出 1 个标准差，而在此范围内有 9 名男性，其中 6 人的白质体积超出了任何一名女性的范围（图 10.18 d）。因此，尽管女性的空间表现对白质体积的回归更陡峭，但与女性较小的颅骨体积相比，最高水平的空间表现需要更大的体积。

古尔等发现，女性较高的灰质百分比与全脑较高的白质百分比和男性脑脊液的百分比相辅相成。发现女性的灰质绝对值也较低。在头颅总容积的背景下进行的体积检查表明，男性的灰质和白质作为头颅容积的功能呈比例增加，女性白质增加的斜率明显低于灰质，这种颅内组织组成的性别差异可能反映了女性对较小颅容积的适应。至少从中更新世古人类开始，两性解剖上的二型性就具有可比性。因为灰质是进行计算的树突组织，而白质是跨越远端脑区进行信息传递所需的有髓结缔组织，女性中灰质的高百分比增加了可用于计算过程的组织的比例。这是一个合理的进化策略，因为较小的头盖骨需要较短的距离来进行信息传输。因此，对白质的需求可能相对较少。女性中双侧灰质的比例较高，而只有男性有明显的偏侧性效应——灰质的左脑百分比较高，脑脊液的右脑百分比较高。谢维茨（Shaywitz）等功能核磁共振成像研究表明，在语音任务中，男性表现出左额下回的激活，而女性则表现出该脑区更多的双侧激活。研究结果被认为与男性在语言功能方面更倾向于单侧化的假设相一致。值得注意的是，相对于百分比的性别差异，古尔等整体测量方法的脑半球不对称性较小。因此，尽管男性的左脑灰质百分比相对较高，但在任一半脑中男性的灰质百分比仍低于女性。

解剖结果表明，在性别认知和性别差异之间存在一些相似之处，因为女性和左脑语言半球的性别比例更高，而女性在语言任务上的表现要好于男性，女性的言语相对于空间表现更好。尽管在男性和女性中，灰质和表现之间关系的斜率是相同的，但白质的斜率在女性中明显大于男性这种效应可以在整体表现测量中看到，也可以在分别考虑的言语和空间表现上看到。这支持了女性较小的头颅能够更有效地利用现有的白质的观点。在语言任务

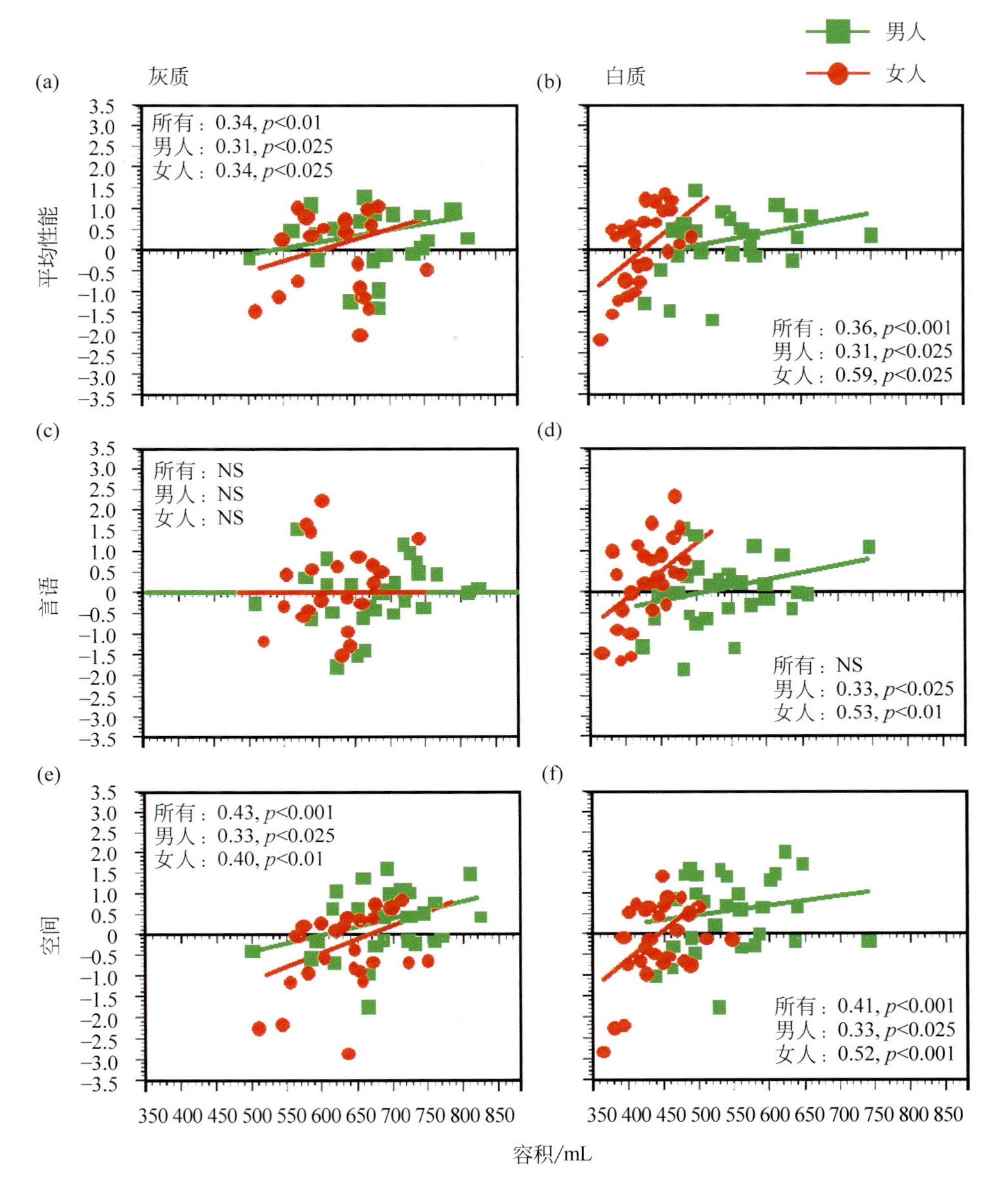

图 10.18 男性和女性的灰质和白质与平均认知表现（a+b）以及语言和空间表现（c+d+e+f）的散点图和回归线

图注：NS（not significant）表示无显著意义。

中，脑实质体积和表现之间的整体相关性较低，女性中灰质的比例较高，以及白质增加时表现改善的斜率更陡，这两者结合在一起赋予了女性表现优势。然而，从白质量和空间任务表现之间的关系来看，男性可能在需要大量白质的高水平任务中表现更好。这表明语言任务比空间任务需要更少的大脑半球内传递，表现的性别差异将取决于对灰质和白质的相对要求。桂（Gui）等发现女性中较低的白质总体比例似乎与胼胝体体积较高的报告形成了对比，后者是一种白质结构。男性和女性在大脑半球间和半球内交流的相对数量上有所不同。吉德（Giedd）等发现小脑体积的性别差异与大脑体积的性别差异相当。

杉浦（Sugiura）等对性别和熟练程度对学龄儿童二语习得的影响进行了研究，L1 和 L2 具有相似的神经基质，熟练程度是 L2 在词汇 - 语义和句法领域的神经组织的主要决定因素。通过采用功能近红外光谱技术和单词重复任务对学龄儿童的大规模研究（$N = 484$）。研究结果表明，L1 和 L2 具有相似的神经基质，与 L1 相比，L2 中的颞上 / 中回后部和角回 / 缘上回的激活减少。在高频词处理过程中，语言区的皮层激活存在显著的性别差异，而在低频词处理过程中则没有显著的性别差异。在高频词处理过程中，男孩激活了广泛分布的脑区，包括角回 / 缘上回，而女孩则激活了除角回 / 缘上回以外的更多限制脑区。在 L2 熟练程度相关的激活中也发现了显著的性别差异：男孩的激活随着熟练程度的增加而显著增加，而在女孩中没有发现与熟练程度相关的差异。性别差异在语言发展过程中通过性别间不同的认知策略获得或扩大，可能反映了性别间记忆功能的不同。杉浦等研究侧重于儿童的语音领域，阐明了 L1 和 L2 即使在语言距离较远的语言中也具有相似的神经结构。研究结果表明在行为表现上未发现性别差异，但在 L2 语音熟悉词加工和 L2 熟练程度较高时，在皮层激活模式上存在显著的性别差异。女性对语音熟悉效应很敏感，这一解释与涉及语音存储的顶下脑区较低的认知负荷以及性别和语言熟练度之间的相互作用得到了证实。

沙库里（Shakouri）等从病因学的角度重新审视了语言习得中的性别差异，男性和女性的大脑在生物学上确实具有相同的平面图，但并非所有大脑的工作方式都是相同的。大脑特定区域的密度、数量和激活程度似乎决定了两性之间的优势。由于男性灰质中的树突细胞比女性多，男性与外界环境有很强的联系；然而，女性的这种优势或多或少是因为灰质的密度有助于连接和处理行为。总之，女性大脑比男性更容易、更早、更快地处理语言活动，而男性更容易在空间机械和粗大肌肉运动技能任务上表现出色。这些差异解释了为什么女孩在阅读和写作方面的表现优于男孩，以及为什么男孩更倾向于体育活动。此外，由于胼胝体中有大量的白质作为两个半脑之间的桥梁，女性的大脑受益于双侧化。因此，她们善于沟通。

10.2.3 人脑容量与智力不直接相关

1921 年诺贝尔物理学奖得主阿尔伯特 · 爱因斯坦（Albert Einstein, 1879—1955，如图 10.19 所示）被誉为 20 世纪最伟大的天才之一，其大脑一直是许多研究和推测的主题，大脑中明显的规律性或不规则性已被用于支持有关神经解剖学与一般智力或数学智能相关性的各种观点。科学研究表明，爱因斯坦的大脑涉及语音和语言的脑区较小，而涉及数字和空间处理的脑区较大，爱因斯坦大脑中的神经胶质细胞数量比常人有所增加。

图 10.19 物理学家阿尔伯特 · 爱因斯坦

爱因斯坦 1955 年去世后在托马斯 · 斯托尔兹 · 哈维（Thomas Stoltz Harvey）的实验室里其大脑就被切除了。哈维取出了他的大脑，称其重量为 1230 g，并从多个角度对大脑进行了拍摄。然后，将其切成约 240 个方块（每个方块约

1 cm^3),包裹在胶状材料胶棉中。阿尔伯特·爱因斯坦的长子汉斯·阿尔伯特·爱因斯坦(Hans Albert Einstein) 坚持他父亲的大脑研究仅用于在高水平的科学期刊上发表。

20 世纪 80 年代，加州大学伯克利分校的玛丽安·戴蒙德（Marian Diamond）从托马斯·哈维那里得到了爱因斯坦大脑左右半脑前额叶和顶叶的皮层联合区的四个部分。1985 年，玛丽安·戴蒙德和她的同事首次发表了关于爱因斯坦大脑的研究报告，发现左下顶叶的神经胶质细胞与神经元比率较高。她将爱因斯坦大脑中胶质细胞的比例与其他 11 位保存的男性大脑中的胶质细胞比例进行了比较（神经胶质细胞在大脑中提供支持和营养，形成髓磷脂，并参与信号传递，是除神经元之外大脑的另一个组成部分。神经胶质细胞是神经元的支持细胞，它们在人的一生中继续分裂，而神经元则不会。因此，只有两种方法可以增加神经胶质细胞与神经元的比率：要么神经元死亡太快，如老年痴呆症患者会发生这种情况；要么神经胶质细胞数量增加）。戴蒙德的实验室制作了爱因斯坦大脑的薄片，每个薄片厚 6 μ m。然后，使用显微镜对细胞进行计数。在所有被研究的脑区中，爱因斯坦大脑的神经元具有更多的神经胶质细胞，但是只有在左顶下区的差异才具有统计学意义。这个脑区是联合皮层的一部分，是大脑皮层中负责整合和合成来自多个其他脑区的信息处理区。爱因斯坦仅左脑角回（BA 39）对照组显著不同，爱因斯坦开始说话很晚，在 3 岁之后，并在早年学习期间一直口齿不清，可能是阅读障碍。从神经学的角度来看，这可能是由于大脑中与语音相关的关键区域（包括 BA 39）的髓鞘形成较晚所致。在 BA 39 区，他的神经胶质细胞与神经元的比率明显较高，刺激的环境可以增加神经胶质细胞的比例，而这种高比例可能是由于爱因斯坦一生对科学问题的研究兴趣不断刺激大脑所致。戴蒙德在她的研究中承认的局限性在于，她只能用一个爱因斯坦的大脑与正常智力普通的 11 个大脑进行比较。随着年龄的增长，神经胶质细胞会继续分裂，尽管爱因斯坦已 76 岁，其大脑具有更多的神经胶质细胞,与平均年龄为 64 岁的大脑（11 个男性大脑,年龄 47~80 岁，均死于非神经系统疾病）相比得出爱因斯坦的大脑比同龄人更健康,退化迹象更少的结论。戴蒙德指出实足年龄不一定是衡量生物系统的有用指标，环境因素在改变生物体条件方面也起着重要作用。安德森（Anderson）等（1996）发现右额叶的神经元密度更高。基加尔（Kigar）等（1997）报告了双侧颞叶新皮层的胶质细胞与神经元比率增加。

1999 年，加拿大安大略省汉密尔顿的麦克马斯特大学（McMaster University）的维特尔森（Witelson）等观察到爱因斯坦大脑双侧顶下叶的面积较大，额下回的岛盖区是空的，同样缺失的是外侧裂边界区。推测这种空缺可能使其大脑此部分的神经元能够更好地交流。大脑外侧裂缺失这一不寻常的大脑解剖结构可能解释了爱因斯坦为何以这种方式思考，这项研究由桑德拉·维特森教授发表在《柳叶刀》杂志上，是基于哈维在 1955 年进行尸检时拍摄的整个大脑的照片，而不是直接检查大脑。爱因斯坦本人声称他是用视觉而不是语言来思考的。2001 年，加州大学洛杉矶分校的戴利亚·扎伊德尔（Dahlia Zaidel）对含有海马体的两块爱因斯坦大脑切片进行了研究。海马体是一种皮层下的大脑结构，在学习和记忆中起着重要作用。研究发现，爱因斯坦左侧海马体的神经元明显大于右侧，与普通人大脑相同脑区的正常大脑切片相比，这一脑区只有极小的、不一致的不对称性。扎伊德尔指出：左海马体中较大的神经元，暗示爱因斯坦的左脑在海马体与大脑另一部分新皮层之间的神经细胞连接可能比他的右脑更强。新大脑皮层是进行详细的逻辑分析和创新思维的地方。科伦坡（Colombo，2006）发现更大的星形细胞胶质细胞突起和更多的层间终末团块。福尔克（Falk，2009）的研究记录了“初级体感和运动皮层及其周围”不寻常的大体解剖结构。

2012 年 11 月由佛罗里达州立大学的进化人类学家迪安·福尔克（Dean Falk）在《大脑》杂志上发文分析了 14 张最近发现的照片并进行了描述：尽管爱因斯坦大脑的整体大小和不对称形状是正常的，但前额叶、躯体感觉区、初级运动区、顶叶、颞 - 枕叶皮层是非同寻常的。在爱因斯坦的额叶中还存在一个第 4 脊（除了正常人拥有的 3 个之外），负责参与制订计划和工作记忆的脑脊。顶叶明显不对称，爱因斯坦的初级运动皮层的特征可能与他的音乐能力有关。2013 年 9 月发表在《大脑》杂志上的一项研究使用了一种新技术，可以对爱因斯坦的胼胝体（连接左右半脑并促进半脑之间交流的一大束纤维）进行分析，从而可以以更高分辨率测量纤维粗细。将爱因斯坦的胼胝体与两个样本组进行了比较：15 个老年人的大脑和 52 个 26 岁的年轻人的大脑。与年轻和年长对照组的大脑相比，爱因斯坦的胼胝体比对照组的胼胝体更厚，这可能表明两个半脑之间的合作更好，爱因斯坦在大脑半球的某些部分之间具有更广泛的联系。

爱因斯坦的大脑尺寸并不特别，其相对宽大且向前凸出的右额叶与相对宽大且向后凸出的左枕叶的组合是在右利手成年男性中最普遍的模式。福尔克（Falk）等确定了在大脑所有叶的外表面上和两个半脑的内侧表面上界定的回旋皮层扩展的沟。与 25 个和 60 个人脑相比，爱因斯坦大脑皮层某些部分的形态是非常不寻常的，这些大脑的脑沟模式已被彻底描述。新获得的照片显示，爱因斯坦的大脑不是球形的，爱因斯坦的顶下小叶的表面积在左边比右边大，而他的顶上小叶的表面积在右半球明显较大。这些照片还表明，代表面部和舌头的初级躯体感觉和运动皮质在左脑有不同程度的扩展，外侧裂的后升肢（posterior ascending limb）与中央后下沟分开（而不是汇合），存在顶叶盖（parietal opercula）。爱因斯坦顶叶的异常形态可能为他的视觉空间和数学能力提供了神经学基础。研究结果还表明，爱因斯坦的前额叶皮质相对扩张，这可能为他的一些非凡的认知能力提供了基础，包括他对思想实验的富有成效运用。从进化的角度来看，爱因斯坦的前额叶皮层的特定部位似乎有不同程度的扩展是令人感兴趣的，这些相同的区域有不同程度的增加，并且在人类进化过程中在微观解剖学水平上进行了神经学重组，这与高级认知能力的出现有关。

保存天才的大脑并不是一个新现象，另一个被保存并以类似方式讨论的大脑是大约一百多年前德国数学家约翰·卡尔·弗里德里希·高斯（Johann Carl Friedrich Gauss, 1777—1855，图 10.20）的大脑，高斯在数学和科学的许多领域都有非凡的贡献和影响，并且是历史上最伟大的、最有影响力的数学家之一。发现其重量为 1492 g，大脑面积为 219 588 mm^2。还发现

图 10.20　数学家卡尔·弗里德里希·高斯

了高度发达大脑皮层的卷积，这被认为是对他天才的解释。

物理学家爱因斯坦和数学家高斯都是世界智力水平最高、最顶级的科学家，爱因斯坦的大脑容量低于平均水平（其重量为 1230 g，处于名人大脑名单的底部）；而高斯的脑重为 1492 g，处于名人大脑名单的顶部，说明脑容量与智力水平没有直接的关系。男性比女性的大脑尺寸有大 15% 的优势，而智商没有明显差异也间接说明了脑容量与智力水平并不直接相关。更紧密的皮质可能会在处理时间上提供优势，在特定功能模块内更紧密的神经元包装实际上可能会减少脑细胞之间的相互作用时间，大脑尺寸的减少可能会导致心理处理的经济性。

10.3　大脑的文化差异

10.3.1　中西方文化的差异

1. 中西方文化差异的影响

齐（Chee）等对 L1 和 L2 的大半脑球之间定位差异的案例，是基于少数中风患者导致不同语言障碍的报告和功能磁共振成像研究的，由电刺激和功能神经成像得出的 L1 和 L2 处理的大脑半球内部的差异。多数因中风导致语言功能障碍的双语者或精通数种语言的患者在所有语言中显示出相同障碍，表明在 L1 和 L2 的脑皮质组织中存在共同的或显著的重叠。在法语和英语词汇中进行语言内和跨语言的词汇搜索时，在左脑额部的共同区显示出激活。二语习得早的人显示出更好的语言能力，所以 L2 的皮层组织可能受到习得时间的影响。多种可能的因素决定在双语中语言皮层激活位置，包括音调、文本体系的用法、文本的字体、L2 的习得方式及阶段和 L2 习得的年龄。某些人对 L1 和 L2 使用不同的脑皮层组织，研究发现这些人在对法语和英语的句子理解时大脑激活区是分离的。在对 L1 和 L2 语言处理时使用的是不同的策略，基于语言处理需求的 L1 和 L2 脑皮层组织结构的本质不同，并且当 L2 习得较晚时，左脑语言区的大脑可塑性降低。对 L2 不够流利的人可能使用语用和超语言学的知识来理解和产生句子。

由于象形表意字构成的汉语文本要求人们去记住每个字的语音体系和意义来发音并理解，它可能被认为需要与英语截然不同的处理资源。与字母书写系统遵循的将字母（视觉形式）映射到音素（最小语音单位）的设计原则不同，汉语拼音系统将图形（字符）映射到带有含义的语素上。汉语书面语音是在单音节层次上定义的，没有与音素相对应的字符部分。例如，在英语单词 beech 中，b 对应 /b/，后者是单词的一部分。但是，汉字“理”li3，意思是“道理、理由…”，其中数字表示汉字的调，不对应该单词的语音形式。因此，中文写作不允许进行字母系统基本的音段分析，所有字母语言存在的字母 - 声音转换规则在中文中是不可能的。在视觉上，汉字具有许多复杂的笔画，这些笔画被包装成一个正方形，通常其含义由视觉配置提示。

字母文字阅读障碍与左颞 - 顶脑区功能障碍有关。这些脑区进行音位分析，并将书面符号转换为语音单位（字位 - 音位转换）。人们认为，与文化多样性不同，不同语言的阅读障碍具有普遍的生物起源。谭（Tan）等对有阅读障碍的中国儿童和相关对照组进行功能磁共振成像研究，发现左额中回的功能损坏与中文（汉字而非字母书写系统）阅读障碍有关。中文的阅读障碍表现为两个缺陷：一个与图形形式（正字法）转换为音节有关，另一个与正字法至语义映射有关。这两个过程都是由左额中回关键性地调节的，其作为流利的中文阅读的中心，协调并整合了有关言语和空间工作记忆中书写汉字的各种信息。

汉语书面语系统的特征与字母系统形成了鲜明的对比，字母系统提供了进行普遍比较的关键维度。行为研究已证实，英语阅读障碍是由语音缺陷（即在正字法和语音之间未能形成形质联系）引起的，但对汉语阅读障碍的描述可能有所不同。研究表明，汉语阅读需要三个相互关联的语言成分：正字法、意义和语音（即汉语的形、音、义）的重复和平行激活。从这一角度看，汉语阅读困难不仅是由于字形与字音的映射不佳，而且是由于字形与语义的联系不规范。因此，与汉语阅读障碍相关的皮层激活异常被认为与英语阅读障碍相关的皮层激活异常是不同的。

谭等进行了两个功能性磁共振成像实验来验证这一假设。实验试图识别正常中文读者在字形 - 字音映射时比受损中文读者的脑区表现出更大的激活。采用同音判断设计，8 名阅读障碍者（6 个男孩和 2 个女孩，平均年龄 10 岁 11 个月，范围为 10 岁 2 个月至 12 岁 5 个月）和 8 名正常阅读者（4 个男孩和 4 个女孩，平均年龄 11 岁 1 个月，北京玉泉小学 4~5 年级的学生，身体健康，没有神经系统疾病，均是说普通话的右利手）对照，16 名平均年龄为 11 岁的儿童判断两个同步显示的汉字是否发音相同。在控制条件下，孩子们决定一对字符是否具有相同的字体大小。由于在实验任务中控制了语言刺激的视觉字形加工和附带语义加工的激活，从而能够识别语音加工和字形 - 字音映射的神经关联。方差分析表明，正常阅读者在同音字判断上比受损阅读者表现更好，但在同音字判断和字体大小判断上的准确性和反应时间在正常阅读者和受损阅读者的差异不显著。这表明，通过比较两组的任务和控制条件得出的神经成像结果，并不是由于表现差异或任务难度所致。实验为汉语阅读障碍的特征提供了令人信服的证据，即汉语阅读障碍的特征是负责将字形映射到语音和字形映射到语义的神经回路功能障碍。这种发现模式很重要，原因有几个。首先，它揭示了中文和英文阅读障碍的神经基质之间的显著差异。左额中回对正常的中文阅读至关重要，如图 10.21 所示，因为它的功能障碍与中文阅读困难有关，阅读发展的认知策略可以调节大脑皮层。

大脑解剖结构的局部形态学分析表明，文化的差异可能导致大脑解剖结构的差异，分析发现，说汉语的亚洲人的左额中回在解剖学上比说英语的白种人的左额中回更大。其次，功能磁共振成像发现，汉语阅读需要与正字法、语义和语音相关的关键神经解剖模块的连贯和协调活动。这支持了中文阅读互动组合模式所提出的意义与语音平行激活的假设，同时也对失读症的生物统一性理论提出了重大挑战。中英文的很重要的区别是英文是字母文字，字母本身不表达含义，同音字少，可以通过听来学习。而中文同音字多，需要通过看和听结合起来进行学习，汉字都是方块字，字本身拥有表意的偏旁部首，需要视觉感官并结合听觉去学习。左额中回位于布洛卡区的上方，对中文阅读至关重要。

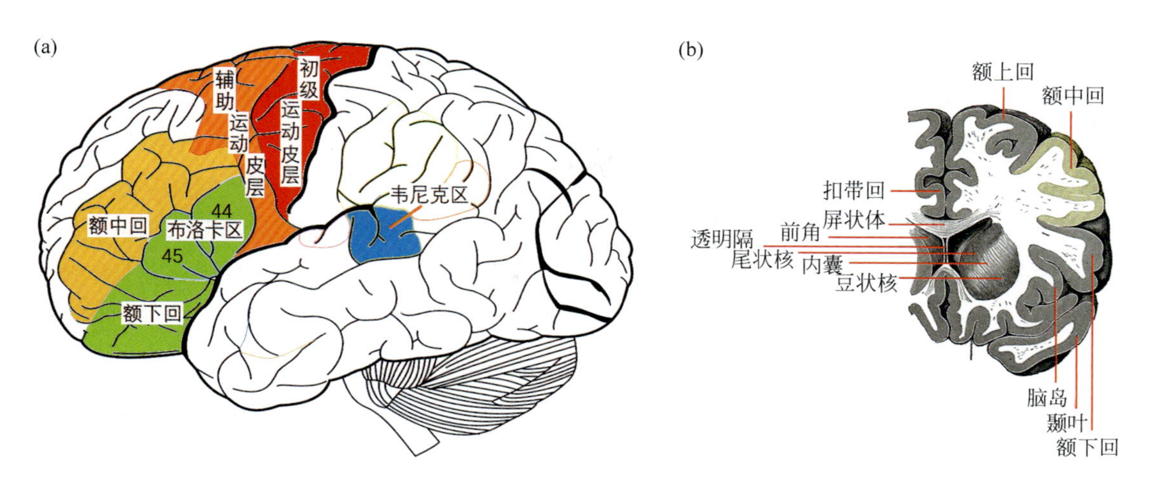

图 10.21 左额中回（主要负责语言思维和辅助运动）对中文阅读至关重要，汉语阅读需要布洛卡区、韦尼克区和左额中回的参与，而英文阅读只有布洛卡区和韦尼克区参与

2. 文化对于控制注意力的神经基质的影响

海登（Hedden）等研究表明，西方文化和东亚文化在规范和实践方面存在差异，这可能会改变大脑的感知。西方文化偏重个人主义和独立素养，而东亚文化偏重集体主义和关系。不同的社会产生了两种独特的思维方式。除了影响认知，这两种文化也会改变一个人对环境的视觉感知。更具体地说，西方文化的规范和实践将事物从其所处的环境中隔离出来，从而对单个事物进行分析思考。而东亚文化涉及物体与其环境之间的关系是相互依赖的。作为这种文化的结果，东亚人可能会关注物体及其周围环境的相互依赖性，而西方人则倾向于把注意力集中在物体及其与他们的关系上。东亚人关注的是刺激物与其环境之间的相关性，而西方人关注的是刺激物的独立性及其与自身的关系。社会认知研究划分出两种文化语境：一种是强调互相依赖的理念和实践的文化语境（例如中、日、韩的东亚文化），另一种是强调独立自主的理念和实践的文化语境（例如北美和西欧的西方语境）。来自东亚文化语境的人在完成要求有相互依存关系的（相对的或有前后关系的）任务比在完成要求有独立自主的（绝对的或前后关系独立的）任务时表现要好；而来自西方文化语境的人在完成要求独立自主的任务时比完成要求有相互依赖关系的任务时表现要好。

行为研究表明，来自西方文化语境的人强调独立自主的（绝对的）维度任务，比强调相互依存的（相对的）维度任务表现要好；而来自东亚文化语境的人的情况恰与之相反。海登等发现，当美国人被要求做出更多的相对判断时，而当东亚人被要求做出绝对判断时，两者都刺激了相似的脑区。当任何一种文化的非偏好判断被激发时，两组的结果是相同的。海登等让每位参与者在完成简单的视觉空间任务期间做出绝对判断（忽略视觉语境）或相对判断（考虑视觉语境），并用功能磁共振成像进行分析评估。在每组中，无文化偏向的判断在认知与控制注意力相关的额叶和顶叶脑区的激活要强于有文化偏向的判断。

许多流行于美国文化语境的理念与习惯要求将对象与它们的语境分离，并做出独立或绝对的判断。相反，许多流行于东亚文化语境的理念与习惯要求将事物与它们的语境联系起来，并做出相互依存或相对的判断。证据表明，有文化偏向和受鼓励的判断风格所表现出来的文化差异强烈地影响了大脑的功能，而且完全颠倒了任务和激活之间分布广泛的大脑网络的关系。习惯于使用美国文化语境的个体在无文化偏向的相对任务中呈现更强的激活，而习惯于使用东亚文化语境的个体在无文化偏向的绝对任务中呈现更强的激活。这种文化和任务的交互作用对大脑激活的影响经全脑分析确定有 11 个脑区具有统计学意义。

受文化影响的大多数激活差异存在于额叶和顶叶区，这些脑区在要求越高的任务中规律地展示出更强的激活，因此被认为对工作记忆和注意力传递认知进行控制。在从事这些任务时，文化对大脑功能的影响主要发生在晚期阶段的注意力处理，而不是在早期阶段的感知处理。受文化影响的激活存在于与认知控制、注意力和工作记忆相关的高阶皮层(额叶、顶叶、颞叶)。与早期阶段感知处理相关的枕部皮层的初级和次级皮层区不受文化的影响。文化调节的激活是在与晚期阶段视觉物体的辨认以及由注意力调制的激活有关的脑区，即梭状回（BA 37）。文化交互作用定位于额 - 顶区而非早期视觉区，暗示着最受文化经验影响的过程主要与联想皮层参与的高级注意力调制相关，而非与初级感知皮层参与的早期阶段的输入编码相关。

10.3.2 文化对算数处理方式的影响

1. 文化影响大脑中形成的算术处理方式

通过建立连接，包括前额叶皮层在内的脑区可以创建新的想法，并根据文化体验对其进行修改。使用英语的人群，他们在进行如简单的加法这样的心算时主要依靠用于语言处理的左外侧裂皮层；而汉语使用者则相反，他们在处理相同的问题时会运用大脑视觉 - 前运动区的联络网络。这两个群体的顶下皮层被数值比较任务激活，功能磁共振成像连接性分析显示，在使用中文和英文的人群之间有关数值比较任务的大脑网络具有功能上的差别。由于阿拉伯数字有着相同的视觉输入和意义，它们可以跨越不同的文化，构成一个符号体系来分享心算和语言表达。使用阿拉伯数字还提供了一个观察语言的机会，特别是从拼写到发音或拼写到语义的映射以及两种文化间的其他差异。唐（Tang）等研究发现在阅读过程中存在不同的激活模式，如母语为英语的人在颞 - 顶区被激活，而母语为汉语的人却是额中回被激活，产生这些差异的是文化特征，而不是种族或遗传因素。

首先，对于英语使用者和汉语使用者，在加法和比较处理之间的大脑皮层是分离的。与比较任务相比，算术任务似乎更加依赖于语言处理，因此推断基本的文字和数字处理中存在不同的神经基质。其次，在中文和英文使用者之间数字处理的大脑表达有差异。这两种不同的语言体制可以形成处理与非语言相关的内容的方法。换句话说，数字处理在汉语和英语的背景中是不同的。在母语为汉语者（但不是母语为英语者）表现出微弱的外侧裂的激活而与布洛卡区无任何关联，因而认为语言在算术处理中比在比较任务中更有关系。中文数字的简短性允许更大的短期记忆，而这种在语言系统中更快的处理可能能够解释汉语母语使用者的外侧裂区具有较低的激活。一个汉字是由笔画和子字符构成的，形成方块结构，拥有高度的非线性视觉复杂性。小学生学习不同的笔画和空间构造并且记住每一字符子单元的正确位置（从左到右和从上到下）。这个学习过程是通过重复地复制汉字的样本以在汉字的形、音、义的内容中建立起联系。

2. 比较算术的大小效应

如果运算对象和由此得出的正确答案在数字上变大，对简单的心算问题的响应会相应地变慢而且更容易出错。对于大运算对象的问题，它的反应时间延长，是由于大量使用诸如分解和重新排序等非检索程序造成的。答案的可及性取决于使用的频率。与较小问题相比，较大问题在生活中较少遇到，因此比起较小问题的答案，较大问题的答案不容易由运算数激活。克斯坦（Kerstin）等研究表明，小问题和大问题的激活分布是不同的。与大问题相比，小问题的激活分布将在正确的节点周围有更多高峰。问题激活分布的不同被认为是，决定采取何种解决策略以及诸如错误率和答案所花费时间长短等行为结果的一个关键因素。

数字的量级与对数线性函数得到的客观大小有关，即与较小数字相比，较大数字的内部比例被压缩得更厉害。这样，较大的量级不像较小的量级那样能够很好地区别彼此。因此，较大的答案更类似于在大小上的错误，这导致较大的问题更强烈地激活邻近脑区，结果较大的问题比较小的问题，遭受更多由平行激活节点中接收到的抑制所带来的干扰。这就减慢了较大问题在正确节点上的激活积累，或者它可能延长在正确和不正确的答案之间的决定过程。就大运算数的问题反应时间会延长，是因为大量使用了诸如分解和重新排序等非检索程序。

与句中不合适的词汇所引起的语义 N400 效应相比，算术的确认任务中不正确的答案也引起类似的 ERP 效应。这一算术 N400 效应的振幅取决于不正确答案和两个运算数的相关度：与其中一个运算数相关的不正确答案和完全无关的答案比，前者产生的效应会小一些。算术 N400 效应的振幅对长期记忆中运算项之间的关系很敏感，这点与语义 N400 效应如出一辙。与较少或者没有引导刺激引起的算术 N400 效应相比，大问题的正确结果应当会引起一个负波，即不正确的结果。因而，在不一致的 N400 中，正确和不正确答案之间的振幅差异，较大问题的差值应当比较小问题的差值小，因为在处理较大问题的情形下，正确和不正确的答案之间激活的差异较小。

如果一个句段能够对所有主题的句尾词（例如“He takes milk and sugar in his *y* [coffee, tea]”）引发完全同样的预期，那么这个句段就是高度约束的。相比之下，一个句段如果留给句尾词几个选项（例如“He takes paper and pencil for his *y* [notes, drawing, sketch, exam, thesis, abstract, *y*]”），则它是中度约束的。对高度或中度上下文约束的句子，人们可以通过收集作为对句段的反应而产生的句尾词完形填空概率，根据经验来决定。产生出来的高度或中度完形填空概率的词语，使一个高度或中度约束的句段得以完整。

假定乘法问题的表达在功能上等同于一个引导条件，由于运算数引导联想网络中的答案就像词语或概念引导语义记忆网络中的其他词语和概念一样，人们就能够预测到较大问题的答案应当比较小问题的答案收到较少来自引导运算数的激活。这种激活传播的差别应当能够在 N400 振幅中表现出来。在高度和中度约束的句子之后，不一致的句尾词都会引起一个典型的 N400 效应，即可观的振幅和在顶中央出现明显的最大值。句子中不一致的具体句尾词会比不一致的抽象句尾词引起一个更负向的电位。克斯坦等研究表明，在算术验证任务中响应时间测量方法所揭示的、引起问题大小效应的原因有两个：第一，由于存在不一致的 N400 效应的潜伏期差异，可以推断小问题的激活比大问题积累得快。第二，右脑的额外负波在不同的 ERP 中会变得很显著，这表明大问题调用了重新检查或者量值估计程序，小问题则不会。数字较大的乘法问题（如 8×7），与较小的乘法问题（如 3×2）相比，前者在大约 360 ms 时会引起一个负波的开始，它的最大值位于右颞 - 顶皮层。

小结

通过灵长类脑回 / 沟的不对称性，左右脑的偏侧性以及手的使用与语言能力的相互关系，论述了大脑的偏侧性及用手习惯。通过儿童 / 成人的语言能力的性别差异，智力和性别的神经解剖学研究，性别与大脑结构、智力和功能的差异，性别与脑容量、灰质皮层厚度，灵长类脑回 / 沟的不对称性，研究了大脑的性别差异，指出人脑容量与智力不直接相关。男性比女性的大脑尺寸有大 15% 的优势，女性具有较高的原始皮质厚度和较高的白质束复杂性，而男性与女性的智商没有明显差异。通过中西方文化差异的影响，受文化影响而在大脑中形成的算术处理方式等，探讨了大脑的文化差异。

思考题

1. 灵长类脑回 / 沟的不对称性和人类左右脑的不对称性在进化过程中有何渊源关系？
2. 请阐述人类左右半脑的不同分工。在进化上如何理解左右脑的不对称性可以提高大脑的工作效率？
3. 请阐述手的使用与语言能力的相互关系，大脑的性别差异，语言及智力的性别差异。
4. 请阐述神经结构和功能的性别差异，脑容量、灰质皮层厚度、白质复杂性的性别差异。
5. 请阐述中西方文化差异对大脑思维的影响。

第11章

失语症研究

本章课程的学习目的和要求

1. 通过失语症的特点、病灶部位及病因了解大脑各语言脑区的定位及其功能，从而理解并掌握语言的认知机制。
2. 了解两类失语症分类方法：一类是根据说话的性质、状况和使用的失语症分类；二类是根据流利度、理解力及命名能力的失语症分类。
3. 对布洛卡失语症、韦尼克失语症、传导性失语症、经皮质性失语症、命名性失语症、完全性失语症、原发性渐进式失语症、聋人失语症、丘脑性失语症、基底神经节失语症、交叉性失语症、失语症的认知和阅读障碍有基本的理解和认识。

语言是人类重要的交流工具，也是人们沟通的主要表达方式。语言任务是由大脑的各脑区与大脑神经纤维回路共同完成的，语言的产生对人类的发展起着重要的作用。一直以来人们认为只有拥有语言优势的左脑才具备完成语言任务的功能，其受损会引起失语症。但随着 CT（computerized tomography，计算机 X 线体层照相术）、fMRI（functional magnetic resonance imaging，功能磁共振成像）、PET（positron emission tomography，正电子放射断层造影术）、MEG（magnetoencephalogram，脑磁图）、EEG（electroencephalo-graph，脑电图描记器）等技术的不断发展，以及在神经语言学临床的广泛使用，失语症的发生及恢复机制研究更深入，大脑语言相关脑区的研究范围更加广泛，从而发现右脑的一些脑区也参与了语言任务，并与失语症有关。对各脑区的语言功能的研究也可为临床失语症的治疗和语言认知机制建模提供理论依据。

21 世纪人类面对的健康问题之一是大脑的疾病，近年的医学技术的发展给我们带来更加精确的诊断以及更高效的治疗，但是还有很多疾病依旧没有探索出发病机制及有效的治疗方案。一般认为，大脑不同部位的语言功能是不同的，脑区的病变所引起的语言障碍也有其自身的规律。然而，大脑语言功能区之间相互关联，语言障碍也并非局限于某个脑区，而是与整个大脑半球所形成的语言网络的病变有关。言语活动与小脑、前运动区、运动区、布洛卡区和视觉区等皮质区相关，而遣词造句的大脑加工主要定位于外侧裂，布洛卡区与言语产生有关，韦尼克区与语言理解相关。脑功能成像研究还表明，布洛卡区在无声阅读时激活，韦尼克区在聆听自己声音时不被激活等事实说明，不同脑功能区之间存在普遍的相互作用，因此要精确对语言功能进行确切定位也十分困难，中英文表征属性的差异，脑区运作分布也略有不同。研究失语症的意义在于通过对失语症的研究总结出大脑中各语言脑区的定位及其功能，正确诊断引起失语症的病变部位，探索其发病机制，使康复治疗达到好的效果，提高生活质量，同时为语言认知机制模型的建立打下理论基础。这样，我们从失语症作为研究窗口探索语言在人脑中表达和运行的方式，建立语言认知计算模型，是为语言层级的研究构建出形式化的可计算的模型，寻求其计算理论，其研究不仅对信息科学、语言学，而且对神经科学、人工智能和认知科学的发展起了推动作用。

随着 20 世纪晚期神经科学新方法的发展，在处理语言的过程中，我们可以观察到活人的语言和大脑的关系。今天，语言网络可以被描述为由左 / 右脑的多个皮层区组成。在一些皮层下结构的参与下，这些结构在时间上是相互作用的，这些结构不是专门针对语言的，但可以作为语言网络与其感觉输入系统（如听觉语言的听觉皮层和手语 / 书面语的视觉皮层）和其输出系统（如发音、手语和书写的运动皮层）之间的关系系统。

11.1 失语症研究的历史

对于失语症（aphasia）的研究已有百余年的历史。早在 1865 年法国著名神经科医生皮埃尔·保罗·布洛卡（Pierre Paul Broca, 1824—1880, 如图 11.1 所示），通过对 8 名患有失语症患者的治疗发现，这些患者具有类似的语言障碍症状，语言与左脑额叶有关，并发表了《我们用大脑左半球说话》的论文，其病变位置现在被称为布洛卡区。

图 11.1　皮埃尔·保罗·布洛卡

保罗·布洛卡是法国外科医生、人类学家、解剖学家，是最早发现人类左脑语言中枢的生理学和神经病理学家。布洛卡脑区是以他的名字命名的额叶脑区，与语言有关。他的研究表明，失语症患者的大脑在左额叶皮层的特定部位存在病变，这是大脑功能定位的第一个解剖学证据。

布洛卡理论：大脑的语音产生中心位于左脑，并精确定位到额叶的腹后区（布洛卡区）。布洛卡医生是通过研究失语症患者（因脑损伤而导致语言障碍的人）的大脑而得出这一发现的。1861 年，布洛卡去比塞特（Bicêtre）医院看望一位患有 21 年渐进性失语和瘫痪的名叫路易斯·维克多·勒博涅（Louis Victor Leborgne）的患者，他没有丧失理解能力和心智功能。他被昵称为“Tan”，因为除了会发出音节“Tan”之外，他不能清楚地说出任何单词，因此被描述为患有严重的语言障碍。几天后，勒博涅因不受控制的感染和坏疽而死亡，布洛卡医生对其进行了尸检，希望找到勒博涅语言障碍的物理解释。正如预测的那样，布洛卡医生确定勒博涅大脑的左脑额叶确实有病变，并很好地描述了该患者的语言行为，如图 11.2 所示。根据勒博涅失语和运动能力丧失的比较研究，大脑中对产生语言能力很重要的脑区被确定位于左额叶的第三个卷积区（额下回），紧挨着外侧裂。

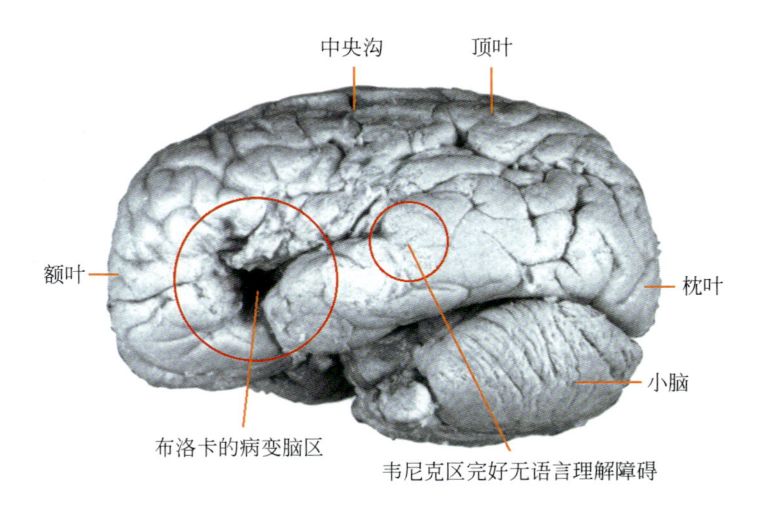

图 11.2 患者勒博涅的布洛卡病变脑区

勒博涅死后的第二名病例巩固了布洛卡关于语音功能已局部化的信念。拉扎尔·勒隆（Lazare Lelong）是一位 84 岁的农场工人，他在比塞特医院接受痴呆症治疗。除了 5 个简单而有意义的单词外，他也失去了说话的能力，这 5 个单词包括他自己的名字、“是”“不是”“总是”以及数字“3”。勒隆死后布洛卡医生也对其大脑进行了尸检，发现了其脑部一处病变，其范围与勒博涅的大脑几乎相同。这一发现得出的结论是，特定脑区控制着我们产生有意义声音的能力，并且当它受到损伤时，人们可能会失去交流的能力。在接下来的 2 年中，布洛卡医生继续从另外 12 名病例中寻找尸检证据，以支持明确表达语言的脑区定位观点。许多布洛卡失语症患者的大脑仍被保存在巴黎皮埃尔 - 玛丽 - 居里大学。1861 年，布洛卡医生在《法国解剖学公报》上发表了他对勒博涅的研究。新的研究发现布洛卡区的功能障碍可能导致其他语言障碍，例如口吃和语言失用。现代解剖神经影像学研究表明，口吃者的布洛卡区额下回岛盖部（BA 44）在解剖学上较小，而额下回三角部（BA 45）正常。对布洛卡区或左额下附近脑区受损的患者在临床上通常被归类为表达性失语症（布洛卡失语症）。这种类型的失语症通常会导致语音输出的障碍，可以与以卡尔·韦尼克（Karl Wernicke，1848—1905，如图 11.3 所示，是德国医生、解剖学家、精神病学家和神经病理学家）命名的感觉性失语症（韦尼克失语症）形成对比，后者的特征是左颞叶后部脑区的损伤，通常以语言理解能力受损为特征。布洛卡区的发现彻底改变了人们对语言处理、语音生成和理解的认知，以及对这一脑区的破坏可能造成的影响，证明了对左额下皮层的损害可能会严重影响其说话能力。他将这种行为综合征称为失语症，以强调其运动特性。布洛卡医生通过与患者勒博涅及其之后的 12 名病历科学地解决了这一问题，对鉴别脑功能的局域化发挥了重要作用。他的研究使其他人发现了许多其他功能的位置，特别是韦尼克失语症所相关的脑区。

图 11.3 卡尔·韦尼克

韦尼克医生通过对特定形式的脑病的病理效应和感觉性失语症的研究，发现这些患者的左颞皮质有病变，分别被称为韦尼克脑病和韦尼克失语症，其对应的脑区被称为韦尼克区（韦尼克语言区）。他的研究以及保罗·布洛卡的研究使人们对脑功能的定位取得了突破性的认识，特别是在语音方面。

韦尼克深受来自保罗·布洛卡研究的启发，布洛卡对运动失语症的研究影响了韦尼克对心理生理学和与语言有关的失语症的兴趣。韦尼克开始质疑语言障碍和语言障碍引起的脑损伤的位置之间的关系。在1874年与迈纳特（Mynert）一起研究时，韦尼克发表了《失语症症状综合》一书，书中描述了许多以语言理解障碍为特征的感觉性失语症，即韦尼克失语症，与布洛卡所描述的运动失语症截然不同。韦尼克证明左颞叶皮层后部的损伤产生了另一种语言问题：对理解语音能力的严重干扰，会流利地说话，但单词和单词组合异常。他将感觉性失语症归类为流利但混乱的语言、言语理解能力受损和无声阅读能力受损。结合布洛卡关于运动失语症的发现，韦尼克将两种失语症都描述为大脑损伤的结果。图11.4为标有布洛卡区和韦尼克区的左视图。根据这些描述，布洛卡区被认为是支持语言产生的，而韦尼克区被认为是支持语言理解的。这些脑损伤是由中风引起的，在这些病例中，缺血性中风是指将血液输送到大脑特定区域的血管被阻塞，导致相应脑区的神经元细胞死亡。最初，根据患者在临床观察过程中的语言输出和理解程度对相应的语言缺陷进行分类。有基本语言输出缺陷的患者通常以电报的方式说话，而不使用所有的功能词（虚词），这样的句子听起来就像一封电报，仿佛语法已经消失了，这种症状被称为语法缺失。相反，如韦尼克医生所述，主要表现为理解缺陷的患者被证明所产生的句子对其他人不容易理解，这些患者经常会产生成分交叉的错误或未完成的话语，这种症状被称为语法倒错性言语障碍。直到20世纪70年代末和80年代初，神经学家还不能在体内观察患者的大脑。随着新的成像技术的出现，才能在活着的患者中描述语言行为和大脑损伤之间的关系。随着神经影像学方法的进展，语言学和心理语言学理论也发生了重大的进展。这导致了对布洛卡区负责语言产生、韦尼克区负责理解这一经典观点的修正。

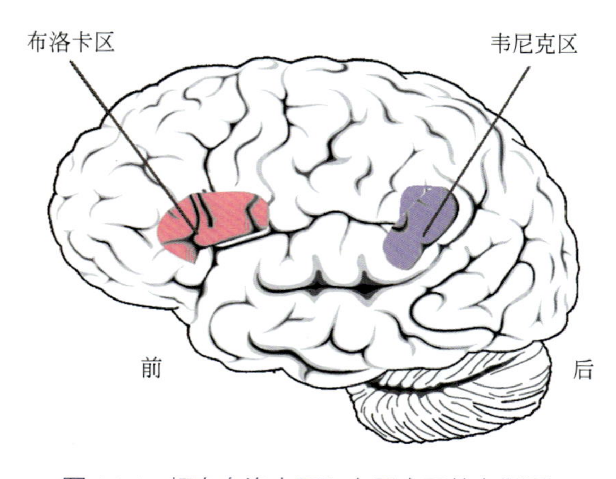

图11.4　标有布洛卡区和韦尼克区的左视图

当应用基于语言学和心理语言理论的更细粒度的测试时，对布洛卡区和韦尼克区的功能的这种经典观点进行了修正，这些测试的结果需要对这些脑区的功能重新定义。研究发现，布洛卡失语症患者不仅在语言生成方面存在问题（他们以一种不带任何功能词的夸张电报式说话），而且在面对语法复杂的结构（其理解依赖于功能词）时，他们也表现出语言理解上的问题。例如，被动句“The boy was pushed by the girl（男孩被女孩推）”，当只处理实义词“boy pushed girl（男孩推了女孩）”时，就会被误解。观察结果表明，布洛卡区在产生和理解过程中都辅助于语法过程。韦尼克区的功能解释也发生了类似的变化。韦尼克的患者不仅在理解话语的含义上有缺陷，而且在产生过程中在词的选择上也有问题，这一发现导致了韦尼克区所在的颞叶皮层支持词义的观点。因此，语言学和心理语言学的理论为语言与大脑的关系带来了新的见解。这些研究表明，语言的不同子成分，如语法和词汇，在大脑中可能具有不同的位置。

布洛卡区的位置：左脑的布洛卡区及其在右脑的同源区通常被用来指额下回的三角部和岛盖部。三角部和岛盖部是由结构性地标定义的，根据布罗德曼的分类方案，这些地标只可能将额下回分为前部和后部的细胞结构区，分别为 BA 45 和 BA 44。BA 45 区从前额叶皮层、颞上回和颞上沟接受更多的传入连接，而 BA 44 区则倾向于从运动、体感和顶下区接受更多的传入连接。BA 45 区和 BA 44 区在细胞结构和连接方面的差异表明，这些脑区可能执行不同的功能。神经影像学研究表明，分别对应于 BA 45 区和 BA 44 区的三角部和岛盖部在人类的语言理解和动作识别 / 理解方面发挥着不同的功能作用。研究发现，除了布洛卡医生观察到的表面病变外，勒博涅和勒隆两位患者的病变明显延伸到大脑的内侧区域。布洛卡医生最初确定的区域和现在被称为的布洛卡区之间存在不一致，这一发现对这一著名脑区的病变和功能神经影像学研究都有重大影响。

布洛卡区在语音中的作用被重新定义：一个多世纪以来，神经科学家们一直在争论人类皮层语言网络是如何使词语被说出来的。尽管人们普遍认为左额下回的布洛卡区在这一过程中发挥着重要作用，直到近年来，人们才有可能详细了解其相对于其他语言区的招募时间，以及在单词生成过程中它是如何与这些区域相互作用的。使用神经外科患者的直接皮质表面记录，弗林克（Flinker）等研究了皮质神经元群中活动的演变，以及它们之间的格兰杰因果相互作用（Granger causal interactions）。弗林克等研究发现，在单词的提示产生过程中，神经活动的时间级联从颞皮层的单词感觉表征到运动皮层的相应发音姿态。布洛卡区通过与颞部和额部运动区的相互作用来调解这一级联活动。与布洛卡区在语音中的作用的经典概念相反，当运动皮层在口语反应中被激活时，布洛卡区却出人意料地保持沉默。此外，当必须针对非单词刺激产生新的发音动作串时，布洛卡区的神经活动会增强，但运动皮层的神经活动不会增强。这些独特的数据提供了证据，表明布洛卡区协调了涉及口语生成的大规模皮质网络的信息转换。在这个作用中，布洛卡区制定了一个适当的发音代码，由运动皮层执行。

韦尼克区的位置：韦尼克区传统上被视为位于颞上回的后部，通常位于左脑，该脑区环绕外侧裂的听觉皮层，即颞叶和顶叶相遇的大脑部分。该脑区在神经解剖学上被描述为 BA 22 区的后部。韦尼克区的位置没有一致的定义。一些研究人员将其与初级听觉皮层（BA 22 的前部）之前的颞上回中部的单模态听觉关联相结合，其他还包括顶叶 BA 39 和 BA 40 中异体皮层的相邻部分。

韦尼克区在文字处理中的作用被重新定义：韦尼克医生最初提出，听觉词形识别发生在左颞上回，后来进一步明确为在颞上回后部。考虑到临床观察（特别是失语症），韦尼克提出他的感觉言语中心对于纠正额叶语音运动区的输出也是必不可少的。相比之下，最近的工作确立了颞上回前部（听觉腹侧流的一部分）在识别非人类灵长类动物的特定物种的发声和人类的词形识别方面有作用。研究表明，监测自发语音和运动控制与颞上回后部（听觉背侧流的一部分）有关。"韦尼克区"可以更好地解释为两个皮层模块，听觉腹侧流中颞上回前部的听觉词形区（auditory word-form area, AWFA）和听觉背侧流中颞上回 / 顶下小叶后部的"语音内部区"。但是，损伤的位置决定了患者出现哪种失语症。他描述了感觉性失语是由左颞叶病变引起的，该部位与语言理解有关，被称为韦尼克区；而运动 / 布洛卡失语症是由左额下叶的病变引起的。这两个概念是他的语言神经理论的基础。布洛卡和韦尼克两位前辈学者对大脑语言区的发现开创了失语症研究的先河。

韦尼克假设，运动活动伴随着感觉刺激，大脑中有连接运动皮质和感觉皮质的纤维，因此，导致感觉和运动失语症的受损脑区之间肯定也有联系。他假设两个结构都完好无损，讨论了断开此连接的问题。影响感觉性失语的脑区仍将起作用，因此，患者可以假设保持对口语和默读的理解。然而，与布洛卡区之间的联系将被切断，从而导致无法有效地将心理过程转化为口头言语。图 11.5 为弓形束解剖和纤维成像。

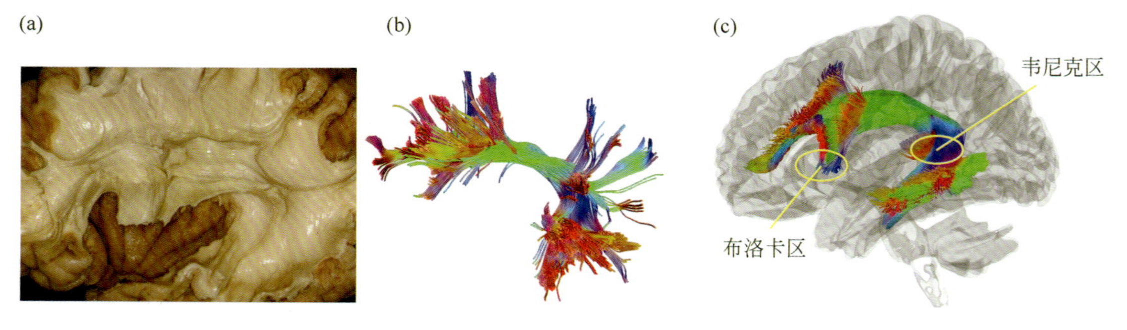

图 11.5　弓形束解剖和纤维成像

图注：（a）左脑的弓形束的解剖图；（b）纤维跟踪成像；（c）连接布洛卡区和韦尼克区的纤维成像的弓形束。尽管图像来自不同的受试者，但是在（b）（c）两幅图像中都可以观察到非常一致的结构，包括通往前额叶皮层和后颞皮层的分支轨迹。

韦尼克提出了一种定位理论，认为大脑中不同的可识别脑区控制着不同的行为，这些脑区相互作用产生更多的行为。这就是布洛卡区和韦尼克区相互作用产生语言的情况。布洛卡和韦尼克的工作为其他人研究和识别大脑局部区域铺平了道路，其中包括运动神经元的识别，以及特定脑区的损伤导致不同的失调、疾病和异常行为的理论。韦尼克首次对脑损伤和失语症之间的关系进行了系统分析。通过对大脑皮层区和输入输出功能之间假定的联系进行图解分析，将自己的理论组织起来，预测出一系列失语症，这些失语症的定义是假定大脑中心之间的物理联系可能会被中断。他不仅解释了一些与听觉分析和运动障碍相关的突出症状，而且还预测了一些额外的综合征，这些症状可能是由于这些脑区和其他脑区之间的假定连接受损而引起的。其中包括由于输入 - 输出系统与"高级"认知中心之间联系中断而导致的"跨皮质"失语症的预测。

布洛卡和韦尼克突破性的发现已经过去了一个多世纪，即使在今天，与布洛卡和韦尼克相关的综合征还是失语症研究的基础。虽然在目前的失语症分析中，这一理论体系的一些细节没有改变，但他对解剖位置和感觉运动方式的重要性的关注仍然提供了有用的指导。令人惊奇的是，在这些人开始分析语言障碍和大脑损伤之间的关系的一个多世纪以来，我们才认识到失语症的发生既不是严格按照语言的方式，也不是严格按照感觉和运动的方式。他们都有自己的逻辑，一种令人不安的混合逻辑，大脑结构之间的由此进化联系产生的结果，大部分是在语言出现之前，在具体的感觉和运动适应世界中发展出来的，而在大脑中，表示系统依赖于绝对非具体的逻辑。

11.2 失语症的分类

由于脑部损伤而导致的语言能力丧失（称为失语症，字面意思是“不能说话”），不会仅以一种方式发生。正如一些早期研究人员推测的那样，当语言能力丧失时，它们不会回归到孩子般的方式。大脑受损的成年人不仅仅是失去了语言的记忆或部分语言，他们与在较早语言习得阶段发展受阻的儿童并不相似。语言趋向于沿不同的组成部分分解，其中功能的损失反映了特定的处理困难，而不是语言能力或复杂性的一般性降低。在语言学方面，最广泛接受的语言功能二分法是语义结构和句法结构。在许多理论中，这些基本上被视为语言功能的正交维度。既然语言的这两个方面可以在语言分析中被逻辑地分开，那么我们就有理由认为句子的这两个方面可能需要不同的神经基质来处理它们。这两种功能在大脑的不同位置受到损伤后的障碍的分离将有力地支持这一点。另外，在语言障碍方面，可以在语言的听力和口语功能之间做出直观有用的区分。语言进入和离开神经系统的这两种基本方式提供了一种自然的功能划分，必须在语言的神经组织中加以体现。然而，失语症最有影响力的分类并不遵循这两种逻辑，而是一种解剖学逻辑。这是布洛卡失语症和韦尼克失语症的经典分类。尽管19世纪早期的许多医生建议存在两种主要的语言障碍：很难记住单词是如何产生的，而不是难于回想单词发音；对大脑损伤语言障碍的系统分析是由于发现不同的语言障碍模式伴随着不同脑区的损伤而产生的。

失语症是一种由于大脑特定脑区受损而无法理解或形成语言的症状。主要原因是脑血管意外（中风）或脑外伤，是指由于脑梗死、脑溢血等脑卒中，或交通事故、跌倒等外伤引起的大脑与语言相关脑区的受损，但失语症也可能是脑肿瘤、脑感染或神经退行性疾病（如痴呆）的结果，使语言不能正确或无法表达的状态，可表现为语言多模式丧失/降低的语言障碍。被诊断为失语症，一个人的言语/语言必须在脑损伤后几个方面中的一/多个明显受损，或在短时间内显著下降（渐进式失语症）。失语症患者的大脑有一/多种交流方式（表达和理解）受到了损害，因此功能不正常。失语症与语言表达能力无关，而与个人的语言认知有关。一个人的“语言”是社会共享的一套规则，以及口头表达背后的思维过程。它不是由外周神经的运动或感觉困难造成的，如影响言语肌肉的麻痹或一般的听力障碍。

任何年龄的人都可能患上失语症，因为失语症通常是由外伤引起的，中年以上的人最有可能遇到此问题。年龄较大的人患失语症的风险最高，因为中风的危险随着年龄的增长而增加：大约 75% 的中风发生在 65 岁以上的人群中。中风是失语症的主要原因：25%~40% 的中风幸存者由于大脑语言处理区的损伤而患上失语症。随着饮食、生活习惯及节奏的改变，脑血管疾病的发病率也在逐年增加。众所周知，中风后可能会出现诸如“不能说话”或“言语不清”之类的语言障碍。临床数据显示，脑疾病患者 3 人中就有 1 人可能会出现失语症。人类语言沟通的四个方面是听觉理解、语言表达、阅读和写作以及功能性沟通。失语症患者的困难范围从偶尔找不到单词，到失去说、读、写的能力。表达性语言和接受性语言会受到影响。失语症还会影响视觉语言，例如手语。然而，智力并不受影响，在日常交流中，公式化表达的使用常常被保留下来。例如，失语症患者，特别是布洛卡失语症患者，虽然可能想不起来他们爱人的生日，但他们仍然可以唱“生日快乐”。失语症的一个普遍缺陷是命名障碍，这是一种很难找到正确单词的症状。

失语症患者可能由于后天的脑损伤而出现下列任何一种行为，尽管其中一些症状可能是由相关或伴随的问题引起的，例如构音障碍或失用症，而不是主要归因于失语症。失语症的症状可能因大脑受损的部位而异。失语症患者可能有或没有体征和症状，并且其严重程度和交流中断的程度有所不同。通常，那些失语症患者会试图通过使用诸如事物之类的词来掩饰自己无法命名物体的能力。因此，当被要求说出一支铅笔的名字时，患者可能会说这是用来书写的东西。失语症的症状和体征表现为：无法理解语言，不是由于肌肉麻痹或虚弱而导致的不能发音，无法自然地说话、无法形成单词、无法命名对象、口头表达不佳、过度创建和使用个人新词，无法重复一个短语，一个音节、单词或短语的持续重复（刻板印象、重复的话语 / 自言自语），错语（替换字母、音节或单词）、语法缺失（不能按照语法正确的方式说话）、韵律障碍（拐点、重音和节奏的变化）、句子不完整、无法阅读、不能书写、语言输出受限、命名困难、言语障碍、胡言乱语、无法遵循或理解简单的请求等。**失语症是一种语言障碍综合征，多由脑部器质性损害波及大脑语言区及其相关脑区受到损伤，而引起的语言功能受损或丧失。**因病因及临床表现不同，失语症的分类不同。由脑损伤（脑血管病、脑外伤、脑肿瘤、感染等）的原因引起的代表性失语症主要有布洛卡失语症、韦尼克失语症、传导性失语症、经皮质感觉性失语症、经皮质运动性失语症、经皮质混合性失语症、完全性失语症、命名性失语症、皮质下失语症（基底神经节失语症，丘脑性失语症）、交叉性失语症等。还有一种并非因脑损伤，而是由神经退行性疾病引起的原发性渐进性失语症。失语症通常是由中风引起的，但是控制语言的任何疾病或大脑部分受损都可能导致失语症。其中一些可能包括脑瘤、脑外伤和渐进式神经系统疾病。在极少数情况下，疱疹病毒性脑炎也可能导致失语症。单纯疱疹病毒影响额叶、颞叶、皮层下结构和海马组织，这些都能引起失语症。在急性疾病（例如头部受伤或中风）中，失语症通常发展很快；当由脑瘤、感染或痴呆引起时，它的发展会很慢。如图 11.6

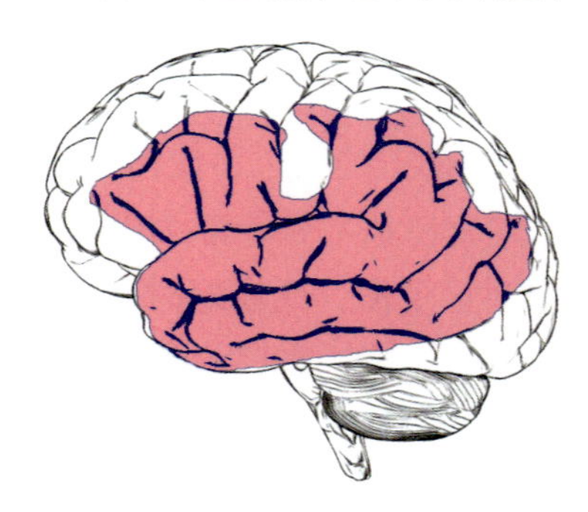

图 11.6　粉红色区域的受损可能导致失语症

所示粉红区域内的任何部位的组织严重受损都可能导致失语症。失语症有时也可由左脑深部皮质下结构的损伤引起，包括丘脑、内外囊和基底神经节的尾状核。脑损伤或脑萎缩的面积和程度将决定失语症的类型及其症状。只有极少数人在右脑受损后会出现失语症，这些人在患病或受伤之前可能有一个不同寻常的大脑组织，他们在语言技能上可能比一般人更依赖右脑。

近年来随着脑功能影像技术的发展，促进了语言神经机制的研究。对左脑语言网络研究的同时，对右脑语言的作用也有了新发现。病变部位与失语症类型也许并非是绝对的，病变部位与失语症类型之间的关系，促进了对研究失语症的发病机制的探索。鉴于前面所述的症状和体征，以下行为常出现在失语症患者中，其原因是试图弥补言语和语言缺陷，如：自我修复（由于错误地尝试修复错误的语音生成而导致流利的语音进一步中断），语音不流畅（包括前面提到的语音不流畅，以病理/严重频率水平出现的音素、音节和单词级别的重复和延长），在非流利的失语症中挣扎（在生活中，说话和交流是一种很容易获得的能力，但却会导致明显的挫败感），保留和自动语言（一种行为，其中某些频繁使用的语言或语言序列在发作前仍然比在其他发作后更容易产生）。

根据不同类型失语症的主要表现特征的波士顿分类法，常见的方法是区分流利性的失语症（包括韦尼克失语症、传导性失语症和经皮质感觉性失语症，其特点是语音保持流利，但可能缺乏内容，并且患者可能难以理解他人）和非流利性失语症（包括布洛卡失语症和经皮质运动性失语症，其中语音非常犹豫且费力，可能一次只包含一两个词）。这些方案还确定了其他几种失语症亚型，包括：命名失语症，其特征是有选择性地难以找到事物的名称；全局性失语症，其中言语表达和理解能力都受到严重损害。事实表明这种基础广泛的分组并不充分，即使在同一广泛的人群中，人与人之间的差异很大，例如，具有命名缺陷（失语性失语症）的人可能仅会表现出对建筑物、人或颜色命名的无能。正常的衰老也伴随着语音和语言方面的一些典型困难，随着年龄的增长，语言变得越来越难以处理，导致语言理解、阅读能力下降，更有可能出现找词困难。还有根据损伤脑区的定位化方法，旨在根据失语的主要表现特征和最有可能引起失语的脑区来对失语进行分类，许多定位化的方法也认识到存在其他可能仅影响一种语言技能的“纯粹”形式的语言障碍。例如，纯粹的失读症患者可能会写，但不能读；纯粹的词聋患者可能会产生言语和阅读，但当别人对他们说话时，他们却听不懂。尽管定位化方法提供了一种有用的方式将语言困难的不同模式分为几大类，但相当数量的个体不能整齐地归入一类或另一类。另外，认知神经心理学分类方法不是将每位患者都划分为特定的类型，而是旨在识别每位患者中无法正常工作的关键语言技能或“模块”，一个人可能只对一个模块或多个模块有潜在的困难。这种方法需要一个框架或理论来确定需要哪些技能/模块来执行不同类型的语言任务。失语症的分类根据研究方法的不同，也存在着一定的差异。以下的失语症均是由脑损伤引起的失语症分类。

1. 本森（Benson，1979）失语症分类

本森失语症分类如图 11.7 所示。

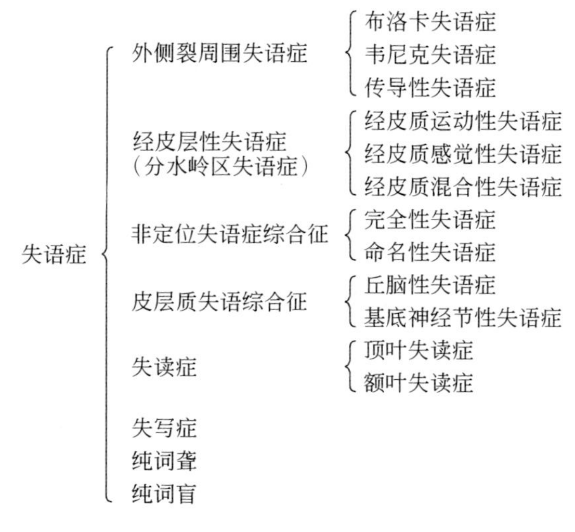

图 11.7　本森失语症分类

2. 根据说话的性质、状况和使用分类法

卫冬洁对失语症的分类做了以下的论述：失语症主要分为典型的失语症与非典型的失语症。按损伤部位分为皮质性失语和皮质下失语；根据说话的性质、状况和使用分为流畅性失语和非流畅性失语（图 11.8）。失语症的重症度可以按照失语症严重程度分级标准来划分，即：

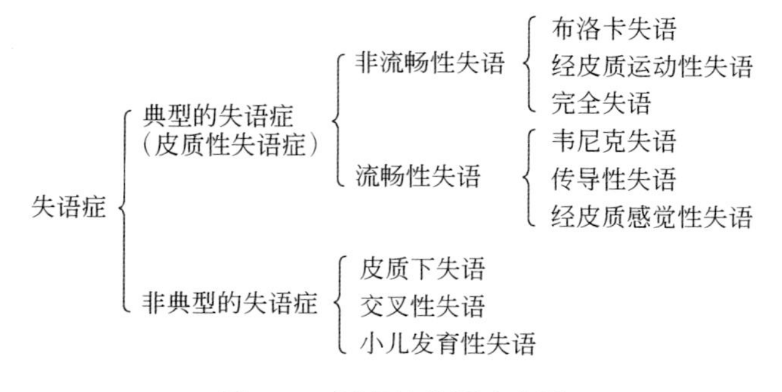

图 11.8　卫冬洁失语症分类

3. 根据流利程度、理解力及命名能力分类

姚婧等指出，汉语失语症主要根据流利程度、理解力及命名能力分类如图 11.9 所示。

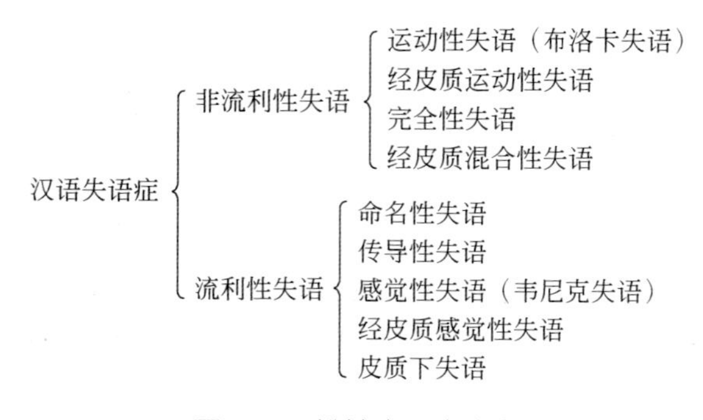

图 11.9　姚婧失语症分类

表 11.1 是根据波士顿分类法，不同类型的失语症的主要特征。

表 11.1　不同类型的失语症的主要特征

失语症的类型	语音重复	命　　名	听觉理解能力	流利度
布罗卡失语症	中度至严重	中度至严重	轻度困难	不流利，费力，缓慢
韦尼克失语症	轻度至严重	轻度至严重	有缺陷	流利性言语错乱
传导性失语症	较差	较差	比较好	流利
经皮质混合性失语症	中等	较差	较差	不流利
经皮质运动性失语症	好	轻度至严重	轻度	不流利
经皮质感觉性失语症	好	中度至严重	较差	流利
全脑失语症	较差	较差	较差	不流利
反常失语症	轻度	中度至严重	轻度	流利

11.3　主要失语症的特点、病灶部位及病因

11.3.1　布洛卡失语症

1. 布洛卡失语症的特点、病灶部位及病因

布洛卡失语症（也称运动性失语症或表现性失语症）的特点是具有听理解能力，但出现语言表达障碍，表现为说话费力、缓慢，并伴随着语音错误；表达和写作能力严重受损，有时理解能力也会受到影响，如在复述及命名方面出现问题，且检测到语言和写作表达不流畅或不准确。属于非流利性失语症，复述受损，但听理解相对保留。

布洛卡失语症病变部位为布洛卡区（即 BA 44/45）以及前额和前额上方的前运动区和运动区，至基底神经节和岛叶的白质结构，也有病例存在于布洛卡失语病灶集中在语言优势半脑额下回后部皮质或皮质下的基底神经节、丘脑，或病变部位在布洛卡区、丘脑、左额下回后部以及岛叶。

布洛卡失语症的病因：

（1）与皮质语言区的血液低灌注相关，从而导致语言功能受损；

（2）皮质下失语症是因皮质语言区的必要交流被中断造成的。

布洛卡失语症的患者经常会说一些简短而有意义的短语，这些短语是经过很大努力才产生的。因此，它被表征为非流利性失语症，其特征是说话停顿、支离破碎、费力，但相对于表达，理解能力保存得很好。损伤通常发生在左脑的前部，尤其是布洛卡区。布洛卡失语症患者通常会出现身体右侧无力或手臂和腿部麻痹，因为左额叶对右侧身体运动很重要。受影响的患者通常会忽略一些小词，例如“is”“and”和“the”。再如，一个有表达性失语症的人说“遛狗”，这可能意味着“我要带狗去散步”“你带狗去散步”，甚至“狗走出了院子”。具有表达性失语症的人能够不同程度地理解他人的言语。因此，他们经常意识到自己的困难，很容易因言语问题而感到沮丧。虽然布洛卡失语症可能只是语言产生

的问题，但有证据表明布洛卡失语症的根源可能是无法处理句法信息。具有布洛卡失语症的人可能具有言语自动性（重复的话语）。这些言语自动性可以是自动重复的词汇，例如模态化（“我不能 ...，我不能 ...”），咒骂语 / 脏话、数字（“一二,一二”）或由重复、合法但毫无意义的辅音 - 元音音节（例如 /tan tan/，/bi bi/）组成的非词汇语音。

尽管布洛卡区确实是对大多数人的语音而言是很重要的语言区，但这些表面标志只是附带的相关。语言区并不像人们认为的那样是语言技能和知识的存储库。布洛卡区在理解和产生句法复杂的句子和其他语言功能方面有重要作用。如果布洛卡区对这些功能至关重要，那么无论是布洛卡区的梗塞还是该区域内的暂时性血流灌注不足，都会导致这些功能的损害，至少在神经组织功能失调时是如此。戴维斯（Davis）等研究了一个超急性中风的患者，提供了确定特定个体依赖布洛卡区的语言功能的机会，该患者显示布洛卡区有选择性的血流低灌注，但梗塞程度很低，语法句子的产生、对语义可逆句子的理解、拼写和语言发音的运动计划都受到了急性损害。当布洛卡区的血流得到恢复时，正如重复灌注加权成像所显示的那样，患者这些语言功能立即得到了恢复。当布洛卡区功能失调时（由于血流量低），语言功能受损，而当布洛卡区恢复功能时，语言功能得到了恢复，这为布洛卡区在这些语言功能中的关键作用提供了证据，至少在该患者身上是这样。腹侧前额叶刺激对命名、语法决定和言语短期回忆的影响可以帮助解释为什么布洛卡失语症患者经常表现出不流利，相对难懂的词义分析以及语法困难，其中句子中的词义位置提示最为重要。布洛卡失语症的一些鲜为人知的方面也被赋予了新的解释背景。例如，事实证明，布洛卡失语症患者也表现出一些有趣的词汇联想偏差。他们往往在单词列表上有困难，但与那些涉及词类改变（即名词 - 动词关系）的列表相比,他们更容易产生属于类别（动物）的列表。此外，布洛卡失语症患者很难重建单词和物体之间的层次关系。布洛卡失语症患者甚至表现出单词感知缺陷，这与简单的单词感知任务中的额叶激活相一致。

2. 布洛卡区在语音感知中的作用

希科克（Hickok）等对 24 名经放射学证实的布洛卡区损伤和不同程度的相关非流利语音产生的患者，进行了两项涉及成对辅音 - 元音（CV）音节的同异辨别任务：其中一项是用听觉方式呈现两个 CV。另一项是用听觉方式呈现一个音节，另一个以正字法视觉形式直观呈现；还用听觉和视觉形式的单词与图片匹配任务来评估单词的理解能力。使用全听觉任务的辨别性能比偶然性高 4 个标准差，并且与患者言语产生的不流畅程度无关。然而，听觉 - 视觉任务的表现比全听觉任务差，而且与全听觉任务没有关联。听觉 - 视觉任务与说话不流畅的程度有关。听觉形式的单词理解力达到了上限（97% 的准确率），而正字法形式的单词理解力则接近上限（90% 的准确率）。希科克等结论是，根据辨别和理解范式的测量，语音运动系统对语音感知不是必需的，但可能在正字法解码或语音形式的听觉 - 视觉匹配中发挥作用。

3. 慢性布洛卡失语症患者接受高强度语调的言语治疗其白质束具有可塑性

可以通过招募受影响半脑的病灶周围脑区或非病变半脑的同源语言区来实现失语症的

恢复。对于左脑大面积病变的患者，通过右脑恢复可能是唯一的途径。最有可能在这个恢复过程中发挥作用的右脑区是颞上叶（对听觉反馈控制很重要）、前运动区 / 额下回后部（对运动动作的规划和排序以及听觉 - 运动映射很重要），以及初级运动皮层（对发声运动动作的执行很重要）。这些脑区通过弓形束的主要纤维束相互连接，然而，这条纤维束在右脑的发展并不如在左脑的发展那么好。施劳格（Schlaug）等测试了基于语调的言语治疗（即旋律语调治疗，melodic intonation therapy），这种疗法通常以密集的方式进行，每天进行 75~80 次治疗，会导致白质束的变化，特别是弧形束。利用弥散张量成像，施劳格等发现与治疗后和治疗前评估相比，6 名患者的弓形束纤维数量和弓形束体积显著增加。这表明强烈的、长期的旋律语调治疗会导致右侧弓形束的重塑，并可能为这 6 名患者中观察到的持续治疗效果提供解释。弓形束的重构可能是由于右脑与语音相关的脑区之间需要更强、更有效的连接而引发的。这种重塑不仅涉及髓鞘形成的变化，而且还涉及轴突本身的变化，可能是通过轴突侧支的形成，这可能是治疗后检测到的纤维数量增加的原因。

4. 左额下回在句法处理中的作用

泰勒（Tyler）等结合对左脑损伤患者和健康参与者的功能活动、灰质完整性和表现的测量，研究了左额下回是否对句法处理至关重要。在一项功能神经影像学研究中，参与者听取了包含句法模糊或相匹配的无歧义短语的口语句子。随后收集了关于句法处理的 3 个测试的行为数据。在对照组中，句法处理共同激活了左脑的 BA 45/47 区和颞中回后部。在患者和对照组中，左顶叶的激活对工作记忆的要求都很敏感。利用患者病变位置和表现的可变性，基于体素的相关分析显示，组织完整性和神经活动，主要是在左脑 BA 45 区和颞中后回与保存的句法表现相关，但与对照组不同，患者对句法偏好不敏感，反映出他们的句法缺陷。这些结果论证了左额下回在句法分析中的重要贡献，并强调了左脑 BA 45 区和左颞中后回之间的功能关系，表明当这种关系因任何一个脑区或它们之间的联系受损而中断时，句法处理就会受到损害。根据这种观点，左额下回本身可能不是专门用于句法处理的，但在进行句法计算的神经网络中起着重要作用。

鉴于左额下回的活动通常与其他已知参与语言的脑区，最突出的是左颞中后回的活动同时出现，这些结果表明，左额下回在神经语言网络中发挥着重要作用，而这个网络中的不同调制支撑着不同类型的语言计算。这反过来表明，与其说额叶皮层的脑区在功能上是专门化的，不如说它们对特定认知功能的参与取决于它们接受的输入。

11.3.2 韦尼克失语症

1. 韦尼克失语症的特点、病灶部位及病因

韦尼克失语症（也称感觉性失语症或接受性失语症或流利性失语症）通常发生于左脑后部或接近韦尼克脑区的病变。这通常是脑部颞区创伤的结果，特别是对韦尼克区的损害。创伤可能是一系列问题的结果，但最常见的是中风的结果。患者可能会说一些没有意义的

长句子，添加不必要的单词，甚至创造新词。他们的听觉和阅读理解能力较差，口头和书面表达流畅，但毫无意义。韦尼克失语症患者通常很难理解自己和他人的语言，因此，他们常常意识不到自己的错误。韦尼克失语症的语音虽然流利，但可能缺少关键的实词（名词、动词、形容词），并可能包含不正确的单词甚至是无意义的单词。这种亚型与左脑后颞叶皮层损伤有关，最明显的是韦尼克区。这些患者通常没有身体无力，因为他们的脑损伤不在控制运动的脑区附近。

韦尼克失语症的表现：在听理解能力受损的情况下，语言表达能力通畅，但出现错语，句子不符合语法要求，复述有障碍和命名缺陷。属于流利性失语，复述发近似音，听力理解严重受损。韦尼克失语症的病灶部位，包括后颞上回（BA 22），通常延伸至颞中、缘上回和角回。位于语言优势半脑的颞、顶部或颞、枕区，也有病例存在于左颞上回后部病变以及在韦尼克区、基底神经节。韦尼克失语症的病因由语音检索和语义系统的综合损害引起的语言产生错乱和理解障碍；或因颞角扩张引起的失语症；或偏头痛发作期间出现的复发性韦尼克失语症。表 11.2 列出了韦尼克失语症的临床表征。

表 11.2　韦尼克失语症的临床表征

失语类型	语言表征
理解	听力正常，但不理解词的意思，答非所问、胡言乱语、听理解障碍突出，严重者只能理解简单少量的日常用语
自发语	发音清晰、语调正确、言语流利、话语多（话语中夹杂数量不等的自造词即新词、语义性错语、音素性错语等）、缺乏实质词，但不能表达自己的意思
复述	严重障碍，难以进行检测
命名	大量错误，赘语反应
阅读	无法理解别人写出的内容，对口语和文字理解障碍可一致，也可分离
书写	能够书写常用字形，但错写较多

2. 韦尼克失语症的听觉感知的基本缺陷

患有韦尼克失语症的人有严重而持久的听觉理解障碍。传统说法是强调语音分析的中断是造成理解障碍的原因。然而，词聋和韦尼克失语症之间的密切关系，以及典型的病变位置和功能神经影像学结果之间的一致性，都暗示了一种更基本的听觉处理障碍。罗布森（Robson）等通过测量包括与语音感知相关的频谱、时间和频谱 - 时间特征的基本声学刺激的敏感性，研究证据表明，韦尼克失语症患者表现出核心听觉处理障碍，其严重程度与理解障碍的程度明显相关。

韦尼克失语症导致听觉理解严重中断，主要发生在左侧颞 - 顶叶皮层的脑血管意外（cerebrovascular accident）之后。虽然颞上区后部的损伤与听觉语言理解障碍有关，但功能成像显示，这些脑区可能不是专门用于语音处理，而是通用听觉分析网络的一部分。罗布森等使用反映皮层听觉加工理论和语音线索理论的听觉刺激，对韦尼克失语症参与者（$N = 10$）的基本声学刺激进行了分析；使用纯音频率辨别、频率调制检测和“移动波纹”刺激的动态调制检测，来评估听觉频谱、时间和频谱 - 时间分析。所有任务都使用无标准的自适应阈值测量，以确保在个人层面获得可靠的结果。结果表明，年龄和听力匹配的对照组（$N = 10$），韦尼克失语症的参与者表现出正常的频率辨别能力，但在频率调制和动态调制检测方面有明显的障碍。在个人层面上，表现有相当大的差异，频率调制和动态调制检测的阈值与韦尼克失语症参与者的听觉理解能力明显相关。韦尼克失语症参与者的基本纯频谱分析未受影响，即左脑病变的人能够完成这一任务。与此一致的是，已发现响应于纯音频率变化的脑电图记录的失配负性成分（mismatch negativity component，表明对刺激变化的处理）在失语症患者中是正常的。虽然罗布森等的失语症患者在检测纯音频率的静态频谱特征的简单变化方面没有障碍，但在检测正弦调频形式的纯音频率的时间调制的能力方面存在缺陷。此外，对同时发生在频谱和时间维度上的调制的检测也出现了更严重的障碍。在频率辨别方面的成功表现表明，韦尼克失语症参与者理解并能够执行这里使用的所有听觉任务的执行和记忆要求，因为这些任务能在整个过程中尽可能地保持不变。听觉任务的结果显示，对照组与纯音测听的听力阈值有显著关系，在韦尼克失语症组则没有观察到这种关系。在韦尼克失语症组中观察到的听觉处理缺陷主要是神经系统的。然而，这并不排除听力损失的额外贡献的可能性，在个别情况下，听力损失可能会加重韦尼克失语症中基于神经系统的损伤。

这些结果表明，在韦尼克失语症中，对时间和频谱 - 时间非语言刺激的基本听觉处理的缺陷是共同存在的，这可能对听觉语言理解障碍有因果作用。罗布森等研究表明，韦尼克失语症患者在基本声学线索方面存在显著障碍。在与语音相关的动态线索的频谱 - 时间分析中发现了障碍，但在频率的基本差异分析中没有发现障碍。此外，在听觉处理和听觉理解障碍之间发现的显著相关性可能表明，除了传统上涉及的认知障碍（如语义处理）外，对整体语言特征也有因果关系。

3. 前颞叶支持韦尼克失语症的残余理解

韦尼克失语症是在左颞 - 顶叶皮层的经典语言理解区中风后发生的。因此，韦尼克失语症患者的听觉 - 语言理解能力明显受损，但对视觉呈现的材料（书面文字和图片）的理解能力却部分得以保留。罗布森（Robson）等使用功能磁共振成像来研究韦尼克失语症的书面文字和图片语义处理的神经基础，其更广泛的目的是研究经典理解区受损后语义系统如何改变。12 名患有慢性韦尼克失语症的参与者和 12 名对照参与者执行语义有生命 - 无生命判断和视觉高度判断的基线任务。韦尼克失语症患者和对照组参与者的全脑和感兴趣区分析发现，语义判断是由双侧腹侧和前颞叶的激活所支撑的。与对照组相比，韦尼克失语症组表现出“过度激活”，表明在后部语义资源减少后，前颞叶区的影响越来越大。韦尼克失语症患者对书面语的语义处理还得到了右前颞上叶的招募支持，该区以前与听觉 - 语言理解障碍的恢复有关。总的来说，这些结果为前颞叶对多模态语义处理至关重要的模型提供了支持，而且这些脑区可以在没有典型的后部理解区的支持下被访问。罗伯森等研究发现，在经典韦尼克失语症患者的单项语义处理过程中，以及在较小程度上，在老年对照参与者中，前颞叶区显著激活。患者的后颞叶语义和语音处理资源的减少增加了对外侧颞区的依赖。

11.3.3 传导性失语症

1. 传导性失语症的特点

传导性失语症，即语言保持流畅，理解能力保持不变，但在重复单词或句子时，患者可能会有不成比例的困难。典型的损伤包括弓形束和左顶下脑区。传导性失语症患者在语音理解区（韦尼克区）和语音产生区（布洛卡区）之间的连接存在缺陷。弓形束是连接布洛卡区和韦尼克区的白质纤维束（传递韦尼克区和布洛卡区之间信息的结构），传导性失语是由弓形束的损伤引起的。然而，在脑岛或听觉皮层受损后也会出现类似的症状：听觉理解接近正常，口语表达流利，偶尔出现错语。错语性错误包括音位 / 文字或语义 / 言语错误，重复能力差。传导性和经皮质性失语症是由白质纤维束损伤引起的，这些失语症保留了语言中枢的皮层，但却造成了它们之间的分离。传导性失语症患者通常具有较好的语言理解能力，但言语重复能力较差，在单词检索和语音生成方面有一定的困难。传导性失语症患者通常会意识到自己的错误。传导性失语症有两种形式：复制传导性失语症（重复一个相对陌生的多音节词）和重复传导性失语症（重复不相连的熟悉短词）。

传导性失语症是一种后天性语言障碍，其特点可归纳为自发语流畅，会有语音错误，听力理解良好，但复述能力较差，存在命名障碍，在自发语言、阅读和命名中也频繁出现音素错误。属于流利性失语症，复述受损，但听力理解相对保留。病灶部位包括缘上回及其深部的白质纤维结构（弓形束），也有病例存在于弓状纤维束或缘上回及颞叶。传导性失语症的经典解释是离断综合征（disconnection syndrome），因弓形束的白质病变将后部语言中心与前部语言中心分离。因为在结构上弓形束在左侧缘上回的深处，传导性失语症可能与左侧缘上回的病变相关。大脑前部的语言产生脑区与后部的语言感知脑区（包含单词听觉记忆）是通过弓形束联系起来。皮质功能障碍也是引起传导性失语症的原因。

2. 弓状束变异性和重复性

重复能力是失语症分类的主要标准，其状况有助于确定所涉及的神经结构。人们普遍认为，重复能力的缺陷与包括弓形束在内的左脑外侧裂周围核心区的损伤有关。然而，尽管弓形束受到损伤，但仍有正常重复的描述，或者在没有弓形束参与的情况下重复能力受损，这使人们对其在重复中的作用产生怀疑。为了解释这些矛盾，贝尔蒂埃（Berthier）等分析了两种不同的失语症综合征，其中根据神经影像学发现，即复述能力选择性受损（传导性失语症）或不受损（经皮质性失语症）。贝尔蒂埃等认为弓形束和其他白质纤维束是语言重复的解剖学特征，其解剖学和偏侧化的个体差异可以解释负面情况。

3. 失语症的白质束特征

原发性渐进性失语症（PPA）是一组异质性的语言主导型神经退行性疾病，由大规模的大脑网络退化导致。白质通路将网络结合在一起，因此可能包含有关 PPA 发病机制的信息。马奥尼（Mahoney）等使用弥散张量成像和基于白质纤维束的空间统计，来比较 33 名 PPA 患者（13 名非流利型 / 语法失能型 PPA、10 名少词变异型 PPA 和 10 名语义变异型 PPA）在 PPA 综合征之间以及与阿尔茨海默病和健康对照之间的白质纤维束变化。非流利型 / 语法失能型 PPA 主要与左侧和前部的神经束改变有关，包括钩状束（UF）和皮质下投射；语义变异型 PPA 与双侧下纵束和钩状束改变有关；少词变异型 PPA 与双侧但主要是左侧下纵束、钩状束、上纵束和皮质下投射改变有关。神经纤维束的改变比灰质的改变更广泛，不同纤维束和 PPA 综合征的改变程度在不同的弥散性指标中是不同的。PPA 综合征的这些白质特征说明了这些疾病中大脑语言网络的选择脆弱性，并可能具有一些病理特异性。这里的白质神经纤维束特征是在大规模网络水平上确定的，没有任何神经纤维束显示出对某一特定综合征的特异性。比较各疾病组的神经纤维束特征，语义变异型 PPA 与主要的腹侧纤维束参与有关，非流利型 / 语法失能型 PPA 与更多的前背侧纤维束参与有关，而少词变异型 PPA 与更广泛的纤维束变化有关。

这些白质束轮廓符合额 - 颞叶退化谱系中的病症：基于灰质损失的特征，研究表明，疾病的特异性可能在于大规模网络破坏的模式，表明纤维束参与的整体情况可能预示着特定的病理信号。例如，穹隆和扣带束（如图 11.10 所示）在少词变异型 PPA 中的参与最为显著；这些结构已被确定为检测阿尔茨海默病（AD）病理学中潜在有用的解剖学生物标志物，而阿尔茨海默病病理是少词变异型 PPA 病例的高比例基础。其他的区段（例如钩状束）在不同的综合征中都有涉及，这些纤维束可能在致病蛋白的扩散传播中发挥关键作用，这可能构成神经退行性疾病中网络瓦解的一个共同机制。

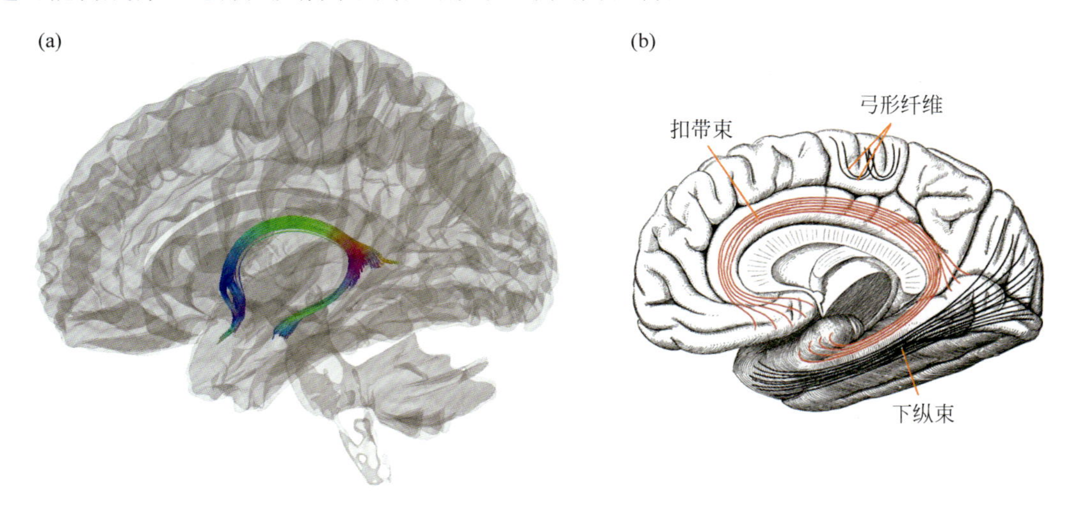

图 11.10　彩色区为示踪成像显示的穹隆（a）和橙色的扣带束（b）

4. 全脑白质损伤导致语义型和非流利型变异

原发性渐进性失语症的语义变异型（semantic variant PPA，svPPA）和非流利变异型（non-fluent variant PPA，nfPPA）与不同的皮质萎缩模式和潜在病理有关。施温特（Schwindt）等使用弥散张量成像、基于纤维束的空间统计和基于体素的形态测量来检查

9 名语义变异型 PPA 患者和 9 名非流利变异型 PPA 患者的各向异性分数和方向性弥散，并在考虑到全脑灰质萎缩后将他们与 16 名匹配的对照组进行比较。发现白质变化的脑区有明显的差异，语义变异型 PPA 患者的腹侧受影响更多，而非流利变异型 PPA 患者的额叶受影响更广泛。然而，每组都有腹侧和背侧的变化，并且都显示出扩散异常超出了局部萎缩的部位。各组之间弥散张量成像测量的敏感性存在明显的差异。语义变异型 PPA 患者表现出广泛的各向异性分数和径向弥散性的变化，而轴向弥散性的变化则更为局限，且靠近灰质萎缩的部位。非流利变异型 PPA 患者表现出孤立的各向异性分数变化，但有广泛的轴向和径向扩散性变化。这些发现揭示了在考虑到灰质损失后，PPA 的这些变体的白质破坏的程度。研究表明，扩散指标的相对敏感性的差异可能反映了这两种亚型的潜在白质病理性质的差异。

总之，这些结果突出了白质破坏对语义变异型 PPA 和非流利变异型 PPA 的重要和独特贡献。值得注意的是，虽然这些亚型中受影响的脑区存在明显差异，但受影响的神经束区域没有绝对的区域性差异。语义变异型 PPA 和非流利变异型 PPA 都显示了腹侧和背侧神经束的参与。这些变异体在各向异性分数和扩散性测量的相对敏感性方面的明显差异，可能对这两种神经退行性疾病的组织病理学基础有影响。

5. 传导性失语症与感觉 - 运动整合和语音短期记忆

传导性失语症是一种语言障碍，其特点是频繁的言语错误、逐字重复受损、语音短期记忆缺失，以及在有其他流利和语法的语音输出时出现命名困难。虽然传统的传导性失语症模型通常涉及白质通路，但应用于患者群体的病变重建方法的最新进展涉及左侧颞 - 顶区。布克斯鲍姆（Buchsbaum）等使用功能性磁共振成像确定了左侧颞叶最后部的 Spt 区（外侧裂 - 顶叶 - 颞叶交汇区，参见第 6 章的 6.2.4），对语音工作记忆至关重要。布克斯鲍姆等展示了 14 名传导性失语症患者的最大病变重叠区完全包围了 Spt 区，这是对 105 名执行语音工作记忆任务的受试者进行的 fMRI 综合分析所定义的。Spt 是复杂声音序列（如语音和音乐）的感觉和声道相关运动表征整合的界面位点，传导性失语症的症状可以用该系统的损伤来解释。传导性失语症在很大程度上是一种“背侧流障碍”，它是由 Spt 区（声道动作系统的感觉 - 运动整合区）的损伤所导致的。这不仅解释了音素错语和重复缺陷的发生，而且还解释了该综合征的语音短期记忆障碍，假设短期记忆容量是感觉运动回路的一种突现特性，而不是一个具有专门记忆缓冲器的系统。左脑听觉 - 语音处理系统的部分损伤在某些情况下可能会加剧所有这些症状，并可能导致找词困难。在传导性失语症中，由于听觉 - 语音处理系统的双侧组织，或当病变局限于颞后平面 / 缘上回区时，这些系统完全不受影响，因此听觉理解力相对保存下来。对传导性失语症的感觉 - 运动的解释非常符合韦尼克医生最初提议的在解释该综合征时使用听觉 - 运动障碍。现代解释是听觉 - 运动的相互作用是由一个皮层网络而不是由简单的白质通路所介导的，用听觉 - 发音处理系统的双边组织来解释保留的理解力。将感觉处理流分为两个广泛的流：一个与运动系统有紧密的联系；另一个与行动系统只有间接的，也许是语义介导的联系，这似乎是一般皮质感觉系统的组织特性。

6. 急性失语症的腹侧和背侧语言通路的损伤

来自神经影像学研究和计算模型的综合证据表明，语言的组织结构是一个背侧 - 腹侧双通路的大脑网络：背侧流通过上纵束和弓状束将颞 - 顶叶与额叶前运动区连接起来，并整合感觉 - 运动处理，例如在重复讲话中。腹侧流通过极囊连接颞叶和前额叶区并介导意义，例如在听觉理解上。库默勒（Kummerer）等在 100 名失语症中风患者的大样本中测试重复和理解的急性障碍与背侧 / 腹侧流病变的相关性。库默勒等将体素病变 - 行为映射与之前对健康受试者中由概率纤维跟踪确定的背侧和腹侧白质纤维束相结合。研究发现，复述障碍主要与位于后颞 - 顶区的病变有关，在背侧上纵束和弓状束的投射中脑室周围白质的统计病变最大。相比之下，与理解障碍相关的病变在颞叶 - 前额叶区更位于腹前侧，在岛叶皮层和腹侧极囊的投射中的壳核之间具有统计学上的病变最大值。个别病变与背侧纤维束的重叠显示出与复述表现有明显的负相关，而与腹侧纤维束重叠的病变则显示出与理解能力有明显的负相关。这一病变研究证明听觉理解的任务表现需要通过腹侧极囊通路在颞叶和前额叶脑区之间进行交互。

总之，库默勒等分析确定了参与急性重复和理解障碍的有关脑区。皮层下病变最大值，为背侧上纵束和弓形束纤维对重复的重要性和腹侧极囊纤维对理解的重要性提供了证据，从而强调了每条通路的不同贡献。经典失语症的两种临床综合征，即传导性失语症和经皮质感觉性失语症最能反映这种“分工”。传导性失语症的特点是在重复方面有明显的缺陷，而理解能力在很大程度上得以保留。相比之下，经皮质感觉性失语症的特征是理解能力受损，而重复能力在很大程度上得以保留。皮层下病变最大值表明，在这两种综合征中，背侧或腹侧白质纤维束的损伤（即断裂）导致了这些综合征的核心症状。

11.3.4 经皮质性失语症

经皮质性失语症包括经皮质运动性失语症、经皮质感觉性失语症和经皮质混合性失语症。经皮质性运动失语症患者通常对自己的错误有完整的理解和意识，但单词查找能力和语言表达能力较差。经皮质感觉失语症是最普遍的失语症，是最复杂的失语症之一，可能有与接受性失语症相似的缺陷，但他们的重复能力可能保持不变。经皮质感觉失语症和经皮质混合性失语症患者对自己的错误认识和理解能力较差。经皮质运动性失语症和经皮质感觉性失语症分别与布洛卡失语症和韦尼克失语症相似，但重复单词和句子的能力被不成比例地保留了下来。尽管在一些经皮质性失语症患者存在较差的理解能力和更严重的缺陷，但研究表明，所有类型的经皮质性失语症都有可能完全恢复。

1. 经皮质运动性失语症

经皮质运动性失语症，其特点是自发语言非流利性，存在命名障碍，但具有良好的听力理解能力，几乎保留了复述的功能。属于非流利型，复述好，听力理解相对保留。病变部位在额叶背外侧皮层（BA 45/46/ 9），通常延伸至深部白质，腹外侧（BA 44/45/47）和内侧额叶（BA 24/32），以及辅助运动区（BA 6/32）。经皮层运动性失语的脑区，其病变多在语言优势半脑的布洛卡区前部或上部，最具特点为额下回中 / 前部。布洛卡区前 / 上部病变与经皮质运动性失语症有关，也有病例存在于布洛卡区上部、尾状核头部，或布洛卡区前 / 上部、尾状核头部、丘脑。发病与执行功能（executive function, EF）障碍有关，在必须通过执行过程解决冲突表示的任务中出现语言缺陷。执行功能障碍主要表现在解决反应的冲突方面受损，通过抑制解决代表性冲突方面受损和更新工作记忆方面存在缺陷。

2. 经皮质感觉性失语症

经皮质感觉性失语症，其特点是自发语言流畅，但会出现错误，听理解能力受损，存在阅读障碍、书写障碍，但复述相对保留，具有轻微且短暂的运动缺陷，中枢性颜面麻痹。属于流利性失语，具有复述好，但听力理解中度受损。经皮质感觉性失语症的病变部位通常与左脑的外侧裂周围脑区受损相关，其损伤涉及后皮质脑区（颞 - 枕皮质和顶下皮质）或皮质下结构（丘脑）。另外，经皮质感觉性失语症与额叶损伤相关，病灶在大脑皮质后部的边缘区，但也有病例因基底核前部、额叶、丘脑部位病变引起。经皮质感觉性失语的病变部位在左颞 - 顶分水岭区。经皮质感觉性失语症与左侧韦尼克区及其相邻脑区病变相关。通过病例研究得出经皮质感觉性失语症与颞上回及额叶病变相关。脑血流研究显示以额下叶 / 颞上回为中心的前 / 下方皮层大面积的血流低灌注。

3. 经皮质混合性失语症

经皮质混合性失语症，是一种罕见的语言障碍，其特点是非流利自发言语、命名受损、理解能力差的情况下，却保留了相对完整的复述能力；经皮质混合性失语症约占失语综合征的 1.3%~3%，其最突出的特征是保留了复述的能力，属于非流利性失语，复述相对保留，但听力理解严重受损。病灶在左脑水分岭区，或存在于大片颞 - 顶分水岭区、额 - 颞叶。引起经皮质混合性失语症的病因多为左脑分水岭区缺血等脑血管病变，也有因一氧化碳中毒后出现缺氧和低血压伴脑血流低灌注，或因脑膜瘤所致。此外，还有因退行性病变引起的，或颈内动脉闭塞引起的。

11.3.5　命名性失语症

1. 命名性失语症的特点

命名性失语症其特点是存在命名缺陷，但复述和听力理解相对保留，患者很难命名某些单词，这些单词由其语法类型（例如，对动词而不是名词进行命名）或通过其语义类别（例如，对与摄影有关的单词进行命名困难）或更普遍的命名困难。患者倾向于产生合乎语法但空洞的言语。命名性失语症是肿瘤在语言区的失语症表现。这是阿尔茨海默病（简称 AD），是一种神经退行性疾病，其特征是认知功能逐渐退化，日常生活活动减少，神经精神症状或行为改变。最明显的早期症状是短期记忆丧失，通常表现为轻微的健忘，随着病情的发展，这种健忘逐渐变得更加明显，同时旧的记忆也会相对保留。随着疾病的发展，认知障碍扩展到语言失语、熟练运动的失用症和认知的失认等领域，并且诸如决策和计划的功能也会受损。而帕金森病（简称 PD）是一种中枢神经系统退行性疾病，常损害运动技能和语言能力。帕金森病属于一组运动障碍疾病。它的特征是肌肉僵硬、震颤，身体运动减慢 / 迟缓，在极端情况下身体运动丧失。主要症状是基底神经节对运动皮层刺激减少的结果，通常是由于大脑多巴胺能神经元中多巴胺的形成和作用不足引起的；次要症状可能包括严重的认知功能障碍和微妙的语言问题。帕金森病既是慢性的又是渐进性的无症状表现。命名性失语症是失语症中的最轻形式，表明可能有更好恢复的可能。根据临床病例其病灶部位：左颞 - 顶 - 枕结合区病变与命名性失语症有关，或存在于颞 - 顶 - 枕结合区、丘脑及丘脑外侧，或颞 - 枕交界区，以及颞叶。命名性失语症的发生机制是语言功能区的血液低灌注。

对于命名性失语症研究，除了基于普通语言网络之外，患者对动词或名词由空间脑区或功能脑区不同的神经元集群处理。特内尔（Tranel）等研究表明，命名具体实体，诸如工具（用名词）和命名动作（用动词）的名称的神经关联在一定程度上是明确的：前者与左颞下区相关，而后者与左额盖区和左颞中的后部脑区相关。兼类词的因素产生了有趣的结果：对于指示工具的词来说，非兼类名词 [如“camera（照相机）”] 使左颞下区产生兴奋，而兼类名词 [如“comb（梳子）”] 则使左颞下和左额盖区产生兴奋。对于指示动作的词来说，非兼类词 [如“juggle（耍弄）”] 和兼类词 [如“comb（梳）”] 激活左额盖区、颞中 / 下区，但是有证据表明兼类动词在额盖和颞中区的激活范围更小。特内尔等还发现，同一个单词（如“comb”）的获取在左颞中区产生不同的激活，与用于命名工具的单词相比，用于命名动作的单词在颞中区产生更强的激活。名 - 动兼类词对既可以指示物体又可以指示动作的词相关的神经激活模式有很大的影响，而且即使语音形式相同，神经激活的模式也会因实验任务要求不同而不尽相同。

特内尔等研究的一位命名性失语症的重患者对着一幅梳子（comb）的图画说：“我记不起它的名称，我知道它是用来梳理（comb）头发的，但是我不记得它的名称。”在这种自相矛盾话语中，患者实际上说出了目标名称，却将它以长句的响应用作动词说出。另一名患者在尝试对鸭子（duck）的图片命名时手足无措，但是却能在被要求描述躲避猛击的动作（duck a punch）时，迅速而精确地说出同形异义词“duck（躲避）”。例如，观察表明，一名失语症患者能识别一个被用作表示一个动作的动词，而当完全一样的词被用作表示一个具体实体的名词时却不行，这表明处理动词形式和处理名词形式的神经系统架构可能并不相同（即使发音完全相同）。发现命名工具在左颞下的后部 / 腹侧区产生激活，而命名动作在左额盖和左颞中 / 下区产生激活。兼类名词在左额盖和左颞下区产生激活，而非兼类名词仅仅在左颞中区产生激活。非兼类名词仅仅激活“名词”系统，即，左颞下的后部 / 腹侧区，而兼类名词激活“名词”系统和部分“动词”系统。与兼类名词关联的左额盖的激活可能反映了与这些词相关的更大的运动有关的含义。特内尔等发现，与命名动作关联的左额盖和左颞中区的期望激活，而左颞下的后部 / 腹侧区也产生了激活，这意味着动词激活模式与名词激活模式并不完全分离。

2. 对命名至关重要的脑区

希利斯（Hillis）等确定了对物体图片命名至关重要的脑区，他们使用一种新的方法来测试大脑区域网络的哪些部分对该任务至关重要。采用磁共振灌注和弥散加权成像确定了 87 名图片命名障碍者中风后立即出现的低灌注和结构损伤区。3~5 天后，在一部分患者接受干预以恢复正常血流后，对这些人进行了重新成像，以确定大脑再灌注的脑区。希利斯等确定了再灌注与图片命名的改善有关的脑区。左后颞中回 / 梭状回、布洛卡区和 / 或韦尼克区的血流恢复，是中风后最急性的改善。结果显示，确定与某一功能的急性改善有关的再灌注区可以揭示出对该功能至关重要的脑区。与传统的病变研究相比，这种方法的优点是：在试图恢复血流之前和之后，识别低灌注区以及密集的缺血或梗死，可以揭示在每个时间点与缺损相关的整个大脑功能障碍区（包括可能与病变区相距较远但功能相连的脑区）。这项研究，通过确定再灌注与一群患者的图片命名改善有关的脑区，来揭示大脑中对命名至关重要的区域，从而证明了这种方法的有效性。

3. 中风失语症与语义性痴呆患者的语义障碍

不同的神经心理学人群在语义记忆中牵涉到不同的皮质区：语义性痴呆（SD）的特点是前颞叶萎缩，而中风失语症的理解力差与前额叶或颞 - 顶叶梗塞有关。杰富瑞（Jefferies）等研究采用病例系列设计，直接在同一组语义测试中比较语义性痴呆和理解能力受损的中风失语症患者。虽然这两组患者获得的分数大体相当，但他们表现出的语义障碍却有质的不同。语义性痴呆组在不同的语义任务之间表现出很强的关联性，无论输入 / 输出模式如何，而且在对一组项目进行多次评估时有很强的一致性。他们对频率 / 熟悉程度也高度敏感，并在图片命名中出现协调和上级语义错误。这些发现支持非模态语义表示在语义性痴呆中退化的观点。中风失语症组在不同输入模式下也表现出多模态缺陷和一致性，但在需要不同类型语义处理的任务上表现不一致。他们对熟悉程度 / 频率不敏感，相反，语义关联的测试受到相关语义关系可以被识别和干扰项被拒绝的难易程度的影响。此外，中风失语中风症患者在图片命名时会出现联想性语义错误，而语义性痴呆患者不会出现联想性语义错误。中风失语症患者的图片命名表现在语音提示下有了很大的改善，这表明这些患者保留了没有语境支持就无法获得的知识。杰富瑞等提出，语义认知是由两个相互作用的主成分支持的。①一套模态表征（对语义性痴呆呈现逐渐退化）；②有助于以适合任务的方式指导和控制语义激活的执行过程（对理解力受损的中风失语症患者呈现功能障碍）。

尽管语义性痴呆和脑血管意外的中风患者在相同的语义任务上受损程度相似，但他们失败的原因并不相同。杰富瑞等认为，语义性痴呆患者是由前颞叶支撑的非模态语义表征退化了，而中风失语症患者则是由于额叶或颞顶叶病变导致的语义控制缺陷（没有语义知识本身的丧失）。杰富瑞等确定，多模态语义障碍可以在经皮质感觉性失语和不太流利的中风失语症患者中观察到，而且这两种类型的中风患者都可以显示出“语义通达”障碍的特征。然而，语义受损的中风病例在一般情况下并没有不可靠的语义表征通达，而是很难以灵活的方式使用这些语义表征来产生与任务 / 环境相适应的行为。

11.3.6 完全性失语症

完全性失语症是一种获得性语言障碍，其特征是所有语言形式的严重障碍，因为它影响表达和接受性语言、阅读和写作，完全性失语症会影响许多语言区。它属于流利性失语，但复述及听力理解能力都严重受损。根据临床病例其病灶部位通常包括韦尼克区、布洛卡区和丘脑。完全性失语病灶在语言优势半脑中动脉分布区（额、颞、顶叶），左额 - 顶 - 颞叶病变与完全性失语症有关，或存在于丘脑、额叶、颞叶，以及顶叶。完全性失语症可由大面积中风引起，深部皮质下病变可诱发完全性失语症。也可能是由于皮质 - 纹状体 - 苍白球 - 丘脑 - 皮质环的断开，或其任何组合可能是与丘脑出血相关，或皮质血流低灌注等原因。

11.3.7 原发性渐进式失语症

1. 原发性渐进式失语症的特点

原发性渐进式失语症（primary progressive aphasia，PPA）是一种潜伏性神经退行性疾病，表现为渐进式孤立性语言功能丧失，其他认知领域无明显损害，是一种神经退行性局灶性痴呆，可与渐进式疾病或痴呆有关，例如额 - 颞叶痴呆 / 选择性复杂性运动神经元疾病、渐进性核上性麻痹和阿尔茨海默病，后者是一种逐渐丧失思考能力的渐进过程，其某些症状与几种失语密切相关。它的特点是语言功能逐渐丧失，而其他大多数认知领域（如记忆和个性）则得到保留。原发性渐进式失语症通常在个体中突然出现找词困难，发展到形成语法正确的句子（句法）的能力下降和理解能力受损。语言功能的逐渐丧失发生在相对完好的记忆、视觉处理和个性的环境中，直到晚期。症状通常始于单词查找问题（命名），然后逐渐发展为语法（句法）和理解障碍（句子处理和语义）。记忆丧失之前的语言损失将原发性渐进式失语症与典型痴呆症区别开来。患有原发性渐进式失语症的患者可能很难理解别人在说什么。他们也很难找到合适的词来造句。原发性渐进式失语症分为三类：渐进式非流利性失语症、语义性痴呆和言语矫正渐进式失语症。原发性渐进式失语症的病因不是由于中风、脑外伤或传染病引起的，其病因目前还不能确定。

原发性渐进式失语症的早期临床表现最突出的特征是语言障碍。情景记忆、视觉空间技能、推理等认知能力方面的缺陷最终在发病几年后出现，但语言功能障碍仍然是最重要的特征，并且在整个疾病过程中进展最快。功能障碍进展或扩散到紧邻语言网络的前额叶和顶叶皮质时，原发性渐进式失语症也可能表现出轻微的运动（通常是颊面）失用、计算障碍，去抑制和结构缺陷。原发性渐进式失语症通常表现出左脑的脑回萎缩，涉及语言网络的额叶、颞叶、岛叶和顶叶部分。在原发性渐进式失语症中，代谢异常与语言功能障碍同时出现，因为非流利型患者左额叶脑区（包括脑岛）的新陈代谢减少，而具有理解障碍流利型患者倾向于左颞区代谢减少。原发性渐进式失语症的可分三种类型：

（1）语法缺失型 PPA（agrammatic）;

（2）语义变异型 PPA（semantic）;

（3）少词型 PPA（logopenic）。

这三种类型对应于脑萎缩的独特模式。目前的诊断标准是要求语言功能障碍状态至少持续两年，并随着疾病的进展保持显著的特征，通常涉及其他方面，如行为、执行功能和判断。其潜在的病因通常发现与额 - 颞叶病变、皮质基底病变和运动神经元疾病相关的神经病理学特征。原发性渐进式失语症主要是左脑的萎缩及相关脑区的受损。语言的流畅性与额下沟的布洛卡区和额中回后部的传统边界背侧相关；语法处理与更广泛的萎缩相关，包括额下回和缘上回；复述与颞上后回萎缩有关。萎缩与语义加工损伤的关系局限于前颞极，萎缩模式与分型关系密切。

渐进式失语症是一种语言流利的或接受性失语症，患者说的话听不懂，但对他们来说似乎有意义。语音使用完整的句法和语法，流利而轻松，但是患者在名词的选择上有问题。他们要么用另一个听起来或看起来像原来那个词的词来代替想要的词，要么用其他连接的词来代替它。因此，渐进式失语症患者经常使用新词，如果尝试用声音代替找不到的单词，他们可能会坚持下去。替换通常涉及选择以相同声音开头的另一个（实际）单词（例如，clocktower - colander），选择另一个与第一个语义相关的词（例如，letter 字母 - scroll 电脑屏幕的滚动显示）或者选择一个在语音上与预期单词相似的词（例如，lane - late）。

原发性渐进式失语症是一种神经退行性综合征，会导致左脑语言网络逐渐萎缩，从而导致物体命名（失语症）和单词理解的障碍。在 33 名患有原发性渐进式失语症的人类受试者中，赫尔利（Hurley）等通过图片 - 单词或图片 - 图片匹配任务所引起的 N400 电位来探索物体命名和单词理解的问题。结果发现有两种损害机制。在一组患者中，在口头命名时可以识别但无法检索到物体名称，图字 - 文字试验中的 N400 也异常，揭示了检索异常的关联基础。在这些患者中，由物体图片诱发的一个假定的前音信号（即词元）似乎变得太弱，不能引起检索，不能支持信息量较少的识别过程。第二组原发性渐进式失语症患者表现出更严重的命名障碍：物体名称既不能用语言表达，也不能识别。此外，同一类别的名词（但不是其他物体类别的名词）无法识别为不匹配。这种词义类别内而非类别间区分的模糊与前颞区萎缩有关，主要是在左脑，特别是沿着颞上回。尽管该脑区不属于典型的语言网络，但对于从一般到具体的词语理解和物体命名来说是至关重要的。N400 的异常出现在词汇（图片 - 单词）上，而不是非语言（图片 - 图片）的关联上，支持物体概念的双路径而不是模态组织。原发性渐进式失语症是一种独特的语言网络疾病。与脑血管意外不同的是，原发性失语症会导致组成神经元的缓慢和部分丧失。因此，由此产生的语言功能紊乱可能比脑血管病变中的紊乱更微妙，信息量更大。

2. 原发性渐进式失语症的语义变异

原发性渐进式失语症的语义变异的特征是单词理解障碍、流畅性失语症和特别严重的失语症的组合。在这项研究中，美苏兰（Mesulam）等使用两个新任务来探索导致异常的因素。最常见的因素是语义类别成员之间的区别模糊，导致在词 - 物匹配任务以及词的定义和物体描述中出现过度概括错误。这个因素对于自然种类比人工制品更明显。在更严重的失认症患者中，概念映射被更广泛地破坏，因此类别间的区分与类别内的区分一样受到损害。在轻度但非重度失认症患者中，许多不能大声说出的物体可以与正确的词相匹配，这反映了随着命名障碍变得更加严重，语义因素逐渐加强。准确的物体描述比准确的词语定义更频繁，所有患者都有突出的词语理解障碍，干扰了日常活动，但没有随之而来的物体使用或面部识别障碍。磁共振成像揭示了 3 个特征：左脑更严重的萎缩；颞上 / 中回的外侧裂语言网络的前部成分萎缩；颞下叶和内侧颞叶的面部和物体识别网络的前部成分萎缩。萎缩的左侧不对称性和外侧裂周围的延伸解释了词的使用比物的使用有更深的障碍，并为区分原发性渐进式失语症的语义变异与符合广泛接受的语义性痴呆诊断标准的部分重叠的病人提供了解剖学基础。

所有原发性渐进式失语症语义变体的主要特征是渐进性语言障碍（即失语症），是最初临床表现的主要特征。原发性渐进式失语症的语义变异（semantic variant of primary progressive aphasia, PPA-S）的独特特征是单词理解障碍。患有这种综合征的患者也有流畅的失语症和非常严重的物体命名障碍。美苏兰等实验表明，PPA-S 的失语症是多因素的，其性质随着病情的加重而演变。单词理解能力的丧失只是命名失败的一部分，因为患者可以成功地识别出许多他们在面对面命名过程中无法检索到的单词。随着失语症变得更加严重，无法产生的名字也无法被识别，说明语义机制的贡献逐渐增加。最初，语义障碍有选择地扭曲了类别内的区分，导致了过度泛化的概念。这种无法从一般表征到具体表征的情况可能直接导致了反常现象，因为日常生活中的命名依赖于对单个物体的具体识别，并将其与同类物体区分开来。就好像语义距离的假设解决能力被削弱了一样，首先干扰了类别内的区分，最终干扰了类别间的区分。PPA-S 的主要神经元损失局限于前颞叶并造成该区的脑萎缩。它在左脑也更为严重，并包括语言和物体识别网络。

3. 中风诱发和原发性渐进式失语症的句法和形态句法处理

汤普索纳（Thompsona）等实验研究了原发性渐进式失语症，分别为语法失能型渐进式失语症（PPA-G）和少词型渐进式失语症（PPA-L）和中风引起的语法性失语症和命名性失语症的句法和形态句法处理。考察了对规范和非规范句子结构的理解和产生，以及时态和非时态动词形式的产生。检查了自由叙事样本，重点是句法和形态句法测量，即语法句子的产生、名词与动词的比率、开放类与封闭类的词产生比率以及正确变形动词的产生。结果表明，两个语法组（即语法失能型渐进式失语和中风引起的语法性失语）在句法和形态句法方面的表现相似，与规范的句子理解和生成相比，非规范的表现受损更大；与非时态动词形式相比，产生时态的难度更大。与健康的说话者相比，他们的自发说话也包含明显更少的语法句子和正确变形的动词；与动词相比，他们产生的名词比例更大。相比之下，少词型渐进式失语和中风引起的语法性失语的人没有表现出这些缺陷，而且在这些方面的表现明显优于语法组。研究结果表明，语法错误，无论是由退行性疾病还是中风引起，都与句法和形态句法处理中的特征缺陷有关。因此，汤普索纳等建议使用复杂的语言学测试和叙事分析程序来系统地评估 PPA 患者的语言能力，以促进对不同 PPA 变体的语言损伤的理解。

4. 原发性渐进式失语症左颞叶顶端的物体识别

在 69 名潜在入选的原发性进行性失语症患者中，有 11 名被选为美苏兰（Mesulam）等的研究对象，因为其萎缩的峰值部位主要或完全位于左颞叶前部。这些区域的皮质体积减少到控制值的一半以下，而左脑其他区域的平均体积仅偏离控制值的 8%。对物体的命名失败是最一致和最严重的缺陷。如果物体不能被命名，即使表示词被理解，物体被识别，两者准确匹配，命名错误也被归结为纯粹的检索失败。令人惊讶的是，许多命名错误反映了纯粹的检索失败，没有明显的语义或关联成分。剩下的一组错误则有关联成分。这些错误反映的是无法定义表示物体的词，而不是无法定义图片中物体的性质。在一项单独的任务中，同一物体必须与语言或非语言的关联相联系，只有在语言格式中表现才异常。在图片-词匹配任务，而不是图片-图片的匹配任务中，观察到过度的分类学干扰。这种过度的干扰反映了类别内而不是类别间区别的模糊，就像词-物关联的敏锐度被削弱了，以至于对应关系在一般水平上比具体水平上更容易被识别。物体知识的言语和非言语标记之间的这些差异表明，左颞端（left temporal tip）萎缩峰值部位减少的神经量，占假定的病前体积的一半或更多，不太可能包含在严格的非模态枢纽（strictly amodal hub）所期望类型的与领域无关的语义表征中。一种更可能的安排需要两条高度互动的路线：一个用于语言概念的强烈左侧化的颞侧裂语言网络；一个可能更双边或右侧的颞下/梭状回的物体识别网络，由于萎缩的峰值部位集中在左侧，所以物体识别网络仍然相对无损。结果还表明，左前颞叶新皮层应该被嵌入到语言网络中，在那里它可能在为物体选择语言标签和介导词的理解从一般到具体的精确水平的进程中发挥主要作用。

11.3.8 聋人失语症

许多实例表明聋人中存在某种形式的失语症。手语由于是语言的一种形式，已被证明与具有言语形式的语言使用相同的脑区。研究表明，当动物以一种特定的方式行动或观察另一个个体以同样方式行动时，镜像神经元就会被激活。这些镜像神经元对于赋予个体模仿手部动作的能力很重要。产生语言的布洛卡区被证明包含了几种这样的镜像神经元，从而导致了手语和语音交流之间大脑活动的显著相似性。面部交流是动物彼此互动方式的重要组成部分。人类使用面部动作来创造其他人类所感知的情感面孔。在将这些面部动作与语音结合在一起的同时，创造了一种更完整的语言形式，使人类能够以更为复杂和详细的交流形式进行互动。手语还使用这些面部动作和情感以及主要的手势进行交流。这些交流的面部运动形式来自相同的脑区。在处理特定脑区的损伤时，声音交流形式面临着严重失语症的危险。这些相同的脑区被用于手语，因此在聋人群体中可以表现出这些相同的、至少非常相似的失语症。个体可以用手语表现出某种形式的韦尼克失语症，他们在任何形式的表达能力上表现出缺陷。布洛卡失语症也出现在一些患者身上，发现这些患者做出他们试图表达的语言概念上的手势是非常困难的。

11.3.9　丘脑性失语症

丘脑性失语症的临床特点表现为自发性言语减少、低音、存在命名障碍、复述紊乱、言语持续性、新词和语言错乱。具有丘脑性失语的三大主要症状是：语音低、语量少、词义性错语。复述正常或相对正常，但有不同程度的听力理解及阅读理解障碍，主要表现在对介词、副词等语法结构词的理解能力差，执行长句子指令困难。常有命名、书写及一定程度的计算障碍，其病变部位为丘脑。

丘脑性失语症的发病机制是病变部位皮质血流灌注不足，由血流低灌注引起的功能性损伤。丘脑病变后丘脑投射功能不良，丘脑腹前核投射不能至辅助运动区、眶额皮质和额岛叶前皮质，可出现找词困难和命名障碍；丘脑腹前核不能接受中脑上行网状系统冲动，以及不能投射至皮质和苍白球，存在言语的自我调节和警戒功能障碍，或存在错语或病句，不能纠正等语言障碍。正常情况下，主要是丘脑 - 枕，通过与端脑皮层语言中枢的纤维联系发挥语言功能。在病理情况下，纤维联系被切断，丘脑就不能发挥其对语言的整合作用，就可能出现丘脑性失语。因此，丘脑参与大脑皮层对语言部分的协调作用。

左侧丘脑病变患者满足定义丘脑失语症的 3 个主要神经语言学特征。按其重要性排序，发现有以下语言特征：①流利言语输出；②正常至轻度复述障碍；③轻度构音障碍症状；④正常至轻度语言理解障碍。维特（Witte）等对 42 例丘脑血管性病变患进行了言语和语言特征分析。在神经语言学层面，流利输出（93.9%）、正常至轻度的重复障碍（94.3%）、轻度构音障碍（88.9%）和正常至轻度的听觉理解障碍（9.4%）最常出现在左侧和双侧丘脑病变患者组。丘脑失语症的分类标签适用于大多数左侧丘脑损伤的患者（63.6%）和双丘脑损伤的患者。在神经心理学层面，几乎 90% 的左侧丘脑和双侧丘脑患者都出现了遗忘问题、执行功能障碍以及行为或情绪改变。此外，2/3 的双侧丘脑损伤患者出现了典型的神经认知障碍，包括结构性失用症、认知障碍、定向障碍、整体智力功能障碍、健忘症以及与行为或情绪改变相关的执行功能障碍。

流利性：对于左侧丘脑患者组，在 31 名寻找流利性的病例中，有 2 名病例出现了不流利的语言；在出血性病变患者和梗塞患者之间没有发现统计学差异。93.6% 的左侧病例和 100% 的双侧丘脑病例的流利程度符合丘脑失语症的第 1 个标准。

语言理解：在中风的病变阶段，56.2% 的左侧丘脑患者组显示出正常的语言理解能力，而 43.8% 的左侧丘脑患者有语言理解问题。在左侧有理解问题的丘脑患者组中，一半的患者表现出轻度的理解问题，分别有 4 名和 3 名患者出现中度和重度的理解障碍。在双丘脑病例中，1 名患者的理解能力正常，1 名患者则出现轻度理解障碍。在左侧丘脑病变的患者组中，理解能力和病因之间没有发现明显的差异。因此，左侧丘脑组 78.1% 的病例和双丘脑组 100% 的病例的言语理解能力正常或轻度受损，因此符合定义丘脑性失语症的第 2 个标准。

重复：在病变阶段，84.8% 的左侧丘脑损伤患者和 2 名双侧丘脑损伤患者之一发现正常重复。15.1% 的左侧丘脑损伤的患者发现有复述障碍，2 名双侧丘脑病变患者中的 1 名出现重复缺陷。额外的统计分析显示，左侧丘脑出血的患者和左侧丘脑梗死的患者之间没有差异。在左侧丘脑和双侧丘脑患者组中，其严重程度从轻度到重度不等。在有重复问题的左侧丘脑患者组中，有 3 名患者出现了轻度损伤；在双侧丘脑组的 2 名患者中，有 1 名表现出轻度的重复能力损伤。因此，93.9% 的左侧患者和 100% 的双丘脑组患者符合丘脑性失语症的第 3 个标准。

命名：在 37 名左侧丘脑病变的患者中，有 36 名（相当于 97.3%）和所有双侧丘脑损伤的患者进行了命名的评估。72.2% 的左侧丘脑病例有解剖学异常，其中 30.8% 的患者表现为轻度异常，而其余病例则有中度至重度异常问题。在双侧丘脑病例中，有 2 名患者表现为中度寻词困难。在左侧丘脑患者组中，中风类型对命名没有显著影响。因此，左侧丘脑组的 69.2% 和双侧丘脑组的 66.7% 符合丘脑失语症的第 3 个标准，即存在中度至重度命名问题。

阅读：25% 的左侧丘脑患者有阅读问题，阅读困难从轻度到中度再到重度波动。仅在 1 名双侧丘脑损伤患者中，对阅读进行了调查，未发现任何失真现象。在左侧丘脑患者组中，中风类型对阅读没有影响。

写作：65% 的左侧丘脑损伤患者在病变阶段表现出书写困难，书写问题的严重程度从轻度到重度不等。统计分析显示，出血性病变患者和丘脑梗死患者之间没有明显的差异。在双侧丘脑患者组中，只对 1 名患者进行了书写评估，其书写能力是正常的。

构音障碍症状：在 30.8% 的左侧丘脑和 1 例双侧丘脑患者的病例报告中报告了构音障碍症状。在大多数情况下，构音障碍的症状包括发音低下或发音障碍，这些病例都没有提供更详细的语言特征描述。在左侧丘脑患者组中，中风类型对构音障碍症状没有影响。左侧丘脑病例中有 7 例有轻度构音障碍，而其余病例报告显示有严重的发音问题。1 名双侧丘脑病变患者的构音障碍症状较轻。轻度构音障碍症状被认为构成了丘脑性失语症的第 5 个标准。左侧丘脑患者组的 87.5% 和双丘脑患者组的 100% 符合这一假设。

音律失调：只对 4 名左侧丘脑损伤的患者和 1 名双侧丘脑损伤的患者提到了韵律能力。韵律障碍被广泛地描述为“单调的言语”和“韵律紊乱的言语”。没有提供有关超段性特征的额外信息。在左侧丘脑和双侧丘脑患者组中，只有 1 名患者表现出韵律障碍。在左侧丘脑损伤组，1 例表现出中度的韵律障碍。1 例双侧丘脑损伤分别表现为轻度韵律障碍。

其他语音 / 语言特征：尽管与丘脑失语症的诊断有关，但只有 1 名左侧丘脑病变的患者和 1 名双侧丘脑损伤的患者记录了语音失语症（= 自发语音生成减少）的存在。总之，尽管病例数量不多，但在双侧丘脑患者组发现的神经语言学特征与左侧丘脑卒中患者组的特征相同。

神经语言学分析证实了语言功能在丘脑水平的偏侧化，以及把丘脑性失语症作为一种独特的失语症综合征存在的观点。

11.3.10 基底神经节失语症

基底神经节失语症会出现口语流畅性障碍，表现为单词间连贯性少，词汇单调、自发语言减少，语言缓慢且难启动，有阅读、韵律、构音及描写障碍，严重时可出现言语失用及失写、失读。

基底神经节失语症发病部位为左侧苍白球、左壳核、左尾状核、内囊（internal capsule，IC）、豆状核（lenticular nucleus，图 10.21 右图）、左侧辐射冠（left corona radiata，图 11.11），以及基底神经节（限于尾状核，见图 1.13）。基底神经节失语症相关机制可能为：

（1）当出现脑梗死等病变时，大脑皮质语言输出结构完整性受损，阻碍了皮质对远端神经的控制，从而导致其功能出现异常。

（2）病变引起脑区血流的低灌注及代谢能力降低。另外，基底神经节脑区病变失语可能与皮层语言区功能低下有关。

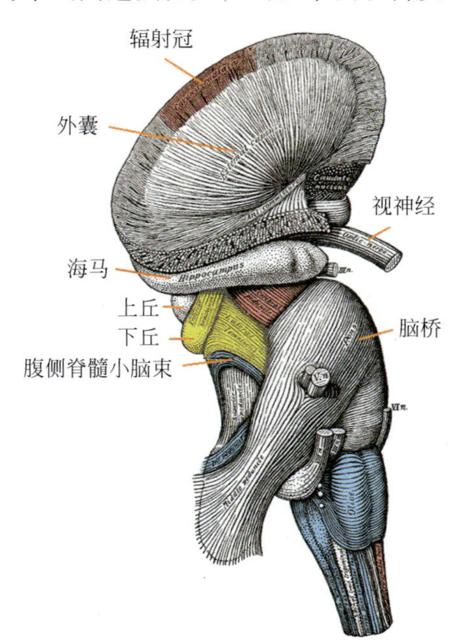

图 11.11 脑干浅层解剖侧面图

11.3.11 交叉性失语症

交叉性失语症是指右脑病变继发的语言障碍。研究表明，右利手患者的交叉性失语症患病率为所有失语综合征的 0.38%~3%。交叉性失语症的诊断标准是：

（1）失语症；

（2）单侧右脑；

（3）右利手而没有左利手的家族史；

（4）左脑的结构完整；

（5）童年时没有脑损伤。

交叉性失语症患者中右利手者多呈现非流利性失语，与阅读的理解能力相比，听力理解较差，有口语错误，“电报式言语”，语法错乱症状，但命名和复述尚可。交叉性失语症的病变部位为右侧脑室周围、额 - 颞叶、岛叶、豆状核（图 10.21 右图）。根据上述交叉性失语症的诊断标准可以发现其发病机制为右脑的病变。

语言功能的破坏程度与它的偏侧程度和偏侧在哪一边都有关系。语言偏侧不明显的受试者（多数为双侧对称的），无论是左脑还是右脑受到经颅磁刺激（TMS），所受影响要比强偏侧于一侧半脑的受试者小。因此，在一些人中，语言处理似乎均匀地分布于大脑两侧半脑，当一侧受损后，另一侧可以代偿性补偿。在对大量受试者进行研究时，经常会发现在语言任务中语言偏侧不明显或双侧半脑激活的个体。对于左脑占语言优势的受试者，在左脑而非右脑处于短暂的破坏过程中其语言处理会减慢。相反的模式出现在右脑占语言优势的受试者中。一些研究已表明，经颅磁刺激对左脑刺激后会抑制言语处理。右脑占语言优势的受试者在右脑进行经颅磁刺激刺激后，他们的言语处理会变慢，这与交叉失语症（crossed aphasias）的临床观察结果一致，交叉失语症即因右脑损伤造成的失语症。失语症的主要类型、特点、病因归纳于表 11.3 中。

表 11.3　失语症的主要类型、特点、病变部位及病因

失语症类型	主要特点	病变部位	病因
布洛卡失语	非流利性失语，复述受损，听力理解相对保留	布洛卡区（即 BA 44/45）、基底神经节、丘脑、额叶、岛叶	（1）与皮质语言脑区的血流低灌注相关，从而导致语言功能受损； （2）皮质下失语症是因皮质语言脑区必要交流被中断造成的
韦尼克失语	流利性失语，复述发近似音，听力理解严重受损和命名缺陷	韦尼克区、基底神经节、左侧颞叶、颞中、缘上回、角回、额叶、基底神经节	由语音检索和语义系统的综合损害引起的语言产生错乱和理解障碍；相关大脑部位病变
传导性失语	流利性失语，复述受损，听力理解相对保留，命名障碍	弓形纤维束、缘上回、颞叶	弓形束的白质病变将后部语言中心与前部语言中心分离

续表

失语症类型	主 要 特 点	病 变 部 位	病　　因
经皮质运动性失语	非流利性失语，复述好，听力理解相对保留，存在命名障碍	额叶背外侧皮层（BA 45/46/9）、腹外侧（BA 44/45/47）、内侧额叶（BA 24/32）、辅助运动区（BA 6/32）、布洛卡区上部或前部、尾状核头部、丘脑、额下回中或前部	发病与执行功能障碍有关
经皮质感觉性失语	流利性失语，复述好，听力理解中度受损	颞 - 顶分水岭区、基底神经节区、额叶、丘脑	与左侧布洛卡区及其相邻脑区病变相关；血流低灌注
经皮质混合性失语	非流利性失语，复述相对保留，听力理解严重受损	颞 - 顶分水岭区大片脑区、额 - 颞叶	左脑分水岭区缺血等脑血管病变
命名性失语	命名缺陷，复述相对保留，听力理解相对保留	颞 - 顶 - 枕结合区、颞叶、丘脑	语言功能区的血流低灌注
完全性失语	流利性失语、复述及听力理解能力都严重受损	韦尼克区、布洛卡区、丘脑、额叶、颞叶、顶叶	可因大面积中风，深部皮质下病变所致；可能由于皮质 - 纹状体 - 苍白球 - 丘脑 - 皮质环的断开，或其任何组合；可能与丘脑出血相关；皮质血流低灌注
丘脑性失语	自发性言语减少、低音、命名障碍、复述紊乱、持续性、新词和语言错乱	丘脑	因皮质血流灌注不足引起的功能性损伤；丘脑病变后丘脑投射功能不良
基底神经节失语	口语流畅性障碍、单词间连贯性少、自发语言减少，阅读、韵律、构音及描写障碍、言语失用及失写、失读	基底神经节、内囊、辐射冠	病变引起大脑皮质结构受损，导致功能异常；血流处于低灌注状态；皮层语言区功能低下
交叉性失语	非流利性、听力理解较差、口语错误、“电报式言语”、语法错乱，但命名和复述尚可	右侧脑室周围、额 - 颞叶、岛叶、豆状核	右脑病变
原发性渐进式失语	渐进式孤立性语言功能丧失	额叶、颞叶、岛叶和顶叶	神经退行性疾病；左脑的萎缩及相关脑区的受损

语义分析是非语言优势半脑的功能之一。那些语言表达更为双侧均衡的人在左脑或右脑中风后，他们的言语功能会保持相对不受影响。与强偏侧性的受试者相比，对于语言偏侧不明显的人而言，他们那部分多余的、支持语言处理的神经网络也许在大脑两侧的分布要较为均衡些。

11.3.12 阅读障碍、认知障碍与失语症

人类发声器官和神经系统可以为产生已知现存的 5651 种语言中任何一种有意义的语言做好准备，包括克里奥尔语和洋泾浜语，让我们大致了解了产生语言所需的复杂操作过程。通过对受阅读障碍影响的人的研究发现，阅读书面语言所必需的神经信号并不遵循典型发育儿童所存在的同样的处理途径，因此学习阅读变得更加困难。**虽然它通常被误解为主要且仅与单词的视觉感知相关的问题，但它也与口语听觉处理的差异有关。**患有阅读障碍的个体，应该被理解为神经处理的一种变异，表现出对音素的心理操纵的缺陷，即与视觉空间非典型注意处理相关的个体语音的意识和处理方面的缺陷。研究考察这种缺陷的遗传基础，可以根据其表现的性质和程度而有所不同，也就是说，有阅读障碍的人可以以非典型的方式处理或同时处理听觉和视觉输入。尽管研究确定了阅读障碍患者的神经回路存在差异，但尚无可靠的阅读障碍生物学测试。诊断依赖于行为测量，可以通过阻碍日常书面语言处理的困难来确定，排除许多其他可能的原因，如自闭症谱系障碍（autism spectrum disorder）、听力损失和语言障碍。通过研究阅读障碍者在处理音素方面的困难，我们可以更好地重新认识阅读准备在音素意识、音素处理以及随后的音素和字素识别方面的重要性。

1. 阅读障碍

发育性阅读障碍是一种基于神经生物学的紊乱，5%~17% 的学龄儿童患有此病，其特征是严重的阅读能力习得障碍。汉语阅读障碍患者与正常对照者相比，其左额中回大脑灰质的非典型发育，与以往字母语言阅读障碍患者的后脑系统局部灰质的非典型模式形成鲜明对比。阅读障碍与左颞 - 顶和颞 - 枕区（与阅读相关）较弱的活性有关，而且此活性差异有可能反映了这些脑区的灰质体积的减少。与正常发育的对照相比较，阅读表意性质的中文有缺陷的儿童，其左额中回脑区的灰质体积减少。先前已证明这一脑区对于中文的阅读和书写至关重要。中文阅读障碍患者与对照组相比在左额中回的激活程度较低，这一脑区的灰质体积与语言任务的激活之间有重大关联。实验结果显示，字母语言和非字母语言之间阅读障碍的结构和功能基础有所不同。几个脑区与阅读障碍的非典型功能和异常结构有关，包括左颞 - 顶区（与阅读中的字 - 音转换有关）、左颞中 / 上皮层（与语音分析有关）以及左颞 - 枕下脑回（可能行使词形快速识别系统的职责）。表意特性的中文阅读能力受损与位于左额中回的处理功能破坏相关。由于汉字字形与其发音之间的关系是随意的，左额中回在中文阅读及阅读习得方面可能发挥着重要作用。这种关联必须依靠对中文汉字的死记硬背来实现，并要求密集协调包含书写汉字的各种语言信息。

我们对语言处理重要脑区的最早理解来自失语症患者，布洛卡医生研究证明言语产生方面的问题涉及左脑的结构。布洛卡失语症的患者不仅有语言产生的困难，而且他们产生的语言确实是不符合语法的，以电报的方式发出，没有典型地表示词之间关系的功能词。虽然对简单结构的理解是完整的，但他们在复杂的句子或被动结构上有困难，这需要解释

这些语法关系。对韦尼克区在颞叶皮层中的作用的解释发生了类似的变化。韦尼克医生研究的颞叶皮层受损的患者在理解语言方面有困难，但在选择他们所说的单词和错误地命名物体图片方面也有困难。尽管研究人员对这些解释的细节存在争议，但它们通常与语法的中心知识库和单词理解的中心词典的存在一致。在大多数情况下，失语症是由脑血管意外或中风引起的，但它也可能是任何形式的创伤结果。根据受事故影响的神经处理脑区，大脑创伤有不同的形式。基于对失语症患者独特的语言模式的观察，研究证明了广泛的神经网络对语言独特特征的特定处理做出的反应。许多患者通常表现出显著的功能恢复也表明，受影响脑区以外的脑区可以接管语言所需的功能，从而反映大脑神经回路的可塑性和适应性。

虽然失语症传统上被描述为语言缺陷，但越来越多的证据表明，许多失语症患者通常会同时出现非语言认知障碍。从某些角度看，注意力和工作记忆等认知缺陷是失语症患者语言障碍的根本原因。研究表明，失语症患者的语言障碍与认知功能障碍常常同时出现，但与无失语症的中风患者的认知功能障碍相当。这反映出损伤后的一般脑功能障碍，特别是失语症患者经常表现出短期记忆和工作记忆的缺陷。这些缺陷可能同时出现在言语领域，也可以出现在视觉空间领域。此外，这些缺陷通常与特定语言任务的表现相关，例如，命名、词汇处理、句子理解和话语产生。研究发现，大多数失语症患者的注意力任务表现出能力上的缺陷，他们在这些任务上的表现与其他领域的语言表现和认知能力有关。即使是在语言测试中得分接近上限的轻度失语症患者，也常常表现出较慢的反应时间和对非言语注意能力的干扰作用。除了短期记忆、工作记忆和注意力缺陷外，失语症患者还可能表现出执行功能缺陷。例如，失语症患者可能在启动、计划、自我监控和认知灵活性方面表现出缺陷，在完成执行功能评估时表现出速度和效率下降。大多数研究试图通过利用非语言认知评估来评估失语症患者的认知能力，研究发现语言和非语言的表现是相关的，除非非语言的表现是通过“现实生活”的认知任务来衡量的。

2. 流利性任务的解剖学相关因素

罗宾逊（Robinson）等研究调查了一系列的语言和非语言流利性任务，对象包括未经选择的局灶性额叶（$N=47$）和后部（$N=20$）病变的患者。对教育、年龄和性别匹配的患者和对照组（$N=35$）进行流利性任务，包括单词（音素/语义）、设计、手势和概念流利性以及背景认知测试。通过标准的前/后和左/右额叶细分以及更精细的额叶定位方法对病变进行分析，将具有右侧和左侧病变的患者与具有上部内侧病变的患者进行比较。结果表明，尽管只有辨义作用的音位词和设计流利性任务特定于额叶区，但所有八项流利性任务都对额叶损伤敏感。相对于对照组，内侧上部患者是唯一在所有八项流利性任务中都受到损害的群体，与激活不足相一致。外侧患者最明显的流利性缺陷是沿着刺激材料的特定路线（即左侧是音位和右侧是设计）。需要更多选择的音位词流利性在左额下叶损伤后受到最严重的损害。总之，额叶功能包括一组由不同额叶区支持的专门认知过程。

罗宾逊等研究结果表明，额叶是言语生成的关键，这一点通过流利性任务来衡量。特别是，罗宾逊等提供了明确的证据证明，言语和非言语流畅性任务对额叶损伤的敏感性，以及有辨义作用的音位词和设计流畅性任务对该脑区的特殊性。对于语言和非语言材料，额叶皮层内存在一定程度的侧化。因此，罗宾逊等复制了由更精细的额叶患者分组程序所建立的单词流利性效应，并通过将该程序应用于大样本中一系列的语言和非语言流利性任务而加以扩展。此外，罗宾逊等的发现并不支持这样的观点，即一个普遍的、共同的额叶过程支撑着所有流利性任务的表现。相反，研究结果表明，左额下回在选择方面起着至关重要的作用，而内侧上部脑区在激活中发挥着作用。

3. 前颞叶皮层和语义记忆

对脑部疾病引起的语义障碍的研究表明，前颞叶对人类的语义能力至关重要；然而，在对健康对照者执行语义任务的功能成像研究中，很少报告这些脑区的激活情况。罗杰斯（Rogers）等结合神经心理学和 PET 功能成像数据表明，当健康受试者在特定水平上识别概念时，激活的脑区对应于相对纯粹的语义障碍患者的最大萎缩部位。刺激材料是普通动物或车辆的彩色照片，任务是具体（如知更鸟）、中间（如鸟类）或一般（如动物）层次上的类别验证。尽管这些实验条件难以匹配，但相对于一般的分类，具体的分类激活了双侧的前外侧颞叶皮层。重要的是，在这些脑区萎缩的患者中，最明显的缺陷是对具体语义信息的检索。

刺激材料由 48 张真实动物和车辆的彩色照片组成，包括知更鸟、翠鸟和其他鸟类；拉布拉多犬、北京犬和其他犬类；宝马、莫里斯旅行者（Morris Traveller，英国的一种著名汽车）和其他汽车；以及渡轮、游艇和其他船只。具体类别的目标项目被大学本科生成功地命名为具体级别，同意率超过 72%。罗杰斯等观察到对于动物和人工制品，双侧前颞区在具体类别（相对于更一般的类别）上的激活，与那些在需要特定概念知识的任务中失败的语义性痴呆患者的受影响脑区密切相关。这种效应不能反映简单的任务难度，具体条件和一般条件在速度和准确性上是匹配的，该研究迫使受试者尽可能快地和准确地做出反应。此外，相对于非独特项目，激活的脑区与参与命名独特面孔的脑区几乎相同。因此，影像学和神经心理学共同表明，两个半脑的前颞区对检索所有类别物体的特定语义信息起着至关重要的作用。

在每次试验中，受试者都要看一个类别标签，然后是一张彩色照片，并被要求通过按下按钮指示照片是否与单词匹配。类别标签可以是具体的名称（如拉布拉多犬、宝马），中间的名称（如狗、汽车），或一般的名称（如动物、车辆）。对受试者而言，在所有三个实验条件下都观察到完全相同的刺激材料。对于具体类别的试验，干扰项（应产生无响应的试验）与探测词来自相同的语义类别（例如，对于拉布拉多犬，干扰项是不同品种的狗）；对于中间类别的试验，干扰项来自同一上级领域中的不同类别（例如，对于狗，干扰项是不同种类的动物）；对于一般类别的试验，干扰项来自对比语义域（例如，对于动物，干扰项是车辆）。结果表明，当被试在执行任务时被要求尽可能快地做出反应时，①具体条件和一般条件下的反应时间和准确性是匹配的；②中间层次的反应时间更短，准确度相当；③在中间或具体条件下，动物与车辆的反应时间或准确性没有差异。

6名语义性痴呆患者的平均灰质减少，萎缩发生在左右脑前颞叶感兴趣区。将所有的语义分类扫描与基线扫描进行比较，在后梭状皮层和双侧枕-颞皮层产生了显著的激活区，但在颞叶感兴趣区没有明显的激活。从这个简单的对比来看，似乎前颞叶皮层对分类任务没有贡献。然而，当排除了一般条件和中间条件后，全脑分析发现，相对于基线，左右脑的前颞叶区的激活是具体的类别。该响应的选择性通过具体与一般和中间分类的直接比较得到证实，左侧和右侧激活峰值落在语义性痴呆患者的萎缩区内，左侧的峰值激活几乎完全对应于患者的最大萎缩区。左右脑的具体条件、一般条件和中间条件的激活在多重比较校正后都很明显。这种特异性的影响在动物和车辆类别中都能观察到；语义类别没有主效应，类别和领域之间没有交互作用。

为了验证特异性的影响不仅仅反映具体条件和中间条件之间激活的差异，还对比了具体和一般类别条件，这两种条件在行为试验中的反应时间和准确性是相同的。这种对比的峰值甚至更接近患者数据中的左右脑的萎缩峰值区。为了研究在颞叶内是否还有其他皮质脑区对具体、中间或一般类别做出反应，将这些条件与基线任务进行了对比。结果表明，所有3个条件都倾向于激活枕-颞叶和后颞叶的广泛和重叠的脑区。具体条件产生了最广泛的后颞叶激活；一般条件产生了次广泛的范围；而中间条件产生了最短反应时间，在这个脑区内产生了最窄的扩散。没有一个脑区在中间或一般层次的类别中明显激活，而在具体层次的类别中也激活。因此，尽管这种后部激活的范围似乎被任务的特异性所调节，但在特异性和后颞叶皮层的功能组织之间没有明确的地形关系。也就是说，不同的特异性条件似乎没有激活不同的神经解剖学部位。相对于基线，具体任务是唯一在前颞叶皮层显示出明显激活的条件。

为了评估相同的前颞区是否也对识别独特的项目（如个人的面孔）做出反应，罗杰斯等将这些数据与图片命名研究的结果一起分析，受试者被要求为著名的面孔、物体、动物和身体部位的照片命名。作者对识别具体类别的激活模式感兴趣。结果表明，命名独特的面孔激活了双侧的前颞叶，其峰值非常接近常见物体具体类别所激活的峰值。因此，在语义性痴呆中受影响最大的前颞叶区在正常人中似乎也被激活，既被非独特的动物和车辆的具体类别激活，也被个体的无声命名激活。

4. 跨语言失语症的比较

语言结构和大脑结构之间的可变关系的研究表明：成人由于大脑的局部损伤而失去语法分析能力。尽管长期以来语法能力是否与特定的大脑损伤有关还不清楚，但说英语的人似乎特别容易由于布洛卡区受损而导致语法能力的破坏。此外，语音流利度明显受损的患者也往往在解释依赖于语法功能词的句子时表现出困难，并且在解释完全依赖于词序转换的句子时尤其困难（例如英语中的被动时态）。这样的问题可能表明这种语法功能位于大脑的这一部分。然而，令人奇怪的是，普遍的语法缺陷不是一直与布洛卡区的损伤有关，特别是在词序更自由和被动时态的语法单词、词素，或词形变化的高度屈折变化的语言，似乎语法缺失与布洛卡区的损伤远远无关。在这些语言（例如意大利语）中，韦尼克失语症患者也表现出语义分析障碍，但没有表现出语言流畅性，他们在生成和分析相应语法转换方面比布洛卡区受损的患者受损更严重，如图 11.12 所示。当比较那些更依赖词序线索的语言和那些依赖词形和词形变化线索来表达相同语法功能的语言时，这一点尤其明显。指向大脑的箭头表明，当词序更重要时，对额叶前部的损害会产生更大的语法障碍；当词形变化和形态学变得更重要时，对颞部脑区的损害会产生更大的语法障碍。因此，如果有一个语法模块，那么该模块的各个部分以非常不同的方式映射到不同的语法操作，这取决于在不同语言中提示语法决策的位置或屈折技巧的相对重要性。这类模块是一种顺其自然的方法。

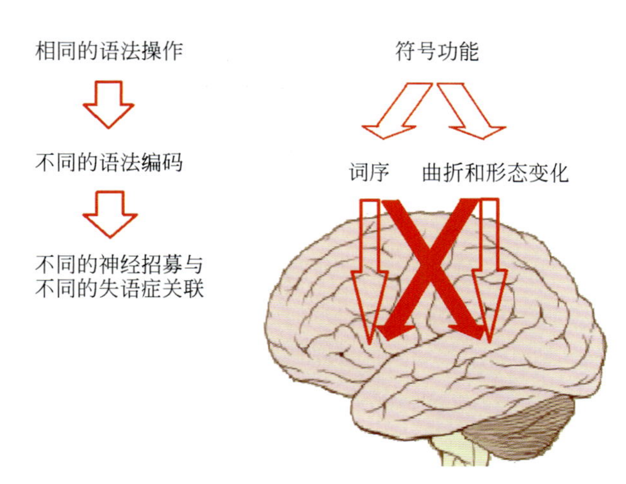

图 11.12　失语症患者的跨语言比较显示，相同的深层语法操作可能会招募不同的皮层脑区，具体取决于它的语法编码的方式

这种差异背后的关键因素可能是需要使用不同种类的神经计算和记忆技巧来分析词序，而不是单个单词、后缀、前缀和声音变化。这两种编码方法都为标记相同的语法区别提供了可行的方法，并且在不同语言中使用的方式也各不相同。那些广泛利用词形变化来标记语法功能的语言，往往相应地允许相当大的词序自由，反之亦然。例如，英语很少使用词形变化，大量使用词序和特殊的“功能词”来标记词序解释。相比之下，意大利语和拉丁语几乎完全依靠屈折变化和虚词来改变它们所修饰的实义词的语法功能。如果认为一种特定的语言功能（例如，被动转换）是一种独特的原始操作，是由专门针对该功能的脑区“计算”的，那么就不得不得出这样的结论：说英语和意大利语的人有不同的大脑、不同的语言区使之成为可能。当然，实际情况是，在学习这些语言之一的过程中，特殊的句法功能往往需要大脑中原先专门负责处理类似信号（例如，跟踪依存顺序关系）的脑区发挥最大的作用。在语言的成熟过程中，为了应对持续的语言使用，在这一过程中一定程度的技能发展伴随着该脑区的逐步专业化和其他脑区贡献的逐步下降，因此所有脑区在功能上都变得更加专业化和差异化。

因此可以说，具有一般语法功能的一类特殊句法操作可以“驻留”在大脑中的某个位置，并且可以由于局部损伤而选择性地丢失，特别是在成熟的大脑中，但在说不同语言的人脑中的位置却有所不同。其定位是由所有神经系统在发育过程中同样的竞争排除过程所决定的，是对习惯性计算需求的回应。但是，这些要求是由一种特定语言所使用的句法装置的表面特征所强加的，而不是由它所支持的底层语法（符号）逻辑所支持的。就像对输入到其内存中的数据的内容和功能充耳不闻的计算机一样，大脑必须用语言处理这些数据的物理特征。无论它们是图像、字符，还是对其他数据执行的操作，都比它们的意义更能说明它们将在何处被处理。符号功能、语法和表征关系，不是在大脑的任何一个脑区处理的，而是在大脑中广泛分布的过程中共同结果而产生，也包括在更广泛的社会群体中，虚拟参照实际上只是局部化了。

进化奇迹的人脑，其非凡之处在于，不仅仅是一台有血有肉的计算系统能够产生思维这种非凡的现象，而且这个器官的变化对这一奇迹的产生是语言使用的直接结果。人脑能够实现前所未有的智力壮举的主要结构和功能创新，是在对语言这种抽象和虚拟的力量的使用做出反应后进化所致的。某些远古祖先首次使用符号参照，改变了自然选择的过程，从而影响了人脑进化至今。因此，使我们成为人类大脑的变化可以说是词汇使用过程的化身。

11.4 失语症的检查方法

11.4.1 检测方法

周洁茹等对国内外失语症的标准化检查方法及汉语失语症的检查方法进行了总结，将其归纳于表 11.4 中。临床使用的失语症检查法归纳如下：

（1）汉语失语症检查法，由北京大学第一医院神经内科编制。

（2）舒尔氏（Schuell）失语症程度及疗效判定标准。

（3）西方失语成套测试及失语症分类。

（4）根据《黄昭鸣 - 韩知娟词表》中的 33 个词和患者接受失语症检查时的现场录音。

（5）汉语失写检查法。

（6）中国康复研究中心汉语标准失语症检查：可作为失语症患者的临床和语言康复中量化的指标。

（7）洛文斯顿作业疗法用认知评定成套测验。

（8）波士顿失语诊断测验进行失语症分级。

对于失语症与其他鉴别检查及构音障碍的评定方法，卫冬洁医生做了如下概括：

（1）与其他主要语言障碍的鉴别和检查：包括听力检查、运动障碍性构音障碍检查、痴呆检查、言语失用和口语失用检查、高级脑功能障碍检查。

（2）精细检查：包括 100 单词的听力理解检查、句子水平的听力理解检查，短文、文章的听力理解检查，文字阅读理解检查、100 单词命名检查、心理和智力有关的检查（如 Y-G 性格测试）等。

表 11.4 失语症的检查方法

检 查 方 法		特 点
中国	（1）北京大学医学部汉语失语成套测验	按失语症检查的基本原则，参考西方失语症成套测验，结合中国国情及临床经验编制而成
	（2）北京医院汉语失语症检查法	包括口语表达、听力理解、阅读、书写几大项目的检查，自拟评分标准
	（3）中国康复研究中心汉语标准失语症检查	引用了发达国家失语症检查法的理论和框架，依据汉语习惯和规则，由 30 个分测验组成，分为听、复述、说、朗读、阅读、抄写、描写、听写和计算 9 个项目
其他国家	（1）标记测验	适合于检查轻微的或潜在的失语症，检查理解能力
	（2）波士顿诊断性失语症检查	普遍用于英语国家，对语言交流水平及语言特征进行定性分析，确定失语症严重程度及类型。优点是检查详细，全面；缺点是检查所需时间较长，且评分较困难
	（3）西方失语成套测试	波士顿诊断性失语症检查方法的修改缩短版，检查时间不到 1 小时。检查内容包括失语症、运用视空间功能、非言语性智能、结构能力、计算能力等非语言功能的检查
	（4）双语失语检查法	用于汉语和英语的失语症检查
	（5）日本标准失语症检查	对康复有指导意义
	（6）日常生活交流能力检查	通过客观的检查结果，指导语言训练

关于构音障碍的评定方法：

构音障碍（dysarthria）是由于神经病变以及言语产生有关肌肉的麻痹、收缩力减弱或运动不协调所致的言语障碍。其检查方法包括：

（1）中国康复研究中心构音障碍检查：包括构音器官检查和构音检查。

（2）Frenchay 构音障碍检查法：包括反射、呼吸、唇、颌、软腭、喉、舌、言语等方面。

（3）与其他言语障碍的鉴别检查：如标记测验，使用简易精神状态检查表等。

11.4.2 皮质电刺激的功能定位

20 世纪 50 年代，神经外科医生怀尔德·彭菲尔德（Wilder Penfield）通过局部电刺激麻醉清醒患者的暴露脑皮层，完善了一种评估功能定位的技术。发现通过将低强度的电流注入左脑语言区附近的大脑皮层，可以选择性地干扰其患者进行的不同语言测试。如果让患者讲话或说出一个物体的名称，则可以有选择地阻止语音，使语音失真，使其难以说出名称等。由于神经脉冲也是电化学过程，因此刺激实质上会以非常强的神经噪声轰击一个脑区，从而破坏该脑区介导的任何功能。这种效应是非常短暂和局部的。它往往会在电流被切断后立即停止，而对邻近的皮层表面（几毫米以内）的刺激产生完全不同的效果。通过探测许多脑区，彭菲尔德等绘制了电刺激干扰语言功能的皮质区范围。这使得外科医生能够识别出哪些在脑部手术根除肿瘤或癫痫中心时可能会干扰语言功能的脑区。彭菲尔德的发现与后来对脑部损伤的发现是一致的，但在许多方面也有奇怪的不同。他发现刺激假定的语言区确实很可能产生语言障碍，但这些障碍不像失语症的表现。此外，他发现语言障碍部位的分布比失语症所暗示的分布要广得多，并且后部和额部功能的对称性与损害明显的效应不匹配。

另一位神经外科医生乔治·奥耶曼（George Ojemann）和他的同事通过更复杂的神经语言学测试、刺激和记录，进一步推动了这项工作。图 11.13 显示了其综合总结图。电刺激(用红点表示）似乎表明功能组织的分层模式从经典语言区扩展到额叶、颞叶和顶叶脑区。远离初级运动和听觉皮层的脑区似乎参与了更大的时间整合过程。

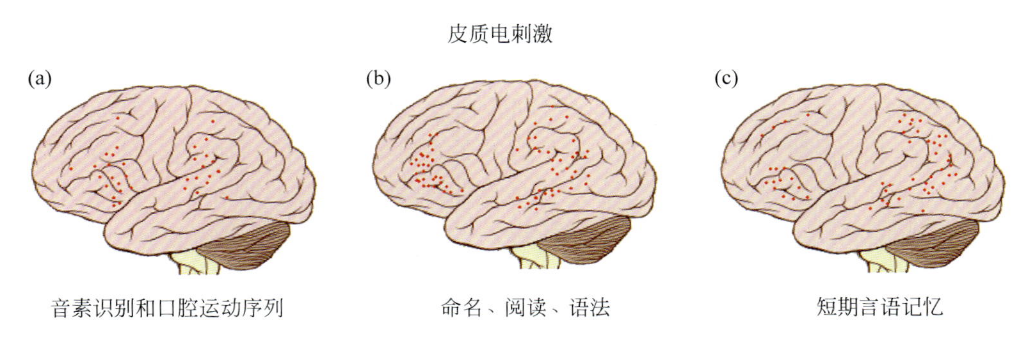

图 11.13 对所选语言任务的电刺激研究表明，语言操作被分散分布在左脑的许多脑区

这些电刺激研究表明，刺激破坏语言功能的脑区从额下区向前额叶扩散，再从听觉区周围向颞叶和顶叶扩散。刺激确实会破坏具有相同语言功能的那些脑区，即似乎从运动区和听觉区这两个焦点向外辐射的组织层。对靠近运动区和听觉区的电刺激会产生音素识别和口腔运动，进一步的刺激会破坏熟悉对象的命名和语法评估，再远一点的刺激似乎会扰乱记忆或回忆单词。语言区覆盖了整个左脑的很大一部分，但是对这些脑区的刺激并不能产生一致的结果。事实上，对一个特定的个体来说，对大多数语言点的刺激不会产生语言障碍，可能只有少数几个点会干扰某种语言任务。因此，语言功能的刺激图是合成图，表明了患者之间的统计一致性。

布洛卡区的电刺激加强了人工语法的隐性学习

人工语法学习构成了在自然环境下获得语法知识的一个成熟模型。左脑布洛卡区（BA 44/45）同样被自然句法处理和人工语法学习所激活。弗里斯（Vries）等通过经颅直流刺激（transcranial direct current stimulation, tDCS）来研究布洛卡区和人工语法学习之间的因果关系。38 名健康受试者参加了一个受试者之间的设计，在获取人工语法的过程中，对布洛卡区进行正极 tDCS（20 min，1 mA）刺激。研究结果表明：①在学习阶段对布洛卡区的刺激会影响随后的语法分类任务的表现，表明布洛卡区在人工语法习得中起着因果作用；②布洛卡区特别参与语法规则的提取，特别是在句法违规检测中。布洛卡区专门参与语法信息的处理。

虽然靠近刺激点的皮层脑区可能不会受到刺激的直接影响，但距离较远的脑区可能会受到影响，因此来自许多位置的噪声可能能够馈入支持给定语言功能的信息流。考虑到大脑皮层区的高度互连性，这不足为奇。但是这种分布模式告诉我们的不仅仅是干扰的种类，还有很多方式会混淆语言信号。

首先，语言功能扩展到新大脑皮层的所有主要脑叶，包括左脑颞叶区（听觉）、顶叶区

（触觉）和额叶皮层（注意、工作记忆、计划）。这种广泛的分布表明，与大脑损伤的结果相比，语言系统的局部化程度要低得多。尽管由于顶叶和前额叶损害而造成的语言障碍通常不如左颞部损害那么明显和具有破坏性，但两者都会产生语音流利度、单词查找和某些类型的语义分析方面的问题。其次，靠近脑外侧裂的刺激位点与语言的感觉运动功能密切相关，而离大脑外侧裂更远的刺激位点则与更高层次的语言和认知功能密切相关。这与以下事实一致：最内层位于主要的触觉、听觉和运动区附近，而最外层则分布在多模式和关联区内。各层之间的差异反映了不同程度的语言整合和不同的语言处理的时间尺度。从内层到外层，有一个从部分的单词到单词和短语，再到言语短期记忆的发展过程。从时间上分析，内层脑区处理的是在几十到几百毫秒的时间尺度上发生的事件（音素），而外层脑区处理的是若干秒保留的信息（例如，句子间的关系，必须以这个速度进行分析）。

时间是至关重要的因素，利用以非常不同的速率呈现的信息过程在大脑中趋向于分离。将信号保持在回路中足够长的时间以某种扩展模式分析其部分可能会妨碍需要快速和精确时序的处理方式。缓慢的神经信号传输也可能成为大脑的一个限制因素，因此，非常快速的过程最好在非常局限的脑区内处理，而随着时间的推移，信息的积累可能会更好地由一个更分散和冗余的组织来处理，以抵抗退化。因此，对于每一种模态，将其快进程与慢进程区分开来可能是有利的。这可能是区分我们标记为“主要区域”（转瞬即逝的信号）和“关联区域”（持续信号）的主要因素之一。根据时间积分的梯度进行的分离过程对于处理潜在的干扰功能而言，与分离不同的模态和子模态同样重要。由电刺激提供的证据表明，在不同层次的分析和产生过程中，皮层前区和后区可能都有多个脑区参与语言处理，而且这些脑区可能在时间映射关系中同时存在。很明显，语言功能可以广泛分布并同时在许多脑区进行处理。

正电子发射断层扫描的数据与局部脑血流（regional cerebral blood flow，rCBF）研究的结果相似。研究表明，被动地听新单词主要产生听觉活动，还有一些腹侧前额皮质活动。同样，查看新颖的文字也会涉及视觉皮层，视觉输入并不需要大量的听觉活动来进行解释。在对语言任务的反应中，大脑皮层区的血流量增加最多，与后天性失语症受损脑区相对应，如图 11.14 所示，图中较红的脑区更容易被特定的任务激活。韦尼克区、运动言语区和与布洛卡区相关的腹侧前额叶区在不同的语言任务中有差异。腹侧前额叶皮层用于单词感知和单词联想任务（例如，生成单词列表）。不同任务的模式表明，说话时的嘴部运动往往会激活大脑运动皮质，而听单词往往会激活左脑的听觉区。仅仅是一遍又一遍地重复单词似乎并不能激活布洛卡脑区。取而代之的是，它主要激活运动区，在较小程度上激活听觉区和背侧辅助运动区，这表明重复单词似乎涉及辅助运动区，单词分析似乎涉及前扣带皮层。扣带皮层对于大多数需要高度集中注意力的任务似乎是必不可少的，因此可能不是语言处理的唯一组成部分。这些研究还表明，被动地听（不重复）单词不会激活运动脑区。它激活听觉皮层，包括可能与韦尼克区相对应的脑区，以及布洛卡区正前方的腹侧前额叶区。然而，更复杂的语言任务，如不重复生成单词列表（例如，命名可以拿在手里的物体），会产生说话和听觉都具有的大脑血流模式。腹侧前额叶区和运动区处于活动状态，包括布洛卡区（喙部运动区前方和下方）的脑区。另外，颞叶和顶叶中可能包含多模态响应的脑区（关联区）也被单独纳入这项任务。

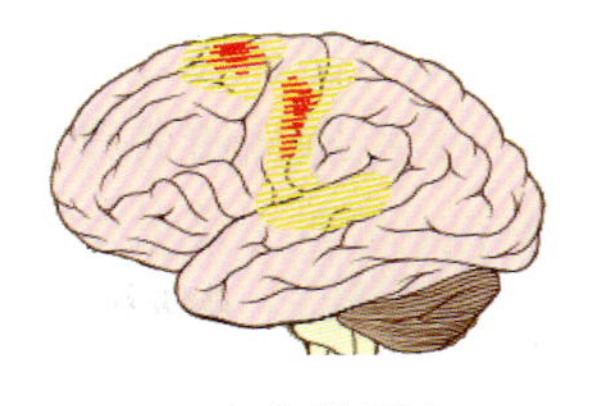
(a) 自动重复语音

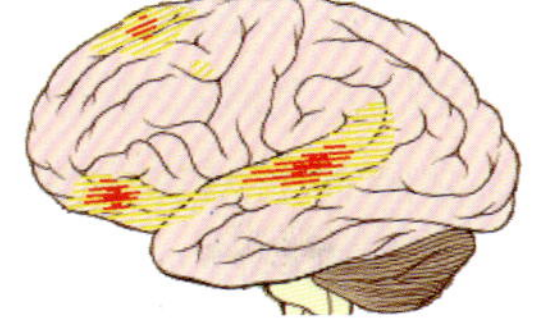
(b) 简单单词感知

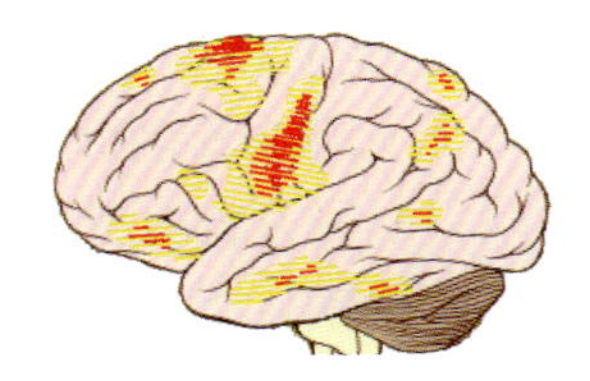
(c) 词列表生成

图 11.14 对选定语言任务的局部脑血流，将血流激活叠加在人脑的轮廓图上

这些模式揭示了功能组织的一些特征，这些特征在损伤或刺激效果中都不明显。首先，“无意识”重复只能最低限度地招募经典语言区或联想区。其次，词语的解释似乎涉及听觉和前额叶区，但显然不是传统意义上的布洛卡区。然而，布洛卡失语症患者前额叶前部皮层的腹侧部分受损，损害较大，喙部运动皮层也是如此。腹侧前额叶区在刺激和单词表生成的作用下，与命名和短期言语记忆有关，尽管不同任务之间的重叠或差异程度尚不清楚，并暗示了不同的细分可能涉及语言。当需要进行单词分析和语音功能时，布洛卡区的前运动区最活跃。

11.4.3 功能磁共振成像和正电子发射断层扫描的皮层定位

功能磁共振成像（fMRI）通过检测与血流有关的变化来测量大脑活动，如图 11.15 所示。这一技术依赖于脑血流和神经元激活耦合的事实。当某个脑区被使用时，流向该脑区的血液也会增加。fMRI 的主要形式是使用血氧水平依赖性（BOLD）对比，由小川诚二（Seiji Ogawa）在 1990 年发现。通过成像与脑细胞能量消耗相关血流（血氧动力学反应）的变化，来绘制人类或其他动物大脑或脊髓的神经活动。从 20 世纪 90 年代早期开始，fMRI 开始主导脑成像研究，因为它不需要进行注射或手术，不需要摄入物质或暴露于电离辐射中，但这一设施经常被各种噪声干扰，因此使用统计程序来提取基础信号。由此产生的大脑激活可以用颜色编码表示，即待观察的特定脑区的激活强度。这项技术可以将活动定位到毫米范围内。除了 fMRI 以外，还有其他磁共振成像技术，例如：结构磁共振成像可提供大脑灰质和白质的详细形态和几何特征，例如其体积、密度、厚度和表面积；弥散加权磁共振成像，特别是弥散张量成像，可用于重建连接脑区的白质纤维束的轨迹和量化组织概率。

(a)

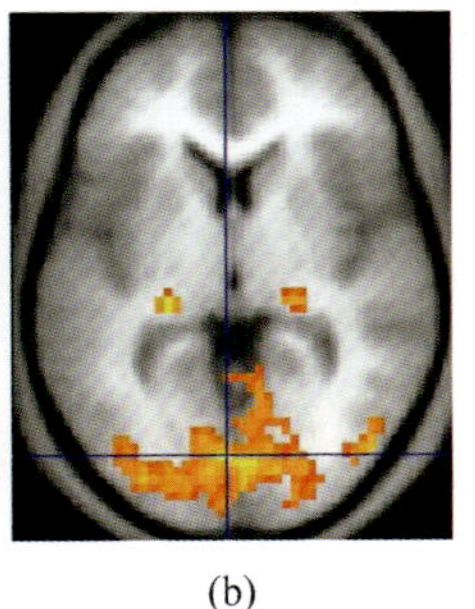
(b)

图 11.15 功能磁共振成像设备（a）及大脑活动引起的血流变化成像（b）

图注：左图是功能磁共振成像设备，右图是与对照组相比，带有黄色区域的功能磁共振成像显示活性增强，目的是测量大脑活动以检测由于血液流动引起的变化。

fMRI 的概念建立在早期的 MRI（核磁共振成像）扫描技术和富氧血液特性的发现之上，MRI 提供了大脑物质的静态结构视图。fMRI 的主要目的是扩展核磁共振成像以捕获由神经元活动引起的大脑功能变化。动脉血（富氧）和静脉血（贫氧）之间的磁性差异提供了这种联系，大脑中血流量和血液氧合（统称为血液动力学）的变化与神经活动密切相关。当神经元变得活跃时，流向这些脑区的局部血液就会增加，而富氧（充氧）的血会在 2 s 后取代缺氧（脱氧）的血。这个过程在 4~6 s 内达到峰值，然后回落到初始水平（通常略低于初始水平）。氧气由红细胞中的血红蛋白分子携带。脱氧血红蛋白（dHb）比氧合血红蛋白（Hb）更具磁性（顺磁性），而氧合血红蛋白实际上是抗磁性的。由于抗磁血液对磁共振信号的干扰较少，这种差异导致了磁共振信号的改善。这种改善可以在某时被映射为显示哪些神经元处于活跃状态。fMRI 和动脉自旋标记（ASL）依赖于氧合血红蛋白和脱氧血红蛋白的顺磁性来观察大脑中与神经活动相关的血流变化的图像，这使得生成的图像能够反映出在执行不同任务或处于静息状态时大脑的哪些结构被激活（以及如何激活）。根据氧合假说，在认知或行为活动过程中，大脑局部血流量中氧气使用量的变化可能与该脑区的神经元有关，直接与所参与的认知或行为任务相关。大多数 fMRI 扫描仪允许受试者看到不同的视觉图像、声音和触摸刺激，并做出不同的动作，如按下按钮或移动操纵杆。因此，fMRI 可以用来揭示与感知、思维和行为相关的大脑结构和过程。目前功能磁共振成像的分辨率为 2~3 mm，受限于血流动力学响应对神经活动的空间扩散。

正电子发射断层扫描

正电子发射断层扫描（PET）是一种核医学功能成像技术，用于观察体内的代谢过程，以帮助诊断疾病，如图 11.16 所示。该系统检测一对由正电子发射的放射性配体（最常见的是氟 -18）间接发射的伽马射线，这种配体通过一种被称为放射性示踪剂的生物活性分子进入人体。不同的配体用于不同的成像目的，具体取决于放射科医生 / 研究人员想要检测的内容。然后通过计算机分析构建体内示踪剂浓度的三维图像。在现代的 PET 计算机断层扫描仪中，通常在同一台机器上同时对患者进行计算机断层 X 射线扫描来完成三维成像。

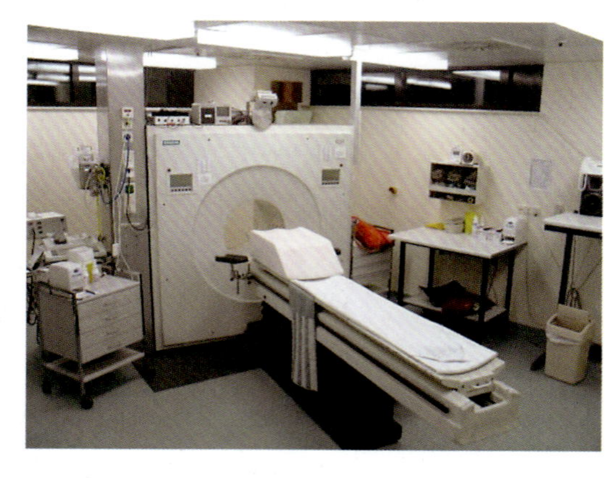

图 11.16　典型的 PET 设备

如果选择用于 PET 的具有生物活性的示踪剂分子是葡萄糖的类似物氟脱氧葡萄糖（FDG），则成像的示踪剂浓度将表明组织的代谢活性，因为它对应于区域葡萄糖的摄取。相同的示踪剂可用于痴呆类型的 PET 调查和诊断。其他放射性示踪剂（通常但不总是用氟 -18 标记）很少用于其他类型感兴趣分子的组织浓度进行成像。PET 神经成像是基于高放射性区与大脑活动相关的假设。实际上间接测量的是流向大脑不同部位的血液，通常认为是相关的，并使用示踪剂氧 -15 进行测量。由于氧 -15 具有 2 分钟的半衰期，因此必须直接从医疗回旋加速器中通过管道输送。PET 可测量已注入到大脑血液中的放射性标记的代谢活性化学物质的排放。这些放射数据经过计算机处理后，可以生成这些化学物质在大脑中分布的二维或三维图像。所用的正电子发射放射性同位素是由回旋加速器产生的，化学物质用这些放射性原子标记。被标记为放射性示踪剂的化合物被注入血液中，最终进入大脑。PET 扫描仪中的传感器可以检测到化合物在不同脑区积聚时的放射性。计算机使用传感器收集的数据来创建彩色二维或三维图像，以显示化合物在大脑中的作用。特别有用的是各种各样的配体，可用于绘制神经递质活性的各个方面的图谱，常用的 PET 示踪剂是一种标记形式的葡萄糖。PET 扫描最大的优点是不同的化合物可以显示大脑工作组织中的血流量、氧和葡萄糖代谢。这些测量数据反映了不同脑区的神经元活动的数量，以更多地了解大脑是如何工作的。分辨率的提高允许对特定任务激活的脑区进行更好研究。PET 扫描的最大缺点是，放射性衰减迅速，仅限于监测短期任务。在 fMRI 技术出现之前，PET 扫描是功能性（相对于结构性）大脑成像的首选方法。PET 扫描也被用于脑部疾病的诊断，最显著的原因是脑瘤、中风和导致痴呆的神经损伤疾病（如阿尔茨海默病）都会引起脑部代谢的巨大变化，而这些变化反过来又会导致 PET 扫描中容易检测到的变化。

将脑成像方法与脑损伤方法相结合进行语言处理的研究，使得人们对单词联想关系的多面性及其组成过程在大脑中的相应分布有了新的认识。一般来说，对单词的记忆和词汇处理的研究表明，不同的脑区可能会有不同的参与，这取决于参与分析的语义特征和感知特征。词语分析不同方面的可分离性的一个证明涉及大脑的左腹侧前额叶脑区，这个脑区优先参与动词转换名词的生成任务。在检索表示动作的词汇时，这个脑区似乎也起着关键作用。fMRI 显示，在完成单词任务时，一个类似的脑区被激活。然而，用动词回应名词的 PET 研究显示，受试者的皮质激活模式仅部分重叠，几乎与涉及对其他名词对名词的响应或分析单词的语法和词汇特征的任务完全重叠（图 11.17）。

这表明随着语义关系的变化，前额叶区的募集存在细微的差异。此外，左腹侧前额叶区似乎并不参与熟悉物体的命名。根据视觉提示检索目标词与人名已被证明在左中腹侧颞叶不同部位受损的患者中有不同程度的受损，这种区别似乎也与成像研究相吻合，成像研究显示这些脑区在命名任务时优先被激活，如图 11.17 所示。图 11.17（a）：识别故事中的语法错误和语义类别（PET），此项研究要求受试者监视故事的语法错误或特定语义类别中单词的出现，这两项任务产生的 PET 激活模式略有不同，但在额叶前运动区和腹侧前额叶皮层有重叠，前扣带回皮质和辅助运动区也被激活。图 11.17（b）：词的语义处理和非语义处理，fMRI 用于区分词汇处理任务的任务难度效应和相似任务的语义处理效应，语义和非语义两种处理在相邻的腹侧前额叶区表现出不同的效应。图 11.17（c）：命名错误（病变）与图片命名，结合 PET 研究和局灶性脑损伤患者的数据，构建三种图片命名的关键脑区地图。根据不同的词汇联想特征（人名、动物名、工具名），招募了不同的颞叶皮质区（传统韦尼克区以外）患者，病变局限于颞叶。PET 图像还显示了腹侧额叶和扣带回皮层的激活。根据语义特征的不同，语义处理似乎需要对颞叶的腹侧和外侧进行不同的细分。图 11.17（d）：文字或相应图片的处理，在对单词或图片进行语义判断时激活的皮层区，通过脑血流的 PET 分析识别，并减去每个任务单独激活的脑区。所有这些都涉及腹侧前额叶皮层的激活，动词 - 名词词关联任务也是如此。颞下皮层的额外参与证明了语义处理中皮层区域的分布式补充。

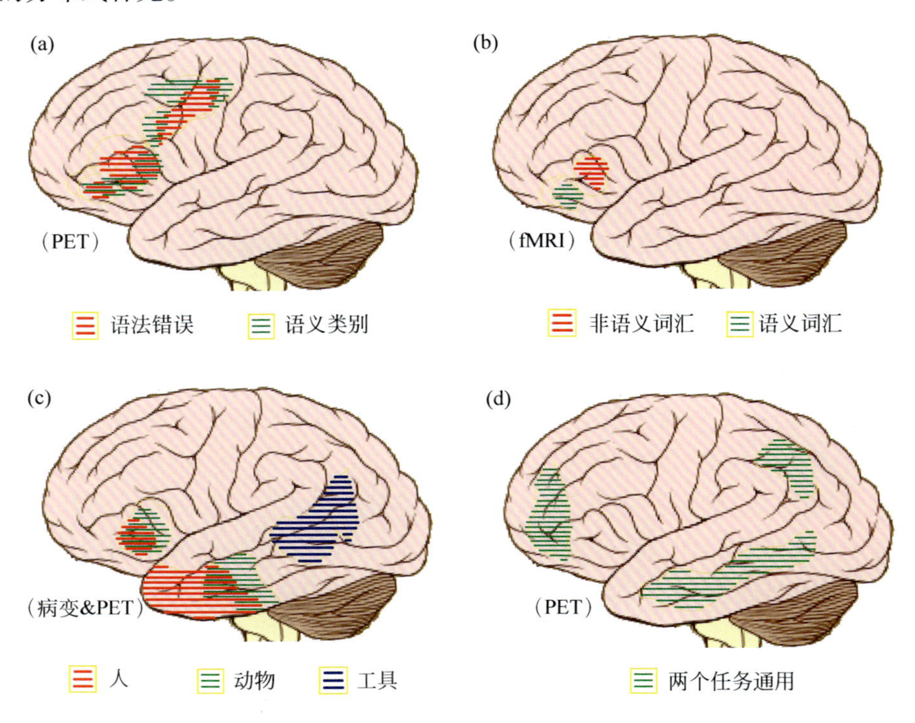

图 11.17 词汇和句子语义加工定位的脑成像研究总结

小结

通过对失语症的研究总结出大脑各语言脑区的定位及其功能，为语言认知机制模型的建立打下理论基础。通过说话的性质、状况，以及根据流利程度、理解力及命名能力，对失语症进行了分类。通过失语症的特点、病灶部位及病因对布洛卡失语症、韦尼克失语症、传导性失语症、经皮质性失语症、命名性失语症、完全性失语症、原发性渐进式失语症、聋人失语症、丘脑性失语症、基底神经节失语症、交叉性失语症进行了系统性论述，研究了失语症的认知与阅读障碍。

思考题

1. 为什么布洛卡和韦尼克两位脑外科医生是失语症研究的先驱？为什么失语症的特点、病灶部位及病因是研究各脑区功能的一个观察窗口？

2. 请论述丘脑性失语症和基底神经节失语症的特点。

3. 如何从前颞叶脑部疾病引起的语义障碍发现前颞叶对人类的语义能力的至关重要性？

4. 阅读障碍、认知障碍与失语症有何关系？

5. 皮质性失语症与白质纤维束的传导性失语症有何不同？

第 4 篇

人工智能与大脑语言处理模型

第12章
神经元与神经网络模型

本章课程的学习目的和要求

1. 对神经元的种类及工作机制有基本的了解，充分理解单个人工神经元模型，它是神经网络的基本组成部分。
2. 理解多层前馈神经网络、径向基函数（radial basis function, RBF）神经网络和反馈循环网络的工作原理和学习算法；基本掌握有监督学习算法，前馈网络与反馈网络的功能和算法差异。
3. 基本掌握自组织映射神经网络的无监督学习算法和运作机制，对深度神经网络模拟人脑的认知结构，以及堆叠自编码网络和几种深度学习神经网络的功能与性能有基本的认识。

大脑本身是一个非常复杂的系统，而语言功能与大脑之间关系的描述仍然是一个巨大的挑战。大脑由灰质和白质组成。灰质（图 1.10）由大约 1000 亿个神经元细胞组成，这些神经元细胞通过数万亿个突触相互连接。每个神经元都有许多连接，通过树突可以接收来自其他神经元的信号，也可以通过轴突连接将信号转发到其他神经元，见图 12.1。轴突

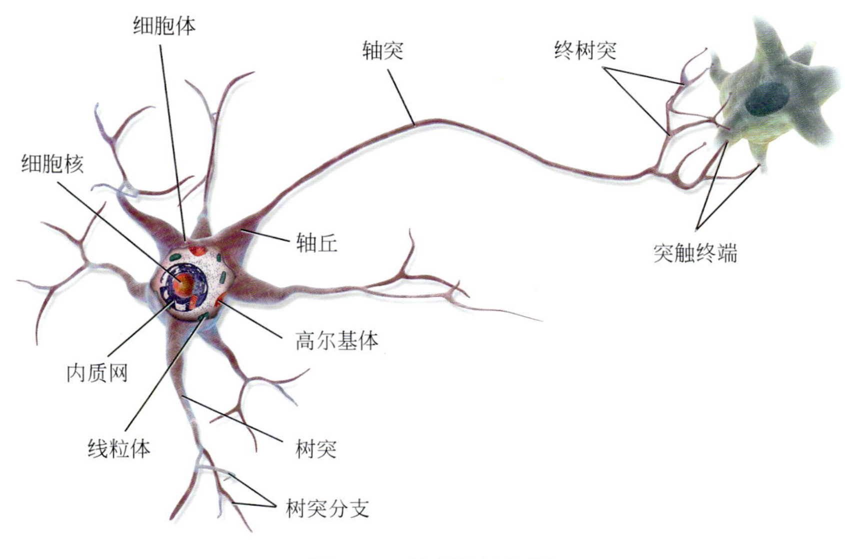

图 12.1　神经元结构图

通过突触与其他神经元接触，在突触处信号的传递通过神经递质（主要以旁分泌方式传递信号）来实现。相比之下，白质（图 1.10）只有很少的神经元细胞，由纤维束组成，通过短程纤维束连接邻近的脑区，通过远程纤维束连接较远的脑区，以保证这些脑区之间的通信。在成熟状态下，这些纤维束被髓鞘围绕，髓鞘起着绝缘作用，并使信号能够快速传播。灰色和白质都是包括语言在内的所有认知能力的基础。大脑不同层次的功能还没有被完全理解，这体现在从单个神经元及其之间的通信到局部回路，以及与神经元集合甚至整个脑区通信的大回路等各个层次中。但是，在过去的几个世纪，我们对大脑的认识有了很大进步，这使我们能够对神经语言网络进行描述。如今，我们能够将来自语言相关脑区的不同神经科学层次的数据集中在一起，从细胞和分子水平到神经回路，再到由远程的脑区组成的更大神经网络所代表的系统层次。所有这些层次的分析形成了对人脑语言的一个生理学的综合观点。

12.1 神　经　元

12.1.1　神经元及其工作机制

神经元，即神经细胞，是一种可产生 / 接受电刺激的细胞，通过称为突触的专门连接与其他细胞通信。除海绵动物和丝盘虫外，它是所有动物神经组织的主要成分。植物和真菌没有神经细胞。神经元的结构如图 12.1 所示，其主要成分解释如下：

树突：在生物神经元中，树突充当输入向量。这些树突允许细胞接收大量（>1000）邻近神经元的信号。每个树突都能够执行与该树突“权值”进行“乘法”。“权值”更新是通过增加 / 减少突触神经递质与响应突触神经递质而进入树突的信号化学物质的比例来完成的。负增殖效应可以通过沿着树突传递信号的抑制（即相反的带电离子）来响应突触神经递质的接收来实现。

细胞体：在生物神经元中，细胞体有对神经信号求和功能的作用。当正信号和负信号（分别为兴奋和抑制信号）从树突到达细胞体时，正离子和负离子通过在细胞体内溶液中混合在一起使输入信号被有效地相加。

轴突：轴突从发生在体细胞内的求和行为中获取信号。轴突的打开实际上采样了细胞体内部溶液的电位。一旦细胞体达到一定的电位，轴突将沿其长度方向发送全信号脉冲。在这方面，轴突表现出连接人工神经元和其他人工神经元的能力。

神经元通常根据其功能分为三类：

（1）感觉神经元：对触摸、声音或光线等影响感觉器官细胞的刺激作出反应，并向脊髓或大脑发送信号。感觉神经元也称为传入神经元，将来自组织和器官的信息传递到中枢神经系统。

（2）运动神经元：也称为传出神经元，将中枢神经系统的信号传递给效应细胞，接收来自大脑和脊髓的信号来控制从肌肉收缩到腺体分泌的一切生理活动。

（3）中间神经元：连接中枢神经系统特定区域内的神经元，将神经元与大脑或脊髓的同一区域内的其他神经元相连。一组连接的神经元称为神经回路。

传入和传出通常还分别指将信息带入大脑或从大脑发出信息的神经元。

典型的神经元由细胞体（soma）、树突和单个轴突组成（如图 12.1 所示）。细胞体通常是紧密的，轴突和树突是从中突出的纤维。树突通常会有大量分支，从细胞体向外延伸几百微米。轴突在被称为轴突丘的隆起处离开细胞体，在人体中最远可传播 1 米远，在其他物种中可能传播更远。轴突有分支，但通常保持恒定的直径。在轴突分支的最末端是轴突末端，在那里神经元可以通过突触向另一个细胞传递信号。大多数神经元通过树突和细胞体接收信号，并沿轴突向后发送信号。在大多数突触中，信号从一个神经元的轴突传递到另一个神经元的树突。但是，突触可以将轴突连接到另一个轴突，或将树突连接到另一个树突。信号传递过程部分是电的，部分是化学的。由于神经元需要维持细胞膜上的电压梯度，神经元具有电兴奋性。如果电压在很短的间隔内发生足够大的变化，则神经元就会产生一个全有或全无的电化学脉冲，称为动作电位。这种电位沿轴突快速传播，在到达突触连接时激活它们。突触信号可能是兴奋性的或抑制性的，从而增加或降低突触后神经元的净电压。

神经元高度特化于细胞信号的处理和传输。由于它们在神经系统不同部位的功能各不相同，所以它们的形状、大小和电化学性质也各不相同。例如，神经元的细胞体直径可以从 4~100 μm 不等。细胞体是神经元的主体。由于它包含细胞核，大多数蛋白质的合成都发生在这里。细胞核的直径范围为 3~18 μm。神经元的形状和大小各不相同，可以根据其形态和功能进行分类。解剖学家卡米洛·高尔基（Camillo Golgi，1906 年诺贝尔生理学或医学奖得主）将神经元分为两种类型：带有长轴突的 I 型用于长距离移动信号，带有短轴突的 II 型经常与树突混淆。I 型细胞可以通过细胞体的位置进一步分类。I 型神经元的基本形态以脊髓运动神经元为代表，由一个叫作细胞体和一个被髓鞘覆盖的细长轴突组成。树突树环绕细胞体，接收来自其他神经元的信号。轴突的末端有分支终端（轴突末端），这些末端将神经递质释放到末端与下一个神经元的树突之间的间隙，称为突触裂隙。高尔基提出了大脑是一个复杂的网状理论，认为大脑是由大量单个神经元通过神经纤维相互连接形成一个网络，而不是由离散的细胞构成的。

神经元的树突是具有许多分支的细胞延伸结构。这种整体的形状和结构被比喻为树状树（dendritic tree）。神经元的大部分输入都是通过树突棘进行的。轴突是一种更精细的、缆索状的突出物，其长度可达细胞体直径的数十倍、数百倍甚至数万倍。轴突主要将神经信号从细胞体中带走，并将一些信息带回细胞体。许多神经元只有一个轴突，但该轴突可能且通常会进行广泛分支，从而能够与许多靶细胞进行通讯。轴突从细胞体中出来的部分叫作轴突丘。除了解剖结构外，轴突丘还具有电压依赖性钠离子通道的最大密度，这使得它成为神经元最容易被激活的部分，也是轴突的启动区。在电生理学方面，它具有最大的负阈值电位。虽然轴突和轴突丘通常参与信息的流出，但这个区域还可以接收其他神经元的输入。轴突末梢位于离细胞体最远的轴突末端，包含突触。突触结（synaptic bouton）是一种特殊的结构，神经递质化学物质在此被释放出来与目标神经元进行交流。除了轴突末端的突触外，神经元可能还具有沿轴突长度方向分布的旁结（en passant boutons）。

12.1.2　神经元的种类及其工作机制

神经元的结构分类是根据其极性来划分的，共有以下四类（如图 12.2 所示）。

（1）单极神经元，在解剖上表征为单极、单过程；

（2）双极神经元，在解剖上表征为 1 个轴突和 1 个树突；

（3）多极神经元，在解剖上表征为 1 个轴突和 2 个或更多树突；

（4）伪单极神经元，在解剖上表征为同时起轴突和树突的作用。

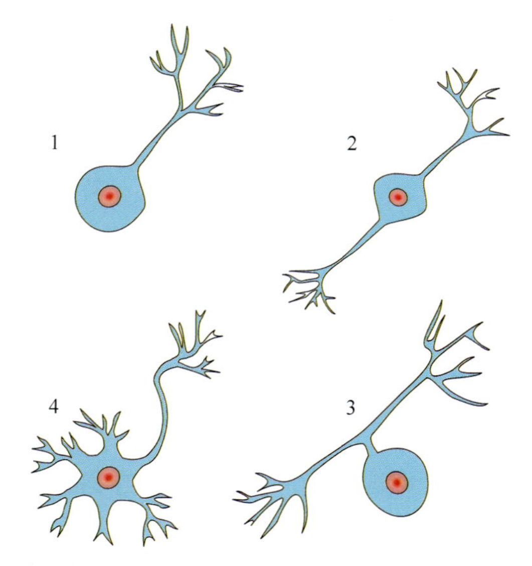

1. 单极神经元；2. 双极神经元；3. 多极神经元；4. 伪单极神经元。

图 12.2　不同种类的神经元

对其他神经元的作用

神经元通过释放一种与化学受体结合的神经递质来影响其他神经元。对突触后神经元的影响是由被激活的受体类型决定的，而不是由突触前神经元或神经递质决定的。与突触相关的胶质细胞能够整合神经元信息输入，且能通过释放递质来调节神经突触的活动。同一神经递质可以激活多种类型的受体。受体可大致分为兴奋性（引起激发率增加）、抑制性（引起激发率降低）或调节性（引起持久的作用，与激发率没有直接关系）。大脑中最常见的两种神经递质（谷氨酸和氨基丁酸）（90%以上）具有基本一致的作用。通常将释放谷氨酸的细胞称为“兴奋性神经元”，而将释放氨基丁酸的细胞称为“抑制性神经元”。其他类型的神经元具有一致的作用，例如，脊髓中有释放乙酰胆碱的“兴奋性”运动神经元和释放甘氨酸的“抑制性”脊髓神经元。原则上，一个神经元释放的一种神经递质，可以对某些靶标产生兴奋作用，对其他靶标具有抑制作用，而对其他靶标仍具有调节作用。

尽管神经元通常被描述为大脑的“基本单位”，但它们执行内部计算。神经元在树突中整合输入。神经元之间通过突触通信，一个细胞的轴突末端与另一个神经元的树突（或细胞体）或轴突（不太常见）相互接触。小脑中的浦肯野（Purkinje）细胞等神经元可具有 1000 多个树突分支，并与成千上万的其他细胞连接。其他神经元，如视上核的大细胞神经元，仅具有一个或两个树突，每个树突均接受数千个突触。突触可以是兴奋性的或抑制性的，它们分别增加或减少目标（靶）神经元的活性。一些神经元还通过电突触进行交流，电突触是细胞之间直接的导电连接。

人脑大约有 8.6×10^{10}（860 亿）个神经元。每个神经元平均有 7000 个与其他神经元的突触连接。据估计，一个 3 岁孩子的大脑大约有 10^{15}（1 千万亿）个突触。这个数字随着年龄的增长而下降，在成年期趋于稳定。对一个成年人的估计是不同的，从 10^{14}~5×10^{14}（100 万亿 ~500 万亿）个突触。大脑中神经元的数量因物种而异。据估计，人类大脑皮层有 100 亿 ~200 亿个神经元，小脑有 550 亿 ~700 亿个神经元。相比之下，线虫类蠕虫秀丽隐杆线虫仅具有 302 个神经元，这使其已成为理想的生物模型，科学家已经能够绘制出其所有神经元的图。果蝇（drosophila melanogaster）是生物学实验中的常见对象，具有约 10 万个神经元，并表现出许多复杂的行为。神经元的许多特性，例如用于离子通道组成的神经递质的类型，都是跨物种的，这使科学家能够在简单得多的实验系统中研究更复杂生物体中发生的过程。

在发育过程中，大脑结构和其他部位依照连续生效的规则（运算法则）经历转变。大脑发育法则体现在很多方面，包括指示神经元迁移的路线和轴突生长、轴突间竞争、趋化性和赫布（Hebbian）的突触增强的映射规则。(神经元)连接的繁茂发育，即轴突、轴突分支和突触的过分繁殖及随后的选择，是构成生物神经网络发育基础的计算法则之一。该计算法则被广泛应用于人工神经网络的成果中。人工神经元是一种数学函数，被认为是生物神经元的模型，即人工神经网络。人工神经元是人工神经网络中的基本单位。人工神经元接收一个或多个输入（代表神经树突处的兴奋 / 抑制性突触后的电位），并将它们相加以产生输出（代表沿其轴突传递的神经元的动作电位）。通常，每个输入都分别进行加权，并整合通过激活函数或传递函数的非线性函数传递。传递函数通常为 S 形，但也可采用其他非线性函数、分段线性函数或阶跃函数的形式。它们通常也是单调递增的、连续的、可微的和有界的。阈值函数启发了逻辑门的建立，称为阈值逻辑。适用于构建类似于大脑处理的逻辑电路。例如，近年来，诸如忆阻器之类的新器件被广泛用于开发这种逻辑。

12.2 人工神经元模型

12.2.1 人工神经网络发展概况

与大多数人工神经元不同的是，生物神经元以离散脉冲的方式放电。每次细胞体内的电位达到某个阈值时，一个脉冲就沿轴突向下传输。这种脉冲可以转换成连续的数值。轴突放电的速率（每秒的激活率）可直接转换为相邻细胞接收信号离子的速率。生物神经元放电越快，附近神经元积累电位（或失去电位，取决于连接到放电神经元的树突的“权重”）的速度就越快。正是这种转换使计算机科学家和数学家能够使用输出不同值（如 –1~1）的人工神经元来模拟生物神经网络。神经元的工作原理如图 12.3 所示。

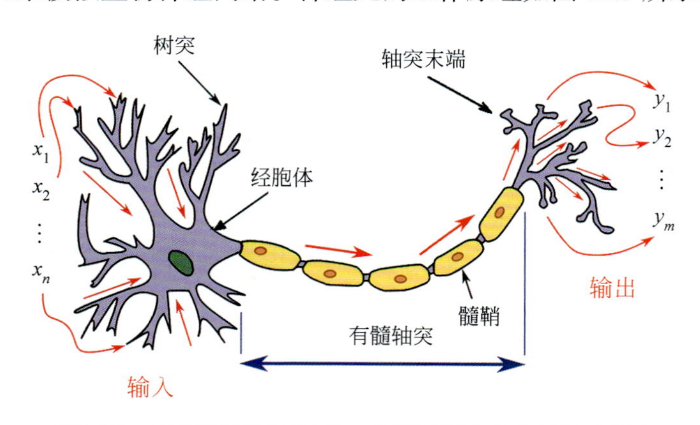

图 12.3　神经元和有髓轴突，信号从树突输入到轴突输出

神经编码与神经元如何在大脑中表达感觉和其他信息有关，神经元可以同时对数字和模拟信息进行编码。研究表明，一元编码用于负责鸟鸣产生的神经回路。

大脑被看作是由分散的、相互作用的大量神经元汇集形成的分布式智能处理系统，每一神经元都有擅长，例如，数据收集（传感器）、问题解决（联想神经元）、数据通信（神经元间的连接系统）以及遵照周围环境行事（运动神经元）。大脑越大，它适应和存活于迅速变化环境的能力就越强，（生物物种的）突变和自然选择为这种大脑扩大提供了机制。顶下脑区将数字符号转化为数值的过程以及相对数字大小的表达是至关重要的；前额叶皮层则被认为负责连续操作的顺序排序，控制着它们的执行、纠错以及言语响应的抑制等过程。人类的算数能力产生于复杂的大脑处理，包括广泛分布于大脑的不同类型的神经细胞，其每一类型负责着整个问题的某一特别子任务的解决。麦卡洛克（McCulloch）和皮茨（Pits）从这些观点提出了一种内在的逻辑运算，自从那时起人工神经网络中的神经元形式化已作为连接主义方式的经典模型。

人工神经网络的发展经历了若干时期，早在 1943 年，美国心理学家麦卡洛克（McCulloch）和数学家皮茨（Pits）在数学生物物理学通报（Bulletin of Methematical Biophysics）发表了著名的 M-P 模型，该模型阐明了单个神经细胞行为的数学模型，是从信息处理角度建立的阈值加权和模型。

1949 年，心理学家赫布（Hebb）提出神经系统的 Hebb 学习规则，即两个神经元均处于兴奋状态，则两神经元的连接性加强；若两个神经元处于抑制状态，则连接性减弱。

1957 年，罗森布拉特（Rosenblatt）提出了“感知器（perceptron）”，从工程角度阐明了神经网络感知器具有分布式存贮、并行处理、可学习性、连续计算等基本性质，可以完成线性分类。

1969 年，由美国马省理工学院（MIT）人工智能实验室主任马文 · 明斯基（Marvin

Minsky，1969 年计算机人工智能领域的图灵奖获得者）和西摩·派珀特（Seymour Papert，信息化 Logo 之父）出版了《感知器》（Perceptrons, MIT Press, 1969）一书，两位作者分析了罗森布拉特的单层感知器的原因是不能解决简单的异或（XOR）等线性不可分问题。虽然多层前馈网络能够解决非线性分类的问题，但它又没有合适的学习训练算法，人们对感知器有很多消极悲观的论述，加上两位作者在学术界、政府和大企业研究机构的重要影响力，导致政府和大企业不再提供经费支持神经网络的研究，将神经网络研究推入了低谷。

低迷停滞期直到 1982 年，美国加州工学院物理学家霍普菲尔德（Hopfield）提出了离散 Hopfield 反馈循环网络，其可以进行联想记忆，并具有信号去噪等功能。1984 年霍普菲尔德运用运算放大器设计研制了连续 Hopfield 神经网络的电子电路，并将其成功应用于解决 NP 难解的“旅行商问题（travelling salesman problem，TSP）”。1986 年，美国加利福尼亚大学圣迭戈分校（University of California，San Diego）的并行分布处理（parallel distributed processing，PDP）小组的鲁梅尔哈特（Rumelhart）和麦克莱兰（Meclelland）等在英国 Nature 期刊上发表了多层前馈神经网络（multi-layer feedforward neural networks）的 BP（back-propagation）学习算法，使其可以完成许多非线性分类、数据拟合等学习任务（非线性映射）。在这一时期芬兰科学家科霍宁（Kohonen）从生理学和脑科学研究成果的基础上提出 SOM（self-organnizing map）自组织映射神经网络用于语音音素识别，对大词汇表连续语音识别取得了很好效果。这些出色的成果将神经网络研究推向高潮。

20 世纪 90 年代以后神经网络的研究进入了再认识和应用期，2006 年美国斯坦福大学亚裔人工智能专家吴恩达（Andrew Ng）提出了机器学习的 Deep Learning 理论，用于建立和模拟人脑分析学习的神经网络，成为机器学习领域的研究热点，目前 Google 公司已成功地将深度学习应用于语音识别、图像处理和自然语言处理等领域。

神经网络的学习方式分为有监督（导师）的训练学习和无监督的训练学习。

有监督的训练（supervised training）：根据实际输出与期望输出的偏差，按照一定的准则调整更新各神经元连接的权值。有监督的学习不能保证得到全局最优解，通常需要大量训练样本，对样本的训练次序比较敏感且收敛速度慢，可用于分类、函数拟合等。常用的有监督训练的网络模型有单层感知器，多层前馈 BP 网络等。

无监督的训练（un-supervised training）：根据其输入数据的分布特性调整连接权值，可用于数据聚类。常用的无监督训练网络模型有 SOM 自组织映射神经网络等。

神经网络的结构和训练运行方式具有并行分布式的特点。大量神经元组成一个网络。每个神经元只有一个输出，可以连接到多个其他的神经元；每个神经元输入有多个输入（连接通道），每个连接通道对应一个连接权值，该权值具有可塑性，可通过学习训练进行自适应更新。

12.2.2 单个人工神经元模型

单个神经元模型 M-P 模型或最简单的神经网络模型感知器（perceptron）模型最早

于 1943 年，美国神经生理学家和控制论专家沃伦·斯特吉斯·麦卡洛克（Warren Sturgis McCulloch，1898—1969）和数学家和计算神经科学的逻辑学家沃尔特·哈里·皮兹（Walter Harry Pitts）（1923—1969）（如图 12.4 所示）在总结生物神经元的基本生理特征的基础上提出并证明了可以在有限的形式神经元网络中实现图灵机程序，神经元是大脑的基本逻辑单元，该算法模仿大脑中神经元的生理活动过程，其数学模型与构造方法和实际神经元的功能相对应，两位作者对人工神经网络的主要贡献是建立了阈值加权求和模型，该模型简称 M-P 模型。其论文 A logical calculus immanent in nervous activity 发表于著名国际学术刊物 Bulletin of Mathematical Biophysics，1943，(5): 115-133。M-P 模型是神经网络的第一个数学模型，该模型将一个神经元简单地形式化，是神经网络领域的参考标准，被称为 McCulloch-Pitts 神经元。

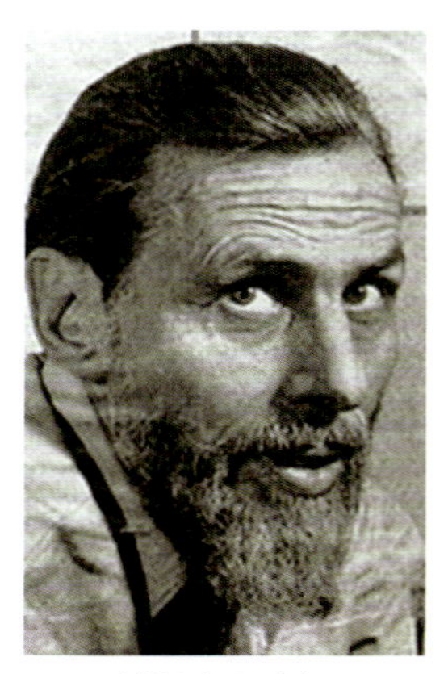

神经生理学家
Warren McCulloch

数学家
Walter Pitts

图 12.4　M-P 神经元模型的作者

基于此模型将神经网络应用于人工智能，其神经元的结构及其联结如图 12.5 所示，神经元之间的联结强度对应于 M-P 模型的连接权值，该权值决定信号传递的强弱。大脑具有可塑性，神经元之间的联结强度（权值）可随训练而改变，单个神经元接受信号的累计效果（空间整合，即净输入）决定该神经元的兴奋状态或抑制状态，每个神经元有一个可调节的阈值。M-P 模型采用有监督的训练方式，对线性可分的两类数据经过有限步训练，网络可达到收敛状态。M-P 模型是具有里程碑意义的神经活动和生成过程的理论表述，这些表述影响了各个领域，例如认知科学和心理学、哲学、神经科学、计算机科学、人工神经网络、控制论和人工智能，以及后来被称为生成科学的领域。

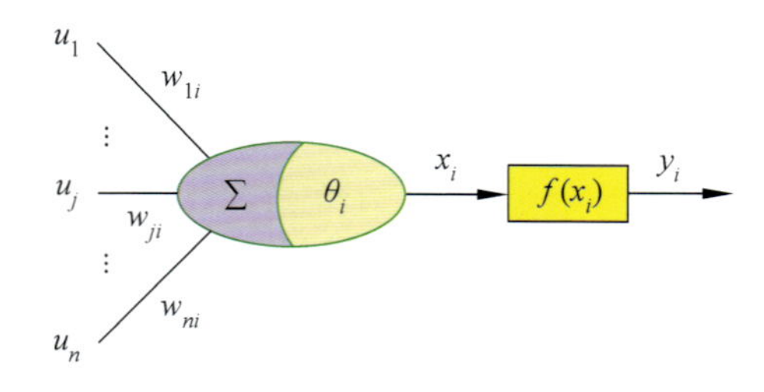

图 12.5　M-P 模型（单个神经元模型）

M-P 模型的工作机制如下。

输入：$U=[u_1,u_2, \cdots, u_j, \cdots, u_n]$，为 $n\times1$ 维的外来信号。

权值：$W=[w_{1i}, w_{2i}, \cdots, w_{ji}, \cdots, w_{ni}]$，为 $n\times1$ 维，是外来的 n 维信号或其他 n 个神经元的输出连接至第 i 个神经元的连接强度。

阈值：θ_i 为第 i 个神经元的阈值。

第 i 个神经元的净输入：

$$x_i = \sum_{j=1}^{n} w_{ji} u_j - \theta_i$$

第 i 个神经元的输出：

$$y_i = f(x_i) = f\left(\sum_{j=1}^{n} w_{ji} u_j - \theta_i\right)$$

其中 $f(x)$ 是激活函数，有多种形式，主要起压缩净输入的作用，可以为单位阶跃函数：

$$f(x)=\begin{cases}1, & x\geqslant 0\\ 0, & x<0\end{cases}$$

或对称阶跃函数：

$$f(x)=\begin{cases}+1, & x\geqslant 0\\ -1, & x<0\end{cases}$$

当激活函数为高电平时（+1），神经元处于激活状态；当激活函数为低电平时（0 或 −1），神经元处于抑制状态。阶跃函数形式的激活函数使用简单、方便，其缺点是在 $x=0$ 处不可求导。

下面我们来证明 M-P 模型无法对异或（Exclusive-OR）问题进行分类。如果 M-P 模型采用单位阶跃函数，那么对应的输入数据为 $U=[u_1,u_2]$，权值 $W=[w_1, w_2]$，神经元的净输入为 x，输出为 $y=f(w_1u_1+w_2u_2-\theta)$，归纳于表 12.1 中。

表 12.1 M-P 模型无法对异或问题分类

u_1	u_2	y	$y=f(w_1u_1+w_2u_2-\theta)$	$x=w_1u_1+w_2u_2-\theta$
0	0	0	$0=f(-\theta)$	$-\theta<0$
1	0	1	$1=f(w_1-\theta)$	$w_1-\theta\geqslant 0$
0	1	1	$1=f(w_2-\theta)$	$w_2-\theta\geqslant 0$
1	1	0	$0=f(w_1+w_2-\theta)$	$w_1+w_2-\theta<0$

这样我们得到：$\theta>0$, $w_1\geqslant\theta$, $w_2\geqslant\theta$, $w_1+w_2<\theta$；即：$2\theta\leqslant w_1+w_2<\theta$，且 $\theta>0$，此方程无解，因此 M-P 模型无法对异或问题分类。

当激活函数为线性函数：$f(x)=x$ 时，该函数可以求导，因输入与输出为线性关系，当神经元的净输入很大时，神经元的输出也很大，但与真实大脑的神经元特性不符。

当激活函数为 Sigmoid 函数时：

$$f(x)=\frac{1}{1+\mathrm{e}^{-\beta x}},\quad \beta>0$$

当激活函数为双曲正切 tanh 函数时：

$$f(x)=\frac{1-\mathrm{e}^{-\beta x}}{1+\mathrm{e}^{-\beta x}},\quad \beta>0$$

Sigmoid 函数 $[0\leqslant f(x)\leqslant 1]$ 和双曲正切 tanh 函数 $[-1\leqslant f(x)\leqslant 1]$，均是连续递增函数，且处处可导。

M-P 模型的感知器具有线性分类能力，分为离散型感知器和连续型感知器，离散型感知器是连续型感知器的一种特殊形式。M-P 模型是单输出的网络，只能完成两类分类。因这种类型的感知器只有单层网络权值，通过感知器学习算法经有限次的有监督迭代训练后，可收敛到正确的权值向量（或矩阵）。单层感知器只能进行线性分类，它不具备非线性分类能力，对非线性分类问题利用感知器学习训练时网络权值就不收敛了。

对于多类线性可分问题，可通过多输入多输出的感知器训练完成，输入信号 $x=[x_1, x_2, \cdots, x_n]$ 为 n 维（多输入），输出层有 m 个神经元构成（对于图 12.5 中，$1\leqslant i\leqslant m$），即有 m 个输出 $o=[o_1, o_2, \cdots, o_m]$，$n$ 个输入与 m 个输出经过全连接形成 $n\times m$ 维的权值矩阵 w_{nm}。

单层感知器简单易用，具有神经网络的分布式存贮、并行处理、可训练学习以及连续计算等基本性质。Matlab 神经网络工具箱中有单层感知器的学习函数 learnp，在感知器学习训练过程中，根据网络的实际输出与期望输出的误差能量函数反复调节更新网络权值和阈值，当误差能量低于某一阈值时，最终得到最优的网络阈值和权值。

12.2.3 具有隐藏层的神经网络

在一系列模拟不同学习偏差对语言学习的影响的努力中，许多研究人员转向了神经网络模拟。神经网络计算模型借鉴了一些我们认为对大脑信息处理至关重要的功能。但实际上，绝大多数神经网络都是在大型快速数字计算机上运行的程序。神经网络由简单的元素（神经元节点）组成，这些元素以简单的方式（例如打开或关闭）响应它们的输入，节点之间的连接传递指示其他节点状态的信号。节点类似于神经元，而连接类似于连接神经元的轴突和树突。神经网络的操作由每个节点从其他节点“读取”其输入连接上的信号决定，然后使用一些简单的输入 - 输出转换规则，生成一个通过其输出连接发送到其他节点的信号。为了创建能够引起有趣行为的网络，通常以半随机指定且高度互连的模式将大量节点连接在一起。此外，有些节点连接到外部输入信号，而另一些节点连接到外部输出寄存器。那些没有直接连接到输入或输出的节点称为“隐藏单元”，如图 12.6 所示。网络的功能是由输出节点的信号相对于输入节点所呈现的整体模式所决定的。因此，这些输入模式到输出模式的关系是通过连接输出到输入节点的互连网络中分布的信号模式来调节的，而不是通过任何单个节点的状态或活动来调节的。

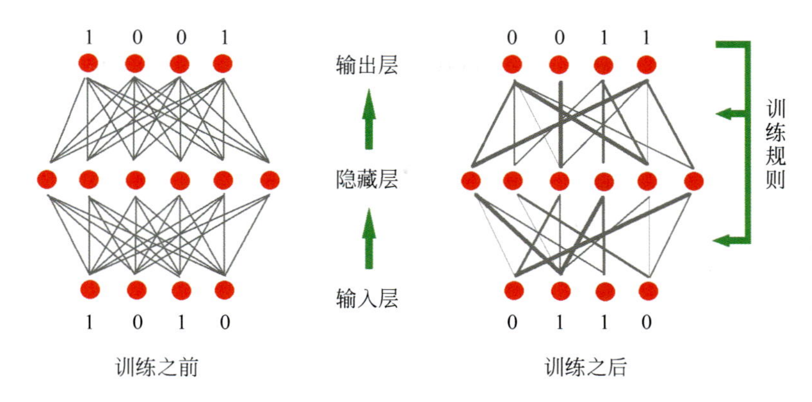

图 12.6 具有隐藏层的神经网络

图注：网络可以是由物理节点和连接组成的真实电子电路实现，通常是通过计算机模拟来实现这种行为。一个基本的神经网络由节点的三个“层”（输入层、输出层和隐藏层）以及它们之间的连接组成。

这种网络的行为之所以有趣，与它们的生物学对等物相似，网络节点之间的所有连接都可以根据特定的输入 - 输出模式进行调整。如果可以调整个体的“连接强度”，以减弱或增强一个节点对另一个节点的影响，那么网络的行为就可以逐步适应给定的将输入模式连接到输出模式的规则，这类似于训练学习的过程，而组织和训练网络的策略几乎是无限的。它们都具有针对全局行为的某些指标修改局部连接的通用逻辑。因此，在对许多输入进行多次试验的过程中，可以训练网络来拟合给定的输入 - 输出关系目标集。由于某些最小设计元素的增量和间接选择，网络逐渐适应了产生给定行为的集合。

经过训练的神经网络表现出卓越的模式识别能力，如果一个经过训练的网络由于随机删除节点或连接而遭到破坏，那么它的行为很少会以全有或全无的方式失败。相反，随着损伤程度的增加，神经网络的性能会逐渐下降。这也使人联想到神经系统似乎对损害做出反应的方式，并证明这种类比并不完全是表面的。这些行为的本质在于这些网络在整体上分布其所体现的信息的方式。在神经网络中，输入 - 输出之间的映射关系被分解成分布在整个网络中的各个小平面，并真正体现在连接逻辑中。输入 - 输出关系实际上是由整个网络计算的，因此这种计算称为信息的并行分布式处理（PDP）。

假设多层前馈神经网络的输入层有 n 个神经元，其输入向量为 $X = \{x_1, x_2, \cdots, x_n\}$；隐藏层有 q 个神经元，隐藏层的输出向量为 $Y = \{y_1, y_2, \cdots, y_q\}$；输出层有 m 个神经元，输出层的实际输出向量为 $O = \{o_1, o_2, \cdots, o_m\}$，期望输出向量为 $D = \{d_1, d_2, \cdots, d_m\}$；输入层第 i 个神经元至隐藏层第 j 个神经元的连接权值为 v_{ji}，隐藏层第 j 个神经元至输出层第 k 个神经元的连接权值为 w_{kj}，如图 12.7 所示，则误差反传学习算法论述如下。

输出层的输出分别为：$o_k = f(net_k) = f\left(\sum_{j=1}^{q} w_{kj} y_j\right)$，$k = 1, 2, \cdots, m$

隐藏层的输出为：$y_i = f(net_j) = f\left(\sum_{i=1}^{n} v_{ji} x_i\right)$，$j = 1, 2, \cdots, q$

假设输入数据共有 L 个训练样本，某个训练样本的误差能量函数为：

$\mathrm{E} = \frac{1}{2}\sum_{k=1}^{m}(d_k - o_k)^2$

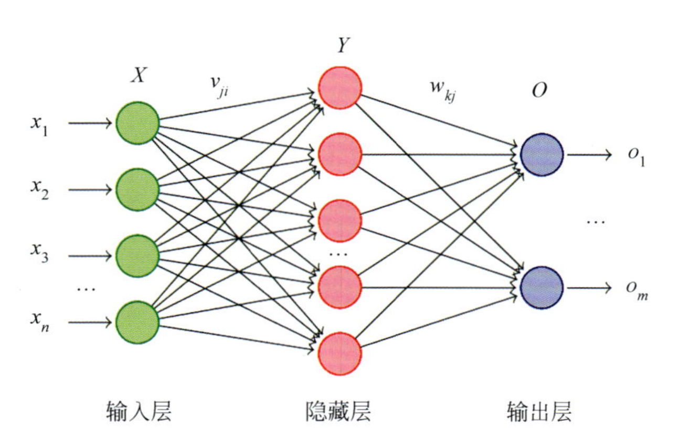

图 12.7　多层前馈神经网络的 BP 学习算法

现在要求误差能量函数的梯度下降函数越来越小，即 $\Delta w_{kj}=-\eta_1\frac{\partial E}{\partial w_{kj}}$ 和 $\Delta v_{ji}=-\eta_2\frac{\partial E}{\partial v_{ji}}$ 越来越小，直到收敛。

$$\Delta w_{kj}=-\eta_1\frac{\partial E}{\partial w_{kj}}=-\eta_1\frac{\partial E}{\partial net_k}\cdot\frac{\partial net_k}{\partial w_{kj}}=\eta_1\delta_k y_j$$

其中：$\delta_k=-\frac{\partial E}{\partial net_k}=-\frac{\partial E}{\partial o_k}\cdot\frac{\partial o_k}{\partial net_k}=(d_k-o_k)f'(net_k)$

若 $f(x)$ 为 sigmoid(x)函数，则 $\delta_k=(d_k-o_k)o_k(1-o_k)$

若 $f(x)$ 为 tanh(x)函数，则 $\delta_k=(d_k-o_k)(1-o_k^2)$

$$\Delta v_{ji}=-\eta_2\frac{\partial E}{\partial v_{ji}}=-\eta_2\frac{\partial E}{\partial net_j}\cdot\frac{\partial net_j}{\partial v_{ji}}=\eta_2\vartheta_j x_i$$

其中：$\vartheta_j=-\frac{\partial E}{\partial net_j}=-\frac{\partial E}{\partial y_j}\cdot\frac{\partial y_j}{\partial net_j}=-\left[\sum_{k=1}^{m}\frac{\partial E}{\partial net_k}\cdot\frac{\partial net_k}{\partial y_j}\right]\frac{\partial y_j}{\partial net_j}$

$$=-\left[\sum_{k=1}^{m}\delta_k w_{kj}\right]f'(net_j)$$

若 $f(x)$ 为 sigmoid(x)函数，则 $\vartheta_j=\left[\sum_{k=1}^{m}\delta_k w_{kj}\right]y_j(1-y_j)$

若 $f(x)$ 为 tanh(x)函数，则 $\vartheta_j=\left[\sum_{k=1}^{m}\delta_k w_{kj}\right](1-y_j^2)$

算法步骤

（1）初始化权值

w_{kj} 和 v_{ji} 赋予小的随机数（将神经元的阈值并入 w_{kj} 和 v_{ji} 中）。

（2）在 L 个样本数据中输入某个训练样本 X，若 X 属于第 i 类（$i=1, 2, \cdots, m$），则期望输出 $D=\{d_1, d_2, \cdots, d_m\}$ 中 $d_i=1, d_j=0, j\neq i$。

（3）计算

$$o_k=f\left(\sum_{j=1}^{q}w_{kj}y_j\right),\ k=1,2,\ldots,m$$

$$y_j=f\left(\sum_{i=1}^{n}v_{ji}x_i\right),\ j=1,2,\ldots,q$$

（4）修正权值 w_{kj} 和 v_{ji}

$\Delta w_{kj} = \eta_1 \delta_k y_j$

若 $f(x)$为 sigmoid(x)函数，则$\delta_k = (d_k - o_k)o_k(1 - o_k)$

若 $f(x)$为 tanh(x)函数，则$\delta_k = (d_k - o_k)(1 - o_k^2)$

$\Delta v_{ji} = \eta_2 \vartheta_j x_i$

若 $f(x)$为 sigmoid(x)函数，则$\vartheta_j = \left[\sum_{k=1}^{m} \delta_k w_{kj}\right] y_j(1 - y_j)$

若 $f(x)$为 tanh(x)函数，则$\vartheta_j = \left[\sum_{k=1}^{m} \delta_k w_{kj}\right](1 - y_j^2)$

然后将$w_{kj} + \Delta w_{kj}$赋予w_{kj}，$v_{ji} + \Delta v_{ji}$赋予v_{ji}

（5）判断网络是否收敛

$$计算\ E = \frac{1}{2} \sum_{L\text{个训练样本}} \sum_{k=1}^{m} (d_k - o_k)^2$$

若 $E < \varepsilon$（其中 ε 为很小的值），则认为网络收敛，否则返回（2）继续训练。

若经过 N 次迭代训练网络仍无法收敛，则该网络无法对给定的数据集进行分类，应调节隐藏层神经元的个数，或增加隐藏层的层数。

12.2.4 单隐藏层的 RBF 神经网络及其工作原理

径向基函数（radial basis function, RBF）神经网络和 BP 神经网络均是前馈型网络，由输入层、隐藏层和输出层构成一个两层权值网络。RBF 网络的隐藏层神经元节点的激活函数是高斯核函数，RBF 网络需要更多的隐节点神经元，而 BP 网络的隐藏层就是普通的神经元构成，如图 12.8 所示。两者均用有监督的训练完成网络权值参数的学习。

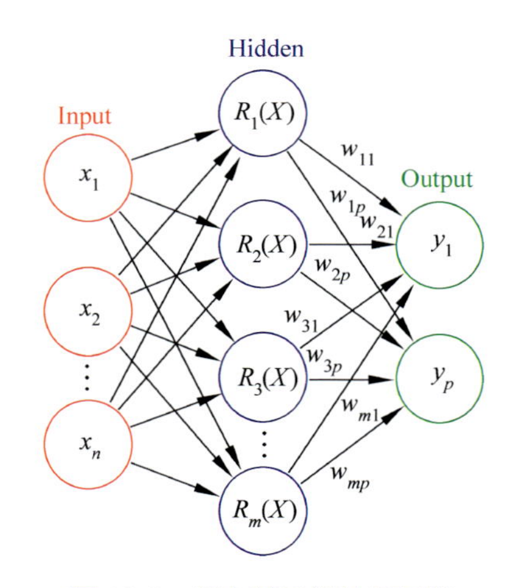

图 12.8 径向基函数神经网络

一个 RBF 网络是由两层构成，它由 m 个径向基神经元的隐藏层和 p 个神经元的线性输出层构成。假定 n 维输入矢量 $X=[x_1, x_2, \cdots, x_n]$，则一个 RBF 网络的输出矢量是 $Y=[y_1, y_2, \cdots, y_p]$，其中：

$$y_k = \sum_{i=1}^{m} w_{ik} R_i(X),\ k=1,2,\ldots,p$$

$$R_i(X) = \exp[-(X-\mu_i)^{\mathrm{T}} \Lambda_i^{-1} (X-\mu_i)/2] = \exp\left[-\frac{\|X-\mu_i\|^2}{2\sigma_i^2}\right]$$

其中，$R_i(X)$ 是径向基函数，$i = 1, 2, \ldots, m$。$\Lambda_i = \mathrm{diag}(\sigma_{i1}^2, \sigma_{i2}^2, \cdots, \sigma_{in}^2)$ 是隐藏节点 i 的 RBF 方差（宽度参数），$\mu_i = [\mu_{i1}, \mu_{i2}, \ldots, \mu_{im}]$ 是隐藏节点 i 的 RBF 中心。

误差能量函数为：

$$E=\frac{1}{2}\sum_{k=1}^{p}(d_k-y_k)^2,\ k=1,2,\cdots,p$$

其中 d_k 为输出层的输出节点 k 的期望输出。

加权更新采用梯度下降算法，如式 (12-1) 所示：

$$\Delta w_{ik}=-\eta\frac{\partial E}{\partial y_k}\cdot\frac{\partial y_k}{\partial w_{ik}}=\eta\delta_k R_i(X) \tag{12-1}$$

这里 $\delta_k=d_k-y_k$，$k=1,2,\cdots,p$，$i=1,2,\cdots,m$。η 是学习率。

假设$s_i=\dfrac{\|X-\mu_i\|^2}{2\sigma_i^2}$，则$R_i(X)=\exp(-s_i)$，径向基神经元的中心参数更新如下式所示：

$$\Delta\mu_{ij}=-\eta\frac{\partial E}{\partial\mu_{ij}}=-\mu\frac{\partial E}{\partial s_i}\cdot\frac{\partial s_i}{\partial\mu_{ij}}=\eta\left[-\frac{\partial E}{\partial s_i}\right]\cdot\frac{\partial s_i}{\partial\mu_{ij}}=\eta\zeta_i\cdot\frac{\partial s_i}{\partial\mu_{ij}}$$

这里，$\zeta_i=-\dfrac{\partial E}{\partial s_i}=-\dfrac{\partial E}{\partial R_i(X)}\cdot\dfrac{\partial R_i(X)}{\partial s_i}=-\left(\sum_k\dfrac{\partial E}{\partial y_k}\cdot\dfrac{\partial y_k}{\partial R_i(X)}\right)\cdot\dfrac{\partial R_i(X)}{\partial s_i}=-(\sum_k\delta_k\cdot w_{ik})\exp(-s_i)$

和$\dfrac{\partial s_i}{\partial\mu_{ij}}=-\dfrac{x_j-\mu_{ij}}{\sigma_{ij}^2}$，因此我们有：

$$\Delta\mu_{ij}=\eta\zeta_i\cdot\frac{\partial s_i}{\partial\mu_{ij}}=\eta(\sum_k\delta_k w_{ik})\exp(-s_i)\cdot\frac{x_j-\mu_{ij}}{\sigma_{ij}^2} \tag{12-2}$$

RBF 神经元的宽度参数的更新如下式所示：

$$\Delta\sigma_{ij}=-\eta\frac{\partial E}{\partial\sigma_{ij}}=-\eta\frac{\partial E}{\partial s_i}\cdot\frac{\partial s_i}{\partial\sigma_{ij}}=\eta[-\frac{\partial E}{\partial s_i}]\cdot\frac{\partial s_i}{\partial\sigma_{ij}}=\eta\zeta_i\cdot\frac{\partial s_i}{\partial\sigma_{ij}}$$

这里，$\dfrac{\partial s_i}{\partial\sigma_{ij}}=\dfrac{\partial\left[\sum_j\dfrac{(x_j-\mu_{ij})^2}{2\sigma_{ij}^2}\right]}{\partial\sigma_{ij}}=\dfrac{(x_j-\mu_{ij})^2}{2}\cdot[-2\sigma_{ij}^{-3}]=-\dfrac{(x_j-\mu_{ij})^2}{\sigma_{ij}^3}$

因此我们有：

$$\Delta\sigma_{ij}=-\eta\zeta_i\cdot\frac{(x_j-\mu_{ij})^2}{\sigma_{ij}^3}=\eta(\sum_k\delta_k w_{ik})\cdot\exp(-s_i)\cdot\frac{(x_j-\mu_{ij})^2}{\sigma_{ij}^3} \tag{12-3}$$

RBF 网络的学习过程使用的算法是类似于前馈网络的学习过程使用的误差反向传播算法，但径向基神经网络的权值、中心和宽度参数由式 (12-1)、式 (12-2) 和式 (12-3) 进行更新，当有足够多的隐藏层神经元，一个 RBF 神经网络能够满足所期望的分类性能。

实验是 26 个含噪英文字母识别，通过 Matlab 2012a 编程，运行环境为 Win 10，RBF 神经网络程序运行 25 次迭代即可达到收敛。26 个字母中每字母的输入向量为 5 column×7 row = 35 维，target = 26×1 为期望输出：A = (1,0,...,0), B = (0,1,0,...,0),..., Z = (0,...,0,1)。RBF 网络的结构是 36×500×26，即输入层是有 36 个神经元构成，隐藏层为 500 个神经元，输出层是 26 个神经元构成。RBF 神经网络噪声百分比为 25%~30%，识别结果如图 12.9 所示。

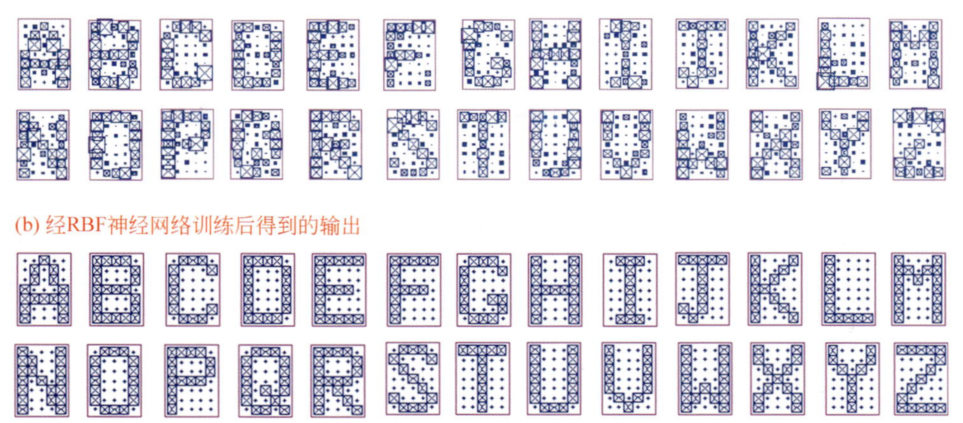

图 12.9　径向基神经网络噪声百分比为 25% 时的 26 个字母的识别结果

图注：第 1、2 行为含噪数据，第 3、4 行为识别结果正确率为 100%。

RBF 神经网络和 BP 神经网络均是前馈型网络，由输入层、隐藏层和输出层构成一个两层权值网络，RBF 网络的隐藏层神经元节点的激活函数是高斯核函数，RBF 网络需要更多的隐藏层神经元，而 BP 网络的隐藏层就是普通的神经元构成，两者均用有监督的训练完成网络权值参数的学习。我们对 26 个含噪英文字母进行训练识别，实验结果表明在同样规格下 RBF 网络具有比 BP 网络更短的训练时间，对函数逼近更优于 BP 网络，同样可以以任意精度逼近任意连续函数，但 RBF 网络需要更多的隐节点完成非线性逼近。

12.2.5　反馈循环网络

加利福尼亚大学的杰夫·艾尔曼（Jeff Elman）使用这种方法解决语言学习问题，并对神经网络的设计进行了修改，以便创建一个能够学习预测顺序呈现的模式的网络，而不仅仅是对静态分类。为此，艾尔曼的网络需要类似于短期记忆的功能，以便将刚刚过去和未来的状态反映到网络的当前状态。他使用一种被称为循环网络的架构来完成这一任务，在这个架构中，隐藏单元的过去状态被重新输入，作为后续处理阶段的额外输入。这使他能够将语法学习问题转化为对输入序列的过去序列和未来序列的预测映射问题。如果输入的序列不完整，则需要使用网络来预测最可能跟随的输出。更具体地说，给定部分句子，它将根据英语语法和句法预测最有可能哪个词跟在后面。输入到网络的是一个由简单句子组成的语料库,其中不同的单词被编码为不同的 0 和 1 的字符串(意义被视为无关紧要的)。训练过程中模型将预测的下一个“单词”与实际的下一个单词进行比较，然后根据每个单词对正确预测的贡献来修改网络连接强度。

一个能够对新句子做出正确预测的经过充分训练的网络，必然会在其结构中体现出语法和语法统计结构的各个方面，尽管它不会包含任何语义信息。如果一个网络可以像一个人一样被训练来做这件事，这将表明两件事：①训练字符串中的语法词类之间的关系的统计数据包含足够的结构信息，可以从中恢复语法规律性；②这些规律在没有明确的（基于规则的）纠错的情况下可以以某种形式学习。

艾尔曼表明，递归循环网络确实能够将它们从用于训练的一组核心语句中学到的知识，外推到由相同单词组成的新型核心语句。然而，当使用仅稍微复杂一点的句子进行训练时，循环网络则无法学习。对于复杂的映射问题，神经网络通常趋于收敛于次优解决方案，而这些解决方案只能提供较弱的可预测性，因为神经网络被局部模式所吸引，这些局部模式"遮盖了"更多的全局模式。它们可能陷入次优响应"盆地"，因为训练只会产生增量变化，只有当更近似的预测精度不断提高时，才能收敛于一个解决方案上。因此，可学习性取决于学习算法与问题结构之间的某种匹配，以便在局部解的"邻近"处找到最优解（全局最优解的论述可参见图 13.15）。显然，自然语言语法和简单的条件学习过程不以这种方式匹配。事实上，各种各样的学习问题都显示出相同的非局部性特征，从而使许多原本强大的学习范式失效。通常，解决这些问题需要重新编码输入，以减少关联的分布特征。有时可以通过在网络中引入"噪声"来破坏向弱预测状态的收敛，并强制对可能的解决方案进行更广泛的"采样"，或者，如果有次优解的话，也可以对其常见的特征引入偏差来完成。

反馈网络模型如图 12.10 所示，主要用于联想记忆和信号去噪。

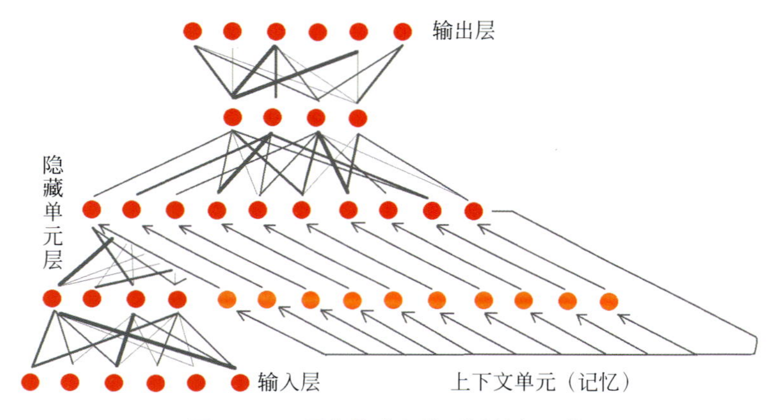

图 12.10　具有隐藏层的反馈神经网络

下面介绍双向联想记忆神经网络和离散 Hopfield 神经网络，探讨了各自的学习训练算法。反馈神经网络是将神经网络的输出信号反馈给输入神经元，它需要进行若干循环才能达到稳定。反馈神经网络应用广泛，具有联想记忆的功能。其联想记忆过程是输入某数据矢量到神经网络输入层，网络经过若干次循环反馈演化，最终从网络输出层得到另一矢量，所得输出矢量是网络从初始输入矢量（可能含噪）联想得到的一个稳定记忆（去噪的输出矢量），即网络的一个平衡点。下面介绍这些神经网络及其去噪算法。

1. 双向联想记忆神经网络

双向联想记忆（bidirectional associative memory, BAM）神经网络是由科斯科（Kosko）于 1988 年提出的，该网络将 Hebb 无监督学习规则应用于两层模型，具有学习和联想记忆的功能。该模型有很强的容错性和抗干扰性，适用于模式去噪识别、信号处理、故障诊断和图像等含噪数据进行去噪处理。BAM 网络将含有一定噪声（缺陷）的输入向量，通过对信号的不断变换、修补，最后转换为一个去噪的正确输出。

BAM 网络是一种由内容寻址的两层异联想反馈网络，能够进行双向匹配。BAM 网络的输入向量为 $\boldsymbol{X}\,(n\times1)$，输出向量为 $\boldsymbol{Y}\,(m\times1)$，正向权值矩阵为 $W\,(m\times n)$，反向权值矩阵为 $W^{\mathrm{T}}(n\times m)$，如图 12.11 所示。BAM 网络对含有一定缺陷的输入向量，通过对信号的不断变换、修补，最后给出一个正确的输出向量。BAM 网络的训练需要一个联想对序列：$\{(X_1, Y_1), (X_2, Y_2),\cdots, (X_p, Y_p)\}$。网络的权值可按下式直接进行计算：

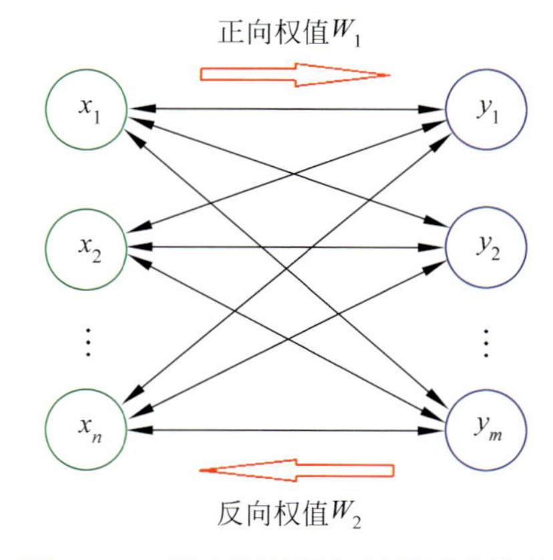

图 12.11 双向联想记忆神经网络结构

$$\mathrm{W}=\sum_{i=1}^{p}\boldsymbol{Y}_i\boldsymbol{X}_i^{\mathrm{T}}$$

BAM 网络的记忆信息就存储在权值矩阵 W 和 W^{T} 中，并且网络能量函数在自变量为联想对时取得的极小值。根据前向的连接矩阵 W，用 W^{T} 作为反向连接矩阵，并将前后两层取如下的节点作用函数使网络运行，从而进行联想记忆。

$$y(x)^{\mathrm{new}}=\begin{cases}1, & \sum WX>\theta>0\\ y(x)^{\mathrm{old}}, & \left|\sum WX\right|\leqslant\theta\\ -1, & \sum WX<-\theta\end{cases}$$

网络运行时，输入和输出不断反馈，并满足 $Y=f(WX)$，$X=f(W^{\mathrm{T}}Y)$，f 为非线性激活函数，实验取符号函数，$\theta=0$。网络的能量函数为 $E(X,Y)=-0.5XWY^{\mathrm{T}}-0.5YW^{\mathrm{T}}X^{\mathrm{T}}$。由于 $YW^{\mathrm{T}}X^{\mathrm{T}}=(XWY^{\mathrm{T}})^{\mathrm{T}}=XWY^{\mathrm{T}}$，所以 $E(X,Y)=-XWY^{\mathrm{T}}$。

BAM 网络属于反馈网络，需要证明网络是稳定的，假设输出 Y 不变，让输入 X 更新，这样误差能量函数的变化 ΔE 为：

$\Delta E=E(X^{new}, Y)-E(X^{old}, Y)=-(\Delta X)WY^{\mathrm{T}}=(\Delta x_i)(\sum_{j=1}^{m}w_{ij}y_i)$。若 $\Delta x_i=2$，则 $x_i^{new}=1$，$x_i^{old}=-1$ 和，$\sum_{j=1}^{m}w_{ij}y_j>\theta\ (\theta>0)$ 所以 $\Delta E<0$；若 $\Delta x_i=-2$，则 $x_i^{\mathrm{new}}=-1$，$x_i^{\mathrm{old}}=1$ 和 $\sum_{j=1}^{K}w_{ij}y_j<-\theta\ (\theta>0)$，所以 $\Delta E<0$；同理，假设 X 不变，让 Y 更新，Δy_j 的变化也有 $\Delta E<0$，又由 $E(X,Y)\geqslant-\sum_{i=1}^{m}\sum_{j=1}^{m}\left|w_{ij}\right|$ 是一有下界的函数，故网络经有限周期循环一定收敛到稳定点。

学习算法：

（1）计算网络的连接权值：$W=\sum_{i=1}^{P}Y_iX_i^{\mathrm{T}}$

（2）计算网络的输出：$Y=WX$

（3）通过如下函数进行联想记忆：$y(x)^{\mathrm{new}}=\begin{cases}1, & \sum WX>\theta>0\\ y(x)^{\mathrm{old}}, & \left|\sum WX\right|\leqslant\theta\\ -1, & \sum WX<-\theta\end{cases}$

（4）计算网络的反向输出：$X=W^{\mathrm{T}}Y$

（5）通过如下函数进行联想记忆：$x(y)^{\text{new}}=\begin{cases}1, & \sum WY^{\text{T}}>\theta>0\\ x(y)^{\text{old}}, & \left|\sum WY^{\text{T}}\right|\leqslant\theta\\ -1, & \sum WY^{\text{T}}<-\theta\end{cases}$

（6）返回（2）直到网络收敛稳定。

当输入个数 n 与输出个数 m 相等，且传输矩阵 $W=W^{\text{T}}$，BAM 网络就退化为 Hopfield 网络。这同时表明离散 Hopfield 网络在字符去噪方面的能力。

实验证实 BAM 网络具有字符去噪功能，利用已知字符确定网络权值后，将含有噪声的字符输入网络，即可在输出端得到去除噪声的字符。根据 BAM 神经网络的 Matlab 程序经运行后得到图 12.12 的去噪结果，第 1 行的原始无噪数据；第 2 行为加入噪声后的数据，信噪比为 100%；第 3 行为经过 BAM 神经网络仿真运行去噪后恢复的数据。实验结果表明，BAM 神经网络能够从噪声数据中完全恢复出原始无噪数据。

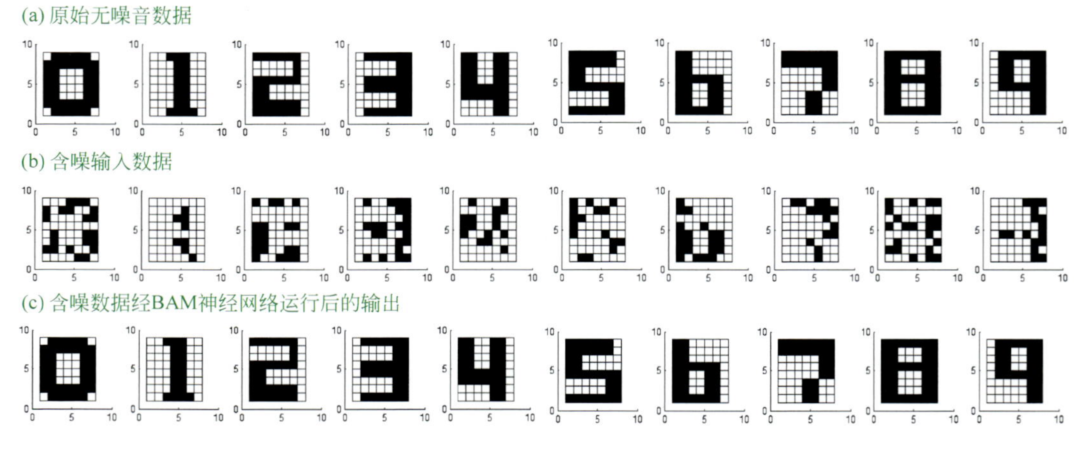

图 12.12　双向联想记忆神经网络运行后的去噪结果

2. 离散 Hopfield 网络

1982 年，美国加州理工学院的霍普菲尔德提出了一种可用作联想记忆和优化计算的单层反馈离散神经网络，称为离散 Hopfield 神经网络（discrete Hopfield neural network，DHNN），神经元的输出为离散值 1、0 或 1、－1，分别表示神经元处于兴奋和抑制状态。最简单的离散 Hopfield 网络如图 12.13 所示（神经元个数 h = 输入向量维数 n = 输出向量维数 m），这种网络由 n 个神经元构成，第 i 个神经元的输出 x_i 通过连接权 w_{ij} 反馈至所有神经元 x_j（$j=1, 2, \cdots, n$）作为输入，设第 j 个神经元的阈值为 θ_j。

离散 Hopfield 网络的连接权值矩阵 W 存放的是一组这样的样本，在联想过程中实现对信息的“修复”和“加强”，当其输入向量和输出向量相同时，即 $X=Y$。权值矩阵 W 是一个对角线元素为 0 的对称矩阵，$W=\sum_{i=1}^{s}\left(X_i^{\text{T}}X_i-I\right)$，这里 s 为样本数据的个数，$X_i=[x_{i1}, x_{i2}, \cdots, x_{in}]^{\text{T}}$，$i=1, 2, \cdots, s$；T 表示转置，$n=m=h$。

离散 Hopfield 神经网络中每个神经元功能相同，其输出（状态）用 $X=[x_1, x_2, \cdots, x_n]^{\text{T}}$ 表示，这里 T 表示转置，这样所有神经元的集合通过连接权 w_{ij} 构成了反馈网络，通常 $w_{ii}=0$，$w_{ij}=w_{ji}$。

反馈网络的输入可作为网络的状态初值，即 $X(0)=[x_1(0), x_2(0), \cdots, x_n(0)]^{\text{T}}$，在外界输

入下，从初始状态经过动态反馈演变，网络中各神经元状态不断循环变化，第 j 个神经元变化规律由下式给出：$x_j = f(net_j)$，$j = 1, 2, \cdots, n$，$f(\cdot)$ 为转移活化函数，net_j 为第 j 个神经元的净输入，离散 Hopfield 神经网络的转移函数常采用符号函数，如：

$$x_j = \operatorname{sgn}(H_j) = \begin{cases} 1 & H_j \geqslant 0 \\ -1 & H_j < 0 \end{cases}, j = 1, 2, \cdots, n$$

净输入：$H_j = \sum_{i=1}^{n} (w_{ij} x_i - \theta_j)$

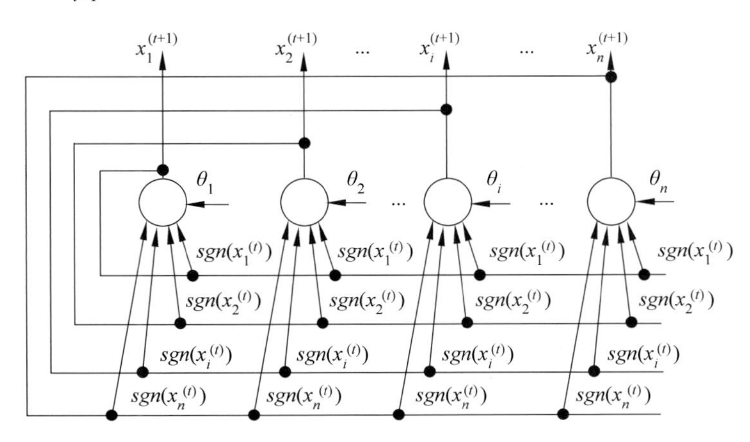

图 12.13　最基本的离散 Hopfield 反馈神经网络结构

由于离散 Hopfield 神经网络也是反馈网络的一种，需证明网络的稳定性，设神经元之间的连接权值为 $W = [w_{i,j}], i = 1, 2, \cdots, n; j = 1, 2, \cdots, n$。神经元的阈值为 $\theta = [\theta_1, \theta_2, \cdots, \theta_n]^T$。

第 i 个神经元第 t+1 时刻的输出：$x_i(t+1) = sgn[\sum_{j=1}^{n} w_{ij} x_j(t) - \theta_i]$

$$= \operatorname{sgn}[H_i(t)] = \begin{cases} 1, & H_i(t) \geqslant 0 \\ -1, & H_i(t) < 0 \end{cases}$$

其中，$H_i(t)$ 为第 i 个神经元第 t 时刻的净输入。

若 $w_{ii} = 0$，则为无自反馈的离散 Hopfield 神经网络；

若 $w_{ii} \neq 0$，则为有自反馈的离散 Hopfield 神经网络；

若 $w_{ij} = w_{ji}$，则为对称的离散 Hopfield 神经网络。

第 i 个神经元稳定状态需满足：$x_i(t + \triangle t) = x_i(t)$，$\triangle t > 0$

n 个神经元稳定状态需满足：$X(t + \triangle t) = X(t)$，其中 $X(t) = [x_1(t), x_2(t), \cdots, x_n(t)]^T$

离散 Hopfield 神经网络有两种工作方式：

（1）异步工作方式

第 i 个神经元变化：$x_i(t+1) = \operatorname{sgn}[H_i(\mathrm{t})]$

其他神经元不变：$x_j(t+1) = x_j(\mathrm{t}), j \neq i$

（2）同步（并行）工作方式

$x_i(t+1) = \operatorname{sgn}[H_i(\mathrm{t})], \forall i$

离散 Hopfield 神经网络稳定性定理：

若神经元之间的连接权值矩阵 W 具有非负主对角元的对称性，则网络具有串行稳定性。

若神经元之间的连接权值矩阵 W 是非负定矩阵，则网络具有并行稳定性。

定义能量函数：$E(t)=-\frac{1}{2}\sum_{i=1}^{n}\sum_{j=1}^{n}x_i(t)w_{ij}x_j(t)+\sum_{i=1}^{n}x_i(t)\theta_i$

$$=-\frac{1}{2}X^{\mathrm{T}}(t)WX(t)+X^{\mathrm{T}}(t)\theta$$

我们只需要证明$\triangle E\leqslant 0$。我们将能量函数按向量形式的泰勒级数展开：

$$E(t+1)\approx E(t)+(\Delta X)^{\mathrm{T}}\nabla E(t)+\frac{1}{2}(\Delta X)^{\mathrm{T}}\nabla^2E(t)\Delta X$$

其中，$\nabla E(t)=\left[\frac{\partial E(t)}{\partial x_1},\frac{\partial E(t)}{\partial x_2},\ldots,\frac{\partial E(t)}{\partial x_n}\right],\Delta X=X(t+1)-X(t)$

$$\frac{\partial E(t)}{\partial x_k}=-\frac{1}{2}\sum_{i=1}^{n}w_{ik}x_i-\frac{1}{2}w_{kj}x_j+\theta_k$$

这样，$\nabla E(t)=-\frac{1}{2}WX(t)-\frac{1}{2}WX(t)+\theta=-WX(t)+\theta$

$$\nabla^2E(t)=-W$$

$$\Delta E=E(t+1)-E(t)\approx(\Delta X)^{\mathrm{T}}[-\mathrm{WX}+\theta]+\frac{1}{2}(\Delta X)^{\mathrm{T}}(-W)\Delta X$$

$$=-(\Delta X)^{\mathrm{T}}\mathrm{H}(t)-\frac{1}{2}(\Delta X)^{\mathrm{T}}W\Delta X$$

串行稳定性证明如下：

若第 i 个神经元按异步方式工作，则$\triangle x=[0,\cdots,0,\triangle x_i,0,\cdots,0]$

$$\Delta E=-\Delta x_iH_i(t)-\frac{1}{2}\Delta x_i^2w_{ii}$$

若 $w_{ii}\geqslant 0$，分如下 4 种情况：

① 若 $x_i(t)=1,H_i(t)=1$，则 $x_i(t+1)=1$，$\triangle x_i=x_i(t+1)-x_i(t)=0$

② 若 $x_i(t)=1,H_i(t)=-1$，则 $x_i(t+1)=-1$，$\triangle x_i=x_i(t+1)-x_i(t)=-2$

③ 若 $x_i(t)=-1,H_i(t)=1$，则 $x_i(t+1)=1$，$\triangle x_i=x_i(t+1)-x_i(t)=2$

④ 若 $x_i(t)=-1,H_i(t)=-1$，则 $x_i(t+1)=-1$，$\triangle x_i=x_i(t+1)-x_i(t)=0$

总有$\Delta E=-\Delta x_iH_i(t)-\frac{1}{2}\Delta x_i^2w_{ii}\leqslant 0$，即第 i 个神经元具有串行稳定状态。

并行稳定性证明如下：

$$\Delta E=-(\Delta X)^{\mathrm{T}}H(t)-\frac{1}{2}(\Delta X)^{\mathrm{T}}W\Delta X$$

若连接权值 W 是非负定矩阵，则 $\frac{1}{2}(\Delta X)^{\mathrm{T}}W\Delta X\geqslant 0$

串行稳定性证明，我们有：$(\Delta X)^{\mathrm{T}}\mathrm{H}(t)=\sum_{i=1}^{n}\Delta x_iH_i(t)\geqslant 0$

因此，$\Delta E\leqslant 0$

Hopfield 反馈网络稳定后，各神经元状态均不再改变，此时可得到网络的稳定输出，这种网络因可以获得一个稳态输出而具有联想记忆功能。初始输入后，网络开始运行，其网络输出会自动反馈至输入，如此循环反复，直至网络的输出稳定为止，这样每一输出向量最终收敛于与初始给定点中最接近的一个稳定点。在 Matlab 神经网络工具箱中，可通过调用 newhop 返回反馈网络的权值和阈值，网络一定会在目标向量点上得到稳定的平衡点，因此可用于联想记忆。换言之，将稳定状看作一个记忆，由初态向稳态收敛的过程就是寻找记忆的过程，初态看作是给定的部分信息，收敛过程看作是从部分信息找到了全部信息，反馈迭代过程所产生的变化越来越小，最终到达稳定态，实现联想记忆。我们从噪声输入模式反映出训练模式，网络通过联接矩阵在联想过程中实现对信息的修复。

下面验证离散 Hopfield 网络的去噪性能，实验数据是由 7 列 8 行共 56 个小方块组成 10 个二值化数字图像，噪声数据是由 Matlab 的随机信号发生器 *randn* ( ) 或 *rands* ( ) 语句自动产生随机噪声数据矩阵或向量，加入到无噪数据中形成有噪数据，这样可以很方便地调节噪声的强度百分比。根据离散 Hopfield 联想记忆网络的 Matlab 程序经运行后得到图 12.14 的仿真去噪结果，第 1 行的原始无噪数据，第 2 行为加入噪声后的数据（信噪比为 100%），第 3 行为经过 Hopfield 联想记忆神经网络仿真运行去噪后的结果。实验结果表明离散 Hopfield 网络能够恢复原始无噪数据。

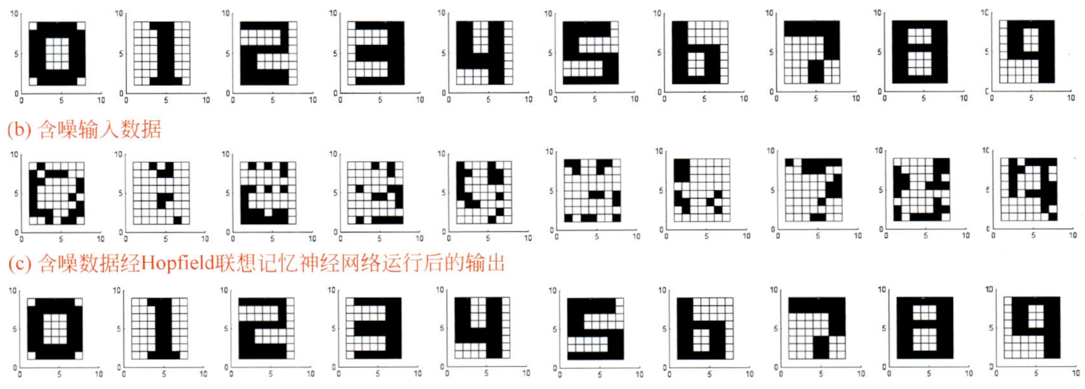

图 12.14 离散 Hopfield 神经网络运行 10 个数字的去噪结果

图 12.15 为离散 Hopfield 神经网络对英文字符的去噪实验,实验结果表明加入噪声（信噪比 20%）后的数据，经 Hopfield 神经网络运行去噪后能够恢复原始无噪数据。

BAM 循环网络与离散 Hopfield 反馈网络均具有较好的联想记忆，从噪声数据中恢复原始数据的能力，和去噪效果好，迭代次数少、训练时间少、运行稳定的特点。

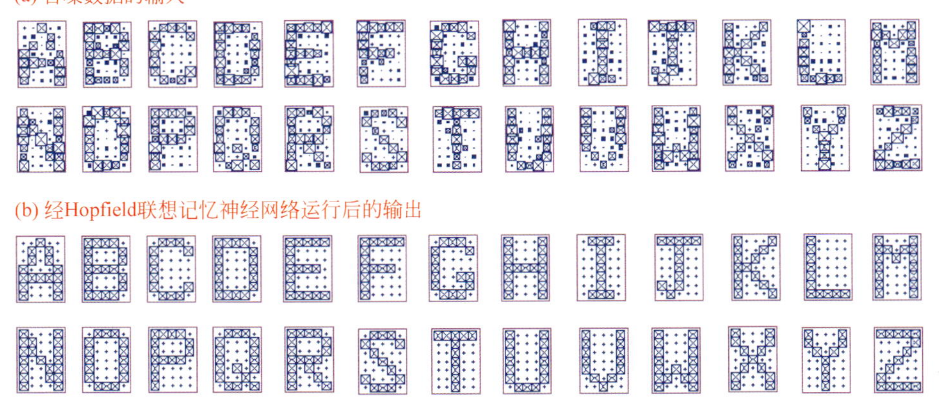

图 12.15 离散 Hopfield 神经网络运行 26 个英文字母的去噪结果

12.2.6 基于概念抽取的 SOM 聚类

自组织映射（SOM）网络是基于生理学和脑科学研究成果的基础上由芬兰学者特沃·科

霍宁（Teuvo Kohenen）提出的，该网络是一个由全连接的神经元阵列组成的无监督自组织、自学习网络。SOM 包括输入层和输出层，这两层由自组织学习算法来构造，如图 12.16 所示。SOM 或自组织特征映射（SOFM）网络是一种人工神经网络（ANN），它通过无监督学习来产生训练样本输出空间的低维（通常是二维）离散表示，称为映射，因此是一种降维的方法。SOM 网络不同于其他人工神经网络，因为它们进行竞争学习而不是纠错学习（例如具有梯度下降的反向传播），并且在某种意义上，它们使用邻域函数来保持输入空间的拓扑性质。这使得 SOM 网络将高维数据转换为可视化的低维视图非常有用，这一过程类似于多维缩放。与大多数人工神经网络一样，SOM 有两种工作模式：训练和映射。训练使用输入示例（竞争过程，也称为矢量量化）构建映射，而映射则自动对新的输入向量进行聚类。

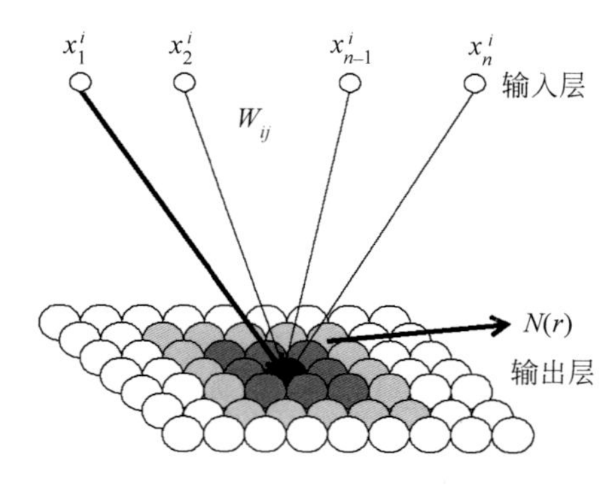

图 12.16　二维阵列的 SOM 网络

SOM 通过自组织学习使功能相同的神经元靠得较近，功能不同的神经元分得较开，在学习过程中一些无类别标记的输入数据自动进行空间排列使权值的分布与输入数据的概率密度分布相似，如图 12.16 所示。它是由输入和输出两层网络组成，可用竞争学习算法来完成。输入层中的每一个神经元通过权值 $W_{i,j}$ 与输出层的每一个神经元相连，输出层中竞争获胜的神经元 r 在其周围 $N(r)$ 区域内的神经元在不同程度上得到兴奋，而在 $N(r)$ 以外的神经元都被抑制，图 12.16 中输出层灰影部分为 $N(r)$ 区，中间黑影神经元 r 是获胜的神经元。$N(r)$ 的面积是迭代次数 t 的单调下降函数，最后只剩下一个神经元，它反映了一类样本的属性。α_t 是学习步长系数，是 t 的单调下降函数。SOM 的学习过程如下：

竞争学习：

当 $t=0$ 时，输入 x_j（j=1, 2, ⋯, n）为 n 维无类别标注样本数据，其向量形式为 $X=\{X^i \in R^p: i=1, 2, \cdots, p\}$，其中 p 为样本个数，并赋初始权值：$\{W_{i,j}, i=1,2,\cdots,m; j=1,2,\cdots,q\}$。

当 $t<T_{\max}$ 时，随机从 X 集中选择 $X^i(t)$：计算出 $r=\text{argmin}_s\{\|X^i(t)-W_s(t)\|\}$

叠代更新（合作学习）：

$$W_s(t+1)=W_s(t)+\alpha_t e^{-dist(r,s)^2/\sigma_t^2}[X^i(\mathrm{t})-W_s(\mathrm{t})],\forall s\in N_t(r)$$

$$W_s(\mathrm{t}+1)=W_s(t),\forall s\notin N_t(r)$$

参数更新：$t+=1, N_t=N_0-t(N_0-1)/T_{\max}, \alpha_t=\alpha_0(1-t/T_{\max}), \sigma_t=\sigma_0-t(\sigma_0-\sigma_f)/T_{\max}$

其中：$m \times q$ 为输出二维阵列尺寸，$T_{\max}$ 为最大迭代次数，N_0 为初始邻边域值，α_0 为初始学习步长系数和 σ_0、σ_f 分别为控制有效步长的参数，dist(r, s) 为输出阵列中节点 r 与 s 间的欧氏距离。

输入样本数据每个 $X^i \in R^p$ 计算出 $r = \text{argmin}_s\{\|X^i - W_s\|\}$（在输出阵列中显示出 r 的位置）

SOM 网络由二维输出节点（神经元）组成。每个输出节点上有与输入数据向量具有相同维度的权重向量，以及在地形图空间中的位置。通常节点排列成六角形或矩形网格（图 12.16 中由若干神经元节点组成的灰色网格）。SOM 描述从高维输入空间到低维映射空间的映射。将数据空间中的向量放置到地形图上的过程是找到与数据空间向量最接近（最小距离度量）权重向量的节点。研究表明，具有少量节点的 SOM 网络以类似于 K- 均值方式工作，较大的 SOM 网络以保留基本拓扑性质的方式重新排列数据。

SOM 可以通过自组织学习来获得输入数据之间的规律性和相互关系，上述训练过程是基于以下两个原则：

竞争学习：与输入矢量最相似的原型矢量（prototype vector）会不断更新，直到找到最相似的矢量。

合作学习：不仅找到最相似的模型矢量，同时将特征属性邻近的输入矢量映射到邻近的输出节点中去。

SOM 不仅调整了获胜结点，同时调整了它的邻接结点，因此，它不仅学习了拓扑结构，同时大体描述了输入数据的均等分布区域，使类似的输入被映射到相邻的神经元上。

SOM 聚类边界和戴维斯 - 博尔丹（Dabies-Bouldin，DB）索引

和其他聚类方法不同，SOM 没有直接的聚类边界，因此，我们可以利用戴维斯 - 博尔丹（DB）索引来选择最佳的聚类数，该索引是利用类内距离之和与类间距离之和的比值进行计算的。选择最优簇的 V_{DB} 值由下式决定：

$$V_{\text{DB}} = \frac{1}{N}\sum_{k=1}^{N}\max_{k \neq l}\frac{S_N(\boldsymbol{D}_k) + S(\boldsymbol{D}_l)}{T_N(\boldsymbol{D}_k, \boldsymbol{D}_l)}$$

其中，N 是簇的数目；D 是关于数据集 X 的一个矩阵；S_N 是簇中成员和簇的质点之间的簇内距离；T_N 是簇与簇的质点之间的簇间距离。V_{DB} 最小时，簇的数目最合适。如果簇被较好地分开，V_{DB} 的值会随着计算时间的增加而单调递减，而簇的数目会逐渐增加直至收敛。

本实验的测试数据来自《人民日报》1995—1998 年的电子光盘版，并根据它的栏目分类，将文章手工分为六类，有 1205 篇文档进行 SOM 聚类实验。其中，经济类 250 篇、政治类 175 篇、电脑类 130 篇、体育类 300 篇、教育类 150 篇、法律类 200 篇。实验程序在 Windows 10 系统下使用 Matlab 编程实现。

我们设计了概念特征集来进行聚类，将文本分类中的特征加权过程应用到聚类的特征获取中，选择 TF-IDF（term frequency-inverse document frequency，特征项频率 - 倒排文档频率）加权方法对特征集进行了加权。

通过 DB 索引我们可以看出，随着迭代次数的增加，V_{DB} 的值基本是单调递减的，而簇的数目逐渐增加，这说明簇的选择基本是合理的。从图 12.17 中可以看出，在簇的数目为 11~15 类之间时，V_{DB} 值达到最小。此时输入数据被无监督地分为 11~15 类，而我们手工分类的数目为 6 类。考虑到手工分类中的类别范畴比较大，一类可能包含好几个小类，例如法律类就可能包含宪法、民法、商法、教育法等，因此，自动聚类中可能会有几个类别对应人工人类中的一个大类。我们对实验结果进行了分析，发现确实如此。TF-IDF 加权后，概念特征聚为 11 类，图 12.17 是聚类数与 DB 索引值变化曲线及基于最佳 DB 索引的自组织映射。

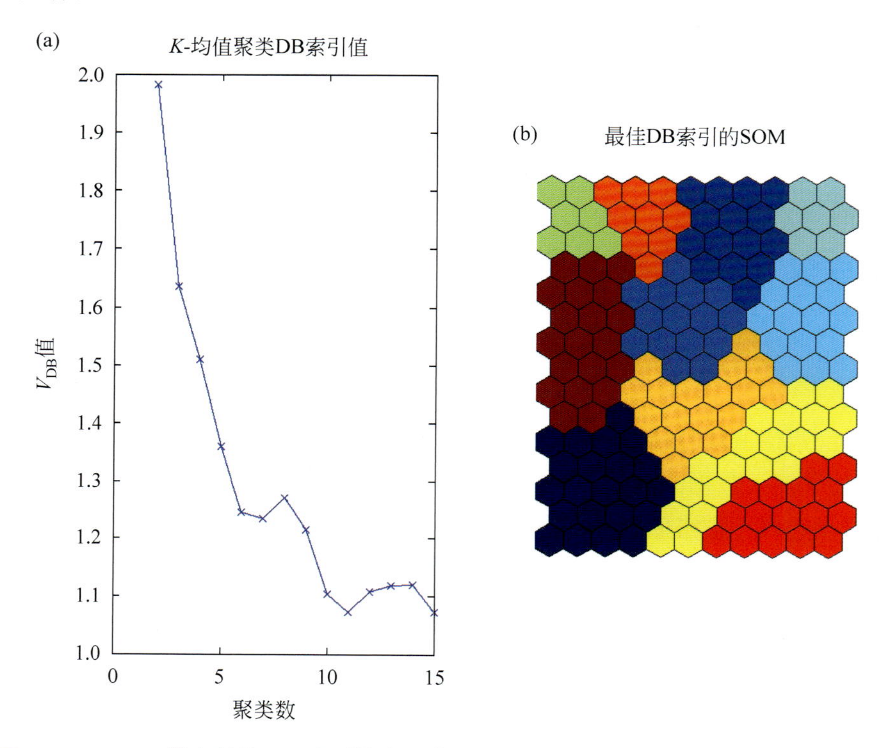

图 12.17　1205 篇文档的 DB 索引值变化曲线及最佳 DB 索引值的 SOM 网络聚类结果

图注:（a）聚类数与 DB 索引值变化曲线及基于最佳 DB 索引为 11 的自组织映射，（b）为 1205 篇人民日报文档经 SOM 训练后形成 11 种颜色的聚类。

图 12.18 表示邻近输出单元（神经元）间距离的 U 矩阵，黑色六角形代表邻近映射单元间的距离大，即深色指明了聚类边界，白色为聚类中心。SOM 的 U 矩阵（左图），其聚类中典型的低值一致区域（白色）意味着邻近映射单元间的距离小，这样颜色深度无法指明聚类边界；U 矩阵聚类中，高值（黑色）意味着邻近映射单元间的距离大，这样颜色深度指明了聚类边界。高值聚类边界（黑色）越多，提取概念特征的聚类算法效果就越好，理想情况下若干白色区域（低值一致的区域）被黑色或灰色的聚类边界环绕。SOM 的 D 矩阵（输出层二维神经元阵列组成的矩阵，右图）中的颜色深浅与 U 矩阵相似。

实验中的 SOM 训练方式是两级批处理训练算法，即先粗训后精训。也就是说，训练分为两步：先是基于较大邻近半径的粗略分簇，然后是基于小半径的微调过程。连接权初值采取线性初始化，设置为一个小的随机值。输出层结果为二维平面网格，其大小依赖于输入特征的维数和分布。通过两级批处理的训练方式，我们可以在很短的时间内训练较大规模的文本数据，满足了大规模文本聚类过程中的时间要求。由于 SOM 没有清晰明显的聚类边界，为了找出和表明聚类边界，我们采用 *k*-means 聚类算法获得一个初始划分，我们为映射单元分配颜色，类似的映射单元对应相近的颜色，分配颜色的准则是使类内距离与类间距离的比值最小。图 12.19 的训练数据是 500 维概念特征的 1205 篇文档，同一颜色代表同一类，小的六边形对应于相邻映射单元间距离的大，代表概念特征的类间聚类效果好。

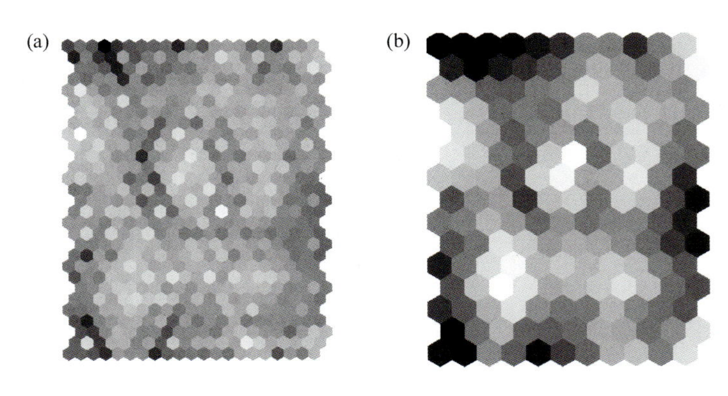

图 12.18　SOM 的 U 矩阵和 D 矩阵

图注：（a）为 1205 个文档，500 个概念特征的 U 矩阵；（b）为 D 矩阵（灰度图）。

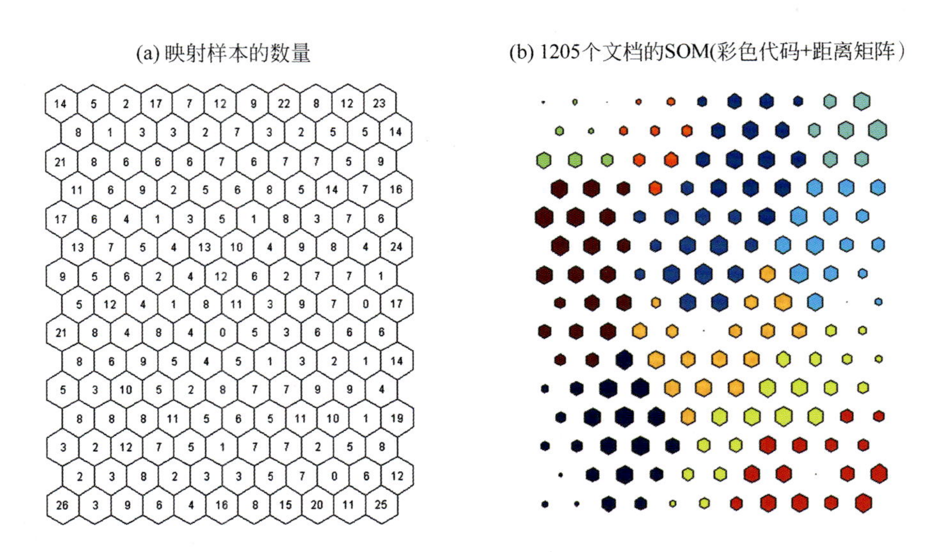

图 12.19　SOM 神经网络映射的分布图（a）和输入（训练）数据为 500 维概念特征的 1205 篇人民日报文档（b）

图注：（a）中每个六边形内的数字代表映射文本的数量，颜色代码的距离矩阵见（b），同一颜色代表同一类，小的六边形对应于相邻映射单元间距离的大，代表类间聚类效果好。

我们把 SOM 聚类结果与人工分类结果进行比较，发现两者具有相当好的对应性。聚类中的一类或者几类可以基本对应到人工分类中的某一大类，选择概念作为特征的聚类效果比选择词作为特征要好。SOM 自动聚类的结果用精确率 P、召回率 R 及 $F1$ 评估，如表 12.2 所示。在外部评估中，聚类结果基于未用于聚类的数据生成，例如已知的类标签和外部基准。此类基准由一组预先分类的项组成，这些项通常由人类专家创建。因此，基准集可以被认为是一个评估的金标准。这些类型的评估方法可测量聚类与预定基准类的接近程度。然而，这基于事实基础的数据集，从表 12.2 可以看出，使用 TF-IDF 加权后概念提取的特征其 SOM 聚类效果较好。

表 12.2　SOM 聚类结果

	政治	经济	电脑	体育	教育	法律	平均	$F1$
P	80.2	92.3	98.3	95.7	69.6	79.2	85.7	82.2
R	90.8	48.9	86.2	86.7	85.3	76.2	79	

12.2.7　深度学习及堆叠自编码网络

深度学习（deep learning，DL）是指通过对多层网络模型进行训练，将大规模原始数据通过多层次的抽象，发现大数据中的复杂结构的过程。多层神经网络由输入层，若干隐藏层和输出层组成，隐藏层的作用是使用非线性方式对输入数据进行非线性整合，让输入数据对应的类别在最后一层的输出层能够对数据特征变得线性可分。深度学习擅长发现原始高维数据中的复杂结构，在人工智能、模式识别和自然语言处理等领域，如：语音识别、图像图形识别等许多方面取得了可喜的成果，显著地改善了在识别性能。深度学习是通过逐层训练网络，使网络权值接近最佳值，最后利用 BP 算法进行微调，完成整个网络的训练。BP 算法是有监督的学习，在机器学习过程中，对原始数据特征集中的每个对象标上它的类别。在数据特征的训练初始阶段，系统的实际输出与期望输出通常是不同的，系统会先通过计算实际输出与期望输出之间的误差，然后反复训练迭代修改其内部可调权值参数，逐步减少这种误差。传统的多层前馈 BP 网络的各层权值是通过赋予随机初值，通过输出层的误差改变本层的权值参数；然后逐层反向地改变其他各层的权值参数，通过训练数据的反复迭代训练，根据网络的实际输出与期望输出的误差函数反复调节更新网络权值和阈值，当误差函数低于某一阈值时，最终得到较优的网络权值。反向传播算法可被重复地用于多层神经网络的每一层，即从该多层神经网络最顶层（输出层）一直反向传播到该多层神经网络的最底层（外部输入层）。传统的多层前馈 BP 网络输出层的误差能量函数因为使用梯度下降算法会让整个优化陷入到不够好的局部最小解，并且离输出层越远，反向传播的权值更新率越小，权值更新效率越低。

特征表示是将原始数据，通过人工或计算机自动发现需要进行检测和分类的特征表达。传统网络的学习技术在处理未加工过的数据时，体现出来的处理能力是有限的，大量的特征提取需要人工来完成，即将原始数据由具有专业知识的人工转换成一个适当的内部特征表示或特征向量，该特征提取过程相当耗时耗力。而深度学习是一种非常适合原始特征的学习方法，将原始数据通过一些简单、非线性加工处理转变成为更高层次、更抽象的特征进行表达，只需要很少的人工参与。通过足够多层的网络转换的组合，非常复杂的原始数据也可以被学习。一个非线性多层分类网络能够实现非常复杂的功能，比如浅层网络对输入数据的细节非常敏感，而深层网络既能够提高系统的分类能力，又具有较强的抗干扰能力。

对于模式分类任务，高层次的模式表达能够强化输入数据的区分能力，同时削弱不相关特征因素。比如，一幅原始图像数据可用一个像素数组表征，第一层学习特征表达，抽象出图像的特定位置和边缘方向；第二层网络根据第一层输出的那些边缘特征，忽略掉一些边缘上的一些微小干扰，抽象并检测出某些边缘的组合排放图案；第三层或许会把那些图案进行排列组合，从而抽象出所熟悉目标的某些部分表征。随后的更高层会将这些部分再组合，从而抽象出构成待检测的图像目标。深度学习的核心是上述的原始数据特征不是由人工设计的专家决定的，而是通用的大量的原始数据的无监督训练学习从数据中学到的、有效的、优良的特征构造，其特征表示是由深度神经网络自动发掘的。

2006 年，人工智能领域的著名学者杰弗里・辛顿（Geoffrey Hinton）、约书亚・本吉奥（Yoshua Bengio）和颜・乐村（Yann LeCun）等提出了深度学习方法，深度学习方法在深层神经网络的训练上取得了巨大的突破，使深层网络具备了多层次抽象的特征表征能力，可发现大数据中的复杂结构。深度前馈神经网络通常采用无监督的学习方法对原始数据特征进行预训练，这种方法可以通过若干网络层来检测特征，而不使用带类别标签的数据，这些网络层可以用来重构，或对特征数据的检测进行建模。在预训练过程中，深度网络的权值可以被初始化在优化值的附近，然后将输出层添加到该网络的顶部。使用传统的有监督的反向传播算法进行微调，因为各层网络的权值已优化在最优值附近，有监督的微调很快收敛到最优权值，使得训练可以成倍地加速。深度学习方法在语音识别、视觉识别、图像识别、对象检测和许多其他领域效果明显，如：深度卷积神经网络（deep convolutional neural networks）在图像和视频处理、语音和音频处理方面取得突破，循环神经网络（recurrent neural network，RNN）在文本和语音等序列数据的处理表现突出。

特征表征学习可通过深度学习从原始数据中自动发现各种特征，并能通过逐层的非线性模型变换为更高层次、更抽象的表征，最终发现原始高维数据中的复杂结构，学习到非常复杂的函数。深度神经网络就是多层神经网络，模拟人脑的认知结构，用庞大的网络结构接受外界信息，与人脑的神经组织一样，其特点是可以用更少的参数来描绘更复杂的映射函数。

1. 传统的浅层前馈神经网络 BP（backpropagation）算法

浅层网络通常含有 1 至 2 个隐藏层的前馈神经元网络，采用误差反向传播（BP）算法，是由信息的正向传播和误差的反向传播两个过程组成。在 BP 算法中期望输出与实际输出的误差从输出层向输入层逐层地反向传递，由梯度下降算法获得更新权值参数，把权值参数向着能够改善结果的方向调整，这一过程称为权值训练，使实际输出能够与期望相一致。在训练过程中，网络输出对每一层参数的梯度，从输出层往前逐层推进就可得到所有权值参数的梯度值，这样各层权值均得到更新，因此称为 BP 算法。BP 网络的潜力差，即使训练到极致，通常也比一些特殊结构的网络差，且容易收敛于局部极小，但浅层 BP 算法的优点是训练速度快。BP 算法有很多的改进算法用于改善系统的性能，如采用随机梯度下降代替最速梯度下降，以避免陷入局部极小。另外就是引入动量参数时，在学习过程中本次权值迭代的更新方向可参考上次权值迭代的更新方向，以避免误差能量函数的振荡，逃出局部极小，使得系统更优。

2. 堆叠自编码器（stacked auto-encoder, SAE）

SAE 的基本思想是先进行无监督的训练学习。在每一层中都有这样一个自动编码机，其隐藏层的值作为下一层的输入。自编码器（AE）模型由一个编码器和一个解码器构成。输入数据先经编码器编码再经解码器还原，若能准确还原出原始的输入数据，则可认为这个编码器能够很好地表征输入数据，相当于找到了输入数据的一个抽象特征。而编码器的训练过程与传统的 BP 网络一样，不同之处是解码器的输出并不与类别标签进行比较，而是与输入数据自身进行比较，属于无监督学习。然后通过误差反向传播算法，使编码器的输出趋近于解码器的输入，这时解码器完成了历史使命（不再参与后续的处理），这一级编码器的输出作为下一级编码器的输入，继续训练下一级的编码器，重复这一过程，即可得到 N 级的 AE 模型,构建出堆叠自编码器(SAE)。它相当于一个初始化权值的 N 层网络，且其初始化权值接近最优值。以上过程相当于一个预处理过程，并不能直接完成分类，为了能够完成分类，在 SAE 之后再添加一个分类器，通过 BP 误差反传算法微调这个被初始化的 SAE 网络。这种网络的精确度比无预处理的浅层神经网络要高。

AE 有很多改进版本，常见的有去噪自编码器（denoising auto-encoders, DAE，在输入数据中加入噪声，强迫编码器在有噪数据中寻找特征，可增加特征的鲁棒性），堆叠自编码器（SAE，是指由多个稀疏自编码器组成的网络），稀疏自编码器（sparse autoencoder，是指编码器加入稀疏性的限制，隐含层的很多神经节点的值都等于 0 的自编码器，其特征表达更加有效）以及它们的组合。

深度信念网络 DBN 和堆叠自编码 SAE 都是无监督学习（unsupervised learning），这两类模型均可用于提取数据的特征，有降维的效果，同时生成得到的各层网络之间的权值可作为网络的初始化设置，能够让深层网络更加快速地收敛，为训练模型节省了大量时间。

3. 浅层和深层神经网络的结构和学习算法

AE 网络由编码器（完成输入数据到特征空间的映射，实现特征抽取）和解码器（将编码器得到的特征数据映射回输入数据空间，完成对输入数据的重建，使其重构数据与原始输入数据相比误差达到最小）构成。AE 网络将输入特征数据本身作为网络的期望输出，然后通过学习确定的网络权值。其训练方法是:（1）对于所构建的 N 层深层网络，每次均是从输入层开始逐层无监督地训练除最顶层外的其他层间的单层网络的权值。先用训练集样本无监督地训练第 1 层，得到比输入更具有表示和抽象能力的特征，习得自身结构的数据；然后将第 1 隐藏层的输出作为第 2 隐藏层的输入，依次无监督地训练后面的各层，得到各层的权值参数。该过程是通过学习训练集样本的结构得到的，网络各层的权值（传统的浅层网络是随机赋予的初值权值，不能保证在全局最优附近）更接近全局最优，可获得更好的网络性能;（2）然后自输出层反向地进行有监督学习，此过程是对整个网络进行微调的过程。

编码器实现对输入数据的特征提取，将训练集数据的特征 $x = \{x_1, x_2, ..., x_N\}$ $(= x_l)$ 输入编码器得到输出代码 C (= C_{I})，代表输入特征 x 的一种抽象表征，这一过程被称为编码过程。将编码器的输出 C_{I} 作为解码器的输入，将解码器的输出为 $\hat{x}$ (= $\hat{x}_{\mathrm{I}}$)，通过调节编码器与解码器的权值参数，使得解码器的输出 $\hat{x}_{\mathrm{I}}$ 与以最小误差重构出一开始的输入特征 x_{I}，这一过程被称为解码过程。重构误差最小可保证编码器的输出 C_{I} 是输入特征 x_{I} 的一种良好的抽象表达。此时对我们有用的是编码器的权值参数和作为下一层输入数据的编码器的输出 C_{I}，而解码器的权值参数和解码器的输出 $\hat{x}_{\mathrm{I}}$ 完成了历史任务，不再使用。从编码器到解码器并未关注数据的类别，即在此过程中所使用的数据与无类别标注的数据一样，误差的来源是直接重构后的数据与原输入数据相比进行最小化得到的，这种训练是一种无监督的训练。AE 网络第一层的训练过程如图 12.20 所示。

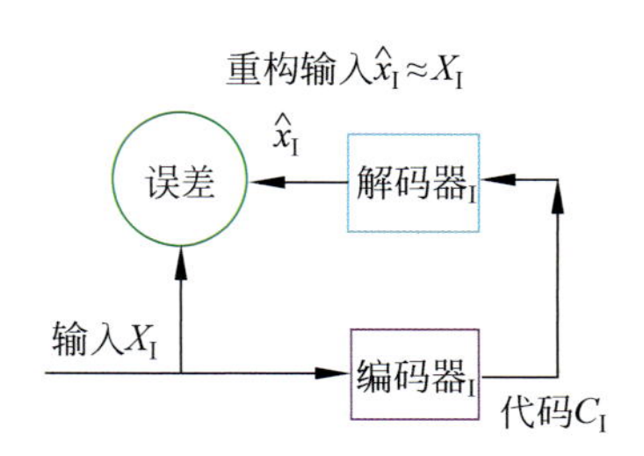

图 12.20 自编码网络（AE）第一层的训练过程

图 12.20 的自编码模型可用一个两层神经网络表示，如图 12.21 所示，第一层称为编码层，第二层称为解码层。训练模型是将输入向量 x 经输入层编码器 $c(\ )$ 表示成 $c(x)$，再用输出层的解码器 $e(\ )$，将 $c(x)$ 解码重构出输入向量 $\hat{x} = e(c(x))$。AE 神经网络模型通过最小化重构误差 $E(\hat{x}, x)$ 的迭代训练，使其实际输出向量 $\hat{x}$ 以最优化的形式接近其输入向量 x。

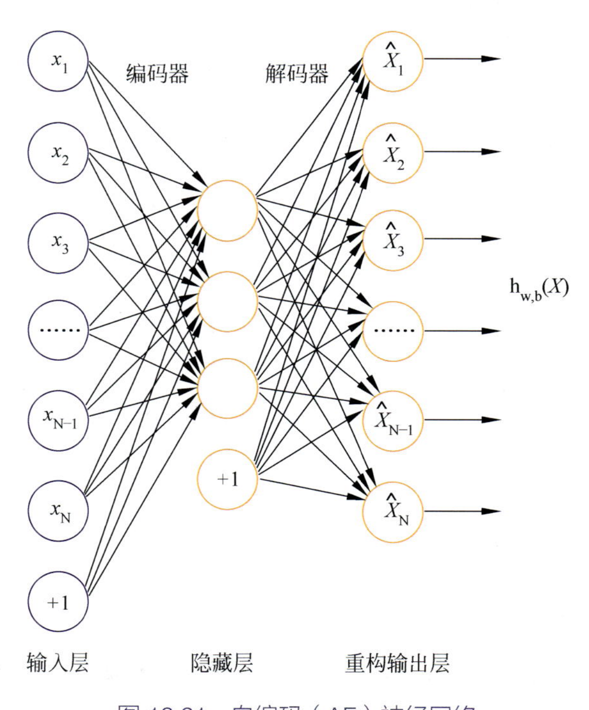

图 12.21 自编码（AE）神经网络

设输入样本 $x=\{x_1, x_2, \cdots, x_N\}$ 为 N 维向量，隐藏层的输出为 $O=\{o_1, o_2, ..., o_M\}$，输出层的实际输出 $\hat{x}=\{\hat{x}_1, \hat{x}_2, \cdots, \hat{x}_N\}$，期望输出 $x=\{x_1, x_2, ..., x_N\}$ 与输入样本相同。输入层第 i 个节点与隐藏层第 j 个节点的链接权值为 w_{ji}，隐藏层第 j 个节点与输出层第 k 个节点的链接权值为 v_{kj}，则误差函数为：$E=\sum_{i=1}^{N}(x_i-\hat{x}_i)^2/2$。

输出层的权值更新：$\Delta v_{kj}=-\eta\frac{\partial E}{\partial v_{kj}}=-\eta\frac{\partial E}{\partial net_k}\cdot\frac{\partial net_k}{\partial v_{kj}}=\eta\delta_k o_j$

其中：net_k 为输出层第 k 个神经元的净输入，

$\delta_k=-\frac{\partial E}{\partial net_k}=-\frac{\partial E}{\partial \hat{x}_k}\cdot\frac{\partial \hat{x}_k}{\partial net_k}=(x_k-\hat{x}_k)f'(net_k)$

输入层的权值更新：$\Delta w_{ji}=-\eta\frac{\partial E}{\partial w_{ji}}=-\eta\frac{\partial E}{\partial net_j}\cdot\frac{\partial net_j}{\partial w_{ji}}=\eta\vartheta_j x_i$

其中：net_j 为隐藏层第 j 个神经元的净输入，

$\vartheta_j=-\frac{\partial E}{\partial net_j}=-\frac{\partial E}{\partial o_j}\cdot\frac{\partial o_j}{\partial net_j}=-\left(\sum_{k=1}^{N}\frac{\partial E}{\partial net_k}\cdot\frac{\partial net_k}{\partial o_j}\right)f'(net_j)=\sum_{k=1}^{N}\delta_k v_{kj}f'(net_j)$

若 $f(x)=\text{sigmoid}(x)$, 则 $f'(x)=f(x)(1-f(x))$，相应的负梯度变量为：

$$\delta_k=(x_k-\hat{x}_k)\hat{x}_k(1-\hat{x}_k),\quad \vartheta_j=\sum_{k=1}^{N}\delta_k v_{kj}o_j(1-o_j)$$

若 $f(x)=\tanh(x)$, 则 $f'(x)=1-f^2(x)$，相应的负梯度变量为：

$$\delta_k=(x_k-\hat{x}_k)(1-\hat{x}_k^2),\quad \vartheta_j=\sum_{k=1}^{N}\delta_k v_{kj}(1-o_j^2)$$

4. 堆叠自编码网络的训练步骤

（1）初始化权值 w_{ji} 和 v_{kj} 为小的随机数，其中 $i=1, 2, \cdots, N; k=1, 2, \cdots, N; j=1, 2, \cdots, M$

（2）在 p 个训练样本中顺序输入样本：$x=\{x_1, x_2, ..., x_N\}$，期望输出：$x=\{x_1, x_2, ..., x_N\}$。

（3）计算隐藏层（编码器）输出：$o_j=f(\sum_{i=1}^{N+1}w_{ji}x_i)$，$j=1, 2, ..., M; x_{N+1}=1$，$j=1, 2, \cdots, M$; $x_{N+1}=1$。

计算输出层（解码器）输出：$\hat{x}_k=f(\sum_{j=1}^{M+1}v_{kj}o_j)$, $k=1, 2, ..., N; o_{M+1}=1$, $k=1, 2,\cdots, N$; $o_{M+1}=1$。

（4）修正权值 w_{ji} 和 v_{kj}：

$\Delta v_{kj}=\eta\delta_k o_j$ 和 $\Delta w_{ji}=\eta\vartheta_j x_i$

若 $f(x)=\text{sigmoid}(x)$, 则 $\delta_k=(x_k-\hat{x}_k)\hat{x}_k(1-\hat{x}_k)$，$\vartheta_j=\sum_{k=1}^{N}\delta_k v_{kj}o_j(1-o_j)$

若 $f(x)=\tanh(x)$, 则 $\delta_k=(x_k-\hat{x}_k)(1-\hat{x}_k^2)$，$\vartheta_j=\sum_{k=1}^{N}\delta_k v_{kj}(1-o_j^2)$

（5）判断是否收敛：

计算误差能量函数 $E=\sum_{p}\sum_{i=1}^{N}(x_i-\hat{x}_i)^2/2$

若 $E<\varepsilon$，ε 为很小的阈值，则收敛，训练完成。

若 $E \geqslant \varepsilon$，则返回（2），输入一个新样本。

多层的自编码网络组成深度自编码网络，即是将前一层的输出数据作为后一层的输入数据，并逐层进行训练。

第二层的训练与第一层的训练方式一样，只是将第一层的输出数据 C_{I} 作为第二层的输入数据 x_{II}（即，$x_{\text{II}}=C_{\text{I}}$），固定前面第一层的参数，以同样的方法最小化第二层的重构误差，得到训练好的第二层的参数及第二层的输出数据 C_{II}，这样我们得到了原输入信息 x_{I} 的第二个抽象表达 C_{II} 作为下一层的输入数据，此时第二层的解码器参数和输出 $\hat{x}_{\text{II}}$ 完成了历史任务，不再使用。AE 网络第二层的训练过程如图 12.22 所示。

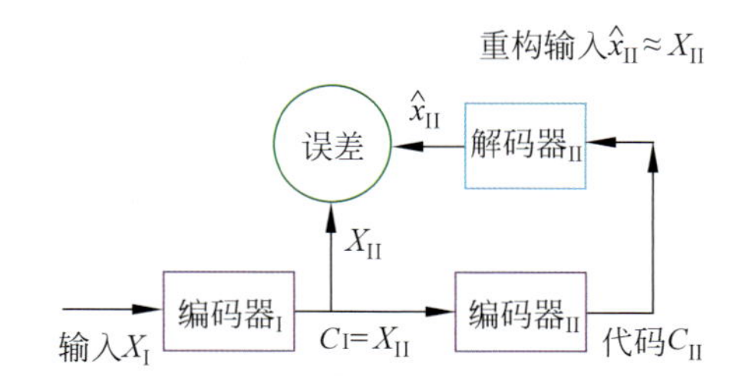

图 12.22 堆叠 AE 网络第二层的训练过程

第三层的训练与第一层、第二层的训练方式一样，只是将第二层的输出数据 C_{II} 作为第三层的输入数据 x_{III}（即，$x_{\text{III}}=C_{\text{II}}$），固定前面第一层和第二层的参数，以同样的方法最小化第三层的重构误差，得到训练好的第三层的参数及第三层的输出数据 C_{III}，这样我们得到了原输入信息 x_{I} 的第三个抽象表达 C_{III} 作为下一层的输入数据，此时第三层的解码器参数和输出 $\hat{x}_{\text{III}}$ 完成了历史任务，不再使用。AE 网络第三层的训练过程如图 12.23 所示。

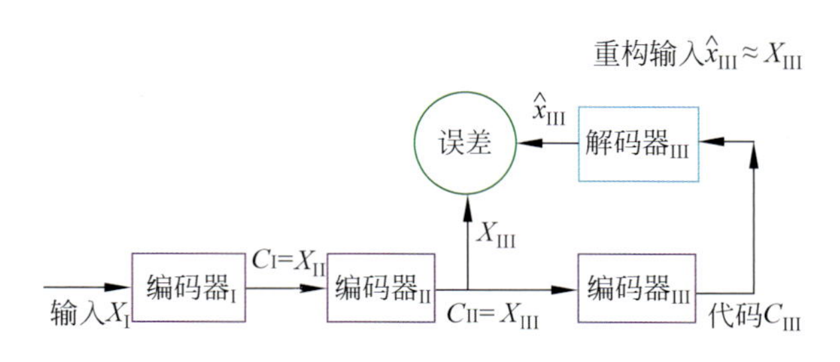

图 12.23 堆叠 AE 网络第三层的训练过程

经上述方法可完成多层的 AE 网络的训练，第 N 层的训练过程如图 12.24 所示，其层数需根据原始输入数据的类别分布和复杂度通过试验确定。不同的层是原始输入数据的不同的抽象表达，层数越多其输出的表达越抽象。通过图 12.25 的训练使系统的输出具备了重构其输入数据的表征，即通过训练学习在最大程度上获得了代表原始输入数据的一个良好表征。

为了实现模式分类，在图 12.25 的 N 层自编码网络的最顶层 N 层（编码器$_N$）外加一个分类器（如 softmax 分类器），经传统的多层神经网络的有监督梯度下降训练方法去训练学习，建立输入数据和类别的联系，即将最后层的输出 C_N 输入到外加的分类器，经过有类别标注的样本训练实现有监督的学习微调，由分类器的输出层完成输入数据的分类，如图 12.25 所示。

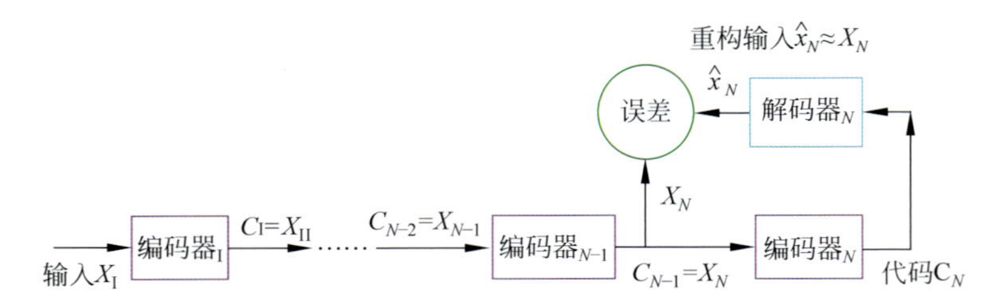

图 12.24　堆叠 AE 网络第 N 层的训练过程

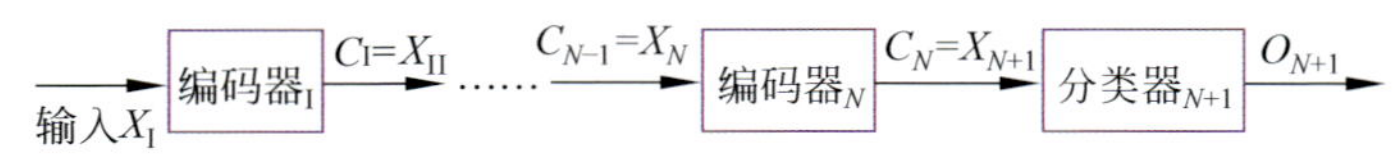

图 12.25　完整的堆叠 AE 网络分类器

AE 网络通过上述无监督的训练算法进行网络权值的预训练，使网络权值接近最优化值，然后由 AE 网络 + 输出分类器通过 BP 算法微调完成整个网络权值参数的训练，取得训练样本与样本类别之间的映射关系，这种算法比单纯的 BP 算法训练的网络好，可有效地减少陷入局部最优解的概率。此算法只需要对接近最优的权值参数空间进行局部搜索，这使 AE 网络比传统的前馈神经网络的 BP 算法训练速度快，收敛所需时间短。后面我们通过实验验证深层网络能较好地建立输入样本与类别的映射关系。

此外，为了增加网络的顽健性，还可将输入向量加入随机的干扰，重构出向量，得到去噪自编码网络。这样我们就可以得到 N 级堆叠去噪自编码网络，外加一个分类器就可获得堆叠去噪自编码（stacking denoising autoencoders，SDAE）网络分类器。

深度学习能够更好地对所描述的对象进行数据化的抽象表征，由于深层模型在网络层数、连接权值参数和网络容量上均有足够表征处理能力，因此，这种模型对大规模训练数据进行训练能够取得更好的效果。从模式特征提取和分类的角度看，这种深层网络的学习将特征和分类结合到一个框架中，在大规模数据中通过前期的无监督学习得到模式的抽象特征，大大减少了人工设计特征的工作量。使用自动编码方法对输入的高维数据进行逐层降维，逐层进行特征抽象，最终使用很少的特征向量来描述原来的高维特征向量。

因此，对于一个深层网络需要解决的核心问题是：对于一个特定的分类问题，在输入特征的维数一定的情况下，多少层的网络框架是可以表现得较优？每层的网络节点数为多少时可以有较好的性能表现？网络层数过多以及每层的节点数过多，即网络规模过大会出现对训练数据的过拟合现象，降低系统的鲁棒性，而网络规模过小则会造成对分类问题的特征描述能力下降和对分类问题的区分能力不足。

5. 不同深度学习神经网络的比较

我们采用 Deeplearning 工具箱，该工具箱采用 Matlab 编写的代码，包括前馈反传神经网络（feedforward backpropagation neural networks，FBPNN），堆叠自编码网络（SAE），深度信念网络（deep belief networks，DBN），卷积神经网络（convolutional neural networks，CNN）等。为了便于对比，我们采用6类255维的1024篇人民日报文本样本作为小样本数据集，80%的样本用于训练，20%的样本用于测试。

由于对比实验的数据维度和样本数量都有限，FBPNN、DBN和SAE模型收敛更快的性能效果可能并不是非常明显，但是我们仍然可以通过少量的迭代时间来比较模型。下面我们对FBPNN、DBN和SAE网络模型，采用5000次迭代训练，单隐藏层20个隐节点的对比实验（表12.3）。

表12.3　FBPNN、DBN和SAE网络模型的对比实验

模型名称	训练集正确率/%	测试集正确率/%	最终误差
FBPNN	94.29	87.08	0.1778
DBN	93.78	87.92	0.1822
SAE	95.12	85.83	0.1577

表12.3的结果表明，DBN和SAE收敛更快，出现更少的误差波动。从正确率表现来看，DBN和SAE的表现也更好，但差距并不显著。我们通过再增加隐藏层的三层网络，继续观察DBN和SAE网络的性能，发现FBPNN的收敛过程中误差跳动大，没有DBN和SAE稳定，说明深层网络使用DBN和SAE模型在训练过程中收敛结果更加稳健。对于浅层网络，参数的选取和调整需要经过不断的试验才能发现规律，通过比较DBN或者SAE模型和普通FBPNN模型，发现DBN和SAE让模型收敛更快，性能表现更加稳健。SAE的测试集的正确率和最终误差率最佳。

下面将SAE模型与传统的浅层FBPNN模型以及卷积神经网络CNN进行对比。SAE与FBPNN模型训练50次之后再训练基本没有再改善的效果，以50次训练结果进行测试，CNN模型训练50次时还有改善的余地，所以同时考察训练100次的情况。可以得到表12.4的结果。

表12.4　FBPNN、SAE和CNN模型的实验比较

模型	测试集的误识率/%
FBPNN	3.2
SAE	1.95
CNN训练50次	2.7
CNN训练100次	1.2

从表12.4中可见，SAE模型的准确率比单纯的FBPNN模型有明显的提高，甚至比同样训练次数的CNN的准确率也高。但CNN的训练并不充分，因为CNN颇为复杂，权重、偏置系数众多，需要的训练次数也多于其他网络。当CNN训练充分后，准确率还是明显高于其他网络的。

SAE相较于BP网络而言，整体的复杂程度与训练时间相差不大，但是分类的准确率能有明显的改善。而与CNN相比而言，SAE模型整体架构非常简单，便于编程实现，而且训练速度比CNN快一个数量级以上，能够用无标签的数据进行无监督的初始训练。同时AE模型除了直接连接分类器外，也可以作为其他大多数深度学习模型的预处理模块，

提高分类识别率。从表 12.3 和表 12.4 的结果可见，卷积神经网络的效果最好，但训练时间过长，SAE 次之，传统的 FBPNN 效果最差。我们对手写阿拉伯数字图像数据库（modified national institute of standards and technology database，MNLST）中的 60000 训练样本 +10000 测试样本也进行了初步的训练实验，发现 7+1 层的 CNN 模型调试一个参数的训练时间在 3 天以上，CNN 有大量的参数需要调试，要找出对某一训练数据的最佳参数集，耗时成本太高。而 SAE 模型调试一个参数的训练时间在数分钟至百十分钟，而 SAE 模型的识别性能也是较优的，调试所有参数的耗时成本是可以接受的，因此后续的实验我们选用 SAE 网络模型进行研究。

深层神经网络的一种结构改进是增加多层感知器的隐藏层数，如 5~9 个隐藏层，将输入特征通过逐层特征变换，这一过程将样本在原输入的特征空间表示逐层变换到新的特征空间。每一层网络组合前一层的特征形成更加抽象的高层特征，这种高层的更抽象特征更容易发现数据的分布形式及类别属性，最终使得分类更加容易。

随着隐藏层的增加，传统的误差反传 BP 算法，误差反传到最前面的层已经变得非常小，靠近输入层的权值更新几乎为 0，即出现梯度逐层消失（gradient diffusion）现象，从输出层越往输入层梯度越来越稀疏，误差更新值越来越小。当随机初值远离最优区域，对于现实中的经常出现的非凸数据集容易收敛到局部最小值。另外，常规的 BP 算法只能用来训练有类别标注的数据，而现实中的数据大多是没有类别标注的数据，因此这种训练就非常不理想了。

随着人工智能的发展，基于联结主义的语言认知模型也得到了广泛应用，通过模拟脑细胞的神经元之间的多个连接构建一个庞大的交互式网络，其中的许多过程是同时发生的。这个网络中的某些进程以并行的方式组织在一起，形成层次结构，产生思想或行动等结果。连接主义试图使用计算机体系结构为人脑的认知语言处理建模，根据语言输入中的共现频率在语言元素之间建立关联。连接主义认为，频率是语言学习的各语言领域的一个因素，学习者使用语言输入中的范例，在共同出现的语言单元之间形成心理联系。从这种输入中，学习者通过习得的其他领域共有的认知技能来提取语言规则。由于联结主义否认先天规则和任何先天语言学习模块的存在，在联结主义中，输入既是语言单元的来源，也是语言规则的来源。

小结

介绍了神经元的种类及工作机制，论述了单个人工神经元模型，单隐藏层的 RBF 神经网络及工作原理，反馈循环网络的符号去噪功能及分类识别能力。研究了基于概念抽取的自组织映射神经网络进行文本聚类分析，深度神经网络模拟人脑的认知结构，以及堆叠自编码深度学习神经网络用于文本分类，并与其他深度学习神经网络进行了比较。

思考题

1. 生理学家麦卡洛克（McCulloch）与数学家皮茨（Pits）是如何从单个神经元的功能

机制转变为单个神经元 M-P 模型的？它对后来的大规模人工神经网络发展有何贡献？

2. 前馈神经网络与反馈神经网络在功能和学习算法上有何不同？

3. 有监督的学习算法与无监督的学习算法有何差异？自组织特征映射神经网络可以处理什么类型的数据？

4. 多层前馈神经网络的误差反传学习算法有何缺陷？堆叠自编码网络在学习算法上解决了什么问题？

5. 深层神经网络在自动特征提取上有何优势？

第13章

深度神经网络语言处理模型

本章课程的学习目的和要求

1. 对基于深度学习的自然语言处理，深度学习的原理、发展历史以及算法实现有较好的理解。
2. 基本掌握典型的自然语言处理的深度学习模型、构成机制和学习算法。
3. 对深度学习的神经认知科学基础有一定的了解，能够理解语言认知另一种形式的应用与体现。

与编程语言不同的是，自然语言往往是模糊的、带有歧义的、与领域关联的、被情景影响的、受语言发出者的知识认知限制的。在利用计算机处理自然语言的过程中，传统的方法（如知识工程、传统机器学习等）往往需要人工设计众多的特征以准确地理解自然语言，一方面因其繁琐而耗费人时，另一方面又不能保证所设计特征的完备性，这就在一定程度上限制了该研究的发展。随着互联网的发展和互联网数据的急剧增加，人类进入了大数据的类脑计算时代，这为深度学习的实践提供了基础数据准备；而高性能计算设备与软件设施的研制，则为深度学习提供了算力上的保障。自然语言处理研究也因为深度学习的发展而迎来了春天。

13.1 自然语言处理概述

13.1.1 自然语言处理的概念

自然语言处理（natural language processing, NLP）也称计算语言学（computational language），它旨在利用计算机对人类的语言（包括书面文字、语音、手语、盲文）进行处理和加工，以得到人类语言中的相关信息，这些信息可以是语义、情感，或某种语言规律等方面的内容。同时，它还涉及一些计算模型和处理过程的工程性技术，以解决理解人类语言的实际问题。自然语言处理研究最早开始于 20 世纪 50 年代，它是人工智能（artificial intelligence, AI）和语言学交叉研究的产物。历经近 70 年的发展，它已经形成全方位、多层次、宽领域内容的研究格局。下面对文本处理进行介绍。

（1）文本信息检索

文本信息检索（information retrieval，IR）的目的是帮助人们在正确的时间（当他们需要时）以正确（最方便）的形式找到正确（最有用）的信息。在信息检索的许多问题中，需要解决的一个主要问题就是根据特定检索任务的相关性分数来对查询字符串的文档进行排序，这与搜索引擎类似。文本信息检索的方法如图 13.1 所示。

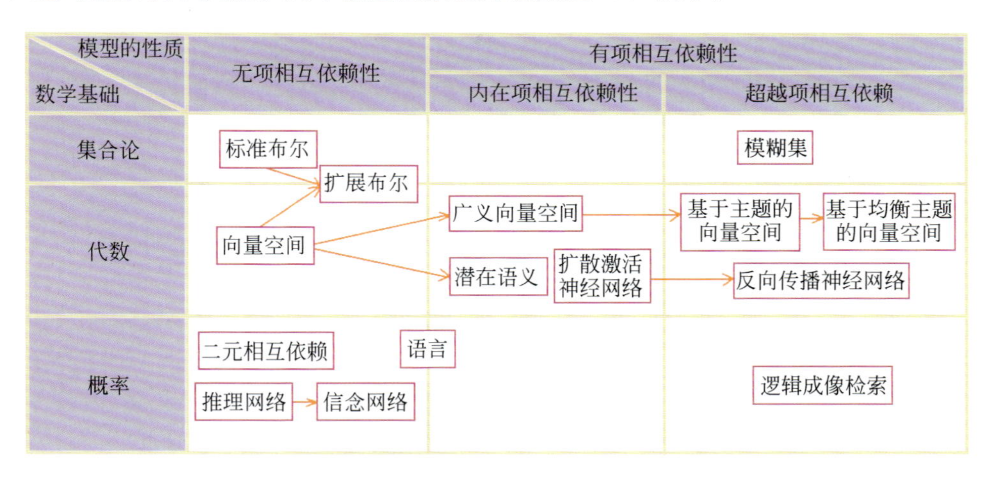

图 13.1　文本信息检索方法

（2）文本信息抽取

文本信息抽取（information extraction）则从文本中提取显式或隐式的信息。通常而言，这些提取的信息包括了命名实体（named entities）、关系、事件及其参与者、时序信息以及事实元组等。其中命名实体识别（named entity recognition，NER）是指识别专有名词、日期、时间、价格和产品 ID 等实体。

而事件抽取则涉及识别与发生的事件相关的词语或短语以及诸如主体、客体和发生时间等。事件抽取通常处理如下四个子任务：识别事件提及或者描述事件的短语；识别事件触发词，它们是指定事件发生的主要词（往往是动词或名词）；识别事件元素，比如具体的时间、地点和参与者等；确定论元角色，指在事件中扮演的角色，是事件元素的抽象表示。事件抽取的直观表示如图 13.2 所示。

信息抽取中另一项重要的任务是从文本中提取关系信息，可能是所有格关系，也可以是反义词或同义词关系，或者更自然的、家庭的以及地理的关系。

（3）文本分类

自然语言处理的另一项经典研究内容则是对文本进行分类，即将文本文档分配给预定义的类别。它有许多应用，比如文本情感分类，而文本情感分类又可以从文档级、句子级以及实体属性级进行更加细致的分类研究，同时还包括情绪维度上的（比如高兴、悲伤、失望、愤怒、恐惧等）分类研究。文本情感分类如图 13.3 所示。

（4）文本生成

许多自然语言处理任务需要生成与人类相似的语言。文本摘要和机器翻译实现将一种文本转换为另一种文本的目的；而图像或者视频字幕以及天气和赛事等自动报道，则将非

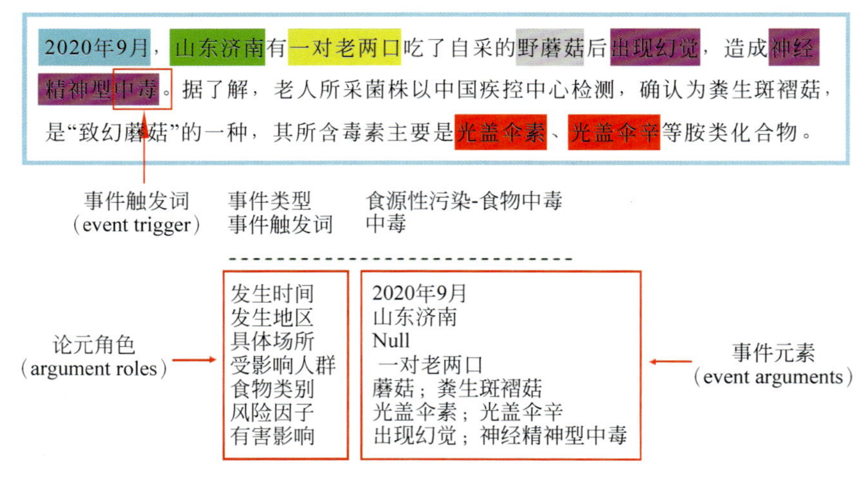

图 13.2 事件抽取任务定义

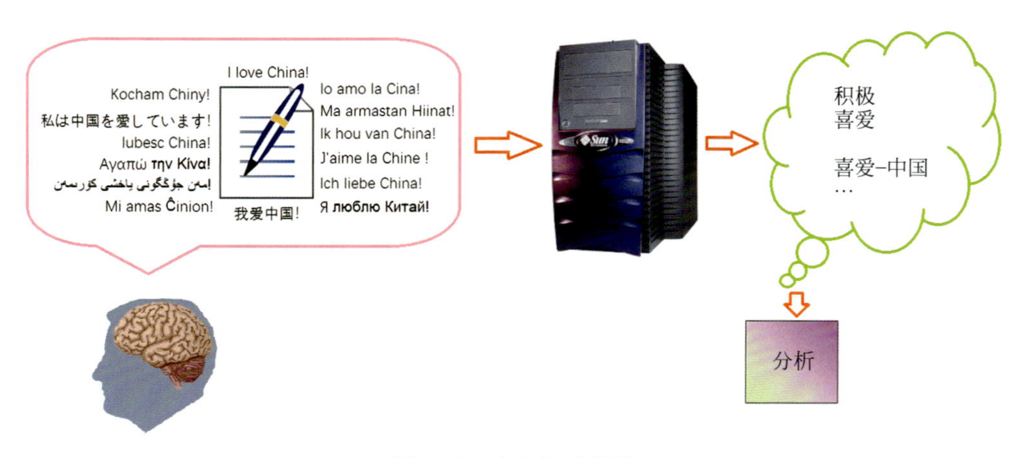

图 13.3 文本情感分类

文本数据转换为文本形式；但某些任务中生成的文本则没有任何需要转换的数据（仅把少量数据用作主题或者指南）。文本生成任务主要包括诗歌生成、笑话和双关语生成、故事生成等内容。其中，诗歌生成可以说是最难的生成子任务，因为除了要产生创造性的内容外，其内容还必须符合一定的审美方式，且遵循特定的结构。

（5）文本摘要生成

文本摘要旨在从文档中找到感兴趣的元素，以便对最重要的内容进行概括封装。其又可以分为两种主要的类型：抽取式（extractive）和生成式（abstractive）。抽取式摘要侧重于句子的抽取、简化、重新排序和连接，使用直接从文档中获取的文本来传递文档中的重要信息。生成式摘要则通过生成的方式来表达文档的内容，这种方法可能使用文档中从未见过的词语。文本摘要生成如图 13.4 所示。

（6）文本问答系统

与摘要和信息抽取类似，文本问答从文档中收集词语、短语或者句子，并将此信息一致地反馈响应给某个问题。

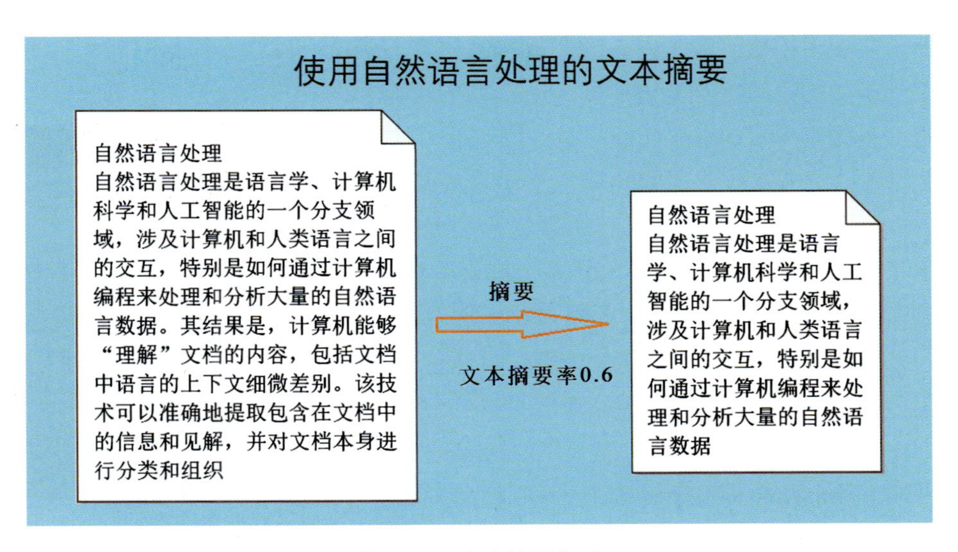

图 13.4　文本摘要生成

（7）机器翻译

机器翻译是自然语言处理的典型应用。它通过使用数学和算法将一种语言的文档翻译成另一种语言。即使对人类而言，执行有效的翻译本质上说来也是繁重的，因为这需要精通语言形态、句法和语义等领域的知识，以及对所考虑的两种语言（包括相关的社会）的文化敏感性的熟练理解与辨别。源语言至目标语言的机器翻译的层次关系如图 13.5 所示，每个层面好像都是独立的，而高一层的模型在功能上是否包含了低一层的功能，还需要在大规模双语语料库的基础上，将语言处理的脑认知模型与计算模型相结合，通过实验来证实。

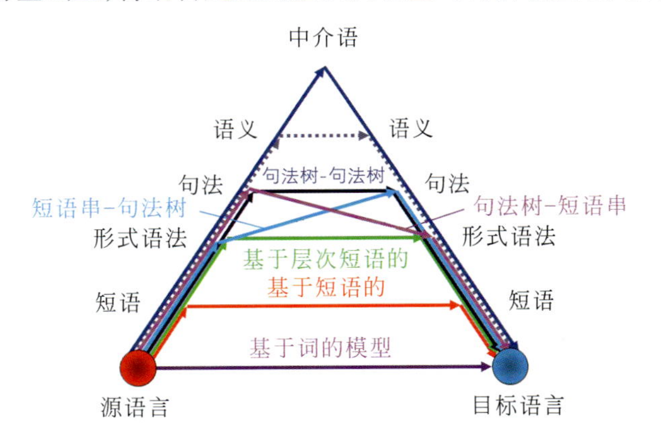

图 13.5　文本翻译的层次关系

除了上述所列研究领域，自然语言处理研究还可以细分，比如，隐喻计算、文字自动编辑与校对、文字识别等，从这里可以看到自然语言处理覆盖面广泛、研究多样。此外，需要指出的是，上述研究还可能涉及社会学、心理学、文学、认知科学等学科，由此也可以看到，自然语言处理实质上是一门涉及交叉学科的研究。

13.1.2　自然语言处理研究方法的发展

历经近 70 年的发展，自然语言处理的研究方法也大致上可以分为三种：基于预定义的语言规则方法、传统机器学习方法以及深度学习方法。

基于预定义的语言规则方法

诺姆·乔姆斯基（Noam Chomsky，图 13.6）的观点被许多人接受，他认为儿童生来具有所有人类语言的基本语法结构知识，这种与生俱来的知识通常被称为普遍语法理论。具体地，该理论主张人工编制语言知识表示体系（亦即规则），并构造一定的推理程序，通过这些规则与程序推导出自然语言的意义。

图 13.6　诺姆·乔姆斯基

这一思想影响了自然语言处理的研究。起初，许多学者在自然语言处理的相关任务中也通过预定义语言规则来开展研究工作。比如在文本情感分类中，那须川（Nasukawa）和易（Yi）等为形容词、动词及名词等手动创建了规则方法，该方法首先从给定的文本中进行词性标注和依存关系解析，随后把预定义的规则和文本内容进行匹配，从而获得句子中实体属性的情感极性。例如，句子“这辆车的颜色很好看”，通过构建名词“颜色”与形容词“好看”，分析其搭配等关系，最后得出“颜色”这一属性对应的情感极性为正向情感。

可以预见，这类方法比较简单，而且也无法将文本句子中所有的规则考虑完全，并且随着文本领域的变化，这类预定义规则不能很好地实现迁移泛化，而且某些文本中也可能没有明显的语言规则。比如，与新闻等规范文本不同，推特、微博等文本短小精悍，句子结构往往不完整。此时，基于规则的研究方法可能就无法保证高质量地实现自然语言的处理任务。

基于传统机器学习的方法

当前人类已经进入大数据（big data）时代。比如，中国互联网络信息中心（China internet network information center，CNNIC）在 2021 年 2 月发布的消息显示，中国的互联网用户数量已经超过 9.89 亿；新浪微博其日均文字发布量就超过 1.3 亿；在 2020 年第三季度，推特（Twitter）的可变现每天使用用户已达到了 1.87 亿；各实验室对 1000 多人的基因组进行了测序，发现每个人的基因组长度达 38 亿个碱基对。类似的例子还有很多，如近几年我国网民规模变化如图 13.7 所示。

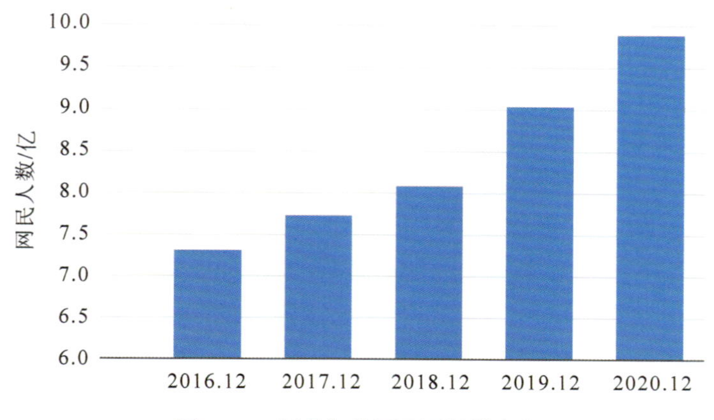

图 13.7　近几年我国网民规模变化

大量的数据呼唤着自动化的数据分析方法，而这就是机器学习（machine learning，ML）所提供的。特别地，我们将机器学习定义为这样一组学习算法，它们可以自动检测数据中的模式（pattern），然后使用这些发现的模式来预测未来的数据，或者在确定性的条件下执行其他类型的决策（比如计划如何收集更多的数据）。可以想到的是，对于机器学习，我们可能首先会问：对于给定的数据，怎么样才能实现最好的预测？解释一些数据的最好的模型是什么？我们该用什么样的测量方法等。从这里可以看到，机器学习会涉及许多不确定性问题，因此概率论的方法就成为机器学习比较优越的描述方法。图 13.8 为线性支持向量机决策边界（虚线）的散点图。

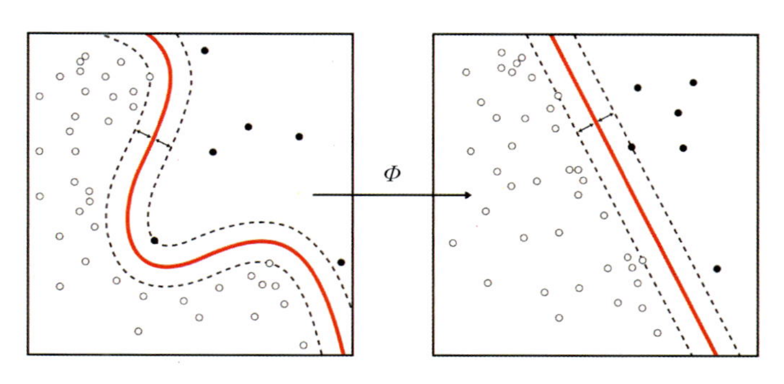

图 13.8 机器学习分类示意图

根据是否有标注数据，通常而言机器学习分为两种类型。一种是有监督的学习（supervised learning）方法，其目标是在已有标注的输入 / 输出数据的情况下，学习到从输入到输出的一种映射；另一种方法是无监督学习（unsupervised learning）方法，只给定没有标注类别信息的输入数据，随后从这些数据中探索到有趣的模式，或者说也叫作知识发现（knowledge discovery），它并未被指定需要从数据中寻找何种模式。事实上，从不同的视角来看，除了上述两种分类，机器学习还可以分为增强学习（reinforcement learning）、半监督学习（semi-supervised learning）、持续学习（continual learning / life-long learning）等。

自然地，随着机器学习的发展，自然语言处理任务中也采用了许多机器学习模型。其中比较典型的有朴素贝叶斯模型（naïve bayes model，NBM）、支持向量机（support vector machine，SVM，如图 13.9 所示）、最大熵模型（maximum entropy model，EMM）、高斯混合模型（Gaussian mixture model，GMM）、隐马尔可夫模型（hidden Markov model，HMM）和条件随机场（conditional random field，CRF）等。比如，在文本情感分类中，瓦格纳（Wagner）等使用支持向量机对句子中目标实体的情感进行了 4 分类。在此过程中，作者们采用了 n 元文法（n-grams）特征以及由情感词

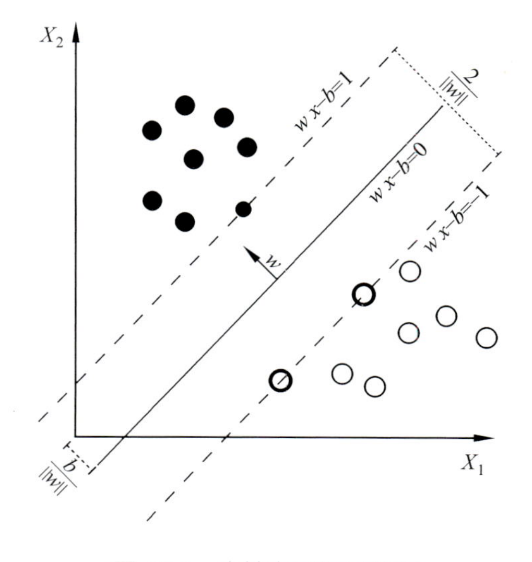

图 13.9 支持向量机示意图

典产生的情感分数特征，同时还依据单词及其词性来对一些情感词进行替换，以降低数据的稀疏性。该方法最后表现出非常好的性能，这同时证明了使用 *n*-grams 特征可以提供文本情感词所缺失的信息。而朴素贝叶斯模型被派克（Parkhe V）等用来分析电影评论的属性情感极性，该方法首先将句子进行词性标注，随后将构建的实体属性词表与句子进行匹配；通过判断词性是否相同的方法来确定句子中某个具体的实体并将句子进行分割，最后将其输入朴素贝叶斯模型中进行分类。

需要注意的是，基于机器学习的方法需要人工设计一定的特征，比如一元 / 二元文法特征、*n* 元文法特征、词性以及额外的语料等，这些特征的设计往往是耗时的，而且比较繁琐；同时，如果文本类型不同，其需要设计的特征也往往不尽相同，亦即该方法缺少一定的可扩展性。

基于深度学习的方法

近年来，图形计算单元（graphical processing unit，GPU）提高了计算机的算力和并行化能力，这使得深度学习（deep learning，DL）迅猛发展。它已经在多个领域（图像、语音、文字）中取得了标志性的成就，甚至在一些任务上超过了人类的表现。作为深度学习典型代表的神经网络（neural network，NN）也被广泛应用在自然语言处理任务中，并取得了重大进展，成为当前研究的热点。下文将对其进行介绍。

13.2　神经网络与深度学习

13.2.1　定义

深度学习是一系列的机器学习算法，它使用多个层从原始的输入数据中逐步地提取更高层次的特征。比如，在图像处理中，较低的层可能会从图像中识别出边等形状；而在较高的层中，可能会识别出人类所认知的相关概念，比如字母、狗、猫等。前馈神经网络（feedforward neural network）或者多层感知机（multilayer perceptron，MlP）就是典型的深度学习模型。图 13.10 展示了人工智能、机器学习与深度学习之间的关系，部分机器学习技术作为人工智能的子领域或部分人工智能作为机器学习技术的子领域。深度学习模型的准确性随训练数据规模的增加而增加；而传统的机器学习技术的准确性一开始随训练数据规模的增加而逐步增加，当数据规模到达一定程度后其准确性趋于平稳，甚至略微下降。

深度学习的“深度”是指数据被转换时所经过的层数。比如对于前馈神经网络，其目的是通过定义一个映射 $y = f(x;w)$，并学习到参数 w 的值，来得到一个最优的拟合函数。可以设想，假如我们用多个不同的函数复合在一起来表示前馈神经网络，例如 3 个函数 $f^{(1)}$、$f^{(2)}$、$f^{(3)}$，那么我们可以得到这样一个函数链：$f(x) = f^{(3)}(f^{(2)}(f^{(1)}(x)))$，该链的全长就是前馈神经网络模型的深度，其中各个函数则对应模型的每一层。

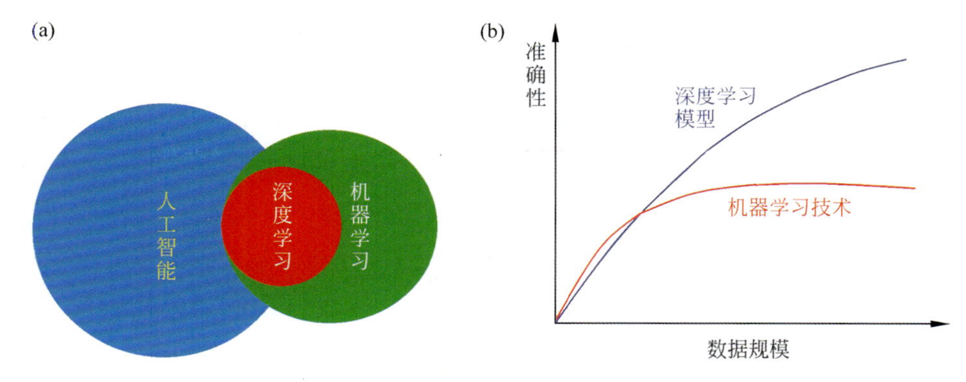

图 13.10 人工智能、机器学习与深度学习之间的关系

图注:（a）人工智能、机器学习与深度学习三者间的集合关系，机器学习是一门涉及多领域的交叉学科，涉及概率论、数理统计、逼近论等多门学科，专门研究计算机如何模拟人类的学习行为，以获取新知识，并重新组织已有的知识结构来完善系统的性能。人工智能是模拟并扩展人类智能的理论与方法的机器智能，该领域包括机器人、图像识别、自然语言处理和专家系统等。机器学习与人工智能分属不同学科，但两者又有交叉。（b）机器学习技术与深度学习模型在数据规模上的准确性比较。

13.2.2 深度学习的发展历史

早在 1943 年，神经科学家麦卡洛克和数学家皮茨根据生物神经元的结构与工作原理建立了 M-P 人工神经元模型，该模型将神经元简化为 3 个过程，即：信号线性加权、求和与非线性激活，以此模拟神经元的反应过程。计算机科学家弗兰克・罗森布拉特（Frank Rosenblatt）被认为研究了当今深度学习系统的所有基本要素。1958 年，罗森布拉特发明了感知机（perceptron），第一次使用 M-P 模型对输入的多维数据进行二分类。

1967 年，阿列克谢・伊瓦赫年科（Alexey Ivakhnenko）和拉帕（Lapa）发表了第一个用于有监督、深度、前馈、多层感知机的通用学习算法。1969 年，美国数学家和人工智能先驱明斯基（M. Minsky）证明感知机模型只能处理线性分类问题，是一种线性模型，这使深度学习的研究停滞近 20 年。需要指出的是，在 1980 年，福岛邦彦（Kunihiko Fukushima）提出了卷积神经网络（convolutional neural network，CNN）。

直到 1986 年，丽娜・德克特（Rina Dechter）首次将深度学习（deep learning）这一术语引入机器学习领域。同年，深度学习之父杰夫・欣顿（Geoff Hinton）发明了使用于多层感知机（multilayer perceptron，MlP）的反向传播（backpropagation，BP）学习算法，同时采用 Sigmoid 函数 [可以将变量映射到 0 ~ 1 之间，形式为：$S(x) = 1/(1+e^{-x})$] 进行非线性映射，从而解决了非线性分类的学习问题，这推动深度学习实现了第二次研究热潮。1989 年，罗伯特・赫克特 - 尼尔森（Robert Hecht-Nielsen）证明了 MlP 的万能逼近定理，该定理指出对于任何闭区间的一个连续函数，都能用含有一个隐藏层的 BP 网络来逼近。同年，颜・乐村（Yann LeCun）等发明了卷积神经网络 LeNet，将标准反向传播算法应用于深度神经网络，以识别邮件上的手写邮政编码，该算法训练了 3 天。

然而在 1991 年，BP 算法被指出存在梯度消失问题，即在误差梯度后向传播过程中，后层梯度传到前层时几乎为 0，由此无法对前层进行有效学习，这使深度学习的研究浪潮逐渐退去。值得一提的是，1997 年霍克赖特（Hochreiter）和施密德胡贝尔（Schmidhuber）提出了长短时记忆（long short-term memory，LSTM）网络，该网络是一种循环神经网络（RNN），可以避免梯度消失问题，并且可以实现“非常深度学习”的任务，并被用于语音识别的一些研究，然而当时并没有引起重视。1998 年，颜・乐村等对卷积神经网络进行了改进。不同的是，由于人工神经网络（artificial neural network，ANN）的计算开销很大以及研究人员对大脑如何连接缺乏认识，在 1990 年代和 2000 年代，在一些特定的任务中，人工制作特征被广泛关注，并被用于一些比较简单的模型，这一时期，统计学习方法迎来了春天。比如 1986 年，提出了决策树方法，1995 年提出了线性支持向量机方法，1997 年提出了 AdaBoost 方法，2000 年提出了 Kernel SVM 方法，2001 年提出了随机森林算法，又提出了一种新的统一框架——图模型。

在 2006 年，杰夫・欣顿等在《科学》杂志上发表论文，指出了在深度网络训练中解决梯度消失问题的方法，即每次有效地预训练一层，依次将每一层视为一个无监督的受限玻尔兹曼机（restricted Boltzmann machine），然后使用有监督的反向传播算法进行微调。欣顿等还提出了深度置信网络（deep belief network，DBN）以及自编码器（auto-encoder，AE）。自此深度学习在学术界和工业界的第三次浪潮开始并持续至今。

在 2011 年，ReLU 函数被提出，该激活函数可以有效抑制梯度消失的问题。同时根据颜・乐村的观点，深度学习对工业的影响始于 2000 年代初，当时的卷积神经网络已经能够处理美国 10%~20% 的支票。而在大规模语音识别的工业应用则始于 2010 年左右。微软也于 2011 年首次将深度学习用于语音识别，并取得重大进展。微软研究院和 Google 的研究人员先后采用深度神经网络（deep neural network，DNN）把语音识别错误率降低了 20%~30%。与此同时，硬件的发展也激发了人们对深度学习的兴趣。在 2009 年，英伟达公司（Nvidia）参与到深度学习中。同年，吴恩达确信 GPU 可以将深度学习系统的学习速度提高 100 倍，因为 GPU 非常适合矩阵向量运算。事实上，GPU 也将训练算法的速度提高了几个数量级，将运行时间从几周缩短至几天。此外，专门的硬件和算法优化也被用于加速深度学习模型的运算。

在 2012 年，乔治・达尔（George Dahl）团队使用多任务深度神经网络预测了一种药物的生物分子靶点，并赢得了“默克分子活性挑战赛”。在该年，欣顿（Hinton）课题组首次参加了 ImageNet 图像识别比赛，并通过构建卷积神经网络 AlexNet 获得了冠军，且该网络的分类性能远远优于第二名（支持向量机）。在 2015 年，欣顿、乐村和本吉奥论证了局部极值问题对于深度学习的影响，并认为损失的局部极值问题对于深层网络的影响可以被忽略（图 13.11）。2016 年，Google 旗下 DeepMind 公司开发的 AlphaGo（基于深度学习）与围棋世界冠军、职业九段棋手李世石开展的围棋人机大战，以 4 比 1 总比分获胜。而在 2017 年 5 月，在中国乌镇围棋峰会上，AlphaGo 与世界围棋冠军柯洁进行对战，以 3 比 0 的总比分获得胜利。围棋界已经公认 AlphaGo 的棋力超过了人类职业围棋的顶尖水平。

同样在 2017 年，Google 团队首先提出了 Transformer 模型，该模型有一个完整的编码

器 - 解码器（encoder-decoder）框架，并主要由注意力机制（attention mechanism）构成，该模型为自然语言处理的研究带来了许多重要的研究成果。2018 年 10 月，Google 人工智能研究院面向自然语言处理研究提出了一种预训练模型 BERT（bidirectional encoder representation from transformers），该模型在机器阅读理解顶级水平测试 SQuAD1.1 中表现出惊人的成绩，其 2 个衡量指标全面超越了人类，并且在 11 种不同的自然语言处理测试中表现出最好性能，这也成为自然语言处理发展史上的里程碑成就。随后，各类预训练模型如雨后春笋，比如 XLNet、UniLM、MASS、RoBERTa、ENRINE-BAIDU、GPT2、GPT3、T5 等。这些预训练模型的出现，极大促进了自然语言处理研究的发展。2019 年 6 月，三位深度学习专家欣顿、乐村和本吉奥获得了 2018 年的图灵奖（图 13.11），以表彰他们给人工智能带来的重大突破，这些突破使得深度神经网络成为人工智能领域的主导范式。

乐村（LeCun）　　新顿（Hinton）　　和本吉奥（Bengio）

图 13.11　2018 年图灵奖得主

近年来，深度学习除了在计算机视觉（computer vision，CV）和自然语言处理中广泛研究外，也在其他领域中表现出广阔的应用前景。比如，物理系统、交通网络、化学 / 生物 / 医疗领域、知识图谱、社交网络、推荐系统、金融领域、组合优化问题等。纵观深度学习的发展历史，可以看到，它目前正处于第 3 次浪潮（图 13.12）中，尽管在发展的过程中有许多坎坷，但其每一次的兴起都表现出对前一次的积极扬弃，都比前一次来得更加迅猛，更加急速，不断推动着整个社会经济的发展。

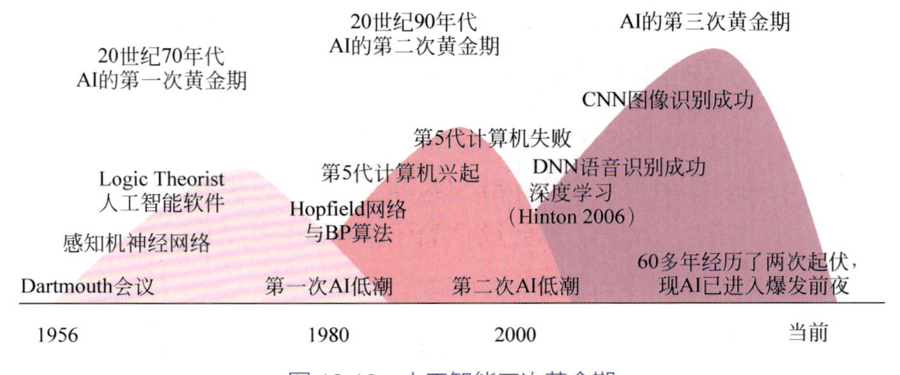

图 13.12　人工智能三次黄金期

13.2.3 常见神经网络类型与工具

常见的神经网络模型有：DBF、CNN、RNN、图神经网络（graph neural network，GNN）、自动编码器（autoencoder，AE）、对抗生成网络（generative adversarial network，GAN）以及脉冲神经网络（spiking neural network，SNN）等。

当前比较常用的深度学习框架主要有：Caffe，提供了在CPU以及GPU上的快速CNN实现。Torch，是一个为机器学习算法提供广泛支持的科学计算框架。TensorFlow，该工具由Google公司推出，其中Tensor为张量的意思，Flow是流的意思，表示基于数据流图的计算。PyTorch，则是一个开源的Python机器学习库，它基于Torch实现，能够实现自动求导。上述工具的使用在相应网站均有具体的介绍。

13.2.4 神经网络的基本原理

1. 网络单元与网络结构

神经网络的基本单元是神经元。早在1943年，神经科学家麦卡洛克和数学家皮茨就根据大脑的计算机制，模拟了神经元的反应过程，将神经元的反应简化为信号线性加权、求和与非线性激活。据此，我们可以设想某个神经元的激活值s是由n个激励信号线性加权的求和结果，该神经元的输出对应的是激活值s的非线性变换。由此，可以写出神经元的激活为：

$$s=\sum_{i=1}^{n} w_i x_i + b$$

其中，x_i表示某个激励信号，n表示共有n个激励信号，w_i则表示每个激励信号对激活值s贡献的权重，b代表偏置。神经元的输出还需要将激活值s经过一个非线性函数$\varphi(\cdot)$进行变换才能得到，这个非线性函数称作激活函数。因此，一个神经元的输出形式如下所示：

$$y=\varphi(s)$$

显然，当多个神经元彼此连接后，就可以形成一个网络，在该网络中，一个神经元的输出可能会被作为一个或多个神经元的输入。当权重设置正确时，如果网络拥有足够的神经元以及激活函数，那么该神经网络可以逼近任意广泛的数学函数。

一个典型的前馈神经网络如图13.13所示。在该图中，每一个圆圈代表一个神经元，圆圈的输入箭头表示神经元的输入信号，输出箭头表示神经元的输出结果，而每一个箭头则表征了权重信息，代表了某路信号的重要程度。可以看到，在该网络中，神经元分层排列，反映出信息的流动方向。最底层是神经网络的输入层，最顶层则是神经网络的输出层，其余层被称为隐藏层（hidden layers）。在上述图中，每一个神经元被连接到下一层中所有的神经元，因而这一层被称作全连接层或者仿射层。当有多个隐藏层时，这个神经网络就成为了深度神经网络，这也就是深度学习了。

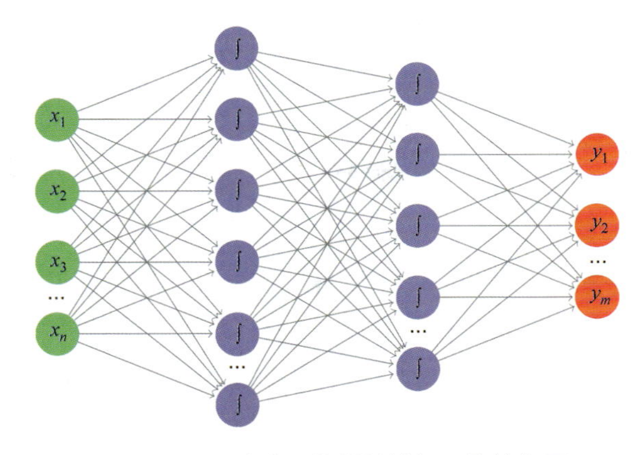

图 13.13 双隐藏层的前馈神经网络结构图

2. 常用非线性激活函数

非线性函数具有多种形式。至今还未有一个很好的理论指出在何种情况下该选择何种非线性函数，而对于一个给定的任务，选择合适的非线性函数在很大程度上是一个经验问题。下面介绍一些常用于自然语言处理任务的非线性激活函数。

1）Sigmoid 函数

Sigmoid 激活函数也叫作逻辑斯蒂函数（logistic function），其形式如下：

$$\sigma(x)=\frac{1}{1+\mathrm{e}^{-x}}$$

这是一个 S 形的函数，能够将变量 x 转换成 0 ~ 1 之间的数值。但目前而言，该函数不推荐用于神经网络的内部各层，其效果相对而言不够好。

2）双曲正切（tanh）函数

双曲正切激活函数也是一个 S 形的函数，其形式如下：

$$\tanh(x)=\frac{\mathrm{e}^{2x}-1}{\mathrm{e}^{2x}+1}$$

通过计算可以得知，该函数能够将变量 x 映射到 −1 ~ 1 之间。

3）硬双曲正切（hard tanh）函数

硬双曲正切函数是双曲正切函数的近似，它能够快速地进行计算并求导数，其形式为：

$$\text{hard}\tanh(x)=\begin{cases}-1 & x<-1\\ 1 & x>1\\ x & -1\leqslant x\leqslant 1\end{cases}$$

4）整流线性单元（ReLU）

整流线性单元（rectified linear unit，ReLU）是一个非常简单的激活函数，易于使用，并且多次显示了出色的效果。该函数形式如下：

$$\mathrm{ReLU}(x)=\max(0,x)=\begin{cases}0 & x<0\\ x & x\geqslant 0\end{cases}$$

可以看到该函数在变量小于 0 时，其值为 0。

根据经验，在上述激活函数中，ReLU 函数比 tanh 函数好，而 tanh 函数又比 sigmoid 函数好。

3. 目标函数

在训练一个神经网络时，比如一个线性分类器，需要对神经网络的目标函数（或者损失函数）进行选择，这个目标函数表征了预测结果 $\hat{y}$ 与真实结果 y 之间的损失（loss），其定义为 $L(\hat{\boldsymbol{y}}, \boldsymbol{y})$。神经网络的训练目标就是要在不同的训练样本上实现损失值的最小化。给定一个真实的预期目标 $\boldsymbol{y}$，目标函数 $L(\hat{y}, y)$ 会为网络的预测输出 $\hat{\boldsymbol{y}}$ 分配一个标量数值，只有在神经网络输出正确的情况下才会达到这个最小值，此处 $\hat{\boldsymbol{y}}$ 和 $\boldsymbol{y}$ 均为向量。

在不同的样本上训练时，神经网络的各个参数（如权重 w_i、偏置 b 等）将会被确定下来，从而最小化目标函数，这样的一个过程称作学习（learning）。目标函数可以是将两个向量映射到一个标量的任意函数，为了便于优化，通常使用容易计算梯度的函数，一般而言，使用一个共同的目标函数往往是够用的。下面介绍几种比较常见的目标函数。

1）均方误差（mean squared error, MSE）损失函数

假设神经元 i 在时刻 n 的输入为 $x_i(n)$，实际输出为 $\hat{y}_i(n)$，期望输出为 $y_i(n)$，则其误差信号为：

$$e_i(n) = \hat{y}_i(n) - y_i(n)$$

对于所有的网络神经元，可以通过误差信号构造能量函数：

$$L(w) = E\left[\frac{1}{2}\sum{}_i \mathrm{e}_i^{\ 2}(n)\right]$$

其中，$E(\cdot)$ 表示求期望算子，该式就是均方误差损失函数。

那么相应的最优化问题即为：$\min L(w) = E\left[\frac{1}{2}\sum{}_i \mathrm{e}_i^{\ 2}(n)\right]$，从而得出系统的权值参数 w。

2）二分类合叶损失函数

对于二分类问题，神经网络的预测输出是一个值 $\hat{y}$，而该值的取值只能是 1 或者 −1。即其分类规则由一个符号函数 $\mathrm{sign}(\hat{y})$ 决定，换言之，只有当 $\hat{y} \cdot y > 0$ 时，神经网络的输出才被认为是被正确地进行了分类。合叶损失（hinge loss）函数的形式如下：

$$L_{binary}(\hat{y}, y) = \max(0, 1 - \hat{y} \cdot y)$$

该损失函数也被称为边缘损失或者支持向量机损失。对于该损失函数，可以分如下情况进行讨论：

当 $\hat{y} \cdot y \geqslant 1$ 时，损失函数值为 0，此时分类正确，而且 $\hat{y} \cdot y$ 的值较大，预测结果具有较高的确信度。

当 $\hat{y} \cdot y < 1$ 时，损失函数为 $1 - \hat{y} \cdot y$，为一线性函数。特别地，当 $\hat{y} \cdot y < 0$ 时，分类结果完全错误；当 $0 < \hat{y} \cdot y < 1$ 时，分类结果虽然正确，但是结果的置信度不高。换言之，

合叶损失函数的目的不仅要正确实现分类，而且要置信度足够高时损失值才为0。

相似地，也可以使用合叶损失函数研究多分类问题。

3）对数损失函数

对数损失函数是合叶损失的常见变体，其形式如下：

$$L_{log}(\hat{y}, y) = \ln\{1+\exp[-(\hat{y}_t - \hat{y}_k)]\}$$

4）交叉熵损失函数

交叉熵损失（cross-entropy loss）函数衡量了真实标签分布 $\boldsymbol{y}$（向量形式）与预测标签分布 $\hat{\boldsymbol{y}}$（向量形式）之间的差异，其形式为：

$$L_{\text{cross-entropy}}(\hat{\boldsymbol{y}}, \boldsymbol{y}) = -\sum_i y_i \ln(\hat{y}_i).$$

交叉熵损失函数在神经网络的文献中非常常见，它不仅能预测一个最好的标签，而且可以预测所有可能标签的分布。

4. 优化方法

通过训练样本确定神经网络的各个参数，其中的关键是实现目标函数的最小化，通常实现这一目标的方式是使用梯度的方法。粗略地说，基于梯度的方法是重复地在数据集上计算误差估计，然后计算其相应的梯度，最后沿着梯度相反的方向来修正网络的参数。不同的优化方法在于如何“计算误差估计”以及如何定义“沿着梯度相反的方向来修正参数”。

1）梯度的计算

在优化过程中，首先是需要计算梯度。而人工计算梯度过程繁琐且容易出错，因此最好使用自动计算梯度的方法。本质上，神经网络是一个数学表达式，因此可以使用计算图（computation graph）来刻画它。在计算图中，一个节点表示数学操作（加、减、乘、除等），一条边表示节点之间数值的流向，需要注意的是，计算图是一个有向图，如图13.14所示。

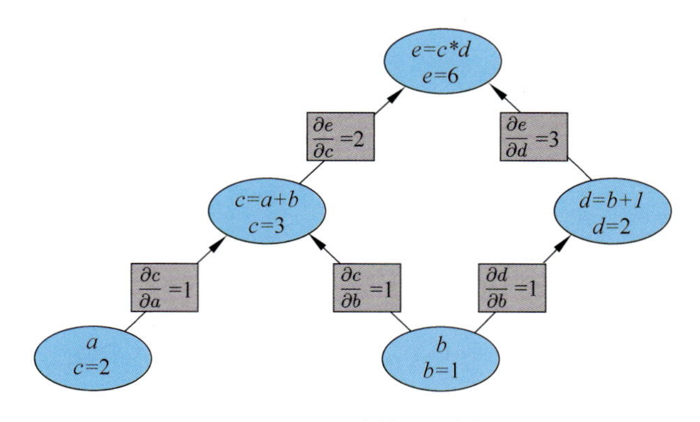

图13.14 计算图示例

在计算图上计算梯度有两种方式，前向传播与反向传播，其实这两种方式模拟的是人脑中神经元的前向传导和反向反馈回路信息，代表了信息的流动方向。这里只简单介绍反向传播（backpropagation，BP）算法。

反向传播首先指定一个具有标量输出的节点（设为 N），然后进行前向计算直到该节

点 N 结束，接着反向计算相对于该节点 N 值的梯度（其关键是导数的链式法则）。

设 $d(i)$ 表示$\frac{\partial N}{\partial i}$，其中 i 代表计算图中的节点第 i 个节点，反向传播算法即被用来计算对于所有节点 i 的 $d(i)$ 值。

该算法过程如下：

反向传播算法
1. $d(N) \leftarrow 1$ 2. for $i = N-1$ to 1 do 3. $d(i) \leftarrow \sum_{j \in \pi(i)} d(j) \cdot \frac{\partial f_j}{\partial_i}$

其中，$\pi(i)$ 表示节点 i 的父节点，$\frac{\partial f_j}{\partial i}$则表示 $f_j[\pi^{-1}(j)]$ 关于节点 $i \in \pi^{-1}$ 的偏导数。显然，反向传播计算的值取决于函数 f_j 和每个节点的值 $v(a_1), \ldots, v(a_m)$，其中 $a_1, \ldots, a_m = \pi^{-1}(j)$。

这里定义两种计算方法：一种是根据每个节点的输入前向计算其相应的值 $v(i)$，称为前向计算；另一种则是对每一个 $x \in \pi^{-1}(i)$，计算$\frac{\partial f_j}{\partial x}$，称为反向计算。

2）随机梯度下降（stochastic gradient descent，SGD）法

随机梯度下降法是一个通用的优化算法。该算法使用一个由 θ 参数化的函数 f，一个损失函数 L 以及所需的输入输出对，然后通过尝试设置相应的参数，使得函数的损失相对于训练样本的值最小。

其算法流程如下：

随机梯度下降算法
1. 输入： 由θ参数化的函数f 2. 输入： 训练集样本$x_1, \ldots, x_n$以及预期输出$y_1, \ldots, y$ 3. 输入： 损失函数L 4. while终止条件不满足do： 从训练集采样x_1，y_1； 计算损失函数$L[f(x_i;\theta), y_i]$； $\hat{g}$←损失函数$L[f(x_i;\theta), y_i]$关于θ的梯度； 参数更新$\theta \leftarrow \theta - \eta_t \hat{g}$ 5. return θ

梯度下降法确定全局最优值如图 13.15 所示。算法的目标是在所有训练样本上实现总损失$\sum_{i=1}^{n} L[f(x_i;\theta), y_i]$的最小化。即重复地从训练样本上采样并计算相对于参数 θ 的误差梯度（假设输入和预期输出固定，且损失是参数 θ 的一个函数）。随后，将以学习率 η_t 作为步长缩放因子，沿着梯度相反的方向更新参数 θ，需要注意的是，学习率 η_t 在整个过程中可以是固定的，也可以是一个关于时间步长的衰减函数。此外，在上述算法中，计算误差时是以一个训练样本为基础的，这是一个比较粗略的估计，方差比较大，损失函数震荡也比较严重，由此可能会产生不正确的梯度，因此需要根据多个样本来估计误差和相应的梯度，这时需要用到小批量随机梯度下降法（minibatch SGD algorithm），当然还可以使用所有样本计算梯度（batch gradient descent），值得一提的是，使用所有样本的方法计算梯度

速度慢，数据量大时可能面临内存不足的问题。

3）其他优化方法

随机梯度下降法可以实现比较好的预期训练结果，但目前还有更多优越的算法，比如使用动量（momentum）的随机梯度下降法、使用Nesterov动量（Nesterov momentum）的随机梯度下降法。自适应学习率算法包括AdaGrad、AdaDelta、RMSProp以及Adam等。

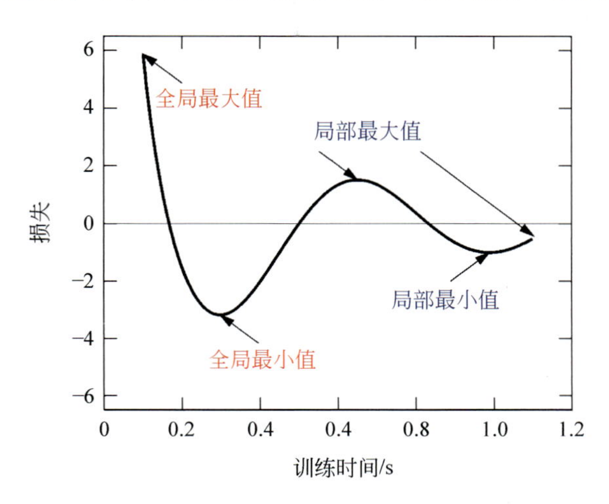

图 13.15　梯度下降法确定全局最优值

评测指标

在自然语言处理研究中，不同的任务涉及不同的性能评估方式。在此，我们以最常见的分类任务对相关指标进行介绍。对于一个分类器，其分类后的样本集可分为4类：① 真阳，即样本为正类，分类器将其分为正类；② 假阳，即样本为负类，分类器将其分为正类；③ 真阴，即样本为负类，分类器将其分为负类；④ 假阴，即样本为正类，分类器将其分为负类。这4类样本关系如表13.1所示。

表 13.1　4类样本关系

真实情况	分类器预测的类型	
	正类	负类
正类	真阳（*TP*）	假阳（*FN*）
负类	假阴（*FP*）	真阴（*TN*）

1）召回率

召回率是指标注为正类的样本被分类器正确预测为正类的比例，公式为：

$$R=\frac{TP}{TP+FN}$$

2）准确率

准确率是指分类器预测正确的样本数与总样本数的比例，公式为：

$$Acc=\frac{TP+TN}{TP+FN+FP+TN}$$

3）精确度

精确度是指分类器预测的正样本中真实正样本所占的比例，公式如下：

$$P = \frac{TP}{TP + FP}$$

4）$F1$ 分数

在实际应用中，召回率和精确度往往是矛盾的，因而可将两者同时考虑。二者的调和平均值即为 $F1$ 分数，公式如下：

$$F1 = \frac{2PR}{P + R}$$

在多分类情况下，我们还会用到 Macro-$F1$ 分数和 Micro-$F1$ 分数。Macro-$F1$ 分数先计算所有样本各自的召回率和精确度，然后计算出平均的召回率和精确度，最后计算 $F1$ 分数。Micro-$F1$ 分数则对所有样本计算总的召回率和精确度，再计算 $F1$ 分数。

其余诸如虚警率、漏检率等不再介绍。

13.3 典型自然语言处理模型

13.3.1 输入层与输出层

在介绍使用深度学习方法处理自然语言之前，先对其流程做一个介绍。如前文所述，神经网络中各神经元分层排列，各层按照处理的流程可以分为输入层、隐藏层和输出层，自然语言处理的过程也遵从这一过程。我们介绍的各种处理模型实际上就处于隐藏层中，这将在后文中介绍典型的模型。基于深度学习的自然语言处理过程示意图如图 13.16 所示。下面介绍输入层和输出层的处理。

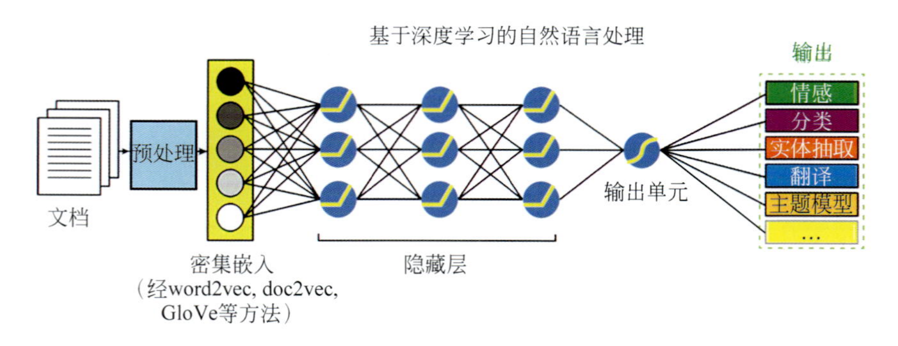

图 13.16 基于深度学习的自然语言处理示意图

1. 输入层

对于自然语言，例如一个词汇、一个短语、一句话等，人类容易知道这些自然语言所表达的含义。比如，“猪”“狗”“喜欢”等，我们知道前两者表示动物，后者代表了某种情绪，然而对于计算机而言，是无法感知到这些含义的，也无法进行计算等操作。计算机只能处理数值，因此，需要把自然语言转换为一定形式的数值，并在神经网络的输入层完成这一步。

通常，自然语言的大多数特征都是离散、分类的，比如单词、字母以及词性等，对此，可以通过编码的方式将其转换为数值。而编码又有独热编码（one-hot encodings）以及密集嵌入向量（dense embedding vectors）等方式。为了对这 2 种编码方式进行说明，现在我们以一位有效编码为例。比如，对【男，女】编码为【男：10，女：01】，对【北京，上海，深圳】编码为【北京：100，上海：010，深圳：001】，对【演员，厨师，程序员】编码为【演员：100，厨师：010，程序员：001】，那么我们就可以对短语【深圳男程序员】编码为【00110001】，这样的编码就是独热编码。其每个维度对应一个唯一的特征，并且生成的特征向量可以看作是高维指示向量的组合，其中单个维度的值为 1，所有其他维度的值为 0。

而密集嵌入向量则是将自然语言的每一个特征用特定维度向量空间中的一个向量进行表示，通常，该向量空间的维度比特征的数量小得多。比如，对于一个具有 50 000 个词语的词汇表，如果用独热编码表示的话，需要 50 000 维的独热向量，但采样密集嵌入向量的话，可能每个向量只需要 100 维或者 200 维等较低的维度，而且该方法是与神经网络共同学习更新参数的方法，其将自然语言中每一个可能的特征与一个向量关联起来，这些向量被看作是神经网络的参数，并与其他参数共同训练。实际上，这些词向量矩阵就是输入层到隐藏层之间的权值矩阵。

由此可见，对独热编码而言，自然语言的每个特征都有其自己的维度，独热向量的维度与自然语言特征的数量一致，而且每个特征都与另外的特征是正交的。在密集嵌入向量中，每个特征都用某个低维的向量表示，在神经网络训练后，相似的特征可能产生相似的向量，这就能够带来比较好的泛化能力。此外，值得一提的是，大多数神经网络不能很好地处理高维稀疏向量。因此，在深度学习下的自然语言处理中，常采用密集低维向量（low-dimensional and dense vectors）对自然语言进行编码，这能减少计算的开销。

如上所述，将文本词汇转换成由连续实数表示向量的方法叫作词嵌入（word embedding），如图 13.17 所示。词嵌入实质是一种对语言进行模型化的和特征学习技术，

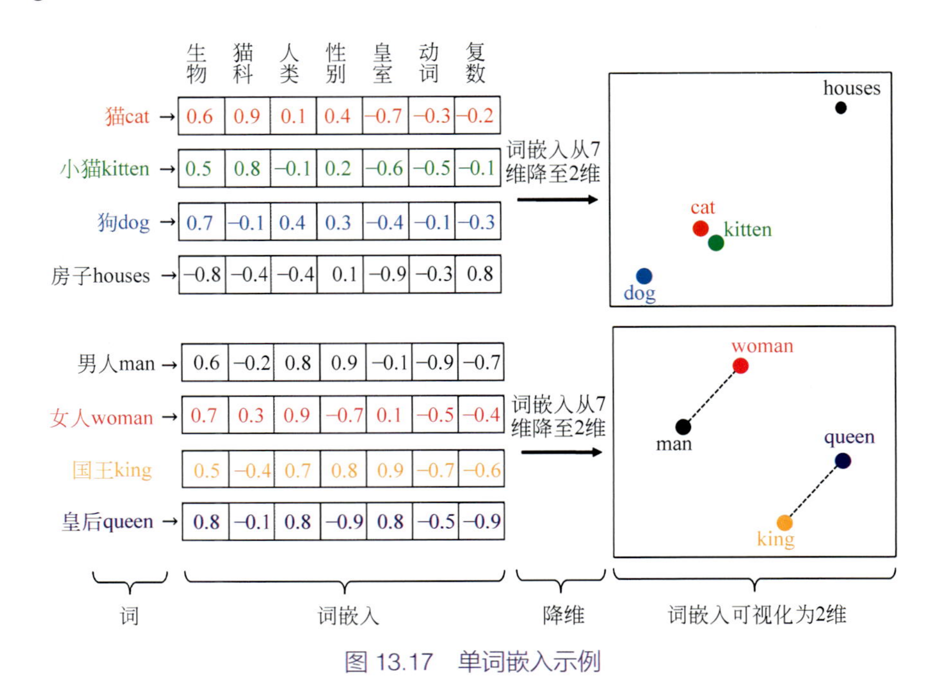

图 13.17 单词嵌入示例

其中向量的每一维都代表了一个词语潜在的特征，且这个向量可以通过神经网络来学习更新。从另一个角度来看，词嵌入可以被看作对语言学规律和模式的一种编码，或者说它能够被训练并建立起相应的语言模型（language model，LM），即语言表示（language representation）。

近年来的大量工作表明，在大型语料库上的预训练模型（pre-trained model, PTM）可以学习到通用的语言表示，这有利于下游的自然语言处理任务，并能够避免从头开始训练新的语言表示。随着计算机算力的发展，以及深度模型的出现，加之训练技能的不断增强，预训练模型的架构也由浅入深。第一代预训练模型旨在学习比较好的词嵌入向量，由于在下游任务中不再需要这些模型，因此在计算效率上是不太够的，比如 Skip-gram 模型、GloVe 等。尽管这些预训练的词嵌入能够捕捉到词汇的语义，但它们是上下文无关的，无法捕捉上下文中更高级别的概念，例如多义消岐，句法结构和语义角色等。对此，第二代预训练模型聚焦于学习上下文相关的词嵌入向量，比如 CoVe、ELMo、OpenAI GPT（generative pre-training）以及 BERT（bidirectional encoder representation from transformer）等，而这些编码器需要通过下游任务在上下文中表示词汇。下面介绍几种代表性的词嵌入技术。

1）Word2Vec

Word2Vec 于 2013 年被提出，是一个广泛流行的词嵌入方式，它从神经语言模型出发，通过一定的修改以更快产生结果。它包含了 2 个主要的学习算法，其一是连续词袋（continuous bag-of-words, CBoW）模型，其二是 Skip-gram 模型，它们都被用来学习词语的特征，并有 2 个不同的优化目标。所不同的是，CBoW 模型通过上下文来预测目标词，而 Skip-gram 模型则通过给定的目标词来预测上下文。

2）GloVe

GloVe 词嵌入算法在 2014 年被提出。众所周知，在一篇文档中，语义相近的词汇，其共现次数越多；语义距离远的词汇，相应的共现次数就越少。因此 GloVe 方法在全局性单词与单词之间的共现矩阵中进行训练，将每一个词表示为两个部分，一是词汇本身的向量，二是词汇的上下文嵌入向量。

3）BERT

BERT 于 2018 年由 Google 公司提出，该方法作为 Word2Vec 的替代者，在自然语言处理领域的 11 个方向上大幅度刷新了当时最优的指标，并将词嵌入带向了一个新的方向，开创了一个新的时代。此后与 BERT 类似的预训练模型如雨后春笋，蓬勃发展，出现了 SpanBERT、XLNet、RoBERT、mBERT、KnowBERT、ALBERT 等各种模型。本质上说，BERT 是通过在海量语料的基础上运行自监督学习（没有人工标注的数据上运行的监督学习）的方法来学习词汇的一个非常好的特征表示，如图 13.18 所示。它是一个多任务模型，包含了遮挡语言模型（masked language model，MlM）和下一句预测（next sentence prediction, NSP）任务，其中 MlM 是指在训练时随机从输入语料中遮挡一部分词汇，然后通过上下文预测出该词汇,而 NSP 任务则是判断某个句子是否为另一个句子的下文。此外，BERT 的输入则包含三个部分，分别是词条（wordpiece）嵌入（将单词拆分成一组有限的公共子词单元）、位置嵌入（position embedding）（将单词的位置信息编码成特征向量）以及分段嵌入（segment embedding）(用于区分两个不同的句子）等。

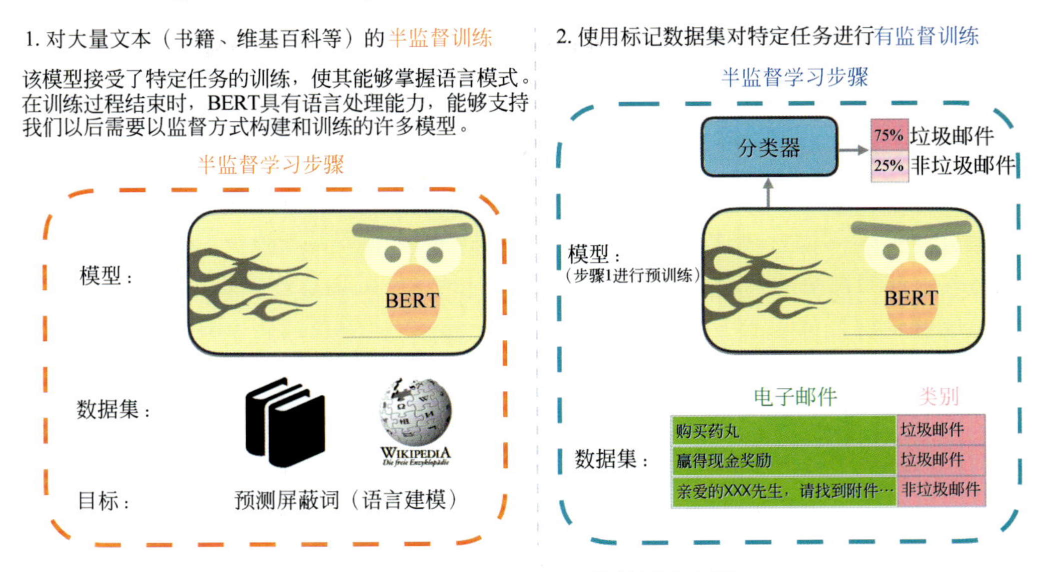

图 13.18　利用 BERT 开发的两个步骤

2. 输出层

为了适应相关的任务，在大多数情况下，神经网络的输出层向量会被转换。一个常用的转换形式是 softmax 函数，如图 13.19 所示，其表达式如下：

$$\boldsymbol{x} = x_1, \ldots, x_k$$

$$\text{softmax}(\boldsymbol{x}) = \frac{e^{x_i}}{\sum_{j=1}^{k} e^{x_j}}$$

该函数的结果是产生一个总和为 1 的非负实数向量，使其成为 k 个可能输出结果的离散概率分布。显然，当我们对输出的类别感兴趣时，使用 softmax 函数是合适的，此时它应与诸如交叉损失等目标函数一起使用。当然，任务不同，关注的结果不同时，就需要使用其他方式。

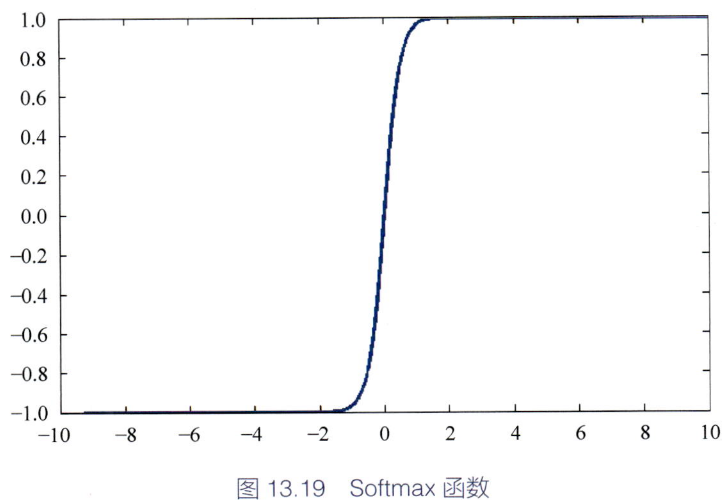

图 13.19　Softmax 函数

13.3.2 卷积神经网络与自然语言处理

在自然语言处理任务中，很多时候是基于语句中片段（比如，句子中词汇组成的序列，或者一篇文档中句子组成的序列）的顺序来做出相关判断和预测的。比如对于句子“这辆车的颜色很好看，尤其是其车型，更加炫酷”，如果要判断这个句子的总体情感极性的话，那么词汇“好看”“炫酷”则传达更多的情感信息，而词汇“这辆车”“颜色”“车型”等对于情感的极性的判断则帮助不大，同样也可以看到这样的信息片段是不受句子中的位置约束的。也就是说，从句子中寻找 *n* 元文法（*n*-grams）比寻找词袋（bag-of-words，可以理解为连续的一串词）能够得到更多有效的信息。对此，一个比较朴素的方法就是实现二元（bi-grams）或者三元（tri-grams）词汇的词嵌入，而不是单个词语的嵌入表示。这样的方法确实是有效的，但是它将产生巨大的嵌入矩阵，并无法扩展到更长的 *n* 元文法，且会导致数据稀疏的问题。

对于上述情况，卷积神经网络能够很好地解决。卷积神经网络可以从一个大型结构中识别出具有指示性的局部特征，然后将其组合以产生固定大小的结构向量表示，这样就能够捕捉到对当前预测判断任务最有用的局部信息，而无需再对每个可能的 *n* 元文法预先指定一个嵌入向量，如图 13.20 所示。此外，卷积核允许模型在 *n* 元文法之间实现预测行为的共享，这样能够提高神经网络的学习效率。

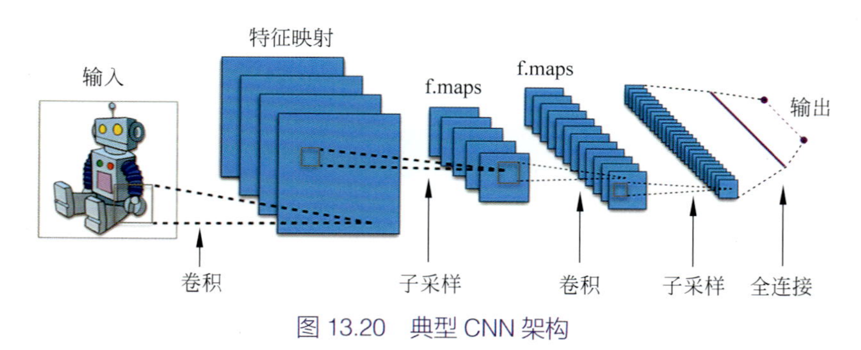

图 13.20　典型 CNN 架构

需要指出的是，卷积神经网络可以扩展堆叠卷积层，构建层次化结构，其中每一层都能有效地查找到句子中更长范围的 *n* 元文法特征，这就使得模型对于一些不连续的 *n* 元文法比较敏感。此外，卷积神经网络也会被集成到更大的网络中使用，同时接受训练，并协同工作。此时卷积神经网络层则负责从句子中提取对手头的整体预测判断任务有用的子结构。

1. 基本卷积与池化

在自然语言处理中，卷积和池化（pooling）的主要思想首先是在句子中一定宽度（*n* 个词语）的滑动窗实例上应用一个非线性函数（也叫滤波器），该滤波器能够将滑动窗对应的词语转换为一个标量值，多个滤波器则能够产生一定维度的向量，由此可以捕捉到滑动窗中词汇的重要特性。接着，池化操作将不同滑动窗产生的向量组合起来，在组合之前会选取每个向量的平均值或者最大值。由此可见，每个滤波器都从滑动窗中提取不同的指标，而池化操作则会放大重要的指标。上述操作将重点放在句子中最重要的特征上，而不管其所处的位置。然后，产生的向量将会被输入到网络中进行预测判断。图 13.21 展示了在一个句子（the quick brown fox jumped over the lazy dog；那只敏捷的棕色狐狸跳过了那只懒狗）中进行卷积池化操作的过程。

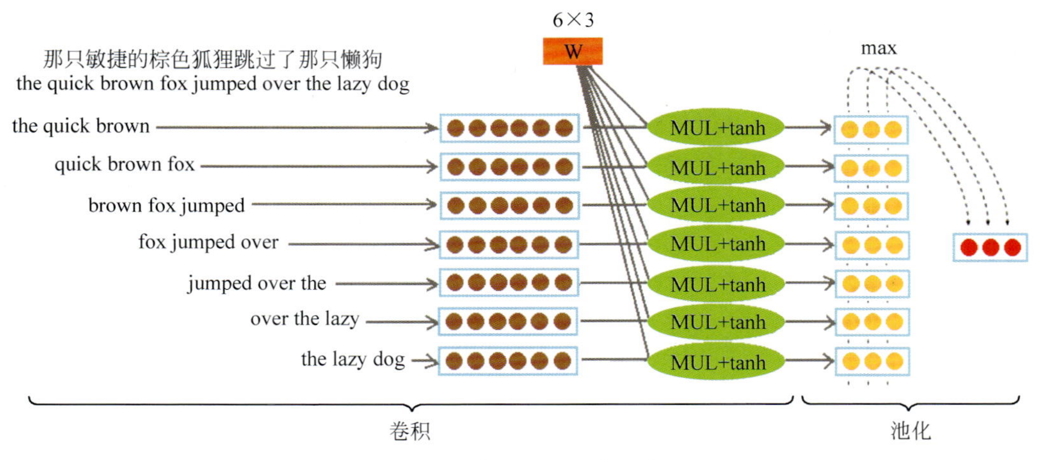

图 13.21　一个句子卷积池化的过程

2. 文本的一维卷积

下面对文本的一维卷积进行介绍，二维卷积多用于图像处理。

假设一个句子共有 n 个单词，表示为 $s = w_1, \dots, w_n$，每个单词的词嵌入用 $E_{[w_i]} = \boldsymbol{w}_i$ 表示，维度设为 d_{emb}。那么一维卷积的工作过程为：首先以一定宽度（设为 k）的滑动窗在句子中移动，同时在每个窗口上都使用相同的滤波器函数，该滤波器是一个带有权重向量 $\boldsymbol{u}$ 的点积操作，其后往往会有一个非线性激活函数。那么，对每一个滑动窗向量 $\boldsymbol{x}_i$ 进行滤波后，产生的标量值为：

$$p_i = g(x_i \cdot u)$$

$$p_i \in \mathbb{R},\ x_i \in \mathbb{R}^{k \cdot d_{emb}},\ \boldsymbol{u} \in \mathbb{R}^{k \cdot d_{emb}}$$

其中，$\boldsymbol{x}_i = [\boldsymbol{w}_i : \boldsymbol{w}_i+1 : \dots : \boldsymbol{w}_{i+k-1}]$ 表示滑动窗向量，是 k 个词嵌入的拼接向量，其维度大小为 $\boldsymbol{k} \cdot d_{emb}$，函数 $g(\cdot)$ 是一个非线性激活函数。

假设共使用 l 个不同的滤波器，即有 l 个权重向量，$\boldsymbol{u}_1, \dots, \boldsymbol{u}_l$，并以 $\boldsymbol{U}$ 表示，那么上述式子可以写成：

$$\boldsymbol{p}_i = g(\boldsymbol{x}_i \cdot \boldsymbol{u} + \boldsymbol{b}),$$

$$\boldsymbol{p}_i \in \mathbb{R}^l,\ \boldsymbol{x}_i \in \mathbb{R}^{k \cdot d_{emb}},\ \boldsymbol{U} \in \mathbb{R}^{k \cdot d_{emb} \times l},\ \boldsymbol{b} \in \mathbb{R}^l.$$

其中，$\boldsymbol{b}$ 是偏置向量，每一个向量 $\boldsymbol{p}_i$ 是第 i 个滑动窗口的 l 个值的集合向量。理想情况下，向量的每个维度都代表了不同类型的指示性信息。

那么上述式子中 $\boldsymbol{p}_i$ 总共存在多少个呢？已知句子长度为 n，滑动窗口长度为 k，那么就可以得到 $n-k+1$ 个向量，这样的卷积形式叫作“窄卷积”（narrow convolution）。当在句子的两侧填充 $k-1$ 个填充单词（padding - words）时，将得到 $n+k+1$ 个向量，这样的方式叫作“宽卷积”（wide convolution）。图 13.22 展示了两者的不同（左图为窄卷积，右图是宽卷积）。

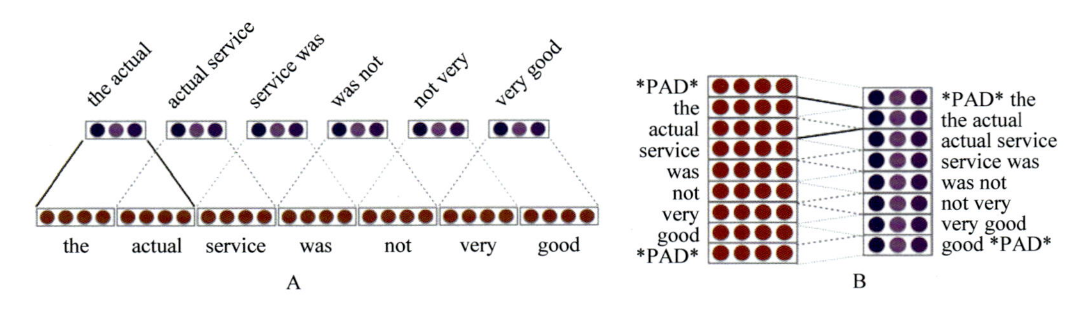

图 13.22　宽卷积与窄卷积示意图

在前述卷积中，可以看到句子的 n 个单词均被词嵌入为 d 维向量，这些词向量被拼接为一个大小为 $(1\times d)\cdot n$ 的句子向量，对于一个宽度为 k 的 l 个滑动窗，卷积网络将在大小为 $k\cdot d\times l$ 的矩阵上进行操作。

对此，也可以将句子向量以堆叠的方式产生一个矩阵，其维度为 $n\times d$。然后，使用 l 个不同的 $k\times d$ 维的滑动窗在前述矩阵中滑动，并在对应的矩阵上将两者进行点积操作，随后求和，该滑动窗叫作“卷积核”或者“滤波器”。这样，l 个卷积核将各自产生一个实数值。可以验证，前述两种方式实际上是等价的。

3. 向量的池化

通过对文本进行一维卷积，可以得到向量 $\boldsymbol{p}_i$，其中 $\boldsymbol{p}_i\in\mathbb{R}^l$，假设 $i\in[1,m]$。随后，再对这 m 个向量进行组合池化（pooling），可以得到一个向量 $\boldsymbol{Q}$，这个向量能够表征整个句子的特征，而且在理想情况下，它能捕捉到句子中重要的信息。池化后的向量会被送入下游的神经网络层，被用于执行预测等任务。下面介绍池化的若干方式。

1）最大池化

最大池化（max-pooling）是最常见的一种池化方法，它是在向量 $\boldsymbol{p}_i$ 的每个维度上取最大值，通过这样的操作，可以得到跨窗口的最显著最重要的特征信息，如图 13.23 所示，用方程表示如下：

$$\boldsymbol{Q}_j=\max_{1<i\leqslant m}\boldsymbol{p}_{ij}\qquad \forall j\in[1,l]$$

其中，p_{ij} 表示 $\boldsymbol{p}_i$ 的第 j 个组成向量。

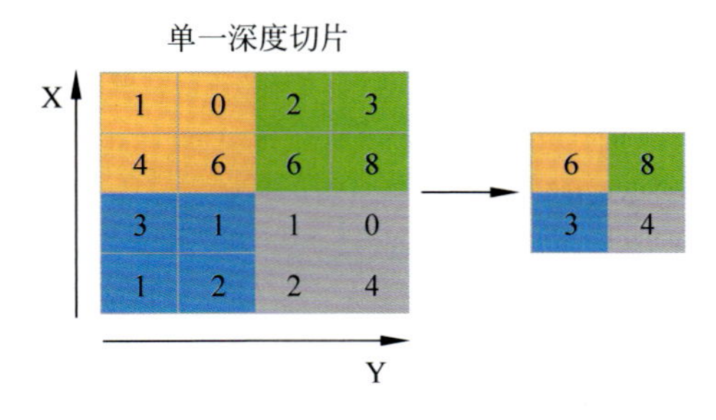

图 13.23　2×2 滤波器后最大池化

2）平均池化

顾名思义，平均池化（average-pooling）是在向量 $\boldsymbol{p}_i$ 的每个维度上取平均值，其方程表示如下：

$$\boldsymbol{Q}=\frac{1}{m}\sum_{i=1}^{m}\boldsymbol{p}_i$$

3）k-max 池化

k-max 池化与最大池化相似，所不同的是，它是在向量 $\boldsymbol{p}_i$ 的每个维度上取前 k 个值而不是只取 1 个，这样可以关注间隔多个位置的 k 个最活跃的指示特征，并保留了这些特征的顺序。例如，对于下述矩阵：

$$\begin{bmatrix}1 & 2 & 3\\ 9 & 6 & 5\\ 2 & 3 & 1\\ 7 & 8 & 1\\ 3 & 4 & 1\end{bmatrix}$$

采用最大池化（亦即 1-*max* pooling），其结果为 [9　8　5]，而采用 2-*max* 池化的话，其结果则为：$\begin{bmatrix}9 & 6 & 3\\ 7 & 8 & 5\end{bmatrix}$。

4）动态池化

前述池化方法丢弃了句子中词语的位置信息，而我们可能在实际过程中会关注相关的位置信息。比如在关系提取中，给定两个词语，需要判断这两个词语之间的关系，那么就需要考虑，第一个词之前的词语，第二个词之后的词语，以及这两个词之间的词语，这样就会提供三种不同的信息，这是与词语的位置有较强关联的。此时，就可以将得到的多个向量 $\boldsymbol{p}$ 拆分成 r 个不同的子区域，并单独在这 r 组向量上分别进行池化操作，然后将这 r 个 l 维的向量 $\boldsymbol{Q}_{1,\dots,}\boldsymbol{Q}_r$ 进行拼接。这样的池化方法加叫作动态池化，至于 r 的选取，则由领域知识决定。

4. 多层卷积

前文所述文本的一维卷积被看作是对 n 元文法的检测，这样的方法可以扩展到多层卷积，即在一个句子上应用多个卷积层，一层卷积的输出作为下一层卷积的输入。如图 13.24 所示，显示的是两层卷积网络。

对此，可以用 $CONV_i$ 作为第 i 层的卷积的输出。假设共有 N 个卷积层，那么可以得到如下式子：

$$\boldsymbol{p}_1=CONV_1(\boldsymbol{E}_w)$$

$$\boldsymbol{p}_2=CONV_2(\boldsymbol{p}_1)$$

$$\cdots$$

$$\boldsymbol{p}_N=CONV_N(\boldsymbol{p}_{N-1})$$

其中，$\boldsymbol{E}_w$ 是句子的词嵌入向量。在多层卷积神经网络对词嵌入向量处理输出后，再进行池化，用于特定的任务。需要注意的是，每一层卷积均有其相应的权重和偏置。

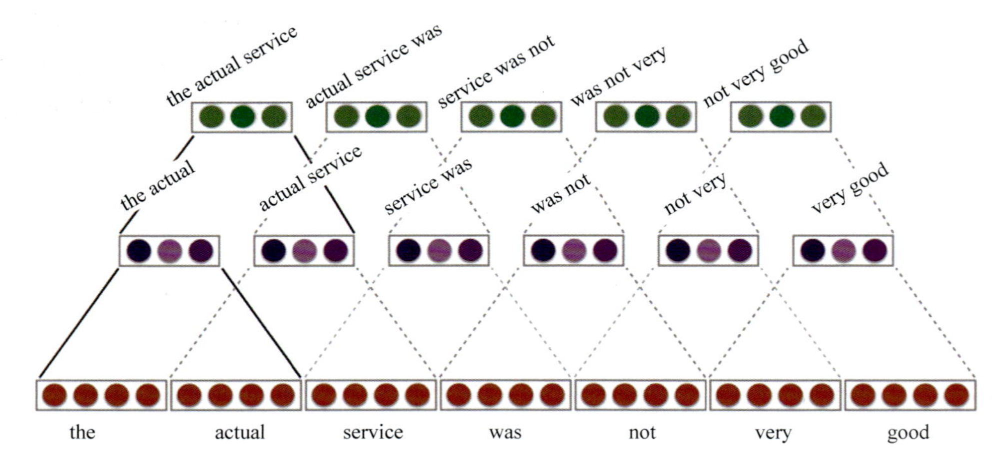

图 13.24　对一个句子进行多层卷积

从认知的角度看，我们可以认为浅层的卷积神经网络关注文本中重要的词汇、短语等符号信息；而深层的卷积神经网络，则在某种程度上可以看作对词义、语义等特征的提取。多层卷积神经网络在自然语言处理中的字符级文本分类、序列标注、机器翻译、文档级文本分类等具体任务中都有应用。

13.3.3　循环神经网络与自然语言处理

在处理自然语言数据时，经常会将句子处理成序列信号，比如英文中的单词是字母的序列，句子则是单词的序列，篇章则可以看成是句子的序列。前述卷积神经网络可以将相应的序列编码为一个固定大小的向量，虽然这样学习到的语言特征表示对单词顺序具有一定的敏感性，然而，它们却不能关注到序列中相距较远的特征模式的顺序。

对此，RNN 是一个比较好的解决方法。它能够在一个固定大小的向量中表示任意长度的序列，同时还可以关注到序列中的结构信息。尤其是其变体，比如 LSTM 网络、门控循环单元（gate recurrent unit, GRU）等，是非常适合捕捉句子序列中统计规律的，可以说它们极大地推动了深度学习在自然语言处理中的应用。下面介绍循环神经网络和几种典型的模型。

1. 循环神经网络简介

同卷积神经网络相似，设一段输入序列对应的嵌入向量为 $\boldsymbol{x}_{in} = \boldsymbol{x}_1, \ldots, \boldsymbol{x}_n$，其中 $\boldsymbol{x}_i \in \mathbb{R}^{d_{emb}}$。经过循环神经网络后输出为 $\boldsymbol{y}_{out} \in \mathbb{R}^{d_{out}}$。表示如下：

$$\boldsymbol{y}_{out} = RNN(\boldsymbol{x}_{in})$$

输出向量随后会被用来进行下游任务的预测判断。

循环神经网络之所以被以循环冠名，实际上它是被递归定义的。设一个循环单元[或这一个时间步（time-step）]，对应一个函数 R，该函数以词嵌入向量 $\boldsymbol{x}_i$ 和状态向量 $\boldsymbol{s}_{i-1}$ 作为输入，然后输出当前的状态向量 $\boldsymbol{s}_i$，该向量的维度与最终输出向量的维度有关。随后该状态向量被另一个函数 $\boldsymbol{f}(\cdot)$ 映射为一个输出向量 $\boldsymbol{y}_{out\text{-}i}$。因为 RNN 是递归定义的，所以初始化状态向量 $\boldsymbol{s}_0$ 是基础的一步，它也是该网络的一个输入，如图 13.25 所示。因此，RNN 的计算过程可以表示成如下式子：

$$\boldsymbol{y}_{out} = RNN\,(\boldsymbol{x}_{in};\, \boldsymbol{s}_0)$$

$$\boldsymbol{s}_i = R(\boldsymbol{s}_{i-1};\, \boldsymbol{x}_i)$$

$$\boldsymbol{y}_i = f(\boldsymbol{s}_i)$$

$$\boldsymbol{x}_i \in \mathbb{R}^{d_{emb}} \quad \boldsymbol{y}_i \in \mathbb{R}^{d_{out}} \quad \boldsymbol{s}_i \in \mathbb{R}^{与\, d_{out}\, 相关}$$

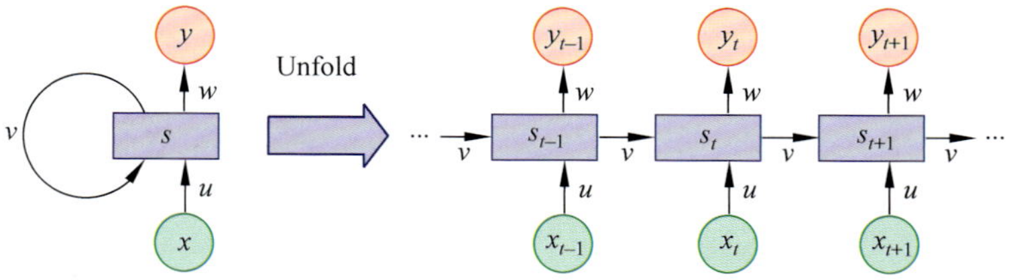

图 13.25　未折叠的基本 RNN

将权重写上后，得到：

$$\boldsymbol{s_i} = R(\boldsymbol{V} \cdot \boldsymbol{s_{i-1}} + \boldsymbol{U} \cdot \boldsymbol{x_i})$$

$$\boldsymbol{O_i} = f(\boldsymbol{W} \cdot \boldsymbol{s_i})$$

其中 V，U 和 W 是相应的权重矩阵。由此，也可以看到，循环神经网络种隐藏层的值 s 不仅取决于当前的输入，还与上一次的隐藏状态有关，而权重矩阵 V 即为隐藏层上一次的值作为这一次的输入的权重。

对于前述过程，图 13.26 表示是没有展开的结构，它适用于任意长度的序列。当然在有限长度下，也可以将其展开。需要注意的是，每个循环单元都有相同的参数 θ，即在所有时间步上参数是共享的。换个视角而言，RNN 实现了对输入序列的编码，即将序列 $\boldsymbol{x}_{in} = \boldsymbol{x}_1, \ldots, \boldsymbol{x}_n$ 编码为 $\boldsymbol{y}_{out} = \boldsymbol{y}_1, \ldots, \boldsymbol{y}_n$，可以想到的是，如果循环单元以及将状态 $\boldsymbol{s}_i$ 映射为 $\boldsymbol{y}_i$ 的函数不同，那么 RNN 的结构也不同，相应地，其训练的开销和性能也将有所不同。

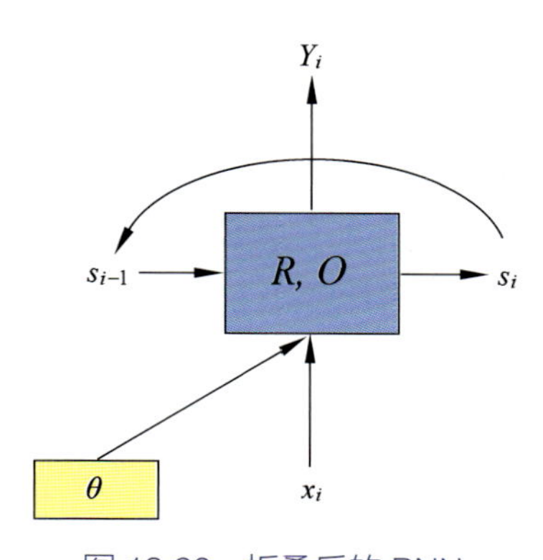

图 13.26　折叠后的 RNN

2. RNN 常见的使用情景

1）接收器

RNN 一个最简单的使用场景是作为接收器（acceptor），即读取一个输入序列，随后生成一个二分类或者多分类的结果。换言之，该应用场景只关注 RNN 最后的输出状态向量，然后据此决定输出的结果，如图 13.27 所示。

具体地，比如向 RNN 输入一个句子，然后根据该句子最后的状态向量判断该句子是表达了积极情感还是消极情感。又比如，RNN 逐个地读取一个单词中的各个字符，然后使用最终的状态向量判断该单词的词性。通常，RNN 最后的输出向量在这些应用中会被输入到一个全连接层中，来产生相应的预测输出。

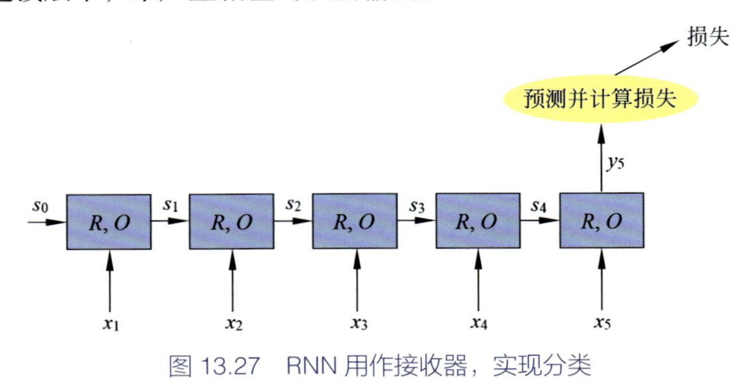

图 13.27 RNN 用作接收器，实现分类

2）编码器

与接收器不同的是，RNN 被用作编码器（encoder）时，最后的输出向量被当作是对输入序列信息的编码，并与其他信号一起作为附加信息。例如，在文本摘要中，RNN 首先处理整段文本，从而产生一个向量实现对此文档的摘要，然后把这一向量与其他特征同时使用，以选出最后摘要中所需要的句子。

3）传感器

如图 13.28 所示，RNN 作为传感器（transducer）时对于每一个输入向量，都产生一个相应的输出。这种模式的一个典型应用就是序列标注，即对于句子中的每一个单词，都相应地打上标签。另一个特殊的应用是将其作为一个生成器，或者条件生成器（编码 - 解码器），或者带有注意力的条件生成结构。

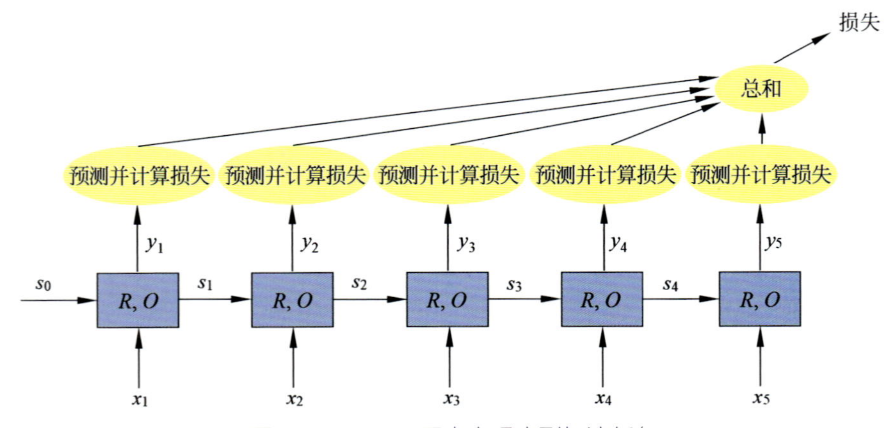

图 13.28 RNN 用来实现序列标注任务

4）双向 RNN

一个非常有用的模式是双向 RNN（bidirectional-RNN，bi-RNN）。RNN 对输入序列的处理是单向的，即序列当前的词汇受到之前词汇的影响，并不受后续词汇的影响。而事实上，人们在实际理解句子序列语义的时候，会把词语的上下文都考虑进来，进行双向考量。此

时，就需要设计一个双向循环神经网络（bi-RNN）。如图 13.29 所示，bi-RNN 实际是由 2 路 RNN 信号组成，其中一个前向，一个后向，最后它将两路表示组合起来，用于完成具体的任务。用式子简单表示如下：$biRNN = [RNN^f : RNN^b]$，其中 RNN^f 表示前向 RNN，RNN^b 表示后向 RNN，[:] 表示拼接操作。

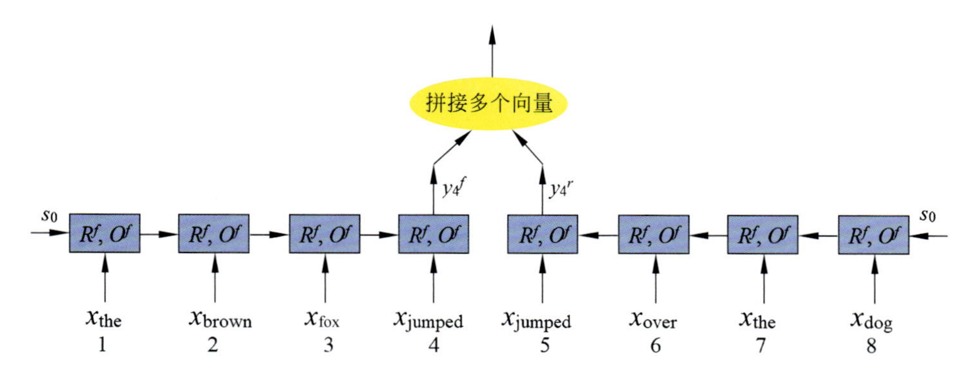

图 13.29　双向 RNN 梳理句子

5）多层 RNN

与多层 CNN 相似，RNN 也可以实现多层模式，即多层 RNN（multi-layer RNN）。在一些任务中，多层 RNN 比单层 RNN 显示出更优越的性能。图 13.30 展示了一个三层 RNN 结构。后一层 RNN 的输入是前一层的输出，最后一层的输出将作为整个结构的输出，然后用于具体任务中。同样地，bi-RNN 也可以实现多层架构。

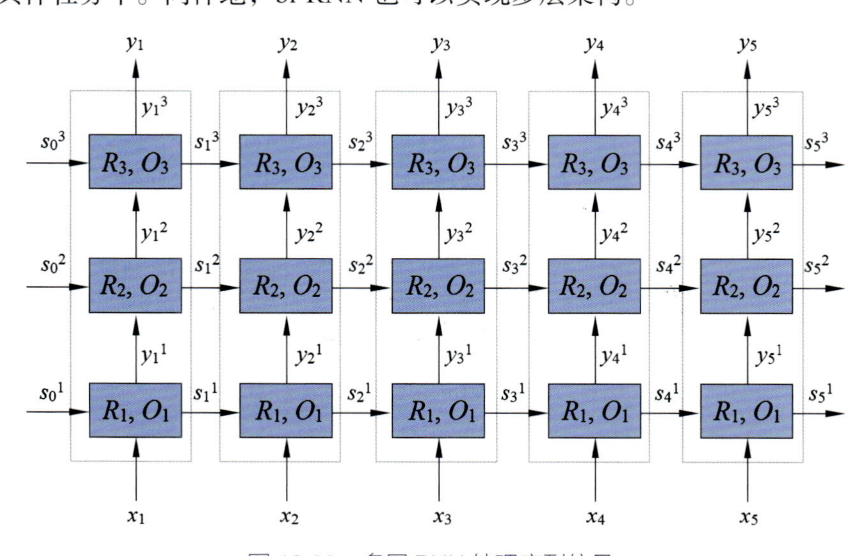

图 13.30　多层 RNN 处理序列信号

以上是 RNN 几种常见的应用模式，我们使用图形对它们进行了直观描述。在此，特意强调是，文献中可能使用相同的术语指代不同的事情（比如有的将输出 softmax 层看作 RNN 的一部分，有的则没有），对此读者需要自己做出判断。在描述神经网络时，最好使用数学公式对相关的模型模块进行准确表述，因为仅仅使用图形或者自然语言描述其结构或语义是不精确的，这应当注意避免。

2. 门控机制下的 RNN

用前述的 RNN 处理序列信号时，存在一个比较重要的问题是：随着被处理序列长度的增加，，在反向传播的过程中 RNN 会面临梯度消失或梯度爆炸的问题。在长程依赖情况下，循环神经网络将相同的函数进行多次组合，我们把激活函数和输入暂不考虑，可以写出循环单元的表示：

$$s^t = W^{\mathrm{T}} s^{t-1}$$

其中，T表示转置。如此递推循环，经过t步后的循环单元隐藏状态可以简化为如下式子：

$$s^t = (W^t)^{\mathrm{T}} s^0$$

如果权重矩阵可以被特征分解为：$W = Q\Lambda Q^{\mathrm{T}}$，则可以得到 $S^t = Q^{\mathrm{T}}\Lambda^{\mathrm{T}} Q S^0$。由此可知特征值的幅值会最终影响到隐藏状态值的大小。如果特征值的幅值小于 1，则隐藏状态会不断衰减；如果特征值的幅值大于 1，隐藏状态会激增。因而在最后计算梯度时，会出现梯度消失或爆炸的问题。这就导致 RNN 不能捕捉到较长序列中的特征。而 LSTM 网络和 GRU 能比较好地避免这一问题。简单来说，这两个网络采用了门控机制来实现这一目的。即在每一个时间步中，可微分的门控机制决定了哪一部分输入可以被读入到记忆单元中，同时决定记忆单元中的哪一部分将会被遗忘。这与人脑的记忆机制相似，人们总会选择性地记忆重要的事件，而忽视不重要的信息。下面简述这两个网络。

1）LSTM

LSTM 由霍克赖特（Hochreiter）和施密德胡贝尔（Schmidhuber）于 1997 年提出，以处理 RNN 中的梯度消失问题，他们第一次引入了门控机制。如图 13.31 所示，其中每个门结构用于决定输入状态中有多少被写入记忆单元中，也决定有多少记忆单元中的内容应该被遗忘。总的来说，可把 LSTM 分为 3 个阶段，即遗忘阶段、选择性记忆阶段和输出阶段。

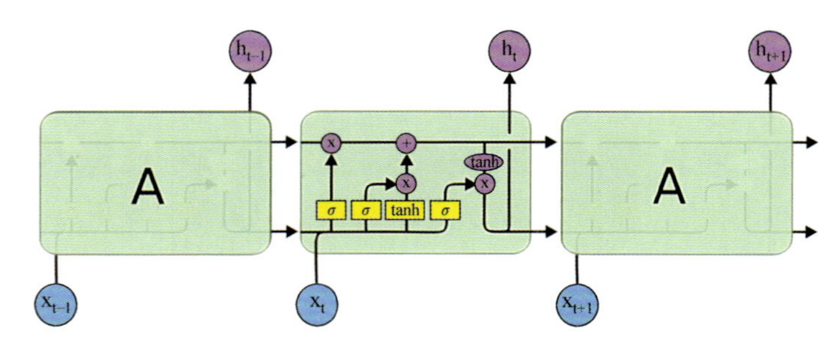

图 13.31　LSTM 架构

遗忘阶段如图 13.32 所示。

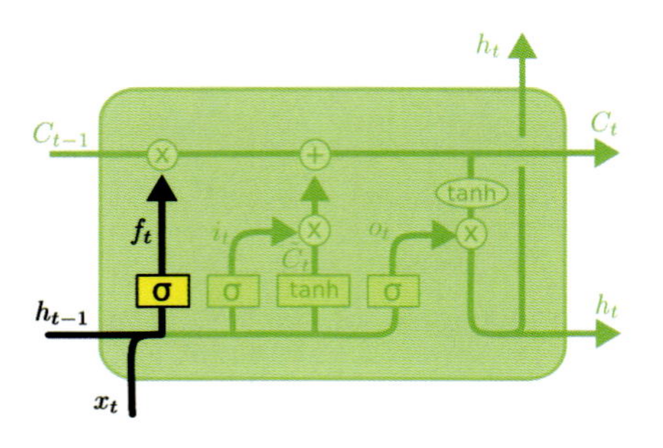

图 13.32　LSTM 的遗忘阶段

其输出为：

$$f_t = \sigma(W_f \cdot [h_{t-1},x_t] + b_f)$$

其中，W_f 和 b_f 分别是权重和偏置，σ 为 sigmoid 激活函数，h_{t-1} 为前一时间步的隐藏状态，x_t 是当前时间的输入。该阶段决定有多少信息被遗忘或者说丢弃。

在选择性记忆阶段，其工作过程可分为 2 步。首先是选择需要的信息，如图 13.33 所示。

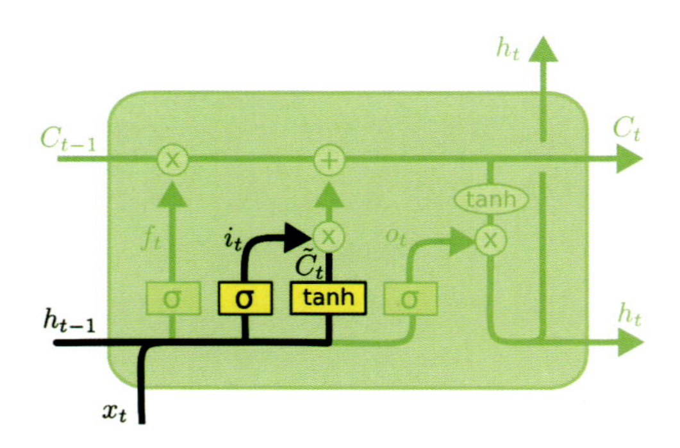

图 13.33　LSTM 的选择性记忆阶段

相应的数学描述为：

$$i_t = \sigma(W_i \cdot [h_{t-1},x_t] + b_i)$$

$$\tilde{C}_t = \tanh(W_C \cdot [h_{t-1},x_t] + b_C)$$

其中，W_i 、W_c 、b_I 、b_C 为权重和偏置，σ 为 sigmoid 激活函数。这一阶段将决定哪些新的信息需要被存储下来。然后是状态更新，如图 13.34 所示：

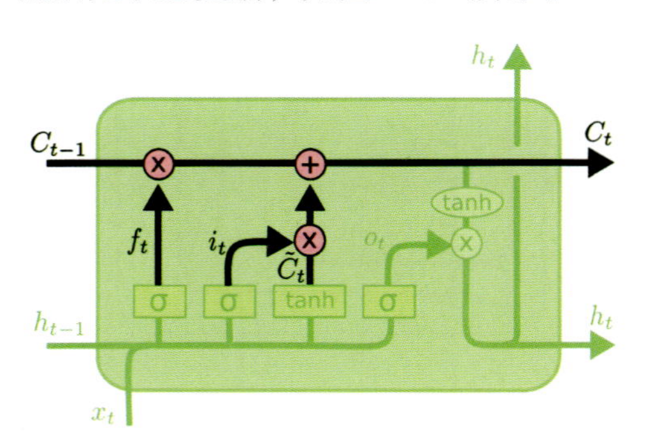

图 13.34　LSTM 的状态更新

相应的数学描述为：

$$C_t = f_t * C_{t-1} + i_t * \tilde{C}_t$$

状态的更新由两部分实现，一是遗忘门输出的 f_t 与上一时间步状态 C_{t-1} 的乘积，另一个则是所选择的两部分输入信息的乘积。

在输出阶段，对应输出门的输出如图 13.35 所示。

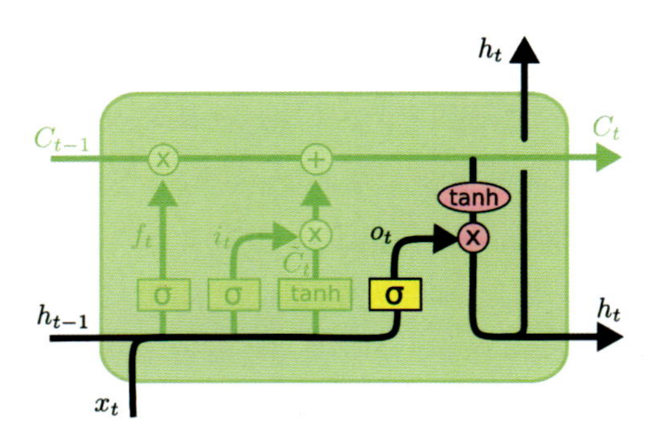

图 13.35　LSTM 的输出阶段

其数学描述为：

$$o_t = \sigma(W_o[h_{t-1},x_t] + b_o)$$
$$h_t = o_t \tanh(C_t)$$

输出门的输出状态由两阶段组成：首先是前一时间步的隐藏状态 h_{t-1} 和当前输入 x_t 经 sigmoid 激活函数的输出 o_t，随后则是隐藏状态 C_t 经 tanh 激活函数的输出与前一阶段输出 o_t 的乘积。

2）GRU

LSTM 结构在处理序列信号时是非常有效的，但它比较复杂，难于分析，而且在计算时占用较大的开销。对此，GRU 被提出来，它是 LSTM 的一种变体，其结构更加简单，而且它被证明在语言建模以及机器翻译中效果非常好，在文本分类中也被广泛应用。与 LSTM 三个门函数不同，GRU 包含 2 个门，分别为更新门和重置门。GRU 的结构如图 13.36 所示。

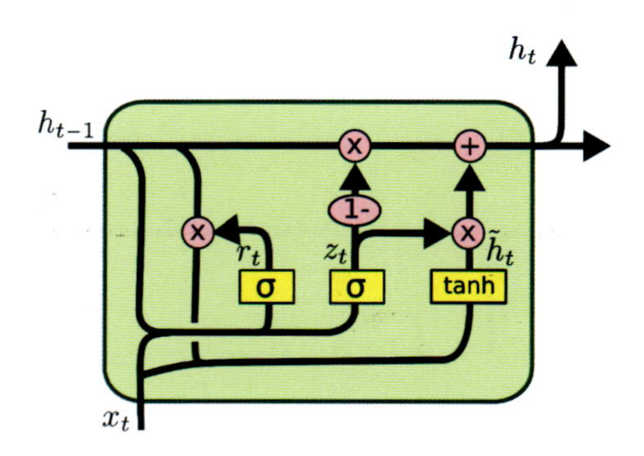

图 13.36　GRU 架构

相应的数学描述如下：

$$r_t = \sigma(W_r \cdot [h_{t-1}, x_t])$$
$$z_t = \sigma(W_z \cdot [h_{t-1}, x_t])$$
$$\tilde{h}_t = \tanh(W_{\tilde{h}_t} \cdot [r_t \times h_{t-1}, x_t])$$
$$h_t = (1 - z_t) \times h_{t-1} + z_t \times \tilde{h}_t$$

其中，r_t 和 z_t 分别表示重置门和更新门。重置门用于控制流入候选状态 $\tilde{h}_t$ 中的信息量，而更新门则表示前一状态中有多少信息被保留在当前状态中。

门控机制可以避免 RNN 中梯度消失的问题。当然除了该方法，还有其他的一些方法，比如有在简单 RNN 中将 ReLU 作为激活函数，同时将偏置设置为 0 的操作，其效果可以与 LSTM 相比拟。

13.3.4 注意力机制与自然语言处理

人类在观察事物时，通常会把注意力集中在某个或某些地方，而不会关注全部信息，比如句子“这辆车的颜色是红色的，比较好看”，我们可能会更加关注“颜色—好看”等重点词语，而不太关注其他词汇。通过这种方式，我们在重点目标上投入更多的注意力，从而可以在有限的精力下快速获取关键信息，以提高大脑处理信息的效率。那么，相似地，我们是否也可以模仿这一机制，将其应用在深度学习上，来进行自然语言处理呢？对此，研究人员提出了用注意力机制（attention mechanism）来选出关键信息，下面对其进行简单介绍。

注意力机制往往依附于编码器—解码器（encoder-decoder）架构，在该架构中，编码器将输入的句子编码为一段向量序列，解码器使用注意力机制来决定应该关注编码向量中的哪一部分。编码器、解码器和注意力机制是一起被训练的。如图 13.37 所示，显示的是带有注意力机制的编码器—解码器架构。在没有注意力机制的情况下，编码器将句子转换为中间的语义表示，该表示是固定的，即是说对所有的词汇表示都是平均关注的。而在加入注意力机制后，原来的语义表示就可以根据当前输出词汇而不断变化。对此，我们可以将注意力机制从上述编码器—解码器架构中剥离出来，图 13.38 显示了注意力的计算过程。

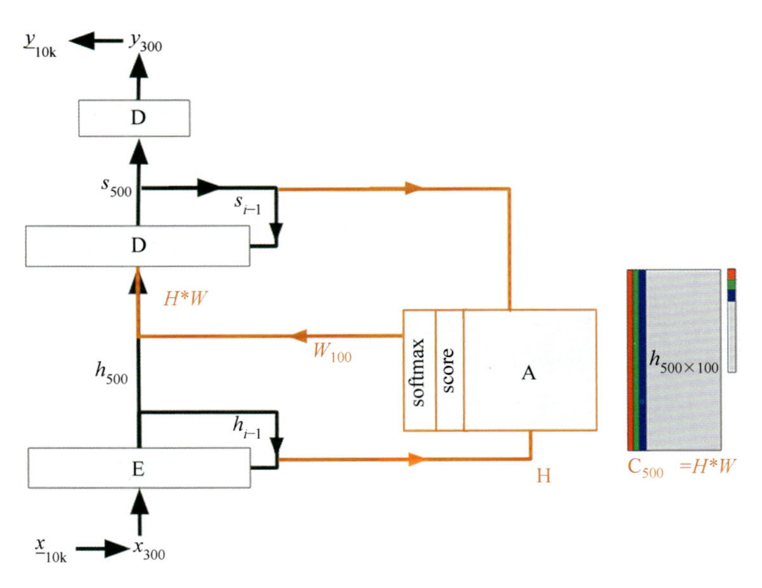

图 13.37 带有注意力机制的编码器 - 解码器架构

图注：这张图用具体的数值来缓解很杂乱的字母记号。左边部分（黑色）是编码器 - 解码器，中间部分（橙色）是注意力单元，右边部分（灰色和彩色）是计算的数据。H 矩阵和 W 向量中的灰色区域为零值。下标是矢量大小的示例，但 $i-1$ 表示时间步长。

该过程分为3个阶段，即首先根据查询（query）信息和关键值（key value）计算彼此间的相似性，然后对计算出的相似性分数进行归一化处理，得到注意力权重系数，最后根据权重系数对值(value)进行加权求和,然后输出注意力值。在第1阶段计算相似性分数时，可以采取不同的方法，比如点积、余弦相似度、多层感知机网络等；在第2阶段，可以使用softmax函数将相似性分数实现归一化，并突出重要元素的权重；在第3阶段，则直接进行加权求和即可（图13.38）。

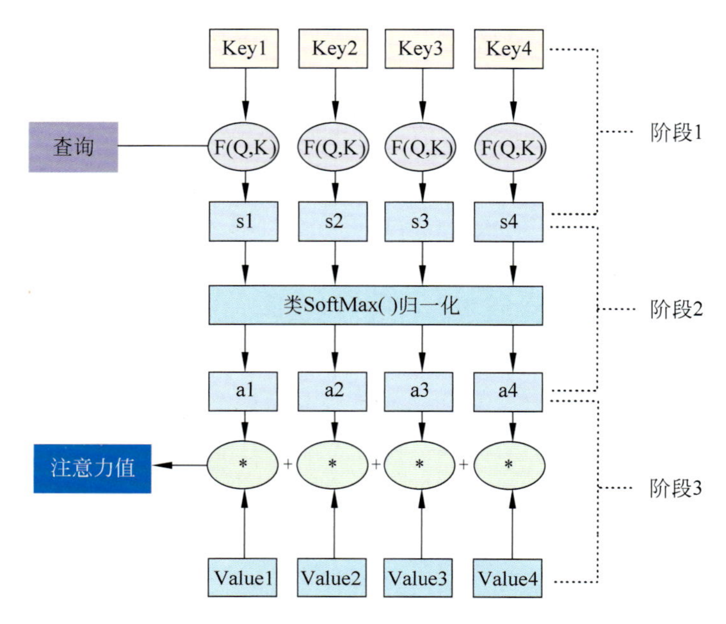

图13.38　注意力机制的3个计算阶段

注意力机制类型比较多，如软注意力（soft attention）、硬注意力（hard attention）、自注意力（self attention）、分层注意力（hierarchical attention）等。

13.3.5　图神经网络与自然语言处理

前文所述CNN、RNN等，其所处理的数据（如二维图像数据、一维文本序列等）局限在欧几里得空间中，即这些数据满足平移不变性等特征，上述模型能够根据这些数据处理绝大多数的任务。然而，在现实生活中，还存在着大量的非欧几里得空间数据，比如社交网络、知识图谱等，这些数据具有所谓的图结构特征，不像欧几里得数据那样规整，无法将前述模型直接应用于这些数据中。对此，图神经网络应运而生，这是一种天然有效处理图结构数据的神经网络。

虽然自然语言没有显而易见的图结构特征，但是它们却隐藏着丰富的图结构信息，比如句子句法结构树、句子实体之间的联系、词汇之间的相似度以及词语之间的共现关系等等。因而,图神经网络也被应用于自然语言处理任务中。我们将对此进行简述,首先引入图的相关概念，随后介绍几种图神经网络，最后介绍典型的图神经网络——图卷积神经网络。

1. 图的相关概念

1）图的定义

计算机学科中所谓的图是一种数据结构。它是由一系列的实体以及实体之间的关系组成。我们把这些实体叫作节点，把实体之间的关系叫作边。数学语言描述中，图是一个集合，$G = \{V, E\}$，其中 V 表示节点的集合，E 则是边的集合，图 13.39 展示了一个图结构。

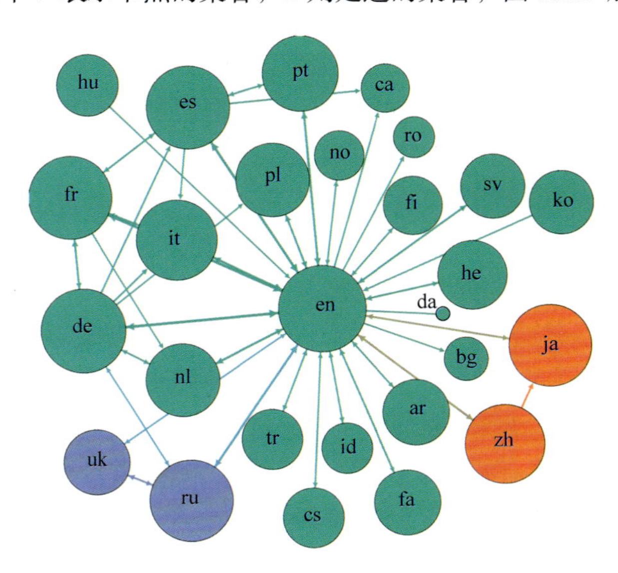

图 13.39　一个图结构示意图

2）图的特征

容易想到图的一个直观特征是，其节点分布不均匀，即有的地方节点密集，有的地方节点则比较稀疏，这种不均匀实际上是图中节点的度分布不均匀，比如社交网络中，与大 V、明星等链接的节点比其他用户的更多；另一个特征就是图中边的性质不仅可有可无，即节点之间链接有无，而且这些边可能还会有权重信息等，即表示节点之间链接的强度或者类型等。此外，如果在图中交换两个节点的位置，并不会影响整个图的结构特征。但需注意的是，这样可能会影响图所反映的性质，比如，在分子图中，将原子之间的位置更换后，会认为其结构是不变的，但该分子最后的性能、功能可能发生完全不同的变化。同理，在句法结构树中，将词汇的位置更换，结构虽然不发生变化，但句子最后所反映的语义可能天壤之别。

3）图的相关数学概念

邻接矩阵：使用邻接矩阵 A 来表示图中节点之间的连接关系，简单来说，可以定义矩阵中的每个元素满足如下规定：

$$A_{ij} = \begin{cases} 1 & \text{节点 } i \text{ 和节点 } j \text{ 之间有边连接} \\ 0 & \text{节点 } i \text{ 和节点 } j \text{ 之间没有边连接} \end{cases}$$

同时，如果不考虑节点形成自环的话，那么邻接矩阵对角线上的元素都是 0。图的邻接矩阵表示如图 13.40 所示。

节点的度：图中一个节点的度是指与该节点相连接的边的总数。设一个节点 i 的度为

k_i，则在邻接矩阵中，度的计算公式如下：

$$k_i = \sum_{j=1}^{n} A_{ij}$$

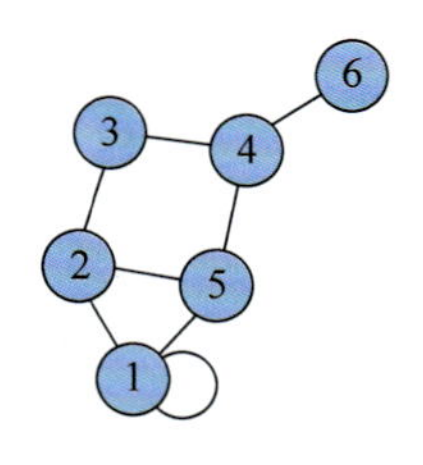

$$\begin{bmatrix} 2 & 1 & 0 & 0 & 1 & 0 \\ 1 & 0 & 1 & 0 & 1 & 0 \\ 0 & 1 & 0 & 1 & 0 & 0 \\ 0 & 0 & 1 & 0 & 1 & 1 \\ 1 & 1 & 0 & 1 & 0 & 0 \\ 0 & 0 & 0 & 1 & 0 & 0 \end{bmatrix}$$

图 13.40　由邻接矩阵表示的一个图

度矩阵：是一个对角矩阵，对角线上的元素即为对应节点的度。

路径：从一个节点到另一个节点之间所经过边及节点的集合。

距离：从一个节点到另一个节点之间最短的路径长度。

邻居节点：两个节点之间有边相连，则这两个节点互为邻接点。如果节点 i 与节点 j 之间的距离为 K，则将此两个节点称为 K 阶邻居节点。

有向图：图中每个边都有一个方向，称该图为有向图。否则成为无向图。可以想到，无向图的邻接矩阵是一个对称矩阵。

2. 常见的图神经网络

在深度学习中，图神经网络有多种，其中代表性的主要有：谱图卷积网络（spectral graph convolutional network）、切比雪夫网络、图卷积网络（graph convolutional network，GCN）、GraphSAGE、消息传递网络、图注意力网络（graph attention network，GAT）、图同构网络、门控图神经网络（gate graph neural network，GGNN）、图循环神经网络（graph recurrent neural network）等。

1）典型的图神经网络——图卷积神经网络

GCN 由基普夫（Kipf）等于 2017 年提出，作者们的实验证明了该模型强大的图学习能力。设网络的输入为 X 和 A，其中 X 是图的节点表示，A 表示邻接矩阵。那么可以考虑多层 GCN 中，层与层之间的传播规则定义如下：

$$H(l+1) = \sigma(\widetilde{D}^{-\frac{1}{2}}\widetilde{A}\widetilde{D}^{-\frac{1}{2}}H^{(l)}W^{(l)})$$

其中，$\widetilde{A} = A+I_N$，表示一个无向图的邻接矩阵与一个单位矩阵（考虑节点形成自环）的和。而 $\widetilde{D}_{ii} = \sum_j \widetilde{A}_{ij}$。$W^{(l)}$ 则是第 l 层的权重矩阵。$\sigma(\cdot)$ 代表激活函数，比如 ReLU 函数。$H^{(l)}$

$\in \mathbb{R}^{N\times D}$ 是第 l 层的输出矩阵，同时可知，$H^{(0)}=X$。GCN 的处理过程如图 13.41 所示，是一阶滤波器的多层图卷积网络。

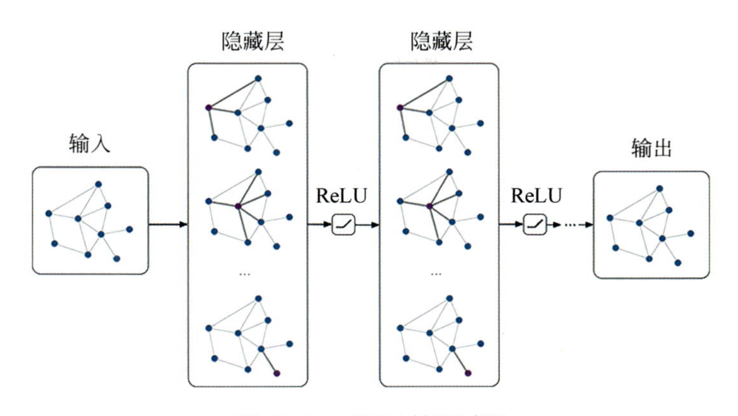

图 13.41　GCN 处理过程

从上述式子中，可以看到，GCN 中最关键的部分是 $\tilde{D}^{-\frac{1}{2}}\tilde{A}\tilde{D}^{-\frac{1}{2}}$，网络依靠这一部分实现图上卷积，需要注意的是，此处的卷积与卷积神经网络中的卷积不同。推导过程涉及切比雪夫多项式、矩阵特征值、归一化拉普拉斯矩阵等内容。基普夫等采用了一个比较简单的 2 层 GCN 网络，并规定 $\tilde{A}=\tilde{D}^{-\frac{1}{2}}\tilde{A}\tilde{D}^{-\frac{1}{2}}$，得到网络函数形式：$Z=f(X,A)=\text{softmax}[\hat{A}\text{ReLU}(\hat{A}XW^{(0)})W^{(1)}]$，同时以交叉熵损失函数作为优化目标，最后在一个文献引用数据集上进行实验，效果比当时的方法有大幅度的提升。图 13.42 展示了 GCN 实现分类。

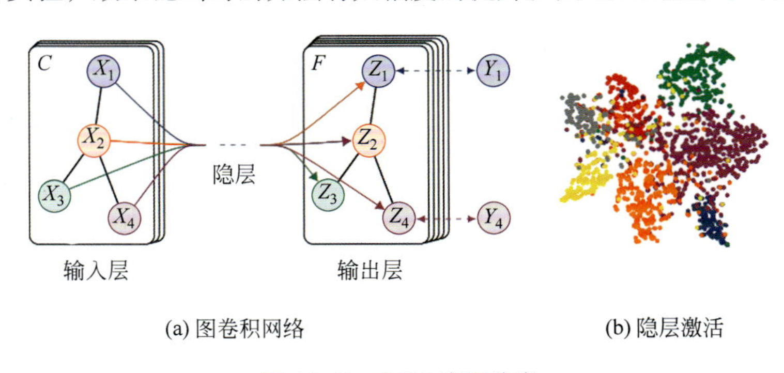

(a) 图卷积网络　　(b) 隐层激活

图 13.42　GCN 实现分类

13.3.6　实例——基于图神经网络的细粒度情感分类

前文对典型的深度学习模型与自然语言处理进行了综合性的介绍，下面将结合具体例子，对深度学习在自然语言处理中的情感分析应用进行阐释。文本的情感分类是自然语言处理中一项经典的研究，它是从网络文本中分析识别出相应的情感。以往的句子级、文档级情感分类研究已经取得了振奋人心的成果，然而它们多注重于整个句子或文档的情感极性，这是比较粗粒度的级别，无法在微观层面获得更加细致的情感信息。一方面，人们表达的情感通常是就某一个具象而言，在一段文本（甚至一个句子）中，时常会出现观点持有人对多个实体对象的情感描述，而且这些情感描述偶尔会呈现出相反的情感极性，这在句子级或文档级情感分类研究框架下无法被准确地分析识别出来，亦即，我们需要将情感分类研究深入到对象属性级层次。另一方面，人们在表达情感状态时，可能会在一个句子中同时表露出多种情绪信息（如高兴、悲伤、恐惧、惊讶、厌恶等），与情感极性不同的是，这些情绪是可以共存的，并且还会呈现出一定的共现关系。粗粒度式的情感分类无法有效地感知到这些丰富的情绪信息，换言之，我们还需要将情感分类研究扩展到情绪维度。故而，我们应当至少从上述两个方面考量情感分类研究，从而得到细致精准的、丰富多维的主观情感信息，或谓之曰“细粒度情感分类”。

属性级情感倾向性分类研究，旨在识别出给定文本中某个特定实体所对应的情感极性。相比文档级和句子级情感分类，它是一种细粒度的研究工作。针对该任务，以往大多数的研究集中于文本本身以及相应实体属性词的语义信息，并通过注意力机制等将文本与实体属性词进行交互，达到了较好的效果。但它们往往忽略了句子中存在的结构特征，而这些特征对于将情感词与实体属性词进行关联是有益的。因此，我们提出了一种基于 GAT 的方法，利用文本的结构信息来处理句子中词语的复杂关联关系，并实现情感分类。在 SemEval 2014 的笔记本和餐厅评论两个公开数据集上的实验表明，该方法在情感分类性能上优于先前大多数的工作，从而证明了在该任务中将句子结构信息考虑进来是有效的。

1. 概述

众所周知，仅依赖粗粒度的情感分类方法，无法获得更加细致的主观信息。实际上人们经常在一个句子中对不同的实体或属性表达不同情感，此时就需要进行属性级情感分类研究，其目的在于针对某一目标实体识别出句子所表现的情感极性。比如在句子“我购买了一部手机，它的相机很棒，但是电池寿命很糟糕”。通过属性级情感分类，可以得知该句中“相机”对应的情感是积极的，而“电池寿命”则是负面的。由此可见，由于一个句子中往往有多个混合的情感，因此该研究相比粗粒度式的情感分类任务更有难度。

直觉上看，将实体属性与它们相应的情感词关联起来是该研究的核心。就此任务而言，包括支持向量机等在内的传统机器学习方法以及 LSTM 等在内的深度学习模型都取得了差强人意的分类结果。但是这些方法不能很好地学习到句子中的复杂结构信息，因而在情感分类时常常失效。当然也有一些工作将句子的句法结构特征考虑进来从而获得了更好的分类结果，这也促使了许多研究者采用该类方法。自然地，如何学习句子中的结构信息就成为该研究的关键。同时，句子的结构特征往往可以通过句法树、依存树等图形式进行描述，得益于 GNN 在表征图结构特征时的强大学习能力。一些研究使用了 GNN 来处理前述关键问题，并进一步改进了情感分类性能。然而，这些方法往往需要额外的语言学工具对句子进行解析来获得结构特征；同时，当句子顺序杂乱无章时，现有的语言学工具可能无法获得这些特征；进而，如果这些处于图中不同节点的不正确的信息通过边在 GNN 中被传播聚合时，就极有可能放大每一层的输出误差，从而致使 GNN 最后输出不理想的情感分类结果。

基于此，我们设计了基于 GAT 的模型，该模型直接利用预训练模型 BERT 来捕捉句子中的结构特性，并利用注意力机制来重点关注实体属性词与文本间的关系。在整个模型中，直接将注意力模块的输出作为 GAT 的输入，而没有像其他研究那样使用额外的语言学工具去建立依存树等图结构。当然，在进行对照试验时，仍然使用了这些工具。在公开数据集 SemEval2014 上开展的实验显示我们提出的模型性能优于其他模型，证明了该方法的可行性与有效性。

2. 相关工作

在属性级情感分类任务中，人们已经进行了大量的研究。早先的方法使用了传统机器学习模型来识别实体属性对应的情感极性，这些模型主要有支持向量机、最大熵模型、朴素贝叶斯模型等。这些方法比较简单而且在表征句子特征时存在一定的限制，因此需要人们人工设计一些额外的特征作为补充，如：*n*-grams 特征、词性等。但这些特征工程繁琐而耗时，且不一定能够设计出全部的特征。

近几年，深度学习的方法在语音识别、文本分类和图像处理等任务中获得了举世瞩目甚至超越人类的成就。作为深度学习方法中出色的模型，神经网络也被用来学习处理实体属性词与文本的特征表示，它无需额外的人工特征工程。这些模型大多以 LSTM、CNN 等为基础，其中 LSTM 将句子当作序列信息进行处理，CNN 能够获得句子中的局部特征从而关注其重要部分，注意力机制因其可以使模型注意到与实体属性和情感相关的词语，因而也吸引了许多研究者。

尽管上述研究方法已经取得了合格的情感分类性能，但是，当处理复杂长句时，这些模型本身的结构使它们不能有效地处理实体属性词与文本的关联关系，举例如下：

（1）请看句子“We ordered the special goat meat roll, that was so infused with bone, it was difficult to eat.”（我们预订了山羊肉卷，其中充满了骨头，太难吃了），在这个长句中，可以确信，实体属性“goat meat roll”（山羊肉卷）对应的情感极性是负面的。然而，当处理这类长序列信号时，尤其是当实体属性词与情感词距离较远时，LSTM 在将捕捉到的信息逐词地向实体目标传播的过程中，仍然可能会丢失掉这些信息。

（2）CNN 可以通过局部感受野（local receptive fields）来感知多个词汇的特征，这对于识别句子中的相应情感可能是至关重要的。但是当句子中由多个部分的词语共同决定某个目标实体的情感时，CNN 对此会显得捉襟见肘，不能实现有效分析。比如在句子“The price of this computer is only slightly more expensive than the other, we can consider buying it”（电脑的价格仅比其他贵一点，我们可以考虑购买它）中，可以得知，对于“price”（价格）的情感是积极肯定的,但 CNN 可能会强调突出“more expensive”这一特征而得到负面的情感。

（3）如果句子中存在多个实体属性词或者多个情感短语时，注意力机制可能会对两者间的关联做出错误的判断。仍然以（1）中的句子为例,注意力机制可能会关注到“bone”（骨头）或者“goat”等词语而不是“goat meat roll”（山羊肉卷）这一整体，最后得出错误的情感分类结果。

事实上,句子中的情感描述与实体属性词之间可以通过句法特征等结构信息关联起来,从而绕开两者间无关紧要的词语。如图 13.43 所示，图中画出了句子中词语的依存关系,可以发现,词语“difficult”（困难的）和“goat meat roll”（山羊肉卷）在依存关系上变得更近,这就为本研究提供了一种解决思路。最近，GNN 已经在很多工作中被用来探索学习句子里的结构特征，它们可以通过图结构中的边来传播节点信息并使用某种机制实现信息的聚合，最后实现不错的情感分类结果。但是这些研究的缺点也不能被忽视：一方面，它们需要使用额外的语言学工具（如 spaCy 和 StandfordNLP 等）来建立句子中单词间的依存矩阵；另一方面，这些工具可能不会很好地获得句子的依存关系，特别是面临结构混杂的句子时，比如推特等文本，它们可能会带来大量的噪声从而放大模型的输出误差。

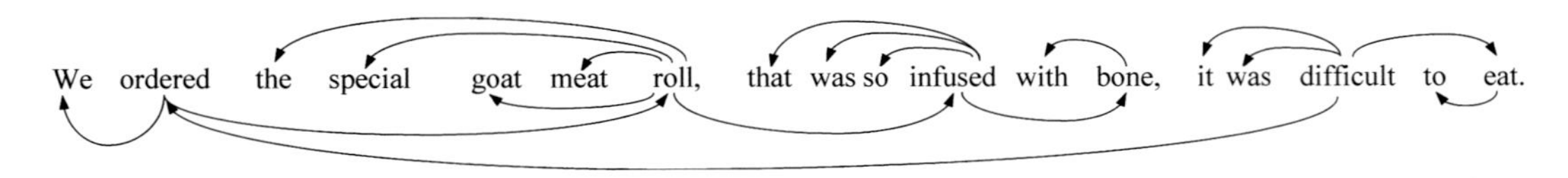

图 13.43 一个句子的依存关系分析

如何避免上述问题成为了研究的目标，我们提出了基于 GAT 的新方法，还使用了 BERT 以及注意力机制来处理属性级情感分类任务。实验结果显示设计的模型优于先前的大多数方法。

3. 基于 GAT 的属性级情感分类模型

我们首先对属性级情感分类任务进行定义说明，然后描述所设计模型的总体结构，接着分别阐述注意力机制和 GAT 模块，最后介绍模型的输出层。

1）任务定义

用 s = $\{w_1, w_2, \ldots, w_K\}$ 表示一个句子，共由 K 个词语组成；同时 a = $\{a_1, a_2, \ldots, a_m\}$ 表示由 m 个实体属性所构成的集合，其中每个实体属性 $a_i = \{w_{i1}, w_{i2}, \ldots, w_{iN}\}$ 是句子 s 的一个子序列，并由 N 个词语组成，N 的范围是 $N \in [1, K]$。对此，属性级情感分类任务的目标则是预测每一个实体在句子中所对应的情感极性，这里分为正向、负向和中性三类。

2）模型总体结构

模型的总体结构如图 13.44 所示。加内什·贾瓦哈尔（Ganesh Jawahar）等工作证明了 BERT 可以捕捉到语言中的结构特性，受此启发，该模型使用 BERT 多个层的输出来获得输入句子以及实体属性的特征表示，然后像其他研究工作一样使用注意力机制聚焦于句子词语与实体术语间的关系。该模型不再使用外部的工具解析句子中的结构特征，如依存树等，而是直接用 GAT 处理注意力模块的输出。为了进行对照实验，模型采用 spaCy 构建句子的依存矩阵，该矩阵被视为边信息，以作为 GAT 输入的一部分。最后，一个全连接层和 softmax 函数被用来作为分类器，决定预测的情感极性。

3）注意力模块

句子和实体属性通过 BERT 编码后的输出可以分别写作：$H_s \in \Re^{B\times L\times d_B}$ 和 $H_a \in \Re^{B\times L\times d_B}$，其中 B 代表了每批训练的数据量，L 则是填充了的句子以及实体属性词的长度，d_B 是 BERT 的隐藏层单元的个数。

随后，采用注意力机制来识别句子中的重要信息，该信息由实体属性词引导产生。通过该模型，可以获得如下注意力权重向量：

$$\alpha_i = \frac{\exp(\gamma(H_s^i, H_a^i))}{\sum_j^L \exp(\gamma(H_s^j, H_a^j))}$$

其中，$\gamma(\cdot)$ 是一个打分函数，用于计算 H_a^i 在 H_s^i 中的重要性，同时 $i \in [1, L]$。

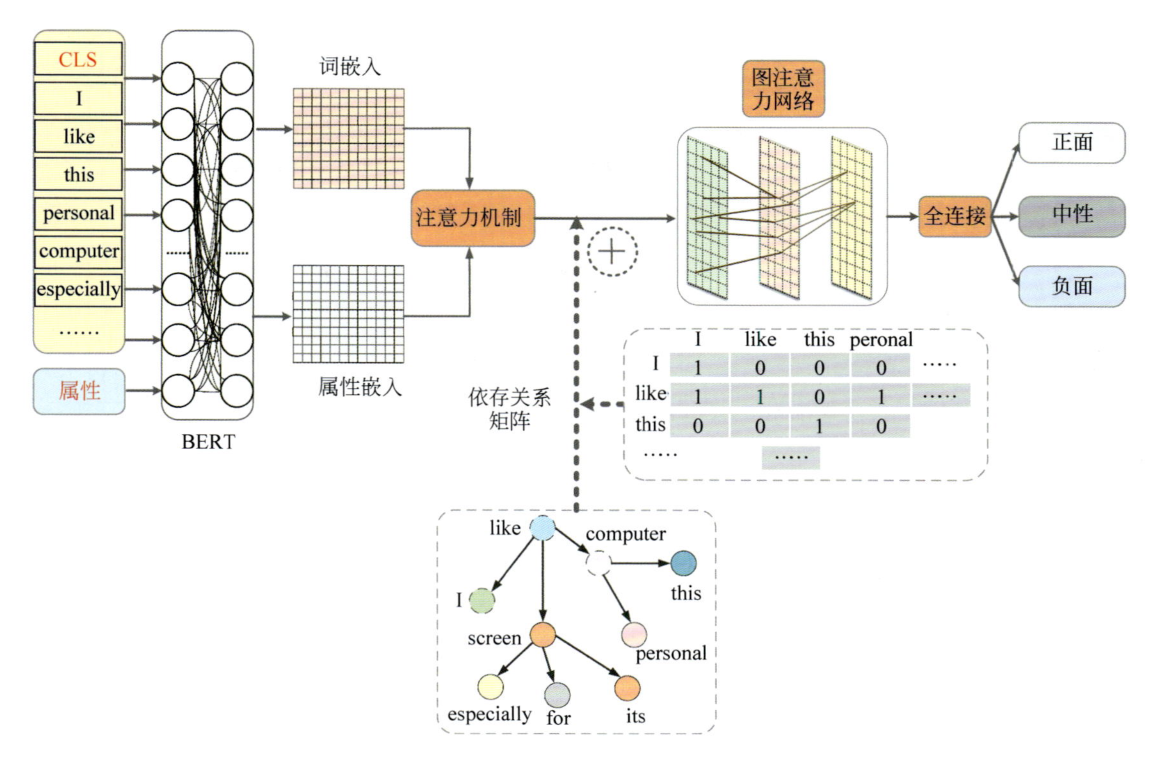

图 13.44 基于图注意力网络的属性级情感分类模型总体结构

在计算单词的注意力权重后，就可以得到注意力模块的最后输出，如下式：

$$H_{att}=\sum_{i=1}^{L}\alpha_i H_s^i$$

4）图注意力网络

GAT 是 GNN 的一种形式，当把单词的特征表示作为节点，结构关系作为边时，通过一个 T 层的图注意力网络，节点的特征表示将会通过聚合邻居节点的特征而得到更新。与 GCN 在图上进行图卷积不同，GAT 在图中聚合邻居节点时使用了注意力机制。其工作机制如图 13.45 所示。

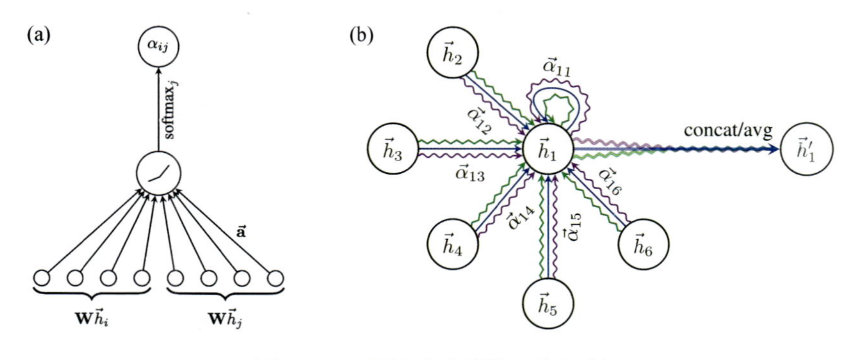

图 13.45 图注意力网络工作机制

在该图中，图（a）显示 GAT 中使用的注意力机制，激活函数为 LeakyReLU；图（b）

显示的是对节点 1 与其邻居节点（2，3，4，5，6）进行多头注意力的过程（即从这些节点中聚合特征），所谓多头注意力是指注意力机制中的 Q、K、V 向量分别分出多个分支，然后分别独立计算注意力权重，该图中注意力的头数为 3；最后各头注意力机制学到的特征将被拼接或者平均以作为下一层的输入。

当采用多头注意力机制时，节点特征的更新过程如下所示：

$$h_{att_i}^{t+1} = ||_{m=1}^{M} \sum_{j\in \mathcal{N}_i} \alpha_{ij}^{tm} W_m^t h_j^t$$

$$\alpha_{ij}^{tm} = \text{attention}(i,j) = \text{softmax}_j(e_{ij}^{tm}) = \frac{\exp\left(\text{LeakyReLU}((\vec{a}_m^t)^T[\text{W}_m^t \vec{h}_i^{tm}||\text{W}_m^t \vec{h}_j^{tm}])\right)}{\sum_{j\in \mathcal{N}_i} \exp\left(\text{LeakyReLU}((\vec{a}_m^t)^T[\text{W}_m^t \vec{h}_i^{tm}||\text{W}_m^t \vec{h}_j^{tm}])\right)}$$

其中，节点的表示由 $\mathcal{N}$ 充当；$\vec{a}_m^t$ 表示第 t 层中第 m 个注意力机制的权重向量；$h_{att_i}^{t+1}$ 则代表了节点 i 在（t+1）层时的隐含状态；$\|_{m=1}^{M} x_i$ 则表示从向量 x_1 到向量 x_M 的拼接过程，M 是多头注意力机制的个数；而 a_{ij}^{tm} 表征了从节点 i 到邻居节点 j 的注意力系数，该系数由第 t 层的第 m 个注意力计算得出；$W_m{}^t$ 是对输入状态的一个线性变换矩阵，并在模型训练过程中得到优化。为简便起见，将上述 GAT 的特征传播过程重写如下：

$$H_{t+1} = \text{GAT}(H_t, A, \Theta_t)$$

其中，$H_{t+1} \in \Re^{B\times L\times d_G}$ 是第 t 层的输出状态，$\text{A} \in \Re^{B\times L\times L}$ 代表了邻接矩阵，Θ_t 则是 GAT 在第 t 层的模型参数，同时将隐含态的维度设定为 d_G。

5）情感分类层

在进行最后情感分类决策之前，对 GAT 的输出在第一维度上进行平均处理，亦即该 t 层的 GAT 最终输出表示可以写作：$\hat{H}_{t+1} \in \Re^{B\times d_G}$。

上述 GAT 的最后输出被输入到全连接层中，后接一个 softmax 归一化层用于在情感决策空间产生一个概率分布，如下所示：

$$P = \text{softmax}(W\hat{H}_{t+1}+b)$$

其中，W、b 分别代表了线性变换的权重矩阵以及偏置。

4. 实验与结果分析

1）实验数据集

本实验中，2 个公开的属性级情感分类数据集被用来验证提出的方法，这 2 个数据集来自 SemEval2014 竞赛中的任务，分别是笔记本电脑和餐厅评论的相关文本数据，数据集中标注了每个句子中的实体属性以及对应的情感极性。数据集的统计结果如图 13.46 所示。

2）训练与参数设置

实验中使用了交叉熵损失函数以及 L_2 正则化项来训练设计的模型：

$$\text{loss} = -\sum_{c\in \text{C}} I(y=c)\log(P(y=c)) + \lambda\|\Theta\|^2.$$

其中，C 表示情感的类别，$I(\cdot)$ 是示性函数，λ 代表 L_2 正则化参数，Θ 则是整个模型的参数。

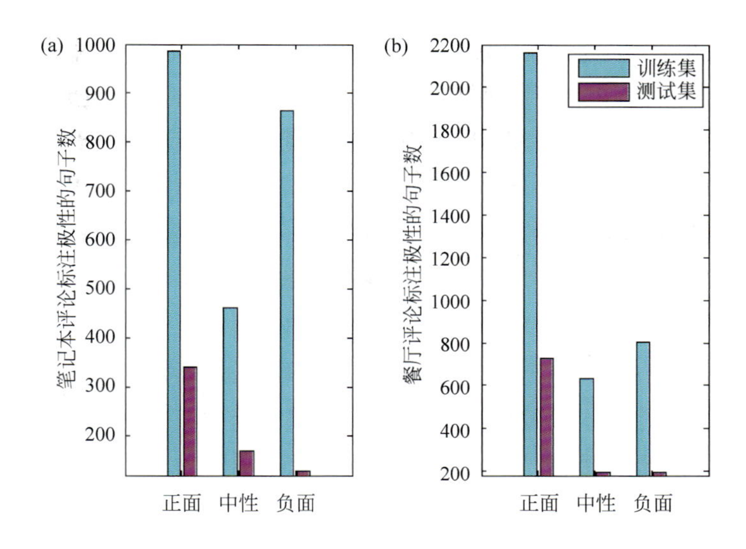

图 13.46　SemEval2014 数据集的统计结果

实验使用了 BERT 的 PyTorch 实现方法，同时将 BERT 的最后 6 层输出的平均值作为句子以及实体属性词语的特征表示。句子与实体属性词的填充长度是 128，每批训练的数据量设置为 4。AdamW 被用来当作优化器，模型的学习率被设置为 5×10^{-5}，L_2 正则化的参数则是 1×10^{-8}。此外，将 GAT 中的多头注意力机制的数目设定为 8。GAT 的层数变化范围是 1~5。在对照实验中，使用了 spaCy 对句子进行依存解析，用 128×128 的邻接矩阵存储这些依存信息，并将其输入到 GAT 中。模型随机丢弃的比率（dropout rate）设置为 0.1。在整个实验过程中，为了得到更加可靠的结果，对每一个实验都重复进行了 10 次，然后取其平均值作为最终的结果。

3）比较的模型

为了显示所设计模型的有效性，将其与一些基线模型进行了比较，包括以下 7 个：

（1）RAM 使用了多个注意力机制来关注因句子长度较大而被分割的情感特征。随后一个循环神经网络被当作非线性组合器来组合注意力机制的输出结果。

（2）IAN 则通过使用 LSTM 来分别学习句子以及目标实体的特征，然后模型学习两者间的交互注意力，最后根据这些注意力权重向量又生成它们的特征表示，并进行分类预测。

（3）MemNet 是一个端到端的记忆网络，用于捕捉句子中每个词语的重要性。

（4）AOA 借用了机器翻译中的“attention over attention”的想法，来关注目标实体与句子的关联关系。

（5）BERTFC 直接使用了 BERT 的句子表示，然后用全连接层和 softmax 函数进行情感分类，而没有考虑任何目标实体的信息。

（6）AENBERT 采用基于编码的注意力机制对文本与实体属性词进行建模，从而构建一个注意力编码器网络。

（7）BERTPT 则将属性级情感分类任务看作一个机器阅读理解问题，亦即：把给定的目标实体当作一个问题，该模型对此问题输出一个相应的答案。

在所有模型中，利用准确率（accuracy）和 Macro-$F1$ 来评估相应的性能表现（见 13.2 小节）。

4）结果与分析

模型结果的总体性能如图 13.47 所示（此时 BERT 取最后 1 层输出，GAT 设置为 2 层），其中所有的结果均是 10 轮实验的平均值。从该图可知，模型的准确率和 Macro-$F1$ 值在笔记本电脑评论数据（Laptop）上分别达 78.48% 和 74.61%，在餐厅评论数据（Restaurant）上则分别是 84.88% 和 78.19%，同时可以看到本模型的性能优于其他大多数模型，这些结果证明了在该任务上本方法的有效性。

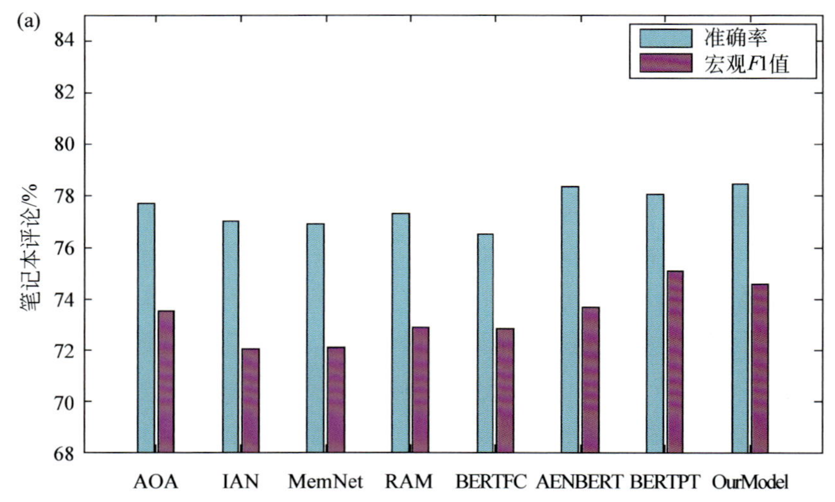

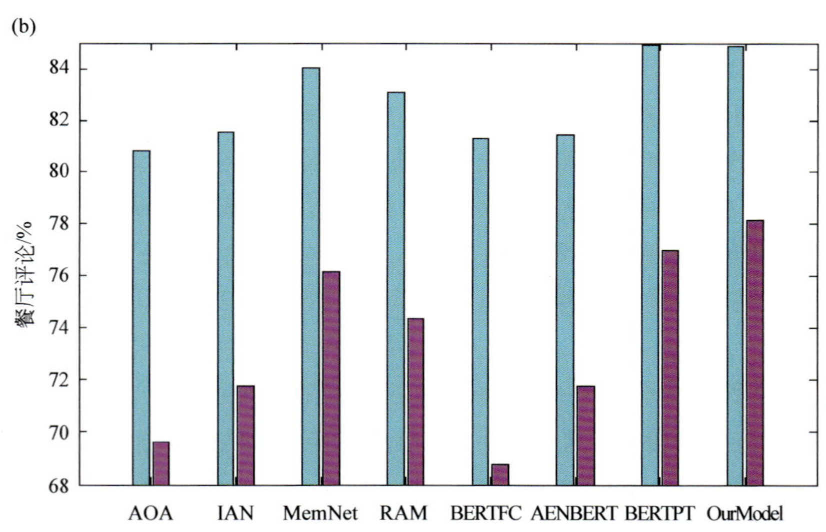

图 13.47　不同模型在 SemEval2014 数据集上的总体性能比较

为了验证模型中各个模块对于性能的影响，我们进行了消融实验。实验首先从模型中单独去掉 GAT 模块；然后又单独去掉注意力模块；最后分别进行 10 次实验，并对结果取平均值。模型表现最终如图 13.48 所示（BERT 取最后 1 层，GAT 为 2 层）。

从图中可以得知，当去掉GAT模块或者注意力机制模块后，模型的性能都会变得更差；而从两者的影响程度来看，注意力机制对性能的表现影响更大，这也是大多数研究普遍采用注意力机制的一个原因，而GAT虽然对模型的影响相对要小，但在该方法中也是不可或缺的。

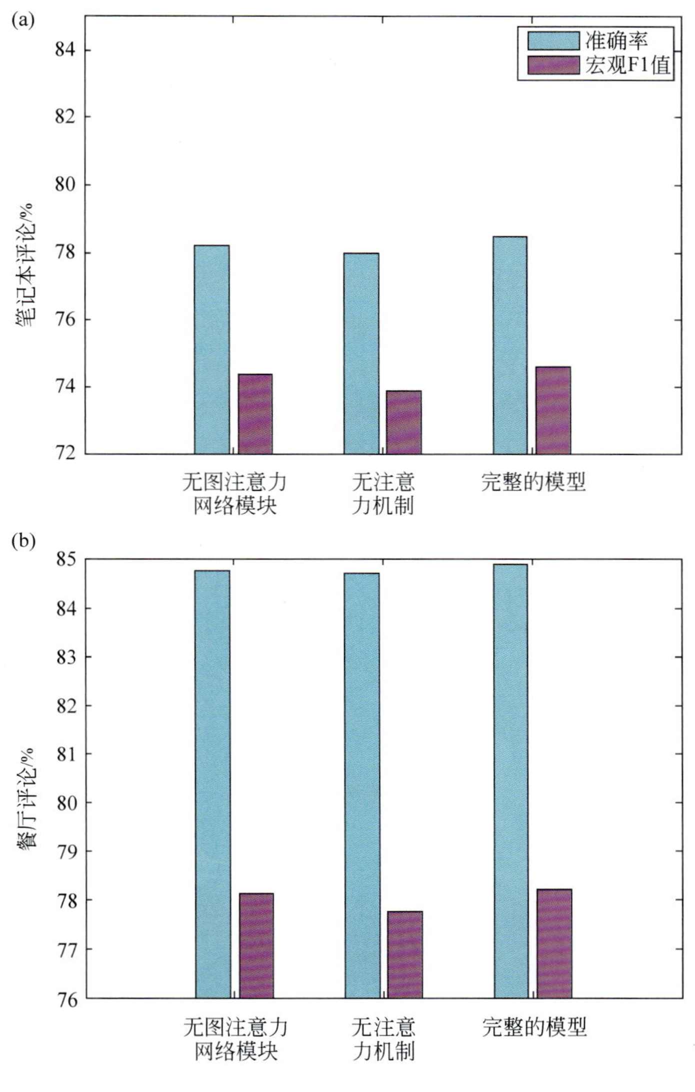

图 13.48 消融实验结果

此外，为着验证本模型相对使用额外语言学工具的方法是否具有更优的性能，我们还开展了对比试验。实验中使用了spaCy来获取文本的依存关系矩阵，并将其作为GAT的输入邻接矩阵，而对应的节点矩阵仍然由模型中注意力模块的输出来充当。随后仍然进行10次实验并对结果取平均值。从图13.49可以明显地看到，使用额外依存关系矩阵的方法并不会提升模型的性能，反而会使模型的情感分类效果变得更差。出现此现象的原因可能是由于数据集中评论文本的结构比较混乱无序，使得spaCy工具不能很好地分析出这些文本的依存关系，反而会将噪声带入模型中，进而使GAT在信息传播与聚合过程中放大了输出误差，最后损害了情感极性的判断结果。

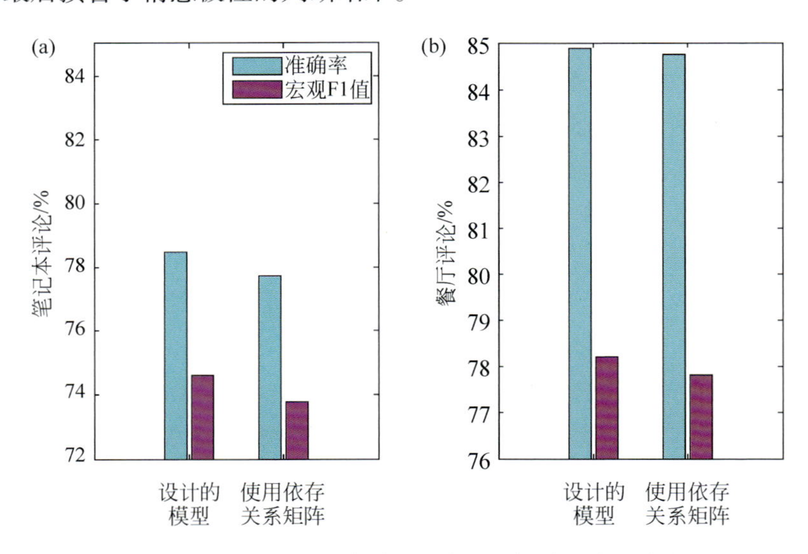

图 13.49　设计的模型与使用依存关系矩阵对比实验结果

另一方面，为了探索 GAT 的层数对于情感分类结果的影响，我们分别将其层数设为 1~5，同时将每个实验进行 10 次，最后对结果取平均值，结果如图 13.50 所示。

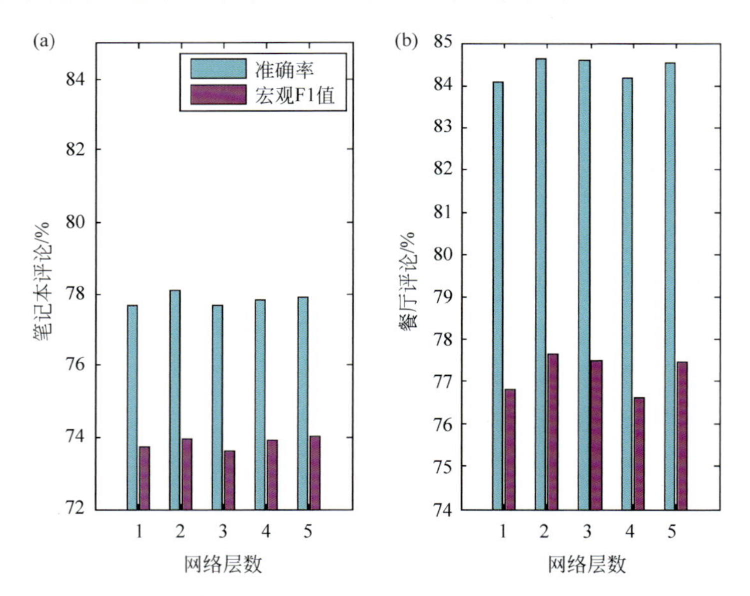

图 13.50　改变图注意力网络层数对情感分类性能的影响

从图 13.50 可以看到，当 GAT 的层数是 2 时，模型的情感分类结果达到最好，而继续增加 GAT 的层数并不会得到更多的增益。出现此结果的一个原因可能与句子本身的结构特征有关，即目标实体通过 2 跳就基本可以与情感词连接起来；另一个原因可能是，随着 GAT 层数的增加，节点的特征被传播到整个句子的图结构中，使得 GAT 不能有效地利用句子中的结构信息，最后造成情感分类性能的下降。

进一步，如前文所述，通过 BERT 来学习句子的结构特征，探索 BERT 的输出对模型的影响也成为本方法的应有之义。对此，分别将 BERT 输出的层数设置为最后 1~6 层，并对每一层的输出取平均值，然后输入到后续模块中重复此任务，每个实验同样进行 10 次，最后取结果的平均值，如图 13.51 所示。从这些结果可以看到，当输出最后一层时，情感分类结果达到最优，其原因可能在于 BERT 的层数越深，从句子中学到的依存关系等结构特征越丰富，使得 GAT 能够更好地利用这些结构信息。

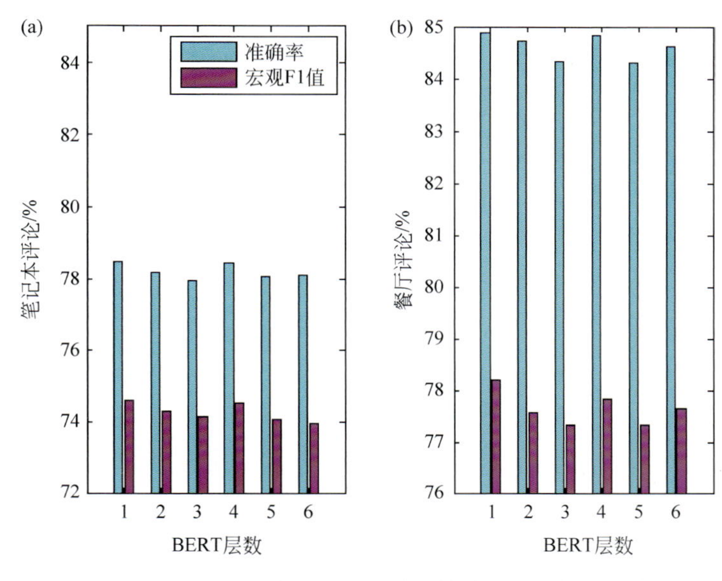

图 13.51　改变 BERT 层数对情感分类性能的影响

在属性级情感分类任务中，LSTM、CNN、RecNN 及注意力机制等自身存在的缺陷，使得它们在面临复杂长句时无法有效地处理实体属性词与情感表达之间的关联关系。针对此难题，本研究结合句子的结构信息特征，利用 GAT 开展了研究。具体而言，句子中的实体属性词与情感词之间通过结构上的关联可以拉近彼此的距离，从而绕开复杂长句中无关紧要的词语表达。基于此，首先利用 BERT 获得句子中的结构信息，同时对实体属性词进行编码，利用注意力机制关注句子中的重要部分，随后使用多层图注意力网络处理注意力模块的输出，使得情感词语节点的信息可以沿着由结构信息指明的边向目标实体传播，从而提升模型整体的性能。实验结果表明，本方法能够改善情感分类的结果，此外，实验还证明了使用额外语言学工具解析句子结构信息的方法，反而会使分类表现更差，由此证明了本方法的可行性。

13.4　深度学习的神经科学基础——以视觉为例

从前文内容可以看到，深度学习将人类的设计与自动化学习结合起来，以解决某一任务。我们在设计深度学习模型时往往不会太关注神经网络的输入和输出，而主要着重于如下三个部分：目标函数、学习规则以及整体架构，如图 13.52 所示。

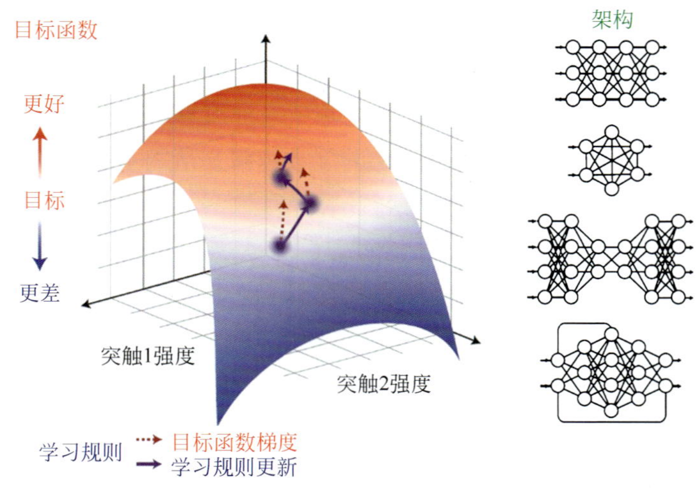

图 13.52　深度学习的三个重要部分

目标函数描述了深度学习系统的目标，这些函数实质上是突触权重以及接收数据的函数。学习规则描述了如何更新模型中的参数，这些规则被用来改善模型参数以实现目标损失函数的优化。整体架构则指出在神经网络中各个单元如何被组织排列起来，并执行哪些操作。那么我们为什么会聚焦于这三个部分呢？这自然是为了有效处理现实世界中的问题。那么这样的思路和范式与人类认知世界的过程是否有关联呢？深度学习与人脑的认知又是否存在联系？神经网络与人脑的结构是否有相似之处？深度学习与神经科学有何联系之处？

人们普遍认为，深度学习网络与大脑是不同的，因为深度学习依赖于大量数据的学习。然而，有如下两个方面的问题值得关注，一是许多生物，特别是人类，也是通过大量的经验数据慢慢地实现学习发展；二是深度神经网络如果具备良好感知能力的话，那么它们应该可以在少数据状态下很好地工作。换言之，深度学习与大脑之间存在着相似性。而事实上，神经网络的一些关键设计原则也来自神经科学。我们常用的层次化结构就是一个典型的例子。在视觉中，图像可以被看作从边到边的组合再到更大对象目标的层次化结构，而我们在利用深度学习时也往往是先分析图像中的边，最后再到实体目标；而在语言中，我们也可以找到其中的层次化结构：音素组装成单词，单词组装成句子，句子组装成一个叙述。我们在设计神经网络时也常遵从这样的模式，而这些层次化的设计以及认知模式，又与大脑的分区相关联。下面介绍深度学习的神经科学基础，并以典型的视觉认知为例来进行说明。

在视觉感知中，其过程大致如下，视网膜感知并处理视觉信息后，将这些信息通过视神经传递至丘脑中的外侧膝状体，再传递至大脑中的初级视觉皮层进行处理。下面将基于这一过程，分别从视觉的神经生理结构、感知系统以及其处理机制等角度对其进行介绍。

13.4.1　视觉感知神经生理结构

首先介绍视觉感知的相关神经生理结构。

1. 神经元

神经元（neuron）是神经系统的结构与功能单位之一。它能够感知环境的变化，并将相应的信息传递给其他的神经元。神经元由树突、轴突、髓鞘、细胞核等结构组成。神经元内传递信息时会形成电流，当电流传导至神经末梢时，神经元会向突触间隙释放神经递质，当神经递质浓度足够高时，与突触后膜上的受体大量结合使突触后神经元产生电位差，从而形成局部电流。神经元的结构如图 12.1 所示。

2. 视神经

视神经属于脑神经，由视网膜神经细胞的轴突与支持细胞组成，它始于眼球的视网膜，通过视神经束进入脑中，能够传导视觉冲动，是视觉感知的重要一环。

3. 大脑皮层

大脑皮层是大脑的一部分，由神经细胞组成，包括了各个神经元和星形胶质细胞等其他支持细胞。在成年人大脑皮层中，神经元的数量在 1000 亿量级，这些皮质神经元之间形成了大量的突触连接。根据空间位置，大脑皮层被分为几个脑叶，每个脑叶都是空间上通过神经纤维束联通一部分皮层。每一部分的主要功能如下（见图 1.4 左图）：

额叶：负责高级认知功能，比如语言、学习、决策、情绪等。

顶叶：主要负责躯体感觉、空间、视觉与体感信息的处理。

颞叶：负责了听觉、嗅觉、高级视觉等功能。

枕叶：负责视觉信息处理。

边缘系统：主管奖励学习以及情感处理等。

此外，大脑皮层还存在分层结构，从进化角度看，大脑皮层分为古老皮层、旧皮层和新皮层。而新皮层又分为 6 层（图 13.53），分别如下：

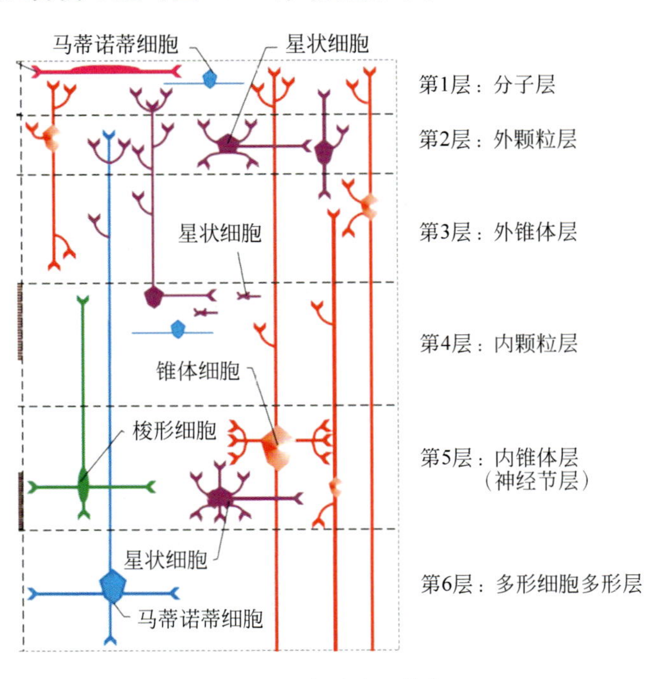

图 13.53　大脑皮层的分层

第 1 层：分子层，是皮层的表面，主要有水平细胞核比较小的颗粒细胞。

第 2 层：外颗粒细胞层，主要有小型颗粒细胞与少量的小型锥体细胞。

第 3 层：外锥体细胞层，包含大量的锥体细胞。

第 4 层：内颗粒细胞层，有密集的小颗粒细胞。

第 5 层：内锥体细胞层，含有密集的大、中、小锥体细胞。

第 6 层：多型细胞层，有梭形细胞。

从功能角度来看，大脑皮层又可以分为 3 种，分别是：初级感觉 / 运动皮层、次级感觉 / 运动皮层和高级联络皮层等。

13.4.2 视觉感知系统

下面介绍视觉的感知系统，主要包括外周脑、初级视觉皮层和纹外皮层。

1. 外周脑（视网膜）

视觉上的外周脑，其实就是视网膜，如图 13.54 所示，它是脑的一部分。之所以把视网膜称为外周脑，实质上是因为视网膜本身由处理视觉信息的几种神经元（视锥细胞、视杆细胞等）组成，它不仅采集各类视觉信号，而且还对其进行处理，然后再将其传至大脑皮层进行处理。换言之，它是大脑的外延。

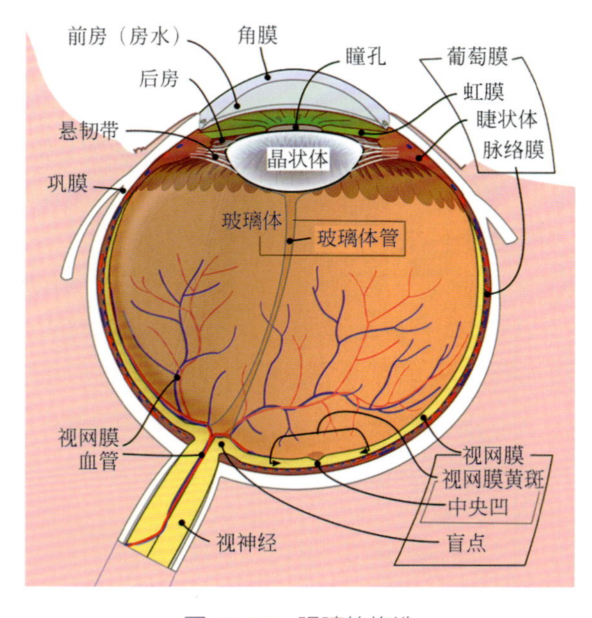

图 13.54 眼睛的构造

2. 初级视觉皮层

大脑中负责处理视觉信息的是视觉皮层，位于枕叶部分。它又包括了初级视觉皮层（纹状皮层）和纹外皮层（V2、V3、V4、V5 区等，见图 6.30 左图）。初级视觉皮层又被称为 V1 区或者纹状皮层，它主要接收来自眼的视觉信息，是视觉皮层的主要入口。通常认为，初级视觉皮层的输出信息会被送到 2 个渠道中，如图 6.29 所示，一个是背侧流（始于 V1，通过 V2，最后抵达后顶叶皮层），另一个则是腹侧流（始于 V1，通过 V2、V4 等，进入颞下回），两者参与物体的空间信息、运动以及物体识别等。

3. 纹外皮层

纹外皮层涉及 V2、V3、V4、V5 区，它具有更高级别的视觉感知功能。在纹外皮层的第 1 个皮层区中，包含了一些粗细条纹。其中，细条纹中有对光的波长具有选择性的细胞，而粗条纹中则有对运动方向具有选择性的细胞，值得注意的是，两者都有对形状敏感的细胞。

13.4.3 视觉处理机制

视觉信息处理的生理结构和感知系统是如何实现处理这些视觉信息的呢？它们与深度神经网络之间有什么关联呢？下面介绍视觉信息处理机制，主要有感受野和视觉注意力模型。

1. 感受野

感受野（receptive fields）具有一定的区域，在该区域内，刺激可以影响感觉细胞的电活动，它包括了神经元上的特定受体以及能够通过突触连接激活神经元的受体集合。在视觉系统下，感受野则是指视网膜上的一定区域受刺激后，激活视觉系统中与这片区域存在关联的神经元活动，这一区域就是视觉感受野。

1）感受野的发现

最早于 1906 年，英国生理学家查尔斯・斯科特・谢林顿（Charles Scott Sherrington）第一次使用了感受野这一词，用于对狗抓挠的反射的讨论。与此同时，有许多学者正在研究眼睛和视神经对视觉刺激的反应。虽然这些研究为感官接收生理学提供了一定的见解，但直到 1938 年，感受野的现代概念才出现。

在那一年，美国生理学家哈尔丹・克弗・哈特林（Haldan Keffer Hartline）第一个从脊椎动物眼睛的单个视神经纤维中分离并记录了电反应，他将视网膜神经节细胞的感受野定义为可以引起动作电位频率增加的视网膜区域。他的工作在识别单个神经元的感受野方面发挥了关键作用。1953 年，英国神经科学家贺拉斯・B・巴洛（Horace B. Barlow）和美国神经生理学家斯蒂芬・W・库弗勒（Stephen W. Kuffler）扩展了哈特林关于感受野的定义，他们将其扩展到刺激可以激发或抑制神经节细胞反应的所有视网膜区域，如图 13.55 所示。

1958 年，约翰霍普金斯大学的大卫・胡贝尔（David Hubel）和托斯滕・威塞尔（Torsten Wiesel）研究了瞳孔区域和大脑皮层神经元的对应关系。他们在猫的眼前，展示各种形状、亮度的物体，同时改变物体的位置和角度，并测量了猫的神经元的活跃程度。通过这个方法，让猫的瞳孔感受不同类型、强度的刺激。最后，经过数次实验，他们发现了一种被称为“方向选择性细胞”的神经元细胞。当猫的瞳孔发现物体的边缘，且这个边缘指向某个方向时，这种神经元细胞就会变得活跃。视觉的层次性加工如图 13.56 所示。

他们提出了一种理论，即视觉系统某一层的细胞感受野可以由视觉系统较低层的细胞输入形成。这样，小的、简单的感受野就可以组合成大的、复杂的感受野。后来的理论家考虑视觉系统某一层的细胞受到来自更高层反馈的影响，并详细阐述了这种简单的分层排列方式。这样的发现激发了人们对于神经系统进一步的思考，即神经系统根据原始信号（实验中

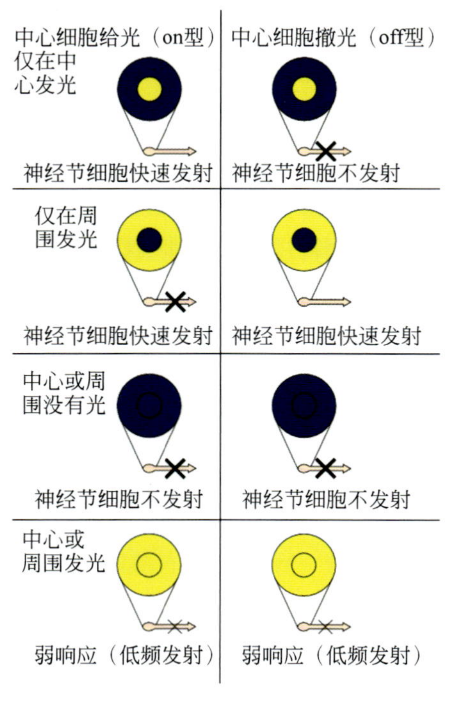

图 13.55　感受野受到刺激后的反应

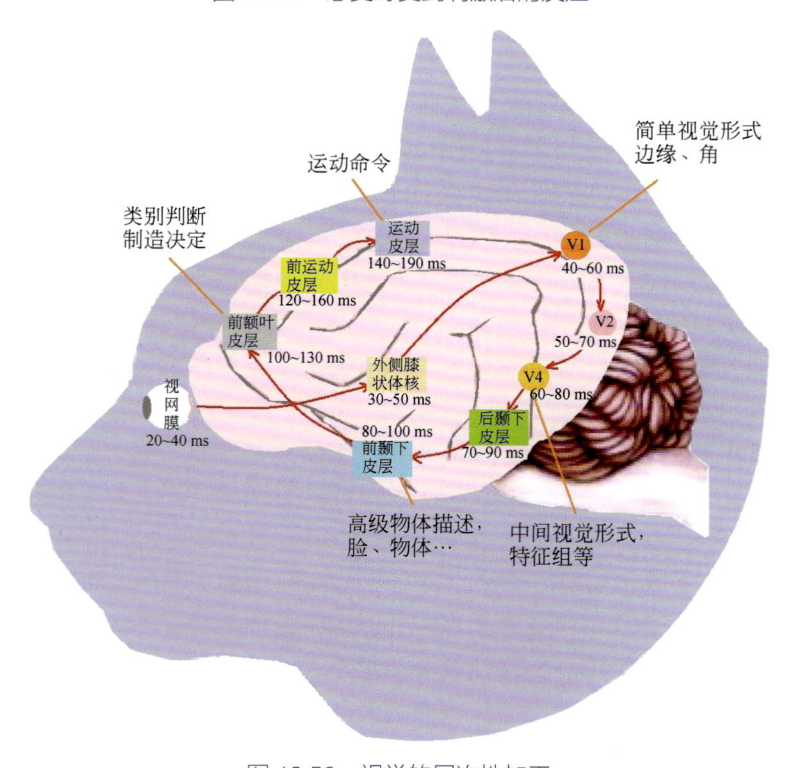

图 13.56　视觉的层次性加工

的光信号等），先做低级的抽象（物体的边缘方向信息等），后逐渐做高级抽象（物体的形状、属性等）。从另一方面来说，人的视觉系统的信息处理是分级的，每一级都有相应的感受野。

从低级的 V1 区提取边缘特征，到 V2 区的形状或者目标的部分等，再到更高层，最后发现整个目标和目标的行为等。亦即高层的特征是低层特征的组合，从低层到高层的特征表示越来越抽象，越来越能表现语义或者意图。而抽象层面越高，存在的可能猜测就越少，也就越利于识别相关物体信息。图 13.57 展示了这一过程。这一发现，推动了人工智能突破性的发展。而大卫・胡贝尔和托斯滕・威塞尔也因其发现获得了 1981 年的诺贝尔医学奖。

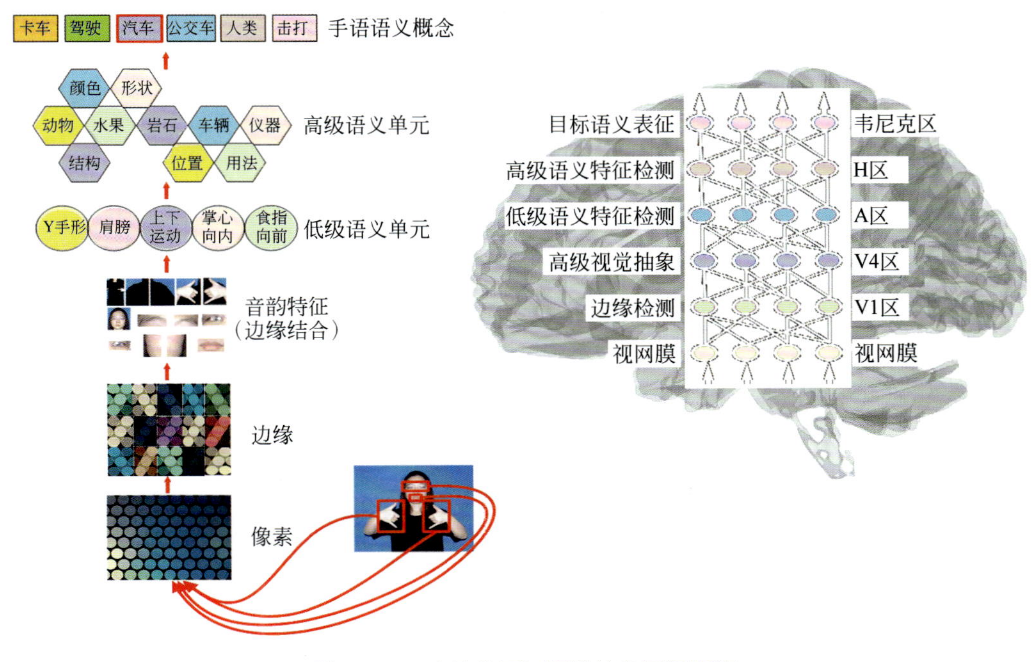

图 13.57 大脑分层与视觉信息层级提取

2）简单感受野

简单感受野对有一定方向或朝向的条纹刺激更加敏感，它们对这类视觉刺激的位置和空间频率表现出明显的选择性，如图 13.58 所示。

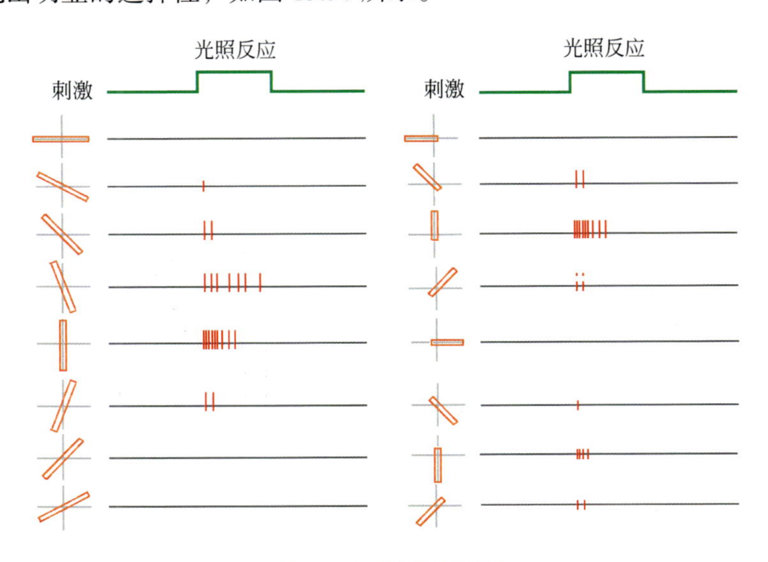

图 13.58 简单感受野

3）复杂感受野

复杂感受野也有相似的偏好，但它们对于视觉刺激在视野中的位置没有选择性，如图 13.59 所示。也就是说，满足方向偏好的视觉刺激，无论出现在感受野的何处，都可以激发视神经细胞的响应。它们对于特定方向的条形刺激，具有位置的不变性。

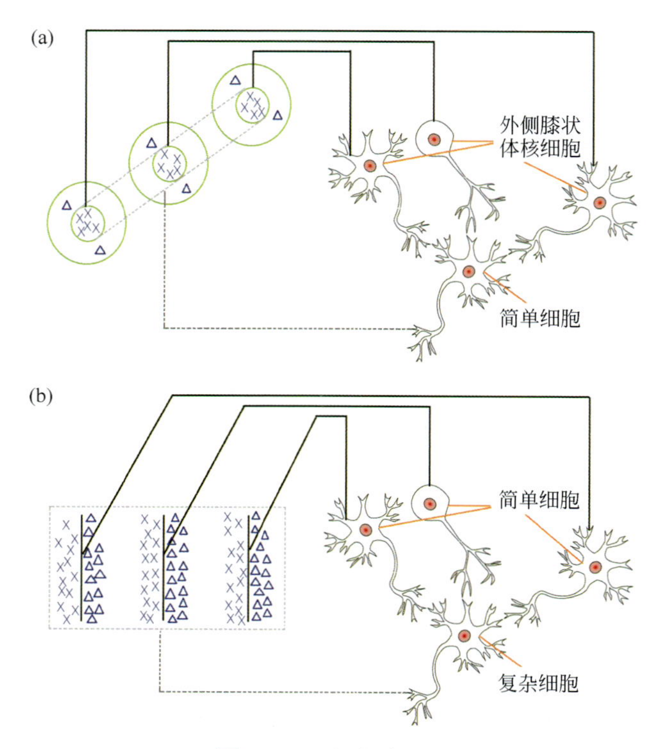

图 13.59 复杂感受野

4）感受野与卷积神经网络

感受野也被用于人工神经网络中，通常出现在卷积神经网络里。这些感受野被定义为输入中产生特征的一定大小的区域。它是任何层输出特征与输入区域的关联度量。这里，感受野的思想适用于局部的操作，比如卷积、池化等。卷积神经网络具有独特的架构，它旨在模仿理解真实动物大脑的运行方式；它并非将每一个神经元连接到下一层中所有的神经元（如果是这样的话，就是感知机模型了），而是将神经元排列成 3 维结构，一般考虑不同神经元之间的空间关系。在计算机视觉领域，输入到卷积神经网络神经元的数据代表了一个像素，第一层神经元由所有输入组成，下一层的神经元则接收来自部分输入的连接，并非全部。因此，卷积神经网络使用了类似感受野的布局，其中每个神经元仅接收前一层神经元子集的连接。较低层中的神经元感受野只包含了视觉信息的一小部分区域，而较高层中的神经元感受野则是前一层中多个神经元感受野的组合。通过这种方式，每个连续的层就能够逐步学习到原始视觉信息中越来越抽象的特征，如图 13.60 所示。

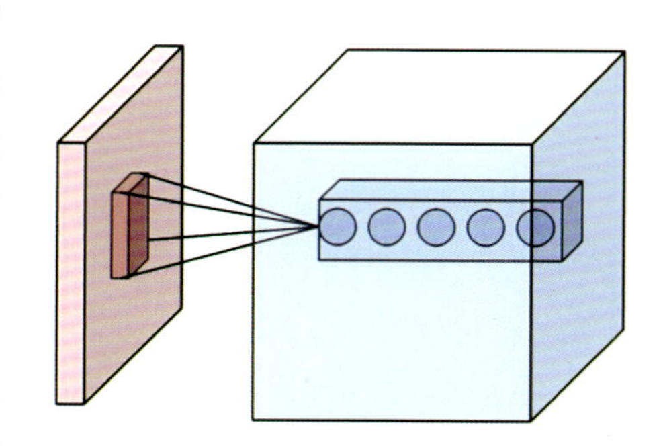

图 13.60 卷积层中的神经元连接到相应的感受野

2. 视觉注意力模型

注意力是一个被广泛讨论和研究的话题，它在多个领域内部以及跨领域都有出现和定义。这些领域包括心理学、神经科学以及深度学习等，如前文所述的注意力机制。在系统神经科学和心理学中，关于注意力的大部分研究都集中在视觉注意力上，事实上，视觉注意力机制对于人工智能和深度学习具有极为重要的指导意义。

大体上而言，视觉注意力可以分为空间注意力和基于特征的注意力。下面分别进行介绍。

1）视觉空间注意力

在视觉里，眼动是指每秒多次小而迅速的眼球运动。而视网膜的中央凹（fovea，图 13.54）是视觉最敏感的区域，它提供了最高的视觉分辨率，而选择将其放置的位置决定了在何处较多部署有限的计算资源，通过这种方式，眼球的运动实际指明了注意力所在的位置。这种注意力的转移是外部可见的，因此这类注意力又称为显性视觉注意力。图 13.61 展示了对文本的注视和扫视的一个例子，反映出了阅读过程中典型的眼球运动模式。

研究人员通过跟踪不同图像时的眼球运动，识别出了自动吸引注意力的图像模式，这类模式由定向边缘、空间频率、颜色对比度、颜色强度以及运动等来定义，而吸引注意力的图像区域会被认为是“显性的”，或者说是“自下而上的”。与“自上而下的”注意力不同，它们不需要有意识地处理就可以识别相关信息，只有当处理特定任务时，前述两种注意力机制之间的区别才会变得清晰。例如，当人们被要求扫视阵列中的特定视觉目标时，他们可能会错误地扫视特别突触的干扰物。

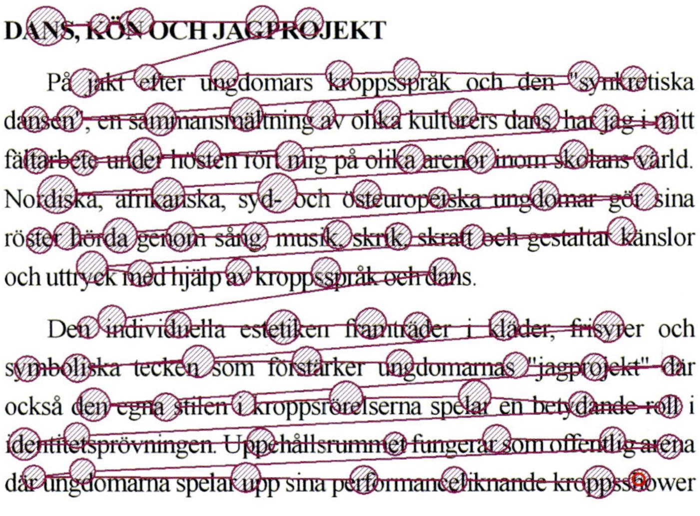

DANS, KÖN OCH JAGPROJEKT

På jakt efter ungdomars kroppsspråk och den "synkretiska dansen", en sammansmältning av olika kulturers dans, har jag i mitt fältarbete under hösten rört mig på olika arenor inom skolans värld. Nordiska, afrikanska, syd- och östeuropeiska ungdomar gör sina röster hörda genom sång, musik, skrik, skratt och gestaltar känslor och uttryck med hjälp av kroppsspråk och dans.

Den individuella estetiken framträder i kläder, frisyrer och symboliska tecken som förstärker ungdomarnas "jagprojekt" där också den egna stilen i kroppsrörelserna spelar en betydande roll i identitetsprövningen. Uppehållsrummet fungerar som offentlig arena där ungdomarna spelar upp sina performanceliknande kroppsshower

图 13.61 眼动追踪

尽管眼球运动是控制视觉注意力的有效手段，但它们并非唯一的选择。这就涉及“隐性”（covert）空间注意力，它是一种强调对不同空间位置进行处理而中央凹位置没有明显偏移的方式。从某种意义上说，隐性空间注意力具有选择性，它们以牺牲其他区域为代价选择某些区域进行进一步处理。对于这类空间注意力而言，视觉系统的输入可以是相同的，且对输入的处理是灵活选择的。

前述空间注意力模式对启发深度学习提供了借鉴，比如卷积神经网络中卷积核对图像的扫描移动等，就可以看作是注意力的一种表现。

2）基于特征的注意力

基于特征的注意力实质是另一种形式的隐性选择注意力。在这类注意力的研究中，不会提示受试者注意特定的位置，而是在每次试验里提示受试者注意特定的视觉特征，比如颜色、形状或者方向等。举例而言，对于视觉搜索任务，它可以被认为是激活基于特征的注意力，如图 13.62 所示。视觉搜索任务涉及多种形式的视觉注意力。最上面一行显示了视觉搜索任务的进程。首先，线索指示视觉搜索的目标，在本例中为蓝色 X。然后在搜索陈列中出现了许多非目标点。在这个自上而下的过程中关注代表蓝色和形状 X 的细胞会在整个视野中增加它们的放电，但在实际出现蓝色或 X 的地方放电会最强。这些神经反应将在生成隐性空间注意力图方面发挥作用，该图可用于在扫视之前探索视觉空间。在第一次扫视的显性注意力转移之后，隐性注意力图被重新制作。最后定位目标并成功扫视到目标。在这一任务中，一系列的刺激出现在屏幕上，受试者需要经常用眼动来指示刺激所在的位置。由于受试者在搜索这些刺激时，常常会进行扫视，因而该任务将基于特征的隐性注意力和显性空间注意力结合起来。

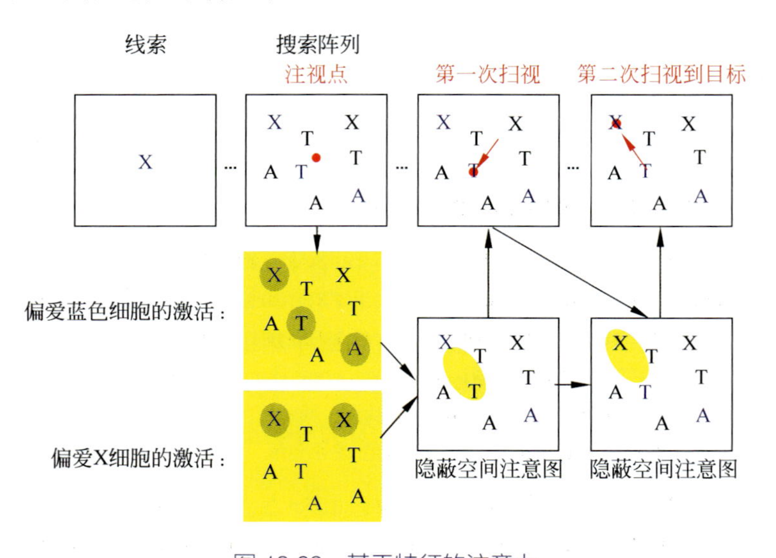

图 13.62　基于特征的注意力

与空间注意力不同的是，基于特征的注意力是空间全局的，这意味着当把注意力集中到一个特定的特征时，在视觉空间的任何地方，代表该特征的神经元活动都会受到一定的调制。空间注意力和基于特征的注意力之间的另一个区别存在这样一个问题，即“自上而下的”注意力来源如何正确命中视觉系统中的神经元？因为在视网膜中，其中的细胞代表了附近的空间位置，这样能使空间定位变得简单，然而，如果根据首选的视觉特征的话，这些细胞并非排列的那么整齐，所以存在前述问题。

与特征注意力密切相关的另一个任务是对目标的注意，在这里，注意力不是在视觉刺激之前部署在抽象特征上，而是应用于实际场景中的特定目标对象上的。如果这些目标对象与图像的背景存在明显的区别，那么视觉层次结构的初始前馈传递活动就能够在视野中并行地将这些目标对象与其背景分开。而在更加复杂的视觉场景中，神经系统就需要进行循环或串行处理来识别不同的目标。此处，循环连接（来自同一视觉区域附近神经元的水平连接和来自更高视觉区域的反馈连接）有助于图形中背景与目标物体的分离与识别。串行处理则涉及将有限的注意力资源从图像中的一个位置移动到另一个位置。

另一种形式的注意力也是特征注意力，它包括了注意力在整个特征维度上的转换。例如，在 Stroop 测试中，颜色的名称用不同颜色的墨水书写而成，如图 13.63 所示，受试者要么需要阅读单词本身，要么说出墨水的颜色，这里的注意力不能被预先部署到特定的特征中去，只关注字或者颜色，这就涉及注意力在不同维度上的转换。

图 13.63　Stroop 测试

可以说这些注意力机制也被应用在深度学习中，比如在文本情感分析中，需要注意句子中情感词等重要的词汇以及其所表示的语义。首先可能注意到字符，然后注意到词语，最后关注其语义信息等高级内容，如图 13.64 所示，展示了机器翻译任务。在该图中，带有注意力机制的神经机器翻译架构，将待翻译的句子通过循环神经网络编码成一系列向量（$\boldsymbol{v}$）。注意力机制（$\boldsymbol{\Phi}$）使用解码器的隐藏状态（h）和这些向量来决定编码向量应如何组合，以产生上下文向量（c），这将影响解码器的下一个隐藏状态，从而影响翻译句子中的下一个单词。

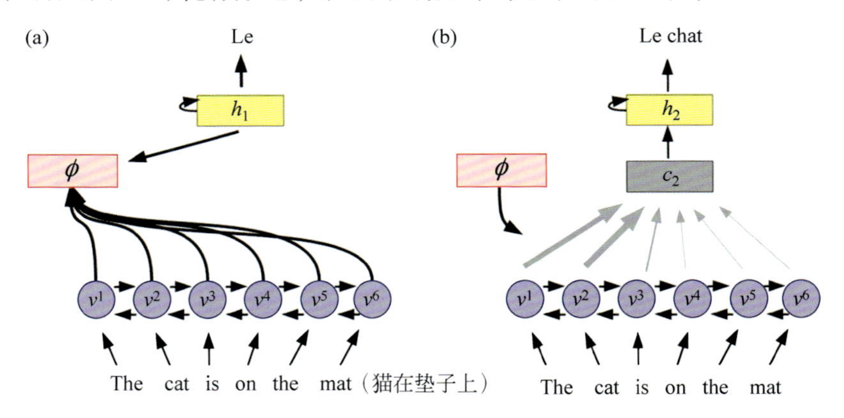

图 13.64　基于注意力机制的编码器 - 解码器架构

总的来说，我们在人工神经网络中使用注意力机制，这很像大脑中明显的注意力需求使得神经系统变得更加灵活。这些注意力机制允许单个训练的人工神经网络在多个任务或者具有可变长度、大小和结构输入的任务上表现得更加良好。在此，我们可以确认的是，注意力机制受到了神经科学的启发，然而它的实现并不总是与已知的生物注意力一致，这是值得注意的。

小结

介绍了基于深度学习的自然语言处理研究，首先对自然语言处理进行了概述，然后讲述深度学习的相关知识、研究历程等。随后对深度学习进行阐述，对深度学习的原理、发展历史等进行了介绍；接着较为详细地介绍了处理自然语言的典型深度学习模型；最后对深度学习的神经认知科学基础进行了一定的解释。本章期望通过上述内容，使读者能够对基于深度学习的自然语言处理模型有一定的把握和认知，能够了解到语言认知的另一种形式的应用与体现。

思考题

1. 自然语言处理可以对语言学的哪些规律进行处理？规则方法和统计学习方法有哪些优缺点？

2. 半监督训练与有监督训练有何异同？半监督训练的优势是什么？

3. 试阐述卷积神经网络在自然语言处理中的基本架构。

4. 试阐述循环神经网络在自然语言处理中的基本架构。

5. 试阐述长短时记忆和注意力机制在自然语言处理中的基本机制。

参考文献

一、英文文献

[1] ADAMS R B, JANATA P. A comparison of neural circuits underlying auditory and visual object categorization [J]. NeuroImage, 2002, 16: 361-377.

[2] AGOSTA F, GALANTUCCI S, CANU E, et al. Disruption of structural connectivity along the dorsal and ventral language pathways in patients with nonfluent and semantic variant primary progressive aphasia: A DT MRI study and a literature review [J]. Brain & Language, 2013, 127(2): 157-166.

[3] AGOSTA F, HENRY R G, MIGLIACCO R, et al. Language networks in semantic dementia [J]. Brain, 2009, 133: 286-299.

[4] ALLENDORFER J B, LINDSELL C J, SIEGEL M, et al. Females and males are highly similar in language performance and cortical activation patterns during verb generation [J]. Coetex, 2012, 48: 1218-1233.

[5] ALMAIRAC F, HERBET G, MORITZ-GASSER S, et al. The left inferior fronto-occipital fasciculus subserves language semantics: a multilevel lesion study [J]. Brain Structure & Function, 2015, 220(4): 1983-1995.

[6] AMICI F, WATERMAN J, KELLERMANN C M, et al. The ability to recognize dog emotions depends on the cultural milieu in which we grow up [J]. Scientific Reports, 2019, 9: 16414.

[7] AMUNTS K, ZILLES K. Architecture and organizational principles of Broca's region [J]. Trends in Cognitive Sciences, 2012, 16(8): 418-426.

[8] ANDERSON J M, GILMORE R, ROPER S, et al. Conduction aphasia and the arcuate fasciculus: a reexamination of the Wernicke–Geschwind model [J]. Brain and language, 1999, 70(1): 1-12.

[9] ASH S, MOORE P, VESELY L, et al. Non-fluent speech in frontotemporal lobar degeneration [J]. Journal of Neurolinguistics, 2009, 22(4): 370-383.

[10] AYCHET J, PEZZINO P, ROSSARD A, et al. Red-capped mangabeys (*Cercocebus torquatus*) adapt their interspecifc gestural communication to the recipient's behavior [J]. Scientific Reports, 2020, 10: 12843.

[11] BADRE D, POLDRACK R A, PARÉ-BLAGOEV E J, et al. Dissociable controlled retrieval and generalized selection mechanisms in ventrolateral prefrontal cortex [J]. Neuron, 2005, 47(6): 907-918.

[12] BALDO J V, WILKINS D P, OGAR J, et al. Role of the precentral gyrus of the insula in complex articulation [J]. Cortex, 2011, 47(7): 800-807.

[13] BALZEAU A, BALL-ALBESSARD L, KUBICKA A M. Variation and correlations in departures from symmetry of brain torque, humeral morphology and handedness in an archaeological sample of Homo sapiens [J]. Symmetry, 2020, 12(3): 432.

[14] BANASZKIEWICZ A, MATUSZEWSKI J, BOLA L, et al. Multimodal imaging of brain reorganization in hearing late learners of sign language [J]. Human Brain Mapping, 2021, 42: 384-397.

[15] BARBA J. Formal semantics in the age of pragmatics [J]. Linguist and Philosophy, 2007, 30: 637-668.

[16] BARBAS H, GARCÍA-CABEZAS M Á, ZIKOPOULOS B. Frontal-thalamic circuits associated with language [J]. Brain & Language, 2013, 126(1): 49-61.

[17] BARTHA L, BENKE T. Acute conduction aphasia: An analysis of 20 cases [J]. Brain & Language, 2003, 85(1): 93-108.

[18] BARTOLOTTI J, BRADLEY K, HERNANDEZ A E, et al. Neural signatures of second language learning and control [J].

Neuropsychologia, 2017, 98: 130-138.

[19] BAYNES K, ELIASSEN J C, LUTSEP H L, et al. Modular organization of cognitive systems masked by inter hemispheric integration [J]. Science, 1998, 280: 902-905.

[20] BAUS C, SANTESTEBAN M, RUNNQVIST E, et al. Characterizing lexicalization and self-monitoring processes in bilingual speech production [J]. Journal of Neurolinguistics, 2020, 56: 100934.

[21] BEAR M F, CONNORS B W, PARADISO M A. Neuroscience: Exploring the brain [M]. Philadelphia: Lippincott Williams & Wilkins, 2001.

[22] BEAUCHAMP M S, LEE K E, ARGALL B D, et al. Integration of auditory and visual information about objects in superior temporal sulcus [J]. Neuron, 2004, 41: 809-823.

[23] BERTHELSEN S G, HORNE M, BRANNSTROM K J. Neural processing of morphosyntactic tonal cues in second-language learners [J]. Journal of Neurolinguistics, 2018, 45: 60-78.

[24] BERTHIER M L, RALPH M A L, PUJOL J, et al. Arcuate fasciculus variability and repetition: The left sometimes can be right [J]. Cortex, 2012, 48(2): 133-143.

[25] BERTHIER M L. Unexpected brain–language relationships in aphasia: Evidence from transcortical sensory aphasia associated with frontal lobe lesions [J]. Aphasiology, 2001, 15 (2): 99-130.

[26] BERKEN J A, CHAI X, CHEN J-K, et al. Effects of early and late bilingualism on resting-state functional connectivity [J]. The Journal of Neuroscience, 2016, 36(4): 1165-1172.

[27] BERWICK R C, CHOMSKY N. Why only us language and evolution [M]. Cambridge: The MIT Press, 2016.

[28] BERWICK R C, FRIEDERICI A D, CHOMSKY N, et al. Evolution, brain, and the nature of language [J]. Trends in Cognitive Sciences, 2013, 17: 89-98.

[29] BINDER J R, DESAI R H, GRAVES W W, et al. Where is the semantic system? A critical review and meta-analysis of 120 functional neuroimaging studies [J]. Cerebral Cortex, 2009, 19(12): 2767-2796.

[30] BINDER J R. The Wernicke area: Modern evidence and a reinterpretation [J]. Neurology, 2015, 85(24): 2170-2175.

[31] BIRDSONG D. Plasticity, variability and age in second language acquisition and bilingualism [J]. Frontiers in Psychology, 2018, 9: 81.

[32] BLOOM P. Can a dog learn a word? [J]. Science, 2004, 304: 1605-1606.

[33] BLUMSTEIN S E. Psycholinguistic approaches to the study of syndromes and symptoms of aphasia [J]. Neurobiology of Language, 2016, 1(2): 923-933.

[34] BONNER M F, ASH S, GROSSMAN M. The new classification of primary progressive aphasia into semantic, logopenic, or nonfluent/agrammatic variants [J]. Current Neurology and Neuroscience Reports, 2010, 10: 484-490.

[35] BONNOTTE I. The role of semantic features in verb processing [J]. Journal of Psycholinguist Research, 2008, 37: 199-217.

[36] BORNKESSEL-SCHLESEWSKY I, SCHLESEWSKY M. Reconciling time, space and function: a new dorsal– ventral stream model of sentence comprehension [J]. Brain & Language, 2013, 125: 60-76.

[37] BOUTLA M, SUPALLA T, NEWPORT E L, et al. Short-term memory span: insights from sign language [J]. Nature Neuroscience, 2004, 7(9): 997-1002.

[38] BRAINARD M S, DOUPE A J. What songbirds teach us about learning [J]. Nature, 2002, 417: 351-358.

[39] BRAUER J, ANWANDER A, PERANI D, et al. Dorsal and ventral pathways in language development [J]. Brain & language, 2013, 127(2): 289-295.

[40] BROCE I, BERNAL B, ALTMAN N, et al. Fiber tracking of the frontal aslant tract and subcomponents of the arcuate fasciculus in 5–8-year-olds: Relation to speech and language function [J]. Brain & Language, 2015, 149: 66-76.

[41] BRONOWSKI J, BELLUGI U. Language, name, and concept [J]. Science, 1970, 168: 669-673.

[42] BULLEID L, HUGHES T, LEACH P. A case of transient thalamic dysphasia—considering the role of the thalamus in language [J]. Child' s Nervous System, 2018, 34(12): 2345-2346.

[43] BÜCHEL C, PRICE C, FRISTON K. Amultimodal language region in the ventral visual pathway [J]. Nature, 1998, 394: 274-277.

[44] BUCHSBAUM B R, BALDO J, OKADA K, et al. Conduction aphasia, sensory-motor integration, and phonological short-term memory– An aggregate analysis of lesion and fMRI data [J]. Brain & Language, 2011, 119(3): 119-128.

[45] BUENO-GUERRA N, VÖLTER C J, HERAS A D L, et al. Bargaining in chimpanzees (Pan troglodytes): The effect of cost, amount of gift, reciprocity and communication [J]. Journal of Comparative Psychology, 2019, 133(4): 542-550.
[46] BURKART J M, SCHAIK C P V. Marmoset prosociality is intentional [J]. Animal Cognition, 2020, 23: 581-594.
[47] BURMAN D D, BITAN T, BOOTH J R. Sex differences in neural processing of language among children [J]. Neuropsychologia, 2008, 46: 1349-1362.
[48] BUZÁSKI G. The structure of consciousness [J]. Nature, 2007, 446(7133): 267-267.
[49] BYRON B, ALFREDO A. The role of the arcuate fasciculus in conduction aphasia [J]. Brain, 2009, 132(9): 2309-2316.
[50] CÁCERES M, LACHUER J, ZAPALA M A, et al. Elevated gene expression levels distinguish human from non-human primate brains [J]. Proceedings of the National Academy of Science. 2003, 100(22): 13030-13035.
[51] CANTALUPO C, HOPKINS W D. Asymmetric Broca’ s area in great apes - A region of the ape brain is uncannily similar to one linked with speech in humans [J]. Nature, 2001, 414(6863): 505-505.
[52] CANTELOUP C, HOPPITT W, WAAL E V D. Wild primates copy higher-ranked individuals in a social transmission experiment [J]. Nature Communications, 2020, 11(1): 459.
[53] CAPLAN D, VIJAYAN S, KUPERBERG G, et al. Vascular responses to syntactic processing: Event-related fMRI study of relative clauses [J]. Human Brain Mapping, 2001, 15: 26-38.
[54] CARAMAZZA A, CHIALANT D, CAPASSO R, et al. Separable processing of consonants and vowels [J]. Nature, 2000, 403(6768): 428-430.
[55] CARREIRAS M, LOPEZ J, RIVERO F, et al. Linguistic perception: Neural processing of a whistled language [J]. Nature, 2005, 433(7021): 31-32.
[56] CATANI M, ALLIN M P G, HUSAIN M, et al. Symmetries in human brain language pathways correlate with verbal recall [J]. Proceedings of the National Academy of Sciences, 2007, 104: 17163-17168.
[57] CATANI M, DELL’ ACQUA F, VERGANI F, et al. Short frontal lobe connections of the human brain [J]. Cortex, 2012, 48(2): 273-291.
[58] CATANI M. Diffusion MRI: from quantitative measurement to in-vivo neuroanatomy [A]. In: JOHANSEN-BERG H, BEHRENS TEJ, editors. The connectional anatomy of language: Recent contributions from diffusion tensor tractography [C]. London: Academic Press, 2009: 403-415.
[59] CATANI M, HOWARD R J, PAJEVIC S, et al. Virtual in vivo interactive dissection of white matter fasciculi in the human brain [J]. Neuroimage, 2002, 17: 77-108.
[60] CATANI M, JONES D K, DONATO R, et al. Occipito-temporal connections in the human brain [J]. Brain, 2003, 126(9): 2093-2107.
[61] CATANI M, JONES D K, FFYTCHE D H. Perisylvian language networks of the human brain [J]. Annals of Neurology, 2005, 57(1): 8-16.
[62] CATANI M, MESULAM M. The arcuate fasciculus and the disconnection theme in language and aphasia: history and current state [J]. Cortex, 2008, 44(8): 953-961.
[63] CATANI M, MESULAM M M, JAKOBSEN E, et al. A novel frontal pathway underlies verbal fluency in primary progressive aphasia [J]. Brain, 2013, 136(8): 2619-2628.
[64] CATANI M, SCHOTTEN M T D. A diffusion tensor imaging tractography atlas for virtual in vivo dissections [J]. Cortex, 2008, 44(8): 1105-1132.
[65] CATANI M, SCHOTTEN M T D. Atlas of human brain connections [M]. Oxford: Oxford University Press, 2012.
[66] CAVERZASI E, PAPINUTTO N, AMIRBEKIAN B, et al. Q-ball of inferior fronto-occipital fasciculus and beyond [J]. Plos One, 2014, 9(6): 1-12.
[67] CHEE M W L, WEEKES B, LEE K M, et al. Overlap and dissociation of semantic processing of Chinese characters, English words, and pictures: Evidence from fMRI [J]. NeuroImage, 2000, 12: 392-403.
[68] CHEN J Y, CHEN T M, DELL G S. Word-form encoding in Mandarin Chinese as assessed by the implicit priming task [J]. Journal of Memory and Language, 2002, 46: 751-781.
[69] CHEE M W, TAN E W, THIEL T. Mandarin and English single word processing studies with functional magnetic resonance imaging [J]. Journal of Neuroscience, 1999, 19(8): 3050-3056.
[70] CHERNEY L R, SMALL S L. Task-dependent changes in brain activation following therapy for nonfluent aphasia:

Discussion of two individual cases [J]. Journal of the International Neuropsychological Society, 2006, 12(6): 828-842.

[71] CHERNOFF B L, TEGHIPCO A, GARCEA F E, et al. A role for the frontal aslant tract in speech planning: A neurosurgical case study [J]. Journal of Cognitive Neuroscience, 2018, 30(5): 752-769.

[72] CHOI J, JEONG B, ROHAN M, et al. Preliminary evidence for white matter tract abnormalities in young adults exposed to parental verbal abuse [J]. Biological Psychiatry, 2009, 65(3): 227-234.

[73] CHOMSKY N. The Minimalist Program [M]. Cambridge: The MIT Press, 2014.

[74] CHRISTIANSEN M H, CHATER N, CULICOVER P W. Creating language: Integrating evolution, acquisition, and processing [M]. Cambridge: The MIT Press, 2016.

[75] CLOUTMAN L L, BINNEY R J, MORRIS D M, et al. Using in vivo probabilistic tractography to reveal two segregated dorsal language-cognitive' pathways in the human brain [J]. Brain & Language, 2013, 127(2): 230-240.

[76] COCQUYT E M, LANCKMANS E, VAN MIERLO P, et al. The white matter architecture underlying semantic processing: A systematic review [J]. Neuropsychologia, 2020, 136: 107182.

[77] COTELLI M, FERTONANI A, MIOZZO A, et al. Anomia training and brain stimulation in chronic aphasia [J]. Neuropsychological Rehabilitation, 2011, 21(5): 717-741.

[78] COULTER K, GILBERT AC, KOUSAIE S, et al. Bilinguals benefit from semantic context while perceiving speech in noise in both of their languages: Electrophysiological evidence from the N400 ERP [J]. Bilingualism: Language and Cognition, 2021, 24: 344-357.

[79] CROSSON B, MCGREGOR K, GOPINATH K S, et al. Functional MRI of language in aphasia: A review of the literature and the methodological challenges [J]. Neuropsychology Review, 2007, 17: 157-177.

[80] CROSSON B, MOORE A B, GOPINATH K, et al. Role of the right and left hemispheres in recovery of function during treatment of intention in aphasia [J]. Journal of Cognitive Neuroscience, 2005, 17(3): 392-406.

[81] CROSSON B. Thalamic mechanisms in language: A reconsideration based on recent findings and concepts [J]. Brain & Language, 2013, 126(1): 73-88.

[82] CUMMING T B, MARSHALL R S, LAZAR R M. Stroke, cognitive deficits, and rehabilitation: still an incomplete picture [J]. International Journal of Stroke, 2013, 8(1): 38-45.

[83] DAVIS C, KLEINMAN J T, NEWHART M, et al. Speech and language functions that require a functioning Broca' s area [J]. Brain & Language, 2008, 105(1): 50-58.

[84] DE WITTE L, BROUNS R, KAVADIAS D, et al. Cognitive, affective and behavioural disturbances following vascular thalamic lesions: A review [J]. Cortex, 2011, 47: 273-319.

[85] DEACON T W. The Symbolic Species: The co-evolution of language and the brain [M]. New York: W. W. Norton & Company, Inc., 1997.

[86] DELONG K A, URBACH T P, KUTAS M. Probabilistic word preactivation during language comprehension inferred from electrical brain activity [J]. Nature Neuroscience, 2005, 8(8): 1117-1121.

[87] DELUCA V, ROTHMAN J, BIALYSTOK E, et al. Redefining bilingualism as a spectrum of experiences that differentially affects brain structure and function [J]. Proceedings of the National Academy of the Sciences, 2019, 116(15): 7565-7574.

[88] DEMONET J F, CHOLLET F, RAMSAY S, et al. The anatomy of phonological and semantic processing in normal subjects [J]. Brain, 1992, 115(Pt6): 1753-1768.

[89] DEWITT I, RAUSCHECKER J P. Wernicke' s area revisited: Parallel streams and word processing [J]. Brain & Language, 2013, 127(2): 181-191.

[90] DÍAZ B, ERDOCIA K, DE MENEZES R F, et al. Electrophysiological correlates of second-language syntactic processes are related to native and second language distance regardless of age of acquisition [J]. Frontiers in Psychology, 2016, 7: 133.

[91] DICK A S, BERNAL B, TREMBLAY P. The language connectome: New pathways, new concepts [J]. Neuroscientist, 2017, 23(1): 95-95.

[92] DICK AS, GARIC D, GRAZIANO P, et al. The frontal aslant tract (FAT) and its role in speech, language and executive function [J]. Cortex, 2019, 111: 148-163.

[93] DICK A S, TREMBLAY P. Beyond the arcuate fasciculus: Consensus and controversy in the connectional anatomy of language [J]. Brain, 2012, 135(12), 3529-3550.

[94] DISPENZA J D C. Evolve your brain: the science of changing your mind [M]. Deerfield Beach: Health Communications, Inc., 2007.

[95] DITMAN T, HOLCOMB P J, KUPERBERG G R. The contributions of lexico-semantic and discourse information to the resolution of ambiguous categorical anaphors [J]. Language and Cognitive Processes, 2007, 793-827.

[96] DONG Y, NAKAMURA K, OKADA T, et al. Neural mechanisms underlying the processing of Chinese words: An fMRI study [J]. Neuroscience Research, 2005, 52: 139-145.

[97] DRONKERS N F, PLAISANT O, IBA-ZIZEN M T, et al. Paul Broca′ s historic cases high resolution MR imaging of the brains of Leborgne and Lelong [J]. Brain, 2007, 130(5): 1432-1441.

[98] DUFFAU H, GATIGNOL P, MANDONNET E, et al. New insights into the anatomo-functional connectivity of the semantic system: a study using cortico-subcortical electrostimulations [J]. Brain, 2005, 128(4): 797-810.

[99] DUFFAU H. Stimulation mapping of myelinated tracts in awake patients [J]. Brain Plasticity, 2016, 2(1): 99-113.

[100] DUFFAU H. The anatomo-functional connectivity of language revisited: new insights provided by electrostimulation and tractography [J]. Neuropsychologia, 2008, 46: 927-934.

[101] ELIOT L. Bad science and the unisex brain: The hunt for differences between men's and women's brains is full of poor research practice [J]. Nature, 2019, 566: 453-454.

[102] ENGEL A K, MOLL C K E, FRIED I, et al. Invasive recordings from the human brain: Clinical insights and beyond [J]. Nature Reviews Neuroscience, 2005, 6: 35-47.

[103] ERIKSSON M., MARSCHIK P B, TULVISTE T, et al. Differences between girls and boys in emerging language skills: Evidence from 10 language communities [J]. British Journal of Developmental Psychology, 2012, 30: 326-343.

[104] ESFANDIARI L, NILIPOUR R, NEJATI V, et al. An event-related potential study of second language semantic and syntactic processing: Evidence from the declarative/procedural model [J]. Basic and Clinical Neuroscience, 2020, 11(6): 841-854.

[105] EVIATAR Z, JUST M A. Brain correlates of discourse processing: An fMRI investigation of irony and conventional metaphor comprehension [J]. Neuropsychologia, 2006, 44(12): 2348-2359.

[106] FALK D, LEPORE F E, NOE A. The cerebral cortex of Albert Einstein: a description and preliminary analysis of unpublished photographs [J]. Brain, 2013, 136: 1304-1327.

[107] FAUST M, BEN-ARTZI E, HAREL I. Hemispheric symmetries in semantic processing: Evidence from false memories for ambiguous words [J]. Brain & Language, 2008, 105: 220-228.

[108] FEDORENKO E, KANWISHER B N. Functional specificity for high-level linguistic processing in the human brain [J]. Proceedings of the National Academy of Sciences, 2011, 108: 16428-16433.

[109] FEDUREK P, TKACZYNSKI P J, HOBAITER C, et al. The function of chimpanzee greeting calls is modulated by their acoustic variation [J]. Animal Behaviour, 2021, 174: 279-289.

[110] FELTON A, VAZQUEZ D, RAMOS-NUNEZ A I, et al. Bilingualism influences structural indices of interhemispheric organization [J]. Journal of Neurolinguistics, 2017, 42(1): 1-11.

[111] FERNANDEZ-GOMEZ R A, MORALES-MAVIL J E, Hernandez-Salazar L T, et al. Asymmetric behavioural responses to divergent vocal signals in allopatric Neotropical sparrows [J]. Animal Behaviour, 2021, 174: 41-50.

[112] FISCHER J, HAMMERSCHMIDT K. Towards a new taxonomy of primate vocal production learning [J]. Philosophical Transactions of the Royal Society B, 2019, 375(1789): 20190045.

[113] FITCH W T. Animal cognition and the evolution of human language: why we cannot focus solely on communication [J]. Philosophical Transactions of the Royal Society B, 2019, 375(1789): 20190046.

[114] FLINKER A, KORZENIEWSKA A, SHESTYUK A Y, et al. Redefining the role of Broca' s area in speech [J]. Proceedings of the National Academy of Sciences, 2015, 112(9): 2871-2875.

[115] FINOCCHIARO C, MAIMONE M, BRIGHINA F, et al. A case study of primary progressive aphasia: Improvement on verbs after rTMS treatment [J]. Neurocase, 2006, 12(6): 317-321.

[116] FRIEDERICI A D, BAHLMANN J, HEIM S, et al. The brain differentiates human and non-human grammars: Functional localization and structural connectivity [J]. Proceedings of the National Academy of Science, 2006, 103(7): 2458-2463.

[117] FRIDRIKSSON J, BONILHA L, RORDEN C. Severe Broca's aphasia without Broca's area damage [J]. Behavioural Neurology, 2007, 18: 237-238.

[118] FRIEDERICI A D, CHOMSKY N. Language in our brain [M]. Cambridge: The MIT Press, 2017.

[119] FRIEDERICI A D, CHOMSKY N, BERWICK R C, et al. Language, mind and brain [J]. Nature Human Behaviour, 2017, 1(10): 713-722.

[120] FRIEDERICI A D, FIEBACH C J, SCHLESEWSKY M, et al. Processing linguistic complexity and grammaticality in the left frontal cortex [J]. Cerebral Cortex, 2006, 16: 1709-1717.

[121] FRIDRIKSSON J, HUBBARD H I, HUDSPETH S G, et al. Speech entrainment enables patients with Broca' s aphasia to produce fluent speech [J]. Brain, 2012, 135(12): 3815-3829.

[122] FRIEDERICI A D, MAKUUCHI M, BAHLMANN J. The role of the posterior superior temporal cortex in sentence comprehension [J]. NeuroReport, 2009, 20(6): 563-568.

[123] FRIDRIKSSON J, RICHARDSON J D, FILLMORE P, et al. Left hemisphere plasticity and aphasia recovery [J]. NeuroImage, 2012, 60(2): 854-863.

[124] FRIEDERICI A D. The brain basis of language processing: from structure to function [J]. Physiological Reviews, 2011, 91(4):1357-1392.

[125] FRIEDERICI A D. The cortical language circuit: From auditory perception to sentence comprehension [J]. Trends in Cognitive Sciences, 2012, 16(5): 262-268.

[126] FRIEDERICI A D. What' s in control of language [J]? Nature Neuroscience, 2006, 9(8): 991-992.

[127] FROHLICH M, SIEVERS C, TOWNSEND S W, et al. Multimodal communication and language origins: integrating gestures and vocalizations [J]. Biological reviews of the Cambridge Philosophical Society, 2019, 94(5): 1809-1829.

[128] FU S, CHEN Y, SMITH S, et al. Effects of word form on brain processing of written Chinese [J]. NeuroImage, 2002, 17(3): 1538-1548.

[129] GAIL R, TIM S, MARCO B, et al. The differing roles of the frontal cortex in fluency tests [J]. Brain, 2012, 135(Pt 7): 2202-2214.

[130] GALANTUCCI S, TARTAGLIA M C, WILSON S M, et al. White matter damage in primary progressive aphasias: a diffusion tensor tractography study [J]. Brain, 2011, 134(10): 3011-3029.

[131] GARDNER R A, GARDNER B T. Early signs of language in child and chimpanzee [J]. Science, 1975, 187: 752-753.

[132] GAZZANIGA M S, MANGUN G R. The cognitive neurosciences [M]. Cambridge: The MIT Press, 2015.

[133] GESCHWIND N. The organization of language and the brain. In: Selected papers on language and the brain [M]. Boston studies in the philosophy of science. Dordrecht: Springer, 1974, 16: 452-466.

[134] GIGNAC G E, BATES T C. Brain volume and intelligence: The moderating role of intelligence measurement quality [J]. Intelligence, 2017, 64: 18-29.

[135] GIL-DA-COSTA R, MARTIN A, LOPES M A, et al. Species-specific calls activate homologs of Broca's and Wernicke' s areas in the macaque [J]. Nature Neuroscience, 2006, 9(8): 1064-1070.

[136] GIL-ROBLES S, CARVALLO A, JIMENEZ M D M, et al. Double dissociation between visual recognition and picture naming: a study of the visual language connectivity using tractography and brain stimulation [J]. Neurosurgery, 2013, 72(4), 678-686.

[137] GIRARD-BUTTOZ C, SURBECK M, SAMUNI L, et al. Information transfer efficiency differs in wild chimpanzees and bonobos, but not social cognition [J]. Proceedings of the Royal Society B, 2020, 287: 20200523.

[138] GIROUD N, BAUM S R, GILBERT A C, et al. Earlier age of second language learning induces more robust speech encoding in the auditory brainstem in adults, independent of amount of language exposure during early childhood [J]. Brain & Language, 2020, 207: 104815.

[139] GLASSER M F, RILLING J K. DTI tractography of the human brain's language pathways [J]. Cerebral Cortex, 2008, 18: 2471-2482.

[140] GOLD B T, BALOTA D A, JONES S J, et al. Dissociation of automatic and strategic lexical-semantics: Functional Magnetic Resonance Imaging Evidence for Differing Roles of Multiple Frontotemporal Regions [J]. The Journal of Neuroscience, 2006, 26(24): 6523-6532.

[141] GONG T, MINETT J W, KE J, et al. Coevolution of lexicon and syntax from a simulation perspective [J]. Complexity, 2009, 10(6): 50-62.

[142] GORNO-TEMPINI M L, HILLIS A E, WEINTRAUB S, et al. Classification of primary progressive aphasia and its

variants [J]. Neurology, 2011, 76: 1006-1014.

[143] GOUCHA T, FRIEDERICI A D. The language skeleton after dissecting meaning: A functional segregation within Broca' s Area [J]. NeuroImage, 2015. 114: 294-302.

[144] GOUGH P M, NOBRE A C, DEVLIN J T. Dissociating linguistic processes in the left inferior frontal cortex with transcranial magnetic stimulation [J]. The Journal of Neuroscience, 2005, 25(35): 8010-8016.

[145] GRAHAM K E, WILKE C, LAHIFF N J, et al. Scratching beneath the surface: intentionality in great ape signal production [J]. Philosophical Transactions of the Royal Society B, 2019, 375(1789): 20180403.

[146] GRAWUNDER S, CROCKFORD C, CLAY Z, et al. Higher fundamental frequency in bonobos is explained by larynx morphology [J]. Current Biology, 2018, 28(20): R1188-R1189.

[147] GROSSMAN M. Primary progressive aphasia clinicopathological correlations [J]. Nature Reviews Neurology, 2010, 6(2): 88-97.

[148] GROSSMAN M. The non-fluent agrammatic variant of primary progressive aphasia [J]. Lancet Neurol, 2012, 11: 545-555.

[149] GRUBER T, FRICK A, HIRATA S, et al. Spontaneous categorization of tools based on observation in children and chimpanzees [J]. Scientific Reports, 2019, 9: 18256.

[150] GOLDBERG Y. A primer on neural network models for natural language processing [J]. Journal of Artificial Intelligence Research, 2016, 57: 345-420.

[151] GOLDBERG Y. Neural network methods for natural language processing [J]. Synthesis lectures on human language technologies, 2017, 10(1): 1-309.

[152] GRUNDY J G, ANDERSON J A E, BIALYSTOK E. Bilinguals have more complex EEG brain signals in occipital regions than monolinguals [J]. NeuroImage, 2017, 159: 280-288.

[153] GUILLAUME H, SYLVIE M G, MORGANE B, et al. Converging evidence for a cortico-subcortical network mediating lexical retrieval [J]. Brain, 2016, 139(11): 3007-3021.

[154] GULLIFER J W, CHAI X J, WHITFORD V, et al. Bilingual experience and resting-state brain connectivity: Impacts of L2 age of acquisition and social diversity of language use on control networks [J]. Neuropsychologia, 2018, 118: 123-134.

[155] GÜNGR A, BAYDIN S, MIDDLEBROOKS E H, et al. The white matter tracts of the cerebrum in ventricular surgery and hydrocephalus [J]. Journal of Neurosurgery, 2017, 126(3): 945-971.

[156] GUR R C, TURETSKY B I, MATSUI M, et al. Sex differences in brain gray and white matter in healthy young adults: correlations with cognitive performance [J]. The Journal of Neuroscience, 1999, 19(10): 4065-4072.

[157] HAGOORT P. MUC (memory, unification, control) and beyond [J]. Frontiers in Psychology, 2013, 4: 416.

[158] HAGOORT P. The neurobiology of language beyond single-word processing [J]. Science, 2019, 366 (6461): 55-58.

[159] HAIER R J, JUNG R E, YEO R A et al. The neuroanatomy of general intelligence: sex matters [J]. NeuroImage, 2005, 25(1): 320-327.

[160] HÄMÄLÄINEN S, JOUTSA J, SIHVONEN A J. Beyond volume: A surface-based approach to bilingualism-induced grey matter changes [J]. Neuropsychologia, 2018, 117: 1-7.

[161] HÄMÄLÄINEN S, SAIRANEN V, LEMINEN A, et al. Bilingualism modulates the white matter structure of language-related pathways [J]. NeuroImage, 2017, 152: 249-257.

[162] HAN Z, MA Y, GONG G, et al. White matter structural connectivity underlying semantic processing: evidence from brain damaged patients [J]. Brain, 2013, 136(10): 2952-2965.

[163] HANNA J, SHTYROV Y, WILLIAMS J, et al. Early neurophysiological indices of second language morphosyntax learning [J]. Neuropsychologia, 2016, 54(82): 18-30.

[164] HARVEY D Y, WEI T, ELLMORE T M, et al. Neuropsychological evidence for the functional role of the uncinate fasciculus in semantic control [J]. Neuropsychologia, 2013, 51(5): 789-801.

[165] HASSAN M, BENQUET P, BIRABEN A, et al. Dynamic reorganization of functional brain networks during picture naming [J]. Cortex, 2015, 73: 276-288.

[166] HATTORIA Y, TOMONAGA M. Rhythmic swaying induced by sound in chimpanzees (Pan troglodytes) [J]. Proceedings of the National Academy of the Sciences, 2020, 117(2): 936-942.

[167] HAUN D B M, RAPOLD C J, CALL J, et al. Cognitive cladistics and cultural override in Hominid spatial cognition [J]. Proceedings of the National Academy of Science, 2006, 103(46): 17568-17573.

[168] HAYDON P G. Glia, listening and talking to the synapse [J]. Nature Reviews Neuroscience, 2001, 2: 185-193.

[169] HEBB A O, OJEMANN G A. The thalamus and language revisited [J]. Brain & Language, 2013, 126: 99-108.

[170] HEDDEN T, KETAY S, ARON A, et al. Cultural influences on neural substrates of attentional control [J]. Psychological Science, 2008, 19(1): 12-17.

[171] HEIDLMAYR K, FERRAGNE E, ISEL F. Neuroplasticity in the phonological system: The PMN and the N400 as markers for the perception of non-native phonemic contrasts by late second language learners [J]. Neuropsychologia, 2021, 156: 107831.

[172] HEIM S. Syntactic gender processing in the human brain, a review and a model [J]. Brain & Language, 2008, 106(1): 55-64.

[173] HEISS W D, THIEL A. A proposed regional hierarchy in recovery of post-stroke aphasia [J]. Brain & Language, 2006, 98(1): 118-123.

[174] HENKEL S, SETCHELL J M. Group and kin recognition via olfactory cues in chimpanzees (Pan troglodytes) [J]. Proceedings of the Royal Society B, 2018, 285: 20181527.

[175] HENSCHEL M, WINTERS J, MÜLLER T F, et al. Effect of shared information and owner behavior on showing in dogs (Canis familiaris) [J]. Animal Cognition, 2020, 23: 1019-1034.

[176] HERBET G, ZEMMOURA I, DUFFAU H. Functional anatomy of the inferior longitudinal fasciculus: from historical reports to current hypotheses [J]. Frontiers in Neuroanatomy, 2018, 12: 77.

[177] HERVAIS-ADELMAN A, EGOROVA N, GOLESTANI N. Beyond bilingualism: multilingual experience correlates with caudate volume [J]. Brain Structure and Function, 2018, 223(7): 3495-3502.

[178] HESPOS S J, SPELKE E S. Conceptual precursors to language [J]. Nature, 2004, 430: 453-456.

[179] HICKOK G, COSTANZO M, CAPASSO R, et al. The role of Broca′ s area in speech perception evidence from aphasia revisited [J]. Brain & Language, 2011, 119(3): 214-220.

[180] HICKOK G, ERHARD P, KASSUBEK J, et al. A functional magnetic resonance imaging study of the role of left posterior superior temporal gyrus in speech production: implications for the explanation of conduction aphasia [J]. Neuroscience letters, 2000, 287 (2): 156-160.

[181] HICKOK G, POEPPEL D. Dorsal and ventral streams: a framework for understanding aspects of the functional anatomy of language [J]. Cognition, 2004, 92(1): 67-99.

[182] HICKOK G, POEPPEL D. The cortical organization of speech processing [J]. Nature Reviews Neuroscience, 2007, 8(5): 393-402.

[183] HILLIS A E, KLEINMAN J T, NEWHART M, et al. Restoring cerebral blood flow reveals neural regions critical for naming [J]. The Journal of Neuroscience, 2006, 26(31): 8069 -8073.

[184] HINES M. Sex-related variation in human behavior and the brain [J]. Trends in Cognitive Sciences, 2010, 14(10): 448-456.

[185] HIRNSTEIN M, WESTERHAUSEN R, KORSNES M S, et al. Sex differences in language asymmetry are age-dependent and small: A large-scale, consonantevowel dichotic listening study with behavioral and fMRI data [J]. Cortex, 2013, 49: 1910-1921.

[186] HIRSCHBERG J, MANNING C D. Advances in natural language processing [J]. Science, 2015, 349(6245): 261-266.

[187] HOLLY R, ROLAND Z, KEIDEL J L, et al. The anterior temporal lobes support residual comprehension in Wernicke’ s aphasia [J]. Brain, 2014, 137(Pt 3): 931-943.

[188] HOPKINS W D, PROCYK E, PETRIDES M, et al. Sulcal morphology in cingulate cortex is associated with voluntary oro-facial motor control and gestural communication in chimpanzees (Pan troglodytes) [J]. Cerebral Cortex, 2021, 31: 2845-2854.

[189] HOWARD D, PATTERSON K, WISE R, et al. The cortical localization of the lexicons: Positron emission tomography evidence [J]. Brain, 1992, 115(Pt 6): 1769-1782.

[190] HUANG Y L, JIANG M H, GUO Q, et al. Delving into the working mechanism of prediction in sentence comprehension: An ERP study [J]. Frontiers in Psychology, 2021, 12: 608379.

[191] HUANG Y L, JIANG M H, GUO Q, et al. N400 amplitude does not recover from disappearance after repetitions despite reinitiated semantic integration difficulty [J]. NeuroReport, 2018, 29(16): 1341-1348.

[192] HUANG Y L, JIANG M H, GUO Q, et al. When one pseudoword elicits larger P600 than another: a study on the role of reprocessing in anomalous sentence comprehension [J]. Language, Cognition and Neuroscience, 2021, 36(10): 1201-1214.

[193] HUBEL D H, WIESEL T N. Receptive fields, binocular interaction and functional architecture in the cat's visual cortex [J]. The Journal of Physiology, 1962, 160(1): 106-154.

[194] HUBEL D H, WIESEL T N. Receptive fields of single neurons in the cat′s striate cortex [J]. The Journal of Physiology, 1959, 148(3): 574-591.

[195] HUGUES D, GUILLAUME H, SYLVIE M G. Toward a pluri-component, multimodal, and dynamic organization of the ventral semantic stream in humans: lessons from stimulation mapping in awake patients [J]. Frontiers in Systems Neuroscience, 2013, 7: 44.

[196] HURLEY R S, PALLER K A, ROGALSKI E J, et al. Neural mechanisms of object naming and word comprehension in primary progressive aphasia [J]. The Journal of Neuroscience, 2012, 32(14): 4848-4855.

[197] INGALHALIKARA M, SMITHA A, PARKERA D, et al. Sex differences in the structural connectome of the human brain [J]. Proceedings of the National Academy of the Sciences, 2014, 111(2): 823-828.

[198] INNOCENTI G M, PRICE D J. Exuberance in the development of cortical networks [J]. Nature Reviews Neuroscience, 2005, 6: 955-965.

[199] ISHIZUKA S, TAKEMOTO H, SAKAMAKI T, et al. Comparisons of between-group differentiation in male kinship between bonobos and chimpanzees [J]. Scientific Reports, 2020, 10(1): 251.

[200] IVES-DELIPERI V L, BUTLER J T. Naming outcomes of anterior temporal lobectomy in epilepsy patients: A systematic review of the literature [J]. Epilepsy & Behavior, 2012, 24(2): 194-198.

[201] JAASMA L, KAMMA I, PLOEGER A, et al. The exceptions that prove the rule? Spontaneous helping behaviour towards humans in some domestic dogs [J]. Applied Animal Behaviour Science, 2020, 224: 104941.

[202] JAMES B T, WEBSTER M F, MENZEL C R, et al. Post-event misinformation effects in a language-trained chimpanzee (Pan troglodytes) [J]. Animal Cognition, 2020, 23: 861-869.

[203] JANSEN A, FLOEL A, RANDENBORGH J V, et al. Crossed cerebro-cerebellar language dominance [J]. Human Brain Mapping, 2005, 24: 165-172.

[204] JARVIS E D. Evolution of vocal learning and spoken language [J]. Science, 2019, 366 (6461): 50-54.

[205] JOHN M, DUGUID S, TOMASELLO M, et al. How chimpanzees (Pan troglodytes) share the spoils with collaborators and bystanders [J]. Plos One, 2019, 14(9): e0222795.

[206] JOHNSON L, FITZHUGH MC, YI Y, et al. Functional neuroanatomy of second language sentence comprehension: An fMRI study of late learners of American sign language [J]. Frontiers in Psychology, 2018, 9: 1626.

[207] JOLIOT M, TZOURIO-MAZOYER N, MAZOYER B. Intra-hemispheric intrinsic connectivity asymmetry and its relationships with handedness and language Lateralization [J]. Neuropsychologia, 2016, 93: 437-447.

[208] JOSEPHS K A, BOEVE B F, DUFFY J R, et al. Atypical progressive supranuclear palsy underlying progressive apraxia of speech and nonfluent aphasia [J]. Neurocase, 2005, 11(4): 283-296.

[209] JOSEPHS K A, DUFFY J R. Apraxia of speech and nonfluent aphasia: a new clinical marker for corticobasal degeneration and progressive supranuclear palsy [J]. Neurology, 2008, 21(6): 688-692.

[210] JOSEPHS K A., DUFFY J R, STRAND E A, et al. Characterizing a neurodegenerative syndrome: primary progressive apraxia of speech [J]. Brain, 2012, 135(Pt 5): 1522-1536.

[211] JOST K, HENNIGHAUSEN E, RÖSLER F. Comparing arithmetic and semantic fact retrieval: Effects of problem size and sentence constraint on event-related brain potentials [J]. Psychophysiology, 2004, 41: 46-59.

[212] KAISER A, EPPENBERGER LS, SMIESKOVA R, et al. Age of second language acquisition in multilinguals has an impact on gray matter volume in language-associated brain areas [J]. Frontiers in Psychology, 2015, 6: 638.

[213] KALAN A K, CARMIGNANI E, KRONLAND-MARTINET R, et al. Chimpanzees use tree species with a resonant timbre for accumulative stone throwing [J]. Biology Letters, 2019, 15(12): 747.

[214] KALAN A K, KULIK L, ARANDJELOVIC M, et al. Environmental variability supports chimpanzee behavioural

diversity [J]. Nature Communications, 2021, 12(1): 701.
[215] KAMALI A, FLANDERS A E, BRODY J, et al. Tracing superior longitudinal fasciculus connectivity in the human brain using high resolution diffusion tensor tractography [J]. Brain Structre and Function, 2014, 219(1): 269-281.
[216] KAMALI A, SAIR H I, RADMANESH A, et al. Decoding the superior parietal lobule connections of the superior longitudinal fasciculus/arcuate fasciculus in the human brain [J]. Neuroscience, 2014, 277: 577-583.
[217] KAMINSKI J, CALL J, FISCHER J. Word learning in a domestic dog: evidence for “fast mapping” [J]. Science, 2004, 304: 1682-1683.
[218] KANO F, MOORE R, KRUPENYE C, et al. Human ostensive signals do not enhance gaze following in chimpanzees but do enhance object-oriented attention [J]. Animal Cognition, 2018, 21: 715-728.
[219] KAUSHANSKAYA M, GROSS M, BUAC M. Gender differences in child word learning [J]. Learn Individ Differ, 2013, 27: 82-89.
[220] KENNISON S. Introduction to language development [M]. Los Angeles: Sage, 2013.
[221] KERTESZ A, MCMONAGLE P. Behavior and cognition in corticobasal degeneration and progressive supranuclear palsy [J]. Journal of the Neurological Sciences, 2010, 289: 138-143.
[222] KIM K H S, RELKIN N R, LEE K M, et al. Distinct cortical areas associated with native and second languages [J]. Nature, 1997, 388(6638): 171-174.
[223] KIM W J, YANG E J, PAIK N J. Neural substrate responsible for crossed aphasia [J]. Journal of Korean Medical Science, 2013, 28(10): 1529-1533.
[224] KING S L, ALLEN S J, KRÜTZEN M, et al. Vocal behaviour of allied male dolphins during cooperative mate guarding [J]. Animal Cognition, 2019, 22: 991-1000.
[225] KIPF T N, WELLING M. Semi-supervised classification with graph convolutional networks [C/OL]. arXiv:1609.02907v4, Proceedings of 5th International Conference on Learning Representations. Toulon, France, 2017.
[226] KLJAJEVIC V. White matter architecture of the language network [J]. Translational Neuroscience, 2014, 5(4), 239-252.
[227] KLÖPPEL S, VONGERICHTEN A, EIMEREN T V, et al. Can left-handedness be switched? Insights from an early switch of handwriting [J]. The Journal of Neuroscience, 2007, 27(29): 7847-7853.
[228] KNECHT S, FLÖEL A, DRÄGER B, et al. Degree of language lateralization determines susceptibility to unilateral brain lesions [J]. Nature Neuroscience, 2002, 5(7): 695-699.
[229] KOELSCH S, KASPER E, SAMMLER D, et al. Music, language and meaning: brain signatures of semantic processing [J]. Nature Neuroscience, 2004, 7(3): 302-307.
[230] KOOPMAN S E, ARRE A M, PIANTADOSI S T, et al. One-to-one correspondence without language [J]. Royal Society Open Science, 2019, 6: 190495.
[231] KRASHENINNIKOVA A, BRUCKS D, BLANC S, et al. Assessing African grey parrots’ prosocial tendencies in a token choice paradigm [J]. Royal Society Open Science, 2019, 6(12): 190696.
[232] KRET M E, DE GELDER B. A review on sex differences in processing emotional signals [J]. Neuropsychologia, 2012, 50: 1211-1221.
[233] KRET M E, MURAMATSU A, MATSUZAWA T. Emotion processing across and within species: A comparison between humans (*Homo sapiens*) and chimpanzees (*Pan troglodytes*) [J]. Journal of Comparative Psychology, 2018, 132(4): 395-409.
[234] KRISHNAN G, TIWARI S, PAI A R, et al. Variability in aphasia following subcortical hemorrhagic lesion [J]. Annals of Neurosciences, 2012, 19(4): 158-160.
[235] KRONBICHLER M, HUTZLER F, WIMMER H, et al. The visual word form area and the frequency with which words are encountered: evidence from a parametric fMRI study [J]. NeuroImage, 2004, 21(3): 946-953.
[236] KRONFELD-DUENIAS V, AMIR O, EZRATI-VINACOUR R, et al. The dorsal language pathways in stuttering: Response to commentary [J]. Cortex, 2017, 90: 169-172.
[237] KUHL P K. Early language acquisition: Cracking the speech code [J]. Nature Reviews Neuroscience, 2004, 5: 831-843.
[238] KUMMERER D, HARTWIGSEN G, KELLMEYER P, et al. Damage to ventral and dorsal language pathways in acute aphasia [J]. Brain, 2013, 136(Pt 2): 619-629.
[239] KUO W J, YEH T C, LEE J R, et al. Orthographic and phonological processing of Chinese characters: an fMRI study [J].

NeuroImage, 2004, 21(4): 1721-1731.

[240] KUPERBERG G R, LAKSHMANAN B M, CAPLAN D N, et al. Making sense of discourse: an fMRI study of causal inferencing across sentences [J]. NeuroImage, 2006, 33(1): 343-361.

[241] KUPERBERG G R. Neural mechanisms of language comprehension: Challenges to syntax [J]. Brain Research, 2007, 1146: 23-49.

[242] KUPERBERG G R, SITNIKOVA T, CAPLAN D, et al. Electrophysiological distinctions in processing conceptual relationships within simple sentences [J]. Cognitive Brain Research, 2003, 17: 117-129.

[243] KUPERBERG G R, SITNIKOVA T, LAKSHMANAN B M. Neuroanatomical distinctions within the semantic system during sentence comprehension: Evidence from functional magnetic resonance imaging [J]. NeuroImage, 2008, 40(1): 367-388.

[244] LAHR M M, FOLEY R. Human evolution writ small [J]. Nature, 2004, 431: 1043-1044.

[245] LAMEIRA A R, CALL J. Time-space–displaced responses in the orangutan vocal system [J]. Science Advances, 2018, 4(11): eaau3401.

[246] LAW I, KANNO I, FUJITA H. Functional anatomical correlates during reading of morphograms and syllabograms in the Japanese language [J]. Biomedical Research, 1992, 13 (s1): 51-52.

[247] LAZAR R M, ANTONIELLO D. Variability in recovery from aphasia [J]. Current Neurology and Neuroscience Reports, 2008, 8: 497-502.

[248] LEE H L, DEVLIN J T, SHAKESHAFT C, et al. Anatomical traces of vocabulary acquisition in the adolescent brain [J]. The Journal of Neuroscience, 2007, 27(5): 1184-1189.

[249] LEFF A P, SCHOFIELD T M, CRINION J, et al. The left superior temporal gyrus is a shared substrate for auditory short-term memory and speech comprehension: evidence from 210 patients with stroke [J]. Brain, 2009, 132(Pt 12): 3401-3410.

[250] LÉGER G C, JOHNSON N. A review on primary progressive aphasia [J]. Neuropsychiatric Disease and Treatment, 2007, 3(6): 745-752.

[251] LIÉGEOIS F, BALDEWEG T, CONNELLY A, et al. Language fMRI abnormalities associated with FOXP2 gene mutation [J]. Nature Neuroscience, 2003, 6(11): 1230-1237.

[252] LINDSAY G W. Attention in psychology, neuroscience, and machine learning [J]. Frontiers in Computational Neuroscience, 2020, 14: 29.

[253] LIU C, ZHANG W T, TANG Y Y, et al. The visual word form area: evidence from an fMRI study of implicit processing of Chinese characters [J]. NeuroImage, 2008, 40(3): 1350-1361.

[254] LLANO D A. Functional imaging of the thalamus in language [J]. Brain & Language, 2013, 126(1): 62-72.

[255] LOPEZ-BARROSO D, CATANI M, RIPOLLES P, et al. Word learning is mediated by the left arcuate fasciculus [J]. Proceedings of the National Academy of Sciences, 2013, 110(32): 13168-13173.

[256] LOPEZ-BARROSO D, DIEGO-BALAGUER R D, CUNILLERA T, et al. Language learning under working memory constraints correlates with microstructural differences in the ventral language pathway [J]. Cerebral Cortex, 2013, 12: 2742-2750.

[257] LUO D, KWOK V P Y, LIU Q, et al. Microstructural plasticity in the bilingual brain [J]. Brain & Language, 2019, 196: 104654.

[258] MAJERUS S, BRUNO M A, SCHNAKERS C, et al. The problem of aphasia in the assessment of consciousness in brain-damaged patients [J]. Progress in brain research, 2009, 177: 49-61.

[259] MAKRIS N, PAPADIMITRIOU G M, KAISER J R, et al. Delineation of the middle longitudinal fascicle in humans: a quantitative, in vivo, DT-MRI study [J]. Cerebral Cortex, 2009, 19(4): 777-785.

[260] MAKRIS N, KENNEDY D N, MCINERNEY S, et al. Segmentation of subcomponents within the superior longitudinal fascicle in humans: a quantitative, in vivo, DT-MRI study [J]. Cerebral Cortex, 2005, 15(6): 854-869.

[261] MAKUUCHI M, BAHLMANN J, ANWANDER A, et al. Segregating the core computational faculty of human language from working memory [J]. Proceedings of the National Academy of Sciences, 2009, 106(20): 8362-8367.

[262] MAKUUCHI M, FRIEDERICI A D. Hierarchical functional connectivity between the core language system and the working memory system [J]. Cortex, 2013. 49(9): 2416-2423.

[263] MANDELLI M L, CAVERZASI E, BINNEY R J, et al. Frontal white matter tracts sustaining speech production in primary progressive aphasia [J]. The Journal of Neuroscience, 2014, 34(29): 9754-9767.

[264] MANDONNET E, GATIGNOL P, DUFFAU H. Evidence for an occipito-temporal tract underlying visual recognition in picture naming [J]. Clinical neurology and neurosurgery, 2009, 111(7): 601-605.

[265] MANDONNET E, NOUET A, GATIGNOL P, et al. Does the left inferior longitudinal fasciculus play a role in language? A brain stimulation study [J]. Brain, 2007, 130(Pt 3): 623-629.

[266] MARSOLEK C J, DEASON R G. Hemispheric asymmetries in visual word-form processing: Progress, conflict, and evaluating theories [J]. Brain & Language, 2007, 103(3): 304-307.

[267] MARCOTTE K, ADROVER-ROIG D, DAMIEN B, et al. Therapy-induced neuroplasticity in chronic aphasia [J]. Neuropsychologia, 2012, 50: 1776-1786.

[268] MARCOTTE K, GRAHAM N L, FRASER K C, et al. White matter disruption and connected speech in non-fluent and semantic variants of primary progressive aphasia [J]. Dementia and Geriatric Cognitive Disorders Extra, 2017, 7: 52-73.

[269] MARCOTTE K, PERLBARG V, MARRELEC G, et al. Default-mode network functional connectivity in aphasia: Therapy-induced neuroplasticity [J]. Brain & Language, 2013, 124(1): 45-55.

[270] MARTINO J, WITT HAMER P C D, VERGANI F, et al. Cortex-sparing fiber dissection: an improved method for the study of white matter anatomy in the human brain [J]. Journal of anatomy, 2011, 219(4): 531-541.

[271] MAYBERRY R I, LOCK E, KAZMI H. Development - Linguistic ability and early language exposure [J]. Nature, 2002, 417: 38-38.

[272] MARTINO J, BROGNA C, ROBLES S G, et al. Anatomic dissection of the inferior fronto-occipital fasciculus revisited in the lights of brain stimulation data [J]. Cortex, 2010, 46(5): 691-699.

[273] MCDERMOTT K B, PETERSEN S E, WATSON J M, et al. A procedure for identifying regions preferentially activated by attention to semantic and phonological relations using functional magnetic resonance imaging [J]. Neuropsychologia, 2003, 41(3): 293-303.

[274] MCLAUGHLIN J, OSTERHOUT L, KIM A. Neural correlates of second-language word learning: minimal instruction produces rapid change [J]. Nature Neuroscience, 2004, 7(7): 703-704.

[275] MECHELLI A, CRINION J T, NOPPENEY U, et al. Structural plasticity in the bilingual brain [J]. Nature, 2004, 431: 757-757.

[276] MEHTA S, INOUE K, RUDRAUF D, et al. Segregation of anterior temporal regions critical for retrieving names of unique and nonunique entities reflects underlying long-range connectivity [J]. Cortex, 2016, 75: 1-19.

[277] MESULAM M, ROGALSKI E, WIENEKE C, et al. Neurology of anomia in the semantic variant of primary progressive aphasia [J]. Brain, 2009, 132(9): 2553-2565.

[278] MESULAM M M, WIENEKE C, HURLEY R, et al. Words and objects at the tip of the left temporal lobe in primary progressive aphasia [J]. Brain, 2013, 136(Pt 2): 601-618.

[279] MESULAM M M, WIENEKE C, THOMPSON C, et al. Quantitative classification of primary progressive aphasia at early and mild impairment stages [J]. Brain, 2012, 135(Pt 5): 1537-1553.

[280] MEULMAN N, WIELING M, SPRENGER SA, et al. Age effects in L2 grammar processing as revealed by ERPs and how (not) to study them [J]. Plos One, 2015, 10(12): e0143328.

[281] METOKI A, ALM K H, WANG Y, et al. Never forget a name: white matter connectivity predicts person memory [J]. Brain Structure & Function, 2017, 222: 4187-4201.

[282] MEYER L, OBLESER J, ANWANDER A, et al. Linking ordering in Broca′ s area to storage in left temporo-parietal regions: The case of sentence processing [J]. NeuroImage, 2012, 62(3): 1987-1998.

[283] MIDDLEBROOKS E H, YAGMURLU K, SZAFLARSKI J P, et al. A contemporary framework of language processing in the human brain in the context of preoperative and intraoperative language mapping [J]. Neuroradiology, 2017, 59: 69-87.

[284] MISHRA N K, ROSSETTI A O, MÉNÉTREY A, et al. Recurrent Wernicke' s aphasia: Migraine and not stroke! [J]. Headache, 2009, 49(5): 765-768.

[285] MITCHELL T M, SHINKAREVA S V, CARLSON A, et al. Predicting human brain activity associated with the meanings of nouns [J]. Science, 2008, 320: 1191-1195.

[286] MITSUHASHI T, SUGANO H, ASANO K, et al. Functional MRI and structural connectome analysis of language networks in Japanese-English bilinguals [J]. Neuroscience, 2020, 431: 17-24.

[287] MORO A, TETTAMANTI M, PERANI D, et al. Syntax and the brain: Disentangling grammar by selective anomalies [J]. NeuroImage, 2001, 13(1): 110-118.

[288] MORO A. The boundaries of Babel: the brain and the enigma of impossible languages [M]. Cambridge: The MIT Press, 2008.

[289] MUSSO M, MORO A, GLAUCHE V, et al. Broca′ s area and the language instinct [J]. Nature Neuroscience, 2003, 6(7):774-781.

[290] MUTHUSAMI P, JAMES J, THOMAS B, et al. Diffusion tensor imaging and tractography of the human language pathways: Moving into the clinical realm [J]. Journal of Magnetic Resonance Imaging, 2014, 40(5): 1041-1053.

[291] MUELLER J L, RUESCHEMEYER S-A, ONO K, et al. Neural networks involved in learning lexical-semantic and syntactic information in a second language [J]. Frontiers in Psychology, 2014, 5: 1209.

[292] NADKARNI P M, OHNO-MACHADO L, CHAPMAN W W. Natural language processing: an introduction [J]. Journal of the American Medical Informatics Association, 2011, 18(5): 544-551.

[293] NEWMAN A J, BAVELIER D, CORINA D, et al. A critical period for right hemisphere recruitment in American sign language processing [J]. Nature Neuroscience, 2002, 5(1): 76-80.

[294] NEWPORT E L, ASLIN R N. Learning at a distance I: Statistical learning of non- adjacent dependencies [J]. Cognitive Psychology, 2004, 48(2): 127-162.

[295] NEWPORT E L, HAUSER M D, SPAEPEN G, et al. Learning at a distance II. Statistical learning of non-adjacent dependencies in a non-human primate [J]. Cognitive Psychology, 2004, 49(2): 85-117.

[296] NICHOLS E M, JOANISSE M F. Functional activity and white matter microstructure reveal the independent effects of age of acquisition and proficiency on second-language learning [J]. NeuroImage, 2016, 143: 15-25.

[297] NOMURA K, KAZUI H, TOKUNAGA H, et al. Possible roles of the dominant uncinate fasciculus in naming objects: A case report of intraoperative electrical stimulation on a patient with a brain tumour [J]. Behavioural Neurology, 2013, 27(2): 229-234.

[298] NORMAND M-T L, PARISSE C, COHEN H. Lexical diversity and productivity in French preschooolers: developmental, gender and sociocultural factors [J]. Clinical Linguistics & Phonetics, 2008, 22(1): 47-58.

[299] NOVACK M A, WAXMAN S. Becoming human: human infants link language and cognition, but what about the other great apes? [J]. Philosophical Transactions of the Royal Society, 2020, 375: 20180408.

[300] NOWAK M A, KOMAROVA N L, NIYOGI P. Computational and evolutionary aspects of language [J]. Nature, 2002, 417: 611-617.

[301] NUGIEL T, ALM K H, OLSON I R. Individual differences in white matter microstructure predict semantic control [J]. Cognitive Affective & Behavioral Neuroscience, 2016, 16(6): 1-14.

[302] OGAR J, SLAMA H, DRONKERS N, et al. Apraxia of speech: An overview [J]. Neurocase, 2005, 11(6): 427-432.

[303] OGURA T, MAKI M, NAGATA S, et al. Dogs (Canis familiaris) Gaze at Our Hands: A preliminary eye-tracker experiment on selective attention in dogs [J]. Animals, 2020, 10: 755.

[304] OJEMANN G, MATEER C. Human language cortex: localization of memory, syntax, and sequential motor-phoneme identification systems [J]. Science, 1979, 205: 1401-1403.

[305] OLIVEIRA M F D S, WASTERLAIN S N. How zoo-housed chimpanzees (Pan troglodytes) target gestural communication within and between age groups [J]. Antropologia Portuguesa, 2020, 37: 7-28.

[306] ORGS G, LANGE K, DOMBROWSKI J H, et al. Conceptual priming for environmental sounds and words: An ERP study [J]. Brain and Cognition, 2006, 62(3): 267-272.

[307] OTTER D W, MEDINA J R, KALITA J K. A survey of the usages of deep learning for natural language processing [J]. IEEE Transactions on Neural Networks and Learning Systems, 2020, 32(2): 604-624.

[308] OU J, LI W, YANG Y, et al. Earlier second language acquisition is associated with greater neural pattern dissimilarity between the first and second languages [J]. Brain & Language, 2020, 203: 104740.

[309] OZEREN A, KOC F, DEMIRKIRAN M, et al. Global aphasia due to left thalamic hemorrhage [J]. Neurology India, 2006, 54(4): 415-417.

[310] PAPAGNO C, MIRACAPILLO C, CASAROTTI A, et al. What is the role of the uncinate fasciculus? Surgical removal and proper name retrieval [J]. Brain, 2011, 134(2): 405-414.

[311] PATIDAR Y, GUPTA M, KHWAJA G A, et al. A case of crossed aphasia with apraxia of speech [J]. Annals of Indian Academy of Neurology, 2013, 16(3): 428-431.

[312] PATEL A D. Language, music, syntax and brain [J]. Nature Neuroscience, 2003, 6(7): 674-681.

[313] PATTERSON S K, STRUM S C, SILK J B. Resource competition shapes female-female aggression in olive baboons, Papio Anubis [J]. Animal Behaviour, 2021, 176: 23-41.

[314] PAULMANN S, KOTZ S A. An ERP investigation on the temporal dynamics of emotional prosody and emotional semantics in pseudo- and lexical-sentence context [J]. Brain and Language, 2008, 105: 59-69.

[315] PENFIELD W, ROBERTS L. Speech and brain mechanisms [M]. Princeton: Princeton University Press, 1959.

[316] PERANI D, SACCUMAN M C, SCIFO P. et al. Neural language networks at birth [J]. Proceedings of the National Academy of Sciences, 2011, 108: 16056-16061.

[317] PEREIRA A S, KAVANAGH E, HOBAITER C, et al. Chimpanzee lip-smacks confirm primate continuity for speech-rhythm evolution [J]. Biology Letters, 2020, 16(5): 20200232.

[318] PERGOLA G, BELLEBAUM C, GEHLHAAR B, et al. The involvement of the thalamus in semantic retrieval: A clinical group study [J]. Journal of Cognitive Neuroscience, 2013, 25(6): 872-886.

[319] PETKOV C I, JARVIS E D. Birds, primates, and spoken language origins: behavioral phenotypes and neurobiological substrates [J]. Frontiers in Evolutionary Neuroscience, 2012, 4: 1-24.

[320] PETKOV C I, KAYSER C, STEUDEL T, et al. A voice region in the monkey brain [J]. Nature Neuroscience, 2008, 11: 367-374.

[321] PIKA S. Gestures of apes and pre-linguistic human children: Similar or different [J]? First Language, 2008, 28(2): 116-140.

[322] PIKHART M, KLIMOVA B. Maintaining and supporting seniors' wellbeing through foreign language learning: Psycholinguistics of second language acquisition in older age [J]. International Journal of Environmental Research and Public Health, 2020, 17: 8038.

[323] PLIATSIKAS C, DELUCA V, MOSCHOPOULOU E. Immersive bilingualism reshapes the core of the brain [J]. Brain Structure & Function, 2017, 222: 1785-1795.

[324] PLIATSIKAS C, MOSCHOPOULOU E, SADDY J D. The effects of bilingualism on the white matter structure of the brain [J]. Proceedings of the National Academy of the Sciences, 2015, 112(5): 1334-1337.

[325] PLOWMAN E, HENTZ B, JR C E. Post-stroke aphasia prognosis: a review of patient-related and stroke-related factors [J]. Journal of Evaluation in Clinical Practice, 2012, 18: 689-694.

[326] POLK T A, STALLCUP M, AGUIRRE G K, et al. Neural specialization for letter recognition [J]. Journal of Cognition Neuroscience, 2002, 14(2): 145-159.

[327] PORTER K K, METZGER R R, GROH J M. Visual- and saccade-related signals in the primate inferior colliculus [J]. Proceedings of the National Academy of Science, 2007, 104(45): 17855-17860.

[328] PRICE C J, DEVLIN J T. The myth of the visual word form area [J]. NeuroImage, 2003, 19(3): 473-481.

[329] PRIEUR J, BARBU S, BLOIS-HEULIN C, et al. The origins of gestures and language: history, current advances and proposed theories [J]. Biological Reviews, 2020, 95: 531-554.

[330] PU H, HOLCOMB P J, MIDGLEY K J. Neural changes underlying early stages of L2 vocabulary acquisition [J]. Journal of Neurolinguistics, 2016, 40: 55-65.

[331] PULVERMÜLLE F. Brain mechanisms linking language and action [J]. Nature Reviews Neuroscience, 2005, 6: 576-582.

[332] PYLKKÄNEN L. The neural basis of combinatory syntax and semantics [J]. Science, 2019, 366 (6461): 62-66.

[333] RALPH E M A L. Semantic impairment in stroke aphasia versus semantic dementia: a case-series comparison [J]. Brain, 2006, 129(8): 2132-2147.

[334] RAMACCIOTTI M, ECCLES C. Language, learning, and development: Perspectives on language acquisition and brain function [J]. Rev EntreLínguas, 2019, 5(1): 104-120.

[335] RASMUSSEN T, MILNER B. The role of early left brain injury in determining implications for models of language development [J]. Annals of the New York Academy of Sciences, 1977, 299: 355-369.

[336] RAUSCHECKER A M, DEUTSCH G K, BEN-SHACHAR M, et al. Reading impairment in a patient with missing arcuate fasciculus [J]. Neuropsychologia, 2009, 47(1): 180-194.

[337] RAUSCHECKER J P, TIAN B, HAUSER M. Processing of complex sounds in the macaque nonprimary auditory cortex [J]. Science, 1995, 268: 111-114.

[338] RICE G E, LAMBON RALPH MATTHEW A, PAUL H. The roles of left versus right anterior temporal lobes in conceptual knowledge: An ALE meta-analysis of 97 functional neuroimaging studies [J]. Cerebral Cortex, 2015, 25(11): 4374-4391.

[339] RICHARDS B A, LILLICRAP T P, BEAUDOIN P, et al. A deep learning framework for neuroscience [J]. Nature Neuroscience, 2019, 22(11): 1761-1770.

[340] RICHTER M, MILTNER W H R, STRAUBE T. Association between therapy outcome and right-hemispheric activation in chronic aphasia [J]. Brain, 2008, 131(5): 1391-1401.

[341] RITCHIE S J, COX S R, SHEN X, et al. Sex differences in the adult human brain: Evidence from 5216 UK biobank participants [J]. Cerebral Cortex, 2018, 28: 2959-2975.

[342] ROBERTS S G B, ROBERTS A I. Social and ecological complexity is associated with gestural repertoire size of wild chimpanzees [J]. Integrative Zoology, 2020, 15: 276-292.

[343] ROBSON H, GRUBE M, RALPH M A L, et al. Fundamental deficits of auditory perception in Wernicke’s aphasia [J]. Cortex, 2013, 49(7): 1808-1822.

[344] ROCHA F T, ROCHA A F, MASSAD E, et al. Brain mappings of the arithmetic processing in children and adults [J]. Cognitive Brain Research, 2005, 22: 359-372.

[345] RODRIGUEZ-FORNELLS A, ROTTE M, HEINZE H J, et al. Brain potential and functional MRI evidence for how to handle two languages with one brain [J]. Nature, 2002, 415: 1026-1029.

[346] ROGALSKI E, COBIA D, HARRISON T M, et al. Anatomy of language impairments in primary progressive aphasia [J]. The Journal of Neuroscience, 2011, 31(9): 3344-3350.

[347] ROGERS K. The brain and the nervous system (The human body) [M]. New York: Britannica Educational Publishing, 2011.

[348] ROGERS T T, HOCKING J, NOPPENEY U, et al. Anterior temporal cortex and semantic memory: Reconciling findings from neuropsychology and functional imaging [J]. Cognitive, Affective, & Behavioral Neuroscience, 2006, 6(3): 201-213.

[349] ROHRER J D, RIDGWAY G R, CRUTCH S J, et al. Progressive logopenic/phonolog aphasia: Erosion of the language network [J]. NeuroImage, 2010, 49(1): 984–993.

[350] ROLLANS C, CHEEMA K, GEORGIOU G K, et al. Pathways of the inferior frontal occipital fasciculus in overt speech and reading [J]. Neuroscience, 2017, 364: 93-106.

[351] ROSCA E C, SIMU M. Mixed transcortical aphasia: a case report [J]. Neurological Sciences, 2015, 36: 663-664.

[352] ROSSI E, CHENG H, KROLL J F, et al. Changes in white-matter connectivity in late second language learners: Evidence from diffusion tensor imaging [J]. Frontiers in Psychology, 2017, 8: 2040.

[353] RUCHSOW M, GROTHE J, SPITZER M, et al. Human anterior cingulate cortex is activated by negative feedback, evidence from event-related potentials in a guessing task [J]. Neuroscience Letters, 2002, 325: 203-206.

[354] RUNDSTROM P, CREANZA N. Song learning and plasticity in songbirds [J]. Current Opinion in Neurobiology, 2021, 67: 228-239.

[355] RYAN S N. Ulf Schütze: Language learning and the brain: Lexical processing in second language acquisition [J]. Journal of Youth and Adolescence, 2019, 48: 2079-2081.

[356] RYMAN S G, VAN DEN HEUVEL M P, YEO R A, et al. Sex differences in the relationship between white matter connectivity and creativity [J]. NeuroImage, 2014, 101: 380-389.

[357] SAADATPOUR L, TARIQ U, PARKER A, et al. A degenerative form of mixed transcortical aphasia [J]. Cognitive and Behavioral Neurology, 2018, 31(1): 18-22.

[358] SACHER J, NEUMANN J, OKON-SINGER H. Sexual dimorphism in the human brain: evidence from neuroimaging [J]. Magnetic Resonance Imaging, 2013, 31: 366-375.

[359] SAKAI K L, KUWAMOTO T, YAGI S, et al. Modality-dependent brain activation changes induced by acquiring a

second language abroad [J]. Frontiers in Behavioral Neuroscience, 2021, 15: 631957.

[360] SAUR D, KREHER B W, SCHNELL S, et al. Ventral and dorsal pathways for language [J]. Proceedings of the National Academy of Sciences, 2008, 105(46): 18035-18040.

[361] SAVAGE S, HSIEH S, LESLIE F, et al. Distinguishing subtypes in primary progressive aphasia application of the Sydney language battery [J]. Dementia and Geriatric Cognitive Disorders, 2013, 35(3-4): 208-218.

[362] SAWADA K. Cerebral sulcal asymmetry in macaque monkeys [J]. Symmetry, 2020, 12: 1509.

[363] SCHAMBERG I, WITTIG R M, CROCKFORD C. Call type signals caller goal: a new take on ultimate and proximate influences in vocal production [J]. Biological Reviews, 2018, 93(4): 2071-2082.

[364] SCHEURINGER A, HARRIS T A, PLETZER B. Recruiting the right hemisphere: Sex differences in inter-hemispheric communication during semantic verbal fluency [J]. Brain & Language, 2020, 207: 104814.

[365] SCHILLER N O. Lexical stress encoding in single word production estimated by event-related brain potentials [J]. Brain Reseach, 2006, 1112: 201-212.

[366] SCHLAUG G, MARCHINA S, NORTON A. Evidence for plasticity in white-matter tracts of patients with chronic Broca’s aphasia undergoing intense intonation-based speech therapy [J]. The Neurosciences and Music III—Disorders and Plasticity: Annals of the New York Academy of Sciences, 2009, 1169: 385-394.

[367] SCHMAHMANN J D, PANDYA D N. Fiber pathways of the brain [M]. Oxford: Oxford University Press, 2006.

[368] SCHMAHMANN J D, PANDYA D N. Cerebral white matter–historical evolution of facts and notions concerning the organization of the fiber pathways of the brain [J]. Journal of the History of the Neurosciences, 2007, 16: 237-267.

[369] SCHMAHMANN J D, PANDYA D N, WANG R, et al. Association fibre pathways of the brain: parallel observations from diffusion spectrum imaging and autoradiography [J]. Brain: A Journal of Neurology, 2007, 130(3): 630-653.

[370] SCHOENEMANN P T, BUDINGER T F, SARICH V M, et al. Brain size does not predict general cognitive ability within families [J]. Proceedings of the National Academy of Science, 2000, 97: 4932-4937.

[371] SCHOTTEN M T D, COHEN L, AMEMIYA E, et al. Learning to read improves the structure of the arcuate fasciculus [J]. Cerebral Cortex, 2014, 24(4): 989-995.

[372] SCHOTTEN M T D, DELL’ACQUA F, VALABREGUE R, et al. Monkey to human comparative anatomy of the frontal lobe association tracts [J]. Cortex, 2011, 48(1), 82-96.

[373] SCHOTTEN M T D, FFYTCHE D H, BIZZI A, et al. Atlasing location, asymmetry and inter-subject variability of white matter tracts in the human brain with MR diffusion tractography [J]. NeuroImage, 2011, 54: 49-59.

[374] SCOTT S K. From speech and talkers to the social world: The neural processing of human spoken language [J]. Science, 2019, 366 (6461): 58-61.

[375] SCHWEINFURTH M K, DETROY S E, LEEUWEN E J C, et al. Spontaneous social tool use in chimpanzees (Pan troglodytes) [J]. Journal of Comparative Psychology, 2018, 132(4): 455-463.

[376] SHAKOURI N, MAFTOON P, BIRJANDI P. On revisiting the sex differences in language acquisition: An etiological perspective [J]. International Journal of English Linguistics, 2016, 6(4): 87-95.

[377] SHAPIRO K A, MOTTAGHY F M, SCHILLER N O, et al. Dissociating neural correlate for verbs and nouns [J]. NeuroImage, 2005, 24(4): 1058-1067.

[378] SHEIKH U A, CARREIRAS M, SOTO D. Neurocognitive mechanisms supporting the generalization of concepts across languages [J]. Neuropsychologia, 2021, 153: 107740.

[379] SHILTON D, BRESKI M, DOR D, et al. Human social evolution: Self-domestication or self-control [J]? Frontiers in Psychology, 2020, 11: 134.

[380] SHINOURA N, SUZUKI Y, TSUKADA M, et al. Deficits in the left inferior longitudinal fasciculus results in impairments in object naming [J]. Neurocase: The Neural Basis of Cognition, 2010, 16(2): 135-139.

[381] SHORLAND G, GENTY E, GUÉRY J P, et al. Social learning of arbitrary food preferences in bonobos [J]. Behavioural Processes, 2019, 167: 103912.

[382] SHUSTER L I, LEMIEUX S K. An fMRI investigation of covertly and overtly produced mono- and multisyllabic words [J]. Brain & Language, 2005, 93(1): 20-31.

[383] SIERPOWSKA J, GABARRÓS A, FERNANDEZ-COELLO A, et al. Morphological derivation overflow as a result of disruption of the left frontal aslant white matter tract [J]. Brain & Language, 2015, 142: 54-64.

[384] SIOK W T, KAY P, WANG W S Y, et al. Language regions of brain are operative in color perception [J]. Proceedings of the National Academy of Sciences, 2009, 106(20): 8140-8145.

[385] SIOK W T, NIU Z, JIN Z, et al. A structural–functional basis for dyslexia in the cortex of Chinese readers [J]. Proceedings of the National Academy of Science, 2008, 105(14): 5561-5566.

[386] SKEIDE M A, BRAUER J, FRIEDERICI A D. Syntax gradually segregates from semantics in the developing brain [J]. NeuroImage, 2014. 100: 106-111.

[387] SKEIDE M A, FRIEDERICI A D. The ontogeny of the cortical language network [J]. Nature Reviews Neuroscience, 2016, 17(5), 323-332.

[388] SOMMERA I E, ALEMANC A, SOMERS M, et al. Sex differences in handedness, asymmetry of the planum temporale and functional language lateralization [J]. Brain Research, 2008, 1206: 76-88.

[389] SPALLONE A, BELVISI D, MARSILI L. Entrapment of the temporal horn as a cause of pure Wernicke aphasia: Case report [J]. Journal of Neurological Surgery Report, 2015, 76(1): e109-e112.

[390] STADELE V, VIGILANT L, STRUM S C, et al. Extended male-female bonds and potential for prolonged paternal investment in a polygynandrous primate (Papio anubis) [J]. Animal Behaviour, 2021, 174: 31-40.

[391] STEINHAUER K, ALTER K, FRIEDERICI A D. Brain potentials indicate immediate use of prosodic cues in natural speech processing [J]. Nature Neuroscience, 1999, 2(2): 191-196.

[392] STRINGER C, ANDREWS P. The complete world of human evolution [M]. London: Thames and Hudson Ltd, 2005 and 2011.

[393] SU I F, WEEKES B S. Effects of frequency and semantic radical combinability on reading in Chinese: An ERP study [J]. Brain & Language, 2007, 103: 248-249.

[394] SUGIURA L, OJIMA S, MATSUBA-KURITA H, et al. Effects of sex and proficiency in second language processing as revealed by a large-scale fNIRS study of school-aged children [J]. Human Brain Mapping, 2015, 36: 3890-3911.

[395] SUN L, WANG L, JIANG M H, et al. Glycogen debranching enzyme 6 (AGL), enolase 1 (ENOSF1), ectonucleotide pyrophosphatase 2 (ENPP2_1), glutathione S-transferase 3 (GSTM3_3) and mannosidase (MAN2B2) metabolism computational network analysis between chimpanzee and human left cerebrum [J]. Cell Biochem Biophys, 2011, 61(3): 493-505.

[396] SUN T, WALSH C A. Molecular approaches to brain asymmetry and handedness [J]. Nature Reviews Neuroscience, 2006, 7: 655-662.

[397] TAN L H, CHAN A H D, KAY P, et al. Language affects patterns of brain activation associated with perceptual decision [J]. Proceedings of the National Academy of Science, 2008, 105(10): 4004-4009.

[398] TANAKA S, HONDA M, SADATO N. Modality-specific cognitive function of medial and lateral human Brodmann area 6 [J]. The Journal of Neuroscience, 2005, 25(2): 496-501.

[399] TANG Y, ZHANG W, CHEN K, et al. Arithmetic processing in the brain shaped by cultures [J]. Proceedings of the National Academy of Science, 2006, 103(28): 10775-10780.

[400] TAUZIN T, BOHN M, GERGELY G, et al. Context-sensitive adjustment of pointing in great apes [J]. Scientific Reports, 2020, 10(1): 1048.

[401] TAYLOR P S, MCKINNEY M L. Origins of intelligence [M]. Baltimore: Johns Hopkins University Press, 1999.

[402] THANAKI J. Python natural language processing [M]. Birmingham: Packt Publishing Ltd., 2017.

[403] THIEL A, HABEDANK B, HERHOLZ K, et al. From the left to the right: How the brain compensates progressive loss of language function [J]. Brain & Language, 2006, 98: 57-65.

[404] THOMPSON P M, CANNON T D, NARR K L, et al. Genetic influences on brain structure. Nature Neuroscience. 2001, 4(12): 1253-1258.

[405] TITZE I R, PALAPARTHI A. Radiation efficiency for long-range vocal communication in mammals and birds [J]. Journal of the Acoustical Society of America, 2018, 143 (5): 2813-2824.

[406] TOBA M N, ZAVAGLIA M, MALHERBE C, et al. Game theoretical mapping of white matter contributions to visuospatial attention in stroke patients with hemineglect [J]. Human Brain Mapping, 2020, 41(11): 2926-2950.

[407] TOMASELLO M. Great apes and human development: A personal history [J]. Child Development Perspectives, 2018, 12(3): 1-5.

[408] TORFI A, SHIRVANI R A, KENESHLOO Y, et al. Natural language processing advancements by deep learning: A survey [J/OL]. 2020, https://arxiv.org/abs/2003.01200.

[409] TREMBLAY P, DESCHAMPS I, GRACCO V L. Regional heterogeneity in the processing and the production of speech in the human planum temporale [J]. Cortex, 2013, 49: 143-157.

[410] TREMBLAY P, SMALL S L. On the context-dependent nature of the contribution of the ventral premotor cortex to speech perception [J]. NeuroImage, 2011, 57(4): 1561-1571.

[411] TRANEL D, MARTIN C, DAMASIO H, et al. Effects of noun-verb homonymy on the neural correlates of naming concrete entities and actions [J]. Brain & Language, 2005, 92(3): 288-299.

[412] TREMBLAY P, DICK A S. Broca and Wernicke are dead, or moving past the classic model of language neurobiology [J]. Brain & Language, 2016, 162: 60-71.

[413] TSE S K, KWONG S M, CHAN C. Sex differences in syntactic development: Evidence from Cantonese-speaking preschoolers in Hong Kong [J]. International Journal of Behavioral Development, 2002, 26 (6): 509-517.

[414] TU L, WANG J, ABUTALEBI J. Language exposure induced neuroplasticity in the bilingual brain: A follow-up fMRI study [J]. Cortex, 2015, 64: 8-19.

[415] TURKELTAUB P E, COSLETT H B, THOMAS A L, et al. The right hemisphere is not unitary in its role in aphasia recovery [J]. Cortex, 2012, 48(9): 1179-1186.

[416] TYLER L K, MARSLEN-WILSON W D, RANDALL B, et al. Left inferior frontal cortex and syntax function, structure and behaviour in patients with left hemisphere damage [J]. Brain, 2011, 134(2): 415-431.

[417] TYLER L K, STAMATAKIS E A, DICK E, et al. Objects and their actions, evidence for a neurally distributed semantic system [J]. NeuroImage, 2003, 18(2): 542-557.

[418] ULLMAN M T, CORKIN S, COPPOLA M, et al. A neural dissociation within language: Evidence that the mental dictionary is part of declarative memory, and that grammatical rules are processed by the procedural system [J]. Journal of Cognitive Neuroscience, 1997, 9(2): 266-276.

[419] UMEJIMA K, FLYNN S, SAKAI K L. Enhanced activations in syntax-related regions for multilinguals while acquiring a new language [J]. Scientific Reports, 2021, 11(1): 7296.

[420] UNGERLEIDER LG, MISHKIN M. Two cortical visual systems. In: Ingle D J, Goodale M A, Mansfield R J W (Eds.), Analysis of visual behavior [M]. Cambridge: The MIT Press, 1982, 549-586.

[421] VAN PETTEN C, RHEINFELDER H. Conceptual relationships between spoken words and environmental sounds: Event-related brain potential measures [J]. Neuropsycholoola, 1995, 33(4): 485-508.

[422] VAQUERO L, RODRÍGUEZ-FORNELLS A, REITERER S M. The Left, The better: White-matter brain integrity predicts foreign language imitation ability [J]. Cerebral Cortex, 2017, 27: 3906-3917.

[423] VARGHA-KHADEM F, GADIAN D G, COPP A, et al. FOXP2 and the neuroanatomy of speech and language [J]. Nature Reviews Neuroscience, 2005, 6: 131-138.

[424] VERZOLA-OLIVIO P, FERREIRA B L, FREI F, et al. Guinea pig's courtship call: cues for identity and male dominance status [J]? Animal Behaviour, 2021, 174: 237-247.

[425] VISSER M, JEFFERIES E, LAMBON RALPH M A. Semantic processing in the anterior temporal lobes: a meta-analysis of the functional neuroimaging literature [J]. Journal of Cognitive Neuroscience, 2010, 22(6): 1083-1094.

[426] VOINOV P V, CALL J, KNOBLICH G, et al. Chimpanzee coordination and potential communication in a two-touchscreen turn-taking game [J]. Scientific Reports, 2020, 10: 3400.

[427] VOLPATO C, CAVINATO M, PICCIONE F, et al. Transcranial direct current stimulation (tDCS) of Broca's area in chronic aphasia: A controlled outcome study [J]. Behavioural Brain Research, 2013, 247: 211-216.

[428] VON DER HEIDE R J, SKIPPER L M, ELIZABETH K, et al. Dissecting the uncinate fasciculus: disorders, controversies and a hypothesis [J]. Brain, 2013, 136(Pt 6): 1692-1707.

[429] VOSSEL K A, MILLER B L. New approaches to the treatment of frontotemporal lobar degeneration [J]. Neurology, 2008, 21(6): 708-716.

[430] VRIES M H D, BARTH A C R, MAIWORM S, et al. Electrical stimulation of Broca's area enhances implicit learning of an artificial grammar [J]. Journal of Cognitive Neuroscience, 2009, 22(11): 2427-2436.

[431] XU M, LIANG X L, OU J, et al. Sex differences in functional brain networks for language [J]. Cerebral Cortex, 2020,

30: 1528-1537.

[432] YANG S Q, ZHANG X C, JIANG M H. Bilingual brains learn to use L2 alliterations covertly as poets: ERP evidence [J]. Frontiers in Psychology, 2021, 12: 691846.

[433] WAN C Y, ZHENG X, MARCHINA S, et al. Intensive therapy induces contralateral white matter changes in chronic stroke patients with Broca' s aphasia [J]. Brain & Language, 2014, 136: 1-7.

[434] WANG B, ZHOU T G, ZHUO Y. Global topological dominance in the left hemisphere [J]. Proceedings of the National Academy of Science, 2007, 104(52): 21014-21019.

[435] WANG M, CHEN Y Y, JIANG M H, et al. The time course of speech production revisited: no early orthographic effect, even in Mandarin Chinese [J]. Language, Cognition and Neuroscience, 2020, 36(1): 13-24.

[436] WANG R, KE S, ZHANG Q, et al. Functional and structural neuroplasticity associated with second language proficiency: An MRI study of Chinese-English bilinguals [J]. Journal of Neurolinguistics, 2020, 56: 100940.

[437] WANG Y L, JIANG M H, HUANG Y L, et al. An ERP study on the role of phonological processing in reading two-character compound Chinese words of high and low frequency [J]. Frontiers in Psychology, 2021, 12: 637238.

[438] WARREN J E, CRINION J T, RALPH M A L, et al. Anterior temporal lobe connectivity correlates with functional outcome after aphasic stroke [J]. Brain, 2009, 132(12): 3428-3442.

[439] WATARI T, SHIMIZU T, TOKUDA Y. Broca aphasia [J]. BMJ Case Report, 2014: bcr2014208214.

[440] WEIGMANN K. The code, the text and the language of God [J]. European Molecular Biology Organization (EMBO) Reports, 2004, 5(2): 116-118.

[441] WILSON S M, DRONKERS N F, OGAR J M, et al. Neural correlates of syntactic processing in the nonfluent variant of primary progressive aphasia [J]. Journal of Neuroscience, 2010, 30(50): 16845-16854.

[442] WILSON S M, GALANTUCCI S, TARTAGLIA M C, et al. Syntactic processing depends on dorsal language tracts.[J]. Neuron, 2011, 72(2): 397-403.

[443] WILSON S M, GALANTUCCI S, TARTAGLIA M C, et al. The neural basis of syntactic deficits in primary progressive aphasia [J]. Brain & Language, 2012, 122(3): 190-198.

[444] WISCO J, KUPERBERG G, MANOACH D, et al. Abnormal cortical folding patterns within Broca's area in schizophrenia, Evidence from structural MRI [J]. Schizophrenia Research, 2007, 94: 317-327.

[445] WITELSON S F, BERESH H, KIGAR D L. Intelligence and brain size in 100 postmortem brains: sex, lateralization and age factors [J]. Brain, 2006, 129: 386-398.

[446] WONG B, YIN B, O' BRIEN B. Neurolinguistics: Structure, function, and connectivity in the bilingual brain [J]. BioMed Research International, 2016: 7069274.

[447] WRIGHT A K, THEILMANN R J, RIDGWAY S H, et al. Diffusion tractography reveals pervasive asymmetry of cerebral white matter tracts in the bottlenose dolphin (Tursiops truncatus) [J]. Brain Structure and Function, 2018, 223: 1697-1711.

[448] XIAO Y, FRIEDERICI A D, MARGULIES D S, et al. Development of a selective left-hemispheric fronto-temporal network for processing syntactic complexity in language comprehension [J]. Neuropsychologia, 2016, 83: 274-282.

[449] YAMAMOTO K, SAKAI K L. Differential signatures of second language syntactic performance and age on the structural properties of the left dorsal pathway [J]. Frontiers in Psychology, 2017, 8: 829.

[450] YAMAMOTO K, SAKAI K L. The dorsal rather than ventral pathway better reflects individual syntactic abilities in second language [J]. Frontiers in Human Neuroscience, 2016, 10: 295.

[451] YOU D S, KIM D Y, MIN H C, et al. Cathodal transcranial direct current stimulation of the right Wernicke's area improves comprehension in subacute stroke patients [J]. Brain & Language, 2011, 119: 1-5.

[452] YUSA N, KIM J, KOIZUMI M, et al. Social interaction affects neural outcomes of sign language learning as a foreign language in adults [J]. Frontiers in Human Neuroscience, 2017, 11: 115.

[453] ZACCARELLA E, FRIEDERICI A D. Merge in the human brain: A sub-region based functional investigation in the left pars opercularis [J]. Frontiers in Psychology, 2015, 6: 1818.

[454] ZACCARELLA E, FRIEDERICI A D. Reflections of word processing in the insular cortex: A sub-regional parcellation based functional assessment [J]. Brain & Language, 2015, 142: 1-7.

[455] ZACCARELLA E, FRIEDERICI A D. The neurobiological nature of syntactic hierarchies [J]. Neuroence &

Biobehavioral Reviews, 2017, 81(B): 205-212.

[456] ZAKARIÁS L, KERESZTES A, DEMETER G, et al. A specific pattern of executive dysfunctions in transcortical motor aphasia [J]. Aphasiology, 2013, 27(12): 1426-1439.

[457] ZHANG Q, YANG Y. Electrophysiological estimates of the time course of semantic and metrical encoding in Chinese speech production [J]. Neuroscience, 2007, 147(4): 986-995.

[458] ZHANG X C, YANG S Q, JIANG M H. Rapid implicit extraction of abstract orthographic patterns of Chinese characters during reading [J]. Plos One, 2020, 15(2): e0229590.

[459] ZUBICARAY G I D, ROSE S E, MCMAHON K L. The structure and connectivity of semantic memory in the healthy older adult brain [J]. Neuroimage, 2011, 54(2):1488-1494.

二、中文文献

[1] 白鹤 . 急性脑梗死导致特殊类型失语临床分析 [J]. 中风与神经疾病杂志 , 2014, 31(1): 37-39.

[2] 薄宇清，刘惠萍，卢斌 . 30 例丘脑性失语特征的临床研究 [J]. 邯郸医学高等专科学校学报 , 2006, 19(1): 67-68.

[3] 蔡厚德 . 生物心理学：认知神经科学的视角 [M]. 上海：上海教育出版社 , 2010.

[4] 崔刚 . 神经语言学 [M]. 北京：清华大学出版社 , 2015.

[5] 陈营 , 李华 . 失语症类型与病变部位的相关性研究 [J]. 农垦医学 , 2014, 36(2): 108-110.

[6] 刁丽梅 , 陈子蓉 , 黄东红 , 等 . 左侧颞叶癫痫患者执行功能损害与钩束弥散张量成像参数的相关性 [J]. 中国神经精神疾病杂志 , 2013, (8): 474-478.

[7] 方小萍，刘友谊 . 语言理解中句法加工的脑机制 [J]. 心理科学发展，2012, 20(12): 1940-1951.

[8] 冯小霞 , 李乐 , 丁国盛 . 发展性阅读障碍的脑区连接异常 [J]. 心理科学进展 , 2016, 24(12): 1864-1872.

[9] 耿杰峰，陈晓雷，许百男 . 弓形束扩散张量纤维束示踪成像研究进展 [J]. 中国现代神经疾病杂志 , 2015, 15(4): 333-336.

[10] 郭瑞芳，彭聃龄 . 腹侧通路与背侧通路在词汇阅读中的作用 [J]. 心理科学 , 2007, 30(4): 903-905.

[11] 黄进瑜 . 脑梗死后失语症类型与病变部位相关性分析 [J]. 齐齐哈尔医学院学报 , 2013, 34(6): 800-801.

[12] 何小英 . 失语症的 CT 定位分析 [J]. 实用医学杂志 , 1996, 12(8): 523-524.

[13] 江铭虎，王琳 . 脑与语言认知 [M]. 北京：清华大学出版社 , 2013.

[14] 金梅，刘晓加，陆兵勋，等 . 基底神经节与皮层脑损害致汉语失写症对比研究 [J]. 中国行为医学科学 , 2005, 14(10): 872-874.

[15] 久保田千顺 . 基于失语症及大脑解剖结构的语言认知模型研究 [D]. 北京：清华大学，2021.

[16] 李浩涛 . 脑梗死后失语症类型与病变部位关系分析 [J]. 中外医疗 , 2014, 32: 73-74.

[17] 李静 , 张伟宏 . 脑梗死后语言功能变化及其研究进展 [J]. 中国医学科学院学报 , 2017, 39(2): 285-289.

[18] 李淑青，王红，陈卓铭，等. 失语症复述功能恢复病例报告 [J]. 康复学报，2017, 27(2): 49-52.

[19] 毛善平，陈卓铭，李承晏，等 . 皮层下失语的语言特点及与病灶部位关系的研究 [J]. 中国病理生理杂志 , 2002, 18(8): 927-930.

[20] 潘希峰，孔亚婷，陈平，等. 脑卒中后基底节性失语的特点 [J]. 中风与神经疾病杂志，2006, 23(3): 341-343.

[21] 祁冬晴，江钟立，林枫，等 . Broca 失语患者语言加工偏侧化特征的脑磁图研究 [J]. 中国康复医学杂志 , 2014, 25(9): 410-414，420.

[22] 任艳丁，王淑荣 . 丘脑卒中为主的汉语失语症临床特征 [J]. 黑龙江医学，2009, 33(11): 801-804.

[23] 史忠植 . 认知科学 [M]. 合肥：中国科学技术大学出版社 , 2008.

[24] 王红，余齐卫，牟志伟，等. 卒中后失语症患者弓状纤维弥散张量成像研究 [J]. 暨南大学学报 (自然科学与医学版)，2017, 38(2): 160-166.

[25] 卫冬洁. 脑卒中言语功能评定 [J]. 中国临床康复，2002, 6(9): 1244-1245.

[26] 谢秋幼，刘晓加，李卫平，等. 不同部位脑损害与失写症关系的研究 [J]. 卒中与神经疾病，2001, 8(4): 195-198.

[27] 姚婧，宋彦丽，李磊，等. 性别、年龄、卒中类型与卒中后失语症类型的相关性分析 [J]. 中国卒中杂志，2013, 8(9): 723-728.

[28] 阎静 . 双张量 UKF 纤维束示踪技术显像弓形束的优势探讨及临床应用 [D]. 郑州：郑州大学，2017.

[29] 张启睿，舒华. 工作记忆与失语症关系的研究进展 [J]. 中国特殊教育 , 2011, (6): 89-93.
[30] 张玉梅，王拥军，马锐华，等 . 利手与语言优势半球关系的临床研究 [J]. 中国康复医学杂志 , 2005, 20(4): 281-282.
[31] 张玉梅，王拥军，王伊龙，等 . 母语为汉语的失语症类型与病变部位的关系 [J]. 首都医科大学学报，2005, 26(4): 422-424.
[32] 赵代兵. 110 例高压氧辅助治疗失语症临床分析 [J]. 中国实用医药，2009, 4(19): 96-97.
[33] 赵欢 . 字符级神经网络语言模型与自动文本摘 [D]. 北京：清华大学，2019.
[34] 赵立波，李亚军，张小东，等 . 人脑语言区定位研究的进展 [J]. 中国临床康复，2006, 10(6): 111-113.
[35] 周昌乐，唐孝威 . 对语言神经机制的新认识 [J]. 心理科学，2001, 24(4): 396-401.
[36] 周洁茹，苗玲 . 失语症 [J]. 神经病学与神经康复学杂志，2005, 2(4): 257-260.
[37] 周燕，吴凯敏，张锐毅，等 . 成人流行性乙型脑炎临床表现与脑白质影像学分析 [J]. 中国实用神经疾病杂志 , 2019, 22(15): 1670-1675.
[38] 邹青叶，钱春野，甘瑞华，等. 感觉语言区 Wernicke 区定位的探讨 [J]. 广州医学院学报 , 2008, 36(4): 65-66.
[39] 朱朝晖，潘保汇，胡文静，等 . 122 例脑卒中所致言语障碍与病变部位的关系分析 [J]. 中国厂矿医学，2003, 16(3): 190-191.
[40] 刘宇红 . 语言的神经基础 [M]. 北京：中国社会科学出版社 , 2007.
[41] 杨福兴，陈晓雷，许百男 . 语言传导束示踪成像在神经外科手术中应用 [J]. 中国神经精神疾病杂志 , 2016, (9): 560-564.
[42] 诺姆 · 乔姆斯基 . 语言与脑 [J]. 语言科学，2002, 1(1): 11-13.
[43] 汪睿清 , 王红 , 戴燕红 , 等 . 基于双流语言模型白质纤维在失语症中的作用研究进展 [J]. 中国康复理论与实践 , 2021, 27(2): 182-186.
[44] 汪洁 , 吴东宇 , 宋为群 , 等 . 图命名的视觉语言加工双流模型 [J]. 中国康复医学杂志 , 2019, 34(6): 737-741.
[45] 汪洁，吴东宇，袁英，等 . 听觉语言加工的双流模型 [J]. 中国康复医学杂志，2017, 32(7): 838-841.
[46] 王越 , 李坤成 . 阿尔茨海默病颞干纤维束扩散张量成像研究 [J]. 中国现代神经疾病杂志 , 2014, 14(3): 207-213.

三、日文文献

[1] 坂本吉正 , 萱村俊哉 , 多治見悦子 . 大阪市立大学生活科学部紀要 [J].1990, 38: 435-444.
[2] 川端啓太 , 立花久大 , 武田正中，等. 超皮質性感覚性失語を呈した下前頭回皮質下梗塞の 1 例 [J]. 一般社団法人日本脳卒中学会 脳卒中 , 1996, 18(5): 415-420.
[3] 金野竜太 , 酒井邦嘉 . 言語の統辞処理を支える 3 つの神経回路 [J].Brain and Nerve, 2015, 67(3): 303-310.
[4] 金野竜太 , 酒井邦嘉 . 前頭連合野における左右差 . 東京：統辞処理関連の神経回路 [J].Brain and Nerve – 神経研究の進歩 , 2018, 70 (10): 1075-1085.
[5] 酒井邦嘉 . 言語の脳科学 [M]. 東京：中央公論新社 , 2019.
[6] 平山和美 , 武田克彦 . 視覚背側経路は何をしているのか [J]. 高次脳機能研究 , 2015, 35(2): 197-198.
[7] 山本香弥子 , 酒井邦嘉 . 前頭連合野の言語機能 - 言語を生み出す脳メカニズム [J]. Brain and Nerve, 2016, 68(11): 1283-1290.

附 录

附录表 1　额叶脑区语言功能

额　叶		语 言 功 能
左额叶		命名、朗读、言语产生、语音产生、语义处理、语义知识的存储和检索、书写
·	内侧额叶	激活语言反应、单词流畅性、句法处理
·	外侧额叶	控制语言反应
·	额叶腹侧	语法处理
·	额叶背侧	工作记忆
·	前额叶	言语输出、抽象语言任务、解释词序并将单词组合成语法句子、语义知识的存储和检索、语义信息、中央执行系统的运作
·	前额区	对信息的注意、抑制和整合、语言思维、听力理解
·	前额区（BA 9/10/ 11/46/47）	大脑高级心理功能综合区与语言思维有关
·	前额区（BA 9）	语义处理、汉字拼写处理
·	前额区（BA 10）	大脑高级心理功能综合区与语言思维有关、听力理解
·	后额叶	复杂语法结构的理解、多音节单词的命名
·	后外侧前额叶皮层（BA 8/9）	对象命名
·	左背外侧前额叶皮层（DLPFC）（BA 46/9）	动作词的检索、图像命名、认知及顺序处理、语言处理、工作记忆中保存信息的语言功能、语义信息、信息控制与协调
·	额上回（SFG）	语义处理、语义知识的存储和检索
·	额中回（MFG）	词汇检索、语义处理、语义知识的存储和检索、书写中枢、语法、组词词汇记忆、语言组织、语义和同音字的判断
·	额中回（BA 6）	书写中枢
·	额中回（BA 8）	书写中枢、句法处理
·	额中回（BA 9）	语义和同音字的判断
·	左额下回（LIFG）	语音流畅性、语音生成、语言输出、语法生成、语法理解、词汇语义选择、句子加工、句法处理、执行句法计算、语义编码、语义处理、语义知识的存储和检索、工作记忆、动词处理、听力理解、句子产生、单词理解
·	额下回眶部（BA 4/11）	语义处理、语义知识的存储和检索、阅读理解中枢、句法处理
·	左额下回（三角区）（BA 45）	对音素流畅性、句法处理、语义编码
·	左额下回（BA 46）	语义编码
·	左额下回（BA 47）	句法处理、语音生成、词汇检索

续表

额　　叶		语 言 功 能
·	左 Broca 区（BA 44/45）（岛盖部 / 三角部 Broca 区）	命名、运动编程 / 语音清晰度、语音生成、发音动作的执行、语音输出、音节辨别、复杂句法构成、句法处理（语法中枢）、语义处理、语法信息处理、理解和生成语义可逆句子、拼写、句子处理（排序）、口语产生的大规模皮质网络中信息的转换、复述、运动性语言中枢、信息复述、语法、组词词汇记忆、语言组织、语音学的编码
·	Broca 区前部	参与语义加工
·	Broca 区后部	参与语音加工
·	BA 44	句子处理（排序）、复杂句法构成、句法处理、语义处理
·	BA 45	语言叙述、语言产生的形态学基础、复杂句法构成、词汇检索、句法处理、语义处理
·	下额叶皮层	语义处理、言语产生
·	左前额下皮质（aLIPC）	语义促进
·	左后额下皮质（pLIPC）	语义抑制
·	额下区	说话处理过程的语言中枢
·	左额下皮层（LIFC）	语法处理特别是复杂的句法、语音、单词的语义和声音处理
·	前左额下皮层（LIFC）	单词的语义处理
·	后左额下皮层（LIFC）	声音处理
·	额下沟和额中回后部 Broca 区边界背侧的区域	流利性
·	附属运动区（位于内侧额叶皮质）	与失语症有关
·	运动前区（BA 6）	语言运动器官组织、发音和书写运动器官组织、信息复述、听写
·	左运动前区外侧皮质	句法处理的语法中枢
·	前运动区域 / 额下回后部	运动行为的规划和排序以及听觉 – 运动映射
右额下回（岛盖 / 三角部）		基本语言功能、语言生成、声音与发音动作、语音表达、句法处理、语言表现、单词阅读、词干完成
右额下回（三角部）		命名
右脑前部前运动区		复述

附录表 2　顶叶脑区语言功能

顶　　叶		语 言 功 能
左顶叶		工作记忆、多音节音序、单音节发音、命名、音位调节、言语产生、书写和视觉结构任务、语义信息、文字流畅的成型输出
·	顶叶运动区（BA 4）	语言运动器官组织、发音和书写运动器官组织
·	顶叶后部	信息储存
·	顶下叶的背面与顶上叶相连处	听写
·	顶叶区（BA 7）	语义处理
·	左顶下结构（顶下叶；缘上回和角回）	听觉 – 语言理解的词汇 – 语义，躯体的、视觉的和听觉的信号综合区，单词 / 词汇中枢、语义加工、语义信息、语音信息、言语和图像语义任务、语音编码、语言材料的短期存储和检索

续表

顶叶		语言功能
·	角回（BA 39）（顶下回）	语义处理、语义知识的存储和检索、理解能力、句法处理、视觉性语言中枢、阅读中枢、概念的表征区、加工感觉输入、概念的检索及整合、复述、听力理解、命名、书写
·	缘上回（BA 40）（顶下回）	句法处理、语义处理、理解能力、复述、听词认知、语音产生（语音检索）、语义信息的整合及其与语音信息的联合、单词特征和语义分类的集成
·	左顶内沟	句法处理
右顶叶		语义记忆、数字表示的任务

附录表 3　颞叶脑区语言功能

颞叶		语言功能
左颞叶		语义流畅性、支持受语义约束的单词检索、语义知识、多音节音序和单音节发音、图片命名、语义和音位调节、言语产生、语义信息、接受听觉语言、书写
·	颞前极	语义加工
·	前颞叶、颞中、颞下、内侧颞叶	词汇语义、语言产生过程中的单词查找
·	前颞叶	听觉命名、对象命名、单词理解、语义处理、语义加工、多模态语义处理、特定语义信息的检索
·	后颞叶	视觉命名、言语和图像语义任务、语义、音素
·	后颞上叶	听力理解
·	颞上区	说话处理过程的语言中枢
·	颞上回（BA 22）（Wernicke 区）	词汇理解、命名、句法处理、流畅性、词汇选择、语音感知、语音处理、听觉短期记忆、听觉语言理解、听觉分析、语言理解、单词和句子理解、言语发音提供听觉目标、语义处理、听觉–语言理解的词汇–语义听力理解
·	前颞上回（aSTG）（BA 22）	词形识别、语法理解、语音产生（基本短语结构的构建）、语音理解、故事理解
·	后颞上回（pSTG）（BA 22）	自我产生的语言和运动控制、语音处理、语音感知、语音产生（语音检索）、语义处理、语义存取、复述、听觉性语言中枢、听力理解
·	前外侧颞上回（STC）（BA 22）	处理词级信息及词汇信息的结合
·	后外侧颞上回（STG）（BA 22）和后颞上沟（STS）	语音处理，包括语音生成、语音感知以及听觉–语音短期记忆
·	颞上沟	语音清晰度的听觉目标、语音处理
·	颞中回（BA 21）	句法处理、语义处理、语义加工、词汇语义信息的存储和策略检索、词汇选择、语音产生、语义存取、单词的语音处理、听力理解、语法、组词词汇记忆、语言组织、命名
·	颞后–外侧和前–颞下回	将传入的语音转换为单词形式
·	左中梭状回（mid-FFG）	语义处理

续表

颞叶		语言功能
·	梭状回（BA 37）	语义知识的存储和检索、词汇处理、语义处理、字形判断、语音匹配、汉字拼写处理、图像命名、视觉处理、将触觉输入信息与语言知识相融合、语言处理、听力理解、词形处理、阅读、字形加工、词汇识别
·	颞下回（BA 20）	命名、单词理解、对文字和图片进行语义判断、语义处理、句法处理、复述、朗读、听力理解
左－右前颞区		语音处理、语言理解
左前外侧颞上回（STC）		单个语言信息的综合处理、语言理解
右前外侧颞上回（STC）		处理非语言语音相关信息
右颞叶		对象命名、声音与发音动作的投射以及声音输出、听觉反馈控制、语义判断、面容失认
·	右外侧前颞叶	特定语义信息的检索
·	右侧颞上回	听觉语言理解能力、单词和句子理解
·	右前颞上回	书面单词语义处理与听觉语言理解
·	右后颞上回	语音处理
右侧颞下回		文字和图片的语义判断

附录表 4　岛叶、枕叶、小脑的脑区语言功能

脑区		语言功能
岛叶		语音流利性、复杂语法结构的理解、多音节单词的命名、言语产生、单词阅读、词干完成、音调的处理、语音生成
·	左脑岛中央前上回	复杂发音运动的音节内和音节间的协调
枕叶		语言文字的视觉信息的读取、加工、记忆和视觉反馈、书写
·	左舌回	主要负责句法处理、听力理解、词形处理、字形加工
·	初级视觉区（BA 17）和视觉联合区（BA 18/19）	阅读
·	视觉联合区（BA 19）	阅读、对静息状态的视觉或触觉刺激做出非特定的反应
小脑		视觉空间能力、言语工作记忆、执行功能、抽象推理、认知功能、句法处理、言语控制、言语运动程序，语音的编码、清晰度
·	右小脑	语言流畅性、语义词检索、语言工作记忆、建立语音表征
·	小脑的外侧半球	语言处理
·	小脑蚓部和小脑旁区（vermis and the paravermal regions）	言语运动

附录表 5　丘脑、基底神经节、扣带回、海马、海马旁回的脑区语言功能

脑区		语言工作
丘脑		长期记忆、执行功能、注意力、唯一接收基底神经节和小脑输出的中枢、生成性任务（如单词或句子生成）和命名、词汇决定、阅读和工作记忆、运动语言和韵律、语义处理和言语记忆、词汇选择、调节词义的正确性、音调、构音、找词、听力理解、阅读理解、书写、计算、语音、语量、词义、流畅性、文字的理解、言语控制、图片命名、复述
·	腹外侧核（VL）	命名对象和短期语言记忆、语言处理

续表

脑　区		语 言 工 作
·	腹前（VA）	构成认知、注意力、情感和动作基础的结构的中心连接、语言处理
·	板内核	语言处理
·	丘脑背内侧核（MD）与中央中核－束旁核复合体（CM-Pf）	情景记忆、语义检索、语言处理
基底神经节		语音的产生、拼写、言语产生、行为切换、时间安排和顺序处理、在丘脑中具有直接的抑制作用、可以防止不适当的运动、参与单词选择和语音启动来支持语言、言语控制、启动效应、逻辑推理、语义处理、言语记忆、语法记忆、口语流畅性、构音、音韵、书写、描写、阅读、听力理解
·	尾状核	单词生成、参与了激活和选择先前存在的词汇表示、构音、音韵、语序、音素、语言持续
·	纹状体	表达性语言输出、调节词义的正确性
·	左壳核	发音
·	右基底节	介导左前 SMA 对右额叶活动的抑制，以防止对左脑半球过程的干扰
双侧前扣带回		语义处理
·	前扣带皮层（ACC）	发声、工作记忆、反应冲突、错误检测和执行控制、信息控制与协调。
·	后扣带回（BA 23/31 和压后区的 BA 26/29/30）	语义处理、语义知识的存储和检索、情景记忆、视觉空间记忆、情绪处理、视觉图像
·	背侧后扣带皮层（BA 31）	语义处理
·	扣带回－纹状体－额叶	表达性语言输出
海马		视觉命名
海马旁回		语义知识的存储和检索

附录表 6　与语言相关的主要神经纤维束及功能

神经纤维束		大脑分布区间 / 相关脑区	主 要 功 能
上纵束（SLF）（涉及背侧通路）		联络额、顶、枕、颞四个叶；顶上部（SLF-Ⅰ：BA 5/7/8/9/32）、角回部（SLF-Ⅱ：BA 39/40/8/9）、缘上回部（SLF-Ⅲ：BA 40/44/45/47），弓形束（SLF-Ⅳ），颞－顶部分（SLF-tp）	言语产生、句法处理、语音功能、词汇检索、语音清晰度、复述
弓形束（AF）（涉及背侧通路）	弓形束（长段）——直接通路	颞叶－额叶－运动前皮质分布：[颞上回（BA 22）和 BA 37，额下回（BA 44/45）、额中回（BA 46）和运动前皮质（BA 6）]，扩展部分包括 BA 21/20	语音产生及其前馈和反馈控制系统的关键结构、语言表达、有助于学习语言和监控语音、连接前后语言区、语音编程、句法处理、复述、在额叶与颞叶之间传递信息（语言产生、语言理解）
	弓形束（前段）——间接通路	Broca 区，运动前皮质（BA 6）－顶下皮质（Geschwind 区）。其分布涉及：BA 44/45/6/39/40	
	弓形束（后段）——间接通路	顶下皮质（Geschwind 区）-Wernicke。其分布涉及：BA 39/40/21/22，扩展部分包括 BA 20	

续表

神经纤维束	大脑分布区间 / 相关脑区	主 要 功 能
额 - 枕下束（IFOF）（涉及腹侧通路）	枕叶皮层，颞叶基底部，顶上小叶至额叶，并穿行外囊 / 最外囊等结构。其分布涉及：BA 19/18/11/10/9/22/44/45/47	语义处理、阅读、视觉加工、视觉空间处理、词汇语义加工
额斜束（FAT）	额上回 [辅助运动区（SMA），前辅助运动区（Pre SMA）]– 额下回（岛盖部）。其分布涉及：BA 44/8/6	口语产生
下纵束（ILF）（涉及腹侧通路）	前颞叶 – 枕叶的长腹束（第二视觉区域、颞中回、颞下回、颞极、海马旁回、海马和杏仁核）分布。其分布涉及：BA 20/21/22/38/37/18/19	语义处理
钩状束（UF）（涉及腹侧通路）	眶侧额叶外侧皮质 – 颞极、颞前皮质。其分布涉及：BA 11/47/22/20/38	语义处理
最外囊 / 最外囊纤维系统（EmC）	联络额、颞上和颞中皮质。其分布涉及：BA 44/45/47/22/21	句法和语义处理
中纵束（MdLF）	联络顶叶和颞叶；枕叶和颞叶。可能涉及的脑区 BA 22/39/40/7 可能还有 BA 19/38	语言理解、语义处理
垂直枕束（VOF）	联络枕、颞和顶叶	识字等副语言功能

附录表 7　主要脑区及神经纤维束

神经纤维束中主要脑区	参与神经纤维束
额下回岛盖部（BA 44）	上纵束（SLF）、弓形束（AF）、下额枕束（IFOF）、最外囊 / 最外囊纤维系统（EmC）、额斜束（FAT）
额下回三角部（BA 45）	上纵束（SLF）、弓形束（AF）、下额枕束（IFOF）、最外囊 / 最外囊纤维系统（EmC）
额下回眶部（BA 47）	上纵束（SLF）、下额枕束（IFOF）、钩状束（UF）、最外囊 / 最外囊纤维系统（EmC）
顶下回角回（BA 39）	上纵束（SLF）、弓形束（AF）、中纵束（MdLF）
顶下回缘上回（BA 40）	上纵束（SLF）、弓形束（AF）、中纵束（MdLF）
颞上回（BA 22）	弓形束（AF）、下额枕束（IFOF）、下纵束（ILF）、钩状束（UF）、最外囊 / 最外囊纤维系统（EmC）、中纵束（MdLF）
运动前区（BA 6）	额斜束（FAT）
前扣带回（BA 32）	上纵束（SLF）
基底神经节 / 杏仁核	下额枕束（IFOF）、下纵束（ILF）、钩状束（UF）
海马旁回	下纵束（ILF）、钩状束（UF）
海马	下纵束（ILF）

附录表 8　其他白质部分的语言功能

白 质 部 分	语 言 工 作
胼胝体	左右两侧大脑之间的联络纤维，协调大脑活动
穹隆	语义加工

续表

白 质 部 分	语 言 工 作
内囊	与额叶 – 纹状体 – 丘脑回路有关
内囊后部	复述
外囊	音素、复述、听力理解

附录表 9　视觉的背侧 / 腹侧通路及功能

视觉腹侧 / 背侧通路	大脑分布区间 / 相关脑区	主 要 功 能
视觉腹侧通路	枕叶（初级视觉皮层）– 颞叶：[V1（BA 17）、V2（BA 18）、V4（BA 19）、梭状回（BA 37）、颞下回（BA 20）] 分布	识别物体的颜色和形状，词汇阅读，词汇识别；颞下回皮质负责视觉认知功能
视觉背侧通路	枕叶（初级视觉皮层）– 顶叶：[V1（BA 17）、V2（BA 18）、V5（BA 19）、顶下小叶（BA 7）] 分布	对物体的运动、位置等进行反应，词汇阅读；后顶叶皮质负责空间感知功能

附录表 10　运动 / 感觉 / 联合区的脑区语言功能

运动 / 感觉 / 联合区	语 言 工 作
初级运动皮质（primary motor cortex）	执行发声运动
附属运动区（位于内侧额叶皮质）	与失语症有关
运动前区（BA 6）	语言运动器官组织、发音和书写运动器官组织、信息复述、听写
左运动前区外侧皮质	句法处理的语法中枢
前运动区域 / 额下回后部	运动行为的规划和排序以及听觉 – 运动映射
前辅助运动区	句法处理
辅助运动区	信息复述、阅读、语音的编码、清晰度、听写
运动皮质	复述、语音编码、清晰度
初级视觉区（BA 17）	阅读
视觉联合区（BA 18/19）	阅读
左侧初级听觉皮层	复述
听觉联合区（BA 22）	接收听觉刺激、语言高级信息处理
颞中初级听觉区（BA 41）	接收听觉刺激、语言高级信息处理
视听联合区（BA 37）	视觉语言处理、唇读活动
感觉运动区皮质	听写
左侧中央前回（PCG，BA 4/6）	公开命名、语言的清晰度、语言运动器官组织、书写运动器官组织
左半球中央前回下部	复述、命名及朗读
左前额叶 – 顶叶联合区	词语信息储存
顶叶联合区（BA 39/40）	躯体的、视觉的和听觉的信号综合区
Wernicke 区（BA 22/39/40/41/42/BA 22/21 后部）	语言理解、语音产生、语言理解中枢、复述、听力理解、命名
左脑盖	句子和短语的句法编码
前语言区、后语言区或与皮质下结构	图片命名、找词

续表

运动 / 感觉 / 联合区	语 言 工 作
左颞顶叶	语言处理、语义处理（文字和图片的语义判断）、语言理解、听觉语音处理、语音短期记忆和言语产生、句子处理、工作记忆、复述
颞顶交界处	命名、听觉工作记忆、短语复述
左侧颞枕交界下部	阅读
颞下回（BA 20）/ 梭状回（BA 37）连接处（左颞枕部）	形成视觉词汇、字形的排序和处理及词汇定位
枕颞侧沟和脑回	视觉词形的处理
外侧裂周区（perisylvian）	音节辨别能力、句法处理、听力理解、遣词造句
Spt 区（外侧裂 – 顶叶 – 颞叶，Sylvian-parietal-temporal）	语音工作记忆、声带感觉运动整合区、视觉输入
前辅助运动区（pre-SMA）– 背侧尾状核 – 腹前丘脑部回路	单词生成、激活和选择先前存在的词汇表示
背侧通路（通过弓形纤维束或上纵束，连接前运动皮质（包括 Broca 区的岛盖部）、缘上回和颞上回脑区）	语音编码、口语表达、语法处理
腹侧通路	语义处理
右脑前运动区前部	复述
右运动前区（RPMC）外侧部	句法处理
右脑后部顶枕区	空间信息储存

词汇表

（按英文字母排序）

A

a graded continuum 分级的连续集
a pial surface reconstruction 软脑膜表层重建
a repeated-measures analysis of variance (ANOVA) 方差的重复测量分析
a sparse-imaging / stimulation sequence 稀疏成像 / 刺激序列
abnormal 反常
abstract-category visual subsystem 抽象 - 类别的视觉子系统
acceptance window 接受窗口
accumulative stone throwing (AST) 累积投掷石块
accumulator 累积器
acoustical control 音控
acoustical signature 特征声
acquired amusia 后天失乐症
across posterior electrodes 经后部电极
acute basal ganglia recording 急性基底节记录
acute single-unit recording 急性单元记录
adaptive control hypothesis (ACH) 自适应控制假设
addressed procedures 寻址过程，处理程序
adjacent premotor region 相邻的运动前区
adult-directed (AD) 针对于成年人的
affiliative gestures and bonding patterns 从属关系手势和结合模式
African great ape 非洲类人猿
aggregation 聚合
agnosia 失认证
agrammatic aphasic 语法缺失失语症
agraphia 失写症
agraphic 失写的
air sacs 气囊
akinetic 运动不能
alar plate (AP) 翼板
allocentric 非自我为中心的
allometric effects 异速生长效应
Alzheimer's dementia 老年性痴呆 / 阿尔茨海默尔氏痴呆
Alzheimer's disease (AD) 阿尔茨海默氏病
ambiguous critical words 歧义临界词
American sign language (ASL) / Ameslan 美式手语
amino acid 氨基酸
amodal semantic system 模态语义系统
amplitude 振幅
amusia 失乐症
amygdale 杏仁核
amyloid 淀粉状蛋白
anaphor 照应语
anatomical 解剖学的
anchoring silicon sheet 锚定硅胶片
angiogram 血管造影
angular gyrus, angular gyri (AG) 角回
angular territories 角回区域
animacy semantic–thematic violations 生命性语义—论题异常
Annett's handedness questionnaire 安妮特的惯用手问卷
anomia 命名性失语
anomic aphasia 命名性失语症
anomia 称名不能
ANOVA 方差分析
anterior and dorsal 前部背侧
anterior angular gyrus (aAG) 前角回
anterior aphasia 前部失语症
anterior auditory 'what' pathway 前部 "what" 听觉通路
anterior cingulate cortex (ACC) 前扣带皮层
anterior cingulate gyrus 前扣带脑回
anterior cluster 前部聚类
anterior commissural plane 接合面前部
anterior forebrain pathway (AFP) 前脑通路
anterior inferior frontal gyrus (aIFG) 前额下回
anterior inferotemporal cortex (aIT) 前颞下皮层
anterior insular cortex 前岛皮质
anterior left inferior prefrontal cortex (aLIPC) 左前额下皮质
anterior medial fusiform cortices 内侧纺锤形皮层前部，前内侧梭状皮质
anterior middle temporal gyurs (aMTG) 前颞中回
anterior nidopallium (MAN) 前巢皮质巨细胞核，前巢状皮层

anterior portion of the cingulate gyrus 前扣带回
anterior-posterior axis 前后轴
anterior prefrontal cortex (aPFC) 前额叶前部皮层
anterior prefrontal region 前额叶区前部
anterior segment of arcuate fasciculus 弓形束前段
anterior subpart 前部次级区
anterior superior temporal gyrus (aSTG) 前颞上回
anterior superior temporal sulcus (aSTS) 前颞上沟
anterior supramarginal gyrus (aSMG) 前缘上回
anterior Sylvian/lateral fissure 外侧裂前部 / 侧裂
anterior temporal (AT) 颞前部
anterior temporal cortex (ATC) 前颞叶皮质
anterior temporal cortices 颞皮层前部
anterior temporal foci 颞前部聚集处
anterior temporal gyrus 颞前回
anterior temporal lobe (ATL) 前颞叶
anterior temporal lobectomy 颞叶前部切除术
anterior temporal pole 颞前电极
anterior thalamic radiation (ATR) 丘脑前束
anterior-ventral system 腹侧前部系统
anterior ventromedial fusiform cortices 腹内侧纺锤形皮质前部，前腹内侧梭状皮质
anterior voice region 声音前区
anterolateral (AL) 前外侧
antero-lateral temporal cortices bilaterally 双外侧前颞叶皮质
anthropopithecus troglodytes 穴居人猿
antisense 反义 ape 猿
ape 猿
aphasia 失语症
apraxia 精神性失用症，运动不能症
architectural scheme 结构方案
arcuate fasciculus (AF) 弓形束
arcuate sulcus (AS, ArS) 弓形沟
arginine 精氨酸
argument structure 论据结构
array probe 阵列探测器
arterial spin labeling (ASL) 动脉自旋标记
articulatory apparatus 发音器官
articulatory rehearsal 发音复述
articulatory suppression task 发音抑制任务
artifact 假象
artificial intelligence (AI) 人工智能
artificial neural network (ANN) 人工神经网络
ascending branch of the sylvian fissure (abSF) 外侧裂的上行分支
Asian ape 亚洲猿
asparagines 天冬酰胺
aspectual function 体的功能
assembled script 组合文本，组装的脚本
assembly dynamics 集结动力学
assembly 集合
associative neuron 联想神经元
associative visual cortex (V3, V4, V5) 联想视觉皮层 (V3，V4，V5)
astrocyte 星形细胞
asymmetry index (AI) 不对称指数
asynchronies 异步性
atlas of intrinsic connectivity of homotopic areas (AICHA) 同源区的内在连通性图谱
attention deficit hyperactivity disorder (ADHD) 注意缺陷障碍多动症
attention mechanism 注意力机制
auditory basic (AB) 听觉基础
auditory belt 听觉带
auditory brainstem evoked potentials (ABR) 听觉脑干诱发电位
auditory core 听觉核
auditory cortex 听觉皮层
auditory cortical fields 听觉皮层场
auditory cortical pathway 听觉皮质通路
auditory dorsal stream 听觉背侧通路，听觉背侧流
auditory parabelt 听觉旁带
auditory parabelt region in Wernicke's area (WPB) 韦尼克区的听觉旁带区
auditory processing pathway 听觉处理通路
auditory segmentation 声音分段，听觉分割
auditory streaming 听觉通道，听觉流
auditory subordinate (AS) 听觉从属
auditory system 听觉系统
auditory temporal 听觉颞叶区
auditory thalamus 听觉丘脑
auditory ventral stream 听觉腹侧通路，听觉腹侧流
auditory word-form area (AWFA) 听觉词形区
australopithecus 南方古猿
autism spectrum disorder 自闭症谱系障碍
autoassociator 自联想器
autoencoder (AE) 自编码器
automated anatomical labeling (AAL) 自动解剖标记
automatic process 自动进程
autonomic nervous system (ANS) 自主神经系统
autonomous entity 自主实体
autosomal dominant mutation 常染色体显性突变
average-pooling 平均池化
axial 轴向
axon 轴突
axonal arborization 轴突分支

axonal myelination 轴突髓鞘形成

B

background electroencephalogram 背景脑电图
back-propagation (BP) 反向传播
bacterial artificial chromosome (BAC) 人工细菌染色体
bandpassed noise (BPN) 带通噪声
bag-of-words 词袋
barn owls 谷仓猫头鹰
basal ganglia circuit 基底神经节回路
basal posterior temporal lobe 基底颞后叶
basal temporal area 基底颞区
basal temporal cortex (BTC) 基底颞叶皮质
base pairs 碱基对
base-2 logarithm 底为 2 的对数（$\log_2$）
baseline activity 基线活性
batch gradient descent 批量样本的梯度下降（所有样本计算梯度）
batch learner 批学习者
begging posture 乞讨姿势
behavioral assessments 行为评定
behavioral-human utterances 人类的行为语言
belt and parabelt 带和旁带
belt region 带状区域
beta-desynchronization β - 去同步
between-family (BF) 家庭之间
bias toward up-regulation 偏向正向的调节
bidirectional associative memory (BAM) 双向联想记忆
bidirectional encoder representation from transformers (BERT) 来自转换器的双向编码器表征
bidirectional-RNN (bi-RNN) 双向循环神经网络
big data 大数据
bi-grams 二元文法
bilateral anterior temporal cortices 双侧前颞叶皮层
bilateral anterior ventromedial fusiform cortices 双侧前腹内侧梭状皮质
bilateral insulae 双侧脑岛
bilateral morphological abnormalities 双侧形态学异常
bilateral superior medial prefrontal cortex 双边前额上皮层内侧
bilingual interactive activation plus (BIA+) 双语互动激活 +
bilingual model of lexical access (BIMOLA) 词汇通达双语模型
bimodal interactions 双峰交互作用
bioccipital 双侧枕部
biochemical 生物化学
bipedal 两足的
bipedal locomotion 双足运动
blank slate 白板，一张白纸
block design 块设计，分组设计
block-design verb generation task (BD-VGT) 分组设计的动词生成任务
blocked vs. mixed presentation 组块显示与混合显示
blood oxygen level-dependent (BOLD) 依赖血氧水平
BOLD hemodynamic signal 依赖血氧水平的血液动力学信号
Bonobos 倭黑猩猩
bootstrap procedure 引导程序
Braille 盲文
brain activation 脑激活
brain–computer interfaces (BCI) 脑机接口
brain tissue 脑组织
breakpoint 断点
broad-band 宽带
Broca area 布洛卡区
Broca area, pars opercularis (BPO) 布洛卡区的岛盖部
Broca area, pars triangularis (BPT) 布洛卡区的三角部
Brodmann areas (BA) 布罗德曼区 (BA)
buccofacial apraxia 颊面运动不能症，颊面失用症
burst 脉冲
button-press 按按钮

C

caenorhabditis elegans 秀丽隐杆线虫
calcarine cortex 距状皮层
calcarine sulcus 距状沟
calls digitally recorded 数字记录的呼叫
callosal damage 胼胝体损伤
callosotomy 胼胝体切开术
callosum 胼胝体
carnegie stage 卡内基阶段
cascading model 级联模型
case marking 格标记
case-specific masked priming 特定场合遮蔽启动
case-specific priming 特定场合启动
categorical relation 类别关系
categorical perception 分类感知
category effects 类别效应
caudal dorsal premotor cortex (caudal PMd) 尾部背侧运动前皮层
caudal 尾部的
caudal pathway 尾部通路
caudate nucleus 尾状核
caudolateral (CL) 后侧向，尾外侧
caudomedial area (CM) 尾内侧区

cDNA array cDNA 阵列
cell-biological 细胞生物学
cell membrane 细胞膜
cell signaling 细胞信号
central and temporal cortex areas 中央和颞叶皮层区
central auditory region 中央听觉区
centro-parietal 顶叶中心、顶中央
centual midnucleus-parsfascicular nucleus complex 中央中核 - 束旁核复合体
central nervous system (CNS) 中枢神经系统
central-parietal neurons 顶中神经元
central/posterior auditory 听觉中 / 后区
central sulcus (CS) 中央沟
central to parietal cortex 中央到顶叶皮层
centre-of-mass calculation 质心运算
centromedian and parafascicular nuclei 正中核和束旁核
cerebellar 小脑的
cerebellum 小脑
cerebral arteries 脑动脉
cerebral cognitive mapping (CCM) 大脑认知映射
cerebral cortex 大脑皮层
cerebral physiology 大脑生理学
cerebrovascular accident (CVA) 脑血管意外
cerebrovascular stroke 脑中风
chaperone 伴侣（蛋白）
character form judgment task (CJ) 字形判断任务
chemoarchitecture 化学构造，化学架构
chemotropism 趋化性
chimpanzee 黑猩猩
China internet network information center (CNNIC) 中国互联网络信息中心
cholesterol 胆固醇
cholesterol metabolism 胆固醇新陈代谢
Chomsky hierarchy 乔姆斯基层次结构
chromosome 染色体
cingulate gyrus 扣带回
cingulate sulcus (CGS) 扣带沟
cingulated 扣带
cingulated cortex 扣带皮质
cingulated-striatal-frontal 扣带回 - 纹状体 - 额叶
cladistics 遗传分类学
classical language territories 古老的语言区
closed-loop triggering of electrical stimulation 闭环电刺激触发
closure positive shift (CPS) 终止正移 / 闭合正移
cloze-probability 填空概率、完形概率
cluster 聚类
coding strategy 编码策略
coefficient 系数
cognitive building blocks 认知区块
cognitive control 认知控制
cognitive maps 认知映射
cognitive subtraction 认知减影法
co-indexation of traces 迹的协同指数化
collapsing 分解
color anomia 颜色称名不能症，颜色命名障碍
color gradations 色阶
color perception 颜色感知
color region 色区
color vision 色觉
combined and coregistered data 组合和协同注册数据
commercial birdcage 商业鸟笼型网格
commissurotomy 连合部切开术
communication calls 交流呼叫
compartmental organization 分区组织
compensatory 补偿性
compiled motor routines 编译的运动程序
complex adaptive system 复杂自适应系统
composite creativity index (CCI) 综合创新指数
computation graph 计算图
computational language 计算语言学
computed (computerized) tomography (CT) 计算机断层扫描，计算机 X 线体层照相术
computer vision (CV) 计算机视觉
conditional random field (CRF) 条件随机场
conduction aphasia 传导性失语症
conflict resolution 冲突解决
congenital adrenal hyperplasia (CAH) 先天性肾上腺皮质增生症
congenital amusia 先天失乐症
congenitally blind 先天失明
conjunction analysis 关联分析
conscious cognitive control 有意识的认知控制
conscious process 意识进程
conscription 征召
consistent-right-handed (CRH) 惯用右手
conspecific calls 同种类呼叫
conspecific vocalizations 同物种发声
conspecifics 同物种
constituency grammars 选区语法
context free grammar (CFG) 上下文无关语法
context sensitive grammar (CSG) 上下文有关语法
contiguous sections of posterior 后部交界区
continual learning / life-long learning 持续学习
continuity theories 连续性理论
continuous bag-of-words (CBoW) 连续词袋

continuum 连续体
contralesional hemifield 对侧半场
control-integration 整合控制
control mechanisms 控制机制
control source 控制源
control stimuli 对照刺激
controlled process 受控进程
converge 收敛
convergence 收敛
convergence of projections 投射会聚
convergence time (CT) 收敛时间
convergence zone 会聚区
convolution 旋绕
convolutional neural networks (CNN) 卷积神经网络
coordinate vertices 坐标顶点
core deficit 核心缺陷
corona radiata 辐射冠
coronal 冠状
coronal sections 冠状（截）面
coronal slices 冠状切片
coronal views 冠状视
corpus callosotomy 胼胝体切开术 / 裂脑术
corpus callosum 胼胝体
corpus striatum 纹状体
correlation coefficients 相关系数
cortex 皮层
cortical area 脑皮层区
cortical basal ganglia disease syndrome (CBDS) 皮质基底神经节病变综合征
cortical connectivity 皮层连通性
cortical convexity 大脑皮层凸面 / 上凸部
cortical degenerative disease 皮层变性疾病
cortical determination 皮层测定
cortical folding 脑皮层褶皱，皮质折叠
cortical folding pattern 皮层折叠模式
cortical plate 骨皮质，皮质板
cortical ribbon 皮层带
cortical veins 皮层静脉
cotton-top tamarin monkey 棉顶绢毛猴
covariate 协变量
covary 共变
cranial nerve motor nuclei 颅神经运动核
craniotomy 颅骨切开术，开颅术
creation rate 创造率
Creole 克里奥尔语
critical age 临界期
critical lures 临界诱惑
critical word 临界词，关键词
cross-entropy loss 交叉熵损失
cross-species 跨物种的
crossed aphasias 交叉失语症
cross-callosal transfer 胼胝体交叉传输
crossmodal registration 跨模式标记
cross-subject 受试者交叉
cross-validation 交叉验证
cue reliability 暗示可靠性
cuneate gyrus 楔回
cuneus 楔叶
cyan 青色
cylindrical volume of neural tissue 神经组织的圆柱体积
cytoarchitectonically 细胞结构上的
cyto- 细胞
cyto- and receptor architectonically 细胞和受体结构的
cytoarchitectonic 细胞结构的
cytoprotection 细胞保护
cytoskeleton 细胞骨架
cytosol 细胞溶胶

D

data driven analysis 数据驱动分析
deactivation 失活
declarative/procedural (DP) 陈述性 / 程序性
decision latency (DL) 决策延迟，决策潜伏期
deep belief network (DBN) 深度信念网络 / 深度置信网络
deep brain stimulation (DBS) 深部脑刺激术
deep frontal operculum 额岛盖深处
deep convolutional neural networks 深度卷积神经网络
deep learning (DL) 深度学习
deep neural network (DNN) 深度神经网络
deep posterior frontal operculum 额岛盖的深处后部
default-mode network (DMN) 默认模式网络
deficit-lesion 亏损性病变
delayed response 延迟反应
deoxyribonucleic acid (DNA) 脱氧核糖核酸
dendrite 树突
dendritic arborization 神经元树突分支
dendritic mRNA 枝状信使核糖核酸
dendritic or axonal arborization 树突或轴突树状分支
dendritic spines 树突刺，树突棘
dendrogram 系统树图
denoising autoencoders (DAE) 去噪自编码器
dense embedding vectors 密集嵌入向量
dense projection 密集投射
dependency locality theory (DLT) 位置依存理论
detection rate 检出率

developmental bilingual interactive-activation (BIA-d) 发展性双语互动激活
developmental dyslexia 发育性阅读障碍
deviance detection 偏差检测
dichotomous view 二叉视图
dichotic 二重听觉的
dichotic listening (DL) 双重听觉
dictator game (DG) 独裁者游戏
diencephalon 间脑
differential modulation 差分调制
diffuse cluster 弥漫性聚类，弥散簇
diffuse low grade glioma (DLGG) 弥漫性低度神经胶质瘤
diffusion tensor imaging (DTI) 弥散张量成像
diffusion tensor-MRI (DT-MRI) 弥散磁共振成像
diffusion weighted imaging (DWI) 弥散加权成像
digital video disk (DVD) 数字化视频光盘
digitally reversed 数字反转，数字颠倒
digitized monkey calls 数字化猴子的呼叫
dimerize 二聚物
dimorphic 二态的
dipole analysis 偶极子分析
directional asymmetry (DA) 方向性不对称
discharge 发放，释放
disconnection syndrome 分离综合病症，离断综合征
discontinuity theories 间断性理论，不连续理论
discrete groups 离散组
discrete Hopfield neural network (DHNN) 离散 Hopfield 神经网络
displacement 移置、置换
distractors 干扰因素，干扰选项
distributed intelligent processing system (DIPS) 分布式智能处理系统
distribution of associations model 联想分布模型
divided visual field 分视野
dizygotic (DZ) 双受精卵的
dopamine 多巴胺
dorsal ‘where’ pathway 背侧 where 通路
dorsal and ventral borders 背侧和腹侧边界
dorsal and ventral laryngeal motor cortices (dLMC and vLMC) 背侧和腹侧喉部运动皮层
dorsal and ventral premotor cortex 背侧和腹侧运动前皮层
dorsal anterior cingulate cortex 背侧前扣带皮层
dorsal auditory where pathway 背侧听觉 where 通路
dorsal borders 脊线，背侧边界
dorsal caudate–ventral anterior thalamic loop 背侧尾状核 - 腹前丘脑部回路
dorsal entorhinal cortex 背侧内嗅皮层
dorsal inferior frontal and precentral 背侧额下和中央前
dorsal inferior frontal gyrus 额下回背侧
dorsal occipitoparietal stream 背侧枕顶流
dorsal pathway 背侧通路
dorsal posterior cingulate cortex 背侧后扣带皮层
dorsal premotor cortex (PMCd) 背侧运动前区皮层
dorsal premotor cortex, caudal division (PMDc, F2) 背侧前运动皮层的尾部
dorsal premotor cortex, rostral division (PMDr, F7) 背侧前运动皮层的吻侧部
dorsal processing stream 背侧处理流
dorsal stream 背侧流
dorsal thalamus 背侧丘脑
dorsal-ventral streams 背腹侧通路
dorsal visual stream 背侧视觉通路
dorsal “where” pathway 背侧 where 通路
dorsolateral and superior prefrontal cortices 背外侧和前额上皮层
dorso-lateral division of the medial thalamus (DLM) 丘脑内侧的背外侧分支 / 裂
dorsolateral prefrontal cortex (DLPFC) 背外侧前额叶皮质
dorsolateral thalamus (DLM) 背外侧丘脑
dorsomedial (DM) 背内侧
dorsomedial prefrontal cortex (DMPFC) 背内侧前额叶皮层
double dissociation 双重分离
doubly articulated 双连接
down-regulated gene 下降调节基因、下调基因
drosophila melanogaster 果蝇
dual-pathway hypothesis 双通路假说
dynamic causal modeling 动态因果模型
dysarthria 构音障碍
dysphasia 言语障碍症

E

eagle call 鹰叫
early left anterior negativity (ELAN) 早期左前负性
early right anterior negativity (ERAN) 早期右前负性
echo times (TE) 回波时间
ectosplenial area 压外区
ectosplenial portion of the retrosplenial region of the cerebral cortex 大脑皮层后皮质区的间接部分
Edinburgh inventory 爱丁堡详细目录，爱丁堡调查
effector-independent 独立于效应器
effector-independent neuronal representations 独立于效应器（肌肉和腺体）的神经元表征
egocentric 自我为中心的
electrical membrane gradient 电膜梯度
electrical stimulation 电刺激

electrocardiogram (ECG) 心电图
electrocochleography (ECochG) 耳蜗电图
electromyography (EMG) 肌电图
electro-oculogram (EOG) 眼电图
electrocorticographic 皮层脑电描记法的
electrocorticography 脑皮质电图
electroencephalogram / electroencephalography (EEG) 脑电图
electrode penetrations 电极穿透
electrode site 电极点
electrode track 电极轨迹
electroencephalographic 脑电图的
electromyographic (EMG) 肌电图描记的
electron 电子
electrophysiology 电生理学
elementary linguistic operations (ELOs) 基本语言操作
elementary linguistic units (ELUs) 基本语言单元
embryology 胚胎学
empty-category 空范畴，空类别
encapsulated modules 封装模块
encephalization quotient (EQ) 脑商
encoder-decoder 编码器—解码器
end-point 端点
enhancement 增加，增强
entities 实体
entorhinal cortex 内嗅皮层
entorhinal cortex cell 内嗅皮层细胞
epilepsy 癫痫症
epilepsies that are resistant to pharmacological treatment 抗药性的癫痫，对药物治疗有抵抗力的癫痫
equivalent current dipoles (ECDs) 相同 / 等效电流偶极子
error bars 误差标杆，误差线
error processing 误差加工
error-detection 错误检测
error negativity (Ne) 负误差
error-related negativity (ERN) 负相关误差，错误相关负波
event-related potential (ERP) 事件相关电位
event-related verb generation task (ER-VQT) 事件相关形式动词生成任务
exact low-resolution brain electromagnetic tomography (eLORETA) 精确的低分辨率脑电磁断层扫描
executive function (EF) 执行功能
experience based factors (EBF) 基于经验的因素
exposed lateral surface 暴露的侧面
expressive aphasia 表达性失语
extended network model 扩展网络模型
external capsule 外囊
extrastriate area 纹外区
extrastriate cortex 纹状 (体) 外皮层
extrastriate visual cortex 纹状体外视觉皮层
extreme capsule (EC) 最外囊
extreme capsule fasciculus (ECF) 最外囊束
extreme capsule fiber system (ECFS, Emc) 最外囊（极囊）纤维系统
exuberance 高度增生
exuberance-selection 选择高度增生

F

face-recognition deficit (prosopagnosia) 面容失认症，面部识别缺陷，脸盲症
facilitation 促进，增强
factorial mappings (FM) 因子映射
false discovery rate (FDR) 错误发现率
fasciculus longitudinalis superior (SLF) 上纵束
fasciculus uncinatus (FU) 钩纤维束、钩束
feature-norming 特征规范化
feedforward backpropagation neural networks (NN(BP)) 前馈反传神经网络
feedforward neural network 前馈神经网络
feed forward and feed backward neural loops 前馈和反馈神经回路
fibroblast 纤维原细胞
field of display 显示域
figure form judgment task (FJ) 图形判断任务
final motor pathway 决定性运动神经通路
fine–coarse 精细 - 粗糙的
finite impulse response (FIR) 有限脉冲响应
finite state grammar (FSG) 有限状态语法
firing rate 发放率，射速
first order false beliefs 一阶虚假信念，一阶错误信念
first temporal gyrus 第一颞回
fixation 固定术、定影
fixation periods 定置期，固定期
fixation cross 固定十字准线
flash-suppression 闪现—抑制
flip angle (FA) 翻转角，反转角
fluctuations 波动
fluctuating asymmetry (FA) 波动不对称
focal drug infusion 病灶性药物植入，局部药物输注
focal lesions 病灶性病变
forkhead box protein P2 (FOXP2) 叉头盒蛋白 P2
formal language theory 形式语言理论
formant frequencies 共振峰频率
forward genetic approaches 正向遗传方法
fractional anisotropy (FA) 各向异性值，各向异性分数

free-association norms 自由联想规范
frequency following responses (FFR) 频率跟随反应
frequency sensitive cluster 频率敏感聚类
frontal and temporal regions 额叶和颞叶区域
frontal eye field (FEF) 额视野 / 额叶眼动区
frontal aslant tract (FAT) 额斜束
frontal lobe 额叶
frontal midline 额中线
frontal neurons 额神经元
frontal network 额叶网络
frontal opercular (FO) 额盖
frontal operculum (FOP) 额岛盖部
frontal pole (FP) 额极
frontal regions 额区
frontal–basal ganglia loop 额叶基底神经节回路
fronto-orbital (FO) 额眶区
frontoparietal areas 额顶区
frontopolar region 额极区
frontostriatal network 额纹状体网络
fronto-striatal tract (FSC) 额纹束
frontotemporal dementia 额颞叶痴呆
full scale IQ 全量表智商
functional magnetic resonance imaging (fMRI) 功能磁共振成像
functional near-infrared spectroscopy (fNIRS) 动能性近红外光谱
functional transcıanial Doppler sonography (fTCD) 功能经颅多普勒超声波技术
fundamental frequency (F0) 基频
fundus 基底
fusiform face area 纺锤状脸部区域
fusiform gyrus (FG) 梭状回
fusiform/parahippocampal cortices 纺锤形 / 海马旁皮质
fuzzy formal language 模糊形式语言

G

gamma-synchronization γ - 同步
game theory 博弈论
garden-path 花园 - 小径
gate graph neural network (GGNN) 门控图神经网络
gate recurrent unit (GRU) 门控循环单元
Gaussian mixture model (GMM) 高斯混合模型
gene expression profiles 基因表达谱
general linear model (GLM) 一般线性模型
generative adversarial network (GAN) 对抗生成网络
generative pre-training (GPT) 生成预训练
genetic brain maps 脑遗传学图、遗传脑谱图
genetic cascades 遗传性级联
genetic continuum 遗传连续统一体
genetic linkage 基因连锁
geneticybiological 遗传学与生物学
genomic 基因组的
genotype 基因型
gestation 妊娠
gestational 妊娠期的
gibbon 长臂猿
glia 神经胶质
glial cells 胶质细胞
glioma 神经胶质瘤
global aphasia 全脑失语症
global field power 全脑场力，全脑场强
globus pallidus 苍白球
glucose 葡萄糖
Golgi apparatus 高尔基体
gorilla 大猩猩
gradient diffusion 梯度扩散
grammaticalisation 语法化
Granger causal interactions 格兰杰因果相互作用
Granger causality 格兰杰因果关系
graph attention network (GAT) 图注意力网络
graph convolutional network (GCN) 图卷积网络
graph neural network (GNN) 图神经网络
graph recurrent neural network 图循环神经网络
graphical processing unit (GPU) 图形计算单元
grey matter (GM) 灰质
gray matter atrophy 灰质萎缩
gray matter volume (GMV) 灰质体积
grid electrode 网格电极
group map 组图
growing behavioral 成长行为的
gustatory cortex 味觉皮层
gyrification index (GI) 脑回指数，回转指数

H

H magnetic resonance spectroscopy (H-MRS) 氢质子磁共振波谱
hamadryas baboons (Papio hamadryas) 阿拉伯狒狒
haploinsufficiency 单倍剂量不足，单倍体不足
haplorhines 海雀
hard attention 硬注意力
harmonic 谐波
harmonic structure 谐波结构
head circumference 头围
head coil 头线圈，头部盘绕

helix 螺旋结构
hemianopia 偏盲症
hemifield 半域，半视野
hemifield-modulated 半视野调节的
hemispheric functional laterality index (HFLI) 半脑功能侧化指数
hemispheric intrinsic connectivity asymmetry (HICA) 半球内在连通性不对称
hemodynamic 血液动力学的
Heschl's gyrus (HG) 颞横回
heterogeneity 异类，异质性
heterogeneous 异质的
heterospecific animal vocalizations (AVocs) 异类动物发声法
hidden layers 隐藏层
hidden Markov model (HMM) 隐马尔可夫模型
hierarchical attention 分层注意力
hierarchical clustering 层次聚类
high-density oligonucleotide array 高密度寡核苷酸阵列
higher-level auditory processing region 高级听觉处理区
higher-level auditory region 高级听觉区
higher-order associative 高阶联想
higher-order sensorimotor areas 高阶感觉运动区
highest error rate 最高差错率
high-level auditory region 高级听觉区域
high-pass 高通
high vocal center (HVC) 腹侧上纹状体，端脑高级发声中枢（位于巢皮质的尾部）
hindbrain 后脑
hinge loss 合叶损失
hippocampal formation (HF) 海马结构
hippocampal region 海马区
hippocampus 海马体
histidine 组氨酸
holistic 整体上的
hominid 原始人类
hominid evolution 原始人类的进化
hominoidea hominoids 人科动物，类人猿
homo erectus 直立人
homo ergaster 匠人
homo habilis 能人
homo heidelbergensis 海德堡人
homo neanderthalensis 尼安德特人
homo sapiens 智人，现代人
homolog 相同器官，同系物
homologous region 同源区
homonym-avoidance 避免同音异义词，同音回避
homophone judgment task (HJ) 同音字判断任务
Huntington's disease 亨廷顿病
hybridization signal 杂交信号
hylobates lar (white-handed gibbons) 白掌长臂猿
hyperactivity 极度活跃
hypothalamus 下丘脑
hypothesis-driven 假说驱动的

I

identical and fraternal twins 同卵和异卵双胞胎
imageability 表象力
implicit associative response (IAR) 暗含联想响应
implicit baseline 内隐基线
implicit priming task 内隐引导任务，隐式启动任务
in situ hybridization 原位杂交
inactivation 失活
inadvertently tethering 无意中拘束
incidental sound of locomotion 偶然的运动声
infant-directed (ID) 针对于婴儿的
inferior and middle frontal gyri 额下 / 中回
inferior and superior parietal lobe 顶下 / 上叶
inferior central source 下中心源
inferior colliculus (IC) 下丘脑
inferior cortex 下皮层
inferior extrastriate cortex (IES) 纹（状体）外下皮质
inferior frontal–basal ganglia loop 额下 - 基底神经节回路
inferior frontal–cerebellum loop 额下 - 小脑神经回路
inferior frontal cortex (IFC) 额下皮层
inferior frontal gyrus (IFG) 额下回
inferior frontal gyrus anterior (IFGa) 额下回前部
inferior frontal gyrus posterior (IFGp) 额下回后部
inferior frontal sulcus (IFS) 额下沟
inferior fronto-occipital fasciculus (IFOF) 额 - 枕下束
inferior longitudinal fasciculus (ILF) 下纵束
inferior occipital gyrus 枕下回
inferior parietal cortex 顶下皮层
inferior parietal lobe 顶下叶
inferior parietal lobule (IPL) 顶下小叶
inferior pars opercularis 下岛盖部
inferior portion of the left pars opercularis 左岛盖下部
inferior prefrontal cortex 前额下皮层
inferior prefrontal gyrus 前额下回
inferior temporal cortex (ITC) 颞下皮质
inferior temporal gyrus (ITG) 颞下回
inferotemporal (IT) 颞下
information extraction 信息抽取
information flow 信息流
information retrieval (IR) 信息检索
infrasylvian supramarginal regions 下外侧裂缘上区

inherited default strategy 遗传默认策略
initially pre-specified 初始预定的
insula 脑岛
insular cortex (IC) 岛叶皮质
intelligence quotient (IQ) 智商
inter language 中介语
interior frontal 额叶内侧
intermediate sounds 中间音
internal capsule (IC) 内囊
internally generated 内部产生的
International Organization for Standardization (ISO) 国际标准化组织
interneuronal system 神经元间的连接系统
interneurons 中间神经元
inter-stimulus intervals 刺激间隔
inter-subject 受试者相互（间）的，主体间
intonational contours 语调轮廓
intracarotid amobarbital testing 颈动脉内的异戊巴比妥测试
intracranial hematoma 颅内血肿
intractable epilepsy 顽固性癫痫
intralaminar nuclei 板内核
intralimbic sulcus (ILS) 内部边缘沟，边内沟
intraparietal cortex (IPC) 顶内皮层
intraparietal sulcus (IPS) 顶内沟
invasive recording 侵入性记录
ipsilateral（身体）同侧的
ipsilateral field 身体同侧的区域，同侧场
ipsilateral hemifield 身体同侧的半域，同侧半场
ischemic damage 缺血性脑损伤
isolated lesion 孤立病灶
isolating disease-specific differences 隔离特定的疾病差异

J

Japanese sign language (JSL) 日本手语
just-linguistic 只是语言的

K

key value 关键值
kiss squeak 红毛猩猩的亲吻吱吱声
knowledge discovery 知识发现
knowledge graph 知识图谱
koniocortical primary area 粒状皮质初级区

L

lactate 乳酸盐
language acquisition device (LAD) 语言获得装置
language deficits 语言缺陷
language dysfunction 语言机能障碍
language model (LM) 语言模型
language representation 语言表示，语言表征
language switching 语言切换
language transfer 语言迁移
laryngeal motor cortex (LMC) 喉部运动皮层
late positivity component (LPC) 晚期正成分
late signers (LS) 晚期手语者
late-blind 后天失明
latent semantic analysis (LSA) 潜在语义分析
lateral and medial premotor cortex 运动前区皮层的外侧和内侧
lateral auditory 侧向听觉
lateral belt 侧向带
lateral fissure 侧裂
lateral frontoparietal cortex 外侧额顶皮质
lateral fusiform 纺锤形外侧，梭状回外侧
lateral geniculate body 外侧膝状体
lateral inferior prefrontal cortices 外侧前额侧下皮层
lateral occipital regions 外侧枕区
lateral orbito-frontal cortex (LOFC) 外侧眶额皮层，外侧前额皮质
lateral part of the magnocellular nucleus of anterior nidopallium (LMAN) 巢皮质前端的外侧大细胞核
lateral PMd 背外侧前运动皮层区
lateral prefrontal cortex 外侧前额皮层
lateral premotor 外侧运动前区
lateral temporal 外侧颞
lateral temporal lobe 颞叶外侧
lateral t-scope 侧向 t- 范围
lateral sulcus (LS) 外侧沟
laterality of activation 激活的偏侧化
laterality index (LI) 偏侧指数
laterality quotient 偏侧比值，偏侧商
lateralization 偏侧性
lateralization index (LI) 偏侧性指数
lateralized readiness potentials (LRP) 单侧准备电位
lathosterolosis 7- 烯胆烷醇
learning block 学习难度
least squares regression 最小平方回归法
left angular gyrus 左角回
left anterior negativity (LAN) 左前负性
left anterior temporal lobe 左颞叶前部
left anterior temporal pole 左前颞极
left anterolateral STC (LalSTC) 左前外侧颞上皮层
left cuneus 左楔叶
left dorsal processing stream 左背侧加工通路

left frontal cortex 左额皮层
left frontal opercular (FO) 左额盖
left frontal operculum 左额岛盖部
left fusiform gyrus 左梭状回
left inferior frontal cortex (LIFC) 左额下皮层
left inferior frontal gyrus 左额下回
left inferior prefrontal cortex 左前额下皮层
left insula 左脑岛
left lateral temporal cortex 左外侧颞皮层
left middle frontal gyrus 左额中回
left middle fusiform (midfusiform) gyrus 左梭状回中部
left occipital–temporal junction (OTJ) 左枕 - 颞连接处
left perisylvian area 左外侧裂周区
left posterior inferior temporal cortex (PITC) 左颞下皮层后部
left posterior middle temporal (MT) 左颞中后部
letf posterior motor area (LPMC) 左后运动区
left posterior temporoparietal circuits 左后颞 - 顶回路
left precentral gyrus 左中央前回
left premotor area 左运动前区
left rostral prefrontal cortex 左喙前额皮层
left superior frontal gyrus 左额上回
left superior parietal gyrus 左顶上回
left superior temporal gyrus 左颞上回
left temporal tip 左颞端，左颞尖
left ventral IT region 左腹侧颞下区
left visual field (LVF) 左视野
left-hemisphere 左脑半球
left-lateralized activation 左侧向激活
lemma 词元，词条
lenticular nucleus 豆状核
leopard call 豹叫
lesion 损伤
lesion studies 病变研究
letter string 字符串，字母串
leukocyte 白细胞
level approaching significance 接近有效水平，接近显著水平
levodopa 左多巴，左旋多巴
lexical access processes 词汇通达加工
lexical categories 词汇范畴
lexical codes 词汇代码
lexical decision 词汇决策
lexical labels 词汇标签
lexical retrieval 词汇提取，词汇检索
lexigrams 黑猩猩和倭黑猩猩使用的图形字
Likert scale 李克特量表
linear effect 线性效应
lingual gyrus / lingualis gyrus 舌回
linguistic categories 语言学范畴
linguistic processing 语言学处理
lipid metabolism 类脂物新陈代谢，脂质代谢
lipid raft 脂筏
lobectomy 叶切除术
local anesthesia 局部麻醉
local field potentials (LFP) 局部场电位
local modularity 局部模块性
local receptive fields 局部感受野
loci 轨迹 / 位点
logical-human language 人类逻辑语言
logistic function 逻辑斯蒂函数
logographic scripts 表意文字体系
logopenic progressive aphasia (LPA) 言语渐进性失语症，少词型渐进式失语症
logopenic variant PPA (PPA-L) 少词型原发性渐进式失语症
long arm 长臂
long segment of arcuate fasciculus 弓形束长段
long short-term memory (LSTM) 长短时记忆
longitudinal 纵向的
long-term depression (LTD) 长期抑制
long-term potentiation (LTP) 长期增强
low-dimensional and dense vectors 低维和密集向量，低维密集向量
lower-level 低水平，低等级
low-pass 低通

M

macaca mulatta 恒河猴，猕猴
macaque (monkey) 短尾猴，短尾猿，猕猴
MacArthur-Bates communicative development inventories (CDI) 麦克阿瑟 - 贝茨交流发展量表
machine learning (ML) 机器学习
magnetic early right anterior negativity (mERAN) 磁性早期右前负波
magnetic resonance imaging (MRI) 磁共振成像
magnetic source imaging 磁源成像
magnetoencephalogram (MEG) 脑磁电波描记图，脑磁图
magnetoencephalographic 脑磁 X 线成像，脑磁图
magnetoencephalography 脑磁图
main membrane components 主膜成分
mamillary area 乳头区
mammal 哺乳动物
mantle layer 套层
mantle layer of the midbrain (MB) 中脑覆盖层
marble brain disease 石脑症 / 碳脱水酶 II 缺陷综合征
masked language model (MLM) 遮挡语言模型，掩蔽语言

模型
masked priming task 遮蔽引导任务，掩蔽启动任务
matching-to-function (MTF) 匹配功能
matching-to-sample (MTS) 样本配对
matrix metalloproteinase (MMP) 基质金属蛋白酶
maximum entropy model (EMM) 最大熵模型
maximum likelihood estimates 极大似然估计
max-pooling 最大池化
mean diffusivity (MD) 平均弥散系数，平均扩散系数
mean hemodynamic delays 平均血液动力学延迟
mean length of utterance (MLU) 平均言语长度
mean squared error (MSE) 均方误差
meanings 含义
medial dorsal nucleus (MD) 背内侧核
medial dorsal thalamic nucleus (MD) 丘脑背内侧核
medial extrastriate 纹状体外内侧，内侧外纹状体
medial frontal areas 额中区
medial temporal (MT) 颞内侧
medial frontal gyrus (MFG) 额内侧回
medial fusiform 纺锤形内侧，梭状回内侧
medial nucleus 内侧核
medial nucleus of the dorsolateral thalamus (DLM) 背外侧丘脑的内侧核
medial prefrontal cortices 前额内侧皮层
medial superior frontal gyrus 额内侧上回
medial temporal gyrus (MTG) 颞内侧回
medial temporal lobe (MTL) 颞叶内侧
median splits 中间分离
medication-resistant 抗药性
mediodorsal (MD) 背中部的
mediolateral axis 中侧轴、中间外侧轴
medulla oblongata (ME) 延髓
medullary raphé 脊髓，髓中缝
melodic intonation therapy 基于语调的言语治疗，旋律语调治疗
membrane synthesis 细胞膜合成
memory buffer 存储缓冲器
Mendelian trait 孟德尔法则的特性，孟德尔特征
mental calculation 心算
mental exertion 智力发挥，脑力劳动
mental image 心智图像，心理意象
mental lexicon 心理词典
mental representations 心智表征
mental retardation 智力迟钝
mental states 心智状态
mentalese 心理语言
meta-analysis 元分析
metalinguistic 元语言的
metric distortion 度量畸变
metrical encoding 韵律编码
metrical feet 韵脚
mid and posterior temporal 颞中 / 后
mid-fusiform gyrus 梭状回中部
mid-inferior prefrontal cortex 前额中 - 下皮质
midbrain (MB) 中脑
middle and superior temporal cortex 颞中上皮层
middle frontal gyrus (MFG) 额中回
middle frontal gyrus posterior (MFGp) 额中回后部
middle fusiform gyrus 梭状回中部
middle/inferior frontal gyrus 额中 / 下回
middle lateral (ML) 中侧向，中外侧
middle longitudinal fasciculus (MdLF) 中纵束
middle occipital gyrus 枕中回
middle of MTG (mMTG) 颞中回中部
middle prefrontal gyrus 前额中回
middle temporal gyrus (MTG) 颞中回
middle temporal gyrus extending into fusiform gyrus 颞中回扩展到梭状回
middle/superior temporal gyrus (gyri) (MTG/STG) 颞中 / 上回
middle subpart 中部次级区，中间部分 midline occipital control site (Oz) 枕叶中线控制点，枕正中线控制部位
millions of years ago, mya 百万年前
miniature languages 微型语言
minibatch SGD algorithm 小批量随机梯度下降法
mirror neuron 镜像神经元
misfolded proteins 误叠蛋白，错误折叠蛋白
mismatch negativity component 失配负性成分
mitochondria 线粒体
mixed transcortical aphasia 混合性经皮层失语症
mnemonic associations 助记符关联，联想记忆法
modality-independent 独立形态，模态无关
model implications 模型含义
modified national institute of standards and technology database (MNIST) 手写阿拉伯数字图像数据库
molecular biology 分子生物学
molecular genetics 分子遗传学
molecular imaging techniques 分子成像技术
molecular markers 分子标记
momentum 动量
monkey calls 猴子呼叫
monozygotic (MZ) 单受精卵
morphological abnormalities 形态异常
morphological asymmetry 形态不对称
morphosyntactic 形态句法学的
motor and sensory regions of the brain 大脑的运动和感觉区域

motor activity 运动效能，运动活性
motor and premotor 运动区和运动前区
motor cortex 运动皮层
motor frontal regions 运动额叶区
motor responses 运动响应
motor output 运动输出
motoric representation（肌肉）运动表征
motorneuron 运动神经元
multiagent 多重施事者，多智能体，多主体
multi-competence 多语能力
multilayer feedforward neural networks 多层前馈神经网络
multilayer perceptron (MLP) 多层感知机
multi-layer RNN 多层循环神经网络
multimodal stimuli 多模式刺激
multiple comparison correction 多重比较校正
multiple genes 多基因
multiple processing 多重处理
multiple regression 多重回归
multiscale entropy 多尺度熵
multisite unit 多点单位，多元
mutation 突变
myopia 近视
myelin sheaths 髓鞘
myelination 髓鞘生成
myelo- 骨髓

N

naïve bayes model (NBM) 朴素贝叶斯模型
named entities 命名实体
named entity recognition (NER) 命名实体识别
nanoampère-metres (nAm) 纳安米
narrow convolution 窄卷积
natural language processing (NLP) 自然语言处理
national science foundation (NSF) 美国国家科学基金会
native language neural commitment (NLNC) 母语神经系统的承诺，母语神经承诺
native signers (NS) 母语手语者
native Chinese speakers (NCS) 母语为汉语者
native English speakers (NES) 母语为英语者
natural sounds (NSnds) 自然声音
negative feedback 负反馈
negative linear effect 负线性效应
neighboring (belt) region 周边（带）区
neocortex 新大脑皮层，新皮质
neocortical recording 新皮层记录
neostriatal 新纹状体的
neural circuitry 神经回路
neural correlates 神经相关性
neural columns 神经束，神经柱（列）
neural commitment 神经系统的承诺，神经承诺
neural generators 神经发生器
neural loci 神经基因座，神经位点
neural mechanisms 神经机制
neural network (NN) 神经网络
neural pathways 神经路径，神经通路
neural representations 神经表征
neural substrate 神经基质
neuroanatomical substrates 神经解剖学基质
neuroanatomy 神经解剖学
neuroarchitectonic 神经构造，神经结构
neurobiological 神经生物学的
neurocognitive 神经认知
neurocognitive language control model (NLC) 神经认知语言控制模型
neurodegenerative diseases 神经退化疾病，神经退行性疾病
neurogenetics 神经遗传学
neuroimaging 神经影像
neurology 神经学
neuron 神经元
neuroprosthetic 神经修复，神经义肢技术
neuronal recruitment 神经元补充，神经元募集
neuronal size 神经元大小
neuropathology 神经病理学
neuropil 神经纤维网
neuropsychological 神经心理学的
neuroscience 神经系统科学
neuroscientist 神经科学家
new cochleotopic area 全新的与听觉通路和脑听觉区，新的耳蜗主题区
new world monkey 新大陆猴，新世界猴
next sentence prediction (NSP) 下一句预测
n-grams n 元文法
nonbiological sounds 非生物声音
non-fluent variant-primary progressive aphasia (nfv-PPA) 非流利性原发性渐近式失语症
noninvasive techniques 非入侵技术
nontarget language 非目标语言
Northwestern Anagram Test (NAT) 西北相同字母异序词测试
notifying behavior 告知行为
noun phrase (NP) 名词短语
nuclear magnetic resonance (NMR) 核磁共振
nucleolus 核仁
nucleotide 核苷酸

nucleotide sequences 核苷酸序列
nucleus 核，细胞核，神经核
nucleus reticularis (NR) 网状核
number of streamlines 流线数量

O

oblique-axial slices 斜轴切片
occipital and inferior temporal cortex 枕叶和颞下皮层
occipital and parietal lobes 枕叶和顶叶
occipital and temporal-basal associative cortices 枕颞基底关联区
occipital associative extrastriate cortex 枕部联合纹外区皮层
occipital cortex 枕叶皮层
occipital fusiform gyrus 枕叶梭状回
occipital lobe 枕叶
occipito-temporal cortex 枕 - 颞皮层
occipitotemporal cortical junctions 枕颞皮层汇合处
occipitotemporal junction (OTJ) 枕 - 颞连接处
octave 八度音，倍频程
oddball 古怪的
old world monkey 旧大陆猴，旧世界猴子
olivocochlear bundle 橄榄耳蜗束
one-hot encodings 独热编码
on-line revision 在线修正
onset and offset 发作和偏移
onset-time 起始时间，初动时间
ontogenetic 个体发生的，个体发育的
ontogenetic ritualization 个体发育仪式化
opercular cortex 岛盖皮层
opercular part and triangular part of the inferior frontal gyrus 额下回的盖区和三角区
optic fiber response pad 光纤响应板（垫）
orangutan 红毛猩猩
orbital frontal 眶额
orbital part of inferior frontal gyrus 额下回眶部
orbitofrontal area 眶额区
orbito-frontal cortex (OFC) 眶额皮层
original lateralized 原始侧向的，原有单侧性的
orofacial 口面部的
orthographic input lexicon 字形输入词典
orthography–phonology transformation (OPT) 字形 - 字音的转换，正字法语音转换
orthogonal division 正交划分
orthographic judgment 字形判断，正字法判断
otoacoustic emissions (OAE) 耳声发射
out-of-view 可视范围之外，看不见的
overlying parietal cortex 叠加顶叶皮层，覆盖顶叶皮层

P

P. abelii (sumatran orangutans) 苏门答腊猩猩
pairing linguistic tasks 配对语言任务
pallial 大脑皮质的
pan paniscus 倭黑猩猩
pan troglodytes 黑猩猩
papio hamadryas (hamadryas baboons) 阿拉伯狒狒，狒狒
parabelt region 旁带区，准带区
paracingulate gyrus 旁扣带回，带状回
para-cingulate sulcus (PCGS) 副扣带沟
parafascicular nuclei 束旁核
parahippocampal gyrus 海马旁回
parainsular area 岛旁区
parallel distributed processing (PDP) 并行分布式处理
parallel model 并行模型
parasagittal column 旁矢状面柱
parasubicular area in a rodent 啮齿动物的亚次区，啮齿动物的下颌下区
parasagittal slices 旁矢状切面
parietal cortex 顶叶皮层
parietal opercula 顶叶盖
parietal region 顶叶区
parietooccipital sulcus 顶枕沟
parkinson's disease (PD) 帕金森氏病
pars opercularis (pOp, BA 44) 岛盖部
pars orbitalis (pOr) 眶部
pars triangularis (pTr, BA 45) 三角部
parietal lobe 顶叶
part of anterior cingulate cortex 前扣带皮层的一部分
partial means 局部方法，部分手段
parietal network 顶叶网络
parieto-central 顶中央
parietal-temporal junction 顶 - 颞交界处
pathogenesis 发病机理
pathway 通路
pedigree 家谱
pelvic aperture 骨盆孔径
penetration 渗透
perceptron 感知机
perceptual discrimination 感知辨别，知觉辨认
perceptual inputs 感知输入
perceptual properties 感知特性
performance IQ (PIQ) 行为智商，表现智商
performance scaled score (PSS) 绩效量表分数
perfusion 灌注
perfusion- sensitive functional imaging 灌注敏感的功能成像
periaqueductal gray (PAG) 中脑导水管周围灰质

pericentral cortices 中枢外周皮质，周围皮质
peripheral nervous system (PNS) 周围神经系统
perirhinal cortex 嗅周皮层，鼻周皮层
perisylvian area 外侧裂周区
perisylvian association cortex 外侧裂联想皮层
perisylvian language-related association cortex 外侧裂语言相关联想皮层
permutation analyses 置换分析
perseverative or paraphasic 持续性动作或者言语混乱的
persistent developmental stuttering 持续发育性口吃
phenotype 表型
phenotypic 表型的
phon 响度的测量单位方
phonagnosia 声音辨识功能障碍，失声症
phonemic paraphasia 语音性错语，音位失语
phonological anomia 语音称名失能、语音命名不能症，语音障碍
phonological loop model 语音回路模型
phonological maintenance 语音保持，语音维持
phonological matching 语音匹配
phonological mismatch negativity (PMN) 语音错配负性
phonology 音韵学、语音体系
phosphorylation 磷酸化
photographs of objects (VO) 物体图像，物体照片
phrase structure grammar / phrasal structure grammar (PSG) 短语结构语法
phylogenetic 系统发生的
phylogenetic spectrum 系统发生谱，系统发育谱
phylogenetically 系统发生上，系统发育上的
phylogeny 系统发育
physiology 生理学
Pidgins 洋泾浜语，皮钦语
pigtail macaque 猪尾猕猴
piriform cortex 梨状皮质
placental 胎盘的
place-responsive 响应位置
planum temporale minicolumn 颞平面微型柱
planum temporale 颞平面
platinum-iridium 铂铱
platinum-tungsten fibres 铂钨纤维
playback paradigm 重放范式，回放范式
point-light displays 光电显示
polygenic trait 多基因特性
polymicrogyria 多小脑回
polymorphic variant 多态变体
pongo pygmaeus (wild Bornean) 野生婆罗洲猩猩，类人猿
population average, landmark- and surface-based (PALS) 基于群体取平均、地标和地表
position embedding 位置嵌入
positive linear effect 正线性效应
positive thought disorder with disorganized speech 言语混乱的积极思维障碍
positive wave 正波
positron emission tomography (PET) 正电子发射断层扫描术，正电子发射层析成像
post gestational 后妊娠期，产后
postcentral gyrus 中央后回
post- perceptual 后感知，后知觉
posterior aphasia 后部失语症
posterior ascending limb 后升肢
posterior auditory region 听觉后区
posterior brain systems 后脑系统
posterior cingulate cortex 扣带皮层后部
posterior descending pathway (PDP) 后下行通路
posterior dorsal 后背侧
posterior-dorsal system 背侧后部系统，后背系统
posterior dorsolateral prefrontal cortex 背外侧前额叶皮层后部，后背外侧前额叶皮层
posterior fusiform gyrus 梭状回后部，后梭状回
posterior high-level auditory area 高级听觉后区，后高级听觉区
posterior language areas 后部语言区域
posterior lateral occipito-temporal cortex 外侧枕 - 颞叶皮层后部，后外侧枕颞皮质
posterior inferior temporal cortex (pITC) 颞下皮层后部
posterior left inferior prefrontal cortex (pLIPC) 左后前额下皮质
posterior middle temporal gyrus (pMTG) 后颞中回
posterior parietal cortex (PPC) 顶叶皮层后部
posterior perisylvian cortex 外侧裂皮层后部
posterior regions 后部脑区
posterior segment of arcuate fasciculus 弓形束后段
posterior subpart 后部次级区
posterior superior temporal cortex (pSTC) 颞上皮层后部
posterior superior temporal gyrus (pSTG) 颞上回后部，后颞上回
posterior superior temporal lobe 后颞上叶
posterior superior temporal sulcus (pSTS) 颞上沟后部，后颞上沟
posterior supramarginal gyrus (pSMG) 后缘上回
posterior temporal region 颞区后部，后颞区
posterior temporoparietal region 颞 - 顶区后部，后颞 - 顶区
posterior occipito-temporal cortex 后枕 - 颞皮层
postsynaptic density (PSD) 突触后密度
potential sources of input 输入位源
posterior/ventral IT 颞下的后部 / 腹侧

pragmatic inferencing 语用推理
pre-activation negativity (PrAN) 激活前负性
precentral gyrus (PCG) 中央前回
precentral sulcus (PCS, PrCS) 中央前沟
precentralinferior (PCI sulci) 前中央下（沟）
precuneus 楔前叶
precursor region 前体区
predication 推断
predicted peaks 预测峰值
predisposition 倾向
prefrontal cortex 前额皮质
prefrontal lobe 前额叶
prefrontal premotor 前额运动前区，前额前运动
prefrontal region 前额叶区
prefrontal cortex (PFC) 前额皮质
pre-lexical 前词（成分）
prelexical function 前词功能
pre-linguistic 语言能力前的，语言前期的
premotor and motor areas 运动前区和运动区
premotor and parietal cortices 运动前区和顶叶皮层，前运动皮质和顶叶皮质
premotor association area (PMA) 运动前联络区
premotor cortex (PMC, BA 6) 前运动皮层
premotor gyrus 运动前回
premotor planning 运动前区规划
premotor precursors 运动前区前体
preparation 准备
pre-specified connectivity 预定的连通，预定的连接
prestimulus 刺激前
presupplementary motor area (pre-SMA) 前辅助运动区
pre-trained model (PTM) 预训练模型
primary auditory cortex (PAC) 初级听觉皮层
primary gustatory cortex 初级味觉皮层
primary motor cortex 初级运动皮层
primary progressive aphasia (PPA) 原发性渐进式失语症
primary sensorimotor hand area (SM1) 初级感觉运动手区
primary somatosensory cortex (S1) 初级躯体感觉皮质
primary visual cortex (V1) 初级视觉皮质
primate 灵长类动物
principal component analysis 主元分析法，主成分分析
priori hypothesis 先验假设
prime word 原始词，启动词
probability map 概率映射
processing stream 处理通路，处理流
proficient 精通
profile 剖面图，轮廓
profoundly deaf 重度耳聋，严重失聪
progressive nonfluent aphasia (PNFA) 渐进式非流利型失语症
proisocortex of the temporal pole (Pro.) 颞极原同形皮质，颞极的前等皮质
proliferative units 增殖单元，增殖单位
propositional meaning 命题意义
prosimians 原猴亚目猴
prosocial choice task (PCT) 亲社会选择任务
prosodic cues 韵律信号，韵律特征
prosodic patterns 韵律模式
prosopagnosia 面容失认症
protein chaperone 伴侣蛋白质
protein 蛋白质
protocortex model 原皮层模型
protomap model 原型图模型
proton 质子
prototype 原型
prototype vector 原型矢量
pruning occurs 修剪发生
pseudo-character form judgment task (PJ) 假字形判断任务，伪字形判断任务
pseudowords 假词
pulvinar regions 枕核区，丘脑后结节区
pure alexia 纯粹失读症
pure-tone (PT) 纯粹音调，纯音
push-down 下推式，下推
putamen / globus pallidus 壳核 / 苍白球区
pyramidal neuron 椎体神经元

Q

quadrature-drive radio-frequency whole head coil 正交驱动射频全头线圈
quantitative MRI (qMRI) 定量磁共振成像

R

radial basis function (RBF) 径向基函数
radial diffusivity (RD) 经向扩散系数
rapid serial visual presentation (RSVP) 快速序列视觉呈现
rate-dependent 依赖速率
rate-frequency 额定频率
real-world pragmatic violations 现实世界实用异常
rear projection screen 背投屏幕
receptive field 感受野
reciprocal 往复的，互惠的，反向的
rectified linear unit (ReLU) 整流线性单元
recurrent neural network (RNN) 递归神经网络，循环神经网络
recursive structures 递归结构

recruit cell assemblies 补充细胞集群，招募细胞集群
red nucleus 红核
reductionist models 约简模型，简化模型
refined time-course 精炼时间进程
regional cerebral blood flow (rCBF) 局部脑血流量
region-of-interest (ROI) 感兴趣区
regular languages 规则语言
reinforcement learning 增强学习
reliability of cues 暗示可靠性，线索的可靠性
repeated measrues analysis of variance (rANOVA) 重复测量方差分析
repetition time (TR) 重复时间
resting state-fMRI (rs-fMRI) 静息态 - 功能磁共振成像
retrosplenial cortex 后压部皮层，压后皮质
retrosubicular area 亚次区，下颌后区
resection 切除术
residue 剩余物，残留物
resolving flank 分解侧面，解析侧面
response conflict 反应冲突
response evaluation 反应评估
resting baseline 静止基线，静息基线
resting condition 静止状态，静息状态
restricted Boltzmann machine 受限玻尔兹曼机
retina 视网膜
reversing checkerboard stimuli 回动棋盘刺激，反转棋盘刺激
revised hierarchical model (RHM) 修订层次模型
rhesus macaques (Macaca mulatta) 恒河猴，猕猴
rhesus macaque monkey 短尾猕猴，恒河猴
ribose nucleic acid (RNA) 核糖核酸
ribosomes 核糖体
right ear advantage (REA) 右耳优势
right frontal cortex 右额叶皮层
right fusiform gyrus 右梭状回
right inferior prefrontal gyrus 右前额下回
right insula 右脑岛
right middle temporal gyrus 右颞中回
right premotor cortex (RPMC) 右运动前皮层
right superior temporal gyrus 右颞上回
right visual field (RVF) 右视野
rising flank 上升侧面
rodents 啮齿目动物
rolandic cortex 兴奋运动皮层、皮质运动分析皮层
rolling call 滚动呼叫
rostral cingulate zone 前扣带回区
rostral supratemporal plane (rSTP) 喙颞上平面
rostral 喙的、前侧
rostral area 喙区
rostral part of the superior temporal 颞上喙部
rostral prefrontal cortex 喙侧前额叶皮层
rostral supplementary motor area 喙侧辅助运动区
rostral supratemporal plane (rSTP) 喙侧颞上平面
rostrocaudal 吻末端
rostrolateral area 吻外侧区
rostroventral 腹侧
rough endoplasmic reticulum 粗面内质网
rule expressivity 规则表达性
rule generalization 规则广义性，规则泛化

S

saccade 眼睛飞快地扫视，扫视
saccade onset 扫视发作
sagittal 矢状的、径向的
scalar parameter 标量参数
scanner bore 扫描器镗孔，扫描仪孔
scanning probe microscope (SPM) 扫描探针显微镜
scrambled character 拼凑字符，乱码
scrambled photographs (VS) 杂乱图像，乱码照片
script 文本体系，文字体系
second order false beliefs 二阶虚假信念，二阶错误信念
secondary visual cortices (V2) 次级视觉皮层
segment embedding 分段嵌入
segment nature 分段性质
secretory protein 分泌蛋白质
seizure disorder 癫痫症
seizure disorders of temporal lobe origin 颞叶起源的癫痫发作
self attention 自注意力
self-organnizing map (SOM) 自组织映射
self-orhanizing feature map (SOFM) 自组织特征映射
semantic association 语义关联
semantic coding theory (FCT) 语义编码理论
semantic decision 语义决策
semantic dementia (SD) 语义性痴呆，语义变异型失语症
semantic features 语义特征
semantic judgement about subordinate-level words (SS) 次级词的语义判断
semantic judgments about basic-level words (SB) 基础级词汇的语义判断
semantic paraphasia 语义性错语
semantic priming effect 语义引导效应，语义启动效应
semantic priming hypothesis 语义启动假说
semantic priming task 语义启动任务
semantic similarity values (SSV) 语义相似值
semantic-thematic attraction 语义 - 主题吸引力

semantic variant of primary progressive aphasia (semantic variant-PPA, sv-PPA, PPA-S) 原发性渐进式语义变异型失语症
semantic ventral stream 语义腹侧流
semantic versus segmental encoding 语义与语段信息编码对比
semantics 语义
semichronic 半慢性
semi-supervised learning 半监督学习
sensorimotor (S/M, SM) 感觉运动的
sensor-motor processing 感觉 - 运动处理
sensory-motor modalities 感觉 - 运动形式
sensor 传感器
sensorimotor form 感觉运动形式
sentence-intermediate 中间句
sentence planning 句子规划
sequential motor-phoneme identification (SM-PI) system 顺序运动 - 音素识别 (SM-PI) 系统
serial model 串行模型
serial-position 连续定位，序列位置
serine 丝氨酸
sham stimulation 伪刺激
shared syntactic integration resource hypothesis (SSIRH) 共享句法整合资源假设
short-term memory (STM) 短期记忆
signalling theory 信号理论
signal-to-noise ratio (SNR) 信噪比
signatures 特征
significance level 有效级，显著性水平
silent baseline 无声基线
simple-rt 简单反应时间
single-cell 单细胞
single photon emission computed tomography (SPECT) 单光子发射计算机断层扫描
single-subject models 单受试者模型
single-unit 单体
small volume correction (SVC) 小量校正
smooth endoplasmic reticulum 平滑内质网
snake call 蛇叫
social and cultural level (SCL) 社会文化水平
socioeconomic status (SES) 社会经济状况
soft attention 软注意力
soma 细胞体，体细胞
somatotopic manner 躯体定位方式
sona-graph 声谱图
sound localization 声音定位
sound level 声级
source reconstruction 源重构
sparse autoencoder 稀疏自编码器
sparse-imaging/ stimulation sequence 稀疏成像 / 刺激序列
spatial and temporal resolution 时空分辨率
species specific macaque vocalizations (MVocs) 特定物种的猕猴发声
specific alerting response (SAR) 特异性警觉反应
specific-exemplar visual-form subsystem 特定 - 范例的视觉形式子系统
species-specific vocalizations 特定物种的发声
spectral graph convolutional network 谱图卷积网络
speech actions 语音动作
speech entrainment 语音夹带
speech motor control 言语运动控制
spherical registration algorithm 球形配准算法
spikes 脉冲
spiking neural network (SNN) 脉冲神经网络
spinal cord 脊髓
spindle cell 梭形细胞
splenium（胼胝体的）压部
splenium of the corpus callosum (SCC) 胼胝体压部
splicing point 剪接点，拼接点
split-brain 裂脑
spontaneous 自发的
spreading activation model 激活扩散模型
square-wave pulse 矩形波脉冲，方波脉冲
squirrel monkey 松鼠猴
stacked auto-encoder (SAE) 堆叠自编码器
stacking denoising autoencoders (SDAE) 堆叠去噪自编码器
standard error 标准误差
standard error of mean (SEM) 平均标准误差
state feedback control (SFC) 状态反馈控制
statistical learning 统计学习
steel electrode 钢电极
stems and affixes 词干和词缀
stem completion 词干填充，词干补充
stereotactic space 立体定位空间
steroid metabolism 类固醇代谢
stimulus onset asynchrony (SOA) 刺激发生异步性
stimulation side group 刺激侧面的组，刺激侧组
stochastic gradient descent (SGD) 随机梯度下降
stochastic patterns 随机模式
stream of speech 语流
stress-final 末音重音
stress-initial 首音重音
striatal 纹状体
striatal / pallidal subdivision 纹状体 / 苍白球细分
striate and extrastriate 纹状体和纹状外
striate cortex 纹状皮质

striate visual cortex 纹状视觉皮层
strictly amodal hub 严格的非模态枢纽
stroke-pattern recognition 笔画模式识别，笔画识别
stroke 中风
Stroop test 斯特鲁普测试（检验）
Stroop-interference effects 斯特鲁普（Stroop）- 干涉效应
structural MRI (sMRI) 结构磁共振成像
structural revision 结构修正
subatomic particles 亚原子粒子
subcentral area 中央下区 / 次中心区
subcortical caudate nucleus 皮层下尾状核
subcortical structures 皮层下结构
subdural grids 硬膜下网格
subgenual area 亚膝区，膝下区
subject–verb–object (SVO) 主谓宾
subliminal masking priming task 潜意识掩蔽启动任务
subordinate 从属
subregion of the inferior frontal area 额下亚区
substrates 基底
subthalamic nucleus (STN) 丘脑底核
subtraction approach 减影法
sum of % signal intensity 信号强度 (%) 之和
sumatran orangutans (P. abelii) 苏门答腊猩猩
super-ordinate 高级的
superior and middle temporal cortex 颞上中皮层
superior central source 上中心源，上中央源
superior colliculus 上丘脑
superior frontal gyrus (SFG) 额上回
superior frontal sulcus (SFS) 额上沟
superior-inferior direction 上 - 下方向
superior lobule 上小叶
superior longitudinal fasciculus (SLF) 上纵束
superior medial frontal paracingulate (SMFP) 上内侧额旁束
superior medial prefrontal cortex 前额上内侧皮层，上内侧前额叶皮层
superior middle temporal gyri 颞上 / 中回
superior midtemporal region 颞上 / 中颞区
superior olivary complex 上橄榄复合体
superior parietal lobe 顶上叶
superior parietal lobule 顶上小叶
superior parietal lobule extending into precuneus 上顶叶延伸到楔前叶
superior postcentral sulcus (SPCS) 中央后上沟
superior posterior temporal gyrus 颞上后回
superior precentral gyrus of the insula (SPGI) 脑岛中央前上回
superior-rostral prefrontal cortex (BA 9) 吻上前额叶皮层
superior temporal cortex (STC) 颞上皮层
superior temporal gyrus (STG) 颞上回
superior temporal gyrus and sulcus 颞上回和沟
superior temporal region 颞上区
superior temporal sulcus, superior temporal sulci (STS) 颞上沟
superior-temporal plane/supratemporal plane (STP) 颞上平面，颞上皮层
supervised learning 有监督学习
supervised training 有监督的训练
supervisory attentional system (SAS) 监督注意系统
supplementary eye fields 辅助视野，辅助眼区
supplementary motor area (SMA) 辅助运动区
supplementary motor cortex 辅助运动皮层
support vector machine (SVM) 支持向量机
supramarginal gyrus (SMG) 缘上回
supramodal 超模式，超模态
surface-area 表面积
survive small volume correction 存活小量修正
sylvian fissure 大脑外侧裂，西尔维安裂
Sylvian-parietal-temporal (Spt) 外侧裂 - 顶叶 - 颞叶
symphalangus syndactulus (wild siamangs) 野生合趾猴
synaptic activity 突触活性，突触活动
syntactic mismatch negativity (sMMN) 句法不匹配负性
syntax 句法
systematic variation 系统变异

T

table-related 表相关
tachistoscopic 视觉记忆测试镜，速读训练器
tachistoscopic presentation 速示呈现、速转实体镜的呈现
tactile and auditory word processing 触觉和听觉词汇处理
tempo-occipital (TEO) 颞 - 枕
temporal and parietal cortex 颞顶皮层
temporal cortex (TC) 颞叶皮层
temporal dynamics 时间动态
temporal lobe 颞叶
temporalparietal junction 颞 - 顶交界处
temporal-parietal scalp 颞 - 顶头皮
temporal pole (TP, BA 38) 颞极
temporo-basal region 颞基底区
temporopolar area 颞极区
temporal and parietal associative cortices 颞 - 顶联合皮层
temporal shift 瞬时移位，时间偏移
temporoparietal (Tpt) 颞 - 顶
temporoparietal cortex 颞 - 顶皮质
tempor-parieto-occipital junction (TPO) 颞 - 顶 - 枕交界处
tertiary cortices 三级皮质

tetrode 四极管
thalamic 丘脑的
thalamic reticular nucleus (TRN) 丘脑网状核
thalamus 丘脑
theory of mind 心智理论
threonine 苏氨酸
tissue plasminogen activator (tPA) 组织型纤溶酶原激活剂
tonal pitch space theory (TPS) 音高空间理论
tone streams 音流
tool-use sound 工具使用的声音
top-down 自上而下，自顶向下
topographic specificity 拓扑特性
topographic specialization 拓扑专业化
topology 拓扑学
tractography 纤维跟踪成像
transcranial direct current stimulation (tDCS) 经颅直流电刺激
transcallosal transfer and / or scanning 经胼胝体传输或扫描
transcallosal pathway 经胼胝体路径
transcortical motor aphasia 皮质运动性失语
transcortical sensory aphasia 经皮质感觉性失语
transcranial magnetic stimulation (TMS) 经颅磁刺激
transcriptional control 转录控制
transcriptional repressor 转录抑制因子
transference 转送，移情
translocation 易位
translocation breakpoint 易位断点
transmodal semantic hub 跨模式语义中心
transverse histological section 横向组织切片
travelling salesman problem (TSP) 旅行商问题
triangular 三角形的
tri-grams 三元文法
trinucleotide code 三核苷酸编码
tungsten microelectrode 钨微电极
Turing machine 图灵机
turnover 代谢回转，周转
Twitter 推特

U

ultimatum game (UG) 终结者游戏
uncinate fasciculus (UF) 钩状束
uniformitarian 均变论者
universal grammar (UG) 普遍语法
unilateral lesion 单侧病变
unimodal 单峰
up-regulated gene 正向调节基因、上调基因
understanding rate 理解率
unscented Kalman filter (UKF) 无迹卡尔曼滤波
unsupervised learning 无监督学习
unsupervised training 无监督训练
untranslated regions 非转换区，未翻译区

V

valence-independent 独立效价
vein 静脉
venous phase angiograms 静脉期血管造影
ventral and dorsal extrastriate cortical regions 腹侧和背侧纹状外皮层区
ventral anterior cingulate cortex 腹侧前扣带回皮层
ventral anterior (VA) nucleus 腹前核
ventral anterior temporal cortex 腹侧颞叶皮层前部，腹侧前颞叶皮层
ventral anterior thalamic nucleus (VA) 腹前丘脑核
ventral areas 腹侧区
vertical bar area 竖线区，竖条区
ventral borders 腹线
ventral entorhinal cortex 腹侧内嗅皮层
ventral inferior frontal cortex (vIFC) 腹下额叶皮层
ventral inferior frontal gyrus 腹侧额下回
ventral lateral (VL) nucleus 腹外侧核
ventral lateral thalamic nucleus (VL) 丘脑腹外侧核
ventral IT region 腹侧颞下区
ventral medial 腹内侧
vertical occipital fasciculus (VOF) 垂直枕束
ventral or object pathway 腹侧或目标通路
ventral portions of the temporal lobe 颞叶腹侧部分
ventral posterior cingulate cortex 腹侧后扣带皮层
ventral premotor cortex (PMv) 腹外侧前运动皮层
ventral premotor cortex, caudal division (PMVc, F4) 腹侧运动前皮层的尾部
ventral premotor cortex, rostral division (PMVr, F5) 腹侧运动前皮层的吻部
ventral premotor region 腹侧运动前区
ventral processing stream 腹侧处理流
ventral stream 腹侧流
ventral temporal 腹侧颞
ventral temporal fusiform cortex 腹侧颞梭状皮层
ventral visual pathway 腹侧视觉通路
ventricles 脑室
ventricular zone 脑室区
ventrolateral portions of the frontal cortex (PMv) 额叶皮层的腹外侧部分
ventro-lateral posterior (VLP) 腹外侧后区
ventro-lateral prefrontal cortex (VLPFC) 腹外侧前额叶皮层

ventromedial prefrontal corte 腹内侧前额叶皮层
verbal dyspraxia 言语障碍
verbal fluency 语言流畅
verbal hallucination 言语幻觉
verbal intelligence quotient (VIQ) 言语智商
verbal processing resources 语言处理资源
verbal memory system 言语记忆系统
verbal scaled score (VSS) 言语量表评分
verbal working memory 言语工作记忆
vermis and the paravermal regions 蚓部和（小脑）旁区
vervet monkey 长尾草原猴，黑长尾猴
vesicle 囊泡
viewed scene 视觉场景，查看现场
viral infection 病毒感染
visual association cortices 视觉联合皮层
visual attention 视觉注意
visual basic (VB) 视觉基础（词汇语义判断）
visual cortical (VC) 视觉皮层
visual field 视野
visual fusiform gyrus (VFG) 视觉梭形回
visual gratings 视觉光栅
visual half-field presentation 半视野呈现
visual hemifield paradigm 半视野范式
visual mismatch negativity (vMMN) 视觉错配负性
visual-orthographic processing 视觉 - 正字法加工
visual noise 视觉噪声
visual parses 视觉解析
visual processing areas 视觉处理区
visual search task 视觉搜索任务
visual subordinate (VS) 视觉从属（词汇语义判断）
visual ventral stream 视觉腹侧流
visual word form area (VWFA) 视觉词形区
visual word form system 视觉词形系统
visuomotor affordances 视觉眼肌运动示能性
visuo-motor coordination 视觉 - 运动协调
visuopremotor 视觉前运动
visuo-premotor association network 视觉前运动关联网络
visuospatial areas 视觉空间区
vitro 体外
vocal fold length (VFL) 声带长度
vocalization 发声，发音
vocalizations of conspecifics from the animal's colony 动物群体中同种类发声，来自动物群落的同种动物的发声
voice-preferring region 语音偏好区
voxel-based lesion symptom mapping (VLSM) 基于体素的病变症状映射
voxel-based morphometry (VBM) 基于体素的形态测量
voxelwise 体素方式，体素

W

Wada testing 韦达测试
waveform 波形
Wechsler adult intelligence scale (WAIS) 韦克斯勒成人智力量表
weighted sum 加权和
Wernicke areas 韦尼克区
whistled language 哨语
white matter (WM) 白质
white matter fiber tracts 白质纤维束
white noise 白噪声
white-handed gibbons (Hylobates lar) 白掌长臂猿
wide convolution 宽卷积
wild Bornean (pongo pygmaeus) 野生婆罗洲猩猩
wild siamangs (symphalangus syndactulus) 野生合趾猴
Williams syndrome 威廉综合症
within-condition 条件内部
within-family (WF) 同一家庭，家庭内部
word embedding 词嵌入
word-finding 找词，发现词汇
word frequency 词频
word-load-dependent 词加载依赖
word pair 词对
word piece 词条，词块
word-specific 特定单词的
working memory (WM) 工作记忆

Z

zebra finch 斑胸草雀

插图清单及出处

图 1.1　人类的神经系统分布

http://en.volupedia.org/wiki/Central_nervous_system#/media/File:1201_Overview_of_Nervous_System.jpg

图 1.2　中枢神经系统与周围神经系统的信息传递功能

http://en.volupedia.org/wiki/Nervous_system#/media/File:NSdiagram.svg

图 1.3　人脑的解剖学构造

(a) 图：https://upload.wikimedia.org/wikipedia/commons/c/cc/Basic_structures_of_the_brain_highlighted.png

(b) 图：http://en.volupedia.org/wiki/Human_brain#/media/File:Cerebral_lobes.png

图 1.4　人类左脑的外侧面（a）和冠状面（b）结构

(a) 图：http://en.volupedia.org/wiki/Cerebrum#/media/File:Lobes_of_the_brain_NL.svg

(b) 图：http://en.volupedia.org/wiki/Cingulate_cortex#/media/File:Gray743_cingulate_gyrus.png

图 1.5　人脑的脑回结构（a）和优势脑半球皮层功能区的分布（b）

图 1.6　新皮层的冠状面切片，展示了躯体感觉皮层和运动皮层的视图（改绘自 Dispenza J D C., 2007）

图 1.7　人脑的运动皮层、躯体感知与身体部位的映射图

http://en.volupedia.org/wiki/Primary_motor_cortex#/media/File:Human_motor_map.jpg

图 1.8　左脑中矢状面显示的额上回、胼胝体、扣带回、舌回、楔叶和中央旁小叶等

改绘自 http://en.volupedia.org/wiki/Human_brain#/media/File:Sobo_1909_624.png

图 1.9　大脑的底面结构图

http://en.volupedia.org/wiki/Parahippocampal_gyrus#/media/File:Sobo_1909_630_-_Parahippocampal_gyrus.png

图 1.10　大脑的额断面结构图

http://en.volupedia.org/wiki/Brodmann_area_22#/media/File:Human_temporal_lobe_areas.png

图 1.11　人脑皮层功能区的分布图

图 1.12　Brain Product 64 导电极帽的电极分布图

图 1.13　基底神经节及丘脑

http://en.volupedia.org/wiki/Basal_ganglia#/media/File:Basal_ganglia_and_related_structures_(2).svg

图 1.14　丘脑各分区

改绘自 http://en.volupedia.org/wiki/Thalamus#/media/File:Thalmus.png

图 1.15　丘脑核作为与语言相关的分布式神经回路的中枢（Barbas H., et al., 2013）

图 1.16　大脑半球矢状切面显示的扣带回、胼胝体、丘脑和海马等结构

https://upload.wikimedia.org/wikipedia/commons/7/7a/1511_The_Limbic_Lobe.jpg

图 1.17　人脑冠状切面的海马和海马旁回

http://en.volupedia.org/wiki/Parahippocampal_gyrus#/media/File:Gehirn_Frontalschnitt_hippocampus.png

图 1.18　健康对照组中左上纵束成分的 3D 重建（Galantucci S., et al., 2011）

图 1.19　大脑的外侧面（a）和内侧面（b），上纵束连接额、顶、枕、颞四个脑叶

(a) 图：http://en.volupedia.org/wiki/Superior_longitudinal_fasciculus#/media/File:Sobo_1909_670_-_Superior_longitudinal_fasciculus.png

(b) 图：http://en.volupedia.org/wiki/Superior_longitudinal_fasciculus#/media/File:Gray751_-_Superior_longitudinal_fasciculus.png

图 1.20　左脑联合束的 DTI 纤维束成像重建（Martino J., et al., 2011）
图 1.21　支持语言的长联想纤维通道（Tremblay P., et al., 2016）
图 1.22　垂直枕束
http://en.volupedia.org/wiki/Vertical_occipital_fasciculus#/media/File:Vertical_Occipital_Fasciculus.jpg
图 1.23　冠状面额斜束的连接，在内侧和外侧矢状面上有额下缘和额上缘的轮廓（Tremblay P., et al., 2016）
图 1.24　胼胝体从一个半脑到另一个半脑的纤维的最大投射图
图 1.25　大脑的外侧面（a）和内侧面（b）的各布罗德曼分区
图 2.1　手势信号的演化理论
图 2.2　语言的初衷与演化的关系
图 2.3　口语的多成分视图（改绘自 Jarvis E D., 2019）
图 2.4　语言依赖于人类与其他物种共享的许多机制
图 2.5　目前世界上在用的主要语系分布示意图
http://en.volupedia.org/wiki/List_of_language_families#/media/File:Primary_Human_Language_Families_Map.png
图 2.6　以对数 - 对数比例绘制 30 个维基百科中前 1000 万个单词的排名与使用频率的关系图
http://en.volupedia.org/wiki/Zipf%27s_law#/media/File:Zipf_30wiki_en_labels.png
图 2.7　语言创造的三个时间尺度（改绘自 Christiansen M H., et al., 2016）
图 2.8　语言的演变、习得和加工之间的相互关系（改绘自 Christiansen M H., et al., 2016）
图 2.9　现代人类交流能力的进化轨迹，强调人类手势和亲社会性的起源（改绘自 Frohlich M, 2019）
图 2.10　符号交流与额叶前部的扩展（改绘自 Deacon T W., 1997）
图 2.11　黑猩猩失望而生闷气的表情
http://en.volupedia.org/wiki/Origin_of_speech#/media/File:Expression_of_the_Emotions_Figure_18.png
图 2.12　人类语言的多模态性及模态独立性
图 2.13　(a) 图为猴脑侧面图，(b) 图为与猴脑 F5 区镜像的人类左脑侧视图的布洛卡区示意图，以及经典布洛卡区的位置定义为 BA 44（黄色）和 BA 45（紫蓝色）
(a) 图改绘自 http://en.volupedia.org/wiki/Premotor_cortex#/media/File:Motor_Cortex_monkey.jpg
(b) 图改绘自 http://en.volupedia.org/wiki/Broca%27s_area#/media/File:Broca%E2%80%99s_area_-_BA44_and_BA45.png
图 2.14　更新纪灵长类动物与现代人类声道及喉咙位置的比较（改绘自 Deacon T W., 1997）
图 2.15　喉部位置的改变扩展了元音的第一和第二共振峰频率范围（改绘自 Deacon T W., 1997）
图 2.16　依赖于 FOXP2 的语音和语言回路（改绘自 Vargha-Khadem F., et al., 2005）
图 2.17　人类语言的构造规则
图 2.18　解释人类语言的四个主要理论范式（改绘自 Deacon T W., 1997）
图 2.19　不同形式的指称关系和有意义关系之间的经典区别（改绘自 Deacon T W., 1997）
图 2.20　图标、索引和符号三种基本的指称形式之间的层次关系（改绘自 Deacon T W., 1997）
图 2.21　苏门答腊红毛猩猩
http://en.volupedia.org/wiki/Sumatran_orangutan#/media/File:Sumatra-Orang-Utan_im_Pongoland.jpg
图 2.22　每个条件下正确试验次数与不正确试验次数的对比（改绘自 James B T, et al., 2020）
图 3.1　从猿类到现代人类进化的时间轴与脑容量的关系
图 3.2　人类祖先进化至现代人的近乎连续变化的头骨的大致时间段
改绘自 http://en.volupedia.org/wiki/Human_evolution#/media/File:Skull_evolution.png
图 3.3　人类智慧的进化过程
图 3.4　人类智慧的形成
图 3.5　人类技能的发展
图 3.6　查尔斯・罗伯特・达尔文
http://en.volupedia.org/wiki/Charles_Darwin#/media/File:Charles_Darwin_seated_crop.jpg
图 3.7　进化论原理图（改绘自 Deacon T W., 1997）
图 3.8　灵长类动物的分支进化图（其中数字单位为万年前）
图 3.9　猿之间系统进化树的差异关系，图中的数字为分支长度，是进化差异的度量
改绘自 http://en.volupedia.org/wiki/Chimpanzee#/media/File:Apeclade.png

图 3.10　人类与其他几种灵长类动物的 DNA 差异（改绘自 Stringer C., et al., 2005）
图 3.11　灵长类动物的头骨显示出后骨架，并且大脑尺寸增大
http://en.volupedia.org/wiki/Primate#/media/File:Primate_skull_series_with_legend_cropped.png
图 3.12　灵长类动物的脑商、脑容量和体重的对比
图 3.13　人类与放大到人类同尺寸的黑猩猩的头骨和大脑，两者大脑皮层的表面积相差很大
http://en.volupedia.org/wiki/Chimpanzee#/media/File:Man&chimpbrains.png
图 3.14　原始人从南方古猿到能人、直立人再到智人进化过程中颅骨容量与语言协同进化的相关时间轴
图 3.15　人猿科的脑容量对比
图 3.16　从 300 万年前到现在的原始人化石的身体重量（a）和大脑容量（b）的变化（改绘自 Deacon T W., 1997）
图 3.17　南方古猿、直立人、现代人的身高与脑容量关系图
图 3.18　12 种不同物种的脑重与体重的比值
图 3.19　脑重与体重比涉及的几种动物
图 3.20　不同哺乳动物的脑重与体重比的关系
http://en.volupedia.org/wiki/Brain-to-body_mass_ratio#/media/File:Brain-body_mass_ratio_for_some_animals_diagram.svg
图 3.21　不同物种的脑商比较
图 3.22　脊椎动物鲨鱼和人类大脑的主要解剖区域
http://en.volupedia.org/wiki/Brain#/media/File:Vertebrate-brain-regions_small.png
图 3.23　哺乳动物从鼠、猫、猴至人类的进化过程的联合皮质和运动 / 感觉皮质的变化规律
图 3.24　与大脑、身体和寿命的尺度相关的对鼠、猫、猴、人的一些认知差异
图 3.25　在略为理想化的哺乳动物生长比较中，显示了灵长类和非灵长类哺乳动物大脑、身体发育曲线的共同形状（改绘自 Deacon T W., 1997）
图 3.26　某种理想化的图形，显示了人类大脑、身体与其他种类的灵长类动物（黑猩猩、猕猴）相比的生长曲线（改绘自 Deacon T W., 1997）
图 3.27　使用两个独立的数据集对人类前额叶皮质异速生长进行评估（改绘自 Deacon T W., 1997）
图 4.1　欧洲银鸥。http://en.volupedia.org/wiki/European_herring_gull#/media/File:Larus_argentatus01.jpg
图 4.2　被试狗对不同物种的平均注视次数、平均注视总时长及首次注视感兴趣区的图片数（改绘自 Ogura T., et al., 2020）
图 4.3　对熟悉和陌生人的平均注视次数、平均注视总时长及首次注视感兴趣区的图片数（改绘自 Ogura T., et al., 2020）
图 4.4　有手势和不带手势的平均注视次数、平均总注视时长和首次注视感兴趣区的图片数（改绘自 Ogura T., et al., 2020）
图 4.5　对于每个物种（狗、人类、黑猩猩），儿童识别不同情绪（愤怒、恐惧、快乐、中立、悲伤）的平均估计概率 (+ 标准误差)（改绘自 Amici F., et al., 2019）
图 4.6　对于每个物种（狗、人类、黑猩猩），成年人识别不同情绪（愤怒、恐惧、快乐、中立、悲伤）的平均估计概率 (+ 标准误差)（改绘自 Amici F., et al., 2019）
图 4.7　卡尔 · 冯 · 弗里施。http://en.volupedia.org/wiki/Karl_von_Frisch#/media/File:Karl_von_Frisch.jpg
图 4.8　对蜜蜂摇摆舞的解释：返回觅食的蜜蜂会为其他蜜蜂跳舞，以传达食物源的方向和距离
改绘自：http://en.volupedia.org/wiki/Karl_von_Frisch#/media/File:Bee_dance.svg
图 4.9　蜜蜂的圆舞（a）和摇摆舞尾部摆动形成了“8”字形系列的动作（b）
图 4.10　不同发声机制的鸟类
图 4.11　为吸引配偶和防御领地而鸣叫的不同鸟类
图 4.12　几种雀类
图 4.13　有关声乐学习和口语解剖学特征的假说 1
图 4.14　假说 2：差异来自前脑声乐学习通路的存在与否。
图 4.15　直接或增强运动皮层至脑干的声音运动神经元连接
图 4.16　鸣鸟歌曲学习的时间线（改绘自 Brainard M S, et al., 2002）
图 4.17　鸣鸟季节性可塑性示意图（改绘自 Rundstrom P, et al., 2021）
图 4.18　两种行为表型的假设分布：声音学习和感觉（听觉）序列学习（改绘自 Petkov C I, 2012）

图 4.19　神经元对歌曲的选择性
http://en.volupedia.org/wiki/Bird_vocalization#/media/File:Song_selective_HVCx_neurons.svg
图 4.20　鸟鸣的歌唱学习途径
http://en.volupedia.org/wiki/Bird_vocalization#/media/File:Birdbrain.svg
图 4.21　典型的斑胸草雀鸣声的声谱图（改绘自 Berwick R., et al., 2016）
图 4.22　鹈歌鸲（a）和新疆歌鸲（b）鸣叫的语谱图有助于从声音上明确区分这两种鸟类
http://en.volupedia.org/wiki/Thrush_nightingale#/media/File:Sonogram_L_luscinia_L_megarhynchos.png
图 4.23　蜜蜂、鸟、鸽子和猫头鹰等飞禽类动物全脑及大脑神经元数量的对比
图 4.24　10 种鸟类表达方式的种类数对比
图 4.25　10 种陆地哺乳全脑及大脑神经元数量的对比
图 4.26　14 种哺乳类动物表达方式的种类数对比
图 4.27　4 种海洋哺乳动物的大脑（前脑）皮层与人类大脑皮层神经元数量的对比
图 4.28　宽吻海豚大脑白质束的不对称性（改绘自 Wright A K., et al., 2018）
图 4.29　6 种鱼类及其表达方式的种类数对比
图 4.30　普通宽吻海豚的大脑（a）与人类的大脑（b）大小比较
http://en.volupedia.org/wiki/Common_bottlenose_dolphin#/media/File:Tursiops_truncatus_brain_size_modified.JPG
图 4.31　座头鲸发声的声谱图，可达到 10 个类似于元音的共振峰
http://en.volupedia.org/wiki/Humpback_whale#/media/File:HumBack2.jpg
图 4.32　澳大利亚海狮
http://en.volupedia.org/wiki/Sea_lion#/media/File:Neophoca_cinerea.JPG
图 5.1　黑猩猩母亲、婴儿（a）和黑猩猩大脑标本（b）
左图：http://en.volupedia.org/wiki/Chimpanzee#/media/File:Gombe_Stream_NP_Mutter_und_Kind.jpg
右图：http://en.volupedia.org/wiki/Brain#/media/File:Chimp_Brain_in_a_jar.jpg
图 5.2　黑猩猩相互梳毛，去除虱子
http://en.volupedia.org/wiki/Chimpanzee#/media/File:Gombe_Stream_NP_gegenseitiges_Lausen.jpg
图 5.3　狨猴
http://en.volupedia.org/wiki/Marmoset#/media/File:Marmoset_copy.jpg
图 5.4　黑猩猩在测试过程中首次接近盒子后的首次行为（改绘自 Wright A K., et al., 2018）
图 5.5　黑猩猩使用社会工具的水果汁设置（改绘自 Schweinfurth M K., et al., 2018）
图 5.6　红帽白眉猴
http://en.volupedia.org/wiki/Collared_mangabey#/media/File:CercocebusTorquatus.jpg
图 5.7　两只黑猩猩个体在相互接近时发出的不同问候声所占百分比（改绘自 Fedurek P., et al., 2021）
图 5.8　黑猩猩和倭黑猩猩发声和声带的比较（改绘自 Grawunder S., et al., 2018）
图 5.9　黑猩猩交流与人类语言特征的差异
图 5.10　长尾草原猴母子
http://en.volupedia.org/wiki/Vervet_monkey#/media/File:Monkey_&_Baby.JPG
图 5.11　长尾草原猴在群间偶遇和遇到豹子呼叫的不同语谱图（改绘自 Fischer J., et al., 2019）
图 5.12　响应不同的捕食者 / 威胁类型，西非绿猴和东非黑长尾猴报警呼叫的语谱图（改绘自 Fischer J., et al., 2019）
图 5.13　使用目标 - 呼叫者框架的黑猩猩声音库的部分结构（改绘自 Schamberg I, 2018）
图 5.14　不同猿类及其使用手势的数量（改绘自 Pika S., 2008）
图 5.15　梳理毛发的指示（改绘自 Pika S., 2008）
图 5.16　人类和黑猩猩观察者的情绪强度分数（改绘自 Kret M E., et al., 2018）
图 5.17　短尾猿的叫声与非生物声音的声学语谱图分析（改绘自 Gil-da-Costa R., et al., 2006）
图 5.18　特定物种呼叫（咕咕声和尖叫声）大于非生物声音时，柱状图表示每只猴子腹外侧前运动皮层（PMv）、颞 - 顶（Tpt）区、后顶叶皮层（PPC）的归一化局部脑血流平均值（± 平均标准误差）（改绘自 Gil-da-Costa R., et al., 2006）
图 5.19　非生物声大于特定物种呼叫（咕咕声和尖叫声）时，柱状图表示每只猴子听觉区的 R 区和 A1 区的归一化的局部脑血流平均值（± 平均标准误差）（改绘自 Gil-da-Costa R., et al., 2006）

图 5.20　物种间的话语表达长度（改绘自 Friederici A D., et al., 2017）
图 5.21　三种用于层级结构测试的结构
图 5.22　狨猴 (a) 和猕猴 (b)（梳理和清洁它的幼子）
(a) 图：http://en.volupedia.org/wiki/Marmoset#/media/File:Marmoset_copy.jpg
(b) 图：http://en.volupedia.org/wiki/Macaque#/media/File:Japanese_Snow_Monkey_(Macaque)_Mother_Grooms_ Her_Young.jpg
图 5.23　人类布洛卡区（BA 44）的树突结构（改绘自 Friederici A D., et al., 2017）
图 5.24　系统发育和个体发育中的白质纤维束示意图和结构连接（改绘自 Friederici A D., et al., 2017）
图 5.25　猕猴皮层运动系统的一些公认划分
改绘自：http://en.volupedia.org/wiki/Premotor_cortex#/media/File:Motor_Cortex_monkey.jpg
图 5.26　新生儿和成人的纤维束通路和结构连通性结果（改绘自 Berwick R., et al., 2016）
图 6.1　人类发音器官的发音部位（a）与解剖声道图（b）
(a) 图：http://en.volupedia.org/wiki/Articulatory_phonetics#/media/File:Places_of_articulation.svg
(b) 图：http://en.volupedia.org/wiki/Origin_of_speech#/media/File:Illu01_head_neck.jpg
图 6.2　理想化的前元音的舌位（a）和原始元音四边形（b）
(a) 图：http://en.volupedia.org/wiki/Vowel#/media/File:Cardinal_vowel_tongue_position-front.svg
(b) 图：http://en.volupedia.org/wiki/Vowel#/media/File:Vowel_quadrilateral_(IPA_1949).png
图 6.3　美国英语元音 [i，u，ɑ] 显示的 F1 和 F2 共振峰的宽带语谱图（a）；汉语元音 [a, i, u] 的原始语音信号波形、基音频率曲线以及 F1 和 F2 共振峰的窄带语谱图（b）
(a) 图：http://en.volupedia.org/wiki/Vowel#/media/File:Spectrogram_-iua-.png
图 6.4　语音生成的状态反馈控制模型（改绘自 Fridriksson J., et al., 2012）
图 6.5　韦尼克区参与语言产生的部位（Binder J R., 2015）
图 6.6　外耳、中耳及内耳的解剖图
http://en.volupedia.org/wiki/Ear#/media/File:Blausen_0330_EarAnatomy_MiddleEar.png
http://en.volupedia.org/wiki/Inner_ear#/media/File:Blausen_0329_EarAnatomy_InternalEar.png
图 6.7　听觉系统的信号处理流程图
http://en.volupedia.org/wiki/Brain#/media/File:Hearing_mechanics_cropped.jpg
图 6.8　人类听觉的声压与频率的等响曲线
http://en.volupedia.org/wiki/Equal-loudness_contour#/media/File:Lindos1.svg
图 6.9　从听觉输入到语音和语音信息流网络模型
图 6.10　大脑外侧面（a）和冠状切面（b）
(b) 图：http://en.volupedia.org/wiki/Brodmann_area_22#/media/File:Human_temporal_lobe_areas.png
图 6.11　语音处理的双通道模型（改绘自 Hickok G., et al., 2004）
图 6.12　大脑激活作为韵律的功能（Friederici A D., et al., 2017）
图 6.13　听觉语言理解的认知模型（改绘自 Friederici A D., et al., 2017）
图 6.14　听力正常人的语音理解相关的脑区激活（改绘自 Warren J E., et al., 2009）
图 6.15　自然声音和人类语音的大脑激活
图 6.16　左和右背外侧颞叶的示意图（改绘自 Scott S K., 2019）
图 6.17　图示 Spt 在语音回路中的作用（改绘自 Buchsbaum B R., et al., 2011）
图 6.18　后部脑区主要语言系统的功能模型（Binder J R., 2015）
图 6.19　神经认知语言理解模型（改绘自 Friederici A D., et al., 2017）
图 6.20　ERP 脑电设备
图 6.21　语义特征违反程度的影响（Friederici A D., et al., 2017）
图 6.22　汉语单词认知模型
图 6.23　探究汉语双字词语义获取路径原理图
图 6.24　语义判断任务和同音判断任务两类试验的平均反应时间 (a) 和错误率 (b)（误差条表示标准误差）
图 6.25　语义判断任务和同音判断任务的总平均 ERP 波形图
图 6.26　语义判断任务的 ERP 地形图。
图 6.27　6 个前额电极同音判断任务的 ERP 总平均值

图 6.28　同音判断任务的 ERP 地形图
图 6.29　起源于初级视觉皮层的背侧流（绿色）和腹侧流（紫色）
改绘自 http://en.volupedia.org/wiki/Visual_cortex#/media/File:Ventral-dorsal_streams.svg
图 6.30　基于功能脑成像的人脑功能定位，表明大脑各个解剖部位与其相关联的功能
(b) 图：改绘自 http://en.volupedia.org/wiki/Parahippocampal_gyrus#/media/File:Sobo_1909_630_Parahippocampal_gyrus.png
图 6.31　人类视觉路径图
http://en.volupedia.org/wiki/Visual_system#/media/File:Human_visual_pathway.svg
图 6.32　实验方案和刺激材料
图 6.33　行为表现
图 6.34　枕部 ERP
图 6.35　源重建结果
图 3.36　来自视觉皮层的反应
图 6.37　代表高层次过程的反应
图 7.1　根据韦尼克 - 格施温德模型，复述词语时的脑区活动过程
图 7.2　弓形束（改绘自 Catani M., et al., 2005）
图 7.3　弓形束长段是颞 - 枕 - 额叶相连的纤维束
改绘自：http://en.volupedia.org/wiki/Arcuate_fasciculus#/media/File:Arcuate_Fasciculus.jpg
图 7.4　上纵束 / 弓形束的各向异性分数与句法理解 (a) 和句法产生 (b) 高度相关（改绘自 Makuuchi M., et al., 2013）
图 7.5　阅读能力和后段弓形束 FA 值的关系（改绘自 Schotten M T D., et al., 2014）
图 7.6　阅读词语时的脑区活动过程（b 图改绘自 Catani M., et al., 2005）
图 7.7　常见的听句子和句子朗读时左、右脑的激活（Hagoort P., 2019）
图 7.8　额斜束
图 7.9　额 - 枕下束与大脑皮层相关的布罗德曼区示意图
http://en.volupedia.org/wiki/Occipitofrontal_fasciculus#/media/File:Inferior_Fronto_Occipital_Fasciculus.jpg
图 7.10　下纵束是枕 - 颞叶相连的纤维束
https://commons.wikimedia.org/wiki/File:Inferior_Longitudinal_Fasciculus.jpg
图 7.11　最外囊（蓝色）
图 7.12　钩状束
改绘自 http://en.volupedia.org/wiki/Uncinate_fasciculus#/media/File:Sobo_1909_670_-_Uncinate_fasciculus.png
图 7.13　新生儿和成人的功能连接（改绘自 Perani D, et al., 2011）
图 7.14　新生儿和成人的纤维束通路和结构连通性结果（改绘自 Berwick R., et al., 2016）
图 7.15　儿童和成人大脑水平切面的脑区波动相关性（改绘自 Xiao Y., et al., 2015）
图 7.16　树状结构是构词、短语解释和句子的特征（改绘自 Hagoort P., 2019）
图 7.17　不同语法类型的纤维连接（改绘自 Friederici A D., et al., 2017）
图 7.18　人脑的核心语言纤维束（改绘自 Friederici A D., et al., 2017）
图 7.19　大脑皮层的各布罗德曼区的分布
图 8.1　语言获得模型
图 8.2　三种原发性渐进式失语综合征的皮质萎缩分布（Grossman M., 2010）
图 8.3　左脑外侧标明的彩色脑区与语义处理、句子重复、语法处理和流利性的相关性（改绘自 Binder J R., et al., 2009）
图 8.4　语言测试的表现和选定区域的平均皮质厚度（mm）之间的关系（改绘自 Binder J R., et al., 2009）
图 8.5　执行语义任务时激活的语义网络概要图（改绘自 Binder J R., et al., 2009）
图 8.6　左前外侧颞上回功能连接成像（改绘自 Warren J E., et al., 2009）
图 8.7　语言网络的发展（改绘自 Friederici A D., et al., 2017）
图 8.8　左脑皮层语言网络回路内部的动态
图 8.9　在理解和生产中构建短语（改绘自 Pylkkänen L., 2019）
图 8.10　左前颞叶的组成和概念敏感性（改绘自 Pylkkänen L., 2019）
图 8.11　句法处理及语言中枢（金野竜太 , 2015）

图 8.12　14 个与句法处理相关的脑区及 3 个句法处理的神经回路（金野竜太 , 2015）
图 8.13　根据健康者弥散张量成像法的 3 个神经回路（金野竜太 , 2015）
图 8.14　句子处理的功能连通性（改绘自 Friederici A D., et al., 2017）
图 8.15　皮层 - 皮层诱发电位，前后语言区域之间的假定连接示意图（改绘自 Friederici A D., et al., 2017）
图 8.16　大脑组合网络的时空特征（改绘自 Pylkkänen L., 2019）
图 8.17　动物的语义网络
图 8.18　语义词汇的层次性
图 8.19　神经元对塔这一概念的反应
图 8.20　上下文环境对单词进行语义处理的神经功能模型
图 8.21　文本 / 语音句子的理解过程
图 8.22　语言的认知理解机制
图 8.23　语言理解和产生的过程模型
图 8.24　语言理解和产生的过程处理顺序示意图
图 8.25　语言产生与理解模型（改绘自 Friederici A D., et al., 2017）
图 8.26　颞叶皮层每一局部最大值的信号变化（基于标准误差）的图像（改绘自 Tyler L K., et al., 2003）
图 8.27　各种语言层次的分块和处理
图 8.28　人类文化遗产的古文字
（a）图：http://en.volupedia.org/wiki/Papyrus#/media/File:Letter_on_Papyrus.jpg
（b）图：http://en.volupedia.org/wiki/Babylonian_mathematics#/media/File:Clay_tablet,_mathematical,_geometric-algebraic, _similar_to_the_Euclidean_geometry._From_Tell_Harmal,_Iraq._2003-1595_BCE._Iraq_Museum.jpg
（c）图：http://en.volupedia.org/wiki/Oracle_bone#/media/File:Shang_dynasty_inscribed_tortoise_plastron.jpg
图 8.29　汉字古今演变过程。从左到右依次是：甲骨文、金文、篆书、隶书、楷书繁体、简体
图 8.30　甲骨文字与现代汉字的对应
http://en.volupedia.org/wiki/Oracle_bone_script#/media/File:Oracle_bone_graphs_rotated_90_degrees.svg
图 8.31　汉语“妈妈”“好吗”“上马”和“骂人”的波形图、基音频率曲线和语谱图
图 8.32　汉语的形、音、义之间的关系
图 8.33　5 个脑区表明信号强度之和的关键话语类型（改绘自 Eviatar Z., et al., 2006）
图 8.34　非字面语言句法和语义加工流程图
图 9.1　输入假设与交互假说理论
图 9.2　二语习得的语义理论
图 9.3　二语习得的社会文化理论
图 9.4　二语习得的个体差异
图 9.5　L2 的熟练程度随不使用 L2 的时间而下降，损耗的程度与熟练程度和年龄相关
图 9.6　乔姆斯基层级结构和普遍文法的逻辑必然性（Nowak M A., et al., 2002）
图 9.7　行为语言的表现与获取年龄的关系（改绘自 Friederici A D., et al., 2017）
图 9.8　人脑重量与年龄的关系（根据 Penfield W., et al., 1959 的数据绘制）
图 9.9　涉及双语者执行功能的关键脑区
（a）图：http://en.volupedia.org/wiki/Basal_ganglia#/media/File:Anatomy_of_the_basal_ganglia.jpg
图 9.10　双语者执行语音处理任务时，关键脑区和连接显示结构和功能活动的变化
图 9.11　双语者执行句法处理任务时，显示结构和功能活动变化的脑区
图 9.12　两组在四个因素中的平均反应时间和准确率（误差条表示标准误差）
图 9.13　（a）（b）为总平均 ERP 波形，（c）为 N400 振幅（误差条表示标准误差），（d）（e）为 N400 的头皮地形图
图 9.14　词汇位置效应及其与脑灰质的关系（改绘自 Lee H L., et al., 2007）
图 9.15　婴儿言语感知发展中的连续、重叠的关键时期（改绘自 Birdsong D., 2018）
图 9.16　第二语言的熟练程度和习得年龄与左顶下皮层灰质密度的关系（改绘自 Mechelli A., et al., 2004）
图 9.17　“早期”和“晚期”双语者在布洛卡区和韦尼克区产生活性的重合与分离程度（改绘自 Kim K H S., et al., 1997）
图 9.18　早期经历对以后语言学习的影响（改绘自 Mayberry R I., et al., 2002）

图 9.19　人工语法学习过程中的大脑激活（改绘自 Friederici A D., et al., 2017）
图 9.20　每个感兴趣区从前至后的偏侧性和激活变化（改绘自 Sakai K L., et al., 2021）
图 10.1　肱骨（红色部分）是手臂中的一块长骨，从肩部延伸到肘部
http://en.volupedia.org/wiki/Humerus#/media/File:Humerus_-_anterior_view.png
图 10.2　从上（额极）往下（枕极）的大脑视图。改绘自 http://en.volupedia.org/wiki/File:Cerebral_lobes.png
图 10.3　左、右脑的功能分工
图 10.4　左、右脑颞平面（黄色区域）的不对称性
图 10.5　言语控制优势半脑及利手关系（根据 Rasmussen T., et al., 1977 的数据绘制）
图 10.6　在左利手转变者组中的爱丁堡（Edinburgh）用手习惯分数的每一项使用左、右手偏好的分布（改绘自 Klöppel S., et al., 2007）
图 10.7　语言任务中的大脑活性与性别差异（改绘自 Burman D D., et al., 2008）
图 10.8　欧洲 10 个非英语语言社区的男孩 / 女孩在语言技能方面的性别差异
图 10.9　60 名 3~5 岁儿童平均话语长度的性别差异
图 10.10　按社会文化水平和年龄划分的语言生产
图 10.11　按性别和年龄划分的语言产出
图 10.12　心理旋转任务 http://en.volupedia.org/wiki/Mental_image#/media/File:Mental_rotation_task_(diagram).jpg
图 10.13　在大的行为样本 [N=1782] 中，不同年龄组的平均偏侧指数（±SE）（改绘自 Hirnstein M., et al., 2013）
图 10.14　大脑网络显示男性大脑半球内连接更强（a），而女性是大脑半球间连接更强（b）。
图 10.15　由先天性肾上腺皮质增生症引起的女性 / 男性胎儿时期身体里大量的雄激素对性别玩具的偏好以及广泛的性别典型活动和兴趣偏好的影响（改绘自 Hines M., 2010）
图 10.16　男性（a 图，正方形）和女性（b 图，圆）的脑灰质、白质和脑脊液的散点图和回归线（改绘自 Gur R C., et al., 1999）
图 10.17　男性和女性的平均双侧脑组织和脑脊液（均值 ±SEM）%（a+b）和偏侧性指数（c+d）（改绘自 Gur R C., et al., 1999）
图 10.18　男性和女性的灰质和白质与平均认知表现（a+b）以及语言和空间表现（c+d+e+f）的散点图和回归线（改绘自 Gur R C., et al., 1999）
图 10.19　物理学家阿尔伯特 · 爱因斯坦
http://en.volupedia.org/wiki/Albert_Einstein#/media/File:Albert_Einstein_(Nobel).png
图 10.20　数学家卡尔 · 弗里德里希 · 高斯
http://en.volupedia.org/wiki/Carl_Friedrich_Gauss#/media/File:Carl_Friedrich_Gauss_1840_by_Jensen.jpg
图 10.21　左额中回（主要负责语言思维和辅助运动）对中文阅读至关重要，汉语阅读需要布洛卡区、韦尼克区和左额中回的参与，而英文阅读只有布洛卡区和韦尼克区参与
（b）图：http://en.volupedia.org/wiki/Middle_frontal_gyrus#/media/File:Gray743_middle_frontal_gyrus.png
图 11.1　皮埃尔 · 保罗 · 布洛卡。http://en.volupedia.org/wiki/Paul_Broca#/media/File:Paul_Broca.jpg
图 11.2　患者勒博涅的布洛卡病变脑区
http://en.volupedia.org/wiki/Paul_Broca#/media/File:Pierre_Marie,_Travaux_et_memoires._Wellcome_L0028667.jpg
图 11.3　卡尔 · 韦尼克
http://en.volupedia.org/wiki/Carl_Wernicke#/media/File:C._Wernicke.jpg
图 11.4　标有布洛卡区和韦尼克区的左视图
改绘自 http://en.volupedia.org/wiki/Broca%27s_area#/media/File:BrocasAreaSmall.png
图 11.5　弓形束解剖和纤维成像
http://en.volupedia.org/wiki/Arcuate_fasciculus#/media/File:Arcuate_fasciculus_dissection_and_tractography.png
http://en.volupedia.org/wiki/Arcuate_fasciculus#/media/File:Arcuate_Fasciculus.jpg
图 11.6　粉红色区域的受损可能导致失语症
http://en.volupedia.org/wiki/Aphasia#/media/File:Aphasia.png
图 11.7　本森失语症分类
图 11.8　卫冬洁失语症分类
图 11.9　姚婧失语症分类

图 11.10　彩色区为示踪成像显示的穹隆（a）和橙色的扣带束（b）
http://en.volupedia.org/wiki/Fornix_(neuroanatomy)#/media/File:Fornix.jpg
http://en.volupedia.org/wiki/Cingulum_(brain)#/media/File:Sobo_1909_671_-_Cingulum.png
图 11.11　脑干浅层解剖侧面图
http://en.volupedia.org/wiki/Corona_radiata#/media/File:Gray682.png
图 11.12　失语症患者的跨语言比较显示，相同的深层语法操作可能会招募不同的皮层脑区，具体取决于它的语法编码的方式（改绘自 Deacon T W., 1997）
图 11.13　对所选语言任务的电刺激研究表明，语言操作被分散分布在左脑的许多脑区（改绘自 Deacon T W., 1997）
图 11.14　对选定语言任务的局部脑血流，将血流激活叠加在人脑的轮廓图上（改绘自 Deacon T W., 1997）
图 11.15　功能磁共振成像设备（a）及大脑活动引起的血流变化成像（b）
右图：http://en.volupedia.org/wiki/Functional_magnetic_resonance_imaging#/media/File:1206_FMRI.jpg
图 11.16　典型的 PET 设备
http://en.volupedia.org/wiki/Positron_emission_tomography#/media/File:ECAT-Exact-HR--PET-Scanner.jpg
图 11.17　词汇和句子语义加工定位的脑成像研究总结（改绘自 Deacon T W., 1997）
图 12.1　神经元结构图
http://en.volupedia.org/wiki/Neuron#/media/File:Blausen_0657_MultipolarNeuron.png
图 12.2　不同种类的神经元
http://en.volupedia.org/wiki/Neuron#/media/File:Neurons_uni_bi_multi_pseudouni.svg
图 12.3　神经元和有髓轴突，信号从树突输入到轴突输出
http://en.volupedia.org/wiki/Artificial_neuron#/media/File:Neuron3.png
图 12.4　M-P 神经元模型的作者
图 12.5　M-P 模型（单个神经元模型）
图 12.6　具有隐藏层的神经网络（改绘自 Deacon T W., 1997）
图 12.7　多层前馈神经网络的 BP 学习算法
改绘自：http://www. toojiao.com/Index/News/news/id/14667.html
图 12.8　径向基函数神经网络
图 12.9　径向基神经网络噪声百分比为 0.25 时的 26 个字母的识别结果
图 12.10　具有隐藏层的反馈神经网络（改绘自 Deacon T W., 1997）
图 12.11　双向联想记忆神经网络结构
图 12.12　双向联想记忆神经网络运行后的去噪结果
图 12.13　最基本的离散 Hopfield 反馈神经网络结构
改绘自 https://zhuanlan.zhihu.com/p/144624580
图 12.14　离散 Hopfield 神经网络运行 10 个数字的去噪结果
图 12.15　离散 Hopfield 神经网络运行 26 个英文字母的去噪结果
图 12.16　二维阵列的 SOM 网络
图 12.17　1205 篇文档的 DB 索引值变化曲线及最佳 DB 索引值的 SOM 网络聚类结果
图 12.18　SOM 的 U 矩阵和 D 矩阵
图 12.19　SOM 神经网络映射的分布图（a）和输入（训练）数据为 500 维概念特征的 1205 篇人民日报文档（b）
图 12.20　自编码网络（AE）第一层的训练过程。
图 12.21　自编码（AE）神经网络
图 12.22　堆叠 AE 网络第二层的训练过程
图 12.23　堆叠 AE 网络第三层的训练过程
图 12.24　堆叠 AE 网络第 N 层的训练过程
图 12.25　完整的堆叠 AE 网络分类器
图 13.1　文本信息检索方法
改绘自 https://en.wikipedia.org/wiki/Information_retrieval
图 13.2　事件抽取任务定义
图 13.3　文本情感分类

图 13.4　文本摘要生成
改译自 https://www.scrapehero.com/nlp-basics-abstractive-and-extractive-text-summarization/
图 13.5　文本翻译的层次关系
https://en.wikipedia.org/wiki/Machine_translation
图 13.6　诺姆 · 乔姆斯基
https://en.wikipedia.org/wiki/Noam_Chomsky
图 13.7　近 5 年我国网民规模变化
图 13.8　机器学习分类示意图。https://en.wikipedia.org/wiki/Machine_learning
图 13.9　支持向量机示意图。https://en.wikipedia.org/wiki/Machine_learning
图 13.10　人工智能、机器学习与深度学习之间的关系
https://en.wikipedia.org/wiki/Machine_learning
图 13.11　2018 年图灵奖得主
https://www.nsfc.gov.cn/csc/20340/20289/36905/index.html
图 13.12　人工智能三次黄金期。改绘自 http://www.767stock.com/2018/07/10/36587.html
图 13.13　双隐藏层的前馈神经网络结构图
Goldberg Y. A primer on neural network models for natural language processing[J]. Journal of Artificial Intelligence Research, 2016, 57: 345-420.
图 13.14　计算图示例
https://colah.github.io/posts/2015-08-Backprop/
图 13.15　梯度下降法确定全局最优值。https://en.wikipedia.org/wiki/Backpropagation
图 13.16　基于深度学习的自然语言处理示意图
Thanaki, Jalaj. Python Natural Language Processing. Packt Publishing Ltd, 2017.
图 13.17　单词嵌入示例
https://medium.com/@hari4om/word-embedding-d816f643140
图 13.18　利用 BERT 开发的两个步骤
https://jalammar.github.io/illustrated-bert/
图 13.19　Softmax 函数
图 13.20　典型 CNN 架构
https://en.wikipedia.org/wiki/Convolutional_neural_network
图 13.21　一个句子卷积池化的过程
Goldberg Y. A primer on neural network models for natural language processing [J]. Journal of Artificial Intelligence Research, 2016, 57: 345-420.
图 13.22　宽卷积与窄卷积示意图
Goldberg Y. A primer on neural network models for natural language processing [J]. Journal of Artificial Intelligence Research, 2016, 57: 345-420.
图 13.23　2×2 滤波器后最大池化
https://en.wikipedia.org/wiki/Convolutional_neural_network
图 13.24　对一个句子进行多层卷积
Goldberg Y. A primer on neural network models for natural language processing [J]. Journal of Artificial Intelligence Research, 2016, 57: 345-420.
图 13.25　未折叠的基本 RNN
https://commons.wikimedia.org/wiki/File:Recurrent_neural_network_unfold.svg
图 13.26　折叠后的 RNN
Goldberg Y. A primer on neural network models for natural language processing [J]. Journal of Artificial Intelligence Research, 2016, 57: 345-420.
图 13.27　RNN 用作接收器，实现分类
Goldberg Y. A primer on neural network models for natural language processing [J]. Journal of Artificial Intelligence Research, 2016, 57: 345-420.

图 13.28 RNN 用来实现序列标注任务

Goldberg Y. A primer on neural network models for natural language processing [J]. Journal of Artificial Intelligence Research, 2016, 57: 345-420.

图 13.29 双向 RNN 梳理句子

Goldberg Y. A primer on neural network models for natural language processing [J]. Journal of Artificial Intelligence Research, 2016, 57: 345-420.

图 13.30 多层 RNN 处理序列信号

Goldberg Y. A primer on neural network models for natural language processing [J]. Journal of Artificial Intelligence Research, 2016, 57: 345-420.

图 13.31 LSTM 架构

https://www.jianshu.com/p/9dc9f41f0b29

图 13.32 LSTM 的遗忘阶段

图 13.33 LSTM 的选择性记忆阶段

图 13.34 LSTM 的状态更新

图 13.35 LSTM 的输出阶段

http://colah.github.io/posts/2015-08-understamding-LSTMs

图 13.36 GRU 架构

https://www.jianshu.com/p/9dc9f41f0b29

图 13.37 带有注意力机制的编码器 - 解码器架构

https://en.wikipedia.org/wiki/Attention_(machine_learning)

图 13.38 注意力机制的 3 个计算阶段

https://blog.csdn.net/malefactor/article/details/78767781

图 13.39 一个图结构示意图

https://en.wikipedia.org/wiki/Graph_theory

图 13.40 由邻接矩阵表示的一个图

https://en.wikipedia.org/wiki/Graph_theory

图 13.41 GCN 处理过程

https://tkipf.github.io/graph-convolutional-networks/

图 13.42 GCN 实现分类

Kipf T N, Welling M. Semi-supervised classification with graph convolutional networks [J]. arXiv preprint arXiv:1609.02907, 2016.

图 13.43 一个句子的依存关系分析

图 13.44 基于图注意力网络的属性级情感分类模型总体结构

图 13.45 图注意力网络工作机制

图 13.46 SemEval2014 数据集的统计结果

图 13.47 不同模型在 SemEval2014 数据集上的总体性能比较

图 13.48 消融实验结果

图 13.49 设计的模型与使用依存关系矩阵对比实验结果

图 13.50 改变图注意力网络层数对情感分类性能的影响

图 13.51 改变 BERT 层数对情感分类性能的影响

图 13.52 深度学习的三个重要部分

Richards B A, Lillicrap T P, Beaudoin P, et al. A deep learning framework for neuroscience [J]. Nature Neuroscience, 2019, 22(11): 1761-1770.

图 13.53 大脑皮层的分层

图 13.54 眼睛的构造

https://zh.wikipedia.org/wiki/%E7%9C%BC

图 13.55 感受野受到刺激后的反应

https://en.wikipedia.org/wiki/Receptive_field

图 13.56 视觉的层次性加工

图 13.57 大脑分层与视觉信息层级提取

图 13.58 简单感受野

Hubel D H, Wiesel T N. Receptive fields of single neurons in the cat's striate cortex [J]. The Journal of Physiology, 1959, 148(3): 574-591.

图 13.59 复杂感受野

Hubel D H, Wiesel T N. Receptive fields, binocular interaction and functional architecture in the cat's visual cortex [J]. The Journal of Physiology, 1962, 160(1): 106-154.

图 13.60 卷积层中的神经元连接到相应的感受野

https://en.wikipedia.org/wiki/Convolutional_neural_network

图 13.61 眼动追踪

https://en.wikipedia.org/wiki/Eye_tracking

图 13.62 基于特征的注意力

Lindsay G W. Attention in psychology, neuroscience, and machine learning [J]. Frontiers in Computational Neuroscience, 2020, 14: 29.

图 13.63 Stroop 测试

https://en.wikipedia.org/wiki/Stroop_effect

图 13.64 基于注意力机制的编码器 - 解码器架构

Lindsay G W. Attention in psychology, neuroscience, and machine learning [J]. Frontiers in Computational Neuroscience, 2020, 14: 29.

插表清单

表 1.1　与语言相关的主要纤维束的连接方式
表 1.2　布罗德曼各脑分区的功能归纳总结
表 3.1　人猿类进化的主要特征
表 4.1　14 种哺乳类动物表达方式的种类数对比
表 4.2　不同物种的平均脑重对比
表 5.1　4 只圈养的黑猩猩认知能力与交流情况
表 9.1　实验设计和刺激示例
表 11.1　不同类型的失语症的主要特征
表 11.2　韦尼克失语症的临床表征
表 11.3　失语症的主要类型、特点、病变部位及病因
表 11.4　失语症的检查方法
表 12.1　M-P 模型无法对异或问题分类
表 12.2　SOM 聚类结果
表 12.3　FBPNN、DBN 和 SAE 网络模型的对比实验
表 12.4　FBPNN、SAE 和 CNN 模型的实验比较
表 13.1　4 类样本关系